中國水利史典

綜合卷一

◎中國水利史典編委會 編

中國水利水電出版社

国家出版基金项目
NATIONAL PUBLICATION FOUNDATION

图书在版编目（CIP）数据

中国水利史典. 综合卷. 1 / 《中国水利史典》编委会编. -- 北京 : 中国水利水电出版社, 2015.11
ISBN 978-7-5170-2074-5

Ⅰ. ①中… Ⅱ. ①中… Ⅲ. ①水利史－中国 Ⅳ. ①TV-092

中国版本图书馆CIP数据核字(2014)第107671号

中國水利史典　綜合卷一

作者：中國水利史典編委會　編
出版：中國水利水電出版社
（北京市海淀區玉淵潭南路1號D座　100038）
經售：北京科水圖書銷售中心(零售)
全國各地新華書店和相關出版物銷售網點
排版：北京萬水電子信息有限公司
印刷：北京科信印刷有限公司
規格：184mm×260mm　16开本　54.75印張　1015千字
版次：2015年11月第1版　2015年11月第1次印刷

定價：470.00圓

『十一五』國家重大工程出版規劃圖書

『十二五』國家重點圖書出版規劃項目

首批國家出版基金資助項目

中國水利史典

主　　編　陳　雷

常務副主編　周和平　李國英　周學文

副 主 編（按姓氏筆畫排序）

匡尚富　任憲韶　岳中明　党連文　陳小江

陳東明　葉建春　湯鑫華　蔡　蕃　鄭連第

劉雅鳴　錢　敏

中國水利史典

編委會

主　　任　陳　雷

副 主 任　周和平　李國英　周學文

委　　員（按姓氏筆畫排序）

王愛國　田中興　匡尚富　曲吉山　任憲韶　李　鷹

汪　洪　汪安南　武國堂　岳中明　周魁一　党連文

高　波　陳小江　陳東明　陳明忠　孫繼昌　張志彤

張志清　張紅兵　葉建春　湯鑫華　鄭連第　鄧　堅

劉　震　劉建明　劉雅鳴　劉學釗　錢　敏

編委會辦公室

主　　任　陳東明

常務副主任　穆勵生

副 主 任　馬愛梅　杜丙照

主任助理　宋建娜

成　　員　王　藝　楊春霞　張小思　朱　莉　趙　耀

中國水利史典

專家委員會

主　　任　鄭連第

副 主 任　蔡　蕃　張志清　譚徐明　蔣　超

委　　員（按姓氏筆畫排序）

王利華　王紹良　牛建强　毛振培　尹鈞科　吕　娟
江金照　杜　翔　李孝聰　吴宗越　范文錚　周魁一
查一民　段天順　徐海亮　郭　濤　郭康松　高　紅
陳茂山　陳紅彦　馮立昇　馮明祥　張汝翼　張廷皓
張孝南　張衛東　鄒寶山　鄭小惠　黎沛虹　謝永剛
竇鴻身　顧　青

序一

讀史明今　鑒往知來

經過四年的緊張籌備和編纂，《中國水利史典》開始正式出版。這是貫徹落實黨的十八大精神、加快推動水文化建設的重要舉措，也是功在當代、澤被後人的重大工程。

我國是一個治水歷史悠久的文明古國和水利大國，興修水利、治理水害、消除水患歷來是治國安邦的頭等大事。在長期的治水實踐中，中華民族不僅修建了都江堰、鄭國渠、靈渠、京杭運河、黄河堤防、江浙海塘等衆多舉世聞名的水利工程，而且非常注重對治水歷史的記録整理。早在公元前一百年前後，歷史學家司馬遷就在《史記》中安排專章，記述了從公元前二十一世紀的大禹治水到西漢時期的重大水利事件，第一次提出了以防洪、灌溉、排水、航運、供水爲主要内容的『水利』概念，開了史書專門記録水利史的先河。繼司馬遷之後，我國編纂水利歷史、總結治水經驗、探索水利規律、提供後世借鑒的優良傳統薪火相傳，綿延至今，留下了《河渠書》《水經注》《水部式》《河防通議》《行水金鑑》等諸多彌足珍貴的水利文獻，形成了獨特而豐富的水文化。

盛世修典是中華民族的優秀傳統。我國水利典籍卷帙浩繁、博大精深。但是，經過千百年間朝代更替、戰火兵燹、天灾人禍，許多珍貴歷史文獻遺失或毁損。能够保存至今的古代文獻藏本分散，複本稀少，孤本難求，極爲珍貴。爲了保護好、傳承好、利用好這些古代文化遺産，全面揭示歷代水利事業的輝煌成就，系統總結我國水利發展的歷史規律，傾力打造文化出版精品工程，爲水利改革發展提供可資借鑒的歷史經驗和現實指導，在國家圖書館和國家出版基金管理委員會的精心指導和大力支持下，水利部决定組織編纂《中國水利史典》。

作爲國家出版基金管理委員會批准并首批支持的重大出版項目，《中國水利史典》具有以下五個鮮明特點：一是歷史的厚重性。《中國水利史典》編纂内容上起大禹治水，下迄一九四九年，涉及我國五千年治水歷史，不僅是新中國成立以來實施的最大單項水利出版項目，也是我國乃至世界歷史上文獻最豐富、結構最完整、時間跨度最長、篇幅規模最大的水利典籍集成。其中收録的歷史文獻，記述了江河湖泊的自然狀况及其演變，記述了治水思想和治水方略的歷史變遷，記述了興修水利的艱辛實踐，記述了水利科技的進步歷程，記述了水利規約制度和管理經驗，凸顯了中國治水實踐的歷史縱深感。二是文化的傳承性。中華民族數千年的治水實踐，不僅創造了豐富的物質文明，而且積澱了深厚的文化財富。《中國水利史典》既是對水利歷史文獻的系統整編，也是對中國治水文化的全面梳理，凝聚了中華民族在治水興水漫長歷史進程中積累的科學認識、思想理念。這是祖先留下的寶貴遺産，是中華民族歷史經驗和智慧的結晶，也是中國傳統文化的絢麗瑰寶。三是内容的豐富性。我國現存的水利典籍，僅專著就有上千種，輿圖、碑刻、拓片、劄子更是不勝枚舉，水利古籍數量之多、領域之廣、内容之豐，居於世界前列。按照編纂方案，《中國水利史典》全書總計十卷，約五十個分册，近五千萬字，可謂鴻篇巨制。在編纂過程中，相關人員充分依托國家圖書館和其他機構的古籍文獻資源，深入查找，廣泛搜集，全面摸清了水利典籍的内容、種類和分布情况，科學厘清了部分文獻記述的來龍去脉和具體特徵，基本做到了應收盡收、精華不漏、系統完整。四是體例的科學性。《中國水利史典》嚴格遵循統一的編纂體例格式，對水利歷史典籍進行甄别、校勘、標點和評注。屬於專門水利著作而内容系統完整的，收録全書；内容涉及門類衆多而水利單獨成篇的，摘録相關篇章；内容豐富而龐雜的，節録水利相關文字和插圖。全書主體部分是經過校點的典籍本身或摘編，全部用繁體字出版，保留了原汁原味。作爲輔助部分的評注，文字簡潔，表述客觀，説理有據，爲讀者閲讀和理解主體部分内容提供了便捷通道。五是編纂的嚴謹性。水利部專門成立編委會，要求各有關單位全力配合、大力支持。爲選准配强編纂隊伍，編委會特别從高校、科研機構選聘了一批綜合素質高、工作責任心强、古文功底深厚、文史水平較高的專家學者參與相關分卷的編纂工作；堅持馬克思主義的立場觀點，堅持科學正確的學術方向，既兼收并蓄、博采衆長，古爲今用，又科學鑒别、去僞存真、去粗取精；建立嚴格規範的工作制度，明確每個環節、每位人員的責任，嚴把選題、大綱、點校、評注以及編輯、出版、印刷等關鍵環節關口，確保了編纂質量的高標準。

『以古爲鑒，可知興替』。當前和今後一個時期，是全面建成小康社會的關鍵時期，是加快轉變經濟發展方式的攻堅時期，也是大力發展民生水利、推進傳統水利向現代水利、可持續發展水利轉變的重要時期。二〇一一年中央一號文件、中央水利工作會議對水利改革發展作出全面部署，黨的十八大把水利放在生態文明建設的突出位置，提出了新的更高要求。《中國水利史典》的出版，爲當前水利工作提供了寶貴的歷史借鑒，爲開展現代水利科學研究提供了深厚的文獻基礎，對於豐富和完善可持續發展治水思路，推進民生水利新發展，加快水生態文明建設，具有重要的現實意義和深遠的歷史影響。我們要充分吸收借鑒歷史實踐的經驗智慧，緊緊抓住用好治水興水的戰略機遇，在新的歷史起點上加快推進水利改革發展新跨越，讓江河更加安瀾，山川更加秀美，人民更加安康，讓水利更好地造福中華民族。

是爲序。

中華人民共和國水利部部長

陳雷

二〇一三年七月

序二

汲古潤今　嘉惠萬代

盛世修史治典是中華民族的優秀傳統。水利部組織相關領域專家，系統整理我國水利典籍，編纂《中國水利史典》，全面揭示我國歷代水利事業的輝煌成就，系統總結我國水利發展規律，爲當今水利建設提供借鑒，是一項功在當代、嘉惠子孫的重要文化建設項目。

中國幅員遼闊，從世界屋脊的青藏高原到東海之濱，黄河、長江蜿蜒流轉，奔流不息，經歷高山峽谷、草地平原，造就了獨具特色的景觀。巨大的落差和磅礴的水系，也使生活在這片土地上的人們很早就懂得涵養水源、興修水利，疏通河渠，造福生靈，中國的江河水利哺育滋養了璀璨的中華文明。

中國作爲一個歷史悠久的農業大國，歷來重視水利建設，它不僅是農業的命脉，也是治國安邦的要務。從大禹治水至今，涌現出許多可歌可泣的治水英傑，留下了許多造福萬代的水利工程。《元史·河渠志》中曾説：『水爲中國患，尚矣。知其所以爲患，則知其所以爲利。』歷代王朝都十分關注水利建設，康熙皇帝親政之初即把河務、漕運和三藩等三件大事寫成條幅懸掛堂中，作爲立國根本。一部中華民族繁衍發展史，在很大程度上也是中華兒女興水利、除水害的歷史。中華先賢不斷總結治水經驗和規律，留下了卷帙浩繁的水利典籍，數量和内容之豐富，都居於世界前列。這些典籍至今仍閃耀着光芒，是我們治水興國的重要鏡鑒。

早在先秦時期，《禹貢》《管子》《周禮》《考工記》等典籍中，就記有全國水土資源、水流理論、渠系設計、測量方法、施工組織及管理維修等知識。吕不韋等編修《吕氏春秋》，最早提出水文循環原理。西漢時期，著名史學家司馬遷在《史記》中就有記載水利的篇章——《河渠書》，該書記載了從大禹治水到漢武帝黄河瓠子堵口這一歷史時期内一系列治河防洪、開渠通航和引水灌溉的史實。後世的《水經注》、正史中的《河渠志》，以及《農政全書·水利》等，均是水利文獻中的代表作。隨着水利事業的發展，唐代中央政府頒行了我國第一部水利管理法規——《水部式》。這部珍貴法規二十世紀初在敦煌出土後被伯希和劫走，現藏法國國家圖書館。一九三五年，國立北平圖書館（國家圖書館前身）派員把這部珍貴文獻拍照帶回。《水部式》有二千六百多字，内容包括農田水利管理、航運船閘和橋梁渡口管理、漁業和城市水道管理等内容。《水部式》還規定，水利管理的好壞將作爲有關官吏考核晋升的重要依據。中華民族善於學習，兼收并蓄，明末徐光啓與傳教士熊三拔合譯的《泰西水法》，結合中國水利具體情況，經過實驗後，編譯成書，圖文并茂地記述了往復抽水機、螺旋提水車、雙筒往復抽水機等水利機械的結構和製造方法，以及修建蓄水池和鑿井的基本方法，爲近代西方水利技術的引進開了先河。

在衆多存世的河渠水利文獻中，各種類型的河工輿圖最能直觀描繪水利狀況，尤以明清時代河防工程體系形態最爲重要，如黄河河工輿圖上的提示，明確了各種堤防適合在哪一段工程中使用，如果配合文字史料，就可以細化黄河水利史的研究。又如在運河輿圖上有大量詳盡的文字注記，對沿途各程站的名稱與間距、運河水閘間里程、運河沿綫湖泊大小和儲水量多少、運河與其他水道通塞情况、各運河廳管段交界等狀况均有詳細的文字記述，可以通過地圖上的景物、地名與注記逐一對應，至今仍有重要的參考價值。

這些古代水利典籍，是中華民族的寶貴經驗和智慧結晶，源遠流長，博大精深，有待進一步整理、揭示、傳承、利用，這正是編纂出版《中國水利史典》的重要意義所在。

國家圖書館是全國最大的古籍收藏機構，也是古今水利典籍收藏數量最多的單位之一。在這些古籍和民國文獻中，有大量具有重要價值的水利史典籍。特别是有關河渠水利的地方文獻、金石拓片、輿圖資料和老照片檔案等，内容豐富，頗具特色。這些典籍，有的記録江河湖海的自然狀况，有的反映河渠水利的修造過程，有的闡述治水防灾的方略，有的彰顯造福百姓的德政，不乏精品，有重要借鑒意義。新中國成立後，水利部門爲了治河防洪，曾充分利用國家圖書館收藏的古舊河道圖。如一九六四年，水電部水利史研究室、水電部北京勘測設計院根據毛主席『一定要根治海河』的指示進行重大水利工程建設，制定漳、衛、滏陽、滹沱等河流域的治水方案，爲此查閲了當時國家圖書館收藏的各地清代河道圖一百餘種，爲工作的順利開展提供了文獻保障。

二〇〇七年，國務院下發《關於進一步加强全國古籍保護工作的意見》後，古籍整理及利用受到更多關注。《中國水利史典》作爲古籍整理的重要工程，一定會成爲名山之作，傳之後人。

國家圖書館館長
國家古籍保護中心主任
周和平

二〇一三年七月

編纂説明

《中國水利史典》是中華人民共和國成立以來首次全面系統整編水利歷史文獻的大型工具書。它全面記録了我國歷代水利事業的輝煌成就，系統呈現了我國水利發展規律，可爲現代水利建設提供借鑒。它既是梳理歷代治水脉絡、服務現代水利的大型出版工程，也是傳承治水文明、弘揚中華水文化的重要文化工程。

二〇〇七年，中華人民共和國國務院批准設立了『國家出版基金』，這是繼『國家自然科學基金』『國家社會科學基金』之後設立的第三大文化類基金。經過申請，二〇〇九年《中國水利史典》被國家出版基金管理委員會批准爲首批支持的項目，并被新聞出版總署列爲『十一五』『十二五』國家重點圖書出版規劃項目。二〇一〇年，水利部決定成立《中國水利史典》編纂委員會（以下簡稱編委會），負責領導全書編纂工作，并成立了編委會辦公室和專家委員會。編委會辦公室設在中國水利水電出版社。

中華文明有三千多年連續的文字記録，其中關於防洪、灌溉、水運等治水的文獻，爲人們提供了寶貴的歷史借鑒。紀傳體史書《二十五史》中的水利專篇《河渠志》，是中國水利史的縮編；以《資治通鑑》爲代表的編年體史書記載了歷代有重大影響的水利項目；歷代紀事本末體史書把散見於不同年代的同一水利項目編輯在一起；歷朝的會要、實録是歷史事實的原始記録，水利内容豐富。在古代行政管理及法制文獻中，也有如唐《水部式》、宋《農田水利條約》等十分珍貴的資料。大量現存的關於流域綜合治理的水利專志，是研究江河湖泊及其治理的重要依據，如明代《問水集》《河防一覽》《漕河圖志》《漕運通志》《浙西水利書》等。此外，清代編寫的《行水金鑑》《續行水金鑑》等水利史料彙編性圖書，分别摘録了黄河、長江、淮河、濟水和運河從遠古傳説到清代的水利史實。古代科技著作中亦不乏水利記載，如宋代著名科學家沈括的《夢溪筆談》、元代王禎的《王禎農書》和明代徐光啓的《農政全書》等著作中都有關於河湖和水利的内容，有的還比較詳細。

爲把這些浩如烟海的水利文獻有序整理出版，《中國水利史典》分爲十卷，分别是綜合卷、長江卷、黄河卷、淮河卷、海河卷、珠江卷、松遼卷、太湖及東南卷、運河卷和西部卷。其中，綜合卷收録的主要是全國性和跨流域的水利文獻，長江卷、黄河卷、淮河卷、海河卷、珠江卷、松遼卷六卷以相關流域範圍内水利文獻爲主，太湖及東南卷收録的主要是太湖流域、浙、閩、臺地區流域、獨流入海河流及海塘的文獻，運河卷收録的主要是京杭運河及全國性運河的文獻，西部卷包括西北和西南地區流域的水利文獻。

《中國水利史典》所收録的文獻時間範圍確定爲從有文字記載開始至一九四九年止。每卷分爲若干册，每册書一百萬字左右，收録一种文獻（稱爲編纂單元）或數种文獻，主要采用標點、校勘、注釋等方式，并增加整理説明、前言、後記等内容重新排版後付梓。

本次水利古籍整理工作的原則是：句讀合理，標點正確，校讎細緻，校勘有據。主要工作如下：

一、對原文獻分段，逐句加標點。標點遵循GB/T 15834—2011《標點符號用法》。

二、對原文獻進行校勘。凡有可能影響理解的文字差異和訛誤（脱、衍、倒、誤）都標出并改正，如有必要再以校勘記進行説明，校勘記置於頁末，文中校碼〔一〕〔二〕〔三〕……緊附於原文附近。正文改字在正文中標注增删符號，擬删文字用圓括號標記，正確文字用六角括號標記，如把擬删的『下』改成『卜』，格式爲『（下）〔卜〕』。

三、對於史實記載過於簡略、明顯謬誤之處，以及古代水利技術專有術語，專業管理機構，工程專有名稱、名詞等，進行簡單注釋。

四、整理後的文獻采用新字形繁體字。除錯字外，通假字、異體字原則上保留底本用字，不出校。

五、每個編纂單元前，有文獻整理人撰寫的『整理説明』。其主要内容包括：文獻的時代背景，作者簡介及其主要學術成就，文獻的基本内容、特點和價值，文獻的創作、成書情況和社會影響，本次整理所依據的版本及其他需要説明的問題。

六、每册書前，有卷編委會或卷主編撰寫的『卷前言』。其主要内容包括：本分卷涵蓋的水域範圍及其地理、水文、水資源基本特點，水域範圍内主要的古代水利事件、水利工程、水利典籍及其在現代水利中發揮的借鑒作用和參考實例，本分卷典籍入選原則，與編纂有關的、需要特别説明的問題，編纂組織工作簡介。

七、整理過程中，有根據文獻收録情况撰寫的『後記』。其主要内容包括：本册選取編纂單元的原則以及需要重點提示的問題，本册書不同編纂單元中有關職官、異體字等内容在點校工作中不同於其他分册的問題，本册書成稿過程中需要特别向讀者説明的事情。

八、爲便於檢索，書籍出版時在雙頁面加『中國水利史典　分册名』書眉，單頁面加『編纂單元名　篇章名』書眉。

九、爲保持文獻歷史原貌，本次整理不對插圖進行技術處理。

《中國水利史典》的編纂出版得到了水利行業及社會各界的廣泛關注和大力支持。水利部長江水利委員會、黄河水利委員會、淮河水利委員會、海河水利委員會、珠江水利委員會、松遼水利委員會、太湖流域管理局、中國水利水電科學研究院等單位承擔了相關分卷的編纂工作。國家圖書館、國家古籍保護中心、中國科學院、中國社會科學院、清華大學、北京大學、北京師範大學、南開大學、中華書局等單位爲本書的編纂出版提供了積極的幫助。本書的點校專家、審稿專家、編纂工作組織者、編輯出版人員亦付出了巨大努力，在此誠表謝意。

《中國水利史典》是連接歷史水利與現代水利的橋梁，搭建這座橋梁工程浩大，編校繁難，在編纂出版過程中難免存在疏漏與錯誤，歡迎讀者、專家批評指正。

《中國水利史典》編委會辦公室

中國水利史典　綜合卷

主　編　鄭連第

副主編　蔡　蕃　蔣　超

參編人員（按姓氏筆畫排序）

王利華　尹鈞科　吕　娟　徐海亮　陳茂山

張衛東　鄒寶山　蔣　超　蔡　蕃　鄭連第

綜 合 卷

前言

《中國水利史典·綜合卷》涵蓋的主要内容包括：綜述全國水利發展歷史的文獻；反映水利發展進程中與水利有關的基礎科學、勘測、設計、工程技術、運行管理、法律法規等方面的文獻；涉及綜合全國範圍或跨流域的工程建設和管理的文獻；記録具有全國影響力的、有貢獻的水利人物的相關事迹的文獻。根據《中國水利史典》編纂方案規定，文獻收録的範圍爲『有文字記載開始至一九四九年止』。綜合卷文獻主要來源於以下幾個方面：

一、歷代正史（一般總稱二十五史）。以《史記》爲首篇的紀傳體史書，其中的《河渠志》是中國水利史的斷代史；還有《食貨志》《五行志》《地理志》等專志中有關於農田水利、漕運、江河治理、水灾賑濟的記載；『紀』『傳』中也有水利史實的記述。

二、紀事本末體史書。紀事本末體史書打破了編年的限制，如取材於編年體史書《資治通鑑》的《通鑑紀事本末》，按朝代以歷史事件爲記述單元，較爲系統而完整，便於瞭解事件的來龍去脉。因而紀事本末體史書對歷史上水利事件有獨到的記載，把散見在不同時代的同一水利史實自始至終連續編輯在一起，便於後人閱讀和研究。

三、古代行政管理法規檔案。中國古代有許多水利行業管理記載，也有一些法規文件，這些文獻有的按朝代匯集成專書，有的散見在不同的古籍中。例如，唐《水部式》殘卷，以《通典》爲首篇的所謂《十通》，各朝的會典、則例等。

四、歷朝的會要。會要是歷朝文獻的原始記録彙編，記載了各朝典章制度的原文，内含的原始歷史資料較爲豐富，可以彌補二十五史志、表的不足。其中，水利内容雖所占比例不大，但絶對數量不少，如《宋會要輯稿》等。

五、古代水利文獻集成。清代彙編的《行水金鑑》，將遠古傳説到清康熙末年文獻中的黄河、長江、淮河、濟水和運河等分門别類編輯成册。此後又有《續行水金鑑》《再續行水金鑑》問世，這一系列篇幅巨大。特别是其中收集了歷朝實録的一些水利内容，尤爲珍貴。還有故宫歷史檔案中關於洪澇灾害的記載，内容詳細、準確，可靠性强，且便於閱讀，對瞭解和研究古代河湖及其治理都是難得的史料。

六、歷代地理著作中有關河湖水利的記載。以酈道元的《水經注》及後人的注釋著作影響最大，楊守敬《水經注圖》是其注釋著作的代表。另外，齊召南的《水道提綱》等也叙述了不同歷史時期全國或不同地域的河湖情况。

七、各類科技著作中的水利記載。例如，宋應星的《天工開物》、沈括的《夢溪筆談》及明代徐光啓的《農政全書》等著作，都有關於河湖水利技术的内容。

八、清末民國時期水利方面的著作。由於一八四〇年至一九四九年間正是西方水利科學技術傳入中國初期，文獻工作基礎較薄弱。本卷通過多方收集和研究，對此做了一定的彌補。這一時期文獻記載了中國水利科學技術從傳統到近代的轉變過程，有助於全面瞭解中國水利發展的特點，從而爲治理中國的江河提供借鑒。

水利古籍的整理和出版，在一九三六年至一九三七年間，中國水利工程學會的汪胡楨、吴慰祖曾經排印過《中國水利珍本叢書》，共計二輯十一種，印數不多，流傳不廣。中華人民共和國成立後，一九八六年水利電力出版社曾組織出版《中國水利古籍叢刊》，可惜只出版了兩種，大約四十萬字。《中國水利史典》全面、系統地整理出版水利古籍，是中華人民共和國成立以來的首次。

參加水利古籍整理工作的人員從專業説，應該兼備古文和水利兩方面的專業知識。對此，我們工作中采用了點校專業人才與水利專業人才相結合的辦法，即先由文字專家進行點校，再由水利專家進行復核，取得了很好的效果。

作爲《中國水利史典》中最早出版的分卷，綜合卷從組織專家點校、審稿，到出版社三審、制定版式方案，遇到的問題與困難遠比想象的多，經參編人員共同努力終能與讀者見面，殊爲不易。不足之處，請不吝指正。

《中國水利史典·綜合卷》主編

目録

〔漢〕司馬遷等　著

二十五史河渠志彙編

蔣超　蔡蕃　整理

整理説明

中華文明有連續三千多年的文字記録，其中關於水利的記載亦有着同樣悠久的歷史。從遠古時代廣泛流傳的大禹治水開始，關於河湖狀況及防洪、灌溉、水運等治水的記載十分豐富，可以和遺存數量最多的農學、醫學、天文等學科媲美。現存有關水利的古籍，數量之多，内容之豐富，牽涉範圍之廣，都位於世界前列。它們記載了水利工程由無到有，由簡單到複雜，積累經驗和吸取教訓的種種實踐過程；記述了技術的進步，管理經驗的積累及由此帶來的社會進步和水環境的變遷；爲人們提供了寶貴的歷史借鑒。

在所有歷史文獻中，被譽爲正史的二十五史佔有重要地位，其中有關水利的專篇——河渠志，在本領域中最具權威性。由於編纂者可以大量使用前代歷史檔案資料，或者比較接近歷史事件發生的時間，或者可以親臨工程現場考察，因而這樣記録和彙編的文獻更具較高的史料價值。歷代正史如《史記》《漢書》《宋史》《金史》《元史》《明史》《清史稿》中都有《河渠志》類水利專篇。歷史悠久的唐代水利文獻，比較集中記述在《新唐書·地理志》中，我們一併彙集在一起。這樣基本概括了我國二千多年的水利歷史，是瞭解和研究中國水利發展必讀的基本史料，有特别重要的史料價值。因此，將其選入《中國水利史典·綜合卷》的第一册。

在彙編整理時，考慮到水利專業屬於自然科學，在閱讀這些歷史文獻時常常會發生歷史古籍與水利專業之間跨學科的不便。例如從事社會科學研究以及非水利專業者，經常會遇到古代水利技術術語、專業管理機構、工程技術名詞等，不易讀懂或對工程事件無法深入瞭解。而對有些從事水利工作的讀者，也可能遇到古今技術的差異引起的誤解。例如古代表示河流水情的名稱有：解凌水、桃華水、菜華水、麥黄水、瓜蔓水、攀山水、荻苗水、豆華水、登高水、復槽水、蹙凌水等。關於堵口卷埽工程的專有名詞更多：所謂葦索、心索、底簍、搭簍、箍首索、簽樁、磕㰚、拐㰚、拽後㰚等。卷埽之器，則有制脚木、制木、進木、拒馬、短長木籠、大小石籠、雲梯、引㰚、推梯、卓斧、綿索等。其餘若木龍、蠶椽木、麥秸、扶樁、鐵叉、鐵吊枝、麻搭、火鉤、汲水、貯水等工具，名目繁多，不容易辨清。如常見本《宋史》將『扶樁、鐵叉、鐵吊枝、麻搭、火鉤』，錯標點爲『扶樁、鐵叉、鐵吊、枝麻、搭火鉤』。宋代將黄河大溜逼近河堤者稱『向著』，《河防通議·卷埽》記載：『凡埽去水近者謂之向著，去水遠者謂之退背。』常見的版本却多次將『向著』標作地名。此次整編工作在這方面投入了較大的精力。

由於歷代編寫正史時，對水利史實記述比較簡略，甚至出現偏差，要準確全面瞭解還需要參考更多的文獻。另外在所謂『官修』正史中，也有史實記載混淆失實之處。最明顯的如元史，由於是兩次纂修，內容難免重複，或者文不對題，或者多處將一個工程分開記述。如在濟州河標題下記載的却是膠萊河； 對鄭國渠分爲三白渠、洪口渠和涇渠三部分叙述。

常見的版本中，除前述《宋史》舉例外，還有以下例子。

《新唐書・地理志》標點作『有甘井二，十年，令毛某母老，苦水鹹無以養，縣舍穿地，泉湧而甘，民謂之毛公井。』應該標點爲：『有甘井，二十年，令毛某母老，苦水鹹無以養，縣舍穿地，泉湧而甘，民謂之毛公井。』此處『有甘井』，指『毛公井』而非兩個井； 另外叙述事件按年代排列，前面已是開元十六年，此處應該是二十年的事情。

《金史・河渠志》：『馬琪措畫河防事，未見功役之數』之句，原注：『未見功役之數，「數」疑是「效」字之誤。』實際『數』字不誤，是指未見到所需役夫之『總數量』，即指責馬琪没有上報詳細計算的數量。

《明史・河渠志》：『設徐、沛、沽頭、金溝、山東、谷亭、魯橋等閘』，應該標點爲：『設徐沛沽頭、金溝，山東谷亭、魯橋等閘』。沽頭、金溝閘均在徐州沛縣境內，而谷亭、魯橋閘則在山東境內。文內只叙述了四座閘，而非並列的七座閘。

又『宛平昌平西湖、景東牛欄莊及青龍、華家、甕山三閘』之句。西湖，元、明時又稱西湖景（今昆明湖前身），没有『景東』之地或閘，中間不可用頓號。應該標點爲：『宛平昌平西湖景東牛欄莊及青龍、華家、甕山三閘』。

又『河必決溢，上流水行平地』。應該標點爲：『河必決溢上流，水行平地』。必須是上流處決溢，才可能導致水行平地，絕不可能發生河道決溢後，其決口之上『水行平地』的情況。

再如《清史稿・河渠志》：『京口以南，運河惟徒、陽、陽武等邑時勞疏浚』。應該標點爲：『京口以南，運河惟徒、陽、陽、武等邑時勞疏浚』。徒、陽、陽、武系指丹徒、丹陽、陽湖、武進四縣。而『陽武』在黄河流域，這里不可能出現。這些在本書中都一一作了説明。

一九八八年由周魁一先生统稿，鄭連第、郭濤、蔡蕃、譚徐明、蔣超參加注釋出版了《二十五史河渠志注釋》一書。當時各章節分工是：周魁一注釋《宋史》河渠一、河渠二、河渠三黄河下、河渠五及《清史稿・河渠四》；鄭連第注釋《宋史》河渠三汴河上、河渠四，《清史稿・河渠三》； 郭濤注釋《史記・河渠書》《漢書・溝洫志》，《明史》河渠一、河渠二，《清史稿・河渠一》； 蔡蕃注釋《宋史》河渠六、河渠七，《金史・河渠志》《元史・河渠志》； 譚徐明注釋《明史》河渠三、河渠四、河渠五，《清史稿・河渠二》；蔣超注釋《明史·河渠六》。最後附録姚漢源先生早年注釋的《新唐書·地理志》的水利史料彙編。本次整理即在此版本基礎上，增加了《新元史·河渠志》，稱爲《二十五史河渠志彙編》。同時對注釋進行精簡，删去了對地理、一般人物等方面詳細的注釋，保留了對水利技術方面的詳細注释，方便讀者閱讀。

本次整理工作由蔡蕃和蔣超完成（蔣超負責《史記·河渠書》《漢書·溝洫志》《明史·河渠志》《清史稿·河渠志》；蔡蕃負責《宋史·河渠志》《金史·河渠志》《元史·河渠志》《新元史·河渠志》《新唐書·地理志》），鄭連第、段天順審稿。限於水準，彙編中的不足和錯誤在所難免，歡迎批評指正。

整理者

目録

清史稿·河渠志……三〇一

附録　新唐書·地理志……三九五

史記・河渠書[一]

《史記》卷二九

《夏書》曰：禹抑（《索隱》：抑音憶。抑者，遏也。洪水滔天，故禹遏之，不令害人也。《漢書・溝洫志》作『堙』。堙，抑，皆塞也。）洪水十三年，過家不入門。陸行載車，水行載舟，泥行蹈毳，山行即橋（《集解》徐廣曰：『橋，近遥反。一作「輂」。輂，直轅車也，音己足反。《尸子》曰「山行乘樏」。音力追反。又曰「行塗以楯，行險以欙，行沙以軌」。又曰「乘風車」。音去喬反。』《索隱》：毳字亦作『橇』，同音昌芮反。注以欙，子芮反，又子絶反，與蕝音同）。以别九州，隨山浚川，任土作貢。通九道，陂[二]九澤（《正義》顔師古云：『通九州之道，及障遏其澤也』），度九山（《正義》：度，田洛反。《釋名》云『山者，産也』。治水以志九州山澤所生物産，言於地所宜，商而度之，以制貢賦也）。然河菑衍溢，害中國也尤甚。唯是爲務。故道河自積石歷龍門（《正義》：在同州韓城縣北五十里，爲鑿廣八十步），南到華陰（《正義》：華陰縣也。魏之陰晉，秦惠文王更名寧秦，漢高帝改曰華陰也），東下砥柱[三]（《正義》：底柱山俗名三門山，在硤石縣東北五十里，在河之中也），及孟津（《正義》：在洛州河陽縣南門外也），雒汭，至於大邳（《正義》孔安國云：『山再成曰邳。』按：在衛州黎陽縣南七里是也）。於是禹以爲河所從來者高，水湍悍（《集解》韋昭曰：『湍，疾；悍，强也』），難以行平地，數爲敗，乃厮二渠以引其河（《集解》：《漢書音義》曰：『厮，分也。二渠，其一出貝丘西南二折者也，其一則漯川。』《索隱》：厮，漢書作『灑』，《史記》舊本亦作『灑』，字從水。按：韋昭云『疏決爲灑』，字音疏跬反。厮，即分其流泄其怒是也。又按：二渠，其一即漯川，其二王莽時遂空也）。北載之高地，過降水[四]（《正義》：降水源出潞州屯留縣西南方山東北），至於大陸（《正義》：大陸澤在邢州及趙州界，一名廣河澤，一名鉅鹿澤也），播

[一]《史記》　司馬遷著，一百三十卷。《河渠書》是其中的一個專篇，是中國第一部水利通史。《史記・河渠書》賦予了『水利』一詞以治河防洪、灌溉、航運等明確的專業概念。現代意義的『水利』二字當溯源於此。

[二]陂　指蓄水的塘堰、水庫。這里作動詞，指壅塞、堵築，使水流瀦蓄起來。

[三]砥柱　一九六〇年修建三門峽水庫時已炸毁。

[四]降水　『降』又作『洚』或『绛』。清人胡渭《禹貢錐指》認爲降水係濁漳水上游，源出於今山西屯留，東流入漳水注入古黄河。後人多從胡渭説。

爲九河（《正義》：言過降水及大陸水之口，至冀州分爲九河），同爲逆河，入於勃海（《集解》瓚曰：『《禹貢》云「夾右碣石入於海」，然則河口之入海乃在碣石也。武帝元光二年，河徙東郡，更注勃海。禹之時不注勃海也』）。九川既疏，九澤既灑，諸夏艾安，功施於三代。

自是之後，滎陽下引河東南爲鴻溝〔一〕（《索隱》：楚漢中分之界，文穎云即今官渡水也。蓋爲二渠：一南經陽武，爲官渡水；一東經大梁城，即鴻溝，今之汴河是也），以通宋、鄭、陳、蔡、曹、衞，與濟、汝、淮、泗會。於楚，西方則通渠漢水、雲夢之野，東方則通（鴻）溝江淮之閒。於吴，則通渠三江、五湖（《集解》韋昭曰：『五湖，湖名耳，實一湖，今太湖是也，在吴西南。』《索隱》：三江，按《地理志》北江從會稽毗陵縣北東入海，中江從丹陽蕪湖縣東北至會稽陽羨縣東入海，南江從會稽吴縣南東入海，故《禹貢》有北江、中江也。五湖者，郭璞《江賦》云具區、洮滆、彭蠡、青草、洞庭是也。又云太湖周五百里，故曰五湖）。於齊，則通菑濟之間。於蜀，蜀守冰〔二〕（《集解》：《漢書》曰：『冰姓李。』）鑿離碓（《集解》晉灼曰：『古「堆」字也』），辟沫水〔三〕之害（《索隱》：辟音避。沫音末。按：《説文》云『沫水出蜀西南徼外，與青衣合，東南入江』也），穿二江成都之中（《正義》：《括地志》云：『大江一名汶江，一名管橋水，一名清江，亦名水江，西南自温江縣境流來。』又云：『郫江一名成都江，一名市橋江，亦曰内江，西北自新繁縣界流來。二江並在益州成都縣界。任豫《益州記》云「二江者，郫江、流江也」。《風俗通》云「秦昭王使李冰爲蜀守，開成都縣兩江，溉田萬頃。神須取女二人以爲婦，冰自以女與神爲婚，徑至祠勸神酒，酒杯澹澹，因厲聲責之，因忽不見。良久，有兩蒼牛鬥於江岸，有閒，輒還，流汗謂官屬曰：『吾鬭疲極，不當相助耶？南向腰中正白者，我綬也。』主簿刺殺北面者，江神遂死」。《華陽國志》云「蜀時濯錦流江中，則鮮明也」』）。此渠皆可行舟，有餘則用溉浸，百姓饗其利。至於所過，往往引其水益用溉。〔四〕田疇之渠，以萬億計，然莫足數也。

西門豹引漳水溉鄴（《正義》：《括地志》云：『漳水一名濁漳水，源出潞州長子縣西力黄山。《地理志》云濁漳水在長子鹿谷山，東至鄴，入清漳。』按：力黄、鹿谷二山，北鹿也。鄴，相州之縣也），以富魏之河内。

〔一〕鴻溝　戰國時期開鑿的運河。始鑿於魏惠王十年（前三六〇年）。

〔二〕冰　戰國時水利名家，生卒年不詳。秦昭襄王末年（約前二五六至二五〇年）爲蜀郡守，主持興建都江堰工程。

〔三〕沫水　古水名，岷江主要支流，即今之大渡河。隋唐以后改爲近名。

〔四〕常見本在『溉』後没有斷句，以下文意爲另叙灌渠之數量，應該標點句號。

而韓聞秦之好興事，欲罷之，毋令東伐（《集解》如淳曰：『欲罷勞之，息秦伐韓之計』），乃使水工〔一〕鄭國（《集解》韋昭曰：『鄭國能治水，故曰水工。』）閒說秦，令鑿涇水自中山西邸瓠口爲渠〔二〕（《索隱》小颜云『中音仲，即今九嵏山之東仲山是也。邸，至也』。瓠口即谷口，乃《郊祀志》所謂『寒門谷口』是也。與池陽相近，故曰『田於何所，池陽谷口』也。《正義》：《括地志》云：『中山一名仲山，在雍州云陽縣西十五里。又云焦穫藪，亦名瓠，在涇陽北城外也。』邸，至也。至渠首起雲陽縣西南二十五里，今枯也），並北山東注洛（《集解》徐廣曰：『出馮翊懷德縣。』）三百餘里，欲以溉田。中作而覺，秦欲殺鄭國。鄭國曰：『始臣爲閒，然渠成亦秦之利也。』（《索隱》：《溝洫志》鄭國云『臣爲韓延數歲之命，爲秦建萬代之功』是也。）秦以爲然，卒使就渠。渠就，用注填閼之水，溉澤鹵之地四萬餘頃（《索隱》：溉，音古代反。澤，一作『舄』，音昔，又並音尺。本或作『斥』，則如字讀之），收皆畝一鍾〔三〕。於是關中爲沃野，無凶年，秦以富彊，卒並諸侯，因命曰鄭國渠。

漢興三十九年，孝文時河決酸棗，東潰金隄（《正義》：《括地志》云：『金隄一名千里隄，在白馬縣東五里』），於是東郡大興卒塞之。

其後四十有餘年〔四〕，今天子元光之中，而河決於瓠子〔五〕，東南注鉅野（《正義》：《括地志》云：『鄆州鉅野縣東北大澤是』），通於淮、泗。於是天子使汲黯、鄭當時興人徒塞之，輒復壞。是時武安侯田蚡爲丞相，其奉邑食鄃（《索隱》音輸。韋昭云『清河縣也』。《正義》：貝州縣也）。鄃居河北，河決而南則鄃無水菑，邑收多。蚡言於上曰：『江河之決皆天事，未易以人力爲彊塞，塞之未必應天。』而望氣用數者亦以爲然。於是天子久之不事復塞也。

是時鄭當時爲大農，言曰：『異時關東漕粟從渭中上，度六月而罷，而漕水道九百餘里，時有難處。引渭穿渠起長安，並南山下，至河三百餘里，徑，易漕，度可令三月罷；而渠下民田萬餘頃，又可得以溉田：此損漕省卒，而益肥關中之地，得穀。』天子以爲然，令齊人水工徐伯表〔六〕（《索隱》舊說，徐伯表水工姓名也。小顏以爲表

〔一〕水工　專門從事水利工程建設的技術人員。
〔二〕鄭國渠取水口在今陝西涇陽縣西北。宋以後歷代取水口和渠首段遺跡尚存，呈不斷上移趨勢。
〔三〕收皆畝一鍾　近人研究，一鍾爲六石四斗，折算今制畝産一百二十五千克。
〔四〕其後四十有餘年　記載誤。《溝洫志》作『其后三十六年』。河決酸棗，在文帝前元十二年（前一六八年），河決瓠子在武帝元光三年（前一三二年），其间爲三十六年，《溝洫志》记載正确。
〔五〕瓠子　地名，在今河南濮陽縣西南。
〔六〕表　類似渠綫的勘測測量工作。

者，巡行穿渠之處而表記之，若今豎標，表不是名也），悉發卒（《集解》徐廣曰：『一云「悉衆」』）數萬人穿漕渠〔一〕，三歲而通。通，以漕，大便利。其後漕稍多，而渠下之民頗得以溉田矣。

其後河東守番係（《索隱》：上音婆，又音潘。按：《詩・小雅》云『番維司徒』，番，氏也。下音系也。）言：『漕從山東西（《索隱》按：謂從山東運漕而西入關也），歲百餘萬石，更砥柱之限，敗亡甚多，而亦煩費。穿渠引汾（《正義》：《括地志》云：『汾水源出嵐州靜樂縣北百三十里管涔山北，東南流，入并州，即西南流，入至絳州、蒲州入河也。』）溉皮氏、汾陰下（《正義》：《括地志》云：『皮氏故城在絳州龍門縣西百三十步。自秦、漢、魏、晉，皮氏縣皆治此。汾陰故城俗名殷湯城，在蒲汾陰縣北九里，漢汾陰縣是也』），引河溉汾陰、蒲阪下，度可得五千頃。五千頃故盡河壖棄地（《集解》韋昭曰：『壖音而緣反。謂緣河邊地也。』《索隱》又音人兖反），民茭牧其中耳（《索隱》：茭，乾草也。謂人收茭及牧畜於中也），今溉田之，度可得穀二百萬石以上。穀從渭上，與關中無異，而砥柱之東可無復漕。』天子以爲然，發卒數萬人作渠田。數歲，河移徙，渠不利，則田者不能償種。久之，河東渠田廢，予越人，令少府以爲稍入（《集解》如淳曰：『時越人有徙者，以田與之，其租税入少府。』《索隱》：其田既薄，越人徙居者習水利，故與之，而稍少其税，入之於少府）。

其後人有上書欲通褒斜道（《集解》韋昭曰：『褒中縣也。斜，谷名，音邪。』瓚曰：『褒，斜，二水名。』《正義》：《括地志》云：『褒谷在梁州褒城縣北五十里。斜水源出褒城縣西北九十八里衙嶺山，與褒水同源而派流，《漢書・溝洫志》云「褒水通沔，斜水通渭，皆以行船」是也。』按：褒城即褒中縣也。）及漕〔二〕，事下御史大夫張湯。湯問其事，因言：『抵蜀從故道（《正義》：《括地志》云：『鳳州兩當縣，本漢故道縣也，在州西五十里』），故道多阪，回遠。今穿褒斜道，少阪，近四百里；而褒水通沔，斜水通渭，皆可以行船漕。漕從南陽（《正義》：南陽縣即今鄧州也。）上沔入褒，褒之絶水〔三〕至斜，閒百餘里，以車轉，從斜下（下）渭。如此，漢中之穀可致，山東從沔無限（《正義》：無限，言多也。山東，謂河南之東，山南之東及江南、淮南，皆經砥柱（主）〔上〕運，今並從沔，便於三門之漕也），便於砥柱之漕。且褒斜材木竹箭之饒，擬於巴蜀。』天子以爲然，拜湯子卬爲漢中守，發數萬人作褒斜道五百餘里。道果便近，而水湍石（《集解》徐廣曰：

〔一〕漕渠　始建於西漢元光六年（公元前一二九年），由鄭當時主持，水工徐伯督率開鑿，起長安（今西安），東至黄河。

〔二〕及漕　常見本斷在『事』下，應斷在『漕』下，『事』字應屬下文，參見《溝洫志》。

〔三〕絶水　『絶』，斷也。指上游的尾端不能通航之處。

『湍，一本作「溲」』，不可漕。

其後莊熊羆言：『臨晉（《正義》：《括地志》云：『同州本臨晉城也。一名大荔城，亦曰馮翊城。』）民頗穿洛以溉重泉（《正義》：洛，漆沮水也。《括地志》云：『重泉故城在同州蒲城縣東南四十五里，在同州西北亦四十五里。』）以東萬餘頃故鹵地。誠得水，可令畝十石。』於是爲發卒萬餘人穿渠，自徵（《集解》應劭曰：『徵在馮翊。』《索隱》：音懲，縣名也。小颜云即今之澄城也。）引洛水至商颜山下（《集解》服虔曰：『颜音崖。或曰商颜，山名也。』《索隱》：颜音崖，又如字。商颜，山名也）。岸善崩（《集解》如淳曰：『洛水岸。』《正義》言商原之崖岸，土性疏，故善崩毁也），乃鑿井，深者四十餘丈。往往爲井，井下相通行水。水積以絶商颜（《集解》瓚曰：『下流曰積』），東至山嶺十餘里閒。井渠[一]之生自此始。穿渠得龍骨（《正義》：《括地志》云：『伏龍祠在同州馮翊縣西北四十里。故老云漢時自徵穿渠引洛，得龍骨，其後立祠，因以伏龍爲名。今祠頗有靈驗也』），故名曰龍首渠。作之十餘歲，渠頗通，猶未得其饒。

自河決瓠子後二十餘歲，歲因以數不登，而梁楚之地尤甚。天子既封禪巡祭山川，其明年，旱，乾封少雨。天子乃使汲仁、郭昌發卒數萬人塞瓠子決。於是天子已用事萬里沙（《正義》：《括地志》云：『萬里沙在華州鄭縣東北二十里也』），則還自臨決河，沈白馬玉璧於河，令群臣從官自將軍已下皆負薪寘決河。是時東郡燒草，以故薪柴少，而下淇園之竹（《集解》晉灼曰：『衛之苑也。多竹篠。』）以爲楗[二]（《集解》如淳曰：『樹竹塞水決之口，稍稍布插接樹之，水稍弱，補令密，謂之楗。以草塞其裏，乃以土填之；有石，以石爲之。音建。』《索隱》：楗音其免反。楗者，樹於水中，稍下竹及土石也）。

天子既臨河決，悼功之不成，乃作歌曰：『瓠子決兮將奈何？皓皓旰旰兮閭殫爲河（《集解》如淳曰：『殫，盡也。』駰謂州閭盡爲河）！殫爲河兮地不得寧，功無已時兮吾山平（《集解》徐廣曰：『東郡東阿有魚山，或者是乎？』駰按：如淳曰『恐水漸山使平也』。韋昭曰『鑿山以填河也』）。吾山平兮鉅野溢（《集解》如淳曰：『瓠子決，灌鉅野澤使溢也』），魚沸鬱兮柏冬日（《集解》徐廣曰：『柏猶迫也，冬日行天邊，若與水相連矣。』駰按：《漢書音義》曰『鉅野滿溢，則衆魚沸鬱而滋長也。迫冬日乃止』）。延道弛兮離常流（《集解》徐廣曰：『延，一作「正」。』駰按：晉灼曰『言河道皆弛壞也』。《索隱》：言河之決，由其源道延長弛溢，故使其道皆離常流。故晉灼云『言河道皆弛壞』），蛟龍騁兮方遠遊。歸舊川兮神哉沛（《集解》瓚曰：『水還舊道，則群害消除，神祐滂沛』），不

[一] 井渠　指採用豎井法施工的暗渠。
[二] 楗　在決河口門處打下的竹木基樁。

封禪兮安知外！爲我謂河伯兮何不仁，泛濫不止兮愁吾人？齧桑浮兮淮、泗滿（《集解》張晏曰：『齧桑，地名也。』如淳曰：『邑名，爲水所浮漂』），久不反兮水維緩。』一曰：『河湯湯兮激潺湲，北渡污兮浚流難。搴長茭兮沈美玉（《集解》如淳曰：『搴，取也。茭，草也，音郊。一曰茭，竿也。取長竿樹之，用著石間，以塞決河。』瓚曰：『竹葦絙謂之茭，下所以引致土石者也。』《索隱》：搴音己免反。茭音交，竹葦絙也。一作『茇』，音廢，鄒氏又音紼也），河伯許兮薪不屬（《集解》如淳曰：『旱燒，故薪不足』）。薪不屬兮衛人罪，燒蕭條兮噫乎何以禦水！穨林竹兮楗石菑（《集解》如淳曰：『河決，楗不能禁，故言菑。』韋昭曰：『楗，柱也。木立死曰菑』），宣房塞兮萬福來。』於是卒塞瓠子，築宫其上，名曰宣房宫。而道河北行二渠，復禹舊迹，而梁、楚之地復寧，無水災。

自是之後，用事者争言水利[一]。朔方、西河、河西、酒泉皆引河及川谷以溉田；而關中輔渠、靈軹（《集解》如淳曰：『《地理志》盩厔有靈軹渠。』《索隱》按：《溝洫志》兒寬爲左内史，奏請穿六輔渠。小颜云『今尚謂之輔渠，亦曰六渠也』。）引堵水（《集解》徐廣曰：『一作「諸川」。』）；汝南、九江引淮；東海引鉅定（《集解》瓚曰：『鉅定，澤名』）；泰山下引汶水，皆穿渠爲溉田，各萬餘頃。佗小渠披山通道者，不可勝言。然其著者在宣房[二]。

太史公曰：余南登廬山，觀禹疏九江，遂至於會稽太湟（《集解》徐廣曰：『一作「濕」』），上姑蘇，望五湖；東闚洛汭、大邳，迎河，行淮、泗、濟、漯洛渠；西瞻蜀之岷山及離碓；北自龍門至于朔方。曰：甚哉，水之爲利害也！余從負薪塞宣房，悲瓠子之詩而作《河渠書》。（《集解》徐廣曰：『《溝洫志》行田二百畝，分賦田與一夫二百畝，以田惡，故更歲耕之。』

《索隱述贊》：水之利害，自古而然。禹疏溝洫，隨山濬川。爰洎後世，非無聖賢。鴻溝既劃，龍骨斯穿。填閼攸墾，黎蒸有年。宣房在詠，梁楚獲全）。

[一] 水利　司馬遷在中國歷史文獻中第一次使用的專門辭彙，爲中國所特有。

[二] 宣房　瓠子堵口處。《漢書・溝洫志》作『宣防』。『宣防』後成爲治河防洪的代名詞。

漢書・溝洫志

《漢書》卷二九

（應劭曰：『溝廣四尺，深四尺； 洫廣深倍於溝。』師古曰：『洫音許域反。』）

《夏書》： 禹堙（如淳曰：『堙，没也。』師古曰：『堙，塞也。洪水泛溢，疏通而止塞之。堙音因。』）洪水十三年，過家不入門。陸行載車，水行乘舟，泥行乘毳（孟康曰：『毳形如箕，擿行泥上。』如淳曰：『毳音茅蕝之蕝。謂以板置泥上以通行路也。』師古曰：『孟説是也。毳讀如本字。』），山行則梮[一]（如淳曰：『梮謂以鐵如錐頭，長半寸，施之履下，以上山，不蹉跌也。』韋昭曰：『梮，木器，如今輿牀，人舉以行也。』師古曰：『如説是也。梮音居足反。』），以別九州（師古曰：『分其界。』）； 隨山浚川（師古曰：『順山之高下而深其流』），任土作貢（師古曰：『任其土地所有以定貢賦之差也』）； 通九道，陂九澤，度九山（師古曰：『言通九州之道，及鄣遏其澤，商度其山也。度音大各反。』）。然河災之羨溢，害中國也尤甚（師古曰：『羨讀與衍同，音弋展反。』）。唯是爲務，故道河自積石（師古曰：『道，治也，引也。從積石山而治引之令通流也。道讀曰導。』），歷龍門，南到華陰，東下底柱（師古曰：『底音之履反。』），及盟津、雒內，至於大伾（鄭氏曰：『山一成爲伾，在修武、武德界。』張晏曰：『成臯縣山是也。臣瓚以爲今修武、武德無此山也。成臯縣山又不一成也。今黎陽山臨河，豈是乎？』師古曰：『內讀曰汭。伾音皮彼反。解在《地理志》。』）。於是禹以爲河所從來者高，水湍悍（師古曰：『急流曰湍。悍，勇也。湍音它端反。』），難以行平地，數爲敗，乃釃二渠以引其河（孟康曰：『釃，分也。分其流，泄其怒也。二渠，其一出貝丘西南南折者也，其一則漯川也。河自王莽時遂空，唯用漯耳。』師古曰：『釃音山支反。漯音它合反。』），北載之高地，過洚水，至於大陸，播（師古曰：『播，布也。』）爲九河，同爲迎河，入於勃海（臣瓚以爲『《禹貢》「夾右碣石入於河」，則河入海乃在碣石也。武帝元光二年，河移徙東郡，更注勃海。禹時不注也。』師古曰：『解在《地理志》。』）。九川既疏（師古曰：『疏，分流。』），九澤既陂，諸夏乂安，功施乎三代。

自是之後，滎陽下引河東南爲鴻溝，以通宋、鄭、陳、蔡、曹、衛，與濟、汝、淮、泗會。於楚，西方則通渠漢川、雲

[一] 則梮　《河渠書》作『即橋』。

夢之際，東方則通溝江淮之間。於吴，則通渠三江、五湖。於齊，則通淄濟之間。於蜀，則蜀守李冰鑿離𡼏（晉灼曰：『𡼏，古堆字也。𡼏，岸也。』師古曰：『音丁回反。』），避沫水之害（師古曰：『沫音本末之末。水出蜀西南徼外，東南入江』），穿二江成都中。此渠皆可行舟，有餘則用溉（師古曰：『溉，灌也，音工代反。』），百姓饗其利。至於它〔二〕，往往引其水，用溉田，溝渠甚多，然莫足數也。

魏文侯時，西門豹爲鄴令，有令名（師古曰：『有善政之稱。』）。至文侯曾孫襄王時，與群臣飲酒，王爲群臣祝曰：『令吾臣皆〔如〕西門豹之爲人臣也！』史起進曰：『魏氏之行田也以百畝（師古曰：『賦田之法，一夫百畝也。』），鄴獨二百畝，是田惡也。漳水在其旁，西門豹不知用，是不智也。知而不興，是不仁也。仁智豹未之盡，何足法也！』於是以史起爲鄴令，遂引漳水溉鄴〔三〕，以富魏之河内。民歌之曰：『鄴有賢令兮爲史公，決漳水兮灌鄴旁，終古舄鹵兮生稻粱。』（蘇林曰：『終古，猶言久古也。《爾雅》曰「鹵，鹹苦也」。』師古曰：『舄即斥鹵也。謂鹹鹵之地也。』）

其後韓聞秦之好興事，欲罷之，無令東伐（如淳曰：『息秦滅韓之計也。』師古曰：『罷讀曰疲，令其疲勞不能出兵。』）。乃使水工鄭國間（師古曰：『間音居莧反。其下亦同。』）説秦，令鑿涇水，自中山西邸瓠口爲渠（師古曰：『中讀曰仲，即今九嵏之東仲山也。邸，至也。』），並北山，東注洛（師古曰：『並音步浪反。洛水，即馮翊漆沮水。』），三百餘里，欲以溉田。中作而覺（師古曰：『中作，謂用功中道，事未竟也。』），秦欲殺鄭國。鄭國曰：『始臣爲間，然渠成亦秦之利也。臣爲韓延數歲之命，而爲秦建萬世之功。』秦以爲然，卒使就渠。渠成而用（溉）注填閼之水，溉舄鹵之地四萬餘頃，收皆畝一鍾（師古曰：『注，引也。閼讀與淤同，音於據反。填閼謂壅泥也。言引淤濁之水灌鹹鹵之田，更令肥美，故一畝之收至六斛四斗。』）。於是關中爲沃野，無凶年，秦以富彊，卒並諸侯，因名曰鄭國渠。

漢興三十有九年，孝文時河決酸棗，東潰金隄（師古曰：『潰，横決也。金隄，河隄名也，在東郡白馬界。隄音丁奚反。』），於是東郡大興卒塞之。

其後三十六歲，孝武元光中，河決於瓠子，東南注鉅野（師古曰：『鉅野，澤名，舊屬兖州界，即今之鄆州鉅野縣。』），通於淮、泗。上使汲黯、鄭當時興人徒塞之，輒復

〔一〕溉　《河渠書》後有『浸』字。
〔二〕至於它　《河渠書》作『至於所過』。
〔三〕引漳水溉鄴　《河渠书》記引漳灌溉爲西門豹所爲。《溝洫志》首記爲史起事，其根據是《吕氏春秋・乐成》。西晋时有人將二説調和，左思在《蜀都賦》中認爲『西門溉其前，史起灌其後。』近人研究認爲西門豹引漳説可信度大，史起疑点多。

壤。是時武安侯田蚡爲丞相，其奉邑食鄃（師古曰：『奉音扶用反。鄃音輸，清河之縣也。』）。鄃居河北，河決而南則鄃無水災，邑收入多。蚡言於上曰：『江河之決皆天事，未易以人力彊塞，彊塞之未必〔順〕〔應〕天。』而望氣用數者亦以爲然，是以久不復塞也。

時鄭當時爲大司農，言『異時（師古曰：『異時，往時也。』）關東漕粟從渭上，度六月罷（師古曰：『計度其功，六月而後可罷也。度音大各反。』），而渭水道〔一〕九百餘里，時有難處。引渭穿渠起長安，旁（師古曰：『旁音步浪反。』）南山下，至河三百餘里，徑，易漕（師古曰：『徑，直也。易音弋豉反。』），度可令三月罷；（罷）而渠下民田萬餘頃又可得以溉。此（捐）〔損〕漕省卒，而益肥關中之地，得穀。』上以爲然，令齊人水工徐伯表（師古曰：『巡行穿渠之處而表記之，今之豎標是。』），發卒數萬人穿漕渠，三歲而通。以漕，大便利。其後漕稍多，而渠下之民頗得以溉矣。

後河東守番係（師古曰：『姓番名係也。番音普安反。』）言：『漕從山東西（師古曰：『謂從山東運漕而西入關也。』），歲百餘萬石，更（師古曰：『更，歷也，音庚。』）底柱之艱，敗亡甚多而煩費。穿渠引汾溉皮氏、汾陰下，引河溉汾陰、蒲坂下（師古曰：『引汾水可用溉皮氏及汾陰以下，而引河水可用溉汾陰及蒲坂以下，地形所宜也。』），度可得五千頃。故盡河堧棄地（師古曰：『謂河岸以下緣河邊地素不耕墾者也。堧音而緣反。』），民茭牧其中耳（師古曰：『茭，乾草也。謂收茭草及牧畜産於其中。茭音交。』），今溉田之（師古曰：『溉而種之。』），度可得穀二百萬石以上。穀從渭上，與關中無異（師古曰：『雖從關外而來，於渭水運上，皆可致之，故曰與關中收穀無異也。』），而底柱之東可毋復漕。』上以爲然，發卒數萬人作渠田。數歲，河移徙，渠不利，田者不能償種（師古曰：『言所收之直不足償糧種之費也。種音之勇反。』）。久之，河東渠田廢，予越人，令少府以爲稍入（如淳曰：『時越人有徙者，以田與之，其租税入少府也。』師古曰：『越人習於水田，又新至，未有業，故與之也。稍，漸也。其入未多，故謂之稍也。』）。

其後人有上書，欲通褒斜道（師古曰：『褒、斜，二谷名，其谷皆各自有水耳。斜音弋奢反。』）及漕，事下御史大夫張湯。湯問之，言『抵蜀從故道，故道多阪，回遠（師古曰：『抵，至也。故道屬武都，有蠻夷，故曰道，即今鳳州界也。回音胡内反。』）。今穿褒斜道，少阪，近四百里；而褒水通沔，斜水通渭，皆可以行船漕。漕從南陽上沔入褒，褒絶水至斜，間百餘里，以車轉，從斜下渭。如此，漢中穀可致，而山東從沔無限，便於底柱之漕。且褒斜材木竹箭之饒，儗（師古曰：『儗，比也。』）於巴蜀。』上

〔一〕渭水道　《河渠書》作『漕水道』。

以爲然。拜湯子卬爲漢中守，發數萬人作褒斜道五百餘里。道果便近，而水多湍石，不可漕。

其後嚴熊言『臨晉民願穿洛以溉重泉（師古曰：『臨晉、重泉皆馮翊之縣也。洛即漆沮水。』）以東萬餘頃故惡地。誠即得水，可令畝十石。』於是爲發卒萬人穿渠，自徵引洛水至商顔下（應劭曰：『徵在馮翊。商顔，山名也。』師古曰：『徵音懲，即今所謂澄城也。商顔，商山之顔也。謂之顔者，譬人之顔額也，亦猶山（額）〔領〕象人之頸領。』）。岸善崩（如淳曰：『洛水岸也。』師古曰：『善崩，言憙崩也。』），乃鑿井，深者四十餘丈。往往爲井，井下相通行水。水隤（師古曰：『下流曰隤。』）以絶商顔，東至山領十餘里間。井渠之生自此始。穿得龍骨，故名曰龍首渠。作之十餘歲，渠頗通，猶未得其饒。

自河決瓠子後二十餘歲，歲因以數不登，而梁楚之地尤甚。上既封禪，巡祭山川，其明年，乾（師古曰：『乾音干。解在《郊祀志》。』）封少雨。上乃使汲仁、郭昌發卒數萬人塞瓠子決河。於是上以用事萬里沙，則還自臨決河，湛白馬玉璧（師古曰：『湛讀曰沈。沈馬及璧以禮水神也。』），令群臣從官自將軍以下皆負薪寘（師古曰：『寘音大千反。』）決河。是時東郡燒草，以故薪柴少，而下淇園之竹以爲揵（晉灼曰：『淇園，衛之苑也。』如淳曰：『樹竹塞水決之口，稍稍布插按樹之，水稍弱，補令密，謂之揵。以草塞其中，乃以土填之。有石，以石爲之。』師古曰：『揵音其偃反。』）。上既臨河決，悼功之不成，乃作歌曰：

瓠子決兮將奈何？浩浩洋洋，慮殫爲河（如淳曰：『殫，盡也。』師古曰：『浩浩洋洋，皆水盛貌。慮猶恐也。浩音胡老反。洋音羊。』）。殫爲河兮地不得寧，功無已時兮吾山平（如淳曰：『恐水漸山使平也。』韋昭曰：『鑿山以填河。』師古曰：『韋説是也。已，止也。言用功多不可畢止也。』）。吾山平兮鉅野溢（如淳曰：『瓠子決，灌鉅野澤使溢也。』），魚弗鬱兮柏冬日（孟康曰：『鉅野滿溢，則衆魚弗鬱而滋長，迫冬日乃止也。』師古曰：『孟説非也。弗鬱，憂不樂也。水長湧溢，濊濁不清，故魚不樂，又迫於冬日，將甚困也。柏讀與迫同。弗音佛。』）。正道弛兮離常流（晉灼曰：『言河道皆弛壞。』），蛟龍騁兮放遠遊。歸舊川兮神哉沛（臣瓚曰：『水還舊道，則群害消除，神佑滂沛也。』師古曰：『沛音普大反。』），不封禪兮安知外（師古曰：『言不因巡（將）〔狩〕封禪而出，則不知關外有此水。』）！皇謂河公兮何不仁（張晏曰：『皇，武帝也。河公，河伯也。』），泛濫不止兮愁吾人！齧桑（如淳曰：『齧桑，邑名，爲水所浮漂。』）浮兮淮、泗滿，久不反兮水維緩（師古曰：『水維，水之綱維也。』）。

一曰：

河湯湯兮激潺湲（師古曰：『歌有二章，自「河湯湯」以下更是其一，故云一曰也。湯湯，疾貌也。潺湲，激流也。湯音傷。潺音仕連反。湲音于權反。』）北渡回兮迅流難（師古曰：『迅，疾也，音訊。』）。搴長茭兮湛美玉（如淳曰：『搴，取也。茭，草也，音（茭）〔郊〕。一曰，茭，竿也。取長竿樹之，用著石間以塞决河也。』臣瓚曰：『竹葦絙謂之茭也，所以引置土石也。』師古曰：『瓚説是也。搴，拔也。絙，索也。湛美玉者，以祭河也。茭字宜從竹。搴音騫。茭音交，又音爻。湛讀曰沈。絙音工登反。』）河公許兮薪不屬（如淳曰：『旱燒，故薪不足也。』師古曰：『沈玉禮神，見許福祐，但以薪不屬逮，故無功也。屬音之欲反。』）。薪不屬兮衛人罪（師古曰：『東郡本衛地，故言此衛人之罪也。』），燒蕭條兮噫乎何以禦水（師古曰：『燒草皆盡，故野蕭條然也。噫乎，歎辭也。噫音於期反。』）！隤林竹兮揵石菑（師古曰：『隤林竹者，即上所説「下淇園之竹以爲揵」也。石菑者謂臿石立之，然後以土就填塞也。菑亦臿耳，音側其反，義與插同。』），宣防塞兮萬福來。

於是卒塞瓠子，築宫其上，名曰宣防。而道（師古曰：『道讀曰導。』）河北行二渠，復禹舊迹，而梁、楚之地復寧，無水災。

自是之後，用事者争言水利。朔方、西河、河西、酒泉皆引河及川谷以溉田。而關中靈軹、成國、漳渠引諸川（如淳曰：『《地理志》「盩厔有靈軹渠」。成國，渠名，在陳倉。漳音韋，水出韋谷。』），汝南、九江引淮，東海引鉅定（臣瓚曰：『鉅定，澤名也。』），泰山下引汶水（師古曰：『汶音問。』），皆穿渠爲溉田，各萬餘頃。它小渠及陂山通道者（師古曰：『陂山，因山之形也。道，引也。陂音彼義反。道讀曰導。一曰，陂山，遏山之流以爲陂也，音彼皮反。』），不可勝言也。

自鄭國渠起，至元鼎六年，百三十六歲，而兒寬〔一〕爲左内史，奏請穿鑿六輔渠（師古曰：『在鄭國渠之裏，今尚謂之輔渠，亦曰六渠也。』），以益溉鄭國傍高卬之田（師古曰：『素不得鄭國之溉灌者也。卬謂上向也，讀曰仰。』）。上曰：『農，天下之本也。泉流灌寖（師古曰：『寖，古浸字。』），所以育五穀也。左、右内史地，名山川原甚衆，細民未知其利，故爲通溝瀆，畜陂澤（師古曰：『畜讀曰蓄。』），所以備旱也。今内史稻田租挈重，不與郡同（師古曰：『租挈，收田租之約令也。郡謂四方諸郡也。挈音苦計反。』），其議減。令吏民勉農，盡地利，平繇行水〔二〕，勿使失時。』（師古曰：『平繇者，均齊渠堰之力役，謂俱得水利也。繇讀曰徭。』）

〔一〕兒寬　《漢書·兒寬傳》記載他還『定水令，以廣溉田』，製定了灌溉用水制度，對關中水利發展起了重要作用。

〔二〕平繇行水　或指根據灌溉用水面積，合理攤派開渠及維修所需要的工役勞力。

後十六歲，太始二年，趙中大夫白公（鄭氏曰：『白，姓。公，爵。時人多相謂爲公。』師古曰：『此時無公爵也，蓋相呼尊老之稱耳。』）復奏穿渠。引涇水，首起谷口（師古曰：『谷口即今雲陽縣治谷是。』），尾入櫟陽，注渭中，袤二百里（師古曰：『袤，長也，音茂。』），溉田四千五百餘頃，因名曰白渠。民得其饒，歌之曰：『田於何所？池陽、谷口。鄭國在前，白渠起後（師古曰：『鄭國興于秦時，故云前。』）。舉臿爲雲（師古曰：『臿，鍫也，所以開渠者也。』），決渠爲雨。涇水一石，其泥數斗。且溉且糞（如淳曰：『水渟淤泥，可以當糞。』），長我禾黍。衣食京師，億萬之口。』言此兩渠饒也。

是時方事匈奴，興功利，言便宜者甚衆。齊人延年上書[一]（師古曰：『史不得其姓。』）言：『河出昆侖，經中國，注勃海，是其地勢西北高而東南下也。可案圖書，觀地形，令水工準高下，開大河上領（晉灼曰：『上領，山頭也。』），出之胡中，東注之海。如此，關東長無水災，北邊不憂匈奴，可以省隄防備塞，士卒轉輸，胡寇侵盜，覆軍殺將，暴骨原野之患。天下常備匈奴而不憂百越者，以其水絶壤斷也。此功壹成，萬世大利。』書奏，上壯之，報曰：『延年計議甚深。然河乃大禹之所道也（師古曰：『道讀曰導。』），聖人作事，爲萬世功，通於神明，恐難改更。』

自塞宣房後，河復北決於館陶，分爲屯氏河[二]（師古曰：『屯音大門反。而隋室分析州縣，誤以爲毛氏河，乃置毛州，失之甚矣。』），東北經魏郡、清河、信都、勃海入海，廣深與大河等，故因其自然，不隄塞也。此開通後，館陶東北四五郡雖時小被水害，而兖州以南六郡無水憂。

宣帝地節中，光禄大夫郭昌使行河。北曲三所水流之勢皆邪直貝丘縣（師古曰：『直，當也。』）。恐水盛，隄防不能禁，乃各更穿渠，直東，經東郡界中，不令北曲。渠通利，百姓安之。元帝永光五年，河決清河靈鳴犢口[三]（師古曰：『清河之靈縣鳴犢河口也』），而屯氏河絶。

成帝初，清河都尉馮逡奏言（師古曰：『逡音七旬反。』）：『郡承河下流，與兖州東郡分水爲界，城郭所居尤卑下，土壤輕脆易傷。頃所以闊（師古曰：『闊，稀也。』）無大害者，以屯氏河通，兩川分流也。今屯氏河塞，靈鳴犢口又溢不利，獨一川兼受數河之任，雖高增隄防，終不能泄。如有霖雨，旬日不霽（師古曰：『雨止曰霽，音子計反，又音才詣反。』），必盈溢。靈鳴犢口在清河東

[一] 延年上書　其內容應該是歷史上第一次關於黃河人工改道的設想。

[二] 屯氏河　行經路綫大約經館陶北、臨清南、清河東、景縣南，至東光縣西復入大河本流。這是西漢前期黃河下游的一條分岔。直到永光五年（前三十九年），屯氏河才斷流，實際分流達六七十年之久。由於屯氏河與大河並流，增加了排洪能力，使得此期館陶以上河患銳減。

[三] 鳴犢口　《漢書・地理志》：『河水別出爲鳴犢河，東北至蓨入屯氏河。』

界，所在處下，雖令通利，猶不能爲魏郡、清河減損水害。禹非不愛民力，以地形有勢，故穿九河，今既滅難明，屯氏河不流行七十餘年，新絶未久，其處易浚（師古曰：『浚謂治道之令其深也。浚音峻。』）。又其口所居高，於以分〔流〕殺水力，道里便宜，可復浚以助大河泄暴水，備非常〔一〕。又地節時郭昌穿直渠，後三歲，河水更從故第二曲間北可六里，復南合。今其曲勢復邪直貝丘，百姓寒心，宜復穿渠東行。不豫修治，北決病四五郡，南決病十餘郡，然後憂之，晚矣。』事下丞相、御史，白博士許商治《尚書》，善爲算，能度功用（師古曰：『白，白於天子也。度音大各反。』）。遣行視（師古曰：『行音下更反。』），以爲屯氏河盈溢所爲，方用度不足（師古曰：『言國家少財役。』），可且勿浚。

後三歲，河果決於館陶及東郡金隄〔二〕，泛溢兗、豫，入平原、千乘、濟南，凡灌四郡三十二縣，水居地十五萬餘頃，深者三丈，壞敗官亭室廬且四萬所。御史大夫尹忠對方略疏闊，上切責之，忠自殺。遣大司農非調（師古曰：『大司農名非調也。』）調均錢穀河決所灌之郡（師古曰：『令其調發均平錢穀遭水之郡，使存給也。調音徒釣反。』），謁者二人發河南以東漕船五百㮴（師古曰：『一船爲一㮴，音先勞反，其字從木。』），徙民避水居丘陵，九萬七千餘口。河隄使者王延世使塞（師古曰：『命其爲使而塞河也。《華陽國志》云延世字長叔，犍爲資中人也。』），以竹落長四丈，大九圍，盛以小石，兩船夾載而下之。三十六日，河隄成。上曰：『東郡河決，流漂二州，校尉延世隄防三旬立塞。其以五年爲河平元年。卒治河者爲著外繇六月（如淳曰：『律説，戍邊一歲當罷，若有急，當留守六月。今以卒治河之故，復留六月。』孟康曰：『外繇，戍邊也。治水不復戍邊也。』師古曰：『如、孟二説皆非也。以卒治河有勞，雖執役日近，皆得比繇戍六月也。著謂著於簿籍也。著音竹助反。下云「非受平賈，爲著外繇」，其義亦同。』）。惟延世長於計策，功費約省，用力日寡，朕甚嘉之。其以延世爲光禄大夫，秩中二千石，賜爵關内侯，黄金百斤。』

後二歲，河復決平原，流入濟南、千乘，所壞敗者半建始時，復遣王延世治之。杜欽説大將軍王鳳，以爲『前河決，丞相史楊焉言延世受焉術以塞之，蔽不肯見。今獨任延世，延世見前塞之易，恐其慮害不深。又審如焉言，延世之巧，反不如焉。且水勢各異，不博議利害而任一人，如使不及今冬成，來春桃華水盛，必羨溢，有填淤反壤之害（師古曰：『月令「仲春之月，始雨水，桃始華」。蓋桃方華時，

〔一〕泄暴水，備非常　馮逡所述这个方案，是治黄史上最早提出采用人工分流作爲黄河下游防洪的非常措施。

〔二〕金隄　西漢時專指東郡、魏郡、平原郡界内黄河兩岸大隄，因其修築高厚堅固，以石護岸，固若金湯，故稱金隄。

既有雨水，川谷冰泮，衆流猥集，波瀾盛長，故謂之桃華水耳。而《韓詩傳》云「三月桃華水」。反壤者，水塞不通，故令其土壤反還也。羨音弋繕反。淤音於庶反。』）。如此，數郡種不得下（師古曰：『種，五穀之子也，音之勇反。』），民人流散，盜賊將生，雖重誅延世，無益於事。宜遣焉及將作大匠許商、諫大夫乘馬延年雜作（孟康曰：『乘馬，姓也。』師古曰：『乘音食證反。』）。延世與焉必相破壞，深論便宜，以相難極（師古曰：『壞，毀也，音怪。極，窮也，音居力反。』）。商、延年皆明計算，能商功利（師古曰：『商，度也。』），足以分別是非，擇其善而從之，必有成功。』鳳如欽言，白遣焉等作治，六月乃成。復賜延世黃金百斤。治河卒非受平賈者，爲著外繇六月（蘇林曰：『平賈，以錢取人作卒，顧其時庸之平賈也。』如淳曰：『律說，平賈一月，得錢二千。』師古曰：『賈音價。』）。

後九歲，鴻嘉四年，楊焉言『從河上下，患底柱隘，可鐫廣之。』（師古曰：『鐫謂琢鑿之也，音子全反。』）上從其言，使焉鐫之[一]。鐫之裁没水中，不能去，而令水益湍怒，爲害甚於故。

是歲，勃海、清河、信都河水溢溢（師古曰：『溢，踊也，音普頓反。』），灌縣邑三十一，敗官亭民舍四萬餘所。河隄都尉許商與丞相史孫禁共行視，圖方略（師古曰：『圖，謀也。行音下更反。』）。禁以爲『今河溢之害數倍於前決平原時。今可決平原金隄間，開通大河，令入故篤馬河（韋昭曰：『在平原縣。』）。至海五百餘里，水道浚利，又乾三郡水地，得美田且二十余萬頃，足以償所開傷民田廬處，又省吏卒治隄救水，歲三萬人以上。』許商以爲『古說九河之名，有徒駭、胡蘇、鬲津，今見在成平、東光、鬲界中（師古曰：『此九河之三也。徒駭在成平，胡蘇在東光，鬲津在鬲。成平、東光屬勃海，鬲屬平原。徒駭者，言禹治此河，用功極衆，故人徒驚駭也。胡蘇，下流急疾之貌也。鬲津，言其陿小，可鬲以爲津而度也。鬲與隔同。』）。自鬲以北至徒駭間，相去二百餘里，今河雖數移徙，不離此域。孫禁所欲開者，在九河南篤馬河，失水之迹，處勢平夷，旱則淤絶，水則爲敗，不可許。』公卿皆從商言。先是，谷永以爲『河，中國之經瀆（師古曰：『經，常也。』），聖王興則出圖書，王道廢則竭絶。今潰溢橫流，漂没陵阜，異之大者也。修政以應之，災變自除。』是時李尋、解光亦言『陰氣盛則水爲之長，故一日之間，晝減夜增，江河滿溢，所謂水不潤下，雖常於卑下之地，猶日月變見於朔望，明天道有因而作也。衆庶見王延世蒙重賞，競言便巧，不可用。議者常欲求索九河故迹而穿之，今因其自決，可且勿塞，以觀水勢。河欲居之，當稍自成川，跳出沙土，然後順天心而圖之，必有成功，而用財力寡。』於是

[一] 使焉鐫之　这是關於整治三門峽航道工程的最早記載。

遂止不塞。滿昌、師丹等數言百姓可哀，上數遺使者處業振贍之（師古曰：『處業，謂安處之使得其居業。』）。

哀帝初，平當使領河隄（師古曰：『爲使而領其事。』），奏言『九河今皆寘滅，按經義治水，有決河深川（師古曰：『決，分泄也。深，浚治也。』），而無隄防雍塞之文（師古曰：『雍讀曰壅。』）。河從魏郡以東，北多溢決，水迹難以分明。四海之衆不可誣，宜博求能浚川疏河者。』下丞相孔光、大司空何武，奏請部刺史、三輔、三河、弘農太守舉吏民能者，莫有應書。待詔賈讓奏言：

治河有上中下策。古者立國居民，疆理土地，必遺川澤之分，度水勢所不及（師古曰：『遺，留也。度，計也。言川澤水所流聚之處，皆留而置之，不以爲居邑而安墾殖，必計水所不及，然後居而田之也。分音扶問反。度音大各反。』）。大川無防，小水得入，陂障卑下，以爲汙澤（師古曰：『停水曰汙，音一胡反。』），使秋水多，得有所休息[一]，左右遊波，寬緩而不迫。夫土之有川，猶人之有口也。治土而防其川，猶止兒啼而塞其口，豈不遽（師古曰：『遽，速也，音其庶反。』）止，然其死可立而待也。故曰：『善爲川者，決之使道（師古曰：『道讀曰導。導，通引也。』）；善爲民者，宣之使言。』蓋隄防之作，近起戰國，雍防百川（師古曰：『雍讀曰壅。』），各以自利。齊與趙、魏，以河爲竟（師古曰：『竟讀曰境。』）。趙、魏瀕山（師古曰：『瀕山，猶言以山爲邊界也。』師古曰：『瀕音頻，又音賓。』），齊地卑下，作隄去河二十五里。河水東抵齊隄，則西泛趙、魏，趙、魏亦爲隄去河二十五里。雖非其正，水尚有所游蕩。時至而去，則填淤肥美，民耕田之。或久無害，稍築室宅，遂成聚落。大水時至漂没，則更起隄防以自救，稍去其城郭，排水澤而居之，湛溺自其宜也。（師古曰：『湛讀曰沈。』）今隄防陿者去水數百步，遠者數里。近黎陽南故大金隄，從河西西北行，至西山南頭，乃折東，與東山相屬（師古曰：『屬，連及也，音之欲反。』）。民居金隄東，爲廬舍，（往）〔往〕十餘歲更起隄，從東山南頭直南與故大隄會。又内黄界中有澤，方數十里，環之有隄（師古曰：『環，繞也。』），往十余歲太守以賦民（師古曰：『以隄中之地給與民。』），民今起廬舍其中，此臣親所見者也。東郡白馬故大隄亦復數重，民皆居其間。從黎陽北盡魏界，故大隄去河遠者數十里，内亦數重，此皆前世所排也。河從河内北至黎陽爲石隄，激（師古曰：『激者，聚石於隄旁衝要之處，所以激去其水也。激音工歷反。』）使東抵東郡平剛；又爲石隄，使西北抵黎陽、觀下（師古曰：『觀，縣名也，音工喚反。』）；又爲石隄，使東北抵東郡津北；又爲石隄，使西北抵魏郡昭陽；又爲石隄，激使東北。百餘里間，河再西三東，迫

[一] 使秋水多，得有所休息　這是利用沿河兩岸低洼地带作爲滯洪區的設想。

陁如此，不得安息。

今行上策，徙冀州之民當水衝者，決黎陽遮害亭，放河使北入海。河西薄大山，東薄金隄，勢不能遠泛濫，朞月自定。難者將曰：『若如此，敗壞城郭田廬冢墓以萬數，百姓怨恨。』昔大禹治水，山陵當路者毁之，故鑿龍門，辟伊闕（師古曰：『辟讀曰闢。闢，開也。』），析底柱（師古曰：『析，分也。』），破碣石，墮斷天地之性（師古曰：『墮，毁也，音火規反。』）。此乃人功所造，何足言也！今瀕河十郡治隄歲費且萬萬，及其大決，所殘無數。如出數年治河之費，以業所徙之民，遵古聖之法，定山川之位，使神人各處其所，而不相奸（師古曰：『奸音干。』）。且以大漢方制萬里，豈其與水争咫尺之地哉？此功一立，河定民安，千載無患，故謂之上策。

若乃多穿漕渠於冀州地，使民得以溉田，分殺水怒，雖非聖人法，然亦救敗術也。難者將曰：『河水高於平地，歲增隄防，猶尚決溢，不可以開渠。』臣竊按視遮害亭西十八里，至淇水口，乃有金隄，高一丈。自是東，地稍下，隄稍高，至遮害亭，高四五丈。往六七歲，河水大盛，增丈七尺，壞黎陽南郭門，入至隄下（如淳曰：『然則隄在郭内也。』臣瓚曰：『謂水從郭南門入，北門出，而至隄也。』師古曰：『瓚説是也。』）。水未踰隄二尺所，從隄上北望，河高出民屋，百姓皆走上山。水留十三日，隄潰，吏民塞之。臣循隄上，行視水勢（師古曰：『行音下更反。』），南七十餘里，至淇口，水適至隄半，計出地上五尺所。今可從淇口以東爲石隄，多張水門。初元中，遮害亭下河去隄足數十步，至今四十餘歲，適至隄足。由是言之，其地堅矣。恐議者疑河大川難禁制，滎陽漕渠足以（下）〔卜〕之（如淳曰：『今礫谿口是也。言作水門通水流，不爲害也。』師古曰：『礫谿，谿名，即《水經》所云（涑）〔泲〕水東通礫谿者。』），其水門但用木與土耳，今據堅地作石隄，勢必完安。冀州渠首盡當卬（師古曰：『卬音牛向反。』）此水門。治渠非穿地也，但爲東方一隄，北行三百餘里，入漳水中，其西因山足高地，諸渠皆往往股引取之（如淳曰：『股，支别也。』）；旱則開東方下水門溉冀州，水則開西方高門分河流。通渠有三利，不通有三害。民常罷于救水，半失作業（師古曰：『此一害也。罷讀曰疲。』）；水行地上，湊潤上徹，民則病濕氣，木皆立枯，鹵不生穀（師古曰：『此二害。』）；決溢有敗，爲魚鱉食：此三害也。若有渠溉，則鹽鹵下濕，填淤加肥（師古曰：『此一利。』）；故種禾麥，更爲秔稻，高田五倍，下田十倍（師古曰：『此二利也。秔謂稻之不粘者也，音庚。』）；轉漕舟船之便：此三利也。今瀕河隄吏卒郡數千人，伐買薪石之費歲數千萬，足以通渠成水門；又民利其溉灌，相率治渠，雖勞不罷（師古曰：『罷讀曰疲。』）。民田適治，河隄亦成，此誠富國安民，興利除害，支數百歲，故謂之中策。

若乃繕完故隄，增卑倍薄，勞費無已，數逢其害，此最下策也。

王莽時，徵能治河者以百數，其大略異者，長水校尉平陵關並（師古曰：『桓譚《新論》云並字子陽，材智通達也。』）言：『河決率常於平原、東郡左右，其地形下而土疏惡。聞禹治河時，本空此地，以爲水猥〔一〕（師古曰：『猥，多也。』），盛則放溢，少稍自索（師古曰：『索，盡也，音先各反。』），雖時易處，猶不能離此。上古難識，近察秦漢以來，河決曹、衛之域，其南北不過百八十里者，可空此地，勿以爲官亭民室而已。』大司馬史長安張戎（師古曰：『《（雜）〔新〕論》云字仲功，習溉灌事也。』）言：『水性就下，行疾則自刮除成空而稍深。河水重濁，號爲一石水而六斗泥。今西方諸郡，以至京師東行，民皆引河、渭山川水溉田。春夏乾燥，少水時也，故使河流遲，貯淤而稍淺；雨多水暴至，則溢決。而國家數隄塞之，稍益高於平地，猶築垣而居水也。可各順從其性，毋復灌溉，則百川流行，水道自利，無溢決之害矣。』御史臨淮韓牧（師古曰：『《新論》云字子台，善水事。』）以爲『可略於禹貢九河處穿之，縱不能爲九，但爲四五，宜有益。』大司空掾王橫（師古曰：『橫字平中，琅邪人。見《儒林傳》。中讀曰仲。』）言：『河入勃海，勃海地高於韓牧所欲穿處。往者天嘗連雨，東北風，海水溢，西南出，濅數百里，九河之地已爲海所漸矣（師古曰：『漸，濅也，讀如本字，又音子廉反。』）。禹之行河水，本隨西山下東北去（師古曰：『行謂通流也。』）。《周譜》（如淳曰：『譜音補，世統譜諜也。』）云定王五年河徙，則今所行非禹之所穿也。又秦攻魏，決河灌其都，決處遂大，不可復補。宜卻徙完平處，更開空（師古曰：『空猶穿。』），使緣西山足乘高地而東北入海，乃無水災。』沛郡桓譚爲司空掾，典其議，爲甄豐言：『凡此數者，必有一是。宜詳考驗，皆可豫見，計定然後舉事，費不過數億萬，亦可以事諸浮食無產業民（師古曰：『事謂役使也。』）。空居與行役，同當衣食；衣食縣官，而爲之作，乃兩便（師古曰：『言無產業之人，端居無爲，及發行力役，俱須衣食耳。今縣官給其衣食，而使修治河水，是爲公私兩便也。』），可以上繼禹功，下除民疾。』王莽時，但崇空語，無施行者。

贊曰：古人有言：『微禹之功，吾其魚乎！』（師古曰：『《左氏傳》載周大夫劉定公之辭也。言無禹治水之功，則天下之人皆爲魚鼈耳。』）中國川原以百數，莫著於四瀆，而河爲宗。孔子曰：『多聞而志之，知之次也。』（師古曰：『《論語》稱孔子之言曰「多聞擇其善者而從之，多見而志之，知之次也。」志，記也，字亦作識，音式冀反。』）國之利害，故備論其事。

〔一〕水猥　即今之滯洪區。

宋史·河渠志[一]

《宋史》卷九一至卷九七

河渠一

《宋史》卷九一

黄河上

黄河自昔爲中國患，《河渠書》述之詳矣。探厥本源，則博望[二]之説，猶爲未也。大元至元二十七年，我世祖皇帝命學士蒲察篤實西窮河源[三]，始得其詳。今西蕃朶甘思南鄙曰星宿海者，其源也。四山之間，有泉近百泓，匯而爲海，登高望之，若星宿布列，故名。流出復瀦，曰哈剌海[四]，東出曰赤賓河[五]，合忽闌、也里术二河，東北流爲九渡河，其水猶清，騎可涉也。貫山中行，出西戎之都會，曰闊即、曰闊提者，合納憐河，所謂『細黄河』也，水流已濁。繞昆侖之南，折而東注，合乞里馬出河，復繞昆侖之北，自貴德、西寧之境，至積石，經河州，過臨洮，合洮河，東北流至蘭州，始入中國。北繞朔方、北地、上郡而東，經三受降城、豐、東勝州，折而南，出龍門，過河中，抵潼關。東出三門、集津爲孟津，過虎牢，而後奔放平壤。吞納小水以百數，勢益雄放，無崇山巨磯以防閑之，旁激奔潰，不遵禹蹟。故虎牢迤東距海口三二千里，恒被其害，宋爲特甚。始自滑臺、大伾，嘗兩經汎溢，復禹蹟矣。一時姦臣建議，必欲回之，俾復故流，竭天下之力以塞之。屢塞屢決，至南渡而後，貽其禍於金源氏[六]，由不能順其就下之性以導

[一]《宋史》共四百九十六卷，元脱脱主持編修，成書於至正五年（一三四五年）。《河渠志》是其中一篇，共七卷。

[二] 博望　據《漢書·張騫傳》，張騫曾到過黄河上游，元朔六年（公元前一二三年）被封爲博望侯。《史記·大宛列傳》對河源的描述是：『于窴之西則水皆西流，注西海；其東，水東流，注鹽澤。鹽澤潛行地下，其南則河源出焉』。誤以鹽澤（今羅布泊）爲黄河之源。

[三] 蒲察篤實西窮河源　據潘昂霄《河源記》（叢書集成本）蒲察篤實（又譯爲蒲察都實）考察河源的時間是『至元十七年，歲在庚辰』（一二八〇年）。

[四] 哈喇海　即今鄂陵湖、札陵湖。

[五] 赤賓河　即今瑪多一帶的黄河，下合忽闌、也里术二支流，東北流爲九渡河。元代初年對河源的認識已與現代河源概念基本相同。

[六] 金源氏　金氏族名。據《金史·地理志上》，金上京（今哈爾濱市東南）附近有金水，『故名金源。建國之號蓋取諸此』。

之故也。

若江，若淮，若洛、汴、衡漳，暨江、淮以南諸水，皆有舟楫溉灌之利者，歷叙其事而分紀之。爲《河渠志》。

河入中國，行太行西，曲折山間，不能爲大患。既出大伾，東走赴海，更平地二千餘里，禹迹既湮，河并爲一，特以隄防爲之限。夏秋霖潦〔一〕，百川衆流所會，不免決溢之憂，然有司所以備河者，亦益工矣。

自周顯德初，大決東平之楊劉，宰相李穀監治隄，自陽穀抵張秋口以遏之，水患少息。然決河不復故道，離而爲赤河。

太祖乾德二年，遣使案行，將治古隄。議者以舊河不可卒復，力役且大，遂止；但詔民治遥隄〔二〕，以禦衝注之患。其後赤河〔三〕決東平之竹村，七州之地復罹水災。

三年秋，大雨霖，開封府河決陽武，又孟州水漲，壞中潬橋梁，澶、鄆亦言河決，詔發州兵治之。

四年八月，滑州河決，壞靈河縣大隄，詔殿前都指揮使韓重贇、馬步軍都軍頭王廷義等督士卒丁夫數萬人〔四〕治之，被泛者蠲其秋租。

五年正月，帝以河堤屢決，分遣使行視，發畿甸丁夫繕治。自是歲以爲常，皆以正月首事，季春而畢。是月，詔開封大名府、鄆、澶、滑、孟、濮、齊、淄、滄、棣、濱、德、博、懷、衛、鄭等州長吏，並兼本州河隄使，蓋以謹力役而重水患也。

開寶四年十一月，河決澶淵，泛數州。官守不時上言，通判、司封郎中姚恕棄市，知州杜審肇〔五〕坐免。

五年正月，詔曰：『應緣黄、汴、清、御等河州縣，除準舊制種藝桑棗外，委長吏課民别樹榆柳及土地所宜之木。仍案户籍高下，定爲五等：第一等歲樹五十本，第二等以下遞減十本。民欲廣樹藝者聽，其孤、寡、惸、獨者免。』是月，澶州修河卒賜以錢、鞵，役夫給以茶。三月，詔曰：『朕每念河渠潰決，頗爲民患，故署使職以總領焉，宜委官聯佐治其事。自今開封等十七州府，各置河堤判官一員，以本州通判充；如通判闕

〔一〕霖潦　大雨成災。《左傳》魯隱公九年（公元前七一四年）記『凡雨，自三日以往爲霖。』

〔二〕遥隄　位於臨河大隄之外的攔擋泛濫洪水的隄防。有關的文獻記載最早見於同光三年（九二五年）。參見《資治通鑑》。

〔三〕赤河　此處所説經過東平的赤河和下文李垂、歐陽修、韓贄等所説的經過棣州、濱州入海的赤河不是同一條河。

〔四〕數萬人　《續資治通鑑長編》（以下簡稱《長編》）同。《韓重贇傳》作『督丁壯數十萬塞之』。時間作『乾德三年』，與《長編》記載亦不同。

〔五〕杜審肇　定州安喜（今河北定縣）人，《宋史》卷四六三有傳。本傳載：『……未幾，河大決，東匯於鄆、濮數郡，民田罹水害。太祖怒其不即時上言，遣使案鞫。遂論（姚）恕棄市，審肇免官歸私第。』

員，即以本州判官充〔一〕。』

五月，河大決濮陽，又決陽武。詔發諸州兵及丁夫凡五萬人，遣潁州團練使曹翰護其役。翰辭，太祖謂曰：『霖雨不止，又聞河決。朕信宿以來，焚香上禱於天，若天災流行，願在朕躬，勿延於民也。』翰頓首對曰：『昔宋景公諸侯耳，一發善言，災星退舍。今陛下憂及兆庶，懇禱如是，固當上感天心，必不爲災。』

六月，下詔曰：『近者澶、濮等數州，霖雨荐降，洪河爲患。朕以屢經決溢，重困黎元，每閱前書，詳究經瀆。至若夏后所載，但言導河至海，隨山濬川，未聞力制湍流，廣營高岸。自戰國專利，堙塞故道，小以妨大，私而害公，九河之制遂隳，歷代之患弗弭。凡搢紳多士、草澤之倫，有素習河渠之書，深知疏導之策，若爲經久，可免重勞，並許詣闕上書，附驛條奏。朕當親覽，用其所長，勉副詢求，當示甄獎。』時東魯逸人田告者，纂《禹元經》十二篇，帝聞之，召至闕下，詢以治水之道，善其言，將授以官，以親老固辭歸養，從之。翰至河上，親督工徒，未幾，決河皆塞。

太宗太平興國二年秋七月，河決孟州之温縣、鄭州之滎澤、澶州之頓丘，皆發緣河諸州丁夫塞之。又遣左衛大將軍李崇矩騎置自陝西至滄、棣，案行水勢。視隄岸之缺，亟繕治之；民被水災者，悉蠲其租。

三年正月，命使十七人分治黄河隄，以備水患。滑州靈河縣河塞復決，命西上閤門使郭守文率卒塞之〔二〕。

七年，河大漲，蹙清河，凌鄆州，城將陷，塞其門，急奏以聞。詔殿前承旨劉吉馳往固之。

八年五月，河大決滑州韓村〔三〕，泛澶、濮、曹、濟諸州民田，壞居人廬舍，東南流至彭城界入於淮。詔發丁夫塞之。隄久不成，乃命使者按視遥堤舊址〔四〕。使回條奏，以爲『治遥堤不如分水勢。自孟抵鄆，雖有隄防，唯滑與澶最爲隘狹。於此二州之地，可立分水之制〔五〕，宜於南北岸

〔一〕開寶五年三月詔，參見《宋大詔令集》卷一六〇《置河堤判官詔》；《宋會要稿·方域》十四之一。

〔二〕『三年堵口事』《長編》記載相同。《宋史》卷二五九『本傳』則作『三年，遷西上閤門使。是夏，汴水決於寧陵，發宋、亳丁壯四千五百塞之，命守文董其役』。

〔三〕河大決滑州韓村　《長編》卷二四作『五月丙辰朔河大決滑州房村，泛澶、濮、曹、濟諸州民田，壞居人廬舍，東南流至彭城界入於淮。有司議大發丁夫塞之。上曰鄉者發民塞韓村決河水，不能成，俱爲勞擾。乃命出卒數萬人……』。《玉海·地理·河渠》卷二二和《宋史·五行志》卷六一『韓村』作『房村』；《宋史·郭守文傳》卷二五九作『八年，滑州房村河決』。《宋史·田重進傳》卷二六〇作『九年，河決滑州韓、房村，重進總護其役』。韓、房二村相隣，所以混稱。

〔四〕按視遥堤舊址　詳見《長編》卷二四、《宋大詔令集》卷一八一《遣使按行遥堤詔》、《玉海·河渠》卷二二。

〔五〕分水之制　即增開分洪河道以利防洪的辦法。早期關於分水防洪的認識參見《漢書·溝洫志》禹『釃二渠以引其河』下之孟康注。『孟康注曰：釃，分也，分其流泄其怒也』。

各開其一，北入王莽河〔一〕以通於海，南入靈河〔二〕以通於淮，節減暴流，一如汴口之法。其分水河〔三〕，量其遠邇，作爲斗門，啓閉隨時，務乎均濟。通舟運，溉農田，此富庶之資也。』不報。時多陰雨，河久未塞，帝憂之，遣樞密直學士張齊賢乘傳詣白馬津，用太牢加璧以祭。十二月，滑州言決河塞，群臣稱賀。

九年春，滑州復言房村河決，帝曰：『近以河決韓村，發民治隄不成，安可重困吾民，當以諸軍代之。』乃發卒五萬，以侍衛步軍都指揮使田重進領其役〔四〕，又命翰林學士宋白祭白馬津，沈以太牢加璧，未幾役成。

淳化二年三月，詔：『長吏以下及巡河主埽使臣〔五〕，經度行視河堤，勿致壞隳，違者當寘於法。』四年十月，河決澶州，陷北城，壞廬舍七千餘區，詔發卒代民治之。是歲，巡河供奉官梁睿上言：『滑州土脈疏，岸善隤，每歲河決南岸，害民田。請於迎陽鑿渠引水，凡四十里，至黎陽合大河，以防暴漲。』帝許之。

五年正月，滑州言新渠成，帝又案圖，命昭宣使羅州刺史杜彦鈞率兵夫，計功十七萬，鑿河開渠，自韓村埽至州西鐵狗廟，凡十五餘里，復合於河，以分水勢。

真宗咸平三年五月，河決鄆州王陵埽，浮鉅野，入淮、泗，水勢悍激，侵迫州城。命使率諸州丁男二萬人塞之，踰月而畢。始，赤河決，擁濟、泗，鄆州城中常苦水患。至是，霖雨彌月，積潦益甚，乃遣工部郎中陳若拙經度徙城。若拙請徙於東南十五里陽鄉〔六〕之高原，詔可。是年〔七〕，詔：『緣河官吏，雖秩滿，須水落受代。知州、通判兩月

〔一〕王莽河　《水經・河水注》載：『《漢書・溝洫志》曰，河之爲中國害尤甚，故導河自積石，歷龍門，二渠以引河。一則漯川，今所流也；一則北瀆，王莽時空，故世俗名是瀆爲王莽河也』。

〔二〕靈河　流經不詳。滑州屬縣中有靈河縣。《太平寰宇記》卷九靈河縣下載，『縣東北二十五里有延津，又名靈昌津』，或即此處所云靈河。

〔三〕分水河　主河道之外的行水河道，用以增加主河道的行洪能力。

〔四〕本次堵口事《長編》卷二五作：『先是塞房村決河，用丁夫凡十餘萬，自秋徂冬，既塞而復決。上以方春播種，不可重煩民力，乃發卒五萬人，命步軍都指揮使田重進總督其役』。《宋史・郭守文傳》卷二五九作：『八年，滑州房村河決，發卒塞之，命守文董其役』。

〔五〕巡河主埽使臣　《宋史・職官志》載：嘉祐三年始設都水監專管河渠事。設判監事一人，同判監事一人，丞二人，主簿一人。并輪番派遣都水丞一人『出外治河埽之事』，任期一年或二年，熟悉水利管理者可連任三年。元豐年間於澶州置都水外監，設使者一人，丞二人，主簿一人。『使者掌中外川澤、河渠、津梁、堤堰疏鑿之事』。另設南北外都水丞各一人，都提舉官八人，監埽官一百三十五人。

〔六〕東南十五里陽鄉　《長編》作『東南五十里汶陽鄉』。

〔七〕〔標點本原注〕是年　據上文，『是年』係指咸平三年。而《長編》卷六一，《宋會要稿・方域》十四之四都繫此事於『景德二年』，疑此處誤。

一巡隄，縣令、佐迭巡隄防，轉運使勿委以他職。』又申嚴盜伐河上榆柳之禁。

景德元年九月，澶州言河決橫壟埽；　四年，又壞王八埽，並詔發兵夫完治之。

大中祥符三年十月，判河中府陳堯叟言：『白浮圖村河水決溢，爲南風激還故道。』

明年，遣使滑州，經度西岸，開減水河〔一〕。　九月，棣州河決聶家口。

五年正月，本州請徙城，帝曰：『城去決河尚十數里，居民重遷。』命使完塞。既成，又決於州東南李民灣，環城數十里民舍多壞，又請徙於商河。役興踰年，雖扞護完築，裁免決溢，而湍流益暴，壖地益削，河勢高民屋殆踰丈矣，民苦久役，而終憂水患；　八年，乃詔徙州於陽信之八方寺。

著作佐郎李垂上《導河形勝書》三篇並圖〔二〕，其略曰：

臣請自汲郡東推禹故道，挾御河，較其水勢，出大伾、上陽、太行三山之間，復西河故瀆〔三〕，北注大名西、館陶南，東北合赤河而至於海。因於魏縣北析一渠，正北稍西逕衡漳直北，下出邢、洺，如《夏書》過洚水，稍東注易水，合百濟，會朝河而至於海。大伾而下，黃、御混流，薄山障隄，勢不能遠。如是則載之高地而北行，百姓獲利，而契丹不能南侵矣。《禹貢》所謂『夾右碣石入於海』〔四〕，孔安國曰：『河逆上此州界。〔五〕』

其始作自大伾西八十里，曹公所開運渠〔六〕東五里〔七〕，引河水正北稍東十里，破伯禹古隄，逕牧馬陂，從禹故道，又東三十里轉大伾西、通利軍北，挾白溝〔八〕，復西大河，北逕清豐、大名西，歷洹水、魏縣

〔一〕減水河　歐陽玄《至正河防記》曰『減水河者，水放曠則以制其狂，水隳突則以殺其怒』。即設於防洪堤上的用以宣洩超過防洪警戒水位洪水的溢流壩及其下之洩水河。其功用有別於常年分水的分水河。

〔二〕《導河形勝書》三篇并圖　《玉海・河渠》在《導河形勝書》三篇并圖下注曰『《書目》一卷。考古揆今，欲復河之故道。又有《導河形勝計功畢功圖》，今缺』。《宋史・藝文志》也載有《導河形勝書》一卷。

〔三〕西河故瀆　即下文之西大河。參見《史記・河渠書》『乃廝二渠，以引其河』之注。

〔四〕〔標點本原注〕《禹貢》所謂『夾右碣石入於海　《尚書・禹貢》作『夾右碣石，入於河』。《禹貢》又作『至於碣石入于海』。

〔五〕孔安國曰河逆上此州界　見《尚書・禹貢》僞孔傳。

〔六〕曹公所開運渠　似指建安九年（二〇四年）曹操北征袁尚時『遏淇水入白溝，以通糧道』（《三國志・魏書・武帝紀》）的工程。其渠首枋堰位於今淇縣東西衛賢鎮東一里。

〔七〕東五里　《長編》作『東三十里』。

〔八〕白溝　《太平寰宇記》卷五十六『衛縣』下『白溝，《冀州圖》云：白溝起在衛縣，南出大河，北入魏郡。』《元和郡縣圖志》卷十六『白溝水本名白渠，隋煬帝導爲永濟渠，亦名御河，西去（館陶）縣十里』。與河渠四之白溝河無涉。

東，暨館陶南，入屯氏故瀆〔一〕，合赤河而北至於海。既而自大伾西新發故瀆西岸析一渠，正北稍西五里，廣深與汴等，合御河道； 逼大伾北，即堅壤析一渠，東西二十里，廣深與汴等，復東大河。兩渠分流，則三四分水，猶得注澶淵舊渠矣。大都河水從西大河故瀆東北，合赤河而達於海。然後於魏縣北發御河西岸析一渠，正北稍西六十里，廣深與御河等，合衡漳水； 又冀州北界、深州西南三十里決衡漳西岸，限水爲門，西北注滹沱，潦則塞之，使東漸渤海； 旱則決之，使西灌屯田，此中國禦邊之利也。

兩漢而下，言水利者，屢欲求九河故道而疏之。今考《圖志〔二〕》，九河並在平原而北，且河壞澶、滑，未至平原而上已決矣，則九河奚利哉。漢武捨大伾之故道，發頓丘之暴衝，則濫兖泛齊，流患中土，使河朔平田，膏腴千里，縱容邊寇劫掠其間。今大河盡東，全燕陷北，而禦邊之計，莫大於河。不然，則趙、魏百城，富庶萬億，所謂誨盜而招寇矣。一日伺我饑饉，乘虚入寇，臨時用計者實難； 不如因人足財豐之時，成之爲易。

詔樞密直學士任中正、龍圖閣直學士陳彭年、知制誥王曾詳定。中正等上言： 『詳垂所述，頗爲周悉。所言起滑臺而下，派之爲六，則緣流就下，湍急難制，恐水勢聚而爲一，不能各依所導。設或必成六派，則是更增六處河口，悠久難於隄防； 亦慮入滹沱、漳河，漸至二水淤塞，益爲民患。又築堤七百里，役夫二十一萬七千，工至四十日，侵占民田，頗爲煩費。』其議遂寢。

七年，詔罷葺遥堤，以養民力〔三〕。八月，河決澶州大吴埽，役徒數千，築新隄，亘二百四十步，水乃順道。

八年，京西轉運使陳堯佐議開滑州小河分水勢，遣使視利害以聞。及還，請規度自三迎陽村北治之，復開汊河於上游，以泄其壅溢。詔可。

天禧三年六月乙未夜，滑州河溢城西北天臺山旁，俄復潰於城西南，岸摧七百步，漫溢州城，歷澶、濮、曹、鄆，注梁山泊〔四〕，

〔一〕屯氏故瀆　參見《漢書·溝洫志》『屯氏河』。

〔二〕圖志　或爲李吉甫《元和郡縣圖志》。該書卷一七『鬲津枯河』條下載『禹貢兖州「九河既道」。鬲津即九河之一，鬲津至徒駭二百餘里。今河雖移，不離此域也』。

〔三〕七年，詔罷葺遥堤，以養民力　《長編》載： 二月戊寅，『詔如聞濱、棣州葺遥堤，配民重役，多逃亡者，亟罷之』。

〔四〕梁山泊　即古鉅野澤，位於山東鄆城東北，因梁山而得名。晉開運元年（九四四年）『滑州河決，漂注曹、單、濮、鄆等州之境，環梁山，合於汶濟』。（見《五代史·晉紀》）。《宋史·楊戩傳》載：『築山濼古鉅野澤，綿亘數百里，濟、鄆數州，賴其蒲魚之利。』此築山濼殆梁山濼之誤。

又合清水〔一〕、古汴渠〔二〕東入於淮，州邑罹患者三十二。即遣使賦諸州薪石、楗橛、芟竹之數千六百萬，發兵夫九萬人治之。

四年二月，河塞，群臣入賀，上親爲文，刻石紀功。

是年，祠部員外郎李垂又言疏河利害，命垂至大名府、滑、衛、德、貝州、通利軍與長吏計度。垂上言：

臣所至，並稱黄河水入王莽沙河與西河故瀆，注金、赤河，必慮水勢浩大，蕩浸民田，難於隄備。臣亦以爲河水所經，不無爲害。今者決河而南，爲害既多，而又陽武埽東、石堰埽西，地形汙下，東河泄水又艱。或者云：『今決處漕底坑深，舊渠逆上，若塞之，旁必復壞。』如是，則議塞河者誠以爲難。若決河而北，爲害雖少，一旦河水注御河，蕩易水，逕乾寧軍，入獨流口，遂及契丹之境。或者云：『因此摇動邊鄙。』如是，則議疏河者又益爲難。臣於兩難之間，輒畫一計：請自上流引北載之高地，東至大伾，瀉復於澶淵舊道，使南不至滑州，北不出通利軍界。

何以計之？臣請自衛州東界曹公所開運渠東五里，河北岸凸處，就岸實土堅引之，正北稍東十三里，破伯禹古隄，注裴家潭，逕牧馬陂，又正東稍北四十里，鑿大伾西山，釃爲二渠：一逼大伾南足，決古隄正東八里，復澶淵舊道；一逼通利軍城北曲河口，至大禹所導西河故瀆，正北稍東五里〔三〕，開南北大隄，又東七里，入澶淵舊道，與南渠合。夫如是，則北載之高地，大伾二山脽股之間分酌其勢，浚瀉兩渠，匯注東北，不遠三十里，復合於澶淵舊道，而滑州不治自涸矣。

臣請以兵夫二萬，自來歲二月興作，除三伏半功〔四〕外，至十月而成。其均厚埤薄，俟次年可也。

疏奏，朝議慮其煩擾，罷之。

初，滑州以天臺決口去水稍遠，聊興葺之，及西南堤成，乃於天臺口旁築月隄〔五〕。六月望，河復決天臺下，走衛南，浮徐、濟，害如三年而益甚。帝以新經賦率，慮殫困

〔一〕清水　古泗水的別名，一作清泗，宋以後通稱南清河。清水又爲古濟水的別名，即北清河，一八五五年黄河銅瓦厢決口后爲黄河所奪。

〔二〕古汴渠　即隋代以前由今徐州入泗之汴渠。參見《水經·汳水注》。

〔三〕五里　《長編》卷九五作『十里』。

〔四〕三伏半功　沙克什《河防通議·功程》載『按《唐六典》：凡役有輕重，功有短長，法以四、五、六、七月爲長功，二、三、八、九月爲中功，十、十一、十二、正月爲短功。……夏至後至立秋，自巳正至未正雨時放役夫憩息』。《初學記》卷四『伏日』載：『《陰陽書》曰：從夏至後第三庚爲初伏，第四庚爲中伏，立秋後初庚爲後伏，謂之三伏』。是三伏爲半功。

〔五〕月隄　又稱越隄，修築在遥堤或縷隄的危險地段，兩端仍彎接大隄。隄形彎曲如月。類似形式的隄防還有圈隄、套隄等。

民力，即詔京東西、河北路經水災州軍，勿復科調〔一〕丁夫，其守扞隄防役兵，仍令長吏存恤而番休之。

五年正月，知滑州陳堯佐以西北水壞，城無外禦，築大隄，又疊埽於城北，護州中居民；復就鑿横木，下垂木數條，置水旁以護岸，謂之『木龍』〔二〕當時賴焉；復並舊河開枝流，以分導水勢，有詔嘉獎。

說者以黃河隨時漲落，故舉物候爲水勢之名：自立春之後，東風解凍，河邊人候水，初至凡一寸，則夏秋當至一尺，頗爲信驗，故謂之『信水』。二月、三月桃華始開，冰泮雨積，川流猥集，波瀾盛長，謂之『桃華水』。春末蕪菁華開，謂之『菜華水』。四月末壟麥結秀，擢芒變色，謂之『麥黃水』。五月瓜實延蔓，謂之『瓜蔓水』。朔野之地，深山窮谷，固陰冱寒，冰堅晚泮，逮乎盛夏，消釋方盡，而沃蕩山石，水帶礬腥，併流於河，故六月中旬後，謂之『礬山水』。七月菽豆方秀，謂之『豆華水』。八月菼薍華〔三〕，謂之『荻苗水』。九月以重陽紀節，謂之『登高水』。十月水落安流，復其故道，謂之『復槽水』。十一月、十二月斷冰雜流，乘寒復結，謂之『蹙凌水』。水信有常，率以爲準；非時暴漲，謂之『客水〔四〕』。

其水勢：凡移徙〔五〕横注，岸如刺毀，謂之『劄岸〔六〕』。漲溢踰防，謂之『抹岸〔七〕』。埽岸故朽，潛流漱其下，謂之『塌岸〔八〕』。浪勢旋激，岸土上隤，謂之『淪捲〔九〕』。水侵岸逆漲，謂之『上展〔一〇〕』；順漲，謂之『下展〔一一〕』。或水乍落，直流之中，忽屈曲横射，謂之『徑𥦗〔一二〕』。水猛驟移，其將澄處，望之明白，謂之『拽白〔一三〕』，亦謂之『明灘』。湍怒略渟，勢稍汨起，行舟值之多溺，謂之『薦浪水〔一四〕』。水退淤澱，夏則膠土肥腴，初秋則黃滅土，頗爲疏壤，深秋則白滅土，霜降後皆沙也。

舊制，歲虞河決，有司常以孟秋預調塞治之物，梢芟、薪柴、楗橛、竹石、茭索、竹索凡千餘萬，謂之『春料』。詔下

〔一〕科調　按地區强行攤派的勞役。

〔二〕木龍　木製護岸設施。元代賈魯主持白茆堵口時，曾『以龍尾大埽密掛於護堤大樁，分析水勢』。也是類似的設施，參見《至正河防記》。清乾隆五年（一七四〇年）李昞撰有《木龍成規》一卷，詳細記述木龍的製作、用料、使用、功能等，和此處木龍不同。

〔三〕菼薍華　菼薍，即初生蘆葦。菼薍華即蘆葦開花時節的洪水。

〔四〕關於水名，參見沙克什《河防通議·釋十二月水名》。

〔五〕徙　同『洪』。

〔六〕劄岸　洪水頂衝堤岸，大堤坍塌。

〔七〕抹岸　拱水漫過堤頂。

〔八〕塌岸　埽岸腐朽，下部被掏空，使堤防塌陷。

〔九〕淪捲　水漩浪急，堤岸損壞。

〔一〇〕上展　河彎處受水頂衝，回溜逆水上壅。

〔一一〕下展　順直河岸受水頂衝，波濤順流下注。

〔一二〕徑𥦗　《爾雅·釋水》『直波爲徑』。𥦗同窈。河水驟落，被河心灘所阻，形成斜河，激流横射堤岸。

〔一三〕拽白　大水之後，主溜外移，原河槽變爲白色沙灘。

〔一四〕薦浪水　洪濤剛過，湧波繼起，危害行船安全。

瀕河諸州所産之地，仍遣使會河渠官吏，乘農隙率丁夫水工，收採備用。凡伐蘆荻謂之『芟』，伐山木榆柳枝葉謂之『梢』，辮竹糾芟爲索。以竹爲巨索，長十尺至百尺，有數等。先擇寬平之所爲埽場。埽之制，密布芟索，鋪梢，梢芟相重，壓之以土，雜以碎石，以巨竹索横貫其中，謂之『心索』。卷而束之，復以大芟索繫其兩端，别以竹索自內旁出，其高至數丈，其長倍之。凡用丁夫數百或千人，雜唱齊挽，積置於卑薄之處，謂之『埽岸』。既下，以橛臬閡之，復以長木貫之，其竹索皆埋巨木於岸以維之，遇河之横決，則復增之，以補其缺。凡埽下，非積數疊，亦不能遏其迅湍。〔一〕又有馬頭〔二〕、鋸牙〔三〕、木岸〔四〕者，以蹙水勢護隄焉。

凡緣河諸州，孟州有河南北凡二埽，開封府有陽武埽，滑州有韓房二村、憑管、石堰、州西、魚池、迎陽凡七埽，舊有七里曲埽，後廢。通利軍有齊賈、蘇村凡二埽，澶州有濮陽、大韓、大吴、商胡、王楚、横隴、曹村、依仁、大北、岡孫、陳固、明公、王八凡十三埽，大名府有孫杜、侯村二埽，濮州有任村、東、西、北凡四埽，鄆州有博陵、張秋、關山、子路、王陵、竹口凡六埽，齊州有采金山、史家渦二埽，濱州有平河、安定二埽，棣州有聶家、梭堤、鋸牙、陽成四埽，所費皆有司歲計而無闕焉〔五〕。

仁宗天聖元年，以滑州決河未塞，詔募京東、河北、陝西、淮南民輸薪芻，調兵伐瀕河榆柳，賙溺死之家。

二年，遣使詣滑、衛行視河勢。

五年，發丁夫三萬八千，卒二萬一千，緡錢五十萬，塞決河，轉運使五日一奏河事。十月丙申，塞河成，以其近天臺山麓，名曰天臺埽。宰臣王曾率百官入賀。十二月，濬魚池埽減水河。

六年八月，河決於澶州之王楚埽，凡三十步。

八年，始詔河北轉運司計塞河之備，良山令陳曜請疏鄆、滑界糜丘河以分水勢，遂遣使行視遥隄。

明道二年，徙大名之朝城縣於杜婆村，廢鄆州之王橋渡、淄州之臨河鎮以避水。

景祐元年七月，河決澶州横隴埽。

慶曆元年，詔權停修決河。自此久不復塞，而議開分

〔一〕參見元歐陽玄《至正河防記》『捲埽』『捲埽物色』。

〔二〕馬頭　較大型的護堤挑水壩。參見劉天和《問水集·治河之要》。

〔三〕鋸牙　連續排列如鋸齒狀的較小型護堤挑水壩。

〔四〕木岸　用椿梢等木結構護岸的設施。在汴河上也用來縮窄河床斷面，以提高流速，減少淤積，成爲一種河床整治建築物。

〔五〕關於河防物料儲備，《慶元條法事類·支移折變》載：『諸軍須河防物，並預先約度支係省錢置場或差衙前，許於出産處計會官司收置，如須至科率，即申轉運司相度，於形勢之家及第三等以上户税租內折納，仍即時具科買折納名數及人户姓名牓示』。《慶元條法事類》八十卷，始修於慶元四年（一一九八年）九月，完成於嘉泰二年（一二〇二年）八月。爲南宋中央政府頒行的法令總彙。參見《宋史·寧宗本紀》。

水河以殺其暴。未興工而河流自分，有司以聞，遣使特祠之。三月，命築隄於澶以扞城。

八年六月癸酉，河決商胡埽，決口廣五百五十七步，乃命使行視河隄。

皇祐元年三月，河合永濟渠注乾寧軍。

（二）〔三〕年〔一〕七月辛酉，河復決大名府館陶縣之郭固。

四年正月乙亥，塞郭固而河勢猶壅，議者請開六塔以披其勢。

至和元年，遣使行度故道，且詣銅城鎮海口，約古道高下之勢。

二年，翰林學士歐陽修奏疏曰：

朝廷欲俟秋興大役，塞商胡，開横隴，回大河於古道〔二〕。夫動大衆必順天時、量人力，謀於其始而審於其終，然後必行，計其所利者多，乃可無悔。比年以來，興役動衆，勞民費財，不精謀慮於厥初，輕信利害之偏説，舉事之始，既已蒼皇，群議一摇，尋復悔罷。不敢遠引他事，且如河決商胡，是時執政之臣，不慎計慮，遽謀修塞。凡科配〔三〕梢芟一千八百萬，騷動六路一百餘軍州，官吏催驅，急若星火，民庶愁苦，盈於道塗。或物已輸官，或人方在路，未及興役，尋已罷修，虚費民財，爲國斂怨，舉事輕脱，爲害若斯。今又聞復有修河之役，三十萬人之衆，開一千餘里之長河，計其所用物力，數倍往年。當此天災歲旱、民困國貧之際，不量人力，不順天時，知其有大不可者五：

蓋自去秋至春半，天下苦旱，京東尤甚，河北次之。國家常務安静振恤之，猶恐民起爲盜，况於兩路聚大衆、興大役乎？此其必不可者一也。

河北自恩州用兵之後，繼以凶年，人户流亡，十失八九。數年以來，人稍歸復，然死亡之餘，所存者幾，瘡痍未斂，物力未完。又京東自去冬無雨雪，麥不生苗，將踰暮春，粟未布種，農心焦勞，所向無望。若别路差夫，又遠者難爲赴役；一出諸路，則兩路力所不任〔四〕。此其必不可者二也。

〔一〕二年　《仁宗本紀》載：皇祐三年（一〇五一年）七月『辛酉，河決大名府郭固口』。《長編》卷一七〇載：皇祐三年七月辛酉，『河決大名府館陶縣郭固口』。據此，『二年』應作『三年』。

〔二〕古道　《歐陽文忠公文集》卷一〇八《論修河第一狀》（四部叢刊本）作『故道』。即景祐元年黄河自横隴埽改道之前的河道。又稱之爲京東故道。

〔三〕科配　又稱科敷、科率。指政府按户口、田畝臨時攤派的雜税，官府低價或無償配買物品，或高價配賣物品也屬科敷。

〔四〕〔標點本原注〕一出諸路則兩路力所不任　按《歐陽文忠公文集》卷一〇八《論修河第一狀》作『就河近便，則此兩路力所不任』。《長編》卷一七九作『一出諸近，則兩路力所不任』。疑『諸路』爲『諸近』之誤。

往年議塞滑州決河，時公私之力，未若今日之貧虚；然猶儲積物料，誘率民財，數年之間，始能興役。今國用方乏，民力方疲，且合商胡塞大決之洪流，此一大役也。鑿横隴開久廢之故道，又一大役也。自横隴至海千餘里，埽岸久已廢，頓須興緝，又一大役也。往年公私有力之時，興一大役，尚須數年，今猝興三大役於災旱貧虚之際。此其必不可者三也。

就令商胡可塞，故道未必可開〔一〕。鯀障洪水，九年無功，禹得《洪範》五行之書，知水潤下之性，乃因水之流，疏而就下，水患乃息。然則以大禹之功，不能障塞，但能因勢而疏決爾。今欲逆水之性，障而塞之，奪洪河之正流，使人力斡而回注，此大禹之所不能。此其必不可者四也。

横隴湮塞已二十年，商胡決又數歲，故道已平而難鑿，安流已久而難回。此其必不可者五也。

臣伏思國家累歲災譴甚多，其於京東，變異尤大。地貴安静而有聲〔二〕，巨嵎山摧，海水摇蕩，如此不止者僅十年，天地警戒，宜不虚發。臣謂變異所起之方，尤當過慮防懼，今乃欲於凶艱之年，聚三十萬之大衆於變異最大之方，臣恐災禍自兹而發也。況京東赤地千里，饑饉之民，正苦天災。又聞河役將動，往往伐桑毀屋，無復生計。流亡盜賊之患，不可不虞。宜速止罷，用安人心。

九月，詔：『自商胡之決，大河注金堤，浸爲河北患。其故道又以河北、京東饑，故未興役。今河渠司李仲昌〔三〕議欲納水入六塔河〔四〕，使歸横隴舊河，舒一時之急。其令兩制至待制以上、臺諫官，與河渠司同詳定。』

修又上疏曰：

伏見學士院集議修河，未有定論。豈由賈昌朝欲復故道，李仲昌請開六塔，互執一説，莫知孰是。臣愚皆謂不然。言故道者，未詳利害之原；述六塔者，近乎欺罔之繆。今謂故道可復者，但見河北水患，而欲還之京東。然不思天禧以來河水屢決之因，所以未知故道有不可復之勢，臣故謂未詳利害之原也。若言六塔之利者，則不待攻而自破矣。今六塔既已開，而恩、冀之患，何爲尚告奔騰之急？此則減

〔一〕故道未必可開　《歐陽文忠公文集》卷一〇八《論修河第一狀》作『故道未必可回』。

〔二〕〔標點本原注〕地貴安静而有聲　按《歐陽文忠公文集》卷一〇八《論修河第一狀》、《長編》卷一七九都作『地貴安静，動而有聲』，此處疑脱『動』字。

〔三〕李仲昌　李垂之子。《玉海·地理·河渠》卷二二『祥符導河形勝書』條載，『垂子仲昌，塞河背家學。歐陽修言五不可』。

〔四〕六塔河　因河口位於六塔集（今清豐縣東南三十里）附近的分水河道得名，下入横隴舊河。

水未見其利也。又開六塔者云，可以全回大河，使復橫隴故道。今六塔止是別河，下流已爲濱、棣、德、博之患，若全回大河，顧其害如何？此臣故謂近乎欺罔之繆也。

且河本泥沙，無不淤之理。淤常先下流，下流淤高，水行漸壅，乃決上流之低處，此勢之常也。然避高就下，水之本性，故河流已棄之道，自古難復。臣不敢廣述河源，且以今所欲復之故道，言天禧以來屢決之因。

初，天禧中，河出京東，水行於今所謂故道者。水既淤澀，乃決天臺埽，尋塞而復故道；未幾，又決於滑州南鐵狗廟，今所謂龍門埽者。其後數年，又塞而復故道。已而又決王楚埽，所決差小，與故道分流，然而故道之水終以壅淤，故又於橫隴大決。是則決河非不能力塞，故道非不能力復，所復不久終必決於上流者，由故道淤而水不能行故也。及橫隴既決，水流就下，所以十餘年間，河未爲患。至慶曆三、四年，橫隴之水，又自海口先淤[一]，凡一百四十餘里；其後游、金、赤三河相次又淤。下流既梗，乃決於上流之商胡口。然則京東、橫隴兩河故道，皆下流淤塞，河水已棄之高地。京東故道，屢復屢決，理不可復，不待言而易知也。

昨議者度京東故道功料，但云銅城已上乃特高爾，其東比銅城以上則稍低，比商胡已上則實高也。若云銅城以東地勢斗下，則當日水流宜決銅城已上，何緣而頓淤橫隴之口，亦何緣而大決也？然則兩河故道，既皆不可爲，則河北水患何爲而可去？臣聞智者之於事，有所不能必，則較其利害之輕重，擇其害少者而爲之，猶愈害多而利少，何況有害而無利，此三者可較而擇也。

又商胡初決之時，欲議修塞，計用梢芟一千八百萬，科配六路一百餘州軍。今欲塞者乃往年之商胡，則必用往年之物數。至於開鑿故道，張奎所計工費甚大，其後李參減損，猶用三十萬人。然欲以五十步之狹，容大河之水，此可笑者；又欲增一夫所開三尺之方，倍爲六尺，且闊厚三尺而長六尺，自一倍之功，在於人力，已爲勞苦。云六尺之方，以開方法算之，乃八倍之功[二]，此豈人力之所勝？是則前功既大而難興，後功雖小而不實。

大抵塞商胡、開故道，凡二大役，皆困國勞人，所

[一] 其時歐陽修適在河北轉運使任上。參見《歐陽文忠公文集·論修河第二疏》卷一〇九。

[二] 乃八倍之功　『三尺之方』即長寬高俱爲三尺的體積，等於二十七立方尺。而『六尺之方』等於二百一十六立方尺。二者之商爲八倍。

舉如此，而欲開難復屢決已驗之故道，使其虛費，而商胡不可塞，故道不可復，此所謂有害而無利者也。就使幸而暫塞，以紓目前之患，而終於上流必決，如龍門、橫隴之比，此所謂利少而害多也。

若六塔者，於大河有減水之名，而無減患之實。今下流所散，爲患已多，若全回大河以注之，則濱、棣、德、博河北所仰之州，不勝其患，而又故道淤澀，上流必有他決之虞，此直有害而無利耳，是皆智者之不爲也。今若因水所在，增治隄防，疏其下流，浚以入海，則可無決溢散漫之虞。

今河所歷數州之地，誠爲患矣；隄防歲用之夫，誠爲勞矣。與其虛費天下之財，虛舉大衆之役，而不能成功，終不免爲數州之患，勞歲用之夫，則此所謂害少者，乃智者之所宜擇也。

大約今河之勢，負三決之虞：復故道，上流必決；開六塔，上流亦決；河之下流，若不浚使入海，則上流亦決。臣請選知水利之臣，就其下流，求入海路而浚之；不然，下流梗澀，則終虞上決，爲患無涯。臣非知水者，但以今事可驗者較之耳。願下臣議，裁取其當焉。

預議官翰林學士承旨孫抃等言：開故道，誠久利，然功大難成；六塔下流，可導而東去，以紓恩、冀金堤之患。

十二月，中書上奏曰：『自商胡決，爲大名、恩冀患。先議開銅城道，塞商胡，以功大難卒就，緩之，而憂金堤汎溢不能捍也。願備工費，因六塔水勢入橫隴，宜令河北、京東預完堤埽，上河水所居民田數。』詔下中書奏，以知澶州事李璋爲總管，轉運使周沆[一]權同知澶州[二]，內侍都知鄧保吉爲鈐轄，殿中丞李仲昌提舉河渠，內殿承制張懷恩爲都監。而保吉不行，以內侍押班王從善代之。以龍圖閣直學士施昌言總領其事，提點開封府界縣鎮事[三]蔡挺勾當河渠事楊緯同修河決。修又奏請罷六塔之役[四]，時

[一] 周沆　字子真，青州益都人。《宋史》卷三三一有傳。所記本事曰：『李仲昌建六塔河之議，以爲費省而功倍。詔沆行視。沆言：「近計塞商胡，本度五百八十萬工，用薪芻千六百萬，今纔用功一萬，薪芻三百萬，均一河也，而功力不相侔如是，蓋仲昌先爲小計以來興役爾。況所規新渠視河廣不能五之一，安能容受？此役若成，何必汎溢，齊、博、濱、棣之民其魚矣」。既而從初議，河塞復決，如沆言』。

[二] 〔標點本原注〕權同知潭州　『潭州』，《長編》卷一八一作『澶州』。《溫國文正司馬公集·周沆神道碑》卷七八載：『沆先知潭州，調陝西都轉運使，未幾又改河北，奉詔行視六塔渠利害』。與《長編》所記以河北轉運使權同知澶州事合，作『澶州』是。

[三] 提點開封府界縣鎮事　係專官名，全稱作提點開封府界諸縣鎮公事，『掌察畿內縣鎮刑獄、盜賊、場務、河渠之事』。參見《宋史·職官志》卷一六七。

[四] 修又奏請罷六塔之役　參見《歐陽文忠公文集》卷一〇九《論修河第三狀》（一作論修六塔河），事在至和三年。

宰相富弼尤主仲昌議，疏奏亦不省。

嘉祐元年四月壬子朔，塞商胡北流，入六塔河，不能容，是夕復決，溺兵夫、漂芻藁不可勝計〔一〕。命三司鹽鐵判官沈立〔二〕往行視，而修河官皆謫。宦者劉恢奏：『六塔之役，水死者數千萬人，穿土干禁忌；且河口乃趙征村，於國姓、御名有嫌，而大興臿斫，非便。』詔御史吳中復內侍鄧守恭置獄於澶。劾仲昌等違詔旨，不俟秋冬塞北流而擅進約〔三〕以致決潰。懷恩、仲昌仍坐取河材爲器，懷恩流潭州，仲昌流英州，施昌言、李璋以下再謫，蔡挺奪官勒停。仲昌，垂子也。由是議者久不復論河事。

五年，河流派別于魏之第六埽，曰二股河，其廣二百尺。自二股河行一百三十里，至魏、恩、德、博之境，曰四界首河。七月，都轉運使韓贄言：『四界首古大河所經，即《溝洫志》所謂「平原、金堤，開通大河，入篤馬河，至海五百餘里〔四〕」者也。自春以丁壯三千浚之，可一月而畢。支分河流入金、赤河，使其深六尺，爲利可必。商胡決河自魏至於恩冀、乾寧入於海，今二股河自魏、恩東至於德、滄入於海，分而爲二，則上流不壅，可以無決溢之患。』乃上《四界首二股河圖》〔五〕。

七年七月戊辰，河決大名第五埽。

英宗治平元年，始命都水監浚二股、五股河，以紓恩、冀之患。初，都水監言：『商胡堙塞，冀州界河淺，房家、武邑二埽由此潰，慮一旦大決，則甚於商胡之患。』乃遣判都水監張鞏〔六〕、户部副使張燾等行視，遂興工役，卒塞之。

神宗熙寧元年六月，河溢恩州烏欄堤，又決冀州棗彊埽，北注瀛。七月，又溢瀛州樂壽埽。帝憂之，顧問近臣司馬光等。都水監丞李立之請於恩、冀、深、瀛等州，創生堤三百六十七里以禦河，而河北都轉運司言：『當用夫八萬三千餘人，役一月成。今方災傷，願徐之。』都水監丞宋昌言謂：『今二股河門變移，請迎河港進約，簽入河身，以紓四州水患。』遂與屯田都監內侍程昉獻議，開二股

〔一〕北宋時期人工大規模回河東流共計三次。嘉祐元年（一〇五六年）是第一次。

〔二〕沈立　字立之，歷陽（今安徽和縣）人，《宋史》卷三三三有傳。慶曆八年（一〇四八年）爲屯田員外郎督塞決河，著《河防通議》。

〔三〕進約　『約』是一種埽工裹頭。『進約』是和堵口進占類似的施工過程。上游埽爲上約，下游埽爲下約。

〔四〕參見《漢書·溝洫志》孫禁改河的主張。

〔五〕此事已實行。《宋史·韓贄傳》作『河決商胡而北，議者欲復之。役將興，贄言：「北流既安定，驟更之未必能成功。不若開魏金隄，使分注故道，支爲兩河，或可紓水患」。詔遣使相視，如其策。才役三千人，幾月而畢。』

〔六〕張鞏　或係皇祐中曾任河陰發運判官管勾汴口之張鞏。參見《宋史·張君平傳》卷三二六。

以導東流。於是都水監奏：『慶曆八年，商胡北流，於今二十餘年，自澶州下至乾寧軍，創堤千有餘里，公私勞擾。近歲冀州而下，河道梗澀，致上下埽岸屢危。今棗彊抹岸，衝奪故道，雖創新堤，終非久計。願相六塔舊口，並二股河導使東流，徐塞北流。』而提舉河渠王亞等謂：『黄、御河帶北行入獨流東砦，經乾寧軍、滄州等八砦邊界，直入大海。其近海口闊六七百步，深八九丈，三女砦以西闊三四百步，深五六丈。其勢愈深，其流愈猛，天所以限契丹。議者欲再開二股，漸閉北流，此乃未嘗覩黄河在界河內東流之利也。』

十一月，詔翰林學士司馬光、入內內侍省副都知張茂則乘傳相度四州生堤，回日兼視六塔、二股利害。

二年正月，光入對：『請如宋昌言策，於二股之西置上約，擗水令東。俟東流漸深，北流淤淺，即塞北流，放出御河、胡盧河，下紓恩、冀、深、瀛以西之患。』

初，商胡決河自魏之北，至恩、冀、乾寧入於海，是謂北流。嘉祐五年，河流派於魏之第六埽，遂爲二股，自魏、恩東至於德、滄，入於海，是謂東流。時議者多不同，李立之力主生堤，帝不聽，卒用昌言説，置上約。

三月，光奏：『治河當因地形水勢，若彊用人力，引使就高，橫立堤防，則逆激旁潰，不惟無成，仍敗舊績。臣慮官吏見東流已及四分，急於見功，遽塞北流。而不知二股分流，十里之內，相去尚近，地勢復東高西下。若河流併東，一遇盛漲，水勢西合入北流，則東流遂絶；或於滄、德堤埽未成之處，決溢横流。雖除西路之患，而害及東路，非策也。宜專護上約及二股堤岸。若今歲東流止添二分，則此去河勢自東，近者二三年，遠者四五年，候及八分以上，河流衝刷已闊，滄、德堤埽已固，自然北流日減，可以閉塞，兩路俱無害矣。』

會北京留守韓琦言：『今歲兵夫數少，而金堤兩埽，修上、下約甚急，深進馬頭，欲奪大河。緣二股及嫩灘舊闊千一百步，是以可容漲水。今截去八百步有餘，則將束大河於二百餘步之間，下流既壅，上流蹙遏湍怒，又無兵夫修護堤岸，其衝決必矣。況自德至滄，皆二股下流，既無堤防，必侵民田。設若河門束狹，不能容納漲水，上、下約隨流而脱，則二股與北流爲一，其患愈大。又恩、深州所創生堤，其東則大河西來，其西則西山諸水東注，腹背受水，兩難扞禦。望選近臣速至河所，與在外官合議。』帝在經筵以琦奏諭光，命同茂則再往。

四月，光與張鞏、李立之、宋昌言、張問、吕大防、程昉行視上約及方鋸牙，濟河，集議於下約。光等奏：『二股河上約並在灘上，不礙河行。但所進方鋸牙已深，致北流河門稍狹，乞減折二十步，令近後，仍作蛾眉埽裹護。其滄、德界有古遥堤，當加葺治。所修二股，本欲疏導河水東去，生堤本欲捍禦河水西來，相爲表裏，未可偏廢。』帝因謂二府曰：『韓琦頗疑修二股。』趙抃曰：『人多以六塔爲戒。』王安石曰：『異議者，皆不考事實故也。』帝又問：『程昉、宋昌言同修二股如何？』安石以爲可治。帝曰：『欲作簽河〔一〕甚善。』安石曰：『誠然。若及時作之，往往河可東，北流可閉。』因言：『李立之所築生堤，去河遠者至八九十里，本計以禦漫水，而不可禦河南之向著〔二〕，臣恐漫水亦不可禦也。』帝以爲然。五月丙寅，乃詔立之乘驛赴闕議之。

六月戊申，命司馬光都大提舉修二股工役。吕公著言：『朝廷遣光相視董役，非所以褒崇近職、待遇儒臣也。』乃罷光行。

七月，二股河通快，北流稍自閉。戊子，張鞏奏：『上約累經泛漲，並下約各已無虞，東流勢漸順快，宜塞北流，除恩、冀、深、瀛、永静、乾寧等州軍水患。又使御河、胡盧河下流各還故道，則漕運無壅遏，郵傳無滯留，塘泊無淤淺。復於邊防大計，不失南北之限，歲減費不可勝數，亦使流移歸復，實無窮之利。且黄河所至，古今未嘗無患，較利害輕重而取舍之可也。惟是東流南北隄防未立，閉口修堤，工費甚夥，所當預備。望選習知河事者，與臣等講求，具圖以聞。』乃復詔光、茂則及都水監官、河北轉運使同相度閉塞北流利害，有所不同，各以議上。

八月己亥，光入辭，言：『鞏等欲塞二股河北流，臣恐勞費未易。或幸而可塞，則東流淺狹，隄防未全，必致決溢，是移恩、冀、深、瀛之患於滄、德等州也。不若俟三二年，東流益深闊，堤防稍固，北流漸淺，薪芻有備，塞之便。』帝曰：『東流、北流之患孰輕重？』光曰：『兩地皆王民，無輕重；然北流已殘破，東流尚全。』帝曰：『今不俟東流順快而塞北流，他日河勢改移，奈何？』光曰：『上約固則東流日增，北流日減，何憂改移。若上約流失，其事不可知，惟當併力護上約耳。』帝曰：『上約安可保？』光曰：『今歲創修，誠爲難保，然昨經大水而無虞，來歲地脚已牢，復何慮。且上約居河之側，聽河北流，猶懼不保；今欲横截使不行，庸可保乎？』帝曰：『若河水常分二流，何時當有成功？』光曰：『上約苟存，東流必增，北流必減；借使分爲二流，於張鞏等不見成功，於國家亦無所害。何則？西北之水，併於山東，故爲害大，分則害小矣。鞏等亟欲塞北流，皆爲身謀，不顧國力與民患也。』帝曰：『防捍兩河，何以供億？』光曰：『併爲一則勞費自倍，分二流則勞費減半。今減北流財力之半，以備東流，不亦可乎？』帝曰：『卿等至彼視之。』

〔一〕簽河　是插入河身，分引水流的河道，常用在分水工程上。
〔二〕向著　常見本誤爲地名，實爲河工術語。《河防通議·捲埽》載：『凡埽去水近者謂之向著，去水遠者謂之退背。』向著和退背又按其程度各分作三等。本志元豐四年下記有三等向著的規定。

時二股河東流及六分，逵等因欲閉斷北流，帝意嚮之。光以爲須及八分乃可，仍待其自然，不可施功。王安石曰：『光議事屢不合，今令視河，後必不從其議，是重使不安職也。』庚子，乃獨遣茂則。茂則奏：『二股河東傾已及八分，北流止二分。』張鞏等亦奏：『丙午，大河東徙，北流淺小。戊申，北流閉。』詔獎諭司馬光等，仍賜衣、帶、馬。

時北流既塞，而河自其南四十里許家港東決，汎濫大名、恩、德、滄、永静五州軍境[二]。

三年二月，命茂則、鞏相度澶、滑州以下至東流河勢、隄防利害。時方濬御河，韓琦言：『事有緩急，工有後先，今御河漕運通駛，未至有害，不宜減大河之役。』乃詔輟河夫卒三萬三千，專治東流。

河渠二

《宋史》卷九二

黄河中

熙寧四年七月辛卯，北京[三]新堤第四、第五埽決，漂溺館陶、永濟、清陽以北，遣茂則乘驛相視。八月，河溢澶州曹村，十月，溢衞州王供。時新堤凡六埽，而決者二，下屬恩、冀，貫御河，奔衝爲一。帝憂之，自秋迄冬，數遣使經營。是時，人争言導河之利，茂則等謂：『二股河地最下，而舊防可因，今堙塞者纔三十餘里，若度河之湍，浚而逆之，又存清水鎮河以析其勢，則悍者可回，決者可塞。』帝然之。

十二月，令河北轉運司開修二股河上流，並修塞第五埽決口。

五年二月甲寅，興役，四月丁卯，二股河成，深十一尺，廣四百尺。方浚河則稍障其決水，至是，水入於河，而決口亦塞。

六月，河溢北京夏津。閏七月辛卯，帝語執政：『聞京東調夫修河，有壞産者，河北調急夫尤多；若河復決，奈何？且河決不過占一河之地，或西或東，若利害無所校，聽其所趨，如何？』王安石曰：『北流不塞，占公私田至多，又水散漫，久復澱塞。昨修二股，費至少而公私田皆出，向之瀉鹵，俱爲沃壤，庸非利乎。況急夫已減於去歲，若復葺理堤防，則河北歲夫愈減矣。』

[二] 熙寧二年（一〇六九年）第二次回河東流失敗。

[三] 北京　北宋北京治今河北省大名縣，當時屬縣有元城、莘、朝城、南樂、內黄、成安、魏、館陶、臨清、宗城、夏津、清平、冠氏等。

六年四月，始置疏濬黄河司〔一〕。先是，有選人李公義者，獻鐵龍爪揚泥車法以濬河。其法：用鐵數斤爲爪形，以繩繫舟尾而沈之水，篙工急櫂，乘流相繼而下，一再過，水已深數尺。宦官黄懷信以爲可用，而患其太輕。王安石請令懷信、公義同議增損，乃別制濬川杷。其法：以巨木長八尺，齒長二尺，列於木下如杷狀，以石壓之；兩旁繫大繩，兩端矴大船，相距八十步，各用滑車絞之，去來撓蕩泥沙，已又移船而濬。或謂水深則杷不能及底，雖數往來無益；水淺則齒礙沙泥，曳之不動，卒乃反齒向上而曳之。人皆知不可用，惟安石善其法，使懷信先試之以濬二股，又謀鑿直河數里以觀其效。且言於帝曰：『開直河則水勢分。其不可開者，以近河，每開數尺即見水，不容施功爾。今第見水即以杷濬之，水當隨杷改趨直河，苟置數千杷，則諸河淺澱，皆非所患，歲可省開濬之費幾百千萬〔二〕。』帝曰：『果爾，甚善。聞河北小軍壘當起夫五千，計合境之丁，僅及此數，一夫至用錢八緡。故歐陽修嘗謂開河如放火，不開如失火，與其勞人，不如勿開。』安石曰：『勞人以除害，所謂毒天下之民而從之者。』帝乃許春首興工，而賞懷信以度僧牒十五道，公義與堂除；以杷法下北京，令虞部員外郎、都大提舉大名府界金堤范子淵與通判、知縣共試驗之，皆言不可用。會子淵以事至京師，安石問其故，子淵意附會，遽曰：『法誠善，第同官議不合耳。』安石大悅。至是，乃置濬河司，將自衛州濬至海口，差子淵都大提舉，公義爲之屬。許不拘常制，舉使臣等；人船、木鐵、工匠，皆取之諸埽；官吏奉給視都水監丞司；行移與監司敵體。

當是時，北流閉已數年，水或横決散漫，常虞壅遏。十月，外監丞王令圖獻議，於北京第四、第五埽等處開修直河，使大河還二股故道，乃命范子淵及朱仲立領其事。開直河，深八尺，又用杷疏濬二股及清水鎮河，凡退背魚肋河〔三〕則塞之。王安石乃盛言用杷之功，若不輟工，雖二股河上流，可使行地中。

七年，都水監丞劉璯言：『自開直河，閉魚肋，水勢增漲，行流湍急，漸塌河岸，而許家港、清水鎮河極淺漫，幾於不流。雖二股深快，而蒲泊已東，下至四界首，退出之田，略無固護，設遇漫水出岸，牽迴河頭，將復成水患。

〔一〕始置疏濬黄河司　《長編》卷二五二熙寧七年四月『庚午，詔置疏浚黄河司，差虞部員外郎提舉大名府界金堤范子淵都大提舉疏浚黄河口，自衛州至海口。又以衛尉寺丞李公義爲勾當公事。』《宋會要輯稿·職官五·疏濬黄河司》亦作熙寧七年四月三日。此處繫年有誤。

〔二〕關於浚川杷的施工，《長編》卷二四八有詳細記載。

〔三〕退背魚肋河　主溜遠離堤防謂之退背。魚肋河係灘地串溝，形似魚肋。

宜候霜降水落，閉清水鎮河，築縷河堤〔一〕一道以遏漲水，使大河復循故道。又退出良田數萬頃，俾民耕種。而博州界堂邑等退背七埽，歲減修護之費，公私兩濟。』從之。是秋，判大名文彦博言：『河溢壞民田，多者六十村，户至萬七千，少者九村，户至四千六百，願蠲租税。』從之。又命都水詰官吏不以水災聞者。外都水監丞程昉以憂死。

十月，安石去位，吴充爲相。

十年五月，滎澤河堤急，詔判都水監俞光往治之。是歲七月，河復溢衛州王供及汲縣上下埽、懷州黄沁、滑州韓村；己丑，遂大決於澶州曹村，澶淵北流斷絶，河道南徙，東匯於梁山、張澤濼，分爲二派，一合南清河入於淮，一合北清河入於海，凡灌郡縣四十五，而濮、齊、鄆、徐尤甚，壞田逾三十萬頃。遣使修閉〔二〕。

八月，又決鄭州滎澤。於是文彦博言：『臣正月嘗奏：德州河底淤澱，泄水稽滯，上流必至壅遏。又河勢變移，四散漫流，兩岸俱被水患，若不預爲經制，必溢魏、博、恩、澶等州之境。而都水略無施設，止固護東流北岸而已。適累年河流低下，官吏希省費之賞，未嘗增修堤岸，大名諸埽，皆可憂虞。謂如曹村一埽，自熙寧八年至今三年，雖每計春料當培低怯，而有司未嘗如約，其埽兵又皆給他役，實在者十有七八。今者果大決溢，此非天災，實人力不至也。臣前論此，並乞審擇水官。今河朔、京東州縣，人被患者莫知其數，嗷嗷籲天，上軫聖念，而水官不能自訟，猶汲汲希賞。臣前論所陳，出於至誠，本圖補報，非敢激訐也。』

元豐元年四月丙寅，決口塞，詔改曹村埽曰靈平。五月甲戌，新堤成，閉口斷流，河復歸北〔三〕。初議塞河也，故道堙而高，水不得下，議者欲自夏津縣東開簽河入董固以護舊河，袤七十里九十步；又自張村埽直東築堤至龐家莊古堤，袤五十里二百步。詔樞密都承旨韓縝相視。縝言：『漲水衝刷新河，已成河道。河勢變移無常，雖開河就堤，及於河身創立生堤，枉費功力。惟增修新河，乃能經久。』詔可。

十一月，都水監言：『自曹村決溢，諸埽無復儲蓄，乞給錢二十萬緡下諸路，以時市梢草封樁。』詔給十萬緡，非朝旨及埽岸危急，毋得擅用。

二年七月戊子，范子淵言：『因護黄河岸畢工，乞中分爲兩埽。』詔以廣武上、下埽爲名。

三年七月，澶州孫村、陳埽及大吴、小吴埽決。詔外監丞司速修閉。初，河決澶州也，北外監丞陳祐甫謂：

〔一〕縷河堤　即臨河的縷堤。

〔二〕其時蘇軾在徐州知府任上，對本次河決危害有詳細記述。參見《集注分類東坡詩》卷八《復河詩》和《欒城集》卷十七《黄樓賦》。

〔三〕元豐曹村堵口事，詳見《皇朝文鑒・澶州靈津廟碑文》。參見周魁一《元豐黄河曹村堵口及其他》，載《水利學報》一九八五年一期。

『商胡決三十餘年，所行河道，填淤漸高，堤防歲增，未免泛濫。今當修者有三：商胡一也，横壟二也，禹舊迹三也。然商胡、横壟故道，地勢高平，土性疏惡，皆不可復，復亦不能持久。惟禹故瀆尚存，在大伾、太行之間，地卑而勢固。故秘閣校理李垂與今知深州孫民先皆有修復之議。望召民先同河北漕臣一員，自衞州王供埽按視，訖於海口。』從之。

四年四月，小吴埽復大決，自澶注入御河，恩州危甚。六月戊午，詔：『東流已填淤不可復，將來更不修閉小吴決口，候見大河歸納，應合修立堤防，令李立之經畫以聞。』帝謂輔臣曰：『河之爲患久矣，後世以事治水，故常有礙。夫水之趨下，乃其性也，以道治水，則無違其性可也。如能順水所向，遷徙城邑以避之，復有何患？雖神禹復生，不過如此。』輔臣皆曰：『誠如聖訓。』河北東路提點刑獄劉定言：『王莽河一徑水，自大名界下合大流注冀州，及臨清徐曲御河決口、恩州趙村坝子決口兩徑水，亦注冀州城東。若遂成河道，即大流難以西傾，全與李垂、孫民先所論違背，望早經制。』詔送李立之。

八月壬午，立之言：『臣自決口相視河流，至乾寧軍分入東西兩塘，次入界河，於劈地口入海，通流無阻，宜修立東西堤。』詔覆許之。而言者又請：『自王供埽上添修南岸，於小吴口北創修遥堤，候將來欎山水下，決王供埽，使直河注東北，於滄州界或南或北，從故道入海。』不從。

九月庚子，立之又言：『北京南樂、館陶、宗城、魏縣，淺口、永濟、延安鎮，瀛州景城鎮[一]在大河兩堤之間，乞相度遷於堤外。』於是用其説，分立東西兩堤五十九埽。定三等向著：河勢正著堤身爲第一，河勢順流堤下爲第二，河離堤一里内爲第三。退背亦三等：堤去河最遠爲第一，次遠者爲第二，次近一里以上爲第三。立之在熙寧初已主立堤，今竟行其言。

五年正月己丑，詔立之：『凡爲小吴決口所立堤防，可按視河勢向背應置埽處，毋虚設巡河官，毋横費工料。』六月，河溢北京内黄埽。七月，決大吴埽堤，以紓靈平下埽危急。八月，河決鄭州原武埽，溢入利津、陽武溝、刀馬河，歸納梁山濼。詔曰：『原武決口已引奪大河四分以上，不大治之，將貽朝廷巨憂。其輟修汴河堤岸司兵五千，併力築堤修閉。』都水復言：『兩馬頭墊落，水面闊二十五步，天寒，乞候來春施工。』至臘月竟塞云。九月，河溢滄州南皮上、下埽，又溢清池埽，又溢永静軍阜城下埽。十月辛亥，提舉汴河堤岸司言：『洛口廣武埽大河水漲，

[一] 據《元豐九域志》，南樂、館陶、宗城、魏縣均爲北京屬縣。淺口鎮屬館陶。永濟、延安鎮屬臨清。景城鎮屬瀛州樂壽縣。

埽岸，壞下牐斗門〔一〕，萬一入汴，人力無以枝梧。密邇都城，可不深慮。」詔都水監官速往護之。丙辰，廣武上、下埽危急，詔救護，尋獲安定。

七年七月，河溢元城埽，決橫堤，破北京。帥臣王拱辰言：「河水暴至，數十萬衆號叫求救，而錢穀稟轉運，常平歸提舉，軍器工匠隸提刑，埽岸物料兵卒即屬都水監，逐司在遠，無一得專，倉卒何以濟民？望許不拘常制。」詔：「事干機速，奏覆牒稟所屬不及者，如所請。」戊申，命拯護陽武埽。

十月，冀州王令圖奏：「大河行流散漫，河內殊無緊流，旋生灘磧。宜近澶州相視水勢，使還復故道。」會明年春，宫車晏駕。

大抵熙寧初，專欲導東流，閉北流。元豐以後，因河決而北，議者始欲復禹故迹。神宗愛惜民力，思順水性，而水官難其人。王安石力主程昉、范子淵，故二人尤以河事自任；帝雖藉其才，然每抑之。其後，元祐元年，子淵已改司農少卿，御史吕陶劾其「修堤開河，縻費巨萬，護堤壓埽之人，溺死無數。元豐六年興役，至七年功用不成。乞行廢放。」於是黜知兖州，尋降知峽州。其制略曰：「汝以有限之材，興必不可成之役，驅無辜之民，置之必死之地。」中書舍人蘇軾詞也。

八年三月，哲宗即位，宣仁聖烈皇后垂簾。河流雖北，而孫村低下，夏、秋霖雨，漲水往往東出。小吴之決既未塞，十月，又決大名之小張口，河北諸郡皆被水災。知澶州王令圖建議濬迎陽埽舊河，又於孫村金堤置約，復故道。本路轉運使范子奇仍請於大吴北岸修進鋸牙，擗約河勢。於是回河東流之議起。

元祐元年二月乙丑，詔：「未得雨澤，權罷修河，放諸路兵夫。」九月丁丑，詔秘書監張問相度河北水事。十月庚寅，又以王令圖領都水，同問行河。

十一月丙子，問言：「臣至滑州決口相視，迎陽埽至大、小吴，水勢低下，舊河淤仰，故道難復。請於南樂大名埽開直河並簽河，分引水勢入孫村口，以解北京向下水患。」令圖亦以爲然，於是減水河之議復起。既從之矣，會北京留守韓絳奏引河近府非是，詔問別相視。

二年二月，令圖、問欲必行前説，朝廷又從之。三月，令圖死，以王孝先代領都水，亦請如令圖議。

右司諫王覿言：「河北人户轉徙者多，朝廷責郡縣以安集，空倉廩以振濟，又遣專使察視之，恩德厚矣。然耕耘是時，而流轉於道路者不已；二麥將熟，而寓食於四方者未還。其故何也，盍亦治其本矣。今河之爲患

〔一〕壞下牐斗門　此下牐爲清汴通黄河渠段上的一座牐門。元豐二年清汴工程施工，「自汜水關北開河五百步，屬於黄河，上下置牐啓閉，以通黄、汴二河船筏。」參見《長編》卷二九七。

三：泛濫渟滀，漫無涯涘，吞食民田，未見窮已，一也；塘泊緣邊漕運獨賴御河，今御河淤澱，轉輸艱梗，二也；塘泊之設，以限南北，濁水所經，即爲平陸，三也。欲治三患，在遴擇都水、轉運而責成耳。今轉運使范子奇反覆求合，都水使者王孝先暗繆，望別擇人。』

時知樞密院事安燾深以東流爲是，兩疏言：『朝廷久議回河，獨憚勞費，不顧大患。蓋自小吴未決以前，河入海之地雖屢變移，而盡在中國；故京師恃以北限彊敵，景德澶淵之事可驗也。且河決每西，則河尾每北，河流既益西決，固已北抵境上。若復不止，則南岸遂屬遼界，彼必爲橋梁，守以州郡；如慶曆中因取河南熟户之地，遂築軍以窺河外，已然之效如此。蓋自河而南，地勢平衍，直抵京師，長慮却顧，可爲寒心。又朝廷捐東南之利，半以宿河北重兵，備預之意深矣。使敵能至河南，則邈不相及。今欲便於治河而緩於設險，非計也。』

王巖叟亦言：『朝廷知河流爲北道之患日深，故遣使命水官相視便利，欲順而導之，以拯一路生靈於墊溺，甚大惠也。然昔者專使未還，不知何疑而先罷議；專使反命，不知何所取信而議復興。既敕都水使者總護役事，調兵起工，有定日矣，已而復罷。數十日間，變議者再三，何以示四方？今有大害七，不可不早爲計。北塞之所恃以爲險者在塘泊，黄河堙之，猝不可濬，浸失北塞險固之利，一也。横遏西山之水，不得順流而下，蹙溢於千里，使百萬生齒，居無廬，耕無田，流散而不復，二也。乾寧孤壘，危絶不足道，而大名、深、冀腹心郡縣，皆有終不自保之勢，三也。滄州扼北敵海道，自河不東流，滄州在河之南，直抵京師，無有限隔，四也。併吞御河，邊城失轉輸之便，五也。河北轉運司歲耗財用，陷租賦以百萬計，六也。六七月之間，河流交漲，占没西路，阻絶遼使，進退不能，兩朝以爲憂，七也。非此七害，委之可，緩而未治可也。且去歲之患，已甚前歲，今歲又甚焉，則奈何？望深詔執政大臣，早決河議而責成之。』太師文彦博、中書侍郎吕大防皆主其説。

中書舍人蘇轍謂右僕射吕公著曰：『河決而北，先帝不能回，而諸公欲回之，是自謂智勇勢力過先帝也。盍因其舊而修其未備乎？』公著唯唯。於是三省奏：『自河北決，恩、冀以下數州被患，至今未見開修的確利害，致妨興工。』乃詔河北轉運使、副，限兩月同水官講議聞奏。

十一月，講議官皆言：『令圖、問相度開河，取水入孫村口還復故道處，測量得流分尺寸，取引不過，其説難行。』十二月，張景先〔一〕復以問説爲善，果欲回河，惟北京已上、滑州而下爲宜，仍於孫村濬治横河舊堤，止用逐埽

〔一〕張景先　時爲京東轉運判官。參見《長編》卷四〇七『元祐二年十二月庚辰』條。

人兵、物料，並年例客軍，春天漸爲之可也。朝廷是其説。

三年六月戊戌〔一〕，乃詔：『黄河未復故道，終爲河北之患。王孝先等所議，已嘗興役，不可中罷，宜接續工料，向去決要回復故道。三省、樞密院速與商議施行。』右相范純仁言：『聖人有三寶：曰慈，曰儉，曰不敢爲天下先。蓋天下大勢惟人君所向，群下競趨如川流山摧，小失其道，非一言一力可回，故居上者不可不謹也。今聖意已有所向而爲天下先矣。乞諭執政：「前日降出文字，却且進入。」免希合之臣，妄測聖意，輕舉大役。』尚書王存等亦言：『使大河決可東回，而北流遂斷，何惜勞民費財，以成經久之利。今孝先等自未有必然之論，但僥幸萬一，以冀成功，又預求免責，若遂聽之，將有噬臍之悔。乞望選公正近臣及忠實內侍，覆行按視，審度可否，興工未晚。』

庚子，三省、樞密院奏事延和殿，文彦博、吕大防、安燾等謂：『河不東，則失中國之險，爲契丹之利。』范純仁、王存、胡宗愈則以虚費勞民爲憂。存謂：『今公私財力困匱，惟朝廷未甚知者，賴先帝時封樁錢物〔二〕可用耳。外路往往空乏，奈何起數千萬物料、兵夫，圖不可必成之功？且御契丹得其道，則自景德至今八九十年，通好如一家，設險何與焉？不然，如石晉末耶律德光犯闕，豈無黄河爲阻〔三〕，況今河流未必便衝過北界耶？』太后曰：『且熟議。』

明日，純仁又畫四不可之説，且曰：『北流數年未爲大患，而議者恐失中國之利，先事回改；正如頃西夏本不爲邊患，而好事者以爲不取恐失機會，遂興靈武之師也〔四〕。臣聞孔子論爲政曰：「先有司。」今水官未嘗保明〔五〕，而先示決欲回河之旨，他日敗事，是使之得以藉口也。』

存、宗愈亦奏：『昨親聞德音，更令熟議。然累日猶有未同，或令建議者結罪任責。臣等本謂建議之人，思慮有所未逮，故乞差官覆按。若但使之結罪，彼所見不過如此，後或誤事，加罪何益。臣非不知河決北流，爲患非一。淤沿邊塘泊，斷御河漕運，失中國之險，遏西山之流。若能全回大河，使由孫村故道，豈非上下通願？但恐不能成功，爲患甚於今日。故欲選近臣按視：若孝先之説決可

〔一〕三年六月戊戌　《長編》卷四一五將哲宗詔、范純仁和王存等人言論繫於元祐三年十月戊戌條。

〔二〕封樁錢物　即內藏庫所儲錢物。每年國家財政結餘和額外上供均藏於此庫，用作軍旅、水旱災害等非常開支。參見葉夢得《石林燕語》卷三，王闢之《澠水燕談録》卷一，《宋史・食貨志・會計》卷一七九。

〔三〕此事在晉少帝開運四年（九四七年），參見《舊五代史》卷八五。

〔四〕此事在元豐四年，參見《宋史・夏國傳》卷四八五。

〔五〕保明　保證，担保，類似立軍令狀。《長編》作『結罪保明』。下文『結罪任責』也是類似的意思。

成，則積聚物料，接續興役； 如不可爲，則令沿河踏行，自恩、魏以北，塘泊以南，别求可以疏導歸海去處，不必專主孫村。此亦三省共曾商量，望賜詳酌。』存又奏：『自古惟有導河并塞河。導河者順水勢，自高導令就下； 塞河者爲河堤決溢，修塞令入河身。不聞斡引大河令就高行流也。』於是收回戊戌詔書。

户部侍郎蘇轍、中書舍人曾肇各三上疏。轍大略言：

黄河西流[一]，議復故道。事之經歲，役兵二萬，聚梢椿等物三十餘萬。方河朔災傷困弊，而興必不可成之功，吏民竊歎。今回河大議雖寢，然聞議者固執來歲開河分水之策。今小吴決口，入地已深，而孫村所開，丈尺有限，不獨不能回河，亦必不能分水。況黄河之性，急則通流，緩則淤澱，既無東西皆急之勢，安有兩河並行之理？縱使兩河並行，未免各立隄防，其費又倍矣。

今建議者其説有三，臣請折之： 一曰御河湮滅，失饋運之利。昔大河在東，御河自懷、衛經北京，漸歷邊郡，饋運既便，商賈通行。自河西流，御河湮滅，失此大利，天實使然。今河自小吴北行，占壓御河故地，雖使自北京以南折而東行，則御河湮滅已一二百里，何由復見？此御河之説不足聽也。二曰恩、冀以北，漲水爲害，公私損耗。臣聞河之所行，利害相半，蓋水來雖有敗田破税之害，其去亦有淤厚宿麥之利。況故道已退之地，桑麻千里，賦役全復，此漲水之説不足聽也。三曰河徙無常，萬一自契丹界入海，邊防失備。按河昔在東，自河以西郡縣，與契丹接境，無山河之限，邊臣建爲塘水，以捍契丹之衝。今河既西，則西山一帶，契丹可行之地無幾，邊防之利，不言可知。然議者尚恐河復北徙，則海口出契丹界中，造舟爲梁，便於南牧。臣聞契丹之河，自北南注以入於海。蓋地形北高，河無北徙之道，而海口深浚，勢無徙移，此邊防之説不足聽也。

臣又聞謝卿材到闕，昌言：『黄河自小吴決口，乘高注北，水勢奔決[二]，上流隄防無復決怒[三]之患。朝廷若以河事付臣，不役一夫，不費一金，十年保無河患。』大臣以其異己罷歸，而使王孝先、俞瑾、張景先三人重畫回河之計。蓋由元老大臣重於改過，故假契丹不測之憂，以取必於朝廷。雖已遣百禄等出按利害，然未敢保其不觀望風旨也。願亟回收買梢草指揮，來歲勿調開河役兵，使百禄等明知聖意無所偏係，不至阿附以誤國計。

肇之言曰：『數年以來，河北、京東、淮南災傷，今歲河北並邊稍熟，而近南州軍皆旱，京東西、淮南饑殍瘡痍。若來年雖未大興河役，止令修治舊隄，開減水河，亦須調

[一] 黄河西流　即北流河道，較之東流，河道偏西。
[二] 水勢奔決　《長編》卷四一六『元祐三年十一月甲辰』條蘇轍奏『奔決』作『奔快』。
[三] 決怒　《長編》卷四一六作『決溢』。

發丁夫。本路不足，則及鄰路，鄰路不足，則及淮南，民力果何以堪？民力未堪，則雖有回河之策，及梢草先具，將安施乎？』

會百禄等行視東西二河，亦以爲東流高仰，北流順下，決不可回。即奏曰：

往者王令圖、張問欲開引水簽河，導水入孫村口還復故道。議者疑焉，故置官設屬，使之講議。既開撅井筒，折量地形水面尺寸高下〔一〕，顧臨、王孝先、張景先、唐義問、陳祐之皆謂故道難復。而孝先獨叛其説，初乞先開減水河，俟行流通快，新河勢緩，人工物料豐備，徐議閉塞北流。已而召赴都堂，則又請以二年爲期。及朝廷詰其成功，遽云：『來年取水入孫村口，若河流順快，工料有備，便可閉塞，回復故道。』是又不竢新河勢緩矣。回河事大，寧容異同如此！蓋孝先、俞瑾等知合用物料五千餘萬，未有指擬，見買數計，經歲未及毫釐，度事理終不可爲，故爲大言。

又云：『若失此時，或河勢移背，豈獨不可減水，即永無回河之理。』臣等竊謂河流轉徙，迺其常事；水性就下，固無一定。若假以五年，休養數路民力，沿河積材，漸濬故道，葺舊堤，一旦流勢改變，審議事理，釃爲二渠，分派行流，均減漲水之害，則勞費不大，功力易施，安得謂之一失此時，永無回河之理也？

四年正月癸未，百禄等使回入對，復言：『修減水河，役過兵夫六萬三千餘人，計五百三十萬工，費錢糧三十九萬二千九百餘貫、石、匹、兩，收買物料錢七十五萬三百餘緡，用過物料二百九十余萬條、束，官員、使臣、軍大將凡一百一十餘員請給不預焉。願罷有害無利之役，那移工料，繕築西堤，以護南決口〔二〕。』未報。己亥，乃詔罷回河及修減水河。

四月戊午，尚書省言：『大河東流，爲中國之要險。自大吴決後，由界河〔三〕入海，不惟淤壞塘濼，兼濁水入界河，向去淺澱，則河必北流。若河尾直注北界入海，則中國全失險阻之限，不可不爲深慮。』詔范百禄、趙君錫條畫以聞。

百禄等言：

臣等昨按行黄河獨流口至界河，又東至海口，熟觀河流形勢；並緣界河至海口鋪砦地分使臣各稱：界河未經黄河行流已前，闊一百五十步下至五

〔一〕既開撅井筒，折量地形水面尺寸高下　《長編》卷四二〇有記述。參見沈括《夢溪筆談》。
〔二〕以護南決口　《長編》卷四二一辛卯日王存轉述作『以護南宫決口』。
〔三〕界河　宋遼分界河，約當今之大清河。參見《宋史·河渠五·塘濼》。

十步，深一丈五尺下至一丈； 自黄河行流之後，今闊至五百四十步，次亦三二百步，深者三丈五尺，次亦二丈。乃知水性就下，行疾則自刮除成空而稍深，與《前漢書》大司馬史張戎之論正合。

自元豐四年河出大吴，一向就下，衝入界河，行流勢如傾建。經今八年，不捨晝夜，衝刷界河，兩岸日漸開闊，連底成空，趨海之勢甚迅。雖遇元豐七年八年、元祐元年泛漲非常，而大吴以上數百里，終無決溢之害，此迺下流歸納處河流深快之驗也。

塘濼有限遼之名，無禦遼之實。今之塘水，又異昔時，淺足以褰裳而涉，深足以維舟而濟，冬寒冰堅，尤爲坦途。如滄州等處，商胡之決即已澱淤，今四十二年，迄無邊警，亦無人言以爲深憂。自回河之議起，首以此動煩聖聽。殊不思大吴初決，水未有歸，猶不北去； 今入海湍迅，界河益深，尚復何慮？藉令有此，則中國據上游，契丹豈不慮乘流擾之乎？

自古朝那、蕭關、雲中、朔方、定襄、鴈門、上郡、太原、右北平之間，南北往來之衝，豈塘濼界河之足限哉。臣等竊謂本朝以來，未有大河安流，合於禹迹，如此之利便者。其界河向去只有深闊，加以朝夕海潮往來渲蕩，必無淺澱，河尾安得直注北界，中國亦無全失險阻之理。且河遇平壤灘漫，行流稍遲，則泥沙留淤； 若趨深走下，湍激奔騰，惟有刮除，無由淤積，不至上煩聖慮。

七月己巳朔，冀州南宫等五埽危急，詔撥提舉修河司物料百萬與之。甲午，都水監言：『河爲中國患久矣，自小吴決後，汎濫未著河槽，前後遣官相度非一，終未有定論〔一〕。以爲北流無患，則前二年河決南宫下埽，去三年決上埽，今四年決宗城中埽，豈是北流可保無虞？以爲大河卧東，則南宫、宗城皆在西岸； 以爲卧西，則冀州信都、恩州清河、武邑或決，皆在東岸。要是大河千里〔二〕，未見歸納經久之計，所以昨相度第三、第四鋪分決漲水，少紓目前之急。繼又宗城決溢，向下包蓄不定，雖欲不爲東流之計，不可得也。河勢未可全奪，故爲二股之策。今相視新開第一口〔三〕，水勢湍猛，發泄不及，已不候工畢，更撥沙河〔四〕隄第二口泄減漲水，因而二股分行，以紓下流之患。雖未保冬夏常流，已見有可爲之勢。必欲經久，遂作二股，仍較今所修利害孰爲輕重，有司具析保明以聞。』

八月丁未，翰林學士蘇轍言：

〔一〕終未有定論　《長編》卷四三〇在此句下有『蓋新河堤防與故道金堤殊絶，若』等字句。

〔二〕要是大河千里　『要』，《長編》卷四三〇作『顯』。

〔三〕據《長編》卷四三〇記載，本次視察由勾當公事李偉主持。

〔四〕沙河　據《元豐九域志》卷二冠氏縣（今河北省冠縣）和武城縣有沙河。安平縣有另一條沙河。

夏秋之交，暑雨頻併。河流暴漲出岸，由孫村東行，蓋每歲常事。而李偉與河埽使臣因此張皇，以分水爲名，欲發回河之議，都水監從而和之。河事一興，求無不可，況大臣以其符合己説而樂聞乎。

臣聞河道西行孫村側左，大約入地二丈以來，今所報漲水出岸，由新開口地東入孫村，不過六七尺。欲因六七尺漲水，而奪入地二丈河身，雖三尺童子，知其難矣。然朝廷遂爲之遣都水使者，興兵功，開河道，進鋸牙，欲約之使東。方河水盛漲，其西行河道若不斷流，則遏之東行，實同兒戲。

臣願急命有司，徐觀水勢所向，依累年漲水舊例，因其東溢，引入故道，以紓北京朝夕之憂。故道隄防壞決者，第略加修葺，免其決溢而已。至於開河、進約等事，一切毋得興功，俟河勢稍定然後議。不過一月，漲水既落，則西流之勢，決無移理。兼聞孫村出岸漲水，今已斷流，河上官吏未肯奏知耳。

是時，吳安持與李偉力主東流，而謝卿材謂『近歲河流稍行地中，無可回之理』，上《河議》一編。召赴政事堂會議，大臣不以爲然。癸丑，三省、樞密院言：『繼日霖雨，河上之役，恐煩聖慮。』太后曰：『訪之外議，河水已東復故道矣。』

乙丑，李偉言：『已開撥北京南沙河直堤第三鋪，放水入孫村口故道通行。』又言：『大河已分流，即更不須開淘。因昨來一決之後，東流自是順快，渲刷漸成港道。見今已爲二股，約奪大河三分以來，若得夫二萬，於九月興工，至十月寒凍時可畢。因引導河勢，豈止爲二股通行而已，亦將遂爲回奪大河之計。今來既因擗拶東流，修全鋸牙，當迤邐增進一埽，而取一埽之利，比至來年春、夏之交，遂可全復故道。朝廷今日當極力必閉北流，乃爲上策。若不明詔有司，即令回河，深恐上下遷延，議終不決，觀望之間，遂失機會。乞復置修河司。』從之。

五年正月丁亥，梁燾言：『朝廷治河，東流北流，本無一偏之私。今東流未成，邊北之州縣未至受患，其役可緩；北流方悍，邊西之州縣，日夕可憂，其備宜急。今傾半天下之力，專事東流，而不加一夫一草於北流之上，得不誤國計乎！去年屢決之害，全由堤防無備。臣願嚴責水官，修治北流埽岸，使二方均被惻隱之恩。』

二月己亥，詔開修減水河。辛丑，乃詔三省、樞密院：『去冬愆雪，今未得雨，外路旱暵闊遠，宜權罷修河。』

戊申，蘇轍言：『臣去年使契丹，過河北，見州縣官吏，訪以河事，皆相視不敢正言。及今年正月，還自契丹，所過吏民，方舉手相慶，皆言近有朝旨罷回河大役，命下之日，北京之人，驩呼鼓舞。惟減水河役遷延不止，耗蠹之事，十存四五，民間竊議，意大臣業已爲此，勢難遽回。既爲聖鑒所臨，要當迤邐盡罷。今月六日，果蒙聖旨，以旱災爲名，權罷修黃河，候今秋取旨。大臣覆奏盡罷黃河東、北流及諸河功役，民方憂旱，聞命踊躍，實荷聖恩。然臣竊詳聖旨，上合天意，下合民心。因水之性，功力易就，天語激切，中外聞者或至泣下，而大臣奉行，不得其平[一]。由此觀之，則是大臣所欲，雖害物而必行；陛下所爲，雖利民而不聽。至於委曲回避，巧爲之説，僅乃得行，君權已奪，國勢倒植。臣所謂君臣之間，逆順之際，大爲不便者，此事是也。黃河既不可復回，則先罷修河司，只令河北轉運司盡將一道兵功，修貼北流堤岸；罷吳安持、李偉都水監差遣，正其欺罔之罪，使天下曉然知聖意所在。如此施行，不獨河事就緒，天下臣庶，自此不敢以虛誑欺朝廷，弊事庶幾漸去矣。』

八月甲辰，提舉東流故道李偉言：『大河自五月後日益暴漲，始由北京南沙堤第七鋪決口，水出於第三、第四鋪並清豐口一併東流。故道河槽深三丈至一丈以上，比去年尤爲深快，頗減北流橫溢之患。然今已秋深，水當減落，若不稍加措置，慮致斷絶，即東流遂成淤澱。望下所屬官司，經畫沙堤等口分水利害，免淤故道，上誤國事。』詔吳安持與本路監司、北外丞司及李偉按視，具合措置事連書以聞。

九月，中丞蘇轍言：『修河司若不罷，李偉若不去，河水終不得順流，河朔生靈終不得安居。乞速罷修河司，及檢舉六年四月庚子敕，竄責李偉。』

七年三月，以吏部郎中趙偁權河北轉運使。偁素與安持等議不協，嘗上河議，其略曰：『自頃有司回河幾三年，功費騷動半天下，復爲分水又四年矣。故所謂分水者，因河流、相地勢導而分之。今乃横截河流，置埽約以扼之，開濬河門，徒爲淵潭，其狀可見。況故道千里，其間又有高處，故累歲漲落輒復自斷。夫河流有逆順，地勢有高下，非朝廷可得而見，職在有司，朝廷任之亦信矣，患有司不自信耳。臣謂當繕大河北流兩堤，復修宗城棄堤，閉宗城口，廢上、下約，開闞村河門，使河流湍直，以成深道。聚三河工費以治一河，一二年可以就緒，而河患庶幾息矣。願以河事並都水條例一付轉運司，而總以工部，罷外丞司使，措置歸一，則職事可舉，弊事可去。』

四月，詔：『南北外兩丞司管下河埽，今後令河北京西轉運使、副、判官、府界提點分認界至，内河北仍於銜内帶「兼管南北外都水公事」。』

十月辛酉，以大河東流，賜都水使者吳安持三品服，北都水監丞李偉再任。

[一]〔標點本原注〕而大臣奉行，不得其平　《欒城集》卷四一《乞罷修河劄子》、《長編》卷四三八都作『而大臣奉行不得其半』。

河渠三

《宋史》卷九三

黃河下　汴河上

黃河下[一]

元祐八年二月乙卯，三省奉旨：『北流軟堰，並依都水監所奏。』門下侍郎蘇轍奏：『臣嘗以謂軟堰不可施於北流，利害甚明。蓋東流本人力所開，闊止百餘步，冬月河流斷絶，故軟堰可爲。今北流是大河正溜，比之東流，何止數倍，見今河水行流不絶，軟堰[二]何由能立？蓋水官之意，欲以軟堰爲名，實作硬堰[三]，陰爲回河之計耳。朝廷既已覺其意，則軟堰之請，不宜復從。』趙偁亦上議曰：『臣竊謂河事大利害有三，而言者互進其説，或見近忘遠，徼倖盜功，或取此捨彼，譸張昧理。遂使大利不明，大害不去，上惑朝聽，下滋民患，横役枉費，殆無窮已，臣切痛之。所謂大利害者：北流全河，患水不能分也；東流分水，患水不能行也；宗城河決，患水不能閉也。是三者，去其患則爲利，未能去則爲害。今不謀此，而議欲專閉北流，止知一日可閉之利，而不知異日既塞之患，止知北流伏槽之水易爲力，而不知闞村方漲之勢，未可併以入東流也。夫欲合河以爲利，而不恤上下壅潰之害，是皆見近忘遠，徼倖盜功之事也。有司欲斷北流而不執其咎，乃引分水爲説，姑爲軟堰；知河衝之不可以軟堰禦，則又爲決堰之計。臣恐枉有工費，而以河爲戲也。請俟漲水伏槽，觀大河之勢，以治東流、北流。』

五月，水官卒請進梁村上、下約，束狹河門。既涉漲水，遂壅而潰。南犯德清，西決内黄，東淤梁村，北出闞村，宗城決口復行魏店，北流因淤遂斷，河水四出，壞東郡浮梁。十二月丙寅，監察御史郭知章言：『臣比緣使事至河北，自澶州入北京，渡孫村口，見水趨東者，河甚闊而深；又自北京往洺州，過楊家淺口復渡，見水之趨北者，纔十之二三，然後知大河宜閉北行東。乞下都水監相度。』於是吳安持復兼領都水，即建言：『近準朝旨，已堰斷魏店刺子，向下北流一枝斷絶。然東西未有堤岸，若漲水稍大，必披灘漫出，則平流在北京、恩州界，爲害愈甚。

[一] 本標題爲注者所加。
[二] 軟堰　用草埽構築的擋水建築物，此處用於堵口截流。
[三] 硬堰　埽工建成後加築土石成堰，成爲永久性擋水建築物。

乞塞梁村口，縷張包口，開青豐口以東鷄爪河〔一〕，分殺水勢。』呂大防以其與己意合，向之，詔同北京留守相視。

時范純仁復爲右相，與蘇轍力以爲不可。遂降旨：『令都水監與本路安撫、轉運、提刑司共議，可則行之，有異議速以聞。』紹聖元年正月也。是時，轉運使趙偁深不以爲然，提刑上官均頗助之。偁之言曰：『河自孟津初行平地，必須全流，乃成河道。禹之治水，自冀北抵滄、棣，始播爲九河，以其近海無患也。今河自横壟、六塔、商胡、小吴，百年之間，皆從西決，蓋河徙之常勢。而有司置埽創約，横截河流，回河不成，因爲分水。初決南宫，再決宗城，三決内黄，亦皆西決，則地勢西下，較然可見。今欲弭息河患，而逆地勢，戾水性，臣未見其能就功也。請開闞村河門，修平鄉鉅鹿埽、焦家等堤，濬澶淵故道，以備漲水。』大名安撫使許將言：『度今之利，若舍故道，止從北流，則慮河下已湮，而上流横潰，爲害益廣。若直閉北流，東徙故道，則復慮受水不盡，而破隄爲患。竊謂宜因梁村之口以行東，因内黄之口以行北，而盡閉諸口，以絶大名諸州之患。俟春夏水大至，乃觀故道，足以受之，則内黄之口可塞；不足以受之，則梁村之役可止。定其成議，則民心固而河之順復有時，可以保其無害。』詔：『令吴安持同都水監丞鄭佑，與本路安撫、轉運、提刑司官，具圖，狀保明聞奏，即有未便，亦具利害來上。』

三月癸酉，監察御史郭知章言：『河復故道，水之趨東，已不可遏。近日遣使按視，逐司議論未一。臣謂水官朝夕從事河上，望專委之。』乙亥，呂大防罷相。

六月，右正言張商英奏言：『元豐間河決南宫口，講議累年，先帝歎曰：「神禹復生，不能回此河矣。」乃勅自今後不得復議回河閉口，蓋採用漢人之論，俟其泛濫自定也〔二〕。元祐初，文彦博、呂大防以前勅非是，拔吴安持爲都水使者，委以東流之事。京東、河北五百里内差夫，五百里外出錢雇夫，及支借常平倉司錢買梢草，斬伐榆柳。凡八年而無尺寸之效，乃遷安持太僕卿，王宗望代之。宗望至，則劉奉世猶以彦博、大防餘意，力主東流，以梁村口吞納大河。今則梁村口淤澱，而開沙堤兩處決口以泄水矣。前議累七十里堤以障北流，今則云俟霜降水落興工矣。朝廷咫尺，不應九年爲水官蔽欺如此。九年之内，年年譬山水漲，霜降水落，豈獨今年始有漲水，而待水落乃可以興工耶？乞遣使按驗虚實，取索回河以來公私費錢糧、梢草，依仁宗朝六塔河施行。』

會七月辛丑，廣武埽危急，詔王宗望亟往救護。壬

〔一〕鷄爪河　即後代的川字河。在分水河道上人工預挖數條引水河溝，分流以後，便於河水自行冲深，形成河床。

〔二〕蓋採用漢人之論，俟其泛濫自定也　指賈讓上策。又東漢明帝轉述當時人的議論，『左堤强則右堤傷，左右俱强則下方傷，宜任水勢所之，使人隨高而處，公家息壅塞之費，百姓無陷溺之患。』參見《後漢書·明帝紀》卷二。

寅，帝謂輔臣曰：『廣武去洛河不遠，須防漲溢下灌京師，已遣中使視之。』輔臣出圖、狀以奏曰：『此由黄河北岸生灘，水趨南岸。今雨止，河必減落，已下水官，與洛口官同行按視，爲簽堤及去北岸嫩灘，令河順直，則無患矣。』

八月丙子，權工部侍郎吴安持等言：『廣武埽危急，刷塌堤身二千餘步處，地形稍高。自鞏縣東七里店至見今洛口，約不滿十里，可以别開新河，引導河水近南行流，地步至少，用功甚微。王宗望行視並開井筒[一]，各稱利便外，其南築大堤，工力浩大，乞下各屬官司，躬往相度保明。』從之。

十月丁酉，王宗望言：『大河自元豐潰決以來，東、北兩流，利害極大，頻年紛争，國論不決，水官無所適從。伏自奉詔凡九月，上稟成算，自闞村下至栲栳堤七節河門，並皆閉塞。築金堤七十里，盡障北流，使全河東還故道，以除河患。又自闞村下至海口，補築新舊堤防，增修疏濬河道之淤淺者，雖盛夏漲潦，不至壅決。望付史官，紀紹聖以來聖明獨斷，致此成績。』詔宗望等具析修閉北流部役官等功力等弟以聞[二]。然是時東流堤防未及繕固，瀕河多被水患，流民入京師，往往泊御廊及僧舍。詔給券，諭令還本土，以就振濟。

己酉，安持又言：『準朝旨相度開濬澶州故道，分減漲水。按澶州本是河行舊道，頃年曾乞開修，時以東西地形高仰，未可興工。欲乞且行疏導燕家河，仍令所屬先次計度合增修一十一埽所用工料。』詔：『令都水監候來年將及漲水月分，先具利害以聞。』

癸丑，三省、樞密院言：『元豐八年，知澶州王令圖議，乞修復大河故道。元祐四年，都水使者吴安持，因紓南宫等埽危急，遂就孫村口爲回河之策。及梁村進約東流，孫村口窄狹，德清軍等處皆被水患。今春，王宗望等雖於内黄下埽閉斷北流，然至漲水之時，猶有三分水勢，而上流諸埽已多危急，下至將陵埽決壞民田。近又據宗望等奏，大河自閉塞闞村而下，及創築新堤七十餘里，盡閉北流，全河之水，東還故道。今訪聞東流向下，地形已高，水行不快。既閉斷北流，將來盛夏，大河漲水全歸故道，不惟舊堤損缺怯薄，而闞村新堤，亦恐未易枝梧。兼京城上流諸處埽岸，慮有壅滯衝決之患，不可不豫爲經畫。』詔：『權工部侍郎吴安持、都水使者王宗望、監丞鄭

[一] 井筒　古代測量地形高程的一種方法，即沿測綫開挖一系列水面相通的水坑，並據以比較地面高程及其沿程變化。沈括《夢溪筆談》卷二五雜志二記載汴渠地形測量方法，『汴渠堤外皆是出土故溝水，令相通，時爲一堰節其水，候水平，……乃量堰之上下水面，相高之數，會之，乃得地勢高下之實』。就是類似的方法。

[二] 紹聖元年（一〇九四年）北宋第三次大規模人工回河東流。五年後（元符二年）河復決内黄口北流。

佑同北外監丞司，自闞村而下直至海口，逐一相視，增修疏濬，不致壅滯衝決。』

丙辰，張商英又言：『今年已閉北流，都水監長貳交章稱賀，或乞付史官，則是河水已歸故道，止宜修緝堤埽，防將來衝決而已。近聞王宗望、李仲却欲開澶州故道以分水，吴安持乞候漲水前相度。緣開澶州故道，若不與今東流底平，則纔經水落，立見淤塞。若與底平，則從初自合閉口回河，何用九年費財動衆？安持稱候漲水相度，乃是悠悠之談。前來漲水並今來漲水，各至澶州、德清軍界，安持首尾九年，豈得不見？更欲延至明年，乃是狡兔三窟，自爲潛身之計，非公心爲國事也。況立春漸近調夫，如是時不早定議，又留後説，邦財民力，何以支持？訪聞先朝水官孫民先、元祐六年水官賈種民各有《河議》，乞取索照會。召前後本路監司及經歷河事之人，與水官詣都堂反覆詰難，務取至當，經久可行，定議歸一，庶免以有限之財，事無涯之功。』

二年七月戊午，詔：『沿黄河州軍，河防決溢，並即申奏。』

元符二年二月乙亥，北外都水丞李偉言：『相度大小河門，乘此水勢衰弱，並先修閉，各立蛾眉埽〔一〕鎮壓。乞次於河北、京東兩路差正夫三萬人，其他夫數，令修河官和雇。』三月丁巳，偉又乞：『於澶州之南大河身内，開小河一道，以待漲水，紓解大吴口下注北京一帶向著之患。』並從之。

六月末，河決内黄口，東流遂斷絶。八月甲戌，詔：『大河水勢十分北流，其以河事付轉運司，責州縣共力救護隄岸。』辛丑，左司諫王祖道請正吴安持、鄭佑、李仲、李偉之罪，投之遠方，以明先帝北流之志。詔可。

三年正月己卯，徽宗即位。鄭佑、吴安持輩皆用登極大赦，次第牽復。中書舍人張商英繳奏：『佑等昨主回河，皆違神宗北流之意。』不聽。商英又嘗論水官非其人，治河當行其所無事，一用堤障，猶塞兒口止其啼也。三月，乃以商英爲龍圖閣待制、河北都轉運使兼專功提舉河事。商英復陳五事：一曰行古沙河口；二曰復平恩四埽；三曰引大河自古漳河〔二〕、浮河〔三〕入海；四曰築御河西堤，而開東堤之積；五曰開木門口，泄徒駭河〔四〕東

〔一〕蛾眉埽　形狀細長如蛾眉的埽工。
〔二〕古漳河　李吉甫《元和郡縣圖志》記載，在魏縣（今河北省大名市西南）西北十里有舊漳河，在魏縣西北二十里有新漳河。此外，宗城縣（今河北威縣東）、漳南縣（今河北省故城縣南）、長河縣（今山東省德州市東）均有漳河經行。
〔三〕浮河　據《元豐九域志》記載，在鹽山縣（今河北省鹽山縣西南）有浮水。
〔四〕徒駭河　據《元豐九域志》在樂壽縣（今河北省獻縣）和清池縣（今河北省滄州市東南）有徒駭河。

流。大要欲隨地勢疏濬入海。會四月，河決蘇村〔一〕。七月，詔：『商英毋治河，止釐本職，其因河事差辟官吏〔二〕並罷。』復置北外都水丞司。

建中靖國元年春，尚書省言：『自去夏蘇村漲水，後來全河漫流，今已淤高三四尺，宜立西堤。』詔都水使者魯君貺同北外丞司經度之。於是左正言任伯雨奏：

河爲中國患，二千歲矣。自古竭天下之力以事河者，莫如本朝。而徇衆人偏見，欲屈大河之勢以從人者，莫甚於近世。臣不敢遠引，祗如元祐末年，小吴決溢，議者乃譎謀異計，欲立奇功，以邀厚賞。不顧地勢，不念民力，不惜國用，力建東流之議。當洪流中，立馬頭，設鋸齒〔三〕，梢芻材木，耗費百倍。力遏水勢，使之東注，陵虛駕空，非特行地上而已。增堤益防，惴惴恐決，澄沙淤泥，久益高仰，一旦決潰，又復北流。此非堤防之不固，亦理勢之必至也。

昔禹之治水，不獨行其所無事，亦未嘗不因其變以導之。蓋河流混濁，泥沙相半，流行既久，迤邐淤澱，則久而必決者，勢不能變也。或北而東，或東而北，亦安可以人力制哉！

爲今之策，正宜因其所向，寬立堤防，約欄水勢，使不至大段漫流。若恐北流淤澱塘泊，亦祗宜因塘泊之岸，增設堤防，乃爲長策。風聞近日，又有議者獻東流之計。不獨比年災傷，居民流散，公私匱竭，百無一有，事勢窘急，固不可爲；抑亦自高注下，湍流奔猛，潰決未久，勢不可改。設若興工，公私徒耗，殆非利民之舉，實自困之道也。

崇寧三年十月，臣僚言：『昨奉詔措置大河，即由西路歷沿邊州軍，回至武强縣，循河堤至深州，又北〔四〕下衡水縣，乃達于冀。又北渡河過遠來鎮〔五〕，及分遣屬僚相視恩州之北河流次第。大抵水性無有不下，引之就高，決不可得。況西山積水，勢必欲下，各因其勢而順導之，則無壅遏之患。』詔開修直河，以殺水勢。

四年二月，工部言：『乞修蘇村等處運粮河堤爲正堤〔六〕，以支漲水，較修棄堤〔七〕直堤〔八〕，可減工四十四萬、料七十一萬有奇。』從之。閏二月，尚書省言：『大河北流，合西山諸水，在深州武强、瀛州樂壽埽，俯瞰雄、霸、莫州及沿邊塘濼，萬一決溢，爲害甚大。』詔增二埽堤及儲蓄，

〔一〕蘇村　險工名，位於通利軍（治黎陽縣，今浚縣東北）。

〔二〕差辟官吏　差辟又稱辟差、奏舉。各路安撫司、轉運司、知州等依法薦用官員。

〔三〕鋸齒　即鋸牙，並列的多座小型挑水壩。

〔四〕又北　以地理位置推測，『北』似應爲『南』。

〔五〕遠來鎮　據《元豐九域志・冀州・信都》，『遠來鎮』應爲『來遠鎮』。

〔六〕正堤　此處黄河的主要堤防。

〔七〕棄堤　此河段裁彎取直後廢棄的堤防。

〔八〕直堤　裁彎取直後新河段的堤防。

以備漲水。是歲，大河安流。

五年二月，詔滑州繫浮橋於北岸，仍築城壘，置官兵守護之。八月，葺陽武副堤〔一〕。

大觀元年二月，詔於陽武上埽第五鋪開修直河〔二〕至第十五鋪，以分減水勢。有司言：『河身當長三千四百四十步，面闊八十尺，底闊五丈，深七尺，計役十萬七千餘工，用人夫三千五百八十二，凡一月畢。』從之。十二月，工部員外郎趙霆言：『南北兩丞司合開直河者，凡爲里八十有七，用緡錢八九萬。異時成功，可免河防之憂，而省久遠之費。』詔從之。

二年五月，霆上免夫之議，大略謂：『黄河調發人夫修築埽岸，每歲春首，騷動數路，常至敗家破産。今春滑州魚池埽合起夫役，嘗令送免夫之直，用以買土，增貼埽岸，比之調夫，反有贏餘。乞詔有司，應堤埽合調春夫，並依此例，立爲永法〔三〕。』詔曰：『河防夫工，歲役十萬，濱河之民，困於調發。可上户出錢免夫，下户出力充役，其相度條畫以聞。』丙申，邢州言河決〔四〕，陷鉅鹿縣。詔遷縣於高地。又以趙州隆平下濕，亦遷之。

六月己卯，都水使者吴玠言：『自元豐間小吴口決，北流入御河，下合西山諸水，至清州獨流砦三叉口入海。雖深得保固形勝之策，而歲月寖久，侵犯塘堤，衝壞道路，齧損城砦。臣奉詔修治隄防，禦捍漲溢。然築八尺之堤，當九河之尾，恐不能敵。若不遇有損缺，逐旋增修，即又至隳壞，使與塘水相通，於邊防非計也。乞降旨修葺。』從之。庚寅，冀州河溢〔五〕，壞信都、南宫兩縣。

三年八月，詔沈純誠開撩兔源河。兔源在廣武埽對岸，分減埽下漲水也。

政和四年十一月，都水使者孟昌齡言：『今歲夏秋漲水，河流上下並行中道，滑州浮橋不勞解拆，大省歲費。』詔許稱賀，官吏推恩有差。昌齡又獻議導河大伾，可置永遠浮橋，謂：『河流自大伾之東而來，直大伾山西，而止數里，方回南，東轉而過，復折北而東，則又直至大伾山之東，亦止不過十里耳。視地形水勢，東西相直徑

〔一〕副堤　此處指黄河的輔助性堤防。

〔二〕直河　裁彎取直後的新河段。

〔三〕關於修河夫役的徵調，《宋史·食貨志·和糴》卷一七五記載：『初，黄河歲調夫修築埽岸，其不即役者輸免夫錢。熙（寧）、（元）豐間，淮南科黄河夫，夫錢十千，富户有及六十夫者，劉誼蓋嘗論之。及元祐中，吕大防等主回河之議，力役既大，因配夫出錢。大觀中，修滑州魚池埽，始盡令輸錢。帝謂事易集而民不煩，乃詔凡河隄合調春夫，盡輸免夫之直，定爲永法。』

〔四〕丙申，邢州言河決　《宋史·徽宗紀》卷二十作『八月辛巳，邢州河水溢，壞民盧舍，復被水者家』。《宋史·五行志》卷六二作『二年秋，黄河決，陷没邢州鉅鹿縣』。

〔五〕庚寅，冀州河溢　《宋史·徽宗紀》卷二〇作大觀三年六月『庚寅冀州河水溢』。《五行志》未記此事。此事似應繫於三年。

易，曾不十餘里間，且地勢低下，可以成河，倚山可爲馬頭；又有中潬，正如河陽。若引使穿大伾大山及東北二小山，分爲兩股而過，合於下流，因是三山爲趾，以繫浮梁，省費數十百倍，可寬河朔諸路之役。』朝廷喜而從之。

五年，置提舉修繫永橋所。六月癸丑，降德音於河北、京東、京西路，其略曰：『鑿山釃渠，循九河既道之迹；爲梁跨趾，成萬世永賴之功。役不踰時，慮無愆素。人絶往來之阻，地無南北之殊。靈祇懷柔，黎庶呼舞。眷言朔野，爰暨近畿，畚锸繁興，薪芻轉徙，民亦勞止，朕甚憫之。宜推在宥之恩，仍廣蠲除之惠。應開河官吏，令提舉所具功力等第聞奏。』又詔：『居山至大伾山浮橋屬濬州者，賜名天成橋；大伾山至汶子山浮橋屬滑州者，賜名榮光橋。』俄改榮光曰聖功。七月庚辰，御製橋名，磨崖以刻之。方河之開也，水流雖通，然湍激猛暴，遇山稍隘，往往泛溢，近砦民夫多被漂溺，因亦及通利軍，其後遂注成巨濼云。是月，昌齡遷工部侍郎。

八月己亥，都水監言：『大河以就三山通流，正在通利之東，慮水溢爲患。乞移軍城於大伾山、居山之間，以就高仰。』從之。十月丁巳，中書省言冀州棗强埽決，知州辛昌宗武臣，不諳河事，詔以王仲元代之。

十一月丙寅，都水使者孟揆言：『大河連經漲淤，灘面已高，致河流傾側東岸。今若修閉棗强上埽決口，其費不貲，兼冬深難施人力；縱使極力修閉，東堤上下二百餘里，必須盡行增築，與水争力，未能全免決溢之患。今漫水行流，多鹹鹵及積水之地，又不犯州軍，止經數縣地分，迤邐纏御河歸納黄河。欲自決口上恩州之地水堤爲始，增補舊堤，接續御河東岸，簽合大河。』從之。乙亥，臣僚言：『禹跡湮没於數千載之遠，陛下神智獨運，一旦興復，導河三山。長堤盤固，横截巨浸，依山爲梁，天造地設。威示南北，度越前古，歲無解繫之費，人無病涉之患。大功既成，願申飭有司，以日繼月，視水向著，隨爲隄防，益加增固，每遇漲水，水官、漕臣不輟巡視。』詔付昌齡。

六年四月辛卯，高陽關路安撫使吴玠言冀州棗强縣黄河清，詔許稱賀。七月戊午，太師蔡京請名三山橋銘閣曰纘禹繼文之閣，門曰銘功之門。十月辛卯，蔡京等言：『冀州河清，乞拜表稱賀。』

七年五月丁巳，臣僚言：『恩州寧化鎮大河之側，地勢低下，正當灣流衝激之處。歲久堤岸怯薄，沁水透堤甚多，近鎮居民例皆移避。方秋夏之交，時雨霈然，一失堤防，則不惟東流莫測所向，一隅生靈所繫甚大，亦恐妨阻大名、河間諸州往來邊路。乞付有司，貼築固護。』從之。六月癸酉，都水使者孟揚言：『舊河陽南北兩河分流，立中潬，繫浮梁。頃緣北河淤澱，水不通行，止於南河修繫一橋。因此河項窄狹，水勢衝激，每遇漲水，多致損壞。

欲措置開修北河，如舊修繫南北兩橋。』從之。九月丁未，詔揚專一措置，而令河陽守臣王序營辦錢糧，督其工料。

重和元年三月己亥，詔：『滑州、濬州界萬年堤，全藉林木固護堤岸，其廣行種植，以壯地勢。』五月甲辰，詔：『孟州河陽縣第一埽，自春以來，河勢湍猛，侵嚙民田，迫近州城止二三里。其令都水使者同漕臣、河陽守臣措置固護。』是秋雨，廣武埽危急，詔內侍王仍相度措置。

宣和元年九月辛未，蔡京等言：『南丞管下三十五埽，今歲漲水之後，岸下一例生灘，河行中道，實由聖德昭格，神祇順助。望宣付史館。』詔送秘書省。十二月，開修兔源河並直河畢工，降詔獎諭。

二年九月己卯，王黼言：『昨孟昌齡計議河事，至滑州韓村埽檢視，河流衝至寸金潭，其勢就下，未易禦遏。近降詔旨，令就畫定港灣，對開直河。方議開鑿，忽自成直河一道，寸金潭下，水即安流，在役之人，聚首仰嘆。乞付史館，仍帥百官表賀。』從之。

三年六月，河溢冀州信都。十一月，河決清河埽〔一〕。是歲，水壞天成、聖功橋，官吏行罰有差。

四年四月壬子，都水使者孟揚言：『奉詔修繫三山東橋，凡役工十五萬七千八百，今累經漲水無虞。』詔因橋壞失職降秩者，俱復之，揚自正議大夫轉正奉大夫。

七年，欽宗即位。靖康元年二月乙卯，御史中丞許翰言：『保和殿大學士孟昌齡、延康殿學士孟揚、龍圖閣直學士孟揆，父子相繼領職二十年，過惡山積。妄設堤防之功，多張梢椿之數，窮竭民力，聚斂金帛。交結權要，內侍王仍爲之奧主，超付名位，不知紀極。大河浮橋，歲一造舟，京西之民，猶憚其役。而昌齡首建三山之策，回大河之勢，頓取百年浮橋之費，僅爲數歲行路之觀。漂没生靈，無慮萬計，近輔郡縣，蕭然破殘。所辟官吏，計金叙績，富商大賈，争注名牒，身不在公，遥分爵賞。每興一役，乾没無數，省部御史，莫能鉤考。陛下方將澄清朝著，建立事功，不先誅竄昌齡父子，無以昭示天下。望籍其姦贓，以正典刑。』詔並落職：昌齡在外宫觀，揚依舊權領都水監職事，揆候措置橋船畢取旨。翰復請鉤考簿書，發其姦贓。乃詔：昌齡與中大夫，揚、揆與中奉大夫。三月丁丑，京西轉運司言：『本路歲科河防夫三萬，溝河夫一萬八千。緣連年不稔，群盜刼掠，民力困弊，乞量數減放。』詔減八千人。

〔一〕十一月，河決清河埽　《宋史·徽宗紀》卷二一作『六月，河決恩州清河埽』。

汴河上〔一〕

汴河〔二〕，自隋大業初，疏通濟渠，引黃河通淮，至唐，改名廣濟。宋都大梁，以孟州河陰縣南爲汴首受黃河之口，屬於淮、泗。每歲自春及冬，常於河口均調水勢，止深六尺，以通行重載爲準。歲漕江、淮、湖、浙米數百萬，及至東南之産，百物衆寶，不可勝計。又下西山之薪炭，以輸京師之粟，以振河北之急，內外仰給焉。故於諸水，莫此爲重。其淺深有度，置官以司之，都水監總察之。然大河向背不常，故河口歲易；易則度地形，相水勢，爲口以逆之。遇春首輒調數州之民，勞費不貲，役者多溺死。吏又並緣侵漁，而京師常有決溢之虞〔三〕。

太祖建隆二年春，導索水自旃然，與須水合入於汴。

三年十月，詔：『緣汴河州縣長吏，常以春首課民夾岸植榆柳，以固堤防。』

太宗太平興國二年七月，開封府言：『汴水溢壞開封大寧堤，浸民田，害稼。』詔發懷、孟丁夫三千五百人塞之。

三年正月，發軍士千人復汴口。六月，宋州言：『寧陵縣河溢，堤決。』詔發宋、亳丁夫四千五百人，分遣使臣護役。

四年八月，又決於宋城縣，以本州諸縣人夫三千五百人塞之。

淳化二年六月，汴水決浚儀縣。帝乘步輦出乾元門，宰相、樞密迎謁。帝曰：『東京養甲兵數十萬，居人百萬家，天下轉漕，仰給在此一渠水，朕安得不顧。』車駕入泥淖中，行百餘步，從臣震恐。殿前都指揮使戴興叩頭懇請回馭，遂捧輦出泥淖中。詔興督步卒數千塞之。日未旰，水勢遂定。帝始就次，太官進膳。親王近臣皆泥濘沾衣。知縣宋炎亡匿不敢出，特赦其罪。是月，汴又決於宋城縣，發近縣丁夫二千人塞之。

至道元年九月，帝以汴河歲運江、淮米五七百萬斛，以濟京師，問侍臣汴水疏鑿之由，令參知政事張洎講求其事以聞。其言曰：

禹導河自積石至龍門，南至華陰，東至砥柱；

〔一〕本題由注者所加。

〔二〕汴河　古代以汴爲名的河道共兩條：《後漢書》所指汴渠與《水經注》所述汳水爲同一條運河，自今鄭州西北黃河引水，經今開封，民權南、商丘北、碭山北、蕭縣南，至徐州入泗水，是當時黃淮間航運的主要通道之一。隋開運河之後，該渠的作用被代替，但仍能通航。稱古汴水；隋開通濟渠，唐宋稱汴渠或汴河，是南北大運河中最重要的一段，其引水與運河的首段與古汴水同，至開封後，較古汴水向南偏離，經今杞縣北、睢縣南、寧陵南、商丘南、永城南、宿縣南、靈璧南、泗縣南、泗洪西南，經今洪澤湖區，至泗州（今江蘇盱眙淮河對岸）入淮。本志所指爲後者。

〔三〕黃河水量變化大，泥沙多，河勢複雜，因此，汴河引水流量的控制較爲困難，一旦引水過多，會直接影響都城開封的防洪安全。

又東至於孟津，東過洛汭，至於大伾，即今成皋是也，或云黎陽山也。禹以大河流泛中國，爲害最甚，乃於貝丘疏二渠，以分水勢：一渠自舞陽縣東，引入漯水〔一〕，其水東北流，至千乘縣入海，即今黄河是也；一渠疏畎引傍西山，以東北形高敝壞堤，水勢不便流溢，夾右碣石入於渤海。書所謂『北過降水，至於大陸』，降水即濁漳，大陸則邢州鉅鹿澤。『播爲九河，同爲逆河，入於海。』河自魏郡貴鄉縣界分爲九道，下至滄州，今爲一河。言逆河者，謂與河水往復相承受也。齊桓公塞以廣田居，唯一河存焉，今其東界至莽梧河是也〔二〕。禹又於滎澤下分大河爲陰溝，引注東南，以通淮、泗。至大梁浚儀縣西北，復分爲二渠：一渠元經陽武縣中牟臺下爲官渡水；一渠始皇疏鑿以灌魏郡，謂之鴻溝，莨菪渠自滎陽五出池口來注之。其鴻溝即出河之溝，亦曰莨菪渠。

漢明帝時，樂浪人王景、謁者王吴始作浚儀渠，蓋循河溝故瀆也。渠成流注浚儀，故以浚儀縣爲名。靈帝建寧四年，於敖城西北壘石爲門，以遏渠口，故世謂之石門。渠外東合濟水，濟與河、渠渾濤東注，至敖山北，渠水至此又兼邲之水，即春秋晉、楚戰於邲。邲又音汳，即『汴』字，古人避『反』字，改從『汴』字。渠水又東經滎陽北，旃然水自縣東流入汴水。鄭州滎陽縣西二十里三皇山上，有二廣武城，二城相去百餘步，汴水自兩城間小澗中東流而出，而濟流自兹乃絶。唯汴渠首受旃然水，謂之鴻渠。東晉太和中，桓温北伐前燕，將通之，不果。義熙十三年，劉裕西征姚秦，復浚此渠，始有湍流奔注，而岸善潰塞，裕更疏鑿而漕運焉。隋煬帝大業三年，詔尚書左丞相皇甫誼發河南男女百萬開汴水，起滎澤入淮千餘里，乃爲通濟渠。又發淮南兵夫十餘萬開邗溝，自山陽淮至於揚子江三百餘里，水面闊四十步，而後行幸焉。自後天下利於轉輸。昔孝文時，賈誼言『漢以江、淮爲奉地』，謂魚、鹽、穀、帛，多出東南。至五鳳中，耿壽昌奏：『故事，歲增關東穀四百萬斛以給京師。』亦多自此渠漕運。

唐初，改通濟渠爲廣濟渠。開元中，黄門侍郎、

〔一〕〔標點本原注〕一渠自舞陽縣東，引入漯水　按《漢書》卷二八上《地理志》東郡東武縣：『禹治漯水，東北至千乘入海。』又《水經·河水注》東武陽下：『有漯水出焉，戴延之謂之武水也。』漯水出於漢代東武陽縣，北魏時，改東武陽縣爲武陽縣。此作『舞陽』，誤。

〔二〕〔標點本原注〕今其東界至莽梧河是也　按魏郡貴鄉縣，宋改名大名縣。據《寰宇記》卷五七大名縣：『大河故瀆在縣東三里，俗名王莽河。』又《水經·河水注》：大河故瀆『王莽時空，故世俗名是瀆爲王莽河』。此處『至莽梧河』疑是『王莽枯河』之訛。

平章事裴耀卿[一]言：江、淮租船，自長淮西北泝鴻溝，轉相輸納於河陰、含嘉、太原等倉[二]。凡三年，運米七百萬石，實利涉於此。開元末，河南採訪使、汴州刺史齊澣，以江、淮漕運經淮水波濤有沉損，遂浚廣濟渠下流，自泗州虹縣至楚州淮陰縣北八十里合於淮[三]，踰時畢功。既而水流迅急，行旅艱險，尋乃廢停，却由舊河。

德宗朝，歲漕運江、淮米四十萬石，以益關中。時叛將李正己、田悦皆分軍守徐州，臨渦口，梁崇義阻兵襄、鄧，南北漕引皆絶。於是水陸運使杜佑請改漕路，自浚儀西十里，疏其南涯，引流入琵琶溝，經蔡河至陳州合潁水，是秦、漢故道，以官漕久不由此，故填淤不通，若畎流培岸，則功用甚寡；又廬、壽之間有水道，而平岡亘其中，曰鷄鳴山，佑請疏其兩端，皆可通舟，其間登陸四十里而已[四]，則江、湖、黔、嶺、蜀、漢之粟，可方舟而下。由是白沙趨東關，經廬、壽，浮潁步蔡，歷琵琶溝入汴河，不復經泝淮之險，徑於舊路二千里，功寡利博。朝議將行，而徐州順命，淮路乃通。至國家膺圖受命，以大梁四方所湊，天下之樞，可以臨制四海，故卜京邑而定都。

漢高帝云：『吾以羽檄召天下兵未至。』孝文又云：『吾初即位，不欲出虎符召郡國兵。』即知兵甲在外也。唯有南北軍、期門郎、羽林孤兒，以備天子扈從藩衛之用。唐承隋制，置十二衛府兵，皆農夫也。及罷府兵，始置神武、神策爲禁軍，不過三數萬人，亦以備扈從藩衛而已。故禄山犯闕，驅市人而戰；德宗蒙塵，扈駕四百餘騎，兵甲皆在郡國。額

[一] 裴耀卿　字焕之，絳州稷山（今山西稷山）人，唐開元二十二年任黄門侍郎、同中書門下平章事，充轉運使，改善運河運輸管理，使運輸效率提高。《舊唐書》卷九八、《新唐書》卷一二七有傳。

[二] 河陰、含嘉、太原等倉　運道沿岸的轉運倉廩。河陰倉在黄河南岸汴河口；含嘉倉在洛陽城内，有運河相通；太原倉在陝州三門峽上游黄河右岸。

[三] 〔標點本原注〕自泗州虹縣至楚州淮陰縣北八十里合於淮　『八十里』，《通典》卷一〇食貨、《元和郡縣志》卷九、《新唐書》卷八三地理志、《太平寰宇記》卷一七，都作『十八里』，疑此處誤。

〔今注〕虹縣，即今安徽泗縣，淮陰縣，在今江蘇淮陰市西南，二者相距直綫距離一百九十里，如果利用一段虹縣以東的汴河，從今江蘇泗洪（也屬虹縣範圍）起至淮陰縣北也有一百二十餘里，與二者所記數字皆不符。推測應爲運河的局部改綫，其位置待考。可參考姚漢源：《中國水利史綱要》第五章第三節（水利電力出版社，一九八七年版）。

[四] 其間登陸四十里而已　南肥水與東肥水的上源在合肥西北相距甚近，但有鷄鳴山阻隔，不能直接通航。南北朝時期水軍征戰有經過這一帶水道的記載。有關二水間是否開過所謂『巢肥運河』問題，歷來有爭議，至今未有定論。此段文字説明唐宋時二者間的運輸是采用『其間登陸四十里』的辦法解決的。

軍存而可舉者，除河朔三鎮外，太原、青社各十萬人，邠寧、宣武各六萬人，潞、徐、荆、揚各五萬人，襄、宣、壽、鎮海各二萬人，自餘觀察、團練據要害之地者，不下萬人。今天下甲卒數十萬衆，戰馬數十萬匹，並萃京師，悉集七亡國之士民於輦下，比漢、唐京邑，民庶十倍。甸服時有水旱，不至艱歉者，有惠民、金水、五丈、汴水等四渠〔一〕，派引脈分，咸會天邑，舳艫相接，贍給公私。所以無匱乏。唯汴水横亘中國，首承大河，漕引江、湖，利盡南海，半天下之財賦，並山澤之百貨，悉由此路而進。然則禹力疏鑿以分水勢，煬帝開畎以奉巡游，雖數湮廢，而通流不絶於百代之下，終爲國家之用者，其上天之意乎。

真宗景德元年九月，宋州言汴河決，浸民田，壞廬舍。遣使護塞，踰月功就。

三年六月，京城汴水暴漲，詔覘候水勢，並工修補，增起堤岸。工畢，復遣使致祭。

大中祥符二年八月，汴水漲溢，自京至鄭州，浸道路。詔選使乘傳減汴口水勢。既而水減，阻滯漕運，復遣浚汴口。

八年六月，詔：自今後汴水添漲及七尺五寸，即遣禁兵三千，沿河防護。八月，太常少卿馬元方請浚汴河中流，闊五丈，深五尺，可省修堤之費。即詔遣使計度修浚。使還，上言：『泗州西至開封府界，岸闊底平，水勢薄，不假開浚。請止自泗州夾岡，用功八十六萬五千四百三十八，以宿、亳丁夫充，計減功七百三十一萬，仍請於沿河作頭踏道擗岸〔二〕，其淺處爲鋸牙，以束水勢，使其浚成河道，止用河清、下卸卒〔三〕，就未放春水前，令逐州長吏、令佐督役。自今汴河淤澱，可三五年一浚。又於中牟、滎澤縣各置開減水河。』並從之。

天禧三年十二月，都官員外郎鄭希甫言：『汴河兩岸皆是陂水，廣浸民田，堤脚並無流泄之處。今汴河南省自明河接澳入淮〔四〕，望詔轉運使規度以聞。』

仁宗天聖三年，汴流淺，特遣使疏河注口。

〔一〕有惠民、金水、五丈、汴水等四渠　爲與開封相通的四條運河，使之成爲全國航運網的中心。各河情況詳下。

〔二〕頭踏道擗岸　即馬道，供河岸上下交通道路。

〔三〕河清、下卸卒　在河工中勞作的兵種。

〔四〕〔標點本原注〕今汴河南省自明河接澳入淮　按《水經·睢水注》：『睢水出陳留縣西蒗蕩渠。』『睢水於（睢陽）城之陽積而爲逢洪陂，陂之西南有陂，又東合明水。水上承城南大池，池周千步，南流會睢，謂之明水，絶睢注涣。』又《淮水注》：『淮水又東經夏丘縣南，又東涣水入焉。』『明水』疑即『明河』，『澳』或爲『涣』字之誤。

〔今注〕按此句疑有誤字。疑『自明』爲河名，即下『白溝河』段之『白盟河』，《長編》卷三七〇即作『自明』，爲汴河南岸主要排水幹道。此句似應作『今汴河南有自明河接澳入淮。』原『省』字爲『有』字之誤。『澳』字可能爲『涣』，不敢遽定。

四年，大漲堤危，衆情恟恟憂京城，詔度京城西賈陂岡地，洩之于護龍河。

六年，勾當汴口〔一〕康德輿言：『行視陽武橋萬勝鎮，宜存斗門〔二〕。其梁固斗門三宜廢去，祥符界北岸請爲別竇，分減溢流。』而勾當汴口王中庸欲增置孫村之石限〔三〕，悉從其請。

七年，德興言，修河芟地爲並灘農户所侵。詔限一月使自實，檢括以還縣官。

皇祐二年，命使詣中牟治堤。

明年八月，河涸，舟不通，令河渠司自口浚治，歲以爲常。舊制，水增七尺五寸，則京師集禁兵、八作、排岸兵〔四〕，負土列河上以防河。滿五日，賜錢以勞之，曰『特支』；而或數漲數防，又不及五日而罷，則軍士屢疲，而賜予不及。是歲七月，始制防河兵日給錢，薄其數，才比特支十分之一，軍士便之。明年，遣使行河相利害。

嘉祐六年，汴水淺澀，常稽運漕。都水奏：『河自應天府抵泗州，直流湍駛無所阻。惟應天府上至汴口，或岸闊淺漫，宜限以六十步闊，於此則爲木岸狹河，扼束水勢令深駛〔五〕。梢，伐岸木可足也。』遂下詔興役，而衆議以爲未便。宰相蔡京奏：『祖宗時已嘗狹河矣，俗好沮敗事，宜勿聽。』役既半，岸木不足，募民出雜梢。岸成而言者始息。舊曲灘漫流，多稽留覆溺處，悉爲駛直平夷〔六〕，操舟往來便之。

神宗熙寧四年，創開訾家口〔七〕，日役夫四萬，饒一月而成。纔三月已淺澱，乃復開舊口，役萬工，四日而水稍順。有應舜臣者，獨謂新口在孤柏嶺下，當河流之衝，其便利可常用勿易，水大則泄以斗門，水小則爲輔渠〔八〕於下流以益之。安石善其議。

五年，先是宣徽北院使、中太一宮使張方平嘗論汴河曰：『國家漕運，以河渠爲主。國初浚河渠三道，通京城漕運，自後定立上供年額：汴河斛斗六百萬石，廣濟河六十二萬石，惠民河六十萬石。廣濟河所運，止給太康、

〔一〕勾當汴口　管理汴口的官員。

〔二〕斗門　古代水閘的一種稱謂，可分爲節水、進水、壅水、洩水、通航等多種。這裏所指爲防洪用洩水閘門。

〔三〕石限　側向溢洪堰，這裏所指爲汴河分洪所用。

〔四〕八作、排岸兵　八作司屬將作監，掌管京城内外繕修事務。八作兵即京城修繕兵工。排岸司掌管漕船卸運等事務。排岸兵即裝卸兵工。

〔五〕木岸狹河，扼束水勢令深駛　用木材密排打入河中，連接爲岸，集中流水於兩岸之間，以使寬淺的河道缩窄，刷深。

〔六〕駛直平夷　河道已裁彎取直，疏浚淺灘。

〔七〕訾家口　由於原汴口淤積而另開的引水口，在今河南滎陽北，原汴口上游。

〔八〕輔渠　就是作爲輔助引水口，以備主引水口引水不暢時補充水量。

咸平、尉氏等縣軍糧而已[一]。惟汴河專運粳米，兼以小麥，此乃太倉蓄積之實。今仰食於官廩者，不惟三軍，至於京師士庶以億萬計，太半待飽於軍稍之餘，故國家於漕事，至急至重。然則汴河乃建國之本，非可與區區溝洫水利同言也。近歲已罷廣濟河，而惠民河斛斗不入太倉，大衆之命，惟汴河是賴。今陳説利害，以汴河爲議者多矣。臣恐議者不已，屢作改更，必致汴河日失其舊。國家大計，殊非小事。願陛下特回聖鑒，深賜省察，留神遠慮，以固基本。』方平之言，爲王安石[二]發也。

六年夏，都水監丞侯叔獻[三]乞引汴水淤府界閑田，安石力主之。水既數放，或至絶流，公私重舟不可盪，有閣折者。帝以人情不安，嘗下都水分析，並詔三司同府界提點官往視。十一月，范子奇建議：冬不閉汴口，以外江綱運直入汴至京，廢運般。安石以爲然。詔汴口官吏相視，卒用其説。是後高麗入貢，令泝汴赴闕。

七年春，河水壅溢，積潦敗堤。八月，御史盛陶謂汴河開兩口非便，命同判都水監宋昌言視兩口水勢，檄同提舉汴口官王珫。珫言訾家口水三分，輔渠七分。昌言請塞訾家口，而留輔渠。時韓絳、吕惠卿當國，許之。

八年春，安石再相，叔獻言：『昨疏濬汴河，自南京[四]至泗州，概深三尺至五尺。惟虹縣以東，有礓石三十里餘，不可疏濬，乞募民開修。』詔檢計工糧以聞。七月，叔獻又言：『歲開汴口作生河，侵民田，調夫役。今惟用訾家口，減人夫、物料各以萬計，乞減河清一指揮。』從之。未幾，汴水大漲，至深一丈二尺，於是復請權閉汴口。

九年十月，詔都水度量疏濬汴河淺深，仍記其地分。

十年，范子淵請用濬川杷，以六月興工，自謂功利灼然，請『候今冬疏濬畢，將杷具、舟船等分給逐地分。使臣於閉口之後，檢量河道淤澱去處，至春水接續疏導』。大抵皆無甚利。已而清汴之役興。

[一]〔標點本原注〕廣濟河所運，止給太康、咸平、尉氏等縣軍糧而已　按《樂全集》卷二七《論汴河利害事》：『廣濟河所運多是雜色粟豆，但充口食馬料，惠民河所運止給太康、咸平、尉氏等縣軍糧而已。』此處疑有脱誤。

[二]王安石　字介甫，撫州臨川（今江西撫州）人，北宋著名政治家，他所主持的變法在歷史上有較大的影響。變法期間，水利建設有較大進展。《宋史》卷三二七有傳。

[三]侯叔獻　字景仁，撫州宜黄（今江西宜黄）人，北宋治水專家，官至都水監，在灌溉、防洪、航運上多有建樹。

[四]南京　北宋以開封府城開封爲東京，河南府城洛陽爲西京，應天府城宋城（今河南商丘南）爲南京，大名府城大名（今河北大名東北）爲北京。政府實際只在東京。

河渠四

《宋史》卷九四

汴河下　洛河　蔡河　廣濟河　金水河　白溝河　京畿溝渠　白河　三白渠鄧許諸渠附

汴河下[一]

元豐元年五月，西頭供奉官張從惠復言：『汴口歲開閉，修堤防，通漕纔二百餘日。往時數有建議引洛水入汴，患黃河嚙廣武山，須鑿山嶺十數丈，以通汴渠，功大不可爲。去年七月，黃河暴漲，水落而稍北，距廣武山麓七里，退灘高闊，可鑿爲渠，引洛入汴。』范子淵知都水監丞，畫十利以獻。又言：『汜水出玉仙山，索水出嵩渚山，合洛水，積其廣深，得二千一百三十六尺，視今汴流尚嬴九百七十四尺。以河、洛湍緩不同，得其嬴餘，可以相補[二]。猶慮不足，則旁堤爲塘，滲取河水，每百里置木牐一，以限水勢。兩旁溝、湖、陂、濼，皆可引以爲助，禁伊、洛上源私引水者。大約汴舟重載，入水不過四尺，今深五尺，可濟漕運。起鞏縣神尾山，至土家堤，築大堤四十七里，以捍大河。起沙谷至河陰縣十里店，穿渠五十二里，引洛水屬於汴渠。』疏奏，上重其事，遣使行視。

二年正月，使還，以爲工費浩大，不可爲。上復遣入內供奉宋用臣，還奏可爲，請『自任村沙谷口至汴口開河五十里，引伊、洛水入汴河，每二十里置束水一，以芻楗爲之，以節湍急之勢，取水深一丈，以通漕運。引古索河爲源，注房家、黃家、孟家三陂及三十六陂，高仰處瀦水爲塘[三]，以備洛水不足，則決以入河。又自汜水關北開河五百五十步，屬於黃河，上下置牐啓閉，以通黃、汴二河船筏[四]。即洛河舊口置水澾[五]，通黃河，以泄伊、洛暴漲。

[一] 本題爲注者所加。

[二] 這裏的以河流斷面積和水流速度來估計河流流量的概念，在我國水利史上是第一次出現。

[三] 引古索河爲源，注房家、黃家、孟家三陂及三十六陂，高仰處瀦水爲塘　所指爲一山丘水庫群，就是後代所稱的水櫃。以備運河缺水時作爲補充水源。

[四] 汜水在汴口上游，原與汴河無關。導洛通汴之後，自洛河的引水渠與汜水相交並阻斷汜水，則引水渠與黃河間的汜水河道被用作黃河與汴河間的航運通道。爲解決堵塞舊汴口後的通航問題，在臨黃和臨引水渠處，各建閘一座。過船時輪流啓閉，既防止了黃河對汴河的干擾，又使船隻得以通過。實際是一座船閘。

[五] 水澾　又作水磋、石磋，是古代常用的一種石砌溢流壩，用壩頂高程控制河湖水位。

古索河等暴漲，即以魏樓、滎澤、孔固三斗門泄之。計工九十萬七千有餘。仍乞修護黃河南堤埽，以防侵奪新河。』從之。

三月庚寅，以用臣都大提舉導洛通汴。四月甲子興工，遣禮官祭告。河道侵民冢墓，給錢徙之，無主者，官爲瘞藏。六月戊申，清汴成，凡用工四十五日。自任村沙口至河陰縣瓦亭子；並汜水關北通黃河，接運河，長五十一里。兩岸爲堤，總長一百三里，引洛水入汴。七月甲子，閉汴口，徙官吏、河清卒於新洛口。戊辰，遣禮官致祭。十一月辛未，詔差七千人，赴汴口開修河道。

三年二月，宋用臣言：『洛水入汴至淮，河道漫闊，多淺澀，乞狹河六十里〔一〕，爲二十一萬六千步。』詔四月興役。五月癸亥，罷草屯浮堰〔二〕。

五年三月，宋用臣言：『金水河透水槽〔三〕阻礙上下汴舟，宜廢撤。』從之。十月，狹河畢工。

六年八月，范子淵又請『於武濟山麓至河岸並嫩灘上修堤及壓埽堤，又新河南岸築新堤，計役兵六千人，二百日成。開展直河〔四〕，長六十三里，廣一百尺，深一丈，役兵四萬七千有奇，一月成。』從之。十月，都提舉司言：『汴水增漲，京西四斗門不能分減，致開決堤岸。今近京惟孔固斗門可以泄水下入黃河；若孫賈斗門雖可泄入廣濟，然下尾窄狹，不能盡吞。宜於萬勝鎮舊減水河、汴河北岸修立斗門，開淘舊河，創開生河一道，下合入刁馬河，役夫一萬三千六百四十三人，一月畢工。』詔從其請，仍作二年開修。

七年四月，武濟河潰。八月，詔罷營閉，縱其分流，止護廣武三埽。

哲宗元祐元年閏二月辛亥，右司諫蘇轍言：『近歲京城外創置水磨，因此汴水淺澀，阻隔官私舟船。其東門外水磨，下流汗漫無歸，浸損民田一二百里，幾敗漢高祖墳。賴陛下仁聖惻怛，親發德音，令執政共議營救。尋詔畿縣於黃河春夫外，更調夫四萬，開自盟河〔五〕，以疏洩水

〔一〕〔標點本原注〕乞狹河六十里『六十里』，《宋會要（稿）·方域》一六之一五，《長編》卷三〇二均作『六百里』。〔今注〕狹河，指用木岸治理寬淺河道達到通航要求。狹河木岸見本志前注。

〔二〕草屯浮堰　一種臨時性的攔水建築物，用以抬高通航河流的水位。其法以草土構築堰體，横截河流，待蓄水較高時人工決堰，船隨水行。船過後重新築堰，相當於一種笨重的閘門。

〔三〕金水河透水槽　金水河係引京水和索水至開封的河道，建於建隆二年（九六一年）。金水河在開封通過横跨汴水的渡槽，向五丈河供水。該渡槽稱透水槽，即《長編》卷二建隆二年二月所記載的『架流於汴，東滙於五丈河，以便東北漕運』者。參見下面金水河條。

〔四〕開展直河　即裁彎取直，整理河道。

〔五〕自盟河　在北宋東京開封城東南，爲排洩汴河南積水及水磨尾水開挖的人工河。因受泥沙淤積，北宋屢次疏浚，其經由不詳。《長編》卷三七〇作『自明河』。

患，計一月畢工。然以水磨供給京城内外食茶等，其水止得五日閉斷，以此工役重大，民間每夫日顧二百錢，一月之費，計二百四十萬貫。而汴水渾濁，易至填淤，明年又須開淘，民間歲歲不免此費。聞水磨歲入不過四十萬貫，前户部侍郎李定以此課利，惑誤朝聽，依舊存留。且水磨興置未久，自前未有此錢，國計何闕？而小人淺陋，妄有靳惜，傷民辱國，不以爲愧。況今水患近在國門，而恬不爲怪，甚非陛下勤卹民物之意。而又減耗汴水，行船不便。乞廢罷官磨，任民磨茶。』

三月，轍又乞『令汴口以東州縣，各具水匱[一]所占頃畝，每歲有無除放二税，仍具水匱可與不可廢罷，如決不可廢，當如何給還民田，以免怨望。』八月辛亥，轍又言：『昨朝旨令都水監差官，具括中牟、管城等縣水匱，元浸壓者幾何，見今積水所占幾何，退出頃畝幾何。凡退出之地，皆還本主； 水占者，以官地還之； 無田可還，即給元直。聖恩深厚，棄利與民，所存甚遠。然臣聞水所占地，至今無可對還，而退出之田，亦以迫近水匱，爲雨水浸淫，未得耕鑿。知鄭州岑象求近奏稱：「自宋用臣興置水匱以來，元未曾取以灌注，清汴水流自足，不廢漕運。」乞盡廢水匱，以便失業之民。』十月，遂罷水匱。

四年冬，御史中丞梁燾言：

嘗求世務之急，得導洛通汴[二]之實，始聞其説則可喜，及考其事則可懼。竊以廣武山之北，即大河故道，河常往來其間，夏秋漲溢，每抵山下。舊來洛水至此，流入於河。後欲導以趨汴渠，乃乘河未漲，就嫩灘之上，峻起東西堤，闢大河於堤北，攘其地以引洛水，中間缺爲斗門，名通舟楫，其實盜河以助洛之淺涸也。洛水本清，而今汴常黄流，是洛不足以行汴，而所以能行者，附大河之餘波也。增廣武三埽之備，竭京西所有，不足以爲支費，其失無慮數百萬計。從來上下習爲欺罔，朝廷惑於安流之説，税屋之利，恬不爲慮。而不知新沙疎弱，力不能制悍河，水勢一薄，則爛熳潰散，將使怒流循洛而下，直冒京師。是甘以數百萬日增之費，養異時萬一之患，亦已誤矣。夫歲傾重費以坐待其患，何若折其奔衝，以終除其害哉。

[一] 水匱　即水櫃，古代運河的專用水庫，有兩種形式：一種位於高於運河的山丘地區或高台上，蓄積泉水或山溪水，向運河自流供水； 一種位於運河岸邊洼地，用堤防擋水，與運河有閘門相通，澇時接納運河多餘水量，保護其不決，旱時向運河供水。早期的水櫃屬於前一種，著名的有揚州的陳公塘、丹陽的練湖等，但没有水櫃的專門稱謂。明清時在山東運河兩岸設置了大量的水櫃，對保障運河安全，提高運河的效益作用很大。

[二] 導洛通汴　即清汴工程。汴河原以黄河爲水源，但黄河泥沙含量高，河勢擺動大，給汴河引水和清淤帶來困難。元豐二年（一〇七九年）遂堵閉引黄汴口，改引洛水接濟汴河，是爲導洛通汴。

爲今之計，宜復爲汴口，仍引大河一支，啓閉以時，還祖宗百年以來潤國養民之賜，誠爲得策。汴口復成：則免廣武傾注，以長爲京師之安；省數百萬之費，以紓京西生靈之困；牽大河水勢，以解河北決溢之災；便東南漕運，以蠲重載留滯之弊；時節啓閉，以除蹙凌打凌之苦；通江、淮八路商賈大舶，以供京師之饒。爲甚大之利者六，此不可忽也。惟拆去兩岸舍屋，盡廢僦錢，爲害者一而甚小，所謂損小費以成大利也。臣之所言，特其大略爾。至於考究本末，措置纖悉，在朝廷擇通習之臣付之，無牽浮議，責其成功。

又言：

臣聞開汴之時，大河曠歲不決，蓋汴口析其三分之水，河流常行七分也。自導洛而後，頻年屢決，雖洛口竊取其水，率不過一分上下，是河流常九分也。猶幸流勢卧北，故潰溢北出。自去歲以來，稍稍卧南，此其可憂，而洛口之作，理須早計。竊以開洛之役，其功甚小，不比大河之上，但闢百餘步，即可以通水三分，既永爲京師之福，又減河北屢決之害；兼水勢既已牽動，在於回河尤爲順便，非獨孫村之功可成，澶州故道，亦有自然可復之理。望出臣前章，面詔大臣，與本監及知水事者，按地形水勢，具圖以聞。

不報。至五年十月癸巳，乃詔導河水入汴。

紹聖元年，帝親政，復召宋用臣赴闕。七月辛丑，廣武埽危急。壬寅，帝語輔臣：『埽去洛河不遠，須防漲溢下灌京師。』明日，乃詔都水監丞馮忱之相度築欄水簽堤。丁巳，帝諭執政曰：『河埽久不修，昨日報洛水又大溢，注於河，若廣武埽壞，河、洛爲一，則清汴不通矣，京都漕運殊可憂。宜亟命吴安持、王宗望同力督作，苟得不壞，過此須圖久計。』丙寅，吴安持言：『廣武第一埽危急，決口與清汴絶近，緣洛河之南，去廣武山千餘步，地形稍高。自鞏縣東七里店至今洛口不滿十里，可以别開新河，導洛水近南行流，地里至少，用功甚微。』詔安持等再按視之。

十一月，李偉言：『清汴導温洛貫京都，下通淮、泗，爲萬世利。自元祐以來屢危急，而今歲特甚。臣相視武濟山以下二十里名神尾山，乃廣武埽首所起，約置刺堰〔一〕三里餘，就武濟河下尾廢堤、枯河基址，增修疏導，回截河勢東北行，留舊埽作遥堤，可以紓清汴下注京城之患。』詔宋用臣、陳祐甫覆按以聞。

十二月甲午，户部尚書蔡京言：『本部歲計，皆藉東南漕運。今年上供物，至者十無二三，而汴口已閉。臣責問提舉汴河堤岸司楊琰，乃稱自元豐二年至元祐初，八年

〔一〕刺堰　應作『刺堰』，相當今丁壩。

之間，未嘗塞也。』詔依元豐條例。明年正月庚戌，用臣亦言：『元豐間，四月導洛通汴，六月放水，四時行流不絶。遇冬有凍，即督沿河官吏，伐冰通流。自元祐二年，冬深輒閉塞，致河流涸竭，殊失開道清汴本意。今欲卜日伐冰，放水歸河，永不閉塞。及凍解，止將京西五斗門減放，以節水勢，如惠民河行流，自無壅遏之患。』從之。

三年正月戊申，詔提舉河北西路常平李仲罷歸吏部。仲在元祐中提舉汜水輦運，建言：『西京〔一〕、鞏縣、河陽、汜水、河陰縣界，乃沿黄河地分，北有太行，南有廣武二山，自古河流兩山之間，乃緣禹跡。昨自宋用臣創置導洛清汴，於黄河沙灘上，節次創置廣、雄武等堤埽，到今十餘年間，屢經危急。況諸埽在京城之上，若不别爲之計，患起不測，思之寒心。今如棄去諸埽，開展河道，講究興復元豐二年以前防河事，不惟省歲費、寬民力，河流且無壅遏決溢之患。望遣諳河事官相視施行。』又乞復置汴口，依舊以黄河水爲節約之限，罷去清汴牐口。

四年閏二月，楊琰乞依元豐例，減放洛水入京西界大白龍坑及三十六陂，充水匱以助汴河行運。詔賈種民同琰相度合占頃畝，及所用功力以聞。五月乙亥，都提舉汴河堤岸賈種民言：『元豐改汴口爲洛口，名汴河爲清汴者，凡以取水於洛也。復匱清水，以備淺澀而助行流。元祐間，却於黄河撥口，分引渾水，令自澾上流入洛口，比之清洛，難以調節。乞依元豐已修狹河身丈尺深淺，檢計物力，以復清汴，立限修濬，通放洛水。及依舊置洛斗門，通放西河〔二〕官私舟船。』從之。帝嘗謂知樞密院事曾布曰：『先帝作清汴，又爲天源河，蓋有深意。元祐中，幾廢。近賈種民奏：「若盡復清汴，不用濁流，乃當世靈長之慶。」』布對曰：『先帝以天源河爲國姓福地，此衆人所知，何可廢也。』十二月，詔：『京城内汴河兩岸，各留堤面丈有五尺，禁公私侵牟。』

元符三年，徽宗即位，無大改作，汴渠稍湮則浚之。大觀中，言者論：『胡師文昨爲發運使，創開泗州直河〔三〕，及築簽堤阻遏汴水，尋復淤澱，遂行廢拆。然後併役數郡兵夫，其間疾苦竄歿，無慮數千，費錢穀累百萬計。狂妄生事，誣奏罔功，官員冒賞至四十五人。』師文由是自知州降充宫觀。

宣和元年五月，都城無故大水，浸城外官寺、民居，遂破汴堤，汴渠將溢，諸門皆城守。起居郎李綱奏：『國家

〔一〕西京　指洛陽，位於今洛陽東。

〔二〕西河　非專有地名，常見本作專名號，誤。應泛指自黄河西來的舟船。

〔三〕泗州直河　應爲解決泗州汴河河段航行不便而改道所開挖的新運河，大致作用相當於唐代開挖的廣濟新河（參見《新唐書・地理志》）。此河挖成通水後不久即淤塞，其經由不詳。

都汴，百有六十餘載，未嘗少有變故。今事起倉猝，遐邇驚駭，誠大異也。臣嘗躬詣郊外，竊見積水之來，自都城以西，漫爲巨浸。東拒汴堤，停蓄深廣，湍悍浚激，東南而流，其勢未艾。然或淹浸旬時，因以風雨，不可不慮。夫變不虚發，必有感召之因。願詔廷臣各具所見，擇其可採者施行之。』詔：『都城外積水，緣有司失職，隄防不修，非災異也。』罷綱送吏部，而募人決水下流，由城北注五丈河，下通梁山濼，乃已。

七月壬子，都提舉司言：『近因野水衝蕩沿汴堤岸，及河道淤淺，若止役河清〔一〕，功力不勝，望侯農隙顧夫開修。』從之。五年十二月庚寅，詔：『沿汴州縣創添欄河鎖柵〔二〕歲額，公私不以爲便，其遵元豐舊制。』

靖康而後，汴河上流爲盜所決者數處，決口有至百步者，塞久不合，乾涸月餘，綱運不通，南京及京師皆乏糧。責都水使者措置，凡二十餘日而水復舊，綱運沓來〔三〕，兩京糧始足。又擇使臣八員爲沿汴巡檢，每兩員各將兵五百人，自洛口至西水門，分地防察決溢云。

洛河〔四〕

洛水貫西京，多暴漲，漂壞橋梁。

建隆二年，留守向拱重修天津橋成。甃巨石爲脚，高數丈，鋭其前以疏水勢，石縱縫以鐵鼓〔五〕絡之，其制甚固。四月，具圖來上，降詔褒美。

開寶九年，郊祀西京，詔發卒五千，自洛城菜市橋鑿渠抵漕口三十五里〔六〕，饋運便之。其後導以通汴。

蔡河〔七〕

蔡河貫京師，爲都人所仰，兼閔水、洧水、濮水以通舟。閔水自尉氏歷祥符、開封合於蔡，是爲惠民河。洧水自許田注鄢陵東南，歷扶溝合於蔡。濮水出鄭之大隗山，注臨潁，歷鄢陵、扶溝合於蔡。凡許、鄭諸水合堅白鴈、丈八溝〔八〕，京、索合西河、褚河、湖河、雙河、欒霸河皆會焉。

〔一〕河清　主要從事河道疏浚的專業兵種。

〔二〕欄河鎖柵　運河上的活動攔障，用以攔截船隻以便收税與管理。

〔三〕沓　按字典無『沓』字，應爲『沓』之誤，意爲多次重複，所謂『紛至沓來』。

〔四〕本題爲注者所加。

〔五〕鐵鼓　即鐵錠。爲保證建築物中條石砌築牢固，以⋈形鐵塊連接水平相鄰的兩塊石料，塊塊相連，形成整體，鐵鼓就是這種鐵塊。鐵鼓在古代水工建築物中應用廣泛。

〔六〕〔標點本原注〕鑿渠抵漕口三十五里　《宋會要〔稿〕·方域》一七之一、《長編》卷一七都作『二十五里』。疑『三』爲『二』之誤。

〔七〕本題爲注者所加。

〔八〕〔標點本原注〕凡許、鄭諸水合堅白鴈、丈八溝　按下文和《宋會要〔稿〕·方域》一六之二四記惠民河合白鴈溝事，『白鴈』前都無『堅』字。疑此處『堅』字衍或爲訛字。

猶以其淺涸，故植木橫棧〔一〕； 棧爲水之節，啓閉以時。
太祖建隆元年四月，命中使浚蔡河，設斗門節水，自京距通許鎮。
二年，詔發畿甸、陳、許丁夫數萬浚蔡水，南入潁川。
乾德二年二月，令陳承昭〔二〕率丁夫數千鑿渠，自長社引潩水至京師，合閔水。 潩水本出密縣大隗山，歷許田。會春夏霖雨，則泛溢民田。 至是渠成，無水患，閔河益通漕焉。
太宗淳化二年，以潩水汎溢，浸許州民田，詔自長葛縣開小河，導潩水，分流二十里，合於惠民河。
真宗咸平五年七月，京師霖雨，溝洫壅，惠民河溢，泛道路，壞廬舍，知開封府寇準治丁岡古河泄導之。
大中祥符元年六月，開封府言：『尉氏縣惠民河決。』遣使督視完塞。
二年四月，陳州言：『州地洿下，苦積潦，歲有水患，請自許州長葛縣浚減水河及補棗村舊河，以入蔡河。』從之。
九年，知許州石普請於大流堰穿渠，置二斗門，引沙河以漕京師。 遣使按視。 四月，詔遣中使至惠民河，規畫置壩子，以通舟運。
仁宗天聖二年二月，崇儀副使、巡護惠民河田承説獻議： 重修許州合流鎮大流堰斗門，創開減水河通漕，省迂路五百里〔三〕。 詔遣使按視以聞。 五年八月，都大巡護惠民河王克基言：『先準宣惠民、京、索河水淺小，緣出源西京、鄭、許州界，惠民河下合横溝、白鴈溝，京、索河下合西河、湖河、雙河、欒霸河、丈八溝，各爲民間截水蒔稻灌園，宜令州縣巡察。』七年，王克基言：『按舊制，蔡河斗門棧板〔四〕須依時啓閉，調停水勢。』
嘉祐三年正月，開京城西葛家岡新河，以有司言：『至和中，大水入京城，請自祥符縣界葛家岡開生河，直城南好草陂，北入惠民河，分注魯溝，以紓京城之患。』
神宗熙寧四年七月，程昉請開宋家等堤，畎水以助漕運。 八月，三班借職楊琰請增置上下壩牐，蓄水以備淺涸。 詔琰掌其事。
六年九月戊辰，將作監尚宗儒言：『議者請置蔡河木岸，計功頗大。』詔修固土岸。
八年，詔京西運米於河北，於是侯叔獻請因丁字河故

〔一〕植木橫棧　是一種簡易的木閘。植木就是立木爲墩，橫棧類似疊梁閘門。
〔二〕陳承昭　北宋初官員，習知水利，多次參加水利工程的修建。《宋史》卷二六一有傳。
〔三〕省迂路五百里　由潁水上游水路去東京原需順流直下至蔡河入潁的蔡口鎮（今河南項城北），再溯蔡河上行，路途迴遠。於合流鎮所創開的減水河，實爲由潁水直通蔡河的一段運河。省去了水上的一個大彎道。
〔四〕斗門棧板　即閘門所用疊梁板。

道鑿堤置牐，引汴水入於蔡，以通舟運。河成，舟不可行，尋廢。十月，詔都水監展惠民河，欲便修城也。

九年七月，提轄修京城所請引霧澤陂水至咸豐門，合京、索河，由京、索簽入副堤河，下合惠民。都水監謂：『不若於順天門外簽直河身，及於染院後簽入護龍河，至咸豐門南復入京、索河，實爲長利。』從之。

徽宗崇寧元年二月，都水監言：　惠民河修簽河次下硬堰畢工。詔立捕獲盜泄賞。

大觀元年十二月，開濼河入蔡河，從京畿都轉運使吳擇仁之請也。

政和元年十月己酉，詔差水官同京畿監司視蔡河隄防及淤淺者，來春併工治之。

廣濟河[一]

廣濟河導菏水，自開封歷陳留、曹、濟、鄆，其廣五丈，歲漕上供米六十二萬石。

太祖建隆二年正月，遣使往定陶規度，發曹、單丁夫數萬浚之。三月，幸新水門觀放水入河。先是，五丈河泥淤，不利行舟。遂詔左監門衛將軍陳承昭於京城之西，夾汴水造斗門，引京、索、蔡河水通城濠入斗門，俾架流汴水之上，東進於五丈河，以便東北漕運。公私咸利。

三年正月，遣右龍武統軍陳承昭護修五丈河役，車駕臨視，賜承昭錢二十萬。

乾德三年，京師引五丈河造西水磑。

太宗太平興國三年正月，命發近縣丁夫浚廣濟河。

真宗景德二年六月，開封府言：『京西沿汴萬勝鎮，先置斗門，以減河水，今汴河分注濁水入廣濟河，堙塞不利。』帝曰：『此斗門本李繼源所造，屢詢利害，以爲始因京、索河遇雨即汎流入汴，遂置斗門，以便通洩。若遽壅塞，復慮決溢。』因令多用巨石，高置斗門，水雖甚大，而餘波亦可減去。

三年，内侍趙守倫建議：　自京東分廣濟河由定陶至徐州入清河，以達江、湖漕路[二]。役既成，遣使覆視，繪圖來上。帝以地有隆阜，而水勢極淺，雖置堰埭，又歷呂梁灘磧之險，非可漕運，罷之。

仁宗天聖六年七月，尚書駕部員外郎閻貽慶言：『五丈河下接濟州之合蔡鎮，通利梁山濼。近者天河決蕩，溺民田，壞道路，合蔡而下，漫散不通舟，請治五丈河入夾黃河。』因詔貽慶與水官李守忠規度，計功料以聞。

[一] 本標題爲注者所加。

[二] 以達江、湖漕路　廣濟河在定陶分水經由菏水至魚台入南清河（即泗水），經徐州至淮陰，穿淮河由邗溝通江南，開闢了由東京經五丈河到江南的另一條通路。

神宗熙寧七年，趙濟言：『河淺廢運，自此物賤傷農，宜議興復，以便公私。』詔張士澄、楊琰修治。八月，都提舉汴河堤岸司言：『欲於通津門汴河岸東城裏三十步內開河，下通廣濟，以便行運。』從之。

八年，又遣琰同陳祐甫因汴河置滲水塘，又自孫賈斗門置虛堤八，滲水入西賈陂，由減水河注霧澤陂，皆爲河之上源。

九年，詔依元額漕粟京東，仍修壩牐，爲啓閉之節。

九年三月，詔遣官修廣濟河壩牐。

元豐五年三月癸亥，罷廣濟輦運司，移上供物自淮陽軍[一]界入汴，以清河輦運司爲名，命張士澄都大提舉。七月，御史王植言：『廣濟安流而上，與清河泝流入汴，遠近險易較然，廢之非是。』詔監司詳議。

七年八月，都大提舉汴河堤岸司言：『京東地富，穀粟可漕，獨患河澀。若因修京城，令役兵近汴穴土，使之成渠，就引河水注之廣濟，則漕舟可通，是一舉而兩利也。』從之。

哲宗元祐元年，詔斥祥符霧澤陂募民承佃，增置水匱。又即宣澤門外仍舊引京、索源河，置槽架水，流入咸豐門。皆以爲廣濟淺澀之備。三月，三省言：『廣濟河輦運，近因言者廢罷，改置清河輦運，迂遠不便。』詔知棣州王諤措置興復。都水監亦言：『廣濟河以京、索河爲源，轉漕京東歲計。今欲依舊，即令於宣澤門外置槽架水，流入咸豐門裏，由舊河道復廣濟河源，以通漕運。』從之。

金水河[二]

金水河一名天源，本京水，導自滎陽黄堆山，其源曰祝龍泉。

太祖建隆二年春，命左領軍衛上將軍陳承昭率水工鑿渠，引水過中牟，名曰金水河，凡百餘里，抵都城西，架其水横絶於汴，設斗門，入浚溝，通城濠，東匯於五丈河。公私利焉。

乾德三年，又引貫皇城，歷後苑，内庭池沼，水皆至焉。

開寶九年，帝步自左掖，按地勢，命水工引金水由承天門鑿渠，爲大輪激之，南注晉王[三]第。

真宗大中祥符二年九月，詔供備庫使謝德權[四]決金

[一] 淮陽軍　治下邳，今廢黄河道上的古邳，其地界沿泗水兩側直至淮陰。廢廣濟河漕運，而使京東貢物取道泗水經淮陽軍入淮入汴，再至東京，顯然路途比廣濟河迴遠得多，下文對此有議論。

[二] 本題爲注者所加。

[三] 晉王　趙光義繼皇位前的封號。晉王第在開封城内，將金水河水引入庭園是由水庫提水供給的。

[四] 謝德權　字士衡，福州人，曾多次參加水利建設。《宋史》卷三一〇有傳。

水，自天波門並皇城至乾元門，歷天街東轉，繚太廟入后廟，皆甃以礲甓，植以芳木，車馬所經，又累石爲間梁。作方井[一]，官寺、民舍皆得汲用。復引東，由城下水竇[二]入於濠。京師便之。

神宗元豐五年，金水河透水槽阻礙上下汴舟[三]，遣宋用臣按視。請自板橋別爲一河，引水北入於汴，後卒不行，乃由副堤河入於蔡。以源流深遠，與永安青龍河相合，故賜名曰天源。先是，舟至啓槽，頗滯舟行。既導洛通汴，遂自城西超字坊引洛水，由咸豐門立堤，凡三千三十步，水遂入禁中，而槽廢。

然舊惟供洒掃，至徽宗政和間，容佐請於七里河開月河一道，分減此水，灌溉内中花竹。命宋昇措置導引，四年十一月，畢工。重和元年六月，復命藍從熙、孟揆等增堤岸，置橋、槽、壩、牐，濬澄水，道水入内。内庭池籞既多，患水不給，又於西南水磨引索河一派，架以石渠絶汴，南北築堤，導入天源河以助之。

白溝河[四]

白溝[五]無山源，每歲水潦甚則通流，纔勝百斛船，踰月不雨即竭。

至道二年三月，内殿崇班閻光澤、國子博士邢用之上言：『請開白溝，自京師抵彭城吕梁口[六]，凡六百里，以通長淮之漕。』詔發諸州丁夫數萬治之，以光澤護其役。議者非之。會宋州通判王矩上表，極陳其不可，且言：『用之田園在襄邑，歲苦水潦，私幸渠成。』遂罷其役。咸平六年，用之爲度支員外郎，又令自襄邑下流治白溝河，導京師積水，而民田無害。

神宗熙寧六年，都水監丞侯叔獻請儲三十六陂及京、索二水爲源，倣真、楚州開平河置牐[七]，則四時可行舟，因

[一]〔標點本原注〕又累石爲間梁。作方井　《長編》卷七二、《玉海》卷二二都作『累石爲梁，間作方井』。

[二] 水竇　河渠出入城牆上的涵洞，又稱水門。其形制爲城牆下作洞，有鐵窗櫺封口，只通水，行人與船不能通過。

[三] 金水河與汴河相立交，汴河在下，設斗門。金水河渡槽架於閘墩之上。所以，汴河行舟，如立桅過高，會受渡槽阻擋不得通過。

[四] 本題爲注者所加。

[五] 白溝　三國時，曹操曾於黄河北開白溝與海河流域通航。但這裏的白溝是指另一條。此溝位於東京東北，汴河北岸，爲城市排水所設，水位高時亦可以通航。

[六] 吕梁口　在徐州東南泗水上，是河中峽口，水流急湍，與徐州城的徐州洪是泗水航運上的兩道險關。

[七] 真、楚州開平河置牐　指當時出現的類似於現代船閘的複閘。

廢汴渠〔一〕。帝曰：『白溝功料易耳〔二〕，第汴渠歲運甚廣，河北、陝西資焉。又京畿公私所用良材，皆自汴口而至，何可遽廢。』王安石曰：『此役苟成，亦無窮之利也。當別爲漕河，引黄河一支，乃爲經久。』馮京曰：『若白溝成，與汴、蔡皆通漕，爲利誠大，恐汴終不可廢。』帝然之，詔劉璯同叔獻覆視。八月，都水監言：『白溝自灉河至於淮八百里，乞分三年興修。其廢汴河，俟白溝畢功，別相視。仍請發穀熟淤田司並京東汴河所隸河清兵赴役。』從之。

七年正月，都水監言：『自盟河畎導汴南諸水，近者失於疏浚，爲害甚大。』於是輟夫修治，而白溝之役廢。

初，王安石欲罷白溝、修汴南水利，帝曰：『人多以白溝不可爲，而卿獨見可爲？』安石曰：『果不可爲，罷之誠宜；若可爲，即俟時爲之，何必計校人言也。』

徽宗政和二年十月，都水監丞孟昌齡言開濬含暉門外白溝河，開堰放水，仍舊通流。

京畿溝洫〔三〕

京畿溝洫，汴都地廣平，賴溝渠以行水潦。

真宗景德二年五月，詔開京城濠以通舟楫，毁官水磑三所。

三年，分遣入內內侍八人，督京城內外坊里開濬溝渠。先是，京都每歲春濬溝瀆，而勢家豪族，有不即施工者。帝聞之，遣使分視，自是不復有稽遲者，以至雨潦暴集，無所壅遏，都人賴之。

大中祥符三年，遣供備庫使謝德權治溝洫，導太一宫積水抵陳留界，入亳州渦河。

五年三月，帝宣示宰臣曰：『京師所開溝渠，雖屢鈐轄，仍令內侍分察吏擾。』

仁宗天聖元年八月，東西八作司與內殿承制、閤門祗候劉永崇等言：『內外八厢創置八字水口，通流兩水〔四〕入渠甚利，慮所置處豪富及勢要阻抑，乞下令巡察。』從之。

二年七月，內殿崇班、閤門祗候張君平〔五〕等言：『準敕按視開封府界至南京、宿亳諸州溝河形勢，疏決利害凡八事：一、商度地形，高下連屬，開治水勢，依尋古溝洫浚之，州縣計力役均定，置籍以主之。二、施工開治後，按

〔一〕因廢汴渠　汴渠引黄河水爲源，泥沙淤積嚴重，給航運帶來不便。開白溝做閘通航將避免汴河的不便。

〔二〕〔標點本原注〕白溝功料易耳　《宋會要〔稿〕·方域》一七之一七、《食貨》六一之一〇一、《長編》卷二四六都作『叔獻開白溝河，功料未易辦』。

〔三〕本題爲注者據正文內容所加。文前標題爲『京畿溝渠』。

〔四〕兩水　疑爲『雨水』之誤。

〔五〕張君平　字士衡，磁州滏陽（今河北磁縣）人，習知水利，對修治汴河、黄河做過許多工作。《宋史》卷三二六有傳。

視不如元計狀及水壅不行有害民田者，按官吏之罪，令償其費。三、約束官吏，毋斂取夫衆財貨入己。四、縣令佐、州守倅，有能勸課部民自用工開治不致水害者，叙爲勞績，替日與家便官；　功績尤多，別議旌賞。五、民或於古河渠中修築堰堨，截水取魚，漸至澱淤，水潦暴集，河流不通，則致深害，乞嚴禁之。六、開治工畢，按行新舊廣深丈尺，以校工力。以所出土，於溝河岸一步外築爲堤埒。七、凡溝洫上廣一丈，則底廣八尺，其深四尺，地形高處或至五六尺，以此爲率。有廣狹不等處，折計之，則畢工之日，易於覆視。八、古溝洫在民田中，久已淤平，今爲賦籍而須開治者，據所占地步，爲除其賦。』詔令頒行。

神宗熙寧元年三月，都水監言：『畿內溝河至多，而諸縣各役人夫開淘，十纔二三，須二三年方可畢工。請令府界提點司選官，與縣官同定緊慢功料，據合差夫數，以五分夫，役十分工，依年分開淘，提點司通行點校。』從之。

二年閏十一月，詔以府界道路積水，妨民輸納，命都水監差官溝畎。

元豐五年，詔開在京城濠，闊五十步，深一丈五尺，地脈不及者，至泉止。

徽宗大觀元年七月，以京城霖雨，水浸居民，道路不通，遣官分督疏導。是月又詔：『自京至八角鎮，積水妨行旅。轉運司選官疏導，修治橋梁，毋使病涉。』

白河[一]

白河在唐州[二]，南流入漢。

太平興國三年正月，西京轉運使程能獻議，請自南陽下向口置堰，迴水入石塘、沙河，合蔡河達於京師，以通湘潭之漕[三]。詔發唐、鄧、汝、潁、許、蔡、陳、鄭丁夫及諸州兵，凡數萬人，以弓箭庫使王文寶、六宅使李繼隆、內作坊副使李神祐、劉承珪等護其役。塹山陻谷，歷博望、羅渠、少柘山[四]，凡百餘里，月餘，抵方城，地勢高，水不能至。會山水暴漲，石堰壞，河不克就，卒堙廢焉。

[一] 本題爲注者所加。

[二] 白河在唐州　白河主流在鄧州（治今河南鄧縣），這裏所指在唐州應是下面所述接通白河和蔡河的新開運河的主要工程所在地唐州（治今河南唐河）。

[三] 以通湘潭之漕　湘潭不是專指湘潭一縣，而是以湘江和潭州（治長沙）代表的湖南湖北一帶。宋代所開的這條連接白河和蔡河的運河，將把長江和淮河流域聯繫起來，以使湖廣地區的貢賦直達都城東京，省去自長江、邗溝、淮河、汴河運輸的迴遠路程。但未成功，遺跡至今可見。運河選擇的路綫合理，至今仍作爲南水北調中綫的參考路綫。

[四] 〔標點本原注〕少柘山　《宋會要〔稿〕·方域》一七之一作『小柘山』，《長編》卷一九作『小祐山』。

端拱元年，供奉官閤門祇候閻文遜、苗忠俱上言：『開荆南城東漕河，至師子口入漢江，可通荆、峽漕路至襄州；又開古白河，可通襄、漢漕路至京。』詔八作使石全振往視之，遂發丁夫治荆南漕河至漢江，可勝二百斛重載，行旅者頗便，而古白河終不可開。

三白渠鄧許諸渠附〔一〕

三白渠在京兆涇陽縣。

淳化二年秋，縣民杜思淵上書言：『涇河内舊有石翣〔二〕，以堰水入白渠，溉雍、耀田，歲收三萬斛。其後多歷年所，石翣壞，三白渠水少，溉田不足，民頗艱食。乾德中，節度判官施繼業率民用梢穰、笆籬、棧木，截河爲堰，壅水入渠。緣渠之民，頗獲其利。然凡遇暑雨，山水暴至，則堰輒壞。至秋治堰，所用復取於民，民煩數役，終不能固。乞依古制，調丁夫修疊石翣，可得數十年不撓。所謂暫勞永逸矣。』詔從之，遣將作監丞周約已等董其役，以用功尤大，不能就而止。

至道元年正月，度支判官梁鼎、陳堯叟上鄭白渠利害：

『按舊史，鄭渠元引涇水，自仲山西抵瓠口，並北山東注洛，三百餘里，溉田四萬頃，畝收一鍾。白渠亦引涇水，起谷口，入櫟陽，注渭水，長二百餘里，溉田四千五百頃。兩渠溉田凡四萬四千五百頃，今所存者不及二千頃，皆近代改修渠堰，浸隳舊防，繇是灌溉之利，絶少於古矣。鄭渠難爲興工，今請遣使先詣三白渠行視，復修舊迹。』於是詔大理寺丞皇甫選、光禄寺丞何亮乘傳經度。

選等使還，言：

周覽鄭渠之制，用功最大。並仲山而東，鑿斷岡阜，首尾三百餘里，連亘山足，岸壁頹壞，堙廢已久。度其制置之始，涇河平淺，直入渠口。暨年代浸遠，涇河陡深，水勢漸下，與渠口相懸，水不能至。峻崖之處，渠岸摧毁，荒廢歲久，實難致力。其三白渠溉涇陽、櫟陽、高陵、雲陽、三原、富平六縣田三千八百五十餘頃，此渠衣食之源也，望令增築堤堰，以固護之。舊設節水斗門一百七十有六，皆壞，請悉繕完。渠口舊有六石門，謂之『洪門』，今亦隤圮，若復議興置，則其功甚大，且欲就近度其岸勢，別開渠口，以通水道。歲令渠官行視，岸之缺薄，水之淤填，即時浚治。嚴豪民盜水之禁。

涇河中舊有石堰，修廣皆百步，捍水雄壯，謂之『將軍翣』，廢壞已久。杜思淵嘗請興修，而功不克就。其後止造木堰，凡用梢椿萬一千三百餘數，歲出於緣渠之民。涉夏水潦，木堰遽壞，漂流散

〔一〕本題爲注者所加。
〔二〕石翣　壅水石壩，僅見於鄭白渠上的名詞，創於唐代。

失，至秋，復率民以葺之，數斂重困，無有止息。欲令自今溉田既畢，命水工拆堰木寘於岸側，可充二三歲修堰之用。所役緣渠之民，計田出丁，凡調萬三千人。疏渠造堰，各獲其利，固不憚其勞也。選能吏司其事，置暑於涇陽縣側，以時行視，往復甚便。

又言：

鄧、許、陳、潁、蔡、宿、亳七州之地[一]，有公私閑田，凡三百五十一處，合二十二萬餘頃，民力不能盡耕。皆漢、魏以來，召信臣、杜詩、杜預、任峻、司馬宣王、鄧艾[二]等立制墾闢之地。內南陽界鑿山開道，疏通河水，散入唐、鄧、襄三州以溉田。又諸處陂塘防埭，大者長三十里至五十里，闊五丈至八丈，高一丈五尺至二丈。其溝渠，大者長五十里至百里，闊三丈至五丈，深一丈至一丈五尺，可行小舟。臣等周行歷覽，若皆增築陂堰，勞費頗甚，欲隄防未壞可興水利者，先耕二萬餘頃，他處漸圖建置。

時著作佐郎孫冕總監三白渠，詔冕依選等奏行之。後自仲山之南，移治涇陽縣。其七州之田，令選於鄧州募民耕墾，皆免賦入。復令選等舉一人，與鄧州通判同掌其事。選與亮分路按察，未幾而罷。

景德三年，鹽鐵副使林特、度支副使馬景盛陳關中河渠之利，請遣官行鄭、白渠，興修古制。乃詔太常博士尚賓乘傳經度，率丁夫治之。賓言：『鄭渠久廢不可復，今自介公廟迴白渠洪口直東南，合舊渠以畎涇河，灌富平、櫟陽、高陵等縣，經久可以不竭。』工既畢而水利饒足，民獲數倍。

[一] 鄧、許、陳、潁、蔡、宿、亳七州之地　北宋鄧州治穰縣（今河南鄧縣），許州治長社（今河南許昌），陳州治宛丘（今河南淮陽），潁州治汝陰（今安徽阜陽），蔡州治汝陽（今河南汝南），宿州治符離（今安徽宿縣），亳州治譙縣（今安徽亳縣）。這七州所轄地區皆爲兩漢三國屯田興水利的地區。

[二] 召信臣、杜詩、杜預、任峻、司馬宣王、鄧艾　召信臣，《漢書》卷八九有傳；　杜詩，《後漢書》卷六一有傳；　杜預，《三國志·魏書》卷一六、《晉書》卷三四有傳；　任峻，《後漢書》卷一〇六、《三國志·魏書》卷一六有傳；　司馬宣王即司馬懿，事在《晉書·宣帝紀》；　鄧艾，《三國志·魏書》卷二八有傳。以上六人都主持過南陽和淮潁的水利屯田。

河渠五

《宋史》卷九五

漳河　滹沱河　御河　塘濼緣邊諸水　河北諸水　岷江

漳河[一]

漳河源於西山[二]，由磁、洺州南入冀州新河鎮，與胡盧河[三]合流，其後變徙，入於大河。

神宗熙寧三年，詔程昉同河北提點刑獄王廣廉相視。四年，開修，役兵萬人，袤一百六十里。帝因與大臣論財用，文彦博曰：『足財用在乎安百姓，安百姓在乎省力役。且河久不開，不出於東，則出於西，利害一也。今發夫開治，徙東從西，何利之有？』王安石曰：『使漳河不由地中行，則或東或西，爲害一也。治之使行地中，則有利而無害。勞民，先王所謹，然以佚道使民，雖勞不可不勉。』會京東、河北大風，三月，詔曰：『風變異常，當安静以應天災。漳河之役妨農，來歲爲之未晚。』中書格詔不下。尋有旨權令罷役，程昉憤恚，遂請休退。朝廷令以都水丞領淤田事於河上。

五月，御史劉摯言：『昉等開修漳河，凡用九萬夫。物料本不預備，官私應急，勞費百倍。逼人夫夜役，踐蹂田苗，發掘墳墓，殘壞桑柘，不知其數。愁怨之聲，流播道路，而昉等妄奏民間樂於工役。河北廂軍，剗刷都盡，而昉等仍乞於洺州調急夫，又欲令役兵不分番次，其急切擾攘，至於如此。乞重行貶竄，以謝疲民。』中丞楊繪亦以爲言。王安石爲昉辨説甚力，後卒開之。

五年，工畢，昉與大理寺丞李宜之、知洺州黄秉推恩有差。

七年六月，知冀州王慶民言：『州有小漳河，向爲黄河北流所壅，今河已東，乞開濬。』詔外都水監相度而已。

滹沱河[四]

滹沱河源於西山，由真定、深州、乾寧，與御河合流。

[一] 本標題爲注者所加。

[二] 西山　即太行山。胡渭《禹貢錐指》引杜佑説：『杜佑曰，西山者，太行、恒山也。』

[三] 胡盧河　《元豐九域志》卷二信都縣（今冀縣）下有『胡盧河』。黄裳《新定九域志》卷二永静軍（今河北省東光縣）下載：『胡盧河即衡漳之别名』。參見滹沱河、河北諸水。

[四] 本標題爲注者所加。

神宗熙寧元年，河水漲溢，詔都水監、河北轉運司疏治。

六年，深州、祁州、永寧軍修新河。

八年正月，發夫五千人，並胡盧河增治之。

元豐四年正月，北外都水丞陳祐甫言：『滹沱自熙寧八年以後，汎濫深州諸邑，爲患甚大。諸司累相度不決，謂其下流舊入邊吴、宜子淀，最爲便順。而屯田司懼填淤塘濼，煩文往復，無所適從。昨差官計之，若障入胡盧河，約用工千六百萬，若治程昉新河，約用工六百萬，若依舊入邊吴等淀，約用工二十九萬，其工費固已相遠。乞嚴立期會，定歸一策。』詔河北屯田轉運司同北外都水丞司相視。

五年八月癸酉，前河北轉運副使周革言：『熙寧中，程昉於真定府中渡創繫浮梁，增費數倍。既非形勢控扼，請歲八九月易以版橋，至四五月防河即拆去，權用船渡。』從之。

御河[一]

御河源出衛州共城縣百門泉，自通利、乾寧入界河，達於海。

神宗熙寧二年九月，劉彝、程昉言：『二股河北流今已閉塞，然御河水由冀州下流，尚當疏導，以絶河患。』先是，議者欲於恩州武城縣開御河約二十里，入黄河北流故道，下五股河，故命彝、昉相度。而通判冀州王庠謂，第開見行流處，下接胡盧河，尤便近。彝等又奏：『如庠言，雖於河流爲順，然其間漫淺沮洳，費工猶多，不若開烏欄堤東北至大、小流港，横截黄河，入五股河，復故道，尤便。』遂命河北提舉糴便糧草皮公弼、提舉常平王廣廉按視。二人議協，詔調鎮、趙、邢、洺、磁、相州兵夫六萬濬之，以寒食後入役。

三年正月，韓琦言：『河朔累經災傷，雖得去年夏秋一稔，瘡痍未復。而六州之人，奔走河役，遠者十一二程，近者不下七八程，比常歲勞費過倍。兼鎮、趙兩州，舊以次邊，未嘗差夫，一旦調發，人心不安。又於寒食後入役，比滿一月，正妨農務。』詔河北都轉運使劉庠相度，如可就寒食前入役，即亟興工，仍相度最遠州縣，量減差夫，而輟修塘堤兵[二]千人代其役。二月，琦又奏：『御河漕運通流，不宜減大河夫役。』於是止令樞密院調兵三千，並都水監卒二千。三月，又益發壯城兵三千，仍詔提舉官程昉等促迫功限。六月，河成，詔昉赴闕，遷宫苑副使。

四年，命昉爲都大提舉黄、御等河。

八年，昉與劉璯言：『衛州沙河湮没，宜自王供埽開濬，引大河水注之御河，以通江、淮漕運。仍置斗門，以時

[一] 本標題爲注者所加。

[二] 修塘堤兵　修河北塘泊堤岸的士兵。

啓閉。其利有五：　王供危急，免河勢變移而別開口地，一也。漕舟出汴，横絶沙河，免大河風濤之患，二也。沙河引水入於御河，大河漲溢，沙河自有限節，三也。御河漲溢，有斗門啓閉，無衝注淤塞之弊，四也。德、博舟運，免數百里大河之險，五也。一舉而五利附焉。請發卒萬人，一月可成。』從之。

九年秋，昉奏畢功。中書欲論賞，帝令河北監司案視保明，大名安撫使文彦博覆實。十月，彦博言：

去秋開舊沙河，取黄河行運，欲通江、淮舟檝，徹於河北極邊。自今春開口放水，後來漲落不定，所行舟檝皆輕載，有害無利，枉費功料極多。今御河上源，止是百門泉水，其勢壯猛，至衛州以下，可勝三四百斛之舟，四時行運，未嘗阻滯。隄防不至高厚，亦無水患。今乃取黄河水以益之，大即不能吞納，必致決溢；小則緩漫淺澀，必致淤澱。凡上下千餘里，必難歲歲開濬。況此河穿北京城中，利害易覩。今始初冬，已見阻滯，恐年歲間，反壞久來行運。儻謂通江、淮之漕，即尤不然。自江、浙、淮、汴入黄河，順流而下，又合於御河，大約歲不過一百萬斛。若自汴順流徑入黄河，達於北京，自北京和雇車乘，陸行入倉，約用錢五六千緡，却於御河裝載赴邊城，其省工役、物料及河清衣糧之費，不可勝計〔一〕。

又去冬，外監丞欲於北京黄河新堤開置水口，以通行運，其策尤疏。此乃熙寧四年秋黄河下注御河之處，當時朝廷選差近臣，督役修塞，所費不貲。大名、恩冀之人，至今瘡痍未平，今奈何反欲開口導水耶？都水監雖令所屬相視，而官吏恐忤建謀之官，止作遷延，回報謂俟修固御河堤防，方議開置河口，況御河堤道，僅如蔡河之類，若欲吞納河水，須如汴岸增修，猶恐不能制蓄。乞別委清彊官相視利害，並議可否。

又言：『今之水官，尤爲不職，容易建言，僥倖恩賞。朝廷便爲主張，中外莫敢異議，事若不效，都無譴罰。臣謂更當選擇其人，不宜令狂妄輩横費生民膏血。』

已而都水監言，運河乞置雙牐〔二〕，例放舟船實便，與

〔一〕文彦博關於沿黄河和入御河漕運的優劣比較，《長編》卷二七八有較清楚的記載：『臣勘會前年自汴入黄河運粳米二十二萬五百餘石，至北京下卸，止用錢四千五百四十餘貫，和雇車乘，般至城中，臨御河倉貯納。若般一百萬斛至北京，只計陸脚錢一萬五六千貫，若却要於御河裝船，般赴沿邊，無所不可。用力不多，所費極少。』

〔二〕雙牐　即今之單級船牐，有上下兩座牐門，閘門間爲牐室。船牐設於水位有較大變化而不利航行的河段。通過操縱上下牐門和調整牐室水位，以克服水位差，便利船隻航行。我國文字記載的雙門船牐最早見於唐代。宋代在淮南運河和江南運河上建有多座雙門船牐。參見鄭連第《唐宋船牐初探》，載《水利學報》一九八一年二期。

彦博所言不同。十二月，命知制誥熊本與都水監、河北轉運司官相視。本奏：

河北州軍賞給茶貨，以至應接沿邊榷場要用之物，並自黄河運至黎陽出卸，轉入御河，費用止於客軍數百人添支而已。向者，朝廷曾賜米河北，亦於黎陽或馬陵道口下卸，倒裝轉致，費亦不多。昨因程昉等擘畫，於衛州西南，循沙河故迹決口置牐，鑿堤引河，以通江、淮舟檝，而實邊郡倉廩。自興役至畢，凡用錢米、功料二百萬有奇。今後每歲用物料一百一十六萬，廂軍一千七百餘人，約費錢五萬七千餘緡。開河行水，纔百餘日，所過船栰六百二十五，而衛州界御河淤淺，已及三萬八千餘步；沙河左右民田，渰浸者幾千頃，所免租税二千貫石有餘。有費無利，誠如議者所論。

然尚有大者，衛州居御河上游，而西南當王供向著之會，所以捍黄河之患者，一堤而已。今穴堤引河，而置牐之地，纔及隄身之半。詢之土人云，自慶曆八年後，大水七至，方其盛時，游波有平堤者。今河流安順三年矣，設復礬水暴漲，則河身乃在牐口之上。以湍悍之勢而無隄防之阻，泛濫衝溢，下合御河，臣恐墊溺之禍，不特在乎衛州，而瀕御河郡縣，皆罹其患矣。

夫此河之興，一歲所濟船栰，其數止此，而萌每歲不測之患，積無窮不貲之費，豈陛下所以垂世裕民之意哉！臣博采衆論，究極利病，咸以謂葺故堤，堰新口，存新牐而勿治，庶可以銷淤澱決溢之患，而省無窮之費。萬一他日欲由此河轉粟塞下，則暫開亟止，或可紓飛輓之勞。

未幾，河果決衛州。

元豐五年，提舉河北黄河堤防司言：『御河狹隘，堤防不固，不足容大河分水，乞令綱運轉入大河，而閉截徐曲。』既從之矣[一]。

明年，户部侍郎蹇周輔復請開撥，以通漕運，及令商旅舟船至邊。是時，每有一議，朝廷輒下水官相度，或作或輟，迄莫能定。大抵自小吴埽決，大河北流，御河數爲漲水所冒，亦或湮没。

哲宗紹聖三年四月，河北都轉運使吴安持始奏，大河東流，御河復出。詔委前都水丞李仲提舉開導。

徽宗崇寧元年冬，詔侯臨同北外都水丞司開臨清縣坝子口，增修御河西堤，高三尺，並計度西堤開置斗門，決

[一] 關於改由大河綱運事，《長編》記載作：『提舉河北黄河堤防司言：按視御河陿隘，堤防墊弱，不能通納大河分水，恩州城壁可憂。而回水入大河，即不灌塘濼、御河，綱運惟通恩、滄、永静、乾寧自可轉入大河，不至回遠，所相度閉截徐曲來水併入大河爲便。從之。』

北京、恩、冀、滄州、永静軍積水入御河枯源。

明年秋，黄河漲入御河，行流浸大名府館陶縣，敗廬舍，復用夫七千，役二十一萬餘工修西堤，三月始畢，漲水復壞之。

政和五年閏正月，詔於恩州北增修御河東堤，爲治水隄防，令京西路差借來年分溝河夫千人赴役。於是都水使者孟揆移撥十八埽官兵，分地步修築，又取棗彊上埽水口以下舊堤所管榆柳爲椿木。

塘濼 緣邊諸水〔一〕

塘濼，緣邊諸水所聚，因以限遼。河北屯田司、緣邊安撫司皆掌之，而以河北轉運使兼都大制置。凡水之淺深，屯田司季申工部。其水東起滄州界，拒海岸黑龍港，西至乾寧軍，沿永濟河合破船淀、灰淀、方淀〔二〕爲一水，衡廣一百二十里，縱九十里至一百三十里，其深五尺。東起乾寧軍、西信安軍永濟渠爲一水，西合鵝巢淀、陳人淀、燕丹淀、大光淀、孟宗淀爲一水，衡廣一百二十里，縱三十里或五十里，其深丈餘或六尺。東起信安軍永濟渠，西至霸州莫金口，合水汶淀、得勝淀、下光淀、小蘭淀、李子淀、大蘭淀爲一水，衡廣七十里，或十五里或六里〔三〕，其深六尺或七尺。東北起霸州莫金口，西南保定軍父母砦，合糧料淀、迴淀爲一水，衡廣二十七里，縱八里，其深六尺。霸州至保定軍並塘岸水最淺，故咸平、景德中，契丹南牧，以霸州、信安軍爲歸路。東南起保安軍〔四〕，西北雄州，合百世淀、黑羊淀、小蓮花淀爲一水，衡廣六十里，縱二十五里或十里〔五〕，其深八尺或九尺。東起雄州，西至順安軍，合大蓮花淀、洛陽淀、牛横淀、康池淀、疇淀、白羊淀爲一水，衡廣七十里，縱三十里或四十五里，其深一丈或六尺或七尺。東起順安軍，西邊吴淀至保州，合齊女淀〔六〕、勞淀爲一水，衡廣三十餘里，縱百五十里，其深一丈三尺或一丈。起安肅、廣信軍之南，保州西北，畜沈苑河爲塘，衡廣二十里，縱十里，其深五尺，淺或三尺，曰沈苑泊。自保州西合

〔一〕本標題爲注者所加。

〔二〕破船淀、灰淀、方淀　《長編》一一二作「破船淀、滿淀、灰淀」。

〔三〕〔標題本原注〕或十五里或六里　《長編》卷一一二作「縱五十里或六十里」，《武經總要》前集卷一六作「南北約十五里至六里」。按「南北」與「縱」同義，上下文亦「衡廣」與「縱」對稱，「或」疑爲「縱」之誤。

〔四〕保安軍　《長編》卷一一二作「保定軍」。《宋史・地理志》卷八六載：景德元年改平戎軍爲保定軍。宣和七年改爲保定縣，隸莫州。

〔五〕十里　《長編》作「十五里」。

〔六〕〔標點本原注〕齊女淀　《長編》卷一一二、《長編紀事本末》卷四六作「齊安淀」。

雞距泉、尚泉爲稻田、方田〔一〕，衡廣十里，其深五尺至三尺，曰西塘泊。自何承矩〔二〕以黄懋爲判官，始開置屯田，築堤儲水爲阻固，其後益增廣之。凡並邊諸河，若滹沱、胡盧、永濟等河，皆匯於塘。

天聖以後，相循而不廢，仍領於沿邊屯田司。而當職之吏，各從其所見，或曰：『有兵將在，契丹來，云無所事塘。自邊吴淀西望長城口，尚百餘里，皆山阜高仰，水不能至，契丹騎馳突，得此路足矣，塘雖距海，亦無所用。夫以無用之塘，而廢可耕之田，則邊穀貴，自困之道也。不如勿廣，以息民爲根本。』或者則曰：『河朔幅員二千里，地平夷無險阻。契丹從西方入，放兵大掠，由東方而歸，我嬰城之不暇，其何以禦之？自邊吴淀至泥姑海口，綿亘七州軍，屈曲九百里，深不可以舟行，淺不可以徒涉，雖有勁兵，不能度也。東有所阻，則甲兵之備，可以專力於其西矣。孰謂無益？』論者自是分爲兩歧，而朝廷以契丹出没無常，阻固終不可以廢也。

仁宗明道二年，劉平自雄州徙知成德軍，奏曰〔三〕：『臣嚮爲沿邊安撫使，與安撫都監劉志嘗陳備邊之略。臣今徙真定路，由順安、安肅、保、定州界，自邊吴淀望趙曠川、長城口，乃契丹出入要害之地，東西不及一百五十里。臣竊恨聖朝七十餘年，守邊之臣，何可勝數，皆不能爲朝廷預設深溝高壘，以爲扼塞。臣聞太宗朝，嘗有建請置方田者。今契丹國多事，兵荒相繼，我乘此以引水植稻爲名，開方田，隨田塍四面穿溝渠，縱廣一丈，深二丈，鱗次交錯，兩溝間屈曲爲徑路，才令通步兵。引曹河、鮑河、徐河、鷄距泉分注溝中，地高則用水車汲引，灌溉甚便。願以劉志知廣信軍，與楊懷敏共主其事，數年之後，必有成績。』帝遂密敕平與懷敏漸建方田。侍禁劉宗言又奏請種木於西山之麓，以法榆塞，云可以限契丹也。後劉平去真定，懷敏猶領屯田司。塘日益廣，至吞没民田，蕩溺丘墓，百姓始告病，乃有盜決以免水患者，懷敏奏立法依盜決堤防律。

〔一〕方田　此處所説方田是北宋爲防禦遼朝騎兵突襲，在塘泊地區興建的屯田，田地四周圍以灌溉溝塹。參見本志下文及《宋史·食貨志》卷一七六『屯田』。與熙寧年間制訂的《方田均税條約并式》的方田不同。參見《宋史·食貨志》卷一七四『方田』。

〔二〕何承矩　字正則，河南（今河南省洛陽市）人。《宋史》卷二七三有傳。承矩上疏提議興辦河北塘泊屯田，時在端拱元年（九八八年）。

〔三〕仁宗明道二年，劉平自雄州徙知成德軍，奏曰　據《長編》卷一一二，明道元年八月『忻州團練使劉平自雄州徙知成德軍』。明道二年三月壬午奏開方田。

景祐二年，懷敏知雄州〔一〕，又請立木爲水則〔二〕，以限盈縮。

寶元元年十一月己未，河北屯田司言：『欲於石塚口導永濟河水，以注緣邊塘泊，請免所經民田税。』從之。時歲旱，塘水涸，懷敏慮契丹使至，測知其廣深，乃壅界河水注之，塘復如故。

慶曆二年三月己巳，契丹遣使致書，求關南十縣。且曰：『營築長堤，填塞隘路，開決塘水，添置邊軍，既潛稔於猜嫌，慮難敦於信睦。』四月庚辰，復書曰：『營築堤埭，開決陂塘，昨緣霖潦之餘，大爲衍溢之患，既非疏導，當稍繕防，豈蘊猜嫌，以虧信睦。』遼使劉六符嘗謂賈昌朝曰：『南朝塘濼何爲者哉？一葦可杭，投箠可平。不然，決其堤，十萬土囊，遂可踰矣。』時議者亦請涸其地以養兵。帝問王拱辰，對曰：『兵事尚詭，彼誠有謀，不應以語敵，此六符誇言爾。設險守國，先王不廢，且祖宗所以限遼騎也。』帝深然之。

七月，契丹復議和好，約兩界河淀已前開畎者並依舊外，自今已後，各不添展。其見堤堰水口，逐時決洩壅塞，量差兵夫，取便修疊疏導。非時霖潦，别至大段漲溢，並不在關報之限。是歲，劉宗言知順安軍，上言：『屯田司濬塘水，漂招賢鄉六千户。』

五年七月，初與契丹約，罷廣兩界塘淀。約既定，朝廷重生事，自是每邊臣言利害，雖聽許，必戒之以毋張皇，使契丹有詞。而楊懷敏獨治塘益急〔三〕，是月，懷敏密奏曰：『前轉運使沈邈開七級口泄塘水，臣已亟塞之。知順安軍劉宗言閉五門幞頭港、下赤大渦柳林口漳河水，不使入塘，臣已復通之，今注白羊淀矣。邈、宗言朋黨沮事如此，不譴誅無以懲後。』詔從懷敏奏，自今有妄乞改水口者，重責之。

嘉祐中，御史中丞韓絳言：『宣祖已上，本籍保州，懷敏廣塘水，侵皇朝遠祖墳。近聞詔旨以錢二百千，賜本宗使易葬，此虧薄國體尤甚，物論駭嘆，願請州縣屏水患而已。』知雄州趙滋言：『屯田司當徐河間築堤斷水，塘堤具存，可覆視也。宜開水竇六十尺，修石限以節之。』咸可其奏。

八年，河北提點刑獄張問言：『視八州軍塘，出土爲堤，以畜西山之水，涉夏河溢，而民田無患。』亦施行焉。

〔一〕〔標點本原注〕懷敏知雄州　據《宋史》卷二八九《葛懷敏傳》和《長編》卷一一七、一二二，景祐間知雄州的是葛懷敏。下文所記兩事，也都是葛懷敏所爲。此處當脱『葛』字。

〔今注〕《玉海·河渠》卷二二亦作葛懷敏。

〔二〕水則　測量水位的水尺。

〔三〕〔標點本原注〕而楊懷敏獨治塘益急　『楊懷敏』原作『葛懷敏』。按《宋史》卷一一仁宗紀，葛懷敏死於慶曆二年；《長編》卷一五六記此事作『楊懷敏』；沈括《夢溪筆談》卷一三也説：『慶曆中，内侍楊懷敏復踵爲之』。據改。

神宗熙寧元年正月，復汾州西河濼。濼舊在城東，圍四十里，歲旱以溉民田，雨以瀦水，又有蒲魚、茭芡之利，可給貧民。前轉運使王沿廢爲田，人不以爲便。至是，知雜御史劉述請復之。是歲，又遣程昉諭邊臣營治諸濼，以備守禦。

五年，東頭供奉官趙忠政言：『界河以南至滄州凡二百里，夏秋可徒涉，遇冬則冰合，無異平地。請自滄州東接海，西抵西山，植榆柳、桑棗，數年之間，可限契丹。然後施力耕種，益出租賦，以助邊儲。』詔程昉察視利害以聞。

六年五月，帝與王安石論王公設險守國，安石曰：『《周官》亦有掌固之官，但多侵民田，恃以爲國，亦非計也。太祖時未有塘泊，然契丹莫敢侵軼。』他日，樞密院官言：『程昉放滹沱水，大懼填淤塘濼，失險固之利。』安石謂：『滹沱舊入邊吴淀，新入洪城淀，均塘濼也。何昔不言而今言乎？』蓋安石方主昉等，故其論如此。

六年十二月癸酉，命河北同提點制置屯田使閻士良專興修樸椿口，增灌東塘淀濼。先是，滄州北三堂等塘濼，爲黄河所注，其後河改而濼塞。程昉嘗請開琵琶灣引河水，而功不成。至是，士良請堰水絶御河，引西塘水灌之，故有是命[一]。

七年六月丁丑，河北沿邊安撫司上《制置沿邊淺陂塘築堤道條式圖》，請付邊郡屯田司。又言於沿邊軍城植柳蒔麻，以備邊用。並從之。

九年六月，高陽關言：『信安、乾寧塘濼，昨因不收獨流決口[二]，至今乾涸。』於是命河北東、西路分遣監司，視廣狹淺深，具圖本上。十年正月甲子，詔：『比修築河北破缺塘堤，收匱水勢。其信安軍等處因塘水減涸，退出田土，已召人耕佃者復取之[三]。』

元豐三年，詔諭邊臣曰：『比者契丹出没不常，不可全恃信約以爲萬世之安。況河朔地勢坦平，略無險阻，殆非前世之比。惟是塘水實爲礙塞，卿等當體朕意，協力增修，自非地勢高仰，人力所不可施者，皆在滋廣，用謹邊防。蓋功利近在目前而不爲，良可惜也。』

六年十二月，定州路安撫使韓絳言：『定州界西自山麓，東接塘淀，綿地百餘里，可瀦水設險。』詔以引水灌田陂爲名。

哲宗元祐中，大臣欲回河東流者，皆以北流壞塘濼爲

[一] 本事《宋會要稿・食貨》七之二六有詳細記載。

[二]〔標點本原注〕昨因不收獨流決口　『收』，《宋會要稿・方域》一七之八、《長編》卷二七六都作『修』。

[三] 關於河北塘泊屯田的收益，《宋史・食貨志》卷一七六『屯田』記載：『天禧末，諸州屯田總四千二百餘頃，河北歲收二萬九千四百餘石，而保州最多，逾其半焉。……治平三年，河北屯田三百六十七頃，得穀三萬五千四百六十八石。熙寧初，以内侍押班李若愚同提點制置河北屯田事』。

言，事見前篇。

徽宗大觀二年十二月，詔曰：『瀦水爲塘，以備汎濫，留屯營田，以實塞下，國家設官置吏，專總其事。州縣習玩，歲久隳壞。其令屯田司循祖宗以來塘堤故迹修治之，毋得增益生事。』大抵河北塘濼，東距海，西抵廣信、安肅，深不可涉，淺不可舟，故指爲險固之地。其後淤澱乾涸，不復開濬，官司利於稻田，往往洩去積水，自是堤防壞矣。

河北諸水〔一〕

河北諸水，有通轉餉者，有爲方田限遼人者。太宗太平興國六年正月，遣八作使郝守濬〔二〕分行河道，抵於遼境者，皆疏導之。又於清苑界開徐河、鷄距河五十里入白河。自是關南之漕，悉通濟焉。

端拱二年，以左諫議大夫陳恕爲河北東路招置營田使，魏羽爲副使；右諫議大夫樊知古爲河北西路招置營田使，索湘爲副使，欲大興營田也〔三〕。

先是，自雄州東際於海，多積水，契丹患之，未嘗敢由此路入，每歲，數擾順安軍。議者以爲宜度地形高下，因水陸之便，建阡陌，濬溝洫，益樹五稼，所以實邊廩而限契丹。雍熙後，數用兵，岐溝、君子館敗衄〔四〕之後，河朔之民，農桑失業，多閑田，且戍兵增倍，故遣恕等經營之。恕密奏：『戍卒皆墮遊，仰食縣官，一旦使冬被甲兵，春執耒耜，恐變生不測。』乃詔止令葺營堡，營田之議遂寢。

淳化二年，從河北轉運使請，自深州新砦鎮開新河，導胡盧河，分爲一派，凡二百里抵常山，以通漕運。胡盧河源於西山，始自冀州新河鎮入深州武彊縣，與滹沱河合流，其後變徙，入大河。至神宗熙寧中，內侍程昉請開決引水入新河故道，詔本路遣官按視。永靜軍判官林伸、東光縣令張言舉言：『新河地形高仰，恐害民田。』昉言：『地勢最順，宜無不便。』乃復遣劉璯、李直躬考實，而璯等卒如昉言，伸等坐貶官。

四年春，詔六宅使何承矩等督戍兵萬八千人，自霸州界引滹沱水灌稻爲屯田，用實軍廩，且爲備禦焉。初，臨津令黃懋上封事，盛稱水田之利，乃以承矩洎內供奉官閤承翰、殿直張從古同制置河北緣邊屯田事，仍以懋爲大理寺丞，充屯田判官，其所經畫，悉如懋奏。

真宗咸平四年，知静戎軍王能請自姜女廟東決鮑河水，北入閻臺淀，又自静戎之東引，北注三臺、小李村，其

〔一〕本題爲注者所注。
〔二〕郝守濬　《長編》卷一五載，開寶七年十月八作使郝守濬造浮橋。而《宋史・樊知古傳》記爲八作使郭守濬。
〔三〕端拱二年設河北東西路招置營田使事，參見《宋史・食貨志》卷一七六『屯田』。
〔四〕岐溝、君子館敗衄　事在雍熙三年。參見《宋史・太宗紀》卷五。

水溢入長城口而南，又壅使北流而東入於雄州。

五年，順安軍兵馬都監馬濟復請自静戎軍東，擁鮑河開渠入順安軍，又自順安軍之西引入威虜軍，置水陸營田於渠側。濟等言：『役成，可以達糧漕，隔遼騎。』帝許之，獨鹽臺淀稍高，恐決引非便，不從其議。因詔莫州部署石普並護其役。踰年功畢，帝曰：『普引軍壁馬村以西，開鑿深廣，足以張大軍勢。若邊城壕溝悉如此，則遼人倉卒難馳突而易追襲矣。』其年，河北轉運使耿望開鎮州常山鎮南河水入洨河至趙州，有詔褒之。三月，西京左藏庫使舒知白請於泥姑海口、章口復置海作務造舟，令民入海捕魚，因偵平州機事。異日王師征討，亦可由此進兵，以分敵勢。先是，置船務，以近海之民與遼人往還，遼人嘗泛舟直入千乘縣，亦疑有鄉導之者，故廢務。至是，令轉運使條上利害。既而以爲非便，罷之。

景德元年，北面都鈐轄閻承翰自嘉山東引唐河三十二里至定州，釃而爲渠，直蒲陰縣東六十二里會沙河，徑邊吴泊，遂入於界河，以達方舟之漕。又引保州趙彬堰徐河水入鷄距泉，以息挽舟之役。自是朔方之民，灌溉饒益，大蒙其利矣。八月，詔滄州、乾寧軍謹視斗門水口，壅潮水入御河東塘堰，以廣溉蔭。

四年五月，知雄州李允則決渠爲水田，帝以渠接界河，罷之。因下詔曰：『頃修國好，聽其盟約，不欲生事，姑務息民。自今邊城止可修葺城壕，其餘河道，不得輒有濬治。』

大中祥符七年四月，涇原都鈐轄曹瑋言：『渭北有古池，連帶山麓，今濬爲渠，令民導以溉田。』六月，知永興軍陳堯咨導龍首渠入城〔一〕，民庶便之。並詔嘉獎。

天禧末，諸州屯田總四千二百餘頃，而河北屯田歲收二萬九千四百餘石，保州最多，逾其半焉。江、淮、兩浙承僞制，皆有屯田，克復後，多賦與民輸租，第存其名。在河北者雖有其實，而歲入無幾，利在畜水以限遼騎而已。

仁宗天聖四年閏五月，陝西轉運使王博文等言：『準敕相度開治解州安邑縣至白家場永豐渠〔二〕，行舟運鹽，經久不至勞民。按此渠自後魏正始二年，都水校尉元

〔一〕陳堯咨導龍首渠入城　《宋史·陳堯咨傳》卷二八四載：『永興軍長安地斥鹵，無甘泉。堯咨疏龍首渠注城中，民利之。』宋敏求《長安志·長安縣》卷一二載：『龍首渠在縣東北五里，自萬年縣界流入而注於渭。』

〔二〕永豐渠　《玉海·河渠》卷二二『天聖復永豐渠』條載：『四年閏五月辛亥詔陝臣漕臣相視修復永豐渠。後魏正始四年（實録云二年）都水校尉元清引平坑水爲渠，西入黄河以運鹽，名永豐渠。周齊間廢。隋大業中都水監姚暹決堰浚渠，自陝郊西入解縣，民賴其利。唐末湮没，鹽運大艱。至是殿直劉逵請開浚，通舟運鹽（解州安邑至白家場）。漕臣王博文以爲便，命三司計功浚之，公私利焉（志云：是歲卒成之，公私果利）。』

清引平坑水西入黄河以運鹽，故號永豐渠。周、齊之間，渠遂廢絶。隋大業中，都水監姚暹決堰濬渠，自陝郊西入解縣，民賴其利。及唐末至五代亂離，迄今湮没，水甚淺涸，舟檝不行。』詔三司相度以聞。

神宗即位，志在富國，故以劭農爲先。熙寧元年六月，詔諸路監司：『比歲所在陂塘堙没，瀕江圩埠浸壞，沃壤不得耕，宜訪其可興者，勸民興之，具所增田畝税賦以聞。』

二年十月，權三司使吴充言：『前宜城令朱紘，治平間修復木渠，不費公家束薪斗粟，而民樂趨之。渠成，溉田六千餘頃，數邑蒙其利。』詔遷紘大理寺丞，知比陽縣。或云紘之木渠，繞山度溪以行水，數勤民而終無功〔一〕。

十一月，制置三司條例司具《農田利害條約〔二〕》，詔頒諸路：『凡有能知土地所宜種植之法，及修復陂湖河港，或元無陂塘、圩埠、堤堰、溝洫而可以創修，或水利可及衆而爲人所擅有，或田去河港不遠，爲地界所隔，可以均濟流通者；縣有廢田曠土，可糾合興修，大川溝瀆淺塞荒穢，合行濬導，及陂塘堰埭可以取水灌溉，若廢壞可興治者：各述所見，編爲圖籍，上之有司。其土田迫大川，數經水害，或地勢汙下，雨潦所鍾，要在修築圩埠、堤防之類，以障水澇，或疏導溝洫、畎澮，以泄積水。縣不能辦，州爲遣官，事關數州，具奏取旨。民修水利，許貸常平錢穀給用。』初，條例司奏遣劉彝等八人行天下，相視農田水利，又下諸路轉運司各條上利害，又詔諸路各置相度農田水利官。至是，以《條約》頒焉。

秘書丞侯叔獻言：『汴岸沃壤千里，而夾河公私廢田，略計二萬餘頃，多用牧馬。計馬而牧，不過用地之半，則是萬有餘頃常爲不耕之地。觀其地勢，利於行水。欲於汴河兩岸置斗門，泄其餘水，分爲支渠，及引京、索河並三十六陂，以灌溉田。』〔三〕詔叔獻提舉開封府界常平，使行之，而以著作佐郎楊汲〔四〕同提舉。叔獻又引汴水淤田，而祥符、中牟之民大被水患，都水監或以爲非。

三年三月，帝謂王安石、韓絳曰：『都水沮壞淤田者，以侵其職事爾。』安石曰：『必欲任屬，當以楊汲爲都

〔一〕紹興三十二年又曾浚治長渠、木渠。事見《宋史·食貨志》卷一七六『屯田』。

〔二〕農田利害條約　又稱『農田水利約束』，内容詳見《宋會要稿·食貨》一之二七。

〔三〕關於引汴河放淤的考慮，《宋會要稿·食貨》七之一九補充説：『叔獻言：汴河歲漕東南六百萬斛，浮江泝淮更數千里，計其所費，率數石而致一碩，……矧京師帝居，天下輻臻，人物之富，兵甲之饒，不知幾百里數。夫以數百萬之衆而仰給於東南千里之外，此未爲策之得也。』

〔四〕楊汲　字潛古，泉州晉江人。《宋史·楊汲傳》載：『（楊汲）主管開封府界常平權都水丞，與侯叔獻行汴水淤田法，遂釃汴流漲潦，以溉西部瘠土，皆爲良田，神宗嘉之，賜以所淤田千畝。』

水監。今每事稟於沈立、張鞏，何能辦集。』七月，帝聞淤田多浸民田稼、屋宇，令內侍馮宗道往視，宗道以説者爲妄。八月，叔獻、汲並權都水監丞、提舉沿汴淤田。

九月戊申，遣殿中丞陳世修乘驛經度陳、潁州八丈溝故迹。初，世修言：『陳州項城縣界蔡河東岸有八丈溝，或斷或續，迤邐東去，由潁及壽，綿亘三百五十餘里，乞因其故道，量加濬治。興復大江、次河、射虎、流龍、百尺等陂塘，導水行溝中，棊布灌溉，俾數百里復爲稻田，則其利百倍。』繪圖來上，帝意向之。王安石曰：『世修言引水事即可試，八丈溝新河則不然。昔鄧艾不賴蔡河漕運，故能並水東下，大興水田。厥後既分水以注蔡河，又有新修牐以限之，與昔不同。惟無所用水，即水可並而溝可復矣。』故先命世修相度。

四年三月，帝語侍臣：『中人視麥者，言淤田甚佳，有未淤不可耕之地，一望數百里。獨樞密院以淤田無益，謂其薄如餅。』安石曰：『就令薄，固可再淤，厚而後止。』是月，帝以慶州軍亂，召執政對資政殿。馮京曰：『府界既淤田，又行免役，作保甲，人極勞弊。』帝曰：『淤田於百姓何苦？閏土細如麪。』王安石曰：『慶卒之變，陛下旰食。大臣宜於此時共圖消弭，乃合爲浮議，歸咎淤田、保甲，了不相關，此非待至明而後察也。』十月，前知襄州光禄卿史炤言：『開修古淳河一百六里，灌田六千六百餘頃，修治陂堰，民已獲利，慮州縣遽欲增税。』詔三司應興修水利，墾開荒梗，毋增税。

五年二月，侯叔獻等言：『民願買官淤田者七十餘户，已分赤淤、花淤等，及定其直各有差，仍於次年起税。若願增錢者，不以投狀先後給之。』五月，御史張商英言：『嘗聞獻議者請開鄧州穰縣永國渠，引湍河水灌溉民田，失邵信臣故道，鑿焦家莊，地勢偏仰，水不通流。』詔京西路覆實，遣程昉領其事。昉剗河去疏土，築爲巨堰。水行再歲，會霖雨，谿谷合流大漲，堰下土疏惡，莫能禦，由此廢不復治。閏七月，程昉奏引漳、洺河淤地，凡二千四百餘頃。帝曰：『灌溉之利，農事大本，但陝西、河東民素不習此，苟享其利，後必樂趨。三白渠爲利尤大，有舊跡，可極力修治。凡疏積水，須自下流開導，則畎澮易治。《書》所謂「濬畎澮距川[一]」是也。』

時人人争言水利。提舉京西常平陳世修乞於唐州引淮水入東西邵渠，灌注九子等十五陂，溉田二百里[二]。提

[一]《書》所謂「濬畎澮距川」　見《尚書·禹貢》。

[二] 此事詳見《宋會要稿·食貨》七之二四。該工程以有大型渡漕著稱：『乞於唐州石橋南北岸疊石爲馬頭，造虹橋，架過河道，於橋梁下柱透槽横絶過河，引水入東邵渠，灌注九子等十五陂，則二百里之間終冬水利均浹。詔知唐州蘇涓覆視如實。即委世修提舉創造。』

舉陝西常平沈披乞復京兆府武功縣古迹六門堰[一]，於石渠南二百步傍爲土洞，以木爲門，回改河流，溉田三百四十里。大抵迂闊少效。披坐前爲兩浙提舉，開常州五瀉堰不當，法寺論之，至是，降一官。十一月，陝西提舉常平楊蟠議修鄭、白渠，詔都水丞周良孺相視。乃自石門堰涇水開新渠，至三限口以合白渠。王安石請捐常平息錢，助民興作，帝曰：『縱用内帑錢，亦何惜也。』[二]

六年三月，程昉言：『得共城縣舊河槽，若疏導入三渡河，可灌西垙稻田。』從之。五月，詔：『諸創置水碓碾碓妨灌溉民田者，以違制論。』命贊善大夫蔡曚修永興軍白渠[三]。八月，程昉欲引水淤漳旁地，王安石以爲長利，須及冬乃可經畫。九月丙辰，賜侯叔獻、楊汲府界淤田各十頃。十月，命叔獻理提點刑獄資序，周良孺與升一任，皆賞淤田之勞也。陽武縣民邢晏等三百六十四户言：『田沙鹹瘠薄，乞淤溉，候淤深一尺，計畝輸錢，以助興修。』詔與淤溉，勿輸錢。

十二月，河北提舉常平韓宗師論程昉十六罪，盛陶亦言昉。帝以問安石，安石請令昉、宗師及京東轉運司各差官同考實以聞。還奏得良田萬頃，又淤四千餘頃。於是進呈。宗師疏至言：『昉奏百姓乞淤田，實未嘗乞。』帝曰：『此小失，何罪，但不知淤田如何爾？』安石曰：『今檢到好田萬頃，又淤田四千餘頃，陛下以爲不知，臣實未喻。』帝曰：『昉修漳河，漳河歲決；修滹沱，又無下尾。』安石力爲辨說。已而宗師與昉皆放罪。他日，帝論唐太宗能受諫，安石因言：『陛下判功罪不及太宗。如程昉開閉四河，除漳河、黄河外，尚有溉淤及退出田四萬餘頃。自秦以來，水利之功，未有及此。止轉一官，又令與韓宗師同放罪，臣恐後世有以議聖德。』安石佑昉，大率類此。

是時，原武等縣民因淤田壞廬舍墳墓，妨秋稼，相率詣闕訴。使者聞之，急責縣令追呼，將杖之。民謬云：『詣闕謝耳。』使者因爲民謝表，遣二吏詣鼓院投之，安石大喜。久之，帝始知雍丘等縣淤田清水頗害民田，詔提舉常平官視民耕地，蠲税一料。樞密院奏：『淤田役兵多死，每一指揮[四]，僅存軍員數人。』下提點司密究其事，提點司言：『死事者數不及三釐。』

七年正月，程昉言：『滄州增修西流河堤，引黄河水淤田種稻，增灌塘泊，並深州開引滹沱水淤田，及開回胡盧河，並回滹沱河下尾。』六月，金州西城縣民葛德出私財修長樂堰，引水灌溉鄉户土田，授本州司士參軍。八月甲

[一] 六門堰　參見《長安誌・興平》卷一四『成國渠』條。
[二] 《宋會要稿・食貨》七之二四對此事有詳細記載。
[三] 據《長編》載，本次施工於熙寧七年十二月動工，蔡曚此時任永興軍轉運判官。又據《宋會要稿・食貨》七之三一，本次施工失利，元豐三年有關官員因此受到處分。其中將蔡曚誤作察曚。
[四] 指揮　宋代軍隊的一級建置，每指揮轄五百人。

戌，詔司農寺具所興修農田水利次第。九月，又詔：『籍所興水利，自今遣使體訪，其不實不當者，案驗以聞。』從侍御史張琥請也。十一月壬寅，知諫院鄧潤甫言：『淤田司引河水淤酸棗、陽武縣田，已役夫四五十萬，後以地下難淤而止。相度官吏初不審議，妄興夫役，乞加紬罰。』詔開封劾元檢計按覆官。丁未，同知諫院范百禄言：『向者都水監丞王孝先獻議，於同州朝邑縣界畎黄河，淤安昌等處鹼地。及放河水，而鹼地高原不能及，乃灌注朝邑縣長豐鄉永豐等十社千九百户秋苗田三百六十餘頃。』詔蠲被水户夏税。是歲，知耀州閻充國募流民治漆水堤。

八年正月，程昉言：『開滹沱、胡盧河直河淤田等部役官吏勞績，別爲三等，乞推恩。』從之。三月庚戌，發京東常平米，募饑民修水利。四月，管轄京東淤田李孝寬言：『礬山漲水甚濁，乞開四斗門，引以淤田，權罷漕運再旬。』從之。深州静安令任迪，乞俟來年刈麥畢，全放滹沱、胡盧兩河，又引永静軍雙陵口河水，淤溉南北岸田二萬七千餘頃；河北安撫副使沈披，請治保州東南沿邊陸地爲水田：皆從之。閏四月丁未，提點秦鳳等路刑獄鄭民憲，請於熙州南關以南開渠堰，堰引洮水並東山直北通下至北關[一]，並自通遠軍熟羊砦導渭河至軍溉田。詔民憲經度，如可作陂，即募京西、江南陂匠以往。

五月乙酉，右班殿直、幹當修内司楊琰言：『開封、陳留、咸平三縣種稻，乞於陳留界舊汴河下口，因新舊二堤之間修築水塘，用碎甓築虚堤五步以來，取汴河清水入塘灌溉。』從之。七月，江寧府上元縣主簿韓宗厚，引水溉田二千七百餘頃，遷光禄寺丞。太原府草澤史守一，修晉祠水利，溉田六百餘頃。八月，知河中府陸經奏，管下淤官私田約二千餘頃，下司農覆實。九月癸未，提舉出賣解鹽張景温言：『陳留等八縣鹻地，可引黄、汴河水淤溉。』詔次年差夫。十二月癸丑，侯叔獻言：『劉瑾相度淮南合興修水利，僅十萬餘頃，皆並運河，乞候開河畢工，以水利司錢募民修築圩埠。』

九年八月，程師孟言：『河東多土山高下，旁有川谷，每春夏大雨，衆水合流，濁如黄河礬山水，俗謂之天河水，可以淤田。絳州正平縣南董村旁有馬璧谷水，嘗誘民置地開渠，淤瘠田五百餘頃。其餘州縣有天河水及泉源處，亦開渠。築堰凡九州二十六縣，新舊之田，皆爲沃壤[二]。嘉祐五年畢功，纘成《水利圖經》二卷，迨今十七年矣。聞南董村田畝舊直三兩千，收穀五七斗。自灌淤後，其直三倍，所收至三兩石。今臣權領都水淤田，竊見累歲淤京東、西鹹鹵之地，盡成膏腴，爲利極大。尚慮河東猶

[一] 堰引洮水並東山直北通下至北關　《長編》卷二六三作『堰引洮水並山東直北通流，下至北關』。
[二] 《程師孟傳》記載當年放淤效益爲『淤良田萬八千頃』。

有荒瘠之田，可引天河淤溉者。』於是遣都水監丞耿琬淤河東路田。

十年六月，師孟、琬引河水淤京東、西沿汴田九千餘頃；七月，前權提點開封府界劉淑奏淤田八千七百餘頃；三人皆減磨勘年以賞之。九月，入內內侍省都知張茂則言：『河北東、西路夏秋霖雨，諸河決溢，占壓民田。』詔委官開畎。

元豐元年二月，都大提舉淤田司言：『京東、西淤官私瘠地五千八百餘頃，乞差使臣管幹。』許之。四月，詔：『闢廢田、興水利、建立堤防、修貼圩埠之類，民力不給者，許貸常平錢穀。』六月，京東路體量安撫黃廉言：『梁山、張澤兩濼，十數年來淤澱，每歲汎浸近城民田，乞自張澤濼下流濬至濱州，可泄壅滯。』從之。十二月壬申，二府奏事，語及淤田之利。帝曰：『大河源深流長，皆山川膏腴滲漉，故灌溉民田，可以變斥鹵而爲肥沃。朕取淤土親嘗，極爲潤膩。』二年，導洛通汴。六月，罷沿汴淤田司。十二月辛酉，置提舉定州路水利司。三年，知濰州楊采開白浪河。

哲宗元祐以後，朝廷方務省事，水利亦浸緩矣。四年二月甲辰，詔：『瀕河州縣，積水占田，在任官能爲民溝畎疏導，退出良田百頃至千頃以上者，遞賞之，功利大者取特旨。』四年六月乙丑，知陳州胡宗愈言：『本州地勢卑下，秋夏之間，許、蔡、汝、鄧、西京及開封諸處大雨，則諸河之水，並由陳州沙河、蔡河同入潁河，不能容受，故境內瀦爲陂澤。今沙河合入潁河處，有古八丈溝，可以開濬，分決蔡河之水，自爲一支，由潁、壽界直入於淮，則沙河之水雖甚洶湧，不能壅遏。』詔可。

徽宗建中靖國元年十一月庚辰，赦書略曰：『熙寧、元豐中，諸路專置提舉官，兼領農田水利，應民田堤防灌溉之利，莫不修舉。近多因循廢弛，慮歲久日更隳壞，命典者以時檢舉推行。』

崇寧二年三月，宰臣蔡京言：『熙寧初，修水土之政，元祐例多廢弛。紹復先烈，當在今日。如荒閑可耕，瘠鹵可腴，陸可爲水，水可爲陸，陂塘可修，灌溉可復，積潦可洩，圩埠[一]可興，許民具陳利害。或官爲借貸，或自備工力，或從官辦集。如能興修，依格酬獎，事功顯著，優與推恩。』從之。

三年十月，臣僚言：『元豐官制[二]水之政令，詳立法之意，非徒爲穿塞開導、修舉目前而已，凡天下水利，皆在所掌。在今尤急者，如浙右積水，比連震澤，未有歸宿，此最宜講明而未之及者也。願推廣元豐修明水政，條具以

[一] 圩埠　泛指小型堤防。
[二] 元豐官制　元豐三年開始修訂中央政府官制，至元豐六年陸續完成和實行。參見《宋史・職官志》卷一六一。

聞。』從之。

岷江[一]

岷江水發源處古導江，今爲永康軍，漢史所謂秦蜀守李冰始鑿離堆，辟沫水之害，是也。

沫水出蜀西徼外，今陽山江、大皂江皆爲沫水，入於西川。始，嘉、眉、蜀、益間，夏潦洋溢，必有潰暴衝[二]決可畏之患。自鑿離堆以分其勢，一派南流於成都以合岷江，一派由永康至瀘州以合大江，一派入東川，而後西川沫水之害減，而耕桑之利博矣。

皂江支流迆北曰都江口，置大堰，疏北流爲三：曰外應，溉永康之導江、成都之新繁，而達於懷安之金堂；東北曰三石洞，溉導江與彭之九隴、崇寧、濛陽，而達於漢之雒；東南曰馬騎，溉導江與彭之崇寧、成都之郫、温江、新都、新繁、成都、華陽。三流而下，派别支分，不可悉紀，其大者十有四：自外應而分，曰保堂，曰倉門；自三石洞曰將軍橋，曰灌田，曰雒源；自馬騎曰石址，曰豉彘，曰道溪，曰東穴，曰投龍，曰北，曰樽下，曰玉徙。而石渠之水，則自離堆别而東，與上下馬騎、乾溪合。凡爲堰九：曰李光，曰膺村，曰百丈，曰石門，曰廣濟，曰顔上，曰弱水，曰濟，曰導，皆以隄攝北流，注之東而防其決。離堆之南，實支流故道，以竹籠石[三]爲大隄[四]，凡七壘，如象鼻狀以捍之。離堆之趾，舊鑱石爲水則，則盈一尺，至十而止。水及六則，流始足用，過則從侍郎堰[五]減水河泄而歸於江。歲作侍郎堰，必以竹爲繩，自北引而南，準水則第四以爲高下之度。江道既分，水復湍暴，沙石填委，多成灘磧。歲暮水落，築隄壅水上流，春正月則役工濬治，謂之『穿淘』。

元祐間，差憲臣提舉，守臣提督，通判提轄。縣各置籍，凡堰高下、闊狹、淺深，以至灌溉頃畝、夫役工料及監臨官吏，皆注於籍，歲終計效，賞如格。政和四年，又因臣僚之請，檢計修作不能如式以致決壞者，罰亦如之。大觀二年七月，詔曰：『蜀江之利，置堰溉田，旱則引灌，澇則疏導，故無水旱。然歲計修堰之費，敷調於民，工作之人，並緣爲姦，濱江之民，困於騷動。自今如敢妄有檢計，大爲工費，所剩坐贓論，入己準自盗法，許人告。』

[一] 本標題爲注者所加。
[二] 衝　常見本作『衡』，誤，據改。
[三] 竹籠石　即竹絡。以竹篾編籠，内裝大石塊，用以築堰。
[四] 大隄　即後代的分水魚嘴。
[五] 侍郎堰　建於分水魚嘴之上，用於分洩内江洪水入外江的建築物，後代又稱作飛沙堰等。

興元府褒斜谷口，古有六堰〔一〕，澆溉民田，頃畝浩瀚。每春首，隨食水户田畝多寡，均出夫力修葺。後經靖康之亂，民力不足，夏月暴水，衝損堰身。紹興二十二年，利州東路帥臣楊庚奏謂：『若全資水户修理，農忙之時，恐致重困。欲過夏月，於見屯將兵內差不入隊人，併力修治，庶幾便民。』從之。

興元府山河堰灌溉甚廣，世傳爲漢蕭何所作。嘉祐中，提舉常平史炤奏上堰法，獲降敕書，刻石堰上。中興以來，户口凋疎，堰事荒廢，累曾修葺，旋即決壞。乾道七年，遂委御前諸軍統制吴拱經理，發卒萬人助役，盡修六堰，濬大小渠六十五，復見古跡，並用水工準法〔二〕修定。凡溉南鄭、褒城田二十三萬餘畝，昔之瘠薄，今爲膏腴。四川宣撫王炎，表稱拱宣力最多，詔書褒美焉。

河渠六

《宋史》卷九六

東南諸水上

開寶間，議征江南。詔用京西轉運使李符之策，發和州丁夫及鄉兵凡數萬人，鑿横江渠於歷陽，令符督其役。渠成，以通漕運，而軍用無闕。

八年，知瓊州李易上言：『州南五里有度靈塘，開修渠堰，溉水田三百餘頃，居民賴之。』

初，楚州北山陽灣尤迅急，多有沈溺之患。雍熙中，轉運使劉蟠議開沙河，以避淮水之險，未克而受代。喬維岳繼之，開河自楚州至淮陰，凡六十里〔三〕，舟行便之。

天禧元年，知昇州丁謂言：『城北有後湖，往時歲旱水竭，給爲民田，凡七十六頃，出租錢數百萬，蔭溉之利遂廢。令欲改田除租〔四〕，迹舊制，復治岸畔，疏爲塘陂以畜水，使負郭無旱歲，廣植蒲茭，養魚鼈，縱貧民漁采。』又明

〔一〕六堰　即下文所説之山河堰。《宋會要稿・食貨》七之四六載：『興元府楊政言：契勘本府山河六堰澆灌民田頃畝浩瀚……』《宋會要稿・食貨》八之九載：『興元府褒城縣山河六堰灌溉褒城、南鄭兩縣田八萬餘畝……』均作山河六堰。

〔二〕水工準法　用静水水面水平的原理實測地形高程的方法。《莊子集解・天道》載：『水静則明燭鬚眉，平中準，大匠取法焉。』是利用水準原理測量的最早文字記載。唐代杜佑《通典》卷一六〇『水平』，記載了古代水準器的規制和施測方法。宋代水利工程建設中常用水準測量。

〔三〕凡六十里　分爲兩段。自楚州至磨盤三十里，磨盤至淮陰三十里。開河事在雍熙元年（九八四年），新河名沙河或烏沙河。

〔四〕〔標點本原注〕令欲改田除租　按《宋會要稿・食貨》七之五、六一之九一：『今請依前蓄水種植菱蓮，或遇亢旱，決以溉田，仍用蒲魚之利旁濟飢民，望量遣軍士開修，其租錢特與減放。』《長編》卷九〇同。『令』字當爲『今』字之訛。

州請免濠池及慈溪、鄞縣陂湖年課，許民射利。詔並從之〔一〕。

二年，江、淮發運使賈宗言：『諸路歲漕，自真、揚入淮、汴，歷堰者五〔二〕，糧載煩於剥卸〔三〕，民力罷於牽挽，官私船艦，由此速壞。今議開揚州古河，繚城南接運渠，毁龍舟、新興、茱萸三堰，鑿近堰漕路，以均水勢。歲省官費十數萬，功利甚厚。』詔屯田郎中梁楚、閤門祇候〔四〕李居中按視，以爲當然。

明年，役既成，而水注新河，與三堰平，漕船無阻，公私大便。

四年，淮南勸農使王貫之導海州石闥堰水入漣水軍，溉民田；　知定遠縣江澤、知江陰軍崔立率民修廢塘，濬古港，以灌高仰之地。並賜詔獎焉。

神宗熙寧元年十月，詔：『杭之長安、秀之杉青、常之望亭三堰，監護使臣並以「管幹河塘」繫銜，常同所屬令佐，巡視修固，以時啓閉。』從提舉兩浙開修河渠胡淮之請也。

二年三月甲申，先是，淩民瞻建議廢吕城堰〔五〕，又即望亭堰置牐而不用。及因濬河，隳敗古涇函〔六〕、石牐、石碶，河流益阻，百姓勞弊。至是，民瞻等貶降有差。

六年五月，杭州於潛縣令郟亶〔七〕言：『蘇州環湖地卑多水，沿海地高多旱，故古人治水之迹，縱則有浦，横則有塘，又有門堰、涇瀝而棊布之。今總二百六十餘所〔八〕。欲略循古人之法，七里爲一縱浦，十里爲一横塘，又因出土，以爲堤岸，度用夫二十萬。水治高田，旱治下澤，不過三年，蘇之田畢治矣。』十一月，命亶興修水利。然措置乖方，民多愁怨，僅及一年，遂罷兩浙工役。又數月，中書檢正沈括〔九〕復言：『淛西涇浜淺涸，當濬；淛東堤防川瀆堙没，當修。請下司農貸緡募役。』從之，仍命括相度兩浙水利。

〔一〕據《宋會要稿·食貨》七之六：丁謂言在『六月十一日』，明州請免事在十二日。
〔二〕歷堰者五　除下文所述三堰外，還有邵伯、北神二堰保留。
〔三〕剥卸　即船隻過堰時，卸糧盤駁。
〔四〕閤門祇候　官名。閤門司掌朝會、游幸、宴亨贊相禮儀，文武官員朝見等。設東、西閤門使、副使、宣贊舍人、閤門祇候等。皆爲武臣清要之選。
〔五〕吕城堰　位於今江蘇省丹陽縣吕城鎮。至熙寧五年已廢，元祐間曾修復。
〔六〕涇函　運河的某些河段，在河底建有涵洞，運河西部的來水經由涵洞向東排出。這些涵洞叫涇函。
〔七〕郟亶　水利家。以熙寧年間提出太湖流域全面治理規划著稱。參見《三吴水利録》。
〔八〕今總二百六十餘所　其中水田塘浦的遺迹共四項一百三十餘所，旱田塘浦遺迹三項一百三十餘所。
〔九〕沈括　字存中，錢塘（今杭州市）人。北宋科學家、政治家。熙寧間兩次赴兩浙考察水利、差役。撰《夢溪筆談》。《宋史》卷三三一有傳。

九年正月壬午，劉瑾言：『揚州江都縣古鹽河、高郵縣陳公塘等湖，天長縣白馬塘、沛塘，楚州寶應縣泥港、射馬港，山陽縣渡塘溝，龍興浦，淮陰縣青州澗，宿州虹縣萬安湖、小河，壽州安豐縣芍陂等，可興置，欲令逐路轉運司選官覆按。』從之。

元豐五年九月，淮南監司言：『舒州近城有大澤，出灊山，注北門外。比者，暴水漂居民，知州楊希元築捍水堤千一百五十丈，置洩水斗門二，遂免淫潦入城之患。』並璽書獎諭。

六年正月戊辰，開龜山運河〔一〕，二月乙未告成，長五十七里，闊十五丈，深一丈五尺。初，發運使許元自淮陰開新河，屬之洪澤，避長淮之險，凡四十九里。久而淺澀，熙寧四年，皮公弼請復濬治，起十一月壬寅，盡明年正月丁酉而畢，人便之。至是，發運使羅拯復欲自洪澤而上，鑿龜山裹河以達於淮，帝深然之。會發運使蔣之奇入對，建言：『上有清汴，下有洪澤，而風浪之險止百里淮，邇歲溺公私之載不可計。凡諸道轉輸，涉湖行江，已數千里，而覆敗於此百里間，良爲可惜。宜自龜山蛇浦下屬洪澤，鑿左肋爲複河，取淮爲源，不置堰牐，可免風濤覆溺之患。』帝遣都水監丞陳祐甫經度。祐甫言：『往年田棐任淮南提刑，嘗言開河之利。其後淮陰至洪澤，竟開新河〔二〕，獨洪澤以上，未克興役。今既不用牐蓄水，惟隨淮面高下，開深河底，引淮通流，形勢爲便。但工費浩大。』帝曰：『費雖大，利亦博矣。』祐甫曰：『異時，淮中歲失百七十艘。若捐數年所損之費，足濟此役。』帝曰：『損費尚小，如人命何。』乃調夫十萬開治，既成，命之奇撰記，刻石龜山，後至建中靖國初，之奇同知樞密院，奏：『淮水浸淫，衝刷堤岸，漸成墊缺，請下發運司及時修築。』自是，歲以爲常。

是年，將作監主簿李湜言：『鼎、澧等州，宜開溝洫，置斗門，以便民田。』詔措置以聞。七年十月，濬真楚運河〔三〕。

哲宗元祐四年，知潤州林希奏復呂城堰，置上下牐，以時啓閉。其後，京口、瓜洲、犇牛皆置牐。是歲，知杭州蘇軾濬茆山、鹽橋二河，分受江潮及西湖水，造堰牐，以時啓閉。初，杭近海，患水泉鹹苦，唐刺史李泌始導西湖，作六井〔四〕，

〔一〕龜山運河　起自龜山蛇浦（今江蘇盱眙縣東北）至洪澤鎮與洪澤河接。長五十七里。

〔二〕新河　又稱洪澤河。皇祐中（一〇四九至一〇五四年）始開，長六十里。

〔三〕真楚運河　真州（治今儀徵）至楚州（治今淮安）間運河，通稱淮揚運河。

〔四〕李泌始導西湖，作六井　唐代宗時（七二六至七七九年）李泌爲杭州刺史，引西湖水供民用，作相國井、西井、金牛池、方井、白龜池和小方井共六座，均位於西湖附近。

民以足用。及白居易復濬西湖〔一〕，引水入運河，復引溉田千頃。湖水多葑〔二〕，自唐及錢氏後廢而不理。至是，葑積二十五萬餘丈，而水無幾。運河失湖水之利，取給於江潮，潮水淤河，泛溢闤闠，三年一濬，爲市井大患，故六井亦幾廢。軾既濬二河，復以餘力全六井，民獲其利。

十二月，京東轉運司言：『清河與江、浙、淮南諸路相通，因徐州吕梁、百步兩洪湍淺險惡，多壞舟楫，由是水手、牛驢、牽户、盤剥人等，邀阻百端，商賈不行。朝廷已委齊州通判滕希靖、知常州晉陵縣趙竦度地勢穿鑿。今若開修月河石堤，上下置牐，以時開閉，通放舟船，實爲長利。乞遣使監督興修。』從之。

紹聖二年，詔『武進、丹陽、丹徒縣界沿河堤岸及石磋、石木溝，並委令佐檢察修護，勸誘食利人户修葺。任滿，稽其勤惰而賞罰之。』從工部之請也。

四年四月，水部員外郎趙竦請濬十八里河，令賈種民相度吕梁、百步洪，添移水磨。詔發運並轉運司同視利害以聞。

元符元年正月，知潤州王悆建言：『吕城牐常宜車水入澳〔三〕，灌注牐身以濟舟。若舟沓至而力不給，許量差牽駕兵卒，併力爲之。監官任滿，水無走泄者賞，水未應而輒開牐者罰，守貳、令佐，常覺察之。』詔可。

三月甲寅，工部言：『淮南開河所開修楚州支家河，導漣水與淮通。』賜名通漣河。

二年閏九月，潤州京口、常州犇牛澳牐畢工。先是，兩浙轉運判官曾孝蘊獻《澳牐利害》，因命孝蘊提舉興修，仍相度立啓閉日限之法〔四〕。

三年二月，詔：『蘇、湖、秀州，凡開治運河、港浦、溝瀆，修疊堤岸，開置斗門、水堰等，許役開江兵卒。』

徽宗崇寧元年十二月，置提舉淮、浙澳牐司官一員，掌杭州至揚州瓜洲澳牐，凡常、潤、杭、秀、揚州新舊等牐，通治之。

崇寧二年初，通直郎陳仲方別議濬吴松江，自大通浦入海，計工二百二十二萬七千有奇，爲緡錢、糧斛十八萬三千六百，乞置幹當官十員。朝廷下兩浙監司詳議，監司

〔一〕白居易復濬西湖　據《新唐書·白居易傳》『爲杭州刺史，始築堤捍錢塘湖，鍾泄其水，溉田千頃；復浚李泌六井，民賴其汲。』白居易撰《錢塘湖石記》，記述工程及管理制度較詳。

〔二〕葑　菰根，即茭白根。《晉書音義》『菰草叢生，其根盤結，名曰葑。』葑的生長能力極强，不及時清除將嚴重影響蓄水。

〔三〕車水入澳　澳爲牐旁蓄水池，一般高於牐室，爲『澳牐』補給水源。當來水不足或水源高程較低時，需用人工提水補充，故有『車水入澳』之舉。

〔四〕啓閉日限之法　澳閘管理運用法規。

以爲可行。時又開青龍江〔一〕，役夫不勝其勞，而提舉常平徐確謂：『三州開江兵卒千四百人，使臣二人，請就令護察已開之江，遇潮沙淤澱，隨即開淘；若他役者，以違制論。』確與監司往往被賞，人以爲濫。

十二月，詔淮南開修遇明河，自真州宣化鎮江口至泗州淮河口，五年畢工。

明年三月，詔曰：『昨二浙水災，委官調夫開江，而總領無法，役人暴露，飲食失所，疾病死亡者衆。水仍爲害，未嘗究實按罪，反蒙推賞，何以厭塞百姓怨咨。』乃下本路提刑司體量。提刑司言：『開濬吴松、青龍江，役夫五萬，死者千一百六十二人，費錢米十六萬九千三百四十一貫石，積水至今未退。』於是元相度官轉運副使劉何等皆坐貶降。

四年正月，以倉部員外郎沈延嗣提舉開修青草、洞庭直河。

大觀元年五月，中書舍人許光凝奏：『臣向在姑蘇，徧詢民吏，皆謂欲去水患，莫若開江濬浦。蓋太湖在諸郡間，必導之海，然後水有所歸。自太湖距海，有三江，有諸浦，能疏滌江、浦，除水患猶反掌耳。今境內積水，視去歲損二尺，視前歲損四尺，良由初開吴松江，繼濬八浦之力也。吴人謂開一江有一江之利，濬一浦有一浦之利。願委本路監司，與諳曉水勢精彊之吏，徧詣江、浦，詳究利害，假以歲月，先爲之備。然後興夫調役，可使公無費財，而歲供常足；人不告勞，而民食不匱，是一舉而獲萬世之利也。』詔吴擇仁相度以聞，開江之議復興矣。

十一月，詔曰：『《禹貢》：「三江既導，震澤底定。」今三江之名，既失其所，水不趨海，故蘇、湖被患。其委本路監司，選擇能臣，檢按古迹，循導使之趨下，並相度圩岸〔二〕以聞。』於是復詔陳仲方爲發運司屬官，再相度蘇州積水。

二年八月，詔：『常、潤歲旱河淺，留滯運船，監司督責濬治。』

三年，兩浙監司言：『承詔案古迹，導積水，今請開淘吴松江，復置十二牐。其餘浦牐、溝港、運河之類，以次增修。若田被水圍，勸民自行修治。』章下工部，工部謂：『今所具三江，或非禹迹；又吴松江散漫，不可開淘泄水。』遂命諸司再相度以聞。

四年八月，臣僚言：『有司以練湖賜茅山道觀，緣潤州田多高仰，及運渠、夾岡水淺易涸，賴湖以濟，請別用天荒江漲沙田賜之，仍令提舉常平官考求前人規畫修築。』

〔一〕青龍江　在今上海市青浦縣東北，上流接大盈浦，東接顧會浦，北流入吴淞江。今已多湮塞。

〔二〕圩岸　即圩堤，又稱圍岸。是抵禦圩田外水入侵，逼使外水由浦達江的堤防設施。元代圩岸規模按田面與水面高程差分爲五等。

從之。十月，户部言：『乞如兩浙常平司奏，專委守、令籍古瀦水之地，立堤防之限，俾公私毋得侵占。凡民田不近水者，略倣《周官·遂人·稻人》〔一〕溝防之制，使合衆力而爲之。』詔可。

政和元年，知陳州霍端友言：『陳地汙下，久雨則積潦害稼。比疏新河八百里，而去淮尚遠，水不時洩。請益開二百里，起西華，循宛丘，入項城，以達於淮。』從之。

政和元年十月，詔蘇、湖、秀三州治水，創立圩岸，其工費許給越州鑑湖〔二〕租賦。已而升蘇州爲平江府，潤州爲鎮江府。

二年七月，兵部尚書張閣言：『臣昨守杭州，聞錢塘江自元豐六年泛溢之後，潮汛往來，率無寧歲。而比年水勢稍改，自海門過赭山，即回薄巖門、白石一帶北岸，壞民田及鹽亭、監地，東西三十餘里，南北二十餘里。江東距仁和監止及三里，北趣赤岸㮚口二十里。運河正出臨平下塘，西入蘇、秀，若失障禦，恐他日數十里膏腴平陸，皆潰於江，下塘田廬，莫能自保，運河中絶，有害漕運。』詔亟修築之。

四年二月，工部言：『前太平州判官盧宗原請開修自江州至真州古來河道湮塞者凡七處，以成運河，入浙西一百五十里，可避一千六百里大江風濤之患；又可就土興築自古江水浸没膏腴田，自三百頃至萬頃者凡九所，計四萬二千餘頃，其三百頃以下者又過之。乞依宗原任太平州判官日已興政和圩田例，召人户自備財力興修。』詔沈鏻等相度措置。

六年閏正月，知杭州李偃言：『湯村、巖門、白石等處並錢塘江通大海，日受兩潮，漸致侵嚙。乞依六和寺岸，用石砌疊。』乃命劉既濟修治。

八月，詔：『鎮江府傍臨大江，無港澳以容舟楫，三年間覆溺五百餘艘。聞西有舊河，可避風濤，歲久湮廢，宜令發運司濬治。』

是年，詔曰：『聞平江三十六浦内，自昔置牐，隨潮啓閉，歲久堙塞，致積水爲患。其令守臣莊徽專委户曹趙霖講究利害，導歸江海，依舊置牐。』於是，發運副使應安道言：『凡港浦非要切者，皆可徐議。惟當先開崑山縣界茜涇塘等六所；秀之華亭縣，欲並循古法，盡去諸堰，各置小斗門；常州、鎮江府、望亭鎮，仍舊置牐。』八月，詔户曹趙霖相度役興，而兩浙擾甚。

七年四月己未，尚書省言：『盧宗原濬江，慮成搔擾。』詔權罷其役，趙霖别與差遣。

〔一〕周官·遂人·稻人　《周官》即《周禮》，該書成於戰國，講述周代典章制度。《遂人》《稻人》是其中篇名，談及土地劃分和灌溉渠道制度等。

〔二〕鑑湖　位於今浙江紹興城南，又名鏡湖、長湖。東漢永和五年（一四〇年）會稽太守馬臻主持修築，灌田九千頃。

重和元年二月，前發運副使柳庭俊言：『真、揚、楚、泗、高郵運河堤岸，舊有斗門水牐等七十九座，限則水勢，常得其平，比多損壞。』詔檢計修復。六月，詔：『兩淛霖雨，積水多浸民田，平江尤甚，由未濬港浦故也。其復以趙霖爲提舉常平，措置救護民田，振恤人户，毋令流移失所。』八月，詔加霖直秘閣。

宣和元年二月，臣僚言：『江、淮、荆、漢間，荒瘠彌望，率古人一畝十鍾之地，其堤閼〔一〕、水門、溝澮之跡猶存。近絳州民吕平等詣御史臺訴，乞開濬熙寧舊渠，以廣浸灌，願加税一等。則是近世陂池之利且廢矣，何暇復古哉。願詔常平官，有興修水利功效明白者，亟以名聞，特與褒除，以勵能者。』從之。

八月，提舉專切措置水利農田所奏：『淛西諸縣各有陂湖、溝港、涇浜、湖濼，自來蓄水灌溉，及通舟檝，望令打量官按其地名、丈尺、四至，並鐫之石。』〔二〕從之。

三月，趙霖坐增修水利不當，降兩官。六月，詔曰：『趙霖興修水利，能募被水艱食之民，凡役工二百七十八萬二千四百有奇，開一江、一港、四浦、五十八瀆，已見成績，進直徽猷閣，仍復所降兩官。』

宣和二年九月，以真、揚等州運河淺澀，委陳亨伯措置。

三年春，詔發運副使趙億以車畎水運河，限三月中三十綱到京。宦者李琮言：『真州乃外江綱運會集要口，以運河淺澀，故不能速發。按南岸有泄水斗門八，去江不滿一里。欲開斗門河身，去江十丈築軟壩，引江潮入河，然後倍用人工車畎，以助運水。』從之。

四月，詔曰：『江、淮漕運尚矣。春秋時，吴穿邗溝，東北通射陽湖，西北至末口。漢吴王濞開邗溝，通運海陵。隋開邗溝，自山陽至揚子入江。雍熙中，轉運使劉蟠以山陽灣迅急，始開沙河以避險阻。天禧中，發運使賈宗始開揚州古河，繚城南接運渠，毁三堰以均水勢。今運河歲淺澀，當詢訪故道，及今河形勢與陂塘瀦水之地，講究措置悠久之利，以濟不通。可令發運使陳亨伯、内侍譚稹條具措置以聞。』

六月，臣僚言：『比緣淮南運河水澀逾半歲，禁綱舟篙工附載私物，今河水增漲，其令如舊。』

初，淮南連歲旱，漕運不通，揚州尤甚，詔中使按視，欲濬運河與江、淮平。會兩浙有方臘之亂，内侍童貫爲宣撫使，譚稹爲制置使，貫欲海運陸輦，稹欲開一河，自盱眙出宣化。朝廷下發運司相度，陳亨伯遣其屬向子諲視之。子諲曰：『運河高江、淮數丈，自江至淮，凡數百里，人力難濬。昔唐李吉甫廢牐置堰，治陂塘，泄有餘，防不足，漕

〔一〕堤閼　又作『提閼』。閼，意爲堰。《漢書·召信臣傳》：『開通溝瀆，起水門提閼，凡數十處。』
〔二〕所奏内容爲抵制廢湖爲田的措施。

運通流。發運使曾孝蘊嚴三日一啓之制，復作歸水澳〔一〕，惜水如金。比年行直達之法，走茶鹽之利，且應奉權倖，朝夕經由，或啓或閉，不暇歸水。又頃毁朝宗牐，自洪澤至召伯數百里，不爲之節，故山陽上下不通。欲救其弊，宜於真州太子港作一壩，以復懷子河故道，於瓜洲河口作一壩，以復龍舟堰，於海陵河口作一壩，以復茱萸、待賢堰，使諸塘水不爲瓜洲、真、泰三河所分；於北神相近作一壩，權閉滿浦牐，復朝宗牐，則上下無壅矣。』亨伯用其言，是後滯舟皆通利云。

三年二月，詔：『越之鑑湖，明之廣德湖〔二〕，自措置爲田，下流堙塞，有妨灌溉，致失常賦，又多爲權勢所占，兩州被害，民以流徙。宜令陳亨伯究實，如租税過重，即裁爲中制；應妨下流灌溉者，並弛以予民。』

五年三月，詔：『吕城至鎮江運河淺澀狹隘，監司坐視，無所施設，兩淛專委王復，淮南專委向子諲，同發運使吕淙措置車水，通濟舟運。』

四月，又命王仲閎同廉訪劉仲元、漕臣孟庾，專往來措置常、潤運河。又詔：『東南六路諸牐，啓閉有時。比聞綱舟及命官妄稱專承指揮，抑令非時啓版，走泄河水，妨滯綱運，誤中都歲計，其禁止之。』

五月，詔：『以運河淺涸，官吏互執所見，州縣莫知所從。其令發運司提舉等官同廉訪使者，參訂經久利便列奏。』是月，臣僚言：『鎮江府練湖，與新豐塘地理相接，八百餘頃，灌溉四縣民田。又湖水一寸，益漕河一尺，其來久矣。今堤岸損缺，不能貯水，乞候農隙次第補葺。』詔本路漕臣並本州縣官詳度利害，檢計工料以聞。

六年九月，盧宗原復言：『池州大江，乃上流綱運所經，其東岸皆暗石，多至二十餘處；西岸則沙洲，廣二百餘里。諺云「拆船灣」，言舟至此，必毁拆也。今東岸有車軸河口沙地四百餘里〔三〕，若開通入杜湖，使舟經平水，徑池口，可避二百里風濤拆船之險，請措置開修。』從之。

七年九月丙子，又詔宗原措置開濬江東古河，自蕪湖由宣溪、溧水至鎮江，渡揚子，趨淮、汴，免六百里江行之險，並從之。

靖康元年三月丁卯，臣僚言：『東南瀕江海，水易泄而多旱，歷代皆有陂湖蓄水。祥符、慶曆間，民始盜陂湖爲田，後復田爲湖。近年以來，復廢爲田，雨則澇，旱則涸。民久承佃，所收租税，無計可脱，悉歸御前，而漕司之常賦有虧，民之失業無算。可乞盡括東南廢湖爲田者，復

〔一〕歸水澳　又稱下澳，其水位與閘室水位相平或更低。借助提水工具可將歸水澳中的水提至積水澳（又稱上澳）中使用。
〔二〕廣德湖　位於今浙江寧波市鄞縣西十二里。始建於唐大曆八年（七七三年），縣令儲仙舟就原鶯脰湖修治而成。至宋政和七年（一一一七年）廢湖爲田。
〔三〕〔標點本原注〕今東岸有車軸河口沙地四百餘里　《宋會要稿·方域》一七之一五作『沙地四里餘。』

以爲湖，庶幾凋瘵之民，稍復故業。』詔相度利害聞奏。

八月辛丑，户部言：『命官在任興修農田水利，依元豐賞格，千頃以上，該第一等，轉一官，下至百頃，皆等第酬獎；紹聖亦如之。緣政和續附常平格，千頃增立轉兩官，減磨勘〔一〕三年，實爲太優。』詔依元豐、紹聖舊格。

河渠七

《宋史》卷九七

東南諸水下

淮郡諸水：紹興初，以金兵蹂踐淮南，猶未退師，四年，詔燒毁揚州灣頭港口牐、泰州姜堰、通州白莆堰，其餘諸堰，並令守臣開決焚毁，務要不通敵船；又詔宣撫司毁拆真、揚堰牐及真州陳公塘，無令走入運河，以資敵用。

五年正月，詔淮南宣撫司，募民開濬瓜洲至淮口運河淺澀之處。

乾道二年，以和州守臣言，開鑿姥下河〔二〕，東接大江，防捍敵人，檢制盜賊。

六年，淮東提舉徐子寅言：『淮東鹽課，全仰河流通快。近運河淺澀，自揚州灣頭港口至鎮西山光寺前橋垛頭，計四百八十五丈，乞發五千餘卒開濬。』從之。

七年二月，詔令淮南漕臣，自洪澤至龜山淺澀之處，如法開撩。

淳熙三年四月，詔築泰州月堰〔三〕，以遏潮水。從守臣張子正請也。

八年，提舉淮南東路常平茶鹽趙伯昌言：『通州、楚州沿海，舊有捍海堰〔四〕，東距大海，北接鹽城，袤一百四十二里。始自唐黜陟使李承實所建，遮護民田，屏蔽鹽竈，其功甚大。歷時既久，頹圮不存。至本朝天聖改元，范仲淹〔五〕爲泰州西溪鹽官日，風潮泛溢，渰没田産，毁壞亭竈，有請於朝，調四萬餘夫修築，三旬畢工。遂使海瀕沮洳潟鹵之地，化爲良田，民得奠居，至今賴之。自後寖失修治，纔遇風潮怒盛，即有衝決之患。自宣和、紹興以來，屢被其害。阡陌洗蕩，廬舍漂流，人畜喪亡，不可勝數。每一

〔一〕磨勘　宋代復核財務帳籍，檢驗收支數額稱爲磨勘。又宋代實行寄禄官遷轉皆有定年，任内每年勘驗其勞績過失，吏部復查後決定遷轉禄官階，亦稱磨勘。

〔二〕姥下河　位於姥下鎮，今安徽和縣西南老橋。

〔三〕月堰　彎曲形防海潮堤，以形如新月命名。

〔四〕捍海堰　即常豐堰，唐大曆年間爲李承實主持修築，在今江蘇鹽城、大豐縣境串場河東岸。《新唐書・地理志》及兩《唐書》均作『李承』，無『實』字。《續資治通鑑》又作『李承寶』。

〔五〕范仲淹　字希文，蘇州吴縣人。所修堤岸，後人稱『范公堤』，《宋史》卷三一四有傳。

修築，必請朝廷大興工役，然後可辦。望令淮東常平茶鹽司：今後捍海堰如有塌損，隨時修葺，務要堅固，可以經久。』從之。

九年，淮南漕臣錢沖之言：『真州之東二十里，有陳公塘，乃漢陳登濬源爲塘，用救旱飢。大中祥符間，江、淮制置發運置司真州，歲藉此塘灌注長河，流通漕運。其塘周回百里，東、西、北三面，倚山爲岸，其南帶東，則係前人築疊成堤，以受啓閉。廢壞歲久，見有古來基趾，可以修築，爲旱乾溉田之備。凡諸場鹽綱、糧食漕運、使命往還，舟艦皆仰之以通濟，其利甚博。本司自發卒貼築周回塘岸，建置斗門、石礎各一所，乞於揚子縣尉階銜内帶「兼主管陳公塘」六字，或有損壞，隨時補築，庶幾久遠，責有所歸。』

十二年，和州守臣請於千秋澗置斗門，以防麻澧湖水洩入大江，遇歲旱灌溉田疇，實爲民利。

十四年，揚州守臣熊飛言：『揚州運河，惟藉瓜洲、真州兩牐瀦積。今河水走泄，緣瓜洲上、中二牐久不修治，獨潮牐一坐，轉運、提鹽及本州共行修整，然迫近江潮，水勢衝激，易致損壞；真州二牐，亦復損漏。令有司葺理上、下二牐，以防走泄。』從之。

紹熙五年，淮東提舉陳損之言：『高郵、楚州之間，陂湖渺漫，茭葑彌滿，宜創立堤堰，以爲瀦泄，庶幾水不至於泛溢，旱不至於乾涸。乞興築自揚州江都縣至楚州淮陰縣三百六十里，又自高郵、興化至鹽城縣二百四十里，其隄岸傍開一新河，以通舟船。仍存舊堤以捍風浪，栽柳十餘萬株，數年後隄岸亦牢，其木亦可備修補之用。兼揚州柴墟鎮，舊有隄牐，乃泰州泄水之處，其牐壞久，亦於此創立斗門。西引盱眙、天長以來衆湖之水，起自揚州江都，經由高郵及楚州寶應、山陽，北至淮陰，西達於淮；又自高郵入興化，東至鹽城而極於海；又泰州海陵南至揚州泰興而徹於江：共爲石礎十三，斗門七。乞以紹熙堰爲名，鑱諸堅石。』淮田多沮洳，因損之築隄捍之，得良田數百萬頃。奏聞，除直秘閣、淮東轉運判官。

浙江：通大海，日受兩潮。梁開平中，錢武肅王始築捍海塘[一]，在候潮門外。潮水晝夜衝激，版築不就，因命彊弩數百以射潮頭，又致禱胥山祠。既而潮避錢塘，東擊西陵，遂造竹器，積巨石，植以大木。堤岸既固，民居乃奠。

逮宋大中祥符五年，杭州言浙江擊西北岸益壞，稍逼州城，居民危之。即遣使者同知杭州戚綸轉運使陳堯佐

[一] 錢武肅王始築捍海塘　即吴越王錢鏐在梁開平四年（九一〇年）所築防海大堤，詳見《吴越備史》。

畫防捍之策。綸等因率兵力，籍梢樁以護其衝〔一〕。

七年，綸等既罷去，發運使李溥、内供奉官盧守懃經度，以爲非便。請復用錢氏舊法，實石於竹籠，倚疊爲岸，固以椿木，環亘可七里。斬材役工，凡數百萬，踰年乃成；而鉤末壁立，以捍潮勢，雖湍湧數丈，不能爲害。

至景祐中，以浙江石塘積久不治，人患墊溺，工部郎中張夏出使，因置捍江兵士五指揮〔二〕，專採石修塘〔三〕，隨損隨治，衆賴以安。邦人爲之立祠，朝廷嘉其功，封寧江侯。

及高宗紹興末，以錢塘石岸毀裂，潮水漂漲，民不安居，令轉運司同臨安府修築。

孝宗乾道九年，錢塘廟子灣一帶石岸，復毀於怒潮。詔令臨安府築填江岸，增砌石塘。

淳熙改元，復令有司：『自今江岸衝損，以乾道修治爲法。』

理宗寶祐二年十二月，監察御史兼崇政殿説書陳大方言：『江潮侵齧堤岸，乞戒飭殿、步兩司〔四〕帥臣，同天府守臣措置修築，留心任責，或有潰決，咎有攸歸。』

三年十一月，監察御史兼崇政殿説書李衢言：『國家駐蹕錢塘，今踰十紀。惟是浙江東接海門，胥濤澎湃，稍越故道，則衝齧堤岸，蕩析民居，前後不知其幾。慶曆中，造捍江五指揮，兵士每指揮以四百人爲額。今所管纔三百人，乞下臨安府拘收，不許占破。及從本府收買椿石，沿江置場椿管，不得移易他用。仍選武臣一人習於修江者，隨其資格，或以副將，或以路分鈐轄繫銜，專一鈐束修江軍兵，值有摧損，隨即修補；或不勝任，以致江潮衝損堤岸，即與責罰。』

臨安西湖：周回三十里，源出於武林泉〔五〕。錢氏有國，始置撩湖兵士千人，專一開濬。至宋以來，稍廢不治，水涸草生，漸成葑田。

元祐中，知杭州蘇軾奏〔六〕謂：『杭之爲州，本江海故地，水泉鹹苦，居民零落。自唐李泌始引湖水作六井，然後民足於水，井邑日富，百萬生聚，待此而食。今湖狹水淺，六井盡壞，若二十年後，盡爲葑田，則舉城之人，復飲鹹水，其勢必耗散。又放水溉田，瀕湖千頃，可無凶歲。今雖不及千頃，而下湖數十里間，茭菱穀米，所獲不貲。

〔一〕籍梢樁以護其衝　即用薪土築海塘，創立『柴塘』制。參見宋《咸淳臨安志》。

〔二〕捍江兵士五指揮　管理海塘專門軍事機構。『每指揮以四百人爲額』詳下文。

〔三〕採石修塘　是爲石塘建築之始。

〔四〕殿、步兩司　殿司爲殿前都指揮使司的簡稱；步司爲步軍都指揮使司的簡稱，都屬侍衛親軍。

〔五〕武林泉　又稱武林水，即今浙江杭州市西澗水，源出靈隱山，東流入西湖。

〔六〕蘇軾奏　奏文詳見《東坡集奏議集》卷七《乞開杭州西湖狀》。

又西湖深闊，則運河可以取足於湖水，若湖水不足，則必取足於江潮。潮之所過，泥沙渾濁，一石五斗，不出三載，輒調兵夫十餘萬開濬。又天下酒官之盛，如杭歲課二十餘萬緡，而水泉之用，仰給於湖。若湖漸淺狹，少不應溝，則當勞人遠取山泉，歲不下二十萬工。』因請降度牒減價出賣，募民開治。禁自今不得請射、侵占、種植及纜葑爲界。以新舊菱蕩課利錢送錢塘縣收掌，謂之開湖司公使庫，以備逐年雇人開葑撩淺。縣尉以『管勾開湖司公事』繫銜。軾既開湖，因積葑草爲堤，相去數里，横跨南、北兩山，夾道植柳，林希榜曰『蘇公堤』[一]，行人便之，因爲軾立祠堤上。

紹興九年，以張澄奏請，命臨安府招置厢軍兵士二百人，委錢塘縣尉兼領其事，專一濬湖；若包占種田，沃以糞土，重寘於法。

十九年，守臣湯鵬舉奏請重開。

乾道五年，守臣周淙言：『西湖水面唯務深闊，不容填溢，並引入城内諸井，一城汲用，尤在涓潔。舊招軍士止有三十餘人，今宜增置撩湖軍兵，以百人爲額，專一開撩。或有種植茭菱，因而包占，增疊堤岸，坐以違制。』

九年，臨安守臣言：『西湖冒佃侵多，葑菱蔓延，西南一帶，已成平陸。而瀕湖之民，每以葑草圍裹，種植荷花，駸駸不已。恐數十年後，西湖遂廢，將如越之鑑湖，不可復矣。乞一切芟除，務令浄盡，禁約居民，不得再有圍裹。』從之。

臨安運河：在城中者，日納潮水，沙泥渾濁，一汛一淤，比屋之民，委棄草壤，因循填塞。元祐中，守臣蘇軾奏謂：『熙寧中，通判杭州時，父老皆云苦運河淤塞，率三五年常一開濬。不獨勞役兵民，而運河自州前至北郭，穿闤闠中蓋十四五里，每將興工，市肆洶動，公私騷然。自胥吏、壕砦兵級等，皆能恐喝人户，或云當於某處置土、某處過泥水，則居者皆有失業之憂。既得重賂，又轉而之他。及工役既畢，則房廊、邸舍，作踐狼籍，園圃隙地，例成丘阜，積雨蕩濯，復入河中，居民患厭，未易悉數。若三五年失開，則公私壅滞，以尺寸水行數百斛舟，人牛力盡，跬步千里，雖監司使命，有數日不能出郭者。詢其所以頻開屢塞之由，皆云龍山、浙江兩閘，泥沙渾濁，積日稍久，便及四五尺，其勢當然，不足怪也。尋劄刷捍江兵士及諸色廂軍，得一千人，七月之間，開濬茆山、鹽橋二河，各十餘里，皆有水八尺。自是公私舟船通利，三十年以來，開河未有若此深快者。然潮水日至，淤塞猶昔，則三五年間，前功復棄。今於鈐轄司前置一牐，每遇潮上，則暫閉此牐，候潮平水清復開，則河過闤闠中者，永無潮水淤塞、開淘騷擾之患。』詔從其請，民甚便之。

[一] 蘇公堤　即今西湖蘇堤。

紹興三年十一月，宰臣奏開修運河淺澀，帝曰：『可發旁郡廂軍、壯城、捍江之兵，至於廩給之費，則不當吝。』宰臣朱勝非等曰：『開河非今急務，而餽餉艱難，爲害甚大。時方盛寒，役者良苦；臨流居人，侵塞河道者，悉當遷避；至於畚牐所經，沙泥所積，當預空其處，則居人及富家以僦屋取貲者皆非便，恐議者以爲言。』帝曰：『禹卑宮室而盡力於溝洫，浮言何恤焉！』

八年，又命守臣張澄發廂軍、壯城兵千人，開濬運河堙塞，以通往來舟楫。

隆興二年，守臣吳芾言：『城裏運河，先已措置北梅家橋、仁和倉、斜橋三所作壩，取西湖六處水口通流灌入。府河[一]積水，至望仙橋以南至都亭驛一帶，河道地勢，自昔高峻。今欲先於望仙橋城外保安牐兩頭作壩，却於竹車門河南開掘水道，車戽運水，引入保安門通流入城，遂自望仙橋以南開至都亭驛橋，可以通徹積水，以備緩急。計用工四萬。』從之。

乾道三年六月，知荆南府王炎言：『臨安居民繁夥，河港堙塞，雖屢開導，緣裁減工費，不能迄功。臣嘗措置開河錢十萬緡，乞候農暇，特詔有司，用此專充開河支費，庶幾河渠復通，公私爲利。』上俞其請。

四年，守臣周淙出公帑錢招集游民，開濬城內外河，疏通淤塞[二]，人以治辦稱之。

淳熙二年，兩浙漕臣趙磻老言：『臨安府長安牐至許村巡檢司一帶，漕河淺澀，請出錢米，發兩岸人户出力開濬。』又言：『欲於通江橋置板牐，遇城中河水淺涸，啓板納潮，繼即下板，固護水勢，不得通舟；若河水不乏，即收牐板，聽舟楫往還爲便。』

七年，守臣吳淵言：『萬松嶺兩旁古渠，多被權勢及百司公吏之家造屋侵占，及內砦前石橋、都亭驛橋南北河道，居民多拋糞土瓦礫，以致填塞，流水不通。今欲分委兩通判監督，地分廂巡，逐時點檢，勿令侵占並拋颺糞土。秩滿，若不淤塞，各減一年磨勘；違，展一年：以示勸懲。』

十四年七月，不雨，臣僚言：『竊見奉口至北新橋三十六里，斷港絶潢，莫此爲甚。今宜開濬，使通客船，以平穀直。』從之。

鹽官海水：嘉定十二年，臣僚言：『鹽官去海三十餘里，舊無海患，縣以鹽竈頗盛，課利易登。去歲海水泛漲，湍激横衝，沙岸每一潰裂，常數十丈。日復一日，浸入鹵地，蘆洲港瀆，蕩爲一壑。今聞潮勢深入，逼近居民。萬一春水驟漲，怒濤奔湧，海風佐之，則呼吸蕩出，百里之

[一] 府河　杭州城內運道。

[二] 開濬城內外河，疏通淤塞　據《咸淳臨安志》：『乾道中，大浚治城內外河凡六千二百五十丈。又置巡河鋪屋三十所，撩河船三十隻。』

民，寧不俱葬魚腹乎？況京畿赤縣，密邇都城。内有二十五里塘，直通長安牐，上徹臨平，下接崇德，漕運往來，客船絡繹，兩岸田畝，無非沃壤。若海水徑入於塘，不惟民田有鹹水渰没之患，而裏河堤岸，亦將有潰裂之憂。乞下浙西諸司，條具築捺之策，務使捍堤堅壯，土脈充實，不爲怒潮所衝。』從之。

十五年，都省言：鹽官縣海塘衝決，命浙西提舉劉垕專任其事。既而垕言：

縣東接海鹽，西距仁和，北抵崇德、德清，境連平江、嘉興、湖州；南瀕大海，元與縣治相去四十餘里。數年以來，水失故道，早晚兩潮，奔衝向北，遂致縣南四十餘里盡淪爲海。近縣之南，元有捍海古塘亘二十里。今東西兩段，並已淪毁，侵入縣兩旁又各三四里，止存中間古塘十餘里。萬一水勢衝激不已，不惟鹽官一縣不可復存，而向北地勢卑下，所慮鹹流入蘇、秀、湖三州等處，則田畝不可種植，大爲利害。

詳今日之患，大概有二：一曰陸地淪毁，二曰鹹潮泛溢。陸地淪毁者，固無力可施；鹹潮泛溢者，乃因捍海古塘衝損，遇大潮必盤越流注北向，宜築土塘以捍鹹潮。所築塘基址，南北各有兩處：在縣東近南則爲六十里鹹塘，近北則爲袁花塘；在縣西近南亦曰鹹塘〔一〕，近北則爲淡塘〔二〕。

亦嘗驗兩處土色虚實，則袁花塘、淡塘差勝鹹塘，且各近裏，未至與海潮爲敵。勢當東就袁花塘、西就淡塘修築，則可以禦縣東鹹潮盤溢之患。其縣西一帶淡塘，連縣治左右，共五十餘里，合先修築。兼縣南去海一里餘，幸而古塘尚存，縣治民居，盡在其中，未可棄之度外。今將見管椿石，就古塘稍加工築疊一里許，爲防護縣治之計。其縣東民户，日築六十里鹹塘。萬一又爲海潮衝損，當計用椿木修築袁花塘以捍之。

上以爲然。

明州水：紹興五年，明州守臣李光奏：『明、越陂湖，專溉農田。自慶曆中，始有盜湖爲田者，三司使切責漕臣，嚴立法禁。宣和以來，王仲嶷守越，樓异守明，創爲應奉〔三〕，始廢湖爲田，自是歲有水旱之患。乞行廢罷，盡復

〔一〕鹹塘　因塘築在海岸，主要作用是抵禦苦鹹海水入侵，故稱之爲鹹塘。如海鹽東南的六十里鹹塘。

〔二〕淡塘　主要作用是防禦因潮汐頂托江河引起涌浪的土石塘，故稱之爲淡塘。而海鹽縣東近北的袁花塘，因海潮涌浪較小，故規模不如鹹塘，故有以下『袁花塘淡塘差勝鹹塘』之文。

〔三〕〔標點本原注〕宣和以來，王仲嶷守越，樓异守明，創爲應奉　按《宋史》卷一七三《食貨志》：『政和以來，創爲應奉』；《宋會要〔稿〕·食貨》七之四一：『自政和以來，樓异知明州，王仲嶷知越州，内交權臣，專務應奉。』又《嘉泰會稽志》卷二載王知越州，《乾道四明圖經》卷一二載樓知明州，都在政和。此處『宣和』當作『政和』。

爲湖。如江東、西之圩田，蘇、秀之圍田，皆當講究興復。』詔逐路轉運司相度聞奏。

乾道五年，守臣張津言：『東錢湖容受七十二溪，方圓廣闊八百頃，傍山爲固，疊石爲塘八十里。自唐天寶三年，縣令陸南金開廣之。國朝天禧元年，郡守李夷庚重修之。中有四牐七堰〔一〕，凡遇旱涸，開牐放水，溉田五十萬畝。比因豪民於湖塘淺岸漸次包占，種植菱荷，障塞湖水。紹興十八年，雖曾檢舉約束，盡罷請佃。歲久菱根蔓延，滲塞水脈，致妨蓄水；兼塘岸間有低塌處，若不淘濬修築，不惟寖失水利，兼恐塘埂相繼摧毁。乞候農隙趁時開鑿，因得土修治埂岸，實爲兩便。』從之。

鄞縣水：嘉定十四年，慶元府言：『鄞縣水自四明諸山溪澗會至他山〔二〕，置堰小溪〔三〕，下江入河。所入上河之水，專溉民田，其利甚博。比因淤塞，堰上山觜少有溪水流入上河。自春徂夏不雨，令官吏發卒開淘沙觜及濬港汊，又於堰上壘疊沙石，逼使溪流盡入上河。其他山水入府城南門一帶，有碶牐三所：曰烏金，曰積瀆，曰行春〔四〕。烏金碶又名上水碶，昔因倒損，遂捺爲壩，以致淤沙在河，或遇溪流聚湧，時復衝倒所捺壩，走泄水源。行春橋〔五〕又名南石碶，碶面石板之下，歲久損壞空虛，每受潮水，演溢奔突，出於石縫，以致鹹潮衮入上河。其縣東管有道士堰，至白鶴橋一帶，河港堙塞；又有朱賴堰，與行春等碶相連，堰下江流通徹大海。今春闕雨，上河乾淺，堰身塌損，以致鹹潮透入上河，使農民不敢車注溉田。乞修砌上水、烏金諸處壩堰，仍選清彊能幹職官，專一提督。』

潤州水：紹興七年，兩淛轉運使向子諲言：『鎮江府吕城、夾岡，形勢高仰，因春夏不雨，官漕艱勤。尋遣官屬李澗詢究練湖本末，始知此湖在唐永泰間已廢而復興。今堤岸弛禁，致有侵佃冒決，故湖水不能瀦蓄，舟楫不通，公私告病。若夏秋霖潦，則丹陽、金壇、延陵一帶良田，亦被渰没。臣已令丹陽知縣朱穆等增置二斗門、一石磋，及修補隄防，盡復舊蹟，庶爲永久之利。』

〔一〕中有四牐七堰　據《東錢湖志》四牐爲梅湖碶、莫枝碶、大堰碶、錢堰碶；七堰爲莫枝堰、平水堰、大堰、高湫堰、錢堰、梅湖堰、栗木堰。

〔二〕〔標點本原注〕他山　按《乾道四明圖經》《寶慶四明志》《四明它山水利備覽》諸書都作『它山』。

〔今注〕：標點本排印『校勘記』中，將上述第三種書誤排爲《四明它水利備覽》。

〔三〕置堰小溪　小溪，又稱章溪。它山堰位於今鄞縣西南鄞江橋鎮，堰址尚存。

〔四〕沿渠修建烏金、積瀆、行春三堨的作用是，當上河引入水量過多時，可以溢流泄入原江中，保證下游城市安全。當潮水上涌時，可關閘防鹹水倒灌。

〔五〕行春橋　據《四明它山水利備覽》及《宋史》上下文意，『橋』字爲『碶』之誤，下文有『行春等碶』之句可證。

乾道七年，以臣僚言：『丹陽練湖幅員四十里，納長山諸水，漕渠資之，故古語云：「湖水寸，渠水尺。」在唐之禁甚嚴，盜決者罪比殺人。本朝寢緩其禁以惠民，然修築嚴甚。春夏多雨之際，瀦蓄盈滿，雖秋無雨，漕渠或淺，但泄湖水一寸，則爲河一尺矣。兵變以後，多廢不治，堤岸圮闕，不能貯水；　彊家因而專利，耕以爲田，遂致淤澱。歲月既久，其害滋廣。望責長吏濬治堙塞，立爲盜決侵耕之法，著於令。庶幾練湖漸復其舊，民田獲灌溉之利，漕渠無淺涸之患。』詔兩浙漕臣沈度專一措置修築。

慶元五年，兩浙轉運、浙西提舉言：『以鎮江府守臣重修呂城兩牐畢，再造一新牐以固隄防，庶爲便利。』從之。

浙西運河〔一〕：　自臨安府北郭務至鎮江江口牐，六百四十一里。

淳熙七年，帝因輔臣奏金使往來事，曰：『運河有淺狹處，可令守臣以漸開濬，庶不擾民。』

至十一年冬，臣僚言：『運河之濬，自北關至秀州杉青，各有堰牐，自可瀦水。惟沿河上塘有小堰數處，積久低陷，無以防遏水勢，當以時加修治。兼沿河下岸涇港極多，其水入長水塘、海鹽塘、華亭塘〔二〕由六里堰下，私港散漫，悉入江湖，以私港深、運河淺也。若修固運河下岸一帶涇港，自無走泄。又自秀州杉青至平江府盤門，在太湖之際，與湖水相連；　而平江閶門至常州，有楓橋、許墅、烏角溪。新安溪、將軍堰，亦各通太湖。如遇西風，湖水由港而入，皆不必濬。惟無錫五瀉牐損壞累年，常是開堰，徹底放舟；　更江陰軍河港勢低，水易走泄。若從舊修築，不獨瀦水可以通舟，而無錫、晉陵間所有陽湖，亦當積水，而四傍田畝，皆無旱暵之患。獨自常州至丹陽縣，地勢高仰，雖有犇牛、呂城二牐，別無湖港瀦水；　自丹陽至鎮江，地形尤高，雖有練湖，緣湖水日淺，不能濟遠，雨晴未幾，便覺乾涸。運河淺狹，莫此爲甚，所當先濬。』上以爲然。

至嘉定間，臣僚又言：『國家駐蹕錢塘，綱運糧餉，仰給諸道，所繫不輕。水運之程，自大江而下至鎮江則入牐，經行運河，如履平地，川、廣巨艦，直抵都城，蓋甚便也。比年以來，鎮江牐口河道淤塞，不復通舟，乞令漕臣同淮東總領及本府守臣，公共措置開撩。』

越州水：　鑑湖之廣，周迴三百五十八里，環山三十六源。自漢永和五年，會稽太守馬臻始築塘，溉田九千餘頃，至宋初八百年間，民受其利。歲月寖遠，濬治不時，日久堙廢。瀕湖之民，侵耕爲田。

熙寧中，盜爲田九百餘頃。嘗遣盧州觀察推官江衍

〔一〕浙西運河　指杭州以西段運河，即後稱之爲『江南運河』段。相對而言，杭州以東至寧波的運河，稱『浙東運河』。

〔二〕長水塘、海鹽塘、華亭塘　以上諸塘均爲海塘分段的名稱。

經度其宜，凡爲湖田者兩存之，立碑石爲界，內者爲田，外者爲湖。

政和末，爲郡守者務爲進奉之計，遂廢湖爲田，賦輸京師。自時姦民私占，爲田益衆，湖之存者亡幾矣。

紹興二十九年十月，帝諭樞密院事王綸曰：『往年宰執嘗欲盡乾鑑湖，云可得十萬斛米。朕謂若遇歲旱，無湖水引灌，則所損未必不過之。凡事須遠慮可也。』

隆興元年，紹興府守臣吳芾言：『鑑湖自江衍所立碑石之外，今爲民田者，又一百六十五頃，湖盡堙廢。今欲發四百九十萬工，於農隙接續開鑿。又移壯城百人，以備撩漉濬治，差彊幹使臣一人，以「巡轄鑑湖隄岸」爲名。』

二年，芾又言：『修鑑湖，全藉斗門、堰牐蓄水，都泗堰牐尤爲要害。凡遇綱運及監司使命舟船經過，堰兵避免車拽，必欲開牐通放，以致啓閉無時，失泄湖水。且都泗堰因高麗使往來，宣和間方置牐，今乞廢罷。』其後芾爲刑部侍郎，復奏：『自開鑑湖，溉廢田二百七十頃，復湖之舊。又修治斗門、堰牐十三所。夏秋以來，時雨雖多，亦無泛溢之患，民田九千餘頃，悉獲倍收，其爲利較然可見。乞將江衍原立禁牌，別定界至，則隄岸自然牢固，永無盜決之虞。』

紹興初，高宗次越，以上虞縣梁湖堰東運河〔一〕淺澀，令發六千五百餘工，委本縣令、佐監督濬治。既而都省言，餘姚縣境內運河淺澀，壩牐隳壞，阻滯綱運，遂命漕臣發一萬七千餘卒，自都泗堰至曹娥塔橋，開撩河身、夾塘，詔漕司給錢米。

蕭山縣西興鎮通江兩牐，近爲江沙壅塞，舟楫不通。乾道三年，守臣言：『募人自西興至大江，疏沙河二十里，並濬牐裏運河十三里，通使綱運，民旅皆利。復恐潮水不定，復有填淤，且通江六堰，綱運至多，宜差注指使一人，專以「開撩西興沙河」繫銜，及發捍江兵士五十名，專充開撩沙浦，不得雜役，仍從本府起立營屋居之。』

常州水：隆興二年，常州守臣劉唐稽言：『申、利二港，上自運河發流，經營回復，流析爲二道，一自利港，一自申港，至下以達於江。緣江口每日潮汐帶沙填塞，上流游泥淤積，流洩不通；而申港又以江陰軍釘立標楬〔二〕，拘攔稅船，每潮來，則沙泥爲木標所壅，淤塞益甚。今若相度開此二河，但下流申、利二港，並隸江陰軍，若議定深闊丈尺，各於本界開淘，庶協力皆辦。又孟瀆一港在犇牛鎮西，唐孟簡所開，並宜興縣界沿湖舊百瀆，皆通宜

〔一〕運河　指浙東運河。西起蕭山縣西興鎮，東經蕭山、紹興、上虞、餘姚至通明壩止，長二百餘里。下文『餘姚縣境內運河』亦指此。

〔二〕標楬　楬即樁，作標誌的小木樁。標楬即專門的標誌。

興之水，藉以疏洩。近歲阻於吴江石塘[一]，流行不快，而沿湖河港所謂百瀆，存者無幾。今若開通，委爲公私之便。』至乾道二年，以漕臣姜詵等請，造蔡涇牐及開申港上流横石，次濬利港以洩水勢。

六年三月，又命兩浙運副劉敏士、浙西提舉芮輝於新涇塘置牐堰，以捍海潮； 楊家港東開河置牐，通行鹽船。仍差牐官一人，兵級十五人，以時啓閉挑撩。五月，又以兩浙轉運司並常州守臣言，填築五瀉上、下兩牐，及修築牐裏堤岸。仍於郭瀆港口舜郎廟側水聚會處，築捺硬壩，以防走泄運水。委無錫知縣主掌鑰匣，遇水深六尺，方許開牐，通放客舟。

淳熙五年，以漕臣陳峴言，於十月募工開濬無錫縣以西横林、小井及犇牛、吕城一帶地高水淺之處，以通漕舟。

九年，知常州章沖奏：

常州東北曰深港、利港、黄田港、夏港、五斗港，其西曰竈子港、孟瀆、泰伯瀆、烈塘，江陰之東曰趙港、白沙港、石頭港、陳港、蔡港、私港、令節港[二]，皆古人開導以爲溉田無窮之利者也； 今所在堙塞，不能灌溉。

臣嘗講求其説，抑欲不勞民，不費財，而漕渠旱不乾，水不溢，用力省而見功速，可以爲悠久之利者： 在州之西南曰白鶴溪，自金壇縣洮湖而下，今淺狹特七十餘里，若用工濬治，則漕渠一帶，無乾涸之患； 其南曰西蠡河，自宜興太湖而下，止開濬二十餘里，若更令深遠，則太湖水來，漕渠一百七十餘里，可免濬治之擾。至若望亭堰牐，置於唐之至德，而徹於本朝之嘉祐； 至元祐七年復置，未幾又毁之。臣謂設此堰牐，有三利焉： 陽羨諸瀆之水犇趨而下，有以節之，則當潦歲，平江三邑必無下流淫溢之患，一也。自常州至望亭一百三十五里，運河一有所節，則沿河之田，旱歲資以灌溉，二也。每歲冬春之交，重綱及使命往來，多苦淺涸； 今啓閉以時，足通舟楫，後免車畝灌注之勞，三也。

詔令相度開濬。

嘉泰元年，守臣李珏言：

州境北邊揚子大江，南並太湖，東連震澤，西據滆湖，而漕渠界乎其間。漕渠兩傍，曰白鶴溪、西蠡河、南戚氏、北戚氏、直湖州港，通於二湖； 曰利浦、孟瀆、烈塘、横河、五瀉諸港，通於大江，而中間又各自爲支溝斷汊，曲繞參錯，不以數計。水利之源，多於他郡，而常苦易旱之患，何哉？

[一] 吴江石塘　又稱『吴江塘路』。始建於唐元和五年（八一〇年），爲解決太湖出水口處的風濤之險和縴路問題，修築了自平望經吴江至蘇州的塘堤。
[二] 以上諸港，詳見單鍔《吴中水利書》。

臣嘗詢訪其故：漕渠東起望亭，西上吕城，一百八十餘里，形勢西高東下。加以歲久淺淤，自河岸至底，其深不滿四五尺。常年春雨連綿，江湖泛漲之時，河流忽盈驟減；連歲雨澤愆闕，江湖退縮，渠形尤亢；間雖得雨，水無所受，旋即走泄，南入於湖，北歸大江，東徑注於吴江；晴未旬日，又復乾涸，此其易旱一也。至若兩傍諸港，如白鶴溪、西蠡河、直湖、烈塘、五瀉堰，日爲沙土淤漲，遇潮高水泛之時，尚可通行舟楫；若值小汐久晴，則俱不能通。應自餘支溝別港，皆已堙塞，故雖有江湖之浸，不見其利，此其易旱二也。況漕渠一帶，綱運於是經由，使客於此往返。每遇水澀，綱運便阻；一入冬月，津送使客，作壩車水，科役百姓，不堪其擾；豈特溉田缺事而已。

望委轉運、提舉常平官同本州相視漕渠，並徹江湖之處，如法濬治，盡還昔人遺跡，及於望亭修建上、下二牐，固護水源。

從之。

昇州水：乾道五年，建康守臣張孝祥言：『秦淮之水流入府城，別爲兩派：正河自鎮淮新橋直注大江；其爲青溪，自天津橋出柵砦門，亦入於江。緣柵砦門地，近爲有力者所得，遂築斷青溪水口，創爲花圃。每水流暴至，則泛溢浸蕩，城內居民，尤被其害。若訪古而求，使青溪直道大江，則建康永無水患矣。』既而汪澈奏於西園依異時河道開濬，使水通柵門入。從之。

先是，孝祥又言：『秦淮水三源，一自華山由句容，一自廬山由溧水，一自溧水由赤山湖〔一〕，至府城東南，合而爲一，縈迴綿亘三百餘里，溪、港、溝、澮之水盡歸焉。流上水門，由府城入大江。舊上、下水門展闊，自兵變後，砌疊稍狹，雖便於一時防守，實遏水源，流通不快。兼兩岸居民填築河岸，添造屋宇。若禁民不許侵占，秦淮既復故道，則水不泛溢矣。又府東門號陳二渡，有順聖河，正分秦淮之水，每遇春夏天雨連綿，上源犇湧，則分一派之水，自南門外直入於江，故秦淮無泛濫之患。今一半淤塞爲田，水流不通，若不惜數畝之田，疏導之以復古跡，則其利尤倍。』

其後汪澈言：『水潦之害，大抵緣建康地勢稍低，秦淮既泛，又大江湍漲，其勢溢溢，非由水門窄狹、居民侵築所致。且上水門砌疊處正不可闊，闊則春水入城益多。自今指定上、下水門砌疊處不動，夾河居民之屋亦不毁除，止去兩岸積壤，使河流通快。況城中繫行宮東南王方，不宜開鑿。』從之。

〔一〕赤山湖　又名赤山塘。在今江蘇句容西南，因湖近赤山得名。南齊時沈瑀始加修治，不久堙廢。唐大曆十二年王昕立二斗門調節蓄泄，湖周百餘里，灌田萬頃。參見《新唐書・地理志》。

嘉定五年，守臣黄度言：『府境北據大江，是爲天險。上自采石，下達瓜步，千有餘里，共置六渡：一曰烈山渡，籍於常平司，歲有河渡錢額；五曰南浦渡、龍灣渡、東陽渡、大城堽渡、岡沙渡，籍於府司，亦有河渡錢額。六渡歲爲錢萬餘緡。歷時最久，舟楫廢壞，官吏、篙工，初無廩給，民始病濟，而官漫不省。遂至姦豪冒法，别置私渡，左右旁午。由是官渡濟者絶少，乃聽吏卒苛取以充課。徒手者猶憚往來，而車檐牛馬幾不敢行，甚者扼之中流，以邀索錢物。竊以爲南北津渡，務在利涉，不容簡忽而但求征課。臣已爲之繕治舟艦，選募篙梢，使遠處巡檢兼監渡官。於諸渡月解錢則例，量江面闊狹，計物貨重輕，斟酌裁減，率三之一或四之一；自人車牛馬，皆有定數，雕牓約束，不得過收邀阻。乞覓哀一歲之入，除烈山渡常平錢如額解送，其餘諸渡，以二分充修船之費，而以其餘給官吏、篙梢、水手食錢。令監渡官逐月照數支散，有餘則解送府司，然後盡絶私渡，不使姦民踰禁。』從之。

秀州水：秀州境内有四湖：一曰柘湖，二曰澱山湖，三曰當湖，四曰陳湖。東南則柘湖，自金山浦、小官浦入於海。西南則澱山湖，自蘆歷浦入於海。西北則陳湖，自大姚港、朱里浦入於吴松江。其南則當湖，自月河、南浦口、澉浦口亦達於海。支港相貫。

乾道二年，守臣孫大雅奏請，於諸港浦分作牐或斗門，及張涇堰兩岸創築月河，置一牐，其兩柱金口基址，並以石爲之，啓閉以時，民賴其利。

十三年〔一〕，兩浙轉運副使張叔獻言：『華亭東南枕海，西連太湖，北接松江，江北復控大海。地形東南最高，西北稍下。柘湖十有八港，正在其南，故古來築堰以禦鹹潮。元祐中，於新涇塘置牐，後因沙淤廢毁。今除十五處築堰及置石礎外，獨有新涇塘、招賢港、徐浦塘三處，見有鹹潮奔衝，渰塞民田。今依新涇塘置牐一所，又於兩旁貼築鹹塘，以防海潮透入民田。其相近徐浦塘，元係小派，自合築堰。又欲於招賢港更置一石礎。兼楊湖〔二〕歲久，今稍淺澱，自當開濬。』上曰：『此牐須當爲之。方今邊事寧息，惟當以民事爲急。民事以農爲重，朕觀漢文帝詔書，多爲農而下。今置牐，其利久遠，不可憚一時之勞。』

十五年，以兩浙路轉運判官吴坰奏請，命浙西常平司措置錢穀，勸諭人户，於農隙併力開濬華亭等處沿海三十六浦堙塞，決泄水勢，爲永久利。

乾道七年，秀州守臣丘崈奏：『華亭縣東南大海，古有十八堰，捍禦鹹潮。其十七久皆捺斷，不通裏河；獨

〔一〕〔標點本原注〕十三年　按『十三年』及下文『十五年』所記，據《繫年要録》卷一四八、一五四和《宋會要〔稿〕·方域》一七之二二均爲紹興年間事，此處失書紀元，並誤置於乾道二年之後。

〔二〕〔標點本原注〕楊湖　按上文秀州境内四湖，無『楊湖』之名；陽湖，又在常州的晉陵、無錫縣界，疑此是『柘湖』之誤。

有新涇唐一所不曾築捺，海水往來，遂害一縣民田。緣新涇舊堰迫近大海，潮勢湍急，其港面闊，難以施工，設或築捺，決不經久。運港在涇塘向裏二十里，比之新涇，水勢稍緩。若就此築堰，決可永久，堰外凡管民田，皆無鹹潮之害。其運港止可捺堰，不可置牐。不惟瀕海土性虛燥，難以建置；兼一日兩潮，通放鹽運，不減數十百艘，先後不齊，比至通放盡絕，勢必晝夜啓而不閉，則鹹潮無緣斷絕。運港堰外別有港汊大小十六，亦合興修。』從之。

八年，𡧔又言：『興築捍海塘堰，今已畢工，地理闊遠，全藉人力固護。乞令本縣知、佐兼帶「主管塘堰職事」繫銜，秩滿，視有無損壞以爲殿最。仍令巡尉據地分巡察。』詔特轉丘𡧔左承議郎，令所築華亭捍海塘堰，趁時栽種蘆葦，不許樵採。

九年，又命華亭縣作監牐官，招收土軍五十人，巡邏堤堰，專一禁戢，將卑薄處時加修捺。令知縣、縣尉並帶「主管堰事」，則上下協心，不致廢壞。

淳熙九年，又命守臣趙善悉發一萬工，修治海鹽縣常豐牐〔一〕及八十一堰壩，務令高牢，以固護水勢，遇旱可以瀦積。

十年，以浙西提舉司言，命秀州發卒濬治華亭鄉魚祈塘，使接松江太湖之水；遇旱，即開西牐堰放水入泖湖，爲一縣之利。

蘇州水：乾道初，平江守臣沈度、兩浙漕臣陳彌作言：『疏濬崑山、常熟縣界白茆等十浦，約用三百萬餘工。其所開港浦，並通徹大海。遇潮，則海內細沙，隨泛以入；潮退，則沙泥沉墜，漸致淤塞。今依舊招置闕額開江兵卒，次第開濬，不數月，諸浦可以漸次通徹。又用兵卒駕船，遇潮退，摇蕩隨之，常使沙泥隨潮退落，不致停積，實爲久利。』從之。

淳熙元年，詔平江府守臣與許浦駐劄戚世明，同措置開濬許浦港。三旬訖工。

黄巖縣水：淳熙十二年，浙東提舉勾昌泰言：『黄巖縣舊有官河〔二〕，自縣前至温嶺，凡九十里。其支流九百三十六處，皆以溉田。元有五牐，久廢不修。今欲建一牐，約費二萬餘緡，乞詔兩浙運司於窠名錢

〔一〕常豐牐　據《浙江通志》卷五四水利三：『常豐閘，在縣（海鹽）北四十里，宋嘉祐元年縣令李維幾，植木爲閘，元祐四年何執中爲令，易以石。淳熙十五年縣令李直養蓋閘屋，易閘板，自是農被閘堰之利，頻歲得稔。後以舟楫通行不便，牐竟廢。今俗呼其地爲横塘牐』。

〔二〕官河　據《浙江通志》卷五〇八水利七：『官河，在縣東南一里。《赤城志》：自南浮橋南至温嶺一百三十里，廣一百五十步。又别爲九河，各二十里。支爲九百三十六涇，以丈計者七十五萬，分爲二百餘埭……溉田七十一萬有奇，建閘十有一，以時啓閉。』

內支撥。』

明年六月，昌泰復言：『黄巖縣東地名東浦，紹興中開鑿，置常豐牐。名爲決水入江，其實縣道欲令舟船取徑通過，每船納錢，以充官費。一日兩潮，一潮一淤，纔遇旱乾，更無灌溉之備。已將此牐築爲平陸，乞戒自今永不得開鑿放入江湖，庶絶後患。』

荆、襄諸水：紹興二十八年，監察御史都民望言：『荆南江陵縣東三十里，沿江北岸古堤一處，地名黄潭。建炎間，邑官開決，放入江水，設以爲險阻以禦盜。既而夏潦漲溢，荆南、復州千餘里，皆被其害。去年因民訴，始塞之。乞令知縣遇農隙隨力修補，勿致損壞。』從之。

淳熙八年，襄陽府守臣郭杲言：『本府有木渠，在中廬縣界，擁溤水東流四十五里，入宜城縣。後漢南郡太守王寵，嘗鑿之以引蠻水，謂之木里溝〔一〕，可溉田六千餘頃。歲久堙塞，乞行修治〔二〕。』既而杲又修護城隄以捍江流，繼築救生堤爲二牐，一通於江，一達於濠。當水涸時，導之入濠；水漲時，放之於江。自是水雖至隄，無湍悍泛濫之患焉。

十年五月，詔疏木渠，以渠傍地爲屯田。尋詔民間侵耕者就給之，毋復取。

慶元二年，襄陽守臣程九萬言：『募工修作鄧城永豐堰，可防金兵衝突之患，且爲農田灌溉之利。』

三年，臣僚言：『江陵府去城十餘里，有沙市鎮，據水陸之衝，熙寧中，鄭獬作守，始築長隄捍水。緣地本沙渚，當蜀江下流，每遇漲潦奔衝，沙水相蕩，摧圮動輒數十丈，見存民屋，岌岌危懼。乞下江陵府同駐劄副都統制司發卒修築，庶幾遠民安堵，免被墊溺。』從之。

廣西水：靈渠〔三〕源即離水，在桂州興安縣之北，經縣郭而南。其初乃秦史禄所鑿，以下兵於南越者。至漢，歸義侯嚴出零陵離水〔四〕，即此渠也；馬伏波南征之師〔五〕，饟道亦出於此。唐寶曆初，觀察使李渤立斗門以通

〔一〕木里溝　《水經·沔水注》載：『木里溝是漢南郡太守王寵所鑿，故渠引鄢水也，灌田七百頃。』

〔二〕歲久湮塞，乞行修治　據《宋會要稿·食貨》六一之一一六，紹興三十二年（一一六二年）曾對木渠進行大規模修治，距此已二十年。關於木渠又參見鄭獬《鄖溪集》卷二六《木渠詩》，曾鞏《元豐類稿》卷一九《襄州宜城縣長渠記》。

〔三〕靈渠　位於今廣西興安縣境，秦始皇二十八年（公元前二一九年）開鑿，溝通湘江和灕江的人工運河。

〔四〕歸義侯嚴出零陵離水　事在漢武帝元鼎五年（公元前一一二年）秋，見《史記·南越列傳》。

〔五〕馬伏波南征之師　馬伏波即伏波將軍馬援，修整靈渠事見唐魚孟威《桂州重修靈渠記》、《太平御覽》卷六五和《資治通鑑》卷四三，唯《後漢書·馬援傳》未記載。

漕舟〔一〕。

宋初，計使邊詡始修之。嘉祐四年，提刑李師中〔二〕領河渠事重闢，發近縣夫千四百人，作三十四日，乃成。

紹興二十九年，臣僚言：『廣西舊有靈渠，抵接全州大江，其渠近百餘里，自静江府經靈川、興安兩縣。昔年並令兩知縣繫銜「兼管靈渠」，遇堙塞以時疏導，秩滿無闕，例減舉員。兵興以來，縣道苟且，不加之意；吏部差注，亦不復繫銜，渠日淺澀，不勝重載。乞令廣西轉運司措置修復，俾通漕運，仍俾兩邑今繫銜兼管，務要修治。』從之。

〔一〕觀察使李渤立斗門以通漕舟　原記載見唐魚孟威《桂州重修靈渠記》。

〔二〕李師中　字誠之，楚丘（今山東曹縣東南）人。《宋史》卷三三二有傳。修靈渠事詳見李師中《重修靈渠志》。

金史・河渠志[一]

《金史》卷二七

黄河　漕渠　盧溝河　滹沱河　漳河

黄河

金始克宋，兩河悉界劉豫。豫亡，河遂盡入金境。數十年間，或決或塞，遷徙無定。金人設官置屬，以主其事。沿河上下凡二十五埽，六在河南，十九在河北，埽設散巡河官一員。雄武、滎澤、原武、陽武、延津五埽則兼汴河事，設黄汴都巡河官一員於河陰以莅之。懷州、孟津、孟州及城北之四埽則兼沁水事，設黄沁都巡河官一員於懷州以臨之。崇福上下、衛南、淇上四埽屬衛南都巡河官，則居新鄉。武城、白馬、書城、教城四埽屬濬滑都巡河官，則處教城。曹甸都巡河官則總東明、西佳、孟華、淩城四埽。曹濟都巡河官則司定陶、濟北、寒山、金山四埽者也。故都巡河官凡六員。後又特設崇福上下埽都巡河官兼石橋使。凡巡河官，皆從都水監廉舉，總統埽兵萬二千人，歲用薪百一十一萬三千餘束，草百八十三萬七百餘束，椿杙[二]之木不與，此備河之恒制也。

大定八年六月，河決李固渡，水潰曹州城，分流於單州之境。

九年正月，朝廷遣都水監梁肅[三]往視之。河南統軍使宗室宗敍[四]言：『大河所以決溢者，以河道積淤，不能受水故也。今曹、單雖被其患，而兩州本以水利爲生，所害農田無幾。今欲河復故道，不惟大費工役，又卒難成功。縱能塞之，他日霖潦，亦將潰決，則山東河患又非曹、單比也。又沿河數州之地，驟興大役，人心動摇，恐宋人乘間構爲邊患。』而肅亦言：『新河水六分，舊河水四分，今若塞新河，則二水復合爲一。如遇漲溢，南決則害於南京，北決則山東、河北皆被其害。不若李固南築隄以防決溢爲便。』尚書省以聞，上從之。

[一]《金史・河渠志》　元脱脱等撰，《金史》共一百三十五卷，成書於元至正四年（一三四四年）。所據資料主要依靠《金朝實録》、王鶚《金史》，劉祁《歸潛志》等。《河渠志》是其中一篇。

[二] 椿杙　杙指小木椿，帶尖的小木條。椿杙泛指河工所用木椿。

[三] 梁肅　《金史》卷八九有傳。大定七年任都水監，《傳》中有關於此次視察決河的記載。

[四] 宗敍　即完顔宗敍。本名德壽，闍母第四子，大定五年『除河南路統軍使』。《金史》卷七一有傳，其中記有關於此次決河的議論。

十年三月，拜宗敍爲參知政事，上諭之曰：『卿昨爲河南統軍時，嘗言黄河堤埽利害，甚合朕意。朕每念百姓凡有差調，吏互爲姦，若不早計而迫期徵斂，則民增十倍之費。然其所徵之物，或委積經年，至腐朽不可復用，使吾民數十萬之財，皆爲棄物，此害非細。卿既參朝政，凡類此者皆當革其弊，擇所利而行之。』

十一年，河決王村[一]，南京孟、衛州界多被其害。

十二年正月，尚書省奏：『檢視官言，水東南行，其勢甚大。可自河陰廣武山循河而東，至原武、陽武、東明等縣孟、衛等州增築堤岸，日役夫萬一千，期以六十日畢。』詔遣太府少監張九思、同知南京留守事紇石烈邈小字阿補孫監護工作。

十三年三月，以尚書省請修孟津、滎澤、崇福埽堤以備水患，上乃命雄武以下八埽並以類從事。

十七年秋七月，大雨，河決白溝[二]。十二月，尚書省奏：『修築河堤，日役夫一萬一千五百，以六十日畢工。』詔以十八年二月一日發六百里內軍夫，並取職官人力之半，餘聽發民夫，以尚書工部郎中張大節、同知南京留守事高蘇董役。

先是，祥符縣陳橋鎮之東至陳留潘崗，黄河堤道四十餘里以縣官攝其事，南京有司言，乞專設埽官。十九年九月，乃設京埽巡河官一員。

二十年，河決衛州及延津京東埽，瀰漫至於歸德府。檢視官南京副留守石抹輝者言：『河水因今秋霖潦暴漲，遂失故道，勢益南行。』宰臣以聞。乃自衛州埽下接歸德府南北兩岸增築堤以捍湍怒，計工一百七十九萬六千餘，日役夫二萬四千餘，期以七十日畢工。遂於歸德府創設巡河官一員，埽兵二百人，且詔頻役夫之地與免今年稅賦。

二十一年十月，以河移故道[三]，命築堤以備。

二十六年八月，河決衛州堤，壞其城。上命户部侍郎王寂、都水少監王汝嘉馳傳措畫備禦。而寂視被災之民不爲拯救，乃專集衆以網魚取官物爲事，民甚怨嫉。上聞而惡之。既而，河勢泛濫及大名。上於是遣户部尚書劉瑋往行工部事，從宜規畫，黜寂爲蔡州防禦使。

冬十月，上謂宰臣曰：『朕聞亡宋河防一步置一人，可添設河防軍數。』它日，又曰：『比聞河水泛溢，民罹其害者，貲産皆空。今復遣官於被災路分推排[四]，何耶？』右丞張汝霖曰：『今推排者皆非被災之處。』上曰：『雖

[一] 王村　《金史・本紀》作『河決原武縣王村』。
[二] 白溝　《金史・本紀》作『河決陽武白溝』。又見元好問《中州集》。
[三] 據《金史・食貨志》『黄河八月已移故道』。
[四] 推排　推算人户家産，編排户等。宋代鄉村三年一推排，編造五等丁産簿，隨産進減升降其户等。金代『按民户之貧富而籍之，以應科差，謂之推排物力，亦謂之通檢』。（《廿二史劄記》卷二八）

然，必其鄰道也。既鄰水而居，豈無驚擾遷避者乎，計其貲產，豈有餘哉，尚何推排爲。』十一月，又謂宰臣曰：『河未決衛州時嘗有言者，既決之後，有司何故不令朕知。』命詢其故〔一〕。

二十七年春正月，尚書省言：『鄭州河陰縣聖后廟，前代河水爲患，屢禱有應，嘗加封號廟額。今因禱祈，河遂安流，乞加褒贈。』上從其請，特加號曰昭應順濟聖后，廟曰靈德善利之廟。

二月，以衛州新鄉縣令張簴、丞唐括唐古出、主簿温敦偎喝，以河水入城閉塞救護有功，皆遷賞有差。御史臺言：『自來沿河京、府、州、縣官坐視管內河防缺壞，特不介意。若令沿河京、府、州、縣長貳官皆於名銜管勾河防事，如任內規措有方能禦大患，或守護不謹以致疏虞，臨時聞奏，以議賞罰。』上從之，仍命每歲將泛之時，令工部官一員沿河檢視。於是以南京府及所屬延津、封丘、祥符、開封、陳留、胙城、杞縣、長垣〔二〕，歸德府及所屬宋城、寧陵、虞城，河南府及孟津，河中府及河東，懷州河內、武陟，同州朝邑，衛州汲、新鄉、獲嘉，徐州彭城、蕭、豐，孟州河陽、温，鄭州河陰、滎澤、原武、汜水，濬州衛，陝州閿鄉、湖城、靈寶，曹州濟陰，滑州白馬，睢州襄邑，滕州沛，單州單父，解州平陸，開州濮陽，濟州嘉祥、金鄉、鄆城，四府、十六州之長貳皆提舉河防事，四十四縣之令佐皆管勾河防事。

初，衛州爲河水所壞，乃命增築蘇門，遷其州治。至二十八年，水息，居民稍還，皆不樂遷。於是遣大理少卿康元弼〔三〕按視之。元弼還奏：『舊州民復業者甚衆，且南使驛道館舍所在，向以不爲水備，以故被害。若但修其堤之薄缺者，可以無虞，比之遷治，所省數倍，不若從其民情，修治舊城爲便。』乃不遷州，仍敕自今河防官司怠慢失備者，皆重抵以罪。

二十九年五月，河溢於曹州小堤之北。六月，上諭旨有司曰：『比聞五月二十八日河溢，而所報文字如此稽滯。水事最急，功不可緩，稍緩時頃，則難固護矣。』十二月，工部言：『營築河堤，用工六百八萬餘，就用埽兵軍夫外，有四百三十餘萬工當用民夫。』遂詔命去役所五百里州、府差顧，於不差夫之地均徵顧錢，驗物力科之。每工錢百五十文外，日支官錢五十文，米升半。仍命彰

〔一〕二十六年決河事，又見《金史·本紀》《五行志》《康元弼傳》《張大節傳》。

〔二〕〔標點本原注〕於是以南京府及所屬延津、封丘、祥符、開封、陳留、胙城、杞縣、長垣　按金代無『南京府』之建置。《金史》卷二五《地理志》：南京路開封府屬縣十五，與此相較，僅無胙城。而衛州胙城下云，『本隸南京，海陵時割隸滑州，泰和七年復隸南京，八年以限河來屬』。蓋金人習慣稱開封府爲南京。此處『府』字當是衍文。

〔三〕康元弼　字輔之，山西大同雲中人。《金史》卷九七《本傳》中記有決河事。

化軍節度使內族裔、都水少監大齡壽提控五百人往來彈壓。

先是，河南路提刑司言：『沿河居民多困乏逃移，蓋以河防差役煩重故也。竊惟禦水患者，不過堤埽，若土功從實計料，薪藁椿杙以時徵斂，亦復何難。今春築堤，都水監初料取土甚近，及其興工乃遠數倍，人夫懼不及程，貴價買土，一隊之間多至千貫。又許州初科薪藁十八萬餘束，既而又配四萬四千，是皆常歲必用之物，農隙均科則易輸納。自今堤埽興工，乞令本監以實計度，量一歲所用物料，驗數折税，或令和買，於冬月分爲三限輸納爲便。』詔尚書省詳議以聞〔一〕。

明昌元年春正月，尚書省奏：『臣等以爲，自今凡興工役，先量負土遠近，增築高卑，定功立限，牓諭使人先知，無令增加力役。並河防所用物色，委都水監每歲於八月以前，先拘籍舊貯物外實闕之數，及次年春工多寡，移報轉運司計置，於冬三月分限輸納。如水勢不常，夏秋暴漲危急，則用相鄰埽分防備之物，不足，則復於所近州縣和買。然復慮人户道塗泥淖，艱於運納，止依税內科折他物，更爲增價，當官支付，違者並論如律，仍令所屬提刑司正官一員馳驛監視體究，如此則役作有程，而河不失備。』制可之。

四年十一月〔二〕，尚書省奏：『河平軍節度使王汝嘉等言：「大河南岸舊有分流河口，如可疏導，足泄其勢，及長堤以北恐亦有可以歸納排瀹之處，乞委官視之。濟北埽以北宜創起月堤。」臣等以爲宜從所言。其本監官皆以諳練河防故注以是職，當使從汝嘉等同往相視，庶免異議。如大河南北必不能開挑歸納，其月堤宜依所料興修。』上從之。

十二月，敕都水監官提控修築黄河堤，及令大名府差正千户一員，部甲軍二百人彈壓勾當。

五年春正月，尚書省奏：『都水監丞田櫟同本監官講議黄河利害，嘗以狀上言，前代每遇古堤南決，多經南、北清河分流，南清河北下有枯河數道，河水流其中者長至七八分，北清河乃濟水故道，可容三二分而已。今河水趨北，齧長堤面流者十餘處，而堤外率多積水，恐難依元料增修長堤與創築月堤也。可於北岸牆村決河入梁山濼故道，依舊作南、北兩清河分流。然北清河舊堤歲久不完，當立年限增築大堤，而梁山故道多有屯田軍户，亦宜遷徙。今擬先於南岸王村、宜村兩處決堤導水，使長堤可以固護，姑宜仍舊，如不能疏導，即依上開決，分爲四道，俟見水勢隨宜料理。』尚書省以櫟等所言與明昌二年劉瑋等所案視利害不同，及令陳言人馮德輿與櫟面對，亦有不合

〔一〕二十九年河溢事，又見《金史・本紀》《五行志》《食貨志》。

〔二〕據《金史・五行志》：四年『五月霖雨』『六月河決衛州，魏、清、滄皆被害。』

者，送工部議。復言：『若遽於牆村疏決，緣瀕北清河州縣二十餘處，兩岸連亘千有餘里，其堤防素不修備，恐所屯軍户亦卒難徙。今歲先於南岸延津縣堤決堤洩水，其北岸長堤自白馬〔一〕以下，定陶以上，並宜加功築護，庶可以遏將來之患。若定陶以東三埽棄堤則不必修，止決舊壓河口，引導積水東南行，流堤北張彪、白塔兩河間，礙水軍户可使遷徙，及梁山濼故道分屯者，亦當預爲安置。』宰臣奏曰：『若遽從櫟等所擬，恐既更張，利害非細。比召河平軍節度使王汝嘉同計議，先差幹濟官兩員行户工部事覆視之，同則就令計實用工物、量州縣遠近以調丁夫，其督趣春工官即充今歲守漲，及與本監官同議經久之利。』詔以知大名府事內族裔、尚書户部郎中李敬義充行户工部事，以參知政事胥持國都提控。又奏差德州防禦使李獻可、尚書户部郎中焦旭於山東當水所經州縣築護城堤，及北清河兩岸舊有堤處別率丁夫修築，亦就令講究河防之計。

他日，上以宋閤士良所述《黃河利害》一帙付參知政事馬琪〔二〕曰：『此書所言亦有可用者，今以賜卿。』

二月，上諭平章政事守貞曰：『王汝嘉、田櫟專管河防，此國家之重事也。朕比問其曾於南岸行視否？乃稱「未也。」又問水決能行南岸乎？又云「不可知。」且水趨北久矣，自去歲便當經畫，今不稱職如是耶？可諭旨令往盡心固護，無致失備，及講究所以經久之計。稍涉違慢，當併治罪。』

三月，行省並行户工部及都水監官各言河防利害事。都水監元擬於南岸王村、宜村兩處開導河勢，緣比來水勢去宜村堤稍緩，唯王村岸向上數里卧捲〔三〕，可以開決作一河，且無所犯之城市村落。又擬於北岸牆村疏決，依舊分作兩清河入梁山故道，北清河兩岸素有小堤不完，復當築大堤。尚書省謂：『以黃河之水勢，若於牆村決注，則山東州縣膏腴之地及諸鹽場必被淪溺。設使修築壞堤，而又吞納不盡，功役至重，虛困山東之民，非徒無益，而又害之也。況長堤已加固護，復於南岸疏決水勢，已寢決河入梁山濼之議，水所經城邑已勸率作護城堤矣，先所修清河舊堤已遣罷之。監丞田櫟言定陶以東三埽棄堤不當修，止言「決舊壓河口以導漸水入堤北張彪、白塔兩河之間，凡當水衝屯田户須令遷徙。」臣等所見，止當堤前作木岸以備之，其間居人未當遷徙，至夏秋水勢泛溢，權令避之，水落則當各復業，此亦户工部之所言也。』上曰：『地之

〔一〕白馬　古黃河津渡名，今河南滑縣東北，在金代黃河南徙以前，爲歷代軍事要地。

〔二〕馬琪　字德玉，大興寶坻（今河北省）人，《金史》卷九五《本傳》記有五年決河事。

〔三〕卧捲　又作『淪捲』，《宋史·河渠志》：『浪勢旋激，岸土上隤，謂之「淪捲」。』

相去如此其遠，彼中利害，安得悉知？惟委行省盡心措畫可也。』

四月，以田櫟言河防事，上諭旨參知政事持國[一]曰：『此事不惟責卿，要卿等同心規畫，不勞朕心爾。如櫟所言，築堤用二十萬工，歲役五十日，五年可畢，此役之大，古所未有。況其成否未可知，就使可成，恐難行也。遷徙軍户四千則不爲難，然其水特決，尚不知所歸，儻有潰走，若何枝梧。如令南岸兩處疏決，使其水趨南，或可分殺其勢。然水之形勢，朕不親見，難爲條畫，雖卿亦然。丞相、左丞皆不熟此，可集百官詳議以行。』百官咸謂：『櫟所言棄長堤，無起新堤，放河入梁山故道，使南北兩清河分流，爲省費息民長久之計。臣等以爲黄河水勢非常，變易無定，非人力可以斟酌，可以指使也。況梁山濼淤填已高，而北清河窄狹不能吞伏，兼所經州縣農民廬井非一，使大河北入清河，山東必被其害。櫟又言乞許都水監符下州府運司，專其用度，委其任責，一切同於軍期，仍委執政提控。緣今監官已經添設，又於外監署司多以沿河州府長官兼領之，及令佐管勾河防，其或怠慢已有同軍期斷罪的決之法，凡櫟所言無可用。』遂寢其議[二]。

八月，以河決陽武故堤，灌封丘而東，尚書省奏，都水監、行部官有失固護。詔命同知都轉運使高旭、武衛軍副都指揮使女奚列奕小字韓家奴同往規措。尚書省奏：『都水監官前來有犯，已經戒諭，使之常切固護。今王汝嘉等殊不加意，既見水勢趨南，不預經畫，承留守司累報，輒爲遷延，以至害民。即是故違制旨，私罪當的決。』詔汝嘉等各削官兩階，杖七十罷職。

上謂宰臣曰：『李愈[三]論河決事，謂宜遣大臣往，以慰人心，其言良是。嚮慮河北決，措畫堤防，猶嘗置行省，況今方横潰爲害，而止差小官，恐失衆望，自國家觀之，雖山東之地重於河南，然民皆赤子，何彼此之間。』乃命參知政事馬琪往，仍許便宜從事。上曰：『李愈不得爲無罪，雖都水監官非提刑司統攝，若與留守司以便宜率民固護，或申聞省部，亦何不可使朕聞之。徒能張皇水勢而無經畫，及其已決，乃與王汝嘉一往視之而還，亦未嘗有所施行。問王村河口開導之月，則對以四月終，其實六月也，月日尚不知，提刑司官當如是乎。』尋命户部員外郎何格賑濟被浸之民。

時行省參知政事胥持國、馬琪言：『已至光禄村周視堤口。以其河水浸漫，堤岸陷潰，至十餘里外乃能取土。而堤面窄狹，僅可數步，人力不可施，雖窮力可以暫

[一] 持國　即胥持國，字秉鈞，請督河役事見《金史》卷一二九《本傳》。

[二] 遂寢其議　根本原因是金代河防的方針是重北輕南。只要北岸不出問題即不必執行兩清河分流方案。從下文可見，該年六月已開導南岸王村河口分水。

[三] 李愈　字景韓，山西正平人，論決河事參見《金史》卷九六《本傳》。

成，終當復毀。而中道淤澱，地有高低，流不得泄，且水退，新灘亦難開鑿。其孟華等四埽與孟陽堤道，沿汴河東岸，但可施功者，即悉力修護，將於農隙興役，及凍畢工，則京城不至爲害。』

參知政事馬琪言：『都水外監員數冗多，每事相倚，或復邀功，議論紛紜不一，隳廢官事。擬罷都水監掾，設勾當官二員。又自昔選用都、散巡河官，止由監官辟舉，皆諸司人，或有老疾，避倉庫之繁，行賄請托，以致多不稱職。擬升都巡河作從七品，於應入縣令廉舉人內選注外，散巡河依舊，亦於諸司及丞簿廉舉人內選注，並取年六十以下有精力能幹者。到任一年，委提刑司體察，若不稱職，即日罷之。如守禦有方，致河水安流，任滿，從本監及提刑司保申，量與升除。凡河橋司使副亦擬同此選注。』繼而胥持國亦以爲言，乃從其請。

閏十月，平章政事守貞曰：『馬琪措畫河防事，未見功役之數〔一〕，加之積歲興功，民力將困，今持國復病，請別遣有材幹者往議之。』上曰：『堤防救護若能成功，則財力固不敢惜。第恐財殫力屈，成而復毀，如重困何。』宰臣對曰：『如盡力固護，縱爲害亦輕，若恬然不顧，則爲害滋甚。』上曰：『無乃因是致盜賊乎？』守貞曰：『宋以河決興役，亦嘗致盜賊，然多生於凶歉。今時平歲豐，少有差役，未必至此。且河防之役，理所當然，今之當役者猶爲可耳。至於科徵薪芻，不問有無，督輸迫切則破産業以易之，恐民益困耳。』上曰：『役夫須近地差取，若遠調之，民益艱苦，但使津濟可也。然當俟馬琪至而後議之。』庚辰，琪自行省還，入見，言：『孟陽河堤及汴堤已填築補修，水不能犯汴城。自今河勢趨北，來歲春首擬於中道疏決，以解南北兩岸之危。凡計工八百七十餘萬，可於正月終興工。臣乞前期再往河上監視。』上以所言付尚書省，而治檢覆河堤並守漲官等罪有差。

他日，尚書省奏事，上語及河防事，馬琪奏言：『臣非敢不盡心，然恐智力有所不及。若別差官相度，儻有奇畫，亦未可知。如適與臣策同，方來興功，亦庶幾稍寬朝延憂顧。』上然之，命翰林待制奥屯忠孝權尚書户部侍郎〔二〕，太府少監温昉權尚書工部侍郎，行户、工部事，修治河防，且諭之曰：『汝二人皆朕所素識，以故委任，冀副朕意。如有錯失，亦不汝容。』〔三〕

承安元年七月，勅自今沿河傍側州、府、縣官雖部除

〔一〕〔標點本原注〕未見功役之數　『數』疑是『效』字之誤。
〔今注〕『數』字，是指未見需要役夫多少及用工若干之數，馬琪未估算上報。
〔二〕權尚書户部侍郎　此處應接逗號，以區别下句。
〔三〕據《金史·本紀》，明昌六年正月興工治河，四月完工，胥持國以下九十六人受賞，河道有遷移。

者皆勿令員闕〔一〕。

泰和二年九月，敕御史臺官：『河防利害初不與卿等事，然臺官無所不問，應體究者亦體究之。』

五年二月，以崔守真言：『黄河危急，芻藁物料雖云折税，每年不下五六次，或名爲和買，而未嘗還其直。』敕委右三部司正郭澥、御史中丞孟鑄講究以聞。澥等言：『大名府、鄭州等處自承安二年以來，所科芻藁未給價者，計錢二十一萬九千餘貫。』遂命以各處見錢差能幹官同各州縣清强官一一酬之，續令按察司體究。

宣宗貞祐三年十一月壬申〔二〕，上遣參知政事侯摯祭河神於宜村。

三年四月，單州刺史颜盞天澤言：『守禦之道，當決大河使北流德、博、觀、滄之境〔三〕。今其故堤宛然猶在，工役不勞，水就下必無漂没之患。而難者若不以犯滄鹽場損國利爲説，必以浸没河北良田爲解。臣嘗聞河側故老言，水勢散漫，則淺不可以馬涉，深不可以舟濟，此守禦之大計也。若日浸民田，則河徙之後，淤爲沃壤，正宜耕墾，收倍於常，利孰大焉。若失此計，則河南一路兵食不足，而河北、山東之民皆瓦解矣。』詔命議之。

四年三月，延州刺史温撒可喜言：『近世河離故道，自衛東南而流，由徐、邳入海，以此，河南之地爲狹。臣竊見新鄉縣西河水可決使東北，其南有舊堤，水不能溢，行五十餘里與清河合，則由濬州、大名、觀州、清州、柳口入海，此河之故道也，皆有舊堤，補其缺罅足矣。如此則山東、大名等路，皆在河南，而河北諸郡亦得其半，退足以爲禦備之計，進足以壯恢復之基。』又言：『南岸居民，既已籍其河夫修築河堰，營作戍屋，又使轉輸芻糧，賦役繁殷，倍於他所，夏秋租税，猶所未論，乞減其稍緩者，以寬民力。』事下尚書省，宰臣謂：『河流東南舊矣。一旦決之，恐故道不容，衍溢而出，分爲數河，不復可收。水分則淺狹易渡，天寒輒凍，禦備愈難，此甚不可。』詔但令量宜減南岸郡縣居民之賦役。

五年夏四月，敕樞密院，沿河要害之地，可壘石岸，仍置撒星椿，陷馬塹以備敵。

漕渠

金都於燕，東去潞水五十里，故爲牐以節高良河、

〔一〕承安末至泰和初年，都水監遣官於東明境之馬蹄埽河，改東北入梁山泊，河道改向東流，至徐州入泗入淮河道，大體恢復曹單故道。詳見元好問《遺山集》。

〔二〕〔標點本原注〕宣宗貞祐三年十一月壬申　原脱『十一月』三字。據《本紀》、《侯摯傳》補。又此事依年月順序當在下段『三年四月』之後。

〔三〕守禦之道，當決大河使北流德、博、觀、滄之境　金朝於貞祐二年五月開始遷都南京（今河南省開封市），爲防禦蒙古兵，欲仿效北宋河北塘泊政策，而有引黄河北流之議。

白蓮潭諸水，以通山東、河北之粟。凡諸路瀕河之城，則置倉以貯傍郡之稅，若恩州之臨清、歷亭，景州之將陵、東光，清州之興濟、會川，獻州及深州之武強，是六州諸縣皆置倉之地也〔一〕。其通漕之水，舊黄河行滑州、大名、恩州、景州、滄州、會川之境，漳水東北爲御河，則通蘇門、獲嘉、新鄉、衛州、濬州、黎陽、衛縣、彰德、磁州、洺州之餽，衡水則經深州會於滹沱，以來獻州、清州之餉，皆合於信安海壖，泝流而至通州，由通州入牐，十餘日而後至於京師。其它若霸州之巨馬河，雄州之沙河，山東之北清河，皆其灌輸之路也。然自通州而上，地峻而水不留，其勢易淺，舟膠不行，故常徙事陸輓，人頗艱之。世宗之世，言者請開盧溝金口以通漕運，役衆數年，竟無成功，事見《盧溝河》。其後亦以牐河或通或塞，而但以車輓矣〔二〕。

其制，春運以冰消行，暑雨畢。秋運以八月行，冰凝畢。其綱將發也，乃合衆，以所載之粟苴而封之，先以付所卸之地，視與所封樣同則受。凡綱船以前期三日修治，日裝一綱，裝畢以三日啓行。計道里分泝流、沿流爲限，至所受之倉，以三日卸，又三日給收付。凡輓漕脚直，水運鹽每石百里四十八文，米五十文一分二釐七毫，粟四十文一分三毫，錢則每貫一文七分二釐八毫。陸運傭直，米每石百里百一十二文一分五毫，粟五十七文六分八釐四毫，錢每貫三文九釐六毫。餘物每百斤行百里，平路則春冬百三十一文五分，夏秋百五十七文八分，山路則春冬百四十九文，夏秋二百一文。凡使司院務納課傭直，春冬九十文三分，夏秋百一十四文。諸民户射賃官船漕運者，其脚直以十分爲率，初年尅二分，二年尅一分八釐，三年尅一分七釐，四年尅一分五釐，五年以上尅一分。

初，世宗大定四年八月，以山東大熟，詔移其粟以實京師。十月，上出近郊，見運河湮塞，召問其故。主者云户部不爲經畫所致。上召户部侍郎曹望之〔三〕，責曰：『有河不加濬，使百姓陸運勞甚，罪在汝等。朕不欲即加罪，宜悉力使漕渠通也。』

五年正月，尚書省奏，可調夫數萬，上曰：『方春不可勞民，令宫籍監户、東宫親王人從、及五百里內軍夫，濬治。』〔四〕

二十一年，以八月京城儲積不廣，詔沿河恩、獻等六

〔一〕〔標點本原注〕按上文僅敍恩、景、清、獻、深五州，與『六州』之數不合，『獻州』下無縣名，當有脱文。

〔二〕以上一段爲金代漕渠的綜述。下面隔一段自『初』字起，才是按時間敘述各漕渠情況。

〔三〕曹望之　字景蕭，祖臨潢（今內蒙古巴林左旗）人，《金史》卷九二有傳，記有疏濬運河事。

〔四〕此次濬治當爲金漕渠，即元代壩河路綫之運河。

州粟百萬餘石運至通州，輦入京師。

明昌三年四月，尚書省奏：『遼東、北京路米粟素饒，宜航海以達山東。昨以按視東京近海之地，自大務清口並咸平銅善館皆可置倉貯粟以通漕運，若山東、河北荒歉，即可運以相濟。』制可。

承安五年，邊河倉州縣，可令折納菽二十萬石，漕以入京，驗品級養馬於俸內帶支，仍漕麥十萬石，各支本色。乃命都水監丞田櫟相視運糧河道。

泰和元年，尚書省以景州漕運司所管六河倉，歲稅不下六萬餘石，其科州縣近者不下二百里，官吏取賄延阻，人不勝苦，雖近官監之亦然。遂命監察御史一員往來糾察之。

五年，上至霸州，以故漕河淺澀，勅尚書省發山東、河北、河東、中都、北京軍夫六千〔一〕，改鑿之〔二〕。犯屯田户地者，官對給之。民田則多酬其價。

六年，尚書省以凡漕河所經之地，州縣官以爲無與於己，多致淺滯，使綱户以盤淺剥載爲名，姦弊百出。於是遂定制，凡漕河所經之地，州府官銜内皆帶『提控漕河事』，縣官則帶『管勾漕河事』，俾催檢綱運，營護堤岸。爲府三：大興、大名、彰德。州十二：恩、景、滄、清、獻、深、衛、濬、滑、磁、洺、通。縣三十三〔三〕：大名、元城、館陶、夏津、武城、歷亭、臨清、吴橋、將陵、東光、南皮、清池、靖海、興濟、會川、交河、樂壽、武强、安陽、湯陰、臨漳、成安、滏陽、内黄、黎陽、衛、蘇門、獲嘉、新鄉、汲、潞、武清、香河、漷陰。

十二月，通濟河創設巡河官一員，與天津河同爲一司，通管漕河牐岸，止名天津河巡河官〔四〕，隸都水監。

八年六月，通州刺史張行信言，『船自通州入牐〔五〕，凡十餘日方至京師，而官支五日轉脚之費〔六〕』，遂增給之。

貞祐三年，既遷於汴，以陳、潁二州瀕水，欲借民船以漕，不便。遂依觀州漕運司設提舉官，募船户而籍之，命户部勾當官往來巡督。

四年，從右丞侯摯言，開沁水以便餽運。上又念京師

〔一〕軍夫六千　動員地區很廣，人數不多，疑『千』或是『萬』之誤。

〔二〕五年鑿河事實始於四年，見《金史》卷一〇一《烏古論慶壽傳》和卷一一〇《韓玉傳》。漕河正式名稱爲通濟河，通稱閘河。參見《金史・百官志》。

〔三〕〔標點本原注〕縣三十三　按下文列名者實得三十四縣。

〔四〕止名天津河巡河官　『止』字或作『上』，『上』字解作上一段亦可通。

〔五〕船自通州入牐　有的版本『入牐』訛爲『八牐』，致使有人誤爲牐河上共建有牐八座。以元代郭守敬開通惠河規劃『十里置一牐』推測，金代此段亦可能置五六牐，日行一牐，故有下文『官支五日轉脚之費』的規定。

〔六〕官支五日轉脚之費，是因運河長五十里，原定日行十里，但此段坡陡水少易淺澀，每閘需等蓄水兩日，需行十日，故『增給之』。

轉輸之勞，命出尚廄牛及官車，以助其力。

興定四年十月，諭皇太子曰：『中京運糧護送官，當擇其人，萬有一失，樞密官亦有罪矣。其船當用毛花輦[一]所造兩首尾者，仍張幟如渡軍之狀，勿令敵知爲糧也。』

陝西行省把胡魯言：『陝西歲運糧以助關東，民力浸困，若以舟自渭入河，順流而下，可以紓民力。』遂命嚴其偵候，如有警，則皆維於南岸。

時朝廷以邳、徐、宿、泗軍儲，京東縣輓運者歲十餘萬石，民甚苦之。元光元年，遂於歸德府置通濟倉，設都監一員，以受東郡之粟。

定國軍節度使李復亨言：『河南駐蹕，兵不可闕，糧不厭多。比年，少有匱乏即仰給陝西，陝西地腴歲豐，十萬石之助不難。但以車運之費先去其半，民何以堪。宜造大船二十，由大慶關渡入河，東抵湖城，往還不過數日，篙工不過百人，使舟皆容三百五十斛，則是百人以數日運七千斛矣。自夏抵秋可漕三千餘萬斛[二]，且無稽滯之患。』上從之。

時又於靈璧縣潼郡鎮設倉都監及監支納，以方開長直溝，將由萬安湖舟運入汴至泗，以貯粟也。

盧溝河

大定十年，議決盧溝以通京師漕運，上忻然曰：『如此，則諸路之物可徑達京師，利孰大焉。』命計之，當役千里內民夫，上命免被災之地，以百官從人助役。已而，勅宰臣曰：『山東歲飢。工役興則妨農作，能無怨乎。開河本欲利民，而反取怨，不可。其姑罷之。』

十一年十二月，省臣奏復開之，自金口[三]疏導至京城北入壕，而東至通州之北，入潞水，計工可八十日。

十二年三月，上令人覆按，還奏『止可五十日』。上召宰臣責曰：『所餘三十日徒妨農費工，卿等何爲慮不及此。』及渠成，以地勢高峻，水性渾濁。峻則奔流漩洄，齧岸善崩，濁則泥淖淤塞，積滓成淺，不能勝舟。其後，上謂宰臣曰：『分盧溝爲漕渠，竟未見功，若果能行，南路諸貨皆至京師，而價賤矣。』平章政事駙馬元忠曰：『請求識河道者，按視其地。』竟不能行

[一] 毛花輦　即蒲察毛花輦。據《金史》卷一一〇《李獻甫傳》，時爲都水監使。又據《本紀》正大二年『秋七月，都水蒲察毛花輦殺人，免死除名』。

[二] 〔標點本原注〕自夏抵秋可漕三千餘萬斛　按上文言『百人以數日運七千斛』，則『自夏抵秋』可漕三十餘萬斛。『千』當是『十』字之誤。

[三] 金口　與下文『孟家山金口牐』指同一處。孟家山當是今石景山或其西北之山，今稱『地型缺口』處，當是金口所在。據文獻金口始鑿於三國修車箱渠時。金、元兩代似於此建閘，控制永定河的引水量。

而罷。

二十五年五月〔一〕，盧溝決於上陽村。先是，決顯通寨，詔發中都三百里內民夫塞之，至是復決，朝廷恐枉費工物，遂令且勿治〔二〕。

二十七年三月，宰臣以『孟家山金口牐下視都城，高一百四十餘尺〔三〕，止以射糧軍守之，恐不足恃。儻遇暴漲，人或爲姦，其害非細。若固塞之，則所灌稻田俱爲陸地，種植禾麥亦非曠土。不然則更立重牐〔四〕，仍於岸上置埽官廨署，及埽兵之室，庶幾可以無虞也』。上是其言，遣使塞之。

夏四月丙子，詔封盧溝水神爲安平侯。

二十八年五月，詔盧溝河使旅往來之津要，令建石橋。未行而世宗崩。

章宗大定二十九年六月，復以涉者病河流湍急，詔命造舟，既而更命建石橋。

明昌三年三月成，勑命名曰廣利〔五〕。有司謂車駕之所經行，使客商旅之要路，請官建東西廊，令人居之。上曰：『何必然，民間自應爲耳。』左丞守貞言：『但恐爲豪右所占，況罔利之人多止東岸，若官築則東西兩岸俱稱，亦便於觀望也。』遂從之。

六月，盧溝堤決，詔速遏塞之，無令泛溢爲害。右拾遺路鐸上疏言，當從水勢分流以行，不必補修玄同口以下、丁村以上舊堤。上命宰臣議之，遂命工部尚書胥持國及路鐸同檢視其堤道。

滹沱河

大定八年六月，滹沱犯真定，命發河北西路及河間、太原、冀州民夫二萬八千，繕完其堤岸。

十年二月，滹沱河創設巡河官二員。

十七年，滹沱決白馬崗，有司以聞，詔遣使固塞，發真定五百里內民夫，以十八年二月一日興役，命同知真定尹鶻沙虎、同知河北西路轉運使徐偉監護。

漳河

大定二十年春正月，詔有司修護漳河牐，所須工物一切並從官給，毋令擾民。

〔一〕〔標點本原注〕二十五年五月　按《金史》卷八《世宗紀》作大定二十六年五月『戊子，盧溝決於上陽村。』相差一年。

〔二〕遂令且勿治　按《金史》卷八《世宗紀》作『戊子，盧溝決於上陽村，湍流成河，遂因之。』

〔三〕高一百四十餘尺　以每尺約合三十厘米，估算爲四十二米，金口至金中都城址以二十公里估算，則金口河的平均比降約爲千分之二。以《順直水利委員會測地形圖》核亦同。

〔四〕重牐　因地勢重要所建之牐不同一般，故重牐；　或是前後二座；　或是指工程牢固，十分重要之牐，以確保安全。

〔五〕名曰廣利　此橋即今之盧溝橋。

明昌二年六月，漳河及盧溝堤皆決，詔命速塞之。

四年春正月癸未，有司言修漳河堤埽計三十八萬餘工，詔依盧溝河例，招被水闕食人充夫，官支錢米，不足則調礙水人户，依上支給。

元史・河渠志[一]

《元史》卷六四至卷六六

河渠一

《元史》卷六四

水爲中國患，尚矣。知其所以爲患，則知其所以爲利，因其患之不可測，而能先事而爲之備，或後事而有其功，斯可謂善治水而能通其利者也。昔者，禹堙洪水，疏九河，陂九澤，以開萬世之利，而《周禮・地官》[二]之屬，所載瀦防溝遂之法甚詳。當是之時，天下蓋無適而非水利也。自先王疆理井田之制壞，而後水利之説興。魏史起鑿漳河[三]，秦鄭國引涇水，漢鄭當時、王安世[四]輩，或獻議穿漕渠，或建策防水決，是數君子者，皆嘗試其術而卒有成功，太史公《河渠》一書猶可考。自時厥後，凡好事喜功之徒，率多爲興利之言，而其患顧有不可勝言者矣。夫潤下，水之性也，而欲爲之防，以殺其怒，遏其衝，不亦甚難矣哉。惟能因其勢而導之，可蓄則儲水以備旱暵之災，可洩則瀉水以防水潦之溢，則水之患息，而於是蓋有無窮之利焉。

元有天下，内立都水監[五]，外設各處河渠司[六]，以興舉水利、修理河隄爲務。決雙塔、白浮諸水[七]爲通惠河，以濟漕運，而京師無轉餉之勞。導渾河，疏灤水，而武清、平灤無墊溺之虞。浚冶河，障滹沱，而真定免決嚙之患。

[一]《元史》宋濂等撰，明洪武三年（一三七〇年）完成，共二百一十卷。《河渠志》是其中一篇，共三卷。因全書分兩次修成，《志》中記載事件多分爲兩部分。記事時間上起元太宗七年（一二三五年），下迄至正二十年（一三六〇年）。

[二] 周禮・地官　即《地官・司徒》，是《周禮》中的一篇。

[三] 史起鑿漳河　事見《漢書・溝洫志》。《史記・河渠書》記載與此説不同。

[四] 王安世　《漢書・溝洫志》作『王延世』。

[五] 都水監　隋代始建的全國水政管理機構名稱。元至元二年（一二六五年）立都水監，至元十三年併入工部。至元二十八年爲修建通惠河又予恢復，直隸中書省。設都水監二人，都水少監一人。掌管全國河渠並隄防、水利、橋梁、牐堰之事。至正年間河南、山東及濟寧路鄆城設行都水監。

[六] 河渠司　都水監駐各路派出機構，又稱河道提舉司。如大都河道提舉司，秩從五品。至正年間設河防提舉司，隸行都水監。詳見《元史・百官志》。

[七] 雙塔、白浮諸水　今北京昌平有雙塔村、白浮村，當時這一帶有很多泉水出流，現已乾涸。

開會通河於臨清，以通南北之貨。疏陜西之三白，以溉關中之田。泄江湖之淫潦，立捍海之横塘，而浙右之民得免於水患。當時之善言水利，如太史郭守敬〔一〕等，蓋亦未嘗無其人焉。一代之事功，所以爲不可泯也。今故著其開修之歲月、工役之次第，歷叙其事而分紀之，作《河渠志》。

通惠河

通惠河，其源出於白浮甕山〔二〕諸泉水也。

世祖至元二十八年，都水監郭守敬奉詔興舉水利，因建言：『疏鑿通州至〔大〕都河。改引渾水溉田，於舊牐河〔三〕蹤跡導清水，上自昌平縣白浮村引神山泉〔四〕，西折南轉，過雙塔、榆河、一畝、玉泉諸水〔五〕，至西〔水〕門入都城，南匯爲積水潭，東南出文明門，東至通州高麗莊入白河。總長一百六十四里一百四步。塞清水口一十二處，共長三百一十步。壩牐一十處，共二十座〔六〕，節水以通漕運，誠爲便益。』從之。首事於至元二十九年之春，告成於三十年之秋，賜名曰通惠。凡役軍一萬九千一百二十九，工匠五百四十二，水手三百一十九，没官囚隸百七十二，計二百八十五萬工，用楮幣百五十二萬錠，糧三萬八千七百石，木石等物稱是。役興之日，命丞相以下皆親操畚鍤爲之倡。置牐之處，往往於地中得舊時磚木〔七〕，時人爲之感服。船既通行，公私兩便。先時通州至大都五十里，陸輓官糧，歲若干萬，民不勝其悴，至是皆罷之。

其壩牐之名曰：廣源牐〔八〕；西城牐二，上牐在和義門外西北一里，下牐在和義水門西三步；海子牐〔九〕，

〔一〕郭守敬　順德邢台（今河北邢台）人，字若思。至元元年（一二六四年）以河渠使赴西夏修復古灌渠，八年升任都水監。十三年參加制定《授時曆》，二十三年任太史令。二十八年復任都水監，成功地修建通惠河工程。俱見《元文類》齊履謙：《知太史院事郭公行狀》及《元史·郭守敬傳》。

〔二〕白浮甕山　此爲引水河名稱，常見本將中間加頓號，不確，詳見下文專條。

〔三〕舊牐河　指金代所建閘河。

〔四〕神山泉　位於今白浮村北龍山北麓，又稱白浮泉。

〔五〕諸水　關於諸泉名稱的記載詳見《元一統志》：『上自昌平白浮村之神山泉，下流有王家山泉，昌平西虎眼泉，孟村一畝泉、西來馬眼泉，侯家莊石河泉，灌石村南泉，榆河温湯龍泉，冷水泉，玉泉諸水畢合』。

〔六〕據下文及《元一統志》等元代資料，竣工后的通惠河設牐十一處，共二十四座。

〔七〕舊時磚木　當是金代閘河所建閘的閘基材料。

〔八〕廣源牐　此處有缺文，《元一統志》：『護國仁王寺西廣源牐二』。上牐遺址今存，下牐位置據《水部備考》在今白石橋處。以下諸閘位置詳考見蔡蕃：《北京古運河與城市供水研究》，北京出版社，一九八七年。

〔九〕海子牐　此處有缺文，《元一統志》：『海子東澄清牐三』。《析津志》詳記三牐名稱和位置。

在都城内； 文明牐二，上牐在麗正門外水門東南，下牐在文明門西南一里； 魏村牐二，上牐在文明門東南一里，下牐西至上閘一里； 籍東牐二，在都城東南王家莊； 郊亭牐二〔一〕，在都城東南二十五里银王莊； 通州牐二，上牐在通州西門外，下牐在通州南門外； 楊尹牐〔二〕二，在都城東南三十里； 朝宗牐二，上牐在萬億庫〔三〕南百步，下牐去上閘百步。

成宗元貞元年四月，中書省臣言：『新開運河牐，宜用軍一千五百，以守護兼巡防往來船内姦宄之人。』從之。七月，工部言：『通惠河創造牐壩，所費不貲，雖已成功，全籍主守之人，上下照略修治，今擬設提領三員，管領人夫，專一巡護，降印給俸。其西城牐改名會川，海子牐改名澄清，文明牐仍用舊名，魏村牐改名惠和，籍東牐改名慶豐，郊亭牐改名平津，通州牐改名通流，河門牐改名廣利，楊尹牐改名溥濟〔四〕。』

武宗至大四年六月，省臣言：『通州至大都運糧河牐，始務速成，故皆用木，歲久木朽，一旦俱敗，然後致力，將見不勝其勞。今爲永固計，宜用磚石，以次修治。』從之。後至泰定四年，始修完焉〔五〕。

文宗天曆三年三月，中書省臣言：『世祖時開挑通惠河，安置閘座，全藉上源白浮、一畝等泉之水以通漕運。今各枝及諸寺觀權勢，私決隄堰，澆灌稻田、水碾、園圃，致河淺妨漕事，乞禁之。』奉旨：白浮甕山直抵大都運糧河隄堰泉水，諸人毋挾勢偷決，大司農司、都水監可嚴禁之。

壩河

壩河，亦名阜通七壩〔六〕。

成宗大德六年三月，京畿漕運司〔七〕言：『歲漕米百萬，全藉船壩夫力。自冰開發運至河凍時止，計二百四十日，日運糧四千六百餘石，所轄船夫一千三百餘人，壩夫七

〔一〕郊亭牐二　據《元一統志》『郊亭北平津閘三』，此處『二』當爲『三』之誤。
〔二〕楊尹牐　後改名爲溥濟，又作普濟，位於今楊閘村南。
〔三〕萬億庫　據考證，當位於大都西城牆與和義北水門内。朝宗閘又見《析津志》，其記述位置應前移至『西城牐』後。
〔四〕據改名記載，此處當缺『廣源牐、朝宗牐仍用原名』等字。以上記載諸牐次序混亂，自上游而下的十一牐順序應是：廣源、會川、朝宗、澄清、文明、惠和、慶豐、平津、溥濟、通流、廣利。
〔五〕始修完焉　不確。宋褧《燕石集・都水監改修慶豐閘記》有至順元年『以木易石』記載。
〔六〕阜通七壩　宋本《都水監事記》七壩名稱是『阜通之千斯、常慶、西陽、郭村、鄭村、王村、深溝七壩。』修建時間據《元史・王思誠傳》《元史・百官志》爲至元十六年。這是大都至通州的北綫運河。
〔七〕京畿漕運司　全稱京畿都漕運使司，總掌漕運事。至元二十四年分立内外兩運司，而京畿都漕運司只領在京糧倉出納，及新運糧提舉司（至元十六年設，專管壩河糧運）站車攢運公事。

百三十，占役俱盡，晝夜不息。今歲水漲〔一〕，衝決壩隄六十餘處，雖已修畢，恐霖雨衝圮，走泄運水，以此點視河隄淺澀低薄去處，請加修理。』自五月四日入役，六月十二日畢。深溝壩〔二〕九處，計一萬五千一百五十三工。王村壩〔三〕二處，計七百十三工。鄭村壩〔四〕一處，計一千一百二十五工。西陽壩〔五〕三處，計一千二百六十二工。郭村壩〔六〕三處，計一千九百八十七工。千斯壩〔七〕下一處，計一萬工。總用工三萬二百四十。

金水河

金水河，其源出於宛平縣玉泉山，流至（義和）〔和義〕門南水門〔八〕入京城，故得金水之名。

至元二十九年二月，中書右丞馬速忽等言：『金水河所經運石大河〔九〕及高良河〔一〇〕、西河俱有跨河跳槽〔一一〕，今已損壞，請新之。』是年六月興工，明年二月工畢。

至大四年七月，奉旨引金水河水注之光天殿西花園石山前舊池，置牐四以節水。閏七月興工，九月成，凡役夫匠二十九，爲工二千七百二十三，除妨工，實役六十五日。

隆福宮前河〔一二〕

隆福宮前河，其水與太液池通。

英宗至治二年五月，奉敕云：『昔在世祖時，金水河濯手有禁，今則洗馬者有之。比至秋疏滌，禁諸人毋得污穢。』〔一三〕於是會計修浚，三年四月興工，五月工畢，凡役軍八百，爲工五

〔一〕今歲水漲　疑漲水事在去年。因當時才三月，而從『冲決壩堤六十餘處，雖已修畢』看，所需時間當比下文修補十九處時間長得多，則漲水應在元月以前。

〔二〕深溝壩　位於壩河入榆河河口處，今通州城北。以下諸壩位置考証，詳見蔡蕃：《北京古運河與城市供水研究》一書。

〔三〕王村壩　在今壩河沙窩閘上游不遠處。

〔四〕鄭村壩　即今朝陽區東壩，据《析津志》元時已有東壩之稱。

〔五〕西陽壩　在今朝陽區西壩村附近，今北崗子閘上游。

〔六〕郭村壩　在西壩村之西，今酒仙橋閘之東。明代稱『火村壩』，清又稱『果村壩』。

〔七〕千斯壩　据元虞集《京畿都漕運使善政記》，位於元大都東牆北門光熙門附近，這是壩河最西的一座壩。

〔八〕南水門　據《元大都的勘查和發掘》其遺址在西直門南一百二十米城牆下。

〔九〕運石大河　疑爲至元初年郭守敬所開『運西山木石』的金口河向北的一條支流。此時還有水通流，至大德年間才堵塞上源。如此才可能與東西流向的金水河相交。

〔一〇〕高良河　即高梁河。這里似指高梁河通流永定河的上支水道。

〔一一〕跨河跳槽　渠道與河流、公路等立體交叉工程，即現代的渡槽。

〔一二〕隆福宮前河　隆福宮爲元大內太液池西岸南部的宮殿組，又稱東宮，或皇太子宮。後爲皇太后居處。此河爲金水河流入大內的南支水道。

〔一三〕關於保護金水河『毋得污穢』的記載又見《析津志》：『金水〔河〕入大内，敢有浴者、澣衣者、棄土石瓴甋其中、驅馬牛往飲者，皆執而笞之。』

千六百三十五。

海子岸

海（水）〔子〕岸，上接龍王堂，以石甃其四周。海子一名積水潭〔一〕，聚西北諸泉之水，流行入都城而匯於此，汪洋如海，都人因名焉。

仁宗延祐六年二月，都水監計會前後，興元修舊石岸相接，凡用石三百五，各長四尺，闊二尺五寸，厚一尺，石灰三千斤，該三百五工，丁夫五十，石工十，九月五日興工，十一日工畢。

至治三年三月，大都河道提舉司〔二〕言：『海子南岸東西道路，當兩城要衝，金水河浸潤於其上，海子風浪衝嚙於其下，且道狹，不時潰陷泥濘，車馬艱於往來，如以石砌之，實永久之計也。』

泰定元年四月，工部應副工物，七月興工，八月工畢，凡用夫匠二百八十七人。

雙塔河

雙塔河，源出昌平縣孟村一畝泉，經雙塔店而東，至豐善村，入榆河。

至元三年四月六日，巡河官言：『雙塔河時將泛溢，不早爲備，恐至潰決，臨期卒難措手。乃計會閉水口〔三〕工物，開申都水監，創開雙塔河〔四〕，未及堅久。今已及水漲之時，倘或決壞，走泄水勢，悞運船不便。』省準制國用司給所需，都水監差夫修治焉。凡合閉水口五處，用工二千一百五十五。

盧溝河

盧溝河〔五〕，其源出於代地，名曰小黄河，以流濁故也。自奉聖州界，流入宛平縣境，至都城四十里東麻谷，分爲二派。

太宗七年歲乙未八月敕：『近劉沖禄言：「率水工二百餘人，已依期築閉盧溝河元破牙梳口〔六〕，若不修隄固

〔一〕海子一名積水潭　《元史·地理志》作『海子在皇城之北、萬壽山之陰，舊名積水潭，』則海子是元代才有的名稱，以前稱積水潭。

〔二〕大都河道提舉司　隸都水監，秩從五品。設提舉一員，從五品；同提舉一員，從六品；副提舉一員，從七品。負責通惠河、金水河、盧溝河、白溝、御河、會通河、壩河、積水潭及都城内一百五十六座橋的管理。

〔三〕水口　運河與山溪交叉處工程。當地習用的一種草土堰，洪水時被沖毁，汛後可迅速修復。

〔四〕創開雙塔河　據《本紀》：『至元元年二月壬子，發北京都元帥阿海所領軍疏雙塔漕渠。』

〔五〕盧溝河　今永定河，元又稱渾河。此段應移到下面渾河節，《元史》編撰者將其分作兩段，誤。

〔六〕破牙梳口　堤防決口處。

護，恐不時漲水衝壞，或貪利之人盜決溉灌，請令禁之。」劉沖禄可就主領，毋致衝塌盜決，犯者以違制論，徒二年，決杖七十。如遇修築時，所用丁夫器具，應差處調發之。其舊有水手人夫内，五十人差官存留不妨。已委管領，常切巡視體究，歲一交番，所司有不應副者罪之。』

白浮甕山〔河〕

白浮甕山〔河〕〔一〕，即通惠河上源之所出也。白浮泉水在昌平縣界，西折而南，經甕山泊〔二〕，自西水門入都城焉。

成宗大德七年六月，甕山等處看牐提領言：『自閏五月二十九日始，晝夜雨不止，六月九日夜半，山水暴漲，漫流隄上，衝決水口。』於是都水監委官督軍夫，自九月二十一日入役，至是月終輟工，實役軍夫九百九十三人。

十一年三月，都水監言：『巡視白浮甕山河隄，崩三十餘里，宜編荆笆爲水口，以泄水勢。』計修笆口〔三〕十一處，四月興工，十月工畢。

仁宗皇慶元年正月，都水監言：『白浮甕山隄，多低薄崩陷處，宜修治。』來春二月入役，八月修完，總修長三十七里二百十五步，計七萬三千七百七十三工。

延祐元年四月，都水監言：『自白浮甕山下至廣源牐隄堰，多淤澱淺塞，源泉微細，不能通流，擬疏滌。』由是會計工程，差軍千人疏治。

泰定四年八月，都水監言：『八月三日至六日，霖雨不止，山水泛溢，衝壞甕山諸處笆口，浸没民田。』計料工物，移文工部關支修治。自八月二十六日興工，九月十三日工畢，役軍夫二千名，實役九萬工，四十五日。

渾河

渾河，本盧溝水，從大興縣流至東安州、武清縣，入漷州界〔四〕。

至大二年十月，渾河水決左都威衛營西大隄，泛溢南流，没左右二翊及後衛屯田麥，由是左都威衛言：『十月五日，水決武清縣王甫村隄，闊五十餘步，深五尺許，水西南漫平地流，環圓營倉局，水不没者無幾。恐來春冰消，夏雨水作，衝決成渠，軍民被害，或遷置營司，或多差軍民修塞，庶免墊溺。』

〔一〕白浮甕山〔河〕　此處專列一節，不應是指山名，所指即白浮甕山河，以該河起迄地稱呼。遍檢《元史》所記『白浮甕山』均爲此河，中間不可加標點符號分開。

〔二〕甕山泊　元代又稱七里泊、大泊湖和西湖，今昆明湖前身。

〔三〕笆口　以荆笆裝石修築而成的水口。這種建築即前述『清水口』總數爲十二座，在白浮甕山河堤上起自潰堨作用。此次修治了十一處。

〔四〕入漷州界　元代漷州轄武清、香河兩縣，治所在今北京通縣東南漷縣鎮。上文至『武清縣』實已入漷州界。

三年二月十二日，省準下左右翊及後衛、大都路委官督工修治，至五月二十日工畢。

皇慶元年二月十七日，東安州言：『渾河水溢，決黄堝隄一十七所。』都水監計工物移文工部。二十七日，樞密知院塔失帖木兒奏：『左衛言渾河決隄口二處，屯田浸不耕種，已發軍五百修治。臣等議，治水有司職耳，宜令中書戒所屬用心修治。』從之。七月，省委工部員外郎張彬言：『巡視渾河，六月三十日霖雨，水漲及丈餘，決隄口二百餘步，漂民廬，没禾稼，乞委官修治，發民丁刈雜草興築。』

延祐元年六月十七日，左衛言：『六月十四日，渾河決武清縣劉家莊隄口，差軍七百與東安州民夫協力同修之。』

三年三月，省議：『渾河決隄堰，没田禾，軍民蒙害，既已奏聞。差官相視，上自石徑山金口㈠，下至武清縣界舊隄，長計三百四十八里，中間因舊修築者大小四十七處，漲水所害合修補者一十九處，無隄創修者八處，宜疏通者二處，計工三十八萬一百，役軍夫三萬五千，九十六日可畢。如通築則役大難成，就令分作三年爲之，省院差官先發軍民夫匠萬人，興工以修其要處。』是月二十日，樞府奏撥軍三千，委中衛僉事督修治之。

七年五月，營田提舉司言：『去歲十二月二十一日，屯户巡視廣(賦)〔武〕屯北渾河隄二百餘步將崩，恐春首土解水漲，浸没爲患，乞修治。』都水監委濠寨，會營田提舉司官、武清縣官，督夫修完廣武屯北陷薄隄一處，計二千五百工；永興屯北隄低薄一處，計四千一百六十六工；落垡村西衝圮一處，計三千七百三十三工；永興屯北崩圮一處，計六千五百十八工；北王村莊西河東岸至白墳兒，南至韓村西道口，計六千九十三工；劉邢莊西河東岸北至寶僧百户屯，南至白墳兒，計三萬七百十二工。總用工五萬三千七百二十二。

泰定四年四月，省議：『三年六月内霖雨，山水暴漲，泛没大興縣諸鄉桑棗田園。移文樞府，於七衛屯田及見有軍内，差三千人修治。』

白河

白河，在漷州東四里，北出通州潞縣，南入於通州境，又東南至香河縣界，又流入於武清縣境，達於静海縣界。

至元三十年九月，漕司言：『通州運糧河全仰白、榆、渾三河之水，合流名曰潞河，舟楫之行有年矣。今歲新開牐河，分引渾、榆二河上源之水，故自李二寺至通州三十餘里，河道淺澀。今春夏天旱，有止深二尺處，糧船不通，改用小料船搬載，淹延歲月，致虧糧數。先是，都水

㈠石徑山金口　石徑山即今石景山，金口在其北麓，詳《金史・河渠志》。

監相視白河，自東岸吴家莊前，就大河西南，斜開小河二里許，引榆河合流至深溝壩下，以通漕舟。今丈量，自深溝、榆河上灣，至吴家莊龍王廟前白河，西南至壩河八百步。及巡視，知榆河上源築閉，其水盡趨通惠河，止有白佛、靈溝、一子母〔一〕三小河水入榆河，泉脈微〔二〕，不能勝舟。擬自吴家莊就龍王廟前閉白河，於西南開小渠，引水自壩河上灣入榆河，庶可漕運。又深溝樂歲五倉，積貯新舊糧七十餘萬石，站車輓運艱緩，由是訪視通州城北通惠河積水〔三〕，至深溝村西水渠，去樂歲、廣儲等倉甚近，擬自積水處由舊渠北開四百步，至樂歲倉西北，以小料船運載甚便。』都省准焉。通惠河自通州城北，至樂歲西北，水陸共長五百步，計役八萬六百五十工。

大德二年五月，中書省劄付都水監：運糧河隄自楊村至河西務三十五處，用葦一萬九千一百四十束，軍夫二千六百四十九名，度三十日畢。於是本監分官率濠寨至楊村歷視壞隄，督巡河夫修理，以霖雨水溢，故工役倍元料，自寺淘口北至蔡村、清口、孫家務、辛莊、河西務隄，就用元料葦草，修補卑薄，創築月隄，頗有成功。其楊村兩岸相對出水河口四處，葦草不敷，就令軍夫採刈，至九月住役。楊村河〔四〕上接通惠諸河，下通滹沱入江淮，使官民舟楫直達都邑，利國便民。奈楊村隄岸，隨修隨圮，蓋爲用力不固，徒煩工役，其未修者，候來春水涸土乾，調軍夫修治。

延祐六年十月，省臣言：『漕運糧儲及南來諸物商賈舟楫，皆由直沽達通惠河，今岸崩泥淺，不早疏浚，有礙舟行，必致物價翔湧。都水監職專水利，宜分官一員，以時巡視，遇有頹圮淺澀，隨宜修築，如工力不敷，有司差夫助役，怠事者究治。』從之。

至治元年正月十一日，漕司言：『夏運海糧一百八十九萬餘石〔五〕，轉漕往返，全藉河道通便，今小直沽汊河口潮汐往來，淤泥壅積七十餘處，漕運不能通行，宜移文都水監疏滌。』工部議：『時農作方興，兼民多艱食，若不差軍助役，民力有所不逮。』樞密院言：『軍人不敷。』省議：『若差民丁，方今東作〔六〕之時，恐妨歲事。其令大都

〔一〕白佛、靈溝、一子母　白佛即白浮泉下流河道，今稱東沙河水道；靈溝，今稱蔄溝，北沙河的一條支流；一子母，疑爲今孟祖河。
〔二〕泉脈微　因榆河上源白浮等泉水引入白浮瓮山河，故下游水量減少。
〔三〕通州城北通惠河積水　位置今通縣燃燈塔北，即清代通惠河的『葫蘆頭』水面。金代閘河從城北入白河，元代修通惠河時築堰截斷城北水道，改由城南高麗莊入白河，因此這里形成積水。
〔四〕楊村河　當爲北運河的一部分或即指北運河。
〔五〕夏運海糧一百八十九萬餘石　上年（延祐七年）海運量據《食貨志》爲『三百二十四萬七千九百二十八石（至者）』。漕司所言夏運數只及全年一半左右。
〔六〕東作　歲起於東，東作即春耕。

募民夫三千，日給傭鈔一兩、糙粳米一升，委正官提調，驗日支給，令都水監暨漕司官同督其事。』四月十一日入役，五月十日工畢。

泰定元年二月，（福）〔樞〕府臣奏：『臨清萬户府[一]言，至治元年霖雨，決壞運糧河岸，宜差軍修築。臣等議，誠利益事，令本府差軍三百執役。』從之。

三年三月，都水監言：『河西務菜市灣水勢衝嚙，與倉相近，將來爲患，宜於劉二總管營相對河東岸，截河築隄，改水道與舊河合，可杜後患。』

四年正月，省臣奏准，樞府差軍五千，大都路募夫五千人，日支糙米五升、中統鈔一兩，本監工部委官與前衛董指揮同監役，是年三月十八日興工，六月十一日工畢。

致和元年六月六日，臨清御河萬户府言：『泰定四年八月二日，河溢，壞營北門隄約五十步，漂舊樁木百餘，崩圮猶未已。』工部議：『河岸崩摧，理宜修治，既都水監會計工物，各處支給，其役夫三千人，若擬差民，方春恐妨農務，宜移文樞密院撥軍。』省准修舊隄岸，展闊新河口東岸，計工五萬九千九百三十七，用軍二千、木匠十人。

天曆二年三月，漕司言：『元開劉二總管營相對河，比舊河運糧迂遠，乞委官相視，復開舊河便。』四月九日，奏准，差軍七千，委兵部員外郎鄧衡、都水監丞阿里、漕使太不花等督工修浚。後以冬寒，候凍解興役。

三年，工部移文大都，於近甸募民夫三千，日支糙粳米三升、中統鈔一兩，兵部改委辛侍郎暨元委官修闢。

至順元年六月，都水監言：『二十三日夜，白河水驟漲丈餘，觀音寺新修護倉隄，已督有司差夫救護，今水落尺餘，宜候伏槽[二]興作。』

御河

御河[三]，自大名路魏縣界，經元城縣泉源鄉於村渡，南北約十里，東北流至包家渡，下接（管）〔館〕陶縣界三口。御河上從交河縣，下入清池縣界。又永濟河在清池縣西三十里，自南皮縣來，入清州，今呼爲御河也。

至元三年七月六日，都水監言：『運河二千餘里，漕公私物貨，爲利甚大。自兵興以來，失於修治，清州之南，景州以北，頹闕岸口三十餘處，淤塞河流十五里。至癸巳年[四]，朝廷役夫四千，修築浚滌，乃復行舟。今又三十餘年，無官主領。滄州地分，水面高於平地，全藉隄堰防護。

[一] 臨清萬户府　下文有臨清御河萬户府，疑此處缺『御河』二字。

[二] 伏槽　水名，即復槽水。《宋史・河渠志》：『十月水落安流，復其故道，謂之復槽水。』

[三] 御河　元代御河指今河南、河北境内的衛河和南運河。從下文『御河水泛武清縣』看，御河也包括北運河下段。

[四] 癸巳年　當爲公元一二三三年（元太宗窩闊台五年），距至元三年爲三十三年，正如下文所説『今又三十餘年』。

其園圃之家掘隄作井，深至丈餘或二丈，引水以溉蔬花。復有瀕河人民就隄取土，漸至闕破，走洩水勢，不惟涩行舟，妨運糧，或致漂民居，没禾稼。其長蘆以北，索家馬頭之南，水内暗藏樁橛，破舟船，壞糧物。』部議以濱河州縣佐貳之官兼河防事，於各地分巡視，如有闕破，即率衆修治，拔去樁橛，仍禁園圃之家毋穿隄作井，栽樹取土。都省准議。

七年，省臣言：『御河水泛武清縣，計疏浚役夫一十〔一〕，工八十日可畢。』從之。

至大元年六月二十九日，左翼屯田萬户府呈：『五月十八日申時，水決會川縣孫家口岸約二十餘步，南流灌本管屯田，已移文河間路、武清縣、清州有司，多發丁夫，管領修治。』由是樞密院檄河間路、左翊屯田萬户府，差軍併工築塞。十月，大名路濬州言：『七月十一日連雨至十七日，清、石二河水溢李家道，東南横流。詢社長高良輩，稱水源自衛輝路汲縣東北，連本州淇門西舊黑蕩泊，溢流出岸，漫黄河古隄，東北流入本州齊賈泊，復入御河，漂及門民舍。竊計今歲水勢逆行，及下流漳水漲溢，遏絶不能通，以致若此，實非人力可勝。又西關水手佐聚稱，七月十二日卯時，御河水驟漲三尺，十八日復添四尺，其水逆流，明是下流漲水壅逆，擬差官巡治。』

延祐三年七月，滄州言：『清池縣民告，往年景州吴〔橋〕縣諸處御河水溢，衝決隄岸，萬户千奴爲恐傷〔淇〕〔其〕屯田，差軍築塞舊洩水郎兒口，故水無所洩，浸民廬及已熟田數萬頃，乞遣官疏闢，引水入海。及七月四日，決吴橋縣柳斜口東岸三十餘步，千户移僧又遣軍閉塞郎兒口，水壅不得洩，必致漂蕩張管、許河、孟村三十餘村黍穀廬舍，故本州摘官相視，移文約會開闢，不從。』

四年五月，都水監遣官與河間路官相視元塞郎兒口，東西長二十五步，南北闊二十尺，及隄南高一丈四尺，北高二丈餘，復按視郎兒口下流故河，至滄州約三十餘里，上下古跡寬闊，及減水故道，名曰盤河。今爲開闢郎兒口，增濬故河，決積水，由滄州城北達滹沱河，以入於海。

泰定元年九月，都水監遣官督丁夫五千八百九十八人，是月二十八日興工，十月二日工畢。

灤河

灤河，源出金蓮川中，由松亭北，經遷安東、平州西，瀕灤州入海也。王曾《北行録》云：『自偏槍嶺四十里，過烏灤河，東有灤州，因河爲名。』

至元二十八年八月，省臣奏：『姚演言，奉敕疏濬灤河，漕運上都，乞應副沿河蓋露囷工匠什物，仍預備來歲

〔一〕〔標點本原注〕計疏浚役夫一十　按疏浚河道，當非十人之工役。疑此處史文有誤。

〔今注〕『十』或爲『千』字之誤。

所用漕船五百艘，水手一萬，牽船夫二萬四千。臣等集議，近歲東南荒歉，民力凋弊，造舟調夫，其事非輕，一時並行，必致重困。請先造舟十艘，量撥水手試行之，如果便，續增益。』制可其奏，先以五十艘行之，仍選能人同事。

大德五年八月十三日，平灤路言：『六月九日霖雨，至十五日夜，灤河與淝、洳三河並溢，衝圮城東西二處舊護城隄、東西南三面城牆，橫流入城，漂郭外三關瀕河及在城官民屋廬糧物，没田苗，溺人畜，死者甚衆，而雨猶不止。至二十四日夜，灤、漆、淝、洳諸河水復漲入城，餘屋漂蕩殆盡。』乃委吏部馬員外同都水監官修之。東西二隄，計用工三十一萬一千五十，鈔八千八十七錠十五兩，糙粳米三千一百一十石五斗，椿木等價鈔二百七十四錠二十六兩四錢。

延祐四年六月十六日，上都留守司言〔一〕：『正月一日，城南御河西北岸爲水衝嚙，漸至頹圮，若不修治，恐來春水泛漲，漂没民居。又開平縣言，四月二十六日霖雨，至二十八日夜，東關灤河水漲，衝損北岸，宜擬修築。本司議，即目仲夏霖雨，其水復溢，必大爲害。乃委官督夫匠興役。開平發民夫，幼小不任役，請調軍供作，庶可速成。』五月二十一日，留守司言：『灤河水漲決隄，計修築用軍六百，宜令樞密院差調，官給其食。』制曰：『今維其時，移文樞密院發軍速爲之。』虎賁司發軍三百治焉。

泰定二年三月十三日，永平路屯田總管府言：『國家經費咸出於民，民之所生，無過農作。本屯闢田收糧，以供億內府之用，不爲不重。訪馬城東北五里許張家莊龍灣頭，在昔有司差夫築隄，以防灤水，西南連清水河，至公安橋，皆本屯地分。去歲霖雨，水溢，衝蕩皆盡，浸死屯民田苗，終歲無收。方今農隙，若不預修，必致爲害。』工部移文都水監，差濠寨洎本屯官及灤州官新詣相視，督令有司差夫補築。

三年五月十日，上都留守司及本路總管府言：『巡視大西關南馬市口灤河遞北隄，侵嚙漸崩，不預治，恐夏霖雨水泛，貽害居民。』於是送都城所丈量，計用物修治，工部移文上都分部施行。七月二日，右丞相塔失帖木兒等奏：『斡耳朵思住冬營盤，爲灤河走淩河水衝壞，將築護水隄，宜令樞密院發軍千二百人以供役。』從之。樞密院請遣軍千二百人。

〔一〕〔標點本原注〕延祐四年六月十六日，上都留守司言　按『六月十六日，上都留守司言』，不應列在『五月二十一日，留守司言』之前。且下文言『即目仲夏霖雨』，倘作『六月』，即非『仲夏』。『六月』疑當作『五月』。

〔今注〕：《地理志》『上都路……至元二年置留守司，……十八年升上都留守司，兼行本路總管府事。』

河間河

河間河在河間路界。

泰定三年三月，都水監言：『河間路水患，古儉河，自北門外始，依舊疏通，至大成縣界，以洩上源水勢，引入鹽河〔一〕；古陳玉帶河〔二〕，自軍司口浚治，至雄州歸信縣界，以導淀濼積潦，注之易河〔三〕；黄龍港，自鎖井口開鑿，至文安縣玳瑁口，以通濼水，經火燒淀〔四〕，轉流入海。計河宜疏者三十處，總役夫三萬，三十日可畢。』是月省臣奏准，遣斷事官定住，同元委都水孫監丞洎本處有司官，於旁近州縣發丁夫三萬，日給鈔一兩、米一升，先詣古陳玉帶河。尋以歲旱民饑，役興人勞罷，俟年登爲之。

冶河

冶河在真定路平山縣西門外，經井陘縣流來本縣東北十里，入滹沱河。

元貞元年正月十八日，丞相完澤等言：『往年先帝嘗命開真定冶河，已發丁夫入役，適值先帝昇遐，以聚衆罷之。今請遵舊制，俾卒其事。』從之。

皇慶元年七月二日，真定路言：『龍花、判官莊諸處壞隄，計工物，申請省委都水監及本路官，自平山縣西北，歷視滹沱、冶河合流，急注真定西南關，由是再議，照冶河故道，自平山縣西北河內，改修滚水石隄，下修龍塘隄，東南至水碾村，改引河道一里，蒲吾橋西，改闢河道一里。上至平山縣西北，下至寧晉縣，疏其淤澱，築隄分其上源入舊河，以殺其勢。復有程同、程章二石橋阻咽水勢，擬開減水月河二道，可久且便。下相欒城縣，南視趙州寧晉縣，諸河北之下源，地形低下，恐水泛，經欒城、趙州，壞石橋〔五〕，阻河流爲害。由是議於欒城縣北，聖母堂東冶河東岸，開減水河，可去真定之患。』省准，於二年二月，都水監委官與本路及廉訪司官，同詣平山縣相視，會計修治。總計冶河，始自平山縣北關西龍神廟北獨石，通長五千八百六步，共役夫五千，爲工十八萬八百七，無風雨妨工，三十

〔一〕鹽河　即子牙河下流。《嘉慶重修一統志・天津府・山川》載：『子牙河即滹沱河下流，自河間府獻縣西南分流入静海縣，與大城分界，以經子牙村得名。又東北流入天津府城北，與南北二運河會爲三岔河，入海河歸海。《舊志》一名鹽河，又名沿河。』

〔二〕玉帶河　即唐河下流。《（嘉慶）重修一統志・河間府・山川》載：『玉帶河在肅寧縣東，即唐河下流，舊自蠡縣流入，與河間縣界接界，又東北接任丘縣界爲鏡河。』

〔三〕易河　即易水。《（嘉慶）重修一統志・保定府・山川》載：『易水在定興縣西南，自易州流入，與巨馬河合，即中易也。』

〔四〕火燒淀　在今河北文安縣東文安洼。

〔五〕壞石橋　石橋爲隋開皇中期（五九一至五九九年）李春設計的安濟橋，俗稱『趙州橋』，位於今河北趙縣洨河之上，是我國現存最早大型石拱橋之一。

六日可畢。

滹沱河

滹沱河，源出於西山，在真定路真定縣南一里，經藁城縣北一里，經平山縣北十里。寰宇記載經靈壽縣西南二十里。此河連貫真定諸郡，經流去處，皆曰滹沱水也。

延祐七年十一月，真定路言：『真定縣城南滹沱河，北決隄，寖近城，每歲修築。聞其源本微，與冶河不相通，後二水合，其勢遂猛，屢壞金大隄爲患。本路達魯花赤哈散於至元三十年言，准引闢冶河自作一流，滹沱河水十退三四。至大元年七月，水漂南關百餘家，淤塞冶河口，其水復滹河。自後歲有潰決之患，略舉大德十年至皇慶元年，節次修隄，用捲掃葦草二百餘萬，官給夫糧備傭直百餘萬錠。及延祐元年三月至五月，修隄二百七十餘步，其明堂、判官，勉村三處，就用橋木爲樁，徵夫五百餘人，執役月餘不能畢。近年米價翔貴，民匱於食，有丁者正身應役，單丁者必須募人，人日傭直不下三五貫，前工未畢，後役迭至。至七月八日，又衝塌李玉飛等莊及木方、胡營等村三處隄，長一千二百四十步，申請委官相視，差夫築月隄。延祐二年，本路前總管馬思忽嘗闢冶河，已復湮塞。今歲霖雨，水溢北岸數處，浸没田禾。其河元經康家莊村南流，不記歲月，徙於村北。數年修築，皆於隄北取土，故南高北低，水愈就下侵嚙。西至木方村，東至護城隄，數約二千餘步，比來春，必須修治。用樁梢築土隄，亦非永久之計。若濬木方村南舊湮枯河，引水南流，牐閉北岸河口，於南岸取土築隄，下至合頭村北與本河合，如此去城稍遠，庶可無患。』都水監差官相視，截河築隄，闊千餘步，新開古岸，止闊六十步，恐不能制禦千步之勢。若於北岸闕破低薄處，比元料，增夫力，葦草捲掃補築，便計葦草丁夫，若令責辦民間，緣今歲旱澇相仍，民食匱乏，擬均料各州縣上中户，價錢及食米於官錢內支給。限二月二十日興工，役夫五千，爲工十六萬七百一十九，度三十二日可畢。總計補築滹沱河北岸防水隄十處，長一千九百一十步，高闊不一，計三百四十萬七千七百五十尺，用推掃梯二十五，每梯用大檁三、小檁三，計大小檁一百五十，草三十五萬八百束，葦二十八萬六百四十束，梢柴七千二百束。

至治元年三月，真定路言：『真定縣滹沱河，每遇水泛，衝隄岸，浸没民田，已差募丁夫修築，與廉訪司官相視講究，如將木方村南舊堙河道疏闢，導水東南行，牐閉北岸，却於河南取土，修築至合頭村，合入本河，似望可以民安。』都水監與真定路官相視議：『夫治水者，行其所無事，蓋以順其性也。牐閉滹沱河口，截河築隄一千餘步，開掘故河老岸，闊六十步，長三十餘里，改水東南行流，霖雨之時，水拍兩岸，截河隄堰，阻逆水性，新開故河，止闊六十步，焉能吞授千步之勢？上嘯下滯，必致潰決，徒糜官錢，空勞民力。若順其自然，將河北岸舊隄比之元料，增添工物，如法捲埽，堅固修築，誠爲官民便益。』省准補築滹沱河北岸縷水隄一十處，通長一千九百一十步，役夫五百名，計一十六萬七百三十九工。

泰定四年八月七日，省臣奏：『真定路言，滹沱河水連年泛溢爲害，都水監、廉訪司、真定路及瀕河州縣官洎耆老會議，其源自五臺諸山來，至平山縣王母村山口下，與平定州娘子廟石泉冶河合。夏秋霖雨水漲，瀰漫城郭，每年勞民築隄，莫能除害，宜自王子村、辛安村鑿河，長四里餘，接魯家灣舊澗，復開二百餘步，合入冶河，以分殺其勢。又木方村滹沱河南岸故道，疏滌三十里，北岸下椿捲埽，築隄捍水，令東流。今歲儲材，九月興役，期十一月功成。所用石、鐵、石灰諸物，夫匠工糧，官爲供給，力省功多，可永無害。工部議，若從所請，二河並治，役大民勞，擬先開冶河，其真定路徵民夫，如不敷，可於鄰郡順德路差募人夫，日給中統鈔一兩五錢，如侵礙民田，官酬其直。中書省都水監差官，率知水利濠寨，督本路及當該州縣用工，廉訪司添力成就，滹河近後再議。』從之。九月，委都水監官洎本道廉訪司真定路同監督有司併工修治。後真定路言：『閏九月五日爲始興工間，據趙州臨城諸縣申，天寒地凍，難於用工，候春暖開闢便，已於十月七日放散人民。』部議，人夫既散，宜准所擬。凡已給夫鈔二萬六千八百三十二錠，地價錢六百三十錠。

會通河

會通河〔一〕，起東昌路須城縣安山之西南，由壽張西北至東昌，又西北至於臨清，以逾於御河。

至元二十六年，壽張縣尹韓仲暉、太史院令史邊源相繼建言，開河置牐，引汶水達舟於御河，以便公私漕販。省遣漕副馬之貞〔二〕與源等按視地勢，商度工用，於是圖上可開之狀。詔出楮幣一百五十萬緡、米四（百）〔萬〕石〔三〕、鹽五萬斤，以爲傭直，備器用，徵旁郡丁夫三萬，驛遣斷事官忙速兒、禮部尚書張孔孫、兵部尚書李處巽等董其役。

〔一〕會通河　元代開始將安山以北至臨清稱爲會通河，將安山以南至濟州（今濟寧市）稱爲濟州河。後來將濟州河和會通河混稱爲會通河。明代更少提及濟州河。此節所述實爲混稱。

〔二〕馬之貞　據《析津志輯佚·名宦》『初江南既平，欲引水通舟楫於京師。（商瑭）與大府掾馬之貞友善，薦於丞相伯顏曰：「此人知水利，家故有書。言宋人都汴時，僧應言錢塘範金佛舟載以歸，東河其蹟故在，是知復泗水，可南達於河，於淮海、於江，北入漳濟，引而可通於白溆入海之渠。泝而至於潞縣，達於京師，則輸販漕運之利，不待車輦矣。」丞相以聞，即命之貞由通州而南，相其原隰，集量穿渠。二十六年成，便利甚大，賜名會通河，召實始之。』

〔三〕四（百）〔萬〕石　下文用『鹽五萬斤』，而此處用米『四百石』顯然有誤。元人楊文郁《開會通河功成之碑》、《元史》卷一五《世祖本紀》均爲用『米四萬石』，據改。

首事於是年正月己亥，起於須城安山之西南，止於臨清之御河，其長二百五十餘里，中建牐三十有一〔一〕，度高低，分遠邇，以節蓄洩。六月辛亥成〔二〕，凡役工二百五十一萬七百四十有八，賜名曰會通河。

二十七年，省以馬之貞言霖雨岸崩，河道淤淺，宜加修濬，奏撥放罷輸運站户三千，專供其役，仍俾採伐木石等以充用。是後，歲委都水監官一員，佩分監印，率令史、奏差、濠寨官往職巡視，且督工，易牐以石，而視所損緩急爲後先。至泰定二年，始克畢事。

會通鎮牐三、土壩二，在臨清縣北。頭牐長一百尺，闊八十尺，兩直身〔三〕各長四十尺，兩鴈翅〔四〕各斜長三十尺，高二丈，牐空〔五〕闊二丈，自至元三十年正月一日興工，凡役夫匠六百六十名，至十月二十九日工畢。中牐南至隘船牐〔六〕三里，元貞二年七月二十三日興工，至大德二年三月十三日工畢，夫匠四百四十三，長廣與上牐同。隘船〔牐〕南至李海務牐一百五十二里，延祐元年八月十五日興工，九月二十五日工畢，夫匠五百，牐空闊九尺，長廣同上。土壩二。

李海務牐南至周家店牐一十二里，元貞二年二月二日興工，五月二十日工畢，夫匠五百二十七名，長廣與會通鎮牐同。

周家店牐南至七級牐一十二里，大德四年正月二十一日興工，八月二十日工畢，夫匠四百四十二，長廣與上同。

七級牐二：北牐南至南牐三里，大德元年五月一日興工，十月六日工畢，夫匠四百四十三名，長廣如周家店牐；南牐南至阿城牐一十二里，元貞二年正月二十日興工，十月五日工畢，夫匠四百五十名，長廣同北牐。

阿城牐二：北牐南至南牐三里，大德三年三月五日興工，七月二十八日工畢，夫匠四百四十一名，長廣上同；南牐南至荆門北牐一十里，大德二年正月二十五日興工，十月一日工畢，夫匠四百四十六名，長廣上同。

荆門牐二：北牐南至荆門南牐二里半，大德三年六月初一日興工，至十月二十五日工畢，役夫三百一十名，長廣同；南牐南至壽張牐六十五里，大德六年正月二十三日興工，六月二十九日工畢，長廣同北牐。

〔一〕中建牐三十有一　開會通河前濟州河上已有六座閘，開會通河後又增二十五座，兩河共計三十一座，實際包括汶水、泗水上的閘。
〔二〕六月辛亥成　《元史·本紀》作『七月辛巳，開安山渠成，賜名會通河。』
〔三〕直身　古代石閘閘口中間直長的一段，又稱由身、正身。
〔四〕兩鴈翅　即雁翅，分爲上迎水鴈翅，下分水燕尾，指緊接直身的上下游閘牆部分。
〔五〕牐空　即閘口，又有金門、龍門、金口之稱。元代會通河、通惠河閘口寬度一般均定爲二丈左右。
〔六〕隘船牐　比一般閘口尺寸隘窄，爲限制大船採取的措施。

壽張牐南至安山牐八里，至元三十一年正月一日興工，五月二十日工畢。

安山牐南至開河牐八十五里，至元二十六年建。

開河牐南至濟州牐一百二十四里。

濟州牐三： 上牐南至中牐三里，大德五年三月十二日興工，七月二十八日工畢。中牐南至下牐二里，至治元年三月一日興工，六月六日工畢； 下牐南至趙村牐六里，大德七年二月十三日興工，五月二十一日工畢。

趙村牐南至石佛牐七里，泰定四年二月十八日興工，五月二十日工畢。

石佛牐南至辛店牐一十三里，延祐六年二月十日興工，四月二十九日工畢。

辛店牐南至師家店牐二十四里，大德元年正月二十七日興工，四月一日工畢。

師家店牐南至棗林牐一十五里，大德二年二月三日興工，五月二十三日工畢。

棗林牐南至孟陽泊牐九十五里，延祐五年二月四日興工，五月二十二日工畢。

孟陽泊牐南至金溝牐九十里，大德八年正月四日興工，五月十七日工畢。

金溝牐南至隘船牐〔一〕一十二里，大德十年閏正月二十五日興工，四月二十三工畢。

沽頭牐二： 北隘船牐南至下牐二里，延祐二年二月六日興工，五月十五日工畢； 南牐南至徐州一百二十里，大德十一年二月興工，五月十四日工畢。

三汊口牐入鹽河，南至（土）〔安〕〔二〕山牐一十八里，泰定二年正月十九日興工，四月十三日工畢。

土山牐南至三汊口牐二十五里，入鹽河。

兖州牐〔三〕。

堈城牐〔四〕。

延祐元年二月二十日，省臣言：『江南行省起運諸物，皆由會通河以達於都，爲其河淺澀，大船充塞於其中，阻礙餘船不得來往。每歲省臺差人巡視，其所差官言，始開河時，止許行百五十料船〔五〕，近年權勢之人，並富商大

〔一〕南至隘船牐　此隘船牐是沽頭北隘船牐，與會通鎮下隘船牐相對，起到控制超寬大船進入運河的作用。

〔二〕（土）〔安〕　『土』當爲『安』字之誤，『土山牐』在三汊口牐北，有下句原文可證。

〔三〕兖州牐　下缺距離及尺寸，兖州牐在兖州城東五里，泗水上。

〔四〕堈城牐　即堽城閘，位於堽城鎮西北汶水上，原爲攔河臨時草土堰，由南岸斗門分水入洸河。會通河開通後增建兩門，後又合爲一閘。

〔五〕止許行百五十料船　料是宋代以後計算船舶載貨量（容積）單位。據元代《河防通議》卷下，一料約合六十斤。一百五十料船是較小的運河船。因水源缺少，祇得限制航船尺寸。元代通惠河亦有此規定。

賈，貪嗜貨利，造三四百料或五百料船，於此河行駕，以致阻滯官民舟楫，如於沽頭置小石牐一，止許行百五十料船便。臣等議，宜依所言，中書及都水監差官於沽頭置小牐一，及於臨清相視宜置牐處，亦置小牐一，禁約二百料之上船，不許入河行運。』從之。

至治三年四月十日，都水分監言：『會通河沛縣東金溝、沽頭諸處，地形高峻，旱則水淺舟澀，省部已准置二滚水堰。近延祐二年，沽頭牐上增置隘牐一，以限巨舟，每經霖雨，則三牐月河〔一〕、截河土堰，盡爲衝決。自秋摘夫刈薪，至冬水落，或來歲春首修治，工夫浩大，動用丁夫千百，束薪十萬之餘，數月方完，勞費萬倍。又況延祐六年雨多水溢，月河、土堰及石牐雁翅日被衝嚙，土石相離，深及數丈，其工倍多，至今未完。今若運金溝、沽頭並隘牐三處見有石，於沽頭月河內修隘牐一所，更將隘牐移置金溝牐月河、或沽頭牐月河內，水大則大牐俱開，使水得通流，水小則閉金溝大牐，（上）〔止〕開隘牐，沽頭則閉隘牐，而啓正牐行舟，如此歲省修治之費，亦可免丁夫冬寒入水之苦，誠爲一勞永逸。』

移文工部，令委官與有司同議。於是差濠寨約會濟寧路官相視，就問金溝牐提領周德興，言每歲夏秋霖雨，衝失牐隄，必候水落，役夫採薪修治，不下三兩月方畢，冬寒水作，苦不勝言。會驗監察御史言，延祐初，元省臣亦嘗請置隘牐以限巨舟，臣等議，其言當，請從之。於是議：梭板等船〔二〕乃御河、江、淮可行之物，宜遣出，任其所之〔三〕。於金溝、沽頭兩牐中置隘牐二，各闊一丈，以限大船。若欲於通惠、會通河行運者，止許一百五十料，違者罪之，仍没其船。其大都、江南權勢紅頭花船，一體不許來往。准擬拆移沽頭隘牐，置於金溝大牐之南，仍作（運）〔連〕環牐，其間空地北作滚水石堰，水漲即開大小三牐，水落即鎖閉大牐，止於隘牐通舟。果有小料船及官用巨物，許申稟上司，權開大牐，仍添金溝隁板積水，以便行舟。其沽頭截河土隁，依例改修石隁，盡除舊有土隁三道。金溝牐月河內創建滚水石隁，長一百七十尺，高一丈，闊一丈。沽頭牐自河內修截河隁，長一百八十尺，高一丈一尺，底闊二丈，上闊一丈。

泰定四年四月，御史臺臣言：『巡視河道，自通州至真、揚，會集都水分監及瀕河州縣官民，詢考利病，不出兩端，一曰壅決，二曰經行。卑職參詳，自古立國，引漕皆有

〔一〕三牐月河　由於建閘後斷面減小，而汛期行洪使運河岸常決溢，爲增加泄洪能力，在閘前修月河繞到閘下游。更主要的是爲了和正河輪替行船，以便檢修閘；　還可以平緩閘上下游水位，以便舟船過閘。

〔二〕梭板等船　梭船因船呈梭形，航行速度快，寬一丈五尺至一丈九尺不等。

〔三〕宜遣出，任其所之　常見本爲『宜遣出任其所之，』。

成式。自世祖屈群策，濟萬民，疏河渠，引清、濟、汶、泗，立牐節水，以通燕薊、江淮，舟楫萬里，振古所無。後人篤守成規，苟能舉其廢墜而已，實萬世無窮之利也。蓋水性流變不常，久廢不修，舊規漸壞，雖有智者，不能善後。以故詳歷考視，酌古准今，參會衆議，輒有管見，倘蒙采録，責任水監，謹守勿失，能事畢矣。不窮利病之源，頻歲差人，具文巡視，徒爲煩擾，無益於事。都水監元立南北隘牐，各闊九尺，二百料下船梁頭〔一〕八尺五寸，可以入牐。愚民嗜利無厭，爲隘牐所限，改造減舷添倉長船至八九十尺，甚至百尺，皆五六百料，入至牐內，不能回轉，動輒淺閣，阻礙餘舟，蓋緣隘牐之法，不能限其長短。今卑職至真州，問得造船作頭，稱過牐船梁八尺五寸船，該長六丈五尺，計二百料。由是參詳，宜於隘牐下岸立石則，遇船入牐，必須驗量，長不過則，然後放入，違者罪之。牐內舊有長船，立限遣出。』省下都水監，委濠寨官約會濟寧路委官同歷視議擬，隘牐下約八十步河北立二石則，中間相離六十五尺，如舟至彼，驗量如式，方許入牐，有長者罪遣退之。又與東昌路官親詣議擬，於元立隘牐西約一里，依已定丈尺，置石則驗量行舟，有不依元料者罪之。

天曆三年三月，詔諭中外：『都水監言：世祖費國家財用，開闢會通河，以通漕運。往來使臣、下番百姓，及隨從使臣、各枝斡脱權勢之人，到牐不候水則，恃勢捶撻看牐人等，頻頻啓放。又漕運糧船，凡遇水淺，於河內築土壩，積水以漸行舟，以故壞牐。乞禁治事。命後諸王駙馬各枝往來使臣，及斡脱權勢之人、下番使臣等，並運官糧船，如到牐，依舊定例啓閉，若似前不候水則，恃勢捶拷守牐人等，勒令啓牐，及河內用土築壩壞牐之人，治其罪。如守牐之人，恃有聖旨，合啓牐時，故意遲延，阻滯使臣客旅，欺要錢物，乃不畏常憲也。』仍令監察御史、廉訪司常加體察。

兗州牐

兗州牐已見前。

至元二十七年四月，都漕運副使馬之貞言：

淮山東東西道宣慰使司牒文，相視兗州牐堰事。先於至元十二年，蒙丞相伯顔訪問自江淮達大都河道，之貞乃言，宋、金以來，汶、泗相通河道，郭都水按視〔二〕，可以通漕。於二十年中書省奏准，委兵部李尚書等開鑿，擬修石牐十四。二十一年省委之貞與尚監察等同相視，擬修石牐八、石堰二，除已修畢外，有石牐一、石堰一、堽城石堰一，至今未修。據濟州以南，徐、邳沿河縴道橋梁，二十三年添立邳州水站，移

〔一〕船梁頭　指漕船的寬度。
〔二〕郭都水按視　郭都水指當時任都水監的郭守敬。詳見《元史·郭守敬傳》。

文沿河州縣，修治已完。二十三年調之貞充漕運副使，委管牐接放綱船。沿河縴道，元無崩損去處，在前年例，當麻麥盛時，差官修理縴道，督責地主割刈麻麥，並滕州開決稻堰，泗源磨堰，差人於吕梁、百步等洪，及濟州牐監督江淮綱運船隻，過洪出牐，不令阻滯客旅，苟取錢物。據新開會通並濟州汶、泗相通河，非自然長流河道，於兖州立牐堰，約泗水西流，堽城立牐堰，分汶水入河，南會於濟州，以六牐撙節水勢，啓閉通放舟楫，南通淮、泗，以入新開會通河，至於通州。

近去歲四月，江淮都漕運使司言，本司糧運，經濟河至東阿交割，前者濟州運司，不時移文瀕河官司，修治縴道，若有緩急處所，正官取招呈省，路經歷、縣達魯花赤以下就便斷罪。今濟州漕司革罷〔一〕，其河道撥屬都漕運司管領，本司糧運未到東阿，凡有阻滯，並是本司遲慢。迤南河道，從此無人管領，不時水勢泛溢，隄岸摧塌，澀滯河道。又濟州牐，前濟州運司正官親臨監視，其押綱船户不敢分争。即目各處官司差人管領，與綱官船户各無統攝，争要水勢，及攙越過牐，互相毆打，以致損壞船隻，浸没官糧。擬將東阿河道撥付江淮都漕運司提調管領，庶幾不誤糧運。都省准焉。

又淮江淮都漕運司副使言，除委官看管牐堰外，據汶、泗、堽城二牐一堰、泗河兖州牐堰、濟州城南牐，乃會通河上源之喉衿，去歲流水衝壞堽城汶河土堰、兖州泗河土堰，必須移文兖州、泰安州差夫修閉。又被漲水衝破梁山一帶隄堰，走洩水勢，通入舊河，以致新河水小，澀糧船，乞移文斷事等官，轉下東平路修閉。上流撥屬江淮漕運司，下流屬之貞管領。若已後新河水小，直下濟州監牐官，並泰安、兖州、東平修理。據兖州石牐一所、石堰一道，堽城石牐一道，合用材物已行措置完備，必須修理，雖初經之貞相視會計，即令不隸管領，乞移文江淮漕司修治。其泰安州堽城安、梁山一帶隄岸，濟州牐等處，雖是撥屬江淮漕司，今後倘若水漲，衝壞隄堰，亦乞照會東平、濟寧、泰安，如承文字，亦仰奉行。又東阿、須城界安山牐，爲糧船不由舊河來往，江淮所委監牐官已去，目今無人看管，必須之貞修理，以此權委人守焉。

〔一〕今濟州漕司革罷　據《元史・本紀》，至元十三年正月穿濟州漕渠，置漕司，至元二十五年二月改濟州漕運司爲都漕運司。至元二十六年九月罷濟州漕運使司。

河渠二

《元史》卷六五

黄河

黄河之水，其源遠而高，其流大而疾，其爲患於中國者莫甚焉。前史載河決之患詳矣。

世祖至元九年七月，衛輝路新鄉縣廣盈倉南河北岸決五十餘步。八月，又崩一百八十三步，其勢未已，去倉止三十步。於是委都水監丞馬良弼與本路官同詣相視，差丁夫併力修完之。

二十五年，汴梁路陽武縣諸處，河決二十二所，漂蕩麥禾房舍，委宣慰司督本路差夫修治。

成宗大德三年五月，河南省言：『河決蒲口兒等處〔一〕，浸歸德府數郡，百姓被災。差官修築計料，合修七隄二十五處，共長三萬九千九十二步，總用葦四十萬四千束，徑尺椿二萬四千七百二十株，役夫七千九百二人。』

武宗至大三年十一月，河北河南道廉訪司言：

黄河決溢，千里蒙害。浸城郭，漂室廬，壞禾稼，百姓已罹其毒。然後訪求修治之方，而且衆議紛紜，互陳利害，當事者疑惑不決，必須上請朝省，比至議定，其害滋大，所謂不預已然之弊。大抵黄河伏槽之時，水勢似緩，觀之不足爲害，一遇霖潦，湍浪迅猛。自孟津以東，土性疏薄，兼帶沙滷，又失導洩之方，崩潰決溢，可翹足而待。

近歲亳、潁之民，幸河北徙，有司不能遠慮，失於規劃，使陂濼悉爲陸地。東至杞縣三汊口，播河爲三，分殺其勢，蓋亦有年。往歲歸德、太康建言，相次湮塞南北二汊，遂使三河之水合而爲一。下流既不通暢，自然上溢爲災。由是觀之，是自奪分泄之利，故其上下決溢，至今莫除。即今水勢趨下，有復鉅野、梁山之意〔二〕。蓋河性遷徙無常，苟不爲遠計預防，不出數年，曹、濮、濟、鄆蒙害必矣。

今之所謂治水者，徒爾議論紛紜，咸無良策。水監之官，既非精選，知河之利害者，百無一二。雖每年累驛而至，名爲巡河，徒應故事。問地形之高下，

〔一〕河決蒲口兒等處　據《元史》卷一九《成宗紀》『大德元年秋……河決杞縣蒲口。』大德二年六月河決蒲口九十六處。蒲口兒即杞縣蒲口，在縣北四十里，舊汴水東流處。

〔二〕有復鉅野、梁山之意　梁山即指梁山濼，本爲鉅野澤一部分（參見《宋史·河渠志》注）。從五代到北宋多次被潰決的黄河水灌入，面積逐漸擴大，熙寧以後周圍達八百里。入金後黄河遷徙改道，漸涸爲平地。自此時又開始爲黄河決入，漸成大泊，但不久又干涸。

則懵不知；訪水勢之利病，則非所習。既無實才，又不經練。乃或妄興事端，勞民動衆，阻逆水性，翻爲後患。

爲今之計，莫若於汴梁置都水分監[一]，妙選廉幹、深知水利之人，專職其任，量存員數，頻爲巡視，謹其防護，可疏者疏之，可堙者堙之，可防者防之。職掌既專，則事功可立。較之河已決溢，民已被害，然後鹵莽修治以勞民者，烏可同日而語哉。

於是省令都水監議，檢照大德十年正月省臣奏準，昨都水監陞正三品，添官二員，鑄分監印，巡視御河，修缺潰，疏淺澀，禁民船越次亂行者，今擬就令分巡提點修治。本監議：『黄河泛漲，止是一事，難與會通河有壩牐漕運分監守治爲比。先爲御河添官降印，兼提點黄河，若使專一，分監在彼，則有妨御河公事。況黄河已有拘該有司正官提調，自今莫若分監官吏以十月往，與各處官司巡視缺破，會計工物督治，比年終完，來春分監新官至，則一一交割，然後代還，庶不相誤。』

工部照大德九年黄河決徙，逼近汴梁，幾至浸没。本處官司權宜開闢董盆口，分入巴河[二]，以殺其勢，遂使正河水緩，併趨支流。緣巴河舊隘，不足吞伏，明年急遣蕭都水等閉塞，而其勢愈大，卒無成功，致連年爲害，南至歸德諸處，北至濟寧地分，至今不息。本部議：『黄河爲害，難同餘水。欲爲經遠之計，非用通知古今水利之人專任其事，終無補益。河南憲司所言詳悉，今都水監别無他見，止依舊例議擬未當。如量設官，精選廉幹奉公、深知地形水勢者，專任河防之職，往來巡視，以時疏塞，庶可除害。』省準令都水分監官專治河患，任滿交代。

仁宗延祐元年八月，河南等處行中書省言：『黄河涸露舊水泊汙池，多爲勢家所據，忽遇泛溢，水無所歸，遂致爲害。由此觀之，非河犯人，人自犯之。擬差知水利都水監官，與行省廉訪司同相視，可以疏闢隄障，比至泛溢，先加修治，用力少而成功多。又汴梁路睢州諸處，決破河口數十，内開封縣小黄村計會月隄一道，都水分監修築障水隄堰，所擬不一，宜委請行省官與本道憲司、汴梁路都水分監官及州縣正官，親歷按驗，從長講議。』由是委太常丞郭奉政、前都水監丞邊承務、都水監卿朶兒只、河南行省石右丞、本道廉訪副使站木赤、汴梁判官張承直，上自河陰，下至陳州，與拘該州縣官一同沿河相視。開封縣小黄村河口，測量比舊淺減六尺。陳留、通許、太康舊有蒲葦之地，後因閉塞西河、塔河諸水口，以便種蒔，故他處連年潰決。

[一] 於汴梁置都水分監　至元二十八年始置，處理河決事務。

[二] 巴河　又名白河。河道自陽武、封丘，經開封城東，陳留東北，藍陽（今藍考）城南，儀封（在今蘭考東北三十里）城南，杞縣，睢州城，寧陵城北，商丘城南匯入蒲口決口的黄河（約一三〇五至一三一二年）。

各官公議：『治水之道，惟當順其性之自然。嘗聞大河自陽武、胙城，由白馬，河間，東北入海。歷年既久，遷徙不常。每歲泛溢兩岸，時有衝決，强爲閉塞，正及農忙，科椿梢，發丁夫，動至數萬，所費不可勝紀，其弊多端，郡縣嗷嗷，民不聊生。蓋黄河善遷徙，惟宜順下疏泄。今相視上自河陰，下抵歸德，經夏水漲，甚於常年，以小黄口分洩之故，並無衝決，此其明驗也。詳視陳州，最爲低窪，瀕河之地，今歲麥禾不收，民饑特甚。欲爲拯救，奈下流無可疏之處。若將小黄村河口閉塞，必移患鄰郡。決上流南岸，則汴梁被害；決下流北岸，則山東可憂。事難兩全，當遺小就大。如免陳村差税，賑其饑民，陳留、通許、太康縣被災之家，依例取勘賑恤，其小黄村河口仍舊通流外，據修築月隄，並障水隄，閉河口，别難擬議。』於是凡汴梁所轄州縣河隄，或已修治，及當疏通與補築者，條列具備。

至五年正月，河北河南道廉訪副使奥屯言：『近年河決杞縣小黄村口，滔滔南流，莫能禦遏，陳、潁瀕河膏腴之地浸没，百姓流散。今水迫汴城，遠無數里，儻值霖雨水溢，倉卒何以防禦。方今農隙，宜爲講究，使水歸故道，達於江、淮，不惟陳、潁之民得遂其生，竊恐將來浸灌汴城，其害匪輕。』於是大司農司下都水監移文汴梁分監修治，自六年二月十一日興工，至三月九日工畢，總計北至槐疙疸兩舊隄，南至窰務汴隄，通長二十里二百四十三步。創修護城隄一道，長七千四百四十三步。下地修隄，下廣十六步，上廣四步，高一丈，六十尺爲一工[一]。隄東二十步外取土，内河溝七處，深淺高下闊狹不一，計工二十五萬三千六百八十，用夫八千四百五十三，除風雨妨工，三十日畢。内流水河溝[二]，南北闊二十步，水深五尺。河内修隄，底闊二十四步，上廣八步，高一丈五尺，積十二萬尺，取土稍遠，四十尺爲一工，計三萬工，用夫百人。每步用大椿二，計四十，各長一丈二尺，徑四寸。每步雜草千束，計二萬。每步簽椿四，計八十，各長八尺，徑三寸。水手二十，木匠二，大船二艘，梯鑊一副，繩索畢備。

七年七月，汴梁路言：『滎澤縣六月十一日河決塔海莊東隄十步餘，横隄兩重，又缺數處。二十三日夜，開封縣蘇村及七里寺復決二處。』本省平章站馬赤親率本路及都水監官，併工修築，於至治元年正月興工，修隄岸四十六處，該役一百二十五萬六千四百九十四工，凡用夫三萬一千四百一十三人。

文宗至順元年六月，曹州濟陰縣河防官本縣尹郝承務言：『六月五日，魏家道口黄河舊隄將決，不可修築，以此差募民夫，創修護水月隄，東西長三百九步，下闊六步，高一丈。又緣水勢瀚漫，復於近北築月隄，東西長一千餘步，

[一] 六十尺爲一工　關於計方法，詳見元沙克什《河防通議》中『歷步減土法』等。

[二] 流水河溝　即小黄村口決河溝。

下廣九步，其功未竟。至二十一日，水忽泛溢，新舊三隄一時咸決，明日外隄復壞，急率民閉塞，而湍流迅猛，有蛇時出没於中，所下樁土，一掃無遺。又舊隄歲久，多有缺壞，差夫併工築成二十餘步。其魏家道口缺隄，東西五百餘步，深二丈餘，外隄缺口，東西長四百餘步。又磨子口護水隄，低薄不足禦水，東西長一千五百步。魏家道口卒未易修，先差夫補築。磨子口七月十六日興工，二十八日工畢。二十二日，按視至朱從馬頭西，舊隄缺壞，東西長一百七十餘步，計料隄外貼築五步，增高一丈二尺，與舊隄等，上廣二步。於磨子口修隄夫內，摘差三百一十人，於是月二十三日入役，至閏七月四日工畢。』

郝承務又言：『魏家道口塼堌等村，缺破隄堰，累下樁土，衝洗不存，若復閉築，緣缺隄周回皆泥淖，人不可居，兼無取土之處。又沛郡安樂等保，去歲旱災，今復水澇，漂禾稼，壞室廬，民皆缺食，難於差倩。其不經水害村保民人，先已遍差補築黄家橋、磨子口諸處隄堰，似難重役。如候秋涼水退，倩夫修理，庶蘇民力。今衝破新舊隄七處，共長一萬二千二百二十八步，下廣十二步，上廣四步，高一丈二尺，計用夫六千三百四人，樁九百九十，葦箔一千三百二十，草一萬六千五束。六十尺爲一工，無風雨妨工，度五十日可畢。』本縣準言，至八月三十日差夫二千四百二十，闕請郝承務督役。

郝承務又言：『九月三日興工修築，至十八日大風，十九日雨，二十四日復雨，緣此辛馬頭、孫家道口障水隄堰又壞，計工役倍於元數，移文本縣，添差二千人同築。二十六日，元與(武成)〔成武〕、定陶二縣分築魏家道口八百二十步修完。十月二日，至辛馬頭、孫家道口，從實丈量元缺隄，南北闊一百四十步，内水地五十步，深者至二丈，淺者不下八九尺，依元料用樁箔補築，至七日完。又於本處創築月隄一道，西北東南斜長一千六百二十七步，内(武成)〔成武〕、定陶分築一百五十步，實築一千四百七十七步，外有元料堌頭魏家道口外隄未築。即欲興工，緣冬寒土凍，擬候來春，併工修理，官民兩便』。

濟州河

濟州河者，新開以通漕運也。[一]

世祖至元十七年七月，耿參政[二]、阿里尚書奏：『爲

[一] 本節題爲濟州河，所述大部分爲阿八失所開『膠萊河』事，僅『十二月，差奥魯赤』之句是關係到濟州河。

[二] 耿參政　據《元史》卷九《世祖紀》至元十四年十二月，『以參議中書省事耿仁參知政事。』卷十一『至元十七年秋七月，戊午，從阿合馬言，以參知政事郝禎、耿仁並爲中書左丞。用姚演言，開膠東河及收集逃民屯田漣、海。』

姚演〔一〕言開河事，令阿合馬與耆舊臣集議，以鈔萬錠爲傭直，仍給糧食。』世祖從之。

十八年九月，中書丞相火魯火孫等奏：『姚總管等言，請免益都、淄萊、寧海三州一歲賦，入折傭直，以爲開河之用。平章阿合馬與諸老臣議，以爲一歲民賦雖多，較之官給傭直，行之甚便。』遂從之。十月，火魯火孫等奏：『阿八失〔二〕所開河，經濟州，而其地又有一河，傍有民田，開之甚便。臣等議，若開此河，阿八失所管一方屯田，宜移之他處，不阻水勢。』世祖令移之。

十二月，差奥魯赤、劉都水及精算數者一人，給宣差印，往濟州，定開河夫役。令大名、衞州新附軍亦往助工。

三十一年，御史臺言：『膠、萊海道淺澀，不能行舟。』臺官玉速帖木兒奏：『阿八失所開河，省遣牙亦速失來，謂漕船泛河則失少，泛海則損多。』既而漕臣囊加䚟、萬户孫偉又言：『漕海舟疾且便。』右丞麥朮丁又奏：『斡奴兀奴䚟凡三移文，言阿八失所開河，益少損多，不便轉漕。水手軍人二萬，舟千艘，見閑不用，如得之，可歲漕百萬石。昨奉旨，候忙古䚟〔三〕來共議，海道便，則阿八失河可廢。今忙古䚟已自海道運糧回，有一二南人，自願運糧萬石，已許之。』囊加䚟、孫萬户復請用軍驗試海運。省院官暨衆議：『阿八失河所用水手五千、軍五千、船千艘，畀揚州省教習漕運。今擬以此水手軍人，就用平灤船，從利津海漕運。』世祖從之。阿八失所開河遂廢〔四〕。

滏河

滏河者，引滏水以通洺州城濠者也。

至元五年十月，洺磁路言：『洺州城中，井泉鹹苦，居民食用，多作疾，且死者衆。請疏滌舊渠，置壩牐，引滏水分灌洺州城濠，以濟民用。計會河渠東西長九百步，闊六尺，深三尺，二尺爲工，役工四百七十五，民自備用器，歲二次放牐，且不妨漕事。』中書省准其言。

〔一〕姚演　據《元史》卷一一《世祖本紀》：『至元十八年六月癸未，命中書省會計姚演所領漣、海屯田官給之資與歲入之數，便則行之，否則罷去。』至元二十年秋七月『以開神山橋渠侵用官鈔議罪』。

〔二〕阿八失　即來阿八赤，又作阿八赤，寧夏人。《元史》卷一二九列傳記載：『至元十八年，佩三珠虎符，授通奉大夫，益都等路宣慰使、都元帥。發兵萬人開運河，阿八赤往來督視，寒暑不輟。』

〔三〕忙古䚟　《元史》卷九三《食貨志》記爲忙兀䚟。

〔四〕所開河遂廢　罷阿八失河，興海運在至元二十年至二十一年。《元史》卷十三《世祖本紀》『至元二十一年二月，罷阿八赤開河之役，以其軍及水手各萬人運海道糧』。

廣濟渠

廣濟渠[一]在懷孟路，引沁水以達於河。

世祖中統二年，提舉王允中、大使楊端仁奉詔開河渠，凡募夫千六百五十一人，内有相合爲夫者，通計使水之家六千七百餘户，一百三十餘日工畢。所修石堰，長一百餘步，闊三十餘步，高一丈三尺。石斗門橋，高二丈，長十步，闊六步。渠四道，長闊不一，計六百七十七里，經濟源、河内、河陽、温、武陟五縣，村坊計四百六十三處[二]。渠成甚益於民，名曰廣濟。

三年八月，中書省臣忽魯不花等奏：『廣濟渠司言，沁水渠成，今已驗工分水，恐久遠權豪侵奪。』乃下詔依本司所定水分，已後諸人毋得侵奪[三]。

至文宗天曆三年三月，懷慶路同知阿合馬言：『天久亢旱，夏麥枯槁，秋穀種不入土，民匱於食。近因訪問耆老，咸稱（舟）〔丹〕水澆溉近山田土，居民深得其利，有沁水亦可溉田，中統間王學士亦爲天旱，奉詔開此渠，募自願人户，於太行山下沁口古蹟[四]，置分水渠口，開濬大河四道，歷温、陟入黄河，約五百餘里，渠成名曰廣濟。設官提調，遇旱則官爲斟酌，驗工多寡，分水澆溉，濟源、河内、河陽、温、武陟五縣民田三千餘頃咸受其賜。二十餘年後，因豪家截河起堰，立碾磨，壅遏水勢。又經霖雨，渠口淤塞，隄堰頽圮。河渠司尋亦革罷，有司不爲整治，因致廢壞。今五十餘年，分水渠口及舊渠跡，俱有可考，若蒙依前浚治，引水溉田，於民大便。可令河陽、河内、濟源、温、武陟五縣使水人户，自備工力，疏通分水渠口，立牐起堰，仍委諳知水利之人，多方區畫。遇旱，視水緩急，撤牐通流，驗工分水以灌溉；若霖雨泛漲，閉牐退還正流。禁治不得截水置碾磨，栽種稻田。如此，則澇旱有備，民樂趨利。請移文孟州、河内、武陟縣委官講議。』

尋據孟州等處申，親詣沁口，諮詢耆老，言舊日沁水正河内築土堰，遮水入廣濟渠，岸北雖有減水河道，不能吞伏，後值霖雨，蕩没田禾，以此堵閉。今若枋口上連土

〔一〕廣濟渠　據《元一統志》卷一『懷孟路，山川，枋口：……今王寨村司馬孚古堰尚存。隋盧賁、唐節度使温造俱嘗開渠溉民田，名曰廣濟渠。國朝己未歲（一二五九年）勸農官楊端仁、王允中奉詔旨復開枋口，引水溉濟源、武陟、河内、河陽、温五縣民田。亦云廣濟渠。』

〔二〕《元史》卷四《世祖本紀》『中統二年六月庚申……懷孟廣濟渠提舉王允中、大使楊端仁鑿沁河渠成，溉田四百六十餘所。』

〔三〕《元史》卷五《世祖本紀》『中統三年八月己丑，郭守敬請開玉泉水以通漕運；廣濟河渠司王允中請開邢、洺等處漳、滏、（澧）〔灃〕河、達泉以溉民田。並從之。』另《郭守敬傳》有開發懷孟沁河等建議記載。

〔四〕沁口古蹟　位於今河南省濟源縣東北五龍口。

岸〔一〕，及於浸水正河置立石堰，與枋口相平，如遇水溢，閉塞牐口，使水漫流石堰，復還本河，又從減水河分殺其勢，如此庶不爲害。約會河陽、武陟縣尹與耆老等議，若將舊廣濟渠依前開濬，減水河亦增開深闊，禁安磨碾，設立牐堰，自下使水，遇旱放牐澆田，值潦閉牐退水，公私便益。懷慶路備申工部牒，都水監回文本路，委官相視施行〔二〕。

三白渠

京兆舊有三白渠，自元伐金以來〔三〕，渠堰缺壞，土地荒蕪。陝西之人雖欲種蒔，不獲水利，賦税不足，軍興乏用。

太宗之十二年，梁泰奏：『請差撥人户牛具一切種蒔等物，修成渠堰，比之旱地，其收數倍，所得糧米，可以供軍。』太宗准奏，就令梁泰佩元降金牌，充宣差規措三白渠使，郭時中副之，直隸朝廷，置司於雲陽縣。所用種田户及牛畜，别降旨，付塔海紺不於軍前應副。是月，敕喻塔海紺不：『近梁泰奏修三白渠事，可於汝軍前所獲有妻少壯新民，量撥二千户，及木工二十人，官牛内選肥腯齒小者一千頭，内乳牛三百，以畀梁泰等。如不敷，於各千户、百户内貼補，限今歲十一月内交付數足，趁十二月入工。其耕種之人，所收之米，正爲接濟軍糧。如發遣人户之時，或闕少衣裝，於各千户、百户内約量支給，差軍護送出境，沿途經過之處，亦爲防送，毋致在逃走逸，驗路程給以行糧，大口一升，小者半之。』

洪口渠

洪口渠〔四〕在奉元路。

英宗至治元年十月，陝西屯田府言：

自秦、漢至唐、宋，年例八月差使水户，自涇陽縣西仲山下截河築洪堰，改涇水入白渠，下至涇陽縣北白公斗〔五〕，分爲三限，並平石限〔六〕，蓋五縣分水之要所。北限入三原、櫟陽、雲陽，中限入高陵，南限入涇陽，澆溉官民田七萬餘畝。近至大三年，陝西行臺御史王承德〔七〕言，涇陽洪口展修石渠，爲萬世之利。由

〔一〕今若枋口上連土岸　枋口堰上游爲孔山，相接應是石岸，下游才可能與土岸相連。疑原文『上』爲『下』之誤。

〔二〕據《讀史方輿紀要》卷一九『河内縣枋口水』條：『天曆中復議，疏濬不果。』因元代無實施記載，雖然已批准，可能未建成。

〔三〕《金史》關於三白渠僅有一處記載。《金史》卷一二八《傅慎微傳》皇統中（一一四一至一一四九年）改同知京兆尹，權陝西諸路轉運使。復修三白、龍首等渠以溉田。『……民賴其利。』

〔四〕洪口渠　即前三白渠，以渠首堰洪口堰稱之。

〔五〕白公斗　在涇陽縣東北，上距洪口堰七十里，建三限閘。

〔六〕平石限　上距三限閘二十里，有彭城閘，當地讀音訛爲平石閘。

〔七〕陝西行臺御史王承德　王琚當時官階是『承德郎』，元代文牘中常稱呼官吏的官階而不説名字。因此後來有人將王琚、王承德誤爲二人。

是會集奉元路三原、涇陽、臨潼、高陵諸縣，洎涇陽、渭南、櫟陽諸屯官及耆老議，如准所言，展修石渠八十五步，計四百二十五尺，深二丈，廣一丈五尺，計用石十二萬七千五百尺，人日採石積方一尺，工價二兩五錢，石工二百，丁夫三百，金火匠二，用火焚水淬，日可鑿石五百尺，二百五十五日工畢。官給其糧食用具，丁夫就役使水之家，顧匠傭直使水户均出。

陝西省議，計所用錢糧，不及二年之費，可謂一勞永逸，准所言便。都省准委屯田府達魯花赤只里赤督工，自延祐元年二月十日發夫匠入役，至六月十九日委官言，石性堅厚，鑿僅一丈，水泉湧出，近前續展一十七步，石積二萬五千五百尺，添夫匠百人，日鑿六百尺，二百四十二日可畢。

文宗天曆二年三月，屯田總管兼管河渠司事郭嘉議言：『去歲六月三日驟雨，涇水泛漲，元修洪堰及小龍口盡圮。水歸涇，白渠內水淺。爲此計用十四萬九千五百十一工，役丁夫一千六百，度九十三日畢。於使水户內差撥，每夫就持麻一斤，鐵一斤，繫囤，取泥索各一，長四十尺，草苫一，長七尺，厚二寸。』

陝西省准屯田府照，洪口自秦至宋一百二十激〔一〕，經由三限，自涇陽下至臨潼五縣，分流澆溉民田七萬餘頃，驗田出夫千六百人，自八月一日修堰，至十月放水溉田，以爲年例。近因奉元亢旱，五載失稔，人皆相食，流移疫死者十七八。今差夫又令就出用物，實不能辦集。竊詳涇陽水利，雖分三限引水溉田，緣三原等縣地理遥遠，不能依時周遍，涇陽北近，俱在上限，並南限中限，用水最便。今次修堰，除見在户依例差役，其逃亡之家合出夫數，宜令涇陽縣近限水利户添差一人，官日給米一升，併工修治。省准出鈔八百錠，委耀州同知李承事，洎本府總管郭嘉議及各處正官，計工役，照時直糴米給散。李承事督夫修築，至十一月十六日畢。

揚州運河

運河在揚州之北。宋時嘗設軍疏滌，世祖取宋之後，河漸壅塞。至元末年，江淮行省嘗以爲言，雖有旨濬治，有司奉行，未見實效。

仁宗延祐四年十一月，兩淮運司言：『鹽課甚重，運河淺澀無源，止仰天雨，請加修治。』明年二月，中書移文河南省，選官洎運司有司官相視，會計工程費用。於是河南行省委都事張奉政及淮東道宣慰司官、運司官，會州縣倉場官，徧歷巡視集議：河長二千三百五十里，有司差瀕河有田之家，顧倩丁夫，開修一千八百六十九里；倉場鹽司不妨辦課，協濟有司，開修四百八十二里。

〔一〕激　應即古代計算渠道流量的單位『徼』之誤。《長安志圖・涇渠圖説》：『凡水廣尺深尺爲一徼』。以徼數估計水量。

運司言：『近歲課額增多，而船竈户日益貧苦，宜令有司通行修治，省減官錢。』省臣奏准：諸色户内顧募丁夫萬人，日支鹽糧錢二兩，計用鈔二萬錠，於運司鹽課及減駁船錢内支用。差官與都水監、河南行省、淮東宣慰司官專董其事，廉訪司體察，樞密院遣官鎮遏，乘農隙併工疏治。

練湖

練湖在鎮江。元有江南之後，豪勢之家於湖中築隄圍田耕種，侵占既廣，不足受水，遂致泛溢。世祖末年，參政暗都剌奏請依宋例，委人提調疏治，其侵占者驗畝加賦〔一〕。

至治三年十二月，省臣奏：『江浙行省言，鎮江運河全藉練湖之水爲上源，官司漕運，供億京師，及商賈販載，農民來往，其舟楫莫不由此。宋時專設人夫，以時修濬。練湖瀦蓄潦水，若運河淺阻，開放湖水一寸，則可添河水一尺。近年淤淺，舟楫不通，凡有官物，差民運遞，甚爲不便。委官相視，疏治運河，自鎮江路至吕城壩〔二〕，長百三十一里，計役夫萬五百十三人，六十日可畢。又用三千餘人浚滌練湖，九十日可完，人日支糧三升、中統鈔一兩。行省、行臺分官監督。所用船物，今歲預備，來春興工。合行事宜，依江浙行省所擬。』既得旨，都省移文江浙行省，委參政董中奉率合屬正官，視臨督役〔三〕。

於是董中奉言：『所委前都水少監崇明州知州任奉政、鎮江路總管毛中議等議：練湖、運河此非一事，宜依假山諸湖農民取泥之法，用船千艘，船三人，用竹箒〔四〕撈取淤泥，日可三載，月計九萬載，三月之間，通取二十七萬載，就用所取泥增築湖岸。自鎮江在城程公壩，至常州武進縣吕城壩，河長百三十一里一百四十六步，擬開河面闊五丈，底闊三丈，深四尺，與見有水二尺，可積深六尺。所役夫於平江、鎮江、常州、江陰州及建康路所轄溧陽州田多上户内差倩。若濬湖開河，二役並興，卒難辦集。宜趁農隙，先開運河，工畢就濬練湖。』省准所言，與都事王徵事等於泰定元年正月至鎮江丹陽縣，洎各監工官沿湖相視，上湖沙岡黄土，下湖茭根叢雜，泥亦堅硬，不可箒取。又議兩役並興，相離三百餘里，往來監督，供給爲難，願以所督

〔一〕時在至元三十一年。參見張國維《吴中水利書》卷十。

〔二〕吕城壩　北宋初廢閘爲堰，後又廢堰。元祐四年（一〇八九年）復吕城堰，建上下閘，後又改爲澳閘。元代改爲壩。位於今武進縣吕城鎮。

〔三〕《元史》卷二九《泰定帝本紀》：『至治三年十二月壬戌，浚鎮江路漕河及練湖，役丁萬三千五百人』。參見張國維《吴中水利書》卷十五《毛莊浚築練湖申》和《馬榮祖修築練湖呈》。

〔四〕竹箒　箒同罱，竹罱，兩根竹杆製成撈取河底淤泥作肥料的工具。錢載《罱泥》詩：『兩竹手分握，力與河底争。……罱如蜆殼閉，張吐隨船盈。』

夫一萬三千五百十二人，先開運河，期四十七日畢，次濬練湖，二十日可完。繼有江南行臺侍御史及浙西廉訪司副使俱至，乃議首事運河，備文咨稟，遂於是月十七日入役。

二月十八日，省臣奏：『開濬運河、練湖，重役也，宜依行省所議，仍令便宜從事。』後各監工官言：『已分運河作三壩，依元料深闊丈尺開浚，至三月四日工畢。數內平江崑山、嘉定二州，實役二十六日，常熟、吳江二州，長洲、吳縣，實役二十八日，餘皆役三十日，已於三月七日積水行舟。』又監修練湖官言：『任奉議指劃元料，增築堤堰及舊有土基，共增闊一丈二尺，平面至高底灘脚，增築共量斜高二丈五尺。依中堰西石磋東舊堤卧羊灘修築，如舊堤高闊已及所料之上者，遇有崩缺，修築令完。中堰西石磋至五百婆堤西上增高土一尺，有缺亦補之。五百婆堤至馬林橋堤水勢稍緩，不須修治，其堤底間有滲漏者，窒塞之。三月六日破土，九日入役，至十一日工畢，實役三日。歸勘任少監元料，開運河夫萬五百十三人，六十日畢，濬練湖夫三千人，九十日畢，人日支鈔一兩、米三升，共該鈔萬八千一十四錠二十兩，米二萬七千二十一石六斗，實徵夫萬三千五百十二人，共役三十三日，支鈔八千六百七十九錠三十六兩，糧萬三千十九石五斗八升。比附元料，省鈔九千三百三十四錠三十四兩，糧萬四千二石二升。其練湖未畢，相視地形水勢再議。』

參政董中奉又言：『練湖舊有湖兵四十三人，添補五十七名，共百人，於本路州縣苗糧三石之下、二石之上差充，專任修築湖岸。設提領二員、壕寨二人、司吏三人，於有出身人內選用。』工部議：『練湖所設提領人等印信，即同湖兵，宜咨本省遍行議擬。』又鎮江路言：『運河、練湖今已開濬，若不設法關防，徒勞民力。除關本路達魯花赤兀魯失海牙總治其事，同知哈散、知事程郇專管啓閉斗門。』行省從之。

吳松江

浙西諸山之水受之太湖，下爲吳松江，東匯澱山湖以入海，而潮汐來往，逆湧濁沙，上湮河口，是以宋時設置撩洗軍人〔一〕，專掌修治。元既平宋，軍士罷散，有司不以爲務，勢豪租占爲蕩爲田，州縣不得其人，輒行許准，以致湮塞不通，公私俱失其利久矣〔二〕。

至治三年，江浙省臣方以爲言，就委嘉興路治中高朝列、湖州路知事丁將仕同本處正官，體究舊曾疏濬通海故道，及新生沙漲礙水處所，商度開滌圖呈。據丁知事等官按視講究，合開濬河道五十五處。內常熟州九處，十三段，該工百三十二萬一千五百六十二，崑山州十一處，九

〔一〕撩洗軍人　又稱撈淺軍，即疏浚河道的專業機構人員。
〔二〕元大德八年十一月由都水監任仁發負責施工，濬吳松江三十八里餘，用工一百六十五萬餘。參見張國維《吳中水利書》卷十。

十五里，用工二萬七千四，日役夫四百五十六，宜於本州有田一頃之上户内，驗田多寡，算量里步均派，自備糧赴功疏濬。正月上旬興工，限六十日工畢，二年一次舉行。嘉定州三十五處，五百三十八里，該工百二十六萬七千五十九，日支糧一升，計米萬二千六百七十石五斗九升，日役夫二萬一千一百一十七，六十日畢。工程浩大，米糧數多，乞依年例，勸率附河有田用水之家，自備口糧，佃户傭力開濬。奈本州連年被災，今歲尤甚，力有不逮，宜從上司區處。

高治中會集松江府各州縣官按視，議合濬河渠，華亭縣九處，計五百二十八里，該工九百六十八萬四千八百八十二，役夫十六萬一千四百一十四，人日支糧二升，計米十九萬三千六百九十七石六斗四升。上海縣十四處，計四百七十一里，該工千二百三十六萬八千五十二，日役夫二萬六千一百三十四，人日支糧二升，計二十四萬七千三百六十一石四升，六十日工畢。官給之糧，傭民疏治。如下年豐稔，勸率有田之家，五十畝出夫一人，十畝之上驗數合出，止於本保開濬。其權勢之家，置立魚斷〔一〕並沙塗栽葦者，依上出夫。

其上海、嘉定連年旱澇，皆緣河口湮塞，旱則無以灌溉，澇則不能疏洩，累致凶歉，官民俱病。至元三十年以後，兩經疏闢，稍得豐稔。比年又復壅閉，勢家愈加租占，雖得徵賦，實失大利。上海縣歲收官糧一十七萬石，民糧三萬餘石，略舉似延祐七年災傷五萬八千七百餘石，至治元年災傷四萬九千餘石，二年十萬七千餘石，水旱連年，殆無虚歲，不惟虧欠官糧，復有賑貸之費。近委官相視地形，講議疏濬，其通海大江，未易遽治；舊有河港聯絡官民田土之間、藉以灌溉者，今皆填塞，必須疏通，以利耕種。欲令有田人户自爲開濬，而工役浩繁，民力不能獨成。由是議，上海、嘉定河港，宜令本處所管軍民、站竈、僧道諸色有田者，以多寡出夫，自備糧（作）〔修〕治，州縣正官督役。其豪勢租占蕩田、妨水利者，並與除闢。本處民田税糧全免一年，官租減半。今秋收成，下年農隙舉行。行省、行臺、廉訪司官巡鎮。外據華亭、崑山、常熟州河港，比上海、嘉定緩急不同，難爲一體，從各處勸農正官督有田之家，備糧併工修治。若遽興工，陰陽家言癸亥年動土有忌，預爲咨稟可否。

至泰定元年十月十九日，右丞相旭邁傑〔二〕等奏：『江浙省言，吴松江等處河道壅塞，宜爲疏滌，仍立牐以節水勢。計用四萬餘人，今歲十二月爲始，至正月終，六十日可畢，用二萬餘人，二年可畢。其丁夫於旁郡諸色户内均差，依練湖例，給傭直糧食。行省、行臺、廉訪司並有

〔一〕置立魚斷　即魚斷。設置爲捕魚而截斷河流的器具。

〔二〕旭邁傑　據《元史》卷一一二《宰相年表》：『右丞相，泰定元年，旭邁傑。二年正月至八月，旭邁傑。』又作旭滅傑。

司官同提調。臣等議，此事官民兩便，宜從其請。若丁夫有餘，止令一年畢。命脱歡答剌罕諸臣同提調，專委左丞朶兒只班及前都水任少監董役。』得旨，移文行省，准擬疏治。江浙省下各路發夫入役，至二年閏正月四日工畢。

澱山湖

太湖爲浙西巨浸，上受杭、湖諸山之水，瀦蓄之餘，分匯爲澱山湖，東流入海。

世祖末年，參政暗都剌言：『此湖在宋時委官差軍守之，湖旁餘地，不許侵占，常疏其壅塞，以洩水勢。今既無人管領，遂爲勢豪絶水築隄，繞湖爲田，湖狹不足瀦蓄，每遇霖潦，泛溢爲害。昨本省官忙古䚟等興言疏治，因受曹總管金而止。張參議、潘應武等相繼建言，識者咸以爲便。臣等議，此事可行無疑。然雖軍民相參，選委廉幹官提督，行省山住子、行院董八都兒子、行臺哈剌䚟令親詣相視，會計合用軍夫擬稟。』世祖曰：『利益美事，舉行已晚，其行之。』既而平章鐵哥言：『委官相視，計用夫十二萬，百日可畢。昨奏軍民共役，今民丁數多，不須調軍。』世祖曰：『有損有益，咸令均齊，毋自疑惑，其均科之。』

至元三十一年，世祖崩，成宗即位。平章鐵哥奏：『太湖、澱山湖昨嘗奏過先帝，差倩民夫二十萬疏掘已畢。今諸河日受兩潮，漸致沙漲，若不依舊宋例，令軍屯守，必致坐隳成功。臣等議，常時工役撥軍，樞府猶且悋惜[一]，屯守河道用軍八千，必辭不遣。澱山湖圍田賦糧二萬石，就以募民夫四千，調軍士四千與同屯守。立都水防田使司，職掌收捕海賊，修治河渠圍田。』命伯顏察兒暨樞密院議畢聞奏。於是樞府言：『嘗奏澱山湖在宋時設軍屯守，范殿帥、朱、張輩必知其故，擬與省官集議定稟奏，有旨從之。乃集樞府官及范殿帥等(兵)〔共〕議，朱、張言：「宋時屯守河道，用手號軍，大處千人，小處不下三四百，隸巡檢司管領。」范殿帥言：「差夫四千，非動摇四十萬户不可，若令五千軍屯守，就委萬户一員提調，事或可行。」臣等亦以爲然，與都水巡防萬户府職名，俾隸行院。』樞府官又言：『若與知源委之人詢其詳，候至都定議。』從之。

鹽官州海塘

鹽官州去海岸三十里，舊有捍海塘二，後又添築鹹塘，在宋時亦嘗崩陷。成宗大德三年，塘岸崩，都省委禮部郎中游中順，洎本省官相視。虚沙復漲，難於施力。至仁宗延祐己未、庚申間，海汛失度，累壞民居，陷地三十餘里。其時省憲官共議，宜於州後北門添築土塘，然後築石

[一] 悋惜　『悋』是『吝』的異體字，即吝嗇。

塘，東西長四十三里，後以潮汐沙漲而止。

至泰定即位之四年二月間，風潮大作，衝捍海小塘，壞州郭四里。杭州路言：『與都水庸田司〔一〕議，欲於北地築塘四十餘里，而工費浩大，莫若先修鹹塘，增其高闊，填塞溝港，且濬深近北備塘濠塹〔二〕，用樁密釘，庶可護禦。』江浙省准下本路修治。都水庸田司又言：『宜速差丁夫，當水入衝堵閉，其不敷工役，於仁和、錢塘及嘉興附近州縣諸色人户内斟酌差倩，即目淪没不已，旦夕誠爲可慮。』工部議：『海岸崩摧重事也，宜移文江浙行省，督催庸田使司、鹽運司及有司發丁夫修治，毋致侵犯城郭，貽害居民。』五月五日，平章禿滿迭兒、茶乃、史參政等奏：『江浙省四月内，潮水衝破鹽官州海岸，令庸田司官徵夫修堵，又令僧人誦經，復差人令天師致祭。臣等集議，世祖時海岸嘗崩，遣使命天師祈祀，潮即退，今可令直省舍人伯顏奉御香，令天師依前例祈祀。』制曰『可』。既而杭州路又言：『八月以來，秋潮洶湧，水勢愈大，見築沙地塘岸，東西八十餘步，造木櫃、石囤〔三〕以塞其要處。本省左丞相脱歡等議，安置石囤四千九百六十，抵禦鏤嚙，以救其急，擬比浙江立石塘，可爲久遠。計工物，用鈔七十九萬四千餘錠，糧四萬六千三百餘石，接續興修。』

致和元年三月，省臣奏：『江浙省並庸田司官修築海塘，作竹籧篨〔四〕，内實以石，鱗次壘疊以禦潮勢，今又淪陷入海，見圖修治，儻得堅久之策，移文具報。臣等集議，此重事也，旦夕駕幸上都，分官扈從，不得圓議。今差户部尚書李家奴、工部尚書李嘉賓、樞密院屬衛指揮青山、副使洪灝、宣政僉院南哥班與行省左丞相脱歡及行臺、行宣政院、庸田使司諸臣，會議修治之方。合用軍夫，除戍守州縣關津外，酌量差撥，從便添支口糧。合役丁力，附近有田之民，及僧、道、也里可温、答失蠻等户内點倩。凡工役之時，諸人毋或沮壞，違者罪之。合行事務，提調官移文稟奏施行。』有旨從之。四月二十八日，朝廷所委官，

〔一〕都水庸田司　即都水庸田使司。《元史》卷九二《百官志》：『（順帝）至元二年正月，置都水庸田使司於平江（今蘇州）。』據《元史·成宗本紀》卷一九：大德二年二月『乙丑，立浙西都水庸田司，專主水利。』又據顧炎武《天下郡國利病書》泰定元年『復立都水庸田使司，命行省左丞朵兒只班知水利』。參見周魁一《元代水利家任仁發及其治水實踐》，載《水利水電科學研究院論文集》第二十五集。

〔二〕備塘濠塹　又稱備塘河，在塘身背水面之外開修的排水河溝。

〔三〕造木櫃、石囤　爲防止在松軟地基上修築的海塘傾覆和坍塌，用木櫃裝石和石囤築塘。《元史》卷六二《地理志》：『泰定四年春，其害尤甚，命都水少監張仲仁往治之。沿海三十餘里下石囤四十四萬三千三百有奇，木櫃四百七十餘，工役萬人。』

〔四〕竹籧篨　籧篨亦作籧蒢，原爲用竹編制篓囤等日常生活用品，後爲水工建築使用。修築方法：先在沙灘或淺水處用竹木粗篙樹立兩排牆，中間實以石塊等，形成臨時性禦潮護岸工程。沈括《夢溪筆談》中有用籧蒢施工法修築至和塘的記載。

泊行省臺院及庸田司等官議：『大德、延祐欲建石塘未就。泰定四年春，潮水異常，增築土塘，不能抵禦，議置板塘，以水湧難施工，遂作籧篨木櫃，間有漂沉，欲踵前議，疊石塘以圖久遠。爲地脈虚浮，比定海、浙江、海鹽地形水勢不同，由是造石囤於其壞處疊之，以救目前之急。已置石囤二十九里餘，不曾崩陷，略見成效。』庸田司與各路官同議，東西接疊石囤十里，其六十里塘下舊河，就取土築塘，鑿東山之石以備崩損。

文宗天曆元年十一月，都水庸田司言：『八月十日至十九日，正當大汛，潮勢不高，風平水穩。十四日，祈請天妃入廟，自本州嶽廟東海北護岸鱗鱗相接。十五日至十九日，海岸沙漲，東西長七里餘，南北廣或三十步、或數十百步，漸見南北相接。西至石囤，已及五都，修築捍海塘與鹽塘相連，直抵巖門，障禦石囤。東至十一都六十里塘，東至東大尖山、嘉興、平湖三路所修處海口。自八月一日至二日，探海二丈五尺。至十九日、二十日探之，先二丈者今一丈五尺，先一丈五尺者今一丈。西自六都仁和縣界赭山、雷山爲首，添漲沙塗，已過五都四都，鹽官州廊東西二都，沙土流行，水勢俱淺。二十日，復巡視自東至西岸脚漲沙，比之八月十七日漸增高闊。二十七日至九月四日大汛，本州嶽廟東西，水勢俱淺，漲沙東過錢家橋海岸，元下石囤木植〔二〕，並無頹圮，水息民安。』於是改鹽官州曰海寧州。

龍山河道

龍山河〔三〕在杭州城外，歲久淤塞。武宗至大元年，江浙省令史裴堅言：『杭州錢塘江，近年以來，爲沙塗壅漲，潮水遠去，離北岸十五里，舟楫不能到岸。商旅往來，募夫搬運十七八里，使諸物翔湧，生民失所，遞運官物，甚爲煩擾。訪問宋時並江岸有南北古河一道，名龍山河，今浙江亭南至龍山牐約一十五里，糞壤填塞，兩岸居民間有侵占。迹其形勢，宜改修運河，開掘沙土，對牐搬載，直抵浙江，轉入兩處市河，免擔負之勞，生民獲惠。』省下杭州路相視，錢塘縣城南上隅龍山河至横河橋，委係舊河，居民侵占，起建房屋，若疏闢以接運河，公私大便。計工十五萬七千五百六十六，日役夫五千二百五十二，度可三十日畢。所役夫於本路録事司、仁和、錢塘縣富實之家差倩，就持筐檐鍬钁應役。人日支官糧二升，該米三千一百五十一石三斗二升。河長九里三百六十二步，造石橋八，立上下二牐，計用鈔一百六十三錠二十三兩四錢七分七釐。省准咨請丞相脱脱總治其事，於仁宗延祐三年三月七日興工，至四月十八日工畢。

〔二〕元下石囤木植　疑『木植』乃前文『木櫃』之誤。
〔三〕龍山河　在錢塘縣南，自鳳山水門至龍山閘，接錢塘江，舊有河，長十二里，置閘以限潮水。參見《大清一統志·杭州府·山川》。

河渠三

《元史》卷六六

黄河

至正四年夏五月，大雨二十餘日，黄河暴溢，水平地深二丈許，北決白茅隄〔一〕。六月，又北決金隄，並河郡邑濟寧、單州、虞城、碭山、金鄉、魚臺、豐、沛、定陶、楚丘、武城〔二〕，以至曹州、東明、鉅野、鄆城、嘉祥、汶上、任城等處皆罹水患，民老弱昏墊，壯者流離四方。水勢北侵安山，沿入會通運河〔三〕，延袤濟南、河間，將壞兩漕司鹽場，妨國計甚重。省臣以聞，朝廷患之，遣使體量，仍督大臣訪求治河方略。

九年冬，脱脱既復爲丞相，慨然有志於事功，論及河決，即言於帝，請躬任其事，帝嘉納之。乃命集群臣議廷中，而言人人殊〔四〕，唯都漕運使賈魯〔五〕，昌言必當治。先是，魯嘗爲山東道奉使宣撫首領官，循行被水郡邑，具得修捍成策，後又爲都水使者，奉旨詣河上相視，驗狀爲圖，以二策進獻。一議修築北隄以制横潰，其用功省；一議疏塞並舉，挽河使東行以復故道，其功費甚大。至是復以二策對，脱脱韙其後策。議定，乃薦魯於帝，大稱旨。

十一年四月初四日，下詔中外，命魯以工部尚書爲總治河防使，進秩二品，授以銀印。發汴梁、大名十有三路民十五萬人，廬州等戍十有八翼軍二萬人供役，一切從事大小軍民，咸禀節度，便宜興繕。是月二十二日鳩工，七月疏鑿成，八月決水故河，九月舟楫通行，十一月水土工畢，諸埽諸隄成。河乃復故道，南匯於淮，又東入於海。帝遣貴臣報祭河伯，召魯還京師，論功超拜榮禄大夫、集賢大學士，其宣力諸臣遷賞有差。賜丞相脱脱世襲答剌罕之號，特命翰林學士承旨歐陽玄〔六〕製河平碑文，以旌勞績。

玄既爲河平之碑，又自以爲司馬遷、班固記《河渠》、

〔一〕白茅隄　位於今山東曹縣西北七十里。

〔二〕〔標點本原注〕武城　疑爲『成武』之倒誤，而又訛『成』爲『城』。

〔三〕入會通運河　常見本在『會通』後加頓號，遂誤爲兩條運河。

〔四〕而言人人殊　反對挽河回東行故道以工部尚書成遵爲代表，參見《元史》卷一八六《成遵傳》。

〔五〕賈魯　字友恒，河東（今山西）高平人。曾『爲《宋史》局官。書成，選燕南山東道奉使宣撫幕官，考績居最，遷中書省檢校官、山北廉訪副使，復召爲工部郎中』。詳見《元史》卷一八七《本傳》。

〔六〕歐陽玄　字原功，湖南瀏陽人。致和元年，遷翰林待制，兼國史院編修官。文宗時纂修《經世大典》。至正初復爲翰林學士，修遼、金、宋三史，召爲總裁官。《元史》卷一八二有傳。

《溝洫》，僅載治水之道，不言其方，使後世任斯事者無所考則，乃從魯訪問方略，及詢過客，質吏牘，作《至正河防記》，欲使來世罹河患者按而求之。其言曰：

治河一也，有疏、有濬、有塞，三者異焉。釃河之流，因而導之，謂之疏。去河之淤，因而深之，謂之濬。抑河之暴，因而扼之，謂之塞。疏濬之別有四：曰生地〔一〕，曰故道〔二〕，曰河身〔三〕，曰減水河〔四〕。生地有直有紆，因直而鑿之，可就故道。故道有高有卑，高者平之以趨卑，高卑相就，則高不壅，卑不瀦，慮夫壅生潰，瀦生堙也。河身者，水雖通行，身有廣狹。狹難受水，水(溢)〔益〕悍，故狹者以計闢之；廣難爲岸，岸善崩，故廣者以計禦之。減水河者，水放曠則以制其狂，水隳突則以殺其怒。

治隄一也，有創築、修築、補築之名，有刺水隄〔五〕，有截河隄〔六〕，有護岸隄〔七〕，有縷水隄〔八〕，有石船隄〔九〕。

治埽一也，有岸埽、水埽，有龍尾〔一〇〕、欄頭〔一一〕、馬頭〔一二〕等埽。其爲埽臺〔一三〕及推卷、牽制、薶掛之法，有用土、用石、用鐵、用草、用木、用杙、用絙〔一四〕之方。

塞河一也，有缺口，有豁口，有龍口。缺口者，已成川。豁口者，舊常爲水所豁，水退則口下於隄，水漲則溢出於口。龍口者，水之所會，自新河入故道之潨也。

此外不能悉書，因其用功之次第，而就述於其下焉。

其濬故道，深廣不等，通長二百八十里百五十四步而强。功始自白茅，長百八十二里。繼自黃陵岡〔一五〕至南白茅，闢生地十里。口初受，廣百八十步，深二丈有二尺，已下停廣百步，高下不等，相折深二

〔一〕生地　疏生地，即開鑿新河道，一般用於裁灣取直。

〔二〕故道　疏濬舊河道，使之高低均勻平整，利於行水。

〔三〕河身　使河道寬窄合理，防止狹窄處壅水。

〔四〕減水河　當河床不能容納過量洪水時，部分洪水經溢流壩進入另設之洩水河。

〔五〕刺水隄　即挑水壩。

〔六〕截河隄　即堵塞正河攔河壩。

〔七〕護岸隄　即護岸工，與越堤作用相同。

〔八〕縷水隄　即束水縷隄，位於河濱。

〔九〕石船隄　用裝石沉船法築成的挑水壩。詳見下文。

〔一〇〕龍尾　即掛柳。作法是將有枝葉柳樹倒掛於河岸，用繩纜繫於隄頂樁上。在樹冠墜壓重物數處，使其入水。一般要數株或數十株並爲一排使用，以殺水勢。

〔一一〕欄頭　位於頂冲處的埽。

〔一二〕馬頭　參見《宋史·河渠志》『馬頭埽』注釋。

〔一三〕埽臺　捆埽需要較大場地，在現場預先修築的土台稱埽臺。

〔一四〕絙　亦作『緪』，粗索也。

〔一五〕黃陵岡　今蘭考東北五十里。

丈及泉。曰停、曰折者，用古算法，因此推彼，知其勢之低昂，相準折而取匀停也。南白茅至劉莊村，接入故道十里，通折墾廣八十步，深九尺。劉莊至專固，百有二里二百八十步，通折停廣六十步，深五尺。專固至黄固，墾生地八里，面廣百步，底廣九十步，高下相折，深丈有五尺。黄固至哈只口，長五十一里八十步，相折停廣墾六十步，深五尺。乃濬凹里減水河，通長九十八里百五十四步。凹里村缺河口生地，長三里四十步，面廣六十步，底廣四十步，深一丈四尺。自凹里生地以下舊河身至張贊店，長八十二里五十四步。上三十六里，墾廣二十步，深五尺；中三十五里，墾廣二十八步，深五尺；下十里二百四十步，墾廣二十六步，深五尺。張贊店至楊青村，接入故道，墾生地十有三里六十步，面廣六十步，底廣四十步，深一丈四尺。

其塞專固缺口，修隄三重，並補築凹里減水河南岸豁口，通長二十里三百十有七步。其創築河口前第一重西隄，南北長三百三十步，面廣二十五步，底廣三十三步，樹置樁橛，實以土牛(一)、草葦、雜梢相兼，高丈有三尺，隄前置龍尾大埽(二)。言龍尾者，伐大樹連梢繫之隄旁，隨水上下，以破嚙岸浪者也。築第二重正隄，並補兩端舊隄，通長十有一里三百步。缺口正隄長四里。兩隄相接舊隄，置樁堵閉河身，長百四十五步，用土牛、草葦、梢土相兼修築，底廣三十步，修高二丈。其岸上土工修築者，長三里二百十有五步有奇，高廣不等，通高一丈五尺。補築舊隄者，長七里三百步，表裏倍薄七步，增卑六尺，計高一丈。築第三重東後隄，並接修舊隄，高廣不等，通長八里。補築凹里減水河南岸豁口四處，置樁木，草土相兼，長四十七步。

於是塞黄陵全河，水中及岸上修隄長三十六里百三十六步。其修大隄刺水者二，長十有四里七十步。其西復作大隄刺水者一，長十有二里百三十步。內創築岸上土隄，西北起李八宅西隄，東南至舊河岸，長十里百五十步，顛廣(三)四步，趾廣三之(四)，高丈有五尺。仍築舊河岸至入水隄，長四百三十步，趾廣三十步，顛殺其六之一(五)，接修入水。

兩岸埽隄並行。作西埽者夏人，水工徵自靈武；作東埽者漢人，水工徵自近畿。其法以竹絡實以小石，每埽不等，以蒲葦綿腰索徑寸許者從鋪，廣可一二

(一) 土牛　在隄頂預先儲存的土堆，以備大汛搶險之用。
(二) 龍尾大埽　規模巨大的龍尾埽，今名『掛柳』。
(三) 顛廣　即頂廣，指隄頂寬度。
(四) 趾廣三之　趾廣即底廣，三之即『三倍』之意。
(五) 顛殺其六之一　頂寬收縮爲『趾廣』的六分之五。

十步，長可二三十步。又以曳埽索綯〔一〕徑三寸或四寸，長二百餘尺者衡鋪之。相間復以竹葦麻檾大綽，長三百尺者爲管心索，就繫綿腰索之端於其上，以草數千束，多至萬餘，匀布厚鋪於綿腰索之上，橐〔二〕而納之，丁夫數千，以足踏實，推卷稍高，即以水工二人立其上，而號於衆，衆聲力舉，用小大推梯，推卷成埽，高下長短不等，大者高二丈，小者不下丈餘。又用大索（或）〔四〕五爲腰索〔三〕，轉致河濱，選健丁操管心索，順埽臺立踏，或掛之臺中鐵猫〔四〕、大橛之上，以漸縋之下水。埽後掘地爲渠，陷管心索渠中，以散草厚覆，築之以土，其上復以土牛、雜草、小埽梢土，多寡厚薄，先後隨宜。修疊爲埽臺，務使牽制上下，縝密堅壯，互爲掎角，埽不動摇。日力不足，火以繼之。積累既畢，復施前法，卷埽以壓先下之埽，量水淺深，制埽厚薄，疊之多至四埽而止。兩埽之間置竹絡，高二丈或三丈，圍四丈五尺，實以小石、土牛。既滿，繫以竹纜，其兩旁並埽，密下大椿，就以竹絡上大竹腰索繫於椿上。東西兩埽及其中竹絡之上，以草土等物築爲埽臺，約長五十步或百步，再下埽，即以竹索或麻索長八百尺或五百尺者一二，雜厠其餘管心索之間，俟埽入水之後，其餘管心索如前薶掛，隨以管心長索，遠置五七十步之外，或鐵猫，或大椿，曳而繫之，通管束累日所下之埽，再以草土等物通修成隄，又以龍尾大埽密掛於護隄大椿，分折水勢。其隄長二百七十步，北廣四十二步，中廣五十五步，南廣四十二步，自顛至趾，通高三丈八尺。

其截河大隄，高廣不等，長十有九里百七十七步。其在黄陵北岸者，長十里四十一步。築岸上土隄，西北起東西故隄，東南至河口，長七里九十七步，顛廣六步，趾倍之而强二步，高丈有五尺，接修入水。施土牛、小埽梢草雜土，多寡厚薄隨宜修疊，及下竹絡，安大椿，繫龍尾埽，如前兩隄法。唯修疊埽臺，增用白闌小石。並埽上及前（洊）〔游〕修埽隄一，長百餘步，直抵龍口。稍北，欄頭三埽並行，埽大隄廣與刺水二隄不同，通前列四埽，間以竹絡，成一大隄，長二百八十步，北廣百一十步，其顛至水面高丈有五尺，水面至澤腹高二丈五尺，通高三丈五尺；中流廣八十步，其顛至水面高丈有五尺，水面至澤腹高五丈五尺，通高七丈。並創築縷水横隄一，東起北截河

〔一〕索綯　繩索。《詩·豳風·七月》：『宵而索綯。』
〔二〕橐　《説文》『束也，从束，圂聲。』
〔三〕〔標點本原注〕又用大索（或）〔四〕五爲腰索　王圻《續文獻通考》卷七引《至正河防記》『或』作『四』，語義始通。腰索，《類編》卷一五引《至正河防記》作『接索』。按上文稱綑埽之索爲『腰索』；此拉埽之索疑當另稱『接索』。
〔四〕鐵猫　即鐵錨。與下文『大橛』應用頓號隔開。

大隄，西抵西刺水大隄。又一隄東起中刺水大隄，西抵西刺水大隄，通長二里四十二步，亦顛廣四步，趾三之，高丈有二尺。修黄陵南岸，長九里百六十步，内創岸土隄，東北起新補白茅故隄，西南至舊河口，高廣不等，長八里二百五十步。

乃入水作石船大隄。蓋由是秋八月二十九日乙巳道故河流，先所修北岸西、中刺水及截河三隄猶短，約水尚少，力未足恃。決河勢大，南北廣四百餘步，中流深三丈餘，益以秋漲，水多故河十之八。兩河争流，近故河口，水刷岸北行，洄漩湍激，難以下埽。且埽行或遲，恐水盡湧入決河，因淤故河，前功遂隳。魯乃精思障水入故河之方，以九月七日癸丑，逆流排大船二十七艘，前後連以大桅或長椿，用大麻索、竹絙絞縛，綴爲方舟。又用大麻索、竹絙（用）〔周〕船身繳繞上下，令牢不可破，乃以鐵猫於上流硾之水中。又以竹絙絶長七八百尺者，繫兩岸大橛上，每絙或硾二舟或三舟，使不得下，船腹略鋪散草，滿貯小石，以合子板釘合之，復以埽密布合子板上，或二重，或三重，以大麻索縛之急，復縛横木三道於頭桅，皆以索維之，用竹編笆，夾以草石，立之桅前，約長丈餘，名曰水簾桅。復以木榰拄〔一〕，使簾不偃仆，然後選水工便捷者，每船各二人，執斧鑿，立船首尾，岸上搥鼓爲號，鼓鳴，一時齊鑿，須臾舟穴，水入，舟沉，遏決河。水怒溢，故河水暴增，即重樹水簾，令後復布小埽、土牛、白闌長梢〔二〕，雜以草土等物，隨宜填垛以繼之。石船下詣實地，出水基趾漸高，復卷大埽以壓之。前船勢略定，尋用前法，沉餘船以竟後功。昏曉百刻，役夫分番（甚）〔任〕勞〔三〕，無少間斷。船隄之後，草埽三道並舉，中置竹絡盛石，並埽置椿，繫纜四埽及絡，一如修北截水隄之法。第以中流水深數丈，用物之多，施功之大，數倍他隄。船隄距北岸纔四五十步，勢迫東河，流峻若自天降，深淺叵測。於是先卷下大埽約高二丈者，或四或五，始出水面。修至河口一二十步，用工尤艱。薄龍口，喧豗猛疾，勢撼埽基，陷裂欹傾，俄遠故所，觀者股弁，衆議騰沸，以爲難合，然勢不容已。魯神色不動，機解捷出，進官吏工徒十餘萬人，日加獎諭，辭旨懇至，衆皆感激赴功。十一月十一日丁巳，龍口遂合，決河絶流，故道復通。又於隄前通卷欄頭埽各一道，多者或三或四，前埽出水，管心大索繫前埽，硾後闌頭埽之後，後埽管心大索亦繫

〔一〕木榰拄　柱子的根腿，引申爲支柱、支撐。通作『楮』。

〔二〕令後復布小埽、土牛、白闌長梢　常見本此處無標點斷開，據文意改。

〔三〕（甚）〔任〕勞　據王圻《續通考》七《黄河考》改。

小埽，硾前闌頭埽之前，後先羈縻，以錮其勢。又於所交索上及兩埽之間，壓以小石白闌土牛，草土相半，厚薄多寡，相勢措置。

埽隄之後，自南岸復修一隄，抵已閉之龍口，長二百七十步。船隄四道成隄，用農家場圃之具曰轆軸，穴石立木如比櫛，薶前埽之旁，每步置一轆軸，以橫木貫其後，又穴石，以徑二寸餘麻索貫之，繫橫木上，密掛龍尾大埽，使夏秋潦水、冬春凌簿[一]，不得肆力於岸。此隄接北岸截河大隄，長二百七十步，南廣百二十步，顛至水面高丈有七尺，水面至澤腹高四丈二尺；中流廣八十步，顛至水面高丈有五尺，水面至澤腹高五丈五尺；通高七丈。仍治南岸護隄埽一道，通長百三十步，南岸護岸馬頭埽三道，通長九十五步。修築北岸隄防，高廣不等，通長二百五十四里七十一步。白茅河口至板城，補築舊隄，長二十五里二百八十五步。曹州板城至英賢村等處，高廣不等，長一百三十三里二百步。稍岡至碭山縣，增培舊隄，長八十五里二十步。歸德府哈只口至徐州路三百餘里，修完缺口一百七處，高廣不等，積修計三里二百五十六步。亦思剌店縷水月隄，高廣不等，長六里三十步。

其用物之凡：椿木大者二萬七千，榆柳雜梢六十六萬六千，帶梢連根株者三千六百，藁秸蒲葦雜草以束計者七百三十三萬五千有奇，竹竿六十二萬五千，葦蓆十有七萬二千，小石二千艘，繩索小大不等五萬七千，所沉大船百有二十，鐵纜三十有二，鐵猫三百三十有四，竹篾以斤計者十有五萬，硾石三千塊，鐵鑽萬四千二百有奇，大釘三萬三千二百三十有二。其餘若木龍、蠶椽木、麥稭、扶椿鐵叉、鐵吊枝、麻搭、火鉤[二]、汲水、貯水等具皆有成數。官吏俸給，軍民衣糧工錢，醫藥、祭祀、賑恤、驛置馬乘及運竹木、沉船、渡船、下椿等工，鐵、石、竹、木、繩索等匠傭貲，兼以和買民地爲河，併應用雜物等價，通計中統鈔百八十四萬五千六百三十六錠有奇。

魯嘗有言：『水工之功，視土工之功爲難；中流之功，視河濱之功爲難；決河口視中流又難；北岸之功視南岸爲難。用物之效，草雖至柔，柔能狎水，水漬之生泥，泥與草並，力重如碇。然維持夾輔，纜索之功實多。』蓋由魯習知河事，故其功之所就如此。

玄之言曰：『是役也，朝廷不惜重費，不吝高爵，爲民辟害。脫脫能體上意，不憚焦勞，不恤浮議，爲國拯民。魯能竭其心思智計之巧，乘其精神膽氣

[一] 凌簿　『簿』同『箄』，大筏。凌簿即凌汛時的大冰排。
[二] 以上器具名稱，常見本多有不當，據改。

之壯，不惜劬瘁，不畏譏評，以報君相知人之明。宜悉書之，使職史氏者有所考證也。』

先是歲庚寅，河南北童謡云：『石人一隻眼，挑動黄河天下反。』及魯治河，果於黄陵岡得石人一眼，而汝、潁之妖寇乘時而起。議者往往以謂天下之亂，皆由賈魯治河之役，勞民動衆之所致。殊不知元之所以亡者，實基於上下因循，狃於宴安之習，紀綱廢弛，風俗偷薄，其致亂之階，非一朝一夕之故，所由來久矣。不此之察，乃獨歸咎於是役，是徒以成敗論事，非通論也。設使賈魯不興是役，天下之亂，詎無從而起乎？今故具録玄所記，庶來者得以詳焉。

蜀堰〔一〕

江水出蜀西南徼外，東至於岷山，而禹導之。秦昭王時，蜀太守李冰鑿離堆，分其江以灌川蜀，民用以饒。歷千數百年，所過衝薄蕩齧，又大爲民患。有司以故事，歲治隄防，凡一百三十有三所，役兵民多者萬餘人，少者千人，其下猶數百人。役凡七十日，不及七十日，雖事治，不得休息。不役者，日出三緡爲庸錢。由是富者屈於貲，貧者屈於力，上下交病，會其費，歲不下七萬緡。大抵出於民者，十九藏於吏，而利之所及，不足以償其費矣。

元統二年，僉四川肅政廉訪司事吉當普巡行周視，得要害之處三十有二，餘悉罷之。召灌州判官張弘，計曰：『若甃之以石，則歲役可罷，民力可蘇矣。』弘曰：『公慮及此，生民之福，國家之幸，萬世之利也。』弘遂出私錢，試爲小堰，堰成，水暴漲而堰不動。乃具文書，會行省及蒙古軍七翼之長、郡縣守宰，下及鄉里之老，各陳利害，咸以爲便。復禱於冰祠，卜之吉。於是徵工發徒，以仍改至元元年十有一月朔日，肇事於都江堰，即禹鑿之處，分水之源也。鹽井關〔二〕限其西北，水西關〔三〕據其西南。江南北皆東行。北舊無江，冰鑿以辟沬水之害，中爲都江堰，少東爲大、小釣魚〔四〕，又東跨二江爲石門，以節北江之水，又東爲利民臺〔五〕，臺之東南爲侍郎、楊柳二堰〔六〕，其水自離堆分流入於南江。

南江〔七〕東至鹿角〔八〕，又東至金馬口，又東（道）〔過〕大

〔一〕蜀堰　本條内容全部取材於揭傒斯至元元年（一三三五年）所撰《大元勅賜修堰碑》文，載《揭文安集》卷一二。

〔二〕鹽井關　約在白沙河匯入岷江處，今鹽井灘附近。

〔三〕水西關　今紫坪鋪水文站相對之岷江南岸。

〔四〕大、小釣魚　相當於後代内外金剛隄（緊接魚嘴處）。

〔五〕利民臺　相當於後代金剛隄之間形成的小島。

〔六〕侍郎、楊柳二堰　相當於後代飛沙堰及人字隄溢流堰。

〔七〕南江　即岷江的外江，相對北江（内江）而言。又稱正南江，在今青城大橋下稱金馬河。

〔八〕鹿角　今外江左岸六角堰，青城大橋下游。

安橋，入於成都，俗稱大皂江，江之正源也。北江少東爲虎頭山〔一〕，爲鬪鷄臺〔二〕。臺有水則，以尺畫之，凡十有一。水及其九，其民喜，過則憂，没其則則困。又書『深淘灘，低作堰〔三〕』六字其旁，爲治水之法，皆冰所爲也。又東爲離堆，又東過凌虚、步雲二橋，又東至三石洞，釃爲二渠。其一自上馬騎〔四〕東流，過（鄲）〔郫〕，入於成都，〔古謂之内江，今府江是也； 其一自三石洞北流，過將軍橋，又北過四石洞，折而東流，過新繁，入於成都，〕〔五〕古謂之外江。此冰所穿二江也。

南江自利民臺有支流，東南出萬工堰，又東爲駱駝，又東爲碓口，繞青城而東，鹿角之北涯，有渠曰馬灞，東流至成都，入於南江。渠東行二十餘里，水決其南涯四十有九，每歲疲民力以塞之。乃自其北涯鑿二渠，與楊柳渠合，東行數十里，復與馬灞渠會，而渠成安流。自金馬口之西鑿二渠，合金馬渠，東南入於新津江，罷藍淀、黄水、千金、白水、新興至三利十二堰。

北江三石洞之東爲外應、顔上、五斗諸堰〔六〕，外應、顔上之水皆東北流，入於外江。五斗之水，南入馬灞渠，皆内江之支流也。外江東至崇寧，亦爲萬工堰。堰之支流，自北而東，爲三十六洞，過清白堰東入於彭、漢之間。而清白堰水潰其南涯，延袤三里餘，有司因潰以爲堰。堰輒壞，乃疏其北涯舊渠，直流而東，罷其堰及三十六洞之役。

嘉定之青神，有堰曰鴻化，則授成其長吏，應期而功畢。若成都之九里隄，崇寧之萬工堰，彭之堋口、豐潤、千江、石洞、濟民、羅〔江、馬〕脚諸堰，工未及施，則召長吏勉諭，使及農隙爲之。諸堰都江及利民臺之役最大，侍郎、楊（林）〔柳〕、外應、顔上、五斗次之，鹿角、萬工、駱駝、碓口、三利又次之。而都江又居大江中流，故以鐵萬六千斤，鑄爲大龜，貫以鐵柱，而鎮其源，然後即工。

諸堰皆甃以石，範鐵以關其中〔七〕，取桐實之油，和石灰，雜麻絲，而搗之使熟，以苴罅漏。岸善崩者，密築江石以護之，上植楊柳，旁種蔓荆，櫛比鱗次，賴以爲固，蓋以數百萬計。所至或疏舊渠以導其流，或鑿新渠以殺其勢。遇水之會，則爲石門，以時啓閉而泄蓄之，用以節民力而資民利，凡智力所及，無不爲也。初，郡縣及兵家共掌都江之政，延祐七年，其兵官奏請獨任郡縣，民不堪其役，至

〔一〕虎頭山　今玉壘關下虎頭岩，又稱頭道岩。

〔二〕鬪鷄臺　今三道岩頂平臺，又稱斗犀臺。

〔三〕〔標點本原注〕深淘灘，低作堰　按《修堰碑》『高』作『低』，《新編》從改，疑是。〔今注〕：今據《修堰碑》改。

〔四〕上馬騎　或爲今走馬河口處。

〔五〕方括號内文字爲常見本據《修堰碑》補。

〔六〕爲外應、顔上、五斗諸堰　此三堰當爲内江依次三條引水渠口之分水堰。

〔七〕範鐵以關其中　元代石堰的砌石之間均用鐵錠、鐵鍋相連，以保証整體性。

是復合焉。常歲獲水之利僅數月，堰輒壞，至是，雖緣渠所置碓磑紡績之處以千萬計，四時流轉而無窮。

其始至都江，水深廣莫可測，忽有大洲湧出其西南，方可數里，人得用事其間。入山伐石，崩石已滿，隨取而足。蜀故多雨，自初役至工畢，無雨雪，故力省而功倍，若有相之者。五越月，功告成，而吉當普以監察御史召，省臺上其功，詔揭（揳）〔傒〕斯製文立碑以旌之。

是役也，凡石工、金工皆七百人，木工二百五十人，役徒三千九百人，而蒙古軍居其二千。糧爲石千有奇，石之材取於山者百萬有奇，石之灰以斤計者六萬有奇，油半之，鐵六萬五千斤，麻五千斤。最其工之直、物之價，以緡計者四萬九千有奇，皆出於民之庸，而在官之積者，尚餘二十萬一千八百緡，責灌守以貸於民，歲取其息，以備祭祀及淘灘修堰之費。仍蠲灌之兵民所常徭役，俾專其力於堰事。

涇渠

涇渠者，在秦時韓使水工鄭國説秦，鑿涇水，自仲山西抵瓠口爲渠，並北山，東注於洛三百餘里以溉田，蓋欲以罷秦之力，使無東伐。秦覺其謀，欲殺之，鄭曰：『臣爲韓延數年之命，而爲秦建萬世之利。』秦以爲然，使迄成之，號鄭渠。漢時有白公者，奏穿渠引涇水，起谷口，入櫟陽，注渭中，袤二百里，溉田四千五百餘頃，因名曰白渠。歷代因之，皆享其利。至宋時，水衝嚙，失其故蹟。熙寧間，詔賜常平息錢，助民興作，自仲山旁開鑿石渠，從高瀉水，名豐利渠。

元至元間，立屯田府督治之。

大德八年，涇水暴漲，毁堰塞渠，陝西行省命屯田府總管夾谷伯顔帖木兒及涇陽尹王琚疏導之。起涇陽、高陵、三原、櫟陽用水人户及渭南、櫟陽、涇陽三屯所人夫，共三千餘人興作，水通流如舊。其制編荆爲囤，貯之以石，復填以草以土爲堰，歲時葺理，未嘗廢止。

至大元年，王琚爲西臺御史，建言於豐利渠上更開石渠五十一丈。闊一丈，深五尺，積一十五萬三千工，每方一尺爲一工。自延祐元年興工，至五年渠成。是年秋，改堰至新口。

泰定間，言者謂石渠歲久，水流漸穿逾下，去岸益高。

至正三年，御史宋秉亮相視其堰，謂渠積年坎取淤土，疊壘於岸，極爲高崇，力難送土於上，因請就岸高處開通鹿巷〔一〕，以便夫行。廷議允可。

四年，屯田同知牙八胡、涇尹李克忠發丁夫開鹿巷八十四處，削平土壘四百五十餘步。

二十年，陝西行省左丞相帖里帖木兒遣都事楊欽修

〔一〕鹿巷　渠道疏浚最初棄土於兩岸，日久形成沿渠的高聳土堤，造成後代棄土的困難。爲改善運輸條件，於是沿堤隔一定距離開一缺口，以便人工棄土於堤外，這種缺口謂之鹿巷。

治，凡溉農田四萬五千餘頃〔一〕。

金口河

至正二年正月，中書參議孛羅帖木兒、都水傅佐建言，起自通州南高麗莊，直至西山石峽鐵板開水古金口一百二十餘里〔二〕，創開新河一道，深五丈，廣十五丈，放西山金口水東流至高麗莊，合御河，接引海運至大都城內輸納。是時，脱脱爲中書右丞相，以其言奏而行之。廷臣多言其不可，而左丞許有壬言尤力，脱脱排群議不納，務於必行。有壬因條陳其利害，略曰：

大德二年，渾河水發爲民害，大都路、都水監將金口下閉閘板。五年間，渾河水勢浩大，郭太史恐衝没田薛二村、南北二城〔三〕，又將金口已上河身，用砂石雜土盡行堵閉。至順元年，因行都水監郭道壽言，金口引水過京城至通州，其利無窮。工部官並河道提舉司、大都路及合屬官員耆老等相視議擬，水由二城中間窒礙。又盧溝河自橋〔四〕至合流處，自來未嘗有漁舟上下，此乃不可行船之明驗也。且通州去京城四十里，盧溝止二十里，此時若可行船，當時何不於盧溝立馬頭，百事近便，却於四十里外通州爲之？

又西山水勢高峻，亡金時，在都城之北流入郊野，縱有衝決，爲害亦輕。今則在都城西南〔五〕，與昔不同。此水性本湍急，若加以夏秋霖潦漲溢，則不敢必其無虞，宗廟社稷之所在，豈容僥倖於萬一。若一時成功，亦不能保其永無衝決之患。且亡金時此河未必通行，今所有河道遺跡，安知非作而復輟之地乎？又地形高下不同，若不作閘，必致走水淺澀，若作閘以節之，則沙泥渾濁，必致淤塞，每年每月專人挑洗，蓋無窮盡之時也。且郭太史初作通惠河時，何不用此水，而遠取白浮之水，引入都城，以供閘壩之用？蓋白浮之水澄清，而此水渾濁不可用也。此議方興，傳聞於外，萬口一辭，以爲不可。若以爲成大功者不謀於衆，人言不足聽，則是商鞅、王安石之法，當今不宜有此。

〔一〕本條内容應與前『洪口渠』合併。

〔二〕直至西山石峽鐵板開水古金口一百二十餘里　此句不可讀，文字似有錯亂。據文意可調整爲『直至西山石峽鐵板開古金口水一百二十里』。據《北平圖經志書》記載：『元至正二年重興工役，自三家店分水入金口，下至李二寺，通長一百三十里，合入白潞河』（引自大典本《順天府志》卷一一）。可知此次開河取水口在三家店。爲區别金代所開金口河，此次所開一般稱金口新河。

〔三〕南北二城　南城指金中都城，北城指元大都城。因金口河從中都城北通過，正位於兩城之間。

〔四〕又盧溝河自橋　此橋指今盧溝橋，建於金大定中。

〔五〕今則在都城西南　因大都城位於中都城東北方向，原來從中都城『北流入郊野』成爲在大都城西南。

議既上，丞相終不從。遂以正月興工，至四月功畢〔二〕。起閘放金口水，流湍勢急，沙泥壅塞，船不可行〔三〕，而開挑之際，毁民廬舍墳塋，夫丁死傷甚衆。又費用不貲，卒以無功。繼而御史糾劾建言者，孛羅帖木兒、傅佐俱伏誅。今附載其事於此，用爲妄言水利者之戒。

〔二〕遂以正月興工，至四月功畢　據《析津志》開工時間在二月，而至『十月畢竣』。另據吴師道《九月二十三日城外記遊作》詩『杪秋暇日休弘歌，五門城外觀新河。斗門決水已數日……監官督役猶揮訶。』等句可知，四月並未功畢，竣工時間應爲十月。『四』或因與『十』音近而誤。

〔三〕關於金口新河提閘放水時情況，《析津志》有詳細記載：『命許右丞詣金口，用夫起所鑄銅閘版二。水至所挑河道，波漲潺汹，衝崩堤岸。居民徬徨，官爲失措，漫注支岸，卒不可遏，勢如建瓴。河道浮土壅塞，深淺停灘不一，難於舟楫。其居民近於河者，几不可容。始議下銅閘以遏，則無補事功矣。』（大典本《順天府志》卷一一）。

新元史·河渠志

河渠一

《新元史》卷五二

至元十七年，世祖以學士都實爲詔討使，佩虎符，尋河源於萬里之外。都實既受命，道河州，至州東六十里之寧河驛。驛西南有山，曰殺馬關，行一日至巔。西上愈高，四閱月始抵河源。是冬，還報，並圖其城傳位置以聞。其後，翰林學士潘昂霄從都實之弟曰闊闊出者得其説，撰爲《河源志》。臨川朱思本又從八里吉思家，得帝師所藏梵字書，而以華文譯之，與昂霄所志，互有詳略。舊史採《河源志》，而以思本之説注其下，參差不一。

按河源在吐蕃朵甘思西鄙，有泉百餘泓，沮洳散涣，弗可逼視，方可七八十里，履高山下瞰，燦若列星，故名火敦淖爾。火敦，譯言星宿；淖爾，譯言海子也。思本曰：河源在中州西南，直四川馬湖蠻部之正西三千餘里，雲南麗江宣撫司之西北千五百餘里，帝師撒思加地之西南二千餘里。水從地湧出如井。其井百餘，東北流百餘里，匯爲大澤，曰火敦淖爾。群流奔輳，近五七里，匯二巨澤，名阿剌淖爾。自西而東，連屬吞噬，行一日，迤邐東匯成川，號赤賓河。又二三日，有水西南來，名亦里出，與赤賓河合。又三四日，有水南來，名忽闌水。又有水東南來，名耶里术。水合流入赤賓河，其流寖大，始名黄河，然水猶清。思本曰：忽闌河源，出自南山，其地大山峻嶺，綿亘千里，水流五百餘里，注耶里出河。耶里出河源，亦出自南山，西北流五百餘里，始與黄河合。又一二日，歧爲八九股，名耶孫斡倫，譯言九渡。通廣五、七里，可度馬。又四五日，水渾濁，土人抱革囊，騎過之。自是兩山夾束。廣可一里、二里或半里，其深叵測。朵甘思東北有大雪山，最高，番語騰乞里塔，即昆侖，山腹至頂，皆雪，冬夏不消。自九渡水至昆侖，行二十日。思本曰：自渾水東北流二百餘里，與懷里火圖河合。懷里火圖河源自南山，水正北偏西流八百餘里，與黄河合。又東北流百餘里，過郎麻哈地。又正北流百餘里，乃折而西北流二百餘里，又折而正北流百餘里，又折而東流，過昆侖山下。番名亦耳麻不剌山。其山高峻非常，山麓綿亘五百餘里，河隨山足東流，過撒思加闊即、闊提地。河行雪山南半日，又四五日，至地名闊即及闊提，二地相屬。又三日，地名哈剌别里赤爾，四達之衝也，多寇盜，有官兵鎮之。近北二日，河水過之。思本曰：河過闊提，與亦西八思今河合。亦西八思今河源自鐵豹嶺之北，正北流凡五百餘里，與黄河合。雪山以西，人鮮少，吐番部落多處山南。山不穹峻，水亦散漫，獸有髦牛、野馬、狼、狍、羱羊之類。其東，山益高，地益漸下，岸狹處，狐可越而過之。行五六日，有水西南來，名納鄰哈剌河，譯言細黄河也。思本曰：哈剌河自白狗嶺之北。水西北流五百餘里，與黄河合。又兩日，有水南來，名乞里馬出河。二水合流入河。思本曰：自哈剌河與黄河合，正北流二百餘里，過阿以伯站，折而西北流，經昆侖之北二百餘里，與乞里馬出河合。乞里馬出河源自威、茂州之西北，岷山之北，水北流，即古當州境，正北流四百餘里，折而西北流，又五百餘里，與黄河合。

河水北行，轉西流，過雪山北，一向東北流，約行半月，至貴德州，地名必赤里，始有州治官府。州隸吐蕃等處尉司，司治河州。又四五日，至積石州，即後世所誤認之小積石山，非《禹貢》導河之積石。五日，至河州安鄉關。一日，至打羅坑。東北行一日，洮河水南來入河。思本曰：自乞里馬出河與黄河合，又西北流，與鵬聲河合。折而西北流三百餘里，又折而東北流，過西寧州、貴德州、馬嶺凡八百餘里，與邈水合。又東北流，過土橋站古積石州來羌城、廓州搆米站界都城凡五百餘里，過河州與野龐河合。又東北流百餘里，過踏白城銀川站，與湟水、浩亹河合。又東北流百餘里，與洮河合。以上皆番地。

又一日，至蘭州。過北卜渡，至鳴沙河，過應吉里州。正東行，至寧夏府南。東行，即東勝州，隸大同路。自發源至漢地，南北澗溪，細流旁貫，莫知紀極。山皆石，至小積石方林木暢茂。世言河九折，彼地有二折，乞里馬出河一折也。貴德州二折也，過此始入小積石。思本曰：自是逕蘭州，又東北流，至寧夏府。出塞過游牧地，凡八百餘里。過豐州西受降城，折而正東流，過游牧地古天德軍中受降城、東受降城，凡七百餘里。折而正南流，過大同路雲内州、東勝州，與黑河合。又正南流，過保德州。葭州及興州境，又過臨州，凡千餘里，與保德州乞那河合。又南流三百里，與延安河合。又南流三百里，與汾河合。又南流二百里，過河中府。遇潼關與太華大山綿亘，水勢不可復南，乃折而東流。大概河源東北流，所歷皆西番地，至蘭州凡四千五百餘里，始入中國。又東北流過沙漠地，凡二千五百餘里。始入河東境内。又南流至河中，凡千八百餘里。通計九千餘里。蓋舊史所述如此。

至我大清乾隆間平西域，始知葱嶺爲河之初源，都實所訪星宿海乃重出之源耳。然河爲中國患千有餘年，世祖欲窮其源委，以施疏導之方，勤民之至意也。今撮其大要，載於篇首，以備一代之掌故云。

河防

自河徙而南，衝決之患。至元而日甚。其治河之法，凡物料工程輸運，以至疊埽修堤之事，皆沿襲宋金舊法，承用百年，著爲條格者也。

河防之令九：

一、每歲選舊部官一員，沿河上下。兼行户、工部事，督令分治都水監及京府州縣守漲，從實規措，修固堤岸。如所行事務，有可久爲例者，即關移本部，仍候安流，就便檢覆。次年春，工物料訖，即行還職。

一、分治都水監及勾當河防事務，並馳驛。

一、州縣提舉管勾河防官，每六月一日至八月終，各輪一員守漲，九月一日還職。

一、沿河兼帶河防知縣官，雖非漲月，亦輪上提控。

一應沿河州縣。若規措有方，能禦大患，及守護不謹，以致堤岸疏虞者，具以奏聞。

一、河橋埽兵，遇天壽聖節及元日、清明、冬至、立春俱給假一日。祖父母、父母吉凶二事，並自身婚娶，俱給假三日。妻子吉凶二事，給假二日。其河水平安月分，每月朔給假一日。若水勢危險，不用此令。

一、沿河州府遇河防危險之際，若兵力不足，勸率水手人户協濟救護至，有幹濟或難疊辦須當進暫差夫役者，州府提控官與都水監及巡河官同爲計度，移下司縣，以遠近量數差遣。

一、河防軍疾疫須醫治者，都水監移文近京州縣，約取所須藥物並從官給。

一、河埽堤岸遇霖雨水漲暴變時，分都水司與都巡河官往來提控，官兵多方用心固護，無致爲害，仍每月具河埽平安申覆尚書省工部呈閲。

一、除滹沱、漳、沁等河有埽兵守護外，其餘大川巨浸如有卧著衝刷危險等事，並仰所管官事約量差夫作急救護；其蘆溝河行流去處，每遇汛漲，當該縣官與崇福埽官司一同協濟防護，差官一員係監勾之職或提控巡檢。

每歲守漲河防之制六：

一、開河。宜於上流相視地形，審度水性，測望斜高，於冬月記料，至次年春興役開挑，須漲月前終畢。待漲水發隨勢去隔堰水入新河。又須審勢疏導。假如河勢丁字正撞堤岸，剪灘截觜，撩淺開挑費功不便，但可解目前之急，亦有久而成河者，如相地形，取直開挑，先須鈐卡謂上下平岸口也分水勢，以解堤岸之危。若欲全奪大勢，更於對岸抛下木石修刺，於刺影水勢漸以木石鈐固河口，因復填實，損而復修，至堅固不摧塌，則新河迤邐暢流，舊河自然淤實。

一、閉河。先行檢視舊河岸口，兩岸植立表杆，次繫影水浮橋，使役夫得於兩岸通過。於上口下撒星樁，抛下木石鎮壓狂瀾，然後兩岸各進草紝三道、土紝兩道，又於中心拖下席袋土包。若兩岸進紝。至近合龍門時，得用手持土袋土包抛下，兼鳴羅鼓以敵河勢。既閉後，於紝前卷攔頭壓埽於紝上，修壓口堤。若紝眼水出。再以膠土填塞牢固，仍設邊檢以防滲漏。

一、定平。先正四方位置，於四角各立一表，當心安置水平。其制長二尺四寸，廣二寸五分，高二寸。先立樁于下，高四尺，纂在內，樁上横坐水平。兩頭各開小池，方一寸七分，深一寸三分，注水於中，以取平。或中心又開池者，方深同，身內開槽子，廣深各五分，令水通過兩頭池子內，各用水浮子一枚，方一寸五分，高一寸二分，刻上頭，側薄袛厚一分，浮於池內，望兩頭水浮之首，參直遥對立表處，於表身畫記，即知地形高下。

一、修砌石岸。先開掘檻子嵌坑，若用闊二尺，深二丈，開與地平。順河先鋪綫道板一，次立簽樁八，各長二丈，內打釘五尺入地，外有一丈五尺。於簽樁上，安跨埸木板六，每留三板，每板鑿二孔中間。撒子木六，於撒子木上勻鋪稈草束。先用整石修砌，修及一丈。後用荒石再砌一丈。一例高五尺。第二層，除就簽樁外，依前鋪塌木板、撒子木、稈草，再用石段修砌，高五尺。第三層，亦如之，高一丈。功就，通高二丈。

一、捲埽。其制亦昉於竹楗石菑，今則布薪芻以捲之，環竹絙以固之，絆木以係之，掛石以墜之，舉其一二以稱之，則曰夯音混。夯既下，又填以薪芻，謂之盤簟。兩夯之交，或不相接，則包以網子索，塞以稈草，謂之孔塞盤簟。孔塞之費，有過於埽夯者。蓋隨水去者太半故也。夯之最上者，其夯最下者，謂之撲崖草，又謂之入水埽。芻之最上者，謂之爭高埽。河勢向著，恐難固護，先於堤下掘坑捲埽以備之，謂之捲埽。疊二三四五而捲者，以沙壤疏惡，近水即潰，必借埽力以捍之也。下夯既朽，則水刷而去，上夯壓之，謂之實墊。又捲新埽以壓於上，俟定而後止。凡埽去水近者，謂之向著。去水遠者，謂之退背。水入埽下者，謂之緊刷。若暴水漲溢，下埽既去，上埽動摇，謂之埽喘。

一、築城。此非河事，以水圯近河，州縣亦或用之。城高四十尺則加厚二十尺。其上斜收，減高之半。若高增一尺，則其下亦加厚一尺，上收亦減其半。若高減，則亦減之。開地深五尺，其廣視城之厚。每身一十五步，栽永定柱一，長視城之高，徑一尺至一尺二寸。夜叉柱各二。每築高二尺，横用經木一。甕城至馬面之類，准此。他如工程之限，輸運之直，與夫合用物料之多寡，皆綜覈詳密，品式粲然，爲都水司奉行之條例云。

世祖中統以前，河患無可考。

至元九年七月，衛輝路新鄉縣河決北岸五十餘步。八月，北岸又決八十二步，去廣盈倉僅三十步。遣都水監丞馬良弼偕本路官相視，僉丁夫修築之。

二十三年十月，河決開封、祥符、陳留、杞、太原、通許、鄢陵、扶溝、洧川、尉氏、陽武、延津、中牟、原武、睢州十五處，僉南京民夫二十萬四千三百二十三人分築堤防。

二十五年正月，河決襄邑，又決太康、通許、杞三縣，陳、潁二州皆水，命本道宣慰司督修堤之役。

二十九年三月，勅都水監二十八年，丞相完澤奏置都水監於京師，歲以官一、令史二、奏差二、壕寨官二，分監於汴，治決河。分視黄河堤堰。

元貞二年九月，河決杞、封邱、祥符、寧陵、襄邑五縣。

大德元年七月，河決杞縣蒲口，遣尚書耶懷、御史劉賡與廉訪使尚文相視，籌長久之計。文上言：『長河萬里，湍猛東注，盟津以下，地平土疏，蕩徙不常，失禹故道，流患中土。治得其當，則力省而患遲，失之則功費而患速。今陳留抵東西百有餘里，南岸故河口十一，已塞者二，自涸者六，通水者三，岸高於水六七尺或四五尺。北岸高於水，僅三四尺，或高下與水等。大較南高於北，約八九尺，堤安得不決，水安得不北也。蒲口今決千有餘步，迅快東行，得河舊瀆，行二百里，至歸德，復會正流。若强加湮遏，上決下潰，終究無成。揆之今日河北郡縣順水之性，遠築長堤以禦汎濫。歸德、徐、邳聽民避衝決，圖所安，量給淤田，俾爲永業。他決視此。即救患之，浪策也。蒲口不塞便。』議上，山東長吏争言，若不塞蒲口，河北良田必盡化魚鱉之區，廷議從之，命河南行省官董其役，凡修七提二十有五處，總三萬九千九十二步，用葦束四十萬四千，徑尺椿二萬四千七百二十，役民夫七千九百餘人。明年，蒲口復決。自是，修築之役無歲無之。

至大二年七月，河決封邱縣。

三年十一月，河北、河南道廉訪司言：

黄河決溢，千里蒙害。浸城郭，漂室廬，壞禾稼，百姓已罹其毒，然後訪求修治之法。而且衆議紛紜，互陳利害，當事者疑惑不決，必須上請。比至議定，其害滋大，所謂不預已然之弊。大抵黄河伏槽之時，水勢似緩，觀之不足爲害，一遇霖潦，湍浪迅猛。自孟津以東，土性疏薄，崩潰決溢，可翹足而待。近歲潁、亳之民，幸河北徙，有司不能遠慮，失於規畫，使陂濼盡爲陸地。東至杞縣三汊口，播河爲三。官吏建言，相次湮塞南北二汊，使三河之水合而爲一。下流既不通暢，自然上溢。由是觀之，是自奪分泄之利也。故上下潰決，爲害日甚。今水勢趨下，有復入鉅野、梁山之意。苟不爲遠計，不出數年，曹、濮、濟、鄆蒙害必矣。今之所謂治水者，議論雖多，並無良策。水監之官，既非精選，知河之利害者，百無一二。雖每年累驛而至，名爲巡河，徒應故事。問地形之高下，則懵不知。訪水勢之利病，則非所習。乃或妄興事端，勞民動衆，阻違水性，翻爲後患。爲今之計，莫若於汴梁置都水分監，妙選廉幹、深知水患之人，專任其事。可疏者疏之，可增者增之，可防者防之。職掌既專，則事功可立。較之河已決溢，民已被害，然後鹵莽從事以勞民者，不可同日而語矣。中書省下其議於都水監。先是省臣奏升都水監爲正三品，添設二員，鑄分監印，巡視御河，就令提點黄河之事。至是，本監議：『爲御河添官鑄印，兼提點黄河，若分監在彼，則有妨御河公事。況黄河已有拘該官司正官提調，莫若使分監者以十月往，與各處官司巡視缺壞，會計工程，俟年終分監新官至，則交割代還，庶不相誤。』

工部言：『大德九年，黄河決徙，逼近汴梁，幾至浸没。本處官吏權宜開薰盆口，分入巴河，以殺其勢，遂使正河水緩，併趨支流。緣巴河舊隘，不足吞伏。明年急遣蕭都水等閉塞，而其勢愈大，卒無成功。致連年爲害，南至歸德，北至濟寧，盡患淪胥，欲爲經久之計，非用通知古今水利之人專任其事，終無補益。河南憲司所言詳悉，都水監止援舊例議擬未合。如量設專官，精選廉幹、深知地形水勢者，任以河防之職，往來巡視，以時疏塞，庶可除異日之患。』省議及令都水分監專治河防，任滿交代云。

延祐元年八月，河南行省言：『黄河涸出之地，水泊汙地，多爲勢家所據，忽遇泛溢，水無所歸。由此觀之，非河侵人，人自侵水。擬差知水利都水監官偕行，廉訪司相視，可以疏闢堤障，未至泛溢，先加修治，用力少而成功多。又汴梁路睢州諸處，決口數十，内開封縣小黄村計會月堤一道，所擬不一，宜委行省官與本道憲司、都水分監官及州縣正官，親歷按驗，從長講議。』由是遣太常丞郭奉政，前都水監丞邊丞務，都水監卿朶兒只、河南行省石右丞、本道廉訪副使站木赤、汴梁路判官張承恩，上至河陰，下至陳州，與拘該州縣官沿河相視。開封縣小黄河口，測置比舊減六尺，陳留、通許、太康舊有蒲葦之地，後以塞西河、塔河諸口，以便種植，故他處連年潰決。

公議：『治水之道，惟當順其性之自然。黄河遷徙不常。每歲泛溢兩岸，時有衝決。强爲閉塞，已及農時，科樁僉，發丁夫，動至數萬，所費不可勝紀，民不堪命。蓋自治之法，惟宜順水疏泄。今相視上抵河陰，下抵歸德。夏水盛漲，甚於常年，以小黄河口分泄之故，並無衝決，此其明驗也。若將小黄村河口堵閉，必移患於鄰封。決上流南岸，則汴梁被害。決下流北岸，則山東可擾。事難兩全，當遺小就大。詳視陳州，最爲低窪被水之地。今歲麥禾不收，民飢特甚，請免陳州差税。賑其飢民。陳留、通許、太康縣被災之家，依例取勘賑恤。其小黄村河口仍舊通流，築月堤及障水堤以資抵扞。別難擬議。』中書省韙之，依議施行。

至五年正月，河北、河南道廉訪副使奥屯言：『近年河決杞縣小黄村口，滔滔南流，莫能禦遏，陳、潁瀕河膏腴之地浸没大半，百姓流亡。今水迫汴城。遠無數里，倘值霖雨水溢。倉卒何以爲計。方今農隙，宜爲講究，使水歸故道，達於江、淮，不惟陳、潁之民得遂其生，亦可除汴梁異日之患。』於是大司農下都水監移文分監修治，自六年十一月一日興工，至七年三月九日工畢，北至槐疙疸兩舊堤，南至窯務汴堤，通長二十里二百四十三步。創修護城堤一道，長七千四百四十三步。堤下廣十六步，上廣四步，高一丈，六尺爲一工。計工二十五萬三千六百八十，用夫八千四百五十三，除風雨妨工。三十日畢。内流水河溝，南北闊二十步，水深五尺。修堤闊二十四步，上廣八步，高一丈五尺，積十二萬尺，取土稍遠，四十尺爲一工，計三萬工。用夫萬人。每步用大樁二，計四十，各長一丈三尺。徑四寸。每步草束千計二萬束，簽樁四，計八十樁，各長八尺，徑三寸。大船二，梯鑁繩索備焉。

是年七月，滎澤縣塔海莊河決。未幾，開封縣蘇村及七里寺復決二口。本省平章政事站馬赤親率本路官及都水分監，併工修築。至治元年正月興工，條堤岸四十六處，計工一百二十五萬六千四百九十四，用夫三萬一千四百一十三。

八年，河決原武縣，浸灌數屬，其工役案牘無徵莫得而詳焉。

泰定二年，御史姚煒以河屢決，請立行都水監於汴梁，仍令沿河州縣知河防事。從之。是年，睢州河決。

三年，鄭州陽武縣又決，漂民房一萬六千餘家。

五年，蘭陽縣河又決。

至順元年六月，曹州濟陰縣魏家道口河決。先是，堤將潰，濟陰縣防河官與縣尹郝承務，差募民夫創修護水月堤，又以水勢大，復築月堤於北。功未竟，水忽泛溢，新舊三堤俱決。明日，外堤復壞，湍流迅猛，有蛇出没於中，所上椿工，一埽無遺。缺口東西五百餘步，深二丈餘。外堤缺口，東西四百餘步，又磨子口護水堤，低薄不足禦水，東西長一千五百步。乃先築磨子口，七月十六日興工，二十八日工畢。郝承務言：『魏家道口塼堌等村缺口，累下椿土，衝決不存，堤周回皆泥淖，人不可居，又無取土之處。且沛郡安樂等堡，去歲旱災，今復水澇，民皆缺食，難於差僉。其不經水村堡，先已徧差補築黄家橋、磨子口諸處堤堰，似難重役。請俟秋涼水退，僉夫修理，庶蘇民力。計衝壞新舊堤七處，共一萬二千二百十六步，下廣十二步，上廣十四步，高一丈二尺，計用夫六千三百人。椿九百九十，葦箔一千三百二十，草束一萬六千五，六十尺爲一工，無風雨妨工，度五十日可畢。』郝承務又言：『九月三日興工，連日風雨，辛馬頭、孫家道口堤又壞，計工役倍於元數，添差二千人同築。二十六日，元與武成、定陶二縣分築魏家道口八百二十步工竣。其辛馬頭孫家道口之缺口，南北闊一百四十步，內水地五十步，深者二丈，淺者亦不下八九尺，補築七日工竣。又創築月堤一道，斜長一千六百二十七步，內武城、定陶分築一百五十步，實築一千四百七十七步。惟堌頭魏家道口外堤未築，以冬寒土凍，俟來春補築焉。』

是年，遣太禧宗禋院都事蓋苗行視河道。苗還言：『河口淤塞，今不治，異日必爲中原大患。』都水監難之，事遂寢。不及十五年，而白茅堤之口決。

至正四年正月，河決曹州，雇民夫一萬五千八百人築之。五月，大霖雨，平地水深二丈，河暴溢，決白茅堤，曹、濮、濟、兖皆水。十月，議築黄河堤堰。

六年，以河決，立河南、山東等處行都水監，專治河防。

九年三月，河北決。五月，白茅河東注沛縣，遂成巨浸。

是年冬，帝命集群臣廷議，言人人殊，惟監察御史余闕言：

禹河自大伾而下，釃爲二渠，皆東北流。自周定王時，河始南徙。訖於漢，而禹之故道始失。自瓠子再決，而其流爲屯氏諸河。其後河入千乘，偶合於禹所治河，由是而訖東都。至唐，河不爲患者千數百年。趙宋時，河又南決。至於南渡，乃由彭城合汴、泗東南以入淮，而漢之故道又失。嘗考中國之地，西南高而東北下，故水至中國而入海者，一皆趨於東北。古河自龍門即穿西山，踵趾而入大陸。地之最下者也。河之行於冀州，北方也，數千年而徙千乘。自漢而後，千數百年而徙彭城。然南方之地，本高於北，故河之南徙也難，而其北徙也易。自宋南渡至今，殆二百年，而河旋北，乃地勢使然，非關人力也。比者河北破金堤，踰豐沛、曹、鄆諸郡大受其害，天子哀民之墊溺，乃疏柳河，欲引之南，工不就。今諸臣集議，多主浚河故道，復引河以南入彭城，築堤起曹南訖嘉祥，東西三百里，以障河之北流，則漸可以導之使南。嗟乎！諺有之曰：不習爲吏，眡已成事。今所謂南流故道者，非河之故道也。使反於大禹北流之故道，由漢之千乘以入海，則國家將無水患千餘年，如東漢與唐之時，而又何必障而排之，使南乎？今廟堂之議，非以南爲壑也。其慮以爲河之北，則會通之漕廢。不知河即北。而會通之漕不廢。何也？漕以汶，而不以河也。河北流，則汶自彭城以下必微。微。則吾有制而治之，亦可以行舟以漕粟，所謂『浮於汶，達於河』者是也。闕特欲防鉅野，而使河不妄行。俟河復千乘故道，然後復相水之宜而修治之。此千古之明鑑，非一人之私言也。

十年四月，以軍士五百人修白茅河堤。十二月，命大司農禿魯、工部尚書成遵行視決河，議其疏塞之法以聞。

十一年春，遵等自濟甯、曹、濮、大名行數千里，掘井以量地形之高下，測岸以究水勢之深淺，以爲河之故道不可復，其議有八。時右丞相脱脱復相，鋭於任事。都漕運使賈魯以治河二策進：其一，修築北堤，以制横潰，則用工省；其一，疏塞並舉，挽河復故道，其功數倍。脱脱韙魯後策。及遵興禿魯至，力陳不可。脱脱不聽，以其事屬魯。遷魯爲工部尚書，總治河防使。發汴梁、大名十三路民夫十五萬，廬州等處十八翼軍二萬，自黄陵岡南達白茅，放於黄堌、哈只等口，又自黄陵西至楊青村合於故道，凡二百八十里百五十四步有奇。命中書右丞玉樞虎兒哈等率衛軍以鎮之。自四月興工，至十一月，水土工畢，諸埽諸堤成，河復故道，南匯於淮，又東入於海。帝遣使者報祭河伯，召魯還京師，論功超拜榮禄大夫、集賢大學士，賜脱脱世襲達剌罕，命翰林學士承旨歐陽元撰河平碑，以旌勞績。

元治河三大役：曰蒲口，曰小黄村，曰白茅堤。當時名臣多謂宜順水勢，勿堙塞，其言率迂不可用。脱脱黜成遵，從賈魯，挽河復故道，尤爲不世之功。歐陽元作《至正河防記》，載其施功次第詳矣。用附著左方，俾治河者有考焉。

至正河防記

治河一也，有疏、有濬、有塞，三者異焉。釃河之流，因而導之，謂之疏。去河之淤，因而深之，謂之濬。抑河之暴，因而扼之，謂之塞。疏濬之别，有四： 曰生地，曰故道，曰河身，曰減水河。（身）〔生〕地有直有紆，因直而鑿之，可就故道。故道有高有卑，高者平之以趨卑，高相就，則高不壅，卑不瀦，慮夫壅生潰，瀦生堙也。河身者，水雖通行，身有廣狹。狹難受水，水溢悍，故狹者，以計辟之。廣難爲岸，岸善崩，故廣者以計禦之。減水河者，水放曠則以制其狂，水隳突則以殺其怒。

治堤一也，有創築、修築、補築之名，有刺水堤，有截河堤，有護岸堤，有縷水堤，有石船堤。

治埽一也，有岸埽、水埽，有龍尾、欄頭、馬頭等埽。其爲埽臺及推卷、牽制、薶掛之法，有用土、用石、用鐵、用草、用木、用杙、用絙之方。

塞河一也，有缺口，有豁口，有龍口。缺口者，已成川。豁口者，舊常爲水所豁，不退則口下於堤，水漲則溢出於口。龍口者，水之所會，自新河入故道之潨也。

此外不能悉書，因其用功之次第而就述於其下焉。

其濬故道，深廣不等，通長二百八十里百五十四步而强。功始自白茅，長百八十二里。繼自黄陵岡至南白茅，〔闕〕生地十里。口初受，廣百八十步，深二丈有二尺，已下停廣百步，高下不等，相折深二丈及泉。曰停、曰折者，用古算法，因此推彼，知其勢之低昂，相準折而取匀停也。南白茅至劉莊村，接入故道十里，通折墾廣八十步，深九尺。劉莊至專固，百有二里二百八十步，通折廣六十步，深五尺。專固至黄固，墾生地八里，面廣百步，底廣九十步，高下相折，深丈有五尺。黄固至哈只口，長五十一里八十步，相折停廣墾六十步，深五尺。乃濬凹里減水河，通長九十八里百五十四步。凹里村缺河口生地，長三里四十步，面廣六十步，底廣四十步，深一丈四尺。自凹里生地以下舊河身至張贊店，長八十二里五十四步。上三十六里，墾廣二十步，深五尺； 中三十五里，墾廣二十八步，深五尺； 下十里二百四十步，墾廣二十六步，深五尺。張贊店至楊青村，接入故道，墾生地十有三里六十步，面廣六十步，底廣四十步，深一丈四尺。

其塞專固缺口，修堤三重，並補築凹里減水河南岸豁口，通長二十里三百十有七步。其創築河口前第一重西堤，南北長三百三十步，面廣二十五步，底廣三十三步，樹植樁橛，實以土牛、草葦、雜梢相兼，高丈有三尺，堤前置龍尾大埽。言龍尾者，伐大樹連梢繫之堤旁，隨水上下，以破囓岸浪者也。築第二重正堤，並補兩端舊堤，通長十有一里三百步。缺口正堤長四里。兩堤相接舊堤，置樁堵閉河身，長百四十五步，用土牛、稍土、草葦相兼修築，底廣三十步，修高二丈。其岸上土工修築者，長三里二百十有五步有奇，高廣不等，通高一丈五尺。補築舊堤者，長七里三百步，表裏倍薄七步，增卑六尺，計高一丈。築第三重東後堤，並接修舊堤，高廣不等，通長八里。補築凹里減水河南岸豁口四處。置椿木、草土相兼，長四十七步。

於是塞黄陵全河，水中及岸上修堤，長三十六里百三十六步。其修大堤刺水者二，長十有四里七十步。其西復作大堤刺水者一，長十有六里百三十步。內創築岸上土堤，西北起李八宅西堤，東南至舊河岸，長十里百五十步，顛廣四步，趾廣三之，高丈有五尺。仍築舊河岸至入水堤，長四百三十步，趾廣三十步，顛殺其六之一，接修入水。

兩岸埽堤並行。作西埽者夏人水工，徵自靈武。作東埽者，漢人水工，徵自近畿。其法以竹絡實以小石，每埽不等，以蒲葦線腰索徑寸許者從鋪，廣可一二十步，長可二三十步。又以曳埽索綯徑三寸或四寸、長二百餘尺者衡鋪之。相間復以竹葦麻檾大纖，長三百尺者爲管心索，就繫綿腰索之端於其上，以草數千束，多至萬餘，勻布厚鋪於綿腰索之上，橐而納之，丁夫數千，以足踏實。推卷稍高，即以水工二人立其上，而號於衆，衆聲力舉，用小大推梯，推卷成埽，高下長短不等。大者高二丈，小者不下丈餘。又用大索，或互爲腰索，轉致河濱，選健丁操管心索，順埽臺立踏，或掛之臺中鐵猫大橛之上，以漸縋之下水。埽後掘地爲渠，陷管心索渠中，以散草厚覆，築之以土，其上覆以土牛、雜草、小埽梢土，多寡厚薄，先後隨宜。修疊爲埽臺，務使牽制土下，縝密堅壯，互爲犄角，埽不動摇。日力不足，火以繼之。積累既畢。復施前法，卷埽以厭先下之埽，量淺深，制埽厚薄，疊之多至四埽而止。兩埽之間，置竹絡，高二丈或三丈，圍四丈五尺，實以小石、土牛。既滿，繫以竹纜。其兩旁並埽，密下大椿，就以竹絡大竹腰索繫於椿上。東西兩埽及其中竹絡之上，以草土等築爲埽臺，約長五十步或百步。再下埽，即以竹索或麻索長八百尺或五百尺者一二，雜厠其餘管心索之間。俟埽入水之後，其餘管心索如前薶掛，隨以管心長索遠置五七十步之外，或鐵猫，或大椿，曳而繫之，通管束累日所下之埽，再以草土等物通修成堤。又以龍尾大埽，密掛於護堤大椿，分析水勢。其堤長二百七十步，北廣四十二步，中廣五十五步，南廣四十二步。自顛至趾，通高三丈八尺。

其截河大堤，高廣不等，長十有九里百七十七步。其在黄陵北岸者，長十里四十一步。築岸上土堤，西北起東西故堤，東南至河口，長七里九十七步，顛廣六步，趾倍之二強二步，高丈有五尺。接修入水。施土牛，小埽梢草雜土，多少厚薄，隨宜修疊。及下竹絡，安大椿，繫龍尾埽，如前兩堤法。唯修疊埽臺，增用白闌小石，並埽上及前洊修埽堤一，長百餘步，直抵龍口。稍北，欄頭三埽並行，大堤廣與刺水二堤不同。通前列四埽，間以竹絡，成一大堤，長二百八十步，北廣百一十步，其顛至水面高丈有五尺，水面至澤腹高二丈五尺，通高三丈五尺。中流廣八十步，其顛至水面高丈有五尺，水面至澤腹高五丈五尺，通高七丈。並創築縷水橫堤一，東起北截河大堤，西抵西刺水大堤，又一堤，東起中刺水大堤，西抵西刺水大堤。又一堤，東起中刺水大堤，西抵西刺水大堤。通長二里四十二步，亦顛廣四步，趾三之，高丈有二尺。修黃陵南岸，長九里六十步。內創岸土堤，東北起新補白茅故堤，西南至舊河口，高廣不等，長八里二百五十步。

〔乃〕入水作石船大堤。（益）〔蓋〕〔一〕由是秋八月二十九日乙巳，道故河流，先所修北岸西中刺水及截河三堤猶短，約水尚少，力未足恃。決河勢大，南北廣四百餘步，中流深三丈餘，益以秋漲，水多故河十之八，兩河爭流，近故河口，水刷岸北行，洄漩湍急。難以下埽。且埽行或遲，恐水盡湧入決河，因淤故河，前功隳墮。魯乃精思入故河之方，以九月七日癸丑，逆流排大船二十七艘，前後連以大桅或長樁，用大麻索、竹絙絞縛，綴爲方舟。又用大麻索、竹絙，用船身繳繞上下，令牢不可破，乃以鐵猫於上流硾之水中。又以竹絙絕長七八百尺者，繫兩岸大橛上，每絙或硾二舟或三舟，使不得下，船腹略鋪散草，滿貯小石，以合子板釘合之。復以埽密布合子板上，或二重或三重，以大麻索縛之急。復縛橫木三道於頭桅，皆以索維之，用竹編笆，夾以草石，立之桅前，約長丈餘，名曰水簾桅。復以木楮柱，使簾不偃仆。然後選水工便捷者，每船各二人，執斧鑿，立船首尾，岸上捶鼓爲號，鼓鳴，一時齊鑿，須臾舟穴，水入，舟沈，遏決河。水怒溢，故河水暴增。即重樹水簾，令後復布小埽土牛白闌長稍，雜以土草等物。隨以填垛。繼之以石船下詣實地，出水基趾漸高，復卷大埽以壓之。前船勢略定，尋用前法，沈餘船，以竟後功。昏曉百刻，役夫分番甚勞，無少間斷。船堤之後，草埽三道並舉，中置竹絡盛石，並埽置樁，繫纜四埽及絡，一如修北截水堤之法。第以中流水深數丈，用物之多，施工之大，倍他堤。距北岸纔四五十步，勢迫東河，流峻若自天降，深淺叵測。於是先卷下大埽約高二丈者，或四或五，始出水面。修至河口一二十步，用工尤艱。薄龍口，喧豗猛疾，勢撼埽基，陷裂欹傾，俄遠故所。衆議沸騰，以爲難合，然勢不容已。魯神色不動，機解捷出，進官史工徒十餘萬人，日加獎諭，辭旨懇至，衆皆感激赴功。

十一月十一日丁巳，龍口遂合，決河絕流，故道復通。又於堤前通卷欄頭埽各一道，多者或三或四。前埽出水，管心大索繫前埽，硾後闌頭埽之後，後埽管心大索亦繫小埽，硾前欄頭埽之前，後先羈縻，以錮其勢。又於所交索上，及兩埽之間，壓以小石白闌土牛，草土相半，厚薄多

〔一〕（益）〔蓋〕　據《元史・河渠志三》改。

寡，相勢措置。埽堤之後。自南岸復修一堤，抵已閉之龍口，長二百七十步。船堤四道成堤，用農家場圃之具曰轆軸者，穴石立木如比櫛，蕹前埽之旁。每步置一轆軸。以橫木貫其後，又穴石，以徑二寸餘麻索貫之，繫橫木上，密掛龍尾大埽，使夏秋潦水、冬春凌簰，不得肆力於岸。此堤接北岸截河大堤，長二百七十步，南廣百二十步，顛至水面高丈有七尺，水面至澤復高四丈二尺。中流廣八十步，顛至水面高丈有五尺，水面至澤腹高五丈五尺，通高七丈。仍治南岸護堤埽一，通長一百三十步，南岸護岸馬頭埽三道，通長九十五步，修築北岸隄防，高廣不等，通長二百五十四里七十一步。白茅河口至板城，補築舊堤，長二十五里二百八十五步。曹州板城至英賢村等處，高廣不等，長一百三十三里二百步。稍岡至碭山縣，增培舊堤，長八十五里二十步。歸德府哈只口至徐州路三百余里，修完缺口一百七十處，高廣不等，積修計三里二百五十六步。亦思剌店縷水月堤高廣不等，長六里三十步。

其用物之凡，樁木大者二萬七千，榆柳雜稍六十六萬六千，帶稍連根株者三千六百，藁秸蒲葦雜草以束計者七百三十三萬五千有奇，竹竿六十二萬五千。葦席十有七萬二千，小石二千艘，繩索小大不等五萬七千，所沈大船百有二十。鐵纜三十有二，鐵貓三百三十有四，竹篾以斤計者十有五萬，硾石三千塊，鐵鑽萬四千二百有奇，大釘三萬三千二百三十有二。其餘若木龍、蠶椽木、麥稭、扶樁、鐵叉、鐵吊、枝麻、搭火鈎，汲水、貯水等具，皆有成數。官吏俸給，軍民衣糧、工錢，醫藥、祭祀、賑恤、驛置馬乘及運竹木、沈船、渡船、下樁等工，鐵、石、竹、木、繩索等匠傭貲，兼以和買民地爲河，併應用雜物等價，通計中統鈔百八十四萬五千六百三十六錠有奇。

魯嘗有言：『水工之功，視土工之功爲難；中流之功，視河濱之功爲難；決河口，視中流又難；北岸之功，視南岸爲難。用物之性。草雖至柔，柔能狎水，水漬之生泥，泥與草並，力重如碇。然維持夾輔，纜索之功實多。』蓋由魯習知河事，故其功之所就如此。

是役也〔一〕，朝廷不惜重費，不吝高爵，爲民辟害。脱脱能體上意，不憚焦勞，不恤浮議，爲國拯民。魯能竭其心思智計之巧，乘其精神膽氣之壯，不惜劬瘁，不畏譏評，以報君相知人之明。宜悉書之，使職史氏者有所考證也。

〔一〕是役也　《元史·河渠志三》此三字前有『玄之言曰』四字。

河渠二

《新元史》卷五三

通惠河 皋通七壩　金水河　雙塔河　積水潭

白河　御河　會通河 兗州閘　**揚州運河**

鎮江運河 練湖　**濟州河** 膠萊河

元之運河，自通州至京師爲通惠河，自通州至直沽爲白河，自臨清至直沽爲御河，自東昌須城縣至臨清爲會通河，自三汊口達會通河爲揚州運河，自鎮江至常州呂城堰爲鎮江運河，南逾江淮，北至京師，爲振古所無云。

通惠河，一名皋通河〔一〕，又名壩河，上源出於白浮、甕山諸泉。先是，中統三年，郭守敬面奏：『中都舊漕河，東至通州，引玉泉水以通舟，歲可省僱車錢六萬緡。』從之。迨至元二十八年，守敬復建言：『疏鑿通州至都漕河，改引渾水溉田，於舊牐河蹤跡導清水，上自昌平縣白浮村引神山泉，西折而南合雙塔、榆河、一畝、馬眼、玉泉諸水，繞出甕山後，匯爲七里濼，東入西水門，貫積水潭，東南出文明門，東至通州高麗莊入白河，總長一百六十里一百四步。塞清水口二十處，牐壩十處，共二十座，節水以通漕運，誠爲便益。』帝覽奏喜曰：『當速行之。』於是復置都水監，以守敬領之。首事於至元二十九年春，告成於三十年秋，賜名通惠河。凡役軍一萬九千二百二十八〔二〕，工匠五百四十二，水手三百一十九，没官囚奴一百七十二，計二百八十五萬，用鈔一百五十二萬錠。工興之日，命丞相以下皆親操畚牐爲之倡。置牐之處，往往於地中得舊時磚石，人皆歎服。船既通行，公私便之。

其壩牐之名曰：廣源牐；西域牐二，上閘在和義門外西北一里，下牐在水門西三步；海子牐，在都城內；文明牐二，上牐在麗正門外水門東南。下牐在文明門西南一里；魏村牐二，上牐在文明門東南一里，下牐西去上牐一里；籍東牐二，在都城東南王家莊；郊亭牐二，在都城東南二十五里銀王莊；通州牐二，上牐在通州西門外，下牐在通州南門外；楊尹牐二，在都城東南三十里；朝宗牐二，上牐在萬億庫南百步，下牐去上牐百步。

又築**皋通七壩**，潭溝壩〔三〕九，王村壩二，鄭村壩一，西

〔一〕皋通河　誤，接下文『又名壩河』亦誤。與通惠河是兩條不同的運河，應是下面記述的『皋通七壩』，詳《元史·河渠志一》。
〔二〕二十八　《元史·河渠志一》作『二十九』，當是。
〔三〕潭溝壩　《元史·河渠志一》及《都水監事記》均作『深溝壩』，當是。

陽壩三，郭村壩二，千斯壩一，通州石壩一〔一〕。宋本《都水監(廳)事記》通州新壩作常(盧)〔慶〕壩。以大都至通州地勢相懸高下四丈，故多爲牐壩，以資蓄泄焉。

元貞元年，工部言：『通惠河創造牐壩，所費不資，全在守者上下照看修治，今擬設提領三員，管領人員專巡護之事，其西城牐改名會川，海子牐改名澄清。魏村牐改名惠和，籍東牐改名慶豐，郊亭牐改名平津，通州牐改名通流，河門牐改名廣利，楊尹牐改名溥濟。』

大德六年，漕司言：『歲漕百萬，全藉船壩夫力。自冰開發運，至河凍時止，計二百四十日，日運糧四千六百餘石。所轄船夫一千三百餘人，壩夫七百二十人，占役晝夜不息。今年水漲決壩堤六十餘處，雖經修畢，恐霖雨衝圮，走泄運水。點視河堤，量加修築，計深溝壩一萬五千一百五十二工，王村壩七百十三工，鄭村壩一千一百二十五工，西陽壩一千二百六十二工，郭村壩一千九百八十七工，千斯壩下一處一萬工，總用工三萬二百四十。』議上，中書省如所請。至大四年，中書省臣言：『通州至大都運糧河牐，始務速成，故皆用木，歲久木朽，一旦俱敗，然後致力，將恐不勝其勞。今爲永固計，宜用磚石，以次修治。』從之。至泰定四年，工始竣。

天曆三年，中書省臣言：『世祖時開挑通惠河，全籍上源白浮、一畝等泉之水以通漕運。今諸寺觀及權勢之家，私決堤堰，灌田安磑，致河淤淺妨漕事，乞禁之。』詔：『白浮甕山〔河〕直抵大都運糧河堤堰，諸人毋挾勢偷決。』大司農、都水監嚴禁之。凡通惠河之上源，……〔二〕

曰**金水河**，出於宛平玉泉山，流至義陽門南水門入京城。至元二十九年，中書右丞馬忽速言：『金水河所經運石大河及高良河、西河，俱有跨河跳槽，今已損壞，請新之。』從之。

至大四年，敕引金水河注於光天殿西花園石山前舊池。置牐四，以節水勢。工成，役夫匠二十九，工二千七百二十三。

曰**雙塔河**，出昌平縣孟村一畝泉，經雙塔店而東，至豐善村，合榆河，入通惠河〔三〕。至元三年，巡河官言：『雙塔河時將泛溢，不早爲備，恐至潰決。』都水監乃差夫修治，凡合閉水口五處，用工二千一百五十五。

曰白浮甕山〔河〕。白浮泉水，在昌平縣界，西折而東，經甕山湖，自西水門入都城。大德七年，甕山等處看牐提領言：『自閏五月，晝夜雨不止，六月九日，山水暴發，漫流堤，衝上決水口。』都水監自九月二十一日興工，至十月工竣，實役軍夫九百九十三人。十一年三月，白浮

〔一〕通州石壩一　誤。《都水監事記》作『常慶壩』，當是。另外文中記述每座壩後的數字，實際是當年大修時的工程數量。

〔二〕該句後似有脫文。

〔三〕入通惠河　此四字当衍，榆河不可能入通惠河。

甕山河隄崩三十餘里，編荆笆爲水口，以泄水勢，計笆口十一處，四月興工。十月工竣。皇慶元年，都水監言：『白浮甕山〔河〕隄，多低薄崩陷處，宜修築。』來春二月入役，八月工竣，總修長三十七里二百十五步，計工七萬三千七百七十。延祐元年，都水監言：『自白浮甕山〔河〕下至廣源牐堤堰，多淤，源泉不能通流。』會計工程，差軍夫千人疏瀹之。泰定四年八月，山水泛溢，衝決甕山諸處笆口。自八月二十六日興工修築，九月十二日工竣。役軍夫二千人，實役九萬工，四十五日。

〔大都〕其西北諸泉之水，匯於都城內者，爲**積水潭**，一名海子，以石甃其四圍。延祐六年。都水監計會前後，與舊石岸相接。用石三百五，各長四尺，寬二尺六寸，厚一尺，用工三百五，役丁夫五十，石工十九。至治三年，大都河道提舉司言：『海子南岸東西道路，當兩城要衝，金水河浸潤於上，海子衝嚙於下，且道狹，多泥淖，車馬難行，如以石砌之，實長久之計。』從之。

金水河，又謂之隆福宫前河。至治二年，勅：金水河在世祖時濯手有禁，今則洗馬者有之，比至秋疏滌，禁諸人毋得污穢。

白河，源出塞外，經滦州爲潮河川，南流至通州潞縣，合榆、渾諸水，亦名潞河。又東南至香河縣，又過武清縣，達於静海縣，至直沽入海。至元三十年九月，漕司言：『通州運糧河，全仰白、榆、渾三河之水合流，舟楫之行有年矣。今歲新開牐河，分引渾、榆二河上源之水。故自李二寺至通州三十餘里，河道淺澀。今春夏天旱，有水深二尺處，糧船不通，改用小料船搬載，淹延歲月，致虧糧數。先是，都水監相視白河，自東岸吴家莊前，就大河西南，斜開小河二里許，引榆河合流至深溝壩下，以通漕舟。今丈量，自深溝、榆河上灣，至吴家莊龍王廟前白河，西南至壩河八百餘步。及巡視，知榆河上源築閉，其水盡趨通惠河，止有白佛、靈溝、〔一〕子母〔二〕〔三〕小河水入榆河，水淺不能勝舟。擬自吴家莊就龍王廟前閉白河，於西南開小渠，引水自壩河上灣入榆河，庶可漕運。又深溝、樂歲五倉，積貯新舊糧七十餘萬石，站車輓運艱緩。訪視通州城北通惠河積水，至深溝村西水渠，去樂歲、廣儲等倉甚近。擬自積水處由舊渠北開四百步，至樂歲倉西北，以小料船運載甚便。』中書省議，從之。

大德五年五月，中書省言：『自楊村至河西務河堤三十五處，用葦一萬九千一百四十束，軍夫二千六百四十人，度三十日工畢。』都水監言：『分官自濠寨至楊村歷視壞堤，督軍夫修築，以霖雨水溢，故工役倍元料，自寺洵口北至蔡村、清口、孫家務、辛莊、河西務堤，就用元料葦草，修補卑薄，創築月堤。其楊村兩岸相對出水河口四處，葦草不敷，令軍夫采刈，至九月工竣。惟楊村隄岸隨修隨圮，蓋爲用力不固，徒煩工役，其未修者俟來春水涸興工。』

延祐六年十月，中書省言：『漕運糧儲及南來商賈舟楫，皆由直沽達通惠河。今岸崩泥淺，不早疏濬，有礙舟行，必致物價騰貴。都水監職專水利，宜分官一員以時巡視，遇有頹圮淺澀，隨宜修築。如功力不敷，有司差夫助役，僉事者究治。』敕下都水監施行。

至治元年正月，漕司言：『夏運海糧一百八十九萬餘石，轉漕往返，全藉河道通便。今小直沽汊河口潮汐往來，淤泥壅積七十餘處，漕運不能通行，宜移文都水監疏濬。』工部議：『農作方興，兼民多艱食，若不差軍助役，民力有所不逮。』樞密院言：『軍人不敷。』省議：『方東作之時，若差民丁，恐妨歲事。其令大都募民夫三千人，日給傭鈔一兩、糙粳米一升，委正官驗日支給，令都水監及漕司督其役。』從之。

泰定三年三月，都水監言：『河西務菜市灣水勢衝嚙，與倉相近，將來爲患。宜於劉二總管營相對河東岸，截河築堤，改水道與舊河合，可杜水患。』四年正月，省臣奏准，樞府差軍五千，大都路募夫五千人，日支糙粳米五升、中統鈔一兩，都水監工部委官與前衛董指揮同監役。三月十八日興工，六月十一日工竣。

天曆二年三月，漕司言：『元開劉二總管營相對河，北舊河運糧過遠，乞復浚舊河便。』四月，遣兵部員外郎鄧衡、都水監丞阿里、漕使太不花等督軍七千浚治。三年，又募民夫三千人助役，兵部改委辛侍郎監之。是年，濬漷州運河，至入通惠河。

衛河，出輝州蘇門山，經新鄉汲縣而東，至大名路濬州淇水入之，名爲**御河**。經凡城縣東北，流入濟甯路館陶縣西，與漳水合，又東北至臨清縣，與會通河合。從河間路交河縣北入清池縣界，永濟河入之。又北至清州靜海縣，會白河入於海。

至元三年七月，都水監言：『運河二千餘里，漕公私物貨，爲利甚大。自兵興以來，失於修治。清州之南、景州之北，頹缺岸口三十餘處，河流淤塞。至癸巳年，朝廷役夫四千修築，乃復行舟。今又三十餘年，無官主領。滄州地分，水面高於平地，全藉堤防。其園圃之家掘堤作井，深至丈餘或二丈，引水灌園。復有瀕河居民，就隄取土，漸至缺壞，走泄水勢，不惟有妨糧運，或致漂没田廬。其長蘆以北、索家馬頭以南，水內暗藏樁橛，尤爲行舟之患。』工部議以濱河州縣佐貳之官兼河防事，沿河巡視，修補隄堰，拔去樁橛，仍禁居民毋穿隄作井，七年武清縣河溢，僉民夫濬之，歷八十日工竣。

至大元年六月。左翼屯田萬户府言：『五月十八日，水決會川縣孫家口岸約二十餘步，南流灌本管屯田。已移河間路、武清縣、清州有司，發丁夫修築。』於是，樞密院亦檄河間路左翊屯田萬户府，差軍並工築塞。十月，大名路浚州言：『七月十一日連雨至十七日，清、石二水溢李家道口。詢之社長，稱水源自衛輝路汲縣東北，連本州淇門西舊黑蕩泊，溢流出岸，漫黄河古隄，東北流入本州齊賈泊，復入御河。竊計今歲水施逆行，乃下流漳水漲溢遏絶，以致如此，實非人力可勝。又七月十二日，御河水驟漲三尺，十八日復添四尺，其水逆流，明是下流壅遏，乞差官巡治。』

延祐二年七月，滄州言：『往年景州吴橋縣御河水溢，衝決堤岸。萬户千奴恐傷淇河屯田，差軍築塞舊泄水郎兒口，故水無所泄，浸民廬及已熟田數萬頃。及七月四口，河決吴橋縣柳斜口東岸三十餘步，千户移僧又遣軍堵塞郎兒口，水壅不洩，必致漂蕩張管、許河、孟村三十餘村。本州摘官相視，移文約會開放。不從。』四年五月，都水監始遣官與河間路官相視郎兒口下流故河，至滄州約三十餘里乃減水故道名曰盤河。應增濬故河，決積水，由滄州城北達滹沱河以入於海。泰定元年九月，都水遣官督丁夫五千八百九十一人。是月興工，至十月工竣。

會通河，起東昌路須城縣安民山之西南，由壽張西北至東昌，又西北至臨清，達於御河。至元十七年，江南平，置汶泗都漕運司，控引江淮，以供億京師。自東阿至臨清二百里，舍舟而陸車運至御河，役民一萬三千二百七十六户。經茌平縣，地勢卑，夏秋霖潦，道路不通，公私病之。於是壽張縣尹韓仲暉、太史院令史邊源相繼言開河置牐，引汶水達於御河，較陸運利相什佰。詔廷臣議之。

二十五年，遣都漕運副使馬之貞偕源按視地勢，之貞等圖上可開之狀。丞相桑哥奏言：『安民山至臨清，爲渠二百六十五里。若開浚之，爲工三百萬，當用鈔三萬定，米四萬石，鹽五萬斤。其陸運夫一萬三千户復罷爲民，其賦入及芻粟之估，爲鈔六萬八千定，費略相當。然渠成，亦萬世之利，請來春浚之。』從之。

二十六年春正月，詔出楮幣一百五十萬緡，米四百石，鹽五萬斤以爲傭直，徵旁縣丁夫三萬，以斷事官忙哥速兒、禮部尚書張孔孫、兵部郎中李處選等董其役。建牐三十有一，度高低，分遠邇，以節蓄泄。以六月辛亥工竣，凡用工二百五十一萬七百四十有八，賜名會通河，置提舉司職河渠事。元初，遏汶入洸，以益漕，汶始與洸、泗、沂合，猶未分於北。至元二十年，自濟寧新開河，分汶、泗諸水西北流至須城之安民山，入濟水，故瀆以達於海，而猶未通於御河。至是，又自安民山西南開河直達臨清，而泗、汶諸水始通於御河焉。

二十七年，以霖雨岸崩，河淤淺，中書省臣奏，撥放罷輸運站户三千，專供挑濬之役。是後，歲委都水監官一人，佩分監印，率令史、奏差、濠寨官巡視，且督工。易石牐，以工之緩急爲先後。至泰定二年，始克畢事云。

會通鎮牐三、土壩二，在監清北。頭牐，至元三十年建。中牐，南至隘船牐三里，元貞二年至大德二年建。隘船，南至李海務牐一百五十二里，延祐元年建。

李海務，南至周家店牐十二里，元貞二年建。

周家店，南至七級牐十二里，大德四年建。

七級閘二：北牐，至南牐三里，大德元年建；南牐，至阿城牐十二里，元貞二年建。

阿城牐二：北牐，至南牐三里，大德三年建；南牐。至荆門北牐十里，大德二年建。

荆門牐二：北牐，至荆門南牐二里半，大德三年建；南牐，至壽張牐六十五里，大德六年建。

壽張牐，南至安山牐八里，至元三十一年建。

安山牐，南至開河牐八十五里，至元二十六年建。

開河牐，南至濟州牐一百二十四里。

濟州牐三：上牐南至中牐三里，大德五年建；中牐，南至下牐二里，至治元年建；下牐，南至趙村閘六里，大德七年建。

趙村牐，南至石佛牐七里，泰定四年建。

石佛牐，南至辛店十三里，延祐六年建。

辛店閘，南至師家店牐二十四里，大德元年建。

師家店牐，南至棗林牐十五里，大德二年建。

棗林牐，南至孟陽泊牐九十五里，延祐五年建。

孟陽泊牐，南至金溝牐九十里，大德八年建。

金溝牐，南至隘船牐十二里，大德十年建。

沽頭牐二：北隘船牐南至大牐二里，延祐二年建；南牐至徐州一百二十里，大德十一年建。

徐州三汊口牐入鹽河，南至土山牐十八里，泰定三年建。

然會通河以汶、泗二水爲上源，故又於兖州立牐堰約泗水西流，堽城立牐堰，分汶水入河南，會於濟州，以六牐撙節水勢。

至元二十七年，運副馬之貞言：『至元十二年，丞相伯顔訪問自江淮達於大都河道。之貞乃言宋、金以來汶、泗相通河道。郭都水按視，可以通漕。二十年，中書省奏委兵部李尚書等開鑿擬修石牐十四。二十一年，省委之貞與尚監察等同相視，擬修石牐八、石堰二。除已修畢外，有石牐一、石堰一、堽城石堰一，至今未修。』之貞又言：『據汶河堽城二牐、一堰，泗河兖州牐堰。濟州城南牐，乃會通河上源之喉襟。去歲堽城汶河土堰、兖州泗河土堰衝決，宜移文兖州、泰安州僉夫修築。又被水衝壞梁山一帶隄堰，走洩水勢，通入舊河，致新河水小，糧船滯澁，乞移文斷事等官轉下東平路修築，上流撥屬河淮漕司，下流屬之貞管領，若已後新河水小，直下濟州監牐官並泰安、兖州、東平修理。據兖州石牐一、石堰一、堽城石牐一，合用材物已行措置完備，乞移文江淮漕司修築。其泰安州、梁山一帶隄岸，濟州牐等處，雖撥屬江淮漕司，今後如水漲衝決隄堰，仍乞照會東平、濟寧、泰安，如承文字，亦仰奉行。』中書省依所議行之。

延祐元年二月，中書省言：『江南行省起運諸物，皆由會通河以達於都，爲其河淺澁，大船充塞於中，阻礙餘船不得往來。每歲台、省差人巡視。據差官言，始開河時，止許行百五十料船，近年權勢之人並富商大賈貪嗜貨利，造三四五料或五百料船，以致阻滯官民舟楫。如於沽頭置小石牐一，止許行百五十料船便。臣等議，宜依所言，中書及都水監差官於沽頭置小牐一，又於臨清相視宜置牐處，亦置小牐一，禁約二百料之上船，不許入河行運。』從之。

至治三年四月，都水分監言：『會通河沛縣東金溝、沽頭諸處，地形高峻，旱則水淺舟澁。省部已准置二滚水壩。近延祐二年，沽頭牐上增置隘牐一，以限巨舟，每經霖雨，則三牐月河、截河土堰，盡爲衝決。自秋摘夫刈薪，至冬水落，或來歲春初修治，工夫浩大，動用丁夫千百，束薪十萬有餘，數月方完，勞費萬倍。又況延祐六年雨多水溢，月河、土堰及石牐鴈翅日被衝齧，土石相離，深及數丈，其工倍多，至今未完。若運金溝、沽頭並隘牐三處現有之石，於沽頭月河内修一所堰牐，更將隘牐移置金溝牐月河或沽頭牐月河内，水大則大牐俱開，使水道動流，小則閉金溝大牐，上開隘牐，沽頭則閉隘牐，而啓正牐行舟。如此歲省修治之費，又可免丁夫冬寒入水之苦，誠爲一勞永逸。』會驗監察御史亦言：『延祐初，元省臣嘗請置隘牐以限巨舟，臣等議從之。至梭板等船，乃御河、江、淮行駛之物，宜遣出任其所之，于金溝、沽頭兩牐中置隘閘二，各闊一丈，以限大船。若欲於通惠、會通河行運者，止許一百五十料，違者罪之，仍没其船。其大都、江南紅頭花船，一體不許來往。』部議從之。

泰定四年，御史台臣言：『巡視河道，自通州至真、揚，會集都水分監及沿河州縣官民，詢考利弊，不出兩端：一曰壅決，一曰經行。自世祖屈群策，濟萬民，疏河渠，引清、濟、汶、泗，立牐節水，以通江淮、燕薊，實萬古無窮之利也。惟水性流變不常，久廢不修，舊規漸壞，雖有智者，不能善後。輒有管見，倘蒙采録，責任都水監謹守勿失，能事畢矣。不窮利病之源，頻歲差人巡視，徒爲煩擾，無益。於是都水監元立南北隘牐，各闊九尺，二百料下船梁頭八尺五寸，可以入牐。愚民嗜利無厭，爲隘牐所限，改造減舷添倉長船至八九十尺，甚至百尺，皆五六百料，入至牐内，不能回轉，動輒淺閣，蓋緣隘牐之法，不能限其長短。宜於隘牐下岸立石則，遇船入牐，必須驗量，長不過則，然後放入，違者罪之。』中書省下都水監，委濠寨官與濟甯路、東昌路委官相視，如所議行之。

揚州運河，亦名鹽河，北至三汊口，達於會通河。至元二十七年，江淮行省奏加疏濬。延祐四年，兩淮運司言：『鹽課甚重，運河淺澀無源，請濬之。』明年，中書省移河南行省，委都事張奉政及宣慰司、運司、州縣倉場官集議：河長二千三百五十里，有司差瀕河有田户僱夫修一千八百六十九里，倉場鹽司協濟有司修四百八十一里。

運司言：『近歲課額增多，船竈户日貧，宜令有司通行修治，省減官錢。』中書省議准：諸色户内顧覓丁夫萬人，日支鹽糧錢二兩，計用鈔二萬定，以鹽司鹽課及減駁船款下協濟。

練湖，在鎮江，爲運河之上源。

運河自鎮江，南至常州吕城壩。至治三年，中書省臣言：『鎮江運河全藉練湖之水，官司漕運供億京師，及商賈販載，農民往來。其舟楫莫不由此。宋時專設人員，以時修濬。若運河淺阻，開放湖水一寸，則可添河水一尺。近年淤淺，舟楫不通，凡有官物，差民運遞，甚爲不便。鎮江至吕城壩，長百三十里，計役民萬五百十三人，六十日可畢。又用三千人濬練湖，九十日可畢。一夫日支糧三升，中統鈔一兩。行省、行台分官監督。合行事宜，依江浙行省所擬。』敕從之。於是江浙行省委參政董中奉董其役。

董中奉言：『練湖、運河非一事也。宜仿假山諸湖農民取泥之法，用船千艘，船三人，以竹蒿撈泥，日可三載，月計九萬載，三月計通取二十七萬載。就用其泥增築湖堤。自鎮江城外程公壩至常州武進縣吕城壩，河長一百三十一里一百四十六步，河面闊五丈，底闊三丈，深四尺，與見有水二尺，共積深六尺。於鎮江、常州、江陰州、溧陽州田多上户内均差夫役。若濬湖與開河二役並興，卒難辦集。宜先開運河，工畢就浚練湖。』中書省議從之。泰定元年正月，各監工官沿湖相視，上湖沙岡黄土，下湖茭根叢雜，泥堅硬不可篙取，又兩役並興，相去三百餘里，往來監督勞費，甚願先開運河，期四十七日工畢，次濬練湖，期二十日工畢。是年二月，省臣奏：『開濬運河、練湖，重役也，應依行省議，仍許便宜從事。』其後各監工官言：『分運河作三壩，依元料深闊丈尺開濬，已於三月七日積水行舟。』又任奉議指劃元料，增築湖壩，共增闊一丈二尺，平面至高底灘脚，共量斜高二丈五尺。依中堰西石磋東舊隄卧羊灘修築，如舊堤已及所料之上。中堰西石磋至五百婆堤西上增高土一尺，有缺補之。五百婆堤至馬林橋堤水勢稍緩，不須修治。歸勘任水監元料，開運河夫萬五百十三人，六十日畢，濬練湖夫三千人，九十日畢，人日支鈔一兩，米三升，共該鈔萬八千十四定二十兩，米二萬七千二十一石六斗，實徵夫萬三千五百十二人，共役三十二日，支鈔八千六百七十九定三十六兩，米萬三千十九石五斗八升，視原料省半焉。運河開未久，旋廢不用者。

曰濟州河，曰膠萊河。

濟州河，至元十二年，姚演建議開濟州泗河入大清河，至利津入海。阿合馬等議從之，命阿八赤董其役。十八年十二月，遣奥魯赤、劉都水及通算學者一人，給宣差印。往濟州，定開河夫役。令大名、衛州新軍助其工。然海口沙淤，船出入不便。既而右丞麥术丁奏：『阿八赤所開河，益少損多，勑候漕司忙古觶至議之。海道便，則阿八赤河可廢。』未幾，忙古觶自海道運糧至，濟州河遂廢。

膠萊河，亦名膠東河，在膠州東北，分南北流，南流自膠州麻灣口入海，北流至掖縣海倉口入海。至元十七年，姚演建議開新河，鑿地三百餘里，起膠西縣陳村海口西北，至掖縣海倉口，以達直沽。然海沙易壅，又水潦積淤，功訖不就。二十二年，以勞費不貲，罷之。

河渠三

《新元史》卷四七

渾河　滹沱河 冶河　灤河　吴松江 澱山湖　四川江堰　鹽官州海塘　諸路水利

渾河，又名盧溝河，其上流爲桑乾河，發源於太原之天池，伏流至朔州馬邑縣，渾泉湧出，曰桑乾泉，東流自奉聖州入宛平界。至都城四十里東麻峪，分爲二派：一自通州高麗莊入白河，一南流至武清縣合御河入於海。

太宗七年八月，河決牙梳口。劉沖禄言：『率水夫二百餘人已依期修築，恐水漲不時衝決，或貪利之人盜決溉灌，請禁之。』廷議命沖禄領其事，盜決者以違制論。如遇修築之役，其丁夫物料於應差處調發。

至大二年十月，河決左都威衛營西大堤，没左右二衛及後衛屯田麥。

三年二月，中書省下左右衛後衛及大都路督修，至五月工畢。

皇慶元年二月，東安州言：『河決黄堝堤十七所。』同知樞密院塔失帖木兒奏：『渾河決壞屯田，已發軍士五百人築決口。臣等議：治水有司事也。宜命中書省檄所屬董其事。』從之。是年六月，霖雨，渾河堤決二百餘步，發民丁刈雜草築之。

延祐元年六月，河決武清縣劉家莊左衛，差軍士七百人與東安州民夫同修決口。

二年正月，大雨，河決。

三年，中書省議：『渾河決隄堰，没田禾，軍民蒙害，既已奏聞。差官相視，上自石徑山金口，下至武清縣界舊隄，長三百四十八里，中間因舊堤修築者四十九[一]處，應修補者十九處。創修者八處，宜疏通者二處，計工三十八萬一百，役夫三萬五千，九十六日可畢。如通築則勞費太甚，宜分三年築之。』從之。

[一] 四十九　《元史·河渠志一》作『四十七』。

七年四月，營田提舉司言：『去歲十二月，屯戶巡視廣賦屯北河隄二百餘步將崩，恐來春水漲，浸漫爲患。』都水監季濠寨官，會營田提舉司、武清縣，督民夫築之，凡用工五萬三千七百二十二。

至治元年五月，運河〔一〕再決。泰定元年七月，河又決。

金口河者，金時自大都西麻峪村，分引渾河。穿南山而出，謂之金口河。

至元二年，都水少監郭守敬言：『其水可以溉田。兵興，典守者懼有所失，因以大石塞之，若按視故道，使水得通流，上可以致西山之利，下可以廣京畿之漕。』又言：『當於金口西，預開減水口，西南還大河，令其深廣。以防漲水突入之患。』朝廷韙其議而未行〔二〕。

二十八年，有言渾河自麻峪口行舟可至尋麻林，遣守敬相視，回奏不能通舟楫。

大德二年，渾河水發，都水監閉金口牐板以防之。五年，河溢，水勢洶湧，守敬恐衝沒南北二城，又將金口以上河身，用土石盡塞之。蓋守敬已知前議之不可用矣。至正二年正月，中書參議孛羅帖木兒、都水監傅佐建言：『起自通州南高麗莊，直至西山石峽鐵板，開古金水口一百二十里，鑿新河一道，深五丈，廣二十丈，放西山金口〔水〕東流，合御河〔三〕，接引海運至大都城內輸納。』是時，脫脫爲右丞相，奏而行之。廷臣多言其不可，右丞許有壬言尤力。脫脫排群議不納，遂以正月興工，至四月工畢，起牐放金口水，流湍迅急，須臾衝決二十餘里，都人大駭。脫脫急令塞之。是役也。毀民廬舍墳墓無算，又勞費不貲，卒以無功。御史糾孛羅帖木兒、傅佐之罪，俱論死。

滹沱河，出山西繁畤縣泰戲山，東流經真定路真定、藁城，平山諸縣，又東北抵甯晉縣境，入衛河。

延祐七年十一月，真定路言：『真定縣城南滹沱河，北決，寖近城。聞其源本微，與冶河不相通，後二水合，勢遂迅猛，屢壞大金堤爲患。本路達魯花赤哈散於至元三十年奏准，引冶河自爲一流，滹沱水勢十減三四。至大元年七月，水溢漂南關百餘家，冶河口淤塞，復入滹沱。自後，歲有衝決之患。略舉大德十年至皇慶元年，節次修堤，用捲埽葦草二百餘萬，官備傭直百餘萬定。及延祐元年三月至五月，修堤二百七十餘步。近年米價翔貴，民匱於食，有丁夫正身應役，單丁須募人代替，傭直日不下三五貫，前工未畢，後役迭至。延祐二年，本路總管馬思忽嘗開冶河，已復湮塞。今歲霖雨，水溢北岸數處，浸沒田

〔一〕運河　疑爲『渾河』之誤。《元史·本紀》二七：『至治元年六月己巳，渾河溢』。

〔二〕誤，據《元史·本紀》郭守敬的建議得到世祖忽必烈批准，並且實施。

〔三〕合御河　誤。應該是『合白河』。

廬。其河元經康家村南流，後徙於村北。數年修築，皆於隄北取土，故南高北低，水愈趨下侵齧。西至木方村，東至護城堤，約二千餘步，比來春修治，田椿梢築土隄，亦非經久之計。若濬木方村南枯河引水南流，牐閉北岸河口，下至合頭村北與本河合，如此去城稍遠，庶無水患。』都水監議，截河築堤，闊千餘步，新開之岸，止闊六十步，恐不能禦千步之勢。莫若於北岸闕壞低薄處，比元料增夫力，葦草捲埽補築，便擬均料各州縣上中户，價鈔及倉米於官錢內支給。中書省依所議行之。

至治元年三月，本路又申前議，浚木方村南舊瀆，導水東南流，至合頭村入本河。都水監言：『治水者，行其無事也。截河築隄一千餘步，開掘老岸，闊六十步，長三十里，霖雨之時，水拍兩岸，所開河止闊六十步，焉能容納？上嘯下滯，必致潰決，徒糜官錢，勞民力非善策也。若順其自然，增添物料，如法捲埽，修築堅固，誠爲官民便宜。』省議從之。

泰定四年八月，中書省奏：『本路言，滹沱源自五台諸山，至平山縣王母村山口下，與平定州娘子廟石泉冶河合。夏秋霖雨水漲，瀰漫城郭，宜自王子村平安村開河，長四里餘，接魯家灣舊澗，復開二百餘步，合入冶河，以分其勢。又木方村南岸故道，疏濬三十里，北岸下椿捲埽，築隄捍水東流。今歲儲材，九月興工，十一月工竣。物料傭值，官爲供給，庶幾力省工多，永免異日之患。工部議，二河並治，役重民勞，應先開冶河。如本路民夫不敷，可於順德路差募，如侵礙民田，官酬其直。』

後真定路又言：『閏九月以後，天寒地凍，難於興工，宜俟來春開濬。』奏上，詔如所請。

冶河，出井陘縣山中，經平山縣西門外，又東北流十里入滹沱河。

元貞元年正月，丞相完澤等言：『往年先帝嘗命開真定冶河，已發丁夫。適先帝升遐，以聚衆罷之。今宜遵舊制，卒其事。』從之。

皇慶元年七月，冶河龍花、判官莊諸處隄壞。都水監與本路官議：自平山縣西北，改修滾水石隄、下修龍塘隄，東南至水碾村，開河道一里，又至蒲吾橋西，開河道一里，疏其淤澱，築堤分上流入舊河，以殺水勢。又議於欒城縣北聖母堂冶河東岸，開減水河，以去真定水患。省議俱從之。

灤河，源出金蓮川，由松亭北，經遷安東、平州西，至灤州入海。

至元二十八年，敕姚演濬灤河挽舟而上，漕運上都。尋遣郭守敬相視，以難於施工而罷。

大德五年六月，大霖雨，灤河與肥、洳二水並溢水入城，官民廬舍漂蕩殆盡。中書省委吏部員外郎馬之貞與都水監官修之。東西二隄，計用工三十一萬一千五百，鈔八千八十七定十五兩，椿木等價鈔二百十四定二十六兩。

延祐四年六月，上都留守司言：『城南御河西北岸爲河水衝齧，漸至頹壞，恐水漲，漂没居民。請調軍供役，庶可速成。』勅曰：『今維其時，宜發軍速爲之。』於是虎賁司發三百人供其役。

泰定三年七月，右丞相塔失帖木兒等奏：『斡耳朵思住人營盤，爲灤河走凌衝壞，應築護水堤，請勅樞密院發軍一千二百人修之。』從之。

吴松江，受太湖諸水，東匯澱山湖以入海，潮汐淤沙，湮塞河口。宋人置撩洗軍以疏導之。世祖取江南，罷散軍人，又任勢豪租占田蕩，淤墊益甚。

至治三年，江浙行省言，嘉興路高治中、湖州路丁知事同本管正官體究舊濬通海故道，及新生沙漲應開河道五十處，内常熟州九處，崑山州十處，嘉定州三十五處，其松江府各屬應濬河渠，華亭縣九處，上海縣十四處。上海、嘉定連年旱潦，皆緣河口淤塞，旱則無以灌溉，潦則不能流洩，累致凶歉，官民俱困。至元三十年以後，兩經疏濬，稍獲豐稔。比年又復壅塞。勢家租占愈多。上海縣歲收官糧十七萬石，民糧三萬餘石，延祐七年災傷五萬八千七百餘石，至治元年災傷四萬九千餘石，二年十萬七千餘石，水旱連年，殆無虚歲。近委人相視，講求疏濬之法，其通海大江，未易遽治，舊有河港聯絡官民田土之間、藉以灌溉者，今皆填塞，必須疏通，以利耕稼。欲令有田民户自爲整治，而工役浩大，民力不能獨舉。由是議，上海、嘉定河港，宜令本處管軍、民、官、站、竈、僧、道諸色有田者，以多寡出入，備糧修治，州縣正官督役。其豪勢租占田蕩者。並當除闢。民間糧税權免一年，官租減半。華亭、崑山、常熟州河港，比上海、嘉定緩急不同，從各處正官督有田之家，備糧併工修治，既陰陽家言：癸亥年通土有忌，預爲咨呈可否。

至泰定元年十月興工，旭邁傑等奏請依所議行之，命脱顔答剌罕諸臣同提調，監察左丞朵兒只班及前都水少監董其役。

澱山湖，與太湖相通，東流入海。

至元末，參加政事梁德珪言：『忙古䚟請疏治澱山湖，因受曹總管金而止。張參議等相隨言之，識者咸以爲便。臣等議，此事可行無疑。請選委巡行官相視，會計合同軍夫。』帝從之。

既而平章政事帖哥言：『民夫足用，不須調軍。』帝曰：『有損有益，其均齊並科之。』未幾，世祖崩，成宗即位。帖哥又其言事，且建議用湖田糧三萬石，以募民夫四千、軍四千隸於都水防田使司，職掌收捕海賊，修治河渠等事。帝命伯顔察兒與樞密院同議，並召宋降臣范文虎及朱清、張瑄詢之。瑄等言：『亡宋屯守河道，用手號軍，大處千人，小處不下三四百人，隸巡檢司管領。』文虎言：『差夫四千，非動摇四十萬户不可，若令五千軍屯守，就委萬户一員，事或可行。』樞府韙文虎言，奏行之。

四川江堰[一]，凡一百三十有二處，歲治堤防役民兵多者萬餘人，少者猶千人或數百人。役例七十日，不及七十日，雖竣不得休息。不役者，日出鈔三貫爲傭直。歲費不下七萬貫，官民俱困。

元統二年，四川肅政廉訪司僉事吉當普巡視，得要害之處三十有二，餘悉罷之。與灌州州判判張宏議，甃以石。宏出私錢，試爲小堰。堰成，水暴漲而堰不動。遂決計行之。至元元年七月興工，先從事於都江堰。少東爲大小釣魚，又東跨二江爲石門，以節北江之水，又東爲利民台，又東南爲侍郎、楊柳二堰，其水自離堆分流入於南江。南江東至廟角，又東至金馬口，又東過大安橋，入於成都，俗名大皂江，江之正源也。又東爲虎頭山，鬥雞臺。臺有水則，以尺畫之，凡十有一。水及其九，其民喜，過則憂，没則困。又書『深淘灘，高作堰』，相傳爲秦守李冰所教云。又東爲離堆，又東至三石洞，釃爲二渠。其一自上馬騎東流入成都，古外江也。南江自利民臺有支流，東南出萬工堰，又東爲駱駝堰，又東爲碓口堰，鹿角之北涯有渠曰馬壩，東流至成都，入於南江。

渠東行二十餘里，水決其南涯四十有九處。乃自其北涯鑿二渠，與楊柳渠合，又東與馬壩渠合，自金馬口之西鑿二渠，合金馬渠，東南入於新津江，罷藍淀、黄水、千金、白水、新興至三利十二堰。北江三石洞之東爲外應、顔上、五斗諸堰，其水皆東北流於外江。外江東至崇甯，亦爲萬工堰。堰之支流，自北而東，爲三十六洞，過清白堰東入彭、漢之間。而清白堰水潰其南涯乃疏其北涯舊渠，直流而東，罷南涯之堰及三十六洞之役。他如嘉定之青神，有堰曰鴻化，則授成於長吏，應期功畢。成都之九里堤，崇寧之萬工堰，彰之堋口、豐洞諸堰，未及施功，則使長吏於農隙爲之。諸堰，都江及利民台之役最大，侍郎、楊柳、外應、顔上、五斗次之，鹿角、萬工、駱駝、碓口、三利又次之。

都江居大江中流，故以鐵萬六千斤鑄大龜，貫以鐵柱，置堰下以鎮之。諸堰皆甃以石，範鐵以關其中，取桐油，和石灰，雜麻枲，而擣之使熟，以苴罅漏。岸善崩者，密築碎石以護之。所至或疏舊渠以導其流，或鑿新渠以分其勢。遇水之會，則爲石門，以時啓閉。五越月，工竣。吉當普以監察御史召，省臺上其功，詔學士揭奚斯撰碑文以旌之。

鹽官州海塘，去海岸三十里。舊有捍海塘二，後又添築鹹塘。

大德三年，塘岸崩，中書省遣禮部郎中游中順，與本省官相視，以虚沙難於施力，議築石塘。又以勞費甚，不果。延祐中，鹽官州海溢，累壞民居，陷地三十餘里。行

[一] 四川江堰　指都江堰灌區。

臺、行省官共議於州城北門外添築土塘，再築石塘，東西長四十三里，又以潮汐河漲而止。

泰定四年六月，海溢，鹽官州告災，乃遣使祀海神，與有司視形勢所便，復議築石塘捍海。詔曰：『築塘是重勞吾民也，其增石囤捍禦，庶天其相之。』

先是，致和元年，江浙行省建議作籧篨，實以石，鱗次疊之，以禦海潮。已而皆淪於海。乃改造石囤，以救一時之急焉。未幾，杭州路又言：『八月以來，秋潮洶湧，水勢愈大，見築沙地塘岸，東西八十餘步，造木柜石囤以塞其要處。本省左丞相脱歡等議，安置石囤四千九百六十，以資抵禦。計工物用鈔七十九萬四千餘定糧四千餘石接續興修。』

中書省議遣户部尚書李家奴、工部尚書李嘉賓、樞密院屬衛指揮青山、副使洪灝、宣政院僉事南哥班與行省左丞相脱歡及行臺、行宣政院，庸田使司，會議修治之策。合用軍夫，除戍守州縣關津外，酌量差撥，從便支給口糧。合役丁力，附近有田之民及僧、道、也里可温、答迭兒等户内點僉。凡工役之時，諸人毋或沮壞，違者罪之。既而李家奴等以已置石囤，不曾崩陷，是已略見成效，乃東西接壘十里，其六十里塘下舊河，就取土築塘，以備崩壞焉。

天曆元年，都水庸田司言：『八月十四日，祈請天妃入廟。十五日至十九日，海岸浮沙東西長七里餘，南北廣或三十步，或數十百步，漸見南北相接。西至石囤，已及五都，修築捍海塘與鹽搪相接。石囤東至十一都六十里塘，東至大尖山嘉興、平湖三路所修海口。自八月一日，探海二丈五尺。至十九日探之，先二丈者今一丈五尺，先一丈五尺者今一丈。西自六都仁和縣界赭山、雷山爲首，添漲沙塗，已過五都四都，鹽官州廊東西二都，沙土流行，水勢俱淺。二十七日至九月四日大汛，本州嶽廟東西，水勢俱淺，漲沙東過錢家橋海岸，元下石囤木植，並無頹圮，水息民安。』詔改鹽官州曰海寧州。

諸路水利之可考者：

中統三年，中書左丞張文謙薦邢臺郭守敬習水利，徵詣行在。守敬面陳六事：其一，引玉泉水及開萬榆河，已見前。其二，順德達活泉引爲三渠，灌城東之地。其三，順德灃河東至古任城，失其故道，没民田一千三百餘頃。若開河，自小王村合滹沱入御河，可通舟楫，其田亦可耕種。其四，磁州東北漳、滏二水合流處，開引河，由滏陽、邯鄲、洺州、永年，下經雞澤，入灃河，可溉田三千餘頃。其五，懷孟沁河雖已通渠灌溉，尚有漏堰餘水，與舟河相合，開引東流，至武陟縣，北合御河，可溉田千餘頃。其六，黄河自孟州西，開引河，經新舊孟州中間，順河古岸下至温縣，南入大河，其間亦可溉田二千餘頃。帝喜曰：『成吾國家之務者，其斯人乎！』並依所奏行之。

至元元年，守敬從文謙行省西夏。其瀕河五州，皆有古渠。在中興州者，一名唐東渠，長袤四百里，一名漢延渠，長袤二百五十里。他州渠十，長袤各二百里，支渠大小六十有八。計溉田可九萬餘頃。兵亂後，皆淤廢。守敬因古道疏濬之。更立閘堰。役不逾時，諸渠皆通利。

二年，守敬入爲都水少監，奏言：『臣向自中興還，順河而下，四晝夜至東勝，可通漕運。又查泊兀郎海，古渠甚多，皆應修理。』帝並韙之。元一代治水利者，咸推服守敬，以爲不可及云。

其後，學士虞集建畿輔水利議，謂：『京師之東，瀕海數千里，北極遼海，南濱青、徐，萑葦之場也，海潮日至，淤爲沃壤。用浙人之法，築堤扞水爲田，聽富民願得官者，合其衆分授以地。官定其畔以爲限制，能以萬夫耕者，授以萬夫之田，爲萬夫之長，千夫、百夫亦如之，察其惰者而易之。一年勿征也。三年視其成，以地之高下定額於朝廷，以次漸征之。五年有積蓄，命以官，就所儲給以禄。十年佩之符印，以傳子孫，如軍管之法，則東西民兵數萬，可以近衞京師，外禦島夷、寬東邊之運，以行疲民，遂富民得官之志，而獲其用。江海游食盜賊之類，亦有所歸。』

至正十二年，丞相脱脱當國，遂仿集之議，奏：『京圻近水地，召募江南人耕種，歲可收粟麥百餘萬石。不煩海運，京師足。』上從之。於是西自西山，南自保定、河間，北抵檀、順，東至遷民鎮，凡係官地及原管各處屯田，悉從司農司立法佃種。合用工價、牛具、農器、穀種，給鈔五百萬錠。命悟良合台、烏古孫良楨並爲大司農卿。又於江南召募能種水田及修築圍堰之人，各一千。爲農卿降空名，添設職事勑牒十二道，募農夫一百名者，授正九品；二百名，正八品；三百名，正七品；就令管領所募之人。所募農夫，每名給鈔十定。未幾，中原盜起，脱脱亦罷斥，其建置卒無成効。

後至元五年，洺磁路言：『洺州城內井泉鹹苦，居民飲之多疾，有死者。請疏濬舊渠，置牐壩，引滏水。分灌洺州城濠，以濟民用。計會渠東西長九百步，闊六尺，深三尺，役四百七十五工，民自備器用。歲二次放牐，不妨漕事。』中書省議從之。

廣濟渠者，在懷孟路，引沁水以達於河。

先是，中統二年，提舉王允中、大使楊端仁奏詔開渠。修石堰長一百餘步，高一丈三尺。石斗門橋，高二丈，長十四步，闊六步。渠四道，計六百七十里，經濟源、河內、河陽、溫、武陟五縣。渠成，民甚利之，賜名廣濟渠。三年八月，中書省臣忽魯不花等奏：『廣濟渠司言，沁水渠成，今已驗工分水，恐久遠權豪侵奪。』乃下詔依本司所定水分，已後毋許侵奪。

至大三年〔一〕，懷慶路同知阿合馬言：『天久旱，秋穀種不入土。近訪問耆老，咸稱丹水澆灌山田，居民深得其利。有沁水亦可溉田，中統間王學士亦爲天旱，奉詔開此渠，募自願人户於沁口古蹟，置分水渠口，開渠四道，歷温、陟入河，約五百餘里，渠成名曰廣濟渠。設官提調，遇旱則官爲斟酌，驗工多寡，分水澆灌，濟源等處五縣民田三千餘頃咸受其賜。二十餘年後，因豪家截河起堰，立碾磨，壅水勢。又經霖雨，渠口淤塞。河渠司旋亦革罷，有司不爲整頓，因致廢壞。今五十餘年，分水渠口及舊渠蹟，均尚可考。若蒙依前浚治，引水溉田，於民大便。』尋據孟州等處申言：『舊日沁水築土堰，遮水入廣濟渠，岸北雖有減水河道，不能吞伏，後值霖雨，蕩没田禾，以此堵閉。今若枋口上連土岸，置立石堰，復還本河，又從減水河分殺其勢，如此庶不爲害。』工部牒都水監相視施行。

三白渠，在京兆路，太宗十一年，梁泰奏請修三白渠堰，比之旱地，其收數倍。帝從之。仍勑泰佩元降金符，充宣差，規措三白渠，以郭時中副之，置司於雲陽縣。所用田户及牛畜，勑塔海紺不於軍前應副。

洪口〔堰〕，在奉元路。至治元年十月，陝西屯田府言：『年例八月差水户，自涇陽縣西仲山下截河築堰，改涇水入白渠，下至涇陽縣北白公斗，分爲三限，並平石限，蓋五縣分水之要所。北限入三原、櫟陽、雲陽，中限入高陵，南限入涇陽，澆官民田七萬餘畝。近至大三年，陝西行臺御史王琚言：涇陽洪口展修石渠，爲萬世之利。計展修八十五步。用石十二萬七千五百尺，石工二百人，丁夫三百人，金火匠二人，火焚水淬，日鑿石五百尺，二百五十日工畢。延祐元年二月興工，石性堅厚，鑿至一丈，水泉湧出。乃續展十七步，石積二萬五千五百尺，增夫匠百人，日鑿六百尺，一百四十二日工畢。』天曆元年六月，涇水溢洪口堰及小龍堆盡圮。水入涇，白渠内水淺。屯田府以爲言。陝西行省議：『洪口自秦漢至宋，一百二十激，經由三限，分澆五縣民田七萬餘頃。驗田出夫千六百人，自八月一日修堰，至十月放水溉田，以爲年例。近奉元亢旱，人相食，流亡疫死者十七八，差役不能辦集。今修堰，除見在户依例差役，其逃亡之家合出夫數，宜令涇陽縣近限水利户添差一人，官日給米一升，併工修築。』中書省依所議行之。

涇渠，宋名豐利渠，移古白渠口上五十餘步。

元至元中，立屯田府。大德八年，涇水暴漲，渠堰壞，屯田總管府夾谷伯顏帖木兒與涇源尹王琚疏導之。編荆作囤，貯之以石，復填以草，疊爲堰，歲時修築，未嘗廢圮。

至大元年，王琚爲西臺御史，建言於豐利渠上移北二百餘步，更開石渠五十一丈，闊一丈，深五尺，方一尺爲一

〔一〕至大三年　《元史·河渠志一》作『天曆三年』。

工，用十五萬三千工。自延祐元年興工，五年渠成，名爲御史渠。至正三年，御史宋秉元言：渠積年坎取淤土，疊於岸，岸益高，送土不易，請開鹿巷以便夫役。廷議從之。

三十年，行省左丞相帖里帖木兒遣都事楊欽修治，凡溉田四萬五千餘頃。古鄭渠，東北行，合冶谷、清谷、濁谷諸水、逕富平、蒲城以注於洛白渠，東南行，循涇水，逕高陵、臨潼以注於渭。鄭渠湮已久，後世所謂白渠者，引水出中山口，亦非漢白渠之舊。元渠本宋之豐利渠，更移北二百餘步，愈非舊白渠矣。

明史·河渠志[一]

《明史》卷八三至八八

河渠一

《明史》卷八三

黄河上

黄河，自唐以前，皆北入海。宋熙寧中，始分趨東南，一合泗入淮，一合濟入海[二]。金明昌中，北流絶，全河皆入淮[三]。元潰溢不時，至正中受害尤甚，濟寧、曹、鄆間，漂没千餘里。賈魯爲總制，導使南，匯淮入海。

明洪武元年，決曹州雙河口[四]，入魚臺。徐達方北征，乃開塌場口[五]，引河入泗以濟運，而徙曹州治於安陵。塌場者，濟寧以西、耐牢坡以南直抵魚臺南陽道也。

八年，河決開封太黄寺堤。詔河南參政安然發民夫三萬人塞之。

十四年，決原武、祥符、中牟，有司請興築。帝以爲天災，令護舊堤而已。

十五年春，決朝邑。七月決滎澤、陽武。

十七年，決開封東月堤[六]，自陳橋[七]至陳留横流數十里。又決杞縣，入巴河[八]。遣官塞河，蠲被災租税。

[一]《明史》，清張廷玉等撰，共三百三十二卷，成書於乾隆四年（一七三九年）。第八十三至八十六卷爲《河渠志》，記述了洪武元年至崇禎十七年（一三六八至一六四四年）全國範圍内的重要水利史料。

[二]熙寧十年，河大決於澶州曹村，澶淵北流斷決，河道南徙，東匯於梁山張澤濼，分爲二派：『一合南清河入于淮；一合北清河入于海。』

[三]〔標點本原注〕金明昌中，北流絶，全河皆入淮　按《禹貢錐指》卷十三下謂明昌五年，河徙自陽武而東，分爲二派；北派由北清河入海，南派由南清河入淮。又謂『蓋自金明昌甲寅之徙，河水大半入淮，而北清河之流，猶未絶也。』

[四]曹州雙河口　在今菏澤東。明初，黄河決水在此分爲二支：一支向北，至東平入運；一支向東，經魚臺入運。

[五]塌場口　黄河決水經魚臺東注入運河（會通河）的地方。

[六]月堤　建在大堤險要地段，兩頭彎接大堤，起保護大堤或險要地段的作用。有時又稱越堤。

[七]陳橋　在今開封東北四十五里，宋太祖趙匡胤發動兵變處。

[八]巴河　大致自今開封東、蘭考南、寧陵南至商邱西的一段古河道，明後湮没。

二十二年，河没儀封，徙其治於白樓村。

二十三年春，決歸德州東南鳳池口〔一〕，逕夏邑、永城。發興武等十衛士卒，與歸德民併力築之。罪有司不以聞者。其秋，決開封西華諸縣，漂没民舍。遣使振萬五千七百餘户。

二十四年四月，河水暴溢，決原武黑洋山〔二〕，東經開封城北五里，又東南由陳州、項城、太和、潁州、潁上，東至壽州正陽鎮，全入於淮。而賈魯河故道〔三〕遂淤。又由舊曹州、鄆城兩河口〔四〕漫東平之安山，元會通河亦淤。

明年，復決陽武，氾陳州、中牟、原武、封丘、祥符、蘭陽、陳留、通許、太康、扶溝、杞十一州縣，有司具圖以聞。發民丁及安吉等十七衛軍士修築。其冬，大寒，役遂罷。

三十年八月，決開封，城三面受水。詔改作倉庫於滎陽高阜，以備不虞。冬，蔡河徙陳州。先是，河決，由開封北東行，至是下流淤，又決而之南。

永樂三年，河決温縣堤四十丈，濟、澇二水交溢，淹民田四十餘里，命修堤防。

四年，修陽武黄河決岸。

八年秋，河決開封，壞城二百餘丈。民被患者萬四千餘户，没田七千五百餘頃。帝以國家藩屏地，特遣侍郎張信往視。信言：『祥符魚王口〔五〕至中灤下二十餘里，有舊黄河岸，與今河面平。濬而通之，使循故道，則水勢可殺。』因繪圖以進。時尚書宋禮〔六〕、侍郎金純〔七〕方開會通河。帝乃發民丁十萬，命興安伯徐亨、侍郎蔣廷瓚偕純相治，併令禮總其役。

九年七月，河復故道，自封丘金龍口〔八〕，下魚臺塌場，會汶水，經徐、吕二洪〔九〕南入於淮。是時，會通河已開，黄

〔一〕鳳池口　在今商丘縣東南，明初黄河一支由此入古汴水。

〔二〕黑洋山　古地名，係小土山，在今河南原陽縣西北，明代前期黄河在此多次決口。

〔三〕賈魯河故道　指元末賈魯堵塞白茅決口後，黄河下游行經的一段河道。據《河防一覽》記載，這段河道行經今虞城、碭山、蕭縣，至徐州，在明清黄河故道稍南。

〔四〕鄆城兩河口　在今山東鄆城南。

〔五〕祥符魚王口　在今開封城北。

〔六〕宋禮　字大本，河南永寧人。永樂二年出任工部尚書，九年奉命重開會通河，爲整治、恢復京杭運河作出重要貢獻。《明史》卷一五三有傳。

〔七〕金純　字德修，泗州人，刑部左侍郎。永樂九年與宋禮同治會通河，又同徐亨、蔣廷瓚濬魚王口黄河故道。《明史》卷一五七有傳。

〔八〕封丘金龍口　又作荆隆口，在封丘縣南，黄河北岸。

〔九〕徐、吕二洪　即徐州洪和吕梁洪，前者在今徐州城東，後者在今徐州城東南，是古泗水徐州至宿遷河段上的兩處險灘，是南北運道上的兩處障礙。徐州洪又稱百步洪。吕梁洪又分上、中、下三洪。

河與之合〔一〕，漕道大通，遂議罷海運，而河南水患亦稍息。已而決陽武中鹽堤，漫中牟、祥符、尉氏。工部主事藺芳〔二〕按視，言：『堤當急流之衝，夏秋汛漲，勢不可驟殺。宜捲土樹樁以資捍禦，無令重爲民患而已。』又言：『中灤導河分流，使由故道北入海，誠萬世利。但緣河堤埽，止用蒲繩泥草，不能持久。宜編木爲囤，填石其中，則水可殺，堤可固。』詔皆從其議。

十四年，決開封州縣十四，經懷遠，由渦河入於淮。

二十年，工部以開封土城堤數潰，請濬其東故道。報可。

宣德元年，霪雨，溢開封州縣十。

三年，以河患，徙靈州千户所於城東。

六年，從河南布政使言，濬祥符抵儀封黃陵岡〔三〕淤道四百五十里。是時，金龍口漸淤，而河復屢溢開封。

十年，從御史李懋言，濬金龍口。

正統二年，築陽武、原武、滎澤決岸。又決濮州、范縣。

三年，河復決陽武及邳州〔四〕，灌魚臺、金鄉、嘉祥。越數年，又決金龍口、陽穀堤及張家黑龍廟口，而徐、呂二洪亦漸淺，太黃寺巴河分水處，水脈微細。

十三年，方從都督同知武興言，發卒疏濬。而陳留水夏漲，決金村堤及黑潭南岸。築垂竣，復決。其秋，新鄉八柳樹口亦決，漫曹、濮，抵東昌，衝張秋〔五〕，潰壽張沙灣〔六〕，壞運道，東入海。徐、呂二洪遂淺澀。命工部侍郎王永和往理其事。永和至山東，修沙灣未成，以冬寒停役。且言河決自衛輝，宜敕河南守臣修塞。帝切責之，令山東三司築沙灣，趣永和塞河南八柳樹，疏金龍口，使河由故道。

明年正月，河復決聊城。至三月，永和濬黑洋山西灣，引其水由太黃寺以資運河。修築沙灣堤大半，而不敢盡塞，置分水閘，設三空放水，自大清河入海。且設分水

〔一〕黃河與之合　當時黃河主流經碭山到徐州，再折而東，由古泗水入淮入海，會通河由昭陽湖西面，經茶城到徐州也注入古泗水，故謂黃河與之合。

〔二〕藺芳　山西夏縣人，從宋禮治會通河，又任工部都水主事十年。《明史》卷一五三有傳。

〔三〕黃陵岡　在今山東曹縣西南，黃河故道北岸。元、明時黃河多次在此決口。元代賈魯、明代劉大夏治河，都以堵塞黃陵岡決口爲工程重點。這段河道常稱爲黃陵岡故道。

〔四〕邳州　古地名，治今江蘇邳縣古邳鎮。在黃河（古泗水）東岸，明代是漕運要道。清康熙間毀於洪水。

〔五〕張秋　古鎮名，即今山東陽穀縣張秋鎮，明代是會通河與大清河（今黃河）交會處，多次受黃河決水破壞，爲明代前期治河的重點地段。

〔六〕沙灣　緊鄰張秋南，舊屬壽張縣，今屬陽穀縣，係明代運道要衝。明代前常受黃河決水破壞，屢興工程。

閘二空於沙灣西岸，以泄上流〔一〕，而請停八柳樹工。從之。是時，河勢方橫溢，而分流大清，不耑向徐、呂。徐、呂益膠淺，且自臨清以南，運道艱阻。

景泰二年，特敕山東、河南巡撫都御史洪英、王暹協力合治，務令水歸漕河〔二〕。暹言：『黄河自陝州以西，有山峽，不能爲害；陝州以東，則地勢平緩，水易泛溢，故爲害甚多。洪武二十四年改流，從汴梁北五里許，由鳳陽入淮者爲大黄河。其支流出徐州以南者爲小黄河，以通漕運。自正統十三年以來，河復故道，從黑洋山後徑趨沙灣入海，但存小黄河從徐州出。岸高水低，隨濬隨塞，以是徐州之南不得飽水。臣自黑洋山東南抵徐州，督河南三司疏濬。臨清以南，請以責英。』未幾，給事中張文質劾暹、英治水無績，請引塌場水濟徐、呂二洪，濬潘家渡以北支流，殺沙灣水勢。且開沙灣浮橋以西河口，築閘引水，以灌臨清，而別命官以責其成。詔不允，仍命暹、英調度。

時議者謂：『沙灣以南地高，水不得南入運河。請引耐牢坡〔三〕水以灌運，而勿使經沙灣，別開河以避其衝決之勢。』或又言：『引耐牢坡水南去，則自此以北枯澀矣。』甚者言：『沙灣水湍急，石鐵沉下若羽，非人力可爲。宜設齊醮符咒以禳之。』帝心甚憂念，命工部尚書石璞〔四〕往治，而加河神封號〔五〕。

璞至，濬黑洋山至徐州以通漕，而沙灣決口如故。乃命中官黎賢、阮洛，御史彭誼協治。璞等築石堤於沙灣，以禦決河，開月河〔六〕二，引水以益運河，且殺其決勢。

三年五月，河流漸微細，沙灣堤始成。乃加璞太子太保，而於黑洋山、沙灣建河神二新廟，歲春秋二祭。六月，大雨浹旬，復決沙灣北岸，掣運河之水以東，近河地皆没。命英督有司修築。復敕中官黎賢、武艮，工部侍郎趙榮往治。

四年正月，河復決新塞口之南，詔復加河神封號。至四月，決口乃塞。五月，大雷雨，復決沙灣北岸，掣運河水入鹽河，漕舟盡阻。帝復命璞往。乃鑿一河〔七〕，長三里，以避決口，上下通運河，而決口亦築壩截之，令新河、運河俱可行舟。工畢奏聞。帝恐不能久，令璞且留處置，而命

〔一〕以泄上流　沙灣運道東岸設三座減水閘，係建在運河堤岸上；而沙灣西岸二座減水閘爲引黄入運的控制閘。

〔二〕明代漕河是運河的專稱。

〔三〕耐牢坡　地名，在濟寧西二十里。

〔四〕石璞　字仲玉，河北臨漳人。正統十三年任工部尚書，景泰三年奉命治理沙灣決河。《明史》卷一六〇有傳。

〔五〕加河神封號　古代爲祈求神靈護佑，以求河定民安而常採用的迷信辦法。

〔六〕月河　在運河堤岸決口的上下游間另開一河，避開決口，兩端仍與運河相連，船隻由其中通行，不妨礙堵口施工。

〔七〕乃鑿一河　即上述作用的月河。

諭德徐有貞〔一〕爲僉都御史耑治沙灣。

時河南水患方甚，原武、西華皆遷縣治以避水。巡撫暹言：『黄河舊從開封北轉流東南入淮，不爲害。自正統十三年改流爲二。一自新鄉八柳樹〔二〕，由故道東經延津、封丘入沙灣。一決滎澤，漫流原武，抵開封、祥符、扶溝、通許、洧川、尉氏、臨潁、郾城、陳州、商水、西華、項城、太康。没田數十萬頃，而開封患特甚。雖嘗築大小堤於城西，皆三十餘里，然沙土易壞，隨築隨決，小堤已没，大堤復壞其半。請起軍民夫協築，以防後患。』帝可其奏。太僕少卿黄仕儁亦言：『河分兩派，一自滎澤南流入項城，一自新鄉八柳樹北流，入張秋會通河，並經六七州縣，約二千餘里。民皆蕩析離居，而有司猶徵其税。乞敕所司覆視免徵。』帝亦可其奏。巡撫河南御史張瀾又言：『原武黄河東岸嘗開二河，合黑洋山舊河道引水濟徐、吕。今河改決而北，二河淤塞不通，恐徐、吕乏水，必妨漕運，黑洋山北，河流稍紆廻，請因決口改挑一河以接舊道，灌徐、吕。』帝亦從之。

有貞至沙灣，上治河三策：『一置水閘門。臣聞水之性可使通流，不可使堙塞。禹鑿龍門，闢伊闕，爲疏導計也。故漢武堙瓠子終弗成功〔三〕，漢明疏汴河〔四〕踰年著績。今談治水者甚衆，獨樂浪王景〔五〕所述制水門之法可取。蓋沙灣地土皆沙，易致坍決，故作壩作閘皆非善計。請依景法損益其間，置閘門於水，而實其底，令高常水五尺。小則拘之以濟運，大則疏之使趨海，則有通流之利，無堙塞之患矣。一開分水河。凡水勢大者宜分，小者宜合。今黄河勢大恒衝決，運河勢小恒乾淺，必分黄水合運河，則有利無害。請度黄河可分之地，開廣濟河一道，下穿濮陽、博陵及舊沙河二十餘里，上連東、西影塘及小嶺等地又數十餘里，其内則有古大金堤可倚以爲固，其外有八百里梁山泊可恃以爲泄。至新置二閘亦頗堅牢，可以宜節，使黄河水大不至汎溢爲害，小亦不至乾淺以阻漕運。其一挑深運河。』帝諭有貞，如其議行之。

有貞乃踰濟、汶，沿衞、沁，循大河，道濮、范，相度地形水勢，上言：『河自雍而豫，出險固而之夷斥，水勢既肆。由豫而兖，土益疏，水益肆。而沙灣之東，所謂大洪口者，適當其衝，於是決焉，而奪濟、汶入海之路以去。諸水從之而洩，堤以潰，渠以淤，澇則溢，旱則涸，漕道由此

〔一〕徐有貞　字元玉，初名珵，江蘇吴縣人。景泰三年以左僉都御史治理沙灣決河，上置水閘、開支河、濬運河三策，有治績。《明史》卷一七一有傳。

〔二〕〔標點本原注〕一自新鄉八柳樹　《明史稿》志二三《河渠志》、《英宗實録》卷二三〇景泰四年六月己丑條『樹』字下有『決』字。

〔三〕元封二年（前一〇九年），漢武帝主持堵塞瓠子決口，但不久，黄河又在下游館陶決口，分爲屯氏河。故此處説『終弗成功』。

〔四〕漢明疏汴河　指漢明帝時的王景、王吴治河、治汴工程。

〔五〕王景　東漢水利家。字仲通，祖籍琅邪不其（今山東即墨西南）。永平十二年（六九年）主持治理黄河和汴渠，取得顯著成效。《後漢書》卷七六有傳。

阻。然驟而堰之，則潰者益潰，淤者益淤。今請先疏其水，水勢平乃治其決，決止乃濬其淤。』於是設渠以疏之，起張秋金堤之首，西南行九里至濮陽濼，又九里至博陵陂，又六里至壽張之沙河，又八里至東、西影塘，又十有五里至白嶺灣，又三里至李𡼖，凡五十里。由李𡼖而上二十里至竹口蓮花池，又三十里至大伾潭，乃踰范曁濮，又上而西，凡數百里，經澶淵以接河、沁，築九堰以禦河流旁出者〔一〕，長各萬丈，實之石而鍵以鐵〔二〕。六年七月，功成，賜渠名廣濟。沙灣之決垂十年，至是始塞。亦會黄河南流入淮，有貞乃克奏功。凡費木鐵竹石累數萬，夫五萬八千有奇，工五百五十餘日。自此河水北出濟漕，而阿、鄄、曹、鄆間田出沮洳者，百數十萬頃。乃濬漕渠，由沙灣北至臨清，南抵濟寧，復建八閘於東昌〔三〕，用王景制水門法以平水道，而山東河患息矣。

七年夏，河南大雨，河決開封、河南、彰德。其秋，畿輔、山東大雨，諸水並溢，高地丈餘，堤岸多衝決。仍敕有貞修築。未幾，事竣，還京入見。奬勞甚至，擢副都御史。

天順元年，修祥符護城大堤。

五年七月，河決汴梁土城，又決磚城，城中水丈餘，壞官民舍過半。周王府宫人及諸守土官皆乘舟筏以避，軍民溺死無算。襄城亦決縣城。命工部侍郎薛遠往視，恤災户，蠲田租，公廨民居以次修理。

明年二月，開祥符曹家溜，河勢稍平。

七年春，河南布政司照磨金景輝考滿至京，上言：『國初，黄河在封丘，後徙康王馬頭，去城北三十里，復有二支河：一由沙門注運河，一由金龍口達徐、吕入海。正統戊辰，決滎澤，轉趨城南，併流入淮，舊河、支河俱堙，漕河因而淺澀。景泰癸酉，因水迫城，築堤四十里，勞費過甚，而水發輒潰，然尚未至決城壕爲人害也。至天順辛巳，水暴至，土城磚城並圮，七郡財力所築之堤，俱委諸無用，人心惶惶，未知所底。夫河不循故道，併流入淮，是爲妄行。今急宜疏導以殺其勢。若止委之一淮，而以堤防爲長策，恐開封終爲魚鼈之區。乞敕部檄所司，先疏金龍口寬闊以接漕河，然後相度舊河或別求泄水之地，挑濬以平水患，爲經久計。』命如其説行之。

成化七年，命王恕〔四〕爲工部侍郎，奉敕總理河道〔五〕。總

〔一〕築九堰以禦河流旁出者　在河堤上修築側向溢流堰，即前述『小者拘之以濟運，大者疏之以趨海。』

〔二〕實之石而鍵以鐵　堰由條石砌成，石間用鐵鍵或鐵椿連接。

〔三〕復建八閘於東昌　此八閘爲運河東岸洩水閘，在龍灣、魏灣等處，洩水由古河道入海。

〔四〕王恕　字宗貫，陝西三原人，成化七年總理河道。《明史》卷一八二有傳。

〔五〕總理河道　明代主持治河的最高官員，始設於成化七年（一四七一年），一般以各部侍郎或尚書兼都察院僉都御史、都御史等任，正二品至正一品。到清代改爲河道總督。

河侍郎之設，自恕始也。時黄河不爲患，恕耑力漕河而已。

十四年，河決開封，壞護城堤五十丈。巡撫河南都御史李衍言：『河南累有河患，皆下流壅塞所致。宜疏開封西南新城地，下抵梁家淺舊河口七里壅塞，以洩杏花營上流〔一〕。又自八角河口直抵南頓，分導散漫，以免祥符、鄢陵、睢、陳、歸德之災。』乃敕衍酌行之。

明年正月，遷滎澤縣治以避水，而開封堤不久即塞。

弘治二年五月，河決開封及金龍口，入張秋運河，又決埽頭五所入沁〔二〕。郡邑多被害，汴梁尤甚，議者至請遷開封城以避其患。布政司徐恪持不可，乃止。命所司大發卒築之。九月命白昂〔三〕爲户部侍郎，修治河道，賜以特敕，令會山東、河南、北直隸三巡撫，自上源決口至運河，相機修築。

三年正月，昂上言：『臣自淮河相度水勢，抵河南中牟等縣，見上源決口，水入南岸者十三，入北岸者十七。南決者，自中牟楊橋至祥符界析爲二支：一經尉氏等縣，合潁水，下塗山〔四〕，入於淮；一經通許等縣，入渦河，下荆山〔五〕，入於淮。又一支自歸德州通鳳陽之亳縣，亦合渦河入於淮。北決者，自原武經陽武、祥符、封丘、蘭陽、儀封、考城，其一支決入金龍等口，至山東曹州，衝入張秋漕河。去冬，水消沙積，決口已淤，因併爲一大支，由祥符翟家口合沁河，出丁家道口，下徐州。此河流南北分行大勢也。合潁、渦二水入淮者，各有灘磧，水脈頗微，宜疏濬以殺河勢。合沁水入徐者，則以河道淺隘不能受，方有漂没之虞。況上流金龍諸口雖暫淤，久將復決，宜於北流所經七縣，築爲堤岸，以衛張秋。但原敕治山東、河南、北直隸，而南直隸淮、徐境，實河所經行要地，尚無所統。』於是，併以命昂。

昂舉郎中婁性協治，乃役夫二十五萬，築陽武長堤，以防張秋。引中牟決河出滎澤陽橋以達淮，濬宿州古汴河〔六〕以入泗，又濬睢河自歸德飲馬池，經符離橋至宿遷以會漕河〔七〕，上築長堤，下修減水閘。又疏月河十餘以洩

〔一〕以洩杏花營上流　據《明實録》《河南通志》，此年四月，河決杏花營，七月決延津西，九月決開封。

〔二〕據《明實録》弘治二年條，五月決開封黄沙崗，蘇村野場至洛里堤之蓮池、高門、康王碼頭、紅船灣六處。又決埽頭五處入沁河。

〔三〕白昂　字廷儀，江蘇武進人，官至刑部尚書。弘治二年主持治理黄河，採取『南北分治，而東南則以疏爲主』的方策。是明代前期主張黄河分流的代表人物之一。

〔四〕塗山　相傳爲夏禹娶塗山氏及會諸侯處，其地説法不一。此處是指今安徽蚌埠市西淮河東岸，又名當塗山，與荆山隔岸相對。《左傳》哀公七年：『禹合諸侯于塗山。』相傳塗山與荆山本爲一山，禹鑿爲二以通淮水。

〔五〕荆山　在安徽懷遠西南。《水經·淮水注》：『淮出於荆山之左，當塗之右，奔流二山間。』參見上條注釋。

〔六〕古汴河　此處是指隋唐時期的通濟渠故道。

〔七〕漕河　此處指古泗水宿遷段。

水，塞決口三十六，使河流入汴，汴入睢，睢入泗，泗入淮，以達海。水患稍寧。昂又以河南入淮非正道，恐卒不能容，復於魚臺、德州、吳橋修古長堤；又自東平北至興濟鑿小河十二道，入大清河及古黃河以入海[一]。河口各建石堰，以時啓閉。蓋南北分治，而東南則以疏爲主云。

六年二月，以劉大夏[二]爲副都御史，治張秋決河。先是，河決張秋戴家廟，掣漕河與汶水合而北行，遣工部侍郎陳政督治。政言：『河之故道有二：一在滎澤孫家渡口，經朱仙鎮直抵陳州；一在歸德州飲馬池，與亳州地相屬。舊俱入淮，今已淤塞，因致上流衝激，勢盡北趨。自祥符孫家口、楊家口、車船口，蘭陽銅瓦廂決爲數道，俱入運河。於是張秋上下勢甚危急，自堂邑至濟寧堤岸多崩圮，而戴家廟減水閘淺隘不能洩水，亦有衝決。請濬舊河以殺上流之勢，塞決河以防下流之患。』政方漸次修舉，未幾卒官。帝深以爲憂，命廷臣會薦才識堪任者。僉舉大夏，遂賜敕以往。

十二月，巡按河南御史涂昇言：『黃河爲患，南決病河南，北決病山東。昔漢決酸棗，復決瓠子；宋決館陶，復決澶州；元決汴梁，復決蒲口。然漢都關中，宋都大梁，河決爲患，不過瀕河數郡而已。今京師專藉會通河歲漕粟數百萬石[三]，河決而北，則大爲漕憂。臣博采輿論，治河之策有四：

「一曰疏濬。滎、鄭之東，五河之西，飲馬、白露等河皆黃河由渦入淮之故道。其後南流日久，或河口以淤高不洩，或河身狹隘難容，水勢無所分殺，遂泛濫北決。今惟躧上流東南之故道，相度疏濬，則正流歸道，餘波就壑，下流無奔潰之害，北岸無衝決之患矣。二曰扼塞。既殺水勢於東南，必須築堤岸於西北。黃陵岡上下舊堤缺壞，當度下流東北形勢，去水遠近，補築無遺，排障百川悉歸東南，由淮入海，則張秋無患，而漕河可保矣。三曰用人，薦河南僉事張鼐。四曰久任，則請專信大夏，且於歸德或東昌建公廨，令居中裁決也。」』帝以爲然。

七年五月，命太監李興、平江伯陳銳往同大夏共治張秋。十二月築塞張秋決口工成。初，河流湍悍，決口闊九十餘丈，大夏行視之，曰：『是下流未可治，當治上流。』於是即決口西南開越河三里許，使糧運可濟，乃濬儀封黃陵岡南賈魯舊河四十餘里，由曹出徐，以殺水勢。又濬孫家渡口，別鑿新河七十餘里，導使南行，由中牟、潁川東入

[一] 入大清河及古黃河以入海　大清河約即今黃河所行經的河槽；古黃河指唐宋時期的黃河舊道。

[二] 劉大夏　字時雍，湖南華容人，官至兵部尚書。弘治六年主持治河，實行北堵南分的方略，爲明代前期主張黃河分流的主要代表人物之一。《明史》卷一八二有傳。

[三] 歲漕粟數百萬石　據《明史·食貨志》成化、弘治以後，每年從南方漕運到京師的糧食已成定額，約四百萬石。

淮。又濬祥符四府營淤河，由陳留至歸德分爲二：一由宿遷小河口，一由亳渦河，俱會於淮。然後沿張秋兩岸，東西築臺，立表貫索〔一〕，聯巨艦穴而窒之〔二〕，實以土。至決口，去窒沉艦，壓以大埽，且合且決，隨決隨築，連晝夜不息。決既塞，繚以石堤，隱若長虹。功乃成。帝遣行人齎羊酒往勞之，改張秋名爲安平鎮。

大夏等言：『安平鎮決口已塞，河下流北入東昌、臨清至天津入海，運道已通，然必築黄陵岡河口，導河上流南下徐、淮，庶可爲運道久安之計。』廷議如其言。乃以八年正月築塞黄陵岡及荆隆等口七處，旬有五日而畢。蓋黄陵岡居安平鎮之上流，其廣九十餘丈，荆隆等口又居黄陵岡之上流，其廣四百三十餘丈。河流至此寬漫奔放，皆喉襟重地。諸口既塞，於是上流河勢復歸蘭陽、考城，分流逕徐州、歸德、宿遷，南入運河，會淮水，東注於海，南流故道以復。而大名府之長堤，起胙城，歷滑縣、長垣、東明、曹州、曹縣抵虞城，凡三百六十里。其西南荆隆等口新堤起于家店，歷銅瓦廂、東橋抵小宋集〔三〕，凡百六十里〔四〕，大小二堤相翼，而石壩俱培築堅厚，潰決之患於是息矣。帝以黄陵岡河口功成，敕建黄河神祠以鎮之，賜額曰昭應。其秋，召大夏等還京。荆隆即金龍也。

十一年，河決歸德〔五〕。管河工部員外郎謝緝言：『黄河一支，先自徐州城東小浮橋〔六〕流入漕河，南抵邳州、宿遷。今黄河上流於歸德州小壩子等處衝決，與黄河別支會流，經宿州、睢寧，由宿遷小河口流入漕河。於是小河口北抵徐州水流漸細，河道淺阻。且徐、吕二洪，惟賴沁水接濟〔七〕，自沁源、河內、歸德至徐州小浮橋流出，雖與黄河異源，而比年河、沁之流合而爲一。今黄河自歸德南

〔一〕立表貫索　打上誌樁，以繩索相聯。

〔二〕聯巨艦穴而窒之　將大船並排相聯，船底鑽成洞，再用木楔堵塞。

〔三〕〔標點本原注〕：于家店，原作『於家店』，據《明史稿》志二三《河渠志》、《孝宗實録》卷九七『弘治八年二月己卯』條改。又『東橋』，《孝宗實録》作『陳橋』。

〔四〕關於這兩道堤防的長度，文獻記載不一。據《明經世文編》載劉健：《黄陵岡塞河功完之碑》記爲荆隆口東西各二百里，黄陵岡之東西各三百里。潘季馴《河防一覽》卷三也記爲：『都御史劉忠宣公（大夏）築有長堤一道，荆隆口之東西各二百餘里，黄陵岡之東西各三百餘里，自武陟縣詹家店起直抵碭沛一千餘里，名曰太行堤。』明代黄河北岸太行堤初成於劉大夏時期，這是阻止黄河北流的主要屏障。

〔五〕河決歸德　據《孝宗實録》，秋，河決歸德小壩子（歸德西北）。

〔六〕小浮橋　故址在今徐州城東，明代黄河與泗水故道會合處。城北還有『大浮橋』。

〔七〕且徐、吕二洪，惟賴沁水接濟　明代前期，由於黄河在鄭州以東、徐州以西之間擺動頻繁，黄、沁、汴三者相對位置很亂。據弘治九年成書的王瓊《漕河圖志》記載，當時三者位置是『河居中、汴居南、沁居北』，且三者『分合無定』。此處謂徐、吕二洪惟賴沁水接濟，是指黄河主流南徙或與沁河局部分離的時期。王瓊更以黄河北決，衝張秋時，爲黄正流。

決，恐牽引沁水俱往南流，則徐、呂二洪必至淺阻。請亟塞歸德決口，遏黄水入徐以濟漕，而挑沁水之淤，使入徐以濟徐、呂，則水深廣而漕便利矣。』帝從其請。

未幾，河南管河副使張鼐言：『臣嘗請修築侯家潭口決河，以濟徐、呂二洪。今自六月以來，河流四溢，潭口決齧彌深，工費浩大，卒難成功。臣嘗行視水勢，荆隆口堤內舊河通賈魯河，由丁家道口下徐、淮，其跡尚在。若於上源武陟木欒店别鑿一渠，下接荆隆口舊河，俟河流南遷，則引之入渠，庶沛然之勢可接二洪，而糧運無所阻矣。』帝爲下其議於總漕都御史李蕙。

越二歲，兖州知府龔弘上言：『副使鼐見河勢南行，欲自荆隆口分沁水入賈魯河〔一〕，又自歸德西王牌口上下分水亦入賈魯河，俱由丁家道口入徐州。但今秋水從王牌口東行，不由丁家口而南，顧逆流東北至黄陵岡，又自曹縣入單，南連虞城。乞令守臣亟建疏濬修築之策。』於是河南巡撫都御史鄭齡言：『徐、呂二洪藉河、沁二水合流東下，以相接濟。今丁家道口上下河決堤岸者十有二處，共闊三百餘丈，而河淤三十餘里。上源奔放，則曹、單受害，而安平可虞；下流散溢，則蕭、碭被患，而漕流有阻。濬築誠急務也。』部覆從之，乃修丁家口上下堤岸。

初，黄河自原武、滎陽分而爲三：一自亳州、鳳陽至清河口〔三〕，通淮入海；一自歸德州過丁家道口，抵徐州小浮橋；一自窪泥河過黄陵岡，亦抵徐州小浮橋，即賈魯河也。迨河決黄陵岡，犯張秋，北流奪漕，劉大夏往塞之，仍出清河口。

十八年，河忽北徙三百里，至宿遷小河口。

正德三年，又北徙三百里，至徐州小浮橋。

四年六月，又北徙一百二十里，至沛縣飛雲橋，俱入漕河。

是時，南河故道淤塞，水惟北趨，單、豐之間河窄水溢，決黄陵岡、尚家等口，曹、單田廬多没，至圍豐縣城郭，兩岸闊百餘里。督漕及山東鎮巡官恐經鉅野、陽穀故道，則奪濟寧、安平運河，各陳所見以請。議未定。

明年九月，河復衝黄陵岡，入賈魯河，汎溢横流，直抵豐、沛。御史林茂達亦以北決安平鎮爲虞，而請濬儀封、考城上流故道，引河南流以分其勢，然後塞決口，築故堤。

工部侍郎崔巖奉命修理黄河，濬祥符董盆口、滎澤孫家渡，又濬賈魯河及亳州故河各數十里，且築長垣諸縣決口及曹縣外堤、梁靖決口。功未就而驟雨，堤潰。巖上疏

〔一〕賈魯河　明人所説賈魯河非今賈魯河，而是指黄陵岡以下至徐州的元末賈魯維持的黄河故道。據《河防一覽》，這一故道由曹縣新集而西，『歷夏邑、丁家道口、馬牧集、韓家道口、司家道口至蕭縣薊門出小浮橋』。

〔三〕清河口　即清口，在今江蘇淮陰楊莊附近。原爲淮河與古泗水交會處，明代成爲黄河、淮河、運河交會地。黄濁淮清，故稱清河口。

言：『河勢衝蕩益甚，且流入王子河，亦河故道，若非上流多殺水勢，決口恐難卒塞。莫若於曹、單、豐、沛增築堤防，毋令北徙，庶可護漕。』且請別命大臣知水利者共議。於是帝責巖治河無方，而以侍郎李堂代之。堂言：『蘭陽、儀封、考城故道淤塞，故河流俱入賈魯河，經黄陵岡至曹縣，決梁靖、楊家二口。侍郎巖亦嘗修濬，緣地高河澱，隨濬隨淤，水殺不多，而決口又難築塞。今觀梁靖以下地勢最卑，故衆流奔注成河，直抵沛縣，藉令其口築成，而容受全流無地，必致迴激黄陵岡堤岸，而運道妨矣。至河流故道，堙者不可復疏，請起大名三春柳至沛縣飛雲橋，築堤三百餘里，以障河北徙。』從之。

六年二月，功未竣，堂言：『陳橋集、銅瓦廂俱應增築，請設副使一人耑理。』會河南盜起，召堂還京，命姑已其不急者。遂委其事於副使，而堤役由此罷。

八年六月，河復決黄陵岡。部議以其地界大名、山東、河南，守土官事權不一，請耑遣重臣，乃命管河副都御史劉愷兼理其事。愷奏，率衆祭告河神，越二日，河已南徙。尚書李鐩因請祭河，且賜愷羊酒。愷於治河東手無策，特歸功於神。曹、單間被害日甚。

世宗初，總河副都御史龔弘言：『黄河自正德初載，變遷不常，日漸北徙。大河之水合成一派，歸入黄陵岡前乃折而南，出徐州以入運河。黄陵岡初築三埽，先已決去其二，懼山、陝諸水横發，加以霖潦，決而趨張秋，復由故道入海。臣嘗築堤，起長垣，由黄陵岡抵山東楊家口，延袤二百餘里。今擬距堤十里許再築一堤，延袤高廣如之。即河水溢舊堤，流至十里外，性緩勢平，可無大決。』從之。自黄陵岡決，開封以南無河患，而河北徐、沛諸州縣河徙不常。

嘉靖五年，督漕都御史[一]高友璣請濬山東賈魯河、河南鴛鴦口，分洩水勢，毋偏害一方。部議恐害山東、河南，不允。其冬，以章拯爲工部侍郎兼僉都御史治河。

先是，大學士費宏言：『河入汴梁以東分爲三支，雖有衝決，可無大害。正德末，渦河等河日就淤淺，黄河大股南趨之勢既無所殺，乃從蘭陽、考城、曹、濮奔赴沛縣飛雲橋及徐州之溜溝，悉入漕河，汎溢瀰漫，此前數年河患也。近者，沙河至沛縣浮沙湧塞，官民舟楫悉取道昭陽湖。春夏之交，湖面淺涸，運道必阻，渦河等河必宜亟濬。』御史戴金言：『黄河入淮之道有三：自中牟至荆山合長淮曰渦河；自開封經葛岡小壩、丁家道口、馬牧集鴛鴦口至徐州小浮橋口曰汴河，自小壩經歸德城南飲馬池抵文家集，經夏邑至宿遷曰白河。弘治間，渦、白上源堙塞，而徐州獨受其害。宜自小壩至宿遷小河併賈魯河、鴛

[一] 督漕都御史　明代專掌漕運的官職，又稱總督漕運大臣。據明《神宗實録》：『國家特設總督漕運大臣，則凡有關於運務，皆其責也。』此官職一般由都御史兼任，秩爲正一品。

鴦口、文家集壅塞之處，盡行疏通，則趨淮之水不止一道，而徐州水患殺矣。』御史劉欒言：『曹縣梁靖口南岸，舊有賈魯河，南至武家口十三里，黃沙淤平，必宜開濬。武家口下至馬牧集鴛鴦口百十七里，即小黃河〔一〕舊通徐州故道，水尚不涸，亦宜疏通。』督漕總兵官楊宏亦請疏歸德小壩、丁家道口、亳州渦河、宿遷小河。友璣及拯亦屢以爲言。俱下工部議，以爲濬賈魯故道，開渦河上源，功大難成，未可輕舉，但議築堤障水，俾入正河而已。

是年，黃河上流驟溢，東北至沛縣廟道口，截運河，注雞鳴臺口，入昭陽湖〔二〕。汶、泗南下之水從而東，而河之出飛雲橋者漫而北，淤數十里，河水没豐縣，徙治避之。

明年，拯言：『滎澤北孫家渡、蘭陽北趙皮寨，皆可引水南流，但二河通渦，東入淮，又東至鳳陽長淮衛，經壽春王諸園寢〔三〕，爲患叵測。惟寧陵北坌河一道，通飲馬池，抵文家集，又經夏邑至宿州符離橋，出宿遷小河口，自趙皮寨至文家集，凡二百餘里，濬而通之，水勢易殺，而園寢無患。』乃爲圖說以聞。命刻期舉工。而河決曹、單、城武楊家、梁靖二口、吳士舉莊，衝入雞鳴臺，奪運河，沛地淤填七八里，糧艘阻不進。御史吳仲以聞，因劾拯不能辦河事，乞擇能者往代。其冬，以盛應期〔四〕爲總督河道右都御史。

是時，光禄少卿黃綰、詹事霍韜、左都御史胡世寧、兵部尚書李承勛各獻治河之議。綰言：

漕河資山東泉水，不必資黃河，莫若濬兗、冀間兩高中低之地，道河使北，至直沽入海。

韜言：

議者欲引河自蘭陽注宿遷。夫水溢徐、沛，猶有二洪爲之束捍，東北諸山亘列如垣，有所底極，若道蘭陽，則歸德、鳳陽平地千里，河勢奔放，數郡皆壑，患不獨徐、沛矣。按衛河自衛輝汲縣至天津入海，猶古黃河也。今宜於河陰、原武、懷、孟間，審視地形，引河水注於衛河，至臨清、天津，則徐、沛水勢可殺其半。且元人漕舟涉江入淮，至封丘北，陸運百八十里至淇門，入御河達京師。御河即衛河也。今導河注衛，冬春溯衛河沿臨清至天津，夏秋則由徐、沛，此一

〔一〕小黃河　洪武二十四年（一三九一年）河決黑洋山，黃河主流改行它道，元末賈魯所浚自黃陵岡東出徐州的故道雖未斷流，但水脈細微，故稱『小黃河』，也即是當年的『賈魯河』。嘉靖後淤廢。

〔二〕昭陽湖　在今山東魚臺縣東，明清時期部分水域在江蘇沛縣境。由於長期受黃河泥沙的淤墊，西邊湖岸綫東移。

〔三〕壽春王諸園寢　朱元璋叔父的坟墓所在地，在今安徽壽縣。明皇室陵寢問題是明代後期制約治河方策的一個重要因素，章拯是首先提出這一問題的人。

〔四〕盛應期　字思徵，吳江人。嘉靖六年主持治河，首先主持在昭陽湖東開鑿運河新道，後稱南陽新河，工未竟而罷。三十年後朱衡主持完成其未竟工程。《明史》卷二二三有傳。

舉而運道兩得也。

世寧言：

河自汴以來，南分二道：一出汴城西滎澤，經中牟、陳、潁，至壽州入淮；一出汴城東祥符，經陳留、亳州，至懷遠入淮。其東南一道自歸德、宿州，經虹縣、睢寧，至宿遷出。其東分五道：一自長垣、曹、鄆至陽穀出；一自曹州雙河口至魚臺塌場口出；一自儀封、歸德至徐州小浮橋出；一自沛縣南飛雲橋出；一自徐、沛之中境山、北溜溝出。六道皆入漕河，而南會於淮。今諸道皆塞，惟沛縣一道僅存。合流則水勢既大，河身亦狹不能容，故溢出爲患。近又漫入昭陽湖，以致流緩沙壅。宜因故道而分其勢，汴西則濬孫家渡抵壽州以殺上流，汴東南出懷遠、宿遷及正東小浮橋、溜溝諸道，各宜擇其利便者，開濬一道，以洩下流。或修武城南廢堤，抵豐、單接沛北廟道口，以防北流。此皆治河急務也。至爲運道計，則當於湖東滕、沛、魚臺、鄒縣間獨山、新安社地別鑿一渠，南接留城，北接沙河，不過百餘里。厚築西岸以爲湖障，令水不得漫，而以一湖爲河流散漫之區，乃上策也。

承勛言：

黄河入運支流有六。自渦河源塞，則北出小黄河、溜溝等處，不數年諸處皆塞，北併出飛雲橋，於是豐、沛受患，而金溝運道遂淤。然幸東面皆山，猶有所障，故昭陽湖得通舟。若益徙而北，則徑奔入海，安平鎮故道可慮，單縣、穀亭百萬生靈之命可虞。又益北，則自濟寧至臨清運道諸水俱相隨入海，運何由通？臣愚以爲相六道分流之勢，導引使南，可免衝決，此下流不可不疏濬也。欲保豐、沛、單縣、穀亭之民，必因舊堤築之，堤其西北使毋溢出，此上流不可不堤防也。

其論昭陽湖東引水爲運道，與世寧同。乃下總督大臣會議。

七年正月，應期奏上，如世寧策，請於昭陽湖東改爲運河。會河決，淤廟道口三十餘里，乃別遣官濬趙皮寨、孫家渡，南、北溜溝以殺上流，隄武城迤西至沛縣南，以防北潰。會旱災修省，言者請罷新河之役，乃召應期還京，以工部侍郎潘希曾代。希曾抵官，言：『邇因趙皮寨開濬未通，疏孫家渡口以殺河勢，請敕河南巡撫潘塤督管河副使，刻期成功。』帝從其奏。希曾又言：『漕渠廟道口以下忽淤數十里者，由決河西來横衝口上，並掣閘河之水東入昭陽湖，致閘水不南，而飛雲橋之水時復北漫故也。今宜於濟、沛間加築東堤，以遏入湖之路，更築西堤以防黄河之衝，則水不散緩，而廟道口可永無淤塞之虞。』帝亦從之。

八年六月，單、豐、沛三縣長堤成。

九年五月，孫家渡河堤成。逾月，河決曹縣。一自胡村寺東，東南至賈家壩入古黄河，由丁家道口至小浮橋入運河。一自胡村寺東北，分二支：一東南經虞城至碭山，合古黄河出徐州；一東北經單縣長堤抵魚臺，漫爲坡水，傍穀亭入運河。單、豐、沛三縣長堤障之，不爲害。希曾上言：『黄由歸德至徐入漕，故道也。永樂間，濬開封支河達魚臺入漕以濟淺。自弘治時，黄河改由單、豐出沛之飛雲橋，而歸德故道始塞，魚臺支河亦塞。今全河復其故道，則患害已遠，支流達於魚臺，則淺涸無虞，此漕運之利，國家之福也。』帝悦，下所司知之，乃召希曾還京。自是，豐、沛漸無患，而魚臺數溢。

十一年，總河僉都御史戴時宗請委魚臺爲受水之地，言：『河東北岸與運道鄰。惟西南流者，一由孫家渡出壽州，一由渦河口出懷遠，一由趙皮寨出桃源，一由梁靖口出徐州小浮橋。往年四道俱塞，全河南奔，故豐、沛、曹、單、魚臺以次受害。今患獨鐘於魚臺，宜棄以受水，因而道之，使入昭陽湖，過新開河〔一〕，出留城、金溝、境山，乃易爲力。至塞河四道，惟渦河經祖陵〔二〕，未敢輕舉，其三支河頗存故跡，宜乘魚臺壅塞，令開封河夫捲埽填堤，逼使河水分流，則魚臺水勢漸減，俟水落畢工，並前三河共爲四道，以分洩之，河患可已。』

明年，都御史朱裳〔三〕代時宗，條上治河二事，大略言：『三大支河宜開如時宗計，而請塞梁靖口迤東由魚臺入運河之岔口，以捍黄河，則穀亭鎮迤南二百餘里淤者可濬，是謂塞黄河之口以開運河。黄河自穀亭轉入運河，順流而南，二日抵徐州，徐州逆流而北，四日乃抵穀亭，黄水之利莫大於此。恐河流北趨，或由魚臺、金鄉、濟寧漫安平鎮，則運河堤岸衝決；或三支一有壅淤，則穀亭南運河亦且衝決。宜繕築堤岸，束黄入運，是謂借黄河之水以資運河。』詔裳相度處置。

十三年正月，裳復言：

今梁靖口、趙皮寨已通，孫家渡方濬。惟渦河一支，因趙皮寨下流睢州野雞岡淤正河五十餘里，漫於平地，注入渦河。宜挑濬深廣，引導漫水歸入正河，而於睢州張見口築長堤至歸德郭村，凡百餘里，以防汎溢。更時疏梁靖口下流，且挑儀封月河入之，達於小浮橋，則北岸水勢殺矣。

〔一〕新開河　即根據胡世寧的建議，由盛應期首先主持在昭陽湖東岸開鑿的新運河，但只完成了部分河段。嘉靖末年，由朱衡和潘季馴主持完工，取名南陽新河，至此，昭陽湖西的運道改行湖東。

〔二〕祖陵　朱元璋祖父等人的坟墓，在泗州（今江蘇泗洪東南，盱眙對岸，清康熙時沉入洪澤湖（近出露水面）。這是明代在討論治河方策時第二次提出皇室陵寢問題。

〔三〕朱裳　字公垂，沙河人。曾於嘉靖十二年、十八年兩次任總理河道。《明史》卷二〇三有傳。

夫河過魚臺，其流漸北，將有越濟寧、趨安平、東入於海之漸。嘗議塞岔河之口以安運河，而水勢洶湧，恐難遽塞。塞亦不能無横決，黄陵岡、李居莊諸處不能無患。徐州迤上至魯橋泥沙停滯，山東諸泉水微，運道必澀。請創築城武至濟寧縷水大堤百五十餘里，以防北溢。而自魯橋至沛縣東堤百五十餘里修築堅厚，固之以石。自魚臺至穀亭開通淤河，引水入漕，以殺魚臺、城武之患，此順水之性不與水争地者也。

孫家渡、渦河二支俱出懷遠，會淮流至鳳陽，經皇陵[一]及壽春王陵至泗州，經祖陵。皇陵地高無慮，祖陵則三面距河，壽春王陵尤迫近。祖陵宜築土堤，壽春王陵宜砌石岸，然事體重大，不敢輕舉也。清江浦口正當黄、淮會合之衝，二河水漲漫入河口，以致淤塞滯運。宜濬深廣而又築堤，以防水漲，築壩以護行舟，皆不可緩。往時，淮水獨流入海[二]，而海口又有套流，安東上下又有澗河、馬邏諸港以分水入海。今黄河匯入於淮，水勢已非其舊，而諸港套俱已堙塞，不能速洩，下壅上溢，梗塞運道。宜將溝港次第開濬，海口套沙，多置龍爪船往來爬盪，以廣入海之路，此所謂殺其下流者也。

河出魚臺雖借以利漕，然未有數十年不變者也。一旦他徙，則徐、沛必涸。宜大濬山東諸泉以匯於汶河，則徐、沛之渠不患乾涸，雖岔河口塞亦無虞矣。

工部覆如其議，帝允行之。未幾，裳憂去，命劉天和[三]爲總河副都御史，代裳。

是歲，河決趙皮寨入淮，穀亭流絶，廟道口復淤。天和役夫十四萬濬之。已而，河忽自夏邑大丘、回村等集衝數口，轉向東北，流經蕭縣，下徐州小浮橋。天和言：『黄河自魚、沛入漕河，運舟通利者數十年，而淤塞河道、廢壞閘座、阻隔泉流、衝廣河身，爲害亦大。今黄河既改衝從虞城、蕭、碭，下小浮橋，而榆林集、侯家林二河分流入運者，俱淤塞斷流，利去而害獨存。宜濬魯橋至徐州二百餘里之淤塞。』制可。

十四年，從天和言，自曹縣梁靖口東岔河口築壓口縷水堤，復築曹縣八里灣至單縣侯家林長堤各一道。是年

[一] 皇陵　朱元璋父親等的墳墓，在今安徽鳳陽，淮河南岸。這是明代第三次提出皇室陵寢問題。

[二] 淮水獨流入海　南宋建炎二年（金太宗天會六年、一一二八年）杜充開黄河大堤，黄河主流奪泗、奪淮入海。此後，淮河便改變了獨流入海局面。金、元兩代及明初黄河有時尚南、北分流，但主流在南。明代中期以後，北流斷絶，全黄入淮。

[三] 劉天和　字養和，湖北麻城人，官至兵部尚書。嘉靖十四年主持治河，提出『黄河之當防者惟北岸爲重』，又總結『植柳六法』，對黄河水沙特點和決溢規律多有中肯分析。著有《問水集》。《明史》卷二〇〇有傳。

冬，天和條上治河數事，中言：『魯橋至沛縣東堤，舊議築石以禦橫流，今黃河既南徙，可不必築。孫家渡自正統時全河從此南徙，弘治間淤塞，屢開屢淤，卒不能通。今趙皮寨河日漸衝廣，若再開渡口，併入渦河，不惟二洪水澀，恐亦有陵寢之虞，宜仍其舊勿治。舊議祥符盤石、蘭陽銅瓦廂、考城蔡家口各添築月堤。臣以爲黃河之當防者惟北岸爲重〔一〕，當擇其去河遠者大堤、中堤各一道〔二〕，修補完築，使北岸七八百里間聯屬高厚，則前勘應築諸堤舉在其中，皆可罷不築。』帝亦從之。

十五年，督漕都御史周金〔三〕言：『自嘉靖六年後，河流益南，其一由渦河直下長淮，而梁靖口、趙皮寨二支各入清河，匯於新莊閘，遂灌裏河。水退沙存，日就淤塞。故老皆言河自汴來本濁，而渦、淮、泗清，新莊閘正當二水之口，河、淮既合，昔之爲沛縣患者，今移淮安矣。因請於新莊更置一渠，立閘以資蓄洩。』〔四〕從之。

十六年冬，從總河副都御史丁湛言，開地丘店、野雞岡諸口上流四十餘里，由桃源集、丁家道口入舊黃河，截渦河水入河濟洪。

十八年，總河都御史胡纘宗開考城孫繼口、孫祿口黃河支流，以殺歸、睢水患，且灌徐、呂，因於二口築長堤，及修築馬牧集決口。

二十年五月，命兵部侍郎王以旂〔五〕督理河道，協總河副都御史郭持平計議〔六〕。先一歲，黃河南徙，決野雞岡，由渦河經亳州入淮，舊決口俱塞。其由孫繼口及考城至丁家道口，虞城入徐、呂者，亦僅十之二。持平久治弗效，降俸戴罪。以旂至，上言：『國初，漕河惟通諸泉及汶、泗，黃河勢猛水濁，遷徙不常，故徐有貞、白昂、劉大夏力排之，不資以濟運也。今幸黃河南徙，諸閘復舊，宜濬山

〔一〕黃河之當防者惟北岸爲重　這一方針自白昂、劉大夏起就在實施。劉天和進一步明確總結了這一原則，基本目的在於保証漕運。

〔二〕大堤、中堤各一道　常見本在『大堤』後未斷開，今加頓號。劉天和《問水集》中對選擇大堤、中堤的條件稍詳：『擇諸堤去河最遠且大者及去河稍遠者各一道，內缺者補完，薄者幫厚，低者增高，斷絶者連接創築。』

〔三〕周金　字子庚，江蘇武進人。嘉靖中以右都御史總督漕運。《明史》卷二〇一有傳。

〔四〕於新莊更置一渠，立閘以資蓄洩　新莊，鎮名，在今江蘇淮陰城西，係明代淮揚運河入黃河（淮河故道）處。永樂十三年，陳瑄鑿清江浦，入淮處即在新莊附近，故稱新莊運口。此處所議『於新莊更置一渠』，即稍後於嘉靖三十年所開之三里溝，在新莊南。

〔五〕王以旂　字士招，江寧（今南京）人，官至兵部尚書。嘉靖二十五年總理河漕。《明史》卷一九九有傳。

〔六〕〔標點本原注〕：副都御史，《世宗實録》卷二四九、卷二五三嘉靖二十年五月丁亥條、九月壬子條作『都御史』。

東諸泉入野雞岡新開河道〔一〕，以濟徐、呂；　而築長堤沛縣以南，聚水如閘河制，務利漕運而已。』明年春，持平請濬孫繼口及扈運口、李景高口三河，使東由蕭、碭入徐濟運。其秋，從以旂言，於孫繼口外別開一渠洩水，以濟徐、呂。凡八月，三口工成，以旂、持平皆被獎，遂召以旂還。未幾，李景高口復淤。

先是，河決豐縣，遷縣治於華山，久之始復其故治。河決孟津、夏邑，皆遷其城。及野雞岡之決也，鳳陽沿淮州縣多水患，乃議徙五河、蒙城避之。而臨淮當祖陵形勝不可徙，乃用巡按御史賈太亨言，敕河撫二臣亟濬碭山河道，引入二洪，以殺南注之勢。

二十六年秋，河決曹縣，水入城二尺，漫金鄉、魚臺、定陶、城武，衝穀亭。總河都御史詹瀚請於趙皮寨諸口多穿支河，以分水勢。詔可。

三十一年九月，河決徐州房村集至邳州新安，運道淤阻五十里。總河副都御史曾鈞〔二〕上治河方略，乃濬房村至雙溝、曲頭，築徐州高廟至邳州沂河。又言：『劉伶臺至赤晏廟凡八十里，乃黃河下流，淤沙壅塞，疏濬宜先。次則草灣老黃河口〔三〕，衝激淹没安東一縣，亦當急築，更築長堤磯嘴〔四〕以備衝激。又三里溝新河口視舊口水高六尺，開舊口有沙淤之患，而爲害稍輕；　開新口未免淹没之虞，而漕舟頗便。宜暫閉新口，建置閘座，且增築高家堰長堤，而新莊諸閘甃石以遏横流。』帝命侍郎吳鵬振災户，而悉從鈞奏。

三里溝新河者，督漕都御史應檟以先年開清河口通黃河之水以濟運。今黃河入海，下流澗口、安東俱漲塞，河流壅而漸高，瀉入清河口，沙停易淤，屢濬屢塞。溝在淮水下流黃河未合之上，故閉清河口而開之，使船由通濟橋溯溝出淮，以達黃河者也。

時濬徐、邳將訖工，一夕，水湧復淤。帝用嚴嵩言，遣官祭河神。而鵬、鈞復共奏請急築濬草灣、劉伶臺，建閘三里溝，迎納泗水清流；　且於徐州以上至開封濬支河一二，令水分殺。其冬，漕河工竣，進鈞秩侍郎。

三十七年七月，曹縣新集淤。新集地接梁靖口，歷夏

〔一〕野雞岡新開河道　野雞岡在黃河南岸考城西南、睢州之北。據《明史·河渠志三》：嘉靖『十九年七月，河決野雞岡，二洪涸。』『新開河道』是因此次決口正流南去，開新河向東濟二洪，『濬山東諸泉』滙入此新開河道。

〔二〕曾鈞　字廷和，進賢人。嘉靖三十一年以右副都御史總理河道，主持治河四年。《明史》卷二〇三有傳。

〔三〕草灣老黃河口　泗水故道在桃園以下原分爲二支，北支爲大清河，南支爲小清河。大清河會淮處在淮安城北，爲古泗口；小清河會淮處在清河縣城南，即明清時期著名的清口。黃河奪淮後，先是由大清河會淮，嘉靖初改由小清河會淮。大清河遂被稱爲老黃河，大清河口地名草灣，故稱草灣老黃河口。見《明史·河渠二》。

〔四〕磯嘴　小型挑水壩。

邑、丁家道口、馬牧集、韓家道口、司家道口至蕭縣薊門出小浮橋，此賈魯河故道也。自河患亟，别開支河出小河以殺水勢，而本河漸澀。至是遂決，趨東北段家口，析而爲六，曰大溜溝、小溜溝、秦溝、濁河、胭脂溝、飛雲橋，俱由運河至徐洪[一]。又分一支由碭山堅城集下郭貫樓，析而爲五，曰龍溝、母河、梁樓溝、楊氏溝、胡店溝，亦由小浮橋會徐洪，而新集至小浮橋故道二百五十餘里遂淤不可復矣。自後，河忽東忽西，靡有定向，水得分瀉者數年，不至壅潰。然分多勢弱，淺者僅二尺，識者知其必淤。

至四十四年七月，河決沛縣，上下二百餘里運道俱淤。全河逆流，自沙河至徐州以北，至曹縣棠林集而下，北分二支：南流者遶沛縣戚山楊家集，入秦溝至徐；北流者遶豐縣華山東北由三教堂出飛雲橋。又分而爲十三支，或横絶，或逆流入漕河，至湖陵城口，散漫湖坡，達於徐州，浩渺無際，而河變極矣。乃命朱衡[二]爲工部尚書兼理河漕，又以潘季馴[三]爲僉都御史總理河道。明年二月，復遣工科給事中何起鳴往勘河工。

衡巡行決口，舊渠已成陸，而盛應期所鑿新河故跡尚在，地高，河決至昭陽湖不能復東，乃定計開濬。而季馴則以新河土淺泉湧，勞費不貲，留城以上故道初淤可復也。由是二人有隙[四]。起鳴至沛，還，上言：『舊河之難復有五。黄河全徙必殺上流，新集、龐家屯、趙家圈皆上流也。以不貲之財，投於河流已棄之故道，勢必不能，一也。自留城至沛，莽爲巨浸，無所施工，二也。横亘數十里，褰裳無路，十萬之衆何所棲身，三也。挑濬則淖陷，築岸則無土，且南塞則北奔，四也。夏秋淫潦，難保不淤，五也。新河開鑿費省，且可絶後來潰決之患。宜用衡言開新河，而兼採季馴言，不全棄舊河[五]。』廷臣議定，衡乃決開新河。

時季馴持復故道之議，廷臣又多以爲然。遂勘議新集、郭貫樓諸上源地。衡言：

河出境山以北，則閘河淤；出徐州以南，則二洪涸；惟出境山至小浮橋四十餘里間，乃兩利而無害。自黄河横流，碭山郭貫樓支河皆已淤塞，改從華山分爲南北二支：南出秦溝，正在境山南五里許，

[一] 徐洪　即徐州洪。

[二] 朱衡　字士南，萬安人，官至工部尚書，嘉靖末總理河漕，主持開南陽新河，對治理河漕多有見地。《明史》卷二二三有傳。

[三] 潘季馴　字時良，號印川，浙江烏程（今吴興縣）人。從嘉靖末年至萬曆二十年間，四次出任總理河道，主持治河。著有《河防一覽》等。《明史》卷二二三有傳。

[四] 由是二人有隙　潘氏主張復故道，朱衡主張開新河，但當時潘氏受朱衡節制。清代河臣唐基田在《河渠紀聞》中評論説：『衡以治漕爲先，季馴以治河爲急』，『衡所見在近，季馴所見在遠』。

[五] 不全棄舊河　舊運河保留了從留城到境山一段共五十三里，由潘季馴主持挑復。

運河可資其利；　惟北出沛縣西及飛雲橋，逆上魚臺，爲患甚大。

朝廷不忍民罹水災，拳拳故道，命勘上源〔一〕。但臣參考地形有五不可。自新集至兩河口皆平原高阜，無尺寸故道可因，郭貫樓抵龍溝頗有河形，又係新淤，無可駐足，其不可一也。黄河所經，鮮不爲患，由新集則商、虞、夏邑受之，由郭貫樓則蕭、碭受之，今改復故道，則魚、沛之禍復移蕭、碭，其不可二也。河西注華山，勢若建瓴，欲從中鑿渠，挽水南向，必當築壩横截，遏其東奔，於狂瀾巨浸之中，築壩數里，爲力甚難，其不可三也。役夫三十萬，曠日持久，騷動三省，其不可四也。大役踵興，工費數百萬，一有不繼，前功盡隳，其不可五也。惟當開廣秦溝，使下流通行，修築南岸長堤以防奔潰，可以甦魚、沛昏墊之民。

從之。衡乃開魚臺南陽抵沛縣留城百四十餘里，而濬舊河自留城以下，抵境山、茶城五十餘里，由此與黄河會。又築馬家橋堤三萬五千二百八十丈，石堤三十里，遏河之出飛雲橋者，趨秦溝以入洪。於是黄水不東侵，漕道通而沛流斷矣。方工未成，河復決沛縣，敗馬家橋堤。論者交章請罷衡。未幾，工竣。帝大喜，賦詩四章志喜，以示在直諸臣。

隆慶元年五月，加衡太子少保。始河之決也，支流散漫遍陸地，既而南趨濁河。迨新河成，則盡趨秦溝，而南北諸支河悉併流焉。然河勢益大漲。

三年七月，決沛縣，自考城、虞城、曹、單、豐、沛抵徐州俱受其害，茶城淤塞，漕船阻邳州不能進。已雖少通，而黄河水横溢沛地，秦溝、濁河口淤沙旋疏旋壅。朱衡已召還，工部及總河都御史翁大立〔二〕皆請於梁山〔三〕之南别開一河以漕，避秦溝、濁河之險，後所謂泇河〔四〕者也。詔令相度地勢，未果行。

四年秋，黄河暴至，茶城復淤，而山東沙、薛、汶、泗諸水驟溢，決仲家淺運道，由梁山出戚家港，合於黄河。大立復請因其勢而濬之。是時，淮水亦大溢，自泰山廟至七里溝淤十餘里，而水從諸家溝傍出，至清河縣河南鎮以合於黄河。大立又言：『開新莊閘以通回船，復陳瑄故道，

〔一〕拳拳故道，命勘上源　據潘氏《總理河漕奏疏》卷一，潘季馴主持對賈魯故道進行勘查，並向朝廷奏報了《查勘上源疏》，提出了『開導上源與疏浚下流』的方案。

〔二〕翁大立　浙江餘姚人。隆慶中任總河，首倡開泇河之議，論述開新河有『五利』。《明史》卷二二三有傳。

〔三〕梁山　在山東境，離運河很近，有梁境閘。

〔四〕泇河　翁大立所建議開鑿的運河，到萬曆三十二年（一六〇四年）由河督李化龍主持施工實現，起自夏鎮（今山東微山）李家口，東南合彭河、丞河至泇口會泇河。於是運河在徐州至直河口段避開了黄河風險。

則淮可無虞。獨黄河在睢寧、宿遷之間遷徙未知所定，泗州陵寢可虞。請濬古睢河，由宿遷歷宿州，出小浮橋以洩二洪之水。且規復清河、魚溝分河一道，下草灣，以免衝激之患，則南北運道庶幾可保。』時大立已内遷，方受代，而季馴以都御史復起總理河道〔一〕。部議令區畫。

九月，河復決邳州，自睢寧白浪淺至宿遷小河口，淤百八十里，糧艘阻不進。大立言：『比來河患不在山東、河南、豐、沛，而專在徐、邳，故先欲開泇河口以遠河勢、開蕭縣河以殺河流者，正謂浮沙壅聚，河面增高，爲異日慮耳。今秋水洊至，横溢爲災。權宜之計，在棄故道而就新衝；經久之策，在開泇河以避洪水。乞決擇於二者。』部議主塞決口，而令大立條利害以聞。大立遂以開泇口、就新衝、復故道三策並進，且言其利害各相參。會罷去，策未決，而季馴則主復故道。

時茶城至吕梁，黄水爲兩崖所束，不能下，又不得決。至五年四月，乃自靈璧雙溝而下，北決三口，南決八口，支流散溢，大勢下睢寧出小河，而匙頭灣八十里正河悉淤。季馴役丁夫五萬，盡塞十一口，且濬匙頭灣，築縷堤三萬餘丈，匙頭灣故道以復。旋以漕船行新溜中，多漂没，季馴罷去〔二〕。

六年春，復命尚書衡經理河工，以兵部侍郎萬恭〔三〕總理河道。二人至，罷泇河議，專事徐、邳河，修築長堤，自徐州至宿遷小河口三百七十里，併繕豐、沛大黄堤，正河安流，運道大通。衡乃上言：『河南屢被河患，大爲堤防，今幸有數十年之安者，以防守嚴而備禦素也。徐、邳爲糧運正道，既多方以築之，則宜多方以守之。請用夫每里十人以防，三里一舖〔四〕，四舖一老人〔五〕巡視。伏秋水發時，五月十五日上堤，九月十五日下堤，願攜家居住者聽。』詔如議。六月，徐、邳河堤工竣，遂命衡回部，賞衡及總理

〔一〕而季馴以都御史復起總理河道　據潘氏《總理河漕奏疏》卷二，二任總河時官職爲右副都御史。

〔二〕季馴罷去　潘氏此次去職，據張居正《張太岳集》卷二八《答河道潘印川》，張居正事後曾致信潘氏，暗示歉意。信中説：『昔者河上之事，鄙心獨知其枉。』

〔三〕萬恭　字肅卿，江西南昌人。隆慶六年被任命爲兵部左侍郎兼右僉都御史，總理河道，提督軍務，主持治理黄河運河二年有餘。他主張以堤束水，以水攻沙，是『束水攻沙』論的代表人物之一，著有《治水筌蹄》。《明史》卷二二三有傳。

〔四〕舖　明代守堤組織最基本的單位。守堤人員稱爲舖夫。每舖管轄堤段的長短和舖夫的多少因堤防的重要性不同而異。據萬恭《治水筌蹄》：『每里三舖，每舖三夫』，據潘季馴《河防一覽》：『每堤三里，原設舖一座。每舖夫三十名，計每夫分守堤一十八丈』。

〔五〕老人　據《日知録》卷八，明太祖『令天下州縣設立老人，必選年老有德，衆所信服者，使勸民爲善，鄉間争訟亦使理斷』。此處指管理堤防的最基層的負責人。

河道都御史萬恭等銀幣有差。

是歲，御史吴從憲言：『淮安而上清河而下，正淮、泗、河、海衝流之會。河潦内出，海潮逆流，停蓄移時，沙泥旋聚，以故日就壅塞。宜以春夏時濬治，則下流疏暢，汎溢自平。』帝即命衡與漕臣勘議。而督理河道署郎中事陳應薦挑穵海口新河，長十里有奇，闊五丈五尺，深一丈七尺，用夫六千四百餘人。

衡之被召將還也，上疏言：『國家治河，不過濬淺、築堤二策。濬淺之法，或爬或澇，或逼水而衝，或引水而避，此可人力勝者。然茶城與淮水會則在清河，茶城、清河無水不淺。蓋二水互爲勝負，黄河水勝則壅沙而淤，及其消也，淮漕水勝，則衝沙而通。水力蓋居七八，非專用人力也。築堤則有截水、縷水之異，截水可施於閘河，不可施於黄河。蓋黄河湍悍，挾川潦之勢，何堅不瑕，安可以一堤當之。縷水則兩岸築堤，不使旁潰，始得遂其就下入海之性。蓋以順爲治，非以人力勝水性，故至今百五六十年爲永賴焉。清河之淺，應視茶城，遇黄河漲落時，輒挑河、潢，導淮水衝刷，雖遇漲而塞，必遇落而通，無足慮也。惟清江浦水勢最弱，出口處所適與黄河相值。宜於黄水盛發時，嚴閉各閘，毋使沙淤。若海口則自隆慶三年海嘯，壅水倒灌低窪之地，積瀦難洩。宜時加疏濬，毋使積塞。至築黄河兩岸堤，第當縷水，不得以攔截爲名。』疏上，報聞而已。

河渠二

《明史》卷八四

黄河下

萬曆元年，河決房村，築堤窪子頭至秦溝口。

明年，給事中鄭岳言：『運道自茶城至淮安五百餘里，自嘉靖四十四年河水大發，淮口出水之際，海沙漸淤，今且高與山等。自淮而上，河流不迅，泥水愈淤。於是邳州淺，房村決，吕、梁二洪平，茶城倒流，皆坐此也。今不治海口之沙，乃日築徐、沛間堤岸，桃、宿而下，聽其所之。民之爲魚，未有已時也。』因獻宋李公義、王令圖浚川爬法。命河臣勘奏，從其所言。而是年秋，淮、河並溢。

明年八月，河決碭山及邵家口、曹家莊、韓登家口而北，淮亦決高家堰[一]而東，徐、邳、淮南北漂没千里。自此

[一] 高家堰　洪澤湖東岸大堤，又稱高堰。《河防一覽》卷二：『高堰居淮安之西南隅，去郡城四十里而近，堰東爲山陽縣之西北鄉……堰西爲阜陵、泥墩、范家諸湖，西南爲洪澤湖。』『史稱漢陳登築堰禦淮，至我朝平江伯陳瑄復大葺之，淮揚恃以爲安者。』隆慶以後，高家堰大堤大規模興築，形成今日洪澤湖大堤基礎。

桃、清上下河道淤塞，漕艘梗阻者數年，淮、揚多水患矣。總河都御史傅希摯〔一〕改築碭山月堤，暫留三口爲洩水之路。其冬，並塞之。

四年二月，督漕侍郎吳桂芳〔二〕言：『淮、揚洪潦奔衝，蓋緣海濱汊港久堙，入海止雲梯一徑，致海擁橫沙，河流汎溢，而鹽、安、高、寶不可收拾。國家轉運，惟知急漕，而不暇急民，故朝廷設官，亦主治河，而不知治海。請設水利僉事一員，專疏海道，審度地利，如草灣及老黃河皆可趨海，何必專事雲梯哉？』帝優詔報可。

桂芳復言：『黃水抵清河與淮合流，經清江浦外河，東至草灣，又折而西南，過淮安、新城外河，轉入安東縣前，直下雲梯關入海。近年關口多壅，河流日淺，惟草灣地低下，黃河衝決，駸駸欲奪安東入海，以縣治所關，屢決屢塞。去歲，草灣迤東自決一口，宜於決口之西開挑新口，以迎埽灣之溜，而於金城至五港岸築堤束水。語云：「救一路哭，不當復計一家哭。」今淮、揚、鳳、泗、邳、徐不啻一路矣。安東自衆流匯圍，祇文廟、縣署僅存椽瓦，其勢垂陷，不如委之，以拯全淮。』帝不欲棄安東，而命開草灣如所請〔三〕。八月，工竣，長萬一千一百餘丈，塞決口二十二，役夫四萬四千。帝以海口開濬，水患漸平，賚桂芳等有差。

未幾，河決韋家樓，又決沛縣縷水堤，豐、曹二縣長堤，豐、沛、徐州、睢寧、金鄉、魚臺、單、曹田廬漂溺無算，河流齧宿遷城。帝從桂芳請，遷縣治、築土城避之。於是御史陳世寶請復老黃河故道，言：『河自桃源三義鎮歷清河縣北，至大河口會淮入海。運道自淮安天妃廟亂淮而下，十里至大河口，從三義鎮出口向桃源大河而去，凡七十餘里，是爲老黃河〔四〕。至嘉靖初，三義鎮口淤，而黃河改趨清河縣南與淮會，自此運道不由大河口而徑由清河北上矣。近者，崔鎮屢決，河勢漸趨故道。若仍開三義鎮口引河入清河北，或令出大河口與淮流合，或從清河西別開一河，引淮出河上游，則運道無恐，而淮、泗之水不爲黃流所漲。』部覆允行。

桂芳言：『淮水向經清河會黃河趨海。自去秋河決崔鎮，清江正河淤澱，淮口梗塞。於是淮弱河强，不能奪草灣入海之途，而全淮南徙，橫灌山陽、高、寶間，向來湖水不踰五尺，堤僅七尺，今堤加丈二，而水更過之。宜急

〔一〕傅希摯　衡水人，歷任南京户部、兵部尚書，萬曆二年任總理河道。《明史》卷二二三有傳。

〔二〕吳桂芳　字子實，（江西）新建人，官至工部尚書。萬曆三年總督漕運，五年總理河漕，六年二月卒。《明史》卷二二三有傳。

〔三〕〔標點本原注〕：《神宗實録》卷四九『萬曆四年四月庚午』條、《行水金鑑》卷二八均作『工部覆言：「委一垂陷之安東，以拯全淮之胥溺，漕臣言可聽。」報曰「可」。』與『不欲棄安東』説有所不同。

〔四〕老黃河　即古泗水入淮的北支，名大清河。其入淮口係古泗口，在草灣附近，又稱『大河口』。

護湖堤以殺水勢。』部議以爲必淮有所歸，而後堤可保，請令桂芳等熟計。報可。

開河、護堤二説未定，而河復決崔鎮，宿、沛、清、桃兩岸多壞，黄河日淤墊，淮水爲河所迫，徙而南，時五年八月也。希摯議塞決口，束水歸漕。桂芳欲衝刷成河，以爲老黄河入海之路。帝令急塞決口，而俟水勢稍定，乃從桂芳言。時給事中湯聘尹議導淮入江以避黄，會桂芳言：『黄水向老黄河故道而去，下奔如駛，淮遂乘虚湧入清口故道，淮、揚水勢漸消。』部議行勘，以河、淮既合，乃寢其議。

管理南河工部郎中施天麟言：

淮、泗之水不下清口而下山陽，從黄浦口入海。浦口不能盡洩，浸淫高、寶邵伯諸湖，而湖堤盡没，則以淮、泗本不入湖，而今入湖故也。淮、泗之入湖者，又緣清口向未淤塞，而今淤塞故也。清口之淤塞者，又緣黄河淤塞日高，淮水不得不讓河而南徙也。蓋淮水併力敵黄，勝負或亦相半，自高家堰廢壞，而清口內通濟橋[一]、朱家等口淮水內灌，於是淮、泗之力分，而黄河得以全力制其敝，此清口所以獨淤於今歲也。下流既淤，則上流不得不決。

每歲糧艘以四五月畢運，而堤以六七月壞。水發之時不能爲力，水落之後方圖堵塞。甫及春初，運事又迫，僅完堤工，於河身無與。河身不挑則來年益高。上流之決，必及於徐、吕，而不止於邳、遷；下流之涸，將盡乎邳、遷，而不止於清、桃。須不惜一年糧運，不惜數萬帑藏，開挑正河，寬限責成，乃爲一勞永逸。

至高家堰、朱家等口，宜及時築塞，使淮、泗併力足以敵黄，則淮水之故道可復，高、寶之大患可減。若興、鹽海口堙塞，亦宜大加疏濬。而湖堤多建減水大閘，堤下多開支河。要未有不先黄河而可以治淮，亦未有不疏通淮水而可以固堤者也。

事下河漕諸臣會議。

淮之出清口也，以黄水由老黄河奔注，而老黄河久淤，未幾復塞，淮水仍漲溢。給事中劉鉉請亟開通海口，而簡大臣會同河漕諸臣往治。乃命桂芳爲工部尚書兼理河漕，而裁總河都御史官[二]。桂芳甫受命而卒。

[一]〔標點本原注〕通濟橋　《明史稿》志二四《河渠志》作『通濟閘』。

[二] 裁總河都御史官　當時河、漕官員意見不一，張居正主持朝政，起初試圖協調各方意見。據《張江陵全集》卷二二《答河道傅后川》：『河、漕意見不同，此中亦聞之。竊謂河、漕如左右手，當同心協力』。但問題尚不能解決，調换河官也無濟於事。最後便命吴桂芳統管河、漕，裁總河一職。

六年夏，潘季馴代〔一〕。時給事中李淶請多濬海口，以導衆水之歸。給事中王道成則請塞崔鎮決口，築桃、宿長堤，修理高家堰，開復老黃河。並下河臣議。季馴與督漕侍郎江一麟相度水勢，言：

海口自雲梯關四套以下，闊七八里至十餘里，深三四丈。欲別議開鑿，必須深闊相類，方可注放，工力甚難。且未至海口，乾地猶可施工，其將入海之地，潮汐往來，與舊口等耳。舊口皆系積沙，人力雖不可濬，水力自能衝刷，海無可濬之理。惟當導河歸海，則以水治水，即濬海之策也。河亦非可以人力導，惟當繕治堤防，俾無旁決，則水由地中，沙隨水去，即導河之策也。

頻年以來，日以繕堤爲事，顧卑薄而不能支，迫近而不能容，雜以浮沙而不能久。是以河決崔鎮，水多北潰，爲無堤也。淮決高家堰、黃浦口，水多東潰，堤弗固也。不咎制之未備，而咎築堤爲下策，豈通論哉！上流既旁潰，又岐下流而分之，其趨雲梯入海口者，譬猶强弩之末耳。水勢益分則力益弱，安能導積沙以注海。

故今日濬海急務，必先塞決以導河，尤當固堤以杜決，而欲堤之不決，必真土而勿雜浮沙，高厚而勿惜鉅費，讓遠而勿與爭地，則堤乃可固也。沿河堤固，而崔鎮口塞，則黃不旁決而衝漕力專。高家堰築，朱家口塞，則淮不旁決而會黃力專。淮、黃既合，自有控海之勢。又懼其分而力弱也，必暫塞清江浦河，而嚴司啓閉以防其內奔。姑置草灣河，而專復雲梯以還其故道。仍接築淮安新城長堤，以防其末流。使黃、淮力全，涓滴悉趨於海，則力强且專，下流之積沙自去，海不濬而闢，河不挑而深，所謂固堤即以導河，導河即以濬海也。

又言：

黃水入徐，歷邳、宿、桃、清，至清口會淮而東入海。淮水自洛及鳳，歷盱、泗，至清口會河而東入海。此兩河故道也。元漕江南粟，則由揚州直北廟灣入海，未嘗溯淮。陳瑄始堤管家諸湖，通淮爲運道。慮淮水漲溢，則築高家堰堤以捍之，起武家墩，經大、小澗至阜寧湖，而淮不東侵。又慮黃河漲溢，則堤新城北以捍之，起清江浦，沿鉢池山、柳浦灣迤東，而黃不南侵。

其後，堤岸漸傾，水從高堰決入，淮郡遂同魚鼈。而當事者未考其故，謂海口壅閉，宜亟穿支渠。詎知草灣一開，西橋以上正河遂至淤阻。夫新河闊二十

〔一〕六年夏，潘季馴代　此係潘氏第三次出任總理河道。據《河防一覽》卷一載萬曆六年三月初十，朝廷給潘氏的諭旨稱：『爾諳習河道，素有才望，特茲重任。』

餘丈，深僅丈許，較故道僅三十之一，豈能受全河之水？下流既壅，上流自潰，此崔鎮諸口所由決也。今新河復塞，故河漸已通流，雖深闊未及原河十一，而兩河全下，沙隨水刷，欲其全復河身不難也。河身既復，闊者七八里，狹亦不下三四百丈，滔滔東下，何水不容？匪惟不必別鑿他所，即草灣亦可置勿濬矣。

故爲今計，惟修復陳瑄故蹟，高築南北兩堤，以斷兩河之內灌，則淮、揚昏墊可免。塞黄浦口，築寶應堤，濬東關等淺，修五閘，復五壩，則淮南運道無虞。堅塞桃源以下崔鎮口諸決，則全河可歸故道。黄、淮既無旁決，並驅入海，則沙隨水刷，海口自復，而桃、清淺阻，又不足言。此以水治水之法也。若夫爬撈之説，僅可行諸閘河，前人屢試無功，徒費工料。

於是條上六議㈠：曰塞決口以挽正河，曰築堤防以杜潰決，曰復閘壩以防外河，曰創滾水壩以固堤岸，曰止濬海工程以省縻費，曰寢開老黄河之議以仍利涉。帝悉從其請。

七年十月，兩河工成，賚季馴、一麟銀幣，而遣給事中尹瑾勘實㈡。

八年春，進季馴太子太保工部尚書，廕一子。一麟等遷擢有差。是役也，築高家堰堤六十餘里，歸仁集堤四十餘里，柳浦灣堤東西七十餘里，塞崔鎮等決口百三十，築徐、睢、邳、宿、桃、清兩岸遥堤五萬六千餘丈，碭、豐大壩各一道，徐、沛、豐、碭縷堤百四十餘里，建崔鎮、徐昇、季泰、三義減水石壩四座，遷通濟閘於甘羅城南，淮、揚間堤壩無不修築，費帑金五十六萬有奇。其秋擢季馴南京兵部尚書。季馴又請復新集至小浮橋故道，給事中王道成、河南巡撫周鑑等不可而止。自桂芳、季馴時罷總河不設，其後但以督漕兼理河道。高堰初築，清口方暢，流連數年，河道無大患。

至十五年，封丘、偃師、東明、長垣屢被衝決。大學士申時行言：『河所決地在三省，守臣畫地分修，易推委。河道未大壞，不必設都御史，宜遣風力老成給事中一人行河。』乃命工科都給事中常居敬往。居敬請修築大社集東至白茅集長堤百里。從之。

初，黄河由徐州小浮橋入運，其河深且近洪，能刷洪以深河，利於運道。後漸徙沛縣飛雲橋及徐州大、小溜溝。至嘉靖末，決邵家口，出秦溝，由濁河口入運，河淺，迫茶城，茶城歲淤，運道數害。萬曆五年冬，河復南趨，出小浮橋故道，未幾復堙。潘季馴之塞崔鎮也，厚築堤岸，

㈠ 於是條上六議　據潘季馴《河防一覽》卷七，『六議』即《兩河經略疏》之内容。

㈡ 尹瑾勘實　據《明神宗實録》萬曆七年條，尹瑾勘實河工後上疏録：『覩今日之順軌，當思昔日之横流；覩土工之艱巨，當思修守之不易。』對潘氏治績肯定。

束水歸漕。嗣後水發，河臣輒加堤，而河身日高矣。於是督漕僉都御史楊一魁欲復黃河故道，請自歸德以下丁家道口濬至石將軍廟，令河仍自小浮橋出。又言：『善治水者，以疏不以障。年來堤上加堤，水高凌空，不啻過顙。濱河城郭，決水可灌。宜測河身深淺，隨處挑濬，而於黃河分流故道，設減水石門以洩暴漲。』給事中王士性則請復老黃河故道〔一〕。大略言：

自徐而下，河身日高，而爲堤以束之，堤與徐州城等。束益急，流益迅，委全力於淮而淮不任。故昔之黃、淮合，今黃强而淮益縮，不復合矣。黃强而一啓天妃、通濟諸閘，則灌運河如建瓴。高、寶一梗，江南之運坐廢。淮縮則退而侵泗。爲祖陵計，不得不建石堤護之。堤增河益高，根本大可虞也。河至清河凡四折而後入海。淮安、高、寶、鹽、興數百萬生靈之命托之一丸泥，決則盡成魚蝦矣。

紛紛之議，有欲增堤泗州者，有欲開顏家、灌口、永濟三河，南甃高家堰、北築滚水壩者。總不如復河故道，爲一勞永逸之計也。河故道由三義鎮達葉家衝與淮合，在清河縣北別有濟運河，在縣南蓋支河耳。河强奪支河，直趨縣南，而自棄北流之道，然河形固在也。自桃源至瓦子灘凡九十里，窪下不耕，無室廬墳墓之礙，雖開河費鉅，而故道一復，爲利無窮。

議皆未定。居敬及御史喬璧星皆請復專設總理大臣。乃復命潘季馴爲右都御史總督河道〔二〕。

時帝從居敬言，罷老黃河議，而季馴抵官，言：『新集故道〔三〕，故老言「銅幫鐵底」〔四〕，當開，但歲儉費繁，未能遽行。』又言：『黃水濁而强，汶、泗清且弱，交會茶城。伏秋黃水發，則倒灌入漕，沙停而淤，勢所必至。然黃水一落，漕即從之，沙隨水去，不濬自通，縱有淺阻，不過旬日。往時建古洪、內華二閘，黃漲則閉閘以遏濁流，黃退則啓閘以縱泉水。近者居敬復增建鎮口閘，去河愈近，則吐納愈易。但當嚴閘禁如清江浦三閘之法，則河渠永賴矣。』帝方委季馴，即從其言，罷故道之議。未幾，水患益甚。

〔一〕王士性則請復老黃河故道　即前述古泗水入淮北支大清河。非潘季馴主張恢復之故道。

〔二〕乃復命潘季馴爲右都御史總督河道　潘氏在三任總河後，萬曆八年遷升南京兵部尚書，十一年改刑部尚書，十二年七月十七日，因『黨庇張居正』罪被削職爲民。直到十六年五月十一日，第四次出任總河。

〔三〕新集故道　即賈魯故道，東距徐州小浮橋二百五十里。新集，在歸德（今商丘）正北面黃河南岸，下游緊鄰丁家道口。

〔四〕銅幫鐵底　幫，河岸；底，河底。言河床比較穩固，不易坍塌衝刷。

十七年六月，黄水暴漲，決獸醫口〔一〕月堤，漫李景高口〔二〕新堤，衝入夏鎮内河，壞田廬，没人民無算。十月，決口塞。

十八年，大溢，徐州水積城中者逾年。衆議遷城改河。季馴濬魁山支河〔三〕以通之，起蘇伯湖〔四〕至小河口，積水乃消。

十九年九月，泗州大水，州治淹三尺，居民沉溺十九，浸及祖陵。而山陽復河決，江都、邵伯又因湖水下注，田廬浸傷。工部尚書曾同亨上其事，議者紛起。乃命工科給事中張貞觀往泗州勘視水勢，而從給事中楊其休言，放季馴歸，用舒應龍爲工部尚書總督河道。

二十年三月，季馴將去，條上辨惑者六事，力言河不兩行，新河不當開，支渠不當濬。又著書曰《河防一覽》〔五〕，大旨在築堤障河，束水歸漕；築堰障淮，逼淮注黄。以清刷濁，沙隨水去。合則流急，急則蕩滌而河深；分則流緩，緩則停滯而沙積。上流既急，則海口自闢而無待於開。其治堤之法，有縷堤以束其流，有遥堤以寬其勢，有滚水壩以洩其怒。法甚詳，言甚辨。然當是時，水勢横潰，徐、泗、淮、揚間無歲不受患，祖陵被水。季馴謂當自消，已而不驗。於是季馴言詘，而分黄導淮之議〔六〕由此起矣。

貞觀抵泗州言：『臣謁祖陵，見泗城如水上浮盂，盂中之水復滿。祖陵自神路至三橋、丹墀，無一不被水。且高堰危如累卵，又高、寶隱禍也。今欲洩淮，當以闢海口積沙爲第一義。然洩淮不若殺黄，而殺黄於淮流之既合，不若殺於未合。但殺於既合者與運無妨，殺於未合者與運稍礙。别標本，究利害，必當殺於未合之先。至於廣入海之途，則自鮑家口、黄家營至魚溝、金城左右，地勢頗下，似當因而利導之。』貞觀又會應龍及總漕陳於陛等言：『淮、黄同趨者惟海，而淮之由黄達海者惟清口。自海沙開濬無期，因而河身日高；自河流倒灌無已，因而清口日塞。以致淮水上浸祖陵，漫及高、寶，而興、泰運堤亦衝決矣。今議闢清口沙，且分黄河之流於清口上流十里地，去口不遠，不至爲運道梗。分於上，復合於下，則衝海之力專。合必於草灣之下，恐其復衝正河，爲淮城患

〔一〕獸醫口　在今開封西北，隔岸與荆隆口相對，是明代黄河往南決口的口門之一。
〔二〕李景高口　黄河南岸決口，在趙皮寨下游，地處蘭陽與儀封之間。
〔三〕魁山支河　萬曆十九年（一五九一年）潘季馴主持開鑿。據《總理河漕奏疏》卷四《徐州支河工完疏》，魁山（又稱奎山）支河首起徐州護城堤涵洞，歷魁山蘇伯湖、史家村、陳家林、晁夏二湖、馬蘭田湖、楊二莊、闞疃，至符離集東小河入睢水。主要用於分洩徐州城内積水。
〔四〕蘇伯湖　又稱石狗湖，即今徐州城内的雲龍湖。
〔五〕河防一覽　據《河防一覽》潘季馴自序，該書成稿於萬曆十八年。
〔六〕分黄導淮之議　即於清口以上分黄河水東入海，分淮河水南入江的議論。有多種具體方案。

也。塞鮑家口、黄家營二決，恐横衝新河，散溢無歸。兩岸俱堤，則東北清、沭、海、安窪下地不虞潰決。計費凡三十六萬有奇。若海口之塞，則潮汐莫窺其涯，難施畚鍤。惟淮、黄合流東下，河身滌而漸深，海口刷而漸闢，亦事理之可必者。』帝悉從其請。乃議於清口上流北岸，開腰鋪支河達於草灣。

既而，淮水自決張福堤[一]。直隸巡按彭應參言：『祖陵度可無虞，且方東備倭警，宜暫停河工。』部議令河臣熟計。應龍、貞觀言：『爲祖陵久遠計，支河實必不容已之工，請俟明春倭警寧息舉行。』其事遂寢。

二十一年春，貞觀報命，議開歸、徐達小河口[二]，以救徐、邳之溢；導濁河[三]入小浮橋故道，以紓鎮口之患。下總河會官集議，未定。五月，大雨，河決單縣黄堌口，一由徐州出小浮橋，一由舊河達鎮口閘。邳城陷水中，高、寶諸湖堤[四]決口無算。

明年，湖堤盡築塞，而黄水大漲，清口沙墊，淮水不能東下，於是挾上源阜陵諸湖與山溪之水，暴浸祖陵，泗城淹没。

二十三年，又決高郵中堤及高家堰、高良澗，而水患益急矣。

先是，御史陳邦科言：『固堤束水未收刷沙之利，而反致衝決。法當用濬，其方有三。冬春水涸，令沿河淺夫乘時撈淺，則沙不停而去，一也。官民船往來，船尾悉繫鈀犁，乘風搜滌，則沙不寧而去，二也。做水磨、水碓之法，置爲木機，乘水滚盪，則沙不留而去，三也。至淮必不可不會黄，故高堰斷不可棄。湖溢必傷堤，故周家橋[五]潰處斷不可開。已棄之道必淤滿，故老黄河、草灣等處斷不可復。』疏下所司議。户部郎中華存禮則請復黄河故道，並濬草灣。而是時，腰鋪猶未開，工部侍郎沈節甫言：『復黄河未可輕議，至諸策皆第補偏救弊而已，宜概停罷。』乃召應龍還工部，時二十二年九月也。

既而，給事中吴應明言：『先因黄河遷徙無常，設遥、縷二堤束水歸漕，及水過沙停，河身日高，徐、邳以下居民盡在水底。今清口外則黄流阻遏，清口内則淤沙横截，强河横灌上流約百里許，淮水僅出沙上之浮流，而潴蓄於盱、泗者遂爲祖陵患矣。張貞觀所議腰鋪支河歸之

[一] 張福堤　洪澤湖北岸大堤，約束黄河南射，北面隔河與清河縣相對。

[二] 開歸、徐達小河口　指由商丘經徐州南達小河口，避開徐州至邳州一段河道。

[三] 濁河　在徐州城北，黄河的一支，萬曆中期後淤塞。

[四] 高、寶諸湖堤　運河以西，在寶應、高郵地界自北而南分布着一些淺水湖如：寶應湖、氾光湖、界首湖、高郵湖、邵伯湖。爲防禦湖水影響運道，沿湖多築有堤岸。

[五] 周家橋　又稱周橋，在洪澤湖大堤南端，設有減水壩，是明、清洪澤湖的溢洪道口。

草灣，或從清河南岸別開小河至駱家營、馬廠等地，出會大河，建閘啓閉，一遇運淺，即行此河，亦策之便者。』至治泗水，則有議開老子山，引淮水入江者。宜置閘以時啓閉，拆張福堤而堤清口，使河水無南向。部議下河漕諸臣會勘。直隸巡按牛應元因謁祖陵，目擊河患，繪圖以進，因上疏言：

黄高淮壅，起於嘉靖末年河臣鑿徐、吕二洪巨石，而沙日停，河身日高，潰決由此起。當事者計無復之，兩岸築長堤以束，曰縷堤。縷堤復決，更於數里外築重堤以防，曰遥堤。雖歲決歲補，而莫可誰何矣。

黄、淮交會，本自清河北二十里駱家營，折而東至大河口會淮，所稱老黄河是也。陳瑄以其迂曲，從駱家營開一支河，爲見今河道，而老黄河淤矣。萬曆間，復開草灣支河，黄舍故道而趨，以致清口交會之地，二水相持，淮不勝黄，則竄入各閘口，淮安士民於各閘口築一土埂以防之。嗣後黄、淮暴漲，水退沙停，清口遂淤，今稱門限沙[一]是也。當事者不思挑門限沙，乃傍土埂築高堰，横亘六十里，置全淮正流之口不事，復將從旁入黄之張福口一併築堤塞之，遂倒流而爲泗陵患矣。前歲，科臣貞觀議闢門限沙，裁張福堤，其所重又在支河腰鋪之開。

總之，全口淤沙未盡挑闢，即腰鋪工成，淮水未能出也，況下流鮑、王諸口已決，難以施工。豈若復黄河故道，盡闢清口淤沙之爲要乎？且疏上流，不若科臣應明所議，就草灣下流濬諸決口，俾由安東歸五港[二]，或於周家橋量爲疏通，而急塞黄堌口，挑蕭、碭管道，濬符離淺阻。至宿遷小河爲淮水入黄正路，急宜挑闢，使有所歸。

應龍言：『張福堤已決百餘丈，清口方挑沙，而腰鋪之開尤不可廢。』工部侍郎沈思孝因言：『老黄河自三義鎮至葉家衝僅八千餘丈，河形尚存。宜亟開濬，則河分爲二，一從故道抵顏家河入海，一從清口會淮，患當自弭。請遣風力科臣一人，與河漕諸臣定畫一之計。』乃命禮科給事中張企程往勘。而以水患累年，迄無成畫，遷延糜費，罷應龍職爲民，常居敬、張貞觀、彭應參等皆譴責有差。

御史高舉請『疏周家橋，裁張福堤，闢門限沙，建滚水石壩於周家橋、大小澗口、武家墩、緑楊溝上下，而壩外濬河築岸，使行地中。改塘埂十二閘爲壩，灌閘外十二河，以闢入海之路。濬芒稻河，且多建濱江水閘，以廣入江之途。然海口日壅，則河沙日積，河身日高，而淮亦不

[一] 門限沙　淮水入黄處（清口）由於受黄河頂托，在入口處淤積的一道沙埂。由外向内沙埂不斷加寬。它對淮水（尤其是小水季節）滙入黄水起着限制、障碍作用。

[二] 五港　在安東縣（今漣水縣）東北，明代爲黄河入海汊河之一。

能安流。有灌口[一]者，視諸口頗大，而近日所決蔣家、鮑家，畀家三口直與相射，宜挑濬成河，俾由此入海。』工部主事樊兆程亦議闢海口，而言：『舊海口決不可濬，當自鮑家營至五港口挑濬成河，令從灌口入海。』俱下工部。請並委企程勘議。

是時，總河工部尚書楊一魁被論，乞罷，因言：『清口宜濬，黃河故道宜復，高堰不必修，石堤不必砌，減水閘壩不必用。』帝不允辭，而詔以盡心任事。御史夏之臣則言：『海口沙不可劈，草灣河不必濬，腰鋪新河四十里不必開，雲梯關不必闢，惟當急開高堰，以救祖陵。』且言：『歷年以來，高良澗土堤每遇伏秋即衝決，大澗口石堤每遇洶湧即崩潰。是高堰在，爲高、寶之利小；而高堰決，則爲高、寶之害大也。孰若明議而明開之，使知趨避乎？』給事中黃運泰則又言：『黃河下流未洩，而遽開高堰，周橋以洩淮水，則淮流南下，黃必乘之，高、寶間盡爲沼，而運道月河必衝決矣。不如濬五港口，達灌口門，以入於海之爲得也。』詔并行勘議。

企程乃上言：『前此河不爲陵患，自隆慶末年高、寶、淮、揚告急，當事狃於目前，清口既淤，又築高堰以遏之，堤張福以東之，障全淮之水與黃角勝，不虞其勢不敵也。迨後甃石加築，壅塞愈堅，舉七十二溪之水匯於泗者，僅留數丈一口出之，出者什一，停者什九。河身日高，流日壅，淮日益不得出，而瀦蓄日益深，安得不倒流旁溢爲泗陵患乎？今議疏淮以安陵，疏黃以導淮者，言人人殊。而謂高堰當決者，臣以爲屏翰淮、揚，殆不可少。莫若於其南五十里開周家橋注草子湖，大加開濬，一由金家灣入芒稻河注之江，一由子嬰溝入廣洋湖達之海，則淮水上流半有宣洩矣。於其北十五里開武家墩，注永濟河，由窯灣閘出口直達涇河，從射陽湖入海，則淮水下流半有歸宿矣。此急救祖陵第一義也。』會是時，祖陵積水稍退，一魁以聞，帝大悅，仍諭諸臣急協議宣洩。

於是，企程、一魁共議欲分殺黃流以縱淮，別疏海口以導黃。而督漕尚書褚鈇則以江北歲祲，民不堪大役，欲先洩淮而徐議分黃。御史應元折衷其說，言：『導淮勢便而功易，分黃功大而利遠。顧河臣所請亦第六十八萬金，國家亦何靳於此？』御史陳煃嘗令寶應，慮周家橋既開，則以高郵、邵伯爲壑，運道、民產、鹽場交受其害，上疏爭之，語甚激，大旨，分黃爲先，而淮不必深治。且欲多開入海之路，令高、寶諸湖之水皆東，而後周家橋、武家墩之水可注。而淮安知府馬化龍復進分黃五難之說。潁州兵備道李弘道又謂宜開高堰。鈇遂據以上聞。給事中林熙春駁之，言：『淮猶昔日之淮，而河非昔日之河。先是河身未高，而淮尚安流，今則河身既高，而淮受倒灌，此導淮

[一] 灌口　在今江蘇響水附近，係明代黃河自雲梯關以下向北的一個分支的入海口。

固以爲淮，分黄亦以爲淮。』工部乃覆奏云：『先議開腰鋪支河以分黄流，以倭儆、災傷停寢，遂貽今日之患。今黄家壩分黄之工若復沮格，淮壅爲害，誰職其咎？請令治河諸臣導淮分黄，亟行興舉。』報可。

二十四年八月，一魁興工未竣，復條上分淮導黄事宜十事〔一〕。十月，河工告成，直隸巡按御史蔣春芳以聞，復條上善後事宜十六事。乃賞賚一魁等有差。是役也，役夫二十萬，開桃源黄河壩新河，起黄家嘴，至安東五港、灌口，長三百餘里，分泄黄水入海，以抑黄强。闢清口沙七里，建武家墩、高良澗、周家橋石閘，泄淮水三道入海〔二〕，且引其支流入江。於是泗陵水患平，而淮、揚安矣。

然是時，一魁專力桃、清、淮、泗間，而上流單縣黄堌口之決，以爲不必塞。鈇及春芳皆請塞之。給事中李應策言：『漕臣主運，河臣主工，各自爲見。宜再令析議。』一魁言：『黄堌口一支由虞城、夏邑接碭山、蕭縣、宿州至宿遷，出白洋河，一小支分蕭縣兩河口，出徐州小浮橋，相距不滿四十里。當疏濬與正河會，更通鎮口閘裏湖之水，與小浮橋二水會，則黄堌口不必塞，而運道無滯矣。』從之。於是議濬小浮橋、沂河口、小河口以濟徐、邳運道，以洩碭、蕭漫流，培歸仁堤以護陵寢。

是時，徐、邳復見清、泗運道不利，鈇終以爲憂。二十五年正月，復極言黄堌口不塞，則全河南徙，害且立見。議者亦多恐下齧歸仁，爲二陵患。三月，小浮橋等口工垂竣，一魁言：

運道通利，河徙不相妨，已有明驗。惟議者以祖陵爲慮，請徵往事折之。洪武二十四年，河決原武，東南至壽州入淮。永樂九年，河北入魚臺。未幾，復南決，由渦河經懷遠入淮。時兩河合流，歷鳳、泗以出清口，未聞爲祖陵患。正統十三年，河北衝張秋。景泰中，徐有貞塞之，復由渦河入淮。弘治二年，河又北衝，白昂、劉大夏塞之，復南流，一由中牟至潁、壽，一由亳州至渦河入淮，一由宿遷小河口會泗。全河大勢縱橫潁、亳、鳳、泗間，下溢符離、睢、宿，未聞爲祖陵慮，亦不聞堤及歸仁也。

正德三年後，河漸北徙，由小浮橋、飛雲橋、穀亭三道入漕，盡趨徐、邳，出二洪，運道雖濟，而汎

〔一〕分淮導黄事宜十事　據《行水金鑑》卷三八，其要旨爲：展河岸以固堤防，置長夫以時修守；設專官以便責成；裁新堤以免壅淮；修祖陵以培國脈；立河官以理淮泗；設官兵以嚴稽察；放湖水以疏漕渠；建廟宇以答靈貺；備錢糧以儲歲用；闢清口以導淮流；浚海口以免内漲。實際列了十二事。

〔二〕洩淮水三道入海　即前面張企程所説：『一由金家灣入芒稻河注之江，一由子嬰溝入廣洋湖達之海，……開武家墩，注永濟河，……從射陽湖入海。』

溢實甚。嘉靖十一年，朱裳始有渦河一支中經鳳陽祖陵未敢輕舉之說。然當時，猶時濬祥符之董盆口、寧陵之五里鋪、滎澤之孫家渡、蘭陽之趙皮寨，又或決睢州之地丘店、界牌口、野雞岡，寧陵之楊村鋪，俱入舊河，從亳、鳳入淮，南流未絕，亦何嘗爲祖陵患。

嘉靖二十五年後，南流故道始盡塞，或由秦溝入漕，或由濁河入漕。五十年來全河盡出徐、邳，奪泗入淮。而當事者方認客作主，日築堤而窘之，以致河流日壅，淮不敵黃，退而內瀦，遂貽盱、泗祖陵之患。此實由內水之停壅，不由外水之衝射也。萬曆七年，潘季馴始慮黃流倒灌小河、白洋等口，挾諸河水衝射祖陵，乃作歸仁堤爲保障計，復張大其說，謂祖陵命脈全賴此堤。習聞其說者，遂疑黃堌之決，下齧歸仁，不知黃堌一決，下流易洩，必無上灌之虞。況今小河不日竣工，引河復歸故道，云歸仁益遠，奚煩過計爲？

報可。

一魁既開小浮橋，築義安山，濬小河口，引武沂泉濟運。及是年四月，河復大決黃堌口，溢夏邑、永城，由宿州府離橋出宿遷新河口入大河，其半由徐州入舊河濟運。上源水枯，而義安東水横壩復衝二十餘丈，小浮橋水脈微細，二洪告涸，運道阻澀。一魁因議挑黃堌口迤上埽灣、淤嘴二處，且大挑其下李吉口北下濁河，救小浮橋上流數十里之涸。復上言：『黃河南旋至韓家道、盤岔河、丁家莊，俱岸闊百丈，深踰二丈，乃銅幫鐵底故道也。至劉家窪，始强半南流，得山西坡、永涸湖以爲壑，出溪口入符離河，亦故道也。惟徐、邳運道淺涸，所以首議開小浮橋，再加挑闢，必大爲運道之利。乃欲自黃堌挽回全河，必須挑四百里淤高之河身，築三百里南岸之長堤，不惟所費不貲，竊恐後患無已。』御史楊光訓等亦議挑埽灣直渠，展濟濁河，及築山西坡歸仁堤，與一魁合，獨鈇異議。帝命從一魁言。

一魁復言：『歸仁在西北，泗州在東南，相距百九十里，中隔重岡疊嶂。且歸仁之北有白洋河、朱家溝、周家溝、胡家溝、小河口洩入運河，勢如建瓴，即無歸仁，祖陵無足慮。濁河淤墊，高出地上，曹、單間闊一二百丈，深二三丈，尚不免横流，徐、邳間僅百丈，深止丈餘，徐西有淺至二三尺者，而夏、永、韓家道口至符離，河闊深視曹、單，避高就下，水之本性，河流所棄，自古難復。且運河本籍山東諸泉，不資黃水，惟當倣正統間二洪南北口建閘之制，於鎮口之下，大浮橋之上，呂梁之下洪，邳州之沙坊，各建石閘，節宣汶、泗，而以小浮橋、沂河口二水助之，更於鎮口西築壩截黃，開唐家口而注之龍溝，會小浮橋入運，以杜灌淤鎮口之害，實萬全計也。』報可。

二十六年春，從楊光訓等議，撤鈇，命一魁兼管漕運。

六月，召一魁掌部事，命劉東星[一]爲工部侍郎，總理河漕。

二十七年春，東星上言：『河自商、虞而下，由丁家道口抵韓家道口、趙家圈、石將軍廟、兩河口，出小浮橋下二洪，乃賈魯故道也。自元及我朝行之甚利。嘉靖三十七年，北徙濁河，而此河遂淤。潘季馴議復開之，以工費浩繁而止。今河東決黄堌，由韓家道口至趙家圈百餘里，衝刷成河，即季馴議復之故道也。由趙家圈至兩河口，直接三仙臺新渠，長僅四十里，募夫五萬濬之，踰月當竣，而大挑運河，小挑濁河，俱可節省。惟李吉口故道嘗挑復淤，去冬已挑數里，前功難棄，然至鎮口三百里而遥，不若趙家圈至兩河口四十里而近。況大浮橋已建閘蓄汶、泗之水，則鎮口濟運亦無藉黄流。』報可。十月，功成，加東星工部尚書，一魁及餘官賞賚有差。

初，給事中楊廷蘭因黄堌之決，請開泇河，給事中楊應文亦主其説。既而直隸巡按御史佴祺復言之。東星既開趙家圈，復採衆説，鑿泇河，以地多沙石，工未就而東星病。河既南徙，李吉口淤澱日高，北流遂絶，而趙家圈亦日就淤塞，徐、邳間三百里，河水尺餘，糧艘阻塞。

二十九年秋，工科給事中張問達疏論之。會開、歸大水，河漲商丘，決蕭家口，全河盡南注。河身變爲平沙，商賈舟膠沙上。南岸蒙牆寺忽徙置北岸，商、虞多被淹没，河勢盡趨東南，而黄堌斷流。河南巡撫曾如春以聞，曰：『此河徙，非決也。』問達復言：『蕭家口在黄堌上流，未有商舟不能行於蕭家口而能行於黄堌以東者，運艘大可慮。』帝從其言，方命東星勘議，而東星卒矣。問達復言：『運道之壞，一因黄堌口之決，不早杜塞；更因並力泇河，以致趙家圈淤塞斷流，河身日高，河水日淺，而蕭家口遂決，全河奔潰入淮，勢及陵寢。東星已逝，宜急補河臣，早定長策。』大學士沈一貫、給事中桂有根皆趣簡河臣。

御史高舉獻三策。請濬黄堌口以下舊河，引黄水注之東，遂塞黄堌口，而遏其南，俟舊河衝刷深，則並塞新決之口。其二則請開泇河及膠萊河，而言河、漕不宜並於一人，當選擇分任其事。江北巡按御史吴崇禮則請自蒙牆寺西北黄河灣曲之所，開濬直河，引水東流。且濬李吉口至堅城集淤道三十餘里，而盡塞黄堌以南決口，使河流盡歸正漕。工部尚書一魁酌舉崇禮之議，以開直河、塞黄堌口、濬淤道爲正策，而以泇河爲旁策，膠萊爲備策。帝命急挑舊河，塞決口，且兼挑泇河以備用。下山東撫按勘視膠萊河。

三十年春，一魁覆河撫如春疏言：『黄河勢趨邳、宿，請築汴堤自歸德至靈、虹，以障南徙。且疏小河口，使黄流盡歸之，則瀰漫自消，祖陵可無患。』帝嘉納之。已而

[一] 劉東星　字子明，山西沁水人，官至工部尚書。萬曆二十六年總理河漕，主持治河。萬曆二十八年主持開泇河，完成十分之三，二十九年病逝。《明史》卷二二三有傳。

言者再疏攻一魁。帝以一魁不塞黄堌口，致衝祖陵，斥爲民。復用崇禮議，分設河漕二臣，命如春爲工部侍郎，總理河道。如春議開虞城王家口，挽全河東歸，須費六十萬。

三十一年春，山東巡撫黄克纘言：『王家口爲蒙牆上源，上流既達，則下流不可旁洩，宜遂塞蒙牆口。』從之。時蒙牆決口廣八十餘丈，如春所開新河未及其半，塞而注之，慮不任受。有獻策者言：『河流既回，勢若雷霆，藉其勢衝之，淺者可深也。』如春遂令放水，水皆泥沙，流少緩，旋淤。夏四月，水暴漲，衝魚、單、豐、沛間，如春以憂卒。乃命李化龍[一]爲工部侍郎，代其任。

給事中宋一韓言：『黄河故道已復，陵、運無虞。決口懼難塞，宜深濬堅城以上淺阻，而增築徐、邳兩岸，使下流有所容，則舊河可塞。』給事中孟成己言：『塞舊河急，而濬新河尤急。』化龍甫至，河大決單縣蘇家莊及曹縣縷堤，又決沛縣四鋪口太行堤，灌昭陽湖，入夏鎮，横衝運道。化龍議開泇河，屬之邳州直河，以避河險。給事中侯慶遠因言：『泇河成，則他工可徐圖，第毋縱河入淮。淮利則洪澤水減，而陵自安矣。』

三十二年正月，部覆化龍疏，大略言：『河自歸德而下，合運入海，其路有三：由蘭陽道考城，至李吉口，過堅城集，入六座樓，出茶城而向徐、邳，是名濁河，爲中路；由曹、單經豐、沛，出飛雲橋，汎昭陽湖，入龍塘，出秦溝而向徐、邳，是名銀河，爲北路；由潘家口過司家道口，至何家堤，經符離，道睢寧，入宿遷，出小河口入運，是名符離河，爲南路。南路近陵，北路近運，惟中路既遠於陵，且可濟運，前河臣興役未竣，而河形尚在。』因奏開加有六善。帝從其議。

工部尚書姚繼可言：『黄河衝徙，河臣議於堅城集以上開渠引河，使下流疏通，復分六座樓、苑家樓二路殺其水勢，既可移豐、沛之患，又不至沼碭山之城。開泇分黄，兩工並舉，乞速發帑以濟。』允之。八月，化龍奏分水河成。事具《泇河志》中。加化龍太子少保兵部尚書。會化龍丁艱候代，命曹時聘爲工部侍郎，總理河道。是秋，河決豐縣，由昭陽湖穿李家港口，出鎮口，上灌南陽，而單縣決口復潰，魚臺、濟寧間平地成湖。

三十三年春，化龍言：『豐之失，由巡守不嚴，單之失，由下埽不早，而皆由蘇家莊之決。南直、山東相推諉，請各罰防河守臣。至年來緩堤防而急挑濬，堤壞水溢，不咎守堤之不力，惟委濬河之不深。夫河北岸自曹縣以下無入張秋之路，南岸自虞城以下無入淮之路，惟由徐、邳達鎮口爲運道。故河北決曹、鄆、豐、沛間，則由昭陽湖出李家口，而運道溢；南決虞、夏、徐、邳間，則由小河口及

[一] 李化龍 字于田，（河南）長垣人。官至兵部尚書。萬曆三十一年任總河，主持泇河完工。《明史》卷二二八有傳。

白洋河，而運道涸。今泇河既成，起直隸至夏鎮〔一〕，與黃河隔絶，山東、直隸間，河不能制運道之命。獨朱旺口以上，決單則單沼，決曹則曹魚，及豐、沛、徐、邳、魚、碭皆命懸一線堤防，何可緩也。至中州荆隆口、銅瓦廂皆入張秋之路，孫家渡、野雞岡、蒙牆寺皆入淮之路，一不守，則北壞運，南犯陵，其害甚大。請西自開、歸，東至徐、邳，無不守之地，上自司道，下至府縣，無不守之人，庶幾可息河患。』乃敕時聘申飭焉。

其秋，時聘言：『自蘇莊一決，全河北注者三年。初泒豐、沛，繼沼單、魚，陳燦之塞不成，南陽之堤盡壞。今且上灌全濟，旁侵運道矣。臣親詣曹、單，上視王家口新築之壩，下視朱旺口北潰之流，知河之大可憂者三，而機之不可失者二。河決行堤，泛溢平地，昭陽日墊，下流日淤，水出李家口者日漸微緩，勢不得不退而上溢。溢於南，則孫家渡、野雞岡皆入淮故道，毋謂蒙牆已塞，而無憂於陵。溢於北，則芝麻莊、荆隆口皆入張秋故道，毋謂泇役已成，而無憂於運。且南之夏、商，北之曹、濮，其地益插，其禍益烈，其挽回益不易，毋謂災止魚、濟，而無憂於民。顧自王家口以達朱旺，新導之河在焉。疏其下流以出小浮橋，則三百里長河暢流，機可乘者一。自徐而下，清黃並行，沙隨水刷，此數十年所未有，因而導水歸徐，容受有地，機可乘者二。臣與諸臣熟計，河之中路有南北二支：北出濁河，嘗再疏再壅；惟南出小浮橋，地形卑下，其勢甚順，度長三萬丈有奇，估銀八十萬兩。公儲虛耗，乞多方處給。』疏上留中。時聘乃大挑朱旺口。十一月興工，用夫五十萬。

三十四年四月，工成，自朱旺達小浮橋延袤百七十里，渠廣堤厚，河歸故道。

六月，河決蕭縣郭煖樓人字口，北支至茶城、鎮口。

三十五年，決單縣。

三十九年六月，決徐州狼矢溝。

四十年九月，決徐州三山，衝縷堤二百八十丈，遥堤百七十餘丈，梨林鋪以下二十里正河悉爲平陸，邳、睢河水耗竭。總河都御史劉士忠開韓家壩外小渠引水，由是壩以東始通舟楫。

四十二年，決靈璧陳鋪。

四十四年五月，復決狼矢溝，由蛤鰻、周柳諸湖入泇河，出直口，復與黃會。六月，決開封陶家店、張家灣，由

〔一〕起直隸至夏鎮　〔標點本原注〕『直隸』，原作『直河』，依據《神宗實録》卷四〇五、《行水金鑑》卷四二將原本中的『直河』改爲『直隸』。

〔今注〕：據《明史·河渠三》：『三十二年，總河侍郎李化龍始大開泇河，自直河至李家港二百六十餘里，避黃河之險』；《行水金鑑》卷四二萬曆三十三年條下『今泇河一成，自直隸以至夏鎮，以三百六十里之淤途，易而爲二百六十里之捷徑。』『三百六十里之淤途』當指直河至夏鎮原河道的運輸里程。而二百六十里之捷徑指新開泇河航運里程，故原文『直河』是正確的，不可改。

會城大堤下陳留，入亳州渦河。

四十七年九月，決陽武脾沙堤，由封丘、曹、單至考城，復入舊河。時朝政日弛，河臣奏報多不省。四十二年，劉士忠卒，總河閲三年不補。四十六年閏四月，始命工部侍郎王佐督河道。河防日以廢壞，當事者不能有爲。

天啓元年，河決靈璧雙溝、黄舖，由永姬湖出白洋、小河口，仍與黄會，故道湮涸。總河侍郎陳道亨〔一〕役夫築塞。時淮安霪雨連旬，黄、淮暴漲數尺，而山陽裏外河及清河決口匯成巨浸，水灌淮城，民蟻城以居，舟行街市。久之始塞。

三年，決徐州青田大龍口，徐、邳、靈、睢河並淤，吕梁城南隅陷，沙高平地丈許，雙溝決口亦滿，上下百五十里悉成平陸。

四年六月，決徐州魁山堤，東北灌州城，城中水深一丈三尺，一自南門至雲龍山西北大安橋入石狗湖，一由舊支河南流至鄧二莊，歷租溝東南以達小河，出白洋，仍與黄會。徐民苦淹溺，議集貲遷城。給事中陸文獻上徐城不可遷六議。而勢不得已，遂遷州治於雲龍〔二〕，河事置不講矣。

六年七月，河決淮安，逆入駱馬湖，灌邳、宿。

崇禎二年春，河決曹縣十四舖口。四月，決睢寧，至七月中，城盡圮。總河侍郎李若星〔三〕請遷城避之，而開邳州壩洩水入故道，且塞曹家口匙頭灣，逼水北注，以減睢寧之患。從之。

四年夏，河決原武湖村舖，又決封丘荆隆口，敗曹縣塔兒灣大行堤。六月黄、淮交漲，海口壅塞，河決建義諸口，下灌興化、鹽城，水深二丈，村落盡漂沒。逡巡踰年，始議築塞。興工未幾，伏秋水發，黄、淮奔注，興、鹽爲壑，而海潮復逆衝，壞范公堤〔四〕。軍民及商竈户死者無算，少壯轉徙，丐江、儀、通、泰間，盜賊千百嘯聚。

至六年，鹽城民徐瑞等言其狀。帝憫之，命議罰河曹官。而是時，總河朱光祚方議開高堰三閘〔五〕。淮、揚在朝者合疏言：『建義諸口未塞，民田盡沉水底。三閘一開，高、寶諸邑蕩爲湖海，而漕糧鹽課皆害矣。高堰建閘始於

〔一〕陳道亨　字孟起，（江西）新建人，官至南京兵部尚書。泰昌元年（萬曆四十八年）以工部右侍郎總理河道。《明史》卷二四一有傳。

〔二〕遷州治於雲龍　雲龍，即雲龍山，在徐州市城南，東鄰奎（魁）山，西靠雲龍湖（石狗湖）。

〔三〕李若星　字紫垣，（河南）息縣人。崇禎元年總理河道。明末死於戰亂中。《明史》卷二四八有傳。

〔四〕范公堤　北宋天聖中泰州知州張綸根據范仲淹倡議，在唐代捍海堰遺址基礎上重修的海堤，後世續有修建。北起今江蘇阜寧，歷建湖、鹽城、大豐、東臺、海安、如東、南通，抵啓東之吕四，長五百八十余里。明代由於海岸錢外伸，堤已遠離海岸百餘里。

〔五〕高堰三閘　即武家墩、高良澗、周家橋三座減水石閘。

萬曆二十三年，未幾全塞。今高堰日壞，方當急議修築，可輕言開濬乎？』帝是其言，事遂寢。又從御史吴振纓請，修宿、寧上下西北舊堤，以捍歸仁。

七年二月，建義決口工成，賜督漕尚書楊一鵬、總河尚書劉榮嗣銀幣。

八年九月，榮嗣得罪。初，榮嗣以駱馬湖運道潰淤，創挽河之議，起宿遷至徐州，别鑿新河，分黄水注其中，以通漕運。計工二百餘里，金錢五十萬。而其所鑿邳州上下，悉黄河故道，濬尺許，其下皆沙，挑掘成河，經宿沙落，河坎復平，如此者數四。迨引黄水入其中，波流迅急，沙隨水下，率淤淺不可以舟。及漕舟將至，而駱馬湖之潰決適平，舟人皆不願由新河。榮嗣自往督之，欲繩以軍法。有入者輒苦淤淺，弁卒多怨。巡漕御史倪於義劾其欺罔誤工，南京給事中曹景參復重劾之，逮問，坐贓，父子皆瘐死。郎中胡璉分工獨多，亦坐死。其後駱馬湖復潰，舟行新河，無不思榮嗣功者。

當是時，河患日棘，而帝又重法懲下，李若星以修濬不力罷官，朱光祚以建義蘇嘴決口逮繫。六年之中，河臣三易。給事中王家彦嘗切言之。光祚亦竟瘐死。而繼榮嗣者周鼎修泇利運頗有功，在事五年，竟坐漕舟阻淺，用故決河防例，遣戍煙瘴。給事中沈允培、刑部侍郎惠世揚、總河侍郎張國維[一]各疏請寬之，乃獲宥免云。

十五年，流賊圍開封久，守臣謀引黄河灌之。賊偵知，預爲備。乘水漲，令其黨決河灌城，民盡溺死[二]。總河侍郎張國維方奉詔赴京，奏其狀。山東巡撫王永吉上言：『黄河決汴城，直走睢陽，東南注鄢陵、鹿邑，必害亳、泗，侵祖陵，而邳、宿運河必涸。』帝令總河侍郎黄希憲急往捍禦，希憲以身居濟寧不能攝汴，請特設重臣督理。命工部侍郎周堪賡督修汴河。

十六年二月，堪賡上言：『河之決口有二：一爲朱家寨，寬二里許，居河下流，水面寬而水勢緩；一爲馬家口，寬一里餘，居河上流，水勢猛，深不可測。兩口相距三十里，至汴堤之外，合爲一流，決一大口，直衝汴城以去，而河之故道則涸爲平地。怒濤千頃，工力難施，必廣濬舊渠，遠數十里，分殺水勢，然後畚鍤可措。顧築濬並舉，需夫三萬。河北荒旱，兖西兵火，竭力以供，不滿萬人，河南萬死一生之餘，未審能應募否，是不

[一] 張國維　字玉笥，（浙江）東陽人。崇禎十三年至十五年任總理河道。主要著作有《吴中水利書》。《明史》卷二七六有傳。

[二] 民盡溺死　明末黄河在開封被人爲決口，釀成巨大災難。據《行水金鑑》卷四五引《静志居詩話》：『崇禎壬午，寇（指農民起義軍）圍大梁，汴人死守不降。有獻策高巡撫名衡者曰：賊營附大堤，決河灌之，盡爲魚鼈矣。……援兵決朱家砦口。賊黨覺，移營高岸，多儲大航巨筏，反決馬家口以灌城。河驟決，聲震百里，排城北門入，穿東南門出，流入渦水。渦忽高二丈，士民溺死數十萬。』

得不借助於撫鎮之兵也。』乃敕兵部速議，而令堪賡刻期興工。至四月，塞朱家寨決口，修堤四百餘丈。馬家口工未就，忽衝東岸，諸埽盡漂没。堪賡請停東岸而專事西岸。帝令急竣工。

六月，堪賡言：『馬家決口百二十丈，兩岸皆築四之一，中間七十餘丈，水深流急，難以措手，請俟霜降後興工。』已而言：『五月伏水大漲，故道沙灘壅涸者刷深數丈，河之大勢盡歸於東，運道已通，陵園無恙。』疏甫上，決口再潰。帝趣鳩工，未奏績而明亡。

河渠三

《明史》卷八五

運河上

明成祖肇建北京，轉漕東南，水陸兼輓，仍元人之舊，參用海運。逮會通河開，海陸並罷。南極江口〔一〕，北盡大通橋〔二〕，運道三千餘里〔三〕。綜而計之，自昌平神山泉諸水，匯貫都城，過大通橋，東至通州入白河者，大通河也。自通州而南至直沽，會衛河入海者，白河也。自臨清而北至直沽，會白河入海者，衛水也。自汶上南旺分流，北經張秋至臨清，會衛河，南至濟寧天井閘，會泗、沂、洸三水者，汶水也。自濟寧出天井閘，與汶合流，至南陽新河，舊出茶城，會黃、沁後出夏鎮，循泇河達直口，入黃濟運者，泗、洸、小沂河及山東泉水也。自茶城秦溝，南歷徐、呂，浮邳，會大沂河，至清河縣入淮後，從直河口抵清口者，黃河水也。自清口而南，至於瓜、儀者，淮、揚諸湖水也。過此則長江矣。長江以南，則松、蘇、浙江運道也。淮、揚至京口以南之河，通謂之轉運河，而由瓜、儀達淮安者，又謂之南河，由黃河達豐、沛曰中河，由山東達天津曰北河，由天津達張家灣曰通濟河，而總名曰漕河。其踰京師而東若薊州，西北若昌平，皆嘗有河通，轉漕餉軍。

漕河之別，曰白漕、衛漕、閘漕、河漕、湖漕、江漕、浙漕。因地爲號，流俗所通稱也。淮、揚諸水所匯，徐、究河流所經，疏瀹決排，繫人力是繫，故閘、河、湖於轉漕尤急。

閘漕者，即會通河。北至臨清，與衛河會，南出茶城口，與黃河會，資汶、洸、泗水及山東泉源。泉源之派有

〔一〕江口　係指杭州錢塘江口。
〔二〕大通橋　在北京東便門外，是明代京杭運河北端的碼頭。
〔三〕運道三千餘里　據今人測量京杭運河全長約一千七百多公里。

五。曰分水〔一〕者，汶水派也，泉百四十有五。曰天井〔二〕者，濟河派也，泉九十有六。曰魯橋〔三〕者，泗河派也，泉二十有六。曰沙河〔四〕者，新河派也，泉二十有八。曰邳州者，沂河派也，泉十有六。諸泉所匯爲湖，其浸十五。曰南旺，東西二湖，周百五十餘里，運渠貫其中。北曰馬踏，南曰蜀山，曰蘇魯。又南曰馬場。又南八十里曰南陽，亦曰獨山，周七十餘里。北曰安山，周八十三里。南曰大、小昭陽，大湖袤十八里，小湖殺三之一，周八十餘里。由馬家橋留城閘〔五〕而南，曰武家，曰赤山，曰微山，曰吕孟，曰張王諸湖，連注八十里，引薛河由地浜溝出，會於赤龍潭，並趨茶城。自南旺分水北至臨清三百里，地降九十尺，爲閘二十有一；南至鎮口〔六〕三百九十里，地降百十有六尺，爲閘二十有七。其外又有積水、進水、減水、平水之閘五十有四。又爲壩二十有一，所以防運河之洩，佐閘以爲用者也。其後開泇河二百六十里，爲閘十一，爲壩四。運舟不出鎮口，與黄河會於董溝〔七〕。

河漕者，即黄河，上自茶城與會通河會，下至清口與淮河會。其道有三：中路曰濁河，北路曰銀河，南路曰符離河。南近陵，北近運，惟中路去陵遠，於運有濟。而河流遷徙不常，上流苦潰，下流苦淤。運道自南而北，出清口，經桃、宿，溯二洪，入鎮口，陟險五百餘里。自二洪以上，河與漕不相涉也。至泇河開而二洪避，董溝闢而直河淤，運道之資河者二百六十里而止，董溝以上，河又無病於漕也。

湖漕者，由淮安抵揚州三百七十里，地卑積水，匯爲澤國。山陽則有管家、射陽，寶應則有白馬、氾光，高郵則

〔一〕分水　山東汶上縣南旺鎮分水樞紐，汶水入會通河後，在此分流南北該處有分水龍王廟。

〔二〕天井　即天井閘，元代名會源閘，在山東濟寧城南，是元會通河納汶、泗二河入運河的分水樞紐，洸河、府（泗）河亦在此入運河。

〔三〕魯橋　在山東濟寧市東南，南有黄良、蘆溝、托基、馬陵、三角灣、白馬河等泉河入運河。

〔四〕沙河　即山東滕縣之北沙河和南沙河的合稱。北沙河注入運河水櫃昭陽湖，南沙河與薛河匯合後自金溝口閘入運河。

〔五〕留城閘　嘉靖初黄河決入沛縣，運河壅阻，盛應期開新河，自昭陽湖東至留城。新河有楊莊、夏鎮、馬家橋、留城等閘，工程中途停頓，至嘉靖末朱衡重開，隆慶元年（一五六七年）工成，名南陽新河。

〔六〕鎮口　在徐州北，萬曆以來運河入黄口門之一，有鎮口閘。自南旺分水北至臨清地降九十尺，南至鎮口地降百十有六尺，俱本志之誤。九十及一百一十六尺爲元代會源閘至臨清及沽頭的高程差，明清人照抄數字而忽略了地點，如《宋禮傳》又作自南旺分水至臨清地降九十尺，南至沽頭地降百十有六尺。其他謬説尚多，可參考姚漢源《明清時期京杭運河的南旺樞紐》，載《水利水電科學研究院科學研究論文集》第二十二集，水利電力出版社，一九八五年。

〔七〕董溝　又名董家溝口，在駱馬湖西五里，距宿遷二十里，爲泇運河入黄河口門之一。

有石臼、甓社、武安、邵伯諸湖。仰受上流之水，傍接諸山之源，巨浸連亘，由五塘〔一〕以達於江。虞淮東侵，築高家堰拒其上流，築王簡、張福二堤禦其分洩。虞淮侵而漕敗，開淮安永濟、高郵康濟、寶應弘濟三月河以通舟。至揚子灣東，則分二道：一由儀真通江口，以漕上江湖廣、江西；一由瓜洲通西江嘴，以漕下江兩浙。本非河道，專取諸湖之水，故曰湖漕。

太祖初起大軍北伐，開蹋場口，耐牢坡，通漕以餉梁、晉。定都應天，運道通利：江西、湖廣之粟，浮江直下；浙西、吳中之粟，由轉運河；鳳、泗之粟，浮淮；河南、山東之粟，下黄河。嘗由開封運粟，泝河達渭，以給陝西，用海運以餉遼卒，有事於西北者甚鮮。淮、揚之間，築高郵湖堤二十餘里，開寶應倚湖直渠四十里，築堤護之。他小修築，無大利害也。

永樂四年，成祖命平江伯陳瑄〔二〕督轉運，一仍由海，而一則浮淮入河，至陽武，陸輓百七十里抵衛輝，浮於衛，所謂陸海兼運者也。海運多險，陸輓亦艱。

九年二月，乃用濟寧州同知潘叔正言，命尚書宋禮、侍郎金純、都督周長濬會通河。會通河者，元轉漕故道也，元末已廢不用。洪武二十四年，河決原武，漫安山湖而東，會通盡淤，至是復之。由濟寧至臨清三百八十五里，引汶、泗入其中。泗出泗水陪尾山，四泉並發，西流至兖州城東，合於沂。汶河有二。小汶河出新泰宮山下。大汶河出泰安仙臺嶺南，又出萊蕪原山陰及寨子村，俱至靜豐鎮合流，遶徂徠山陽，而小汶河來會。經寧陽北堈城〔三〕，西南流百餘里，至汶上。其支流曰洸河，出堈城西南，流三十里，會寧陽諸泉，經濟寧東，與泗合。元初，畢輔國始於堈城左汶水陰作斗門，導汶入洸。至元中，又分流北入濟，由壽張至臨清，通漳、御入海。

南旺〔四〕者，南北之脊也。自左而南，距濟寧九十里，合沂、泗以濟；自右而北，距臨清三百餘里，無他水，獨賴汶。禮用汶上老人白英〔五〕策，築壩東平之戴村，遏汶使無入洸，而盡出南旺，南北置閘三十八。又開新河，自汶上袁家口左徙五十里至壽張之沙灣，以接舊河。其秋，禮

〔一〕五塘　即揚州五塘，包括陳公塘、勾城塘、上下雷塘和小新塘。是主要的濟運水櫃，也有灌溉效益。

〔二〕陳瑄　字彦純，安徽合肥人，封平江伯。永樂元年（一三六八年）任總兵官，總督漕運。以理漕有功，死後立祠清河縣。《明史》卷一五三有傳。

〔三〕堈城　又名堽城，在山東寧陽東北三十五里。元憲宗七年（一二五七年）前後濟州掾吏畢輔國在此建壩，即堽城壩，分汶水入洸河至濟寧會源閘，由會源閘南北分水濟運。

〔四〕南旺　鎮名，在山東汶上縣西南，會通河南旺分水樞紐所在，有南旺湖，運河横貫其中。南旺分水樞紐參見姚漢源《中國水利史綱要》，水利電力出版社，一九八七年。

〔五〕白英　字節之，山東汶上縣人，南旺鎮有白英廟。

還，又請疏東平東境沙河淤沙三里，築堰障之，合馬常泊之流入會通濟運。又於汶上、東平、濟寧、沛縣並湖地設水櫃、陡門。在漕河西者曰水櫃，東者曰陡門，櫃以蓄泉，門以洩漲。純復濬賈魯河故道，引黃水至塌場口會汶，經徐、呂入淮〔一〕。運道以定。

其後，宣宗時，嘗發軍民十二萬，濬濟寧以北自長溝至棗林閘〔二〕百二十里，置閘諸淺，濬湖塘以引山泉。正統時，濬滕、沛淤河，又於濟寧、滕三州縣疏泉置閘，易金口堰〔三〕土壩爲石，蓄水以資會通。景帝時，增置濟寧抵臨清減水閘。天順時，拓臨清舊閘，移五十丈。憲宗時，築汶上、濟寧決堤百餘里，增南旺上、下及安山三閘。命工部侍郎杜謙勘治汶、泗、洸諸泉。武宗時，增置汶上袁家口及寺前舖石閘，濬南旺淤八十里，而閘漕之治詳。惟河決則挾漕而去，爲大害。

陳瑄之督運也，於湖廣、江西造平底淺般三千艘。二省及江、浙之米皆由江以入，至淮安新城，盤五壩〔四〕過淮。仁、義二壩在東門外東北，禮、智、信三壩在西門外西北，皆自城南引水抵壩口，其外即淮河。清江浦者，直淮城西，永樂二年嘗一修閘。其口淤塞，則漕船由二壩，官民商船由三壩入淮，輓輸甚勞苦。瑄訪之故老，言：『淮城西管家湖西北，距淮河鴨陳口僅二十里，與清江口相值，宜鑿爲河，引湖水通漕，宋喬維嶽所開沙河舊渠也。』瑄乃鑿清江浦，導水由管家湖入鴨陳口達淮。十三年五月，工成。緣西湖築堤亘十里以引舟。淮口置四閘，曰移風、清江、福興、新莊〔五〕。以時啓閉，嚴其禁。並濬儀真、瓜洲河以通江湖，鑿呂梁、百步二洪石以平水勢，開泰州白塔河以達大江。築高郵河堤，堤內鑿渠四十里。久之，復置呂梁石閘，並築寶應、氾光、白馬諸湖堤，堤皆置涵洞，互相灌注。

是時淮上、徐州、濟寧、臨清、德州皆建倉轉輸。濱河置舍五百六十八所，舍置淺夫。水澀舟膠，俾之導行。增置淺船三千餘艘。設徐沛沽頭、金溝，山東穀

〔一〕純復濬賈魯河故道，引黃水至塌場口會汶，經徐、呂入淮　參見本志《河渠一》。

〔二〕棗林閘　在魚臺縣東北運河上，元延祐五年（一三一八年）建，初爲木閘，後改爲石閘。

〔三〕金口堰　原係隋時豐兖渠渠首，後廢。元開濟州河時修復。在山東兖州城東，遏泗水至濟寧城東折入洸河，至會源閘入運河濟運。

〔四〕五壩　統稱淮安五壩。原有一壩，陳瑄增建四壩，分别以仁、義、禮、智、信命名。

〔五〕淮口置四閘，曰移風、清江、福興、新莊　四閘均在淮安城西，其中新莊閘因正當清口南岸運口，最爲著名，又稱頭閘、大閘、通濟、天妃，始建於元代，明代幾經改建。陳瑄督運時，規定：平時漕船過閘，民船盤壩出入清口，汛期閘口築軟壩閉閘，漕船、民船盤壩入淮。但未嚴格執行。

亭、魯橋等閘〔一〕。自是漕運直達通州，而海陸運俱廢。

宣德六年，用御史白圭言，濬金龍口，引河水達徐州以便漕。末年至英宗初，再濬，並及鳳池口水，徐、吕二洪，西小河，而會通安流，自永、宣至正統間凡數十載。

至十三年，河決滎陽，東衝張秋，潰沙灣，運道始壞。命廷臣塞之。

景泰三年五月，堤工乃完。未匝月而北馬頭復決，掣漕流以東。清河訓導唐學成言：『河決沙灣，臨清告涸。地卑堤薄，黃河勢急，故甫完堤而復決也。臨清至沙灣十二閘，有水之日，其勢甚陡。請於臨清以南濬月河通舟，直抵沙灣，不復由閘，則水勢緩而漕運通矣。』帝即命學成與山東巡撫洪英相度。工部侍郎趙榮則言：『沙灣抵張秋岸薄，故數決。請於決處置減水石壩，使東入鹽河〔二〕，則運河之水可蓄。然後厚堤岸，填決口，庶無後患。』

明年四月，決口方畢工，而減水壩及南分水墩先敗，已復盡衝墩岸橋梁，決北馬頭，掣漕水入鹽河，運舟悉阻。教諭彭塤請立閘以制水勢，開河以分上流。御史練綱上其策。詔下尚書石璞。璞乃鑿河三里，以避決口，上下與運河通。是歲，漕舟不前者，命漕運總兵官徐恭姑輸東昌、濟寧倉。

及明年，運河膠淺如故。恭與都御史王竑〔三〕言：『漕舟蟻聚臨清上下，請亟敕都御史徐有貞築塞沙灣決河。』有貞不可，而獻上三策，請置水閘，開分水河，挑運河。

六年三月，詔群臣集議方略。工部尚書江淵等請用官軍五萬以濬運。有貞恐役軍費重，請復陳瑄舊制，置撈淺夫〔四〕，用沿河州縣民，免其役。五月，浚漕工竣。七月，沙灣決口工亦竣，會通復安。都御史陳泰一濬淮揚漕河，築口置壩。黃河嘗灌新莊閘至清江浦三十餘里，淤淺阻

〔一〕設徐沛沽頭、金溝，山東穀亭、魯橋等閘　常見本作『設徐、沛、沽頭、金溝、山東、穀亭、魯橋等閘』，標點誤。沽頭閘係沽頭上閘、沽頭中閘、沽頭下閘統稱，爲運河船閘。上閘（一名隘船閘）元延祐二年（一三一五年）建，明初改建；中閘成化二十年（一四八四年）建；下閘，元大德十一年（一三〇七年）建，成化時已在使用。金溝閘在薛河、昭陽湖與運河相通處，旱閉閘積水，澇開閘泄水，元大德十年（一三〇六年）建，永樂十四年（一四一六年）改修。沽頭、金溝均在徐州沛縣境内。穀亭閘，也是運河船閘，在山東魚臺縣境内，元至順二年（一三三一年）建。魯橋閘是山東濟寧境内的運河船閘，永樂十三年（一四一五年）建。

〔二〕鹽河　明清時大清河之别名，在張秋鎮東與運河交，東北流至利津入海，其河道在一八五五年黄河銅瓦廂決口後被黄河所奪。

〔三〕王竑　字公度，江夏（今湖北武漢市）人，景泰二年至天順元年（一四五一至一四五七年）、天順七年至八年（一四六三至一四六四年）兩次任總督漕運，《明史》卷一七七有傳。

〔四〕撈淺夫　從事運河河道工程管理的工種之一，主要從事運河河道，以及濟運湖、塘、河、泉的疏濬。

漕，稍稍濬治，即復其舊。英宗初，命官督漕，分濟寧南北爲二〔一〕，侍郎鄭辰治其南，副都御史賈諒治其北。

成化七年，又因廷議，分漕河沛縣以南、德州以北及山東爲三道，各委曹郎及監司專理，且請簡風力大臣總理其事。始命侍郎王恕〔二〕爲總河。二十一年敕工部侍郎杜謙浚運道，自通州至淮、揚，會山東、河南撫按相度經理。

弘治二年，河復決張秋，衝會通河，命户部侍郎白昂相治。昂奏金龍口決口已淤，河並爲一大支，由祥符合沁下徐州而去。其間河道淺隘，宜於所經七縣，築堤岸以衞張秋。下工部議，從其請。昂又以漕船經高郵甓社湖多溺，請於堤東開複河四十里以通舟。

越四年，河復決數道入運河，壞張秋東堤，奪汶水入海，漕流絶。時工部侍郎陳政〔三〕總理河道，集夫十五萬，治未效而卒。

六年春，副都御史劉大夏奉敕往治決河。夏半，漕舟鱗集，乃先自決口西岸鑿月河以通漕。經營二年，張秋決口就塞，復築黄陵岡上流。於是河復南下，運道無阻。乃改張秋曰安平鎮，建廟賜額曰顯惠神祠，命大學士王鏊紀其事，勒於石〔四〕。而白昂所開高郵複河〔五〕亦成，賜名康濟，其西岸以石甃之。又甃高郵堤，自杭家閘至張家鎮凡三十里。高郵堤者，洪武時所築也。陳瑄因舊增築，延及寶應，土人相沿謂之老堤。正統三年易土以石。成化時，遣官築重堤於高郵、邵伯、寶應、白馬四湖老堤之東。而王恕爲總河，修淮安以南諸決堤，且濬淮揚漕河。重湖墻民盜決溉田之罰，造閘礎以儲湖水。及大夏塞張秋，而昂又開康濟，漕河上下無大患者二十餘年。

十六年，巡撫徐源言：『濟寧地最高，必引上源洸水以濟，其口在堈城石灘之上。元時治閘作堰，使水盡入南旺，分濟南北運。成化間，易土以石。夫土堰之利，水小則遏以入洸，水大則閉閘以防沙壅，聽其漫堰西流。自石堰成，水遂横溢，石堰既壞，民田亦衝。洸河沙塞，雖有閘門，壓不能啓。乞毁石復土，疏洸口壅塞以至濟寧，而築

〔一〕英宗初，命官督漕，分濟寧南北爲二　成化七年（一四七一年）運河始分段設官管理，時共分三段：通州至德州、德州至沛縣、沛縣至儀真瓜洲。成化十三年（一四七七年）改分兩段；以山東濟寧爲界，各段設工部都水郎中一員。萬曆時又分四段，分别稱南河（淮揚運河）、中河（泇運河）、北河（會通河、通惠河），各段設都水分司管理。此種分司之制沿用至清代，但各分司分合頻繁。

〔二〕王恕　字宗貫，陝西三原人，成化七年（一四七一年）始設總理河道，王恕爲首任。總理河漕期間，作《漕河通志》，弘治九年（一四九六年）管理河道工部郎中王瓊在該書基礎上修改增删而成《漕河圖志》，爲京杭運河第一部專志。

〔三〕陳政　江西新昌人，弘治五年（一四九二年）八月任工部右侍郎，總理河道兼右僉都御史，當年卒。

〔四〕命大學士王鏊紀其事，勒於石　參見王鏊《安平鎮治水功完之碑》，《明經世文編》卷一二〇引《王文恪公文集》。

〔五〕高郵複河　又名康濟月河，在高郵城北。

堈城迤西春城口子決岸。』帝命侍郎李鐩往勘，言：『堈城石堰，一可遏淤沙，不爲南旺湖之害，一可殺水勢，不慮戴村壩〔一〕之衝，不宜毀。近堰積沙，宜濬。堈城稍東有元時舊閘，引洸水入濟寧，下接徐吕漕河。東平州戴村，則汶水入海故道也。自永樂初，横築一壩，遏汶入南旺湖，漕河始通。今自分水龍王廟至天井閘九十里，水高三丈有奇，若洸河更濬而深，則汶流盡向濟寧而南，臨清河道必涸。洸口不可濬。堈城口至柳泉九十里，無關運道，可弗事。柳泉至濟寧，汶、泗諸水會流處，宜疏者二十餘里。春城口，外障汶水，内防民田，堤卑岸薄，宜與戴村壩並修築。』從之。

正德四年十月，河決沛縣飛雲橋，入運。尋塞。

世宗之初，河數壞漕。嘉靖六年，光禄少卿黄綰論泉源之利，言：『漕河泉源皆發山東南旺、馬場、樊村、安山諸湖。泉水所鐘，亟宜修濬，且引他泉並蓄，則漕不竭。南旺、馬場堤外孫村地窪，若瀦爲湖，改作漕道，尤可免濟寧高原淺澀之苦。』帝命總河侍郎章拯議。而拯以黄水入運，運船阻沛上，方爲御史吴仲所劾。拯言：『河塞難遽通，惟金溝口迤北新衝一渠，可令運船由此入昭陽湖，出沙河板橋。其先阻淺者，則西歷雞塚寺，出廟道北口通行。』下部併議，未決。給事中張嵩言：『昭陽湖地庳，河勢高，引河灌湖，必致瀰漫，使湖道復阻。請罷拯，別推大臣。』部議如嵩言。拯再疏自劾，乞罷，不許。卒引運船道湖中。其冬，詔拯還京别叙，而命擇大臣督理。

諸大臣多進治河議。僉事霍韜謂：『前議役山東、河南丁夫數萬，疏濬淤沙以通運。然沙隨水下，旋濬旋淤。今運舟由昭陽湖入雞鳴臺至沙河，迂迴不過百里。若沿湖築堤，浚爲小河，河口爲閘，以待蓄洩，水溢可避風濤，水涸易爲疏濬。三月而土堤成，一年而石堤成，用力少，取效速。黄河愈溢，運道愈利，較之役丁夫以浚淤土，勞逸大不侔也。』尚書李承勛謂：『於昭陽湖左别開一河，引諸泉爲運道，自留城沙河爲尤便。』與都御史胡世寧議合。

七年正月，總河都御史盛應期奏如世寧策，請於昭陽湖東鑿新河，自汪家口南出留城口，長百四十里，刻期六月畢工。工未半，而應期罷去，役遂已。其後三十年，朱衡始循其遺跡，濬而成之。是年冬，總河侍郎潘希曾加築濟、沛間東西兩堤，以拒黄河。

十九年七月，河決野雞岡，二洪涸。督理河漕侍郎王

〔一〕戴村壩　南旺分水樞紐引汶濟運主要工程之一，在東平州東六十里。永樂時宋禮納汶上老人白英建議而設。初，壩長五里十三步，有沙河引水渠道和坎河溢洪口等設施。爲會通河主要引水工程之一。參見姚漢源《明清時期京杭運河的南旺樞紐》，載《水利水電科學研究院科學研究論文集》第二十二集，水利電力出版社。

以旂請濬山東諸泉以濟運，且築長堤聚水，如閘河制。遂清舊泉百七十八，開新泉三十一。

以旂復奏四事。一請以諸泉分隸守土官兼理其事，毋使堙塞。一請於境山鎮、徐、吕二洪之下，各建石閘，蓄水數尺以行舟，旁留月河以洩暴汛；築四木閘於武家溝、小河口、石城、匙頭灣，而置方船於沙坊等淺，以備撈濬。一言漕河兩岸有南旺、安山、馬場、昭陽四湖，名爲水櫃，所以匯諸泉濟漕河也。豪强侵佔，蓄水不多，而昭陽一湖淤成高地，大非國初設湖初意。宜委官清理，添置閘、壩、斗門，培築堤岸，多開溝渠，濬深河底，以復四櫃。一言黄河南徙，舊閘口俱塞，惟孫繼一口獨存。導河出徐州小浮橋，下徐、吕二洪，此濟運之大者。請於孫繼口多開一溝，及時疏瀹，庶二洪得濟。帝可其奏，而以管泉專責之部曹。

徐、吕二洪者，河漕咽喉也。自陳瑄鑿石疏渠，正統初，復濬洪西小河。漕運參將湯節〔一〕又以洪迅敗舟，於上流築堰，逼水歸月河，河南建閘以蓄水勢。成化四年，管河主簿郭昇以大石築兩堤，錮以鐵錠，鑿外洪敗船惡石三百，而平築裏洪堤岸，又甃石岸東西四百餘丈。十六年增甃吕梁洪石堤、石壩二百餘丈，以資牽輓。及是建閘，行者益便之。

四十四年七月，河大決沛縣，漫昭陽湖，由沙河至二洪，浩渺無際，運道淤塞百餘里。督理河漕尚書朱衡循覽盛應期所鑿新河遺跡，請開南陽、留城上下。總河都御史潘季馴不可。衡言：『是河直秦溝，有所束隘。伏秋黄水盛，昭陽受之，不爲壑也。』乃決計開濬，身自督工，重懲不用命者。給事中鄭欽劾衡故興難成之役，虐民倖功。朝廷遣官勘新舊河孰利。給事中何起鳴勘河還，言：『舊河難復有五，而新河之難成者亦有三。顧新河多舊堤高阜，黄水難侵，濬而通之，運道必利。所謂三難者，一以夏村迤北地高，恐難接水，然地勢高低，大約不過二丈，一視水平加深，何患水淺。一以三河口積沙深厚，水勢湍急，不無阻塞，然建壩攔截，歲一挑濬之，何患沙壅。一以馬家橋築堤，微山取土不便，又恐水口投埽，勢必不堅，然使委任得人，培築高厚，無必不可措力之理。開新河便。』下廷臣集議，言新河已有次第，不可止。況百中橋至留城白洋淺，出境山，疏濬補築，亦不全棄舊河，羣議俱合。帝意乃決。時大雨，黄水驟發，決馬家橋，壞新築東西二堤。給事中王元春、御史黄襄皆劾衡欺悮，起鳴亦變其說。會衡奏新舊河百九十四里俱已流通，漕船至南陽出口無滯。詔留衡與季馴詳議開上源、築長堤之便。

隆慶元年正月，衡請罷上源議，惟開廣秦溝，堅築南

〔一〕湯節　正統六年至八年（一四四一至一四四四年）任漕運右參將都指揮同知。

長堤。五月，新河成〔一〕，西去舊河三十里。舊河自留城以北，經謝溝、下沽頭、中沽頭、金溝四閘，過沛縣，又經廟道口，湖陵城、孟陽、八里灣、穀亭五閘，而至南陽閘。新河自留城而北，經馬家橋、西柳莊、滿家橋、夏鎮、楊莊、硃梅，利建七閘，至南陽閘合舊河，凡百四十里有奇。又引鮎魚諸泉及薛河、沙河注其中，而設壩於三河之口，築馬家橋堤，遏黃水入秦溝，運道乃大通。未幾，鮎魚口山水暴決，没漕艘。帝從衡請，自東邵開支河三道以分洩之，又開支河於東邵之上，歷東滄橋以達百中橋，鑿豸裏溝諸處爲渠，使水入赤山湖〔二〕，由之以歸呂孟湖，下境山而去。

衡召入爲工部尚書，都御史翁大立代，上言〔三〕：『漕河資泉水，而地形東高西下，非湖瀦之則涸，故漕河以東皆有櫃；非湖洩之則潰，故漕河以西皆有壑。黃流逆奔，則以昭陽湖爲散漫之區；山水東突，則以南陽湖爲瀦蓄之地。宜由回回墓開通以達鴻溝，令穀亭、湖陵之水皆入昭陽湖，即濬鴻溝廢渠，引昭陽湖水沿渠東出留城。其湖地退灘者，又可得田數千頃。』大立又言：『薛河水湍悍，今盡注赤山湖，入微山湖以達呂孟湖，此尚書衡成績也。惟呂孟之南爲邵家嶺，黃流填淤，地形高仰，秋水時至，翕納者小，浸淫平野，奪民田之利。微山之西爲馬家橋，比草創一堤以開運道，土未及堅而時爲積水所撼，以尋丈之址，二流夾攻，慮有傾圮。宜鑿邵家嶺，令水由地浜溝出境山以入漕河，則湖地可耕，河堤不潰。更於馬家橋建減水閘，視旱澇爲啓閉，乃通漕長策也。』並從之。

三年七月，河決沛縣，茶城淤塞，糧艘二千餘皆阻邳州。大立言：『臣按行徐州，循子房山，過梁山，至境山，入地浜溝，直趨馬家橋，上下八十里間，可別開一河以漕，即所謂泇河也。請集廷議。』上即命行之。未幾，黃落漕通，前議遂寢。時淮水漲溢，自清河至淮安城西淤三十餘里，決禮、信二壩出海，寶應湖堤多壞。山東諸水從直河出邳州。大立以聞。其冬，自淮安板閘至清河西湖嘴開濬垂成，而裏口復塞。督漕侍郎趙孔昭〔四〕言：『清江一帶黃河五十里，宜築堰以防河溢；淮河高良澗一帶七十餘里，宜築堰以防淮漲。』帝令亟濬裏口，與大立商築堰事宜，並議海口築塞及寶應月河二事。

四年六月，淮河及鴻溝境山疏濬工竣。大立方奏聞，諸水忽驟溢，決仲家淺，與黃河合，茶城復淤。未幾，自泰

〔一〕新河　又名南陽新河。

〔二〕〔標點本原注〕赤山湖　《明經世文編》卷二九七，三一一七頁翁大立《論河道疏》、《行水金鑑》卷一一八均作『郗山湖』。『赤』、『郗』同音，郗山湖即赤山湖。《明史》卷八七河渠志有『郗山堤』，字亦作『郗』。

〔三〕上言　參見《明經世文編》卷二九七翁大立《論河道疏》。

〔四〕趙孔昭　隆慶三年至四年（一五六九至一五七〇年）分別以户部左侍郎、右僉都御史任總督漕運，巡撫鳳陽。

山廟至七里溝，淮河淤十餘里，其水從朱家溝旁出，至清河縣河南鎮以合於黃河。大立請開新莊閘以通回船，兼濬古睢河，洩二洪水，且分河自魚溝下草灣，保南北運道。帝命新任總河都御史潘季馴區畫。頃之，河大決邳州，睢寧運道淤百餘里。大立請開泇口、蕭縣二河。會季馴築塞諸決，河水歸正流，漕船獲通。大立、孔昭皆以遲悮漕糧削籍，開泇之議不果行。

五年四月，河復決邳州王家口，自雙溝而下，南北決口十餘，損漕船運軍千計，沒糧四十萬餘石，而匙頭灣以下八十里皆淤。於是膠萊海運之議紛起。會季馴奏邳河功成，帝以漕運遲，遣給事中雒遵往勘。總漕陳炌〔一〕及季馴俱罷官。

六年，從雒遵言，修築茶城至清河長堤五百五十里，三里一鋪，鋪十夫，設官畫地而守。又接築茶城至開封兩岸堤。從朱衡言，繕豐、沛大黃堤。衡又言：『漕河起儀真訖張家灣二千八百餘里，河勢凡四段，各不相同。清江浦以南，臨清以北，皆遠隔黃河，不煩用力。惟茶城至臨清，則閘諸泉爲河，與黃相近。清河至茶城，則黃河即運河也。茶城以北，當防黃河之決而入；茶城以南，當防黃河之決而出。防黃河即所以保運河，故自茶城至邳、遷，高築兩堤，宿遷至清河，盡塞缺口，蓋以防黃水之出，則正河必淤，昨歲徐、邳之患是也。自茶城秦溝口至豐、沛，曹、單，創築增築以接縷水舊堤，蓋以防黃水之入，則正河必決，往年曹、沛之患是也。二處告竣，故河深水束，無旁決中潰之虞。沛縣之窰子頭至秦溝口，應築堤七十里，接古北堤。徐、邳之間，堤逼河身，宜於新堤外別築遥堤。』詔如其議，以命總河侍郎萬恭。

萬曆元年，恭言：『祖宗時造淺船近萬，非不知滿載省舟之便，以閘河流淺，故不敢過四百石也。其制底平、倉淺，底平則入水不深，倉淺則負載不滿。又限淺船用水不得過六㧱，伸大指與食指相距爲一㧱，六㧱不過三尺許，明受水淺也。今不務遵行，而競雇船搭運。雇船有三害，搭運有五害，皆病河道。請悉遵舊制。』從之。

恭又請復淮南平水諸閘，上言〔二〕：『高、寶諸湖周遭數百里，西受天長七十餘河，徒恃百里長堤，若障之使無疏洩，是潰堤也。以故祖宗之法，偏置數十小閘於長堤之間，又爲令曰「但許深湖，不許高堤」，故設淺船淺夫取湖之淤以厚堤。夫閘多則水易落而堤堅，濬勤則湖愈深而堤厚，意至深遠也。比年畏修閘之勞，每壞一閘即堙一閘，歲月既久，諸閘盡堙，而長堤爲死障矣。畏濬淺之苦，

〔一〕陳炌　隆慶四年至五年（一五七〇至一五七一年）以右僉都御史任右副總漕。

〔二〕恭又請復淮南平水諸閘，上言　參見《明經世文編》卷三五一。亦載萬恭：《治水筌蹄·萬恭文輯·創復諸閘以保運道疏》，朱更翎整編，水利電力出版社，一九八五年。

每湖淺一尺則加堤一尺，歲月既久，湖水捧起，而高、寶爲盂城矣。且湖漕勿堤與無漕同，湖堤勿閘與無堤同。陳瑄大置減水閘數十，湖水溢則瀉以利堤，水落則閉以利漕，最爲完計。積久而減水故迹不可復得，湖且沉堤。請復建平水閘，閘欲密，密則水疏，無漲懣患；閘欲狹，狹則勢緩，無齧決虞。』尚書衡覆奏如其請。於是儀真、江都、高郵、寶應、山陽設閘二十三，濬淺凡五十一處，各設撈淺船二，淺夫十。

恭又言：『清江浦河六十里，陳瑄濬至天妃祠，東注於黄河〔一〕。運艘出天妃口入黄穿清，特半餉耳。後黄漲，逆注入口，浦遂多淤。議者不制天妃口而遽塞之，令淮水勿與黄值。開新河以接淮河，曰「接清流勿接濁流，可不淤也」。不知黄河非安流之水，伏秋盛發，則西擁淮流數十里，並灌新開河。彼天妃口，一黄水之淤耳。今淮、黄會於新開河口，是二淤也。防一淤，生二淤，又生淮、黄交會之淺。歲役丁夫千百，濬治方畢，水過復合。又使運艘迂八里淺滯而始達於清河，孰與出天妃口者之便且利？請建天妃閘，俾漕船直達清河。運盡而黄水盛發，則閉閘絶黄，水落則啓天妃閘以利商船。新河口勿濬可也。』乃建天妃廟口石閘。

恭又言：『由黄河入閘河爲茶城，出臨清板閘〔二〕七百餘里，舊有七十二淺〔三〕。自創開新河，汶流平衍，地勢高下不甚相懸，七十淺悉爲通渠。惟茶、黄交會間，運盛之時，正值黄河水落之候，高下不相接，是以有茶城黄家閘之淺，連年患之。祖宗時，嘗建境山閘，自新河水平，閘没泥淖且丈餘。其閘上距黄家閘二十里，下接茶城十里，因故基累石爲之，可留黄家閘外二十里之上流，接茶城内十里之下流，且挾二十里水勢，衝十里之狹流，蔑不勝矣。』乃復境山舊閘。

恭建三議，尚書衡覆行之，爲運道永利。而是時，茶城歲淤，恭方報正河安流，回空船速出。給事中朱南雍以回空多阻，劾恭隱蔽溺職。帝切責恭，罷去。

三年二月，總河都御史傅希摯請開泇河以避黄險，不果行。希摯又請濬梁山以下，與茶城互用，淤舊則通新而挑舊，淤新則通舊而挑新，築壩斷流，常通其一以備不虞。詔從所請。工未成，而河決崔鎮〔四〕，淮決高家堰，高郵湖

〔一〕陳瑄濬至天妃祠，東注於黄河　據朱更翎整編：《治水筌蹄·萬恭治水文輯·復創諸閘以保運道疏》，標點應作『陳瑄濬至天妃閘東，注於黄河』。

〔二〕板閘　在臨清州治西北，運河月河上。該處係衛河入運處，置閘以調節運河水量。

〔三〕淺　河道淤積航深不足或淺灘處的簡稱，也是運河河道基層管理組織專稱，一淺設一淺舖，由若干人常駐，專事疏濬和導引船隻，每舖有老人或總甲負責。

〔四〕崔鎮　在今江蘇泗陽縣西北，明代黄河北岸著名險工，萬曆初黄河屢決。潘季馴築遥隄障之。清康熙時改爲縷隄，外築遥隄。

決清水潭、丁志等口，淮城幾沒。知府邵元哲開菊花潭，以洩淮安、高、寶三城之水，東方芻米少通。

明年春，督漕侍郎張翀〔一〕以築清水潭堤工鉅不克就，欲令糧船暫由圈子田以行。巡按御史陳功不可。河漕侍郎吳桂芳言：『高郵湖老堤，陳瑄所建。後白昂開月河，距湖數里，中爲土堤，東爲石堤，首尾建閘，名爲康濟河。其中堤之西，老堤之東，民田數萬畝，所謂圈子田也。河湖相去太遠，老堤缺壞不修，遂至水入圈田，又成一湖。而中堤潰壞，東堤獨受數百里湖濤，清水潭之決，勢所必至。宜遵弘治間王恕之議，就老堤爲月河，但修東西二堤，費省而工易舉。』帝命如所請行之。是年，元哲修築淮安長堤，又疏鹽城石磋口下流入海。

五年二月，高郵石堤將成，桂芳請傍老堤十數丈開挑月河。因言：『白昂康濟月河去老堤太遠，人心狃月河之安，忘老堤外捍之力。年復一年，不加省視，老、中二堤俱壞，而東堤不能獨存。今河與老堤近，則易於管攝。』御史陳世寶論江北河道，請於寶應湖堤補石堤以固其外，而於石堤之東復築一堤，以通月河，漕舟行其中。並議行。其冬，高郵湖土石二堤、新開漕河南北二閘及老堤加石、增護堤木城各工竣事。桂芳又與元哲增築山陽長堤，自板閘至黃浦亘七十里，閉通濟閘不用，而建興文閘，且修新莊諸閘，築清江浦南堤，創板閘漕堤，南北與新舊堤接。板閘即故移風閘也。堤、閘並修，淮揚漕道漸固。

六年，總理河漕都御史潘季馴築高家堰，及清江浦柳浦灣以東加築禮、智二壩，修寶應、黃浦等八淺堤，高、寶減水閘四，又拆新莊閘而改建通濟閘於甘羅城〔二〕南。明初運糧，自瓜、儀至淮安謂之裏河，自五壩轉黃河謂之外河，不相通。及開清江浦，設閘天妃口，春夏之交重運畢，即閉以拒黃。歲久法弛，閘不封而黃水入。

嘉靖末，塞天妃口，於浦南三里溝開新河，設通濟閘以就淮水〔三〕。已又從萬恭言，復天妃閘。未幾，又從御史劉光國言，增築通濟，自仲夏至季秋，隔日一放回空漕船。既而啓閉不時，淤塞日甚，開朱家口引清水灌之，僅通舟。至是改建甘羅城南，專向淮水，使河不得直射。

十年，督漕尚書凌雲翼〔四〕以運船由清江浦出口多艱險，乃自浦西開永濟河〔五〕四十五里，起城南窑灣，歷龍江閘，至楊家澗出武家墩，折而東，合通濟閘出口。更置閘三，以備清江浦之險。是時漕河就治，淮、揚免水災者十

〔一〕張翀　字子儀，廣西柳州人，萬曆二年至三年（一五七四至一五七五年）任總督漕運。《明史》卷二一〇有傳。

〔二〕甘羅城　在淮安西，係清江浦與黃河相交運口，城北有惠濟祠。

〔三〕於浦南三里溝開新河，設通濟閘以就淮水　三里溝南通洪澤湖，北接黃河，通濟閘在溝的南段。

〔四〕凌雲翼　字洋山，（江蘇）太倉人，萬曆八年至十一年（一五八〇至一五八三年）任總理河漕。《明史》卷二二二有傳。

〔五〕永濟河　參見《淮系年表》（武同舉編）淮系歷史分圖六十三。

餘年。初，黄河之害漕也，自金龍口而東，則會通以淤。迨塞沙灣、張秋閘，漕以安，則徐、沛間數被其害。至崔鎮高堰之決，黄、淮交漲而害漕，乃在淮、揚間，湖潰則敗漕。季馴以高堰障洪澤，俾堰東四湖勿受淮侵，漕始無敗。而河漕諸臣懼湖害，日夜常惴惴。

十三年，從總漕都御史李世達〔一〕議，開寶應月河。寶應汜光湖〔二〕，諸湖中最湍險者也，廣百二十餘里。槐角樓當其中，形曲如箕，瓦店翼其南，秤鈎灣翼其北。西風鼓浪，往往覆舟。陳瑄築堤湖東，蓄水爲運道。上有所受，下無所宣，遂決爲八淺，匯爲六潭，興、鹽諸場皆没。而淮水又從周家橋漫入，溺人民，害漕運。武宗末年，郎中楊最請開月河，部覆不從。嘉靖中，工部郎中陳毓賢、户部員外范韶、御史聞人詮、運糧千户李顯皆以爲言，議行未果。至是，工部郎中許應逵建議，世達用其言以奏，乃決行之。濬河千七百餘丈，置石閘三，減水閘二，築堤九千餘丈，石堤三之一，子堤五千餘丈。工成，賜名弘濟。尋改石閘爲平水閘。應逵又築高郵護城堤。其後，弘濟南北閘，夏秋淮漲，吞吐不及，舟多覆者。神宗季年，督漕侍郎陳荐〔三〕於南北各開月河以殺河怒，而溜始平。

十五年，督漕侍郎楊一魁請修高家堰以保上流，砌范家口以制旁決，疏草灣以殺河勢，修禮壩以保新城。詔如其議。一魁又改建古洪閘。先是，汶、泗之水由茶城會黄河。隆慶間，濁流倒灌，稽阻運船，郎中陳瑛移黄河口於茶城東八里，建古洪、内華二閘〔四〕，漕河從古洪出口。後黄水發，淤益甚。一魁既改古洪，帝又從給事中常居敬言，令增築鎮口閘於古洪外，距河僅八十丈，吐納益易，糧運利之。

工部尚書石星議季馴、居敬條上善後事宜，請分地責成：接築塔山縷堤，清江浦草壩，創築寶應西堤，石砌邵伯湖堤，疏濬裏河淤淺，當在淮、揚興舉；察復南旺、馬踏、蜀山、馬場四湖，建築坎河滚水壩〔五〕，加建通濟、永通二閘〔六〕，察復安山湖地，當在山東興舉。帝從其議。未幾，衆工皆成。

十九年，季馴言：『宿遷以南，地形西窪，請開縷堤放水。沙隨水入，地隨沙高，庶水患消而費可省。』又請易高家堰土堤爲石，築滿家閘西攔河壩，使汶、泗盡歸新河。設減水閘於李家口，以洩沛縣積水。從之。十月，淮湖大漲，

〔一〕李世達　字子成，陝西涇陽人，萬曆十一年至十二年（一五八三至一五八四年）任總理河漕，《明史》卷二二〇有傳。

〔二〕汜光湖　常見本誤，應爲『汜光湖』，或作『范光湖』。

〔三〕陳荐　萬曆四十年至四十五年（一六一二至一六一七年）任總督漕運。

〔四〕古洪、内華二閘　萬曆年間開羊山新河，運口東移茶城東至鎮口入黄河，梁山至運河間建此二攔河閘。

〔五〕坎河滚水壩　戴村壩引水樞紐之溢洪壩。

〔六〕通濟、永通二閘　在南旺湖以南嘉祥境内會通河上。

江都淳家灣石堤、邵伯南壩、高郵中堤、朱家墩、清水潭皆決。郎中黄日謹築塞僅竣，而山陽堤亦決。

二十一年五月，恒雨。漕河汎溢，潰濟寧及淮河諸堤岸。總河尚書舒應龍議：築堽城壩，遏汶水之南，開馬踏湖月河口，導汶水之北。開通濟閘，放月河土壩以殺洶湧之勢。從其奏。數年之間，會通上下無阻，而黄、淮並漲，高堰及高郵堤數決害漕。應龍卒罷去。建議者紛紛，未有所定。

楊一魁代應龍爲總河尚書，力主分黄導淮。治逾年，工將竣，又請決湖水以疏漕渠，言：『高、寶諸湖本沃壤也，自淮、黄逆壅，遂成昏墊。今入江入海之路即濬，宜開治涇河〔一〕、子嬰溝〔二〕、金灣河〔三〕諸閘及瓜、儀二閘，大放湖水，就湖疏渠，與高、寶月河相接。既避運道風波之險，而水涸成田，給民耕種，漸議起科，可充河費。』命如議行。時下流既疏，淮水漸帖，而河方決黄堌口。督漕都御史褚鈇〔四〕恐洩太多，徐、邳淤阻，力請塞之。一魁持不可，濬兩河口至小浮橋故道以通漕。然河大勢南徙，二洪漕屢涸，復大挑黄堌下之李吉口，挽黄以濟之，非久輒淤。

一魁入掌部事。二十六年，劉東星繼之，守一魁舊議，李吉口淤益高。歲冬月，即其地開一小河，春夏引水入徐州，如是者三年，大抵至秋即淤。乃復開趙家圈以接黄，開泇河以濟運。趙家圈旋淤，泇河未復，而東星卒。於是鳳陽巡撫都御史李三才建議自鎮口閘至磨兒莊倣閘河制，三十里一閘，凡建六閘於河中，節宣汶、濟之水，聊以通漕。漕舟至京，不復能如期矣。東星在事，開邵伯月河〔五〕，長十八里，闊十八丈有奇，以避湖險。又開界首月河〔六〕，長千八百餘丈。各建金門石閘二，漕舟利焉。

三十二年，總河侍郎李化龍始大開泇河，自直河至李家港二百六十餘里，盡避黄河之險。化龍憂去，總河侍郎曹時聘終其事，疏敘泇河之功，言：『舒應龍創開韓家莊以洩湖水，而路始通。劉東星大開良城、侯家莊以試行運，而路漸廣。李化龍上開李家港，鑿都水石，下開直河口，挑田家莊，殫力經營，行運過半，而路始開，故臣得接踵告竣。』因條上善後六事，運道由此大通。其後，每年三月開泇河壩，由直河口進，九月開召公壩入黄河，糧艘及官民船悉以爲準。

四十四年，巡漕御史朱堦請修復泉湖，言：『宋禮

〔一〕涇河　在淮安縣南五十里，西通運河，河口有閘，東入射陽湖。

〔二〕子嬰溝　在寶應界首鎮南，西通運河，溝口有閘，東北入廣洋湖。

〔三〕金灣河　又名金灣閘河，在揚州邵伯鎮南，西與運河通，河口有金灣閘，東南入運鹽河。

〔四〕褚鈇　萬曆二十二年至二十五年（一五九四至一五九七年）任總督漕運。

〔五〕邵伯月河　南自揚州邵伯鎮，北至露筋鎮，在運河西側，倚邵伯湖爲渠。

〔六〕界首月河　在高郵界首鎮境内，在運河西側，倚界首湖爲渠。

築壩戴村，奪二汶入海之路，灌以成河，復導洙、泗、洸、沂諸水以佐之。汶雖率衆流出全力以奉漕，然行遠而竭，已自難支。至南旺，又分其四以南迎淮，六以北赴衞，力分益薄。況此水夏秋則漲，冬春而涸，無雨即夏秋亦涸。禮逆慮其不可恃，乃於沿河昭陽、南旺、馬踏、蜀山、安山諸湖設立斗門，名曰水櫃。漕河水漲，則瀦其溢出者於湖，水消則決而注之漕。積泄有法，盜決有罪，故旱澇恃以無恐。及歲久禁弛，湖淺可耕，多爲勢豪所占，昭陽一湖已作藩田。比來山東半年不雨，泉欲斷流，按圖而索水櫃，茫無知者。乞敕河臣清核，亟築堤壩斗門以廣蓄儲。』帝從其請。

方議濬泉湖，而河決徐州狼矢溝，由蛤鰻諸湖入泇河，出直口，運船迎溜艱險。督漕侍郎陳荐開武河等口，洩水平溜。後二年，決口長淤沙，河始復故道。總河侍郎王佐加築月壩以障之。至泰昌元年冬，佐言：『諸湖水櫃已復，安山湖且復五十五里，誠可利漕。請以水櫃之廢興爲河官殿最。』從之。

天啓元年，淮、黄漲溢，決裏河[一]王公祠，淮安知府宋統殷、山陽知縣練國事力塞之。

三年秋，外河復決數口，尋塞。

是年冬，濬永濟新河。自凌雲翼開是河，未幾而閉。總河都御史劉士忠嘗開壩以濟運，已復塞。而淮安正河三十年未濬。故議先挑新河，通運船回空，乃濬正河，自許家閘至惠濟祠長千四百餘丈，復建通濟月河小閘，運船皆由正河，新河復閉。時王家集、磨兒莊湍溜日甚，漕儲參政朱國盛[二]謀改濬一河以爲漕計，令同知宋士中自泇口迤東抵宿遷陳溝口，復溯駱馬湖，上至馬頰河，往迴相度。乃議開馬家洲，且疏馬頰河口淤塞，上接泇流，下避劉口之險，又疏三汊河流沙十三里，開滔莊河百餘丈，濬深小河二十里，開王能莊二十里，以通駱馬湖口，築塞張家等溝數十道，束水歸漕。計河五十七里，名通濟新河。

五年四月，工成，運道從新河，無劉口、磨兒莊諸險之患。

明年，總河侍郎李從心開陳溝地十里，以竟前工。

崇禎二年，淮安蘇家嘴、新溝大壩並決，没山、鹽、高、泰民田。

五年，又決建義北壩。總河尚書朱光祚濬駱馬湖，避河險十三處，名順濟河[三]。

[一] 裏河　即淮安至揚州的一段運河，或稱裏運河、轉運河。

[二] 朱國盛　字敬韜，華亭（今上海松江縣）人，天啓時曾任南河郎中，任上主持編輯《南河志》，是明後期黄運兩河專志的代表作。

[三] 順濟河　在駱馬湖南，西在馬頰口與泇河通，東迄宿遷，與黄河大致平行。沿河有皂河口、董口、直河口、陳口等口與黄河通。

六年，良城至徐塘淤爲平陸，漕運愆期，奪光祚官，劉榮嗣[一]繼之。

八年，駱馬湖淤阻，榮嗣開河徐、宿，引注黄水，被劾，得重罪。侍郎周鼎[二]繼之，乃專力於泇河，濬麥河支河，築王母山前後壩、勝陽山東堤、馬蹄厓十字河攔水壩，挑良城閘抵徐塘口六千餘丈。

九年夏，泇河復通，由宿遷陳溝口合大河。鼎又修高家堰及新溝漾田營堤，增築天妃閘石工，去南旺湖彭口沙礓，濬劉吕莊至黄林莊百六十里。而是時，黄、淮漲溢日甚，倒灌害漕。鼎在事五年，卒以運阻削職。繼之者侍郎張國維，甫涖任，即以漕涸被責。

十四年，國維言：『濟寧運道自棗林閘溯師家莊、仲家淺二閘，歲患淤淺，每引泗河由魯橋入運以濟之。伏秋水長，足資利涉。而挾沙注河，水退沙積，利害參半。旁自白馬河匯鄒縣諸泉，與泗合流而出魯橋，力弱不能敵泗，河身半淤，不爲漕用。然其上源寬處正與仲家淺閘相對，導令由此入運，較魯橋高下懸殊，且易細流爲洪流，又減沙滲之患，而濟仲家淺及師莊、棗林，有三便。』又言：『南旺水本地脊，惟藉泰安、新泰、萊蕪、寧陽、汶上、東平、平陰、肥城八州縣泉源，由汶入運，故運河得通。今東平、平陰、肥城淤沙中斷，請亟濬之。』

復上疏運六策：一復安山湖水櫃以濟北閘，一改挑滄浪河從萬年倉出口以利四閘，一展濬汶河、陶河上源以濟邳派，一改道沂河出徐塘口以並利邳、宿，其二即開三州縣淤沙及改挑白馬湖也。皆命酌行。

國維又濬淮揚漕河三百餘里。當是時，河臣竭力補苴，南河稍寧，北河數淺阻。而河南守臣壅黄河以灌賊。河大決開封[三]，下流日淤，河事益壞，未幾而明亡矣。

河渠四

《明史》卷八六

運河下　海運

江南運河，自杭州北郭務至謝村北，爲十二里洋，爲塘棲，德清之水入之。踰北陸橋入崇德界，過松老抵高新橋，海鹽支河通之。繞崇德城南，轉東北，至小高陽橋東，

[一] 劉榮嗣　字敬仲，直隸曲周人，崇禎六年至八年（一六三三至一六三五年）任總理河道。

[二] 周鼎　直隸宜興人，崇禎八年至十三年（一六三五至一六四〇年）任總理河道，在官五年，因漕舟阻淺遭遣戍。

[三] 河大決開封　事在崇禎十五年（一六四二年）九月，時李自成圍開封，明守臣於朱家寨決黄河灌起義軍。起義軍又決其上游馬家口，二股決河合流，洪水入開封，溺死居民數十萬，決河經鄢陵、鹿邑，自亳州入渦河。參見本志《河渠二》。

過石門塘，折而東，爲王灣。至阜林，水深者及丈。過永新，入秀水界，踰陡門鎮，北爲分鄉鋪，稍東爲繡塔。北由嘉興城西轉而北，出杉青三閘，至王江涇鎮，松江運艘自東來會之。北爲平望驛，東通鶯脰湖，湖州運艘自西出新興橋會之。北至松陵驛，由吴江至三里橋，北有震澤，南有黄天蕩，水勢瀰湃，夾浦橋屢建。北經蘇州城東鮎魚口，水由蠡塘入之。北至楓橋，由射瀆經滸墅關，過白鶴鋪，長洲、無錫兩邑之界也。錫山驛水僅浮瓦礫。過黄埠，至洛社橋，江陰九里河之水通之。西北爲常州，漕河舊貫城，入東水門，由西水門出。嘉靖末防倭，改從南城壕。江陰，順塘河水由城東通丁堰，沙子湖在其西南，宜興鐘溪之水入之。又西，直瀆水入之，又西爲奔牛、吕城二閘[一]，常、鎮界其中，皆有月河以佐節宣，後並廢。其南爲金壇河，溧陽、高淳之水出焉。丹陽南二十里爲陵口，北二十五里爲黄泥壩，舊皆置閘。練湖水高漕河數丈，一由三思橋，一由仁智橋，皆入運。北過丹徒鎮，有猪婆灘多軟沙。丹徒以上運道，視江潮爲盈涸。過鎮江，出京口閘[二]，閘外沙堵延袤二十丈，可藏舟避風，由此浮於江，與瓜步對。自北郭至京口首尾八百餘里，皆平流。歷嘉而蘇，衆水所聚，至常州以西，地漸高仰，水淺易洩，盈涸不恒，時濬時壅，往往兼取孟瀆、德勝兩河[三]，東浮大江，以達揚、泰。

洪武二十六年，嘗命崇山侯李新開溧水胭脂河[四]，以通浙漕，免丹陽輸輓及大江風濤之險。而三吴之粟，必由常、鎮。

三十一年，濬奔牛、吕城二壩河道。

永樂間，修練湖[五]堤。即命通政張璉發民丁十萬，濬常州孟瀆河，又濬蘭陵溝，北至孟瀆河閘，六千餘丈，南至奔牛鎮，千二百餘丈。已復濬鎮江京口、新港及甘露三港，以達於江。漕舟自奔牛溯京口，水涸則改從孟瀆右趨瓜洲，抵白塔，以爲常。

宣德六年，從武進民請，疏德勝新河四十里。八年，工竣。漕舟自德勝北入江，直泰興之北新河。由泰州壩抵揚子灣入漕河，視白塔尤便。於是漕河及孟瀆、德勝三河並通，皆可濟運矣。

[一] 奔牛、吕城二閘　二閘在常州、丹陽間，係江南運河著名船閘。參見陸游《入蜀記》。

[二] 京口閘　在鎮江江口。唐代名京口埭，後廢堰爲閘。

[三] 孟瀆、德勝兩河　均在今江蘇武進境内，南接運河，北通江，是明代經常使用的運道。

[四] 胭脂河　在溧水縣西十里，其地有胭脂岡，因名。洪武二十六年（一三九三年）議通蘇浙糧運，命崇山侯李新鑿開胭脂岡，引石臼湖水會於秦淮以爲運河。永樂初廢。

[五] 練湖　江南運河的濟運水櫃，在今江蘇丹陽境内。有關練湖的記載始見唐《元和郡縣圖志》，參見該書卷二五。清末練湖逐漸圍墾爲田。

正統元年，廷臣上言：『自新港至奔牛，漕河百五十里，舊有水車捲江潮灌注，通舟溉田。請支官錢置車。』詔可。然三河之入江口，皆自卑而高，其水亦更迭盈縮。

八年，武進民請濬德勝及北新河。浙江都司蕭華則請濬孟瀆。巡撫周忱定議濬兩河，而罷北新築壩。白塔河之大橋閘以時啓閉，而常鎮漕河亦疏濬焉。

景泰間，漕河復淤，遂引漕舟盡由孟瀆。

三年，御史練綱言：『漕舟從夏港及孟瀆出江，逆行三百里，始達瓜洲。德勝直北新，而白塔又與孟瀆斜直，由此兩岸橫渡甚近，宜大疏淤塞。』帝命尚書石璞措置。會有請鑿鎮江七里港，引金山上流通丹陽，以避孟瀆險者。鎮江知府林鶚以爲迂道多石，壞民田墓多，宜濬京口閘、甘露壩，道里近，功力省。乃從鶚議。浙江參政胡清又欲去新港、奔牛等壩，置石閘以蓄泉。亦從其請。而濬德勝河與鑿港之議俱寢。然石閘雖建，蓄水不能多，漕舟仍入孟瀆。

天順元年，尚寶少卿凌信言，糧艘從鎮江裏河爲便。帝以爲然，命糧儲河道都御史李秉通七里港口，引江水注之，且濬奔牛、新港之淤。巡撫崔恭又請增置五閘。至成化四年，閘工始成。於是漕舟盡由裏河，其入二河者，回空之艘及他舟而已。定制，孟瀆河口與瓜、儀諸港俱三年一濬。孟瀆寬廣不甚淤，裏河不久輒涸，則又改從孟瀆。

弘治十七年，部臣復陳夏港、孟瀆遠浮大江之害，請亟濬京口淤，而引練湖灌之。詔速行。

正德二年，復開白塔河及江口、大橋、潘家、通江四閘。

十四年，從督漕都御史臧鳳[一]言，濬常州上下裏河，漕舟無阻者五十餘載。

萬曆元年，又漸涸，復一濬之。歲貢生許汝愚上言：『國初置四閘：曰京口，曰丹徒，防三江之涸；曰呂城，曰奔牛，防五湖之洩。自丹陽至鎮江蓄爲湖者三：曰練湖，曰焦子，曰杜墅。歲久，居民侵種，焦、杜二湖俱涸，僅存練湖，猶有侵者。而四閘俱空設矣。請濬三湖故址通漕。』總河傅希摯言：『練湖已濬，而焦子、杜墅源少無益。』其議遂寢。未幾，練湖復淤淺。

五年，御史郭思極、陳世寶先後請復練湖，濬孟瀆。而給事中湯聘尹則請於京口旁別建一閘，引江流內注，潮長則開，縮則閉。御史尹良任又言：『孟瀆渡江入黄家港，水面雖闊，江流甚平，由此抵泰興以達灣頭、高郵僅二百餘里，可免瓜、儀不測之患。至如京口北渡金山而下，中流遇風有漂溺患，宜挑甘露港夾岸洲田十餘里，以便回泊。』御史林應訓又言：『自萬緣橋抵孟瀆，兩厓陡峻，雨潦易圮，且江潮湧沙，淤塞難免。宜於萬緣橋、黄連樹各

[一] 臧鳳　正德十三年至十六年（一五一八至一五二一年）任總督漕運。

頂平」，是可知挑河無益，蓄湖爲要也。今當革佃修閘，而後復佃湖妨運，歲累畚鍤。故老有言，『京口閘底與虎丘塔臣寶著《漕河議》，當事采行，不開河而濟運者二十餘年。

五年，太常少卿姜志禮建《漕河議》，言：『神廟初，先

崇禎元年，濬京口漕河。

十七年，濬武進橫林[二]漕河。

司春初即修，以防衝決，且禁勢豪侵占。』從之。

十三年，鎮江知府吴撝謙復言：『練湖中堤宜飭有

時注之，河有全力矣。』皆下所司酌議。

平衍，僅高漕河數尺，又常懼不盈。誠使水裕堤堅，則應驗上湖地仰，八十四溪之水所由來，懼其易洩；下湖地源，惟藉瀦蓄，增堤啓閘，水常有餘，然後可以濟運。臣親三處，以宣洩湖水。冬春即閉塞，毋得私啓。蓋練湖無閘間。共革田五千畝有奇，塞沿堤私設涵洞，止存其舊十閘如故，宜增建中、下二閘，更設減水閘二座，界中、下二中間缺口，且增築西南，與東北相應。至三閘，惟臨湖上爲湖。上湖四際夾阜，下湖東北臨河，原埂完固，惟應補建三閘，借湖水以濟運，後乃漸堙。今當盡革侵占，復濬湖，復由三閘轉入下湖。洪武間，因運道澀，依下湖東堤下湖，立上、中、下三閘。八十四溪之水始經辰溪衝入上四十里許。環湖立涵洞十三。宋紹興時，中置橫埂，分上引長山八十四溪之水以溉雲陽，堤名練塘，又曰練河，凡建閘以資蓄洩。』又言：『練湖自西晉陳敏[一]遏馬林溪，高築上下湖圍埂，蓄水使深。且漕河閘座非僅京口、呂城、新閘、奔牛數處而已，陵口、尹公橋、黄泥壩、新豐、大犢山節節有閘，皆廢去，並宜修建。而運道支流如武進洞子河、連江橋河、扁擔河、丹陽簡橋河、陳家橋河、七里橋河、丁議河、越瀆河，滕村溪之大壩頭，丹陽甘露港南之小閘口，皆應急修整。至奔牛、呂城之北，各設減水閘。歲十月實以土，商民船盡令盤壩。此皆舊章所當率由。近有欲開九曲河，使運船竟從泡港閘出江，直達揚子橋，以免瓜洲啓閘稽遲者，試而後行可也。回空糧艘及官舫，宜由江行，而於河莊設閘啓閉。數役並行，漕事乃大善矣。』議不果行。

江漕者，湖廣漕舟由漢、沔下潯陽，江西漕舟出章江、鄱陽而會於湖口，暨南直隸寧、太、池、安、江寧、廣德之舟，同浮大江，入儀真通江閘[三]，以溯淮揚入閘河。瓜、儀之間，運道之咽喉也。洪武中，餉遼卒者，從儀真上淮安，

[一] 陳敏　字令通，廬江人，《晉書》卷一〇〇有傳。陳敏開練湖事，參見唐《元和郡縣圖志》卷二五。

[二] 橫林　鎮名，又名東橫林，在今常州東南，鎮沿運河兩岸東西延伸。

[三] 通江閘　在儀真東南瓜洲運河通江之處。參見明王瓊《漕河圖志》圖一一。

由鹽城汎海〔一〕；餉梁、晉者，亦從儀真赴淮安，盤壩入淮。江口則設壩置閘，凡十有三。濬揚子橋河至黃泥灣九千餘丈。

永樂間，濬儀真清江壩，下水港及夾港河，修沿江堤岸。洪熙元年濬儀真壩河，後定制儀真壩下黃泥灘、直河口二港及瓜洲二港、常州之孟瀆河皆三年一濬。

宣德間，從侍郎趙新、御史陳祚請，濬黃泥灘、清江閘。

成化中，建閘於儀真通江河港者三，江都之留潮通江者二。已而通江港塞。

弘治初，復開之，既又於總港口建閘蓄水。儀真、江都二縣間，有官塘五區，築閘蓄水，以溉民田，豪民占以爲業，真、揚之間運道阻梗。

嘉靖二年，御史秦鉞請復五塘。從之。

萬曆五年，御史陳世寶言：『儀真江口，去閘太遠，請於上下十數丈許增建二閘，隨湖啓閉，以截出江之船，盡令入閘，庶免遲滯。』疏上，議行。

白塔河者，在泰州。上通邵伯，下接大江，斜對常州孟瀆河與泰興北新河，皆浙漕間道也。自陳瑄始開。

宣德間，從趙新、陳祚請，命瑄役夫四萬五千餘人濬之，建新閘、潘家莊、大橋、江口四閘。

正統四年，水潰閘塞，都督武興因閉不用，仍自瓜洲盤壩。瓜洲之壩，洪武中置，凡十五，列東西二港間〔二〕。

永樂間，廢東壩爲廠，以貯材木，止存西港七壩。漕舟失泊，屢遭風險。英宗初年，乃復濬東港。既而，巡撫周忱築壩白塔河之大橋閘，以時啓閉，漕舟稍分行。自鎮江裏河開濬，漕舟出甘露、新港，徑渡瓜洲；而白塔、北新，皆以江路險遠，捨而不由矣。

衛漕者，即衛河。源出河南輝縣，至臨清與會通河合，北達天津。自臨清以北皆稱衛河。詳具本志。

白漕者，即通濟河。源出塞地，經密雲縣霧靈山，爲潮河川〔三〕。而富河、罾口河、七渡河、桑乾河、三里河俱會於此，名曰白河。南流經通州，合通惠及榆、渾諸河，亦名潞河。三百六十里，至直沽會衛河入海，賴以通漕。楊村以北，勢若建瓴，底多淤沙。夏秋水漲苦潦，冬春水微苦澀。衝潰徙改頗與黃河同。耍兒渡者，在武清、通州間，尤其要害處也。

自永樂至成化初年，凡八決，輒發民夫築堤。而正統元年之決，爲害尤甚，特敕太監沐敬、安遠侯柳溥、尚書李友直隨宜區畫，發五軍營卒五萬及民夫一萬築決堤。又

〔一〕洪武中，餉遼卒者，從儀真上淮安，由鹽城汎海　該運道西自揚州城東十五里灣頭，東至泰州折而北，經鹽城至廟灣鎮通海，又爲當時運鹽河的一支。

〔二〕列東西二港間　即東港、西港，皆在瓜洲運河與長江相通之處，中爲通江閘。參見明王瓊：《漕河圖志》圖一一。

〔三〕潮河川　今名潮河，與白河匯合後名潮白河。

命武進伯朱冕、尚書吳中役五萬人，去河西務二十里鑿河一道，導白水入其中。二工並竣，人甚便之，賜河名曰通濟，封河神曰通濟河神。先是，永樂二十一年築通州抵直沽河岸，有衝決者，隨時修築以爲常。迨通濟河成，決岸修築者亦且數四。

萬曆三十一年，從工部議，挑通州至天津白河，深四尺五寸，所挑沙土即築堤兩岸，著爲令。

大通河者，元郭守敬所鑿。由大通橋東下，抵通州高麗莊，與白河合，至直沽，會衛河入海，長百六十里有奇。十里一閘，蓄水濟運，名曰通惠。又以白河、榆河、渾河合流，亦名潞河。洪武中漸廢。

永樂四年八月，北京行部言：『宛平昌平西湖景東牛欄莊及青龍、華家、甕山三閘[一]，水衝決岸。』命發軍民修治。明年復言：『自西湖景東至通流[二]，凡七閘，河道淤塞。自昌平東南白浮村至西湖景東流水河口一百里[三]，宜增置十二閘。』從之。未幾，閘俱堙，不復通舟。

成化中，漕運總兵官楊茂言：『每歲自張家灣[四]舍舟，車轉至都下，僱值不貲。舊通惠河石閘尚存，深二尺許，修閘瀦水，用小舟剝運便。』又有議於三里河從張家灣烟墩橋以西疏河泊舟者。下廷臣集議，遣尚書楊鼎、侍郎喬毅相度。上言：『舊閘二十四座，通水行舟。但元時水在宮牆外，舟得入城内海子灣[五]。今水從皇城金水河出，故道不可復行。且元引白浮泉往西逆流，今經山陵，恐妨地脈。又一畝泉過白羊口山溝，兩水衝截難引。若城南三里河舊無河源，正統間修城壕，恐雨多水溢，乃穿正陽橋東南窪下地，開壕口以洩之，始有三里河名。自壕口八里，始接渾河。舊渠兩岸多廬墓，水淺河窄，又須增引別流相濟。如西湖草橋源出玉匠局、馬跑等地，泉不深遠。元人曾用金口水[六]，洶湧没民舍，以故隨廢。惟玉

[一] 宛平昌平西湖景東牛欄莊及青龍、華家、甕山三閘　西湖景係地名，即今頤和園昆明湖。常見本誤作：『宛平昌平西湖、景東牛欄莊及青龍、華家、甕山三閘。』

[二] 自西湖景東至通流　西湖景即今頤和園昆明湖。通流，閘名，在今北京通州区内。常見本誤作『自西湖、景東至通流。』

[三] 自昌平東南白浮村至西湖景東流水河口一百里　常見本作：『自昌平東南白浮村至西湖、景東流水河口一百里』，誤，今改。

[四] 張家灣　鎮名，在今北京通州区，係明代北運河與通惠河的交接段。明永樂十六年（一四一八年）在此地始建倉厫，又漸次興建了上、中、下碼頭，成爲京杭運河重要中轉樞紐之一。

[五] 海子灣　即北京積水潭，元代京杭運河最北端碼頭，運船可直達。參見蔡蕃：《北京古運河與城市供水研究》第二章，北京出版社，一九八七年。

[六] 金口水　又名金口河，金大定十年（一一七〇年）開，二十一年（一一八一年）爲都城防洪安全計堵塞不用。元至元三年（一二六六年）郭守敬重開，引水以濟運。金口河自今北京石景山西北三家店永定河引水，東南流入北京西玉淵潭，經北京東南至通州南高麗莊入北運河，長約一百二十里。

泉、龍泉及月兒、柳沙等泉，皆出西北，循山麓而行，可導入西湖。請濬西湖之源，閉分水清龍閘〔一〕，引諸泉水從高梁河，分其半由金水河出，餘則從都城外壕流轉，會於正陽門東。城壕且閉，令勿入三里河并流。大通橋閘河隨旱澇啓閉，則舟獲近倉，甚便。』帝從其議。方發軍夫九萬修濬，會以災異，詔罷諸役。所司以漕事大，乃命四萬人濬城壕，而西山、玉泉及抵張家灣河道，則以漸及焉。

越五年，乃敕平江伯陳銳，副都御史李裕，侍郎翁世資，王詔督漕卒濬通惠河，如鼎、翱前議。

明年六月，工成，自大通橋至張家灣渾河口六十餘里，濬泉三，增閘四，漕舟稍通。然元時所引昌平三泉俱遏不行，獨引一西湖，又僅分其半，河窄易盈涸。不二載，澀滯如舊。

正德二年，嘗一濬之，且修大通橋至通州閘十有二，壩四十有一。

嘉靖六年，御史吴仲言：『通惠河屢經修復，皆爲權勢所撓。顧通流等八閘遺跡俱存，因而成之，爲力甚易，歲可省車費貲二十餘萬。且歷代漕運皆達京師，未有貯國儲於五十里外者。』帝心以爲然，命侍郎王軏、何詔及仲偕相度。軏等言：『大通橋地形高白河六丈餘，若濬至七丈，引白河達京城，諸閘可盡罷，然未易議也。計獨濬治河閘，但通流閘在通州舊城中，經二水門，南浦、土橋、廣利三閘〔二〕皆闤闠衢市，不便轉輓。惟白河濱舊小河廢壩西，不一里至堰水小壩，宜修築之，使通普濟閘，可省四閘兩關轉搬力。』而尚書桂萼言不便，請改修三里河。帝下其疏於大學士楊一清、張璁。一清言：『因舊閘行轉搬法，省運軍勞費，宜斷行之。』璁亦言：『此一勞永逸之計，萼所論費廣功難。』帝乃却萼議。

明年六月，仲報河成，因疏五事，言：『大通橋至通州石壩〔三〕，地勢高四丈，流沙易淤，宜時加濬治。管河主事宜專委任，毋令兼他務。官吏、閘夫以罷運裁減，宜復舊額。慶豐上閘、平津中閘〔四〕今已不用，宜改建通州西水關外。剥船造費及遞歲修艌，俱宜酌處。』帝以先朝屢勘行未即功，仲等四閱月工成，詔予賞，悉從其所請。仲又請留督工郎中何棟專理其事，爲經久計。從之。九年擢棟右通政，仍管通惠河道。是時，仲出爲處州知府，進所

〔一〕清龍閘　據《長安客話》等記載，均作『青龍閘』。
〔二〕南浦、土橋、廣利三閘　南浦閘在通州城南門外；土橋閘在通州張家灣北土橋村；廣利閘有上下二閘，一在張家灣北，一在張家灣東，元代始建。
〔三〕通州石壩　位於通州北門外，此次新建成，爲北運河與通惠河銜接的漕運碼頭。
〔四〕慶豐上閘、平津中閘　俱在今通惠河上，慶豐閘原是木閘，至順元年（一三三〇年）改爲石閘，有上下二閘，相距五里，此時上閘仍在使用。平津閘原有上、中、下三閘，後中閘廢。

編《通惠河志》〔一〕。帝命送史館，採入會典，且頒工部刊行。自此漕艘直達京師，迄於明末。人思仲德，建祠通州祀之。

薊州河〔二〕者，運薊州官軍餉道也。明初，海運餉薊州。

天順二年，大河衛百户閔恭言：『南京並直隸各衛，歲用旗軍運糧三萬石至薊州等衛倉，越大海七十餘里，風濤險惡。新開沽河，北望薊州，正與水套、沽河直，袤四十餘里而徑，且水深，其間阻隔者僅四之一，若穿渠以運，可無海患。』下總兵都督宋勝、巡按御史李敏行視可否。勝等言便，遂開直沽河。闊五丈，深丈五尺。

成化二年一濬，二十年再濬，並濬鴉鴻橋河道，造豐潤縣海運糧儲倉。

正德十六年，運糧指揮王瓚言：『直沽東北新河，轉運薊州，河流淺，潮至方可行舟。邊關每匱餉，宜濬使深廣。』從之。

初，新河三歲一濬。嘉靖元年易二歲，以爲常。十七年，濬殷留莊大口至舊倉店百十六里。

豐潤環香河〔三〕者，濬自成化間，運粟十餘萬石以餉薊州東路者也。後堙廢，餉改薊州給，大不便。嘉靖四十五年從御史鮑承蔭請，復之，且建三閘於北濟、張官屯、鴉鴻橋以瀦水〔四〕。

昌平河，運諸陵官軍餉道也。起鞏華城〔五〕外安濟橋，抵通州渡口。袤百四十五里，其中淤淺三十里難行。隆慶六年大濬，運給長陵等八衛官軍月糧四萬石，遂成流通。萬曆元年復疏鞏華城外舊河。

海運〔六〕

海運，始於元至元中。伯顔用朱清、張瑄運糧輸京師，僅四萬餘石。其後日增，至三百萬餘石。初，海道萬三千餘里，最險惡，既而開生道，稍徑直。後殷明略又開新道，尤便。然皆出大洋，風利，自浙西抵京不過旬日，而漂失甚多。

洪武元年，太祖命湯和造海舟，餉北征士卒。天下既定，募水工運萊州洋海倉粟以給永平。後遼左及迤北數用兵，於是靖海侯吴禎、延安侯唐勝宗、航海侯張赫〔七〕、舳

〔一〕通惠河志　明代吴仲撰，明嘉靖十二年（一五三三年）成書。有上、下、附録三卷。吴仲，字亞甫，武進人，官至處州知府。

〔二〕薊州河　北起薊州（治今薊縣）南合潮河，下至天津北塘通海。

〔三〕環香河　北自今河北豐潤西南入潮河。

〔四〕〔標點本原注〕且建三閘於北濟、張官屯、鴉鴻橋以瀦水　北濟，《世宗實録》卷五六三『嘉靖四十五年十月己未』條作『北齊莊』。

〔五〕鞏華城　位於昌平沙河鎮。

〔六〕本標題爲注者所加。

〔七〕張赫　臨淮人，洪武督海運，封航海侯。《明史》卷一三〇有傳。

舳艫侯朱壽〔一〕先後轉遼餉，以爲常。督江、浙邊海衛軍大舟百餘艘，運糧數十萬。賜將校以下綺帛、胡椒、蘇木、錢鈔有差，民夫則復其家一年，溺死者厚恤。

三十年，以遼東軍餉贏羨，第令遼軍屯種其地，而罷海運。

永樂元年，平江伯陳瑄督海運糧四十九萬餘石，餉北京、遼東。

二年，以海運但抵直沽，别用小船轉運至京，命於天津置露囤千四百所，以廣儲蓄。

四年，定海陸兼運。瑄每歲運糧百萬，建百萬倉於直沽尹兒灣城。天津衛籍兵萬人戍守。至是，命江南糧一由海運，一由淮、黄，陸運赴衛河，入通州，以爲常。陳瑄上言：『嘉定瀕海，當江流之衝，地平衍，無大山高嶼。海舟停泊，或值風濤，觸堅膠淺輒敗。宜於青浦築土爲山，立堠表識，使舟人知所避，而海險不爲患。』詔從之。

十年九月，工成。方百丈，高三十餘丈。賜名寶山。御製碑文紀之〔二〕。

十三年五月，復罷海運，惟存遮洋一總，運遼、薊糧。

正統十三年，減登州衛海船百艘爲十八艘，以五艘運青、萊、登布花鈔錠十二萬餘觔，歲賞遼軍。

成化二十三年，侍郎丘濬進《大學衍義補》〔三〕，請尋海運故道與河漕並行，大略言：『海舟一載千石，可當河舟三，用卒大減。河漕視陸運費省什三，海運視陸省什七，雖有漂溺患，然省牽卒之勞、駁淺之費、挨次之守，利害亦相當。宜訪素知海道者，講求勘視。』其説未行。

弘治五年，河決金龍口，有請復海運者，朝議弗是。

嘉靖二年，遮洋總漂糧二萬石，溺死官軍五十餘人。

五年，停登州造船。

二十年，總河王以旂以河道梗澀，言：『海運雖難行，然中間平度州東南有南北新河一道〔四〕，元時建閘直達安東，南北悉由内洋而行，路捷無險，所當講求。』帝以海道迂遠，却其議。

三十八年，遼東巡撫侯汝諒言：『天津入遼之路，自海口至右屯河通堡不及二百里，其中曹泊店、月坨桑、姜女墳、桃花島皆可灣泊。』部覆行之。

四十五年，順天巡撫耿隨朝勘海道，自永平西下海，百四十五里至紀各莊，又四百二十六里至天津，皆傍岸行舟。其間開洋百二十里，有建河、糧河、小沽、大沽河可避風。初允其議，尋以御史劉翾疏沮而罷。

〔一〕朱壽　與張赫督漕運有功，洪武二十年（一三八七年）封舳艫侯。

〔二〕御製碑文紀之　參見《四部叢刊初編》《皇明文衡》卷七七楊士奇：《奉天翊衛推誠宣力武臣特進榮禄大夫柱國追封平江侯謚恭襄陳公神道碑銘》。

〔三〕大學衍義補　明代丘濬撰，共一百六十卷。文中力主海運，涉及明初海運史實，收入《四庫全書》。

〔四〕平度州東南有南北新河一道　即膠萊運河，參見《元史・河渠志》。

是年，從給事中胡應嘉言，革遮洋總。

隆慶五年，徐、邳河淤，從給事中宋良佐言，復設遮洋總，存海運遺意。山東巡撫梁夢龍〔一〕極論海運之利，言：『海道南自淮安至膠州，北自天津至海倉，島人商賈所出入。臣遣卒自淮、膠各運米麥至天津，無不利者。淮安至天津三千三百里，風便，兩旬可達。舟由近洋，島嶼聯絡，雖風可依，視殷明略故道甚安便。五月前風順而柔，此時出海可保無虞。』命量撥近地漕糧十二萬石，俾夢龍行之。

六年，王宗沐〔二〕督漕，請行海運。詔令運十二萬石自淮入海。其道，由雲梯關東北歷鷹游山、安東衛、石臼所、夏河所、齊堂島、靈山衛、古鎮、膠州、鼇山衛、大嵩衛、行村寨，皆海面。自海洋所歷竹島、寧津所、靖海衛，東北轉成山衛、劉公島、威海衛，西歷寧海衛，皆海面。自福山之罘島至登州城北新海口沙門等島，西歷桑島、嵎峗島；自嵎峗西歷三山島、芙蓉島、萊州大洋、海倉口；自海倉西歷淮河海口、魚兒鋪，西北歷侯鎮店、唐頭塞；自侯鎮西北大清河、小清河海口，乞溝河入直沽，抵天津衛。凡三千三百九十里。

萬曆元年，即墨福山島壞糧運七艘，漂米數千石，溺軍丁十五人。給事、御史交章論其失，罷不復行。

二十五年，倭寇作，自登州運糧給朝鮮軍。山東副使于仁廉復言：『餉遼莫如海運，海運莫如登、萊。蓋登、萊度金州六七百里，至旅順口僅五百餘里，順風揚帆一二日可至。又有沙門、鼉磯、皇城等島居其中，天設水遞，止宿避風。惟皇城至旅順二百里差遠，得便風不半日可度也。若天津至遼，則大洋無泊；淮安至膠州，雖僅三百里，而由膠至登千里而遥，礁礙難行。惟登、萊濟遼，勢便而事易。』時頗以其議爲然，而未行也。

四十六年，山東巡撫李長庚奏行海運，特設户部侍郎一人督之，事具《長庚傳》。

崇禎十二年，崇明人沈廷揚爲内閣中書，復陳海運之便，且輯《海運書》五卷進呈。命造海舟試之。廷揚乘二舟，載米數百石，十三年六月朔，由淮安出海，望日抵天津。守風者五日，行僅一旬。帝大喜，加廷揚户部郎中，命往登州與巡撫徐人龍計度。山東副總兵黄蔭恩亦上《海運九議》，帝即令督海運。先是，寧遠軍餉率用天津船赴登州，候東南風轉粟至天津，又候西南風轉至寧遠。廷揚自登州直輸寧遠，省費多。尋命赴淮安經理海運，爲督

〔一〕梁夢龍　字乾吉，真定人。隆慶四年（一五七〇年）二月巡撫山東，次年十一月改撫河南，隆慶六年（一五七二年）以復海運功陞俸一級。著有《海運新考》。《明史》卷二二五有傳。

〔二〕王宗沐　字新甫，浙江臨海人，隆慶五年至萬曆二年（一五七一至一五七四年）任總督漕運，著有《海運詳考》一卷、《海運志》二卷。《明史》卷二二三有傳。

漕侍郎朱大典[一]所沮，乃命易駐登州，領寧遠餉務。十六年加光禄少卿。福王時，命廷揚以海舟防江，尋命兼理糧務。南都既失，廷揚崎嶇唐、魯二王間以死。

當嘉靖中，廷臣紛紛議復海運，漕運總兵官萬表[二]言：『在昔海運，歲溺不止十萬。載米之舟，駕船之卒，統卒之官，皆所不免。今人策海運輒主丘濬之論，非達於事者也。』

河渠五

《明史》卷八七

淮河　泇河　衞河　漳河　沁河　滹沱河　桑乾河　膠萊河

淮河[三]

淮河，出河南平氏胎簪山。經桐伯，其流始大。東至固始，入南畿潁州境，東合汝、潁諸水。經壽州北，肥水入焉。至懷遠城東，渦水入焉。東經鳳陽、臨淮，濠水入焉。又經五河縣南，而納澮、沱、潨、潼諸水，勢盛流疾。經泗州城南，稍東則汴水入焉。過龜山麓，益折而北，會洪澤、阜陵、泥墩、萬家諸湖。東北至清河南，會於大河[四]，即古泗口也，亦曰清口，是謂黄、淮交會之衝。淮之南岸，漕河流入焉，所謂清江浦口。又東經淮安北、安東南而達於海。

永樂七年，決壽州，泛中都。

正統三年，溢清河。

天順四年，溢鳳陽。皆隨時修築，無鉅害也。

正德十二年，復決漕堤，灌泗州。泗州，祖陵在焉，其地最下。初，淮自安東雲梯關入海，無旁溢患。迨與黄會，黄水勢盛，奪淮入海之路，淮不能與黄敵，往往避而東。陳瑄鑿清江浦，因築高家堰舊堤以障之。淮、揚恃以無恐，而鳳、泗間數爲害。

嘉靖十四年，用總河都御史劉天和言，築堤衞陵，而高堰方固，淮暢流出清口，鳳、泗之患弭。

隆慶四年，總河都御史翁大立復奏濬淮工竣，淮益無事。

至萬曆三年三月，高家堰決，高、寶、興、鹽爲巨浸。

[一] 朱大典　字延之，浙江金華人，崇禎八年至十四年（一六三五至一六四一年）任總督漕運。《明史》卷二七六有傳。

[二] 萬表　字民望，安徽定遠人，嘉靖十九年（一五四〇年）任漕運參將，後升總兵官，著有《漕河論》。

[三] 本標題由注者所加。

[四] 東北至清河南，會於大河　常見本作『東北至清河，南會於大河』。

而黃水躡淮，且漸逼鳳、泗。乃命建泗陵護城石堤二百餘丈，泗得石堤稍寧。於是，總漕侍郎吴桂芳言：『河決崔鎮，清河路淤。黃强淮弱，南徙而灌山陽、高、寶，請急護湖堤。』帝令熟計其便。給事中湯聘尹議請導淮入江。會河從老黃河奔入海，淮得乘虛出清口。桂芳以聞，議遂寢。

六年，總河都御史潘季馴言：『高堰，淮、揚之門户，而黃、淮之關鍵也。欲導河以入海，必藉淮以刷沙。淮水南決，則濁流停滯，清口亦堙。河必決溢上流，水行平地[一]，而邳、徐、鳳、泗皆爲巨浸。是淮病而黃病，黃病而漕亦病，相因之勢也。』於是築高堰堤，起武家墩，經大小澗，阜陵湖，周橋、翟壩，長八十里，使淮不得東。又以淮水北岸有王簡、張福二口洩入黃河，水力分，清口易淤淺，且黃水多由此倒灌入淮，乃築堤捍之。使淮無所出，黃無所入，全淮畢趨清口，會大河入海。然淮水雖出清口，亦西淫鳳、泗。

八年，雨潦，淮薄泗城，且至祖陵墀中。御史陳用賓以聞。給事中王道成因言：『黃河未漲，淮、泗間霖雨偶集，而清口已不容洩。宜令河臣疏導堵塞之。』季馴言：『黃、淮合流東注，甚迅駛。泗州岡阜盤旋，雨潦不及宣洩，因此漲溢。欲疏鑿，則下流已深，無可疏；欲堵塞，則上流不可逆堵。』乃令季馴相度，卒聽之而已。

十六年，季馴復爲總河，加泗州護堤數千丈，皆用石。

十九年九月，淮水溢泗州，高於城壕，因塞水關以防內灌。於是，城中積水不洩，居民十九淹没，侵及祖陵。疏洩之議不一，季馴謂當聽其自消。會嘔血乞歸，言者因請允其去。而帝遣給事中張貞觀往勘，會總河尚書舒應龍等詳議以上，計未有所定。連數歲，淮東決高良澗，西灌泗陵。帝怒，奪應龍官，遣給事中張企程往勘。議者多請拆高堰，總河尚書楊一魁與企程不從，而力請分黃導淮。乃建武家墩經河閘，洩淮水由永濟河[二]達涇河，下射陽湖入海。又建高良澗及周橋減水石閘[三]，以洩淮水，一由岔河入涇河，一由草子湖、寶應湖下子嬰溝，俱下廣洋湖入海。又挑高郵茆塘港，通邵伯湖，開金家灣，下芒稻河[四]入江，以疏淮漲，而淮水以平。其後三閘漸塞。

崇禎間，黃、淮漲溢，議者復請開高堰。淮、揚在朝者公疏力爭，議遂寢。然是時，建義諸口數決，下灌興、鹽，

[一] 河必決溢上流，水行平地　常見本作：『河必決溢，上流水行平地』，誤。

[二] 永濟河　洪澤湖減水河，河口在清口南武家墩。河口有減水閘，名經河閘。

[三] 高良澗及周橋減水石閘　均在今洪澤縣高良澗鎮境內。高良澗減水閘，爲高家堰中部主要泄洪水道。周橋閘在高良澗閘南約二十里。

[四] 芒稻河　是運河入長江的主要水道之一。北與金家灣河相通，河口處與東西流向的運鹽河平交，南直入長江。

淮患日棘矣。

泇河[一]

泇河，二源。一出費縣南山谷中，循沂州西南流，一出嶧縣君山，東南與費泇合，謂之東、西二泇河。南會彭河水，從馬家橋東，過微山、赤山、吕孟等湖，踰葛墟嶺，而南經侯家灣、良城，至泇口鎮，合蛤鰻、連汪諸湖。東會沂水，從周湖、柳湖，接邳州東直河。東南達宿遷之黄墩湖、駱馬湖，從董、陳二溝入黄河。引泗合沂濟運道，以避黄河之險，其議始於翁大立，繼之者傅希摯，而成於李化龍、曹時聘。

隆慶四年九月，河決邳州，自睢寧至宿遷淤百八十里。總河侍郎翁大立請開泇河以避黄水，未決而罷。明年四月，河復決邳州，命給事中雒遵勘驗。工部尚書朱衡請以開泇口河之説下諸臣熟計。帝即命遵會勘。遵言：『泇口河取道雖捷，施工實難。葛墟嶺高出河底六丈餘，開鑿僅至二丈，硼石中水泉湧出。侯家灣、良城雖有河形，水中多伏石，難鑿，縱鑿之，湍激不可通漕。且蛤鰻、周柳諸湖，築堤水中，功費無算。微山、赤山、吕孟等湖雖可築堤，然須鑿葛墟嶺以洩正派，開地浜溝以散餘波，乃可施工。』請罷其議。詔尚書朱衡會總河都御史萬恭等覆勘。衡奏有三難，大略如遵指。且言漕河已通，徐、邳間堤高水深，不煩別建置。乃罷。

萬曆三年，總河都御史傅希摯言：『泇河之議嘗建而中止，謂有三難。而臣遣錐手、步弓、水平、畫匠，於三難處核勘。起自上泉河口，開向東南，則起處低窪，下流趨高之難可避也。南經性義村東，則葛墟嶺高堅之難可避也。從陡溝河經郭村西之平坦，則良城侯家灣之伏石可避也。至泇口上下，河渠深淺不一，湖塘聯絡相因，間有砂礓，無礙挑挖。大較上起泉河口，水所從入也，下至大河口，水所從出也。自西北至東南，長五百三十里，比之黄河近八十里，河渠、河塘十居八九，源頭活水，脈絡貫通，此天子所以資漕也。誠能捐十年治河之費，以成泇河，則黄河無虞壅決，茶城無虞填淤，二洪無虞艱險，運艘無虞漂損，洋山之支河可無開，境山之閘座可無建，徐、吕之洪夫可盡省，馬家橋之堤工可中輟。今日不貲之費，他日所省抵有餘者也。臣以爲開泇河便。』乃命都給事中侯于趙往會希摯及巡漕御史劉光國，確議以聞。于趙勘上泇河事宜：『自泉河口至大河口五百三十里内，自直河至清河三百餘里，無賴於泇，事在可已。惟徐、吕至直河上下二百餘里，河衝蕭、碭則涸二洪，衝睢寧則淤邳河，宜開以避其害，約費百五十餘萬金。特良城伏石長五百五十丈，開鑿之力難以逆料。性義嶺及南禹陵俱限隔河流，

[一] 本標題爲注者所加。

二處既開，則豐、沛河決，必至灌入。宜先鑿良城石，預修豐、沛堤防，可徐議興功也。』部覆如其言，而謂開泇非數年不成，當以治河爲急。帝不悅，責于趙阻撓，然議亦遂寢。

二十年，總河尚書舒應龍開韓莊以洩湖水[一]，泇河之路始通。

至二十五年，黄河決黄堌口南徙，徐、吕而下幾斷流。方議開李吉口、小浮橋及鎮口以下，建閘引水以通漕，而論者謂非永久之計。於是，工科給事中楊應文、吏科給事中楊廷蘭皆謂當開泇河，工部覆議允行。帝命河漕官勘報，不果。

二十八年，御史佴祺復請開泇河。工部覆奏云：『用黄河爲漕，利與害參用；泇河爲漕，有利無害。但泇河之外，由微山、吕孟、周柳諸湖，伏秋水發虞風波，冬春水涸虞淺阻，須上下別鑿漕渠，建閘節水。』從之。總河尚書劉東星董其事，以地多沙石，工艱未就。工科給事中張問達以爲言。御史張養志復陳開泇河之説有四：

一曰開黄泥灣以通入泇之徑。邳州沂河口，入泇河門户也。進口六七里，有湖名連二汪，其水淺而闊，下多淤泥。欲挑濬則無岸可修，欲爲壩埽則無基可築。湖外有黄泥灣，離湖不遠，地頗低。自沂口至湖北崖約二十餘里，於此開一河以接泇口，引湖水灌之，運舟可直達泇口矣。

一曰鑿萬家莊以接泇口之源。萬家莊，泇口迆北地也。與臺家莊、侯家灣、良城諸處，皆山岡高阜，多砂礓石塊，極難爲工。東星力鑿成河。但河身尚淺，水止二三尺，宜更鑿四五尺，俾韓莊之水下接泇口，則運舟無論大小，皆沛然可達矣。

一曰濬支河以避微口之險。微山湖在韓莊西，上下三十餘里，水深丈餘。必探深淺，立標爲嚮導，風正帆懸，頃刻可過，突遇狂飆，未免敗没。今已傍湖開支河四十五里，上通西柳莊，下接韓莊，牽挽有路。當再疏濬，庶無漂溺之患。

其一則以萬莊一帶勢高，北水南下，至此必速。請即其地建閘數座，以時蓄洩。詔速勘行。而東星病卒。御史高舉獻河漕三策，復及泇河。工部尚書楊一魁覆言：『泇河經良城、彭河、葛墟嶺，石礓難鑿，故口僅丈六尺，淺亦如之，當大加疏鑿。其韓莊渠上接微山、吕孟，宜多方疏導，俾無淤淺。順流入馬家橋、夏鎮，以爲運道接濟之資。』帝以泇河既有成績，命河臣更挑濬。

三十年，工部尚書姚繼可言泇河之役宜罷，乃止不

[一] 開韓莊以洩湖水　新河北起微山湖東岸韓莊閘，東南至臺莊南接泇河，名韓莊渠。

治。未幾，總河侍郎李化龍復議開泇河，屬之直河〔一〕，以避河險。工科給事中侯慶遠力主其説，而以估費太少，責期太速，請專任而責成之。

三十二年正月，工部覆化龍疏，言：『開泇有六善，其不疑有二。泇河開而運不借河，河水有無聽之，善一。以二百六十里之泇河，避三百三十里之黄河，善二。運不借河，則我爲政得以熟察機宜而治之，善三。估費二十萬金，開河二百六十里，視朱衡新河事半功倍，善四。開河必行召募，春荒役興，麥熟人散，富民不擾，窮民得以養，善五。糧船過洪，必約春盡，實畏河漲，運入泇河，朝暮無妨，善六。爲陵捍患，爲民禦災，無疑者一。徐州向苦洪水，泇河既開，則徐民之爲魚者亦少，無疑者二。』帝深善之，令速鳩工爲久遠之計。八月，化龍報分水河成，糧艘由泇者三之二。會化龍丁艱去，總河侍郎曹時聘代，上言頌化龍功。然是時，導河、濬泇，兩工并興，役未能竟。而黄河數溢壞漕渠。給事中宋一韓遂詆化龍開泇之誤，化龍憤，上章自辨。時聘亦力言泇可賴，因畫善後六事以聞。部覆皆從其議。且言：『泇開於梗漕之日，固不可因泇而廢黄；漕利於泇成之後，亦不可因黄而廢泇。兩利俱存，庶幾緩急可賴。』因請築郗山堤，削頓莊嘴，平大泛口湍溜，濬貓兒窩等處之淺，建鉅梁吴衝閘，增三市徐塘壩，以終泇河未就之功。詔如議。越數年，泇工未竟，督漕者復舍泇由黄。舟有覆者，遷徙黄、泇間，運期久踰限。

三十八年，御史蘇惟霖疏陳黄、泇利害，請專力於泇，略言：『黄河自清河經桃源，北達直河口，長二百四十里。此在泇下流，水平身廣，運舟日行僅十里。然無他道，故必用之。自直河口而上，歷邳、徐達鎮口，長二百八十餘里，是謂黄河。又百二十里，方抵夏鎮。其東自貓窩，泇溝達夏鎮，止二百六十餘里，是謂泇河。東西相對，舍此則彼。黄河三四月間淺與泇同。五月初，其流洶湧，自天而下，一步難行。由其水挾沙而來，河口日高。至七月初，則淺涸十倍。統而計之，無一時可由者。溺人損舟，其害甚劇。泇河計日可達，終鮮風波，但得實心任事之臣，不三五年缺略悉補，數百年之利也。』工科給事中何士晉亦言：『運道最險無如黄河。先年水出昭陽湖，夏鎮以南運道衝阻，開泇之議始決。避淺澀急溜二洪之險，聚諸泉水，以時啓閉，通行無滯者六年。乃今忽欲舍泇由黄，致倉皇損壞糧艘。或改由大浮橋，河道淤塞，復還由泇。以故運抵灣遲，汲汲有守凍之慮，由黄之害略可見矣。顧泇工未竟，闊狹深淺不齊。宜拓廣濬深，與會通河

〔一〕總河侍郎李化龍復議開泇河，屬之直河　是爲泇運河。泇運河北起韓莊，東南經臺兒莊至泇河口，循原泇河河道至直河與黄河通，全長約二百四十里，有韓莊、得勝、張莊、萬年、丁廟、頓莊、侯遷、臺莊等閘。

相等。重運空回，往來不相礙，迴旋不相避，水常充盛，舟無留行。歲捐水衡數萬金，督以廉能之吏，三年可竣工。然後循駱馬湖北岸，東達宿遷，大興畚鍤，盡避黃河之險，則泇河之事訖矣。或謂泉脈細微，太闊太深，水不能有。不知泇源遠自蒙、沂，近挾徐塘、許池、文武諸泉河，大率視濟寧泉河略相等。吕公堂口既塞，則山東諸水總合全收，加以閘壩堤防，何憂不足？或謂直抵宿遷，此功迂而難竟，是在任用得人，綜理有法耳。』疏入，不報。

明年，部覆總河都御史劉士忠《泇黃便宜疏》，言：『泇渠春夏間，沂、武、京河山水衝發，沙淤潰決，歲終當如南旺例修治。顧別無置水之地，勢不得不塞泇河壩，令水復歸黃流。故每年三月初，則開泇河壩，令糧艘及官民船由直河進。至九月內，則開召公壩，入黃河，以便空回及官民船往來。至次年二月中塞之。半年由泇，半年由黃，此兩利之道也。』因請增驛設官。又覆惟霖疏，言：『直隸貓窩淺，爲沂下流，河廣沙淤，不可以閘，最爲泇患。宜西開一月河，以通沂口。凡水挾沙來，沙性直走，有月河以分之，則聚於洄伏之處，撈刷較易，而泇患少減矣。』俱報可，其後，泇河遂爲永利，但需補葺而已。然泇勢狹窄，冬春糧艘回空仍由黃河焉。

四十八年，巡漕御史毛一鷺言：『泇河屬夏鎮者有閘九座，屬中河者止藉草壩。分司官議於直口等處建閘，請舉行之。』詔從其議。

崇禎四年，總漕尚書楊一鵬濬泇河。九年，總河侍郎周鼎奏重濬泇河成。久之，鼎坐決河防遠戍。給事中沈胤培訟其修泇利運之功，得減論。

衛河[一]

衛河，源出河南輝縣蘇門山百門泉。經新鄉、汲縣而東，至畿南濬縣境，淇水入焉，謂之白溝[二]，亦曰宿胥瀆[三]。宋、元時名曰御河。由内黃東出，至山東館陶西，漳水合焉。東北至臨清，與會通河合。北歷德、滄諸州，至青縣南，合滹沱河。北達天津，會白河入海。所謂衛漕[四]也。其河流濁勢盛，運道得之，始無淺澀虞。然自德州下漸與海近，卑窄易衝潰。

初，永樂元年，瀋陽軍士唐順言：『衛河抵直沽入海，南距黃河陸路纔五十里。若開衛河，而距黃河百步置倉廒，受南運糧餉，至衛河交運，公私兩便。』乃命廷臣議，未行。其冬，命都督僉事陳俊運淮安、儀真倉糧百五十萬

[一] 本標題爲注者所加。
[二] 白溝　東漢末建安九年（二〇四年）曹操所開，在淇水入黃河處建枋堰，遏淇水會清水而入白溝。白溝下入宿胥瀆故道。參見《水經·淇水注》。
[三] 宿胥瀆　黃河故道名，在宿胥口向北分出。參見《水經·淇水注》。
[四] 衛漕　又名南運河，北至天津，南至臨清。

餘石赴陽武，由衛河轉輸北京。

五年，自臨清抵渡口驛決堤七處，發卒塞之。後宋禮開會通河，衛河與之合。時方數決堤岸，遂命禮并治之。禮言：『衛輝至直沽，河岸多低薄，若不究源析流，但務堤築，恐復潰決，勞費益甚。會通河抵魏家灣，與土河連，其處可穿二小渠以洩於土河。雖遇水漲，下流衛河，自無橫溢患。德州城西北亦可穿一小渠。蓋自衛河岸東北至舊黃河十有二里，而中間五里故有溝渠，宜開道七里，洩水入舊黃河，至海豐大沽河入海。』詔從之。

英宗初，永平縣丞李祐請閉漳河以防患，疏衛河以通舟。從之。

正統四年，築青縣衛河堤岸。

十三年，從御史林廷舉請，引漳入衛。

十四年，黃河決臨清四閘，御史錢清請濬其南撞圈灣河以達衛。從之。

景泰四年，運艘阻張秋之決。河南參議豐慶請自衛輝、胙城泊於沙門，陸輓三十里入衛，舟運抵京師。命漕運都督徐恭覆報，如其策。山東僉事江良材嘗言：『通河於衛有三便。古黃河自孟津至懷慶東北入海。今衛河自汲縣至臨清、天津入海，則猶古黃河道也，便一。三代前，黃河東北入海，宇宙全氣所鐘。河南徙，氣遂遷轉。今於河陰、原武、懷、孟間導河入衛，以達天津，不獨徐、沛患息，而京師形勝百倍，便二。元漕舟至封丘，陸運抵淇門入衛。今導河注衛，冬春水平，漕舟至河陰，順流達衛。夏秋水迅，仍從徐、沛達臨清，以北抵京師。且修其溝洫，擇良有司任之，可以備旱澇，捍戎馬，益起直隸、河南富强之勢，便三。』詹事霍韜大然其畫，具奏以聞。不行。

萬曆十六年，總督河漕楊一魁議引沁水入衛，命給事中常居敬勘酌可否。居敬言：『衛小沁大，衛清沁濁，恐利少害多。』乃止。

泰昌元年十二月，總河侍郎王佐[一]言：『衛河流塞，惟挽漳、引沁、闢丹三策。挽漳難，而引沁多患。丹水則雖勢與沁同，而丹口既闢，自修武而下皆成安流，建閘築堰，可垂永利。』制可，亦未能行也。

崇禎十三年，總河侍郎張國維言：『衛河合漳、沁、淇、洹諸水，北流抵臨清，會閘河以濟運。自漳河他徙，衛流遂弱，挽漳引沁之議，建而未行。宜導輝縣泉源，且酌引漳、沁，闢丹水，疏通滏、洹、淇三水之利害得失，命河南撫、按勘議以聞。』不果行。

〔一〕王佐　字翼卿，浙江鄞縣人，萬曆四十一年至四十六年（一六一三至一六一八年）以工部侍郎任總理河道，四十六年陞工部尚書。

漳河〔一〕

漳河，出山西長子曰濁漳，樂平曰清漳，俱東經河南臨漳縣，由畿南真定、河間趨天津入海。其分流至山東館陶西南五十里，與衛河合。

洪武十七年，河決臨漳，敕守臣防護。復諭工部，凡堤塘堰壩可禦水患者，皆預修治。有司以黄、沁、漳、衛、沙五河所決堤岸丈尺，具圖計工以聞。詔以軍民兼築之。

永樂七年，決固安縣賀家口〔二〕。

九年，決西南張固村河口，與滏陽河合流，下田不可耕〔三〕。臨漳主簿趙永中乞令災户於漳河旁墾高阜荒地。從之。是年築沁州及大名等府決堤。

十三年，漳、滏並溢，漂没磁州田稼。

二十二年，溢廣宗。

洪熙元年，漳、滏並溢，決臨漳三塚村等堤岸二十四處，發軍民修築。

宣德八年，復築三塚村堤口。

正統元年，漳、滏並溢，壞臨漳杜村西南堤。

三年，漳決廣平、順德。

四年，又決彰德。皆命修築。

十三年，御史林廷舉言：『漳河自沁州發源，七十餘溝會而爲一，至肥鄉，堤岸逼隘，水勢激湍，故爲民患。元時分支流入衛河，以殺其勢。永樂間堙塞，舊跡尚存，去廣平大留村十八里。宜發丁夫鑿通，置閘，遏水轉入之，而疏廣肥鄉水道。則漳河水減，免居民患，而衛河水增，便漕。』從之。漳水遂通於衛。

正德元年，濬滏陽河。河舊在任縣新店村東北，源出磁州。經永年、曲周、平鄉，至穆家口，會百泉等河北流。永樂間，漳河決而與合，二水每並爲患。至景泰間，又合漳，衝曲周諸縣，沿河之地皆築堤備之。成化間，舊河淤，衝新店西南爲新河，合沙、洺等河入穆家口，亦築堤備之。英宗時，漳已通衛。弘治初，益徙入御河，遂棄滏堤不理。其後，漳水復入新河，兩岸地皆没。任縣民高暘等以爲言，下巡撫官勘奏，言：『穆家口乃衆河之委，當從此先，而併濬新舊河，令分流。漳、滏缺堤，以漸而築。』從之。自此漳、滏匯流，而入衛之道漸堙矣。

萬曆二十八年，給事中王德完言：『漳河決小屯，東經魏縣、元城，抵館陶入衛，爲一變，其害小。決高家

〔一〕本標題爲注者所加。

〔二〕永樂七年，決固安縣賀家口　《明史·五行志》卷二八作『永樂七年，渾河決固安』。《明太宗實録》卷九三作：『永樂七年六月癸卯』順天府固安縣言：『渾河決賀家口，傷禾稼。命工部亟遣官修築』。固安縣無漳河，應爲渾河決。

〔三〕九年，決西南張固村河口，與滏陽河合流，下田不可耕　永樂九年河決事，《明史·五行志》卷二八作：『八月，漳衛二水決堤淹田』。《明太宗實録》亦作『漳衛二水決堤』。

口，析二流於臨漳之南北，俱至成安東吕彪河合流，經廣平、肥鄉、永年，至曲周入滏水，同流至青縣口方入漕河，爲再變，其害大。滏水不勝漳，而今納漳，則狹小不能束巨浪，病溢而患在民。衛水昔仰漳，而今舍漳，則細緩不能捲沙泥，病涸而患在運。塞高家河口，導入小屯河，費少利多，爲上策。仍迴龍鎮至小灘入衛，費鉅害少，爲中策。築吕彪河口，固堤漳水，運道不資利，地方不罹害，爲下策。』命河漕督臣集議行之。直隸巡按佴祺亦請引漳河。並下督臣，急引漳會衛，以圖永濟。不果行。

沁河[一]

沁河，出山西沁源縣綿山東谷。穿太行山，東南流三十里入河南境。逕河内縣東北，又東南至武陟縣，與黄河會而東注，達徐州以濟漕。其支流自武陟紅荆口，經衛輝入衛河。元郭守敬言：『沁餘水引至武陟，北流合御河灌田。』此沁入衛之故跡也。

明初，黄河自滎澤趨陳、潁，徑入於淮，不與沁合。乃鑿渠引之，令河仍入沁。久之，沁水盡入黄河，而入衛之故道堙矣。武陟者，沁、黄交會處也。永樂間，再決再築。

宣德九年，沁水決馬曲灣，經獲嘉至新鄉，水深成河，城北又匯爲澤。築堤以防，猶不能遏。新鄉知縣許宣請堅築決口，俾由故道。遣官相度，從之。沁水稍定，而其支流復入於衛。

正統三、四年間，武陟沁堤復再決再築。

十三年，黄河決滎澤，背沁而去。乃從武陟東寶家灣開渠三十里，引河入沁，以達淮。自後，沁、河益大合，而沁之入衛者漸淤。

景泰三年，僉事劉清言：『自沁決馬曲灣入衛，沁、黄、衛三水相通，轉輸頗利。今決口已塞，衛河膠淺。運舟悉從黄河，嘗遇險阻。宜遣官濬沁資衛，軍民運船視遠近之便而轉輸之。』詔下巡撫集議。

明年，清復言：『東南漕舟，水淺弗能進。請自滎澤入沁河，濬岡頭百二十里以通衛河。且張秋之決，由沁合黄，勢遂奔急。若引沁入衛，則張秋無患。』行人王晏亦言：『開岡頭置閘，分沁水，使南入黄，北達衛。遇漲則閉閘，漕可永無患。』並下督漕都御史王竑等覈實以聞。

明年，給事中何陞言：『沁河有漏港已成河。臨清屯聚膠淺之舟，宜使從此入黄，度二旬可達淮。』詔竑及都御史徐有貞閲之。既而罷引沁河議。初，王晏請漕沁，有司多言弗利。晏固争。吏部尚書王直請遣官行河，命侍

[一] 本標題爲注者所加。

郎趙榮同晏往。榮亦言不利，議乃寢。

天順八年，都察院都事金景輝復請濬陳橋集古河，分引沁水，北通長垣、曹州、鉅野，以達漕河。詔按實以聞，未能行也。

弘治二年夏，黃河決埽頭五處，入沁河。其冬，又決祥符翟家口，合沁河，出丁家道口[一]。

十一年，員外郎謝緝以黃河南決，恐牽沁水南流，徐、吕二洪必涸。請遏黃河，堤沁水，使俱入徐州。方下所司勘議，明年漕運總兵官郭鋐上副使張鼐《引沁河議》，請於武陟木欒店鑿渠抵荆隆口[二]，分沁水入賈魯河，由丁家道口以下徐、淮。倘河或南徙，即引沁水入渠，以濟二洪之運。帝即令鼐理之。而曹縣知縣鄒魯又駁鼐議，謂引沁必塞沁入河之口，沁水無歸，必漫田廬。若俟下流既通而始塞之，水勢擣虚，千里不折，其患更大，甚於黃陵[三]。且起木欒店至飛雲橋，地以千里計，用夫百萬，積功十年，未能必其成也。兖州知府龔弘主其説，因上言：『鼐見河勢南行，故建此議。但今秋水逆流東北，亟宜濬築。』乃從河臣撫臣議，修丁家口上下堤岸，而鼐議卒罷。

至萬曆十五年，沁水決武陟東岸蓮花池、金屹嶆，新鄉、獲嘉盡淹没。廷議築堤障之。都御史楊一魁言：『黃河從沁入衛，此故道也。自河徙，而沁與俱南，衛水每涸。宜引沁入衛，不使助河爲虐。』部覆言：『沁入黃，衛入漕，其來已久。頃沁水決木欒蓮花口而東，一魁因建此議。而科臣常居敬往勘，言：「衛輝府治卑於河，恐有衝激。且沁水多沙，入漕反爲患，不如堅築決口，廣闢河身」。』乃罷其議。

三十三年，茶陵知州范守己復言：『嘉靖六年，河決豐、沛。胡世寧言：「沁水自紅荆口分流入衛，近年始塞。宜擇武陟、陽武地開一河，北達衛水，以備徐、沛之塞。」會盛應期主開新渠，議遂不行。近者十年前，河沙淤塞沁口，沁水不得入河，自木欒店東決岸，奔流入衛，則世寧紅荆口之説信矣。彼時守土諸臣塞其決口，築以堅堤，仍導沁水入河。而堤外河形直抵衛滸，至今存也。請建石閘於堤，分引一支，由所決河道東流入衛。漕舟自邳溯河而上，因沁入衛，東達臨清，則會通河可廢。』帝命總河及撫、按勘議，不行。

[一] 丁家道口　在河南商丘東北黃河南岸。

[二] 荆隆口　在今河南封丘西南黃河北岸。

[三] 若俟下流既通而始塞之，水勢擣虚，千里不折，其患更大，甚於黃陵　事指黃陵岡決口。《河防一覽》卷五載：『弘治五年，黃河復決金龍口，潰黃陵岡，再犯張秋。』黃陵岡在今山東曹縣西南。

滹沱河[一]

滹沱河，出山西繁峙泰戲山[二]。循太行，掠晉、冀，逶迤而東，至武邑合漳。東北至青縣岔河口入衛，下直沽。或云九河中所稱徒駭是也。

明初，故道由藁城、晉州抵寧晉入衛，其後遷徙不一。河身不甚深，而水勢洪大。左右旁近地大率平漫，夏秋雨潦，挾衆流而潰，往往成巨浸。水落，則因其淺淤以爲功。修堤濬流，隨時補救，不能大治也。洪武間一濬。建文、永樂間，修武强、真定決岸者三。

至洪熙元年夏，霪雨，河水大漲，晉、定、深三州，藁城、無極、饒陽、新樂、寧晉五縣，低田盡没，而滹沱遂久淤矣。

宣德六年，山水復暴泛，衝壞堤岸，發軍民濬之。

正統元年，溢獻縣，決大郭鼉窩口堤。

四年，溢饒陽，決醜女堤及獻縣郭家口堤，淹深州田百餘里，皆命有司修築。

十一年，復疏晉州故道。

成化七年，巡撫都御史楊璿言：『霸州、固安、東安、大城、香河、寶坻、新安、任丘、河間、肅寧、饒陽諸州縣屢被水患，由地勢平衍，水易瀦積。而唐、滹沱、白溝三河上源堤岸率皆低薄，遇雨輒潰。官吏東西決放，以鄰爲壑。宜求故跡，隨宜濬之。』帝即命璿董其事，水患稍寧。

至十八年，衛、漳、滹沱並溢，潰漕河岸，自清平抵天津決口八十六。因循者久之。

弘治二年，修真定縣白馬口及近城堤三千九百餘丈。五年，又築護城堤二道。後復比年大水，真定城内外俱浸。改挑新河，水患始息。

嘉靖元年，築束鹿城西決口修晉州紫城口堤。未幾，復連歲被水。

十年冬，巡按御史傅漢臣言：『滹沱流經大名，故所築二堤衝敗，宜修復如舊。』乃命撫、按官會議。其明年，敕太僕卿何棟往治之，棟言：『河發渾源州，會諸山之水，東趨真定，由晉州紫城口之南入寧晉泊，會衛河入海，此故道也。晉州西高南下，因衝紫城東溢，而束鹿、深州諸處遂爲巨浸。今宜起藁城張村至晉州故堤，築十八里，高三丈，廣十之，植椿榆諸樹。乃濬河身三十餘里，導之南行，使歸故道，則順天、真、保諸郡水患俱平矣。』又用郎中徐元祉言，於真定濬滹沱河以保城池，又導束鹿、武强、河間、獻縣諸水，循滹沱以出。皆從之。自後數十年，水頗戢，無大害。

萬曆九年，給事中顧問言：『臣令任丘，見滹沱水漲，漂没民田不可勝紀。請自饒陽、河間以下水占之

[一] 本標題爲注者所加。

[二] 泰戲山　一名大戲山、武夫山、平山、戍夫山、派山，在山西繁峙縣東。

地，悉捐爲河，而募夫深濬河身，堅築堤岸，以圖永久。』命下撫、按官勘議。增築雄縣橫堤八里，任丘東堤二十里。

桑乾河[一]

桑乾河，盧溝[二]上源也。發源太原之天池，伏流至朔州馬邑雷山之陽，有金龍池者渾泉溢出，是爲桑乾。東下大同古定橋，抵宣府保安州，雁門、應州、雲中諸水皆會。穿西山，入宛平界。東南至看舟口，分爲二。其一東由通州高麗莊入白河。其一南流霸州，合易水，南至天津丁字沽入漕河，曰盧溝河，亦曰渾河。河初過懷來，束兩山間，不得肆。至都城西四十里石景山之東，地平土疏，衝激震盪，遷徙弗常。《元史》名盧溝曰小黄河，以其流濁也。上流在西山後者，盈涸無定，不爲害。

嘉靖三十三年，御史宋儀望嘗請疏鑿，以漕宣、大糧[三]。三十九年，都御史李文進以大同缺邊儲，亦請『開桑乾河以通運道。自古定橋至盧溝橋務里村水運五節，七百餘里，陸運二節，八十八里。春秋二運，可得米二萬五千餘石。且造淺船由盧溝達天津，而建倉務里村、青白口八處，以備撥運。』皆不能行[四]。下流在西山前者，泛溢害稼，畿封病之，堤防急焉。

洪武十六年，濬桑乾河，自固安至高家莊八十里，霸州西支河二十里，南支河三十五里。

永樂七年，決固安賀家口。

十年，壞盧溝橋及堤岸，没官田民廬，溺死人畜。

洪熙元年，決東狼窩口。

宣德三年，潰盧溝堤。皆發卒治之。

六年，順天府尹李庸言：『永樂中，渾河決新城，高從周口遂致淤塞。霸州桑圓里上下，每年水漲無所洩，漫湧倒流，北灌海子凹、牛欄佃，請亟修築。』從之。

七年，侍郎王佐言：『通州至河西務河道淺狹，張家灣西舊有渾河，請疏濬。』帝以役重止之。

九年，決東狼窩口，命都督鄭銘往築。

正統元年，復命侍郎李庸修築，並及盧溝橋小屯廠潰岸，明年，工竣。

越三年，白溝、渾河二水俱溢，決保定縣安州堤五十餘處。復命庸治之，築龍王廟南石堤。

七年，築渾河口。

[一] 本標題爲注者所加。

[二] 盧溝　即永定河，歷史上又有㶟水、渾河、無定河等名。

[三] 御史宋儀望請通漕運事，詳見《明世宗實録》『嘉靖三十三年五月戊午』條，《行水金鑑》卷一一六。宋儀望，字望之，吉安永豐人。《明史》卷二二七有傳。

[四] 李文進請通漕運事，詳見《明世宗實録》『嘉靖三十九年九月壬辰』條，《行水金鑑》卷一一六。這兩次建議，三十三年因工部反對未成行；三十九年雖曾開工，但因地形條件不好而失敗。

八年，築固安決口。

成化七年，霸州知州蔣愷言：『城北草橋界河，上接渾河，下至小直沽注於海。永樂間，渾河改流，西南經固安、新城、雄縣抵州，屢決爲害。近決孫家口，東流入河，又東抵三角淀。小直沽乃其故道，請因其自然之勢，修築堤岸。』詔順天府官相度行之。

十九年，命侍郎杜謙督理盧溝河堤岸。

弘治二年，決楊木廠堤，命新寧伯譚祐、侍郎陳政、内官李興等督官軍二萬人築之。

正德元年，築狼窩決口。久之，下流支渠盡淤。

嘉靖十年，從郎中陸時雍言，發卒濬導。

三十四年，修柳林至草橋大河。

四十一年，命尚書雷禮修盧溝河岸。禮言：『盧溝東南有大河，從麗莊園入直沽下海，沙澱十餘里。稍東岔河，從固安抵直沽，勢高。今當先濬大河，令水歸故道，然後築長堤以固之。決口地下水急，人力難驟施。西岸故堤綿亘八百丈，遺址可按，宜併築。』詔從其請。明年訖工，東西岸石堤凡九百六十丈。

萬曆十五年九月，神宗幸石景山，臨觀渾河。召輔臣申時行至幄次，諭曰：『朕每聞黄河衝決，爲患不常，欲觀渾河以知水勢。今見河流洶湧如此，知黄河經理倍難。宜飭所司加慎，勿以勞民傷財爲故事。至選用務得人，吏、工二部宜明喻朕意。』

膠萊河[一]

膠萊河，在山東平度州東南，膠州東北。源出高密縣，分南北流。南流自膠州麻灣口入海，北流經平度州至掖縣海倉口入海。議海運者所必講也。

元至元十七年，萊人姚演獻議開新河，鑿地三百餘里，起膠西縣東陳村海口，西北達膠河，出海倉口，謂之膠萊新河。尋以勞費難成而罷。

明正統六年，昌邑民王坦上言：『漕河水淺，軍卒窮年不休。往者江南常海運，自太倉抵膠州。州有河故道接掖縣，宜濬通之。由掖浮海抵直沽，可避東北海險數千里，較漕河爲近。』部覆寢其議。

嘉靖十一年，御史方遠宜等復議開新河。以馬家墩數里皆石岡，議復寢。

十七年，山東巡撫胡纘宗言：『元時新河石座舊跡猶在，惟馬壕未通。已募夫鑿治，請復濬淤道三十餘里。』命從其議。

至十九年，副使王獻言：『勞山之西有薛島、陳島，石砑林立，橫伏海中，最險。元人避之，故放洋走成山正東，踰登抵萊，然後出直沽。考膠萊地圖，薛島西有山曰小竺，

[一] 本標題爲注者所加。

兩峰夾峙。中有石岡曰馬壕，其麓南北皆接海崖，而北即麻灣，又稍北即新河，又西北即萊州海倉。由麻灣抵海倉纔三百三十里，由淮安踰馬壕抵直沽，纔一千五百里，可免遶海之險。元人嘗鑿此道，遇石而止。今鑿馬壕以趨麻灣，濬新河以出海倉，誠便。』獻乃於舊所鑿地迤西七丈許鑿之。其初土石相半，下則皆石，又下石頑如鐵。焚以烈火，用水沃之，石爛化爲燼。海波流匯，麻灣以通，長十有四里，廣六丈有奇，深半之。由是江、淮之舟達於膠萊。

踰年，復濬新河，水泉旁溢，其勢深闊，設九閘，置浮梁，建官署以守。而中間分水嶺難通者三十餘里。時總河王以旂議復海運，請先開平度新河。帝謂妄議生擾，而獻亦適遷去，於是工未就而罷。

三十一年，給事中李用敬言：『膠萊新河在海運舊道西，王獻鑿馬家壕，導張魯、白、現諸河水益之。今淮舟直抵麻灣，即新河南口也，從海倉直抵天津，即新河北口也。南北三百餘里，潮水深入。中有九穴湖、大沽河，皆可引濟。其當疏濬者百餘里耳，宜急開通。』給事中賀涇、御史何廷鈺亦以爲請。詔廷鈺會山東撫、按官行視。既而以估費浩繁，報罷。

隆慶五年，給事中李貴和復請開濬，詔遣給事中胡檟會山東撫、按官議。檟言：『獻所鑿渠，流沙善崩，所引白河細流不足灌注。他若現河、小膠河、張魯河、九穴、都泊皆潢汙不深廣。膠河雖有微源，地勢東下，不能北引。諸水皆不足資。上源則水泉枯涸，無可仰給；下流則浮沙易潰，不能持久。擾費無益。』巡撫梁夢龍亦言：『獻悞執元人廢渠爲海運故道，不知渠身太長，春夏泉涸無所引注，秋冬暴漲無可蓄洩。南北海沙易塞，舟行滯而不通。』乃復報罷。

萬曆三年，南京工部尚書劉應節、侍郎徐栻復議海運，言：『難海運者以放洋之險，覆溺之患。今欲去此二患，惟自膠州以北，楊家圈以南，濬地百里，無高山長阪之隔，楊家圈北悉通海潮矣。綜而計之，開創者什五，通濬者什三，量濬者什二。以錐探之，上下皆無石，可開無疑。』乃命栻任其事。應節議主通海。而栻往相度，則膠州旁地高峻，不能通潮。惟引泉源可成河，然其道二百五十餘里，鑿山引水，築堤建閘，估費百萬。詔切責栻，謂其以難詞沮成事。會給事中光懋疏論之，且請令應節往勘。應節至，謂南北海口水俱深闊，舟可乘潮，條悉其便以聞。

山東巡撫李世達上言：

『南海麻灣以北，應節謂沙積難除，徙古路溝十三里以避之。又慮南接鴨綠港，東連龍家屯，沙積甚高，渠口一開，沙隨潮入，故復有建閘障沙之議。臣以爲閘閉則潮安從入？閘啓則沙又安從障也？北海倉口以南至新河閘，大率沙淤潮淺。應節挑東岸二里，僅去沙二尺，大潮一來，沙壅如故，故復有築堤約水障沙之議。臣以爲障兩岸之沙則可耳，若潮自中流衝激，安能障也？分水嶺高峻，一工止二十丈，而費千五百金。下多礓砢石，掣水甚難。故復有改挑王家丘之議。臣以爲吴家口至亭口高峻者共五十里，大概多礓砢石，費當若何？而舍此則又無河可行也。夫潮信有常，大潮稍遠，亦止及陳村閘、楊家圈，不能更進。況日止二潮乎？此潮水之難恃也。河道紆曲二百里，張魯、白、膠三水微細，都泊行潦，業已乾涸。設遇亢旱，何泉可引？引泉亦難恃也。元人開濬此河，史臣謂其勞費不貲，終無成功，足爲前鑒。』巡按御史商爲正亦言：『挑分水嶺下，方廣十丈，用夫千名。纔下數尺爲礓砢石，又下皆沙，又下盡黑沙，又下水泉湧出，甫挑即淤，止深丈二尺。必欲通海行舟，更須挑深一丈。雖二百餘萬，未足了此。』

給事中王道成亦論其失。工部尚書郭朝賓覆請停罷。遂召應節，栻還京，罷其役。嗣是中書程守訓，御史高舉、顔思忠，尚書楊一魁相繼議及之，皆不果行。

崇禎十四年，山東巡撫曾櫻、户部主事邢國璽復申王獻、劉應節之説。給内帑十萬金，工未舉，櫻去官。

十六年夏，尚書倪元璐請截漕糧由膠萊河轉餉，自膠河口用小船抵分水嶺，車盤嶺脊四十里達於萊河，復用小船出海，可無島嶕漂損之患。山東副總兵黄蔭恩獻議略同。皆未及行。

河渠六

《明史》卷八八

直省水利

三代疆理水土之制甚詳。自井田廢，溝遂堙，水常不得其治，於是穿鑿渠塘井陂，以資灌溉。明初，太祖詔所在有司，民以水利條上者，即陳奏。越二十七年，特諭工部，陂塘湖堰可蓄洩以備旱潦者，皆因其地勢修治之。乃分遣國子生及人材，徧詣天下，督修水利。明年冬，郡邑交奏。凡開塘堰四萬九百八十七處，其恤民者至矣。嗣後有所興築，或役本境，或資鄰封，或支官料，或採山場，或農隙鳩工，或隨時集事，或遣大臣董成。終明世水政屢修，可具列云。

洪武元年，修和州銅城堰〔一〕閘，周迴二百餘里。

四年，修興安靈渠，爲陡渠者三十六。渠水發海陽山，秦時鑿，溉田萬頃。馬援葺之，後圮。至是始復。

六年，發松江、嘉興民夫二萬開上海胡家港，自海口

〔一〕銅城堰　在含山縣東南八十里，相傳建於三國吴赤烏年間。詳見《明實録》卷二八。

至漕涇千二百餘丈，以通海船。且濬海鹽澉浦。

八年，開登州蓬萊閣河。命耿炳文〔一〕濬涇陽洪渠堰〔二〕，溉涇陽、三原、醴泉、高陵、臨潼田二百餘里。

九年，修彭州都江堰。

十二年，李文忠言：『陝西病鹹鹵〔三〕，請穿渠城中，遥引龍首渠〔四〕東注。』從其請，甃以石。

十四年，築海鹽海塘。

十七年，築磁州漳河決堤。決荆州嶽山壩以灌民田。

十九年，築長樂海堤〔五〕。

二十三年，修崇明、海門決堤二萬三千九百餘丈，役夫二十五萬人。四川永寧宣慰使言：『所轄水道百九十灘，江門大灘八十二，皆被石塞。』詔景川侯曹震〔六〕往疏之。

二十四年，修臨海横山嶺水閘，寧海、奉化海堤四千三百餘丈。築上虞海堤四千丈，改建石閘。濬定海、鄞二縣東錢湖〔七〕，灌田數萬頃。

二十五年，鑿溧陽銀墅東壩〔八〕河道，由十字港抵沙子河胭脂壩四千三百餘丈，役夫三十五萬九千餘人。

二十七年，濬山陽支家河。鬱林州民言：『州南北二江相去二十餘里，乞鑿通，設石陡諸閘。』從之。

二十九年，修築河南洛堤。復興安靈渠。時尚書唐鐸以軍興至其地，圖渠狀以聞。請濬深廣，通官舟以餉軍。命御史嚴震直燒鑿陡澗之石，餉道果通。

三十一年，洪渠堰圮，復命耿炳文修治之。且濬渠十

〔一〕耿炳文　濠州（今安徽省鳳陽）人，《明史》卷一三〇本傳載『濬涇陽洪渠十萬餘丈，民賴其利』，似爲洪武三年以前的事。

〔二〕洪渠堰　即引涇水灌溉的鄭白渠。明代又稱廣惠渠，本次修治記載參見《明實録》卷一〇一。

〔三〕鹹鹵　指土地的鹽碱化。

〔四〕龍首渠　長安城供水渠道。宋敏求《長安志》載：『龍首渠在（長安）縣東北五里，自萬年縣界流入，而注於渭。』《宋史・陳堯咨傳》卷二八四有『長安地斥鹵，無甘泉。堯咨疏龍首渠注城中，民利之。』

〔五〕長樂海堤　在福建。《新唐書・地理志》載：『（長樂）東十里有海堤，大和七年令李茸築，立十斗門以禦潮，旱則瀦水，雨則泄水，遂成良田』。

〔六〕曹震　濠州人，《明史》卷一三二本傳載：『震至瀘州按視，有支河通永寧，乃鑿石削崖令深廣，以通漕運。』

〔七〕東錢湖　《明太祖實録》卷二〇八載，五月甲辰『寧波府鄞縣民陳進詣闕言，定海鄞縣有民田百萬餘頃，皆資東錢湖水灌溉。湖周迴八十里，岸有七堰，年久湮塞不通，乞疏濬之。上命工部遣官相度於農隙時修之。』參見《宋史・河渠志》注釋。

〔八〕銀墅東壩　是年浚胥溪，由溧陽至東壩，經固城，石臼諸湖，東北由天生橋河出溧水縣通秦淮河至南京。天生橋河又名胭脂河。這條河向西可由東壩（在今高淳縣境）循魯陽五堰通長江。是時於東壩建石閘控制西面的來水。五堰之一名銀淋，即此處的銀墅。

萬三千餘丈〔一〕。

建文四年疏吴淞江。

永樂元年，修安陸京山漢水塌岸，章丘漯河東堤，高密、濰決岸，安陽河堤，福山護城決堤，浙江赭山江塘，餘干龍窟壩塘岸，臨潁褚河決口，濰縣白浪河堤，灊山、懷寧陂堰，高要青岐、羅婆圩，通州徐竈、食利等港，平遥廣濟渠，句容楊家港、王旱圩等堤，肇慶、鳳翔遥頭岡決岸，南陽高家、屯頭二堰及沙、澧等河堤，夏縣古河決口三十餘里。修築和州保大等圩百二十餘里，蓄水陡門九。濬昌邑河渠五所，鑿嘉定小横瀝以通秦、趙二涇，濬崑山葫蘆等河。

命夏原吉〔二〕治蘇、松、嘉興水患，濬華亭、上海運鹽河，金山衛閘及漕涇分水港。原吉言：『浙西諸郡，蘇、松最居下流，嘉、湖、常頗高，環以太湖，綿亘五百里。納杭、湖、宣、歙溪澗之水，散注澱山諸湖，以入三泖〔三〕。頃爲浦港堙塞，漲溢害稼。拯治之法，在濬吴淞諸浦。按吴淞江袤二百餘里，廣百五十餘丈，西接太湖，東通海，前代常疏之。然當潮汐之衝，旋疏旋塞。自吴江長橋抵下界浦，百二十餘里，水流雖通，實多窄淺。從浦抵上海南倉浦口，百三十餘里，潮汐淤塞，已成平陸，灩沙游泥，難以施工。嘉定劉家港即古婁江，徑入海，常熟白茆港徑入江，皆廣川急流。宜疏吴淞南北兩岸、安亭等浦，引太湖諸水入劉家、白茆二港，使其勢分。松江大黄浦乃通吴淞要道，今下流遏塞難濬。旁有范家浜，至南倉浦口徑達海。宜濬深闊，上接大黄浦，達泖湖之水，庶幾復《禹貢》「三江入海」之舊。水道既通，乃相地勢，各置石閘，以時啓閉。每歲水涸時，預修圩岸〔四〕，以防暴流，則水患可息。』帝命發民丁開濬。原吉晝夜徒步，以身先之，功遂成。

二年，修泰州河塘萬八千丈，興化南北堤、泰興沿江圩岸、六合瓜步等屯。濬丹徒通潮舊江，又修象山茭湖塘岸，海康、徐聞二縣那隱坡、調黎等港堤岸，黄巖混水等十五閘、六陡門，孟津河堤，分宜湖塘，武陟馬田堤岸，香山

〔一〕且濬渠十萬三千餘丈　據《明史》卷一三〇《耿炳文傳》載：『濬涇陽洪渠十萬餘丈，民賴其利』。此事似在徐達征陝西後，洪武三年前。據《明史》卷一二五《徐達傳》載，徐達征陝西在洪武二年，故『濬渠十萬三千餘丈』事或在洪武二年冬。但《明太祖實録》卷二五六載，洪武三十一年三月辛亥『上命長興侯耿炳文……修築之。凡五月，堰成，又濬堰渠一十萬三千六百十八丈，民皆利焉。』連同洪武八年的施工，或耿炳文三修洪渠堰。如《耿傳》敍事有顛倒，則只有八年及三十一年兩次。

〔二〕夏原吉　字維喆，湖南湘陰人。《明史》卷一四九有傳。夏原吉通過開范家浜，引太湖水經黄埔江入海，減少了太湖流域的水患，使黄埔江最終成爲太湖的主要排洪通道。主要著作有《夏忠靖公集》。

〔三〕三泖　即泖湖，在上海松江西、金山西北，分上中下三泖。

〔四〕圩岸　圩田四周的堤岸。圩岸上建有閘門，既可引水灌溉，又可排水防洪。

竹徑水陂，復興安分水塘〔一〕。興安有江，源出海陽山。江中横築石埭〔二〕，分南北渠，溉民田甚溥。埭上疊石如鱗，以防衝溢。嚴震直撤石增埭，水迫無所洩，衝塘岸，盡趨北渠，南渠淺澀，民失利。至是修復如舊。

海門民請發淮安、蘇、常民丁協修張墩港、東明港百餘里潰堤。帝曰：『三郡民方苦水患，不可重勞。』遣官行視，以揚州民協築之。當塗民言：『慈湖瀕江，上通宣、歙，東抵丹陽湖，西接蕪湖。久雨浸淫，潮漲傷農，宜遣勘修築。』帝從其請，且諭工部，安、徽、蘇、松、浙江、江西、湖廣凡湖泊卑下，圩岸傾頽，亟督有司治之。夏原吉復奉命治水蘇、松，盡通舊河港。又濬蘇州千墩浦、致和塘、安亭、顧浦、陸皎浦、尤涇、黄涇共二萬九千餘丈，松江大黄浦、赤雁浦、范家浜共萬二千丈，以通太湖下流。

先是，修含山崇義堰。未幾，和州民言：『銅城閘上抵巢湖，下通揚子江，決圩岸七十餘處，乞修治。』其吏目張良興又言：『水淹麻、澧二湖田五萬餘頃，宜築圩埂，起桃花橋，訖含山界三十里。』俱從之。

三年，修上虞曹娥江壩埂，温縣馱塢村堤堰四千餘丈，南海衛蓮塘、四會縣鵶鶻水等堤岸，無爲州周興等鄉及鷹揚衛烏江屯江岸。築昌黎及歷城小清河決堤，應天新河口北岸，從大勝關抵江東驛三千三百丈。濬海州北舊河，上通高橋，下接臨洪場及山陽運鹽河十八里。

四年，修築宣城十九圩，豐城穆湖圩岸，石首臨江萬石堤，溧水決圩。修懷寧斗潭河、彭灘圩岸，順天固安，保定荆岱，樂亭魯家套、社河口，吉水劉家塘、雲陂，江都劉家圩港。築湖廣廣濟武家穴等江岸。新建石頭岡圩岸、江浦沿江堤。開泰州運鹽河、普定秦潼河、西溪南儀阡三處河口，導流興化、鹽城界入海。濬常熟福山塘三十六里。

五年，修長洲、吴江、崑山、華亭、錢塘、仁和、嘉興堤岸，餘姚南湖壩，築高要銀岡、金山等潰堤，溉田五百餘頃。治杭州江岸之淪者。

六年，濬浙江平陽縣河。

七年，修安陸州渲馬灘決岸、海鹽石堤，築泰興攔江堤三千九百餘丈。且濬大港北淤河，抵縣南，出大江，四千五百餘丈。

八年，修丹陽練湖塘，汝陽汝河堤岸，南陵野塘圩、蚌蕩壩，松滋張家坑、何家洲堤岸，平度州濰水、浮糠河決口百十二，堤堰八千餘丈，吴江石塘官路橋梁。

九年，修安福丁陂等塘堰，安仁饒家陂、壽光堤，安陸京山景陵圩岸，長樂官塘，長洲至嘉興石土塘橋路七十餘

〔一〕分水塘　靈渠渠首泄水天平，分湖水北入湘江，南入漓江。
〔二〕石埭　即靈渠渠首的分水鏵嘴和大小天平。

里，泄水洞百三十一處，監利車水堤〔一〕四千四百餘丈，高安華陂屯陂堤，仁和、海寧、海鹽土石塘岸萬餘丈。築沂州沭河口決岸，並瀹沭陽沭河。築直隸新城張村等口決堤，仁和黄濠塘岸三百餘丈，孫家圍塘岸二十餘里。濬濰縣幹丹河，定襄故渠六十三里，引滹沱水灌田六百餘頃。疏福山官渠，濬江陰青陽河道〔二〕，鄒平白條溝河三十餘里。

麗水民言：『縣有通濟渠〔三〕，截松陽、遂昌諸溪水入焉。上、中、下三源，流四十八派，溉田二千餘頃。上源民洩水自利，下源流絶，沙壅渠塞。請修堤堰如舊。』部議從之。齊東知縣張昇言：『小清河洪水衝決，淹没諸鹽場及青州田。請濬上流，修長堤，使水行故道。』皇太子遣官經理之。鄜州民言：『洛水横決而西，衝塌州城東北隅。請濬故道，循州東山麓南流。』從之。

十年，修浙江平陽捍潮堤岸，黄梅臨江決岸百二十餘里，海門捍潮堤百三十里。築新會圩岸二千餘丈，獻縣、饒陽恭儉等岸，安丘紅河決岸，安州直亭等河決口八十九，華容安津〔四〕等堤決口四十六。濬上海蟠龍江、濰縣白浪河。北京行太僕卿楊砥言：『吴橋、東光、興濟、交河及天津等衛屯田，雨水決堤傷稼。德州良店驛東南二十五里有黄河故道，與州南土河通。穿渠置閘，分殺水勢，大爲民便。』命侍郎藺芳往理之。

十一年，修蕪湖陶辛、政和二圩〔五〕，保定、文安二縣河口決岸五十四，應天新河圩岸，天長福勝、戚家莊二塘，滎澤大濱河堤。濬崑山太平河。

十二年，修鳳陽安豐塘〔六〕水門十六座及牛角壩、新倉舖塌岸，武陟郭村、馬曲堤岸，聊城龍灣河，濮州紅船口，范縣曹村河堤岸。築三河決堤。濬海州官河二百四十里。解州民言：『臨晉涑水河逆流，決姚暹渠〔七〕堰，入硝池〔八〕，淹民田，將及鹽池。』尋又言：『硝池水溢，決豁口，入鹽池。』以涑水渠、姚暹渠併流，故命官修築如其請。

〔一〕車水堤　『水』應作『木』。據《（民国）湖北通志》卷四十，『監利縣……車木堤在縣東四十里。宋末，大水決堤。一夜大雷雨，明日得雷車轂於其上。邑人循轂蹟爲堤，至今賴之。』

〔二〕江陰青陽　明江陰無青陽，據《明太宗實録》卷一一八應爲『青暘』。

〔三〕通濟渠　即通濟堰。建於南朝梁天監年間（五〇二至五一九年）。詳見清同治年間王庭芝等人編修的《通濟堰誌》。

〔四〕華容安津　常見本斷開爲兩處，誤。安津爲華容縣轄村。

〔五〕陶辛、政和二圩　據民國《安徽通志水工稿》陶辛圩堤長九千餘丈，有田五萬七千餘畝。政和圩長六千餘丈，有田三萬六千餘畝。

〔六〕安豐塘　即芍陂，古代淮河流域著名的塘堰工程，在今安徽省壽縣南。

〔七〕姚暹渠　據《宋史·河渠志·河北諸水》載，此運鹽河開於後魏正始二年，稱永豐渠。隋大業中都水監姚暹重新修復，故又名姚暹渠。

〔八〕硝池　常見本原作『砂地』，不通。據《明太宗實録》卷一五七爲『硝池』二字，是爲解州境内池塘名稱，據改。

十三年，修興濟決岸、南京羽林右衛刁家圩屯田堤。吴江縣丞李昇言：『蘇、松水患，太湖爲甚，急宜洩其下流。若常熟白茆諸港，崑山千墩等河，長洲十八都港汊，吴縣、無錫近湖河道，皆宜循其故跡，濬而深之。乃修蔡涇等閘，候潮來往，以時啓閉。則泛濫可免，而民獲耕種之利。』從之。

十五年，修固安孫家口及臨漳固塚堤岸。

十六年，修魏縣決岸。

十七年，蕭山民言：『境内河渠四十五里，溉田萬頃，比年淤塞。乞疏濬，仍置閘錢清小江壩東，庶旱潦無憂。』山東新城民言：『縣東鄭黄溝源出淄川，下流壅沮，霖潦妨農。陳家莊南有乾河，上與溝接，下通烏江，乞濬治。』並從之。

十八年，海寧諸縣民言：『潮没海塘二千六百餘丈，延及吴家等壩。』通政岳福亦言：『仁和、海寧壞長降等壩，淪海千五百餘丈。東岸赭山、巖門山、蜀山舊有海道，淤絶久，故西岸潮愈猛。乞以軍民修築。』並從之。

明年，修海寧等縣塘岸。

二十一年，修嘉定抵松江潮圮圩岸五千餘丈。交阯順化衛決堤百餘丈。文水民言：『文谷山常稔渠分引文谷河流，袤三十餘里，灌田。今河潰洩水。』從其奏，葺治之。

二十二年，修臨海廣濟河閘。

洪熙元年修黄巖濱海閘壩。視永樂初，增府判一員，專其事。修獻縣、饒陽恭儉堤及窯堤口。

宣德二年，浙江歸安知縣華嵩言：『涇陽洪渠堰溉五縣田八千四百餘頃。洪武時，長興侯耿炳文前後修濬，未久堰壞。永樂間，老人徐齡言於朝，遣官修築，會營造不果。乞專命大臣起軍夫協治。』從之。

三年，修灌縣都江等堰四十四。臨海民言：『胡巉諸閘瀦水灌田，近年閘壞而金鼇、大浦、湖涞、舉嶼等河遂皆壅阻，乞爲開築。』帝曰：『水利急務，使民自訴於朝，此守令不得人爾。』命工部即飭郡縣秋收起工。仍詔天下：『凡水利當興者，有司即舉行，毋緩視。』

巡按江西御史許勝言：『南昌瑞河兩岸低窪，多良田。洪武間修築，水不爲患。比年水溢，岸圮二十餘處。豐城安沙繩灣圩岸三千六百餘丈，永樂間水衝，改修百三十餘丈。近者久雨，江漲堤壞。乞敕有司募夫修理。』中書舍人陸伯倫言：『常熟七浦塘東西百里，灌常熟、崑山田，歲租二十餘萬石。乞聽民自濬之。』皆詔可。

四年，修獻縣柳林口堤岸。潛江民言：『蚌湖、陽湖皆臨襄河，水漲岸決，害荊州三衛、荊門、江陵諸州縣官民屯田無算。乞發軍民築治。』從之。福清民言：『光賢里官民田百餘頃，堤障海水。堤壞久，田盡荒。永樂中，嘗命修治，迄今未舉，民不得耕。』帝責有司亟治，而諭尚書吴中嚴飭郡邑，陂池堤堰及時修濬，慢者治以罪。

五年，巡撫侍郎成均言：『海鹽去海二里，石嵌土岸二千四百餘丈，水齧其石，皆已刓敝〔一〕。議築新石於岸內，而存其舊者以爲外障。乞如洪武中令嘉、嚴、紹三府〔二〕協夫舉工。』從之。

六年，修劉陽、廣濟諸縣堤堰，豐城西北臨江石堤及西南七圩壩，石首臨江三堤。濬餘姚舊河池。巡撫侍郎周忱言：『溧水永豐圩〔三〕周圍八十餘里，環以丹陽、石臼諸湖。舊築埂壩，通陟門石塔，農甚利之。今頹敗，請葺治。』教諭唐敏言：『常熟耿涇塘，南接梅里，通昆承湖，北達大江。洪武中，濬以溉田。今壅阻，請疏導。』並從之。

七年，修眉州新津通濟堰〔四〕。堰水出彭山，分十六渠，溉田二萬五千餘畝。河東鹽運使言：『鹽池近地姚暹河，流入五星湖轉（黄流）〔流黄〕河〔五〕，兩岸窪下。比歲雨溢水漲，衝至解州。浪益急，遂潰南岸，没民田三十餘里，鹽池護堤皆壞。復因下流涑水河高，壅淤逆流，姚暹以決。乞起民夫疏瀹。』從之。

蘇州知府況鐘言：『蘇、松、嘉、湖湖有六，曰太湖、龐山、陽城、沙湖、昆承、尚湖。永樂初，夏原吉濬導，今復淤。乞遣大臣疏濬。』乃命周忱與鐘治之。是歲，汾河驟溢，敗太原堤。鎮守都司李謙、巡按御史徐傑以便宜修治，然後馳奏。帝嘉奬之。

八年，葺湖廣偏橋衛高陂石洞，完縣南關舊河。復和州銅城堰閘。修安陽廣惠等渠，磁州滏陽河五爪濟民渠〔六〕。

九年，修江陵枝江沿江堤岸。築蓟州決岸。毁蘇、松民私築堤堰。

十年，築海鹽潮決海塘千五百餘丈。主事沈中言：『山陰西小江，上通金、嚴，下接三江海口，引諸暨、浦江、義烏諸湖水以通舟。江口近淤，宜築臨浦戚堰障諸湖水，俾仍出小江。』詔部覆奪。

正統元年，修吉安沿江堤。築海陽、登雲、都雲、步村

〔一〕刓敝　原意爲損傷，這里指海塘砌石被海潮衝毁。

〔二〕嘉、嚴、紹三府　據《明宣宗實録》卷七四，此處除嘉嚴紹三府外，還有湖州府。故『三』字應爲『等』字。

〔三〕永豐圩　始建於政和五年（一一一五年），在丹陽湖和固城湖之間築堤圍田。紹興三年（一一三三年）圩區長寬各五六十里，有田九百五十多頃。

〔四〕通濟堰　約創建於東漢，唐代開元年間重建，並至今興利。參見譚徐明《四川通濟堰》，載《水利水電科學研究院論文集》第三十一集。

〔五〕山西境内無『黄流河』，《明宣宗實録》卷八九爲『轉流黄河』，據改。

〔六〕磁州滏陽河五爪濟民渠　又名五爪渠。據《大清一統志》：『五爪渠在磁州西十里。明洪武年間，知州包宗達引滏水作渠，分爲五派，溉千餘頃。後漸淤塞。萬曆十一年重濬。』磁州，今河北省磁縣。常見本在『滏陽河』後加頓号，誤。

等決堤。濬陝西西安灞橋河。

二年，築蠡縣王家等決口。修新會鸞臺山至瓦塘浦頹岸，江陵、松滋、公安、石首、潛江、監利近江決堤。又修湖廣老龍堤，以爲漢水所潰也。

三年，疏泰興順德鄉三渠，引湖溉田；潞州永禄等溝渠二十八道，通於漳河。

四年，修容城杜村口堤。設正陽門外減水河，並疏城内溝渠。荆州民言：『城西江水高城十餘丈，霖潦壞堤，水即灌城。請先事修治。』寧夏巡撫都御史金濂[一]言：『鎮有五渠，資以行溉，今明沙州[二]七星、漢伯、石灰三渠久塞。請用夫四萬疏濬，溉蕪田千三百餘頃。』並從之。

五年，修太湖堤，海鹽海岸，南京上、中(下)新河[三]及濟川衛新江口防水堤，鄞縣、南宫諸堤。築順天、河間及容城杜村口、郎家口決堤。塞海寧蠣巖決堤口。濬鹽城伍祐、新興二場運河。初，溧水有鎮曰廣通，其西固城湖入大江，東則三塔堰河入太湖。中間相距十五里，洪武中鑿以通舟。縣地稍窪，而湖納寧國、廣德諸水，遇潦即溢，乃築壩於鎮以禦之，而堰水不能至壩下。是歲，改築壩於葉家橋。胭脂河者，溧水入秦淮道也。蘇、松船皆由以達，沙石壅塞，因並濬之。山陽涇河壩，上接漕河，下達鹽城，舊置絞關[四]以通舟，歲久且敝，又恐盜洩水利，遂築塞河口。是歲，從民請，修壩並復絞關。

六年，造宣武門東城河南岸橋。修江米巷玉河橋及堤，並濬京城西南河。築豐城沙月諸河堤、蕪湖陶辛圩新埂。濬海寧官河及花塘河、硤石橋塘河，築瓦石堰二所。疏南京江洲，殺其水勢，以便修築塌岸。高郵知州韓簡言：『官河上下二閘皆圮，河亦不通，且子嬰溝塞，減水陰洞[五]閉，致旱澇無所濟。俱乞濬治。』詔部覈實以行。

七年，修江西廣昌江岸，蕭山長山浦海塘，彭山通濟堰。築南京浦子口、大勝關堤，九江及武昌臨江塌岸。濬江陵、荆門、潛江淤沙三十餘里。

八年，修蘭溪卸橋浦口堤，弋陽官陂三所。濬南京

[一] 金濂　字宗瀚，山陽(今江蘇省淮安市)人。《明史》卷一六〇本傳載，『寧夏舊有五渠，而鳴沙州(原本作『洲』，有誤)七星、漢伯、石灰三渠淤。濂請濬之，溉蕪田一千三百餘頃。』(本傳原斷句有誤)。

[二] 明沙州　據《讀史方輿紀要》卷六二，『鳴沙城……其地北枕黄河，人馬行沙上有聲，因名。……元復於此立鳴沙州，明初廢。』《明史·地理志·寧夏中衛》亦作鳴沙州。

[三] 南京上、中(下)新河　《明英宗實録》卷六八、《讀史方輿紀要》卷二〇均記爲『上新河、中新河』，無『下新河』。另《四庫禁毁書》叢刊集部引影印明吴道南《吴之恪公文集》亦爲『上、中新河』。據删『下』字。

[四] 絞關　拖船過壩或啓閉閘門的一種機械設施，工作原理與轆轤類似。

[五] 減水陰洞　分洩運河洪水的涵洞。

城河。

九年，修德州耿家灣等堤岸，杞縣離溝堤。築容城杜村堤決口。易上虞菱湖土壩爲石閘。挑無錫里谷、蘇塘、華港、上村李、走馬塘諸河(一)，東南接蘇州苑山湖塘，北通揚子江，西接新興河，引水灌田。濬杞縣牛墓岡舊河，武進太平、永興二河。疏海鹽永安省，茶市院新涇、陶涇塘諸河。都御史陳鎰言：『朝邑多沙鹻，難耕。縣治洛河，與渭水通，請穿渠灌之。』新安民言：『城南長溝河，西通徐、漕二水，東連雄縣直沽，沙土淤塞，請發丁夫疏濬。』海陽民蕭瑶言：『縣有長溪，源出山麓，流抵海口，周亥潮郡，故登隆等都俱置溝通溉。惟隆津等都陸野絶水，歲旱無所賴。乞開溝如登隆。』長樂民劉彦梁言：『嚴湖二十餘里，南接稠菴溪，西通倒流溪，可備旱溢。又有張塘涵、塘前涵、大塘涵、陳塘港，其利如嚴湖。乞令有司疏濬。』廣濟民言：『縣與鄰邑黄梅，歲運糧三萬石於望牛墩。小車盤剥，不堪其勞。連城湖港廖家口有溝抵墩前，淤淺不能行船。請與黄梅合力濬通，以便水運。』並從之。

十一年，修洞庭湖堤。築登州河岸。濬通州金沙場八里河，以通運渠。任丘民言：『凌城港去縣二十五里，内有定安橋河，北十八里通流，東七里沙塞。宜疏通與港相接，入直沽、張家灣。』巡撫周忱言：『應天、鎮江、太平、寧國諸府，舊有石臼等湖。其中溝港，歲辦魚課。其外平圩淺灘，聽民牧放孳畜，採掘菱藕，不許種耕。故山溪水漲，有所宣洩。近者富豪築圩田，遏湖水，每遇泛溢，害即及民，宜悉禁革。』並從之。

十二年，疏平度州大灣口河道，荆州公安門外河，以便公安、石首諸縣輸納。浙江聽選官王信言：『紹興東小江，南通諸暨七十二湖，西通錢塘江。近爲潮水湧塞，江與田平，舟不能行，久雨水溢，鄰田輒受其害。乞發丁夫疏濬。』從之。

十三年，築寧夏漢、唐壩決口。疏山西涑水河、南海縣通海泉源。鑿宣府城濠，引城北山水入南城大河。湖廣五開衞言：『衞與苗接，山路峻險。去衞三十里有水通靖州江，亂石沙灘，請疏以便輸運。』雲南鄧川州言：『本州民田與大理衞屯田接壤湖畔，每歲雨水沙土壅淤，禾苗淹没。乞命州衞軍民疏治。』並從之。

十四年，濬南海潘埇堤岸，置水閘。和州民言：『州有姥鎮河，上通麻、澧二湖，下接牛屯大河，長七十里許，廣八丈。又有張家溝，連銅城閘，通大江，長減姥鎮之半，廣如之，灌溉降福等七十餘圩及南京諸衞屯田，近年河潰閘圮，率皆淤塞。請興役疏濬，仍於姥鎮、豐山嘴、葉公坡各建閘以備旱潦。』從之。

(一) 上村李、走馬塘諸河　《明英宗實録》卷一二四爲『上村李河、走馬塘河』。常見本在『上村』後加頓号，誤。據改。

景泰元年，築丹陽甘露等壩。

二年，修玉河東西堤。濬安定門東城河，永嘉三十六都河，常熟顧新塘，南至當湖，北至揚子江。

三年，修泰和信豐堤。築延安、綏德決河，綿州西岔河通江堤岸。濬常熟七浦塘，劍州海子。疏孟瀆河浜涇十一。工部言：『海鹽石塘十八里，潮水衝決，浮土修築，不能久。』詔別築石塘捍之。

四年，濬江陰順塘河十餘里，東接永利倉大河，西通夏港及揚子江。雲南總兵官沐璘言：『城東有水南流，源發邵甸，會九十九泉爲一，抵松花壩[一]分爲二支：一繞金馬山麓，入滇池；一從黑窯村流至雲澤橋，亦入滇池。舊於下流築堰，溉軍民田數十萬頃，霖潦無所洩。請令受利之家，自造石閘，啓閉以時。』報可。

五年，疏靈寶黎園莊渠，通鴻臚澗，溉田萬頃。

六年，濬華容杜預渠，通運船入江，避洞庭險。修容城白溝河杜村口、固安楊家等口決堤。

七年，尚書孫原貞言：『杭州西湖舊有二閘，近皆傾圮，湖遂淤塞。按宋蘇軾云：「杭本江海故地，水泉鹹苦。自唐李泌[二]引湖水入城爲六井，然後井邑日富，不可許人佃種[三]。」周淙亦言：「西湖貴深闊。」因招兵二百，專一撈湖。其後，豪户復請佃，湖日益填塞，大旱水涸。詔郡守趙與簒開濬，芟荷茭蕩悉去，杭民以利。此前代經理西湖大略也。其後，勢豪侵占無已，湖小淺狹，閘石毁壞。今民田無灌溉資，官河亦澀阻。乞敕有司興濬，禁侵占以利軍民。』從之。

天順二年，修彭縣萬工堰[四]，灌田千餘頃。

五年，僉事李觀言：『涇水出涇陽仲山谷，道高陵，至櫟陽入渭，袤二百里。漢開渠溉田，宋、元俱設官主之。今雖有瓠口鄭、白二渠，而堤堰摧決，溝洫壅潴，民弗蒙利。』乃命有司濬之。

八年，永平民言：『漆河遶城西南流入海，城趾皆石，故水不能決。其餘則沙土易潰，前人於東北築土堤，西南甃岸。今歲久日塌，宜作堤於東流，横以激之，使合西流，庶無蕩析患。』都御史項忠[五]言：『涇陽之瓠口鄭、白二渠，引涇水溉田數萬頃，至元猶溉八千頃。其後，渠日淺，利因以廢。宣德初，遣官修鑿，畝收四三石。無何

[一] 松花壩　位於昆明市東北盤龍江上以灌溉爲主的水利工程。元代至元十一年（一二七四年）雲南平章政事賽典赤·贍思丁主持興建，現改建爲一座灌溉、防洪、發電、供水等多種效益的水庫樞紐工程。

[二] 李泌　字長源。《舊唐書》卷一三〇及《新唐書》卷一三九有傳。李泌開杭州六井事，詳見《西湖志》。

[三] 本事參見《東坡集奏議集》卷七《乞開杭州西湖狀》。

[四] 萬工堰　位於崇寧縣北十五里。參見《元史·河渠三·蜀堰》。

[五] 項忠　字藎臣，浙江嘉興人。天順七年（一四六三年）始任陝西巡撫，於陝西水利多有建樹。《明史》卷一七八有傳。

復塞，渠旁之田，遇旱爲赤地。涇陽、醴泉、三原、高陵皆患苦之。昨請於涇水上源龍潭左側疏濬，訖舊渠口，尋以詔例停止。今宜畢其役。西安城西井泉鹹苦，飲者輒病。龍首渠引水七十里，修築不易，且利止及城東。西南皂河去城一舍許，可鑿，令引水與龍首渠會，則居民盡利[一]。』邳州知州孟琳言：『榆行諸社俱臨沂河，久雨岸崩二十八處，低田盡淹。乞與修築。』並從之。

成化二年，修壽州安豐塘。

四年，疏石州城河。

六年，修平湖周家涇及獨山海塘。

七年，潮決錢塘江岸及山陰、會稽、蕭山、上虞，乍浦、瀝海二所，錢清諸場。命侍郎李顒[二]修築。

八年，堤襄陽決岸。

十年，廷臣會議，江浦北城圩古溝，北通滁河浦子口；城東黑水泉古溝，南入大江。二溝相望，岡壟中截。宜鑿通成河，旱引澇洩。從之。

十一年，濬杭州錢塘門故渠，左屬湧金門，建橋閘以蓄湖水。巡撫都御史牟俸言：『山東小清河，上接濟南趵突諸泉，下通樂安沿海高家港鹽場。大清河，上接東平坎河諸泉，下通濱州海豐、利津，沿海富國鹽場。淤塞，苦盤剥，雨水又患淹没。勸農參政[三]唐濂濬河造閘，請令兼治水利。』詔可。

十二年，巡按御史許進言：『河西十五衛，東起莊浪，西抵肅州，綿亘幾二千里，所資水利多奪於勢豪。宜設官專理。』詔屯田僉事[四]兼之。

十四年，俸言：『直隸蘇、松與浙西各府，頻年旱澇，緣周環太湖，乃東南最窪地，而蘇、松尤最下之衝。故每逢積雨，衆水奔潰，湖泖漲漫，淹没無際。按太湖即古震澤，上納嘉、湖、宣、歙諸州之水，下通婁、東、吴淞三江之流，東江今不復見，婁、淞入海故跡具存。其地勢與常熟福山、白茆二塘俱能導太湖入江海，使民無墊溺，而土可耕種，歷代開濬具有成法。本朝亦常命官修治，不得其要。而濱湖豪家盡將淤灘栽蒔爲利。治水官不悉利害，率於泄處置石梁，壅土爲道，或慮盜船往來，則釘木爲栅。以致水道堙塞，公私交病。請擇大臣深知水利者專理之，

[一] 此渠即通濟渠，位於西安市長安西南。明成化元年（一四六五年）西安知府余子俊以龍首渠供水不足，於丈八溝造石閘，開渠，引交、皂二水入城。《新開通濟渠記》碑（現存西安碑林）記此事，碑陰并刻有通濟渠管理規則十一條，爲著名的城市供水渠道管理法規。

[二]《明史》卷十三《憲宗本紀》載，『閏九月己未，浙江潮溢，漂民居、鹽場，遣工部侍郎李顒往祭海神，修築堤岸。』李顒，安福人，李時勉之孫。

[三] 勸農參政　明代在布政使之下所設的專管農業的官員。

[四] 屯田僉事　明代在按察使之下所設的主管屯田事務的官員。

設提督水利分司〔一〕一員隨時修理，則水勢疏通，東南厚利也。』帝即令俸兼領水利，聽所濬築。功成，乃專設分司。

十五年，修南京内外河道。

十八年，濬雲南東西二溝，自松華壩黑龍潭抵西南柳壩南村，灌田數萬頃。修居庸關水關〔二〕、城券及隘口水門四十九，樓舖、墩臺百二〔三〕。

二十年，修嘉興等六府海田堤岸，特選京堂官往督之。

二十二年，濬南京中下二新河。

弘治三年，從巡撫都御史丘鼐言，設官專領灌縣都江堰〔四〕。

六年，敕撫民參政朱瑄濬河南伊、洛，彰德高平、萬金，懷慶廣濟，南陽召公等渠，汝寧桃陂等堰〔五〕。

七年，濬南京天、潮二河，備軍衛屯田水利。七月命侍郎徐貫與都御史何鑑〔六〕經理浙西水利。明年四月告成。貫初奉命，奏以主事祝萃自隨。萃乘小舟究悉源委。貫乃令蘇州通判張旻疏各河港水，瀦之大壩。旋開白茆港沙面，乘潮退，決大壩水衝激之，沙泥刷盡。潮水蕩激，日益闊深，水達海無阻。又令浙江參政周季麟修嘉興舊堤三十餘里，易之以石，增繕湖州長興堤岸七十餘里。貫乃上言：『東南財賦所出，而水患爲多。永樂初，命夏原吉疏濬。時以吴淞江灩沙浮蕩，未克施工。迨今九十餘年，港浦愈塞。臣督官行視，濬吴江長橋，導太湖散入澱山、陽城、昆承等湖泖。復開吴淞江並大石、趙屯等浦，洩澱山湖水，由吴淞江以達於海。開白茆港白魚洪、鮎魚口，洩昆承湖水，由白茆港以注於江。開斜堰、七舖、鹽鐵等塘，洩陽城湖水，由七丫港以達於海。下流疏通，不復壅塞。乃開湖州之漊涇，洩西湖、天目、安吉諸山之水，自西南入於太湖。開常州之百瀆，洩溧陽、鎮江、練湖之水，自西北入於太湖。又開諸陡門，洩漕河之水，由江陰以入於大江。上流亦通，不復堙滯。』是役也，修濬河、港、涇、瀆、湖、塘、陡門、堤岸百三十五道，役夫二十餘萬，祝萃之功多焉。

巡撫都御史王珣言：『寧夏古渠三道，東漢、中唐並

〔一〕提督水利分司　負責領導監督水利工程事務的省級武職官員。

〔二〕水關　引水入城的涵洞，一般設有閘門或鐵柵控制引水流量及船隻通行。

〔三〕此事係應巡撫雲南右副都御使吴誠之請。詳見《明實録》成化卷二二五。

〔四〕設官專領灌縣都江堰　《明實録》弘治卷三六載：『先是巡撫都御使丘鼐言：成都府灌縣舊有都江大堰，乃漢李冰所築溉民田者，其利甚溥。後爲居民所侵占，日以湮塞。乞增設憲臣一員，專領其事，俾隨處修築陂塘堤堰以時蓄洩，庶舊規可復，地利不廢。工部覆奏從之』。

〔五〕此事應巡撫都御使徐恪之請，詳見《明實録》卷八一。

〔六〕何鑑　字世光，浙江新昌人。《明史》卷一八七本傳載：『與侍郎徐貫疏吴淞、白茆諸渠，洩水入海，水患以除。』

通。惟西一渠傍山，長三百餘里，廣二十餘丈，兩岸危峻，漢、唐舊跡俱湮。宜發卒濬鑿，引水下流。即以土築東岸，建營堡屯兵以遏寇衝。請帑銀三萬兩，並靈州六年鹽課，以給其費。』又請於靈州金積山河口，開渠灌田，給軍民佃種。並從之。

十八年，修築常熟塘壩，自尚湖口抵江，及黄、泗等浦，新莊等沙三十餘處。濬杭州西湖。

正德七年，修廣平滏陽河口堤岸。

十四年，濬南京新江口右河。

十五年，御史成英言：『應天等衛屯田在江北滁、和、六合者，地勢低，屢爲水敗。從金城港抵濁河達烏江三十餘里，因舊跡濬之，則水勢洩而屯田利。』詔可。

嘉靖元年，築濬東鹿、肥鄉、獻、魏堤渠。初，蘇、松水道盡爲勢家所據。巡撫李充嗣畫水爲井地，示開鑿法，户占一區，計工刻日。造濬川爬〔一〕，用巨筏數百，曳木齒，隨潮進退，擊汰泥沙。置小艇百餘，尾鐵帚以導之。濬故道，穿新渠，巨浦支流，罔不灌注。帝嘉其勞，賚以銀幣。

二年，修德勝門東、朝陽門北城垣河道，築儀真、江都官塘五區。

十年，工部郎中陸時雍言：『良鄉盧溝河，涿州琉璃、胡良二河，新城、雄縣白溝河，河間沙河，青縣滹沱河，下流皆淤。宜以時濬，使達於海。』詔巡撫議之。

十一年，太僕卿何棟勘畿封河患有二。一論滹沱河。其一言：『真定鴨、沙、磁三河，俱發源五臺。會諸支水，抵唐河藺家圈，合流入河間。東南經任丘、霸州、天津入海，此故道也。河間東南高，東北下，故水決藺家口，而肅寧、新安皆罹其害。宜築決口，濬故道。涿州胡良河，自拒馬分流，至州東入渾河。良鄉琉璃河，發源磁家務，潛入地中，至良鄉東入渾河。比者渾河壅塞，二河不流。然下流淤沙僅四五里，請亟濬之。』部覆允行。

郎中徐元祉受命振災，上言：『河本以洩水，今反下壅；淀本以瀦水，今反上溢。故畿輔常苦水，順天利害相半，真定利多於害，保定害多於利，河間全受其害。弘、正間，嘗築長堤，排決口，旋即潰敗。今惟疏濬可施，其策凡六。一濬本河，俾河身寬邃。九河自山西來者，南合滹沱而不侵真定諸郡，北合白溝而不侵保定諸郡。此第一義也。一濬支河。令九河之流，經大清河，從紫城口入；經文都村，從涅槃口入；經白洋淀，從藺家口入；經章哥窪，從楊村河入。直遂以納細流，水力分矣。一濬決河。九河安流時，本支二河可受，遇漲則岸口四衝。宜每衝量存一口，復濬令合成一渠，以殺湍急，備淫溢。一濬淀河。令淀淀相通，達於本支二河，使下有所洩。一濬淤

〔一〕濬川爬　即濬川杷，用船隻拖帶的疏濬河道的一種工具，參見《宋史・河渠二》。

河。九河東逝，悉由故道，高者下，下者通〔一〕。占據曲防者，抵罪。一濬下河。九河一出青縣，一出丁字沽，二流相匝於苑家口。故施工必自苑家口始，漸有成效，然後次第舉行，庶減諸郡水害。』帝嘉納之。

明年，香河郭家莊自開新河一道，長百七十丈，闊五十丈，近舊河十里餘。詔河官亟繕治。

十三年，巡撫都御史周金言：『藺家圈決口，塞之則東溢，病河間；不塞則東流漸淤，病保定。宜存決口而濬廣新河，使水東北平流，無壅涸患。』從之。

二十四年，濬南京後湖。初，胡體乾按吳，以松江泛溢，進六策：曰開川，曰濬湖，曰殺上流之勢，曰決下流之壑，曰排潮漲之沙，曰立治田之規。是年，吕光洵按吳，復奏蘇、松水利五事：

一曰廣疏濬以備瀦洩。三吳澤國，西南受太湖諸澤，水勢尤卑。東北際海，岡隴之地，視西南特高。高苦旱，卑苦澇。昔人於下流疏爲塘浦，導諸湖水北入江，東入海，又引江潮流衍於岡隴外。瀦洩有法，水旱無患。比來縱浦横塘，多堙不治，惟黄浦、劉河二江頗通。然太湖之水源多勢盛，二江不足以洩之。岡隴支河又多壅絶，無以資灌溉。於是高下俱病，歲常告災。宜先度要害，於澱山等茭蘆地，導太湖水散入陽城、昆承、三泖等湖。又開吳淞江及大石、趙屯等浦，洩澱山之水以達於海。濬白茆、鮎魚諸口，洩昆承之水以注於江。開七浦、鹽鐵等塘，洩陽城之水以達於江。又導田間之水，悉入小浦，以納大浦，使流者皆有所歸，瀦者皆有所洩。則下流之地治，而澇無所憂矣。乃濬艾祁、通波以溉青浦，濬顧浦、吳塘以溉嘉定，濬大瓦等浦以溉崑山之東，濬許浦等塘以溉常熟之北，濬臧村等港以溉金壇，濬澡港等河以溉武進。凡隴岡支河堙塞不治者，皆濬之深廣，使復其舊。則上流之地亦治，而旱無所憂矣。此三吳水利之經也。

一曰修圩岸以固横流。蘇、松、常、鎮東南下流，而蘇、松又常、鎮下流，易瀦難洩。雖導河濬浦引注江海，而秋霖泛漲，風濤相薄，則河浦之水逆行田間，衝齧爲患。宋轉運使王純臣嘗令蘇、湖作田塍禦水，民甚便之。司農丞郟亶〔二〕亦云：『治河以治田爲本。』故老皆云，前二三十年，民間足食，因餘力治圩岸，田益完美。近皆空乏，無暇修繕，故田圩漸壞，歲多水災。合敕所在官司專治圩岸。岸高則田自固，雖有

〔一〕〔標點本原注〕高者下，下者通　《世宗實録》卷一四〇『嘉靖十一年七月己巳』條、《行水金鑑》卷一一四作『使高者下，下者通』，有『使』字。按上文『使下有所洩』，亦有『使』字。

〔二〕郟亶　字正夫，江蘇崑山人，宋熙寧五年（一〇七二年）十一月出任司農寺丞。主要著作有《郟亶書二篇》（收入歸有光《三吳水利録》）等。參見《宋史·河渠志》注釋。

霖潦不能爲害。且足制諸湖之水咸歸河浦中，則不待決洩，自然湍流。而岡隴之地，亦因江水稍高，又得畝引以資灌漑，不特利於低田而已。

一曰復板閘〔一〕以防淤澱。河浦之水皆自平原流入江海，水慢潮急，以故沙隨浪涌，其勢易淤。昔人權其便宜，去江海十里許夾流爲閘，隨潮啓閉，以禦淤沙。歲旱則長閉以蓄其流，歲潦則長啓以宣其溢，所謂置閘有三利，蓋謂此也。近多堙塞，惟常熟福山閘尚存。故老以爲河浦入海之地，誠皆置閘，自可歷久不壅。

一曰量緩急以處工費。

一曰重委任以責成功。

詔悉如議。光洵因請專委巡撫歐陽必進。從之。

二十六年，給事中陳斐請倣江南水田法，開江北溝洫，以祛水患，益歲收。報可。

三十八年，總督尚書楊博請開宣、大荒田水利。從之。巡撫都御史翁大立言：『東吴水利，自震澤〔二〕濬源以注江，三江導流以入海，而蘇州三十六浦，松江八匯，毘陵十四瀆，共以節宣旱潦。近因倭寇衝突，汊港之交，率多釘柵築堤以爲捍禦，因致水流停瀦，淤滓日積。渠道之間，仰高成阜。且具區〔三〕湖泖，並水而居者雜蒔茭蘆，積泥成蕩，民間又多自起圩岸。上流日微，水勢日殺。黄浦、婁江之水又爲舟師所居，下流亦淤。海潮無力，水利難興，民田漸磽。宜於吴淞、白茆、七浦等處造成石閘，啓閉以時。挑鎮江、常州漕河深廣，使輸輓無阻，公私之利也。』詔可。

四十二年，給事中張憲臣言：『蘇、松、常、嘉、湖五郡水患疊見。請濬支河，通潮水；築圩岸，禦湍流。其白茆港、劉家河、七浦、楊林及凡河渠河蕩壅淤沮洳者，悉宜疏導。』帝以江南久苦倭患，民不宜重勞，令酌濬支河而已〔四〕。

四十五年，參政淩雲翼請專設御史督蘇、松水利。詔巡鹽御史兼之。

隆慶三年，開湖廣竹筒河以洩漢江。巡撫都御史海瑞疏吴淞江下流上海淤地萬四千丈有奇。江面舊三十丈，增開十五丈，自黄渡至宋家橋長八十里。

明年春，瑞言：『三吴入海之道，南止吴淞，北止白茆，中止劉河。劉河通達無滯，吴淞方在挑疏。土人請開白茆，計濬五千餘丈，役夫百六十四萬餘。』又言：『吴淞役垂竣，惟東西二壩未開。父老皆言崑山夏駕口、吴江長橋、長洲寶帶橋、吴縣胥口及凡可通流下吴淞者，逐一挑

〔一〕板閘　以木板爲閘板的平板閘門。
〔二〕震澤　古代太湖名稱。
〔三〕具區　古代太湖名稱。
〔四〕本事詳見《明實録》卷五二六。

畢，方可開壩。』並從之。是年築海鹽海塘。

越四年，從巡撫侍郎徐栻[一]議，復開海鹽秦駐山，南至澉浦舊河。

萬曆二年，築荆州采穴，承天泗港、謝家灣諸決堤口。復築荆、岳等府及松滋諸縣老垸堤。

四年，巡撫都御史宋儀望言：『三吴水勢，東南自嘉、秀沿海而北，皆趨松江，循黄浦入海；西北自常、鎮沿江而東，皆趨江陰、常熟。其中太湖瀦蓄，匯爲巨浸，流注龐山、濆墅、澱山、三泖，陽城諸湖。乃開浦引湖，北經常熟七浦、白茆諸港入於江，東北經崑山、太倉穿劉家河，東南通吴淞江、黄浦，各入於海。諸水聯絡，四面環護，中如仰盂。杭、嘉、湖、常、鎮勢繞四隅，蘇州居中，松江爲諸水所受，最居下。乞專設水利僉事[二]以裨國計。』部議遣御史董之[三]。

六年，巡撫都御史胡執禮請先濬吴淞江長橋、黄浦。先是，巡按御史林應訓言：

蘇、松水利在開吴淞江中段，以通入海之勢。太湖入海，其道有三：東北由劉河，即古婁江故道；東南由大黄浦，即古東江遺意；其中爲吴淞江，經崑山、嘉定、青浦、上海，乃太湖正脈。今劉河、黄浦皆通，而中江獨塞者，蓋江流與海潮遇，海潮渾濁，賴江水迅滌之。劉河獨受巴、陽諸湖，又有新洋江、夏駕浦從旁以注；大黄浦總會杭、嘉之水，又有澱山、泖蕩從上而灌。是以流皆清駛，足以敵潮，不能淤也。

惟吴淞江源出長橋、石塘下，經龐山、九里二湖而入。今長橋、石塘已堙，龐山、九里復爲灘漲，其來已微。又有新洋江、夏駕浦掣其水以入劉河，勢乃益弱，不能勝海潮洶湧之勢而滌濁渾之流，日積月累，淤塞僅留一綫。水失故道，時致淫濫。支河小港，亦復壅滯。舊熟之田，半成荒畝。

前都御史海瑞力破群議，挑自上海江口宋家橋至嘉定艾祁八十里，幸尚通流。自艾祁至崑山慢水港六十餘里，則俱漲灘，急宜開濬，計淺九千五百餘丈，闊二十丈。此江一開，太湖直入於海，濱江諸渠得以引流灌田，青浦積荒之區俱可開墾成熟矣。

並從之。至是，工成。應訓又言：

吴江縣治居太湖正東，湖水由此下吴淞達海。宋時運道所經，畏風阻險，乃建長橋、石塘[四]以通牽

[一] 徐栻 （江蘇）常熟人，曾任南京工部尚書。主持過貫穿山東半島的膠萊河工程。參見《明史》卷二二〇《劉應節傳》。
[二] 水利僉事 明代在按察使之下所設主管水利工程事務的專官。
[三] 《明實録》萬曆卷五二對宋儀望治理規劃有詳細記載。『杭、嘉、湖、常、鎮勢繞四隅』，《實録》作：『杭、嘉、常、鎮勢繞四隅』。
[四] 石塘 這里指用石料砌築的縴道。

挽。長橋百三十丈，爲洞六十有二。石塘小則有竇〔一〕，大則有橋，內外浦涇縱橫貫穿，皆爲洩水計也。石塘涇竇半淤，長橋內外俱圮，僅一二洞門通水。若不疏濬，雖開吳淞下流，終無益也。宜開龐山湖口，由長橋抵吳家港。則湖有所洩，江有所歸，源盛流長，爲利大矣。

松江大黃浦西南受杭、嘉之水，西北受澱、泖諸蕩之水，總會於浦，而秀州塘、山涇港諸處實黃浦來源也。澱山湖入黃浦道漸多淤淺，宜爲疏瀹。而自黃浦、橫潦、洙涇，經秀州塘入南泖，至山涇港等處，萬四千餘丈，待浚尤急。

他如蘇之茜涇、楊林、白茆、七浦諸港，松之蒲匯、官紹諸塘，常、鎮之澡港、九曲諸河，併宜設法開導，次第修舉。

八年又言：

蘇、松諸郡幹河支港凡數百，大則洩水入海，次則通湖達江，小則引流灌田。今吳淞江、白茆塘、秀州塘、蒲匯塘、孟瀆河、舜河、青暘港俱已告成，支河數十，宜盡開濬。

俱從其請。

久之，用儀望議，特設蘇、松水利副使〔二〕，以許應逵領之乃濬吳淞八十餘里，築塘九十餘處，開新河百二十三道，濬內河百三十九道，築上海李家洪老鴉嘴海岸十八里，發帑金二十萬。應逵以其半訖工。三十七、八年間，霪雨浸溢，水患日熾。越數年，給事中歸子顧言：『宋時，吳淞江闊九里。元末淤塞。正統間，周忱立表〔三〕江心，疏而濬之。崔恭、徐貫、李充嗣、海瑞相繼濬者凡五，迄今四十餘年，廢而不講。宜使江闊水駛，塘浦支河分流四達。』疏入留中。巡按御史薛貞復請行之，下部議而未行。至天啓中，巡撫都御史周起元復請濬吳淞、白茆。崇禎初，員外郎蔡懋德、巡撫都御史李待問皆以爲請。久之，巡撫都御史張國維〔四〕請疏吳江長橋七十二硔〔五〕及九里、石塘諸洞。御史李謨復請濬吳淞、白茆。俱下部議，未能行也。

十年，增築雄縣橫堤八里，禦滹沱暴漲。

十三年，以尚寶少卿徐貞明兼御史，領墾田使。貞明爲給事中，嘗請興西北水利如南人圩田之制，引水成田。工部覆議：『畿輔諸郡邑，以上流十五河之水洩於貓兒

〔一〕竇　帶有閘門的小型涵洞。
〔二〕蘇、松水利副使　江蘇按察使屬下的主管蘇州、松江等地水利工程事務的專官。
〔三〕表　這裏指樹於江心的水位標誌，以便疏濬河道時參照。
〔四〕張國維　字玉笥，浙江東陽人。《明史》卷二七六本傳載：『國維……建蘇州九里石塘及平望內外塘、長洲至和等塘，修松江捍海堤，濬鎮江及江陰漕渠，並有成績。』
〔五〕硔　此處通『孔』。長橋又名垂虹橋、利往橋，建於宋代。

一灣，海口又極東隘，故所在横流。必多開支河，挑濬海口，而後水勢可平，疏濬可施。然役大費繁，而今以民勞財匱，方務省事，請罷其議。』乃已。後貞明謫官，著《潞水客譚》一書，論水利當興者十四條。時巡撫張國彦、副使顧養謙方開水利於薊、永有效，於是給事中王敬民薦貞明，特召還，賜敕勘水利。貞明乃先治京東州邑，如密雲燕樂莊，平谷水峪寺、龍家務莊，三河塘會莊、順慶屯地。薊州城北黄厓營，城西白馬泉、鎮國莊，城東馬伸橋，夾林河而下别山舖，夾陰流河而下至於陰流。遵化平安城，夾運河而下沙河舖西，城南鐵廠、湧珠湖以下韭菜溝、上素河、下素河百餘里。豐潤之南，則大寨、刺榆坨、史家河、大王莊，東則榛子鎮，西則鴉紅橋，夾河五十餘里。玉田青莊塢、後湖莊、三里屯及大泉、小泉，至於瀕海之地，自水道沽關、黑巖子墩至開平衛南宋家營，東西百餘里，南北百八十里。墾田三萬九千餘畝。至真定將治滹沱近堧地(一)，御史王之棟言：『滹沱非人力可治，徒耗財擾民。』帝入其言，欲罪諸建議者。申時行言：『墾田興利謂之害民，議甚舛。顧爲此説者，其故有二。北方民游惰好閑，憚於力作，水田有耕耨之勞，胼胝之苦，不便一也。貴勢有力家侵占甚多，不待耕作，坐收蘆葦薪芻之利；若開墾成田，歸於業户，隸於有司，則已利盡失，不便二也。然以國家大計較之，不便者小，而便者大。惟在斟酌地勢，體察人情，沙鹻不必盡開，黍麥無煩改作，應用夫役，必官募之，不拂民情，不失地利，乃謀國長策耳。』於是貞明得無罪，而水田事終罷。

巡撫都御史梁問孟築横城堡邊牆，慮寧夏有黄河患，請堤西岔河，障水東流。從之。

十九年，尚寶丞周弘禴言：『寧夏河東有漢、秦二壩，請依河西漢、唐壩築以石，於渠外疏大渠一道，北達鴛鴦諸湖。』詔可。

二十三年，黄、淮漲溢，淮、揚昏墊。議者多請開高家堰以分淮。寶應知縣陳煃爲御史，慮高堰既開，害民産鹽場，請自興、鹽迤東，疏白塗河、石礶口、廖家港爲數河，分門出海；然後從下而上，濬清水、子嬰二溝，且多開瓜、儀閘口以洩水。給事中祝世禄亦言：『議者欲放淮從廣陽、射陽二湖入海。廣陽闊僅八里，射陽僅二十五丈，名爲湖，實河也。且離海三百里，迂迴淺窄，高、寶七州縣水惟此一線宣洩之，又使淮注焉，田廬鹽場，必無幸矣。廣陽湖東有大湖，方廣六十里，湖北口有舊官河，自官蕩至鹽城石礶口，通海僅五十三里，此導淮入海一便也。』下部及河漕官議，俱格不行。既而總河尚書楊一魁言：『黄水倒灌，正以海口爲阻。分黄工就，則石礶口、廖家港、白駒場海口、金灣、芒稻諸河，急宜開刷。』乃命如議行之。

(一) 堧地　河灘地。

三十年，保定巡撫都御史汪應蛟言：『易水可溉金臺，滹水可溉恒山，溏水可溉中山，滏水可溉襄國，漳水可溉鄴下，而瀛海當衆河下流，故號河中，視江南澤國不異。至於山下之泉，地中之水，所在皆有，宜各設壩建閘，通渠築堤，高者自灌，下則車汲。用南方水田法，六郡之内，得水田數萬頃，畿民從此饒，永無旱澇之患。不幸濱河有梗，亦可改折於南，取糴於北。此國家無窮利也。』報可。應蛟乃於天津葛沽、何家圈、雙溝〔一〕、白塘，令防海軍丁屯種，人授田四畝，共種五千餘畝，水稻二千畝，收多，因上言：『墾地七千頃，歲可得穀二百餘萬石，此行之而效者也〔二〕。』

是年，真定知府郭勉濬大鳴、小鳴泉四十餘穴，溉田千頃。邢臺達活、野狐二泉流爲牛尾河，百泉流爲澧河，建二十一閘二堤，灌田五百餘頃。

天啓元年，御史左光斗〔三〕用應蛟策，復天津屯田，令通判盧觀象〔四〕管理屯田水利。

明年，巡按御史張慎言言：『自枝河而西，静海、興濟之間，萬頃沃壤。河之東，尚有鹽水沽〔五〕等處爲膏腴之田，惜皆蕪廢。今觀象開寇家口以南田三千餘畝，溝洫蘆塘之法，種植疏濬之方，皆具而有法，人何憚而不爲。大抵開種之法有五。一官種。謂牛、種、器具、耕作、雇募皆出於官，而官亦盡收其田之入也。一佃種。謂民願墾而無力，其牛、種、器具仰給於官，待納稼之時，官十而取其四也。一民種。佃之有力者，自認開墾若干，迨開荒既熟，較數歲之中以爲常，十一而取是也。一軍種。即令海防營軍種葛沽之田，人耕四畝，收二石，緣有行、月糧，故收租重也。一屯種。祖宗衛軍有屯田，或五十畝，或百畝。軍爲屯種者，歲入七十於官，即以所入爲官軍歲支之用。國初兵農之善制也。四法已行，惟屯種則今日兵與軍分，而屯僅存其名。當選各衛之屯餘，墾津門之沃土，如官種法行之。』章下所司，命太僕卿董應舉管天津至山海屯田，規畫數年，開田十八萬畝，積穀無算〔六〕。

崇禎二年，兵部侍郎申用懋言：『永平灤河諸水，逶迤寬衍，可疏渠以防旱潦。山坡隙地，便栽種。宜令有司相地察源，爲民興利。』從之。

〔一〕雙溝　現名雙港。

〔二〕根據本傳及汪氏奏疏記載，汪應蛟在天津屯田一事在先，出任保定巡撫在後。此處記述時間順序有誤。

〔三〕左光斗　字遺直，謚忠毅，安徽桐城人。《明史》卷二四四有傳。他的屯田業績詳見本傳及《左忠毅公集》。

〔四〕盧觀象　字子占，贛縣（今江西省贛州市）人，當時任河間府屯田水利通判，後升爲同知。他是具體主持天津屯田的官員，是左光斗、張慎言的助手。

〔五〕鹽水沽　現名鹹水沽。

〔六〕天啓年間天津屯田的影響較大。關於這次屯田的主要文獻有：左光斗的《左忠毅公集》，董應舉的《崇相集》以及清道光年間吳邦慶所輯的《畿輔河道水利叢書》等。

清史稿·河渠志[一]

《清史稿》卷一二六至一二九

河渠一

《清史稿》卷一二六

黄河

中國河患，歷代詳矣。有清首重治河，探河源以窮水患。聖祖初，命侍衛拉錫往窮河源[二]，至鄂敦塔拉，即星宿海。高宗復遣侍衛阿彌達往，西踰星宿更三百里，乃得之阿勒坦噶達蘇老山。自古窮河源，無如是之詳且確者。然此猶重源也。若其初源，則出葱嶺[三]，與《漢書》合。東行爲喀什噶爾河，又東會葉爾羌、和闐諸水，爲塔里木河，而匯於羅布淖爾。東南潛行沙磧千五百里，再出爲阿勒坦河。伏流初見，輒作黄金色，蒙人謂金『阿勒坦』，因以名之。是爲河之重源。東北會星宿海水，行二千七百里，至河州積石關入中國。經行山間，不能爲大患。一出龍門，至滎陽以東，地皆平衍，惟賴隄防爲之限。而治之者往往違水之性，逆水之勢，以與水争地，甚且因緣爲利，致潰決時聞，勞費無等，患有不可勝言者。

自明崇禎末李自成決河灌汴梁，其後屢塞屢決。順治元年夏，黄河自復故道，由開封經蘭、儀、商、虞，迄曹、單、碭山、豐、沛、蕭、徐州、靈壁、睢寧、邳、宿遷、桃源，東逕清河與淮合，歷雲梯關入海。秋，決温縣，命內祕書院學士楊方興[四]總督河道，駐濟寧。

二年夏，決考城，又決王家園。方興言：『自遭闖

[一]《清史稿》，趙爾巽主編，共五三六卷，修纂於一九一四至一九二七年間。其中卷一二六至一二九爲《河渠志》，記述了自順治元年至宣統三年（一六四四至一九一一年）共二六八年間全國的重要水利事件。

[二] 拉錫往窮河源　據《康熙東華録》，康熙四十三年（一七〇四年），康熙派侍衛拉錫、舒蘭查勘黄河源，要求『直窮其源』。該年四月四日自京起程，六月九日到達星宿海，查勘兩天，『登天之至高視之，星宿海之源，小泉萬億，不可勝數。』

[三] 葱嶺　古代對帕米爾高原和昆侖山、喀喇昆侖山脈西部諸山的總稱。

[四] 楊方興　字溶然，漢軍鑲白旗人，自順治元年至十四年任清代第一任河道總督，官至兵部尚書。治河多主潘季馴説。《清史稿》卷二七九有傳。

亂，官竄夫逃，無人防守。伏秋汛漲，北岸小宋、曹家口悉衝決，濟寧以南田廬多淹没。宜乘水勢稍涸，鳩工急築。』上命工部遴員勘議協修。七月，決流通集〔一〕，一趨曹、單及南陽入運，一趨塔兒灣、魏家灣，侵淤運道，下流徐、邳、淮陽〔二〕亦多衝決。是年，孟縣海子村至渡口村河清二日，詔封河神爲顯佑通濟金龍四大王，命河臣致祭。

明年，流通集塞，全河下注，勢湍激，由汶上決入蜀山湖。

五年，決蘭陽。

七年八月，決荆隆朱源寨，直往沙灣，潰運隄，挾汶由大清河入海。方興用河道方大猷言，先築上游長縷隄，遏其來勢，再築小長隄。八年，塞之。

九年，決封丘大王廟，衝圮縣城，水由長垣趨東昌，壞平安隄〔三〕，北入海，大爲漕渠梗。發丁夫數萬治之，旋築旋決。給事中許作梅，御史楊世學、陳斐交章請勘九河故道，使河北流入海。方興言：『黄河古今同患，而治河古今異宜。宋以前治河，但令入海有路，可南亦可北。元、明以迄我朝，東南漕運，由清口至董口二百餘里，必藉黄爲轉輸，是治河即所以治漕，可以南不可以北。若順水北行，無論漕運不通，轉恐決出之水東西奔蕩，不可收拾。今乃欲尋禹舊蹟，重加疏導，勢必别築長隄，較之增卑培薄，難易曉然。且河流挾沙，束之一，則水急沙流，播之九，則水緩沙積，數年之後，河仍他徙，何以濟運？』上然其言，乃於丁家寨鑿渠引流，以殺水勢。

是年，復決邳州，又決祥符朱源寨。户部左侍郎王永吉、御史楊世學均言：『治河必先治淮，導淮必先導海口，蓋淮爲河之下流，而濱海諸州縣又爲淮之下流。乞下河、漕重臣，凡海口有爲姦民堵塞者，盡行疏濬。其漕隄閘口，因時啓閉，然後循流而上。至於河身，剔淺去淤，使河身愈深，足以容水。』議皆不果行。

十一年，復決大王廟。給事中林起龍劾方興侵冒，上解方興任，遣大理卿吴庫禮、工科左給事中許作梅往按。起龍坐誣，復方興任。

十三年，塞大王廟，費銀八十萬。

十四年，方興乞休，以吏部左侍郎朱之錫〔四〕代之。是年決祥符槐疙疸〔五〕，隨塞。

〔一〕流通集　在考城，黄河北岸，屬今蘭考縣境。

〔二〕下流徐、邳、淮陽　清代無淮陽建治。據《清史稿・楊方興傳》淮陽應作淮揚，泛指淮陰府、揚州府一帶。

〔三〕平安隄　運河隄岸，在今山東聊城境。《清史稿・楊方興傳》記這次決口作十年事。

〔四〕朱之錫　字孟九，浙江義烏人。順治十四年以兵部尚書銜接任楊方興爲河道總督，在任十年。《清史稿》卷二七九《朱之錫傳》載：『朱去世之後，民稱之曰朱大王』。

〔五〕槐疙疸　在今開封西、中牟北，黄河南岸。

十五年，決山陽柴溝姚家灣〔一〕，旋塞。復決陽武慕家樓。

十六年，決歸仁隄。先是御史孫可化疏陳淮、黄隄工，事下總河。之錫言：『桃源費家嘴及安東五口淤澱久，工繁費鉅。且黄河諺稱「神河」，難保不旋濬旋淤，惟有加意修防，補偏救弊而已。』之錫陳兩河利害，條上工程、器具、夫役、物料八弊。又言：『因材器使，用人所亟。獨治河之事，非澹泊無以耐風雨之勞，非精細無以察防護之理，非慈斷兼行無以盡羣夫之力，非勇往直前無以應倉猝之機，故非預選河員不可。』因陳預選之法二：曰薦用，曰儲才；諳習之法二：曰久任，曰交代。又條上河政十事：曰議增河南夫役，曰均派淮工夫役，曰察議通惠河工，曰建設柳園，曰嚴剔弊端，曰釐覈曠盡銀兩，曰慎重職守，曰明定河工專職，曰申明激勸大典，曰酌議撥補夫役。均允行。

十七年，決陳州郭家埠、虞城羅家口，隨塞。

康熙元年五月，決曹縣石香爐、武陟大村、睢寧孟家灣。六月，決開封黄練集，灌祥符、中牟、陽武、杞、通許、尉氏、扶溝七縣。七月，再決歸仁隄。河勢既逆入清口，又挾睢、湖諸水自決口入，與洪澤湖連，直趨高堰，衝決翟家壩，流成大澗九，淮陽〔二〕自是歲以災告。

二年，決睢寧武官營及朱家營。

三年，決杞縣及祥符閻家寨，再決朱家營，旋塞。

四年四月，河決上游，灌虞城、永城、夏邑〔三〕，又決安東茆良口。

五年，之錫卒，以貴州總督楊茂勳〔四〕爲河道總督。

六年，決桃源煙墩、蕭縣石將軍廟，逾年塞之。又決桃源黄家嘴，已塞復決，沿河州縣悉受水患，清河衝没尤甚，三汊河以下水不没骭。黄河下流既阻，水勢盡注洪澤湖，高郵水高幾二丈，城門堵塞，鄉民溺斃數萬，遣官蠲賑。冬，命明珠等相視海口，開天妃、石闥、白駒等閘，毁白駒姦民閉閘碑。

八年，決清河三汊口，又決清水潭。副都御史馬紹曾，巡鹽御史李棠交章劾茂勳不職，罷之，以羅多爲河道總督。

九年，決曹縣牛市屯，又決單縣譙樓寺，灌清河縣治〔五〕。是歲五月暴風雨，淮、黄並溢，撞卸高堰石工六十餘段，衝決五丈餘，高、寶等湖受淮、黄合力之漲，高堰幾塌，淮陽〔六〕岌岌可虞。工科給事中李宗孔疏言：『水之合從諸決口以注於湖也，江都、高、寶無歲不防隄增隄，與

〔一〕山陽柴溝姚家灣　在今江蘇淮安市東。

〔二〕淮陽　誤，應作淮揚。見前注。

〔三〕灌虞城、永城、夏邑　《虞城縣志》有：決虞城上樓、待賓寺等處。

〔四〕楊茂勳　漢軍鑲紅旗人。康熙五年任河道總督。

〔五〕灌清河縣治　《江南通志》作『河決清河王家營等處』。

〔六〕淮陽　應改作『淮揚』。

水俱高。以數千里奔悍之水，攻一綫孤高之隄，值西風鼓浪，一瀉萬頃，而江、高、寶、泰以東無田地，興化以北無城郭室廬。他如淥陽、平望諸湖，淺狹不能受水。各河港疏濬不時，范公隄下諸閘久廢，入海港口盡塞。雖經大臣會閱，嚴飭開閘出水，而年深工大，所費不貲，兼爲傍海奸竈所格，竟不果行。水迂回至東北廟灣口入海，七邑田舍沈没，動經歲時。比宿水方消，而新歲横流又已踵至矣。』御史徐越亦言高堰宜乘冬水落時大加修築。於是起桃源東至龍王廟，因舊址加築大隄三千三百三十丈有奇。臘後冰解水溢，沿河村舍林木剷刷殆盡。

十年春，河溢蕭縣。六月，決清河五堡、桃源陳家樓。八月，又決七里溝。以王光裕總督河道。光裕請復明潘季馴所建崔壩鎮等三壩，而移季太壩於黄家嘴舊河地，以分殺水勢。是歲，茆良口塞。

十一年秋，決蕭縣兩河口、邳州塘池舊城，又溢虞城，遣學士郭廷祚等履勘。

十二年，桃源七里溝塞。

十三年，決桃源新莊口及王家營，又自新河鄭家口北決[一]。

十四年，決徐州潘家塘、宿遷蔡家樓，又決睢寧花山壩，復灌清河治，民多流亡。

十五年夏，久雨，河倒灌洪澤湖，高堰不能支，決口三十四。漕隄崩潰，高郵之清水潭，陸漫溝之大澤灣，共決三百餘丈，揚屬皆被水，漂溺無算。上遣工部尚書冀如錫、户部侍郎伊桑阿訪究利病。是歲，又決宿遷白洋河、于家岡，清河張家莊、王家營，安東邢家口、二鋪口，山陽羅家口。塞桃源新莊。

十六年，如錫等覆陳河工壞潰情形，光裕解任勘問。以安徽巡撫靳輔[二]爲河督。輔言：『治河當審全局，必合河道、運道爲一體，而後治可無弊。河道之變遷，總由議治河者多盡力於漕艘經行之處，其他決口，則以爲無關運道而緩視之，以致河道日壞，運道因之日梗。河水裹沙而行，全賴各處清水併力助刷，始能奔趨歸海。今河身所以日淺，皆由從前歸仁隄等決口不即堵塞之所致。查自清江浦至海口，約長三百里，向日河面在清江浦石工之下，今則石工與地平矣。向日河身深二三四丈不等，今則深者不過八九尺，淺者僅二三尺矣。河淤運亦淤，今淮安城堞卑於河底矣。運淤，清江與爛泥淺盡淤，今洪澤湖底漸成平陸矣。河身既墊高若此，而黄流裹沙之水自西北來，晝夜不息，一至徐、邳、宿、桃，即緩弱散漫。臣目見河

[一] 又自新河鄭家口北決　《行水金鑑》卷四七『鄭家口』作『郭家口』，並記爲十二年事。

[二] 靳輔　字紫垣，遼陽漢軍鑲黄旗人。康熙十六年至三十一年間長期任河道總督，主持治理黄河、淮河、運河，多有建樹。著有《治河方略》等。《清史稿》卷二七九有傳。

沙無日不積，河身無日不加高，若不大修治，不特洪澤湖漸成陸地，將南而運河，東而清江浦以下，淤沙日甚，行見三面壅遏，而河無去路，勢必衝突內潰，河南、山東俱有淪胥沈溺之憂，彼時雖費千萬金錢，亦難剋期補救。』因分列大修事宜八：　曰取土築隄，使河寬深；　曰開清口及爛泥淺引河，使得引淮刷黄；　曰加築高家堰隄岸；　曰周橋閘至翟家壩決口三十四，須次第堵塞；　曰深挑清口至清水潭運道，增培東西兩隄；　曰淮揚田及商船貨物，酌納修河銀；　曰裁併河員以專責成；　曰按里設兵，畫隄分守。　廷議以軍務未竣，大修募夫多，宜暫停。　疏再上，惟改運土用夫爲車運，餘悉如所請。

於是各工並舉。　大挑清口、爛泥淺引河四，及清口至雲梯關河道，創築關外東水隄萬八千餘丈，塞於家岡、武家墩大決口十六，又築蘭陽、中牟、儀封、商丘月隄及虞城周家隄。

明年，創建王家營、張家莊減水壩二，築周橋翟壩隄二十五里，加培高家堰長隄，山、清、安三縣黄河兩岸及湖堰，大小決口盡塞。　優詔褒美。

十八年，建南岸碭山毛城鋪、北岸大谷山減水石壩各一，以殺上流水勢。

二十年，塞楊家莊，蓋決五年矣。　是歲，增建高郵南北滾水壩八[一]，徐州長樊大壩外月隄千六百八十九丈。

大修至是已三年，河未盡復故道，輔自劾。　部議褫職，上命留任。

二十一年，決宿遷徐家灣，隨塞。　又決蕭家渡。　先是河身僅一線，輔盡堵楊家莊，欲束水刷之，而引河淺窄，淤刷鼎沸，遇徐家灣隄卑則決，蕭家渡土松則又決。　會侯補布政使崔維雅上《河防芻議》[二]，條列二十四事，請盡變輔前法。　上遣尚書伊桑阿、侍郎宋文運履勘，命維雅隨往。維雅欲盡毀減水壩，別圖挑築。　伊桑阿等言輔所建工程固多不堅，改築亦未必成功。　輔亦申辨『工將次第告竣，不宜有所更張』。　並下廷議。　因召輔至京，輔言『蕭家口明正可塞，維雅議不可行』，上是之，命還工。

二十二年春，蕭家渡塞，河歸故道。

明年，上南巡閱河，賜詩褒美。

二十四年秋，輔以河南地在上游，河南有失，則江南河道淤澱不旋踵。　乃築考城、儀封隄七千九百八十九丈，封丘荆隆口大月隄三百三十丈，滎陽埽工三百十丈，又鑿睢寧南岸龍虎山減水閘四。　上念高郵諸州湖溢淹民田，命安徽按察使于成龍修治海口及下河，聽輔節制。　旋召

[一] 增建高郵南北滾水壩八　這些滾水壩建在運河東岸，洩水入湖，入海。

[二] 河防芻議　崔維雅撰，共六卷。《四庫全書提要》云：『維雅身歷河工二十餘年，著爲此書，其意見與靳輔頗不相合。』『其說多出於一偏之見』。參見《清史稿》卷二七九《崔維雅傳》。

輔、成龍至京集議。成龍力主開濬海口；　輔言下河海口高內地五尺，應築長堤高丈六尺，束水趨海。所見不合，下廷臣議，亦各持一說。上以講官喬萊江北人，召問，萊言輔議非是。因遣尚書薩穆哈等勘議，還言開海口無益。會江寧巡撫湯斌入爲尚書，詢之，斌言海口開則積水可洩，惟高郵、興化民慮毀廬墓爲不便耳。乃黜薩穆哈，頒內帑二十萬，命侍郎孫在豐董其役。時又有督修下河宜先塞減水壩之議，上不許。召輔入對，輔言南壩永塞，恐淮弱不敵黃强，宜於高家堰外增築重隄，截水出清口不入下河，停丁溪等處工程。成龍時任直撫，示以輔疏，仍言下河宜濬，修重隄勞費無益。議不決。復遣尚書佛倫等勘議，佛倫主輔議。

二十七年，御史郭琇劾輔治河無績，內外臣工亦交章論之，乃停築重隄，免輔官，以閩浙總督王新命[一]代之，仍督修下河，鐫在豐級，以學士凱音布代之。

明年，上南巡，閱高家堰，謂諸臣曰：『此堤頗堅固，然亦不可無減水壩以防水大衝決。但靳輔欲於舊隄外更築重隄，實屬無益。』並以輔於險工修挑水壩，令水勢回緩，甚善。車駕還京，復其官。

三十一年，新命罷，仍令輔爲河督。輔以衰疾辭，命順天府丞徐廷璽副之。輔請於黃河兩岸值柳種草，多設涵洞，俱報可。是冬，輔卒，上聞，歎悼，予騎都尉世職。以于成龍[二]爲河督。

越二年，召詢成龍曰：『減水壩果可塞否？』對曰：『不宜塞，仍照輔所修而行。』上曰：『如此，何不早陳？爾排陷他人則易，身任總河則難，非明驗耶？』

三十四年，成龍遭父憂，以漕督董安國代之。

明年，大水，決張家莊，河會丹、沁偪滎澤，徙治高埠。又決安東童家營，水入射陽湖。是歲築攔黃大壩[三]，於雲梯關挑引河千二百餘丈，於關外馬家港導黃由南潮河東注入海。去路不暢，上游易潰，而河患日亟。

三十六年，決時家馬頭。

明年，仍以成龍爲河督。

三十八年春，上南巡，臨視高家堰等隄，謂諸臣曰：『治河上策，惟以深浚河身爲要。河底浚深，則洪澤湖水直達黃河，興化、鹽城等七州縣無泛濫之患，田產自然涸出。若不治源，治流終無裨益。今黃、淮交會之口過於徑直，應將河、淮之隄各迤東灣曲拓築，使之斜行會流，則黃

[一] 王新命　字純嘏，四川三台縣人。康熙二十七年（一六八八年）任河道總督。參見《碑傳集》卷七六《王新命傳》。

[二] 于成龍　字振甲，漢軍鑲黃旗人。康熙三十一年任河道總督。初與靳輔持異議，輔去後，皆行其主張。《清史稿》卷二七九有傳。

[三] 攔黃大壩　在清河縣。《行水金鑑》卷五二，康熙三十五年條：『清河縣之南河嘴，爲黃淮門户，河身寬闊，黃水每多倒灌，應築攔黃大壩一道，直接縷堤。』

不致倒灌矣。』

明年，成龍卒，以兩江總督張鵬翮[一]爲河督。是歲塞時家馬頭，從鵬翮先疏海口之請，盡拆雲梯關外攔黄壩，賜名大清口； 建宿遷北岸臨黄外口石閘，徐州南岸楊家樓至段家莊月隄。

四十一年，上謂永定河石隄甚有益，欲推行黄河兩岸，自徐州至清口皆修石隄。鵬翮言『建築石工，必地基堅實。惟河性靡常，沙土鬆浮，石隄工繁費鉅，告成難以預料』。遂作罷。

四十二年，上南巡，閱視河工，製《河臣箴》[二]以賜鵬翮。秋，移建中河出水口於楊家樓，逼溜南趨，清水暢流敵黄，海口大通，河底日深，黄水不虞倒灌。上嘉鵬翮績，加太子太保。

四十六年八月，決豐縣吴家莊，隨塞。

明年，鵬翮入爲刑部尚書，以趙世顯代之。

四十八年六月，決蘭陽雷家集、儀封洪邵灣及水驛張家莊各隄。

六十年八月，決武陟詹家店、馬營口、魏家口，大溜北趨，注滑縣、長垣、東明，奪運河，至張秋，由五空橋入鹽河歸海。自河工告成，黄流順軌，安瀾十餘年矣，至是遣鵬翮等往勘。九月，塞詹家店、魏家口； 十一月，塞馬營口。世顯罷，以陳鵬年[三]署河道總督。

六十一年正月，馬營口復決，灌張秋，奔注大清河。六月，沁水暴漲，衝塌秦家廠南北壩臺及釘船幫大壩。時王家溝引河成，引溜由東南會滎澤入正河，馬營隄因無恙。鵬年復於廣武山官莊峪挑引河百四十餘丈以分水勢。九月，秦家廠南壩甫塞，北壩又決，馬營亦漫開； 十二月，塞之。

雍正元年六月，決中牟十里店、婁家莊，由劉家寨南入賈魯河。會鵬年卒，齊蘇勒[四]爲總河，慮賈魯河下注之水，山盱、高堰臨湖隄工不能容納，亟宜相機堵閉，上命兵部侍郎嵇曾筠馳往協議。七月，決梁家營、詹家店[五]，復遣大學士張鵬翮往協修，是月塞。九月，決鄭州來童寨民隄，鄭民挖陽武故隄洩水，並衝決中牟楊橋官隄，尋塞。是歲建清口東西束水壩以禦黄蓄清。

[一] 張鵬翮　字運青，四川遂寧籍，湖廣麻城人。康熙三十九年任河道總督，在任八年，頗有建樹，多主潘、靳成説。著有《張公奏議》二十四卷等治河書。《清史稿》卷二七九有傳。

[二] 河臣箴　河臣必須銘記的箴言。

[三] 陳鵬年　字北溟，一字滄洲，湖南湘潭人。康熙六十年任何道總督。《清史稿》卷二七七有傳。

[四] 齊蘇勒　字篤之，滿洲正白旗人。雍正元年任河道總督，久任河工。《清史稿》卷三一〇有傳。

[五] 七月，決梁家營、詹家店　《續行水金鑑》卷五引《河南通志》記爲六月事。

二年，以嵇曾筠〔一〕爲副總河，駐武陟，轄河南河務，東河〔二〕分治自此始。六月，決儀封大寨、蘭陽板橋〔三〕，逾月塞之。

三年六月，決睢寧朱家海，東注洪澤湖。

明年四月，塞未竣，河水陡漲，衝塌東岸壩臺，睢寧、虹、泗、桃源、宿遷悉被淹，命兩廣總督孔毓珣馳勘協防，十二月塞。是月河清，起陝西府谷訖江南桃源。

五年，齊蘇勒以朱家海素稱險要，增築夾壩月隄、防風埽，並於大溜頂衝處削陡岸爲斜坡，懸密葉大柳於坡上，以抵溜之汕刷。久之，大溜歸中泓，柳枝沾掛泥滓，悉成沙灘，易險爲平，工不勞而費甚省。因請凡河崖陡峻處，俱仿此行。

六年，曾筠內遷禮部尚書，副總河如故，命署廣東按察使尹繼善協理江南河務。

七年，改河道總督爲江南河道總督，駐清江，以孔毓珣〔四〕任，省副總河。以曾筠爲山東河道總督，駐濟寧。上以明臣潘季馴有每歲派夫加高隄身五寸之議，前靳輔亦以爲言，計歲費不過三四萬，下兩河總督議。毓珣等請酌緩急，分年輪流加倍，約歲需二萬餘金，下部議行。

八年，毓珣卒，曾筠調督南河，田文鏡〔五〕兼署東河總督。五月，敕建河州口外河源神廟成，加封號。是月，河清，起積石關訖撒喇城查漢斯。是歲決宿遷及桃源沈家莊，旋塞。以封丘荆隆口大溜頂衝開黑堈口至柳園口引河三千三百五十丈。

十年，增修高堰石隄成。

十一年，揀派部院司員赴南河學習，期以三年。授曾筠文華殿大學士兼吏部尚書，督南河如故，命兩淮鹽政高斌〔六〕就習河務。曾筠旋遭母憂，斌署南河總督。

乾隆元年四月，河水大漲，由碭山毛城鋪閘口洶湧南下，隄多衝塌，潘家道口平地水深三五尺。上以下流多在

〔一〕嵇曾筠　字松友，江南長州人。雍正元年任副總河，七年任東河總督，在河工十二年，以善築壩著稱，著有《河防奏議》十卷。《清史稿》卷三一〇有傳。

〔二〕東河　河南、山東黃河的簡稱，其機構轄河南和山東境內的黃河段；南河，江南黃河的簡稱，其機構轄江蘇境內的黃河。河道總督事權分爲東河和南河兩部份，始於雍正二年。

〔三〕六月，決儀封大寨、蘭陽板橋　《續行水金鑑》卷五『雍正二年』條記爲七月事，且『板橋』作『板廠』。據同書卷六『雍正三年七月』條下也記有此事：『十三日酉刻，……北岸板廠後大堤缺口一十二丈』。據上書卷五，『蘭陽儀封之大寨、板廠，南北相向，決亦同時。』

〔四〕孔毓珣　字東美，山東曲阜人，孔子六十六世孫。雍正七年任江南河道總督，次年卒於河工。《清史稿》卷二九二有傳。

〔五〕田文鏡　漢軍正黃旗人。雍正八年任東河總督。《清史稿》卷二九四有傳。

〔六〕高斌　字右文，滿州鑲黃旗人。雍正九年任東河副總河，十一年任江南河道總督，此後主持黃河和永定河治理十餘年，多有建樹。《清史稿》卷三一〇《高斌傳》認爲：『在本朝河臣中，即不能如靳輔，較齊蘇勒、嵇曾筠有過無不及。』

蕭、宿、靈、虹、睢寧、五河等州縣，今止議濬上源而無疏通下游之策，則水無歸宿，下江南、河南各督撫暨兩總河委勘會議，並移南副總河駐徐州以專督率。旋高斌請濬毛城鋪迤下河道，經徐、蕭、睢、宿、靈、虹至泗州安省陡門，紆直六百餘里，以達洪澤，出清口會黄，而淮揚京員夏之芳等言其不便。

明年，召斌詢問，斌繪圖呈覽，乃知之芳等所言失實，令同總督慶復確估定議，並將開濬有利無害，曉喻淮揚士民。初，斌疏濬毛城鋪水道，別開新口塞舊口，以免黄河倒灌。至三年秋，河漲灌運，論者多歸咎新開運口。斌言：『十月後黄水平退，湖水暢流，新淤隨溜刷去，可無虞淺澀。』

四年，斌又言『上年清水微弱，時值黄水異漲，並非開新口所致』，而南人言者不已。上遣大學士鄂爾泰馳勘，亦言新口宜開。

明年，黄溜仍南逼清口，仿宋陳堯佐法，製設木龍〔一〕二，挑溜北行。

六年，斌以宿遷至桃源、清河二百餘里，河流湍激，北岸只縷隄六，並無遥堤，又內逼運河，將運河南岸縷隄通築高厚，作黄河北岸遥隄，更於縷隄內擇要增築格隄九。未成，斌調督直隸，完顏偉〔二〕繼之。先是上以河溜逼清口，倒漾爲患，詔循康熙間舊迹，開陶莊引河，導黄使北，遣鄂爾泰會勘。議甫定，以汛水驟漲停工，斌亦去任。至是，完顏偉慮引河不就，於清口迤西、黄河南岸設木龍挑溜北走，引河之議遂寢。厥後四十一年，上決意開之，踰年工竣，新河直抵周家莊，會清東下，倒漾之患永絶。

七年，決豐縣石林、黄村，奪溜東趨，又決沛縣縷隄，旋塞。完顏偉調督東河，改白鍾山〔三〕南河總督。初豐、沛決時，大學士陳世倌往勘，添建滚水石壩二於天然南北二壩處，以分洩水勢。

十年，決阜寧陳家浦。時淮、黄交漲，沿河州縣被淹。漕督顧琮〔四〕言：『陳家浦逼近海口，以下十餘里向無隄工，每遇水漲，任其散溢。若仍於此堵塞，是與水争地，費多益少，應於上流築遥隄以束水勢。』事下訥親、高斌，仍

〔一〕木龍　護岸工，北宋陳堯佐創造。但宋代木龍構造已不詳。清代使用木龍挑溜、護岸，取得較好效果，且在清口至海口河段使用較多。清人李昞撰有《木龍書》三卷。

〔二〕完顏偉　滿洲鑲黄旗人，自乾隆二年起涉足河工，六年任南河副總河，七年任東河總督，主持河工八年。《清史稿》卷三一〇有傳。

〔三〕白鍾山　字毓秀，漢軍正藍旗人。自雍正初涉足河工，十二年任南河副總河，旋擢東河總督，乾隆八年調南河總督，十五年授永定河道，十九年再任東河總督，二十二年復任南河總督。白氏長期主持河工，對修堤尤有經驗，時有『稀壩白堤』之說。著有《豫東宣防録》《南河宣防録》等河工書。《清史稿》卷三一〇有傳。

〔四〕顧琮　字用方，滿洲鑲黄旗人。自雍正十一年任直隸河道總督，在永定河道近十年，乾隆六年任漕運總督，十一年任南河總督，翌年又任東河總督。《清史稿》卷三一〇有傳。

議塞舊決口。

十一年，鍾山罷，顧琮署南總河，建木龍三於安東西門，逼溜南趨，自木龍以上皆淤灘，化險爲平。

十三年，琮調督東河，詔大學士高斌管南河事。斌以雲梯關下二套漲出沙灘，大溜南趨，直逼天妃宫辛家蕩隄工，開分水引河，並修補徐州東門外蟄裂石隄。琮亦以祥符十九堡南岸日淤，大溜北趨逼隄根，建南北壩臺，並於壩外捲埽籤樁〔一〕。

十六年六月，決陽武，命斌赴工，會琮堵築，十一月塞。

十七年，上以豫省河岸大隄外有大行隄〔二〕一，連接直、東，年久殘缺，在直隸者，令方觀承勘修，其山東界内，有無汕刷殘缺，令鄂容安查修。鄂容安言曹、單二縣大行隄大小殘缺三千四百三十丈，並加幫卑薄，補築缺口三百三十餘丈，疏濬隄南洩水河以宣坡水。

十八年秋，決陽武十三堡。九月，決銅山張家馬路，衝塌内隄、縷、越隄二百餘丈，南注靈、虹諸邑，入洪澤湖，奪淮而下。以尹繼善〔三〕督南河，遣尚書舒赫德偕白鍾山馳赴協理。同知李焞、守備張賓侵帑誤工，爲學習河務布政使富勒赫所劾，勘實，置之法。高斌及協理張師載坐失察，縛視行刑。是冬，河塞。

方銅山之始決也，下廷議，吏部尚書孫嘉淦〔四〕獨主開減河引水入大清河，略言：『自順、康以來，河決北岸十之九。北岸決，潰運者半，不潰者半。凡其潰道，皆由大清河入海者也。蓋大清河東南皆泰山基脚，其道亘古不壞，亦不遷移。前南北分流時，已受河之半。及張秋潰決，且受河之全，未聞有衝城郭淹人民之事，則此河之有利無害，已足徵矣。今銅山決口不能收功，上下兩江二三十州縣之積水不能消涸，故臣言開減河也。上游減則下游微，決口易塞，積水早消。但河流湍急，設開減河而奪溜以出，不可不防，故臣言減入大清河也。現開減河數處，皆距大清河不遠。計大清河所經，只東阿、濟陽、濱州、利津四五州縣，即有漫溢，不過偏災，忍四五州縣之偏災，可減兩江二三十州縣之積水，並解淮、揚兩府之急難，此其利害輕重，不待智者而後知也。減河開後，經兩三州縣境，或有漫溢，築土埂以禦之，一入大清河，則河身深廣，兩岸堵築處甚少，計費不過一二十萬，而所省下游決口之工費，賑濟之錢米，至少一二百萬，此其得失多寡，亦不待智者而後知也。計無便於此者。』上慮形勢隔礙，不

〔一〕籤樁　下排樁，固定捲埽。樁木穿過埽身，直插河底。
〔二〕大行隄　此即明代弘治間劉大夏所築太行隄。
〔三〕尹繼善　字元長，滿洲鑲黄旗人。雍正初曾涉足河工，乾隆十八年任南河總督。《清史稿》卷三〇七有傳。
〔四〕孫嘉淦　字錫公，山西興縣人。乾隆三年任直隸總督，兼管河工。《清史稿》卷三〇三有傳。

能用。

自銅山塞後，月隄內積水尚深七八尺至丈八九尺。上命於引河兜水壩〔一〕南再開引河分溜，使新工不受衝激。

二十一年，決孫家集，隨塞。

明年二月，上南巡至天妃閘閱木龍。時鍾山調總南河，偕東河總督張師載〔二〕言：『徐州南北岸相距甚迫，一遇盛漲，時有潰決。請挑濬淤淺，增築隄工，並堵築北岸支河，爲南北分籌之計。』制可。

二十三年，命安徽巡撫高晉協理南河。秋七月，決竇家寨新築土壩，直注毛城鋪，漫開金門土壩。晉言：『土壩過高，阻遏水勢，以致壅決，不須再築。』上不許，並令開蔣家營、傅家窪引河仍導入黃。

二十六年七月，沁、黃並漲，武陟、滎澤、陽武、祥符、蘭陽同時決十五口，中牟之楊橋決數百丈，大溜直趨賈魯河。遣大學士劉統勳、公兆惠馳勘，巡撫常鈞請先築南岸。上謂河流奪溜，宜亟堵楊橋，鈞言大謬，調撫江西，以胡寶瑔爲河南巡撫，並令高晉赴豫協理。十一月塞，上聞大喜，命於工所立河神廟。

三十年，上南巡，祭河神，閱清口東壩木龍、惠濟閘。

三十一年，決銅沛廳〔三〕之韓家堂，旋塞。

三十三年，豫撫阿思哈請以豫工節省銀加築隄岸，總河吳嗣爵〔四〕言：『豫省河面寬，溜勢去來無定，旋險旋平，若將土埽劃爲成數，恐各工員視爲年例額支，轉啓興工冒銷之弊。』議遂寢。

明年，嗣爵言：『銅瓦廂溜勢上隄〔五〕，楊橋大工自四五埽至二十一埽俱頂衝迎溜。請於桃汛未屆拆修，加鑲層土層柴，鑲壓堅實。兩岸大隄外多支河積水，汛發時，引溜注隄，宜多築土壩攔截。』上俱可其奏。

三十七年，東河總督姚立德〔六〕言：『前築土壩，保固隄根，頻歲安瀾，已著成效。請俟冬春閒曠，培築土壩，密栽柳株，俾數年後溝槽淤平，可永固隄根。』上嘉獎之。

三十八年五月，河溢朝邑，漲至二丈五尺，民居多漂没。

〔一〕兜水壩　即導水壩或導流堤，用以截水入引河。

〔二〕張師載　字又渠，張伯行子。長期涉足河務，曾任漕運總督、東河總督。《清史稿・張師載傳》稱其『長於治河，少讀文書，研性理之學』。《清史稿》卷三一六五有傳。

〔三〕銅沛廳　管理銅山縣和沛縣境內黃河段河防工程的機構。廳，隸屬分司。

〔四〕吳嗣爵　字樹屏，浙江錢塘人。先後任東河、南河總督。《清史稿》卷三二五有傳。

〔五〕銅瓦廂溜勢上隄　『上隄』的『隄』，似應作『提』。即主溜頂衝險工的位置向上游移動。

〔六〕姚立德　字次功，浙江仁和人，乾隆中任東河總督近十年（實授五年）。《清史稿》卷三二五有傳。

三十九年八月，決南河老壩口〔一〕，大溜由山子湖下注馬家蕩，射陽湖入海，板閘、淮安俱被淹没，尋塞。

四十一年，嗣爵言黄水倒灌洪湖、運河，清口挑挖引河恐於事無濟。會内遷，薩載〔二〕署南總河，上命偕江南總督高晉〔三〕勘議。晉等言：『臣晉在工二十餘年，歷經倒灌。惟有將清口通湖引河挑挖，使得暢流，匯黄東注，併力刷沙，則黄河不濬自深，海口不疏自治，補偏救弊，惟此一法。』又言：『清口西所建木龍，原冀排溜北趨，刷陶莊積土，使黄不逼清。但驟難盡刷，宜於陶莊積土之北開一引河〔四〕，使黄離清口較遠，至周家莊會清東注，不惟可免倒灌，淤沙漸可攻刷，即圩堰亦資穩固，所謂治淮即以治黄也。』

明年二月，引河成。上喜成此鉅工，一勞永逸，可廢數百年藉清敵黄之説，飭建河神廟於新口石壩，自製文記之。

四十三年，決祥符，旬日塞之。閏六月，決儀封十六堡，寬七十餘丈，地在諸口上〔五〕，掣溜湍急，由睢州、寧陵、永城直達亳州之渦河入淮。命高晉率熟諳河務員弁赴豫協堵，撥兩淮鹽課銀五十萬、江西漕糧三十萬賑恤災民，並遣尚書袁守侗勘辦。八月，上游迭漲，續塌二百二十餘丈，十六堡已塞復決。十二月再塞之。越日，時和驛東西壩相繼蟄陷。遣大學士公阿桂馳勘。

明年四月，北壩復陷二十餘丈。上念儀工綦切，以古有沈璧禮河事，特頒白璧祭文，命阿桂等詣工所致祭。

四十五年二月塞。是役也，歷時二載，費帑五百餘萬，堵築五次始合，命於陶莊河神廟建碑記之。六月，決睢寧郭家渡，又決考城、曹縣，未幾俱塞。十一月，張家油房塞而復開。

四十六年五月，決睢寧魏家莊，大溜注洪澤湖〔六〕。七月，決儀封，漫口二十餘，北岸水勢全注青龍岡。十二月，將塞復蟄塌，大溜全掣由漫口下注。

四十七年，兩次堵塞，皆復蟄塌。阿桂等請自蘭陽三

〔一〕南河老壩口　在淮安附近，黄河南岸。據《續行水金鑑》卷十七，乾隆三十九年九月初三日條，『口門計寬七十八丈』。

〔二〕薩載　伊爾根覺羅氏，滿洲正黄旗人。乾隆四十一年任南河總督，達七年。《清史稿》卷三二五有傳。

〔三〕高晉　字昭德，長期在河工任事。乾隆二十六年任南河總督，三十六年兼署漕運總督。《清史稿》卷三一〇有傳。

〔四〕宜於陶莊積土之北開一引河　陶莊在清口對岸。引河目的是使黄河主溜北趨，不直接頂托清口淮水出流。

〔五〕決儀封十六堡，寬七十餘丈，地在諸口上　據《續行水金鑑》卷一八，乾隆四十三年閏六月二十八日條，作『儀封汛十六堡、十七堡、二十二堡、二十四堡、三十六堡漫水六處，……惟十堡地居諸口之上』。同條又作『惟十六堡漫工，大溜直注，汕刷寬深，……口門寬至二百二十七丈』。

〔六〕五月，決睢寧魏家莊，大溜注洪澤湖　《續行水金鑑》卷二十『乾隆四十六年』條作『六月初一日』。

堡大壩外增築南隄，開引河百七十餘里，導水下注，由商丘七堡出隄歸入正河，掣溜使全歸故道，曲家樓漫口自可堵閉。上從其言。

明年二月，引河成，三月塞。

四十九年八月，決睢州二堡，仍遣阿桂赴工督率，十一月塞。

先是上念豫工連歲漫溢，隄防外無宣洩之路，欲就勢建減水壩，俾大汛時有所分洩，下阿桂及河、撫諸臣勘議。至是，阿桂等言：『豫省隄工，滎澤、鄭州土性高堅，距廣武山近，毋庸設減壩。中牟以下，沙土夾雜，或係純沙，建壩不能保固。至隄南洩水各河，惟賈魯河系洩水要路，經鄭州、中牟、祥符、尉氏、扶溝、西華至周家口入沙河。又惠濟系賈魯支河，二河窄狹淤墊，如須減黃，應大加挑浚，需費浩繁，非一時所能集事。惟蘭、儀、高家寨河勢坐灣，若挑濬取直，引溜北注，河道可以暢行。』上然之。

五十一年秋，決桃源司家莊、烟墩，十月塞。

明年夏，復決睢州，十月塞。十二月，山西河清二旬，自永寧以下長千三百里。

五十四年夏，決睢寧周家樓，十月塞。

五十九年，決豐北曲家莊，尋塞。

嘉慶元年六月，決豐汛六堡[一]，刷開運河余家莊隄，水由豐、沛北注山東金鄉、魚臺，漾入昭陽、微山各湖，穿入運河，漫溢兩岸，江蘇山陽、清河多被淹。南河總督蘭錫第[二]導水入藺家山壩，引河由荆山橋分達宿遷諸湖，又啓放宿遷十家河竹絡壩、桃源顧家莊隄，洩水仍入河下注，並於漫口西南挑挖舊河，引溜東趨入正河，繪圖以聞。上令取直向南而東，展寬開挖，俾溜勢直注正河，較爲得力。命兩江總督蘇淩阿、山東布政使康基田會勘籌辦。十一月，復因淩汛蟄塌壩身二十餘丈，時蘇淩阿按事江西，改命東河總督李奉翰赴工會辦。

明年二月塞，加奉翰太子太保，調督兩江，兼管南河事。是年七月，河溢曹汛二十五堡。

三年春，壩工再蟄，奉翰自劾，遣大學士劉墉、尚書慶桂履勘，並責問奉翰等因循。墉等言漫口已跌成塘，眴屆淩汛，請展至秋後興工。八月，溢睢州，水入洪澤湖。上游水勢既分，曹工遂以十月塞。

明年正月，睢工亦塞。三月，以河南布政使吴璥[三]署東河總督。璥言：『豫東兩岸隄工丈尺加增，而淤墊如

[一] 決豐汛六堡　汛，縣級河防機構和所轄修防堤段，在廳之下。堡，即鋪，管理堤防的最基層機構。

[二] 蘭錫第　應爲蘭第錫。山西吉州人。乾隆三十四年任永定河北岸同知，四十八年署東河總督，五十二年實授，五十四年任南河總督。《清史稿》卷三二五有傳。

[三] 吴璥　字式如，浙江錢塘人，吴嗣爵子。嘉慶四年任東河總督，次年調南河，十一年再任東河總督。十三年再任南河總督，十九年三任東河總督，長期主持治河。《清史稿》卷三六〇有傳。

故，病在豐、曹、睢，疊經漫溢，雖塞後順軌安瀾，然引河不能寬暢，且徐城河狹，旁洩過多，遂成中梗。去淤之法，惟在束水攻沙，以隄束水。聞江南河臣康基田〔一〕培築隄工，極爲認真，應令酌看堤埽情形，守護閘壩，宣洩有度，自可日見深通。』上命與基田商辦。八月，決碭汛邵家壩。十二月，已塞復滲漏，又料船不戒，延燒殆盡，基田奪職留工，調璥督南河，以河南布政使王秉韜〔二〕爲東河總督，移東河料物迅濟南河。

五年冬，邵家壩塞。

六年九月，溢蕭南唐家灣〔三〕，十一月塞。

八年九月，決封丘衡家樓，大溜奔注，東北由范縣達張秋，穿運河東趨鹽河，經利津入海。直隸長垣、東平、開州均被水成災。上飭布政使瞻住撫卹，復遣鴻臚卿通恩等治賑，兵部侍郎那彥寶赴工，會同東河總督嵇承志〔四〕堵築。明年二月塞。

十年閏六月，兩江總督鐵保言：『河防之病，有謂海口不利者，有謂洪湖淤墊者，有謂河身高仰者。此三説皆可勿論。既惟宜專力於清口，大修各閘壩，借湖水刷沙而河治。湖水有路入黄，不虞壅滯，而湖亦治。』上嘉其言明晰扼要。『至謂清水敵黄，所争在高下不在深淺，所論固是，但湖不深，焉能多蓄？是必蓄深然後力能敵黄。俟大汛後，會商南河總督徐端〔五〕，迅將高堰五壩，及各閘壩支河，酌量施工。』時有議由王營減壩改河經六塘河入海者，鐵保偕南河總督戴均元〔六〕上言：『新河隄長四百里，中段漫水甚廣，急難施工，必須二三年之久，約費三四百萬。堵築減壩，不過二三月，費只二百餘萬。且舊河有故道可尋，施工較易。』上從之。

十一年四月，兵部侍郎吴璥再督東河。六月，復置南

〔一〕康基田　字茂園，山西興縣人。乾隆五十四年，始署南河總督，嘉慶二年任東河總督。《清史稿》卷三六〇《康基田傳》稱其『治河有聲』。著有《河渠紀聞》三十卷。

〔二〕王秉韜　字含谿，漢軍鑲紅旗人。嘉慶五年任東河總督，七年卒於工次。《清史稿》卷三六〇有傳。

〔三〕六年九月，溢蕭南唐家灣　《續行水金鑑》卷二九、三〇，六年九月無水溢，七年九月水溢又不止是唐家灣。卷三〇九月十五日條下記作『九月初五日丑刻，北岸之賈家樓一帶，大堤普面過水』。『唐家灣引河分洩處所，因民堰漫刷，洩水較寬』。

〔四〕嵇承志　嵇璜子。嘉慶六年從那彥寶治永定河，七年署東河總督。《清史稿》卷三六〇《嵇承志傳》稱『其家世襲河事』。其祖父嵇曾筠，父嵇璜都曾任河督。

〔五〕徐端　字肇之，浙江德清人。其父任清河知縣，端少隨任，習於河事。嘉慶九年任南河總督，至十七年卒於工次。《清史稿》卷三六〇徐端傳稱『端治南河七年，熟諳工作。葦柳積堤，一過測其多少。與夫役同勞苦，廉不妄取』。著有《迴瀾紀要》二卷、《安瀾紀要》二卷。

〔六〕戴均元　字修原。嘉慶十一年任南河總督，十八年任東河總督。歷乾、嘉、道三朝。《清史稿》卷三四一有傳。

副總河，降徐端爲之。七月，決宿遷周家樓。八月，決郭家房。先後塞之。

十二年六月，漫山、安馬港口、張家莊，分流由灌口入海，旋塞。七月，決雲梯關外陳家浦，分流强半由五辛港入射陽湖注海。

十三年二月，陳家浦塞。鐵保等請復毛城鋪石壩、王營減壩，培兩岸大堤，接築雲梯關外長堤，及培高堰、山盱隄後土坡。遣大學士長麟等馳勘。太僕寺卿莫瞻菉言：『河入江南，惟資淮以爲抵禦。淮萃七十二河之水匯於洪澤，以堰、盱石隄五壩束之，令出清口匯黄入海，此即束水攻沙之道。今治南河，宜先治清口，保守五壩[一]。五壩不輕啓洩，則湖水可並力刷黄。黄不倒灌，運河自可疏通。今河臣請接築雲梯關外長隄二百餘里，則於坐灣取直處，必須添築埽段以爲防護。既設修防，必添建廳營，多設官兵。是徒多糜費之煩，未必收束刷之效。至謂修復毛城滚壩，挑挖洪、濉，爲減黄流異漲，以保徐城則可，若恃此助清濟運則不可。自黄水入湖淤停，水勢奔注，堰、盱五壩且難防守，又何能使之暢出清口？故加培五壩，使湖水暢出，悉力敵黄，順流直下，即可淘刷河身以入海。』御史徐亮言：『鐵保等條陳修防各事，惟於原議高堰石坦坡[二]，未曾籌及蓄清刷黄，專在固守高堰，實得全河關鍵，以柔制剛，其法最善。風浪衝擊，至坡則平。然全堰俱得坦坡外護，則五壩可永閉不開，清水可全力刷黄，淮陽可長登衽席，此萬世永圖而目前急務也。海口，尾閭也。清口，咽喉也。高堰則心腹也。要害之地，宜先著力。』璥亦以爲言。長麟等覆稱：『毛城壩易致衝決，應無庸議。王營減壩積水太深，難以施工。請改建滚壩於其西，並添築石壩。至碎石坦坡，工段綿長，時難猝辦，先築土坡。』餘如鐵保言。均元病免，端復督南河。

初，陳家浦漫溢，由射陽湖旁趨入海。鐵保等以挑河費鉅，徑由射陽湖入海，較正河爲近，因有改河道之議。至是，命璥等履勘。璥等言：『前明及康熙間所有灌河入海之路，覆轍俱在。現北潮河匯流馬港口、張家莊漫水尚在，壅積可見。去路不暢，又不能刷出河槽，此外更無可另闢海口之路。仍請修復故道，接築雲梯關外大隄，束水東注。』上如其言。是年六月，決堂子對岸千根棋杆及荷花塘，掣通臨湖甎百餘丈，堂子對岸及千根棋杆隨塞，荷花塘既堵復蟄。端再降副總河，以璥總南河。明年正月塞。是年冬，築高堰碎石坦坡。

[一] 保守五壩　此處指洪澤湖東岸高家堰大堤上的禮、義、仁、智、信五座減水壩，又稱上五壩，與高郵以南運河東堤上的歸海五壩相别。歸海五壩則稱爲下五壩，與上五壩上、下相承。二者結構尺寸也不致相同。

[二] 高堰石坦坡　即高家堰大堤迎水面做成的緩坡，表面抛以碎石，以抵禦汛期風浪，保護大堤。即下文所説『碎石坦坡』。

十五年八月，端復督南河，省副總河。十一月，大風激浪，決山盱屬仁、義、智三壩甎石堤三千餘丈，及高堰屬甎石堤千七百餘丈。端啓高郵車邏大壩及下游歸江各閘壩〔一〕，並先堵仁、智壩以洩水勢。時璥養病家居，上垂詢辦法。璥言義壩應一律堵築，高堰石工尤須於明年大汛前修竣。上嘉所論切要。未幾，仁、義、智三壩及馬港俱塞，河歸正道入海。

明年四月，馬港復決。五月，王營減壩蟄陷。七月，決邳北綿拐山及蕭南李家樓。十二月，王營減壩塞。

十七年二月，李家樓亦塞。

十八年九月，決睢州及睢南薛家樓、桃北丁家莊，褫東河總督李亨特〔二〕職，以均元代之。

明年正月，均元内召，起璥再督東河，董理睢工。二十年二月塞。

二十三年六月，溢虞城。

二十四年七月，溢儀封及蘭陽，再溢祥符、陳留、中牟，奪葉觀潮〔三〕職，以李鴻賓〔四〕督東河。璥時爲刑部尚書，偕往會籌。未幾，陳留、祥符、中牟俱塞，而武陟縷隄決，觀潮連堵溝槽五。又決馬營壩，奪溜東趨，穿運注大清河，分二道入海。儀封缺口尋涸。上命枷示觀潮河干〔五〕。均元以大學士偕侍郎那彦寶履勘。那彦寶留督馬營壩工〔六〕。久之，壩基不定，鴻賓被斥責，遂以不諳河務辭。上怒，奪其職，觀潮復督東河。

二十五年三月，馬營口塞，加河神金龍四大王、黄大王、朱大王封號。是月儀封又漫塌，削觀潮及豫撫琦善職。宣宗立，仍命璥及那彦寶赴工會辦，十二月塞。

道光元年，禮部右侍郎吴烜言：『據御史王雲錦函稱，去冬回籍過河，審視原武、陽武一帶，隄高如嶺，堤内甚卑〔七〕。向來堤高於灘約丈八尺，自馬營壩漫決，灘淤，堤高於灘不過八九尺。若不急於增隄，恐至夏盛漲，不免有出隄之患。』上命河督張文浩〔八〕偕豫撫姚祖同履勘。

〔一〕歸江各閘壩　即歸江十壩，用以控制運河洪水的入江通道。這十座閘壩是：攔江壩、土山壩、金灣壩、東灣壩、西灣壩、鳳凰壩、新河壩、壁虎壩、灣頭老壩、沙河壩。

〔二〕李亨特　其父李奉翰、祖父李宏均係河道總督。嘉慶十五年任直隸永定河道，旋即任東河總督三年。《清史稿》卷三二五有傳。

〔三〕葉觀潮　福建閩縣（今福州市）人。嘉慶九年初任河工。《清代河臣傳》卷三有傳。

〔四〕李鴻賓　字鹿苹，江西德化人。嘉慶十九年始任東河副總河，次年任總河，二十四年任漕運總督，再任東河總督。道光元年又任漕運總督，二十年卒。《清史稿》卷三六六有傳。

〔五〕枷示觀潮河干　將葉觀潮戴上枷鎖，綁赴河邊示衆。

〔六〕馬營壩工　在泌黄廳武陟汛段。

〔七〕隄高如嶺，堤内甚卑　指隄頂與隄外地面之間高差很大，而與隄内灘地之間高差很小，即臨背差很大，懸河形勢嚴重。

〔八〕張文浩　順天大興人，嘉慶十年授山清外河同知，二十四年署東河總督，道光四年授南河總督。《清史稿》卷三八三有傳。

三年，江督孫玉庭。河督黎世序〔一〕加培南河兩岸大隄，令高出盛漲水痕四五尺，除有工及險要處堤頂另估加寬，餘悉以丈五尺及二丈爲度。五月工竣。

四年十一月，大風，決高堰十三堡，山盱周橋之息浪菴壞石隄萬一千餘丈，奪文浩職，以嚴烺〔二〕督南河，遣尚書文孚、汪廷珍馳勘。侍講學士潘錫恩言：『蓄清敵黄，相傳成法〔三〕。大汛將至，則急堵禦黄壩，使黄水全力東趨。今文浩遲堵此壩，致黄河倒灌，釀成如此巨患。且欲籌減洩，當在下游。乃輒開祥符閘，減黄入湖。壩口既灌於下，閘口復灌於上〔四〕，黄無出路，湖墊極高，爲患不可勝言。』尋文孚等亦以爲言。文浩遣戍。玉庭褫職留任。十二月，十三堡、息浪菴均塞。

五年十月，東河總督張井〔五〕言：『自來當伏秋大汛，河員皆倉皇奔走，救護不遑。及至水落，則以現在可保無虞，不復求疏刷河身之策，漸至清水不能暢出，河底日高。堤身遞增，城郭居民，盡在水底之下。惟仗歲積金錢，擡河於最高之處。』上嘉所言切中時弊。初，琦善等有改移海口以減黄，拋護石坡以蓄清之議。至是，井言灌河海口屢改屢決，自不可輕易更張，即碎石坦坡，亦有議及流弊者。尤不可不從長計議。是月增培河南十三廳、山東漕河、糧河二廳堤堰壩戧各工，皆從井請也。

六年春，河復漲，命井偕琦善、烺會勘海口。琦善、烺知海口不能改，乃條上五事，皆一時補苴之計。井言：『履勘下游，河病中滿〔六〕，淤灘梗塞難疏，海口無可移改，請由安東東門工下北岸別築新隄，改北隄爲南隄，相距八里十里，中挑引河，導河由北傍舊河行至絲網濱入海〔七〕。河水高隄內灘丈五六尺，引河挑深一丈，則水勢高下幾三丈，形勢順利。自東門工至禦黄壩六十里，去路既暢，上

〔一〕黎世序　字湛溪，河南羅山人。自嘉慶十七年署南河總督，在河工十三年。力倡束水對壩，課種柳樹，驗土埽，稽垛牛，減漕規例價，多有興革。著有《黎襄勤公奏議》、《練湖志》、《行水金鑑》等。《清史稿》卷三六〇有傳。

〔二〕嚴烺　字小農，浙江仁和人。道光元年任東河總督，四年任南河總督，六年又調任東河。《清史稿》卷三八三有傳。

〔三〕蓄清敵黄，相傳成法　利用高家堰大堤，在洪澤湖内蓄高淮河清水，由清口出，冲刷清口及以下河段黄河泥沙。此法始於明萬曆年間潘季馴，以後歷代河官多相沿用。

〔四〕壩口既灌於下，閘口復灌於上　黄河水一方面從清口附近攔黄壩的缺口倒灌入洪澤湖，另一方面又從上游祥符閘分洩入淮，由淮而入洪澤湖。

〔五〕張井　字芥航，陝西膚施（今延安市）人。道光四年署東河總督，次年實授，六年調任南河總督，在河工十年。《清史稿》卷三八三張井傳稱其『用灌塘法，較勝借黄之險。勤於修守，世稱其亞於黎世序』。

〔六〕河病中滿　黄河的病症在於主槽淤積嚴重。中，主槽；滿，淤塞，充滿。

〔七〕以上係黄河入海段的局部改河方案，即下文所指『安東改河』議。以後又多次有人提出。

游可落水四五尺。黄落則禦壩可啓，東清壩，挑清水，外出刷黄，底淤攻盡，黄可落至丈餘。湖水蓄七八尺，已爲建瓴，石工易保。』上善其策。於是烺坐堰、盱新工掣卸，降三品調署東河，而以井督南河，淮揚道潘錫恩[一]副之，使經畫其事。而琦善以改河非策，請啓王家營減壩，將正河挑挖深通，放清水刷滌，再堵壩挽黄歸正河。已允行矣，給事中楊煊言：『嘉慶中王家營減壩開，上下游州縣俱災。如止減黄不奪溜，何必奏籌撫卹？今奏啓減壩，至預及撫卹堵口事宜，即與從前情形無異。下壅上潰，不可不防。』事下江督、河督會議。井初議安東改河，時撓之者謂東門工埽外有舊拋碎石，正當咽喉，恐有阻遏。井謂有石處可啓除其吴工碎石千餘方，但上下掣通，亦斷不致礙全河。然議者終以爲疑。及井見煊奏，復言：『嘉慶間減壩遇水後，次年黄仍倒灌，今河底淤高丈四五尺，豈如當時深通。兼以洪湖石工隱患甚多，本年二月，存水丈二尺八寸，遇風已多掣卸。秋後湖水止能蓄至三丈，冬令有耗無增，來年重運經行，必黄水止存二丈八九尺，清方高於黄一尺。若黄加高，即成倒灌。禦黄壩外河底墊高，淤運淤湖，爲害不小。且海州積水未消，鹽河遥堤地高，去路不暢，啓壩後河必擡高，徒深四邑之災，無補全河之病。請於減壩迤下安東門工上山安廳李工遥隄外築北隄，斜向趨東，仍與前議改河隄工相連，增長七千餘丈，挑河至八套即入正河。李工至八套舊隄長四萬一千丈，取直築隄，僅長三萬二千餘丈，可避東門碎石之阻。河減清高，漕行自利。督臣意以開放減壩已經奏定，不得以旁觀一言輒思變計，並臚列七難駁臣所議。臣已逐條致覆。』疏入，上終以改河爲創舉，從琦善議。

十一年七月，決楊河廳十四堡及馬棚灣，十二月塞。

十二年八月，決祥符。九月，桃源姦民陳瑞因河水盛漲，糾衆盜挖於家灣大隄，放淤肥田，致決口寬大，掣全溜入湖。桃南通判田鋭等褫職遣戍。是月，祥符塞。

明年正月，於家灣塞。

十五年，以栗毓美[二]爲東河總督。時原武汛串溝[三]受水寬三百餘丈，行四十餘里，至陽武汛溝尾復入大河，又合沁河及武陟、滎澤諸灘水畢注隄下。兩汛素無工，故

[一] 潘錫恩　字芸閣，安徽涇縣人。道光六年任南河副總河，二十二年任總河，二十八年病歸，主用灌塘法。著有《畿輔水利四案》四卷，《續行水金鑑》一百五十六卷等。《清史稿》卷三八三有傳。

[二] 栗毓美　字樸園，山西渾源縣人。道光十五年（一八三五年）任東河總督。主持河南山東境内黄河治理五年，發明了拋磚護險和以磚壩代替埽工的方法。著有《栗恭勤公磚壩成案》一書。《清史稿》卷三八三有傳。

[三] 串溝　黄河兩岸灘區在洪水期間衝成的小河。因灘面横向比降大，汛期洪水漫灘，即順勢向堤根和低洼地方衝刷，形成溝道岔流。它們容易引溜生險，危及堤岸。

無稭料，隄南北皆水，不能取土築隄。毓美試用拋磚法[一]，於受衝處拋磚成壩。六十餘壩甫成，風雨大至，支河首尾決，而壩如故。屢試皆效。遂請減稭石銀兼備磚價，令沿河民設窯燒磚，每方石可購二方磚。行之數年，省帑百三十餘萬，而工益堅。會有不便其事者，持異議。於是御史李蒓請停燒磚。上遣蒓隨尚書敬徵履勘，卒以溜深急則磚不可恃，停之。

十九年，毓美復以磚工得力省費爲言，乃允於北岸之馬營、滎原兩堤，南岸之祥符下汛、陳留汛，各購磚五千方備用。

二十一年六月，決祥符，大溜全掣，水圍省城。河督文沖請照睢工漫口，暫緩堵築。遣大學士王鼎、通政使慧成勘議。文沖又請遷省治，上命同豫撫牛鑑勘議。時河溜由歸德、陳州折入渦會淮注洪澤湖，拆展禦黃、東清各壩，尚不足資宣洩，並展放禮、智、仁壩，義河亦啓放。八月，鑑言節逾白露，水勢漸落，城垣可無虞，自未便輕議遷移。鼎等言：『河流隨時變遷，自古迄無上策，然斷無決而不塞、塞而不速之理。如文沖言，俟一二年再塞，且引睢工爲證。查黃水經安徽匯洪澤，宣洩不及，則高堰危，淮揚盡成巨浸。況新河所經，須更築新堤，工費均難數計。即幸而集事，而此一二年之久，數十州縣億萬生靈流離，豈堪設想。且睢工漫口與此不同。河臣所奏，斷不可行。』疏入，解文沖任，枷示河幹，以朱襄繼之。

二十二年，祥符塞，用帑六百餘萬，加鼎太子太師。七月，決桃源十五堡、蕭家莊，溜穿運由六塘河下注。未幾，十五堡掛淤，蕭家莊口刷寬百九十餘丈，掣動大溜，正河斷流。河督麟慶[二]意欲改道，遣尚書敬徵、廖鴻荃履勘。敬徵等言，改河有礙運道，惟有迅堵漫口，挽歸故道，俟明年軍船回空後，築壩合龍，從之。十一月，以吏部侍郎潘錫恩總督南河。

二十三年，御史雷以諴言，決口無庸堵塞，請改舊爲支，以通運道。下錫恩勘議。錫恩言灌口非可行河之地，北岸無可改河之理，不敢輕議更張，漕船仍由中河灌塘[三]。上然之，更命侍郎成剛、順天府尹李德會勘。六月，決中牟，水趨朱仙鎮，歷通許、扶溝、太康入渦會淮。復遣敬徵等赴勘，以鍾祥爲東河總督，鴻荃督工。旋以尚

[一] 拋磚法　汛期在險工堤外迎水面拋以大量磚塊，使之自堤脚至水面自然形成一道坦坡磚塊護面，以保護堤脚和迎水堤面不受水溜衝擊淘刷。這一方法在河南黃河段推行數年。

[二] 麟慶　字見亭，滿洲鑲黃旗人。道光十三年任南河總督。著有《黃運河口古今圖說》《河工器具圖說》。《清史稿》卷三八三有傳。

[三] 灌塘　清代道光初爲解決清口地區運河與黃河交叉段船隻往來的一種工程措施。辦法是：在清口臨黃段的兩頭建草閘，閘間稱爲塘河，長五百八十八丈。往來船隻由塘河進出。重運進塘，堵閉進口草閘（時爲攔清堰），使塘河充水與黃河水面平，再開臨黃草閘渡黃；回空船隻由黃河進塘，堵閉臨黃草閘，使塘河洩水與運河水面平，再開另一端草閘，空船出。八日可渡一塘。

書麟魁代敬徵。

二十四年正月，大風，埽工蟄動〔一〕，旋東埽連失五占〔二〕，麟魁等降黜有差，仍留工督辦。七月，上以頻年軍餉河工一時並集，經費支絀，意欲緩至明秋興築。鍾祥等力陳不可。十二月塞，用帑千一百九十餘萬。

二十九年六月，決吴城。十月，命侍郎福濟履勘，會同堵合。

咸豐元年閏八月，決豐北下汛三堡，大溜全掣，正河斷流。時侍郎瑞常典試江南，命試竣便道往勘，又命福建按察使查文經馳赴會辦。

三年正月，豐北三堡塞，敕建河神廟，從河督楊以增〔三〕請也。五月大雨，水長溜急，豐北大埽復蟄塌三十餘丈。上責以增及承修各員加倍罰賠。

五年六月，決蘭陽銅瓦廂〔四〕，奪溜由長垣、東明至張秋，穿運注大清河入海，正河斷流。上念軍務未平，餉糈不繼，若能因勢利導，使黄流通暢入海，則蘭陽決口即可暫緩堵築。事下河督李鈞〔五〕察奏。鈞旋陳三事：『曰順河築埝。東西千餘里築隄，所費不貲，何敢輕議。除河近城垣不能不築堤壩以資抵禦，餘擬就漫水所及，酌定埝基，勸民接築，高不過三尺，水小藉以攔阻，水大聽其漫過。散水無力，隨漫隨淤，地面漸高，且變沙磧爲沃壤矣。曰遇灣切灘。河性喜坐灣〔六〕，每至漲水，遇灣則怒而橫決。惟於坐灣之對面，勸令切除灘嘴，以寬河勢，水漲即可刷直，就下愈暢，並可免兜灘沖決之虞〔七〕。曰堵截支流。現在黄流漫溢，既不能築堅隄以束其流，又不能挑引河以殺其勢，宜乘冬令水弱溜平，勸民築壩斷流，再於以下溝槽跨築土格，高出數尺。漫水再入，上無來源，下無去路，冀漸淤成平陸。』東撫崇恩亦以爲言。上令直隸、山東、河南各督撫妥爲勸辦。

十一年，御史薛書堂言：『南河自黄水改道，下游已無工可修，請省南河總督及廳員。』下廷臣議。侍郎沈兆霖言：『導河始自神禹，九河故道皆在山東，入海處在今

〔一〕埽工蟄動　埽工在風浪衝擊下隱隱之動，古代水工詞彙。
〔二〕占　堵口時逐段直進的捆埽曰占。捆埽節節前進曰進占。每占長約五丈。
〔三〕楊以增　字至堂，山東聊城人。咸豐初任南河總督，因豐工漫口革職留任，旋卒。《清代河臣傳》卷三有傳。
〔四〕決蘭陽銅瓦廂　銅瓦廂，在今河南蘭考縣城北約二十里。此次決口結束了自金末以來黄河南流六七百年的歷史，造成黄河又一次大改道，並逐步形成了今天的黄河下游河道。
〔五〕李鈞　直隸河間人，咸豐五年任河東河道總督，九年卒。《清代河臣傳》卷三有傳。
〔六〕河性喜坐灣　黄河的特性是容易造成灣道。所謂『黄河多曲』『九灣十八灘』。
〔七〕並可免兜灘沖決之虞　兜灘，河流灣道處凹岸逐漸後退，凸岸灘唇日益前伸，到一定程度，汛期洪水便從灘上直截而過，稱爲兜灘。

滄州，是禹貢之河，固由東北入海。自漢王莽時河徙千乘入海，而禹之故道失。歷東漢迄隋、唐，從無變異。宋神宗時，河分南北兩派並行，北派由北清河入海。即今大清河。至元至元間，會通河成，懼河北行礙運，而北流塞。歷今五六百年，河屢北決，無不挽之使南。説者謂河一入運，必挾泥沙以入海，而運道亦淤，故順河之性，北行爲宜。乾隆朝，孫嘉淦請開減河入大清河一疏，言之甚詳，足破北行礙運之疑。夫河入大清，由利津入海，正今黄河所改之道。現在張秋以東，自魚山至利津海口，皆築民堰，惟蘭儀之北、張秋之南，河自決口而出，奪趙王河及舊引河，汎濫平原，田廬久被淹浸。張秋高家林舊堰殘缺過多，工程最鉅。如東明、長垣、菏澤、鄆城，其培築較張秋爲易。宜乘此時順水之性，聽其由大清河入海，諭令紳民力籌措辦，或應開減河，或應築堤堰，統於水落興工。河慶順軌，民樂力田，缺額之地丁可復，歷年之賑濟可停，就此裁去南河總督及廳員，可省歲帑數十萬，而歸德、徐、淮一帶地幾千里，均可變爲沃壤，逐漸播種升科，似亦一舉而兼數善者矣。』下直督恒福、東撫文煜、豫撫慶廉、東河總督黄贊湯[一]勘議。六月，省南河總督，及淮揚、淮海、豐北、蕭南、宿南、宿北、桃南、桃北各道廳，改置淮揚徐海兵備道，兼轄河務。

同治二年，復省蘭儀、儀睢、睢寧、商虞、曹考五廳。六月，漫上南各廳屬，水由蘭陽下注，直、東境内涸出村莊，復被淹没。菏澤、東明、濮、范、齊河、利津等州縣，水皆逼城下。署河督譚廷襄[二]上言：『河已北行，攔水惟恃民埝，從未議疏導，恐漸次淤墊，海口稍有扞格阻滯，事更爲難。查濮、范一帶舊有金堤，前臣任東撫時，設法修築，未久復被沖缺，上游毗連直隸開州處亦有沖缺。開州不修，濮、范築亦無益。東、長之埝，開、濮之堤，須設法集貲督民修築，庶可以衞城池而保廬墓。此外既未專設河員，要在沿河地方官督率修理，並勸助哀集，以助民力之不逮。請飭下直督、東撫迅將蘭陽下游漫溢地方，揀員會同該州縣妥辦。』從之。十二月又言：『今年夏秋陰雨，來源之盛，迥異尋常。一股直下開州，一股旁趨定陶、曹、單。豫省以有堤壩，幸獲保全。直、東則無，不能不聽其汎濫。迄今半載，直隸未聞如何經畫。開州缺口，亦未興工。至山東被害尤深。或欲培築堤埝，或欲疏濬支河，議無一定。濮州金堤，亦因開未動工，不能興辦。瞬届春汛，何以禦之？臣遣運河道宗稷辰履勘，直至利津之鐵門關，測量水勢，深至六七丈，去路不爲不暢，而上游仍到處旁溢，則大清河身太狹不能容納之故。如蒲臺、齊東、濟

[一] 黄贊湯　字莘農，江西廬陵（今吉安市）人。咸豐九年任東河總督。《清代河臣傳》卷三有傳。

[二] 譚廷襄　字竹厓，浙江山陰人。同治元年署東河總督，官至刑部尚書。《清史稿》卷四二六有傳。

陽、長清、平陰、肥城民埝缺口，寬數丈或數十丈，不下三四十處，不加修築，則來歲依然漫淹。是欲求下游永奠，必先開支渠以減漲水，而後功有可施。必將附近徒駭、馬頰二河設法疏濬，庶水有分洩，再堵各缺口，並築壩以護近水各城垣，此大清河下游之當先料理者也。至開、濮金堤及毗連菏澤之史家隄，當先堵築，並加培舊堰，擇要接修，此大清河上游之當先經畫者也。』復下直督劉長佑、東撫閻敬銘會籌。

明年三月，以濮州當河衝，允敬銘請，移治舊城，並築堤捍禦。

五年七月，決上南廳胡家屯。長佑言：『溜勢趨重西北，新修金隄，概被沖刷。開州沖開支河數道，自開、滑之杜家寨至開、濮界之陳家莊，險工五段，長九千六百餘丈，均須加厚培高，方資捍禦。惟上游在豫，下游在東，非直隸一省所能辦理。應會同三省統籌全修，再行設汛，撥款備料，庶可一勞永逸。自河流改道，直隸隄工應並歸河督管轄，作爲豫、直、東三省河督，以專責成。』疏入，命河督蘇廷魁[一]履勘，會同三省督撫籌議。

七年六月，決滎澤十堡，又漫武陟趙樊村，水勢下注潁、壽入洪澤湖。侍郎胡家玉言：『不宜專塞滎澤新口、疏蘭陽舊口，宜仿古人發卒治河成法，飭各將領督率分段挑濬舊河，一律深通，然後決上游之水，掣溜東行，庶河南之患不移於河北，治河即所以治漕。』下直督曾國藩、鄂督李瀚章、江督馬新貽[二]、漕督張之萬[三]，及河督，江蘇、河南，山東，安徽各巡撫妥議。國藩等言：『以今日時勢計之，河有不能驟行規復者三。蘭陽漫決已十四年，自銅瓦廂至雲梯關以下，兩岸堤長千餘里，歲久停修，堤塌河淤，今欲照舊時挑深培高，恐非數千萬金不能蔵事。且廳營久裁，兵夫星散，一一復設，仍應分儲料物，廂辦埽壩，並預籌防險之費，又歲須數百萬金。當此軍務初平，庫藏空虛，安從籌此鉅款？一也。滎澤地處上游，論形勢自應先堵滎澤，蘭工勢難並舉。使滎口掣動全黃，則蘭工可以乾涸。今滎口分溜無多，大溜仍由蘭口直注利津入海，其水面之寬，跌塘之深，施工之難，較之滎工自增數倍。滎工堵合無期，蘭工更無把握。原奏決放舊河，掣溜東行，似言之太易。且瞬交春令，興工已難。二也。漢決酸棗，再決瓠子，爲發卒治河之始。元、明發丁夫供役，亦以十數萬計。現在直、東、江、豫捻氛甫靖，而土匪游勇在在須

[一] 蘇廷魁　字賡堂，廣東高要人。同治五年任東河總督。《清史稿》卷三七八有傳。

[二] 馬新貽　字穀山，山東菏澤人。同治三年任浙江巡撫，四年築海寧石塘，紹興東塘，濬三江口。七年，調兩江總督兼通商大臣。《清史稿》卷四二六有傳。

[三] 張之萬　字子青，河北南皮人。同治四年任河道總督，五年又任漕運總督。《清史稿》卷四三八有傳。

防。所留勇營，斷難盡赴河干，亦斷不敷分挑之用。若再添募數十萬丁夫，聚集沿黄數千里間，駕馭失宜，滋生事端，尤爲可慮。三也。應俟國庫充盈，再議大舉。因時制宜，惟有趕堵滎工，爲保全豫、皖、淮揚下游之計。』上然之。

八年正月，滎澤塞。

十年八月，決鄆城侯家林，東注南旺湖，又由汶上、嘉祥、濟寧之趙王、牛朗等河，直趨東南，入南陽湖。時廷魁内召，命新河督喬松年[一]會同東撫丁寶楨[二]勘辦。寶楨方以病在告，乃偕護撫文彬至工相度。文彬言：『河臣遠在豫省，若往返咨商，恐誤要工。一面飛咨河臣遴派掌壩，並管理正雜料廠員弁，及諳習工程之弁兵工匠，帶同器具，於年内來東，一面由臣籌購應需料物，以期應手。』上責松年剋期興工，松年言已飭原估委員並熟習工程人員赴東聽遣，並飭購備竹纜，及覓雇綑鑲船隻備提用。惟已交立春，春水瞬生，辦工殊無把握。並移書文彬主持其事。文彬不能決。寶楨力疾視事，上言：『河臣職司河道，疆臣身任地方，均責無旁貸。乃松年一概諉之地方，不知用意所在。現在已過立春，若再候其的信以定行止，恐誤要工。且此口不堵，必漫淹曹、兖、濟十餘州縣。若再向南奔注，則清、淮、裏下河更形喫重。松年既立意諉卸，臣若避越俎之嫌，展轉遷延，實有萬趕不及之勢。惟有力疾銷假，親赴工次，擇日開工，俟松年所遣員弁到工，即責成該工員等一手經理，剋期完工，保全大局。應請破格保獎，以昭激勸。倘敢陽奉陰違，有心貽誤，一經驗實，應請便宜行事，即將該員弁正法工次，以爲罔上殃民者戒。』上嘉其勇於任事，並諭松年當和衷共濟，不遽加責也。

十一年二月，侯家林塞，予寶楨優敘。先是同知蔣作錦條上河、運事宜，朝廷頗韙其議，下河、漕、撫臣議奏。未幾，侯家林決，松年、寶楨意見齟齬。及寶楨塞侯家林，松年上言：『作錦所陳，卓然有見，可以采取。並稱東境黄水日愈汎濫，運道日愈淤塞，宜築隄束黄，先堵霍家橋諸口，並修南北岸長隄，俾黄趨張秋以濟運。挑濬張秋迤南北淤塞，修建閘壩，以利漕行。』上以松年意在因勢利導，不爲無見，令寶楨、文彬詳議，毋固執己見。旋覆稱：『目前治黄之法，不外堵銅瓦廂以復淮、徐故道[三]，與東省築隄即由利津入海兩策。顧謂二者之中，以築堤束黄爲優，而上下游均歸緩辦，臣實未見其可。自銅瓦廂至牡蠣

[一] 喬松年　字鶴儕，山西徐溝人。同治十年授東河總督，主張順新河築堤，反對復故道。《清史稿》卷四二五有傳。
[二] 丁寶楨　字稚璜，貴州平遠人。光緒二年任四川總督，治蜀十年，主持都江堰光緒三、四年的大修。曾任山東巡撫，修黄河堤。《清史稿》卷四四七有傳。
[三] 淮、徐故道　即銅瓦廂決口前黄河行經的河道。

嘴[一]，計千三百餘里，創建南北兩隄，相距牽計，約須十里。除現在淹没不計外，尚須棄地數千萬頃，其中居民不知幾億萬，作何安插？是有損於財賦者一也。東省沿河州縣，自二三里至七八里者不下十餘。若齊河、齊東、蒲台、利津，皆近在臨水，築堤必須遷避，是有難於建置者二也。大清河近接泰山麓，山陰水悉北注，除小清、淄瀰諸河均可自行入海，餘悉以大清河爲尾閭。置堤束黄以後，水勢擡高，向所洩水之處，留閘則虞倒灌，堵遏則水無所歸，是有妨於水利者三也。東綱鹽場，坐落利津、霑化、壽光、樂安等縣，濱臨大清河兩岸。自黄由大清入海，鹽船重載，溯行於湍流，甚形阻滯，而灘地間被漫溢，産鹽日絀，海灘被黄淤遠，納潮甚難，東綱必至瘝廢，私梟亦因而蠭起。是有礙於鹺綱者四也。臣寶楨身任地方，於通省大局所關，固宜直陳無隱。然使於治運漕果有把握，則京倉爲根本至計，猶當權利害之輕重，而量爲變通。臣等熟思審計，實未見其可恃，而深覺其可慮。似仍以堵合銅瓦廂使復淮、徐故道爲正辦。』並陳四便。御史遊百川亦言河、運並治，宜詳籌妥辦。疏入，廷議不能決。

下直督李鴻章[二]。鴻章因遣員周歷齊、豫、徐、海，訪察測量，期得要領。十二年六月，上言：『治河之策，原不外恭親王等「審地勢，識水性，酌工程，權利害」四語，而尤以水勢順逆爲要。現在銅瓦廂決口寬約十里，跌塘過深，水涸時猶逾一二丈。舊河身高，決口以下，水面二三丈不等。如欲挽河復故，必挑深引河三丈餘，方能吸溜東趨。查乾隆間蘭陽青龍岡之役，費帑至二千餘萬。阿桂言引河深至丈六尺，人力無可再施，今豈能挑深至三丈餘乎？十里口門進占合龍，亦屬創見。國初以來，黄河決口寬不過三四百丈，且屢堵屢潰，常閲數年而不成。今豈能合龍而保固乎？且由蘭陽下抵淮、徐之舊河身高於平地三四丈。年來避水之民，移住其中，村落漸多，禾苗無際。若挽地中三丈之水，跨行於地上三丈之河，其停淤待潰、危險莫保情形，有目者無不知之。歲久隄乾，即加修治，必有受病不易見之處。萬一上游放溜，下游旋決，收拾更難。議者或以河北行則穿運，爲運道計，終不能不强之使南以會清口。臣查嘉慶以後清口淤墊，夏令黄高於清，已不能啓壩送運。道光以後，禦黄壩竟至終歲不啓，遂改用灌塘之法，自黄浦洩黄入湖。湖身頓高，運河水少，灌塘又不便，遂改行海運。今即能復故道，亦不能驟復河運，非河一南行，即可僥倖無事。此淮、徐故道勢難挽復，且於漕運無益之實在情形也。至河臣所請就東境東黄濟運一節，查清口淤墊，即借黄濟運之病。今張秋運河寬僅數

[一] 牡蠣嘴　在今山東省利津縣鐵門關外，當時黄河從此入海。

[二] 李鴻章　字少荃，安徽合肥人，歷仕道、咸、同、光四朝。黄河銅瓦廂改道後，順新河與復故道争論不休，李鴻章進行全面分析後主順新河，復故道之議遂止。光緒三年又主持大修永定河堤、閘。《清史稿》卷四一一有傳。

丈，兩岸廢土如山，若引重濁之黄，以閘壩節宣用之，水勢擡高，其淤倍速。人力幾何，安能挑此日進之沙？且所挑之沙，仍堆積於積年廢土之上，雨淋風蕩，河底日高，閘亦壅塞，久之黄必難引。明弘治中，荆龍口，銅瓦廂屢次大決，皆因引黄濟張秋之運，遂致導隙濫觴。臨清地勢低於張秋數丈，而必以後無掣溜奪河之害，臣亦不敢信也。至霍家橋堵口隄，工尤不易。該處本非決口，乃大溜經行之地，兩頭無岸，一望浮沙，並無真土可取。勉强堆築，節節逼溜下注，恐浮沙易塌，實足攖河之怒，而所耗實多。一遭潰決，水仍別穿運道，而不專會張秋，豈非全功盡棄？至作錦擬導衛濟運，原因張秋以北無清水灌運，故爲此議。查元村集迤南有黄河故道，地多積沙，施工不易。且以全淮之水不能敵黄，尚致倒灌停淤，豈一清淺之衛，遂能禦黄濟運耶？其意蓋襲取山東諸水濟運之法。不知泰山之陽，水皆西流，因勢利導，十六州縣百八十泉之水，源旺派多，自足濟運。衛水來源，甚弱最順，今必屈曲使之南行，勢多不便。此借黄濟運及築隄束水均無把握，與導衛濟運之實在情形也。惟河既不能挽復故道，則東境財賦有傷，水利有礙，城池難以移置，鹽場間被漫淹，如實楨所陳，誠屬可慮。臣查大清河原寬不過十餘丈，今已刷寬半里餘，冬春水涸，尚深二三丈，岸高水面又二三丈，是不汛時河槽能容五六丈，奔騰迅疾，水行地中，此人力莫可挽回之事，亦祀禱以求而不可得之事。目下北岸自齊河至利津，南岸齊東、蒲台，皆接築民埝，雖高僅丈許，詢之土人，遇盛漲出槽不過數尺，尚可抵禦。岱陰、繡江諸河，亦經擇要築隄，汛至則漲，汛過則消，受災不重。至齊河、濟陽、齊東、蒲臺、利津各城，近臨河岸十九，年來幸防守無患，以後相勢設施。若驟議遷徙，經費無籌，民情難喻，無此辦法。東省鹽場在海口者，雖受黄淤産鹽不旺，經撫臣南運膠濟之鹽時爲接濟，引地無虞淡食，惟價值稍昂耳。河在東省固不能無害，但得設法維持，尚不至爲大患。昔乾隆中，銅山決口不能成功，孫嘉淦曾有分河入大清之疏。其後蘭陽大工屢敗垂成，嵇璜又有改河大清之請。此外裘曰修、錢大昕、胡宗緒、孫星衍、魏源〔一〕諸臣議者更多。其時河未北流，尚欲挽之使北。今河自北流，乃欲挽使南流，豈非拂逆水性？大抵南河堵築一次，通牽約七八百萬，歲修約七百餘萬，實爲無底之壑。今河北徙，近二十年未有大變，亦未多費巨款，比之往代，已屬幸事。且環拱神京，尤得形勝。自銅瓦廂東決，粤、捻諸逆竄擾曹、濟，幾無虚日，未能過河一步，

〔一〕魏源　字默深，湖南邵陽人。清代思想家。著有《籌河篇》，主張改革河政和漕運。認爲治河已經陷入絕境，『下游固守則潰於上，上游固守則潰於下』。認爲治河經費是一個無底洞，『竭天下之財賦以事河，古今有此漏巵填壑之政乎？』《清史稿》卷四八六有傳。

而北岸防守有所憑依，更爲畿輔百世之利。此兩相比較，河在東雖不亟治而後患稍輕，河回南即能大治而後患甚重之實在情形也。近世治河兼言治運，遂致兩難，卒無長策。臣愚以爲天庾正賦，以蘇、浙爲大宗，國家治安之道，尤以海防爲重。今沿海洋船駢集，爲千古創局，已不能閉關自治。正不妨借海運轉輸之便，逐漸推廣，以擴商路而實軍儲。蘇、浙漕糧，現既統由海運，臣前招致華商購造輪船搭運，漸有成效，由海船解津，較爲便速。至海道雖不暢通，河務未可全廢，此時治河之法，不外古人「因水所在，增立隄防」一語。查北岸張秋以上，有古大金堤可恃以爲固，張秋以下，岸高水深，應由東撫隨時飭將民埝保護加培。至侯家林上下民埝應做照官堤辦法，一律加高培厚，更爲久遠之計。又銅瓦厢決口，水勢日向東坍刷，久必汎濫南趨。請飭松年察看形勢，量築堤埝，與曹州之堤相接，俾資周防而期順軌。至南河故道千餘里，居民佔種豐收，並請查明升科，以免私墾爭奪之患。』疏入，議乃定。

是年夏秋，決開州焦丘、濮州蘭莊，又決東明之岳新莊、石莊户民埝，分溜趨金鄉、嘉祥、宿遷、沭陽入六塘河。寶楨勘由鄆城張家支門築隄堵塞。旋乞假展墓。十三年春，溜益南趨，潰漫不可收拾，江督累章告災。九月，寶楨回任，改由菏澤賈莊建壩。十二月興工。

光緒元年三月，東明決塞，並築李連莊以下南隄二百五十里。時河督曾國荃〔一〕請設南岸七廳。部議俟直、東、豫籌有防汛的款再定。

二年春，署東撫李元華言：『黄河南隄，自賈莊至東平二百餘里均完固，惟上游毗連直、豫，自東明謝寨至考城七十餘里，並無隄岸，此工刻不可緩。昔年侯家林塞，後怵於費多，未暇顧問，遂至賈莊決口。此次賈莊以下堤雖完固，上游若不修築，設有漫決，豈惟前功盡棄，河南、安徽、江蘇仍然受害，山東首當其衝無論已。臣擬調營勇，兼僱民夫，築此七十餘里長隄。深恐呼應不靈，已商直督、豫撫協力襄辦。至濮、范之民，自黄河改道，昏墊十有餘年。賈莊決後，稍有生機，及賈莊塞，受災如故。查南隄距北面金隄〔二〕六七十里，以屏蔽京師則可，於濮、范村莊田畝則不能保衛。該處紳民願修北隄，惟力有未支，請酌加津貼，既成以後，派弁勇一律修防，濮、范、陽穀、壽張、東阿五縣地畝可涸出千餘頃。又查濮、范以上，有黄水二道。擬於壽張、東阿境内新河尾閭，抽挑引河二，冀歸併一渠。於南隄之北、黄河之南，再立小隄以束水，又可涸出地畝千餘頃。至北隄上游内有八里係開州轄，若

〔一〕曾國荃　字沅甫，湖南湘鄉人，曾國藩胞弟，官至兩江總督。光緒元年任東河總督，時僅一年。《清史稿》卷四一三有傳。

〔二〕北面金隄　即唐宋時創修的古隄，後經歷代整治加固。今北金隄即以此爲基礎。

不一律修築，不惟北隄徒勞無功，即畿輔亦難保不受其患。已商直督遣員協助，妥速蕆功。惟所壓直、豫地畝，該處居民無甚大益，而山東百姓受益無窮，自應由山東折償地價。上游收束既窄，下游水溜勢急，不可不防。自東平至利津海口九百餘里，已飭沿河州縣就民堤加培，酌給津貼，以工代賑。各項通計需費二千餘萬。此黃河大段擬辦情形也。』事下所司。

五年，決歷城溞溝。明年，復決。

八年，決歷城桃園，十一月塞。

九年，東撫陳士杰創建張秋以下兩岸大隄。時山東數遭河患，朝士屢以爲言。上遣侍郎游百川馳往會勘。百川言：『自來論河者，分持南行北行二説。臣詳察形勢，將來遇伏秋盛漲，復折而東，自尋故道，亦未可知。若挽以人力，則勢有萬難。一則北隄決後，已沖刷淨盡，築堤進占，工已甚鉅。且全河正流北行，中流堵禦以圖合龍，必震駭非常，辦理殊無把握。一則故道旁沙嶺勢難挑動，且徐、海一帶河身涸出淤地千餘里，民盡墾種，一旦驅而之他，民豈甘心失業？此南行之説應無庸議也。至大清河本汶、濟交會，自黃流灌入，初猶水行地中，今則河身淤墊，既患水不能洩，自濟河上下，北則濟陽、惠民、濱州、利津，南則青城、章丘、歷城至鄒、長、高、博，漫決十一處。竊惟河入濟瀆已二十八年，其始誤於山東無辦河成案，諉民自爲堤埝，縱屢開決，未肯形諸奏牘，貽患至斯。今則泛濫數百里，漂没數百村，偏歷災區，傷心慘目。謹擬辦法三。一，疏通河道。黃初入濟，尚能容納，淤墊日高，至海口尤日形淤塞。沙淤水底，人力難施，計惟多用船隻，各帶鐵篦混江龍，上下拖刷，使不能停蓄，日漸刮深。疏導之方，似無踰此。一，分減黃流。濟一受黃，其勢岌岌不可終日。查大清河北，徒駭最近，馬頰較遠，鬲津尤在其北。大清河與徒駭最近處在惠民白龍灣，相距十許里。若由此開築減壩，分入徒駭河，其勢較便。再設法疏通其間之沙河、寬河、屯民等河，引入馬頰、鬲津，分疏入海，當不復虞其滿溢。一，亟築縷堤。民間自築縷隄，近臨河干，多不合法，且大率單薄，又斷續相間，屢經塌陷，一築再築，民力困竭。今擬自長清抵利津，南北岸先築縷隄，其頂衝處再築重隄，約長六百餘里，仍借民力，加以津貼，可計日成功，爲民捍患，民自樂從。至謂治水不與水争地，其法無過普築遥隄。然濟、武兩郡，地狹民稠，多占田畝，小民失業，正非所願。且其間村鎮廬墓不可數計，兼之齊河、濟陽、齊東、蒲台、利津皆城臨河干，使之實逼處此，民情未免震駭。價買民田，需款不下四五百萬，工艱費鉅，可作緩圖。臣所以請築縷隄以濟急，而不敢輕持遥隄之議者此也。』士杰持異議。會海豐人御史吴峋言徒駭、馬頰二引河不可輕開，命直督李鴻章偕士杰會勘，亦如峋言。乃定議築兩岸長隄。

是年決利津十四户，十年三月塞。閏五月，決歷城河套圈、霍家溜，齊河李家岸、陳家林、蕭家莊，利津張家莊、十四户，先後塞之。是年兩岸大堤成[一]，各距河流數百丈，即縷隄也，而東民仍守臨河埝，有司亦諭令先守民埝，如埝決再守大隄，而隄内村廬未議遷徙，大漲出槽，田廬悉淹，居民遂決隄洩水，官亦不能禁，嗣是只守埝不守大隄矣。

十一年，蕭家莊、溞溝再決，又決齊河趙莊。十二月，溞溝、趙莊塞。

明年二月，蕭家莊塞。六月，再決河套圈，又決濟陽王家圈、惠民姚家口、章丘河王莊、壽張徐家沙窩，惟王家圈工緩辦，餘皆年内塞。東境河雖屢決，然皆分溜少奪溜，每堵築一次，費數萬或數十萬，多亦不過一二百萬，較南河時所省正多，被淹地畝亦較少，地平水緩故也。

十三年六月，決開州大辛莊，水灌東境，濮、范、壽張、陽穀、東阿、平陰、禹城均以災告。八月，決鄭州[三]，奪溜由賈魯河[三]入淮，直注洪澤湖。正河斷流，王家圈旱口乃塞。鄭州既決，議者多言不必塞，宜乘此復故道。户部尚書翁同龢、工部尚書潘祖蔭同上言：『河自大禹以後，行北地者三千六百餘年，南行不過五百餘年，是河由雲梯關入海，本不得謂故道。即指爲故道，而現在溜注洪澤湖，形北高南下，不能導之使出清口，去故道尚百餘里，其勢斷不能復。或謂山東數被水害，遂以河南行爲幸。不知河性利北行。自金章宗後，河雖分流。有明一代，北決者十四，南決者五；我朝順、康以來，北決者十九，南決者十一。況淮無經行之渠，黄入淮安有歸宿之地？下流不得宣洩，上游必將復決，決則仍入東境，山東之患仍未能弭。至黄水南注，有二大患、五可慮。黄注洪澤，而淮口淤墊，久不通水，僅張福口引河，闊不過數丈，大溜東注，以運河爲尾閭，僅恃東隄爲護，已岌岌可危。今忽加一黄河，必不能保。大患一。洪澤淤墊，高家堰久不可恃，黄河勢悍，入湖後難保不立時塌卸。不東衝裏下河，即南灌揚州，江、淮、河、漢併而爲一，東南大局，何堪設想！大患二。裏下河爲産米之區，萬一被淹，漕米何從措辦？可慮一。即令漕米如故，或因黄挾沙墊運，不能浮送。或因積水漫溢，縴道無存，漕艘停滯。且山東本借黄濟運，黄既遠去，沂、汶微弱，水從何出？河運必廢。可慮二。兩淮鹽場，胥在范公隄東。范隄不保，鹽場淹没，國課何從徵納？可慮三。潁、壽、徐、海，好勇鬬狠，小民蕩析，難保不生事端。可慮四。黄汛合淮，勢不能局於湖瀦，必别尋入

[一] 是年兩岸大堤成　自咸豐五年河決銅瓦廂改道北流至光緒十年已是二十九年。新河兩岸始初步形成完整堤防。

[二] 八月，決鄭州　據《再續行水金鑑》光緒十三年條：　八月決鄭州下汛十堡石橋口，下入渦、潁入淮。

[三] 賈魯河　非明清人常説之『賈魯故道』。此係潁河支流，源出河南密縣北，繞經鄭州市東南至商水縣入潁河，長二四六公里。

海之道，橫流猝至，江鄉居民莫保旦夕。可慮五。至入湖之水，亦須早籌宣洩。裏下河地勢，西北俯、東南仰，宜順其就下之勢，由興化以北，歷朦朧、傅家塢入舊河，避雲梯關淤沙，北濬大通口，入潮河以達淮河，海口則取徑直，形勢便，經費亦不過鉅。』

上命江督曾國荃、漕督盧士杰籌議。適國荃、士杰亦言：『捍河匯淮東下，其危險百倍尋常。查治水不外宣防二策，而宣之用尤多。洪湖出路二，皆由運入江。今大患特至，不能不於湖之上游多籌出路，分支宣洩，博採羣議。桃源有成子河，南接洪湖，北至舊河，又北爲中運河。若加挑成子河，使通舊河，直達中運河，兩岸築隄，即可引漫水由楊莊舊河至雲梯關入海，此洪湖上面新闢一去路也。清河有碎石河，西接張福口，引河東達舊河，大加挑挖，亦可引漫水由楊莊舊河至雲梯關入海，此洪湖下面新闢一去路也。詢之耆舊，僉謂舍此別無良法。是以臣等議定即勘估興工，不敢拘泥成規，往返遷延，致誤事機。』上韙之，並遣前山西布政使紹諴、降調浙江按察使陳寶箴、前山東按察使潘駿文迅赴鄭工，隨同河督成孚、豫撫倪文蔚襄理河務。時工賑需款鉅且急，戶部條上籌款六事：一，裁防營長夫；一，停購軍械船隻機器；一，停止京員兵丁米折銀；一，酌調附近防軍協同工作；一，令鹽商捐輸給獎；一，預徵當商匯號稅銀。議上，詔裁長夫、捐鹽商及預徵稅銀，餘不允。九月，命禮部尚書李鴻藻偕刑部侍郎薛允升馳勘，鴻藻留督工。時黃流漫溢，河南州縣如中牟、尉氏、扶溝、鄢陵、通許、太康、西華、淮寧、祥符、沈丘、鹿邑多被淹浸，水深四五尺至一二丈，特頒內帑十萬，並截留京餉三十萬賑撫。而河工需款急，允御史周天霖、李世琨請，特開鄭工新捐例，奪成孚職，以李鶴年[一]署河督。

十月，東撫張曜言：山東河淤潮高，黃流實難容納，請乘勢規復南河故道。下鴻藻、鶴年議。鴻藻等遂請飭迅籌合辦。上以『黃河籌復故道，迭經臣工條奏，但費鉅工繁，斷難於決口未堵之先，同時並舉。此奏於故道宜復，止空論其理，語簡意疏。一切利害之輕重，地勢之高下，工用之浩大，時日之迫促，並未全局通籌，縷晰奏覆。如此大事，朝廷安能據此寥寥數語，定計決疑？故道一議，可暫從緩。至所稱一切工作，先自下游開辦，南河舊道現在情形如何，工程能否速辦，經費能否立籌，有無滯礙，著國荃、士杰、崧駿迅速估奏』。國荃言：『黃流東注，淮南北地處下游，宜籌分洩之策。請就楊莊以下舊河二百餘里挑濬，以分沂、泗之水，騰出中運河，預備洪河盛漲，挾黃北行，堪以容納，是上游籌有去路。而淮由三河壩直趨而東，則運堤極爲喫重，勢不能不開壩宣洩，裏下

[一] 李鶴年　字子和，奉天義州人。光緒元年任東河總督，主持河工十餘年。《清史稿》卷四五〇李鶴年傳謂『鶴年以善治河稱』。

河如臨釜底，而枝河頗多，若預先疏導，使水能順軌，則田廬民命亦可保全。同龢、祖蔭所言，洵得水性就下之勢，業經遣員履勘，並請調熟悉河工之江蘇臬司張富年督理。』制可。先是侍郎徐郙有通籌黃河全局之疏。文蔚言：『郙所陳口門北岸上遊酌開引河，上南廳以下河內挑川字河，及築排水壩，三者皆河南必辦之事，即前人著效之法。臣前請於河身闊處切灘疏淤，即郙酌開引河及川字河之意。河員以近日河勢略變，須更籌辦法，且有引河不可挑之說。而此項土夫，皆係應賑之人，無論何工，皆係應辦之事，將來或幫挑運河，或幫築河身，應就商河臣隨時調度。』報聞。

十二月，國荃、士杰言：『同龢等所陳二患五慮，不啻身歷其境，將臣等所欲言者，代達宸聰。當經派員分投履勘。自傅家塢入舊黃河，過雲梯關至大通口，測量地勢，北高丈五七尺，揆諸就下之性，殊未相宜。不敢不恪遵聖訓，於興化境內別籌疏淤。查下河入海河道，以新陽、射陽兩河爲最，鬬龍港次之。祇以支河阻塞，未能通暢。查興化屬之大團閘、丁溪場屬之古河口小海，均極淤淺。疏濬以後，如果高郵開壩，可冀水皆順軌，由新陽等河宣暢歸海。其閘門窄狹過水不暢者，另於左右開挖越河，俾得滔滔直注。此外幹支各河，再接續擇要興挑，以期逐節通暢，核與同龢、祖蔭之奏事異功同。』

十四年正月，國荃等又言：『徐郙通籌河局疏，稱淮揚實無處位置黃河，宜先籌宣洩之方，再求堵合之法，洵屬確中肯綮。至請挑天然及張福口引河，本係由淮入黃咽喉，昔人建導淮之議，皆從引河入手。祇以張福淤墊太高，挑不得法，且恐沂、泗倒灌。又順清河爲清江三閘來源，曩時堵築以資自衛。自河北徙，此壩久廢。今既引淮入黃，仍須堵築順清壩，庶三閘可保無虞。經臣等派員審度河底，雖北高南低，加工挑深，尚可配平。順清河雖水深溜急，多備料土，亦可設法堵築。又經臣士杰履勘，陳家窰可開引河，上接張福口，下達吴城七堡，與碎石河功用相同。已於十月分段興挑，自張福口、內窰河起，至順清河止，開深丈四尺至二丈，冀上游多洩一分之水，下河即少受一分之災。其工段亦間調哨勇幫同挑濬，以補民夫之不足。以上辦法，與該侍郎所陳江南數條，不謀而合。』

先是上以將來河仍北趨，有『趁湍流驟減，挑濬東明長隄，開州河身，加培堤埝』之諭。至是，鴻章言：『直境黃河長八九十里，一律挑濬，工鉅費煩。即酌挑北面數處，亦需二三十萬。兩岸河灘高於中洪一二丈，河身尚可容水。惟東明南隄歷年衝刷，亟應擇要修築，已調派大名練軍春融赴工，並募民夫同時力作。開州全隄殘缺已甚，亦經派員估修。至長垣南岸小堤，離河較遠，尚可緩辦。北岸民埝，飭勸民間修培，不得逼束河流，致礙大局。』

六月，小楊莊塞。是月，鴻藻言鄭工兩壩，共進占六百一十四丈，尚餘口門三十餘丈，因伏秋暴漲，人力難施，請緩俟秋汛稍平，接續舉辦。上嚴旨切責，褫鶴年職，與成孚並戍軍台。鴻藻、文蔚均降三級留任。以廣東巡撫吳大澂[一]署河道總督。大澂言：『醫者治病，必考其致病之由，病者服藥，必求其對症之方。臣日在河干，與鄉村父老諮詢舊事，證以前人紀載，知豫省河患非不能治，病在不治。築隄無善策，鑲埽非久計，要在建壩以挑溜，逼溜以攻沙。溜入中洪，河不著隄，則堤身自固，河患自輕。廳員中年久者，僉言咸豐初滎澤尚有磚石壩二十餘道，隄外皆灘，河溜離隄甚遠，就壩築埽以防險，而堤根之埽工甚少。自舊壩失修，不數年廢棄殆盡，河勢愈逼愈近，埽數愈添愈多，廳員救過不遑，顧此失彼，每遇險工，輒成大患。河員以鑲埽爲能事，至大溜圈注不移，旋鑲旋蟄，幾至束手。臣親督道廳趕拋石垜，三四丈深之大溜，投石不過一二尺，溜即外移，始知水深溜激，惟拋石足以救急，其效十倍埽工，以石護溜，溜緩而埽穩。歷朝河臣如潘季馴、靳輔、栗毓美，皆主建壩挑溜，良不誣也。現以數十年久廢之要工，數十道應修之大壩，非一旦所能補築竣工。惟有於鄭工款內核實撙節，省得一萬，即多購一萬之石垜，省得十萬，即多做十萬之壩工，雖係善後事宜，趁此乾河修築，人力易施，否則鄭工合龍後，明年春夏出險，必至措手不及。雖不敢謂一治而病即愈，特愈於不治而病日增。果能對症發藥，一年而小效，三五年後必有大效。』上嘉勉之。

大澂又言：『向來修築壩垜，皆用條磚碎石，每遇大汛急溜，壩根淘刷日深，不但磚易衝散，重大石塊亦即隨流坍塌。聞西洋有塞門德土[二]，拌沙黏合，不患水侵。趁此引河未放，各處須築挑壩，正在河身乾涸之時，擬於磚面石縫，試用塞門德土塗灌，斂散爲整，可使壩基做成一片，足以抵當河溜，用石少而工必堅，似亦一勞永逸之法。』報聞。十二月，鄭工塞，用帑千二百萬，實授大澂河督，詔於工次立河神廟，並建黃大王祠，賜扁額，與黨將軍俱加封號。是年七月，決長垣范莊。未幾塞。

十五年六月，決章丘大寨莊、金王莊，分溜由小清河入海。又決長清張村、齊河西紙坊，山東濱河州縣多被淹浸。是冬塞。

十六年二月，東撫張曜言：『前南總河轄河工九百餘里，東總河轄五百餘里。自決銅瓦廂，河入山東，遂裁南總河，而東河所轄河工僅二百餘里。今東河縣長九百里，日淤日高，全恃隄防爲保衛。本年臣駐工

[一] 吳大澂　字清卿，江蘇吳縣人。光緒十四年，主持堵塞鄭州黃河決口，授河道總督。《清史稿》卷四五〇《吳大澂傳》稱『大澂治河有名，而好言兵，才氣自喜，卒以虛憍敗』。

[二] 塞門德土　又作士敏土等，即水泥。

二百餘日，督率修防，日不暇給。請將自菏澤至運河口河道二百餘里，歸河督轄，與原轄之河道里數相等。」部議以此段工程，向由巡撫督率地方官兼管，河督恐呼應不靈。曜又言：「向來沿河州縣，本歸河臣兼轄，員缺仍會河臣題補，遇有功過，河臣亦不應舉劾，尚無呼應不靈之患。請並下河督籌議。」先是大澂遣員測繪直、東、豫全河，至是圖成上之。[一]五月，決齊河高家套，旋塞。

十八年六月，決惠民白茅墳，奪溜北行，直趨徒駭入海。又決利津張家屋、濟陽桑家渡及南關、灰壩，俱匯白茅墳漫水歸徒駭河。七月，決章丘胡家岸，夾河以內，一片汪洋，遷出歷城、章丘、濟陽、齊東、青城、濱州、蒲臺、利津八縣災民三萬三千二百餘户。初，河督許振禕[二]請於歲額六十萬內，提十二萬歸河防局，籌添料石，先事預防，由河督主之，至是部令分案題銷。振禕言：「河工大險，恃法不如用人。如以恃法論，則從來報銷例案，工部知之，河工亦知之，故自每年添款及鄭工報銷之千數百萬，未聞其不合例也。如以用人論，則臣近此改章從事，比年大險橫生，亦均次第搶補，幸奏安瀾，至添料添石，固有不盡合例者矣。原臣立河防局，意有二端。一則恐廳員遇險推諉，藉口無錢無料，故提此鉅款先事預防之資。一則恐廳員不實不盡，故添委官紳臨時匡救之用，而限十二萬纖悉到工，不准絲毫入局，並不准開支薪水。河南官紳吏民罔不知之。即如今歲之得保鉅險，就買石一款，已用過十一萬數千兩，餘則補鄭工金門沉裂之隄，此不能分案題銷者也。又多方買石，隨處搶堵，險未平必加拋，險已過即停止，此不能繪圖貼説者也。」上如所請行。是年白茅墳各口塞。

二十一年六月，決壽張高家大廟、齊東趙家大隄。未幾，決濟陽高家紙坊、利津呂家窪、趙家園、十六户。是冬次第塞。

明年六月，決利津西韓家、陳家。御史宋伯魯條上東河積弊：一，冒領矇銷，宜嚴定處分；一，收發各料，宜設法稽查；一，申明賠修舊例，以防隨意改名；一，武弁宜認真巡察。詔東撫嚴除積弊，並令有河務各督撫查察，遇有劣員，嚴參懲辦。

二十三年正月，決歷城小沙灘、章丘胡家岸，隨塞。十一月凌汛，決利津姜家莊、扈家灘，水由霑化降河入海。

二十四年六月，決山東黑虎廟，穿運東洩，仍入正河。又決歷城楊史道口、壽張楊家井、濟陽桑家渡、東阿王家

[一] 此係首次用西方近代技術測繪黄河圖。
[二] 許振禕　字仙屏，江西奉新人。光緒十六年任東河總督，主持築滎澤大壩，胡家屯、米童寨各石壩。《清史稿》本傳卷四五〇，稱其「督工嚴，盡革中飽，尤以勤廉著。」著有《許仙屏侍郎督河奏疏》十卷。

廟，分注徒駭、小清二河入海。遣鴻章偕河督任道鎔〔一〕、東撫張汝梅會勘。未幾，省東河總督，尋復置。

二十五年二月，鴻章等言：『山東黄河自銅瓦廂改道大清河以來，時當軍興〔二〕，未遑修治。同治季年，漸有潰溢，始築上游南堤。光緒八年後潰溢屢見，遂普築兩岸大隄。乃民間先就河涯築有小埝，緊逼黄流。大隄成後，復勸民守埝，且有改爲官守者。於是隄久失修，每遇汛漲埝決，水遂建瓴而下，隄亦隨決，此歷來失事病根也。上游曹、兖屬南北隄湊長四百餘里，兩隄相距二十里至四十里，民埝偶決，水由隄内歸入正河，大決則隄亦不保。計南北埝工二十四，同治以來，決僅四五見，此上游情形也〔三〕。中游濟、泰屬兩岸隄埝各半，湊長五百里，南岸上段傍山無隄，下段守埝，北岸上守隄，下守埝，參差不一，無非爲隄内村莊難遷，權爲保守計。下游武、定屬南岸全守隄，北岸全守埝，湊長五百餘里，地勢愈平，水勢愈大，險工七十餘處，二十五年來，已決二十三次，此中下游情形也。東省修防事本草創，間有興作，皆因費絀，未按治河成法。前撫臣李秉衡歷陳山東受河之害，治河之難，謂近幾無歲不決，無歲不數決。朝廷屢糜鉅金，閭閻終無安歲。若不按成規大加修治，何以仰答愛養元元之意？臣等詳考古來治河之法，惟漢賈讓徙當水衝之民，讓地於水，實爲上策。前撫臣陳士杰建築中下游兩岸大隄，湊長千里，兩堤相距五六里至八九里，就此加培修守，似不失爲中策。惟先有棄隄守埝處，如南岸濼口上下，守埝者百一十里，上段近省六十里，商賈輻輳，近險工稍平，暫緩推展；下段要險極多，十餘年來，已決九次，擬遷出埝外二十餘村，棄埝守隄，離水稍遠，防守易固。此南岸酌擬遷民廢埝辦法也。至北岸隄工，自長清至利津四百六十里，埝外堤内數百村莊。長埝逼近湍流，河面太狹，無處不灣，無灣不險。河脣淤高，埝外地如釜底，各村斷不能久安室家。且埝破隄必破，欲保埝外數百村，併隄外數千村同一被災，尤覺非計。但小民安土重遷，屢被沈災，不肯遠去，非可旦夕議定。今擬北岸自長清官莊至齊河六十餘里，河面尚寬，利津至鹽窩七十餘里，地皆斥鹵，不便徙民，均以埝作隄，埝外之民，無庸遷徙。其齊河至利津尚有三百二十里，民埝緊逼河干，竟有不及一里者，勢不得不廢埝守堤。但北隄殘缺多半，無可退守，且需款過鉅，遷民更難，應暫守舊埝，此北岸分別守埝作隄，及將來再議廢埝守隄辦法也。至南北大隄，爲河工第一重大關係。

〔一〕任道鎔　字筱沅，江蘇宜興人。光緒二十一年任河道總督。《清史稿》本傳卷四五〇，稱『道鎔剔河工積弊，務節減。』

〔二〕時當軍興　指太平天國起義。一八五一年金田起義，一八五五年銅瓦廂決口，正值太平軍迅猛發展之際。

〔三〕李鴻章這裏説的上、中、下游，是就銅瓦廂決口以下山東河段劃分的。當時，自曹州府至壽張張秋爲上游，張秋鎮至濟陽羅莊爲中游，自章丘至利津之韓家垣爲下游。

既處卑薄，擬並改埝之隄，及暫定之民埝，照河工舊式，一律修培，總期足禦汛漲。至下口入海尾閭，尤關全河大局。查鐵門關故道尚有八十餘里，愈下愈寬深，直通海口，形勢較絲網口、韓家垣爲順，工費亦較省。然建攔河大壩，挑引河，築兩岸大隄，需費頗鉅，下口不治，全河皆病，不得不核實勘估，此又加培兩岸隄工、改正下口辦法也。約估工費需九百三十萬有奇，分五六年可告竣。』朝議如所請，先發帑百萬，交東撫毓賢督修。

毓賢言：『黄河治法，誠如部臣所云，展寬河面、盤築隄身、疏通尾閭三事爲扼要。查尾閭之害，以鐵板河爲最。全河挾沙帶泥，到此無所歸束，散漫無力，經以風潮，膠結如鐵，流不暢則出路塞而横流多，故無十年不病之河。擬建長隄直至淤灘，防護風潮，縱不能徑達入海，而多進一步即多一步之益。至隄埝卑薄，擬修培時，土方必足，夯硪必堅，尤加意保守。其坐灣處，一灣一險，如上游賈莊、孫家樓，中流垌家岸、霍家溜、桑家渡，下游白龍潭、北鎮家集鹽窩，均著名巨險，餘險尤多，固非裁灣取直不可，然亦須相度形勢，必引河上口能迎溜勢，下口直入河心方得。蒲臺[一]迤西魏家口至迤東宋莊，約長四十里，河水分流，納正河之溜三分之。若就勢修隄建壩挑溜，使歸北河，正河如淤，蒲臺城垣永免水患。此裁灣取直之最有益者，擬即勘估興辦。』報聞。

二十六年，拳匪亂作，未續請款。嗣時局日艱，無暇議及河防矣。是年淩汛，決濱州張肖堂家。明年三月塞。六月[二]，決章丘陳家窑、惠民楊家大堤，隨塞。黄河之初北徙也，忠親王僧格林沁有裁總河之請。嗣東河改歸巡撫兼轄，河督喬松年復以爲請。至是，河督錫良[三]言：『直、東河工久歸督撫管轄，豫撫本有兼理河道之責。請仿山東成案，改歸兼理，而省東河總督。』制可。

二十八年夏，決利津馮家莊。秋，決惠民劉旺莊。逾年二月，劉旺莊塞。六月，決利津寧海莊，十二月塞。

三十年正月，淩汛，決利津王莊、扈家灘、姜莊、馬莊，隨塞。六月，河溢甘肅皋蘭，淹没沿灘村莊二十餘。又決山東利津薄莊，淹村莊、鹽窩各二十餘。

先是山東屢遭河患，當事者皆就水立隄，隨灣就曲，水不暢行。張秋以下，隄卑河窄，又無石工幫護。利津以

[一] 蒲臺　縣名，即今山東蒲台。黄河入海尾閭段在此已有分汊，下文所説的『北河』就是分流河汊之一。

[二] 是年淩汛，決濱州張肖堂家。明年三月塞。六月　據《再續行水金鑑》卷一四一光緒二十六、二十七年有關各條，本段文字應改作『是年淩汛，決濱州張肖堂家，三月塞，明年六月』。

[三] 錫良　字清弼，蒙古鑲藍旗人。光緒二十七年任河道總督，奏請裁東河總督一職，由巡撫兼理。獲准。《清史稿》卷四四九有傳。

下，尾閭改向南，形勢益不順。巡撫周馥[一]請帑三百萬，略事修培，部臣靳不予。不得已，自籌二十萬添購石料，又給貲遷利津下民之當水衝者，而民徙未盡。又於隄南增建大堤，以備舊隄壞、民有新居可歸。至薄莊決，水東北由徒駭河入海。馥言：『舊河淤成平陸，若依舊堵合，估須九十萬有奇，鉅款難籌。且堵合之後，防守毫無把握，漫口以下，水深丈餘至二三丈，奔騰浩瀚，就下行疾，入徒駭後，勢益寬深，較鐵門關、韓家垣、絲網口[二]尤暢達。與其逆水之性，耗無益之財，救民而終莫能救，不如遷民避水，不與水争地，而使水與民各得其所。依此而行，其益有三：尾閭通順，流暢消速，益一；舟楫便利，商貨流通，益二；河流順直，險輕費省，益三。所省堵築費猶不計也。然補救之策，費財亦有三：一，遷民之費；二，築埝之費；三，移設鹽垣之費。約需五十萬金，較堵築費省四之三，而受益過之。』制可，遂不堵。嗣是東河安瀾，數年未嘗一決。

宣統元年，決開州孟民莊。明年塞。

三年，東撫孫寶琦言：『自黄入東省，河道深通，初無修防。積久淤澁，始築民埝，緊逼黄流。嗣經普築大隄，而復令民守埝。埝有漫決。官無處分，直、東兩省，定例皆然。元年開州決，水循東省上游埝外隄内下注，至中游始歸正河，濮、范、壽張受災甚重。臣會商直督，遣員協款堵築，上年始告成功。如能通籌，分别勘治，改歸官守，明定責成。自無推諉。河工向以稭料爲大宗，不如磚石經久，磚又不如石質堅重。東省南岸臨河多山，前周馥請撥款購石，改修石壩，頗著成效。現輪軌交通，如直、豫設法運石，漸逐改作，則一勞永逸。治河良法，無踰於此。下游至海口，尚有數十里無隄，南高則北徙，北淤則南遷，數十年來，入海之區，已經數易。長此不治，尾閭淤墊日高，必致上游横決，爲患何堪設想！臣昔隨李鴻章來東勘河，時比工程司[三]建議築隄伸入海深處爲最要辦法，卒以費鉅不果。如由主治者統籌經費，分年築隄，藉束水爲攻沙之計，再酌購外洋挖泥輪機，往來疏濬，尾閭可望深通，全局皆受其益。河工爲專門之學，非久於閲歷，不能得其奧竅。亟宜仿照豫省定章，改定文武額缺爲終身官，三省

[一] 周馥　字玉山，安徽建德人。光緒二十八年任山東巡撫，主持治理山東黄河。著有《治水述要》十卷，《河防雜著四種》四卷等。《清史稿》卷四四九有傳。

[二] 鐵門關、韓家垣、絲網口　均係黄河在尾閭三角洲處入海的河口。黄河入海段在三角洲範圍往返擺動，所以入海口也多次變動。如下文孫寶琦所奏：『數十年來，入海之區，已經數易。』

[三] 比工程司　指比利時工程師盧法爾。盧法爾曾對黄河下游作過全面考察，對治理黄河有不少建議。

互相遷調。臣上年設立河工研究所[一]，招集學員講求河務，原爲養成治河人材；　如設廳汛，此項人員畢業，即可分別試用，於工程大有裨益。以上四端，必應興辦。臣愚以爲宜設總河大員，歷勘會商，將三省常年經費百數十萬，統歸應用，俟議定大治辦法，隨時請撥，俾免掣肘而竟事功。』疏入，詔會商直督、豫撫通籌。未及議覆，而武昌變作，遂置不行。

河渠二

《清史稿》卷一二七

運河

運河自京師歷直沽、山東，下達揚子江口，南北二千餘里，又自京口抵杭州，首尾八百餘里，通謂之運河。

明代有白漕、衛漕、閘漕、河漕、湖漕、江漕、浙漕[二]之別。清自康熙中靳輔開中河，避黄流之險，糧艘經行黄河不過數里，即入中河，於是百八十里之河漕遂廢。若白漕之藉資白河，衛漕之導引衛水，閘漕、湖漕之分受山東、江南諸湖水，與明代無異。嘉慶之季，河流屢決，運道被淤，因而借黄濟運。道光初，試行海運。二十八年，復因節省幫費，續運一次。迨咸豐朝，黄河北徙，中原多故，運道中梗。終清之世，海運遂以爲常。

夫黄河南行，淮先受病，淮病而運亦病。由是治河、導淮、濟運三策，群萃於淮安，清口一隅，施工之勤，糜帑之鉅，人民田廬之頻歲受災，未有甚於此者。蓋清口一隅，意在蓄清敵黄。然淮强固可刷黄，而過盛則運隄莫保，淮弱末由濟運，黄流又有倒灌之虞，非若白漕、衛漕僅從事疏淤塞決，閘漕、湖漕但期蓄洩得宜而已。至江漕、浙漕，號稱易治。江漕自湖廣、江西沿漢、沔、鄱陽而下，同入儀河，溯流上駛。京口以南，運河惟徒、陽、陽武等邑時勞疏濬[三]，無錫而下，直抵蘇州，與嘉、杭之運河，固皆清流順軌，不煩人力。今撮其受患最甚、工程最鉅者著於篇。

順治四年夏久雨，決江都運隄，隨塞。

六年夏，高郵運隄決數百丈。

[一] 河工研究所　研討治河技術，培養治河人才的專門機構，既學習傳統河工技術内容，又講授西方現代新學如測量、力學、材料、機械等，是中國最初的水利科研與教學機構。第一個河工研究所於光緒三十四年（一九〇八年）由永定河道吕佩芬創立。山東河工研究所成立較其晚二年。

[二] 運河各段漕名应屬專有名称，基本沿續明代稱呼。

[三] 京口以南，運河惟徒、陽、陽武等邑時勞疏濬　常見本標點誤，應作『京口以南，運河惟徒、陽、陽、武等邑時勞疏濬』，『徒、陽、陽、武』係指丹徒、丹陽、陽湖、武進四縣。

七年，運隄潰，挾汶水由鹽河〔一〕入海。

八年，募民夫大挑運河。

十四年，河督朱之錫言：『南旺南距台莊高百二十尺，北距臨清高九十尺，應遵定例，非積六七尺不准啓閘，以免瀉涸。閉下閘，啓上閘，水凝亦深；閉上閘，啓下閘，水旺亦淺。重運板不輕啓，回空板不輕閉。』從之。

十五年，董口〔二〕淤。之錫於石牌口迤南開新河二百五十丈，接連大河，以通飛輓〔三〕。先是漳水於九年從丘縣北流，逕青縣入海。

至十七年春夏之交，衛水微弱，糧運澀滯，乃堰漳河分溉民田之水，入衛濟運。時河北累年亢旱，部司姜天樞言：『昔僉事江良材欲導河注衛，增一運道，今獨不可借其議而反用之導衛以注河乎？』之錫從其言，並置衛河主簿，著爲令。

康熙元年，定運河修築工限：三年內衝決，參處修築官；過三年，參處防守官；不行防護，致有衝決，一並參處。

四年秋，高郵大水，決運隄。

五年，運河自儀徵至淮淤淺，知縣何崇倫募民夫濬之。漕督林起龍〔四〕言：『糧艘北行，處處阻閘阻淺，請飭河臣履勘安山、馬踏諸湖，暨各櫃閘子隄〔五〕斗門隄岸，及東平、汶上諸泉，有無堵塞，務期濬泉清湖，以通運道。』

六年，決江都露筋廟。明年，塞之。

十年，決高郵清水潭〔六〕。明年，再決，十三年始塞。

十四年，決江都邵伯鎮。

十五年夏，久雨，漕隄崩潰，高郵清水潭、陸漫溝，江都大潭灣，共決三百餘丈。

十六年，以靳輔爲河督。時東南水患益深，漕道益淺。輔言：『河、運宜爲一體。運道之阻塞，率由河道之變遷。向來議治河者，多盡力於漕艘經行之地，其他決口，以爲無關運道而緩視之，以致河道日壞，運道因之日梗。是以原委相關之處，斷不容歧視也。又運河自清口〔七〕至清水潭，長約二百三十里，因黃內灌，河底淤高，居

〔一〕鹽河　中河（或稱中運河）自清河縣至安東縣一段之別名，又稱下中河。

〔二〕董口　又名董家溝口，在駱馬湖四五里，距宿遷約二十里，運河與黃河相通口門之一。

〔三〕之錫於石牌口迤南開新河二百五十丈，接連大河，以通飛輓　此段新河後爲中運河的一段。

〔四〕林起龍　順天大興人。順治十八年至康熙六年（一六六一至一六六七年）任漕運總督。《清史稿》卷二四四有傳。

〔五〕子隄　修築在堤防上的小堤，以束漫堤之水。

〔六〕清水潭　在高郵境內，係淮揚運河著名險工段。

〔七〕清口　在今江蘇淮安市境內，以泗水入淮之口而得名，又稱泗口。經明後期潘季馴等的治理，成爲黃、淮、運三河交滙樞紐。清口也泛指黃、淮、運三河相交的河口一帶。

民日患沈溺，運艘每苦阻梗。請敕下各撫臣，將本年應運漕糧，務於明年三月内盡數過淮。俟糧艘過完，即封閉通濟閘壩，督集人夫，將運河大爲挑濬，面寬十一丈，底寬三丈，深丈二尺，日役夫三萬四千七百有奇，三百日竣工。並堵塞清水潭、大潭灣決口六，及翟家壩〔一〕至武家墩〔二〕一帶決口，需帑九十八萬有奇。』又言：『向因河身淤墊，阻滯盤剥，艱苦萬端。若清口一律浚深，則船可暢行，省費甚多。因令量輸所省之費，作治河之用，請俟運河浚深，船艘通行，凡過往貨物船，分別徵納剥淺〔三〕銀數分，一年停止。』均允行。

十七年，築江都漕隄，塞清水潭決口。清水潭逼近高郵湖，頻年潰決，隨築隨圮，決口寬至三百餘丈，大爲漕艘患。前年尚書冀如錫勘估工費五十七萬，夫柳仍派及民間，猶慮功不成。輔周視決口，就湖中離決口五六十丈爲偃月形，抱兩端築之，成西隄一，長六百五丈，更挑繞西越河一，長八百四十丈，僅費帑九萬。至次年工竣。上嘉之，名河曰永安，新河隄曰永安隄。是歲挑山、清、高、寶、江五州縣運河，塞決口三十二。輔又請按里設兵，分駐運隄，自清口至邵伯鎮南，每兵管兩岸各九十丈，責以栽柳蓄草，密種菱荷蒲葦，爲永遠護岸之策。又言：『運河既議挑深，若不束淮入河濟運，仍容黄流内灌，不久復淤。請於高堰隄工單薄處，幫修坦坡，爲久遠衞隄計。』均如所議行。

十八年，決山陽戚家橋，隨塞。明初江南各漕，自瓜、儀至清江浦，由天妃閘入黄。後黄水内灌，潘季馴始移運口於新莊閘〔四〕，納清避黄，仍以天妃名。然口距黄、淮交會處僅二百丈，黄仍内灌，運河墊高，年年挑濬無已。兼以黄、淮會合，瀠洄激蕩，重運出口，危險殊甚。至是，輔議移南運口於爛泥淺之上，自新莊閘西南挑河一，至太平壩，又自文華寺永濟河頭起挑河一，南經七里閘，轉而西南，亦接太平壩，俱達爛泥淺〔五〕。引河内兩渠並行，互爲月河，以舒急溜，而爛泥淺一河，分十之二佐運，仍挾十之八射黄，黄不内灌，並難抵運口。由是重運過淮，揚帆直上，如履坦途。是歲開滚水壩於江都鰍魚骨，創建宿遷、

〔一〕翟家壩　在洪澤縣高良澗鎮東南，係高家堰的南端。

〔二〕武家墩　在淮陰西南，係高家堰的北端。

〔三〕剥淺　運船通過淺灘的專有名詞。在運河河道淺灘處設舖舍，駐淺夫專事導引船隻過灘，或疏濬河道等管理工作。如灘淺不能過重載船時，先卸空，拖船過淺。貨物則别裝小船或人工搬運過淺。船貨俱過後，重新裝載前行，稱爲剥淺。

〔四〕新莊閘　又名天妃閘、惠濟閘，清口運用時間較長的禦黄閘之一。汛期閉閘，洪水不入運河，枯水時開放，可過運船。

〔五〕輔議移南運口於爛泥淺之上，自新莊閘西南挑河一，至太平壩，又自文華寺永濟河頭起挑河一，南經七里閘，轉而西南，亦接太平壩，俱達爛泥淺　係康熙時南運口一次重大改建工程，引洪澤湖水濟運，以清敵黄，有太平草壩、攔湖堤等工程。

桃源、清河、安東減壩六。

十九年，創建鳳陽廠減壩一，碭山毛城鋪、大谷山，宿遷攔馬河、歸仁隄，邳州東岸馬家集減壩十一。康熙初，糧艘抵宿遷，由董口北達。後董口淤塞，遂取道駱馬湖。湖淺水面闊，縴纜無所施，舟泥濘不得前，挑掘舁送，宿邑騷然。輔因創開皂河[一]四十里，上接泇河，下達黄河，漕運便之。是歲霪雨，淮、黄並漲，決興化漕隄，水入高郵治，壞泗州城郭，特築滚壩於高郵南八里，及寶應之子嬰溝[二]。

二十年七月，黄水大漲，皂河淤澱，不能通舟。衆議欲仍由駱馬湖，輔力持不可，親督挑掘丈餘，黄落清出，仍刷成河。隨閉皂河口攔黄壩[三]，於迤東龍岡岔路口至張家莊挑新河三千餘丈，使出皂河，石磡之清水盡由新河行，至張家莊入黄河，是爲張莊運口[四]。是歲增築高郵南北滚水壩八，對壩均開越河，以防舟行之險，凡舊隄險處，皆更以石。

二十二年九月，黄河由龍岡漫入，新河又淤。隨於石磡築攔黄壩，復設法疏導，旬餘，新河仍暢行。

二十三年，上南巡閱河，至清口，以運口水緊，令添建石閘於清河運口。

二十五年，輔以運道經黄河，風濤險惡，自駱馬湖鑿渠，歷宿遷、桃源至清河仲家莊出口，名曰中河[五]。糧船北上，出清口後，行黄河數里，即入中河，直達張莊運口，以避黄河百八十里之險。議者多謂輔此功不在明陳瑄鑿清口下。而按察使于成龍、漕督慕天顔[六]先後劾輔開中河累民，上斥其阻撓。

二十七年，復遣尚書張玉書、圖納，左都御史馬齊等往視，亦稱中河安流，舟楫甚便。但逼近黄流，不便展寬，而裏運河[七]及駱馬湖之水俱入此河，窄恐難容，應於蕭家渡、楊家莊、新莊各建減壩，俾水大可宣洩；仲家閘口大直恐倒灌，應向東南斜挑以避黄流。詔俟臨閱時定奪。是歲大雨，中河決，淹清河民田數千頃。

明年春，上南巡，閱視河工，至宿遷支河口，謂諸臣

[一] 皂河　在駱馬湖南，康熙十八年靳輔所開駱馬湖通黄河新運道，口在董口以西二十里。

[二] 子嬰溝　淮揚運河泄水河道之一，溝口在寶應縣境内，東北入射陽湖。

[三] 攔黄壩　又作禦黄壩，建在黄、運相交處，用以阻止黄河水涌入運河，減少運河淤積。

[四] 張莊運口　在宿遷境内，運口有竹絡壩。

[五] 中河　又名中運河，自張莊運口經駱馬湖南至清口對岸，與黄河交滙處有仲家莊閘。中河係利用修築黄河堤防的運料小河開擴而成，康熙二十七年（一六八八年）完工。

[六] 慕天顔　字拱極，甘肅静寧人，康熙二十六年至二十七年（一六八七至一六八八年）任漕運總督。《清史稿》卷二七八有傳。

[七] 裏運河　又名轉運河、裏河，即淮安至揚州的一段運河，或稱淮揚運河。

曰：『河道關繫漕運民生，地形水勢，隨時權變。今觀此河狹隘，逼近黄岸，萬一黄隄潰決，失於防禦，中河、黄河將溷爲一。此河開後，商民無不稱便，安識日後若何？』圖納、馬齊言：『臣等勘河時，正值大水，懼河隘不能容諸水，故議於迤北遥隄修減壩三，令由舊河形入海。』輔言：『臣意開此河，可束水入海，及濬畢觀之，漕艘亦可行。今若加增遥堤，以保固黄河隄岸，當可無虞。』河督王新命言：『支河口止一鎮口閘，微山湖諸水甚大，遇淫潦不能支，必致潰決。若於駱馬湖作減壩，令漲水入黄，再修築郯城禹王臺[一]，以禦流入駱馬湖之水，令注沭河，則中河無虞。』上謂可仍開支河，其黄河運道，並存不廢。先是玉書等請閉攔馬河，事下總河，至是新命言：『攔馬河原以宣黄水異漲，似應仍留，水漲則開放，水平則閉，以免中河淤墊。至駱馬湖三減壩，玉書等議留二座於隄内，減水入中河，又恐中河不能容，擬於迤東蕭家渡、楊家莊、新河口量建減壩宣洩。臣謂既以中河不能容，何必留此二壩之水減入中河，復從蕭家渡等處建壩，多此曲折？不若將三壩俱留遥隄外，令由舊河形入海，於蕭家渡三處量留缺口二，酌水勢以宣塞之爲愈。郯城沭水口舊有禹王臺，障遏水勢，會白馬河、沂河之水入駱馬湖，愈覺泛溢不可遏，應於臺舊基迎水處堵塞斷流，令仍由故道入海。』下扈從諸臣確議。惟駱馬湖減壩用玉書等原議，餘如新命言。

三十二年，直隸運河決通州李家口等五口，天津要兒渡[二]等八口。衛河微弱，惟恃漳爲灌輸，由館陶分流濟運。明隆、萬間，漳北徙入滏陽河，館陶之流遂絶。至是三十六年，忽分流，仍由館陶入衛濟運。

三十八年，廷議改高郵減壩及茆家園等六壩均爲滚水壩，增加高堰石工五尺。

三十九年，上以清口日淤，恐誤糧艘，海道運津又極艱險，擬以沙船載糧，自江下海，至黄河入海之口，運入中河，則海運不遠。下河督張鵬翮籌議。鵬翮言運河決口已塞，清水又已引出，糧船當可暢達。若改載沙船，僱募水手，徒滋糜費。且由江入海，從黄河海口入中河，風濤不測，實屬難行。從之。初，河督于成龍以中河南逼黄河，難以築隄，乃自桃源盛家道口至清河，棄中河下段，改鑿六十里，名曰新中河。至是，鵬翮見新中河淺狹，且盛家道口河頭灣曲，輓運不順，因於三義壩築攔河隄，截用舊中河上段、新中河下段合爲一河，重加修濬，運道稱便。

四十年，以湖口清水已出，宜籌節宣之法，允鵬翮請，於張福口、裴家場二引河間，再開引河一，合力敵黄。若黄漲在糧艘已過，堵攔黄壩，使不得倒灌；漲在行船時，閉裴家場引河口，引清水入三汊河至文華寺濟運。

[一] 禹王臺　在郯城東七里，又名釣魚臺。原係一土堆，康熙二十八年（一六八九年）在此修築減水壩，後上築『禹王臺』。

[二] 要兒渡　在天津武清境内，北運河險工段之一。

是歲建中河口南岸石閘。

四十二年，以仲莊牐清水出口，逼溜南趨，致礙運道，詔移中河運口於楊家莊，即大清水故道，由是漕鹽兩利。逾年，又命建直隸運河楊村減壩以分水勢。

四十四年，上言高堰及運河減壩不開放，則危及堤堰，開洩又潦傷隴畝，宜於高堰三滾壩下挑河築隄，束水入高郵、邵伯諸湖，其減壩下亦挑河築隄，束水由串場溪注白駒、丁溪、草堰諸河入海。令江、漕、河各督勘估，遣官督修。自是淮、揚各郡悉免漫溢之患。

四十五年，鵬翮於中河橫隄建草壩二，鮑家營引河處建草壩一，相機啓閉，免中河淤墊。又以運河水漲，隄岸難容，於文華寺建石閘，閘下開引河，自楊家廟、單楊口迄白馬湖，長萬四千八百丈有奇，水漲開放入湖，水涸堵閉。

是年，濟寧道張伯行[一]請引漳自成安柏寺營通漳之新河，接館陶之沙河，古所謂馬頰河者，疏其淤塞，使暢流入衛。議未及行。

越二年，全漳入館陶，漳、衛合而勢悍急，恩、德當衝受害，乃於德州哨馬營[二]、恩縣四女寺[三]建壩，開支河以殺其勢。

六十年，東撫李樹德請開彭口新河[四]。先是濟寧道某言，彭口一帶有昭陽、微山、西湖，噴沙積於三洞橋內，屢開屢塞，阻滯糧艘，應挑新河、避噴沙，以疏運道。至是，樹德以爲言。上曰：『山東運河，自西湖之水流入。前此百姓以爲宜開即開，以爲宜閉亦閉。開者何意？堵者何意？務悉其故，方可定其開否。不然，虛耗矣。』又曰：『山東運河，全賴湖、泉濟運。今多開稻田，截上流以資灌溉，湖水自然無所蓄瀦，安能濟運？往年東民欲開新河，朕恐下流泛濫，禁而弗許。今又請開新河。此地一面爲微山湖，一面爲嶧縣諸山，更從何處開鑿耶？張鵬翮到東，將此旨詳諭巡撫，申飭地方，相度泉源，蓄積湖水，俾漕運無誤，自易易耳。』

[一] 張伯行　字孝先，河南儀封人，康熙三十八年（一六九九年）協助河道總督張鵬翮督修黄河堤工及洪澤湖高家堰，四十二年（一七〇三年）授山東濟寧道，任上著《居濟一得》，係關於會通河專著。《清史稿》卷二六五有傳。

[二] 哨馬營　在德州城西北十二里。清代始在此開支河，修減水壩，以削減衛河洪水。後稱該支河爲哨馬營減河，長三百二十里，下入四女寺減河。嘉慶以後哨馬營支河逐漸淤廢。

[三] 四女寺　又名四女樹鎮。明代始在此建壩，開減河，以泄衛河洪水。四女寺減河長四百五十七里，東北經吴橋、寧津、樂陵、慶雲、海豐（今無棣）入海。

[四] 彭口新河　又名十字河，在山東滕縣境内彭河入運口處。彭口新河係運河月河，在運河西側，上口、下口與運河相通，用以囊沙（即停蓄彭河泥沙）。

雍正元年，河督齊蘇勒偕漕督張大有〔一〕言：『山東蓄水濟運，有南旺、馬踏、蜀山、安山、馬場、昭陽、獨山、微山、郗山等湖，水漲則引河水入湖，涸則引湖水入槽，隨時收蓄，接應運河，古人名曰「水櫃」〔二〕。歷年既久，昭陽、安山、南旺多爲居民占種私墾。現除已成田不追外，餘俟水落丈量，樹立封界，永禁侵佔，設法收蓄。至馬踏、蜀山、馬場、南陽諸湖，原有斗門閘座，加以土壩，可收蓄深廣，備來年濟運之資。惟獨山一湖，濱臨運河，一綫小堰，且多缺口。相度水勢，河水盛漲，聽其灌入湖中，湖、河平，即築堰堵截； 河水稍落，不使湖水走洩涓滴。或遇運河淺塞，則引湖水下注，庶幾接濟便捷。至諸湖閘座，仍照舊例，灌塘積水，啓閉以時，則湖水深廣，運道疏通矣。』下所司議行。

二年，齊蘇勒以駱馬湖東岸低窪易洩，舊壩不足抵禦，於湖東陸塘河通寧橋西高地築攔河滚壩，再築攔水堤六百丈，口門寬三十丈，以便宣洩。又幫築運河西岸地洞口堤身五百十丈，高、寶、江東西岸隄工五千二十四丈，寶應西堤七里閘迤南至柳園頭埽工五百七十丈。

四年，齊蘇勒改種家渡南之舊彭口於十字河，而彭口沙壅積如故。先是侍郎蔣陳錫疏陳漕運事宜，上命內閣學士何國宗等勘視豫東運道，至是覆稱：『山東運河必賴湖水接濟，請將安山湖開濬築隄； 南旺、馬踏諸隄及闞家壩俱加高培厚，建石閘以時啓閉； 其分水口兩岸沙山下，各築束水壩一； 汶水南戴村壩應加修築； 建坎河石壩於汶水北； 恩縣四女寺應建挑壩一； 博平運河西岸修復進水閘二，東岸建滚壩一； 濮州沙河會趙王河處，舊有土壩引河，應修築開濬，其河西州縣，聽民開通水道，匯入沙河，於運道民生，均有裨益； 武城及恩縣北岸，各挑引河一。

『河南運河自北泉〔三〕而下，歷仁、義、禮、智、信五閘〔四〕，遏水旁注，愚民不無截流盜水之弊。請拆去五閘，於泉池南口建石堰一，開口門三，分爲三渠，築小隄使無旁洩； 東西各開一渠，渠各建五閘，分溉民田。小丹河〔五〕自清化鎮下應開濬築小隄，河東一里開水塘一，石閘三，分爲三渠，以小丹河爲官渠，東西各一爲民渠。其洹

〔一〕張大有　字書登，陝西郃陽人，康熙六十一年至雍正七年（一七二二至一七二九年）任漕運總督。

〔二〕水櫃　利用湖塘窪地積蓄泉、河及雨水，用以濟運。水櫃位於運河兩側，與運河相通處多設閘門，運河水淺，水櫃水入河濟運；汛期開啓地勢較低處閘門，納水入櫃。

〔三〕北泉　誤，應爲百泉，即河南衞輝府境內諸泉。本卷他處亦作『百泉』。

〔四〕仁、義、禮、智、信五閘　均在今河南輝縣西南，明嘉靖、萬曆時修建，引輝縣百泉灌溉。清代用於引水入衞濟運。

〔五〕小丹河　係丹河支流。

河〔一〕石壩皆已湮廢，宜增修爲挑壩。諸泉源應各開深廣，入衛濟運。』下所司議行。

五年，東撫塞楞額以柳長河日見淤淺，雖一帶相連，而中有金錢嶺分隔，特開引河二，一從嶺北注安山入湖，一從嶺南出閘口濟運。

八年，河督嵇曾筠言：『宿遷駱馬湖舊有十字河口門，引湖濟運，兼以刷黃。嗣湖水微弱，恐黃倒灌，堵閉河口，又於西寧橋迤西建攔湖壩，因是湖水不通，專資黃濟運，致中河之水挾沙淤墊。今秋山水暴漲，去路遏塞，漫溢横出。請復十字河舊口門，俾湖水入中河，刷深運道，攔湖壩酌量開寬，俾上游之水，由六塘河入海。』從之。

是年，始設黃、運兩岸守堤堡夫，二里一堡，堡設夫二，住堤巡守，遠近互爲聲援。

九年，兼總河田文鏡言：『汶南流濟運，向有玲瓏及亂石、滚水三壩〔二〕。伏秋盛漲，水由滚壩入鹽河〔三〕，沙由玲瓏、亂石洞隙隨水滚瀉。自何國宗於三壩内增建石壩，涓滴不通，既無尾閭洩水，又無罅隙通淤，致汶挾沙入運，淤積日高。請改壩爲牐，建磯心〔四〕五十六，中留水門五十五，安牐板以資宣洩。又以不能啓閉，別築土堤，名春秋壩。』如所請行。

十一年，東撫岳濬言：『東省水櫃，舊有東平之安山湖廢閘四。自國宗議復安山湖水櫃，重築臨河及圈湖隄，修通湖、蛇溝二閘，並於八里灣、十里鋪兩廢閘間建石閘一，曰安濟閘，俱經修竣，仍不能蓄水濟運。緣湖底土疏，非圈隄所能收蓄，均宜修防。其圈湖隄缺，概停補築，以免糜費。』從之。

十二年，直督李衛以故城與山東德州、武城毗連，係河流東注轉灣處，向無隄埝，水漲漫溢，勸諭民間攢修土埝，量給食米，以工代賑。東撫岳濬以德州河溜頂衝，於東岸挑新河、建滚壩，兩岸各築遥隄，酌開涵洞，以資宣洩。

乾隆二年，御史馬起元言：『直、東運河，近多淤塞。』尚書來保言：『衛水濟運灌田，請飭詳查地勢，使漕運不阻，民田亦資灌溉。』上命侍郎趙殿最、侍衛安寧，會同直、漕、河三督，豫、東兩撫勘奏。經部議：『東省泉源四百

〔一〕洹河　今名安陽河。

〔二〕汶南流濟運，向有玲瓏及亂石、滚水三壩　指戴村壩，在山東東平境内，明永樂時建，爲南旺引汶濟運樞紐工程之一。但三壩實爲戴村壩上游之坎河口壩，清初以後誤認爲戴村壩本身，因其結構全壩各名玲瓏、亂石、滚水，參見姚漢源：《明清時期京杭運河的南旺樞紐》，載《水利水電科學研究院科學研究論文集》第二十二集，水利電力出版社。

〔三〕鹽河　明清時大清河之别名，在張秋鎮東與運河交，東北流至利津入海。一八五五年黄河在銅瓦廂決口後，河道被黄河占奪。

〔四〕磯心　即閘墩，用塊石砌築，有閘門槽，可安設閘板。

三十九，無不疏通，閘壩亦完固，惟戴廟〔一〕、七級〔二〕、柳林〔三〕、新店〔四〕、師莊〔五〕、棗林〔六〕、萬年〔七〕、頓莊〔八〕各閘，或雁翅潮蟄，或面石裂縫，兩岸斗門涵洞，有滿家三空橋雁翅低陷，石閘面太低，應交河督興修。又馬踏、蜀山、馬場、獨山、微山諸湖，嚴禁佔種蘆葦，南旺、南陽、昭陽諸湖水櫃，僅堪洩水，小清河久淤塞，均宜次第修治。至衛水濟運灌田，宜於館陶、臨清各立水則一，測驗淺深，以時啓閉。』起元又言，通州至天津河路多淤淺，糧艘不便。命殿最偕顧琮勘議。尋議天津溯流而上，設有兵弁，無官管轄。應增置漕運通判一，駐張家灣，專司疏濬；把總二，外委四，聽通判調遣。又普濟（寺）〔九〕等四閘屬通州，增置吏目一，慶豐等七閘屬大興，增置主簿一，遇應開挑處，報坐糧廳覈實修濬。用鄂爾泰言，建獨流東岸滾壩，並開引河〔一〇〕，注之中塘窪，以免静海有羡溢之虞，並減天津三汊口〔一一〕争流之勢。

是歲，大挑淮、揚運河，自運口至瓜洲三百餘里。

三年，河督白鍾山言：『衛河水勢，惟在相機啓閉。殿最前奏設館陶、臨清二水閘，可不必立。嗣雨水調勻，百泉各渠閘照舊官民分用。儻值水淺澀，即暫閉民渠民閘以利漕運。或河水充暢，漕艘早過，官渠官閘亦酌量下板以灌民田。』是年，修復三教堂減壩，挑濬淤填支河，使洩水入馬頰河。又於三空橋舊址修減壩，仍挑通支河，使洩水入徒駭河。增建裴家口東南涵洞二，修築房家口上下堤岸、馬家閘土隄，及自嶧縣臺莊迄臨清板閘〔一二〕運隄八百里縴道，亦資障護瀕河田廬。

先是疏濬毛城鋪河道時，高斌以黄流倒灌，移運口於上游七十餘丈，與三汊河接。次年，黄仍灌運，論者多謂新開運口所致，特命大學士鄂爾泰相度。旋言：『運口直對清口，湖水由裴家場引河東北直趨清口，入運之水仍

〔一〕戴廟　濟寧安山湖以北第一閘，始建於明，年代不詳。
〔二〕七級　會通河運河閘，有七級南閘、七級北閘兩處。北閘始建於元大德元年（一二九七年），南閘始建於元貞二年（一二九六年）。
〔三〕柳林　會通河運河閘，明成化十七年（一四八一年）建，在南旺鎮南五里，爲南旺分水南端第一閘，又稱上閘或南閘；南旺鎮北五里，爲南旺分水北端第一閘——十里閘，又稱下閘或北閘。
〔四〕新店　又作辛店，會通河上的船閘，在山東濟寧南，元大德元年（一二九七年）建。
〔五〕師莊　會通河船閘，在山東濟寧南，元大德元年（一二九七年）建。
〔六〕棗林　會通河船閘，在師莊閘南。泗河在師莊、棗林間入運河，元延祐五年（一三一八年）建。
〔七〕萬年　泇運河閘，明萬曆四十八年（一六二〇年）建。
〔八〕頓莊　泇運河閘，在萬年閘東，明萬曆四十八年（一六二〇年）建。
〔九〕普濟（寺）　通州諸閘均無『寺』字名稱之閘，疑衍。
〔一〇〕建獨流東岸滾壩，並開引河　即南運河的獨流減河，在天津静海北。
〔一一〕三汊口　又作三岔口，爲南運河、北運河滙合處。
〔一二〕板閘　在山東臨清衛河與運河匯合處，會通河北端，另有月河，分設板閘和會通閘等，以調節運河與衛河水位差。

係迴流平緩； 惟新口外挑水壩稍短，清水盛旺，或恐溜寬，宜再築長壩，不必仍舊開口。 惟舊河直捷，新河紆曲，今新建閘壩未開，漕船應行舊河，以利挽運。 新河於天妃閘下重建通濟、福興二閘，隨時啓閉。 每歲漕船過後，河水充溢，則開放新河以分水勢，湖水漲溢，則閉舊河及新河閘以待水消，庶新舊兩河可以交用。』

鄂爾泰又言：『詳勘漳河故道，一自直隸魏縣北，經山東丘縣城西，至效口村會滏陽河，入大陸澤，下會子牙河，由天津入海。 一由魏縣北老沙河，自潘爾莊經丘縣城東，歷清和、武城、景州、阜城各地，過千頃窪，入運歸海。丘縣城西故道去衛河較遠，舊迹既湮，開通匪易。 且滏陽河下會子牙河，全漳之水亦難容納。 惟老沙河即古馬頰河，河形寬闊，於此挑復故道，自和爾寨村東承漳河北折之勢，開至漳洞村，歸入舊河，勢順工省。 即於新挑河頭下東流入衛處建閘，如衛水微弱，則啓以濟運，衛水足用，則閉閘使歸故道； 再於青縣下酌建閘壩，臨清以北運道可免淤墊，青縣以下田廬永無浸淹。 應飭直、東兩省會勘估修。』五年，改山東管河道爲運河道，專司蓄洩疏濬閘壩事，仍管河庫，從白鍾山請也。

二十二年，添建高郵東隄石壩，酌定水則，視水勢大小以爲啓閉。 巡漕給事中海明言：『江南運河，惟桃源之古城砂礓，溜灘灣沙積，黃河以南，惟揚州之灣頭閘[一]至范公祠三千三百餘丈間段阻淺，均應挑濬。 鎮江至丹徒、常州，水本無源，恃江潮灌注，冬春潮小則淺。 加以每日潮汐易淤，兩岸土鬆易卸，應六年大挑一次，否則三年亦須擇段撈淺。 丹徒兩閘以下，常州之武進等縣，亦間段淺滯，均應一律挑濬。』詔：『挑河易滋浮冒，宜往來查察，毋得屬之委員。』

二十四年，命海明及河督張師載、東撫阿爾泰會勘直、東運河。 初，運河水漲，漫溢德州等處，景州一帶道路淤阻。 至是，海明等言：『漳、衛二河，伏秋盛漲，宜旁加疏洩。 自臨清至恩縣四女寺二百五十餘里，河身盤曲，臨清塔灣東岸原有沙河一，即黃河遺迹，由清平、德州、高唐入馬頰河歸海。 請開挑作滚水石壩，使汶、衛合流，分洩水勢。 四女寺、哨馬營兩支河，原係旁洩汶、衛歸海之路，請將狹處展寬，以免下游德州等處衝溢。』

二十五年，巡漕給事中耀海偕師載言：『南旺以北僅馬踏一湖，水患不足。 獨山湖有金綫閘，水祇南流，利濟閘水可北注。 請移金綫閘於柳林閘北，使獨山諸湖全注北運河。』制可。

二十七年，以魚臺辛莊橋北舊有洩水口二，口門刷深，難以節制，允師載等請改建滚壩一。 是歲，挑德州西

[一] 灣頭閘　灣頭在揚州東北，鎮名。灣頭閘係運河臨江運道中轉樞紐之一，西南通瓜洲、儀真運口； 東南直達長江，過江由白塔、孟瀆河入江南運河； 東與運鹽河接，可至泰州。

方菴對岸引河，自魏家莊至新河頭，長四十丈，建築齊家莊挑溜埽壩，接築清口東西壩，修李家務石閘。

二十八年，用阿爾泰言，於臨清運河逼近村莊處開引河五，以分水勢。

三十三年，黄水入運，命大學士劉統勳[一]等往開臨黄壩[二]，以洩盛漲，並疏濬運河淤淺。

三十七年，河督姚立德言：『泗河下流董家口向建石壩分洩，今泗水南趨，轉爲石壩所累。請拆去，並展寬孟家橋舊石橋。』如所請行。

五十年，命大學士阿桂履勘河工。阿桂言：『臣初到此間，詢商薩載、李奉翰及河上員弁，多主引黄灌湖之説。本年湖水極小，不但黄絶清弱，至六月以後，竟至清水涓滴無出，又值黄水盛漲，倒灌入運，直達淮、揚。計惟有借已灌之黄水以送回空，蓄積弱之清水以濟重運。查本年二進糧艘行入淮河，全藉黄水浮送，方能過淮渡黄，則回空時雖值黄水消落，而空船喫水無多，設法調劑，似可銜尾遄行。』借黄濟運，自此始也。

五十一年，運河盛漲，致淮安迤下東岸涇河[三]洩水石閘牆蟄底翻，難資啓閉。越五年，山陽、寶應士民修復之。

嘉慶元年，河决豐汛，刷開南運河佘家莊隄，由豐、沛北注金鄉、魚臺，漾入微山、昭陽各湖，穿入運河，漫溢兩岸。是冬，漫口塞，凌汛復蟄陷。

次年，東西兩壩並蟄，二月工始竣。自豐工決後，若曹工、睢工、衡工，幾於無歲不決。

九年，因山東運河淺塞，大加濬治；又預蓄微山諸湖水爲利運資。然自是以後，黄高於清，漕艘轉資黄水浮送，淤沙日積，利一而害百矣。

十二年，倉場侍郎德文等請挑修張家灣[四]正河，堵築康家溝以復運道，御史賈允升請挑濬減河，均下直督温承惠勘辦。承惠請濬温榆河上游。上命侍郎托津、英和偕德文等覆勘。尋奏言：『頻年漕運皆藉温榆下游倒漾之水，以致泥沙淤積。若從上游深挑，直抵石壩，實爲因勢利導。惟地勢高下，須逐細測量，俾全河毫無滯礙方善。』制可。

十三年，通州大水，康家溝壩衝決成河，張家灣河道遂淤。倉場侍郎達慶請來年糧艘由康家溝試行一年，暫緩挑復張家灣河身。上命尚書吴璥往勘，與達慶議合，遂允之。

[一] 劉統勳　字延清，山東諸城人，乾隆十一年（一七四六年）任漕運總督，乾隆二十四年（一七五九年）協辦大學士。《清史稿》卷三〇二有傳。

[二] 臨黄壩　建在黄、運相交的清口一帶，以阻擋黄河渾水灌入運河，爲灌塘濟運工程之一。

[三] 涇河　在淮安南五十里，西通運河。河口有閘，東入射陽湖。

[四] 張家灣　在通州城東南，元代通惠河與北運河在此銜接。明永樂十六年（一四一八年）始在張家灣修建囤積漕糧的倉庫，以後又逐步興建了上、中、下碼頭，成爲漕運中轉樞紐之一。

明年，御史史祐言，康家溝河道難行，請復張家灣正河。下直督温承惠。承惠言：『康家溝溜勢奔騰，漕船逆流而上，大費縴輓。該處地勢正高，恐旱乾之歲，河水一瀉無餘，漕行更爲棘手。惟張家灣兩岸沙灘，壩基難立，而正河積淤日久，挑濬亦甚不易。』上復遣工部尚書戴均元往勘，亦言壩基難立，且時日已迫，恐河道未復，漕運已來，請仍由康家溝行，再察看一年酌定。如所請行。

時淮、揚運河三百餘里淺阻，兩淮鹽政阿克當阿請俟九月內漕船過竣，堵閉清江三壩，築壩斷流，自清江至瓜洲分段挑濬。下部議。覆稱：『近年運河淺阻，固由疊次漫口，而漫口之故，則由黃水倒灌，倒灌之故，則由河底墊高，清水頂阻，不能不借黃濟運，以致積淤潰決，百病叢生。是運河爲受病之地，而非致病之原。果使清得暢出敵黃，並分流濟運，則運口內新淤不得停留，舊淤並可刷滌。若不除倒灌之根，而亟亟以挑濬運河爲事，恐旋挑旋淤，運河之挑濬愈深，倒灌之勢愈猛，決隄吸溜，爲患滋多。』命尚書托津等偕河督勘辦。

十八年，漕督阮元〔一〕以邳、宿運河閘少，水淺沙停，請於匯澤閘上下添建二閘。下江督百齡核奏。

道光元年，山東河湖山水並發，戴村壩迤北隄埝漫決六十餘丈，草工刷三十餘丈，四女寺支河南岸汶水旁洩處三。用巡撫姚祖同言，於正河旁舊河形內抽溝導水濟運，兼顧湖潴。

三年，漫直隸王家莊，由各廳汛賠修。是歲添築戴村壩北官堤碎石壩四。

四年，侍講學士潘錫恩陳借黃濟運之弊，略言：『蓄清敵黃，爲相傳成法。今年張文浩遲堵禦黃壩，致倒灌停淤，釀成巨患。若更引黃入運，河道淤滿，處處壅溢，恐有決口之患。』下尚書文孚等妥議。

自嘉慶之季，黃河屢決，致運河淤墊日甚，而歷年借黃濟運，議者亦知非計，於是有籌及海運者。

五年，上因漕督魏元煜〔二〕等籌議海運，羣以窒礙難行，獨大學士英和有通籌漕、河全局，暫僱海船以分滯運，酌折漕額以資治河之議，下所司及督撫悉心籌畫。卒以黃、運兩河受病已深，非旦夕所能疏治，詔於明年暫行海運一次。

新授兩江總督琦善〔三〕言：『臣抵清江，即赴運河及

〔一〕阮元　字伯元，號芸臺，江蘇儀徵人，嘉慶十七年至十九年（一八一二至一八一四年）任漕運總督。《清史稿》卷三六四有傳。

〔二〕魏元煜　字升之，號愛軒，直隸昌黎人，道光二年至四年（一八二二至一八二四年）任漕運總督。五年又任。

〔三〕琦善　字静庵，滿洲正黃旗人，道光五年至七年任兩江總督。《清史稿》卷三七〇有傳。

濟運、束清[一]各壩逐加履勘。自借黄濟運以來，運河底高一丈數尺，兩灘積淤寬厚，中泓如綫。向來河面寬三四十丈者，今只寬十丈至五六丈不等，河底深丈五六尺者，今只存水三四尺，並有深不及五寸者。舟隻在在膠淺，進退俱難。濟運壩所蓄湖水雖漸滋長，水頭下注不過三寸，未能暢注。淮安三十餘里皆然，高、寶以上之運河全賴湖水，其情大可想見。請飭河、漕二臣將河面淤墊處展挑寬深，再放湖水，藉資輓送，以期不誤北上期限。』上以『借黄濟運，原係權宜辦理，孫玉庭察看漕艘挽運艱難，不早陳奏變計，魏元煜舊任漕督，及與顔檢坐觀事機敗壞，隱忍不言，糜帑病民，是誠何心？令將運河淤墊一律挑深，費由玉庭、元煜、檢分賠。』琦善又言，『自禦黄壩堵閉，運河淤墊不復增高，而洪湖清水蓄至丈餘，各船可資浮送，不敢冒昧挑濬。工費至省在百萬外，玉庭等罄其所有，斷無如許家資。更可慮者，欲濬運河，必先堵束清壩，阻絶來源，而後可以涸底挑辦。現湖水下注湍急，束清壩外跌塘甚深，又係清水，不能掛淤閉氣。設正事興挑，而束清壩籤開，則工廢半途，費歸虚擲。請停止裏、揚運河挑工，以免草率而節糜費。』允之。

是年，築温榆河上游果渠村壩埽。

七年，東河總督張井、副總河潘錫恩請修復北運河劉老澗石滚壩[二]、中河廳南縴堤、揚糧二廳東西縴隄及隄外石工，移建昭關壩。上遣英和等馳勘，乃定移昭關壩[三]於其北三元宫之南，餘如所請行。

十一年，高郵湖河漫馬棚灣及十四堡，湖河連爲一。江督陶澍[四]請依嘉慶間故事，運河決口，重空糧艘均繞湖行。八月，十四堡塞。冬，馬棚灣塞。

先是澍撫蘇時，以鎮江運河並無水源，祗恃江潮浮送，下練湖[五]湮塞已久，移建黄泥閘於張官渡以當湖之下流，俾得擎托湖流，使之回漾，稍濟江潮之不逮，曾著成效。至十四年遷江督，復偕巡撫林則徐相度，於湖頂沖之黄金壩及東岡築兩重蓄水壩，培圩埂二千八百八十丈，使水得入湖。又建減水石壩二於湖之東堤，俾可宣洩暴漲。於入運處修復念七家古涵，以作水門，並建石閘以放水濟

[一] 束清　即束清壩，建於清口，用以擡高洪澤湖水位，以抵禦黄水内侵，乾隆五十年（一七八五年）移舊束水壩於惠濟祠下三百丈之福神庵，改名禦黄壩，又改運河口外之兜水壩爲束清壩。壩由兩兩相對的丁壩組成，又稱作『兜水』，黄河水大，則縮窄兩丁壩距離；淮水大，則拆寬，以清刷黄。

[二] 劉老澗石滚壩　中運河減水石壩之一，在宿遷西南。

[三] 昭關壩　裏運河歸海減水壩，在邵伯北，康熙時靳輔始建。

[四] 陶澍　字雲汀，湖南安化人，道光五年（一八二五年）任江蘇巡撫，十年升兩江總督，十九年卒。《清史稿》卷三七九有傳。

[五] 下練湖　位於今江蘇丹陽西北，因湖中有東西向長十四里横隄，而分别稱作上練湖、下練湖。明末清初上練湖圍墾殆盡。清代，下練湖尚有蓄水濟運作用，但淤積和圍墾速度加快，至今已全部墾闢爲農田。

運。是冬工竣，由涵引水出，竟能倒漾上行數十里，軍船得銜尾而南。越二年，溜勢變遷，河形灣曲，復移設黄泥閘於迤上二百丈，改爲正越二閘，中建磯心，並改張官渡迤下六十里吕城閘爲正越二閘，以利漕行。

十五年，移築囊沙引渠沙壩於西河湑外，以資收蓄，從東河總督吴邦慶[一]請也。

十八年，運河淺阻，用河督栗毓美言，暫閉臨清閘，於閘外添築草壩九，節節擎蓄，於韓莊閘[二]上朱姬莊迤南築攔河大壩一，俾上游各泉及運河南注之水，並攔入微山湖。定《收瀦濟運章程》六。

十九年，毓美以戴村壩卑矮，致汶水多旁洩，照舊制增高之。初，給事中成觀言淮、揚芒稻閘[三]、人字河不宜堵壩，阻水去路，下陶澍等議。至是覆稱：『此壩蓄水由來已久，並不攔阻衆水歸江，不得輕議更張。』從之。時衛河淺澀，難以濟運。東撫經額布請變更三日濟運、一日灌田例。詔將百門泉、小丹河各官渠官閘一律暢開，暫避民渠民閘，如有賣水阻運盗挖情弊，即行嚴懲。

明年，漕督朱澍[四]復言：『衛河不能下注，有妨運道。』命河督文沖、豫撫牛鑑察勘。文沖等言：『衛河需水之際，正民田待溉之時。民以食爲天，斷不能視田禾之枯槁置之不問。嗣後如雨澤愆期，衛河微弱，船行稍遲，毋庸變通舊章。倘天時亢旱，糧船阻滯日久，是漕運尤重於民田，應暫閉民渠民閘，以利漕運。』從之。

咸豐元年，甘泉閘河撐隄潰塌三十餘丈，河決豐縣，山東被淹，運河漫水，漕艘改由湖陂行。先是户部尚書孫瑞珍言十字河爲全漕之害，若於河西改寬新河，以舊河爲囊沙，於彭口作滚壩，納濁水而漾清流，漕船無阻，可省起剥費二十萬。下東河總督顔以燠[五]議。至是以燠言：『改挖新河事無把握，無庸輕議更張。』報聞。

二年，決北運河北寺莊隄，命尚書賈楨、侍郎李鈞勘堵，並改次年漕糧由海道運津。自是遂以海運爲常。同治而後，更以輪舶由海轉運，費省而程速，雖分江北漕糧試行河運，然分者什一，藉保運道而已。

五年，銅瓦廂河決，穿運而東，隄埝衝潰。時軍事正棘，僅堵築張秋以北兩岸缺口。民埝殘缺處，先作裹頭護

[一] 吴邦慶　字景唐，順天霸州人，道光十二年至十五年（一八三二至一八三五年）任東河總督，曾編輯《畿輔河道水利叢書》。《清史稿》卷三八三有傳。

[二] 韓莊閘　泇運河閘之一，在微山湖湖口與運河相通處，明萬曆開泇運河時建。參見《明史·河渠志》。

[三] 芒稻閘　在揚州西北，運河臨江運道的芒稻河與運鹽河平交處的閘門。

[四] 朱澍　字蔭堂，貴州貴築人，道光十九年至二十二年（一八三九至一八四二年）任漕運總督。

[五] 顔以燠　字叙五，廣東連平人，道光二十九年至咸豐二年（一八四九至一八五二年）爲東河總督。

埽，黄流倒漾處築壩收束，未遑他顧也。

十年，決淮揚馬棚灣。

同治五年，決清水潭。

八年，河決蘭陽，漫水下注，運河隄埝殘缺更甚。自張秋以北，别無來源，歷年惟借黄濟運而已。

九年，漕督張之萬請於黄流穿運處堅築南北兩隄，酌留運口爲漕船出入門户，並築草壩，平時堵閉以免倒灌。已下所司議，之萬旋改撫江蘇，繼任張兆棟〔一〕以『既築隄束水留口門，又築壩堵閉，恐過水稍滯，而上游一氣奔注，新築隄閘難當沖激。設奪運北趨，則東昌、臨清暨天津、河間，淹没在所必至，北路衛河亦將廢壞。惟有於鄆城沮河一帶遏黄東流，即以保南路之運道，於張秋、八里廟等處疏運河之淤墊，即以通北上之漕行，較之築隄束水，稍有實際』。制可。

十年，侯家林河決，直注南陽、昭陽等湖，鄆城幾爲澤國。漕督蘇鳳文〔二〕言：『安山以北，運河全賴汶水分流，至臨清以上，始得衛水之助。今黄河横亘於中，挾汶東下，安山以北毫無來源，應於衛河入運及張秋清黄相接處，各建一閘，蓄高衛水，使之南行，俟漕船過齊，即啓臨清新閘，仍放衛北流，以資浮送。並於張秋淤高處挑深丈餘，安山以南亦一律挑濬，庶黄水未漲以前，運河既深，舟行自易。』江督曾國藩言：『河運處處艱阻，如嶧縣大汎口沙淤停積，水深不及二尺，必須挑深四五尺，並將近灘石堆剷除，與河底配平，方利行駛。北則滕縣郗山口入湖要道，淺而且窄，微山湖之王家樓、滿家口、安家口，獨山湖之利建閘，南陽湖北之新店閘、華家淺、石佛閘，南旺閘分水龍王廟〔三〕北之劉老口、袁口閘，處處淤淺，或數十丈至百餘丈，須一律挑深。此未渡黄以前，阻滯之宜預爲籌辦者。至黄水穿運處，漸徙而南，自安山至八里廟五十五里運隄，盡被黄水衝壞，而十里鋪、姜家莊、道人橋均極淤淺，宜一面疏濬，一面於缺口排釘木樁，貫以巨索，俾船過有所依傍牽挽。此渡黄時運道艱滯，宜預爲籌辦者。渡黄以後，自張秋至臨河二百餘里，河身有高下，須開挖相等，於黄漲未落時，閉閘蓄水，以免消耗，或就平水南閘迤東築挑壩，引黄入運。此渡黄後運道易涸，宜預爲籌辦者。東平運河之西有鹽河，爲東省鹽船經行要道。若漕船由安山左近入鹽河，至八里廟仍歸運道，計程百餘里，較之徑渡黄流，上有缺口大溜，下有亂石樹樁者，難易懸殊。如行抵安山，遇黄流過猛，宜變通改道，須先勘明立

〔一〕張兆棟　字友山，山東濰縣人，同治九年至十年（一八七〇至一八七一年）爲漕運總督。《清史稿》卷四五八有傳。

〔二〕蘇鳳文　字虞階，貴州貴築人。同治十年（一八七一年）爲漕運總督。

〔三〕南旺閘分水龍王廟　在山東汶上縣南旺鎮運河邊，汶河由此入運河。

標爲誌。此又渡黃改道，宜預爲籌辦者。』下河、漕督及東撫商籌。

十一年，河督喬松年請在張秋立閘，借黃濟運。同知蔣作錦則議導衛濟運。上詢之直督李鴻章，鴻章言：『當年清口淤墊，即借黃濟運之病。今張秋河寬僅數丈，若引重濁之黃以閘壩節宣用之，水勢抬高，其淤倍速。至作錦導衛，原因張秋北無清水灌運，故爲此議。以全淮之强，不能敵黃，尚致倒灌停淤，豈一清淺之衛，遂能禦黃濟運耶？其意蓋襲取山東諸水濟運之法。不知泰山之陽，水皆西流，因勢利導，百八十泉之水，源旺派多，自足濟運。衛水微弱，北流最順，今必屈曲使之南行，一水兩分，勢多不便。若分沁入衛以助其源，沁水猛濁，一發難收，昔人已有明戒。近世治河兼言利運，遂致兩難，卒無長策。事窮則變，變則通。今沿海數千里，洋船駢集，爲千古以來創局，正不妨借海道轉輸，由滬解津，較爲便速。』疏入，詔江、安糧道漕米年約十萬石仍由河運，餘仍由海運。

光緒三年，東撫李元華條上運河上中下三等辦法，並言量東省財力，擬用中等，將北運河一律疏通，復還舊址，並建築北閘。時值年荒，寓賑於工，省而又省，需費三十萬有奇。下所司議。

五年，有請復河運者。江督沈葆楨言：『以大勢言之，前人之於河運，皆萬不得已而後出此者也。漢、唐都長安，宋都汴梁，舍河運無他策。然屢經險阻，官民交困，卒以中道建倉，伺便轉餽，而後疏失差少。元則專行海運，故終元世無河患。有明而後，汲汲於河運。遂不得不致力於河防。『運甫定章，河忽改道。河流不時遷徙，漕政與爲轉移，我朝因之。前督臣創爲海運之説，漕政於窮無復之之時，藉以維持不敝。議者謂運河貫通南北，漕艘藉資轉達，兼以保衛民田，意謂運道存則水利亦存，運道廢則水利亦廢。臣以爲舍運道而言水利易，兼運道而籌水利難。民田於運道勢不兩立。兼旬不雨，民欲啓涵洞以溉田，官必閉涵洞以養船。迨運河水溢，官又開閘壩以保隄，隄下民田立成巨浸，農事益不可問。議者又太息經費之無措，舳艫之不備，以致河運無成。臣以爲即使道光間歲修之銀與官造之船，至今一一俱存，以行漕於借黃濟運之河，未見其可也。近年江北所雇船隻，不及從前糧艘之半，然必俟黃流汛漲，竭千百勇夫之力以挽之，過數十船而淤復積。今日所淤，必甚於去日，而今朝所費，無益於明朝。即使船大且多，何所施其技乎？近因西北連年亢旱，黃河來源不旺，遂乃狎而玩之。物極必返，設因濟運而奪溜，北趨則畿輔受其害，南趨則淮、徐受其害，如民生何？如國計何？』

八年，伏秋大汛，張家灣運河自蘇莊至姚辛莊沖開新河一段，長七百餘丈，上下口均與舊河接，形勢順直，大溜循之而下。舊河上口至下口，長六千四百餘丈，業已斷流，惟新河身係自行沖開，不能一律深通。

明年，直督李鴻章飭製新式鐵口刮泥大板，在兩岸拖拉，使一律通暢。

十二年，通州潮白河之平家疃漫口，東趨入箭杆河。未幾，堵復運河故道。

十三年六月，復漫刷平家疃新工下之北市莊東小隄，並老隄續塌百數十丈，連成一口，奪溜東趨十之八。尋堵塞之。

是年，河決鄭州，山東黄水斷流，漕船不能南下，向之借黄濟運者，至是束手無策。旋將臨口積淤疏挑，空船始得由黄入運。

十五年，東撫張曜言：『河運未能久停，請改海運漕米二十萬仍歸河運。』從之。

十六年，用江督曾國荃言，修揚屬南運河隄閘涵洞，及附城附鎮塼工。又用漕督松椿[一]言，濬邳、宿運河。

十九年，潮白河漲溢，運隄兩岸決口七十餘，上游務關廳決口七。是冬均塞。

二十年，濬濟寧、汶上、滕、嶧、茌平、陽穀、東平各屬運河。明年，濬陶城埠至臨清運河二百餘里。

二十四年，侍讀學士瑞洵言南漕改折，有益無損，請每年提折價在津購米以實倉庾。御史秦夔揚亦言河漕勞費太甚，請停江北河運。皆不許，仍飭認真疏濬，照常起運。

二十六年，聯軍入京師，各倉被占踞，倉儲粒米無存，江北河運行至德州，改由陸路運送山、陝。

二十七年，慶親王奕劻、大學士李鴻章言：『漕糧儲積，關於運務者半，因時制宜，請詔各省漕糧全改折色[二]，其採買運解收放儲備各事，分飭漕臣倉臣籌辦。』自是河運遂廢，而運河水利亦由各省分籌矣。

河渠三

《清史稿》卷一二八

淮河　永定河　海塘

淮河[三]

淮水源出桐柏山，東南經隨州，復北折，過桐柏東，歷信陽、確山、羅山、正陽、息、光山、固始、阜陽、霍丘、潁上，

[一] 松椿　字俊峰，滿洲鑲藍旗人，光緒十五年至二十六年（一八八九至一九〇〇年）任漕運總督。

[二] 改折色　即由漕糧實物徵收改爲徵收現銀。

[三] 本標題爲注者所加。

所挾支水合而東注，達正陽關。其下有沙河、東西淝河、洛河、洱河、茨河、天河，俱入於淮。過鳳陽，又有渦河、澥河，東西濠及渜、澮、沱、潼諸水，俱匯淮而注洪澤湖。又東北，逕清河、山陽、安東，由雲梯關[一]入海。逕行湖北、河南、安徽、江蘇四省，千有七百餘里，淮固不爲害也。自北宋黄河南徙，奪淮瀆下游而入海，於是淮受其病。淮病而入淮諸水泛溢四出，江、安兩省無不病。夫下壅則上潰，水性實然，故治河即所以治淮，而治淮莫先於治河。有清一代，經營於淮、黄交匯之區，致力綦勤，縻帑尤鉅。迨咸豐中，銅瓦廂決，黄流北徙，宋、元來河道爲之一變。然河徙淤留，導淮之舉又烏容已。今於淮流之源委分合，及清口之蓄洩，洪澤湖之堰壩工築，皆備列焉。

順治六年夏，淮溢息縣，壞民田舍。

康熙元年，盱、泗[二]民由古溝鎮南及谷家橋北盜決小渠八，淮水强半分洩高、寶諸湖，而清口淮弱，無力敵黄。六七年間，淮大漲，沖潰古溝、翟家墩[三]，由高、寶諸湖直射運河，決清水潭[四]，又溢武家墩、高良澗，清口湮而黄流上潰。

十五年，淮又大漲，合睢湖諸水並力東激，高良澗板工決口二十六，高堰石工決口七，涓滴不出清口。黄又乘高四潰，一入洪澤湖，由高堰決口會淮，並歸清水潭，下流益淤墊。

總河靳輔言：『洪澤下流，自高堰西至清口約二十里，原係汪洋巨浸，爲全淮會黄之所。自淮東決、黄內灌，一帶湖身漸成平陸，止存寬十餘丈、深五六尺至一二尺之小河，淤沙萬頃，挑濬甚難。惟有於兩旁離水二十丈許，各挑引河一，俾分頭沖刷，庶淮河下注，可以沖闢淤泥，徑奔清口，會黄刷沙，而無阻滯散漫之虞。』輔又言：『下流既治，淮可直行會黄刷沙，但臨湖一帶隄岸，除決口外，無不殘缺單薄，危險堪虞。板工固易壞，即石工之傾圮亦不可勝數。惟堤下係土坦坡[五]，雖遇大水不易沖，今求費省工堅，惟有於堤外近湖處挑土幫築坦坡。每堤一丈，築坦

〔一〕雲梯關　原淮河入海口。黄河奪淮後，成爲黄河入海口。由於黄河泥沙淤積，陸地向海中推進，今已距海約七十五公里，屬江蘇省濱海縣。

〔二〕盱、泗　指盱眙、泗州，皆在洪澤湖上游。湖水位高時，上游淹没損失大，於是有人盜決湖堤使淮水泄入高、寶諸湖。由於洪澤湖水位降低，清口出水不暢。黄河淤積加速，後患加劇。

〔三〕古溝、翟家墩　爲高家堰上的減水壩。《揚州府志》引《高郵志》：『翟家壩屬山陽（今淮安），在周橋以南，接盱眙境界，長二十五里，比高堰石工低二尺許，稱天然減水壩，中有古溝，深不過尺許。』

〔四〕清水潭　高郵北運河東堤一處險工，歷史上運河多次在此決口。

〔五〕坦坡　《治河方略》記載：『水，柔物也。惟激之則怒，苟順之自平。順之之法，莫如坦坡，乃多運土於堤外，每堤高一尺，填坡八尺，如堤高一丈，即填坦坡八丈，以填出水面爲準，務令迤科以漸高，俾來不拒而去不留。』《河工簡要》：『凡修堤以臨河一面平堤寬大，即經水漫刷，不致倒崖，有損堤工，故名坦坡。』

坡寬五尺，密布草根草子其上，俟其長茂，則土益堅。至高堰石工，亦宜幫築坦坡，埋石工於內，更爲堅穩，較之用板用石用埽〔一〕，可省二十一萬有奇，且免沖激頽卸之患。』又言：『自周家閘歷古溝、唐埂至翟家壩南，估計築三十二里之隄，並堵此原沖成之九河，及高良澗、高家堰、武家墩大小決口三十四，需費七十萬五千有奇，皆係用埽，不過三年，悉皆朽壞。臣斟酌變通，除鑲邊裹頭〔二〕必須用埽，餘俱宜密下排樁〔三〕，多加板纜，用蒲包裹土，繩紮而填之，費可省半，而堅久過之。今擬改下埽爲包土，仍築坦坡。』制可。

十八年，大濬清口、爛泥淺、裴家場、帥家莊引河，使淮水全出清口，會黃東下。

三十五年，總河董安國因泗州知州莫之翰議，請開盱眙聖人山禹王河，導淮注江，略言：『禹王古河，自盱眙聖人山歷黑林橋、桐城鎮、楊村、天長縣迄六合之八里橋，各有河形溪澗崗不等〔四〕。若開引入江，則天長、楊村、桐城各汊澗，大水時可不入高郵湖，湖水不致泛溢，而下河之水可減。至古河之口，現與淮不通流，必立閘座，水小閉閘以濟漕，漲則開閘以洩水，庶淮水洶湧之勢可減。』格廷議不行。

明年，上有宜堵塞高堰壩之論。

逾二年，總河于成龍申塞六壩之請。會病卒，未底厥績。其年水復大至，已堵三壩〔五〕，旋委洪流。

三十九年，張鵬翮爲總河，盡塞之，使淮無所漏，悉歸清口；又開張福、裴家場、張家莊、爛泥淺、三岔及天然、天賜引河七，導淮以刷清口；又以清口引河寬僅三十餘丈，不足暢洩全湖之水，加開寬闊。於是十餘年斷絕之清流，一旦奮湧而出，淮高於黃者尺餘。

四十年，築高堰大隄。

四十四年，聖祖南巡，閱高堰隄工，詔於三壩下濬河築隄，束水入高郵、邵伯諸湖。又洪湖水漲，泗、盱均被水災，應於受水處酌量築隄束水。

四十五年，兩江總督阿山等請於泗州溜淮套別開河道，直達張福口，以分淮勢，計費三百十餘萬。部議靳之。

〔一〕埽　即古代的茨防，又稱葉，用以護堤或堵塞決口。大的稱作埽，小的稱作由。

〔二〕裹頭　用以保護決口處堤頭的埽工，又叫裹頭埽，或稱壩頭。是爲決口以後不使口門擴大而做的工程。

〔三〕排樁　《河上語》記載：『釘樁成排，曰排樁』。用以保護建築物根脚。

〔四〕唐睿宗曾使魏景清開直河自盱眙至揚州通航；宋仁宗時也擬開盱眙河至高郵航道以避開淮河和淮南諸湖上的風濤，都未成功。宋徽宗時開遇明河，既成而廢。清康熙三十五年議開的禹王河似即遇明河重開。禹王係遇明音轉。文中銅城、天長即今地。八里橋即南京六合八百里橋，由此入滁河支流，經滁河入江。

〔五〕三壩　指周橋南的唐埂三壩。

廷臣亦以河工重大，請上親臨指示。

逾年，上南巡閱河，諭曰：『詳勘溜淮套地勢甚高，雖開鑿成河，亦不能直達清口。且所立標杆多在墳上，若依此開河，不獨壞田廬，甚至毀墳冢，何必多此一事。今欲開溜淮套，必鑿山穿嶺，不獨斷難成功，且恐汛水泛溢，不浸入洪湖，必衝決運河。』命撤去標杆，並譴阿山、鵬翮等有差。上又謂：『明代淮、黃與今迥異。明代淮弱，故有倒灌之虞。今則淮强黃弱。與其開溜淮套無益之河，不若於洪湖出水處再行挑濬寬深，使清水愈加暢流，爲利不淺。』

四十九年，加長禦黃西壩工程，從河督趙世顯請也。

雍正元年，重建清口東西束水壩〔一〕於風神廟前以蓄清，各長三十餘丈。

三年，總河齊蘇勒因朱家海衝決〔二〕，湖底沙淤，恐高堰難保，改低三壩門檻一尺五寸以洩湖水，而救一時之急。不知水愈落，淮愈不得出，致力微不能敵黃，連年倒灌，分溜直趨。李衞頗非之。

先是高堰石工未能一律堅厚。至七年冬，發帑百萬，命總河孔繼珣、總督尹繼善將隄身卑薄傾圮處拆砌，務令一律堅實。

十年秋，高堰石工成。

乾隆二年，用總河高斌言，飭疏濬毛城鋪〔三〕迤下河道，經徐、蕭、睢、宿、靈、虹各州縣，至泗州之安門陡河，紆曲六百餘里，以達洪湖，出清口，而淮揚京員夏之芳等言其不便。下各督撫及河、漕督會議，並召詢斌。斌至，進圖陳説，乃知芳等所言非現在情形，卒從斌議。

明年，毛城鋪河道工竣。

四年，高宗以高堰三壩既改低，過岸之水足洩，用大學士鄂爾泰言，永禁開放天然二壩。

五年秋，西風大暴，湖浪洶湧，高堰汛第八堡舊隄撞擊，倒卸十四段，旋修補之。

六年，斌言：『江都三汊河乃瓜、儀二河口門〔四〕，瓜河地勢低，淮水入瓜河分數少，故溜緩不能刷深，河道致日漸淤墊。應築壩堵閉瓜河舊口門，於洋子橋營房迤下別挑越河，減淮水入瓜河之分數，則儀河可分流刷淤，並

〔一〕束水壩　清口出流衝刷黃河泥沙是明後期以來治理黃淮運的關鍵措施之一。爲解決因黃河淤積而使清口出流不暢的問題，清初，在洪澤湖口開引河出流，爲加大衝沙效果，在引河出口處建束水壩，即在兩岸建石壩，中間留縮窄的出水口門，以加大流速。湖中洪水來臨時，拆掉束水壩，以控制湖水位上漲，保證高家堰的安全。交替建拆束水壩，是清前期清口治理工程的主要内容之一。

〔二〕朱家海衝決　雍正三年六月，睢寧朱家海黃河決，直注洪澤湖。

〔三〕毛城鋪　在碭山縣境，靳輔治河時，於此建減水壩。

〔四〕瓜、儀二河口門　瓜河即瓜洲運河，原爲唐伊婁河；儀河即儀真運河。二河爲江北運河的兩個出口，清代也是淮水入江的兩個出口。三汊河，即二河自運河的分叉處。

堵閉瓜洲廣惠閘之舊越河，於閘下别開越河，使閘越二河水勢均平，既緩淮水直下入江之勢，於運道更爲便利。』

七年，河湖並漲，議者又謂淮河上游諸水俱匯入洪湖，邵伯以下宜多開入江之路。斌亦以爲言。於是開濬石羊溝舊河直達於江，築滚壩四十丈，並開通芒稻閘下之董家油房、白塔河之孔家涵三處河流，增建滚壩，使淮水暢流無阻〔一〕。

八年，淮暴漲丈餘，逼臨淮城〔二〕，改治於周樑橋。

十六年，上以天然壩乃高堰尾閭，盛漲輒開，下游州縣悉被其患，命立石永禁開放。並用斌言，於三壩外增建智、信二壩〔三〕，以資宣洩。

十八年七月，淮溢高郵，壞車邏壩〔四〕、邵伯二閘，下河〔五〕田廬多没。

二十二年，以湖水出清口，賴東西二壩堵束，併力刷黄，湖水過大，奔溢五壩，亦恐爲下河患。因定制五壩過水一寸，東壩開寬二丈，以此遞增，泐石東壩。嗣是遇湖水增長，即展寬東壩以洩盛漲，有展寬至六七十丈者。

二十七年，上言：『江南濱湖之區，每遇大汛，霖潦堪虞，洪澤一湖，尤爲橐籥〔六〕關鍵。爲澤國計安全，莫如廣疏清口，爲及今第一要義。現在高堰五壩高於水面七尺有奇，清口口門見寬三十丈，當即依此酌定成算。將來兩壩水增長至一尺，拆寬清口十丈，水遞長，口遞寬，以此爲率。』是年六月，五壩水誌逾一尺。河督高晉遵旨拆寬清口十丈，宣洩甚暢。

三十二年，南河總督李宏言：『正陽關三官廟舊立水誌，考驗水痕，本年所報消長，與下游不符。請於荆山、塗山間及臨淮鎮，各增設水誌一，以驗諸水消長。』允之。

三十四年，上恐高堰五壩頂封土障水，不足當風浪，命酌加石工。高晉等言其不便，乃增用柴柳。

四十年，大修堰，盱各壩及臨河甎石工。

先是，上以清口倒灌，詔循康熙中張鵬翮所開陶莊引河舊跡挑挖，導黄使北，遣鄂爾泰偕斌往勘，以汛水驟至而止。旋完顔偉繼斌爲河督，慮引河不易就，乃用斌議，

〔一〕石羊溝和芒稻閘下的芒稻河都是入江水道的分支。白塔河見運河部分。

〔二〕臨淮城　在洪澤湖北岸，老汴河口。

〔三〕於三壩外增建智、信二壩　靳輔時，在高家堰上創建武家墩、高良澗、周橋、古溝東、西、唐埂六座減水壩。後又改爲唐埂三壩、茆家園兩壩和夏家橋一壩，也稱六壩。張鵬翮時，塞六壩，另建石滚壩三座，後稱爲仁、義、禮三壩。

〔四〕車邏壩　運河東岸淮水歸海五壩之一。爲經運河分洩淮河洪水，靳輔在高郵上下運河東岸建歸海壩八座，張鵬翮改爲五座，幾經改易，仍爲五座，稱歸海五壩。車邏壩一直是其中之一。

〔五〕下河　即裏下河，因在裏運河下而得名。

〔六〕橐籥　古代冶煉鼓風用的器具。橐是鼓風器，籥是送風的管子。

自清口迤西，設木龍挑溜北趨，而陶莊終不敢議。次年，南河督吴嗣爵内召，極言倒灌爲害。薩載繼任，亦主改口議。上乃決意開之。於是清口東西壩[一]基移下百六十丈之平成臺，築攔黄壩百三十丈，並於陶莊迤北開引河，使黄離清口較遠，清水暢流，有力攻刷淤沙。明年二月，引河成，黄流直注周家莊，會清東下，清口免倒灌之患者近十年。

五十年，洪湖旱涸，黄流淤及清口，命河南巡撫畢沅[二]祭淮瀆，疏賈魯、惠濟諸河流以助清，湖水仍不出，黄復内灌。上欲開毛城鋪、王家營減壩，下大學士阿桂等議。阿桂言：『欲治清口之病，必去老壩工以下之淤，尤當掣低黄水，使清水暢出攻沙，不勞自治。』於是閉張福口四引河，浚通湖支河，蓄清水至七尺以上，始開王營壩[三]減洩黄水，盡啓諸河，出清口滌沙，修清口兜水壩，易名東清壩。復移下惠濟祠前之東西束水壩三百丈於福神巷前，加長東壩以禦黄，縮短西壩以出清，易名禦黄壩[四]。

嘉慶元年，湖水弱，清低於黄者丈餘，淮遏不出。淮漲則開山盱五壩[五]、吴城七堡[六]，黄漲或減水入湖，以救清口之倒灌。

五年，用江督費淳、河督吴璥言，開吴城七堡引渠，使洩湖水入黄，以減盛漲。

八年，黄流入海不暢，直注洪澤湖。璥赴海口相度，請力收運口各壩，止留口門，清雖力弱難出，黄亦不能再入。七月，淮漲，高堰危甚，開信、義兩壩洩水。西風大作，壞仁、智兩壩，淮南奔清口。上責璥，遂罷免。

九年春，湖水稍發，伏汛黄仍倒灌。河督徐端以束清

[一] 東西壩　即束水壩的東西二壩。

[二] 畢沅　字纕蘅，江南鎮洋（今江蘇太倉）人，清代著名學者，曾主持編著《續資治通鑑》。《清史稿》卷三三二有傳。

[三] 王營壩　即王家營減壩。王家營也稱王營，在今淮陰市廢黄河北，爲淮陰縣政府所在地。減壩建於靳輔治河時，分減黄河洪水入鹽河。

[四] 禦黄壩　原黄河主流在南側，接近清口，束水壩在運口稍下。乾隆四十一年（一七七六年），開陶莊新河，黄河主流轉北。此後，束水壩三次下移，接近黄河主流。乾隆五十年（一七八五年）改名禦黄壩。運口下游修兜水壩，壅清水入運，改名束清壩。束清、禦黄二壩之間形成長長一段引河，爲道光年間『倒塘濟運』創造條件。

[五] 山盱五壩　清代洪澤湖大堤（高家堰）自武家墩稍北起至蔣壩止共五十八点八公里，以高良澗爲界。分兩個廳管理，北段稱高堰廳；南段稱山盱廳，以跨山陽、盱眙兩縣範圍得名。仁、義、禮、智、信五壩皆在南段，故稱山盱五壩。

[六] 吴城七堡　清口西黄河南岸堤工名稱，北臨黄河，南臨洪澤湖。嘉慶四年（一七九九年），洪澤湖水漲，曾扒開堤工，泄湖水入黄，以降低水位，與山盱五壩聯合使用。此後，每逢湖漲，即開吴城七堡泄水。如果河水位高於湖水位，經吴城七堡由河向湖泄水，以增高湖水位，不使於清口倒灌。

壩在運口北，分溜入運，致不敵黄，請移建湖口迤南。從之。

十一年，江督鐵保言：『潘季馴、靳輔治河，專力清口，誠以清口暢出，則河腹刷深，海口亦順，洪澤亦不致泛濫。爲今之計，大修閘壩，借清刷沙，不能不多蓄湖水。即不能不保護石隄，尤不能不急籌去路。』又偕徐端陳河工數事：一，外河廳之方家馬頭及三老壩爲淮、揚保障，宜填護碎石；一，義壩宜堵築；一，仁、智、禮、信四壩殘損宜拆修。廷議如所請。上恐四壩同修，清水過洩，命次第舉行。

十五年十月，大風激浪，義壩決，堰、盱兩工〔一〕掣坍千餘丈。議者謂宜築碎石坦坡，以費鉅不果。璥與端請加培大隄外靳輔所築二隄，以爲重門保障，亦爲廷議所駁。及陳鳳翔督南河，復申二隄之請。下江督百齡議。百齡言不若培修大隄。

十七年，遣協辦大學士松筠履勘，亦主百齡議。於是築大隄子堰，自東清壩尾至信壩迤南止。鳳翔以不知蓄清於湖未漲之先，即啓智、禮兩壩，致禮壩潰，下游淹，清水消耗，貽誤全河，爲百齡所劾，奪職遣戍。

十八年，百齡及南河督黎世序以仁、義、禮三壩屢經開放，壞基跌塘，請移建三壩於蔣家壩南近山岡處，各挑引河，先建仁、義壩，因禮壩基改築草壩，備本年宣洩。上命先建義壩，如節宣得宜，再分年遞修。

二十三年，增建東清二壩於東清壩北〔二〕，收蓄湖水。

道光二年，增修高堰石工。四年冬，河漲，洪澤湖蓄水至丈七尺，尚低於黄尺許，高堰十三堡隄頂被大水掣動，山盱周橋之息浪菴亦過水八九尺，各壩均有坍損。上遣尚書文孚、汪廷珍履勘，而褫河督張文浩職。十三堡缺口旋塞。侍郎朱士彦言：『高堰石工在事諸臣，惟務節省，辦理草率。又因搶築大隄，就近二隄取土，事後亦不培補。至山盱五壩，宣洩洪湖盛漲，未能謹守舊章，相機開放，致石工掣卸。』並下文孚等勘覈。

明年春，從文孚等議，改湖隄土坦坡爲碎石，於仁、義、禮舊壩處所各增建石滚壩，以防異漲。

八年，上以禦黄壩上下積淤丈餘，清水不能多蓄，禦黄壩終不可開，下南總河張井等籌議。井等言：『乾隆間湖高於河七八尺或丈餘，入夏拆展禦黄壩，洩清刷淤，至冬始閉。嘉慶間，因河淤，改夏閉秋啓。而黄水偶漲，即行倒灌。今積淤日久，縱清水能出，止高於黄數寸及尺餘，暫開即閉，僅免倒灌，未能收刷淤之効。』上不懌，曰：『以昔證今，已成不可救藥之勢。爲河督者，祇知洩清水以保堰，閉禦壩以免倒灌，增工請帑，但顧目前，不思經久，如國計何？如民生何？如後日何？』

〔一〕堰、盱兩工　即高堰廳、山盱廳管轄堤工的簡稱。
〔二〕增建東清二壩於東清壩北　即這時已有兩道東清壩。

十年，井言：『淮水歸海之路不暢，請於揚糧廳之八塔鋪、商家溝各斜挑一河，匯流入江，分減漲水，並拆除芒稻河東西閘，挑挖淤灘，可抵新闢一河之用。』從之。

十二年，移建信壩於夏家橋。

十四年，以義字引河〔一〕跌深三四丈，堵閉不易，允河督麟慶請，改挑義字河頭。

二十一年，河決祥符，奪溜注洪澤湖，而江潮盛漲，又復頂托，因拆展禦黃、束清及禮、智、仁各壩，並啓放車邏等壩，以洩湖水。

二十三年，河決中牟，全溜下注洪澤湖，高堰石工掣卸四千餘丈，先後拆展束清、禦黃、智、信各壩，並啓放順清、禮、義等河，金灣舊壩及東西灣壩同時並啓，減水入江。

咸豐五年，河復決銅瓦廂，東注大清河入海。黃河自北宋時一決滑州，再決澶州，分趨東南，合泗入淮。蓋淮下游爲河所奪者七百七十餘年，河病而淮亦病。至是北徙，江南之患息。士民請復淮水故道者，歲有所聞。

同治八年，江督馬新貽濬張福口引河，淮遂由清口達運。嗣又挑楊莊以下之淤黃河，以洩中運河盛漲。

九年，新貽等言：『測量雲梯關以下河身，及成子河、張福口、高良澗一帶湖心，始知黃河底高於洪湖底一丈至丈五六尺不等，必先大濬淤黃，使淮得暢流入海，繼闢清口，導之入舊黃河，再堵三河〔二〕，以杜旁洩而資擴蓄。然非修復堰、盱石工，堅築運河兩隄，不敢遽堵三河、闢清口。統籌各工，非數百萬金不能集事。擬分別緩急，次第籌辦，不求利多，但求患減，爲得寸得尺之計，收循序漸進之功。』

光緒七年，江督劉坤一言：『臣此次周歷河湖，知淮揚水利有關國計民生。前議導淮，未可中輟。自楊莊以下，舊黃河淤平，則山東昭陽、微山等湖之水，由中運河直趨南運河，夏秋之間，三閘甚形喫重。自洪澤湖淤淺，淮水不能合溜，北高於南，水之分入張福引河者無多，大溜由禮河徑趨高、寶等湖。上年挑濬舊黃河後，山東蛟水〔三〕屢次暴發，由此分瀉入海。築禮壩後，湖水瀦深，且由張福河入運口者頗旺。此挑舊河、築禮壩之不無微効也。惟是張福河淺，湖水仍趨重禮河越壩，終爲可慮。倘遇湖水汎濫，禮河即無越壩，亦難分

〔一〕義字引河　義字壩下泄水河。高家堰泄水壩下有引河，排水入下游。

〔二〕三河　洪澤湖泄水河道。高家堰上的山盱五壩經多次改移壩址，壩下都建有減水河通運河，泄洪歸江歸海。最後其餘各壩都廢毁，只剩禮壩和減水河，稱三河壩和三河。

〔三〕蛟水　常見本作爲專名，誤。按山東無蛟水一河。民間俗稱泥石流爲蛟水，這里指由山東下泄的洪水，蛟爲民間傳説能發洪水的動物。

消，必開信、智兩壩，由高寶湖入南運河，亦必開車邏、南關等壩，由裏下河入海，沿途淹没田廬，所損匪細。今擬就張福河開挖寬深，以引洪澤湖之水，復挖碎石河，以分張福河之水，由吴城七堡匯順清河。水小則由順清入運，途紆而勢稍舒，水大則由舊黄河入海，途直而勢自順。約三四年間，便可告竣，所費尚不過鉅。議者或謂導淮入海，當盡瀉洪湖之水，有妨官運民田。臣以爲别開引河，或不免有此患。今循張福河、碎石河故道以歸順清河，自非淮漲一二丈，則順清河之水何能高過中運河，溢出舊黄河？如使淮水暴漲，方有潰決之虞，惟恐水無去路，此正導淮之本意也。議者或謂多引湖水入運，恐三閘〔一〕不能支持。不思洪湖未淤以前，湖水四平，蓄水深廣，張福以外，有四引河以濟漕運。維時黄未北徙，每遇漕船過閘，方且蓄清敵黄，以五引河全注運口，而三閘屹然，今特張福一河，決無致損三閘之理。且上年挑通舊黄河，已分減中運河水，其入南運河者不過三四成。湖水雖增，與前略等，即遇大水，有舊黄河可以分減，亦不至專出三閘也。議者又謂如此，導淮無弊，亦屬無利，何必虚費帑藏。其説亦不盡然。夫治水之道，必須通盤規畫，並須預防變遷。洪湖南有禮河，北有張福河，均爲分洩淮水。而水勢就下，禮河常苦水大，築禮河壩所以蓄張福之水，濬張福口所以顧禮河之隄，彼此互相維繫。如使禮河受全湖之沖，新壩恐不能保，續修則所費彌鉅，不修則爲害滋深，下者益下，高者益高，張福河漸形壅塞矣。且導淮之舉，原防盛漲肆虐。如引湖由張福出順清，以舊黄河爲出海之路，偶有泛溢，該處土曠人稀，趨避尚易。若張福不暢，全湖之水折而南趨，則淮揚繁盛之區，億萬生靈將有其魚之歎。導淮之利，見於目前者猶小，見於日後者乃大也。』疏入，下部知之。

八年，江督左宗棠言：『濬沂、泗爲導淮先路，洵爲確論。惟雲梯關以下二百餘里，河身高仰，且有遠年沙灘。昔以全黄之力所不能通者，今欲以沂、泗分流通之，其勢良難。大通在雲梯關下十餘里，舊黄河北岸，係嘉慶中漫口，東北流四十餘里，至響水口〔二〕，接連潮河，至灌河口入海。就此加挑寬深，出海較便。沂、泗來源，當大爲分減，淮未復而運道亦可稍安，淮既復而歸海無虞阻滯。此疏濬下游，宣洩沂、泗，實導淮先路，不可不亟籌者也。淮挾衆流，匯爲洪澤，本江、皖巨浸。自道光間爲黄所淤，北高南下，由禮河趨高寶湖以入運者垂三十年。今欲導之復故，不啻挽之逆流。自張福口過大通、響水口入海，三百五十餘里，節節窒礙，非下游暢其去路，上游塞其漏卮，其不能舍下就高入黄歸海也明甚。查張福口及天然

〔一〕三閘　指淮陰惠濟、通濟、福興三閘，扼裏運河。
〔二〕響水口　灌河清代稱北潮河，響水口在北潮河邊，今爲響水縣城。

引河，皆北趨陳家集之大沖〔一〕，至碎石河以達吴城七堡，又北至順清河口，接楊莊舊黄河。張福河面六十餘丈，宜加寬深，天然河更須疏瀹，吴城七堡一帶高於張福河底丈六七尺，尤必大加挑濬，使湖水果能入黄，然後可堵禮河，以截旁趨之出路，堵順清河，以杜運河之奪河。此引淮入海工程，當以次接辦者也。湖水不高，不能入黄。太高，不特堰、盱石工可慮，運口閘壩難支，且於盱眙、五河近湖民田有礙。擬修復智、信等壩以洩湖漲，更建閘大沖，俾湖水操縱由人，多入淮而少入運。此又預籌以善其後者也。』

三十四年，江督端方會勘淮河故道，力陳導淮四難，因於清江浦設局，遴紳籌議。久之無端緒，乃撤局。

宣統元年，江蘇諮議局開，總督張人駿以導淮事列案交議，決定設江淮水利公司，先行測量，務使導淮復故，專趨入海。

二年，侍讀學士惲毓鼎以濱淮水患日深，上言：『自魏、晉以降，瀕淮田畝，類皆引水開渠，灌溉悉成膏腴。近則沿淮州縣，年報水災，浸灌城邑，漂没田廬，自正陽至高、寶，盡爲澤國，實緣近百年間，河身淤塞，下游不通，水無所歸，浸成汎濫。是則高堰壩之爲害也。異時黄、淮合流，有南下之勢，治河者欲束淮以敵黄，故特堅築高堰壩頭，逼淮由天妃閘以濟運。今黄久北徙，堰壩無所用之，當別籌入海之途。其道有二，以由清口西壩、鹽河至北潮河爲便。尾閭既暢，水有所歸，不獨潁、壽、鳳、泗永澹沈災，即高、寶、興、泰亦百年高枕矣。』事下江督張人駿、蘇撫程德全、皖撫朱家寶勘議。人駿等言：『正事測量，俟測勘竣，即遴員開辦。』報聞。

三年，御史石長信言：『導淮一舉，詢謀僉同。美國紅十字會亦擬遣工程師來華查勘。則我之思患預防，尤不可緩。江蘇水利公司既允部撥費用，安徽亦應設局測量，以爲消弭巨災之圖。』下部議允之。

導淮之舉，經始於同治六年。時曾國藩督兩江，嘗謂『復瀆之大利，不敢謂其遽興，淮揚之大害，不可不思稍減』。迨黄流北徙，言者益多，大要不出兩策。一謂宜堵三河，闢清口，濬舊河，排雲梯關，使由故道入海。一謂導淮當自上流始，洪澤湖乃淮之委，非淮之源，宜於上游闢新道，循睢、汴北行，使淮未注湖，中途已洩其半，再由桃源之成子河穿舊黄河，經中河雙金閘入鹽河，至安東入海，使全淮分南北二道，納少瀉多，淮患從此可減。二説所持各異。然同、光以來，濬成子、碎石、沂、泗等河，疏楊莊以下至云梯關故道，固已小試其端。卒之淮爲黄淤，積數百年，已無經行之渠，由運入江，勢難盡挽，迄於國變，終鮮成功。

〔一〕大沖　常見本標作專名，誤，應爲張福河、天然引河集中流衝的要害地點。

永定河[一]

永定河亦名無定河，即桑乾下游。源出山西太原之天池，伏流至朔州、馬邑復出，匯衆流，經直隸宣化之西寧、懷來，東南入順天宛平界，逕盧師臺下，始名盧溝河，下匯鳳河入海。以其經大同合渾水東北流，故又名渾河，《元史》名曰小河。從古未曾設官營治[二]。其曰永定，則康熙間所錫名也。永定河匯邊外諸水，挾泥沙建瓴而下，重巒夾峙，故鮮潰決。至京西四十里石景山而南，逕盧溝橋，地勢陡而土性疏，縱橫蕩漾，遷徙弗常，爲害頗鉅。於是建隄壩，疏引河，宣防之工亟焉。

順治八年，河由永清徙固安，與白溝合。

明年，決口始塞。

十一年，由固安西宫村與清水合，經霸州東，出清河；又決九花臺、南里諸口，霸州西南遂成巨浸。

康熙七年，決盧溝橋隄，命侍郎羅多等築之。

三十一年，以河道漸次北移，永清、霸州、固安、文安時被水災，用直隸巡撫郭世隆議，疏永清東北故道，使順流歸淀。

三十七年，以保定以南諸水與渾水匯流，勢不能容，時有汎濫，聖祖臨視。巡撫于成龍疏築兼施，自良鄉老君堂舊河口起，逕固安北十里鋪、永清東南朱家莊，會東安狼城河，出霸州柳岔口三角淀，達西沽入海，濬河百四十五里，築南北隄百八十餘里，賜名永定。自是渾流改注東北，無遷徙者垂四十年。

三十九年，郎城淀河淤且平，上游壅塞，命河督王新命開新河，改南岸爲北岸，南岸接築西隄，自郭家務起，北岸接築東隄，自何麻子營起，均至柳岔口止。

四十年，加築南岸排樁遥隄，修金門閘[三]。

四十八年，決永清王虎莊，旋塞。

五十六年，修兩岸沙隄大隄，決賀堯營。

六十一年，復決賀堯營，隨塞。

雍正二年，修郭家務大隄，築清涼寺月隄，修金門閘，築霸州堂二鋪南隄決口。

三年，因郭家務以下兩岸頓狹，永清受害特重，命怡

[一] 本標題爲注者所加。

[二] 從古未曾設官營治　此説不確。據金泰和二年（一二〇二年）頒佈的《河防令》記載：『其盧溝河行流去處，每遇泛漲，當該縣官與崇福埽官司一同協濟固護。差官一員係監勾之職，或提控巡檢，每歲守漲。』可見，當時已有專人管理。

[三] 金門閘　位於永定河右岸大堤上，在今北京市房山區窰上村南約一點五公里處。是清代永定河上，興建最早，使用最久，規模和作用最大的一座分洪建築物，至今猶存，但已不再使用。

親王允祥[一]、大學士朱軾，引渾水別由一道入海，毋使入淀，遂於柳岔口少北改爲下口，開新河自郭家務至長洵河，凡七十里，經三角淀[二]達津歸海，築三角淀圍隄，以防北軼。又築南隄自武家莊至王慶坨，北隄自何麻子營至范甕口，其冰窖至柳岔口隄工遂廢。

十二年，決梁各莊、四聖口等處三百餘丈，黄家灣河溜全奪，水穿永清縣郭下注霸州之津水窪歸淀。總河顧琮督兵夫塞之。

十三年，決南岸朱家莊、北岸趙家樓，水由六道口小隄仍歸三角淀。

乾隆二年，總河劉勷勘修南北隄，開黄家灣、求賢莊、曹家新莊各引河，濬雙口、下口、黄花套。六月，漲漫南岸鐵狗、北岸張客等村四十餘處，奪溜由張客決口下歸鳳河。命吏部尚書顧琮察勘，請倣黄河築遥隄之法。大學士鄂爾泰持不可，議『於北截河隄北改挑新河，以北隄爲南隄，沿之東下，下游作洩潮埝數段，復於南北岸分建滚水石壩四，各開引河：一於北岸張家水口建壩，即以所衝水道爲引河，東匯鳳河；一於南岸寺臺建壩，以民間洩水舊渠入小清河者爲引河；一於南岸金門閘建壩，以渾河故道接牤牛河者爲引河；一於南岸郭家務建壩，即以舊河身爲引河。合清隔濁，條理自明』。詔從其請。

四年，直督孫嘉淦請移寺臺壩於曹家務，張客壩於求賢莊。又於金門閘、長安城添築草壩，定以四分過水。顧琮言，金門閘、長安城兩壩水勢僅一河宣洩，恐汛發難容，擬分引河爲兩股，一由南窪入中亭河，一由楊青口入津水窪。又言郭家務、小梁村等處舊有遥河千七百丈，年久淤塞，請發帑興修。均從之。

五年，孫嘉淦請開金門閘重隄，濬西引河，開南隄，放水復行故道。

六年，凌汛漫溢，固、良、新、涿、雄、霸各境多淹。從鄂爾泰議，堵閉新引河，展寬雙口等河，挑葛漁城河槽，築張客、曹家務月隄，改築郭家務等壩。

八年，濬新河下口，及董家河、三道河口，修新河南岸及鳳河以東隄埝。又疏穆家口以下至東蕭莊、鳳河邊二十里有奇。

九年，以范甕口下統以沙、葉兩淀爲歸宿，而汛水多歸葉淀，遂疏注沙淀路，並將南北舊減河濬歸鳳河。

[一] 允祥　康熙皇帝第十三子，雍正皇帝繼位時封怡親王。雍正三年，被任命總理京畿水利，對海河水利開發有一定貢獻。《清史稿》卷二二〇有傳。

[二] 三角淀　海河流域古代大淀泊，又稱雍奴。《水經・鮑丘水注》記載：『南極滹沱，西至泉州雍奴，東極於海，謂之雍奴藪，其澤野有九十九澱，枝流條右，往往逕通。』明代三角淀周圍有二百餘里。清代東西亘一百六十餘里，南北二三十里至六七十里，永定河以爲尾閭。相當於河北省永清、安次及天津市的部分地區。今已淤爲平地。

十五年五月，河水驟漲，由南岸第四溝奪溜出，逕固安城下至牛坨，循黃家河入津水窪，一由牤牛河入中亭河。命侍郎三和同直督堵禦，於口門下另挑引河，截溜築壩，遏水南溢，使歸故道。

十六年，淩汛水發，全河奔注冰窖隄口，即於王慶坨南開引河，導經流入葉淀，以順水性。

十九年，南埝水漫隄頂，決下口東西老隄，奪溜南行，漫勝芳舊淀，逕永清之武家廠、三聖口，霸州之信安入口。明年，高宗臨視，改下游由調河頭入海，挑引河二十餘里，加培埝身二千二百餘丈。

二十一年，直督方觀承請於北埝外更作遥隄，預爲行水地，鳳河東隄亦接築至遥埝尾。從之。

二十四年，大雨，直隸各河並漲，下游悉歸淀內，大清河不能宣洩，轉由鳳河倒漾，阻遏渾流，南岸四工隄決。命御前侍衛赫爾景額協同直督剋日堵築。

三十五年、三十六年，兩岸屢決。

三十七年，命尚書高晉、裘曰修偕直督周元理履勘，疏言：『永定河自康熙間築隄以來，凡六改道。救弊之法，惟有疏中洪、挑下口，以暢奔流，築岸隄以防衝突，濬減河以分盛漲。』遂興大工，用帑十四萬有奇。自是水由調河頭逕毛家窪、沙家淀達津入海。

三十八年，調河頭受淤，其澄清之水散漫而下，別由東安響水村直趨沙家淀。

四十年，堵北三工(一)、南頭工漫口。

四十四年，展築新北隄，加培舊越隄，廢去瀕河舊隄，使河身寬展。

四十五年，盧溝橋西岸漫溢，北頭工衝決，由良鄉之前官營散溢求賢村減河歸黃花店，爰開引溝八百丈，引溜歸河。

五十九年，決北二工隄，溜注求賢村引河，至永定河下游入海。旋即斷流，又漫南頭工隄，水由老君堂、莊馬頭入大清河，凡築南隄百餘丈。又於玉皇廟前築挑水壩。

嘉慶六年，決盧溝橋東西岸石隄四、土隄十八，命侍郎那彦寶、高杞分駐堵築，並疏濬下游，集民夫五萬餘治之。御製《河決歎》，頒示羣臣。兩月餘工竣。

十五年，永定河兩岸同時漫口，直督温承惠駐工堵合之。

十七年，河勢北趨，葛漁城淤塞，水由黃花店下注。乃於舊淤河內挑挖引河，並於上游築草壩，挑溜東行，另建圈隄以防泛衍。

二十年，拆鳳河東隄民埝以去下壅。六月大雨，北岸七工漫塌，開引河，由舊河身稍南，直至黃花店，東抵西

(一) 北三工　永定河南北岸大堤建成後，爲方便管理，分成汛號。例如北岸有盧溝司、北上汛等，南岸有盧溝司、南上汛、南下汛等。每汛(司)又有若干樁號，每號一里。北三工即北三汛。

洲，長五千六百九丈。九月，水復故道。

二十四年，北岸二工漫溢，頭工繼溢，側注口門三百餘丈，大興、宛平所屬各村被淹。九月塞決口，並重濬北上引河。

道光三年，河由南八工隄盡處決而南，直趨汪兒淀。四年，侍郎程含章勘議濬復，未果。十年，直督那彥成請於大范甕口挑引河，並將新隄南遥埝加高培厚。報可。

十一年春，河溜改向東北，逕寶淀，歷六道口，注大清河，汪兒淀口始塞，水由范甕口新槽復歸王慶坨故道。

十四年，宛平界北中、北下汛決口，水由龐各莊循舊減河至武清之黃花店，仍歸正河尾閭入海。良鄉界南二工決口，水由金門閘減河入清河，經白溝河歸大清河。爰挑引河，自漫口迤下至單家溝，間段修築二萬七千四百餘丈。

二十四年，南七工漫口，就迤北三里許之河西營爲河頭，挑引河七十餘里，直達鳳河。

三十年五月，上游山水下注，河驟漲，北七工漫三十餘丈，由舊減河逕母豬泊注鳳河。勘於馮家場北河灣開引河，十月竣工。

咸豐間，南北隄潰決四次。時軍務方棘，工費減發，補苴罅漏而已。

同治三年，因河日北徙，去路淤淺，於柳坨築壩，堵截北流，引歸舊河，展寬挑深張坨、胡家房河身，經東安、武清、天津入海。

六年以後，時有潰決。

八年，直督曾國藩請於南七工築截水大壩，兩旁修築圈埝，並挑濬中洪，疏通下口，以免壅潰。從之。

十年，南岸石隄漫口，奪溜逕良鄉、涿州注大清河入海。

明年，允直督李鴻章請，修金門閘壩，疏濬引河，由童村入小清河。石隄決口塞。

十二年，南四工漫口，由霸州牤牛河東流。爰將引河增長，復築挑水壩一。

光緒元年，南二汛漫口，隨塞。

四年，北六汛決口，築合後，復於坦坡埝尾接築民埝至青光以下。

十年，以鳳河當永定河之衝，年久淤墊，以工代賑，起南苑五空閘，訖武清緱上村，間段挑濬，並培築隄壩決口。

十六年，大水，畿輔各河並漲，永定北上汛、南三汛同時漫決。命直督迅籌堵築，添修挑壩岸隄，又疏引河六十餘里。

十八年夏，大雨，河水陡漲，南上汛灰壩漫口四十餘丈。給事中洪良品言北岸頭工關繫最重，請接連石景山以下添砌石隄，以資捍衛。下所司籌議。因工艱費鉅，擇要接築石隄八里，並添修石格。

十九年冬，因頻年潰決爲患，命河督許振禕偕直督會勘籌辦。振禕陳疏下游、保近險、濬中洪、建減壩、治上游五事。直隸按察使周馥並建議於盧溝南岸築減水大石壩，以水抵涵洞上楣爲準，逾則瀉去。詔如所請。

二十二年，北六工、北中汛先後漫溢，由韓家樹匯大清河，遂挑濬大清河積淤二十餘里。

二十五年，詔直督裕祿詳勘全河形勢，以紓水患。裕祿言：『畿輔緯川百道，總匯於南北運、大清、永定、子牙五經河，由海河達海，惟永定水渾善淤，變遷無定。從前下口遥隄寬四十餘里，分南、北、中三洪。嗣因南、中兩洪淤墊，全由北洪穿鳳入運。』因陳統籌疏築之策七：一，先治海河，俾暢尾閭，然後施工上游；一，宜以鳳河東隄外大窪爲永定下口；一，修築北運河西隄；一，規復大清河下口故道於西沽；一，修築格淀；一，修築韓家樹横直各隄；一，疏濬中亭河，以期一勞永逸。需費七十七萬有奇。帝命分年籌辦。適有拳匪之亂，不果行。

三十年後，南北岸屢見潰決，均隨時堵合。論者以爲若將險工全作石隄，灣狹處改從寬直，並於南七工放水東行，傍淀達津，再加以石壩分洩盛漲，庶幾永保安瀾云。

海塘[一]

海塘惟江、浙有之。於海濱衛以塘，所以捍禦鹹潮，奠民居而便耕稼也。在江南者，自松江之金山至寶山，長三萬六千四百餘丈。在浙江者，自仁和之烏龍廟至江南金山界，長三萬七千二百餘丈。江南地方平洋暗潮，水勢尚緩。浙則江水順流而下，海潮逆江而上，其衝突激涌，勢尤猛險。唐、宋以來，屢有修建，其制未備。清代易土塘[二]爲石塘[三]，更民修爲官修，鉅工累作，力求鞏固，濱海生靈，始獲樂利矣。

順治十六年，禮科給事中張惟赤言：『江、浙二省，杭、嘉、湖、寧、紹、蘇、松七郡皆濱海，賴有塘以捍其外，至海鹽兩山夾峙，潮勢尤猛。故明代特編海塘夫銀，以事歲修。近此欵不知銷歸何地，塘基盡圮。儻風濤大作，徑從坍口深入，恐爲害七郡匪淺。請嚴飭撫、按勒限報竣，仍定限歲修，以防患未然。』下部議行。

康熙三年，浙江海寧海溢，潰塘二千三百餘丈。總督趙廷臣、巡撫朱昌祚請發帑修築，並修尖山石隄五千餘丈。

二十七年，修海鹽石塘千丈。

三十七年，颶風大作，海潮越隄入，衝決海寧塘千六百餘丈，海鹽塘三百餘丈，築之。

[一] 本標題爲注者所加。
[二] 土塘　早期用土築成的海塘。
[三] 石塘　用石料砌築的海塘。是一種在迎水面用條石護坡的土塘。後發展爲直立式石塘，塘身全用條石砌築。塘脚做護坦，以保護塘基，基礎做樁加固。後又發展爲較高水平的魚鱗大石塘。

五十七年，巡撫朱軾請修海寧石塘，下用木櫃〔一〕，外築坦水〔二〕，再開濬備塘河以防泛溢。

五十九年，總督滿保及軾疏言：『上虞夏蓋山迤西沿海土塘衝坍無存，其南大亹沙淤成陸，江水海潮直衝北大亹〔三〕而東，並海寧老鹽倉皆坍没。』因陳辦法五：一，築老鹽倉北岸石塘千三百餘丈，保護杭、嘉、湖三府民田水利；一，築新式石塘，使之穩固；一，開中小亹淤沙，使江海盡歸赭山、河莊山中間故道，可免潮勢北衝；一，築夏蓋山石塘千七百餘丈，以禦南岸潮患；一，專員歲修，以保永固。下部議，如所請行。

雍正二年，帝以塘工緊要，命吏部尚書朱軾會同浙撫法海、蘇撫何天培勘估杭、嘉、湖等府塘工，需銀十萬五千兩有奇，松江府華、婁、上海等縣塘工，需銀十九萬兩有奇，部議允之。

六年，巡撫李衛請將驟決不可緩待之工，先行搶修，隨後奏聞。『搶修』之名自此始。

十一年，命內大臣海望、直督李衛赴浙查勘海塘，諭曰：『如果工程永固，可保民生，即費帑千萬不必惜。』尋請於尖、塔兩山間建石壩堵水〔四〕，並改建草塘及條石塊石各塘爲大石塘，更於舊塘內添築上備塘。

十二年，因堵尖山水口，開中小亹引河久未施工，責浙督程元章等督辦不力，命杭州副都統隆昇總理，御史偏武佐之。五月工竣。

十三年，命南河督嵇曾筠總理塘工。曾筠言：『海寧南門外俯臨江海，請先築魚鱗石塘五百餘丈，保衛城池。』下廷臣議行。

乾隆元年，署蘇撫顧琮請設海防道，專司海塘歲修事。曾筠請於仁、寧等處酌建魚鱗大石塘〔五〕六千餘丈，均從之。

〔一〕木櫃　用木柱制成的方形大木框，中間填滿石塊，也稱木籠。

〔二〕坦水　用以保護塘脚免受浪潮衝刷的工程結構。清代錢塘江海塘坦水普遍采用條石砌築，可達二層至三層。

〔三〕北大亹　歷史上錢塘江口江流海潮出入有三個口門：龕山、赭山之間稱南大門；赭山、河莊山之間叫中小門；河莊山、海寧馬牧港之間稱北大門。亹，意爲峽中兩岸對峙如門的地方，可通作『門』。

〔四〕於尖、塔兩山間建石壩堵水　尖山在海寧縣，位於杭州灣岸邊，塔山在海中。清初，海潮走北大門，兩山間江流海潮出入，迅流奔馳，對北岸海塘造成極大威脅，爲保護海塘安全，從雍正十二年起，修建連接兩山間的挑水石壩，工程浩大，實施艱難，先後四年多才告竣工。壩長八百米，最大水深三四十米，是我國海塘建築史上的傑作。

〔五〕魚鱗大石塘　清代前期定型的一種海塘結構，是古代海塘的一種水準較高的型式，經受住了長年潮浪的考驗，至今仍發揮作用。塘身用大條石砌築，每塊條石長五尺，寬二尺，厚一尺，塊與塊之間都鑿有槽榫，嵌縫聯貫，緊密結合，用糯米汁石灰漿灌砌，合縫間抿以油灰，用鐵鋦扣榫。砌作高至十八層。基礎密佈梅花樁和馬牙樁。

明年，建海寧浦兒兜至尖山頭魚鱗大石塘五千九百餘丈。

四年，允浙撫盧焯請，築尖山大壩㈠，次年秋工竣，御製文記之。

六年，左都御史劉統勳言：『前據閩浙總督德沛請改老鹽倉至章家菴柴塘㈡爲石塘，廷議准行。臣意以爲草塘㈢改建不必過急，南北岸塘工實不宜緩。蓋通塘形勢，海寧之潮猶屬往來滌盪，而海鹽之潮，則對面直衝，其大石塘歲久罅漏，尤宜及早補葺。臣以大概計之，動發七十萬金，而通塘可有苞桑之固。』疏入，命統勳會同浙督德沛、浙撫常安察勘。尋覆稱：『改建石工，誠經久之圖，但須寬以時日，年以三百丈爲率。』

七年，總督那蘇圖請先於最險處間段排築石簍，俟根脚堅實，再建石塘。

越二年，遣尚書訥親勘視。疏言：『仁、寧二邑柴塘穩固，若慮護沙坍漲無常，第將中小亹故道開濬，俾潮水循規出入，上下塘俱可安堵。』於是改建石工之議遂寢。

七月，蘇撫陳大受言：『寶山地濱大海，月浦土塘被潮衝刷，請建單石壩，外加椿石坦坡各百七十丈，並接築沙塘，使與土塘聯屬，中設涵洞宣洩。』下部議行。

十一年，常安言：『蜀山㈣迤北有積沙四五百丈，横亘中間。先就沙嘴開溝四，以引潮水攻刷。今伏汛已過，南沙坍卸殆盡，蜀山已在水中，潮汐漸向南趨。倘秋汛不復湧沙，則大溜竟行中小亹矣。』報聞。

十二年，常安委員疏濬蜀山一帶，用切沙法疏刷。十一月朔，中小亹引河一夕沖開，大溜經由故道，南北岸水遠沙長，皆成坦途。

十三年，大學士高斌、訥親先後奉命查勘塘工。斌請於東西柴石各塘後身加築土堰，擋護潮頭。四月，訥親疏陳善後事宜，命巡撫方觀承酌議。觀承請於北塘北大亹故道，及三里橋、掇轉廟等處，設竹簍滾壩㈤，堵禦潮溝，大小山圩改建塊石塘，南塘各工，預籌防護，並將右營員弁兵丁調派，分汛防駐。下廷議允行。

十六年，允巡撫永貴請，改建山陰宋家漊土塘爲石塘，加築坦水。

十七年，巡撫雅爾哈善言：『中亹山勢僅寬六里，浮沙易淤，且南岸文堂山脚有沙嘴百三十餘丈，挑溜北趨，北岸河莊山外亦有沙嘴五十餘丈，頗礙中亹大溜。現將

㈠ 尖山大壩　即前述雍正十二年始修的尖山至塔山間挑水壩。
㈡ 柴塘　一種海塘結構型式，先用樹枝、荆條等捆成埽牛鋪底，然後以一層土，一層柴相間夯實，以椿固定，塘背大量填土。
㈢ 草塘　這里所指草塘即柴塘。
㈣ 蜀山　杭州灣中小島，位於北大門和中小門之間。
㈤ 竹簍滾壩　竹簍，即竹籠，用竹籠築壩在我國歷史悠久，至遲在漢代已應用。五代時在杭州一代創建了竹籠海塘。

兩處漲沙挑切疏通，俾免阻滯。』得旨嘉勉。

十九年，因浙省塘工無險，省海防道。

二十一年，喀爾吉善言：『水勢南趨，北塘穩固，而險工在紹興一帶。擬於宋家漊、楊柳港，照海寧魚鱗大條石塘式，建四百丈。』從之。

二十三年，增築鎮海縣海塘。

二十六年，蘇撫陳宏謀言，常熟、昭文濱海地方，從太倉州境接築土塘。嗣開白茆河、徐六涇二口，建閘啓閉。本年潮漲，石牆傾圮，請改爲滾壩。得旨允行。

二十七年，帝南巡，閱海寧海塘工。諭曰：『朕念海塘爲越中第一保障。比歲潮勢漸趨北大亹，實關海寧、錢塘諸邑利害。計改老鹽倉一帶柴塘爲石，而議者紛歧。及昨臨勘，則柴塘沙性澀汕，石工斷難措手，惟有力繕柴塘，得補偏救弊之一策。其悉心經理，定歲修以固塘根，增坦水石簍以資擁護。』又諭曰：『尖山、塔山之間，舊有石塘。朕今見其横截海中，直逼大溜，實海塘扼要關鍵。就目下形勢論，或多用竹簍加鑲，或改用木櫃排砌。如將來沙漲漸遠，宜即改築條石壩工，俾屹然如砥柱，庶北岸海塘永資保障。該督撫等其善體朕意，動帑儹辦，並勒石塔山，以誌永久。』

二十八年，蘇撫莊有恭言：『江南松、太海壖土性善坍，華亭、寶山向築坦坡，皆不足恃。應仿浙江老鹽倉改建塊石簍塘。』詔如所請。

三十年春，帝南巡，閱視海寧海塘。諭曰：『繞城石塘，實爲全城保障。塘下坦水，衹建兩層，潮勢似覺頂衝。若補築三層，尤資裨益。著將應建之四百六十餘丈一律添建。』三月工竣。

三十五年，巡撫熊學鵬請於蕭山、山陰、會稽改建魚鱗大石塘。帝以潮勢正趨北亹，與南岸渺不相涉，斥之。

三十七年，巡撫富勒渾疏報中亹引河情形，略言：『潮頭大溜，一由蜀山直趨引河，一由巖峰山西斜入引河，至河莊山中段會合，互相撞擊，仍分兩路西行，隨令員弁於引河中段挑堰溝二十餘道，導引潮溜，俾復中亹故道。』諭曰：『潮汛遷移，乃噓吸自然之勢，若開挖引河，恐徒勞無益。止宜實力保衛隄塘，以待其自循舊軌，不必執意開溝引溜，欲以人力勝海潮也。』

四十三年，浙撫王亶望疏陳海塘情形，命江督高晉會同相度。尋疏言：『章家菴一帶柴工五百丈，潮神廟前柴塘三百丈，應添建竹簍，並排列兩層樁木以防動搖。』從之。四十五年，帝南巡，幸海寧尖山閱海塘。十二月，命大學士阿桂、南河督陳輝祖赴浙履勘。疏言：『海塘工程，應建石塘二千二百丈，若改爲條石，施工易而成事速，約計三年可以蕆工。』又言：『辦理魚鱗石塘，仿東塘之例，量地勢高下，用十六層至十八層，約需三十萬。』帝命工部侍郎楊魁駐工協辦，次年八月竣工。

四十九年，帝幸杭州，閱視海塘，諭曰：『老鹽倉舊有柴塘，一律添建石塘四千二百餘丈，於上年告竣，自應砌築坦水保護。乃該督撫並未慮及，設遇異漲，豈能抵禦？著將柴塘後之土順坡斜做，並於其上種柳，俾根株盤結，則石柴連爲一勢，即以柴塘爲石塘之坦水。至范公塘一帶，亦必接建石工，方於省城足資鞏護。著撥帑五百萬，交該督撫覈算，分限分年修築。』五十二年工竣。

嘉慶四年，浙撫玉德請改山陰土塘爲柴塘。

十三年，浙撫阮元請改蕭山土岸爲柴塘。

十六年，浙撫蔣攸銛請將山陰各土塘隄一律建築柴塘；　蘇撫章煦請將華亭土塘加築單壩二層。均從之。

道光十三年五月，巡撫富呢揚阿疏言『東西兩防塘工，先擇尤險者修築，需銀五十一萬二千餘兩』。十一月，又言『限內限外各工俱掣坍，需銀十九萬四千餘兩』。十二月，又言『東塘界內，應於前後兩塘中間，另建鱗塘二千六百餘丈，需銀九十二萬二千兩』。均下部議行。

十四年，命刑部侍郎趙盛奎、前東河督嚴烺，會同富呢揚阿查勘應修各工。尋疏言：『外護塘根，無如坦水，擬自念里亭汛至鎮海汛，添建盤頭三座，改建柴塘三千三百餘丈；　其西塘烏龍廟以東，應接築魚鱗石塊；　海寧繞城石塘，應加高條石兩層。俟明年大汛時續辦。』遣左都御史吴椿往勘，留浙會辦。

十六年三月，工竣，計修築各工萬七千餘丈，用銀一百五十七萬有奇。

三十年，巡撫吴文鎔疊陳海塘石工衝缺，令速搶辦。十月工竣。

咸豐七年八月，海塘埽各工猝被風潮衝坍。十二月，次第堵合。

同治三年，御史洪燕昌言浙江海塘潰決，請速籌款修理。部議將浙海關等税撥用。

五年，内閣侍讀學士鍾佩賢疏陳海塘關繫東南大局，有四害三可慮。命巡撫馬新貽詳勘，修海寧魚鱗石工二百六十餘丈。

六年，以浙江海塘工鉅費多，議分最要次要修築，期以十年告竣。

七年，兩江總督曾國藩等請修華亭石塘護壩，嗣是塘工歲有修築。

光緒三年，修寶山北石塘護土，建護塘攔水各壩，及仁和、海寧魚鱗石塘千三百餘丈。

十年，修昭文、華亭、寶山等處塘壩及石坦坡。

十二年，浙江巡撫劉秉璋言，海鹽原建石塘四千六百餘丈，積年坍損過半，擬擇要興辦，埋砌者五百丈，建復者四百六十丈，需銀二十萬。允之。

十八年，浙撫劉樹棠疏言，海寧繞城石塘坍塌日甚，請添築坦水，以塘工加抽絲捐積存餘欵先行開辦，隨籌款次第興修。從之。

十九年，修太倉茜涇口椿石坦坡百五十一丈，鎮洋楊林口椿石二百丈，昭文施家橋至老人濱雙椿夾石護壩二百丈，華亭外塘純石斜壩四十六丈。

綜計兩省塘工，自道光中葉大修後，疊經兵燹，半就頽圮，迄同治初，興辦大工，庫款支絀，遂開辦海塘捐輸，並勸令兩省絲商，於正捐外，加抽塘工絲捐，給票請奬。旋即停止。

光緒三十年，浙江巡撫聶緝椝請復捐輸舊章，以濟要工。因二十七年以後，潮汐猛烈，次險者變爲極險，擬將柴埽各工清底拆築，非籌集鉅款，不能歷久鞏固云。

河渠四

《清史稿》卷一二九

直省水利

清代軫恤民艱，亟修水政，黄、淮、運、永定諸河、海塘而外，舉凡直省水利，亦皆經營不遺餘力，其事可備列焉。

順治四年，給事中梁維請開荒田、興水利，章下所司。十一年，詔曰：『東南財賦之地，素稱沃壤。近年水旱爲災，民生重困，皆因水利失修，致誤農工。該督撫責成地方官悉心講求，疏通水道，修築隄防，以時蓄洩，俾水旱無虞，民安樂利。』

康熙元年，重修夾江龍興堰[一]，又鑿大渠以廣灌溉。二年，修和州銅成堰，龍首、通濟二渠[二]。交城磁瓦河漲，水侵城，築隄障之。

三年，修嘉定楠木堰。

九年，修鄖縣金渠、寧曲水利。

十二年，重修城固五門堰[三]。

十九年，濬常熟白茆港、武進孟瀆河。

二十三年，修五河南湖隄壩。

二十七年，修徽州魚梁壩。

三十七年，命河督王新命修畿輔水利[四]。

三十八年，聖祖南巡，至東光，命直隸巡撫李光地察

[一] 夾江龍興堰　在今四川夾江縣南十里，康熙四年知縣劉際亨主持擴建。

[二] 修和州銅成堰，龍首、通濟二渠　銅成堰又名銅成閘，在安徽含山縣東南八十里，相傳三國吴赤烏中（二三八至二五一年）創修。而和州無龍首渠和通濟渠。原文叙述及標點有誤。龍首渠在長安縣（今陝西西安市）東北。隋開皇三年（五八三年）自東南龍首堰下分兩支入城。《宋史・陳堯咨傳》載，龍首渠當年曾加整修。明代也曾多次維修。據《大清一統志・西安府》記載，康熙六年曾加疏濬。通濟渠在長安縣西南。明成化初知府余子俊開鑿。康熙六年亦重濬。《（乾隆）西安府志》卷五作：『通濟渠……康熙三年賈中丞漢復始議修濬，六年重修』。

[三] 五門堰　在城固縣西北二十五里，築堤引湑水灌田四萬餘畝。

[四] 本事可參見《清實録》卷一八七。

勘漳河、滹沱河故道。覆疏言：『大名、廣平、真定、河間所屬，凡兩河經行之處，宜開濬疏通，由館陶入運。老漳河與單家橋支流合，至鮑家嘴歸運，可分子牙河之勢。』

三十九年，帝巡視子牙河隄，命於閻、留二莊間建石閘，隨時啓閉。御史劉珩言，永平、真定近河地，應令引水入田耕種。諭曰：『水田之利，不可太驟。若剋期齊舉，必致難行。惟於興作之後，百姓知其有益，自然鼓勵效法，事必有成。』

四十年，李光地言：『漳河分四支，三支歸運皆弱，一支歸淀獨强。遇水大時，當用挑水壩等法，使水分流，北不至挾滹沱以浸田，南不至合衛河以害運。』如所請行。

四十三年，挑楊村舊引河。先是子牙河廣福樓開引河時，文安、大城民謂有益，青縣民謂不便，各集河干互控。至是河成，三縣民皆稱便。天津總兵官藍理[一]請於豐潤、寶坻、天津開墾水田，下部議。旋諭曰：『昔李光地有此請，朕以爲不可輕舉者，蓋北方水土之性迥異南方。當時水大，以爲可種水田，不知驟漲之水，其涸甚易。觀琉璃河、莽牛河、易河之水，入夏皆涸可知。』次年部臣仍以開墾爲請，諭以此事暫宜存置，可令藍理於天津試開水田，俟冬後踏勘。

四十八年，濬鄭州賈魯河故道，自東趙訖黄河涯口新莊。於東趙建閘一，黄河涯口築草壩石閘各一。甘肅巡撫舒圖言：『唐渠[三]口高於身，水勢不暢，應引黄河之水匯入宋澄堡。如水不足用，更於上游近黄處開河引水，酌建閘壩，以資蓄洩。』從之。江蘇巡撫于準言：『丹陽練湖，冬春洩水濟運，夏秋分灌民田。自奸民圖利，將下湖之地佃種升科，民田悉成荒瘠。請復令蓄水爲湖，得資灌溉。』從之。

五十七年，以沛縣連年被水，命河督趙世顯察勘。世顯言：『金鄉、魚臺之水，由沛之昭陽湖歷微山湖，從荆山口出貓兒窩入運。近因荆山口十字河淤墊，致低田被淹。應將沙淤濬通，再於十字河上築草壩。若遇運河水淺，即令堵塞，俾水全歸微山湖，出湖口閘以濟運，則民田漕運兩有裨益。』從之。

世宗時，於畿輔水利尤多區畫。雍正三年，直隸大水，命怡親王允祥、大學士朱軾相度修治。因疏請濬治衛河、淀池、子牙、永定諸河，更於京東之灤、薊，京南之文、霸，設營田專官，經畫疆理。召募老農，謀導耕種。

四年，定營田四局，設水利營田府，命怡親王總理其

[一] 藍理　字義山，福建漳浦人。《清史稿·藍理傳》卷二六一載：康熙四十三年（一七〇四年）『以畿輔地多荒窪，請於天津開墾水田百五十頃，歲收稻穀，民號曰藍田』。

[三] 唐渠　亦名唐徠渠，爲古灌區。渠名最早見於《宋史·夏國傳》。位於寧朔縣（今銀川市）西南。渠長三百二十里，清康熙間灌田四千八百餘頃。

事，置觀察使一。自五年分局至七年，營成水田六千頃有奇。後因水力贏縮靡常，半就湮廢〔一〕。是年命侍郎通智、單疇書，會同川督岳鍾琪，開惠農渠〔二〕於查漢托護，以益屯守，復建昌潤渠於惠農渠東北。

六年，浚文水近汾河渠，引灌民田，開嵩明州楊林海〔三〕以洩水成田。

八年，帝以寧夏水利在大清、漢、唐三渠〔四〕，日久頹壞，命通智同光禄卿史在甲勘修。是年修廣西興安靈渠〔五〕，以利農田，通行舟。濬陳、許二州溝洫。

十年，雲貴總督鄂爾泰言：『滇省水利全在昆明海口，現經修濬，膏腴田地漸次涸出。惟盤龍江、金棱、銀棱、寶象等河俱與海口近，亟宜建築壩臺。』又言：『楊林海水勢暢流，周圍草塘均可招民開墾。宜良江頭村舊河地形稍高，宜另開河道以資灌溉。尋甸河整石難鑿，宜另濬沙河，俾得暢流。東川城北漫海，水消田出，亦可招墾〔六〕。』均從之。

十二年，營田觀察使陳時夏言：『文安、大城界內修橫隄千五百餘丈，營田四十八頃俱獲豐收。但恐水涸即成旱田，請於大隄東南開建石閘，北岸多設涵洞，以資宣洩。』從之。

乾隆元年，大學士嵇曾筠請疏濬杭、湖水利。兩廣總督鄂彌達言：『廣、肇二屬沿江一帶基圍，關繫民田廬舍，常致衝坍，請於險要處改土爲石，陸續興建。』下部議行。江南大雨水，淮陽被淹，命濬宿遷、桃源、清河、安東及高郵、寶應各水道。

二年，命總督尹繼善籌畫雲南水利，無論通粵通川及本省河海，凡有關民食者，及時興修。陝西巡撫崔紀陳鑿井灌田以佐水利之議。諭令詳籌，勿擾閭閻。

三年，大學士管川陝總督事查郎阿言：『瓜州地多水少，民田資以灌溉者，惟疏勒河之水，河流微細。查靖逆衞北有川北、鞏昌兩湖，西流合一，名蘑菇溝。其西有三道柳條溝，北流歸擺帶湖。請從中腰建閘，下濬一渠，截兩溝之水盡入渠中，爲回民灌田之利。』貴州總督張廣泗請開鑿黔省河道，自都勻經舊施秉通清水江至湖南黔陽，直達常德，又由獨山三脚坉達古州，抵廣西懷遠，直達

〔一〕水利營田事參見《畿輔水利四案》《水利營田圖説》。

〔二〕惠農渠　在今銀川市東，雍正四年（一七二六年）開。長三百里，溉田二萬餘頃，後多次改道，改口，灌田面積變化很大。

〔三〕楊林海　亦名嘉利澤、羅婆澤。在雲南嵩明州東南。

〔四〕大清、漢、唐三渠　漢渠約相當後代之漢延渠，相傳創始於漢代。在今銀川市東南，渠長二百三十里，灌田三千八百餘頃，此後灌溉面積時有增縮。大清渠在漢、唐二渠之間，溉田一千餘頃，康熙四十八年（一七〇九年）創開。

〔五〕靈渠　位於廣西興安縣境，溝通湘、漓二水之人工運河，始建於秦始皇二十八年（公元前二一九年）。

〔六〕清代滇池流域水利參見《雲南省城六河圖説》。

廣東，興天地自然之利。均下部議行。

四年，安徽布政使晏斯盛言，江北鳳、潁以睢水爲經，廬州以巢湖爲緯，他如六安舊有堤堰，滁、泗亦多溪壑，概應動帑及時修濬，從之。川陝總督鄂彌達等言：『寧夏新渠、寶豐，前因地震水湧，二縣治俱沉没。請裁其可耕之田，將漢渠尾展長以資灌溉。惟查漢渠百九十餘里，渠尾餘水無多，若將惠農廢渠口修整引水，使漢渠尾接長，可灌新、寶良田數千頃。』上嘉勉之。

五年，河督顧琮言：『前經總河白鍾山奏稱「漳河復歸故道，則衛河不致泛溢，爲一勞永逸之計」。臣等確勘，自和兒寨東起，至青縣鮑家嘴入運之處止，計程六百餘里，河身淤淺，兩岸居民稠密。若益以全漳之水，勢難容納，則改由故道，於直隸不能無患，然不由故道，又於山東不能無患。惟有分洩防禦，使兩省均無所害，庶爲經久之圖。』總辦江南水利大理卿汪漋言：『鹽城東塘河及阜寧、山陽各河道，高郵、寶應下游，及串場河、溱潼河，俱淤淺，應挑濬。其串場河之范堤[一]，及拼茶角二場隄工，俱逼海濱，應加寬厚。揚州各閘壩應疏築，限三年告成。』均如所請行。安徽巡撫陳大受言：『江北水利關繫田功。原任藩司晏斯盛奏定興修，估銀四十餘萬。竊思水利固爲旱潦有備，而緩急輕重，必須熟籌。各州縣所報，如河圩湖澤，及大溝長渠，工程浩繁，民力不能獨舉，自應官爲經理。其餘零星塘壩，現有管業之人，原皆自行疏濬，朝廷豈能以有限錢糧，爲小民代謀畚鍤？』上韙之。河南巡撫雅爾圖言：『豫省水利工程，惟上蔡估建隄壩，係防蔡河異漲之水。其餘汝河、溰河隄堰，應令地主自行修補。至開濬汝河、潁河等工，請停罷以節糜費。』報聞。

六年春，雅爾圖言：『永城地窪積潦，城南舊有渠身長三萬一千餘丈，通澮河，年久淤淺。現乘農隙，勸諭紳民挑濬，俾水有歸。』又言：『前奉諭旨，開濬省城乾涯河，復於中牟創開新河一，分賈魯河水勢，由沙河會乾涯河，以達江南之渦河而匯於淮，長六萬五千餘丈，今已竣工。』賜名惠濟。

九年，御史柴潮生[二]言：『北方地勢平衍，原有河渠淀泊水道可尋。如聽其自盈自涸，則有水無利而獨受其害。請遣大臣齎帑興修。』命吏部尚書劉於義往保定，會同總督高斌，督率辦理。尋請將宛平、良鄉、涿州、新城、雄縣、大城舊有淀渠，與擬開河道，並隄埝涵洞橋閘，次第興工。下廷議，如所請行。先是御史張漢疏陳湖廣水利，

[一] 范堤　亦名范公堤，位於江蘇鹽城東二里，是蘇北著名的捍海塘堰。始建於唐代大曆年間（七六六至七七九年），後廢毁。北宋天聖二年至六年（一〇二四至一〇二八年）范仲淹主持重修，遂名。長一百五十里。元代延長到三百餘里。

[二] 柴潮生　字禹門，浙江仁和人。對今海河流域水利多所興作。《清史稿》卷三〇六對其治水主張和成就有較詳細論述。

命總督鄂彌達查勘。至是疏言：『治水之法，有不可與水争地者，有不能棄地就水者。三楚之水，百派千條，其江邊湖岸未開之隙地，須嚴禁私築小垸，俾水有所匯，以緩其流，所謂不可争者也。其倚江傍湖已闢之沃壤，須加謹防護隄塍，俾民有所依以資其生，所謂不能棄者也。其各屬迎溜頂衝處，長隄連接，責令每歲增高培厚，寓疏濬於壅築之中。』報聞。

十一年，大學士署河督劉於義等疏陳慶雲、鹽山續勘疏濬事宜，下部議行。青州瀰河水漲，衝開百餘丈決口，旋堵。博興、樂安積水，挑引河導入淄河。

十二年夏，宿遷、桃源、清河、安東之六塘河，及沭陽、海州之沭河，山水漲發，地方被淹，命大學士高斌、總督尹繼善，會同河臣周學健往勘。議於險處加寬挑直，建石橋，開引河，官民協力防護，從之。

十三年，湖北巡撫彭樹葵言：『荆襄一帶，江湖袤延千餘里，一遇異漲，必借餘地容納。宋孟珙於知江陵時，曾修三海八櫃[一]以瀦水。無如水濁易淤，小民趨利者，因於岸脚湖心，多方截流以成淤，隨借水糧魚課，四圍築隄以成垸，人與水争地爲利，以致水與人争地爲殃。惟有杜其將來，將現垸若干，著爲定數，此外不許私自增加。』報聞。

十四年，雲南巡撫圖爾炳阿以疏鑿金沙江底績，纂進《金沙江志》。

十七年，江蘇巡撫莊有恭言：『蘇州之福山塘河，太倉之劉河，乃常熟等八州縣水利攸關，歲久不修，旱澇無備。請於附河兩岸霑及水利各區，按畝酌捐，興工修建。』得旨嘉獎。

十八年，陝甘總督黄廷桂言：『巴里坤之尖山子至奎素[二]，百餘里内地畝皆取用南山之水，自山口以外，多滲入沙磧，必用木槽接引，方可暢流。請於甘、涼、肅三處撥種地官兵千名，前往疏濬。』如所請行。以江南、山東、河南積年被水，而山東之水匯於淮、徐，河南之水達於鳳、潁，須會三省全局以治之，命侍郎裘曰修、夢麟往來察閱，會江蘇、安徽、河南各巡撫計議。尋曰修言：『包、澮二河在宿、永連界處，爲洩水通商之要道。入安徽境内有石橋六，應加寬展。洪河、睢河與虹縣之柏家河、下江之林子河、羅家河，應補修子堰。鳳臺之裔溝、黑濠、涇泥三河應挑深，使暢達入淮。』夢麟言：『碭山、蕭縣、宿遷、桃

[一] 三海八櫃　初爲宋人防禦元兵的軍事設施。《宋史》卷四一二《孟珙傳》載：『沮漳之水於舊自城西入江，因障而東之，俾遶城北入于漢，而三海遂通爲一。隨其高下爲匱蓄洩，三百里間渺然巨浸。土木之工百七十萬，民不知役。繪圖上之』。元滅宋後，廉希憲排積水，墾田。

[二] 尖山子至奎素　奎素即奎素塘，在巴里坤東九十里，尖山子在巴里坤西數十里。

源、山陽、阜寧、沭陽共有支河二十餘，應分晰疏濬。』均從之。

二十三年，豫省開濬河道工竣，允紳民請，於永城建萬歲亭，並御製文誌之。山東巡撫阿勒泰言：『濟寧、汶上、嘉祥毗連蜀山湖，地畝湮没約千餘頃，擬將金綫、利運二閘啓閉，使湖水濟運，坡水歸湖，可以盡數涸出。』得旨嘉奬。

二十四年，濬京師護城河及圓明園一帶河。御史李宜青請疏濬畿輔水源，命直隸總督方觀承條議以聞。觀承言：『東西二淀千里長隄，即宋臣何承矩興堰遺蹟〔一〕。今昔情形有異。倘泥往迹，害將莫救。如就淀言利，則三百餘里中水村物産，視昔加饒，惟遇旱而求通雨澤於水土之氣，則人事有當盡者耳。』四川總督開泰言：『灌縣都江大堰引灌成都各屬及眉、邛二州田畝，寧遠南有大渡河，自冕寧抵會理三口，與金沙江合，支河雜出，堰壩最多，俱應相機修濬。』部議從之。

初，御史吴鵬南請責成興修水土之政，命各督撫經畫。浙江巡撫莊有恭言：『水之大利五，江、湖、海、渠、泉。他省得其二三，而浙實兼數利。金、衢、嚴三郡，各有山泉溪澗，灌注成渠，堰壩塘蕩，無不具備。惟仁和、錢塘之上中市、三河垸、區塘、苕溪塘，海鹽之白洋河、湯家鋪廟，涇河，長興之東西南漊港，永嘉之七都新洲陡門、九都水湫、三十四都黄田浦陡門，實應修舉，以收已然之利。至杭州臨平湖〔二〕、紹興夏蓋湖〔三〕，有關田疇大利，應設法疏挑，或召佃墾種，再體勘辦理。』允之。

二十五年，阿爾泰疏言：『東省水利，以濟運爲關鍵，以入海爲歸宿。濟、東、泰、武之老黄河、馬頰、徒駭等河，兖、沂、曹之洸、涑等河，共六十餘道，皆挑濬通暢。運河民埝計長七百餘里，亦修整完固。青、萊所屬樂安、平度、昌邑、濰縣、高密等州縣，應挑支河三十餘，俱節次挑竣。萊州之膠萊河，納上游諸水，高密有膠河，亦趨膠萊，易致漫溢，應導入百脈湖，以分水勢。沂州屬蘭、郯境内應開之武城等溝河二十五道，又續挑之響水等溝河二十五道，引窪地之水由江南邳州入運，並已工竣。』帝嘉之。

二十六年，河東鹽政薩哈岱言：『鹽池地窪，全恃姚暹渠〔四〕爲宣洩。近因渠身日高，漲漫南北隄堰禁牆内。黑河實産鹽之本，年久淺溢。涑水河西地勢北高南下，倘汛漲南趨，則鹽池益難保護。五姓湖爲衆水所匯，恐下游

〔一〕事見《宋史·食貨志·屯田》卷一七六和《宋史·何承矩傳》卷二七三。

〔二〕臨平湖　在浙江省余杭縣境。

〔三〕夏蓋湖　在上虞縣西北四十里。

〔四〕姚暹渠　始建於後魏正始二年（五〇五年）。引平坑水西入黄河運鹽。隋大業中（六〇五至六一八年）都水監姚暹浚渠，改名姚暹渠。後代屢有維修記録。

阻滯，逆行爲患。均應及時疏通。』從之。

明年，帝南巡，諭曰：『江南濱河阻洳之區，霖潦堪虞，而下游蓄洩機宜，尤以洪澤湖爲關鍵。自邵伯以下，金灣及東西灣滚壩〔一〕，節節措置，特爲三湖旁疏曲引起見。若溯源絜要，莫如廣疏清口，乃及今第一義。至六塘河尾閭横經鹽河以達於海，所有修防事宜，該督、撫、河臣會同鹽政，悉心覈議以聞。』

二十八年，帝以天津、文安、大城屢被霪潦，積水未消，命大學士兆惠督率經理。又以曰修前辦豫省水利有效，命馳往會勘，復命阿桂會同總督方觀承酌辦。阿桂等以『子牙河自大城張家莊以下，分爲正、支二河，支河之尾歸入正河，形勢不順。請於子牙河村南斜向東北挑河二十餘里；安州依城河爲入淀尾閭，應挑長二千二百餘丈；安、肅之漕河，應挑長三千七百餘丈。其上游之姜女廟，應建滚水石壩，使水由正河歸淀。新安韓家垱一帶爲西北諸水匯歸之所，應挑引河十三里有奇』。如所議行。

二十九年，改建惠濟河石閘〔二〕。修湖北溪鎮十里長隄，及廣濟、黄梅江隄。濬江都堰，開支河一，使漲水徑達外江。

三十二年，修築淀河隄岸，自文安三灘里至大城莊兒頭，長二千七百餘丈。山東巡撫崔應階言：『武定近海地窪，每遇汛漲，全恃徒駭、馬頰二河分流入海。徒駭下游至霑化入海處，地形轉高，難議興挑。勘有壩上莊舊漫口河形地勢順利，應開支河，俾兩道分洩。』江蘇巡撫明德言：『蘇州南受浙江諸山經由太湖之水，北受揚子江由鎮江入運之水，伏秋汛發，多致漫溢。請修吴江、震澤等十縣塘路。』均從之。

三十三年，滹沱水漲，逼臨正定城根，添築城西南新隄五百七十餘丈，迴水隄迤東築挑水壩〔三〕五。河神祠前築魚鱗壩〔四〕八十丈。藁城東北兩面，滹水繞流，順岸築埽三百六十丈，埽後加築土埝。

三十五年，挑濬蘇郡入海河道，白茆河自支塘鎮〔五〕至滚水壩，長六千五百三十餘丈；徐六涇河自陳蕩橋至田家壩，長五千九百九十餘丈。

三十六年，濬海州之薔薇、王家口、下坊口、王家溝四河。以直隸被水，命侍郎袁守侗、德成分往各處督率疏消。尚書裘曰修往來調度，總司其事。山東巡撫徐績查

〔一〕金灣及東西灣滚壩　在江蘇甘泉縣，爲運河歸江十壩之三。金灣滚水壩洩水入芒稻河。東西灣二壩洩水入太平河。
〔二〕惠濟河石閘　位於運河入淮河段上的船閘。
〔三〕挑水壩　在堤防迎溜頂衝處的上游建挑水壩，以便將大溜挑離險工地段。
〔四〕魚鱗壩　即小雞嘴壩，壩間或相去十丈，或相去二十丈，重疊遥接如鱗砌者也。
〔五〕支塘鎮　在常熟東四十五里。

勘小清河情形，請自萬丈口挑至還河口，計四十里，使正、引兩河分流，由河入泊，由泊達溝歸海。詔如所議行。廣西巡撫陳輝祖言：『興安陡河〔一〕源出海陽山，至分水潭，舊築鏵嘴〔二〕以分水勢，七分入湘江爲北陡，三分入灕江爲南陡，於進水陡口內南北建大小天坪〔三〕，以資蓄洩，復建梅陽坪，以遏旁行故道，並以引灌糧田。近因連雨衝陷，請修復土石各工。』下部知之。

三十八年，挑濬禹城漯河〔四〕、高密百脈湖引河。四十年，修築武昌省城金河洲、太乙宮濱江石岸。江南旱，高、寶皆歉收。總督高晉，河督吴嗣爵，薩載合疏言：『嗣後洪湖水勢，應以高堰誌樁爲準，各閘壩涵洞相機啓放，總使運河存水五尺以濟漕，餘水儘歸下河以資灌溉。』從之。

四十一年，修西安四十七州縣渠堰共千一百餘處。總督高晉言：『瓜洲城外查子港工接連廻瀾壩，江岸忽於六月裂縫，坍塌入江約百餘丈，西南城牆塌四十餘丈。現在水勢已平，擬將瓜洲量爲收進，讓地於江，並沿岸築土壩以通纖路。』諭令妥善經理。

四十二年，山西巡撫覺羅巴延三言：『太原西有風峪口，旁倶大山，大雨後山水下注縣城，猝難捍禦。請自峪口起，開河溝一，直達汾水，所占民田止四十餘畝，而太原一城可期永無水患。』

四十三年，疏濬湖州漊港七十二。修昌邑海隄，居民認墾隄內鹻廢地千二百餘頃。濬鎮洋劉河，自西陳門涇上頭起，至王家港止。

四十四年，改建宣化城外柳川河石壩，並添築石坦坡。漳河下游沙莊壩漫口，淹及成安、廣平，水無歸宿。於成安柏寺營至杜木營，繞築土埝千一百餘丈。

四十七年，雲南巡撫劉秉恬言：『鄧川之瀰苴河，上通浪穹，下注洱海，中分東西兩湖。東湖由河入海，河高湖低，每遇夏秋漲發，迴流入湖，淹没附近糧田。紳民倡捐，將湖尾入海處堵塞，另開子河，引東湖水直趨洱海，又自青石澗至天洞山，築長隄、建石閘，使河歸隄內，水由閘出，歷年所淹田萬一千二百餘畝，全行涸出。』得旨嘉獎。又言：『楚雄龍川江自鎮南發源，入金沙江。近年河溜逼城，請於相近鎮水塔挑濬深通，導引河溜復舊。又瀓江之撫仙湖下游，有清水、渾水河各一，渾水之牛舌石壩被衝，匯流入清，以致爲害。請於牛舌壩東另開子河，以洩渾水，並將河身改直，使清水暢達。』上獎勉之。

〔一〕興安陡河　即興安靈渠，因南北渠上均建有多道陡門（船閘），故亦稱陡河。

〔二〕鏵嘴　即分水魚嘴，由大小天平斜交構成，因成鏵犁狀，故名。

〔三〕大小天坪　即大小天平，組成分水鏵嘴之兩翼，起滚小壩的作用。湘江水小，由大小天平兩翼分入南北陡渠。湘江水大，即溢過大小天平，回歸下游湘江故道。

〔四〕漯河　禹城西二里，東北入臨邑縣界，俗名大土河。宋以前曾爲黄河主流所經。

五十年，河南巡撫何裕城言：『衛河歷汲、淇、滑、濬四縣，濱河田畝，農民築隄以防淹浸，不能導河灌田。輝縣百泉地勢卑下，而獲嘉等縣較高，難以紆迴導引。其餘汲縣、新鄉並無泉源，祇有鑿井一法，既可灌田，亦藉以通地氣，已派員試開。』濬賈魯、惠濟〔一〕兩河。修寧夏漢延、唐來、大清、惠農四渠。

五十一年，山東商人捐資挑濬鹽河〔二〕，並於東阿、長清、齊河、歷城建閘八。

五十三年，荊州萬城隄〔三〕潰，水從西北兩門入，命大學士阿桂往勘。尋疏言：『此次被水較重，土人多以下游之窖金洲〔四〕沙漲逼溜所致，恐開挑引河，江水平漾無勢，仍至淤閉。請於對岸楊林洲靠隄先築土壩，再接築雞嘴石壩，逐步前進，激溜向南，俟洲坳刷成兜灣，再趁勢酌挑引河，較爲得力。』報聞。

五十四年，濬通惠河、朝陽門外護城河及温榆河。

五十五年，培修千里長隄〔五〕，豬龍河、大清河、盧僧河等隄，鳳河東隄，及西沽、南倉、海河等疊道。改建豐城東西隄〔六〕石工。築濬江仙人舊隄千二百八十餘丈。挑濬永城洪河。

五十七年，兩江總督書麟等言：『瓜洲均係柴壩，江流溜急，接築石磯，不能鞏固。請於迴瀾舊壩外，抛砌碎石，護住埽根，自裏頭坍卸舊城處所靠岸，亦用碎石抛砌，上面鑲埽。嗣後每年挑溜，可期溜勢漸遠。』得旨允行。又言：『無爲州河形兜灣，應將永成圩壩加築寬厚。擬於馬頭埂開挖河口三十丈，曾家腦至東圩壩舊河亦展寬三十丈，俾河流順暢。』上韙之。改蕭山荷花池隄爲石工，堵河內民堰漫口五十餘丈，修復豐城江岸石隄。

五十九年，荊州沙市大壩，因江流激射，勢露頂衝，添建草壩。

嘉慶五年，挑濬牤牛河、黃家河，及新安、安、雄、任丘、霸、高陽、正定、新樂八州縣河道。

六年，京師連日大雨，撥內帑挑濬紫禁城內外大城以內各河道，及圓明園一帶引河。文安被水，命直督陳大文詳議。疏言：『文地極窪，受水淺，地與河平，自建治以

〔一〕惠濟河　自河南杞縣，經柘城，至鹿邑入渦河。

〔二〕鹽河　即大清河。該河道已爲咸豐五年（一八三五年）銅瓦廂改道後的黃河所占據。

〔三〕萬城隄　位於湖北江陵西南，是荊江大隄的重要堤段。乾隆五十三年（一七八八年）九月長江發生特大洪水，萬城隄潰決二十多處。

〔四〕窖金洲　位於湖北沙市長江段中的江心洲，明代原爲一小沙洲，乾隆末年已擴大爲約占江面寬度三分之一的大沙洲。

〔五〕千里長隄　大清河南岸堤防，起自清苑，歷安州、新安、高陽、河間、任丘、雄縣、保定、霸州、文安、大城等十一州縣，長十三萬餘丈。始建於康熙三十七年（一六九八年）。

〔六〕豐城東西隄　江西豐城市西北贛江的堤防，長百餘里。

來，别無疏濬章程。惟查大城河之廣安横隄，爲文邑保障，迤南有河間千里長隄，可資外衛。兩隄之中，有新建閘座，以洩河間漫水。再於地勢稍下之龍潭灣，開溝疏濬，或不致久淹。』從之。

八年，伊犁將軍松筠言：『伊犁土田肥潤，可耕之地甚多，向因乏水，今擬設法疏渠引泉，以資汲灌。應請廣益耕屯，以裕滿兵生計，並借官款備辦耕種器物。』如所請行。

十一年，疏築直隸千里長隄，及新舊格淀隄[一]。

十二年，湖廣總督汪志伊言：『隄垸[二]保衛田廬，關繫緊要。漢陽等州縣均有未涸田畝，未築隄塍。應亟籌勘辦，以興水利而衛民田。』從之。

十六年，以畿輔災歉，命修築任丘等州縣長隄，並雄縣疊道[三]，以工代賑。

十七年，濬武進孟瀆河。挑阜寧救生河，太倉劉河。修天津、静海兩縣河道。濬東平小清河，及安流、龍拱二河，民便河。

十八年。江南河道總督初彭齡疏陳江省下河水利，宜加修理。得旨允行。

十九年，大名、清豐、南樂三縣七十餘莊地畝，久爲衛水淹没，村民自願出夫挑挖，請官爲彈壓。御史王嘉棟疏言：『杭、嘉、湖被旱歉收，請開濬西湖，以工代賑。』皆允之。

二十一年，疏濬吴淞江。

二十二年，章丘民言，長白、東嶺二山之水，向歸小清河入海。自灰壩被衝，水歸引河，章丘等縣屢被水災。命禮部侍郎李鴻賓往勘。次年，巡撫陳預疏言：『小清河以章丘、鄒平、長山、新城爲上游，高苑、博興、樂安爲下游，正河及支派溝多有淤墊。請先疏濬上游，並將滸山等二泊一湖挑挖寬深，則水勢不至建瓴直注，下游亦不驟虞漫溢。』得旨允行。建洒陽石閘，挑引渠，以時啓閉。

二十五年，修都江堰。御史陳鴻條陳興修水利營田事宜，命直隸、山東、山西、河南各督撫一體籌畫興舉。修襄陽老龍石隄[四]。庫車辦事大臣嵩安疏報别什托固喇克等處挑渠引水，墾田五萬三千餘畝。有詔褒勉。

[一] 格淀隄　一名隔淀大隄，乾隆十年（一七四五年）創建。自大城縣莊兒頭起，歷静海縣，抵天津西沽，長八十四里。
[二] 隄垸　垸田是兩湖地區臨江濱湖地區的一種農田水利類型。即用大隄將農田與外水隔開，垸内形成農田水利系統。此處所説隄垸，即垸田的大隄和小隄（垸）。
[三] 疊道　兼作交通道路的大堤。
[四] 襄陽老龍石隄　在襄陽西北十里，明萬曆中楊一魁創建。

道光元年，修湖州黑窑廠江隄，濬涇陽龍洞渠〔一〕、鳳陽新橋河。

二年，加築襄陽老龍石隄。濬正定柏棠、護城、洩水、東大道等河，並修斜角、迴水等隄。興修杭州北新關外官河縴道。直隸總督顏檢〔二〕請築滄州捷地減河閘壩，濬青縣、興濟兩減河，修通州果渠村壩埝。皆如議行。疏濬銅山荆山橋河道，及南鄉奎河。挑江都三汊河子、鹽河五閘淤淺，及沙漫州江口沙埂。修豐城及新建惠民橋隄。

三年，修汾河隄堰，並移築李綽堰，改挖河身。修天門、京山、鍾祥隄垸，及監利櫻桃堰，荆門沙洋堤。挑挖熱河旱河，並添修荆條單壩。堵文安崔家窑、崔家房漫口。修河東鹽池馬道護隄，並濬姚暹渠、李綽堰〔三〕、涑水河。刑部尚書蔣攸銛言：『上年漳河漫水下流，由大名、元城直達紅花隄，潰決隄埝，由館陶入衛，應亟籌議。』命大學士戴均元馳勘。尋奏言：『元城引河穿隄入衛，河身窄狹，應挑直展寬，以暢其流。紅花隄以下新刷水溝五百餘丈，應挑成河道，以期分洩。』又：『漳自南徙合洹以來，衛水爲其頂阻，每遇異漲，民埝不能捍禦，以致安陽、内黄頻年衝決。今漳北趨，業已分殺水勢。擬於樊馬坊、陳家村河幹北岸築壩堵截，使分流歸併一處。自柴村橋起，接連洹河北岸，建築土壩，樊馬坊以下王家口添築土格土壩，以免串流南趨，使漳、洹不致再合。』詔皆從之。

四年，築德化、建昌、南昌、新建四縣圩隄〔四〕。修培荆州萬城大隄橫塘以下各工，及監利任家口、吴謝垸漫決隄塍。給事中朱爲弼請疏浚劉河、吴淞，及附近太湖各河。御史郎葆辰請修太湖七十二漊港，引苕、霅諸水入湖以達於海。御史程邦憲請擇太湖洩水最要處所，如吴江隄之垂虹橋〔五〕、遺愛亭、龐山湖〔六〕，疏剔沙淤，剷除蕩田，令東注之水源流無滯。先後疏入，命兩江總督孫玉庭〔七〕、江蘇巡撫韓文綺、浙江巡撫帥承瀛會勘。玉庭等言：『江南之蘇、松、常、太，浙江之杭、嘉、湖等屬，河道淤墊，遇漲輒溢。現勘水道形勢，疆域雖分兩省，源委實共一流。請專任大員統治全局。』命江蘇按察使林則徐〔八〕綜辦江、浙

〔一〕龍洞渠　其前身是秦代興建的鄭國渠。由於涇水逐漸下切，鄭白渠引涇水越來越困難。乾隆二年（一七三七年）終於將引涇渠口堵閉，專引泉水灌溉。更名龍洞渠。龍洞渠最初灌田七萬餘畝，至清末減少到二萬畝。

〔二〕顏檢　字惺甫，廣東連平人。《清史稿》卷三五八有傳。

〔三〕李綽堰　在山西夏縣南八里。爲解州鹽池東第二堰。

〔四〕圩隄　圩田與外水相隔的隄防。圩田是與兩湖垸田和廣東基圍（又稱隄圍）相類似的農田水利系統，建於濱江和濱湖區。

〔五〕垂虹橋　即吴江長橋，上有垂虹亭，始建於北宋慶曆中。

〔六〕龐山湖　在吴江縣東三里，西接太湖，東出急水港。

〔七〕孫玉庭　字寄圃，山東濟寧人。嘉慶二十一年（一八一六年）至道光元年（一八二一年）任兩江總督。《清史稿》卷三六六有傳。

〔八〕林則徐　字少穆，福建侯官人。近代史上的著名人物。在新疆、黄河、江浙等處水利建設上均有建樹。《清史稿》卷三六九有傳。

水利。

御史陳澐疏陳畿輔水利，請分別緩急修理。給事中張元模請於趙北口連橋〔一〕以南開橋一座，以古趙河〔二〕爲引河，並挑北盧僧河，以分減白溝之獨流。帝命江西巡撫程含章署工部侍郎，辦理直隸水利，會同蔣攸銛履勘。含章請先理大綱，興辦大工九。如疏天津海口，濬東西淀、大清河，及相度永定河下口，疏子牙河積水，復南運河舊制，估修北運河，培築千里長隄，先行擇辦。此外如三支、黑龍港、宣惠、滹沱各舊河，沙、洋、洺、滋、洨、唐、龍鳳、龍泉、豬龍、牤牛等河，及文安、大城、安州、新安等隄工，分年次第辦理。又言勘定應濬各河道，塌河淀〔三〕承六減河，下達七里海〔四〕，應挑寬罾口河以洩北運、大清、永定、子牙四河之水入淀。再挑西隄引河，添建草壩，洩淀水入七里海，挑邢家坨，洩七里海水入薊運河，達北塘入海。至東淀、西淀〔五〕爲全省豬水要區，十二連橋爲南北通途，亦應擇要修治。均如所請行。濬虞城惠民溝，夏邑巴清河、永城減水溝。玉庭言：『三江水利，如青浦、婁縣、吴江、震澤、華亭承太湖水，下注黄浦，各支河淺滯淤阻，亟應修砌。吴淞江爲太湖下注幹河，由上海出閘，與黄浦合流入海。因去路阻塞，流行不暢，應於受淤最厚處大加挑浚。』得旨允行。

五年，陝西巡撫盧坤疏報咸寧之龍首渠，長安之蒼龍河，涇陽之清、冶二河，盩厔之澇、峪等河，郿縣之井田〔六〕等渠，岐山之石頭河，寶雞之利民等渠，華州之方山等河，榆林之榆溪河、芹河，均挑濬工竣，開復水田百餘頃至數百頃不等。修監利江隄，襄陽老龍石隄。已革御史蔣時進《畿輔水利志》百卷。直隸總督蔣攸銛疏陳防守千里長隄善後事宜，報聞。安陽、湯陰廣潤陂，屢因漳河決口淤墊，命巡撫程祖洛委員確勘挑渠，將積水引入衛河，使及早涸復。築荆州得勝臺〔七〕民隄。

七年，閩浙總督孫爾準言：『莆田木蘭陂〔八〕上受諸渠之水，下截海潮，灌溉南北洋平田二十餘萬畝。近因屢經暴漲，泥沙淤積，陡門石隄損壞，以致頻歲歉收。現經

〔一〕趙北口連橋　在雄縣南，是白洋淀出水道的咽喉部位，與交通幹道相交，建有十二連橋。
〔二〕古趙河　白洋淀出水河道。
〔三〕塌河淀　一名大河淀，位於天津武清。北運河的筐兒港減河及坡水匯入其中。其下有小河通七里海。有陳家溝、賈家沽洩塌河淀水入海。
〔四〕七里海　在天津寶坻東南一百三十里，北運河的青龍港減河及地面坡水匯聚其中，有寧車沽水道洩淀水由天津西沽入海。
〔五〕西淀　即今之白洋淀。
〔六〕井田渠　在郿縣東，有東西二渠。
〔七〕得勝臺　在江陵縣西南，萬城堤的西端。
〔八〕木蘭陂　建成於北宋元豐六年（一〇八三年），是著名的禦咸蓄淡灌溉工程。攔河滚水堰長三十五丈，有閘三十二座，引取木蘭溪水灌田二十萬畝，至今水利不衰。

率同士民捐資修培南北兩岸石工告竣。』得旨嘉獎。濬漢川草橋口、消渦湖口水道。御史程德潤言荆山王家營屢決，下游各州縣連年被災。請飭相度修築。命湖廣總督嵩孚籌議，因請仿黄河工程切灘法[一]，平其直射之溜勢，再將下游沙洲開挑引河，破其環抱，以順正流。帝恐與水争地，虚糜無益，命刑部尚書陳若霖等往勘。覆言：『京山決口三百二十餘丈，鍾祥潰口百七十餘丈，正河經行二百餘年，不應舍此别尋故道。惟有挑除胡李灣沙塊，先暢下游去路，將京山口門挽築月隄，展寬水道，鍾祥口門於堵閉後，添築石壩二，護隄攻沙。』帝韙之，命嵩孚駐工督辦。

八年，河南巡撫楊國楨言：『湯河、伏道河並廣潤陂上游之羑河、新惠等河，向皆朝宗於衛，因故道久湮，頻年漫溢。現爲一勞永逸之計，因勢利導，悉令暢流。又南陽白河、淅川、丹江水勢浩瀚，俱切近城根，亟應築碎石、磨盤等壩[二]二十餘道，分别挑溜抵禦。』均如所請行。挑濬冀州東海子淤塞溝身，以工代賑。

九年，修宿遷各河隄岸，丹陽下練湖[三]閘壩。濬宿州奎河。築喀什噶爾新城沿河隄岸。兩江總督蔣攸銛言：『徐州河道，如蕭縣龍山河，邳州睢寧界之白塘河，邳州舊城民便河，碭山利民、永定二河，又沛縣隄工，邳州沂河民埝，豐縣太行隄，皆最要之工，請次第估辦興挑。』從之。

十年，修湖北省會江岸，並添建石壩。挑濬漳河故道。修保定南關外河道，及徐河石橋、河間陳家門隄。濬東平小清河，及安流、龍拱二河。修公安、監利隄。

十一年，修南昌、新建、進賢圩隄，及河間、獻縣河隄，天門漢水南岸隄工。桐梓被水，開濬戴家溝河道。命工部尚書朱士彦察勘江南水患，疏請修築無爲及銅陵江壩。給事中邵正笏言江湖漲灘占墾日甚，諭兩江總督陶澍、湖廣總督盧坤等飭屬詳勘，其沙洲地畝無礙水道者，聽民認墾，否則設法嚴禁。

十二年，挑除星子蓼花池淤沙，疏通溝道，並築避沙塹壩。修築南昌、新建圩隄，又改豐城土隄爲石。

十三年，湖廣總督訥爾經額請修襄陽老龍及漢陽護城石隄，武昌、荆州沿江堤岸。兩江總督陶澍請修六合雙城、果盒二圩隄埂，濬孟瀆、得勝、灣港三河，並建閘座。均如議行。户部請興修直隸水利城工，命總督琦善確察

[一] 切灘法　即切去上游一岸凸出的灘地，以免水溜被灘嘴挑至對岸，形成險工。

[二] 碎石、磨盤等壩　碎石壩爲塊石砌築的護岸挑水壩，因所用石料得名。磨盤壩的壩體渾圓有如磨盤，依其形狀得名。

[三] 下練湖　在丹陽縣西北，有上下二湖，爲著名運河水櫃和灌溉陂塘。上下二湖間有一隔堤，堤上有石閘三座，引上湖水達於下湖，又有三座石閘和一座石礎引下湖水濟運。又有十二座涵洞引水溉田。練湖在晉永興年間（三〇四至三〇六年）建成後，因淤積，屢有圍墾。清代也幾經興廢，涵閘也多有維修，現已淤廢。

附近民田之溝渠陂塘，擇要興修，以工代賑。御史朱逵吉言，湖北連年被水，請疏江水支河，使南匯洞庭湖，疏漢水支河，使北匯三臺等湖，並疏江、漢支河，使分匯雲夢、七澤間隄防可固，水患可息。御史陳誼言，安陸濱江隄塍衝決爲害，請建五閘壩，挑濬河道，以洩水勢。疏入，先後命訥爾經額、尹濟源、吳榮光等遴員詳勘。

十四年，修良鄉河道橋座。濬沔陽天門、牛蹏支河，漢陽通順支河，並修築濱臨江、漢各隄。濬石首、潛江、漢川支河，修荆州萬城大隄，華容等縣水衝官民各垸。濬碭山利民、永定二河。築南昌、新建、進賢、建昌、鄱陽、德安、星子、德化八縣水淹圩隄。修潛江、鍾祥、京山、天門、沔陽、漢陽六州縣臨江潰隄，以工代賑。修邳、宿二州縣沂河隄埝，及王翻湖等工。濬太倉、七浦及太湖以下泖澱，並修元和南塘寶帶橋〔一〕。

十六年，濬河東姚暹渠。修庫車沿河隄壩。濬海鹽河道。又貸江蘇司庫銀濬鹽城皮大河，豐縣順隄河，並修築隄工，從兩江總督林則徐等請也。命大學士穆彰阿、步軍統領耆英、工部尚書載銓，勘估京城内外應修河道溝渠。

十七年，修武昌沿江石岸，鍾祥劉公菴、何家潭老隄，潛江城外土隄，及豐城土石隄工，並建小港口石閘石埽。

十八年，修黃梅隄。濬豐潤、玉田黑龍河。

十九年，修武昌保安門外江隄，蘄州衛軍堤，漢陽臨江石隄。葉爾羌參贊大臣恩特亨額覆陳巴爾楚克開墾屯田情形。先是，帝允伊犁將軍特依順保之請，命於巴爾楚克開墾屯田。嗣署參贊大臣金和疏陳不便，復命恩特亨額詳籌。至是，疏言：『該處渠身僅三百二十八里有奇，沿隄兩岸培修，水勢甚旺，足資灌溉。並派屯丁分段看守，遇水漲時，有渠旁草湖可洩，不致淹漫要路。』諭：『照舊妥辦，務於屯務邊防實有裨益。』伊犁將軍關福疏報，額魯特愛曼所屬界内塔什畢圖，開正渠二萬五千七百餘丈，計百四十餘里，得地十六萬四千餘畝，實屬肥腴，引水足資灌溉。詔褒勉之。

是歲，漢水盛漲，漢川、沔陽、天門、京山隄垸潰決。

二十年，總督周天爵疏報江、漢情形，擬疏堵章程六：一，沙灘上游作一引壩，攔入湖口，再作沙隄障其外面，以堵旁洩；一，江之南岸改虎渡口東支隄爲西隄，別添新東堤，留寬水路四里餘，下達黃金口，歸於洞庭，再於石首調弦口留三四十里沮洳之地，瀉入洞庭；一，江之北岸舊有閘門，應改爲滚壩，冬啓夏閉；一，襄陽上游多作挑壩，撑水外出，再於險要處所，加築護隄護灘；一，

〔一〕寶帶橋　在蘇州東南，一名長橋，全長一千二百丈，有五十二孔。爲運河縴道，其下爲太湖主要出水河道。

襄陽河四面隄畔〔一〕，應用磚石多砌陡門，夏令相機啓閉；一，襄河水勢浩大，應添造滚壩，冬啓夏閉，於兩岸低窪處所，引渠納水。下所司議行。是年修華容、武陵、龍陽、沅江四縣官民隄垸，又修荆州大隄，及公安、監利、江陵、潛江四縣隄工。

二十二年，堵鹿邑渦河決口。先是，黄水決口，大溜直趨渦河，將南岸觀武集、鄭橋、劉窪莊、古家橋及淮寧之閻家口、吴家橋、徐家灘、婁家林、季家樓隄頂漫塌，太和民田悉成巨浸，阜陽以次州縣亦被漫淹。至是，安徽巡撫程楙采言：『豫工將次合龍，渦河決口若不及時興修，下游受害益深。請敕河南撫臣迅籌堵築。』從之。湖廣總督裕泰等疏報江水盛漲，衝陷萬城隄以上之吴家橋水閘，並決下游上漁埠頭大堤，直灌荆州郡城，倉庫監獄均被淹漫。水消退後，而埠頭漫口較寬，勢難對口接築。擬修挽月隄一，並先於上下游各築横隄一。如所請行。修築庫倫隄壩，及鄒縣横河口、李家河口民堰。

二十三年，直隸總督訥爾經額疏陳直隸難以興舉屯政水利，略云：『天津至山海關，户口殷繁，地無遺利。其無人開墾之處，乃沿海鹻灘，潮水鹹濇，不足以資灌溉。至全省水利，歷經試墾水田，屢興屢廢，總由南北水土異宜，民多未便。而開源、疏泊〔二〕、建閘、修塘，皆需重帑，未敢輕議試行。但宜於各境溝洫及時疏通，以期旱澇有備，或開鑿井泉，以車戽水，亦足裨益田功。』如所議行。修海陽寮哥宫、涸溪、竹崎頭隄工。

二十四年，修江夏江隄。濬海州沭河。七月，荆州江勢汎漲，李家埠〔三〕内隄決口，水灌城内。江陵虎渡口汎江支各隄亦多漫溢。諭總督裕泰籌款修築。九月，萬城大隄合龍。伊犁將軍布彦泰〔四〕等言：『惠遠城東阿齊烏蘇廢地可墾復良田十餘萬畝，擬引哈什河水以資灌注，將塔什鄂斯坦田莊舊有渠道展寬，接開新渠，引入阿齊烏蘇東界，並間段酌挑支河。』又言：『伊拉里克地畝與喀喇沙爾屬蒙古游牧地以山爲界，該處河水一道，由山之東面流出，距游牧地尚隔一山，於蒙古生計無礙，堪以開墾。請濬大渠支渠並洩水渠，引用伊拉里克河水。』又言：『奎屯地方寬廣，有河一道，係由庫爾喀喇烏蘇南山積雪融化匯流成河，近水地畝早有營屯户民承種。又蘇沁荒地有萬餘畝，土脈肥潤，祇須挑渠引水，可以俱成沃壤。』均如所請行。

〔一〕襄陽河四面隄畔　《再續行水金鑑·江水》卷七作『襄河兩面隄畔』，應是。

〔二〕開源，疏泊　開源，指開闢水源。疏泊，指疏濬下游塘泊洩水河道。

〔三〕李家埠　位於江陵縣西南，是荆江大堤險工段。

〔四〕布彦泰　顔扎氏，滿洲正黄旗人。道光二十年至二十四年（一八四〇至一八四四）任伊犁將軍。在此期間支持被遣戍新疆的林則徐和全慶興辦新疆水利。兩年間新墾農田六十餘萬畝。《清史稿》卷三八二有傳。

二十五年，濬賈魯河，修汶上馬踏湖〔一〕民堰。命喀喇沙爾辦事大臣全慶〔二〕查勘和爾罕水利，疏言：『和爾罕地本膏腴，宜將西北哈拉木扎什水渠並東南和色熱瓦特大渠接引，可資耕種。中隔大小沙梁，業已挑通，宜於衝要處砌石釘樁，使沙土不致坍卸，渠道日深，足以灌溉良田。』又言：『伊拉里克地居吐魯番所轄托克遜軍臺之西，土脈腴潤，謂之板土戈壁，其西爲沙石戈壁。二百餘里，至山口出泉處，有大阿拉渾、小阿拉渾兩水，匯成一河。從前渠道未開，水無收束，一至沙石戈壁，散漫沙中，而板土戈壁水流不到，轉成荒灘。今將極西之水導引而東，在沙石戈壁鑿成大渠三段，復於板土戈壁多開支渠，即遇大汛，水有所歸。又吐魯番地畝多係掘井取泉，名曰卡井〔三〕，連環導引，其利甚溥。惟高埠難引水逆流而上，應聽户民自行挖井，冬春水微時，可補不足。』下廷臣議行。

二十六年，烏魯木齊都統惟勤請修理喀喇沙爾渠道壩隄，並陳章程四，命伊犁將軍薩迎阿覆覈，尚無流弊，詔如所請行。六塘河隄衝潰，各州縣連年被水，命兩江總督璧昌等覈辦。覆言，海州境内六塘河及薔薇河淤墊衝決，田廬受淹，於運道宣防，大有關繫，應從速借款挑築，允之。修温榆河果渠村壩埽。

二十七年，扎薩克郡王伯錫爾呈獻私墾地畝，内有生地四千八百三十餘畝，接濬新渠二，添開支渠二，以資分灌。

二十八年，兩江總督李星沅請修沛縣民埝埽壩，裕泰請修江夏隄工、鍾祥廖家店外灘岸，直隸總督訥爾經額請修築萬全護城石壩，均如所請。御史楊彤如劾河南撫臣三次挑挖賈魯河決口，費幾百萬，迄無成功，請敕查辦。詔褫鄂順安以下職。新任巡撫潘鐸疏言：『賈魯河工程應以復朱仙鎮〔四〕爲修河關鍵。惟朱仙鎮内及街南北河道淤墊最甚，今議添辦柴稭埽工，以防兩岸淤沙。其淤沙最深處，挑濬較難，另擇乾土十數里，改道以通舊河，責成各員賠修，限四十五日工竣。』從之。

二十九年，江蘇巡撫傅繩勛言：『陰雨連綿，積水無從宣洩，以致江、淮、揚等屬隄圩多被衝破。請仿《農政全書》〔五〕櫃田〔六〕之法，以土護田，堅築高峻，内水易於車涸，勸民舉行，以工代賑，並查勘海口，開挖閘洞洩水。』帝嘉

〔一〕馬踏湖　運河著名的濟運水櫃，在汶上縣西南，汶河堤北，漕河東岸，周三十四里，亦名南旺北湖。明萬曆創築土堤三千二百餘丈。

〔二〕全慶　字小汀，葉赫納喇氏，滿洲正白旗人。於新疆水利多有建樹。《清史稿》卷三八九有傳。

〔三〕卡井　即坎兒井。

〔四〕朱仙鎮　在開封西南，賈魯河北岸。

〔五〕《農政全書》，六十卷，明代著名科學家徐光啓（一五六二至一六三三）所著農學著作。其中水利即占九卷，在水利卷中，他歸納了前代有關水利規劃的著名論斷，介紹了一些農田水利建築物和施工法，對西方水利工程和機具也有所介紹。

〔六〕櫃田　四面築堤圍裹的小型圩田。

勉之。

三十年，修襄陽老龍石隄，及漢陽隄壩，武昌沿江石岸，潛江土堤、鍾祥高家隄。御史汪元方以浙江水災，多由棚民開山〔一〕，水道淤阻所致，疏請禁止。諭巡撫吴文鎔嚴查，並命江蘇、安徽、江西、湖廣各督撫一體稽查妥辦。

咸豐元年，浙江巡撫常大淳疏陳清理種山棚民情形，略言：『浙西水利，餘杭南湖驟難濬復，應先開支河、修石閘，以資蓄洩。上游治而下游之患亦可稍平。浙東則紹興之三閘〔二〕口外，鄞縣、象山等河溪，現經籌挑。』報聞。

三年，太常卿唐鑑〔三〕進《畿輔水利備覽》，命給直隸總督桂良閱看，並著於軍務告竣時，酌度情形妥辦。

同治元年，御史朱潮請開畿輔水利，並以田地之治否，定府縣考績之殿最。命直隸總督文煜等將所轄境内山泉河梁淀湖及可開渠引水地方詳查，並妥議章程。尋覆疏言：『有可舉行之處，或礙於地界，或限於力量，或當掘井製車，或須抽溝築圩，均設法催勸，推行盡利。』

三年，江蘇士民殷自芳等以『山陽、鹽城境内市河、十字河、小市河蜿蜒百里，東注馬家蕩，沿河民田數千頃，旱則資其灌溉，潦則資其宣洩。自乾隆六年大挑以後，迄今百餘年，河淤田廢，水旱均易成災。墾請挑濬築墟，引運河水入市河，以蘇民困』。命兩江總督、江蘇巡撫覈辦。

五年，御史王書瑞言，浙江水利，海塘而外，又有漊港。烏程有三十九漊，長興有三十四漊。自逆匪竄擾後，泥沙堆積，漊口淤阻，請設法開濬。又言蘇、松諸郡與杭、嘉、湖異派同歸，湖州處上游之最要，蘇、松等郡處下游之最要。上游阻塞，則害在湖州，下游阻塞，則害在蘇、松，並害及杭、嘉、湖。請飭江蘇一併勘治。從之。

六年，濬清河張福口引河〔四〕。

八年，安徽巡撫吴坤修言，永城與宿州接壤之南股河，久經淤塞，下接靈壁，低窪如釜，旱成巨浸，水無出路，擬查勘籌辦。從之。

九年，濬白茆河道，改建近海石閘。江蘇紳民請濬復淮水故道，命兩江總督、江蘇巡撫、漕運總督會籌。覆疏言：『挽淮歸故，必先大濬淤黄河，以暢其入海之路，繼開清口，以導其入黄，繼堵成子河、張福口、高良澗三河，以杜旁洩。應分别緩急興工，期以數年有效。』下部議，從之。是年内閣侍讀學士鍾佩賢亦以疏濬海

〔一〕棚民開山　山區流民開山墾田，造成了水土流失。
〔二〕三閘　應爲三江閘，是我國古代大型擋潮排水閘，位於浙江紹興城東北的三江口，一名應宿閘。明代嘉靖十六年由紹興知府湯紹恩主持修建。全閘總長一百零八米，共二十八孔，隨潮水升降啓閉，防止海潮内侵，保護蕭紹平原八十多萬畝農田。
〔三〕唐鑑　字鏡海，善化（今湖南長沙市）人。著有《畿輔水利備覽》十四卷。其中一卷至六卷爲歷代水利源流，七卷至十卷爲經河圖考，卷一一至卷一四爲緯河圖考。
〔四〕張福口引河　洪澤湖出水口的最北面的一條引河。

港爲請。於是浙撫楊昌濬言：『漊港年久淤塞，查明最要次要各工，分別估修，擬趁冬隙時，先將寺橋等九港及諸、沈二漊[一]趕辦，其餘各工及碧浪湖[二]工程，次第籌畫，應與吴江長橋及太湖出水各口同時修濬。』得旨允行。

十年[三]，修龍洞舊渠，並開新渠以引涇水。江蘇巡撫張之萬請設水利局，興修三吴水利。於是重修元和、吴縣、吴江、震澤橋竇各工。最大者爲吴淞江下游至新閘百四十丈，別以機器船疏之。凡太倉七浦河，昭文徐六涇河，常熟福山港河、常州河，武進孟瀆、超瓢港，江陰黄田港，河道塘閘、徒陽河、丹徒口支河，丹陽小城河，鎮江京口河，均以次分年疏導，幾及十年，始克竣事。先是侯家林[四]決口，河督喬松年以爲時較晚，請來年冬舉辦。至是，巡撫丁寶楨言，此處決口不堵，必致浸淹曹、兖、濟十餘州縣，若再向東南奔注，則清津、裏下河一帶更形吃重[五]，請親往督工堵築。詔獎勉之。

十二年，以直隸河患頻仍，命總督李鴻章仿雍正間成法，籌修畿輔水利。旋議定直隸諸河，皆以淀池爲宣蓄。西淀數百里河道，爲民生一大關鍵，先堵趙村決口[六]，築磁河、瀦龍河南隄，以禦外水，挑濬盧僧、中亭兩河[七]分減大清河水勢，以免倒灌。並疏通趙王河[八]道，將苟各莊以上巨隄及下口鷹嘴壩各建閘座。是年秋，直隸運河隄決，內閣學士宋晉請擇修各河渠，以工代賑，從之。

十三年，挑濬天津陳家溝至塌河淀邊減河三千七百餘丈，又自塌河淀循金鐘河故道斜趨入薊運河，開新河萬四千一百餘丈，俾通省河流分溜由北塘歸海。石莊户決口，奪溜南趨，命寶楨速籌堵築。旋以決口驟難施工，請在迤下之賈莊建壩堵合，即於南北岸普築長隄。而北岸濮州之上游爲開州，並飭直督合力籌辦。

[一] 寺橋等九港及諸、沈二漊　位於浙江烏程縣（浙江吴興）北流往太湖的小溪。

[二] 碧浪湖　又名峴山漾，在烏程縣（浙江吴興）南五里。

[三] 十年　據高士藹《涇渠志稿》載：『同治八年，大司農袁保恒屯田涇上，擬復廣惠，又開新渠……』。《續修陝西通志稿》卷五七亦作同治八年。

[四] 侯家林　位於山東鄆城縣東南沮河東岸。

[五] 清津、裏下河一帶更形吃重　《再續行水金鑑》卷九九頁二五八九作『清淮、裏下河一帶更吃重』。『清津』應是『清淮』之誤。

[六] 趙村決口　趙村在河北省雄縣，此係白溝河決口。

[七] 盧僧、中亭兩河　盧僧河起自河北省新城縣十九垡，自拒馬河分出，下至雄縣入中亭河。中亭河是大清河（下游又稱玉帶河）自保定縣（霸縣西南）盧各莊東北分出的支河，下游滙入玉帶河北支。

[八] 趙王河　白洋淀的主要出水道。同治十二年因舊道淤阻，改開新河。新河上自趙北口十二連橋以西，穿連橋而東，下至保定縣（霸縣西南）合玉帶河，長六十里。

光緒元年，濬文安勝芳河〔一〕，修菏澤賈莊南岸長隄及北岸金隄。

二年，濬張家橋新舊泗河。

三年，濬濟寧夏鎮迤南十字河。給事中夏獻馨請修水利以裕民食，諭各督撫酌奪情形，悉心區畫。

四年，修補濱江黄柏山至樊口〔二〕四十里老隄，並於樊口内建石閘。

五年，修都江堰隄，灌縣、温江、崇慶舊淹田地涸復八萬二千餘畝。

七年，挑濬大清河下游，使水暢入東淀，並於獻縣朱家口古羊河東岸另闢滹沱減河，使水歸子牙河故道，達津入海。濬寶坻、武清境内北運減河。大學士左宗棠請興辦順直水利，以陜甘應餉之軍助直隸治河之役。總督李鴻章言：『近畿水利，受病過深，凡永定、大清、滹沱、北運、南運五大河，及附麗之六十餘支河，原有閘壩堤埝，無一不壞，減河引河，無一不塞，而節宣諸水之南泊、北泊、東淀、西淀，早被濁流填淤，僅恃天津三岔口一綫海河，迤邐出口。平時既不能暢消，秋冬海潮頂托倒灌，節節皆病。修治之法，須先從此入手。五大河中，以永定之害爲最深。其大清、北運、南運，須分別挑濬築隄，修復減河。滹沱趨向無定，自來未設隄防。同治七年，由藁城北徙，以文安大窪爲壑，其故道之難復，上游之難分，下游之難洩，曾國藩與臣詳陳有案。東西淀寬廣數百里，淤泥厚積，人力難施。頻年以來，修復永定河金門閘壩，裁灣切灘，加築隄段。大清河則於新、雄境内開盧僧減河，霸州、文安境内接開中亭、勝芳等河，分洩上游盛漲；於任丘開趙王減河，分洩西淀盛漲；又於文安左各莊至臺頭挑河身二十餘里，以暢下游去路。滹沱河則於河間及文安挖開引河二，又於獻縣朱家口另闢減河三十餘里，均歸子牙河達津。北運河則於通州築壩，挽潮白河歸槽，於香河王家務、武清筐兒港修復石壩，以洩漲水，於天津霍家嘴疏濬引河，以通下口。又於武清、寶坻挑挖王家務、筐兒港兩減河，以資暢洩。南運河則於青、滄、静海修隄二百餘里，於静海新官屯另闢減河六十餘里，使別途出海。又於天津城東永定、大清、滹沱、北運交會之陳家灣，開河百餘里，分洩四大河之水，逕達北塘入海。其無極、蠡、博、高陽一帶，則堅築珠龍河〔三〕隄，以防滹沱北越。任丘至天津一帶，則加築千里隄、格淀隄，使河自河而淀自淀。又於廣平開洺河，順德挑澧河，趙州濬洨、槐、午諸河。此外河道受害較深者，均酌量疏築。今宗棠請以隨帶各營移治上游，正可輔直隸之不逮。此後應修何處，當隨時會商，實力襄助。』疏入，命恭親王奕訢、醇親王奕譞會同辦

〔一〕勝芳河　起自霸縣勝芳鎮，下入大城縣臺頭河。
〔二〕樊口　位於湖北省鄂城。
〔三〕珠龍河　應即潴龍河。

理。是年加修子牙河隄萬七千四百餘丈，文安西隄二千九百餘丈，展寬静海東堤二千四百餘丈。

九年，安徽學政徐郙言：『江、皖兩省水患頻仍，亟須挑泗、沂爲導淮先路，仿抽溝法，循序疏治，由大通口[一]引河入海，洩水較易。』命宗棠、昌濬會商籌辦。尋疏覆言：『天下無有利無害之水，疏舊黄河，分減泗、沂，近年已著成效，自當加挑寬深，兼疏大通口以暢出海之途，設復淮局於清江，派員提調。估計分年分段興辦，去其太甚之害，留其本然之利。江北於皖省爲下游，下游利，上游自無不利矣。』報聞。

十年，河南巡撫鹿傳霖[二]言：『豫省地勢平衍，衛、淇、沁、漳襟帶西北，淮、汝、渦、潁交匯東南，如果一律疏通，加以溝渠引灌，農田大可受益。今河道半皆壅滯，溝渠亦多荒廢，擬借人力以補天災，派員分赴各州縣履勘籌畫，或疏或濬，志在必成，使民間曉然於有利農田，自能踴躍用命。』詔如所請行。宗棠言：『興修江南水利各工，最大者爲朱家山、赤山湖。朱家山自浦口至張家堡，接通滁河，綿亘百二十餘里[三]。赤山湖自道士壩、蟹子壩至三汊河下游，亦綿亘百二十里[四]。兩年工竣，不惟沿江圩田均受其利，而糧艘貨船亦可由內河行，尤屬農商兩便。』下部知之。

十一年七月，以張曜[五]所部十營、馮南斌二營、蔣東才四營，濬京師內外護城河，十一月竣工。

十三年，河決鄭州，全溜注淮，因濬張福口引河，及興化之大周閘河、丁溪場之古河口、小海三河，俾由新陽、射陽等河入海。

十四年，鑿廣西江面險灘，由蒼梧迄陽朔七百餘里，共開險灘三十五。

十六年，江蘇巡撫剛毅[六]以寶山蘊藻河道失修，迤西大壩壅遏水脈，請興工挑築。給事中金壽松言利少害多，命總督曾國荃妥籌。覆疏言，擬拆去同治間所築土壩，以通嘉定、寶山之水道，仍規復咸豐間所建舊閘，以還嘉定

〔一〕大通口　在今響水縣響水鎮東南，廢黄河北岸。

〔二〕鹿傳霖　字滋軒，直隸定興人。光緒九年至十一年（一八八三至一八八五年）任河南巡撫。《清史稿》卷四三八有傳。

〔三〕朱家山工程是關係滁州、來安、全椒、江浦、六合五縣的排水工程。其中的關鍵在鑿通全椒縣朱家山，當年曾使用炸藥爆破。詳見光緒《東華續録》光緒十年三月左宗棠奏疏。

〔四〕亦綿亘百二十里　光緒《東華續録》五十八，光緒十年三月左宗棠《興修江南水利各工摺》作：『言里數，則朱家山自浦口起至張家堡，接通滁河止，綿亘一百二十餘里，共長三萬八百四十餘丈；赤山湖自道士壩、蟹子壩以至三汊河下游各處，亦綿亘二十餘里，共長三千九百餘丈。』是百二十里應作二十餘里。

〔五〕張曜　字朗齋，大興人。於新疆、河北水利有所建樹。《清史稿》卷四五四有傳。

〔六〕剛毅　字子良，滿洲鑲藍旗人。《清史稿》卷四六五有傳并記有此事。

之水利。另開引河以通河流，俾得隨時宣洩。下部知之。挑濬餘杭南湖，並疏濬苕溪。華州羅紋河下游各村連年遭水，沿河數百頃良田盡成澤國。巡撫鹿傳霖請由吳家橋北大荔之胡村，開渠引水注渭，則其流舒暢，被淹民田，即可涸復耕作，從之。

給事中洪良品以直隸頻年水災，請籌疏濬以興水利。事下總督籌議。鴻章言：『原奏大致以開溝渠、營稻田爲急，大都沿襲舊聞，信爲確論，而於古今地勢之異致，南北天時之異宜，尚未深考。夫以太行左轉，西北萬峰矗天，伏秋大雨，口外數千里千溪萬派之水，奔騰而下，畿南一帶地平土疏，頃刻輒漲數尺或一二丈，衝蕩泛溢，勢所必然。聖祖慮清濁河流之不可制也，乃築千里隄、格淀隄，使淀與子牙河各行一路。世宗慮永定河南行之淤淀也，令引渾河別由一道，改移下口。其餘官隄民隄，今昔增築，綜計不下三四千里，沙土雜半，險工林立，每當伏秋盛漲，兵民日夜防守，甚於防寇，豈有放水灌入平地之理？今若語沿河居民開渠引水，鮮不錯愕駭怪者。且水田之利，不獨地勢難行，即天時亦南北迥異。春夏之交，布秧宜雨，而直隸彼時則苦雨少泉涸。今釜陽各河出山處，土人頗知鑿渠藝稻。節屆芒種，上游水入渠，則下游舟行苦淺，屢起訟端。東西淀左近窪地，鄉民亦散布稻種，私冀旱年一穫，每當伏秋漲發，輒遭漂没。此實限於天時，斷非人力所能補救者也。以近代事考之，明徐貞明僅營田三百九十餘頃，汪應蛟僅營田五十頃，董應舉營田最多[一]，亦僅千八百餘頃，然皆黍粟兼收，非皆水稻。且其志在墾荒殖穀，並非藉減水患。今訪其遺蹟，所營之田，非導山泉，即傍海潮，絕不引大河無節制之水以資灌溉，安能藉減河水之患，又安能廣營多穫以抵南漕之入？雍正間，怡賢親王等興修直隸水利，四年之間，營治稻田六千餘頃，然不旋踵而其利頓減。九年，大學士朱軾、河道總督劉於義，即將距水較遠、地勢稍高之田，聽民隨便種植。可見直隸水田之不能盡營，而踵行擴充之不易也。恭讀乾隆二十七年上諭「物土宜者，南北燥濕，不能不從其性。儻將窪地盡改作秧田，雨水多時，自可藉以儲用，雨澤一歉，又將何以救旱？從前近京議修水利營田，始終未收實濟，可見地利不能强同」。謨訓昭垂，永宜遵守。即如天津地方，康熙間總兵藍理在城南墾水田二百餘頃，未久淤廢。咸豐九年，親王僧格林沁督師海口，墾水田四十餘頃，嗣以旱潦不時，迄未能一律種稻，而所費已屬不貲。光緒初，臣以海防緊要，不可不講求屯政，曾飭提督周盛傳在天津東南開挖引河，墾水田千三百餘頃，用淮勇民夫數萬人，經營六七年之久，始獲成熟。此在潮汐可恃之地，役南方習農之人，尚且勞費若此。若於五大河經流

[一] 徐貞明、汪應蛟、董應舉等人營田事蹟參見《明史·河渠志》及有關注釋。

多分支派，穿穴隄防澮溝，遂於平原易黍粟以秔稻，水不應時，土非澤埴，竊恐欲富民而適以擾民，欲減水患而適以增水患也。』

十七年，剛毅言：『吴淞江爲農田水利所資，自道光六年浚治後，又經六十餘年，淤墊日甚。前年秋雨連旬，河湖汎濫，積潦竟無消路。去年十月，派員開辦，並調營勇協同民夫，分段合作，約三月内可告竣。』報聞。鴻章又言：『寶坻青龍灣減河，自香河之王家務經寶坻至寧河入海。去歲霪雨兼旬，河流狂漲，横隄決岸，寶坻受害獨深。廣安橋以下，河身淺窄，大寶莊以上，並無河槽，應與昔年所開之普濟河、黄莊新河一律挑深，添建石閘。』沈秉成、松椿言：『淮南堰圩廳所管之洪澤湖，關繫水道利病鹽漕諸務。今全湖之水下趨，毫無節制。現勘得應行先辦之工，曰修復三壩，曰修整束水隄，曰展挑三福口，計三項工程，不過數萬兩可以集事。或有議於禮河迤西蔡家莊建滚水石壩，使水可蓄洩，較有把握。惟巨款難籌，應暫緩辦。』均詔如所請。堵築吴橋宣惠河缺口二。河陝汝道鐵珊，以閿鄉北濱黄河，城垣屢被衝坍，因於城外築大石壩，挑溜護城。

十八年，疏鑿福山港、徐六涇二河，及高浦、耿涇、海洋塘、西洋港[一]四河。山東巡撫福潤言：『小清河爲民田水利所關，年久淤塞。前撫臣張曜籌議疏通，因工漲款絀，僅修下游博興之金家橋至壽光海道，長百餘里。其上游工程，應接續興挑，庶使歷城等縣所受各水，悉可入海。今擬規復小清河正軌，而不拘牽故道，由金家橋而西取直，擇窪區接開正河，歷博興、高苑、新城、長山、鄒平至齊東曹家坡，長九十七里，又於金家橋迤下開支河二十四里，至柳橋，以承濟麻大湖上游各河之水，引入新河，計長四千二百餘丈。』詔從之。

二十年，崇明海岸被潮衝嚙，逼近城牆。於青龍港東西兩面設立敵水壩四，加建木橋，疊砌石塊，以禦風潮。

二十一年，署兩江總督張之洞言：『黄河支流之減水河洪河，自虞城、夏邑、永城經碭山、蕭縣，達宿州、靈壁、泗州之睢河，而注於洪湖。其間湖港紛歧，皆下注睢河。乾隆年間，以睢河不能容，導水爲三，曰北股、中股、南股。中股爲睢河正流。咸豐初，黄河日益淤墊，漸及改徙，豫、江、皖各河亦逐段淤阻，水潦泛溢爲害，尤以永、蕭、碭爲甚。同治間建議疏河，恒以工程過大，屢議屢輟。今擬改道辦法，導北股河之水以達靈壁岳河，導中股、南股河之水合流入宿州運糧溝，以達澮河，而運糧一溝恐不能容納，應治沱河梁溝以復其舊，使各河之水皆順軌下注洪湖，不致横溢，則各屬水患永息矣。』

[一] 福山港、徐六涇、高浦、耿涇、海洋塘、西洋港等河均位於常熟、昭文(今屬常熟)二縣界。

詔如所請行。

二十二年，御史華煇疏陳興修水利八事：曰引泉，曰築塘，曰開渠，曰通湖，曰開井，曰蓄水，曰用車，曰填石。下所司議。

二十四年，濬太倉劉河，自殷港門至浦家港口四千一百餘丈。

二十八年，江西巡撫李興鋭言：『近年水患頻仍，皆由鄱陽湖日見淤淺，而長江昔寬今狹，驟遭大雨，疏洩不及，遂至四溢爲災。請於冬晴水淺時，購製挖泥機器輪船數艘，將全湖分別挑挖。其上游河道亦一律擇要疏治。既爲防水患起見，亦爲興商務張本。』從之。修湖北省城北路隄紅關至春山八段，南路隄白沙洲至金口十段，以禦外江之汎漲。建石閘數座，以備內湖之宣洩。又於附郭沿江十餘里，一律增修石剥岸。濬小清河[一]，開徒陽河百二十餘里[二]。

宣統元年，署直隸總督那桐言：『通州鮎魚溝隄岸，自光緒九年決口，流入港溝而歸鳳河。嗣後屢堵屢潰。至二十四年大汎復決，迄今未能堵閉，以致武清百數十村頻年潰没。今擬於鮎魚溝暫建滾水壩，俾全溜不致旁趨。倘遇盛漲，即將土埝挑除，俾資分洩。一面將上游堤壩挑補整齊，疏濬青龍灣等處引河，以減盛漲，築攔水埝以禦渾流，修估龍鳳河以疏積潦。滾水壩工程應即興辦。其修隄及疏引河，應於本年秋後部署，來年二月興工。攔水埝及龍鳳河，應於來年秋後部署，次年二月興工。均限伏汛前報竣。』下部議行。湖廣總督陳夔龍請修復江、襄潰口，略謂：『江、襄各隄，以潛江之袁家月隄爲最要。此次潰口，隄身沖刷，頓落四百餘丈，迴流湍急，附近悉成澤國，應及時築合。此外郭家嘴、禹王廟潰隄，及天門黑牛渡、沔陽吕蒙營、公安高李公、松滋楊家腦、監利河龍廟各隄工，均擬派員督辦籌修，以期鞏固。』從之。

寧夏滿營開墾馬廠荒地，先治唐渠，以裕瀦停之地。挑濬百二十餘里，曰正渠；自靖益堡開支口，引水西北行四十餘里而入之溝，曰新渠；沿渠列小口四十，挾水以歸諸田，曰支渠。唐渠以西，淪爲澤國，非溝以宣之不爲功。自杏子湖起，穿溝二百八十餘里，建大小石閘、木閘四十二，石橋、木橋三十三，經始上年九月，至本年八月告成，名曰湛恩渠，約成腴田二十萬畝。是年，東三省總

[一] 濬小清河　爲便利水運，疏濬山東小清河。詳見光緒《東華續録》一七七。

[二] 開徒陽河百二十餘里　此徒陽河係指江南運河的丹徒至丹陽段。詳見光緒《東華續録》一七七。

督、奉天巡撫合詞請修遼河，先從雙臺子河〔一〕隄入手，次年續修鴨島〔二〕、冷家口〔三〕工程，並挑挖海口攔江沙，與遼河工程同時舉辦。下部知之。

〔一〕雙臺子河　原爲遼河下游右岸分支河道，自今臺安縣南分流，至今盤山縣入海。光緒十八年（一八九二年）後漸爲遼河主流所侵占。
〔二〕鴨島　位於今營口市，有一攔河沙灘。
〔三〕冷家口　即雙臺子河口，地處盤山、遼中兩縣界。當時曾擬議在此建閘。

附録　新唐書·地理志

摘自《唐書》卷三七至卷四三

地理一

卷三七

關内道

（一）京兆府京兆郡

萬年　有南望春宫，臨滻水；　西岸有北望春宫，宫東有廣運潭〔一〕。

長安　天寶二年，尹韓朝宗引渭水入金光門，置潭于西市以貯材木〔二〕。大曆元年，尹黎幹自南山開漕渠抵景風、延喜門入苑以漕炭薪〔三〕。

雲陽　有古鄭白渠〔四〕。

高陵　有古白渠，寶曆元年，令劉仁師請更水道。渠成名曰劉公，堰曰彭城〔五〕。

藍田　武德二年析置……寧民。……六年寧民令顔昶引南山水入京城。

鄠　有渼陂〔六〕。

〔一〕廣運潭　在長安城東九里滻水上。天寶元年韋堅開鑿，次年成，爲漕渠停泊港，可停船數百隻。大曆之後湮廢。參考《新唐書》卷五三《食貨志》。

〔二〕《舊唐書》本紀將本事列於元年，『西市』下有『之兩衙』三字。《新唐書》卷一一八《韓朝宗傳》亦记此事。

〔三〕《唐會要》對本事记載較詳：大曆元年『七月十日，鑿運木渠自京兆府直東至薦福寺東街，北至國子監，東至子城東街，正北逾景風門、延喜門入于苑。闊八尺，深丈餘。京兆尹黎幹奏。』又《新唐書》卷一四五《黎幹傳》『京師苦樵薪乏，幹度開漕渠，興南山谷口，尾入于苑，以便運載。……久之渠不就。』《舊唐書》本紀列於本年九月渠成時，似渠成不久即廢。《舊唐書》卷一一八亦有黎傳。

〔四〕鄭白渠　參看《漢書·溝洫志》。唐代鄭白渠首有塊石砌築的分水堰將軍翣，長寬各百步。白渠下游分三支，又稱三白渠。唐代設有專管機構，制度嚴密。唐早期灌溉面積約一萬頃，到大曆時減少到六千二百餘頃。主要是因爲渠上水碓、水磨太多。三百年中曾下令毁水磨等六七次。

〔五〕劉仁師在高陵縣修渠事，詳見《唐文粹》卷二一，劉禹錫《高陵令劉公遺愛碑頌》。

〔六〕渼陂　《元和郡縣圖志》：『美陂在縣西五里，周迴十四里』。《元和郡縣圖志》以下簡稱《元和志》。

(二)華州華陰郡

鄭　西南二十三里有利俗渠，引喬谷水；　東南十五里有羅文渠，引小敷谷水，支分溉田，皆開元四年詔陝州刺史姜師度疏故渠，又立堤以捍水害。

華陰　有漕渠自苑西引渭水，因古渠[一]會灞、滻，經廣運潭至縣入渭，天寶三載韋堅開[二]。　西二十四里有敷水渠，開元二年姜師度鑿，以泄水害。五年刺史樊忱復鑿之，使通渭漕。

下邽　東南二十里有金氏二陂，武德二年引白渠灌之，以置監屯。

(三)同州馮翊郡

朝邑　北四里有通靈陂，開元七年刺史姜師度引洛、堰河以溉田百餘頃[三]。　有河瀆祠、西海祠。　小池有鹽。

韓城　武德七年治中雲得臣自龍門引河溉田六千餘頃。

郃陽　有陽班湫，貞元四年堰洿谷水而成。

(四)鳳翔府扶風郡

寶鷄　東有渠，引渭水入昇原渠，通長安故城，咸亨三年開。

虢　東北十里有高泉渠，如意元年開，引水入縣城。又西北有昇原渠，引汧水至咸陽。　垂拱初運岐、隴水[四]入京城。

(五)隴州汧陽郡

汧源　有五節堰引隴川水[五]通漕。　武德八年水部郎中姜行本開，後廢。

[一] 古渠　原作『石渠』，標點本據《元和志》等書校改。據《新唐書》卷一三四《韋堅傳》，渠爲漢漕渠，隋代的廣通渠。　韋堅於咸陽增築興成堰壅渭水，分引東流，又開廣運潭。

[二] 渠成年代，《通典》及《新唐書》作天寶三載，《資治通鑑》(以下簡稱《通鑑》)及《唐會要》均作天寶元年興工，次年成。《舊唐書》亦記元年興工。《舊唐書》卷一〇五《韋堅傳》叙此事較詳細，謂『二年而成』，語意含糊。

[三] 有關通靈陂事，《元和志》作：『通靈陂，在縣北四里二百三十步。　開元初(七一三年)姜師度爲刺史，引洛水及堰黄河以灌之，種稻田二千餘頃』。《新唐書》卷一百《姜師度傳》：　徙同州刺史，又派洛灌朝邑、河西(在今陝西合陽縣東南，黄河西岸)二縣，閼河以灌通靈陂，收棄地二千頃爲上田，置十餘屯。《舊唐書》卷一八五《姜師度傳》略同上二説，都和本志不同。

[四] 岐、隴水　據文義似應作『岐、隴木』。

[五] 隴川水　一本無『川』字。

（六）坊州中部郡

中部　州郭無水，東北七里有上善泉，開成二年刺史張怡架水入城，以紓遠汲。四年刺史崔駢復增修之，民獲其利。後思之，爲立祠。

（七）靈州靈武郡[一]

迴樂　有温泉鹽池[二]。有特進渠溉田六百頃，長慶四年詔開。

（八）會州會寧郡

會寧　有黄河堰，開元七年刺史安敬忠築，以捍河流。有河池，因雨生鹽。

（九）夏州朔方郡

朔方　貞元七年開延化渠，引烏水入庫狄澤，溉田二百頃。有鹽池二。

（一〇）豐州九原郡

九原　有陵陽渠，建中三年浚之以溉田，置屯，尋棄之[三]。有咸應[四]、永清二渠，貞元中刺史李景略開，溉田數百頃。

地理二

卷三八

河南道

（一一）河南府河南郡

河南　有洛漕新潭，大足元年開，以置租船。龍門山

[一] 今寧夏引黄灌區在唐代屬靈州，渠道很多。本志多據晚唐資料，西北各地水利記載缺略，如隴右一道（包括今甘肅大部及青海、新疆等地）幾乎没有水利記録。靈州水利《元和志》，記載較詳。黄河西尚有漢、胡、御史、百家等九條渠。

其他文獻尚記有光禄渠：元和十五年（八二〇年）重開，溉田千餘頃。河西豐寧軍之御史渠溉田二千頃，郭子儀奏開。河東尚有七級渠。

[二] 温泉鹽池　據《元和志》在縣南一百八十三里，周迴三十一里，附近各縣及其東之鹽州境內，鹽池尚多。《元和志》又記縣南六十里有薄骨律渠。

[三] 濬陵陽渠事，《舊唐書》卷十二本紀，記爲建中元年。《通鑑》及《册府元龜》亦在元年。主其事者爲宰相楊炎，楊炎死於建中二年。當以元年爲是。可參考《新唐書》卷一四五《楊炎傳》、《嚴郢傳》以及《舊唐書》有關各傳。

[四] 咸應　《册府元龜》卷四九七作『感應』。

東抵天津〔一〕，有伊水石堰，天寶十載尹裴迴置。

（一二）陝州陝郡

陝　有南、北利人渠。南渠，貞觀十一年太宗東幸，使武侯將軍丘行恭開。有廣濟渠，武德元年，陝東道大行臺金部郎中長孫操所開，引水入城，以代井汲。有太原倉。

硤石　有底柱山，山有三門，河所經，太宗勒銘。

平陸　天寶元年，太守李齊物開三門〔二〕以利漕運〔三〕，得古刃，有篆文曰『平陸』，因更名。三門西有鹽倉，東有集津倉。

（一三）虢州弘農郡

弘農　南七里有渠，貞觀元年，令元武伯引水北流入城。

（一四）鄭州滎陽郡

管城　有僕射陂，後魏孝文帝賜僕射李沖，因以爲名。天寶六載更名廣仁池，禁漁採。

（一五）潁州汝陰郡

汝陰　南三十五里有椒陂塘，引潤水溉田二百頃，永徽中刺史柳寶積修。

下蔡　西北百二十里有大崇陂，八十里有鷄陂，六十里有黄陂，東北八十里有湄陂，皆隋末廢，唐復之，溉田數百頃。

（一六）許州潁川郡

長社　繞州郭有堤塘百八十里，節度使高瑀立以溉田〔四〕。

（一七）陳州淮陽郡

西華　有鄧門廢陂，神龍中，令張餘慶復開，引潁水溉田。

（一八）蔡州汝南郡

新息　西北五十里有隋故玉梁渠，開元中，令薛務〔五〕增濬，溉田三千餘頃。

〔一〕天津　即天津橋，在縣北四里洛水上。

〔二〕三門　即今之三門峽，爲隋唐由黄河向關中漕運的必經險段，曾多次整治，可參考《新唐書》卷五三《食貨志》。

〔三〕李齊物開三門事，可參看《新唐書》卷五三《食貨志》及《舊唐書》卷四九《食貨志》。他在三門北側開月河並鑿縴路，開元二十九年（七四一年）興工，次年（天寶元年）竣工。所開月河名開元新河，又名天寶河，只水大時能勉强過船。詳見《開天傳信記》。

〔四〕《舊唐書》卷一六二《高瑀傳》記本事稍詳：大和三年（八二九年），因連年水旱饑荒，高瑀召集民家繞郭立堤塘一百八十里，蓄泄灌溉。《册府元龜》卷四九七作『大和五年六月己卯，陳許節度使高瑀奉修築許州繞城郭水堤及開溝渠，周迴一百八十里，畢工。』高瑀、高瑀或爲一人？工程似開工於三年，至五年完成。《新唐書》卷一七二有瑀傳，亦記此事。

〔五〕常見本以薛務爲人名，似應以薛務增爲人名。

（一九）汴州陳留郡

開封　有湛渠，載初元年引汴注白溝，以通曹、兖賦租。有福源地，本蓬池，天寶六載更名，禁漁採。

陳留　有觀省陂，貞觀十年，令劉雅決水溉田百頃。

（二〇）泗州臨淮郡

漣水　有新漕渠，南通淮，垂拱四年開，以通海、沂、密等州。

盱眙　有直河，太極元年，敕使魏景倩引淮水至黄土岡，以通揚州。

（二一）濠州鍾離郡

鍾離　南有故千人塘，乾封中修以溉田。

（二二）宿州

苻離　東北九十里有隋故牌湖堤，灌田五百餘頃，顯慶中復修。

虹　有廣濟新渠，開元二十七年，採訪使齊澣開，自虹至淮陰北十八里入淮，以便漕運。既成，湍急不可行，遂廢[一]。

（二三）青州北海郡

北海　長安中令竇琰於故營丘城東北穿渠，引白浪水曲折三十里以溉田，號竇公渠。

（二四）萊州東萊郡

即墨　東南有堰，貞觀十年，令仇源築，以防淮涉水。

（二五）兖州魯郡

萊蕪　西北十五里有普濟渠，開元六年，令趙建盛開。

（二六）海州東海郡

朐山　東二十里有永安堤，北接山，環城長十里[二]，以捍海潮，開元十四年，刺史杜令昭築。

[一] 所敍廣濟新渠事太簡略。據《新唐書》卷一二八《齊澣傳》、《舊唐書》卷九本紀，開元二十七年以及《舊唐書》卷一九〇《齊澣傳》等所記，大致可歸納爲：　唐代汴河亦名廣濟渠，新渠是最下游的一次改道。廣濟渠原自虹縣至泗州（治臨淮縣，在今盱眙對岸）入淮，長一百五十里，水流迅急，常用牛拉竹索拖船上下，入淮後又有風浪之險。齊澣當時是河南道採訪使，所開新渠是自虹縣嚮東三十餘里通清河（泗水）。南行百餘里，又自清河開渠至淮陰縣（在今淮陰西南馬頭鎮附近）北十八里接淮河，自九月至十二月完工。但新渠水流更急，河床多砂礓石，行船艱難。由於舊道在開新渠時已堵塞，於是又重開舊道，廢棄了新渠。

[二] 十里　一本作『七里』。

(二七)沂州琅邪郡

丞　有陂十三，蓄水溉田，皆貞觀以來築。

地理三

卷三九

河東道

(二八)河中府河東郡

河西[一]　有蒲津關，一名蒲坂。開元十二年鑄八牛，牛有一人策之，牛下有山，皆鐵也。夾岸以維浮梁。十五年自朝邑徙河瀆祠于此。

解　有鹽池，又有女鹽池。

虞鄉　北十五里有涑水渠，貞觀十七年，刺史薛萬徹開，自聞喜引涑水下入臨晉。

安邑　有鹽池，與解爲兩池，大曆十二年生乳鹽，賜名寶應靈慶池。

龍門　北三十里有瓜谷山堰，貞觀十年築，東南二十三里有十石壚渠，二十三年縣令長孫恕鑿，溉田良沃，畝收十石。西二十一里有馬鞍塢渠，亦恕所鑿。有龍門倉[二]開元二年置。

(二九)晉州平陽郡

臨汾　東北十里有高梁堰，武德中引高梁水[三]溉田，入百金泊[四]。貞觀十三年爲水所壞。永徽二年刺史李寬自東二十五里夏柴堰引潏水[五]溉田。令陶善鼎復治百金泊，亦引潏水溉田。乾封二年堰壞，乃西引晉水[六]。

[一] 河西　在今陝西大荔縣東，朝邑之東，近黄河。該河西縣和同州河西縣不是一地，同州河西縣，本志名夏陽，在此河西縣之北。又朝邑一度亦名河西，屬河中，大曆五年復名朝邑，改屬同州。同年分河東（河中府治，在今山西永濟西，臨黄河）及朝邑縣置此河西縣。

[二] 龍門倉　清顧炎武《日知録》卷十二水利條：『龍門倉……所以貯渠田之入，轉般（搬）至京以省關東之漕者也。此即漢時河東太守番系之策。《史記·河渠書》所謂河移徙，渠不利，田者不能償種，而唐人行之竟以獲利。是以知天下無難舉之功，存乎其人而已！』

[三] 高梁水　爲汾水東岸支流，在臨汾之北。

[四] 百金泊　在城東南二十里。

[五] 潏水　亦汾水東岸支流，發源神山縣（在今浮山縣東南）西，西北流至臨汾縣北合高梁水。

[六] 晉水　即汾水西岸支流平水。

（三〇）絳州絳郡〔一〕

曲沃　東北三十五里有新絳渠，永徽元年，令崔翳引古堆水〔二〕溉田百餘頃。

聞喜　東南三十五里有沙渠，儀鳳二年，詔引中條山水于南坡〔三〕下，西流經十六里，溉涑陰田。

（三一）太原府太原郡

太原　井苦不可飲。貞觀中長史李勣架汾引晉水入東城〔四〕，以甘民食，謂之晉渠。

文水　西北二十里有柵城渠，貞觀三年民相率引文谷水〔五〕，溉田數百頃。西十里有常渠，武德二年汾州刺史蕭顗引文水南流入汾州〔六〕。東北五十里有甘泉渠，二十五里有蕩河渠，二十里有靈長渠，有千畝渠，俱引文谷水，傳溉田數千頃，皆開元二年令戴謙所鑿。

（三二）澤州高平郡

高平　有泫水，一曰丹水，貞元元年，令明濟引入城，號甘泉。

河北道

（三三）孟州

河陽　有池，永徽四年引濟水漲之，開元中以畜黄魚。

河陰　領河陰倉〔七〕……有梁公堰〔八〕，在河、汴間，開元二年河南尹李傑因故渠濬之，以便漕運〔九〕。

濟源　有枋口堰，大和五年節度使温造浚古渠，溉濟

〔一〕《新唐書》卷九八《韋武傳》貞元時（七八五至八〇五年）任絳州刺史，曾引汾水，溉田一萬三千餘頃。

〔二〕古堆水　爲汾水東岸支流，在曲沃北。

〔三〕南坡　『坡』字一本作『城』。

〔四〕李勣架汾引晉水入東城　《新唐書》卷九三有《李勣傳》。晉水爲汾水西岸支流，有古智伯渠分引溉田。李勣修渡槽於汾水上，引晉水入太原東城，當在貞觀十三四年。東城在汾水之東爲太原之東部。《舊唐書》卷六七亦有勣傳。

〔五〕文谷水　汾水西岸支流，或作文峪水，簡稱文水。

〔六〕汾州　太原府之南，文谷水下游入州境。據《新唐書》卷一一〇《薛從傳》，薛從約在文宗時（八二七至八四〇年）爲汾州刺史，於文谷水及瀘河上築堤堰引水溉田，『汾人利之』。

〔七〕河陰倉　是當時漕運自汴河至黄河的轉運倉，距汴河口不遠。江淮漕船不入黄河，而卸米入倉，再由黄河船轉運西上。

〔八〕梁公堰　又名汴口堰，在河陰縣西二十里，是漢建寧石門（古汴口）所在地，隋開皇七年（五八七年）令大臣梁睿增修漢古堰，遏黄河水入汴河。大業元年（六〇五年）開通濟渠改自板渚引河入汴，板渚在梁公堰西南十五里餘。

〔九〕因汴口漸淤重修，設斗門，板渚口一度停廢。此後，開元十五年又命將作大匠范安及疏濬兩口河道，築堤、修堰、修斗門，門上架橋。天寶元年（七四二年）又修梁公堰。以後雖兩口並用而以梁公堰爲主，經常修濬。

源、河内、温、武陟田五千頃[一]。有濟瀆祠、北海祠。

（三四）懷州河内郡[二]

脩武　西北二十里有新河，自六真山下合黄丹泉水南流入吴澤陂，大中年，令杜某開。

（三五）魏州魏郡

貴鄉　有西渠，開元二十八年，刺史盧暉徙永濟渠，自石灰窠引流至城西，注魏橋，以通江、淮之貨[三]。

（三六）相州鄴郡

安陽　西二十里有高平渠，刺史李景引安陽水東流溉田，入廣潤陂[四]，咸亨三年開。

鄴　南五里有金鳳渠，引天平渠[五]下流溉田，咸亨三年開。

堯城　北四十五里有萬金渠，引漳水入故齊都領渠以溉田，咸亨三年開。

臨漳　南有菊花渠，自鄴引天平渠水溉田，屈曲經三十里。又北三十里有利物渠，自滏陽下入成安，并取天平渠水以溉田，皆咸亨四年，令李仁綽開[六]。

（三七）衛州汲郡

衛　御水[七]有石堰一，貞觀十七年築。

[一] 枋口堰相傳始於先秦，曹魏時重修。隋開皇十年前後盧賁復修，名利民渠，又分支入温縣，名温潤渠。唐元和六年（八一一年）堰渠已有廣濟渠名稱。在温造之前，貞元四至五年（七八八至七八九年）及寶曆元年（八二五年）前後均曾大修。據《舊唐書·文宗紀》《新唐書·温造傳》卷九一，《舊唐書·温造傳》卷一六五，大和五年是温造始官河陽、懷節度使，修渠在大和七年，用工四萬，所溉田畝除本志所記四縣外尚有武德一縣（在今武陟縣東南）。堰至北宋仁宗時廢毁，元初復修。

[二] 州治河内縣（今沁陽），據《元和志》：『丹水北去縣七里，分溝灌溉，百姓資其利焉。』丹水灌溉相傳也始於先秦，唐廣德中（七六三至七六四年）刺史楊承仙曾修濬溉田。

[三] 宋王應麟《玉海》卷二二，『二十八年』下有『九月』二字；『魏橋』下有『製樓百餘間』五字。《册府元龜》卷四九七『楚王靈龜，永徽中（六五〇至六五五年）爲魏州刺史，開永濟渠入新市，控引商旅』。又『窠』字或作『窟』。

[四] 廣潤陂　所引安陽水又名洹水；今稱安陽河，在今安陽市北。高平渠自縣城西二十里引水至縣東二十二里入廣潤陂。宋代名千金渠，後又名萬金渠，現城西一段尚存。

[五] 天平渠　開於東魏天平二年（五三五年），一名萬金渠，係改建古引漳十二渠，併十二口爲單一引水口，東距鄴城約三十里。渠東經鄴城，渠上有水冶、水碾、水磨等，是城市供水、灌溉和水能利用的綜合性渠道。

[六] 本條所記各渠係唐代大修天平渠并擴大延長，南與洹水灌區相連。北宋又大修各渠。明、清仍有灌溉效益。清雍正十三年（一七三五年）濬天平渠七十里，通洹水。民國時也有修渠記載，現爲岳城水庫灌區。

[七] 御水　即御河，即隋代所開之永濟渠，經縣東。

黎陽　有白馬津，一名黎陽關。有大岯山，一名黎陽山。有新河，元和八年，觀察使田弘正及鄭滑節度使薛平開，長十四里，闊六十步，深丈有七尺。決河注故道，滑州遂無水患[一]。

（三八）貝州清河郡

經城　西南四十里有張甲河[二]，神龍三年，姜師度因故瀆開。

（三九）邢州鉅鹿郡

鉅鹿　有大陸澤[三]。有鹹泉，煮而成鹽。

平鄉　貞元中，刺史元誼徙漳水，自州東二十里出，至鉅鹿北十里入故河。

（四〇）洺州廣平郡

鷄澤　有漳、洺[四]南堤二，沙河南堤一，永徽五年築。

（四一）鎮州常山郡

獲鹿　東北十里有大唐渠，自平山至石邑，引太白渠溉田。有禮教渠，總章二年，自石邑西北引太白渠，東流入真定界以溉田。天寶二年又自石邑引大唐渠東南流四十三里入太白渠[五]。

[一] 滑州遂無水患　不確。滑州外城西距黄河僅二十步，常被水淹。新河是一條分洪河道，自黄河西岸黎陽縣西南開引，至東北回正河，是利用古河道開的，長十四里，加上河灘兩段共開二十里。後五十年，咸通四年（八六三年），刺史蕭倣又因黄河泛溢，壞城西北堤，發丁夫改移河道，西移四里，築新堤。又後三十三年，乾寧三年（八九六年），黄河泛濫，又冲州城，朱全忠決河堤，分爲兩河，夾城東流，災害更甚。

[二] 張甲河　《元和志》：『張甲枯河，東去縣十里』。西漢張甲河見《漢書・地理志》，係自屯氏别河分出。《水經注・河水》記敍古張甲河河道甚詳細。

[三] 大陸澤　《元和志》：『大陸澤，一名鉅鹿，在縣西北五里』。『澤東西二十里，南北三十里，葭蘆、茭蓮、魚蟹之類，充牣其中。澤畔又有鹹泉，煮而成鹽，百姓資之』。大陸澤見於《禹貢》，甚古老。

[四] 漳、洺　《元和志》：洺、漳二水，在縣東南二十五里合流。東入平鄉縣界。

[五] 太白渠　《漢書・地理志》：常山郡、蒲吾縣（在河北靈壽縣西南，唐平山縣之東）『太白渠水，首受緜曼水（今冶河上游，桃河），東南至下曲陽（在河北晉縣西）入斯洨（河名，今已湮没，大致經今石家莊南，欒城、趙縣之北，東南至冀縣西北入漳河）。』又真定國、緜曼縣（在今石家莊市西北）『斯洨水首受太白渠，東至鄡（在河北東鹿縣東南）入河（漳河）。』《水經注・濁漳水》叙太白渠道較詳細。按太白渠無疑是人工渠道，但各文獻都未説明是什麽時候開的，亦未明言是灌溉渠。

（四二）冀州信都郡

信都　東二里有葛榮陂，貞觀十一年刺史李興公開，引趙照渠水以注之。

南宮　西五十九里有濁漳堤，顯慶元年築。有通利渠，延載元年開。

堂陽〔一〕　西南三十里有渠，自鉅鹿入縣境，下入南宮，景龍元年開。西十里有漳水堤，開元六年築。

武邑　北三十里有衡漳右堤，顯慶元年築。

衡水〔二〕　南一里有羊令渠，載初中，令羊元珪引漳水北流，貫注城隍。

（四三）趙州趙郡

平棘　東二里有廣潤陂，引太白渠以注之；東南二十里有畢泓，皆永徽五年，令弓志元開，以蓄洩水利。

寧晉　地旱鹵。西南有新渠，上元中，令程處默引洨水入城以溉田，經十餘里，地用豐潤，民食乃甘。

昭慶　城下有澧水渠，儀鳳三年令李玄開，以溉田通漕。

柏鄉　西有千金渠、萬金堰，開元中，令王佐所浚築，以疏積潦。

（四四）滄州景城郡

清池　西北五十五里有永濟（永濟渠）堤二，永徽二年。西四十五里有明溝河堤二，西五十里有李彪淀東堤及徒駭河西堤，皆三年築。西四十里有衡漳堤二，顯慶元年築。西北六十里有衡漳東堤，開元十年築。東南二十里有渠，注毛氏河；東南七十里有渠，注漳，並引浮水，皆刺史姜師度開〔三〕。西南五十七里有無棣河，東南十五里有陽通河，皆開元十六年開。南十五里有浮河堤、陽通河堤，又南三十里有永濟北堤，亦是年築。有甘井二，十年〔四〕，令毛某母老，苦水鹹無以養，縣舍穿地，泉湧而甘，民謂之毛公井。

〔一〕堂陽　《元和志》：『長蘆水亦謂之堂水，在縣南二百步，縣因取名』。

〔二〕衡水　《元和志》：長蘆水在縣南二百步，即衡漳故瀆，縣因以爲名。按衡漳即濁漳河下流，異名甚多。

〔三〕姜師度引浮水事，據《舊唐書》卷一八五《姜師度傳》及本志薊州漁陽郡下，姜氏爲滄州刺史當在神龍、景龍中（七〇五至七一〇年）。引浮水兩渠當在這幾年。本條所列各工程大致以年月先後爲序，姜氏開渠應列在開元前。

〔四〕甘井二，十年　『甘井』，別本多作『甘泉』，於文義似較長。又本條所列各項工程多以先後爲序，上一項爲開元十六年，本項當爲二十年，應斷爲『甘泉，二十年』。常見本斷在『二』後，誤。

無棣　有無棣溝通海，隋末廢。永徽元年，刺史薛大鼎〔一〕開。

乾符　本魯城〔二〕，乾符元年生野稻水穀二千餘頃，燕、魏飢民就食之，因更名。

（四五）景州

東光　南二十里，有靳河，自安陵入浮河〔三〕，開元中開。

南皮　古毛河自臨津經縣入清池，開元十年開。

（四六）德州平原郡

平昌　有馬頰河，久視元年開，號新河〔四〕。

（四七）定州博陵郡

新樂　東南二十里有木刀溝〔五〕，有民木刀居溝傍，因名之。

（四八）瀛州河間郡〔六〕

河間　西北百里有長豐渠，〔貞觀〕二十一年，刺史朱潭開。又西南五里有長豐渠，開元二十五年，刺史盧暉自東城、平舒引滹沱東入淇〔七〕通漕，溉田五百餘頃。

（四九）莫州文安郡

莫　有九十九淀〔八〕。

任丘　有通利渠，開元四年，令魚思賢開，以泄陂淀，

〔一〕薛大鼎　《舊唐書》卷一八五，《新唐書》卷一九七均有傳。大鼎開無棣河，百姓歌之曰：『新河得通舟楫利，直達滄海魚鹽至。昔日徒行今騁駟，美哉薛公德滂被。』他又疏濬長蘆、漳、衡三渠排洩潦水。

〔二〕魯城　《元和志》：『平魯渠在郭内，魏武（曹操）北伐匈奴開之。』『魯』《三國志》原作『虜』，此處似後人刊本所改，『魯城』或亦原作『虜城』。又曹操北伐烏桓，非匈奴，《元和志》誤。

〔三〕浮河　或稱浮水，大致在今東光西南接永濟渠（今南運河），東北流經今南皮縣南，孟村縣北，唐滄州治清池，在其西北岸，由今黄驊縣東北入海。

〔四〕新河　《元和志》：　馬頰河在縣南十里，又名新河。按河爲黄河分支，大致自今平原縣東南，黄河北岸引黄，經今陵縣南，商河北，陽信南，自今霑化北入海。

〔五〕東南二十里有木刀溝　《元和志》，『二十里』作『二十四里』。按溝久堙没，河道大致自今靈壽縣東接滋水（今磁河），東經新樂南，無極北，深澤北，安平北，自今饒陽西北入滹沱河故道。

〔六〕《舊唐書》卷一八五，《賈敦頤傳》，貞觀二十三年轉瀛州刺史。州界滹沱河及滱水（今唐河，唯下游已改移），每歲泛溢，敦頤奏立堤堰，後無復水患。

〔七〕淇　指當時之永濟渠。志用淇水古名。

〔八〕九十九淀　即今白洋淀等淀泊。

自縣南五里至城西北入滱，得地二百餘頃。

（五〇）平州北平郡

馬城　古海陽城也。開元二十八年置，以通水運〔一〕。

（五一）薊州漁陽郡

漁陽　有平虜渠〔二〕，傍海穿漕，以避海難；　又其北漲水爲溝，以拒契丹，皆神龍中滄州刺史姜師度開〔三〕。

三河　北十二里有渠河塘。西北六十里有孤山陂，溉田三千頃〔四〕。

地理四

卷四〇

山南道

（五二）江陵府江陵郡

江陵　貞元八年，節度使嗣曹王皋〔五〕塞古堤，廣良田五千頃，畝收一鐘。又規江南廢洲爲廬舍，架江爲二橋，荆俗飲陂澤，乃教人鑿井，人以爲便〔六〕。

〔一〕水運　渤海、灤河間水運。

〔二〕平虜渠　這一平虜渠雖與東漢末曹操所開渠同名，並不是一渠。曹操所開遠在南面。姜氏所開很近於曹操所開之新河，參見《水經注·濡水》。據《唐會要》及《舊唐書》卷一八五姜傳是：『約魏武舊渠，傍海穿漕，號爲平虜渠。』《新唐書》卷一百姜傳作：『循魏武帝故迹，並海鑿平虜渠，以通餉路，罷海運，省功多。』可證姜氏平虜渠是重開曹操新河。如果本志所記地理有誤，而平虜渠在滄州境，則是重開故平虜渠。

〔三〕據《舊唐書》姜傳，在薊州北開溝，防禦奚、契丹是在開平虜渠之前，《唐會要》刊於神龍二年（七〇六年）。姜氏當時兼任河北道監察兼支度營田使，所以能在薊州境内開溝渠。《舊唐書》卷四九刊於神龍三年。

〔四〕常見本在『渠河塘』下斷句，以孤山陂溉田三千頃。詳審文義，似塘陂共灌田三千頃，似應於『塘』下改用逗號。又三河城西北六十里，當係引用鮑丘河（今潮河）水。據《中國歷史地圖》似陂已在檀州境。檀州包括北京密雲、平谷、懷柔等地。

〔五〕嗣曹王皋　《新唐書》卷八〇，《舊唐書》卷一三一有《李皋傳》。貞元初爲荆南節度使。江陵東北有廢田，傍漢水有古堤二處，每夏則溢。李皋始塞之。按李皋所塞，可能和三國時孫吴壅水禦魏兵的設施有關。南北朝時或仍有壅水防守的設施。李皋時排乾，開田。五代時荆南高氏政權又蓄水爲海，防北兵。南宋抵禦蒙古南侵，更引水擴大成『三海八櫃』。元滅宋，廉希憲始決堤排水，開田。

〔六〕據《李皋傳》：　自江陵至樂鄉（在今湖北鐘祥市西北，漢水西岸，當時屬襄州襄陽郡）凡二百里，旅舍鄉村數十處，大村均數百户，民俗不鑿井，皋教人集資開井。

（五三）朗州武陵郡

武陵　北有永泰渠，光宅中，刺史胡處立開，通漕且爲火備。西北二十七里有北塔堰，開元二十七年，刺史李璡增修，接古專陂，由黄土堰注白馬湖，分入城隍及故永泰渠，溉田千餘頃。東北八十九里有考功堰，長慶元年，刺史李翺因故漢樊陂[一]開，溉田千一百頃；又有右史堰，二年，刺史温造[二]增修，開後鄉渠，經九十七里，溉田二千頃。又北百一十九里有津石陂，本聖曆初，令崔嗣業開，翺、造亦從而增之，溉田九百頃。翺以尚書考功員外郎，造以起居舍人，出爲刺史，故（堰）以官名。東北八十里有崔陂，東北三十五里有槎陂，亦嗣業所修以溉田，後廢。大曆五年，刺史韋夏卿[三]復治槎陂，溉田千餘頃，十三年以堰壞遂廢。

（五四）復州竟陵郡

竟陵　有石堰渠，咸通中，刺史董元素開。

（五五）興州順政郡

長舉　元和中，節度使嚴礪[四]自縣而西疏嘉陵江二百里，焚巨石，沃醯以碎之，通漕以饋成州戍兵[五]。

隴右道[六]

（五六）鄯州西平郡

鄯城　……又經鶻莽峽今青海、西藏交界處之唐古拉山口十餘里，……百里至野馬驛在今西藏安多縣北，經吐蕃墾田，又經樂橋湯，四百里至閣川驛今西藏那曲。……

[一] 樊陂　據南宋王象之：《輿地紀勝》引《元和志》：樊陂在縣北八十九里，漢樊重居此，有肥田數千頃，歲收穀千萬斛。《舊唐書》卷一六〇，《新唐書》卷一七七俱有《李翺傳》。

[二] 温造　《舊唐書》卷一六五，《新唐書》卷九一俱有《温造傳》，右史堰均作右史渠。當以本志爲是，堰名右史，渠名後鄉，是一個工程。

[三] 韋夏卿　《舊唐書》卷一六五，《新唐書》卷一六二，均有《韋夏卿傳》，唯都不記他曾爲朗州刺史。

[四] 嚴礪　《舊唐書》卷一一七，《新唐書》卷一四四，均有《嚴礪傳》。他死於元和四年三月，疏江事在四年前。

[五] 《元和志》：嘉陵江在縣南十里。成州當時治上禄縣，在今甘肅西和縣西北，西漢水東岸。柳宗元有《興州江運記》，記嚴氏疏江事，見柳集。事在永貞元年（八〇五年）至元和初。

[六] 本志均爲唐後期資料，當時隴右道包括今甘肅、青海、新疆等地區，多爲吐蕃所據，記載缺略，唐代西北大量水利事業多湮没無聞。地理位置增加今注。

至農歌驛今西藏拉薩市西北之堆龍德慶，邏些今西藏拉薩市在東南，距農歌二百里。……又經鹽池、暖泉、江布靈河，百一十里渡姜濟河，經吐蕃墾田，二百六十里至卒歌驛〔一〕在今西藏札囊縣東，雅魯藏布江北岸。……

地理五

卷四一

淮南道

（五七）揚州廣陵郡

江都　東十一里有雷塘〔二〕，貞觀十八年，長史李襲譽〔三〕引渠，又築勾城塘，以溉田八百頃。有愛敬陂〔四〕水門，貞元四年，節度使杜亞〔五〕自江都西，循蜀岡之右，引陂趨城隅以通漕，溉夾陂田。寶曆二年，漕渠淺，輸不及期。鹽鐵使王播〔六〕自七里港引渠，東注官河〔七〕，以便漕運。

江陽　有康令祠。咸通中大旱，令以身禱雨赴水死，天即大雨。民爲立祠。

高郵　有堤塘，溉田數千頃，元和中，節度使李吉

〔一〕鄯城以下文敘自城至吐蕃邏些以南的交通要道，大約相當於今青藏公路，遠至雅魯藏布江以南。這些顯然不是鄯城境内，亦遠遠超過鄯州轄境及隴右道轄境。

〔二〕雷塘　《元和志逸文》（引自《輿地紀勝》），雷陂在縣北十里（按：實爲東北），漢（《漢書》）《江都王傳》有雷陂。按：雷陂即雷塘，後分上下二塘，合陳公塘、勾城塘、小新塘稱爲揚州五塘。其中陳公塘最大，周九十餘里。歷代都利用各塘接濟漕運和灌溉。

〔三〕李襲譽　《舊唐書》卷五九，《新唐書》卷九一均有傳，記李爲揚州大都督府長史、江南道巡察大使，以江都民俗喜商賈，不好農桑，乃引雷陂水，築勾城塘溉田。

〔四〕愛敬陂　《元和志逸文》（引自《輿地紀勝》）：愛敬陂在江都縣西五十里，魏陳登爲太守，開陂，民號愛敬陂，亦號陳登塘。按：東漢靈帝末年，獻帝初年（一九〇年左右）陳登先爲東陽長，後爲徐州典農校尉，廣陵太守，十餘年中在淮、揚間大興水利。後代流傳他開發水利的不少事跡。

〔五〕杜亞　《新唐書》卷一七二，《舊唐書》卷一四六均有傳。杜爲淮南節度使以揚州官河（即運河）淤塞，又官紳工商多臨街造宅，行旅擁擠，乃開拓疏浚。《文苑英華》卷八一二有梁肅《通愛敬陂水門記》，記杜亞修陂事，謂先勘測水源勾城湖及愛敬陂，後者方圓百里，支流多，可利用，乃繪圖上奏朝廷，得到批准。於是培修舊堤，築斗門，修渠濟漕運及溉田。陂本陳登修，當時『愛其功而敬其事』故名愛敬。

〔六〕王播　《舊唐書》卷一六四王播傳及《舊唐書》《敬宗紀》，記此事較詳，係改開新道。因城内舊官河水淺，舟船難行，改自城南，閶門西古七里港開河向東，屈曲十九里接舊河，水道稍深，四五年後完工。《新唐書》卷一六七亦有播傳。

〔七〕官河　《元和志逸文》（引自《太平寰宇記》）：合瀆渠，在縣東二里，本吴所掘邗溝，江淮之水路也，今謂之官河，亦謂之山陽瀆。

甫〔一〕築。

（五八）楚州淮陰郡

山陽　有常豐堰，大曆中黜陟使李承〔二〕置以溉田。

寶應　西南八十里有白水塘〔三〕、羡塘〔四〕，證聖中開，置屯田。西南四十里有徐州涇、青州涇，西南五十里有大府涇，長慶中興白水塘屯田，發青、徐、揚州之民以鑿之。大府即揚州。北四里有竹子涇，亦長慶中開。

淮陰　南九十五里有棠梨涇，長慶二年開。

（五九）和州歷陽郡

烏江　東南二里有韋游溝，引江至郭十五里，溉田五百頃，開元中，丞韋尹開；貞元十六年，令游重彦又治之。民享其利，以姓名溝。

（六〇）壽州壽春郡

安豐　東北十里有永樂渠，溉高原田，廣德二年，宰相元載置，大曆十三年廢〔五〕。

（六一）光州弋陽郡

光山　西南八里有雨施陂，永徽四年，刺史裴大覺積水以溉田百餘頃。

〔一〕李吉甫　《舊唐書》卷一四八李吉甫傳：『又於高郵縣築堤爲塘，溉田數千頃。』即本志所説的堤塘，事在元和四、五年。《新唐書》卷一四六《李傳》作：『爲淮南節度使……築富人、固本二塘，溉田且萬頃。』這三條是一件事。又接上文：『漕渠庳下，不能居水，乃築堤閼以防不足，泄有餘，名曰平津堰。』《新塘書》卷五三《食貨志》：『初揚州疏太子港、陳登塘凡三十四陂以益漕河，輒復堙塞。淮南節度使杜亞乃濬渠蜀岡，疏勾城湖、愛敬陂，起堤貫城以通大舟。河益庳，水下走淮，夏則舟不得前。節度使李吉甫築平津堰以泄有餘，防不足，漕流遂通。』關於平津堰説法不一，有人以爲即淮安北之北神堰（參見姚漢源，《中國水利史綱要》第五章第三節）。

〔二〕李承　《舊唐書》卷一一五，《新唐書》卷一四三均有《李承傳》，記李承爲淮南西道黜陟使，奏築常豐堰，以禦海潮，溉屯田瘠鹵，收穫十倍。堰是禦鹹蓄淡灌溉工程。後人説他築捍海堤自楚州鹽城（今鹽城市）南至海陵縣（今泰州市）境，宋代修復延伸爲范公堤。

〔三〕白水塘　又名白水陂。《元和志逸文》（引自《輿地紀勝》）：『白水陂在縣西八十里，鄧艾所立。』按：據三國志鄧艾屯田僅限於今鳳陽以西。唐人認爲白水塘，石鼈屯（引白水塘的屯田）和附近陂塘俱鄧艾所開，不甚可信。但二者東晉南北朝時已見記載。唐人記白水塘東北接今淮安、寶應縣境，西部在今洪澤湖區之東南部，寬三十里，周長二百五十里，西通破釜塘（在今盱眙縣北三十里，洪澤湖内），有八水門，灌田一萬二千頃。

〔四〕羡塘　羡塘在白水塘北，二塘通連。長慶時開引水渠多條。以後漸廢。南唐議修復白水塘，未成功。南宋白水塘内已墾田二十萬畝，塘面漸淤平，周長剩一百二十里。元代在這裏立洪澤屯田。明朝以來西部没入洪澤湖，東部墾爲田。

〔五〕本志不載芍陂。安豐縣南臨芍陂，平原地區是陂水灌區。

江南道

（六二）潤州丹楊〔一〕郡

丹徒　開元二十二年，刺史齊澣以州北隔江，舟行繞瓜步，回遠六十里，多風濤，乃於京口埭下直趨渡江二十里，開伊婁河〔二〕二十五里，渡揚子，立埭，歲利百億，舟不漂溺。

丹楊　武德……五年曰簡州，以縣南有簡瀆取名，八年州廢。……有練塘〔三〕，周八十里，永泰中刺史韋損因廢塘復置，以溉丹楊、金壇、延陵之田，民刻石頌之。

金壇　東南三十里有南、北謝塘〔四〕，武德二年，刺史謝元超因故塘復置以溉田。

（六三）昇州江寧郡

句容　西南三十里有絳巖湖〔五〕，麟德中，令楊延嘉因梁故堤置，後廢。大曆十二年，令王昕復置，周百里爲塘，立二斗門以節旱暵，開田萬頃。　絳巖故赤山，天寶中更名。

（六四）常州晉陵郡

武進　西四十里有孟瀆，引江水南注通漕，溉田四千

〔一〕丹楊　亦作丹陽，别本多用『陽』字。

〔二〕伊婁河　齊澣開伊婁河據《舊唐書》《玄宗紀》及《舊唐書》卷一九〇、《新唐書》卷一二八齊传，均在開元二十六年，本志誤。《舊唐書》本紀，開元二十六年『潤州刺史齊澣開伊婁河於揚州南，瓜洲浦。』瓜洲原爲江中沙洲，屬潤洲，後逐漸北移與北岸相接，江北岸遂南移二十餘里。漕舟過江需繞行沙尾。開伊婁河後減少漂没損失又每年省脚錢數十萬；　立伊婁埭，徵收過往船隻税課，收入亦不少。

〔三〕練塘　亦名練湖。《元和志》：『練湖在縣北一百二十步，周迴四十里。晉時陳敏爲亂，據有江東，務修耕績，令弟諧遏馬林溪以溉雲陽（即丹陽），亦謂之練塘，溉田數百頃。』陳諧修湖在西晉惠帝末年（三〇五至三〇七年），築堰攔七十二溪山水成塘，周長一百二十里，後兼用以接濟江南運河。唐代爲部分墾佔，到永泰二年（七六六年），湖堤僅長四十里，中有横堤，分湖爲上下兩部。韋損開濬，修斗門，周長至八十里。湖水以濟江南運河爲主，『湖水放一寸，河水長一尺。』《唐文粹》卷二一，李華《潤州丹陽縣復練塘頌》記韋損修塘事；《全唐文》卷三七〇，劉晏《奏禁隔斷練湖狀》亦叙此事並記湖水用以濟運及溉田，禁分隔墾佔，得到朝廷批准。

南唐、兩宋、元、明、清都多次修濬，濟運溉田，規定管理制度。但由於淤塞及豪强墾佔，湖日淺狹。清初上湖全部成田，清末下湖亦大部墾種，一九四九年後開爲農場。

〔四〕謝塘　《太平寰宇記》：　南北二謝塘梁普通中（五二〇至五二七年）謝德威築，隋廢，唐謝元超重修。

〔五〕絳巖湖　亦名赤山湖，下通秦淮河，自六朝時建有柏岡埭控制入河水量。相傳孫吴赤烏二年（二九三年）築堤成湖。南齊明帝時（四九四至四九八年）曾大修，隋代廢。大曆十二年修復後，周長一百二十里，建兩斗門。《文苑英華》卷八一三，樊珣《絳巖湖記》，記王昕修湖事。以後常用維修，元以後縮小，周長僅四十里。一九四九年水面只剩十五平方公里，現全墾爲田。

頃。元和八年刺史孟簡〔一〕因故渠開。

無錫　南五里有泰伯瀆〔二〕，東連蠡湖〔三〕亦元和八年孟簡所開。

（六五）蘇州吳郡

海鹽　有古涇三百一〔四〕，長慶中，令李諤開，以禦水旱。又西北六十里有漢塘，大和七年開。

（六六）湖州吳興郡

烏程　東百二十三里有官池〔五〕，元和中刺史范傳正〔六〕開。東南二十五里〔七〕有陵波塘，寶曆中刺史崔玄亮開。北二里有蒲帆塘，刺史楊漢公開，開而得蒲帆，因名。

長城　有西湖，溉田三千頃〔八〕，其後堙廢，貞元十三年，刺史于頔復之，人賴其利〔九〕。

安吉　北三十里有邸閣池，北十七里有石鼓堰，引天目山水〔一〇〕溉田百頃，皆聖曆初令鉗耳知命置。

（六七）杭州餘杭郡

錢塘　南五里有沙河塘，咸通二年，刺史崔彥曾〔一一〕開。

鹽官　有捍海塘堤，長百二十里，開元元年重築〔一二〕。

餘杭　南五里有上湖，西二里有下湖，寶曆中令歸珧

〔一〕孟簡　《新唐書》卷一六〇，《舊唐書》卷一六三均有傳。所開渠長四十一里，孟瀆是舊名。孟瀆北通長江，南接運河，後來成爲自江南運河北通江，渡江北航的重要運道之一。

〔二〕泰伯瀆　長八十里，相傳是商代末年吳泰伯創始。

〔三〕蠡湖　因春秋時范蠡得名，在縣東南五十里。

〔四〕三百一　别本無『一』字。

〔五〕東百二十三里有官池　别本作『東北二十三里』。如果官池指湖州東，太湖南之官塘，則自湖州，東入蘇州境接運河，共長百餘里，但文句不甚通順。如果指另一池，則東一百二十里已在蘇州境，似乎『東北二十三里』較可信。

〔六〕范傳正　《舊唐書》卷一八五，《新唐書》卷一七二均有傳，但未提及開官池事。

〔七〕東南二十五里　别本作『東南三十五里』。

〔八〕三千頃　别本作『二千頃』，據《於頔傳》作『三千頃』爲是。

〔九〕于頔　《舊唐書》卷一五六，《新唐書》卷一七二均有傳。《舊唐書・于頔傳》載：『爲湖州刺史，因行縣至長城方山。其下有水，曰西湖，南朝疏鑿溉田三千頃，久堙廢。頔命設堤塘以復之，歲獲杭稻蒲魚之利。』

〔一〇〕引天目山水　當爲雪溪水，雪溪亦名西苕溪。

〔一一〕崔彥曾　《新唐書》卷一一四，《舊唐書》卷一七七有傳，唯都未記載。

〔一二〕杭州海塘，《水經注・漸江水》引《錢唐（唐同塘）記》説：『防海大塘在縣東一里許。郡議曹華信家議立此塘以防海水。始開募有能致一斛土者，即與錢一千。旬月之間來者雲集。塘未成而不復取，於是載土石者皆棄而去，塘以之成，故改名錢塘焉。』這是南北朝時的傳説，前人已論其不可信。華信是郡議曹，郡縣設曹始於東漢。華信可能是東漢或以後人。錢唐之名見於秦時，似秦代已有海塘。唐代錢塘江南北已有較大規模的塘。

因漢令陳渾故迹置〔一〕。北三里有北湖〔二〕，亦珧所開，溉田千餘頃。珧又築甬道，通西北大路，高廣徑直百餘里，行旅無山水之患。

富陽　北十四里有陽陂湖，貞觀十二年，令郝某開。南六十步有堤，登封元年，令李濬時築，東自海，西至於莧浦，以捍水患。貞元七年，令鄭早又增修之〔三〕。

於潛　南三十里有紫溪水〔四〕溉田，貞元十八年，令杜泳開，又鑿渠三十里以通舟楫。

新城　北五里有官塘，堰水溉田，有九澳，永淳元年開。

（六八）越州會稽郡

會稽　東北四十里有防海塘，自上虞江即曹娥江抵山陰百餘里，以蓄水溉田，開元十年令李俊之增修，大曆十年觀察使皇甫温，大和六年令李左次又增修之。

山陰　北三十里有越王山堰，貞元元年觀察使皇甫政鑿山以蓄泄水利，又東北二十里作朱儲斗門〔五〕。北五里有新河，西北十里有運道塘，皆元和十年觀察使孟簡〔六〕開。西北四十六里有新逕斗門〔七〕，大和七年觀察使陸亘置。

諸暨　東二里有湖塘，天寶中，令郭密之築，溉田二十餘頃。

上虞　西北二十七里有任嶼湖，寶曆二年，令金堯恭置，溉田二百頃。北二十里有黎湖，亦堯恭所置。

（六九）明州餘姚郡

鄮　南二里有小江湖〔八〕，溉田八百頃，開元中令王元緯置，民立祠祀之。東二十五里有西湖〔九〕，溉田五百

〔一〕上下二湖，即漢熹平二年（一七三年）縣令陳渾所開之南湖，引苕溪水爲上下二湖，號稱灌田萬頃。後堙廢，唐代重開，兩宋至明屢次修濬。明代僅存下湖，陳幼學著《南湖水利考》，記其沿革。清代已堙塞，今闢爲農場。

〔二〕北湖　亦引苕溪諸水，周迴六十里，明代已湮没。

〔三〕這是海塘的一部分。

〔四〕紫溪水　即今天目溪。

〔五〕朱儲斗門　爲擋潮排洪閘門，内水大時由朱儲斗門等經由三江口排入海。

〔六〕孟簡　參前常州晉陵郡下注。

〔七〕新逕斗門　亦爲擋潮排洪閘門，内水大時，排水入西小江。

〔八〕小江湖　宋人謂係引它山堰水，即它山堰灌區。南宋魏峴著《四明它山水利備覽》記沿革頗詳，王元緯作王元暐，於太和七年築堰，非開元時。它山堰後代不斷維修，今古堰尚存，已不引水，爲全國重點文物保護單位，在今寧波西南四十里，鄞江鎮西南。

〔九〕西湖　即東錢湖，在今浙江寧波市東南，西晉時已開發，就天然湖泊修造水庫，唐以後屢次修浚，四周築石塘八十里，建七堰、四閘，溉田最多時至百餘萬畝。現在湖面有二十餘平方公里，有灌溉、供水、航運、漁業等多方面效益。

頃，天寶二年，令陸南金開廣之。西十二里有廣德湖〔一〕，溉田四百頃，貞元九年，刺史任侗因故迹增修。西南四十里有仲夏堰，溉田數千頃，大和六年，刺史于季友〔二〕築。

（七〇）衢州信安郡

西安　東五十五里有神塘，開元五年，因風雷摧山，偃澗成塘〔三〕，溉田二百頃。

（七一）處州縉雲郡

麗水　東十里有惡溪，多水怪，宣宗時刺史段成式有善政，水怪潛去，民謂之好溪。

（七二）福州長樂郡

閩　東五里有海堤，大和二年，令李茸築。先是，每六月潮水鹹鹵，禾苗多死。堤成，瀦溪水殖稻，其地三百户，皆良田。

候官　西南七里有洪塘浦，自石岜江而東，經甓瀆至柳橋，以通舟楫，貞元十一年觀察使王翃開。

長樂　東十里有海堤〔四〕，大和七年令李茸築。立十斗門以禦潮，旱則瀦水，雨則泄水，遂成良田。

連江　東北十八里有材塘，貞觀元年築。

（七三）泉州清源郡

晉江　北一里有晉江〔五〕，開元二十九年別駕趙頤貞鑿溝通舟楫至城下。東一里有尚書塘，溉田三百餘頃，貞元五年刺史趙昌置，名常稔塘。後昌爲尚書，民思之，因更名。西南一里有天水淮〔六〕，灌田百八十頃，太和三年〔七〕，刺史趙棨開。

莆田　西一里有諸泉塘，南五里有瀝嶼塘，西南二里有永豐塘，南二十里有橫塘，東北四十里有頡洋塘，東南

〔一〕廣德湖　唐大曆八年（七七三年）鄮縣令儲仙舟，就天然湖泊鶯脰湖改造，後任侗擴建。大中元年（八四七年）溉田至八百頃。北宋大修，築堤九千丈，閘九座，堰二十處，溉田增至二千頃。當時常有人主張廢湖爲田，到政和七年（一一一七年）終於墾湖成田八百頃。灌區改用它山堰水。

〔二〕于季友　是于頔之子，事跡見頔傳。仲夏堰南宋時已廢，灌區改引它山堰水。

〔三〕這是天然崩塌成壩的記録。

〔四〕海堤　長樂海堤及閩縣海堤都是禦鹹蓄淡的灌溉工程。

〔五〕晉江　在城南，此處在城北一里是引水爲晉江渠，不是晉江正流。

〔六〕天水淮　淮就是圍，泉州刺史趙棨鑿清渠，築三十六涵洞，納筍、浯二水溉田。取趙姓郡望稱爲天水。淮後代常浚治，通城內，泄城內外諸水入晉江。

〔七〕三年　別本作『二年』，以『三年』爲是。

二十里有國清塘，溉田總千二百頃，並貞觀中置[一]。北七里有延壽陂，溉田四百餘頃，建中年置[二]。

（七四）宣州宣城郡

宣城　東十六里有德政陂，引渠溉田二百頃，大曆二年觀察使陳少遊置。

南陵　有大農陂，溉田千頃，元和四年，寧國令范某因廢陂置，爲石堰三百步[三]，水所及者六十里。有永豐陂[四]，在青弋江中，咸通五年置。

（七五）歙州新安郡

歙　東南十二里有吕公灘[五]，本車輪灘，湍悍善覆舟，刺史吕季重以俸募工鑿之，遂成安流。

祈門　西南十三里有閶門灘[六]，善覆舟，旻開斗門以平其隘，號路公溪，後斗門廢。咸通三年，令陳甘節以俸募民穴石積木爲橫梁，因山派渠，餘波入於乾溪，舟行乃安。

（七六）洪州豫章郡

南昌　縣南有東湖[七]，元和三年，刺史韋丹[八]開南塘斗門以節江水，開陂塘以溉田。

建昌　南一里有捍水堤，會昌六年攝令何易于築。西二里又有堤，咸通三年令孫永築[九]。

[一] 此處六塘後代合稱興化六塘。（宋代於莆田置興化軍，明改興化府）。北宋建木蘭陂，除國清塘保留備大旱外，其餘五塘墾爲田。國清塘亦與陂通連，六塘灌區遂統入木蘭陂灌區内。

[二] 木蘭陂到元延祐二年（一三一五年）擴大灌區至木蘭溪北，和延壽陂灌區通連爲一。

[三] 三百步　一本作『二百步』，據《唐文粹》卷七五，韋瓘《宣州南陵縣大農陂記》作『三百步』是。引水渠有三，長的有六十里，溉田數萬畝。

[四] 永豐陂　在大農陂下游，在縣城東南六十里亦引青弋江水溉田。兩宋時兩陂都大修過，大農陂灌田五萬畝，永豐陂渠長六十里，灌田三萬畝。

[五] 吕公灘　在新安江支流練江下游。

[六] 閶門灘　在昌江上流之南寧河上。路公溪似别開一航道，陳甘節似築攔河堰平水，並分水入乾溪。

[七] 東湖　宋人記東湖在城東南，周廣五里。《水經注·贛水》記：『東大湖十里二百二十六步，北與城齊，南緣迴折至南塘，本通大江（贛江），增減與江水同。漢永元中（八九至一〇五年），太守張躬築塘以通南路，兼遏此水，冬夏不增減。……每于夏月江水溢塘而過，居民多被水害。至宋景平元年（四二三年）太守蔡君西起堤，開塘爲水門，水盛則閉之，内多則泄之。自是民居少患矣。』南塘爲張躬築，劉宋時蔡興宗於塘上起堤，修斗門。韋丹又修捍江堤十二里及南塘斗門。東湖後又分西、北二湖，沿堤植柳名萬金堤，湖北岸爲百花洲。

[八] 韋丹　《新唐書》卷一九七《循吏傳》有傳。爲江南西道觀察使時築堤十二里捍江並修有斗門。又築陂塘五百九十八所，灌田一萬二千頃。

[九] 孫永　所築堤及何易于堤都是修水堤。咸通三年，一本作『二年』。

（七七）江州潯陽郡

潯陽　南有甘棠湖，長慶二年，刺史李渤〔一〕築，立斗門以蓄泄水勢。東有秋水堤，大和三年，刺史韋珩築；西有斷洪堤，會昌二年刺史張又新築，以窒水害。有彭蠡湖，一名宫亭湖。

都昌　南一里有陳令塘，咸通元年，令陳可夫築，以阻潦水。

（七八）鄂州江夏郡

永興　北有長樂堰，貞元十三年築。

（七九）饒州鄱陽郡

鄱陽　縣東有邵父堤，東北三里有李公堤，建中元年刺史李復築，以捍江水。東北四里有馬塘，北六里有土湖，皆刺史馬植〔二〕築。

（八〇）袁州宜春郡

宜春　有宜春泉，醖酒入貢。西南十里有李渠〔三〕，引仰山水入城，刺史李將順鑿。

地理六

卷四二

劍南道

（八一）成都府蜀郡

成都　有江瀆祠。北十八里有萬歲池，天寶中，長史

〔一〕李渤　《舊唐書》卷一七一、《新唐書》卷一一八均有傳。李曾修湖堤三千五百尺。

〔二〕馬植　《舊唐書》卷一七六、《新唐書》卷一八四均有傳。馬植任饒州刺史，築堤約在大和時（八二七至八三五年）。

〔三〕李渠　以供袁州城市用水爲主，兼有灌田（二萬畝）、通航、排洪作用。元和四年（八〇九年）開，渠長一千九百六十五丈，自袁江支流清瀝江引水入城。歷宋、元、明、清至近代始廢。南宋寶慶三年（一二二七年）知州曹叔遠大修，並著《李渠志》。清道光六年（一八二六年）宜春知縣程國觀重修，又再修《李渠志》並節略曹志原文附入。

青神　大和中榮夷〔九〕人張武等百餘家請田于青神，章仇兼瓊〔一〕築堤，積水溉田。南百步有官源渠堤百餘里，天寶二載，令獨孤戒盈築。

温江　有新源水，開元二十三年，長史章仇兼瓊因蜀王秀故渠開，通漕西山竹木。

（八二）彭州濛陽郡

九隴　武后時，長史劉易從決唐昌沲江〔二〕（即沱江），鑿川派流，合堋口〔三〕埌岐水〔四〕溉九隴、唐昌田，民爲立祠。

導江　有侍郎堰，其東百丈堰〔五〕，引江水以溉彭、益田〔六〕，龍朔中築。又有小堰，長安初築。

（八三）蜀州唐安郡

新津　西南二里有遠濟堰，分四筒〔七〕，穿渠溉眉州通義、彭山之田，開元二十八年採訪使章仇兼瓊開。

（八四）漢州德陽郡

雒　貞元末刺史盧士珵立堤堰，溉田四百餘頃。

什邡　有李冰祠山。

（八五）眉州通義郡

彭山　有通濟大堰〔八〕一，小堰十，自新津邛江口引渠南下，百二十里至州西南入江，溉田千六百頃，開元中益州長史章仇兼瓊開。

〔一〕章仇兼瓊　在開元、天寶時興修蜀中水利不少，兩唐書均無傳。所稱長史是益州（或蜀郡）大都督府長史，長史相當於州刺史，但都督管轄劍南一道，長史實際執行都督職權。益州在至德二載（七五七年）始改爲成都府。

〔二〕沲江　或沱江指今柏條河。

〔三〕堋口　指湔江口，在今彭縣西北的關口。

〔四〕埌岐水　指湔江，下游多分支。

〔五〕有侍郎堰，其東百丈堰　侍郎堰，宋人謂即都江堰渠首離堆下接人字堰、飛沙堰等；百丈堰即導流之百丈堤。《元和志》記楗尾堰在導江縣西南二十五里。李冰作之，以防江決。破竹爲籠，圓徑三尺，長十丈，以石實中，累而壅水。即指侍郎堰至金剛堤、魚嘴等。

〔六〕溉彭、益田　指今成都平原，都江堰灌區。

〔七〕遠濟堰，分四筒　即分四個支渠口。遠濟堰下至五代時與彭山通濟堰合爲一渠，詳見下眉州彭山縣注。

〔八〕通濟堰，相傳始創於東漢建安時（一九六至二二〇年），後廢。唐重修，五代時合遠濟堰爲一渠。宋代溉田三十四萬畝，建炎時（一一二七至一一三〇年）又壞。紹興十五年（一一四五年）勾龍廷實又創修，渠首堰長二百八十餘丈，横截岷江，下流有小筒堰一百一十九，並制定堰規。明、清俱屢次大修改建。近代渠首在新津城東五津渡，攔河壩長九百多米，成弧形，灌田三十萬畝。

〔九〕榮夷　地理不詳。是否爲榮經（唐蜀雅州，今仍爲縣）之誤？鑿山釃渠即開山引渠，近人有誤以『山釃』爲渠名者。榮夷也可能與下文連讀，指榮州（治今榮縣）的夷人。

鑿山纚渠，溉田二百餘頃。

(八六)資州資陽郡

盤石　北七十里有百枝池，周六十里。貞觀六年將軍薛萬徹決東使流。

(八七)綿州巴西郡[一]

巴西　南六里有廣濟陂，引渠溉田百餘頃。垂拱四年長史樊思孝，令夏侯奭因故渠開。

魏城　北五里有洛水堰，貞觀六年引安西水入縣，民甚利之。

羅江　北五里有茫江堰，引射水溉田入城，永徽五年，令白大信置。北十四里有楊村堰，引折脚堰水溉田，貞元二十一年，令韋德築。

神泉　北二十里有折脚堰，引水溉田，貞觀元年開。

龍安　東南二十三里有雲門堰，決茶川水溉田，貞觀元年築。

(八八)劍州普安郡

陰平　西北二里有利人渠，引馬閣水入縣溉田。龍朔三年令劉鳳儀開，寶應中廢。後復開，景福二年又廢。

(八九)陵州仁壽郡

籍　東五里有漢陽堰，武德初引漢水溉田二百頃，後廢。文明元年，令陳充復置，後又廢。

地理七上

卷四三上

嶺南道

(九〇)廣州南海郡

南海　有南海祠。山峻水深，民不井汲，都督劉巨鱗始鑿井[二]四。

(九一)邕州朗寧[三]郡

宣化　鬱水自蠻境七源州流出，州民常苦之。景雲

[一] 本郡所屬各縣灌溉工程，都是引涪江上游干支流各河。下劍州同。
[二] 始鑿井　年代待查，約在玄宗時(七一二至七五五年)。
[三] 朗寧　一本作『朗陵』，『陵』字誤。

中司馬吕仁引渠分流以殺水勢，自是無没溺之害，民乃夾水而居。

（九二）桂州始安郡

臨桂　有相思埭，長壽元年築，分相思水[一]使東西流。又東南有回濤堤，以捍桂水，貞元十四年築。

理定　西十里有靈渠[二]，引灕水，故秦史禄所鑿，後廢。寶曆初，觀察使李渤立斗門十八以通漕[三]，俄又廢。咸通九年，刺史魚孟威以石爲鏵隄，亘四十里，植大木爲斗門，至十八重，乃通巨舟[四]。

（九三）白州南昌郡

博白　西南百里有北戍灘[五]，咸通中，安南都護高駢募人平其險石，以通舟楫。

整理人：　蔣超，中國水利史專家。曾出版《中國古代水利工程》（漢英—英漢水利土木工程詞典）等著作。《中國大百科全書》（第二版）水利學科副主編，《中國水利百科全書》（第二版）水利史分支副主編。

蔡蕃，中國水利史專家。曾出版《北京古運河與城市供水研究》《元代水利家郭守敬》《京杭大運河水利工程》等著作。

[一] 相思水　在臨桂南五十里，建埭後分水東西流，東通灕江，西通柳江支流的洛清江（唐代的白石水），爲聯通桂柳二江的運河。自分水塘起，東西建陡（簡易船閘）控制。歷代維修至清雍正九年（一七三一年）大修，有陡二十二座。清人常稱靈渠爲北陡河，相思埭爲南陡河，今廢爲排水渠。

[二] 靈渠　所在應爲唐之桂州全義縣，即今廣西興安縣。本志誤以隋及唐初之興安（後改理定）即北宋之興安（唐之全義，今之興安）。

[三] 李渤立斗門十八以通漕　此處記述亦有問題，李渤實際只修了入湘、入灕兩石斗門。魚孟威增至十八重。

[四] 詳細情況參考魚孟威《桂州重修靈渠記》（《全唐文》，中華書局一九八五年版，第八四五三頁。）靈渠斗門宋代已增至三十六處，元、明、清屢次維修，清代只有二十餘斗，近代圮毁。渠尚有灌溉之利，是全國重點文物保護單位。

[五] 北戍灘　『北戍』别本作『北成』。

二十五史食貨志五行志水利史料彙編

〔漢〕司馬遷等 著

蔡蕃 整理

整理説明

古代水利包含的内容，除了灌溉供水、防洪減災之外，還有爲漕運而興修的運河工程等。這些史料在二十五史最集中的除了《河渠志》之外，就是《食貨志》和《五行志》了。

《史記·平準書》開《食貨志》先河，《漢書》始稱『食貨志』，並成爲以後史家必修專篇。『食貨』一詞源於《書經·周書·洪範》篇。《漢書·食貨志》概括地説：『《洪範》八政：一曰食，二曰貨。食謂農殖嘉穀可食之物，貨謂布帛可衣及金刀、龜貝，所以分財布利，通有無者也。二者，生民之本，興自神農之世。……食足貨通，然後國實民富，而教化成。』按今天説法，『食』指的是生産範圍内的事情，『貨』則屬於消費流通範圍。《尚書》已經把『食足貨通』作爲治理國家的首要任務。

古代『食』主要是農業生産、副業生産，而與農業生産密切相關的就是水利，人們常説的『水利是農業的命脈』源於此。『貨』涉及商品經濟流通的發展和變化。其中，歷代爲保障首都糧食和物資供應而經營的『漕運』工程，便是最重要的經濟活動。這些在《食貨志》中都有大量記載。這里摘録了《史記·平準書》《漢書·食貨志》《晉書·食貨志》《隋書·食貨志》《舊唐書·食貨志》《新唐書·食貨志》《宋史·食貨志》《金史·食貨志》《元史·食貨志》《明史·食貨志》和《清史稿·食貨志》共十一種。

在歷代正史的《五行志》中，對自然災害有較多的記載。《漢書·五行志》開創中國古代災害志，自此後代正史必書專篇，到《清史稿》編寫時，則直接改作《災異志》了。《五行志》從天人感應的角度把人事、氣象與災禍聯繫起來，有制衡君權的意味，雖然充滿迷信附會，却保留了一些古代氣象資料。將這些資料與其他文獻記載對照，可以分析出歷史上許多重要事件。《漢書·五行志》將『災異』分爲六類，其中『水不潤下』包括了『大水』等，主要記載江河泛濫和洪水災害。這裏摘録了《漢書·五行志》《後漢書·五行志》《晉書·五行志》《宋書·五行志》《隋書·五行志》《舊唐書·五行志》《新唐書·五行志》《舊五代史·五行志》《宋史·五行志》《金史·五行志》《元史·五行志》《明史·五行志》和《清史稿·災異志》共十三種。

爲方便讀者查閲，輯録時没有將上述兩種文獻分開，而是按各書的『食貨』『五行』順序排列，敬請注意。

本次輯録整理工作由蔡蕃完成，徐海亮、鄭連第、段天順審稿。限於水準，錯誤和不當之處敬請讀者批評指正。

整理者

目録

史記

卷三〇　平準書第八

天下已平，高祖乃令賈人不得衣絲乘車，重租稅以困辱之。孝惠、高后時，爲天下初定，復弛商賈之律，然市井之子孫亦不得仕宦爲吏。量吏祿，度官用，以賦於民。而山川園池市井《正義》古人未有市，若朝聚井汲水，便將貨物於井邊貨賣，故言市井也。租稅之入，自天子以至于封君湯沐邑，皆各爲私奉養焉，不領於天下之經費。《索隱》按：經訓常。言封君已下皆以湯沐邑爲私奉養。故不領入天子之常稅，爲一年之費也。漕轉山東粟，以給中都官，《索隱》按：中都猶都內也，皆天子之倉府。以給中都官者，即今太倉以畜官儲是也。歲不過數十萬石。

其後漢將歲以數萬騎出擊胡，及車騎將軍衛青取匈奴河南地，《正義》謂靈、夏三州地，取在元朔二年。築朔方。《正義》今夏州也。《括地志》云：『夏州，秦上郡，漢分置朔方郡，魏不改，隋置夏州也。』當是時，漢通西南夷道，作者數萬人，千里負擔饋糧，率十餘鍾致一石，《集解》：《漢書音義》曰：『鍾，六石四斗。』散幣於邛僰《索隱》應劭云：『臨邛屬蜀，僰屬犍爲。』以集之。數歲道不通，蠻夷因以數攻，吏發兵誅之。《索隱》吏發興誅之。謂發軍興以誅之也。悉巴蜀租賦不足以更之，《集解》韋昭曰：『更，續也。或曰更，償也。』乃募豪民田南夷，入粟縣官，而內受錢於都內。《集解》服虔曰：『入穀於外縣，受錢於內府也。』東至滄海之郡，人徒之費擬於南夷。又興十萬餘人築衛朔方，轉漕《索隱》按：《說文》云：『漕，水轉穀也。一云車運曰轉，水運曰漕也。』甚遼遠，自山東咸被其勞，費數十百巨萬，府庫益虛。乃募民能入奴婢得以終身復，爲郎增秩，及入羊爲郎，始於此。

其後四年，《集解》徐廣曰：『元朔五年也。』而漢遣大將將六將軍，軍十餘萬，擊右賢王，獲首虜萬五千級。明年，大將軍將六將軍仍再出擊胡，得首虜萬九千級。捕斬首虜之士受賜黃金二十餘萬斤，虜數萬人皆得厚賞，衣食仰給縣官；而漢軍之士馬死者十餘萬，兵甲之財轉漕之費不與焉。

初，先是往十餘歲河決觀，《集解》徐廣曰：『觀，縣名也。屬東郡，光武改曰衛，公國。』梁楚之地固已數困，而緣河之郡隄塞河，輒決壞，費不可勝計。其後番係欲省底柱之漕，穿汾、河渠以爲溉田，作者數萬人；鄭當時爲渭漕渠回遠，鑿直渠自長安至華陰，作者數萬人；朔方亦穿渠，作者數萬人：各歷二三期，功未就，費亦各巨萬十數。

天子爲伐胡，盛養馬，馬之來食長安者數萬匹，卒牽掌者關中不足，乃調旁近郡。而胡降者皆衣食縣官，縣官不給，天子乃損膳，解乘輿駟，出御府禁藏以贍之。

其明年，山東被水菑，民多饑乏，於是天子遣使者虛郡國倉廥《集解》徐廣曰：『音膾。』以振貧民。猶不足，又募豪富人相貸假。尚不能相救，乃徙貧民於關以西，及充朔方以南新秦中，《集解》服虔曰：『地名，在北方千里。』如淳曰：『長安已北，朔方已南。』瓚曰：『秦逐匈奴以收河南地，徙民以實之，謂之新秦。今以地空，故復徙民以實之。』七十餘萬口，衣食皆仰給縣官。數歲，假予產業，使者分部護之，冠蓋相望。其費以億計，不可勝數。

初，大農筦鹽鐵官布多，《索隱》布，謂泉布。置水衡，欲以主鹽鐵；及楊可告緡錢，上林財物衆，乃令水衡主上林。上林既充滿，益廣。是時越欲與漢用船戰逐，《集解》韋昭曰：『戰鬥馳逐也。』乃大修昆明池，列觀環之。治樓船，高十餘丈，旗幟加其上，甚壯。《索隱》蓋始穿昆明池，欲與滇王戰，今乃更大修之，將與南越呂嘉戰逐，故作樓船，於是楊僕有將軍之號。又下云：『因南方樓船卒二十餘萬擊南越也』。昆明池有豫章館。豫章，地名，以言將出軍於豫章也。於是天子感之，乃作柏梁臺，高數十丈。宮室之修，由此日麗。

乃分緡錢諸官，而水衡、少府、大農、太僕各置農官，往往即郡縣比沒入田《索隱》比昔所沒入之田也。田之。其沒入奴婢，分諸苑養狗馬禽獸，及與諸官。諸官益雜置多，《集解》如淳曰：『水衡、少府、太僕、司農皆有農官，是爲多。』徒奴婢衆，而下河漕度四百萬石，《索隱》樂產云：『度猶運也。』及官自糴乃足。《索隱》按：謂天子所給廩食者多，故官自糴乃足也。

是時山東被河菑，及歲不登數年，人或相食，方一二千里。天子憐之，詔曰：『江南火耕水耨，《集解》應劭曰：『燒草，下水種稻，草與稻並生，高七八寸，因悉芟去，復下水灌之，草死，獨稻長，所謂火耕水耨也。』令飢民得流就食江淮間，欲留，留處。』遣使冠蓋相屬於道，護之，下巴蜀粟以振之。

其明年，南越反，西羌侵邊爲桀。於是天子爲山東不贍，赦天下〔囚〕，因南方樓船卒二十餘萬人擊南越，數萬人發三河以西騎擊西羌，又數萬人度河築令居。《索隱》令音零，姚氏音連。韋昭云：『金城縣。』初置張掖、酒泉郡，《集解》徐廣曰：『元鼎六年。』而上郡、朔方、西河、河西開田官，斥塞卒《集解》如淳曰：『塞候斥卒。』六十萬人戍田之。中國繕道餽糧，遠者三千，近者千餘里，皆仰給大農。邊兵不足，乃發武庫工官兵器以贍之。車騎馬乏絕，縣官錢少，買馬難得，乃著令，令封君以下至三百石以上吏，以差出牝馬天下亭，亭有畜牸馬，歲課息。

其明年，元封元年，卜式貶秩爲太子太傅。而桑弘羊爲治粟都尉，領大農，盡代僅筦天下鹽鐵。弘羊以諸官各自市，相與爭，物故騰躍，而天下賦輸或不償其僦費，《索隱》不償其僦。服虔云：『雇載云僦，言所輸物不足償其雇載之費也。僦音子就反。』乃請置大農部丞數十人，分部主郡國，各往往縣置均輸鹽鐵官，令遠方各以其物貴時商賈所轉販者爲賦，而相灌輸。置平準於京師，都受天下委輸。召工官治車諸器，皆仰給大農。大農之諸官盡籠天下之貨物，貴即賣之，賤則買之。如此，富商大賈無所牟大利，《集解》如淳曰：『牟，取也。』則反本，而萬物不得騰踊。故抑天下物，名曰『平準』。天子以爲然，許之。於是天子北至朔方，東到太山，巡海上，並北邊以歸。所過賞賜，用帛百餘萬匹，錢金以巨萬計，皆取足大農。

弘羊又請令吏得入粟補官，及罪人贖罪。令民能入粟甘泉各有差，以復終身，不告緡。他郡各輸急處，《索隱》謂他郡能入粟，輸所在急要之處也。而諸農各致粟，山東漕益歲六百萬石。一歲之中，太倉、甘泉倉滿。邊餘穀諸物均輸帛五百萬匹。民不益賦而天下用饒。於是弘羊賜爵左庶長，黄金再百斤焉。

是歲小旱，上令官求雨，卜式言曰：『縣官當食租衣稅而已，今弘羊令吏坐市列肆，《索隱》坐市列，謂吏坐市肆行列之中。販物求利。亨弘羊，天乃雨。』

漢書

卷二四上　食貨志第四上

至昭帝時，流民稍還，田野益闢，頗有蓄積。宣帝即位，用吏多選賢良，百姓安土，歲數豐穰，穀至石五錢，農人少利。時大司農中丞耿壽昌，以善爲算能商功利，得幸於上，五鳳中奏言：『故事，歲漕關東穀四百萬斛以給京師，師古曰：『漕，水運。』用卒六萬人。宜糴三輔、弘農、河東、上黨、太原郡穀，足供京師，可以省關東漕卒過半。』又白增海租三倍，天子皆從其計。御史大夫蕭望之奏言：『故御史屬徐宮家在東萊，言往年加海租，魚不出。長老皆言武帝時縣官嘗自漁，海魚不出，後復予民，魚乃出。夫陰陽之感，物類相應，萬事盡然。今壽昌欲近糴漕關內之穀，築倉治船，費值二萬萬餘，有動衆之功，恐生旱氣，民被其災。壽昌習於商功分銖之事，其深計遠慮，誠未足任，宜且如故。』上不聽。漕事果便，壽昌遂白令邊郡皆築倉，以穀賤時增其賈而糴，以利農，穀貴時減賈而糶，名曰常平倉。民便之。上乃下詔，賜壽昌爵關內侯。而蔡癸以好農使勸郡國，至大官。

元帝即位，天下大水，關東郡十一尤甚。二年，齊地飢，穀石三百餘，民多餓死，琅邪郡人相食。在位諸儒多言鹽鐵官及北假田官、常平倉可罷，毋與民争利。上從其議，皆罷之。又罷建章、甘泉宮衛、角抵，齊三服官，省禁苑以予貧民，減諸侯王廟衛卒半。又減關中卒五百人，轉穀賑貸窮乏。其後用度不足，獨復鹽鐵官。

成帝時，天下亡兵革之事，號爲安樂，然俗奢侈，不以蓄聚爲意。永始二年，梁國、平原郡比年傷水災，師古曰：『比，頻也。』人相食，刺史、守、相坐免。

哀帝即位，師丹輔政，建言：『古之聖王莫不設井田，然後治乃可平。師古曰：『建，立也，立其議也。』孝文皇帝承亡周亂秦兵革之後，天下空虛，故務勸農桑，帥以節儉。民始充實，未有並兼之害，故不爲民田及奴婢爲限。今累世承平，豪富吏民訾數巨萬，而貧弱俞困。蓋君子爲政，貴因循而重改作，師古曰：『重，難也。』然所以有改者，將以救急也。亦未可詳，宜略爲限。』天子下其議。

卷二四下　食貨志第四下

其後，衛青歲以數萬騎出擊匈奴，遂取河南地，築朔方。時又通西南夷道，作者數萬人，千里負擔餽饟，師古曰：『餽，亦饋字。饟古餉字。』率十餘鍾致一石，師古曰：『言其勞費用功重。』散幣於邛、僰以輯之。數歲而道不通，蠻夷因以數攻，吏發兵誅之。悉巴、蜀租賦不足以更之，乃募豪民田南夷，入粟縣官，而內受錢於都內。東置滄海郡，人徒之費疑於南夷。又興十餘萬人築衛朔方，轉漕甚遠，自山東咸被其勞，費數十百鉅萬，府庫並虛。乃募民能人奴婢得以終身復，爲郎增秩，及入羊爲郎，始於此。

先是十餘歲，河決，灌梁、楚地，固已數困，而緣河之郡堤塞河，輒壞決，費不可勝計。其後番係欲省底柱之漕，師古曰：『番，姓；係，名也。番音普安反。係音工系反。』穿汾、河渠以爲溉田；鄭當時爲渭漕回遠，鑿漕直渠自長安至華陰；而朔方亦穿溉渠。作者各數萬人，歷二三期而功未就，費亦各以巨萬十數。師古曰：『謂十萬萬也。』

其明年，山東被水災，民多飢乏，於是天子遣使虛郡國倉廩以振貧。猶不足，又募豪富人相假貸。尚不能相救，乃徙貧民於關以西，及充朔方以南新秦中，应劭曰：『秦始皇遣蒙恬攘卻匈奴，得其河南造陽之北千里地甚好，於是爲築城郭，徙民充之，名曰新秦。四方雜錯，奢儉不同，今俗民新富貴者爲「新秦」，由是名也。』七十餘萬口，衣食皆仰給於縣官。數歲貸與產業，使者分部護，冠蓋相望，費以億計，縣官大空。而富商賈或滯財役貧，轉轂百數，廢居居邑，封君皆氐首仰給焉。冶鑄煮鹽，財或累萬金，而不佐公家之急，黎民重困。

初，大農（斡）〔幹〕鹽鐵官布多，置水衡，欲以主鹽鐵。及楊可告緡，上林財物衆，乃令水衡主上林。上林既充滿，益廣。是時粵欲與漢用船戰逐，孟康曰：『水戰相逐也。』乃大修昆明池，列館環之。師古曰：『環，繞也。』治樓船，高十餘丈，旗織加其上，甚壯。於是天子感之，乃作柏梁臺，高數十丈。宮室之修，繇此日麗。乃分緡錢諸官，而水衡、少府、太僕、大農各置農官，往往即郡縣比沒入田田之。師古曰：『即，就也。比謂比者所沒入也。』其沒入奴婢，分諸苑養狗、馬、禽獸，及與諸官。官益雜置多，徒奴婢衆，而下河漕度四百萬石，及官自糴乃足。

是時山東被河災，及歲不登數年，人或相食，方二三千里。天子憐之。令飢民得流就食江淮間，欲留，留處。師古曰：『流爲恣其行移，若水之流。至所在，有欲（往）〔住〕者，亦留而處（之）〔也〕。』使者冠蓋相屬於道護之，下巴蜀粟以賑焉。

明年，南粵反，西羌侵邊。天子爲山東不澹，赦天下囚，因南方樓船士二十餘萬人擊粵，發三河以西騎擊羌，又數萬人度河築令居。初置張掖、酒泉郡，而上郡、朔方、西河、河西開田官，斥塞卒六十萬人戍田之。師古曰：『開田，始開屯田也。斥塞，廣塞令卻。初置二郡，故塞更廣也。以開田之官廣塞之卒戍而田也。』中國繕道餽糧，遠者三千，近者千餘里，皆仰給大農。邊兵不足，乃發武庫工官兵器以澹之。車騎馬乏，縣官錢少，買馬難得，乃著令，令封君以下至三百石吏以上差出（牡）〔牝〕馬天下亭，亭有畜字馬，歲課息。

其明年，元封元年，卜式貶爲太子太傅。而桑弘羊爲治粟都尉，領大農，盡代僅斡天下鹽鐵。師古曰：『代孔僅。』弘羊以諸官各自市相争，物以故騰躍，而天下賦輸或不償其僦費，師古曰：『僦，顧也，言所輸賦物不足償其餘顧庸之費也。僦音子就反。』乃請置大農部丞數十人，分部主郡國，各往往置均輸鹽鐵官，令遠方各以其物如異時商賈所轉(貶)〔販〕者爲賦，而相灌輸。置平準於京師，都受天下委輸。召工官治車諸器，皆仰給大農。大農諸官盡籠天下之貨物，貴則賣之，賤則買之。如此，富商大賈亡所牟大利，師古曰：『牟，取也。』則反本，而萬物不得騰躍。故抑天下之物，名曰『平準』。天子以爲然而許之。於是天子北至朔方，東封泰山，巡海上，旁北邊以歸。所過賞賜，用帛百余萬匹，錢金以鉅萬計，皆取足大農。

弘羊又請令民得入粟補吏，及罪以贖。令民入粟甘泉各有差，以復終身，不復告緡。它郡各輸急處，而諸農各致粟，山東漕益歲六百萬石。一歲之中，太倉、甘泉倉滿。邊餘穀，諸均輸帛五百萬匹。民不益賦而天下用饒。於是弘羊賜爵左庶長，師古曰：『第十等爵。』黄金者再百焉。師古曰：『凡再賜百金。』

是歲小旱，上令百官求雨。卜式言曰：『縣官當食租衣税而已，今弘羊令吏坐市列，販物求利。亨弘羊，天乃雨。』久之，武帝疾病，拜弘羊爲御史大夫。

卷二七上　五行志第七上

桓公元年『秋，大水』。董仲舒、劉向以爲桓弑兄隱公，民臣痛隱而賤桓。後宋督弑其君，師古曰：『宋華父督爲太宰，弑殤公，事在桓公二年。』諸侯會，將討之，桓受宋賂而歸，又背宋。諸侯由是伐魯，仍交兵結仇，伏尸流血，百姓愈怨，故十三年夏復大水。一曰，夫人驕淫，將弑君，隱氣盛，桓不寤，卒弑死。劉歆以爲桓易許田，不祀周公，廢祭祀之罰也。

嚴公七年『秋，大水，亡麥苗』。董仲舒、劉向以爲，嚴母文姜與兄齊襄公淫，共殺(威)〔桓〕公，嚴釋父讎，復取齊女，未入，先與之淫，一年再出，會於道逆亂，臣下賤之之應也。

十一年『秋，宋大水』。董仲舒以爲時魯、宋比年爲乘丘、鄑之戰，師古曰：『比年，頻年也。莊十年，公敗宋師於乘丘。十一年，公敗宋師於鄑。乘丘、鄑，魯地。鄑音子移反。』百姓愁怨，陰氣盛，故二國俱水。劉向以爲時宋愍公驕慢，睹災不改，明年與其臣宋萬博戲，婦人在側，矜而罵萬，萬殺公之應。

二十四年，『大水』。董仲舒以爲夫人哀姜淫亂不婦，陰氣盛也。劉向以爲哀姜初入，公使大夫宗婦見，用幣，師古曰：『宗婦，同姓之婦也。大夫妻及宗婦見夫人者，皆令執幣，是踰禮也。』又淫於二叔，公弗能禁。臣下賤之，故是歲、明年仍大水。師古曰：『仍，頻也。』劉歆以爲先是嚴飾宗廟，刻桷丹楹，以誇夫人，簡宗廟之罰也。師古曰：『簡，慢也。』

宣公十年『秋，大水，飢』。董仲舒以爲時比伐邾取邑，亦見報復，兵讎連結，百姓愁怨。劉向以爲，宣公殺子赤而立，子赤，齊出也，故懼，以濟西田賂齊。邾子貜且亦齊出也，而宣比與邾交兵。臣下懼齊之威，創邾之䛐，皆賤公行而非其正也。

成公五年『秋，大水』。董仲舒、劉向以爲時成幼弱，政在大夫，前此一年再用師，明年復城鄆以强私家，仲孫蔑、叔孫僑和顓會宋、晉，陰勝陽。

襄公二十四年『秋，大水。』董仲舒以爲，先是一年齊伐晉，襄使大夫帥師救晉，後又侵齊，國小兵弱，數敵彊大，百姓愁怨，陰氣盛。劉向以爲，先是襄慢鄰國，是以邾伐其南，齊伐其北，莒伐其東，百姓騷動，後又仍犯彊齊也。大水，饑，穀不成，其災甚也。

高后三年夏，漢中、南郡大水，水出流四千餘家。四年秋，河南大水，伊、雒流千六百餘家，汝水流八百餘家。八年夏，漢中、南郡水復出，流六千餘家。南陽沔水流萬餘家。師古曰：『沔，漢水之上也，音彌善反。』是時，女主獨治，諸呂相王。

文帝後三年秋，大雨，晝夜不絶三十五日。藍田山水出，流九百餘家。（燕）〔漢水出〕，壞民室八千餘所，殺三百餘人。先是，趙人新垣平以望氣得幸，爲上立渭陽五帝廟，欲出周鼎，以夏四月，郊見上帝。歲餘懼誅，謀爲逆，發覺，要斬，夷三族。是時，比再遣公主配單于，賂遺甚厚，師古曰：『比，頻也。高祖使劉敬奉宗室女翁主爲冒頓單于閼氏。冒頓死，其子老上單于初立，文帝復遣宗人女單于閼氏。』匈奴愈驕，侵犯北邊，殺略多至萬餘人，漢連發軍征討戍邊。

元帝永光五年夏及秋，大水。潁川、汝南、淮陽、廬江雨，壞鄉聚民舍，及水流殺人。先是一年有司奏罷郡國廟，是歲又定迭毀，師古曰：『親盡則毀，故云迭毀。事在《韋玄成傳》。迭音大結反。』罷太上皇、孝惠帝寢廟，皆無復修，通儒以爲違古制。刑臣石顯用事。師古曰：『石顯宦者，故曰刑臣。』

成帝建始三年夏，大水，三輔霖雨三十餘日，郡國十九雨，山谷水出，凡殺四千餘人，壞官寺民舍八萬三千餘所。

〔河平〕元年〔一〕，有司奏徙甘泉泰畤、河東后土于長安南北郊。

卷二七中之上

昭帝始元元年七月，大水雨，自七月至十月。

成帝建始三年秋，大雨三十餘日； 四年九月，大雨

〔一〕〔河平〕元年　原作『元年』。依年序建始三年後的元年，應該是『河平』年號，據改。

十餘日。

惠帝五年夏，大旱，江河水少，溪穀絶。

元狩三年夏，大旱。是歲，發天下故吏伐棘上林，穿昆明池。

卷二七下之上

成帝河平三年二月丙戌，犍爲柏江山崩，捐江山崩，皆壅江水，江水逆流壞城，殺十三人，地震積二十一日，百二十四動。

元延三年正月丙寅，蜀郡岷山崩，壅江，江水逆流，三日乃通。

後漢書[一]

志一三　五行志一

淫雨[二]

和帝永元十年、十三年、十四年、十五年，皆淫雨傷稼。《古今注》曰：『光武建武六年九月，大雨連月，苗稼更生，鼠巢樹上。十七年，雒陽暴雨，壞民廬舍，壓殺人，傷害禾稼。』

安帝元(年)〔初〕四年秋，郡國十淫雨傷稼。《方儲對策》曰：『雨不時節，妄賞賜也。』

永寧元年，郡國三十三淫雨傷稼。

建光元年，京都及郡國二十九淫雨傷稼。是時羌反久未平，百姓屯戍，不解愁苦。

延光元年，郡國二十七淫雨傷稼。

二年，郡國五連雨傷稼。

順帝永建四年，司隸、荆、豫、兖、冀部淫雨傷稼。

六年，冀州淫雨傷稼。

桓帝延熹二年夏，霖雨五十餘日。是時，大將軍梁冀秉政，謀害上所幸鄧貴人母宣，冀又擅殺議郎邴尊。上欲誅冀，懼其持權日久，威勢强盛，恐有逆命，害及吏民，密與近臣中常侍單超等圖其方略。其年八月，冀卒伏罪誅滅。案《公沙穆傳》，永壽元年霖雨，大水，三輔以東莫不淹没。

靈帝建寧元年夏，霖雨六十餘日。是時，大將軍竇武謀變廢中官。其年九月，長樂五官史朱瑀等共與中常侍曹節起兵，先誅武，交兵闕下，敗走，追斬武兄弟，死者數百人。

熹平元年夏，霖雨七十餘日。是時，中常侍曹節等，共誣(日)〔白〕勃海王悝謀反，其十月誅悝。

中平六年夏，霖雨八十餘日。是時，靈帝新棄群臣，大行尚在梓宫，大將軍何進與佐軍校尉袁紹等共謀欲誅

〔一〕《後漢書》作者范曄（三九八年—四四五年），字蔚宗，南朝宋順陽（今河南淅川東）人。宋文帝元嘉九年（四三二年），范曄因不得志，開始撰寫《後漢書》，至元嘉二十二年（四四五年）以謀反罪被殺止，寫成了十紀，八十列傳。原計劃作的十志，未及完成。今本《後漢書》中的八志三十卷，是南朝梁劉昭用司馬彪的《續漢書》中的八志補充而成。司馬彪（？—三〇六年）西晋史學家，在范曄前曾撰寫《續漢書》。《後漢書》出版後，司馬彪的《續漢書》漸被淘汰，惟有八志因爲補入范書而保留下來。遺憾的是，缺少刑法、食貨、溝洫、藝文四志，而所缺部分在《晋書》中有了補充。

〔二〕淫雨　本標題原無，依卷前各小題序，以下文字屬於此題下。

廢中官。下文陵畢，中常侍張讓等共殺進，兵戰京都，死者數千。

志一五　五行三

《五行傳》曰：『簡宗廟，不禱祠，廢祭祀，逆天時，則水不潤下』，謂水失其性而爲災也。

大水

和帝永元元年七月，郡國九大水，傷稼。《穀梁傳》曰：『高下有水災曰大水。』京房易傳曰：『顓事有知，誅罰絶理，厥災水。其水也，(而)〔雨〕殺人，隕霜，大風，天黄。飢而不損，茲謂泰，厥水水殺人。辟遏有德，茲謂狂，厥水水流殺人，已水則地生蟲。歸獄不解，茲謂追非，厥水寒殺人。追誅不解，茲謂不理，厥水五穀不收。大敗不解，茲謂皆陰，厥水流入國邑，隕霜殺穀。』《春秋考異郵》曰：『陰盛臣逆，民悲情發，則水出河決也。』是時，和帝幼，竇太后攝政，其兄竇憲幹事，及憲諸弟皆貴顯，並作威虐，嘗所怨恨，輒任客殺之。其後竇氏誅滅。《東觀書》曰：『十年五月丁巳，京師大雨，南山水流出至東郊，壞民廬舍。』

十二年六月，潁川大水，傷稼。是時，和帝幸鄧貴人，陰有欲廢陰后之意，陰后亦懷恚怨。一曰，先是恭懷皇后葬禮有闕，竇太后崩後，乃改殯梁后，葬西陵，徵舅三人皆爲列侯，位特進，賞賜累千金。

殤帝延平元年五月，郡國三十七大水，傷稼。董仲舒曰：『水者，陰氣盛也。』是時，帝在襁抱，鄧太后專政。臣昭案：《本紀》是年九月，六州大水。《袁山松書》曰：『六州河、濟、渭、雒、洧水盛長，泛濫傷秋稼。』

安帝永初元年冬十月辛酉，河南新城山水虣出，突壞民田，壞處泉水出，深三丈。是時司空周章等以鄧太后不立皇太子勝而立清河王子，故謀欲廢置。十一月，事覺，章等被誅。是年郡國四十一水出，漂没民人。《謝沈書》曰：『死者以千數。』《讖》曰：『水者，純陰之精也。陰氣盛洋溢者，小人專制擅權，妒疾賢者，依公結私，侵乘君子，小人席勝，失懷得志，故湧水爲災。』

二年，大水。臣昭案：《本紀》京師及郡國四十(有)〔大〕水。《周嘉傳》是夏旱，嘉收葬客死骸骨，應時澍雨，歲乃豐稔，則水不爲災也。

三年，大水。臣昭案：《本紀》京師及郡國四十一雨水。

四年，大水。臣昭案：《本紀》云三郡。

五年，大水。臣昭案：《本紀》郡国八。

六年，河東池水變色，皆赤如血。是時，鄧太后猶專政。

延光三年，大水，流殺民人，傷苗稼。是時安帝信江京、樊豐及阿母王聖等讒言，免太尉楊震，廢皇太子。臣昭案：《左雄傳》順帝永建四年，司、冀二州大水，傷禾稼。《楊厚傳》永和元年夏，雒陽暴水，殺(十)〔千〕餘人。

質帝本初元年五月，海水溢樂安、北海，溺殺人、物。

是時帝幼，梁太后專政。《春秋漢含孳》曰：『九卿阿黨，擠排正直，驕奢僭害，則江河潰決。』《方儲對策》曰：『民悲怨則陰類强，河決海濆，地動土湧。』

桓帝建和二年七月，京師大水。去年冬，梁冀枉殺故太尉李固、杜喬。

三年八月，京都大水。是時，梁太后猶專政。

永興元年秋，河水溢，漂害人、物。臣昭案：《朱穆傳》云：『漂害數（千）〔十〕萬户』。《京房占》曰：『江河溢者，天有制度，地有里數，懷容水澤，浸溉萬物。』今溢者，明在位者不勝任也，三公之禍不能容也，率執法者利刑罰，不用常法。

二年六月，彭城泗水增長，逆流。

永壽元年六月，雒水溢至津陽城門，漂流人、物。臣昭案：《本紀》又南陽大水。是時梁皇后兄冀秉政，疾害忠直，威權震主。後遂誅滅。

延熹八年四月，濟北〔河〕水清。

九年四月，濟陰、東郡、濟北、平原河水清。襄楷上言：『河者諸侯之象，清者陽明之征，豈獨諸侯有規京都計邪？』其明年，宫車晏駕，征解犢亭侯爲漢嗣，即尊位，是爲孝靈皇帝。

永康元年八月，六州大水，勃海海溢，没殺人。是時，桓帝奢侈淫祀，其十一月崩，無嗣。

靈帝建寧四年二月，河水清。五月，山水大出，漂壞廬舍五百餘家。《袁山松書》曰：『是河東水暴出也。』

熹平二年六月，東萊、北海海水溢出，漂没人、物。

三年秋，雒水出。

四年夏，郡國三水，傷害秋稼。

光和六年秋，金城河溢，水出二十餘里。

中平五年，郡國六水大出。臣昭案：《袁山松書》曰『山陽、梁、沛、彭城、下邳、東海、琅邪』，則是七郡。

獻帝建安二年九月，漢水流，害民人。是時，天下大亂。《袁山松書》曰：『曹操專政。十七年七月，大水，洧水溢。』

十八年六月，大水。《獻帝起居注》曰：『七月，大水，上親避正殿；八月，以雨不止，且還殿。』

二十四年八月，漢水溢流，害民人。

晉書[一]

卷二六 食貨

光武寬仁，龔行天討，王莽之後，赤眉新敗，雖復三暉乃眷，而九服蕭條，及得隴望蜀，黎民安堵，自此始行五銖之錢，田租三十稅一，民有産子者復以三年之筭。顯宗即位，天下安寧，民無横徭，歲比登稔。永平五年作常滿倉，立粟市於城東，粟斛直錢二十。草樹殷阜，牛羊彌望，作貢尤輕，府廩還積，姦回不用，禮義專行。于時東方既明，百官詣闕，戚里侯家，自相馳騖，車如流水，馬若飛龍，照映軒廡，光華前載。《傳》曰：『三統之元，有陰陽之九焉』，蓋天地之恒數也。安帝永初三年，天下水旱，人民相食。帝以鴻陂之地假與貧民。以用度不足，三公又奏請令吏民入錢穀得爲關内侯云。桓帝永興元年，郡國少半遭蝗，河泛數千里，流人十余萬户，所在廩給。迨建寧永和之初[二]，西羌反叛，二十餘年兵連師老，軍旅之費三百二十餘億，府帑空虚，延及内郡。沖質短祚，桓靈不軌。中平二年，南宫災，延及北闕。於是復收天下田畝十錢，用營宫宇。帝出自侯門，居貧即位，常曰：『桓帝不能作家，曾無私蓄。』故於西園造萬金堂，以爲私藏。復寄小黄門私錢，家至巨億。於是懸鴻都之牓，開賣官之路，公卿以降，悉有等差。廷尉崔烈入錢五百萬以買司徒，刺史二千石遷除，皆責助治宫室錢，大郡至二千萬錢，不畢者或至自殺。獻帝作五銖錢，而有四道連於邊緣。有識者尤之曰：『豈京師破壞，此錢四出也。』

漢自董卓之亂，百姓流離，穀石至五十餘萬，人多相食。魏武既破黄巾，欲經略四方，而苦軍食不足，羽林監潁川棗祗建置屯田議。魏武乃令曰：『夫定國之術在於强兵足食，秦人以急農兼天下，孝武以屯田定西域，此先世之良式也。』於是以任峻爲典農中郎將，募百姓屯田許下，得穀百萬斛。郡國列置田官，數年之中，所在積粟，倉廩皆滿。祗死，魏武后追思其功，封爵其子。

建安初，關中百姓流入荆州者十余萬家，及聞本土安寧，皆企望思歸，而無以自業。於是衛覬議爲：『鹽者國之大寶，自喪亂以來放散，今宜如舊置使者監賣，以其直益

[一]《晉書》共一百三十卷，記載了從司馬懿開始到晉恭帝元熙二年爲止，包括西晉和東晉的歷史。編者署名爲唐朝房玄齡，實際共二十一人。其中監修三人爲房玄齡、褚遂良、許敬宗；天文、律曆、五行等三志的作者爲李淳風等。

[二]迨建寧永和之初 『迨』各本均作『乞』，今從殿本。

市犁牛，百姓歸者以供給之。勸耕積粟，以豐殖關中，遠者聞之，必多競還。』於是魏武遣謁者僕射監鹽官，移司隸校尉居弘農。流人果還，關中豐實。既而又以沛國劉馥爲揚州刺史，鎮合肥，廣屯田，修芍陂、茹陂、七門、吴塘諸堨，以溉稻田，公私有蓄，歷代爲利。賈逵之爲豫州，南與吴接，修守戰之具，堨汝水，造新陂，又通運渠二百餘里[一]，所謂賈侯渠者也。

當黄初中，四方郡守墾田又加，以故國用不匱。時濟北顔斐爲京兆太守，京兆自馬超之亂，百姓不專農殖，乃無車牛。斐又課百姓，令閑月取車材，轉相教匠。其無牛者令養豬，投貴賣以買牛。始者皆以爲煩，一二年中編户皆有車牛，於田役省贍，京兆遂以豐沃。

鄭渾爲沛郡太守，郡居下濕，水潦爲患，百姓飢乏。渾於蕭、相二縣興陂堨，開稻田，郡人皆不以爲便。渾以爲終有經久之利，遂躬率百姓興功，一冬皆成。比年大收，頃畝歲增，租入倍常，郡中賴其利，刻石頌之，號曰鄭陂。

魏明帝世徐邈爲涼州，土地少雨，常苦乏穀。邈上修武威、酒泉鹽池，以收虜穀。又廣開水田，募貧民佃之，家家豐足，倉庫盈溢。及度支州界軍用之餘，以市金錦犬馬，通供中國之費，西域人入貢，財貨流通，皆邈之功也。其後皇甫隆爲敦煌太守，敦煌俗不作耬犁，及不知用水，人牛功力既費，而收穀更少。隆到，乃教作耬犁，又教使灌溉。歲終率計，所省庸力過半，得穀加五，西方以豐。

（嘉平）〔太和〕四年[二]，關中饑，宣帝表徙冀州農夫五千人佃上邽，興京兆、天水、南安鹽池，以益軍實。青龍元年，開成國渠自陳倉至槐里，築臨晉陂，引汧、洛溉舄鹵之地三千余頃，國以充實焉。

正始四年，宣帝又督諸軍伐吴將諸葛恪，焚其積聚，恪棄城遁走。帝因欲廣田積穀，爲兼併之計，乃使鄧艾行陳、項以東，至壽春地。艾以爲田良水少，不足以盡地利，宜開河渠，可以大積軍糧，又通運漕之道。乃著《濟河論》以喻其指。又以爲昔破黄巾，因爲屯田，積穀許都，以制四方。今三隅已定，事在淮南。每大軍征舉，運兵過半，功費巨億，以爲大役。陳蔡之間，土下田良，可省許昌左右諸稻田，并水東下。令淮北二萬人、淮南三萬人分休，且佃且守。水豐，常收三倍于西，計除衆費，歲完五百萬斛以爲軍資。六七年間，可積三千萬余斛於淮土，此則十萬之衆五年食也。以此乘敵，無不克矣。宣帝善之，皆如艾計施行。遂北臨淮水，自鐘離而南横石以西，盡沘水四百餘里，五里置一營，營六十人，且佃且守。兼修廣淮陽、

[一] 二百餘里　『二』各本作『三』，今從宋本作『二』，與《魏志・賈逵傳》《水經・渠水注》合。

[二] 嘉平四年　是年司馬懿已死。《五行志》有『太和四年八月大霖雨，歲以凶饑。』故此『嘉平』爲『太和』之誤。

百尺二渠，上引河流，下通淮、潁，大治諸陂于潁南、潁北，穿渠三百餘里，溉田二萬頃，淮南、淮北皆相連接。自壽春到京師，農官兵田，雞犬之聲，阡陌相屬。每東南有事，大軍出征，泛舟而下，達于江淮，資食有儲，而無水害，艾所建也。

及晉受命，武帝欲平一江表。時穀賤而布帛貴，帝欲立平糴法，用布帛市穀，以爲糧儲。議者謂軍資尚少，不宜以貴易賤。泰始二年，帝乃下詔曰：『夫百姓年豐則用奢，凶荒則窮匱，是相報之理也。故古人權量國用，取贏散滯，有輕重平糴之法。理財鈞施，惠而不費，政之善者也。然此事廢久，天下希習其宜。加以官蓄未廣，言者異同，財貨未能達通其制。更令國寶散於穰歲而上不收，貧弱困于荒年而國無備。豪人富商，挾輕資，蘊重積，以管其利。故農夫苦其業，而末作不可禁也。今者省徭務本，並力墾殖，欲令農功益登，耕者益勸，而猶或騰踴，至于農人並傷。今宜通糴，以充儉乏。主者平議，具爲條制。』然事竟未行。是時江南未平，朝廷厲精於稼穡。

四年正月丁亥，帝親耕藉田。庚寅，詔曰：『使四海之內，棄末反本，競農務功，能奉宣朕志，令百姓勸事樂業者，其唯郡縣長吏乎！先之勞之，在於不倦。每念其經營職事，亦爲勤矣。其以中左典牧種草馬，賜縣令長相及郡國丞各一匹。』是歲，乃立常平倉，豐則糴，儉則糶，以利百姓。

五年正月癸巳，敕戒郡國計吏、諸郡國守相令長，務盡地利，禁游食商販。其休假者令與父兄同其勤勞，豪勢不得侵役寡弱，私相置名。十月，詔以『司隸校尉石鑒所上汲郡太守王宏勤恤百姓，導化有方，督勸開荒五千餘頃，遇年普饑而郡界獨無匱乏，可謂能以勸教，時同功異者矣。其賜穀千斛，佈告天下』。

八年，司徒石苞奏：『州郡農桑未有殿最之制，宜增掾屬令史，有所循行。』帝從之。事見《石苞傳》。苞既明於勸課，百姓安之。

十年，光禄勳夏侯和上修新渠、富壽、游陂三渠，凡溉田千五百頃。

咸寧元年十二月，詔曰：『出戰入耕，雖自古之常，然事力未息，未嘗不以戰士爲念也。今以鄴奚官奴婢著新城，代田兵種稻，奴婢各五十人爲一屯，屯置司馬，使皆如屯田法。』三年，又詔曰：『今年霖雨過差，又有蟲災。潁川、襄城自春以來，略不下種，深以爲慮。主者何以爲百姓計，促處當之。』杜預上疏曰：

臣輒思惟，今者水災東南特劇，非但五稼不收，居業並損，下田所在停汙，高地皆多磽埆，此即百姓困窮方在來年。雖詔書切告長吏二千石爲之設計，而不廓開大制，定其趣舍之宜，恐徒文具，所益蓋薄。當今秋夏蔬食之時，而百姓已有不贍，前至冬春，野無青草，則必指仰官穀，以爲生命。此乃一方之大事，不可不豫爲思慮者也。

臣愚謂既以水爲困，當恃魚菜螺蚌，而洪波泛濫，貧弱者終不能得。今者宜大壞兖、豫州東界諸陂，隨其所歸而宣導之。交令饑者盡得水産之饒，百姓不出境界之內，旦暮野食，此目下日給之益也。水去之後，填淤之田，畝收數鍾。至春大種五穀，五穀必豐，此又明年益也。

臣前啟，典牧種牛不供耕駕，至于老不穿鼻者，無益於用，而徒有吏士穀草之費，歲送任駕者甚少，尚復不調習，宜大出賣，以易穀及爲賞直。

詔曰：『孳育之物，不宜減散。』事遂停寢。

問主者：『今典虞右典牧種産牛，大小相通，有四萬五千餘頭。苟不益世用，頭數雖多，其費日廣。古者匹馬丘牛，居則以耕，出則以戰，非如豬羊類也。今徒養宜用之牛，終爲無用之費，甚失事宜。東南以水田爲業，人無牛犢。今既壞陂，可分種牛三萬五千頭，以付二州將吏士庶，使及春耕。穀登之後，頭責三百斛。是爲化無用之費，得運水次成穀七百萬斛，此又數年後之益也。加以百姓降丘宅土，將來公私之饒乃不可計。其所留好種萬頭，可即令右典牧都尉官屬養之。人多畜少，可並佃牧地，明其考課。此又三魏近甸，歲當復入數十萬斛穀，牛又皆當調習，動可駕用，皆今日之可全者也。』

預又言：

諸欲修水田者，皆以火耕水耨爲便。非不爾也，然此事施于新田草萊，與百姓居相絶離者耳。往者東南草創人稀，故得火田之利。自頃户口日增，而陂堨歲決，良田變生蒲葦，人居沮澤之際，水陸失宜，放牧絶種，樹木立枯，皆陂之害也。陂多則土薄水淺，潦不下潤。故每有水雨，輒復横流，延及陸田。言者不思其故，因云此土不可陸種。臣計漢之户口，以驗今之陂處，皆陸業也。其或有舊陂舊堨，則堅完修固，非今所謂當爲人害者也。臣前見尚書胡威啟宜壞陂，其言懇至。臣中者又見宋侯相應遵上便宜，求壞泗陂，徙運道。時下都督度支共處當，各據所見，不從遵言。臣案遵上事，運道東詣壽春，有舊渠，可不由泗陂。泗陂在遵地界壞地凡萬三千餘頃，傷敗成業。遵縣領應佃二千六百口，可謂至少，而猶患地狹，不足肆力，此皆水之爲害也。當所共恤，而都督度支方復執異，非所見之難，直以不同害理也。人心所見既不同，利害之情又有異。軍家之與郡縣，士大夫之與百姓，其意莫有同者，此皆偏其利以忘其害者也。此理之所以未盡，而事之所以多患也。

臣又案，豫州界二度支所領佃者，州郡大軍雜士，凡用水田七千五百餘頃耳，計三年之儲，不過二萬餘頃。以常理言之，無爲多積無用之水，況於今者水潦溢溢，大爲災害。臣以爲與其失當，寧瀉之不滀。宜發明詔，勑刺史二千石，其漢氏舊陂舊堨及山谷私家小陂，皆當修繕以積水。其諸魏氏以來所造立，及諸因雨決溢蒲葦馬腸陂之類，皆決瀝之。長吏二千石躬親勸功，諸食力之人並一時附功令，比及水凍，得粗枯涸，其所修功實之人皆以俾之。其舊陂堨、溝渠當有所補塞者，皆尋求微跡，一如漢時故事，豫爲部分列上，須冬，東南休兵交代，各留一月以佐之。夫川瀆有常流，地形有定體，漢氏居人衆多，猶以無患，今因其所患而宣寫之，跡古事以明近，大理顯然，可坐論而得。臣不勝愚意，竊謂最是今日之實益也。

朝廷從之。

卷二七　五行上

魏文帝黄初四年六月，大雨霖，伊、洛溢，至津陽城門，漂數千家，殺人。初，帝即位，自鄴遷洛，營造宫室，而不起宗廟。太祖神主猶在鄴，嘗於建始殿饗祭如家人禮，終黄初不復還鄴。又郊社神祇，未有定位。此簡宗廟廢祭祀之罰也。

吴孫權赤烏八年夏，茶陵縣鴻水溢出，漂二百餘家。十三年秋，丹陽、故鄣等縣又鴻水溢出。案：權稱帝三十年，竟不於建鄴創七廟。惟父堅一廟遠在長沙，而郊祀禮闕。嘉禾初，群臣奏宜郊祀，又不許。末年雖一南郊，而北郊遂無聞焉。吴楚之望亦不見秩，反祀羅陽妖神，以求福助。天戒若曰，權簡宗廟，不禱祠，廢祭祀，故示此罰，欲其感悟也。

太元元年，吴又有大風湧水之異。是冬，權南郊，宜是鑒咎徵乎！還而寢疾，明年四月薨。一曰，權時信納譖訴，雖陸遜勳重，子和儲貳，猶不得其終，與漢安帝聽讒免楊震、廢太子同事也。且赤烏中無年不用兵，百姓愁怨。八年秋，將軍馬茂等又圖逆。

魏明帝景初元年九月，淫雨，冀、兖、徐、豫四州水出，没溺殺人，漂失財産。帝自初即位，便淫奢極欲，多占幼女，或奪士妻，崇飾宫室，妨害農戰，觸情恣欲，至是彌甚，號令逆時，飢不損役。此水不潤下之應也。

吴孫亮五鳳元年夏，大水。亮即位四年，乃立權廟。又終吴世不上祖宗之號，不修嚴父之禮，昭穆之數有闕。亮及休、皓又並廢二郊，不秩群神。此簡宗廟不祭祀之罰也。又，是時孫峻專政，陰勝陽之應乎！

孫休永安四年五月，大雨，水泉湧溢。昔歲作浦里塘，功費無數，而田不可成，士卒死叛，或自賊殺，百姓愁怨，陰氣盛也。休又專任張布，退盛沖等，吴人賊之應也。

五年八月壬午，大雨震電，水泉湧溢。

武帝泰始四年九月，青（州）〔一〕、徐、兖、豫四州大水。

七年六月，大雨霖，河、洛、伊、沁皆溢，殺二百餘人。自帝即尊位，不加三后祖宗之號。泰始二年又除明堂南郊五帝座，同稱昊天上帝，一位而已。又省先后配地之祀。此簡宗廟廢祭祀之罰也。

咸寧元年九月，徐州大水。

二年七月癸亥，河南、魏郡暴水，殺百餘人。閏月，荆州郡國五大水，流四千餘家。去年采擇良家子女，露面入殿，帝親簡閲，務在姿色，不訪德行，有蔽匿者以不敬論，搢紳愁怨，天下非之，陰盛之應也。

三年六月，益、梁二州郡國八暴水，殺三百餘人。七月，荆州大水。九月，始平郡大水。十月，青、徐、兖、豫、荆、益、梁七州又大水。是時賈充等用事專恣，而正人疏外者多，陰氣盛也。

四年七月，司、冀、兖、豫、荆、揚郡國二十大水，傷秋稼，壞屋室，有死者。

太康二年六月，泰山、江夏大水，泰山流三百家，殺六十余人，江夏亦殺人。時平吴後，王浚爲元功而詆劾妄加，荀、賈爲無謀而並蒙重賞，收吴姬五千，納之後宫，此其應也。

四年七月，兖州大水。十二月，河南及荆、揚六州大水。

五年九月，郡國四大水，又隕霜。是月，南安等五郡大水。

六年四月，郡國十大水，壞廬舍。

七年九月，郡國八大水。

八年六月，郡國八大水。

惠帝元康二年，有水災。

五年五月，潁川、淮南大水。六月，城陽、東莞大水，殺人，荆、揚、徐、兖、豫五州又水。是時帝即位已五載，猶未郊祀，其蒸嘗亦多不親行事。此簡宗廟廢祭祀之罰。

六年五月，荆、揚二州大水。是時賈后亂朝，寵樹賈、郭，女主專政，陰氣盛之應也。

八年五月，金墉城井溢。《漢志》，成帝時有此妖，後王莽僭逆。今有此妖，趙王倫篡位，倫廢帝於此城，井溢所在，其天意也。九月，荆、揚、徐、冀、豫五州大水。是時賈后暴戾滋甚，韓謐驕猜彌扇，卒害太子，旋以禍滅。

九年四月，宫中井水沸溢。

永寧元年七月，南陽、東海大水。是時齊王冏專政，陰盛之應也。

太安元年七月，兖、豫、徐、冀四州水。時將相力政，無尊主心，陰盛故也。

孝懷帝永嘉四年四月，江東大水。時王導等潛懷翼

〔一〕青州　『州』字衍，據《宋志》四删。

戴之計，陰氣盛也。

元帝太興三年六月，大水。是時王敦內懷不臣，傲很陵上，此陰氣盛也。

四年七月，又大水。

永昌二年〔一〕五月，荆州及丹陽、宣城、吳興、壽春大水。

明帝太寧元年五月，丹陽、宣城、吳興、壽春大水。是時王敦威權震主，陰氣盛故也。

成帝咸和元年五月，大水。是時嗣主幼沖，母后稱制，庾亮以元舅決事禁中，陰勝陽故也。

二年五月戊子，京都大水。是冬，以蘇峻稱兵，都邑塗地。

四年七月，丹陽、宣城、吳興、會稽大水。是冬，郭默作亂，荆、豫共討之，半歲乃定，兵役之應也。

七年五月，大水。是時帝未親機務，政在大臣，陰勝陽也。

咸康元年八月，長沙、武陵大水。

穆帝永和四年五月，大水。

五年五月，大水。

六年五月，又大水。時幼主沖弱，母后臨朝，又將相、大臣各執權政，與咸和初同事也。

七年七月甲辰夜，濤水入石頭，死者數百人。是時殷浩以私忿廢蔡謨，遐邇非之。又幼主在上而殷、桓交惡，選徒聚甲，各崇私權，陰勝陽之應也。一說，濤水入石頭，以爲兵占。是後殷浩、桓溫、謝尚、荀羡連年征伐，百姓愁怨也。

升平二年五月，大水。

五年四月，又大水。是時桓溫權制朝廷，專征伐，陰勝陽也。

海西太和六年六月，京師大水，平地數尺，浸及太廟。朱雀大航纜斷，三艘流入大江。丹陽、晉陵、吳郡、吳興、臨海五郡又大水，稻稼蕩没，黎庶饑饉。初，四年桓溫北伐敗績，十喪其九，五年又征淮南，踰歲乃克，百姓愁怨之應也。

簡文帝咸安元年十二月壬午，濤水入石頭。明年，妖賊盧竦率其屬數百人入殿，略取武庫、三庫甲仗，遊擊將軍毛安之討滅之，兵興、陰盛之應也。

孝武帝太元三年六月，大水。是時帝幼弱，政在將相。

五年五月，大水。

六年六月，揚、荆、江三州大水。

八年三月，始興、南康、廬陵大水，平地五丈。

十年五月，大水。自八年破苻堅後，有事中州，役無

〔一〕永昌二年　『永昌』只有一年，『永昌二年』即改號『太寧元年』，所記事亦與下條內容重複。

寧歲，愁怨之應也。

十三年十二月，濤水入石頭，毀大航，殺人。明年，慕容氏寇擾司兖，鎮戍西北，疲於奔命，愁怨之應也。

十五年七月，沔中諸郡及兖州大水。是時緣河紛争，征戍勤瘁之應也。

十七年六月甲寅，濤水入石頭，毀大航，漂船舫，有死者。京口西浦亦濤入殺人。永嘉郡潮水湧起，近海四縣人多死。後四年帝崩，而王恭再攻京師，京師亦發衆以禦之，兵彼頻興，百姓愁怨之應也。

十八年六月己亥，始興、南康、盧陵大水，深五丈。

十九年七月，荆徐大水，傷秋稼。

二十年六月，荆徐又大水。

二十一年五月癸卯，大水。是時政事多弊，兆庶非之。

安帝隆安三年五月，荆州大水，平地三丈。去年殷仲堪舉兵向京師，是年春又殺郗恢，陰盛作威之應也。仲堪尋亦敗亡。

五年五月，大水。是時會稽王世子元顯作威陵上，又桓玄擅西夏，孫恩亂東國，陰勝陽之應也。

元興二年十二月，桓玄篡位。其明年二月庚寅夜，濤水入石頭。商旅方舟萬計，漂敗流斷，骸胔相望。江左雖頻有濤變，未有若斯之甚。三月，義軍克京都，玄敗走，遂夷滅之。

三年二月己丑朔夜，濤水入石頭，漂没殺人，大航流敗。

義熙元年十二月己未，濤水入石頭。

二年十二月己未夜，濤水入石頭。明年，駱球父環潛結桓胤、殷仲文等謀作亂，劉稚亦謀反，凡所誅滅數十家。

三年五月丙午，大水。

四年十二月戊寅，濤水入石頭。明年，王旅北討。

六年五月丁巳，大水。乙丑，盧循至蔡(州)〔洲〕[一]。

八年六月，大水。

九年五月辛巳，大水。

十年五月丁丑，大水。戊寅，西明門地穿，湧水出，毀門扇及限，亦水沴土也。七月乙丑，淮北風災，大水殺人。

十一年七月丙戌，大水，淹漬太廟，百官赴救。明年，王旅北討關河。

[一] 蔡洲　原作『蔡州』，據《盧循傳》改。

宋書[一]

卷三〇　五行一

恒雨

魏明帝太和元年秋，數大雨，多暴雷電，非常，至殺鳥雀。案楊阜上疏，此恒雨之罰也。時帝居喪不哀，出入弋獵無度，奢侈繁興，奪民農時，故木失其性而恒雨爲災也。

太和四年八月，大雨霖三十餘日，伊、洛、河、漢皆溢，歲以凶饑。

孫亮太平二年二月甲寅，大雨震電；乙卯，雪，大寒。案劉歆說，此時當雨而不當大，大雨，恒雨之罰也。於始震電之明日而雪大寒，又恒寒之罰也。劉向以爲既已震電，則雪不當復降，皆失時之異也。天戒若曰，爲君失時，賊臣將起。先震電而後雪者，陰見間隙，起而勝陽，逆殺之禍將及也。亮不悟，尋見廢。此與《春秋》魯隱同也。

晉武帝泰始六年六月，大雨霖；甲辰，河、洛、沁水同時並溢，流四千九百餘家，殺二百餘人，沒秋稼千三百六十餘頃。

晉武〔帝〕太康五年七月，任城、梁國暴雨，害豆麥。（太康）五年九月，南安霖雨暴雪，折樹木，害秋稼；魏郡、淮南、平原雨水，傷秋稼。是秋，魏郡、西平郡九縣霖雨暴水，霜傷秋稼。

晉惠帝永寧元年十月，義陽、南陽、東海霖雨，淹害秋麥。

晉成帝咸康元年八月乙丑，荆州之長沙攸、醴陵，武陵之龍陽三縣，雨水浮漂屋室，殺人，傷損秋稼。

宋文帝元嘉二十一年六月，京邑連雨百余日，大水。

孝武帝大明元年正月，京邑雨水。

大明五年七月，京邑雨水。

大明八年八月，京邑雨水。

明帝太始二年六月，京邑雨水。

順帝昇明三年四月乙亥，吴郡桐廬縣暴風雷電，揚砂折木，水準地二丈，流漂居民。

[一] 作者梁沈約（四四一—五一三年），字休文。吴興武康（今浙江德清西）人，出身江南大族。歷仕宋、齊、梁三朝。齊永明五年（四八七年）時，任太子家令兼著作郎，奉詔撰《宋書》。《宋書》共一百卷，包括本紀十卷，志三十卷，列傳六十卷，成書草率，叙事多忌諱，但保存史料比較豐富。

卷三三　五行四

水不潤下

魏文帝黄初四年六月，大雨霖，伊、洛溢至津陽城門，漂數千家，流殺人。初，帝即位，自鄴遷洛，營造宫室，而不起宗廟，太祖神主猶在鄴。嘗於建始殿饗祭如家人之禮，終黄初不復還鄴，而圓丘、方澤、南北郊、社稷等神位，未有定所。此簡宗廟，廢祭祀之罰也。京房《易傳》曰：『顓事有知〔一〕，誅罰絶理，厥災水。其水也，雨殺人已隕霜，大風天黄。饑而不損，兹謂泰。厥災水〔二〕殺人。避遏有德，兹謂狂。厥〔災〕〔三〕水，水流殺人也；已水則地生蟲。歸獄不解，兹謂追非。厥水寒殺人。追誅不解，兹謂不理。厥水五穀不收。大敗不解，兹謂皆陰。厥水流入國邑，隕霜殺穀。』

吴孫權赤烏八年夏，茶陵縣鴻水溢出，流漂二百餘家；十三年秋，丹陽、故鄣等縣又鴻水溢。案權稱帝三十年，竟不於建業創七廟，但有父堅一廟，遠在長沙，而郊禋禮闕。嘉禾初，群臣奏宜郊祀，又弗許。末年雖一南郊，而北郊遂無聞焉。且三江、五湖、衡、霍、會稽，皆吴、楚之望，亦不見秩，反禮羅陽妖神，以求福助。天意若曰，權簡宗廟，不禱祠，廢祭祀，示此罰，欲其感悟也。太元元年，又有大風湧水之異。是冬，權南郊，疑是鑒咎征乎？還而寢疾。明年四月，薨。一曰，權時信納譖訴，雖陸議勳重，子和儲貳，猶不得其終。與漢安帝聽讒、免楊震、廢太子同事也。且赤烏中無年不用兵，百姓愁怨。八年秋，將軍馬茂等又圖逆云。

魏明帝景初元年九月，淫雨過常，冀、兖、徐、豫四州水出，没溺殺人，漂失財産。帝自初即位，便淫奢極欲，多占幼女，或奪士妻，崇飾宫室，妨害農戰，觸情恣欲，至是彌甚。號令逆時，饑不損役，此水不潤下之應也。

吴孫亮五鳳元年夏，大水。亮即位四年，乃立權廟；又終吴世，不上祖宗之號，不修嚴父之禮，昭穆之數有闕。亮及休、皓又並廢二郊，不秩群神。此簡宗廟不祭祀之罰也。又是時，孫峻專政，陰勝陽之應乎。

吴孫休永安四年五月，大雨，水泉湧溢。昔歲作浦里塘，功費無數，而田不可成，士卒死叛，或自賊殺，百姓愁怨，陰氣盛也。休又專任張布，退盛沖等，吴人賊之之應也。

〔一〕顓事有知　原作『顓事者加』，據《漢書·五行志》改。
〔二〕災水　原作『大水』，據《漢書·五行志》改。
〔三〕災　原脱，據《漢書·五行志》補。

吴孫休永安五年八月壬午，大雨震電〔一〕，水泉湧溢。

晉武帝泰始四年九月，青、徐、兖、豫四州大水。

七年六月，大雨霖，河、洛、伊、沁皆溢，殺二百餘人。帝即尊位，不加三后祖宗之號。泰始二年，又除明堂南郊五帝坐，同稱昊天上帝，一位而已。又省先後配地之禮。此簡宗廟廢祭祀之罰，與漢成帝同事。一曰，昔歲及此年，藥蘭泥、白虎文秦凉殺刺史胡烈、牽弘，遣田璋討泥。又司馬望以大衆次淮北禦孫皓。內外兵役，西州饑亂，百姓愁怨，陰氣盛也。

咸寧初，始上祖宗號，太熙初，還復五帝位。

晉武帝咸寧元年九月，徐州水。

二年七月癸亥，河南魏郡暴水，殺百餘人；八月，荆州郡國五大水。去年采擇良家子女，露面入殿，帝親簡閱，務在姿色，不訪德行。有蔽匿者以不敬論。搢紳愁怨，天下非之。陰盛之應也。

咸寧三年六月，益、梁二州郡國八暴水，殺三百餘人；七月，荆州大水；九月，始平郡大水；十月，青、徐、兖、豫、荆、益、梁七州又水。是時賈充等用事日盛，而正人疏外者多。

咸寧四年七月，司、冀、兖、豫、荆、揚郡國二十大水。

晉武帝太康二年六月，泰山、江夏大水。泰山流三百家，殺六千餘人；江夏亦殺人。是時平吴後，王濬爲元功，而詆劾妄加；荀、賈爲無謀，而並蒙重賞。收吴姬五千，納之後宫。此其應也。

太康四年七月，司、豫、徐、兖、荆、揚郡國二十大水，傷秋稼，壞屋室，有死者。

太康六年三月，青、涼、幽、冀郡國十五大水。

太康七年九月，西方安定等郡國八大水。

太康八年六月，郡國八大水。

晉惠帝元康二年，有水災。

元康五年五月，潁川、淮南大水；六月，城陽、東莞大水殺人；荆、揚、徐、兖、豫五州又大水。是時帝即位已五載，猶未郊祀，烝嘗亦多不身親近。簡宗廟廢祭祀之罰也。

班固曰：『王者即位，必郊祀天地，望秩山川。若乃不敬鬼神，政令違逆，則霧水暴至，百川逆溢，壞鄉邑，溺人民，水不潤下也。』

元康六年五月，荆、揚二州大水。按董仲舒説，水者，陰氣盛也。是時賈后亂朝，寵樹賈、郭。女主專政之應也。

元康八年五月，金墉城井水溢。漢成帝時有此妖，班固以爲王莽之象。及趙倫篡位，即此應也。倫廢帝於此城，井溢所在，又天意乎！（元康）八年九月，荆、揚、徐、

〔一〕大雨震電　『電』原作『雹』，據《三國志・吴志・孫休傳》、《晉書・五行志》改。

兖、冀五州大水。是時賈后暴戾滋甚，韓謐驕猜彌扇，卒害太子，旋亦禍滅。

元康九年四月，宮中井水沸溢。

晉惠帝永寧元年七月，南陽、東海大水。是時，齊王冏秉政專恣。陰盛之應。

晉惠帝太安元年七月，兖、豫、徐、冀四州水。時將相力政，無尊主心。

晉孝懷帝永嘉四年四月，江東大水。是時，王導等潛懷翼戴之計。陰氣盛也。

晉元帝太興三年六月，大水。是時王敦內懷不臣，傲很作威，後終夷滅。

太興四年七月，大水。明年有石頭之敗。

晉元帝永昌二年五月，荆州及丹陽、宣城、吴興、壽春大水。

晉明帝太寧元年五月，丹陽、宣城、吴興、壽陽大水。是時王敦疾害忠良，威權震主，尋亦誅滅。

晉成帝咸和元年五月，大水。是時嗣主幼沖，母后稱制，庾亮以元舅民望，決事禁中。陰勝陽也。

咸和二年五月戊子，京都大水。是冬，蘇峻稱兵，都邑塗炭。

咸和四年七月，丹陽、宣城、吴興、會稽大水。是冬，郭默作亂，荆、豫共討之，半歲乃定。

咸和七年五月，大水。是時帝未親務，政在大臣。陰勝陽也。

晉成帝咸康元年八月，長沙、武陵大水。

是年三月，石虎掠騎至曆陽，四月，圍襄陽。於是加王導大司馬，集徒旅；又使趙胤、路永、劉仕、王允之、陳光五將軍，各帥衆戍衛。百姓愁怨。陰氣盛也。

晉穆帝永和四年五月，大水。是時幼主沖弱，母后臨朝；又將相大臣，各争權政。與咸和初同事也。

永和五年五月，大水。

永和六年五月，大水。

永和七年七月甲辰夜，濤水入石頭，死者數百人。去年，殷浩以私忿廢蔡謨，遐邇非之。又幼主在上，而殷、桓交惡，選徒聚甲，各崇私權。陰勝陽之應也。一説濤入石頭，江右以爲兵占。是後殷浩、桓温、謝尚、荀羨連年征伐。

晉穆帝升平二年五月，大水。是時桓温權制朝廷，征伐是專。

升平五年四月，大水。

晉海西太和六年六月，京都大水，平地數尺，侵及太廟。朱雀大航纜斷，三艘流入大江。丹陽、晉陵、吴國、吴興、臨海五郡又大水，稻稼蕩没，黎庶饑饉。初四年，桓温北伐敗績，十喪其九；五年，又征淮南，踰歲乃克。百姓愁怨之應也。

晉簡文帝咸安元年十二月壬午，濤水入石頭。明年，妖賊盧竦率其屬數百人入殿，略取武庫三庫甲仗，遊擊將軍毛安之討滅之。

晉孝武帝太元三年六月，大水。是時孝武幼弱，政在將相。

太元五年，大水。去年氐賊攻没襄陽，又向廣陵。於是逼徙江淮民悉令南渡，三州失業，道殣相望。謝玄雖破句難等，自後征戍不已。百姓愁怨之應也。

太元六年六月，荆、江揚三州大水。

太元十年夏，大水。初八年，破苻堅，自後有事中州，役無已歲。兵民愁怨之應也。

太元十三年十二月，濤水入石頭。明年，丁零、鮮卑寇擾司、兗鎮戍，西、北疲於奔命。

太元十五年七月，兗州大水。是時緣河紛争，征戍勤悴。

太元十七年六月甲寅，濤水入石頭，毁大航，漂船舫，有死者；京口西浦，亦濤入殺人。永嘉郡潮水湧起，近海四縣人民多死。後四年帝崩，而王恭再攻京師。京師亦發大衆以禦之。

太元十九年七月，荆州、彭城大水傷稼。

太元二十年，荆州、彭城大水。

太元二十一年五月癸卯，大水。是時政事多弊，兆庶非之。

晉安帝隆安三年五月，荆州大水。去年，殷仲堪舉兵向京都；是年春，又殺郗恢。陰盛作威之應也。仲堪尋亦敗亡。

隆安五年五月，大水。是時司馬元顯作威陵上，又桓玄擅西夏，孫恩亂東國。陰勝陽之應也。

晉安帝元興二年十二月，桓玄簒位。其明年二月庚寅夜，濤水入石頭。是時貢使商旅，方舟萬計，漂敗流斷，骸胔相望。江(右)〔左〕[一]雖有濤變，未有若斯之甚。三月，義軍克京都，玄敗走，遂夷滅。

元興三年二月己丑朔夜，濤水入石頭，漂没殺人，大航流敗。

晉安帝義熙元年十二月己未，濤水入石頭。

義熙二年十二月己未夜，濤水入石頭。明年，駱球父環潛結桓胤、殷仲文等謀作亂，劉(稚)〔雅〕[二]亦謀反，凡所誅滅數十家。

義熙三年五月丙午，大水。

義熙四年十二月戊寅，濤水入石頭。明年，王旅北討鮮卑。

義熙六年五月丁巳，大水。乙丑，盧循至蔡洲。

義熙八年六月，大水。

[一] 江左　原作「江右」，據《晉書·五行志》改。當時稱江北爲「江右」，江南爲「江左」。石頭在江南，當是「江左」。

[二] 劉雅　原作「劉稚」，《晉書·劉毅传》、殿本并作「劉雅」，據改。

義熙九年五月辛巳，大水。

義熙十年五月丁丑，大水；戊寅，西明門地穿湧水出，毁門扉及限；七月乙丑，淮北災風大水殺人。

義熙十一年七月丙戌，大水，淹漬太廟，百官赴救。明年，王旅北討關、河。

宋文帝元嘉五年六月，京邑大水。

七年，右將軍到彦之率師入河。

元嘉十一年五月，京邑大水。

十三年〔一〕，司空檀道濟誅。

元嘉十二年六月，丹陽、淮南、吴、吴興、義興五郡大水，京邑乘船。

元嘉十八年五月，江水泛溢，没居民，害苗稼。明年，右軍將軍裴方明率雍、梁之衆伐仇池。

元嘉十九年、二十年，東諸郡大水。

元嘉二十九年五月，京邑大水。

孝武帝孝建元年八月，會稽大水，平地八尺。後二年，虜寇青、冀州，遣羽林軍卒討伐。

孝武帝大明元年五月，吴興、義興大水。

大明四年八月，雍州大水。

大明四年，南徐、南兖州大水。

後廢帝元徽元年六月，壽陽大水。

順帝昇明元年七月，雍州大水，甚于關羽樊城時。

昇明二年二月，於灊翼異山一夕五十二處水出，流漂居民。七月丙午朔，濤水入石頭，居民皆漂没。

〔一〕十三年　此條爲十三年，夾在『十一年』與『十二年』之間，紀年疑有誤。

隋書[一]

卷二二　五行上

梁天監二年六月，太末、信安、豐安三縣大水[二]。《春秋考異郵》曰：『陰盛臣逆人悲，則水出河決。』是時江州刺史陳伯之、益州刺史劉季連舉兵反叛，師旅數興，百姓愁怨，臣逆人悲之應也。

六年八月，建康大水，濤上御道七尺。

七年五月，建康又大水。是時數興師旅，以拒魏軍。

十二年四月，建康大水。是時大發卒築浮山堰，以遏淮水，勞役連年，百姓悲怨之應也。

中大通五年五月，建康大水，御道通船。京房《易飛候》曰：『大水至國，賤人將貴。』蕭棟、侯景僭稱尊號之應也。

後齊河清二年十二月，兗、趙、魏三州大水。

天統三年，並州汾水溢。《讖》曰：『水者純陰之精，陰氣洋溢者，小人專制。』是時和士開、元文遥、趙彦深專任之應也。

武平六年八月，山東諸州大水。京房《易飛候》曰：『小人踴躍，無所畏忌，陰不制于陽，則湧水出。』是時群小用事，邪佞滿朝。閹豎嬖幸，伶人封王，此其所以應也。

開皇十八年，河南八州大水。是時獨孤皇后干預政事，濫殺宮人，放黜宰相。楊素頗專。水陰氣，臣妾盛强之應也。

仁壽二年，河南、河北諸州大水。京房《易傳》曰：『顓事有智，誅罰絶理，則厥災水。』亦由帝用刑嚴急，臣下有小過，帝或親臨斬決，又先是柱國史萬歲以忤旨被戮，誅罰絶理之應也。

大業三年，河南大水，漂没三十餘郡。帝嗣位已來，未親郊廟之禮，簡宗廟廢祭祀之應也。

常雨水

梁天監七年七月，雨，至十月乃霽。洪範《五行傳》

[一]《隋書》，作者署名魏徵。全書共八十五卷，其中帝紀五卷，列傳五十卷，志三十卷。紀傳部分由魏徵主編，成書於唐太宗貞觀十年（六三六年）；史志部分成於唐高宗顯慶元年（六五六年），是由長孫無忌監修。《隋書》是現存最早的隋史專著，也是《二十五史》中修史水準較高的史籍之一。

[二]太末，原作『大末』；豐安，原作『安豐』；據《南齊書・州郡志》上改。《梁書・武帝紀》中『安豐』亦作『豐安』。

曰：『陰氣强積，然後生水雨之災。』時武帝頻年興師，是歲又大舉北伐，諸軍頗捷，而士卒罷敝，百姓怨望，陰氣畜積之應也。

陳太建十二年八月，大雨霆霖。時始興王叔陵驕恣，陰氣盛强之應也。明年，宣帝崩，後主立。叔陵刺後主於喪次。宮人救之，僅而獲免。叔陵出閤，就東府作亂。後主令蕭摩訶破之，死者千數。

東魏武定五年秋，大雨七十餘日，元瑾、劉思逸謀殺後齊文襄之應也。

後齊河清三年六月庚子，大雨，晝夜不息，至甲辰。山東大水，人多餓死。是歲，突厥寇并州，陰戎作梗，此其應也。

天統三年十月，積陰大雨。胡太后淫亂之所感也。

武平七年七月，大霖雨，水澇，人户流亡。是時駱提婆、韓長鸞等用事，小人專政之罰也。

後周建德三年七月，霖雨三旬。時衛刺王直潛謀逆亂。屬帝幸雲陽宮，以其徒襲肅章門，尉遲運逆拒破之。其日雨霽。

卷二三　五行下

火沴水

後齊河清元年四月，河、濟清。襄楷曰：『河，諸侯之象。應濁反清，諸侯將爲天子之象。』是後十余歲，隋有天下。

大業三年，武陽郡河清，數里鏡澈。十二年，龍門又河清。後二歲，大唐受禪。

卷二四　食貨

武帝保定二年正月，初于蒲州開河渠，同州開龍首渠，以廣溉灌。

高祖登庸，罷東京之役，除入市之税。是時尉迥、王謙、司馬消難相次叛逆，興師誅討，賞費鉅萬。及受禪，又遷都，發山東丁，毁造宮室。仍依周制，役丁爲十二番，匠則六番。及頒新令。制人五家爲保，保有長。保五爲閭，閭四爲族，皆有正。畿外置里正，比閭正，黨長比族正，以相檢察焉。男女三歲已下爲黄，十歲已下爲小，十七已下爲中，十八已上爲丁。丁從課役。六十爲老，乃免。自諸王已下，至于都督，皆給永業田，各有差。多者至一百頃，少者至四十畝。其丁男、中男永業露田，皆遵後齊之制。並課樹以桑榆及棗。其園宅，率三口給一畝，奴婢則五口給一畝。丁男一床，租粟三石，桑土調以絹絁，麻土以布，絹絁以匹，加綿三兩。布以端，加麻三斤。單丁及僕隸各半之。未受地者皆不課。有品爵及孝子順孫義夫節婦，並免課役。京官又給職分田。一品者給田五頃。每品以五十畝爲差，至五品，則爲田三頃，六品二頃五十畝。其下每品以五十畝爲差，至九品爲一頃。外官亦各有職分田，又給公廨田，以供公用。

開皇三年正月，帝入新宮。初令軍人以二十一成丁。減十二番每歲爲二十日役。減調絹一疋爲二丈。先是尚依周末之弊，官置酒坊收利，鹽池鹽井，皆禁百姓採用。至是罷酒坊，通鹽池鹽井與百姓共之，遠近大悅。

是時突厥犯塞，吐谷渾寇邊，軍旅數起，轉輸勞敝。帝乃令朔州總管趙仲卿，于長城以北大興屯田，以實塞下。又于河西勸百姓立堡，營田積穀。京師置常平監。

是時山東尚承齊俗，機巧姦僞，避役惰遊者十六七。四方疲人，或詐老詐小，規免租賦。高祖令州縣大索貌閱，户口不實者，正長遠配，而又開相糾之科。大功已下，兼令析籍，各爲户頭，以防容隱。於是計帳進四十四萬三千丁，新附一百六十四萬一千五百口。

高熲又以人間課輸，雖有定分，年常征納，除注恒多，長吏肆情，文帳出没，復無定簿，難以推校，乃爲輸籍定樣，請遍下諸州。每年正月五日，縣令巡人，各隨便近，五黨三黨，共爲一團，依樣定户上下。帝從之。自是姦無所容矣。

時百姓承平日久，雖數遭水旱，而户口歲增。諸州調物，每歲河南自潼關，河北自蒲阪，達于京師，相屬於路，晝夜不絶者數月。帝既躬履儉約，六宮咸服浣濯之衣。乘輿供御有故敝者，隨令補用，皆不改作。非享燕之事，所食不過一肉而已。有司嘗進乾薑，以布袋貯之，帝用爲傷費，大加譴責。後進香，復以氈袋，因笞所司，以爲後誡焉。由是內外率職，府帑充實，百官禄賜及賞功臣，皆出於豐厚焉。

九年，陳平，帝親御朱雀門勞凱旋師，因行慶賞。自門外夾道列布帛之積，達于南郭，以次頒給。所費三百余萬段。帝以江表初定，給復十年。自余諸州，並免當年租賦。

十年五月，又以宇內無事，益寬徭賦。百姓年五十者，輸庸停防。十一年，江南又反，越國公楊素討平之，師還，賜物甚廣。其餘出師命賞，亦莫不優隆。十二年，有司上言，庫藏皆滿。帝曰：『朕既薄賦於人，又大經賜用，何得爾也？』對曰：『用處常出，納處常入。略計每年賜用至數百萬段，曾無減損。』於是乃更辟左藏之院，構屋以受之。下詔曰：『既富而教，方知廉恥，寧積於人，無藏府庫。河北、河東今年田租，三分減一，兵減半，功調全免。』

時天下户口歲增，京輔及三河，地少而人衆，衣食不給。議者咸欲徙就寬鄉。其年冬，帝命諸州考使議之。又令尚書以其事策問四方貢士，竟無長算。帝乃發使四出，均天下之田。其狹鄉，每丁才至二十畝，老小又少焉。

十三年，帝命楊素出，於岐州北造仁壽宮。素遂夷山堙谷，營構觀宇，崇臺累榭，宛轉相屬。役使嚴急，丁夫多死，疲敝顛僕者，推填坑坎，覆以土石，因而築爲平地。死者以萬數。宮成，帝行幸焉。時方暑月，而死人相次於道，素乃一切焚除之。帝頗知其事，甚不悅。及入新宮遊觀，乃喜，又謂素爲忠。後帝以歲暮晚日登仁壽殿，周望原隰，見宮外燐火彌漫，又聞哭聲。令左右觀之，報曰：『鬼火。』帝曰：『此等工役而死，既屬年暮，魂魄思歸耶？』乃令灑酒宣敕，以呪遣之，自是乃息。

開皇三年，朝廷以京師倉廩尚虛，議爲水旱之備，於是詔于蒲、陝、虢、熊、伊、洛、鄭、懷、邵、衛、汴、許、汝等水次十三州，置募運米丁。又于衛州置黎陽倉，洛州置河陽倉，陝州置常平倉，華州置廣通倉，轉相灌注。漕關東及汾、晉之粟，以給京師。又遣倉部侍郎韋瓚，向蒲、陝以東募人能于洛陽運米四十石，經砥柱之險，達于常平者，免其征戍。其後以渭水多沙，流有深淺，漕者苦之。

四年，詔曰：

京邑所居，五方輻湊，重關四塞，水陸艱難，大河之流，波瀾東注，百川海瀆，萬里交通。雖三門之下，或有危慮，但發自小平，陸運至陝，還從河水，入於渭川，兼及上流，控引汾、晉，舟車來去，爲益殊廣。而渭川水力，大小無常，流淺沙深，即成阻閡。計其途路，數百而已，動移氣序，不能往復，泛舟之役，人亦勞止。朕君臨區宇，興利除害，公私之弊，情實滑之。故東發潼關，西引渭水，因藉人力，開通漕渠，量事計功，易可成就。已令工匠，巡曆管道，觀地理之宜，審終久之義，一得開鑿，萬代無毀。可使官及私家，方舟巨舫，晨昏漕運，沿泝不停，旬日之功，堪省億萬。誠知時當炎暑，動致疲勤，然不有暫勞，安能永逸。宣告人庶，知朕意焉。

於是命宇文愷率水工鑿渠，引渭水，自大興城東至潼關三百餘里，名曰廣通渠。轉運通利，關內賴之。諸州水旱凶饑之處，亦便開倉賑給。

五年五月，工部尚書、襄陽縣公長孫平奏曰：『古者三年耕而餘一年之積，九年作而有三年之儲，雖水旱爲災，而人無菜色，皆由勸導有方，蓄積先備故也。去年亢陽，關內不熟，陛下哀愍黎元，甚於赤子。運山東之粟，置常平之官，開發倉廩，普加賑賜。少食之人，莫不豐足。鴻恩大德，前古未比。其強宗富室，家道有餘者，皆競出私財，遞相賙贍。此乃風行草偃，從化而然。但經國之理，須存定式。』於是奏令諸州百姓及軍人，勸課當社，共立義倉。收穫之日，隨其所得，勸課出粟及麥，於當社造倉窖貯之。即委社司，執帳檢校，每年收積，勿使損敗。若時或不熟，當社有饑饉者，即以此穀賑給。自是諸州儲峙委積。其後關中連年大旱，而青、兖、汴、許、曹、亳、陳、仁、譙、豫、鄭、洛、伊、潁、邳等州大水，百姓饑饉。高祖乃命蘇威等，分道開倉賑給。又命司農丞王亶，發廣通之粟三百余萬石，以拯關中，又發故城中周代舊粟，賤糶與人。買牛驢六千餘頭，分給尤貧者，令往關東就食。其遭水旱之州，皆免其年租賦。

煬帝即位，是時户口益多，府庫盈溢，乃除婦人及奴婢部曲之課。男子以二十二成丁。始建東都，以尚書令楊素爲營作大監，每月役丁二百萬人。徙洛州郭内人及天下諸州富商大賈數萬家以實之。新置興洛及回洛倉。又于皁澗營顯仁宫，苑囿連接，北至新安，南及飛山，西至澠池，周圍數百里。課天下諸州，各貢草木花果、奇禽異獸於其中。

開渠，引穀、洛水，自苑西入，而東注於洛。又自板渚引河，達于淮海，謂之御河。河畔築御道，樹以柳。又命黄門侍郎王弘，上儀同於士澄，往江南諸州采大木，引至東都。所經州縣，遞送往返，首尾相屬，不絶者千里。而東都役使促迫，僵僕而斃者，十四五焉。每月載死丁，東至城皋，北至河陽，車相望於道。時帝將事遼、碣，增置軍府，掃地爲兵。自是租賦之人益減矣。

又造龍舟鳳䑺，黄龍赤艦，樓船篾舫。募諸水工，謂之殿脚，衣錦行襪，執青絲纜挽船，以幸江都。帝御龍舟，文武官五品已上給樓船，九品已上給黄篾舫，舳艫相接，二百餘里。所經州縣，並令供頓，獻食豐辦者加官爵，闕乏者譴至死。又盛修車輿輦輅，旌旗羽儀之飾。課天下州縣，凡骨角齒牙，皮革毛羽，可飾器用，堪爲氅毦者，皆責焉。徵發倉卒，朝命夕辦，百姓求捕，網罟徧野，水陸禽獸殆盡，猶不能給，而買于豪富蓄積之家，其價騰踴。是歲，翟雉尾一，直十縑，白鷺鮮半之。

明年，帝北巡狩。又興衆百萬，北築長城，西距榆林，東至紫河，綿亘千余里，死者太半。

四年，發河北諸郡百餘萬衆，引沁水，南達於河，北通涿郡。自是以丁男不供，始以婦人從役。

五年，西巡河右。西域諸胡，佩金玉，被錦罽，焚香奏樂，迎候道左。帝乃令武威、張掖士女，盛飾縱觀。衣服車馬不鮮者，州縣督課，以誇示之。

其年，帝親征吐谷渾，破之於赤水。慕容佛允委其家屬，西奔青海。帝駐兵不出，遇天霖雨，經大斗拔谷，士卒死者十二三焉，馬驢十八九。於是置河源郡、積石鎮。又於西域之地置西海、鄯善、且末等郡。謫天下罪人，配爲戍卒，大開屯田，發西方諸郡運糧以給之。道里懸遠，兼遇寇抄，死亡相續。

六年，將征高麗，有司奏兵馬已多損耗。詔又課天下富人，量其貲産，出錢市武馬，填元數。限令取足。復點兵具器仗，皆令精新，濫惡則使人便斬。於是馬匹至十萬。

七年冬，大會涿郡。分江淮南兵，配驍衛大將軍來護兒，别以舟師濟滄海，舳艫數百里。並載軍糧，期與大兵會平壤。

是歲山東、河南大水，漂没四十餘郡，重以遼東覆敗，死者數十萬，因屬疫疾，山東尤甚。所在皆以徵斂供帳軍旅所資爲務，百姓雖困，而弗之恤也。每急徭卒賦，有所徵求，長吏必先賤買之，然後宣下，乃貴賣與人，旦暮之間，價盈數倍，裒刻徵斂，取辦一時。强者聚而爲盗，弱者自賣爲奴婢。

九年，詔又課關中富人，計其貲産出驢，往伊吾、河源、且末運糧。多者至數百頭，每頭價至萬餘。又發諸州丁，分爲四番，于遼西柳城營屯，往來艱苦，生業盡罄。盗賊四起，道路隔絶，隴右牧馬，盡爲奴賊所掠，楊玄感乘虚爲亂。時帝在遼東，聞之，遽歸於高陽郡。及玄感平，帝謂侍臣曰：『玄感一呼而從者如市，益知天下人不欲多，多則爲賊。不盡誅，後無以示勸。』乃令裴蘊窮其黨與，詔郡縣坑殺之，死者不可勝數。所在驚駭。舉天下之人十分，九爲盗賊，皆盗武馬，始作長槍，攻陷城邑。

帝又命郡縣置督捕以討賊。益遣募人征遼，馬少不充八馱，而許爲六馱。又不足，聽半以驢充。在路逃者相繼，執獲皆斬之，而莫能止。帝不懌。遇高麗執送叛臣斛斯政，遣使求降，發詔赦之。囚政至于京師，於開遠門外，磔而射殺之。遂幸太原，爲突厥圍於雁門。突厥尋散，遽還洛陽，募益驍果，以充舊數。

是時百姓廢業，屯集城堡，無以自給。然所在倉庫，猶大充牣，吏皆懼法，莫肯賑救，由是益困。初皆剥樹皮以食之，漸及于葉，皮葉皆盡，乃煮土或搗稿爲末而食之。其後人乃相食。

十二年，帝幸江都。是時李密據洛口倉，聚衆百萬。越王侗與段達等守東都。東都城内糧盡，布帛山積，乃以絹爲汲綆，然布以爨。代王侑與衛玄守京師，百姓饑饉，亦不能救。義師入長安，發永豐倉以賑之，百姓方蘇息矣。

舊唐書〔一〕

卷五三　食貨下

武德八年十二月，水部郎中姜行本請於隴州開五節堰，引水通運，許之。

永徽元年，薛大鼎爲滄州刺史，界内有無棣河，隋末填廢。大鼎奏開之，引魚鹽於海。百姓歌之曰：『新河得通舟楫利，直達滄海魚鹽至。昔日徒行今騁駟，美哉薛公德滂被！』

咸亨三年，關中饑，監察御史王師順奏請運晉、絳州倉粟以贍之。上委以運職。河、渭之間，舟楫相繼，會于渭南，自師順始之也。

大足元年六月，於東都立德坊南穿新潭，安置諸州租船。

神龍三年，滄州刺史姜師度於薊州之北，漲水爲溝，以備奚、契丹之寇。又約舊渠，傍海穿漕，號爲平虜渠，以避海難運糧。

開元二年，河南尹李傑奏，汴州東有梁公堰，年久堰破，江淮漕運不通。發汴、鄭丁夫以浚之。省功速就，公私深以爲利。

十五年正月，令將作大匠范安及檢行鄭州河口斗門。先是，洛陽人劉宗器上言，請塞汜水舊汴河口，於下流滎澤界開梁公堰，置斗門，以通淮、汴，擢拜左衛率府胄曹。至是，新漕塞，行舟不通，貶宗器焉。安及遂發河南府、懷、鄭、汴、滑三萬人疏決開舊河口，旬日而畢。

十八年，宣州刺史裴耀卿上便宜事條曰：『江南户口稍廣，倉庫所資，惟出租庸，更無征防。緣水陸遥遠，轉運艱辛，功力雖勞，倉儲不益。竊見每州所送租及庸調等，本州正二月上道，至揚州入斗門，即逢水淺，已有阻礙，須留一月已上。至四月已後，始渡淮入汴，多屬汴河干淺，又般運停留，至六七月始至河口。即逢黄河水漲，不得入河。又須停一兩月，待河水小，始得上河。入洛即漕路幹淺，船艘隘鬧，般載停滯，備極艱辛。計從江南至東都，停滯日多，得行日少，糧食既皆不足，欠折因此而生。又江南百姓不習河水，皆轉雇河師水手，更爲損費。

〔一〕《舊唐書》，作者劉昫（八八七—九四六年），字耀遠，涿州歸義（今屬河北雄縣）人，五代時期歷史學家，官至司空、平章事。後晉出帝開運二年（九四五年）受命監修國史，負責編纂《舊唐書》。《舊唐書》是現存最早的系統記録唐代歷史的一部史籍，共二百卷，包括本紀二十卷，志三十卷，列傳一百五十卷。原名《唐書》，宋代歐陽修、宋祁等編寫的《新唐書》問世後，才改稱《舊唐書》。

伏見國家舊法，往代成規，擇制便宜，以垂長久。河口元置武牢倉，江南船不入黃河，即於倉內便貯。鞏縣置洛口倉，從黃河不入漕洛，即於倉內安置。爰及河陽倉、柏崖倉、太原倉、永豐倉、渭南倉，節級取便，例皆如此。水通則隨近運轉，不通即且納在倉，不滯遠船，不憂久耗，比於曠年長運，利便一倍有餘。今若且置武牢、洛口等倉，江南船至河口，即卻還本州，更得其船充運。並取所減腳錢，更運江淮變造義倉，每年剩得一二百萬石。即望數年之外，倉廩轉加。其江淮義倉，下濕不堪久貯，若無船可運，三兩年色變，即給貸費散，公私無益。』疏奏不省。

至二十一年，耀卿爲京兆尹，京師雨水害稼，穀價踴貴，玄宗以問耀卿，奏稱：『昔貞觀、永徽之際，祿廩未廣，每歲轉運，不過二十万石便足。今國用漸廣，漕運數倍，猶不能支。從都至陝，河路艱險，既用陸運，無由廣致。若能兼河漕，變陸爲水，則所支有餘，動盈萬計。且江南租船，候水始進，吴人不便漕挽，由是所在停留。日月既淹，遂生竊盜。臣望於河口置一倉，納江東租米，便放船歸。從河口即分入河、洛，官自雇船載運。三門之東，置一倉。三門既水險，即於河岸開山，車運十數里。三門之西，又置一倉，每運至倉，即般下貯納。水通即運，水細便止。自太原倉泝河，更無停留，所省鉅萬。前漢都關中，年月稍久，及隋亦在京師，緣河皆有舊倉，所以國用常贍。』上深然其言。

至二十二年八月，置河陰縣及河陰倉、河西柏崖倉、三門東集津倉、三門西鹽倉。開三門山十八里，以避湍險。自江淮而泝鴻溝，悉納河陰倉。自河陰送納含嘉倉，又送納太原倉，謂之北運。自太原倉浮於渭，以實關中。上大悅。尋以耀卿爲黃門侍郎、同中書門下平章事，充江淮、河南轉運都使。以鄭州刺史崔希逸、河南少尹蕭炅爲副。凡三年，運七百萬石，省陸運之傭四十萬貫。舊制，東都含嘉倉積江淮之米，載以大輿而西，至于陝三百里，率兩斛計傭錢千。此耀卿所省之數也。

明年，耀卿拜侍中，而蕭炅代焉。

二十五年，運米一百萬石。

二十九年，陝郡太守李濟物，鑿三門山以通運，辟三門巔，踰岩險之地，俾負索引艦，升於安流，自（齊）〔濟〕物始也。

天寶三載，韋堅代蕭炅，以滻水作廣運潭於望春樓之東，是年，楊釗以殿中侍御史爲水陸運使，以代韋堅。先是，或砂礫糠粃，雜乎其間。開元初，詔使揚擲而較其虛實，自此始也。

十四載八月，詔水陸運宜停一年。

卷四一　五行

貞觀十一年七月一日，黃氣竟天，大雨，穀水溢，入洛陽宮，深四尺，壞左掖門，毀宮寺一十九；洛水暴漲，漂六百餘家。帝引咎，令群臣直言政之得失。中書侍郎岑文本曰：『伏唯陛下覽古今之事，察安危之機，上以社稷爲重，下以億兆爲念。明選舉，慎賞罰，進賢才，退不肖。聞過即改，從諫如流。爲善在於不疑，出令期於必信。頤神養性，省畋遊之娱；去奢從儉，減工役之費。務静方内，不求辟土；載櫜弓矢，而無忘武備。凡此數者，願陛下行之不怠，必當轉禍爲福，化咎爲祥。況水之爲患，陰陽常理，豈可謂之天譴而系聖心哉！』

十三日，詔曰：『暴雨爲災，大水泛溢，静思厥咎，朕甚懼焉。文武百僚，各上封事，極言朕過，無有所諱。諸司供進，悉令減省。凡所力役，量事停廢。遭水之家，賜帛有差。』

二十日，詔廢明德宫及飛山宫之玄圃院，分給河南、洛陽遭水户。

九月，黄河泛濫，壞陝州河北縣及太原倉，毀河陽中潬，太宗幸白馬阪以觀之。

永徽五年六月，恒州大雨，自二日至七日。滹沱河水泛溢，損五千三百家。

總章二年七月，冀州奏：六月十三日夜降雨，至二十日，水深五尺，其夜暴水深一丈已上，壞屋一萬四千三百九十區，害田四千四百九十六頃。九月十八日，括州暴風雨，海水翻上，壞永嘉、安固二縣城百姓廬舍六千八百四十三區，殺人九千七十、牛五百頭，損田苗四千一百五十頃。

咸亨元年五月十四日，連日澍雨，山水溢，溺死五千餘人。

永淳元年六月十二日，連日大雨，至二十三日，洛水大漲，漂損河南立德弘敬、洛陽景行等坊二百餘家，壞天津橋及中橋，斷人行累日。先是，頓降大雨，沃若懸流，至是而泛溢衝突焉。西京平地水深四尺已上，麥一束止得一二升，米一斗二百二十文，布一端止得一百文。國中大饑，蒲、同等州没徙家口並逐糧，饑餒相仍，加以疾疫，自陝至洛，死者不可勝數。西京米斗三百已下。

二年三月，洛州黄河水溺河陽縣城，水面高於城内五六尺。自鹽坎已下至縣十里石灰，並平流，津橋南北道無不碎破。

文明元年七月，温州大水，漂流四千餘家。

長安三年，寧州大霖雨，山水暴漲，漂流二千餘家，溺死者千餘人，流屍東下。十七日，京師大雨雹，人有凍死者。

四年，自九月至十月，晝夜陰晦，大雨雪。都中人畜，有餓凍死者。令開倉賑恤。

神龍元年七月二十七日，洛水漲，壞百姓廬舍二千餘家。詔九品已上直言極諫，右衛騎曹宋務光上疏曰：『……去月二十七日，洛水暴漲，漂損百姓。謹按《五行傳》曰：「簡宗廟，廢祭祀，則水不潤下。」夫王者即位，必郊祀天地，嚴配祖宗，是故鬼神歆饗，多獲福助。自陛下光臨寶極，綿曆炎涼，郊廟遲留，不得殷薦，山川寂寞，未議懷柔。暴水之災，殆因此發。臣又按，水者陰類，臣妾之道。陰氣盛滿，則水泉迸溢。加之虹蜺紛錯，暑雨滯淫，雖丁厥時，而汩恒度，亦陰勝之沴也。』

神龍二年三月壬子，洛陽東十里有水影，月餘乃滅。四月，洛水泛濫，壞天津橋，漂流居人廬舍，溺死者數千人。

三年夏，山東、河北二十餘州大旱，饑饉死者二千餘人。

景龍二年正月，滄州雨雹，大如雞卵。

開元五年六月十四日，鞏縣暴雨連日，山水泛漲，壞郭邑廬舍七百餘家，人死者七十二；汜水同日漂壞近河百姓二百餘户。

八年夏，契丹寇營州，發關中卒援之。軍次澠池縣之闕門，野營穀水上。夜半，山水暴至，二萬餘人皆溺死，唯行綱役夫樗蒱，覺水至，獲免逆旅之家，溺死死人漂入苑中如積。

其年六月二十一日夜，暴雨，東都穀、洛溢，入西上陽宫，宫人死者十七八。畿内諸縣，田稼廬舍蕩盡。掌關兵士，凡溺死者一千一百四十八人。京城興道坊一夜陷爲池，一坊五百餘家俱失。

其年，鄧州三鴉口大水塞谷，初見二小兒以水相潑，須臾，有大蛇十圍已上，張口向天，人或斫射之，俄而暴雷雨，漂溺數百家。

十年二月四日，伊水泛漲，毁都城南龍門天竺、奉先寺，壞羅郭東南角，平地水深六尺已上，入漕河，水次屋舍，樹木蕩盡。河南汝、許、仙、豫、唐、鄧等州，各言大水害秋稼，漂没居人廬舍。

十四年六月戊午，大風拔木髪屋，端門鴟吻盡落，都城内及寺觀落者約半。

七月十四日，瀍水暴漲，流入洛漕，漂没諸州租船數百艘，溺死者甚衆，漂失楊、壽、光、和、廬、杭、瀛、棣租米一十七萬二千八百九十六石，並錢絹雜物等。因開斗門決堰，引水南入洛，漕水燥竭，以搜漉官物，十收四五焉。

七月甲子，懷、衛、鄭、滑、汴、濮、許等州澍雨，河及支川皆溢，人皆巢舟以居，死者千計，資産苗稼無孑遺。滄州大風，海運船没者十一二，失平盧軍糧五千餘石，舟人皆死。潤州大風從東北，海濤奔上，没瓜步洲，損居人。是秋，天下八十五州言旱及霜，五十州水，河南、河北尤甚。

十五年七月甲寅，雷震興教門樓兩鴟吻，燒樓柱，良久乃滅。二十日，鄜州雨，洛水溢入州城，平地丈餘，損居人廬舍，溺死者不知其數。二十一日，同州損郭邑及市，毁馮翊縣。八月八日，澠池縣夜有暴雨，澗水、谷水漲合，毀郭邑百餘家及普門佛寺。

是歲，天下六十三州大水損禾稼、居人廬舍，河北尤甚。

十八年六月乙丑，東都瀍水暴漲，漂損揚、楚、淄、德等州租船。壬午，東都洛水泛漲，壞天津、永濟二橋及漕渠斗門，漂損提象門外助鋪及仗舍，又損居人廬舍千餘家。

二十七年八月，東京改作明堂，訛言官取小兒埋於明堂下，以爲厭勝。村邑童兒藏於山谷，都城騷然，或言兵至。玄宗惡之，遣主客郎中王佶往東都及諸州宣慰百姓，久之乃定。

二十九年，暴水，伊、洛及支川皆溢，損居人廬舍，秋稼無遺，壞東都天津橋及東西漕； 河南北諸州，皆多漂溺。

天寶十載，廣陵郡大風架海潮，淪江口大小船數千艘。

十三載秋，京城連月澍雨，損秋稼。九月，遣閉坊市北門，蓋井，禁婦人入街市，祭玄冥大社，禜門。京城坊市牆宇，崩壞向盡。東方瀍、洛水溢堤穴，沖壞一十九坊。

上元二年，京師自七月霖雨，八月盡方止。京城宮寺廬舍多壞，街市溝渠中漉得小魚。

永泰元年，先旱後水。九月，大雨，平地水數尺，溝河漲溢。時吐蕃寇京畿，以水，自潰而去。

二年夏，洛陽大雨，水壞二十餘坊及寺觀廨舍。河南數十州大水。

大曆四年秋，大雨。是歲，自四月霖澍，至九月。京師米斗八百文，官出太倉米賤糶以救饑人。京城閉坊市北門，門置土臺，臺上置壇及黄幡以祈晴。秋末方止。

五年夏，復大雨，京城饑，出太倉米減價以救人。

十二年秋，大雨。是歲，春夏旱，至秋八月雨，河南尤甚，平地深五尺，河決，漂溺田稼。

貞元二年夏，京師通衢水深數尺。吏部侍郎崔縱，自崇義里西門爲水漂浮行數十步，街鋪卒救之獲免； 其日，溺死者甚衆。東都、河南、荆南、淮南江河泛溢，壞人廬舍。

四年八月，連雨，灞水暴溢，溺殺渡者百餘人。

八年秋，大雨，河南、河北、山南、江淮凡四十餘州大水，漂溺死者二萬餘人。時幽州七月大雨，平地水深二丈； 鄚、涿、薊、檀、平五州，平地水深一丈五尺。又徐州奏： 自五月二十五日雨，至七月八日方止，平地水深一丈二尺，郭邑廬里屋宇田稼皆盡，百姓皆登丘塚山原以避之。

元和七年正月，振武界黄河溢，毀東受降城。五月，饒、撫、虔、吉、信五州山水暴漲，壞廬舍，虔州尤甚，水深處四丈餘。

八年五月，許州奏： 大雨摧大隗山，水流出，溺死者千餘人。六月庚寅，京師大風雨，毀屋揚瓦，人多壓死。水積城南，深處丈餘，入明德門，猶漸車輻。辛卯，渭水暴漲，毀三渭橋，南北絶濟者一月。時所在霖雨，百源皆發，川瀆不由故道。丙申，富平大風，折樹一千二百株。辛丑，出宫人二百車，人得娶納，以水害誡陰盈也。

九年秋，淮南、宣州大水。

十一年五月，京畿大雨，害田四萬頃，昭應尤甚，漂溺居人。衢州山水湧，深三丈，壞州城，民多溺死。浮梁、樂平溺死者一百七十人，爲水漂流不知所在者四千七百户。潤、常、湖、陳、許等州各損田萬頃。

十二年秋，大雨，河南北水，害稼。其年六月，京師大雨，街市水深三尺，壞廬舍二千家，含元殿一柱陷。

十五年九月十一日至十四日，大雨兼雪，街衢禁苑樹無風而摧折、連根而拔者不知其數。仍令閉坊市北門以禳之。滄州大水。

長慶二年十月，好時山水泛漲，漂損居人三百餘家，河南陳、許二州尤甚。詔賑貸粟五萬石，量人户家口多少，等第分給。

大和三年四月，同官暴水，漂没三百餘家。

六年，徐州自六月九日大雨至十一日，壞民舍九百家。

四年夏，鄆、曹、濮雨，壞城郭田廬向盡。蘇、湖二州水，壞六堤，水入郡郭，溺廬井。許州自五月大雨，水深八尺，壞郡郭居民大半。

會昌元年七月，襄州漢水暴溢，壞州郭。均州亦然。

乾元三年閏四月，大霧，大雨月餘。是月，史思明再陷東都，京師米斗八百文，人相食，殍骸蔽地。

新唐書[一]

卷五九　食貨三

唐都長安，而關中號稱沃野，然其土地狹，所出不足以給京師、備水旱，故常轉漕東南之粟。高祖、太宗之時，用物有節而易贍，水陸漕運，歲不過二十萬石，故漕事簡。自高宗已後，歲益增多，而功利繁興，民亦罹其弊矣。

初，江淮漕租米至東都輸含嘉倉，以車或馱陸運至陝。而水行來遠，多風波覆溺之患，其失常十七八，故其率一斛得八斗爲成勞。而陸運至陝，才三百里，率兩斛計傭錢千。民送租者，皆有水陸之直，而河有三門底柱之險。顯慶元年，苑西監褚朗議鑿三門山爲梁，可通陸運。乃發卒六千鑿之，功不成。其後，將作大匠楊務廉又鑿爲棧，以輓漕舟。輓夫系二鈲於胸，而繩多絶，輓夫輒墜死，則以逃亡報，因系其父母妻子，人以爲苦。

開元十八年，宣州刺史裴耀卿朝集京師，玄宗訪以漕事。耀卿條上便宜曰：『江南户口多，而無征防之役。然送租、庸、調物，以歲二月至揚州入斗門，四月已後，始渡淮入汴，常苦水淺，六七月乃至河口，而河水方漲，須八九月水落始得上河入洛，而漕路多梗，船檣阻隘。江南之人不習河事，轉雇河師水手，重爲勞費。其得行日少，阻滞日多。今漢、隋漕路，瀕河倉稟，遺跡可尋。可于河口置武牢倉，鞏縣置洛口倉，使江南之舟不入黄河，黄河之舟不入洛口。而河陽、柏崖、太原、永豐、渭南諸倉，節級轉運，水通則舟行，水淺則寓於倉以待，則舟無停留，而物不耗失。此甚利也。』玄宗初不省。

二十一年，耀卿爲京兆尹，京師雨水，穀踴貴。玄宗將幸東都，復問耀卿漕事，耀卿因請『罷陝陸運，而置倉河口，使江南漕舟至河口者，輸粟於倉而去，縣官雇舟以分入河、洛。置倉三門東西，漕舟輸其東倉，而陸運以輸西倉，復以舟漕，以避三門之水險。』玄宗以爲然。乃于河陰置河陰倉，河清置柏崖倉；三門東置集津倉，西置鹽倉；鑿山十八里以陸運。自江、淮漕者，皆輸河陰倉，自河陰西至太原倉，謂之北運，自太原倉浮渭以實關中。玄宗大悦，拜耀卿爲黄門侍郎、同中書門下平章事，兼江淮

[一]《新唐書》，北宋歐陽修、宋祁等撰，宋仁宗嘉祐五年（一〇六〇年）完成。全書二百二十五卷，包括本紀十卷，志五十卷，表十五卷，列傳一百五十卷。《新唐書》一共修了十七年，北宋慶曆四年（一〇四四年），工部尚書宋祁主持修纂列傳，至和元年（一〇五四年），由歐陽修接續編修本紀、志、表。

都轉運使，以鄭州刺史崔希逸、河南少尹蕭炅爲副使，益漕晉、絳、魏、濮、邢、貝、濟、博之租輸諸倉，轉而入渭。凡三歲，漕七百萬石，省陸運傭錢三十萬緡。

是時，民久不罹兵革，物力豐富，朝廷用度亦廣，不計道里之費，而民之輸送所出水陸之直，增以『函脚』『營窖』之名，民間傳言用斗錢運斗米，其縻耗如此。及耀卿罷相，北運頗艱，米歲至京師才百萬石。二十五年，遂罷北運。而崔希逸爲河南陝運使，歲運百八十萬石。其後乙太倉積粟有餘，歲減漕數十萬石。

二十九年，陝郡太守李齊物鑿砥柱爲門以通漕，開其山顛爲輓路，燒石沃醯而鑿之。然棄石入河，激水益湍怒，舟不能入新門，候其水漲，以人輓舟而上。天子疑之，遣宦者按視，齊物厚賂使者，還言便。齊物入爲鴻臚卿，以長安令韋堅代之，兼水陸運使。堅治漢、隋運渠，起關門，抵長安，通山東租賦。乃絶灞、滻，並渭而東，至永豐倉與渭合。又于長樂坡瀕苑牆鑿潭於望春樓下，以聚漕舟。堅因使諸舟各揭其郡名，陳其土地所産寶貨諸奇物於袱上。先時民間唱俚歌曰『得體紇那邪』。其後得寶符于桃林，於是陝縣尉崔成甫更《得體歌》爲《得寶弘農野》。堅命舟人爲吴、楚服，大笠、廣袖、芒屩以歌之。成甫又廣之爲歌辭十闋，自衣缺後緑衣、錦半臂、紅抹額，立第一船爲號頭以唱，集兩縣婦女百余人，鮮服靚妝，鳴鼓吹笛以和之。衆艘以次輳樓下，天子望見大悦，賜其潭名曰廣運潭。是歲，漕山東粟四百萬石。自裴耀卿言漕事，進用者常兼轉運之職，而韋堅爲最。

初，耀卿興漕路，請罷陸運，而不果廢。自景雲中，陸運北路分八遞，雇民車牛以載。開元初，河南尹李傑爲水陸運使，運米歲二百五十萬石，而八遞用車千八百乘。耀卿罷久之，河南尹裴迥以八遞傷牛，乃爲交場兩遞，濱水處爲宿場，分官總之，自龍門東山抵天津橋爲石堰以遏水。其後大盗起，而天下匱矣。

肅宗末年，史朝義兵分出宋州，淮運於是阻絶，租庸鹽鐵溯漢江而上。河南尹劉晏爲户部侍郎，兼句當度支、轉運、鹽鐵、鑄錢使，江淮粟帛，繇襄、漢越商于以輸京師。

及代宗出陝州，關中空窘，於是盛轉輸以給用。廣德二年，廢句當度支使，以劉晏顓領東都、河南、淮西、江南東西轉運、租庸、鑄錢、鹽鐵，轉輸至上都，度支所領諸道租庸觀察使，凡漕事亦皆決于晏。晏即鹽利顧傭分吏督之，隨江、汴、河、渭所宜。故時轉運船繇潤州陸運至揚子，斗米費錢十九，晏命囊米而載以舟，減錢十五；繇揚州距河陰，斗米費錢百二十，晏爲歇艎支江船二千艘，每船受千斛，十船爲綱，每綱三百人，篙工五十，自揚州遣將部送至河陰，上三門，號『上門填闕船』，米斗減錢九十。調巴、蜀、襄、漢麻枲竹篠爲綯挽舟，以朽索腐材代薪，物無棄者。未十年，人人習河險。江船不入汴，汴船不入河，河船不入渭；江南之運積揚州，汴河之運積河陰，河船之運積渭口，渭船之運入太倉。歲轉粟百一十萬石，無升斗溺者。輕貨自揚子至汴州，每馱費錢二千二百，減九百，歲省十余萬緡。又分官吏主丹楊湖，禁引溉，自是河漕不涸。大曆八年，以關內豐穰，減漕十萬石，度支和糴以優農。晏自天寶末掌出納，監歲運，知左右藏，主財穀三十餘年矣。及楊炎爲相，以舊惡罷晏，罷運使復歸度支，凡江淮漕米，以庫部郎中崔河圖主之。

及田悅、李惟岳、李納、梁崇義拒命，舉天下兵討之，諸軍仰給京師。而李納、田悅兵守渦口，梁崇義搤襄、鄧，南北漕引皆絶，京師大恐。江淮水陸轉運使杜佑以秦、漢運路出浚儀十里入琵琶溝，絶蔡河，至陳州而合，自隋鑿汴河，官漕不通，若導流培岸，功用甚寡；疏雞鳴岡首尾，可以通舟，陸行才四十里，則江、湖、黔中、嶺南、蜀、漢之粟可方舟而下，繇白沙趣東關，歷潁、蔡，涉汴抵東都，無濁河溯淮之阻，減故道二千餘里。會李納將李洧以徐州歸命，淮路通而止。户部侍郎趙贊又以錢貨出淮迂緩，分置汴州東西水陸運兩税鹽鐵使，以度支總大綱。

貞元初，關輔宿兵，米斗千錢，太倉供天子六宮之膳不及十日，禁中不能釀酒，以飛龍駝負永豐倉米給禁軍，陸運牛死殆盡。德宗以給事中崔造敢言，爲能立事，用爲相。造以江、吴素嫉錢穀諸使頗利罔上，乃奏諸道觀察使、刺史選官部送兩税至京師，廢諸道水陸轉運使及度支巡院、江淮轉運使，以度支、鹽鐵歸尚書省，宰相分判六尚書事。以户部侍郎元琇判諸道鹽鐵、榷酒，侍郎吉中孚判度支諸道兩税。增江淮之運，浙江東、西歲運米七十五萬石，復以兩税易米百萬石，江西、湖南、鄂岳、福建、嶺南米亦百二十萬石，詔浙江東、西節度使韓滉，淮南節度使杜亞運至東、西渭橋倉。諸道有鹽鐵處，復置巡院。歲終宰相計課最。崔造厚元琇，而韓滉方領轉運，奏國漕不可改。帝亦雅器滉，復以爲江淮轉運使。元琇嫉其剛，不可共事，因有隙。琇稱疾罷，而滉爲度支、諸道鹽鐵、轉運使，於是崔造亦罷。滉遂劾琇常餫米淄青、河中，而李納、懷光倚以構叛，貶琇雷州司户參軍，尋賜死。

是時，汴宋節度使春夏遣官監汴水，察盜灌溉者。歲漕經底柱，覆者幾半。河中有山號『米堆』，運舟入三門，雇平陸人爲門匠，執標指麾，一舟百日乃能上。諺曰：『古無門匠墓。』謂皆溺死也。陝虢觀察使李泌益鑿集津倉山西逕爲運道，屬於三門倉，治上路以回空車，費錢五萬緡。下路減半；又爲入渭船，方五板，輸東渭橋太倉米至凡百三十萬石，遂罷南路陸運。其後諸道鹽鐵、轉運使張滂復置江淮巡院。及浙西觀察使李錡領使，江淮堰埭隸浙西者，增私路小堰之税，以副使潘孟陽主上都留後。李巽爲諸道轉運、鹽鐵使，以堰埭歸鹽鐵使，罷其增置者。自劉晏後，江淮米至渭橋浸減矣，至巽乃復如晏之多。

初，揚州疏太子港、陳登塘，凡三十四陂，以益漕河，輒復堙塞。淮南節度使杜亞乃浚渠蜀岡，疏句城湖、愛敬陂，起堤貫城，以通大舟。河益庫，水下走淮，夏則舟不得前。節度使李吉甫築平津堰，以泄有餘，防不足，漕流遂通。然漕益少，江淮米至渭橋者才二十萬斛。諸道鹽鐵、轉運使盧坦糴以備一歲之費，省冗職八十員。自江以南，補署皆剸屬院監，而漕米亡耗于路頗多。刑部侍郎王播代坦，建議米至渭橋五百石亡五十石者死。其後判度支皇甫鎛議萬斛亡三百斛者償之，千七百斛者流塞下，過者死；盜十斛者流，三十斛者死。而覆船敗輓，至者不得十之四五。部吏舟人相挾爲奸，榜笞號苦之聲聞于道路，禁錮連歲，赦下而獄死者不可勝數。其後貸死刑，流天德五城，人不畏法，運米至者十亡七八。鹽鐵、轉運使柳公綽請如王播議加重刑。太和初，歲旱河涸，掊沙而進，米多耗，抵死甚衆，不待覆奏。

秦漢時故漕興成堰，東達永豐倉，咸陽縣令韓遼請疏之，自咸陽抵潼關三百里，可以罷車輓之勞。宰相李固言以爲非時，文宗曰：『苟利於人，陰陽拘忌，非朕所顧也。』議遂決。堰成，罷輓車之牛以供農耕，關中賴其利。

故事，州縣官充綱，送輕貨四萬，書上考。開成初，爲長定綱，州擇清强官送兩税，至十萬遷一官，往來十年者授縣令。江淮錢積河陰，轉輸歲費十七萬餘緡，行綱多以盜抵死。判度支王彦威置縣遞群畜萬三千三百乘，使路傍民養以取傭，日役一驛，省費甚博。而宰相亦以長定綱命官不以材，江淮大州，歲授官者十餘人，乃罷長定綱，送五萬者書上考，七萬者減一選，五十萬減三選而已。及户部侍郎裴休爲使，以河瀕縣令董漕事，自江達渭，運米四十萬石。居三歲，米至渭橋百二十萬石。

凡漕達于京師而足國用者，大略如此。其他州、縣、方鎮，漕以自資，或兵所征行，轉運以給一時之用者，皆不足紀。

唐開軍府以捍要衝，因隙地置營田，天下屯總九百九十二。司農寺每屯三十頃，州、鎮諸軍每屯五十頃。水陸腴瘠、播殖地宜與其功庸煩省、收率之多少，皆決於尚書省。苑内屯以善農者爲屯官、屯副，御史巡行蒞輸。上地五十畝，瘠地二十畝，稻田八十畝，則給牛一。諸屯以地良薄與歲之豐凶爲三等，具民田歲穫多少，取中熟爲率。有警，則以兵若夫千人助收。隸司農者，歲三月，卿、少卿循行，治不法者。凡屯田收多者，褒進之。歲以仲春籍來歲頃畝、州府軍鎮之遠近，上兵部，度便宜遣之。開元二十五年，詔屯官敘功以歲豐凶爲上下。鎮戍地可耕者，人給十畝以供糧。方春，屯官巡行，謫作不時者。天下屯田收穀百九十余萬斛。

初，度支歲市糧於北都，以贍振武、天德、靈武、鹽、夏之軍，費錢五六十萬緡，溯河舟溺甚衆。建中初，宰相楊炎請置屯田于豐州，發關輔民鑿陵陽渠以增溉。京兆尹嚴郢嘗從事朔方，知其利害，以爲不便，疏奏不報。郢又奏：『五城舊屯，其數至廣，以開渠之糧貸諸城，約以冬輸；又以開渠功直布帛先給田者，據估轉穀。如此則關輔免調發，五城田辟，比之浚渠利十倍也。』時楊炎方用事，郢議不用，而陵陽渠亦不成。然振武、天德良田，廣袤千里。

元和中，振武軍饑，宰相李絳請開營田，可省度支漕運及絶和糴欺隱。憲宗稱善，乃以韓重華爲振武、京西營田、和糴、水運使，起代北，墾田三百頃，出贓罪吏九百餘人，給以耒耜、耕牛，假種糧，使償所負粟，二歲大熟。因募人爲十五屯，每屯百三十人，人耕百畝，就高爲堡，東起振武，西逾雲州，極於中受降城，凡六百餘里，列柵二十，墾田三千八百餘頃，歲收粟二十萬石，省度支錢二千余萬緡。重華入朝，奏請益開田五千頃，法用人七千，可以盡給五城。會李絳已罷，後宰相持其議而止。憲宗末，天下營田皆雇民或借庸以耕，又以瘠地易上地，民間苦之。穆宗即位，詔還所易地，而耕以官兵。耕官地者，給三之一以終身。靈武、邠寧，土廣肥而民不知耕。大和末，王起奏立營田。後黨項大擾河西，邠寧節度使畢諴亦募士開營田，歲收三十萬斛，省度支錢數百萬緡。

貞觀、開元後，邊土西舉高昌、龜茲、焉耆、小勃律，北抵薛延陀故地，緣邊數十州戍重兵，營田及地租不足以供軍，於是初有和糴。牛仙客爲相，有彭果者獻策廣關輔之糴，京師糧稟益羨，自是玄宗不復幸東都。天寶中，歲以錢六十萬緡賦諸道和糴，斗增三錢，每歲短遞輸京倉者百余萬斛。米賤則少府加估而糴，貴則賤價而糶。

貞元初，吐蕃劫盟，召諸道兵十七萬戍邊。關中爲吐蕃蹂躪者二十年矣，北至河曲，人戶無幾，諸道戍兵月給粟十七萬斛，皆糴於關中。宰相陸贄以『關中穀賤，請和糴，可至百余萬斛。計諸縣船車至太倉，穀價四十有餘，米價七十，則一年和糴之數當轉運之二年，一斗轉運之資當和糴之五斗。減轉運以實邊，存轉運以備時要。江淮米至河陰者罷八十萬斛，河陰米至太原倉者罷五十萬，太原米至東渭橋者罷二十萬。以所減米糶江淮水菑州縣，斗減時五十以救乏。京城東渭橋之糴，斗增時三十以利農。以江淮糴米及減運直市絹帛送上都。』帝乃命度支增估糴粟三十三萬斛，然不能盡用贄議。憲宗即位之初，有司以歲豐熟，請畿內和糴。當時府、縣配戶督限，有稽違則迫蹙鞭撻，甚於稅賦，號爲和糴，其實害民。

卷三八　五行一

常雨

武德六年秋，關中久雨。少陽曰暘，少陰曰雨，陽德衰則陰氣勝，故常雨。

貞觀十五年春，霖雨。

永徽六年八月，京城大雨。

顯慶元年八月，霖雨，更九旬乃止。

開元二年五月壬子，久雨，祟京城門。十六年九月，關中久雨。害稼。

天寶五載秋，大雨，十二載八月，久雨。十三載秋，大霖雨，害稼，六旬不止。九月，閉坊市北門，蓋井，禁婦人入街市，祭玄冥太社，祟明德門，壞京城垣屋殆盡，人亦乏食。

至德二載三月癸亥，大雨，至甲戌乃止。

上元元年四月，雨，訖閏月乃止。二年秋，霖雨連月，渠竇生魚。

永泰元年九月丙午，大雨，至于丙寅。

大曆四年四月，雨，至于九月，閉坊市北門，置土臺，臺上置壇，立黄幡以祈晴。六年八月，連雨，害秋稼。

貞元二年正月乙未，大雨雪，至于庚子，平地數尺，雪上黄黑如塵。五月乙巳，雨，至于丙申，時大饑，至是麥將登，復大雨霖，衆心恐懼。

十年春，雨，至閏四月，間止不過一二日。

十一年秋，大雨。

十九年八月己未，大霖雨。

元和四年四月，册皇太子寧，以雨沾服，罷。十月，再擇日册，又以雨沾服罷。近常雨也。

六年七月，霖雨害稼。十二年五月，連雨。八月壬申，雨，至于九月戊子。

十五年二月癸未，大雨。八月，久雨，閉坊市北門。宋、滄、景等州大雨，自六月癸酉至于丁亥，廬舍漂没殆盡。

寶曆元年六月，雨，至于八月。

大和四年夏，鄆、曹、濮等州雨，壞城郭廬舍殆盡。五年正月庚子朔，京城陰雪，彌旬。

開成五年七月，霖雨，葬文宗，龍輴陷，不能進。

大中十年四月，雨，至于九月。

咸通九年六月，久雨，祟明德門。

乾符五年秋，大霖雨，汾、澮及河溢流害稼。

廣明元年秋八月，大霖雨。

天復元年八月，久雨。

卷四〇　五行三

水不潤下

貞觀三年秋，貝、譙、鄆、泗、沂、徐、豪、蘇、隴九州水。

水，太陰之氣也。若臣道顓，女謁行，夷狄强，小人道長，嚴刑以逞，下民不堪其憂，則陰類勝，其氣應而水至；其謫見於天，月及辰星與列星之司水者爲之變，若七曜循中道之北，皆水祥也。

四年秋，許、戴、集三州水。

七年八月，山東、河南州四十大水。

八年七月，山東、江淮大水。

十年，關東及淮海旁州二十八大水。

十一年七月癸未，黄氣際天，大雨，穀水溢，入洛陽宮，深四尺，壞左掖門，毀官寺十九； 洛水漂六百餘家。九月丁亥，河溢，壞陝州之河北縣及太原倉，毀河陽中潬。

十六年秋，徐、戴二州大水。

十八年秋，穀、襄、豫、荆、徐、梓、忠、綿、宋、亳十州大水。

十九年秋，泌、易二州水，害稼。

二十一年八月，河北大水，泉州海溢，驩州水。

二十二年夏，瀘、越、徐、交、渝等州水。

永徽元年六月，新豐、渭南大雨，零口山水暴出，漂廬舍； 宣、歙、饒、常等州大雨，水，溺死者數百人。 秋，齊、定等州十六水。

二年秋，汴、定、濮、亳等州水。 四年，杭、夔、果、忠等州水。

五年五月丁丑夜，大雨，麟遊縣山水沖萬年宮玄武門，入寢殿，衛士有溺死者。 六月河北大水，滹沱溢，損五千餘家。

六年六月，商州大水。 秋，冀、沂、密、兖、滑、汴、鄭、婺等州水，害稼； 洛州大水，毀天津橋。 十月，齊州河溢。

顯慶元年七月，宣州涇縣山水暴出，平地四丈，溺死者二千餘人。 九月，括州暴風雨，海水溢，壞安固、永嘉二縣。

四年七月，連州山水暴出，漂七百餘家。

麟德二年六月，鄜州大水，壞居人廬舍。

總章二年六月，括州大風雨，海溢，壞永嘉、安固二縣，溺死者九千七十人； 冀州大雨，水平地深一丈，壞民居萬家。

咸亨元年五月丙戌，大雨，山水溢，溺死五千餘人。

二年八月，徐州山水漂百餘家。

四年七月，婺州大雨，山水暴漲，溺死五千餘人。

上元三年八月，青州大風，海溢，漂居人五千餘家； 齊、淄等七州大水。

永隆元年九月，河南、河北大水，溺死者甚衆。

二年八月，河南、河北大水，壞民居十萬餘家。

永淳元年五月丙午，東都連日澍雨； 乙卯，洛水溢，壞天津橋及中橋，漂居民千余家。 六月乙亥，京師大雨，水準地深數尺。 秋，山東大雨，水，大饑。

二年七月己巳，河溢，壞河陽橋。 八月，恒州滹沱河及山水暴溢，害稼。

文明元年七月，温州大水，漂千餘家； 括州溪水暴漲，溺死百餘人。

如意元年四月，洛水溢，壞永昌橋，漂居民四百余家。七月，洛水溢，漂居民五千余家。八月，河溢，壞河陽縣。

長壽二年五月，棣州河溢，壞居民二千余家。是歲，河陽州十一水。

萬歲通天元年八月，徐州大水，害稼。

神功元年三月，括州水，壞民居七百餘家。是歲，河南州十九，水。

聖曆二年七月丙辰，神都大雨，洛水壞天津橋。秋，水溢懷州，漂千餘家。

三年三月辛亥，鴻州水，漂千餘家，溺死四百餘人。

久視元年十月，洛州水。

長安三年六月，寧州大雨，水，漂二千餘家，溺死千餘人。

四年八月，瀛州水，壞民居數千家。

神龍元年四月，雍州同官縣大雨，水，漂民居五百餘家。六月，河北州十七大水。七月甲辰，洛水溢，壞民居二千餘家。

二年四月辛丑，洛水壞天津橋，溺死數百人。八月，魏州水。

景龍三年七月，澧水溢，害稼。九月，密州水，壞民居數百家。

開元三年，河南、河北水。

四年七月丁酉，洛水溢，沉舟數百艘。

五年六月甲申，瀍水溢，溺死者千餘人；鞏縣大水，壞城邑，損民居數百家；河南水，害稼。

八年夏，契丹寇營州，發關中卒援之，宿澠池之缺門，營谷水上，夜半，山水暴至，萬餘人皆溺死。六月庚寅夜，穀、洛溢，入西上陽宮，宮人死者十七八，畿內諸縣田稼廬舍蕩盡，掌閑衛兵溺死千余人，京師興道坊一夕陷爲池，居民五百余家皆没不見。

是年，鄧州三鴉口大水塞谷，或見二小兒以水相沃，須臾，有蛇大十圍，張口仰天，人或斫射之，俄而暴雷雨，漂溺數百家。

十年五月辛酉，伊水溢，毁東都城東南隅，平地深六尺；河南許、仙、豫、陳、汝、唐、鄧等州大水，害稼，漂没民居，溺死者甚衆。六月，博州、棣州河決。

十二年六月，豫州大水。八月，兖州大水。

十四年秋，天下州五十，水，河南、河北尤甚，河及支川皆溢，懷、衛、鄭、滑、汴、濮人或巢或舟以居，死者千計；潤州大風自東北，海濤没瓜步。

十五年五月，晉州大水。七月，鄧州大水，溺死數千人；洛水溢，入鄜城，平地丈余，死者無算，壞同州城市及馮翊縣，漂居民二千余家。八月，澗、穀溢，毁澠池縣。是秋，天下州六十三大水，害稼及居人廬舍，河北尤甚。

十七年八月丙寅，越州大水，壞州縣城。

十八年六月壬午，東都瀍水溺揚、楚等州租船，洛水壞天津、永濟二橋及民居千餘家。

十九年秋，河南水，害稼。

二十年秋，宋、滑、兗、鄆等州大水。

二十二年秋，關輔、河南州十余水，害稼。

二十七年三月，澧、袁、江等州水。

二十八年十月，河南郡十三水。

二十九年七月，伊、洛及支川皆溢，害稼，毁天津橋及東西漕、上陽宫仗舍，溺死千餘人。是秋，河南、河北郡二十四水，害稼。

天寶四載九月，河南、淮陽、睢陽、譙四郡水。

十載，廣陵大風駕海潮，沈江口船數千艘。

十三載九月，東都瀍、洛溢，壞十九坊。

廣德元年九月，大雨，水準地數尺，時吐蕃寇京畿，以水自潰去。

二年五月，東都大雨，洛水溢，漂二十餘坊；河南諸州水。

大曆元年七月，洛水溢。

二年秋，湖南及河東、河南、淮南、浙東西、福建等道州五十五水災。

七年二月，江州江溢。

十年七月，杭州海溢。

十一年七月戊子，夜澍雨，京師平地水尺餘，溝渠漲溢，壞民居千餘家。

十二年秋，京畿及宋、亳、滑三州大雨水，害稼，河南尤甚，平地深五尺，河溢。

建中元年，幽、鎮、魏、博大雨，易水、滹沱横流，自山而下，轉石折樹，水高丈余，苗稼蕩盡。

貞元二年六月丁酉，大風雨，京城通衢水深數尺，有溺死者。東都、河南、荆南、淮南江河溢。

三年三月，東都、河南、江陵、汴揚等州大水。

四年八月，灞水暴溢，殺百餘人。

八年秋，自江淮及荆、襄、陳、宋至于河朔州四十余〔州〕大水，害稼，溺死二萬餘人，漂没城郭廬舍，幽州平地水深二丈，徐、鄭、涿、薊、檀、平等州，皆深丈餘。八年六月，淮水溢，平地七尺，没泗州城。

十一年十月，朗、蜀二州江溢。

十二年四月，福、建二州大水，嵐州暴雨，水深二丈。

十三年七月，淮水溢於亳州。

十八年春，申、光、蔡等州大水。

永貞元年夏，朗州之熊、武五溪溢。秋，武陵、龍陽二縣江水溢，漂萬餘家。京畿長安等九縣山水害稼。

元和元年夏，荆南及壽、幽、徐等州大水。

二年六月，蔡州大雨，水準地深數尺。

四年十月丁未，渭南暴水，漂民居二百餘家。

六年十月，鄜坊、黔中水。

七年正月，振武河溢，毁東受降城； 五月，饒、撫、虔、吉、信五州暴水，虔州尤甚，平地有深至四丈者。

八年五月，陳州、許州大雨，大隗山摧，水流出，溺死者千餘人。六月庚寅，大風，毁屋揚瓦，人多壓死； 京師大水，城南深丈餘，入明德門，猶漸車輻。 辛卯，渭水漲，絶濟。時所在百川發溢，多不由故道。 滄州水潦，浸鹽山等四縣。

九年秋，淮南及岳、安、宣、江、撫、袁等州大水，害稼。

十一年五月，京畿大雨水，昭應尤甚； 衢州山水害稼，深三丈，毁州郭，溺死百餘人。六月，密州大風雨，海溢，毁城郭； 饒州浮梁、樂平二縣暴雨，水，漂没四千餘户； 潤、常、潮、陳、許五州及京畿水，害稼。八月甲午，渭水溢，毁中橋。

十二年六月乙酉，京師大雨，水，含元殿一柱傾，市中水深三尺，毁民居二千餘家； 河南、河北大水，洺、邢尤甚，平地二丈； 河中、江陵、幽、澤、潞、晉、隰、蘇、台、越州水，害稼。

十三年六月辛未，淮水溢。

十五年秋，洪、吉、信、滄等州水。

長慶二年七月，河南陳、許、蔡等州大水； 好畤山水漂民居三百餘家； 處州大雨，水，平地深八尺，壞城邑、桑田太半。

四年夏，蘇、湖二州大雨，水，太湖決溢； 睦州及壽州之霍山山水暴出； 鄆、曹、濮三州雨，水壞州城、民居、田稼略盡； 襄、均、復、郢四州漢水溢決。秋，河南及陳、許二州水，害稼。

寶曆元年秋，鄜、坊二州暴水； 兖、海、華三州及京畿奉天等六縣水，害稼。

大和二年夏，京畿及陳、滑二州水，害稼； 河陽水，平地五尺； 河決，壞棣州城； 越州大風，海溢； 河南鄆、曹、濮、淄、青、齊、德、兖、海等州並大水。

三年四月，同官縣暴水，漂没二百餘家； 宋、亳、徐等州大水，害稼。

四年夏，江水溢，没舒州太湖、宿松、望江三縣民田數百户； 鄜坊水，漂三百餘家； 浙西、浙東、宣歙、江西、鄜坊、山南東道、淮南、京畿、河南、江南、荆襄、鄂岳、湖南大水，皆害稼。

五年六月，玄武江漲，高二丈，溢入梓州羅城； 淮西、浙東、浙西、荆襄、岳鄂、東川大水，害稼。

六年二月，蘇、湖二州大水。六月，徐州大雨，壞民居九百餘家。

七年秋，浙西及揚、楚、舒、廬、壽、滁、和、宣等州大水，害稼。

八年秋，江西及襄州水，害稼； 蘄州湖水溢； 滁州大水，溺萬餘户。

開成元年夏，鳳翔麟遊縣暴雨，水，毁九成宮，壞民舍數百家，死者百余人。七月，鎮州滹沱河溢，害稼。

三年夏，河決，浸鄭、滑外城； 陳、許、鄜、坊、鄂、曹、濮、襄、魏、博等州大水； 江、漢漲溢，壞房、均、荊、襄等州民居及田産殆盡； 蘇、湖、處等州水溢入城，處州平地八尺。

四年秋，西川、滄景、淄青大雨，水，害稼及民廬舍，德州尤甚，平地水深八尺。

五年七月，鎮州及江南水。

會昌元年七月，江南大水，漢水壞襄、均等州民居甚衆。

大中十二年八月，魏、博、幽、鎮、兗、鄆、滑、汴、宋、舒、壽、和、潤等州水，害稼； 徐、泗等州水深五丈，漂没數萬家。

十三年夏，大水。

咸通元年，潁州大水。

四年閏六月，東都暴水，自龍門毁定鼎、長夏等門，漂溺居人。 七月，東都許、汝、徐、泗等州大水，傷稼。 九月，孝義山水深三丈，破武牢關金城門汜水橋。

六年六月，東都大水，漂壞十二坊，溺死者甚衆。

七年夏，江、淮大水。 秋，河南大水，害稼。

十四年八月，關東、河南大水。

乾符三年，關東大水。

光化三年九月，浙江溢，壞民居甚衆。

乾寧三年四月，河圮於滑州，朱全忠決其堤，因爲二河，散漫千餘里。

舊五代史[一]

卷一四一　五行志

昔武王克商，以箕子歸，作《洪範》。其九疇之序，一曰五行，所以紀休咎之徵，窮天人之際。故後之修史者，咸有其説焉。蓋欲使後代帝王見災變而自省，責躬修德，崇仁補過，則禍消而福至，此大略也。今故按五代之簡編，記五行之災沴，追爲此志，以示將來。其于京房之舊説，劉向之緒言，則前史敘之詳矣，此不復引以爲證焉。

水淹風雨

梁開平四年十月，梁、宋、輝、亳水，詔令本州開倉賑貸。十一月，大風，下詔曰：『自朔至今，異風未息，宜命祈禱。』

唐同光二年七月，汴州雍丘縣大雨風，拔樹傷稼。曹州大水，平地三尺。八月，大雨，河水溢漫流入鄆州界。十一月，中書門下奏：『今年秋，天下州府多有水災，百姓所納秋税，請特放加耗。』從之。

三年六月至九月，大雨，江河崩決，壞民田。七月，洛水泛漲，壞天津橋，漂近河廬舍，艤舟爲渡，覆没者日有之。鄴都奏，御河漲於石灰窯口，開故河道以分水勢。鞏縣河堤破，壞廒倉。八月，勅：『如聞天津橋未通往來，百官以舟檝濟渡，因兹傾覆，兼踣泥塗。自今文武百官，三日一趨朝，宰臣即每日中書視事。』

四年正月，勅：『自京以來[二]，案：此句疑有脱誤。幅圓千里，水潦爲沴，流亡漸多。宜自今月三日後，避正殿，減常膳，撤樂省費，以答天譴。應去年經水災處鄉村，有不給及逃移人户，夏秋兩税及諸折科，委逐處長吏切加點檢，並與放免，仍一年內不得雜差遣。應在京及諸縣，有停貯斛斗，並令減價出糶，以濟公私，如不遵守，仰具聞奏。』

長興元年夏，鄜州上言，大水入城，居人溺死。

二年六月壬戌，汴州上言，大雨，雷震文宣王廟講堂。十一月壬子，鄆州上言，黄河暴漲，漂溺四千餘户。

[一]《舊五代史》，也稱《梁唐晉漢周書》，是由宋太祖詔令編纂的官修史書，參考了五代各朝《實録》（從九〇七年朱温代唐稱帝到九六〇年北宋王朝建立）。五代各自爲書，共一百五十卷，紀六十一，志十二，傳七十七，志則是五代典章制度的通史。這部書雖名爲《五代史》，實爲當時整個五代十國時期各民族的一部斷代史。

[二]《會要》卷一一作『自京以東』。

三年四月，棣州上言，水壞其城。是月己巳，鄆州上言，黄河水溢岸，闊三十里，東流。五月丁亥，申州大水，平地深七尺。是月戊申，襄州上言，漢水溢入城，壞民廬舍，又壞均州郛郭，水深三丈，居民登山避水，仍畫圖以進。是月甲子，洛水溢，壞民廬舍。（三年）七月，諸州大水，宋、亳、潁尤甚。宰臣奏曰：『今秋宋州管界，水災最盛，人户流亡，粟價暴貴。臣等商量，請於本州倉出斛斗，依時出糶，以救貧民。』從之。是月，秦州大水，溺死窯谷内居民三十六人。夔州赤甲山崩，大水漂溺居人。

清泰元年九月，連雨害稼。詔曰：『久雨不止，禮有祈禳，禜都城門，三日不止，乃祈山川，告宗廟社稷。宜令太子賓客李延範等禜諸城門，太常卿李懌等告宗廟社稷。』

晉天福初，高祖將建義於太原，城中數處井泉暴溢。

四年七月，西京大水，伊、洛、瀍、澗皆溢，壞天津橋。八月，河決博平，甘陵大水。

六年九月，河決於滑州，一概東流。居民登丘塚，爲水所隔。詔所在發舟檝以救之。兖州、濮州界皆爲水所漂溺，命鴻臚少卿魏玭、將作少監郭廷讓、右領軍衛將軍安濬、右驍衛將軍田峻于滑、濮、澶、鄆四州，檢河水所害稼，並撫問遭水百姓。兖州又奏，河水東流，闊七十里。至七年三月，命宋州節度使安彦威率丁夫塞之。河平，建碑立廟於河決之所。

開運元年六月，黄河、洛河泛溢堤堰，鄭州原武、滎澤縣界河決。

周廣順二年七月，暴風雨，京師水深二尺，壞牆屋不可勝計。諸州皆奏大雨，所在河渠泛溢害稼。

三年六月，諸州大水，襄州漢江漲溢入城，城内水深一丈五尺，倉庫漂盡，居人溺者甚衆。

宋史

卷一七三　食貨上一

帝敦本務農，屢詔勸劭，觀稼於郊，歲一再出，又躬耕籍田，以先天下。景祐初，患百姓多去農爲兵，詔大臣條上兵農得失，議更其法。遣尚書職方員外郎沈厚載出懷、衛、磁、相、邢、洺、鎮、趙等州，教民種水田。京東轉運司亦言：『濟、兗間多閒田，而青州兵馬都監郝仁禹知田事，請命規度水利，募民耕墾。』從之。是秋，詔曰：『仍歲饑歉，民多失職。今秋稼甫登，方事斂獲，州縣毋或追擾，以妨農時。刑獄須證逮者速決之。』

帝每以水旱爲憂，寶元初，詔諸州旬上雨雪，著爲令。慶曆三年，詔民犯法可矜者別爲贖令，鄉民以穀麥，市人以錢帛。謂民重穀帛，免刑罰，則農桑自勸，然卒不果行。參知政事范仲淹言：『古者三公兼六卿之職，唐命相判尚書六曹，或兼諸道鹽鐵、轉運使。請於職事中擇其要者，以輔臣兼領。』於是以賈昌朝領農田，未及施爲而仲淹罷，事遂止。皇祐中，于苑中作寶岐殿，每歲召輔臣觀刈穀麥，自是罕復出郊矣。

神宗熙寧元年，襄州宜城令朱紘復修水渠，溉田六千頃，詔遷一官。權京西轉運使謝景温言：『在法，請田户五年内科役皆免。貶汝州四縣客户，不一二年便爲舊户，糾抉，與之同役，因此即又逃竄，田土荒萊。欲乞置墾田務，差官專領，籍四縣荒田，召人請射。更不以其人隸屬諸縣版籍，須五年乃撥附，則五年内自無差科。如招及千户以上者，優奬。』詔不置務，餘從所請。

明年，分遣諸路常平官，使專領農田水利。吏民能知土地種植之法，陂塘、圩垾、堤堰、溝洫利害者，皆得自言；行之有效，隨功利大小酬賞。民占荒逃田若歸業者，責相保任，逃税者保任爲輸之。已行新法縣分，田土頃畝、川港陂塘之類，令、佐受代，具墾辟開修之數授諸代者，令照籍有實乃代。

中書議勸民栽桑。帝曰：『農桑，衣食之本。民不敢自力者，正以州縣約以爲貲，升其户等耳。宜申條禁。』於是司農寺諸立法，先行之開封，視可行，頒於天下。民種桑柘毋得增賦。安肅、廣信、順安軍、保州，令民即其地植桑榆或所宜木，因可限閡戎馬。官計其活茂多寡，得差減在户租數；活不及數者罰，責之補種。

興修水利田，起熙寧三年至九年，府界及諸路凡一萬七百九十三處，爲田三十六萬一千一百七十八頃有奇。

神宗元豐元年，詔開廢田，興水利，民力不能給役者，貸以常平錢穀，京西南路流民買耕牛者免征。五年，都水使者范子淵奏：『自大名抵乾寧，跨十五州，河徙地凡七千頃，乞募人耕種。』從之。

大抵南渡後水田之利，富於中原，故水利大興。而諸籍没田募民耕者，皆仍私租舊額，每失之重，輸納之際，公私事例迥殊。私租額重而納輕，承佃猶可；公租額重而納重，則佃不堪命。州縣胥吏與倉庫百執事之人，皆得爲侵漁之道於耕者也。季世金人乍和乍戰，戰則軍需浩繁，和則歲幣重大，國用常苦不繼，於是因民苦官租之重，命有司括賣官田以給用。其初弛其力役以誘之，其終不免於抑配，此官田之弊也。嘉定以後，又有所謂安邊所田，收其租以助歲幣。至其將亡，又限民名田，買其限外所有，謂之公田。初議欲省和糴以紓民力，而其弊極多，其租尤重；宋亡，遺患猶不息也。凡水田、官田之法，公田見於史者，彙其始末而悉載於篇，有足鑒者焉。

紹興元年，詔宣州、太平州守臣修圩。二年，以修圩錢米及貸民種糧，並于宣州常平、義倉米撥借。三年，定州縣圩田租額充軍儲。建康府永豐圩租米，歲以三萬石爲額。圩四至相去皆五六十里，有田九百五十餘頃，近歲墾田不及三之一。至是，始立額。

五年，江東帥臣李光言：『明、越之境，皆有陂湖，大抵湖高於田，田又高於江、海。旱則放湖水溉田，澇則決田水入海，故無水旱之災。本朝慶曆、嘉祐間，始有盜湖爲田者，其禁甚嚴。政和以來，創爲應奉，始廢湖爲田。自是兩州之民，歲被水旱之患。余姚、上虞每縣收租不過數千斛，而所失民田常賦，動以萬計。莫若先罷兩邑湖田。其會稽之鑒湖、鄞之廣德湖、蕭山之湘湖等處尚多，望詔漕臣盡廢之。其江東、西圩田，蘇、秀圍田，令監司守令條上。』於是詔諸路漕臣議之。其後議者雖稱合廢，竟仍其舊。

初，五代馬氏於潭州東二十里，因諸山之泉，築堤瀦水，號曰龜塘，溉田萬頃。其後堤壞，歲旱，民皆阻飢。七年，守臣吕頤浩始募民修復，以廣耕稼。十六年，知袁州張成己言：『江西良田，多占山岡，望委守令講陂塘灌溉之利。』其後比部員外郎李泳言，淮西高原處舊有陂塘，請給錢米，以時修浚。知江陰軍蔣及祖亦請浚治本軍五卸溝以泄水，修復橫河支渠以溉旱。乃並詔諸路常平司行之，每季以施行聞。

二十三年，諫議大夫史才言：『浙西、民田最廣，而平時無甚害者，太湖之利也。近年瀕湖之地，多爲兵卒侵據，累土增高，長堤彌望，名曰壩田。旱則據之以溉，而民田不沾其利；澇則遠近泛濫，不得入湖，而民田盡没。望盡復太湖舊迹，使軍民各安，田疇均利。』從之。

二十四年，大理寺丞周環言：『臨安、平江、湖、秀四州下田，多爲積水所浸。緣溪山諸水併歸太湖，自太湖分二派：東南一派由松江入于海，東北一派由諸浦注之江。其松江泄水，惟白茅一浦最大。今泥沙淤塞，宜決浦故道，俾水勢分派流暢，實四州無窮之利。』詔兩浙漕臣視之。

二十八年，兩浙轉運副使趙子潚、知平江府蔣璨言：『太湖者，數州之巨浸，而獨泄以松江之一川，宜其勢有所不逮。是以昔人於常熟之北開二十四浦，疏而導之江；又於昆山之東開一十二浦，分而納之海。三十六浦後爲潮汐沙積，而開江之卒亦廢，於是民田有淹没之患。天聖間，漕臣張綸嘗於常熟、昆山各開衆浦；景祐間，郡守范仲淹亦親至海浦，浚開五河；政和間提舉官趙霖復嘗開浚。今諸浦湮塞，又非前比，計用工三百三十余萬，錢三十三萬余緡，米十萬餘斛。』於是詔監察御史任古復視之。既而古至平江言：『常熟五浦通江誠便，若依所請，以五千功，月余可畢。』詔以激賞庫錢、平江府上供米如數給之。

二十九年，子潚又言：『父老稱福山塘與丁涇地勢等，若不浚福山塘，則水必倒注于丁涇。』乃命並浚之。

隆興二年八月，詔：『江、浙水利，久不講修，勢家圍田，堙塞流水。諸州守臣按視以聞。』於是知湖州鄭作肅、知宣州許尹、知秀州姚憲、知常州劉唐稽並乞開圍田，浚港瀆。詔湖州委朱夏卿，秀州委曾愭，平江府委陳彌作，常州、江陰軍委葉謙亨，宣州、太平州委沈樞措置。

九月，刑部侍郎吴芾言：『昨守紹興，嘗請開鑒湖廢田二百七十頃，復湖之舊，水無泛溢，民田九千餘頃，悉獲倍收。今尚有低田二萬餘畝，本亦湖也，百姓交佃，畝直才兩三緡。欲官給其半，盡廢其田，去其租。』户部請符浙東常平司同紹興府守臣審細標遷。從之。

乾道二年四月，詔漕臣王炎開浙西勢家新圍田，草蕩、荷蕩、菱蕩及陂湖溪港岸際旋築塍畦、圍裹耕種者，所至守令同共措置。炎既開諸圍田，凡租户貸主家種糧債負，並奏蠲之。

六月，知秀州孫大雅代還，言：『州有柘湖、澱山湖、當湖、陳湖，支港相貫，西北可入于江，東南可達於海。旁海農家作壩以卻鹹潮，雖利及一方，而水患實害鄰郡；設疏導之，則又害及旁海之田。若于諸港浦置牐啟閉，不惟可以洩水，而旱亦獲利。然工力稍大，欲率大姓出錢，下户出力，于農隙修治之。』於是以兩浙轉運副使姜詵與守臣視之，詵尋與秀常州、平江府、江陰軍條上利便。詔：『秀州華亭縣張涇牐並澱山東北通陂塘港淺處，俟今年十一月興修；江陰軍、常州蔡涇牐及申港，明年春興修；利港俟休役一年興修；平江府姑緩之。』三年三月，詵使還，奏：『開浚畢功，通洩積水，久浸民田露出塍岸。臣已諭民趁時耕種。恐下户闕本，良田復荒，望令浙西常平司貸給種糧。』又奏措置、提督、監修等官知江陰軍徐藏等減磨勘年有差。

四年，以彭州守臣梁介修復三縣一十餘堰，灌溉之利及於鄰邦，詔介直秘閣、利路轉運判官。

七年，王炎言：『興元府山河堰世傳漢蕭、曹所作。本朝嘉祐中，提舉史炤上堰法，獲降敕書刻石堰上。紹興以來，戶口凋疏，堰事荒廢，遂委知興元府吳拱修復，發卒萬人助役。宣撫司及安撫、都統司共用錢三萬一千餘緡，盡修六堰，浚大小渠六十五里，凡溉南鄭、褒城田二十三萬三千畝有奇。』詔獎諭拱。

（八）〔九〕年，戶部侍郎兼樞密都承旨葉衡言：『奉詔核實寧國府、太平州圩岸，內寧國府惠民、化城舊圩四十餘里，新築九里餘；太平州黃池鎮福定圩週四十餘里，（庭）〔延〕福等五十四圩週一百五十餘里，包圍諸圩在內，蕪湖縣圩週二百九十餘里，通當塗圩共四百八十餘里。並高廣堅致，瀕水一岸種植榆柳，足捍風濤，詢之農民，實爲永利。』於是詔獎諭判寧國府魏王愷，略曰：『大江之壖，其地廣袤，使水之蓄泄不病而皆爲膏腴者，圩之爲利也。然水土鬥齧，從昔善壞。卿聿修稼政，巨防屹然，有懷勤止，深用歎嘉。』

九年八月，臣僚言江西連年荒旱，不能預興水利爲之備。於是乃降詔曰：『朕惟旱幹、水溢之災，堯、湯盛時，有不能免。民未告病者，備先具也。豫章諸郡縣，但阡陌近水者，苗秀而實；高仰之地，雨不時至，苗輒就槁。意水利不修，失所以爲旱備乎？唐韋丹爲江西觀察使，治陂塘五百九十八所，灌田萬二千頃。此特施之一道，其利如此，矧天下至廣也。農爲生之本也，泉流灌溉，所以毓五穀也。今諸道名山，川原甚衆，民未知其利。然則通溝瀆，瀦陂澤，監司、守令，顧非其職歟？其爲朕相丘陵原隰之宜，勉農桑，盡地利，平繇行水，勿使失時。雖有豐凶，而力田者不至拱手受弊，亦天人相因之理也。朕將即勤惰而寓賞罰焉。』

淳熙二年，兩浙轉運判官陳峴言：『昨奉詔徧走平江府、常州、江陰軍，諭民併力開浚利港諸處，並已畢功。始欲官給錢米，歲不下數萬，今皆百姓相率效力而成。』詔常熟知縣劉穎特增一秩，餘論賞有差。

三年，賜皇子判明州魏王愷詔曰：『陂湖川澤之利，或通或塞，存乎其人。四明爲州實治鄞，鄞之鄉東西凡十四，而錢湖之水實溉其東之七。吏惰不虔，葑茭蕪翳，利失其舊，農人病焉。卿臨是邦，乃能講求利便而浚治之，遂使並湖七鄉之田，無異時旱幹之患，其爲澤豈淺哉。剡奏徹聞，不忘嘉歎。』

十年，大理寺丞張抑言：『陂澤湖塘，水則資之瀦泄，旱則資之灌溉。近者浙西豪宗，每遇旱歲，占湖爲田，築爲長堤，中植榆柳，外捍茭蘆，於是舊爲田者，始隔水之出入。蘇、湖、常、秀昔有水患，今多旱災，蓋出於此。乞責縣令毋給據，尉警捕，監司覺察。有圍裹者，以違制論；給據與失察者，並坐之。』既而漕臣錢沖之請每圍立石以識之，共一千四百八十九所，令諸郡遵守焉。

紹熙二年，詔守令到任半年後，具水源湮塞合開修處以聞；任滿日，以興修水利圖進，擇其勞效著明者賞之。

慶元二年，户部尚書袁説友等言：『浙西圍田相望，皆千百畝，陂塘漊瀆，悉爲田疇，有水則無地可瀦，有旱則無水可戽。不嚴禁之，後將益甚，無復稔歲矣。』

嘉泰元年，以大理司直留佑賢、宗正寺主簿李澄措置，自淳熙十一年立石之後，凡官民圍裹者盡開之。又令知縣並以『點檢圍田事』入銜，每歲三四月，同尉點檢有無奸民圍裹狀，上於州，州聞於朝。三年遣官審視，及委臺諫察之。二年二月，佑賢、澄使還，奏追毁臨安、平江、嘉興、湖、常開掘户元給佃據。三月，右正言施康年言：『近屬貴戚不體九重愛民之心，止爲一家營私之計，公然投牒以沮成法，乞戒飭：自今有陳狀者，指名奏劾，必罰無赦。』

開禧二年，以淮農流移，無田可耕，詔兩浙州縣已開圍田，許元主復圍，專召淮農租種。

嘉定三年，臣僚言：『竊聞豪民巨室並緣爲奸，加倍圍裹，又影射包占水蕩，有妨農民灌溉。』於是復詔浙西提舉司俟農隙開掘。

七年，復臨安府西湖舊界，盡蠲歲增租錢。

十七年，臣僚言：『越之鑒湖，溉田幾半會稽，興化之木蘭陂，民田萬頃，歲飲其澤。今官豪侵佔，填淤益狹。宜戒有司每歲省視，厚其瀦蓄，去其壅底，毋容侵佔，以妨灌溉。』皆次第行之。

寶慶元年，以右諫議大夫朱端常奏，除嘉泰間已開浙西圍田租錢，蓋税額尚存，州縣迫民白納故也。寶祐元年，史館校勘黄國面對：『圍田自淳熙十一年識石者當存之，復圍者合權其利害輕重而爲之存毁，其租或歸總所，或隸安邊所，或分隸諸郡。』上曰：『安邊所田，近已撥歸本所。』國又奏：『自丁未已來創圍之田，始因殿司獻草蕩，任事者欲因以爲功，凡旱乾處悉圍之，利少害多，宜開掘以通水道。』上然之。咸淳十年，以江東水傷，除九年圩田租，減四分。

卷一七五　食貨上三

和糴

初，黄河歲調夫修築埽岸，其不即役者輸免夫錢。熙、豐間，淮南科黄河夫，夫錢十千，富户有及六十夫者，劉誼蓋嘗論之。及元祐中，吕大防等主回河之議，力役既大，因配夫出錢。大觀中，修滑州魚池埽，始盡令輸錢。帝謂事易集而民不煩，乃詔凡河堤合調春夫，盡輸免夫之直，定爲永法。及是，王黼建議，乃下詔曰：『大兵之後，非假諸路民力，其克有濟？諭民國事所當竭力，天下並輸免夫錢，夫二十千，淮、浙、江、湖、嶺、蜀夫三十千。』凡得一千七百余萬緡，河北群盜因是大起。

漕運

宋都大梁，有四河以通漕運：曰汴河，曰黄河，曰惠民河，曰廣濟河，而汴河所漕爲多。太祖起兵，間有天下，懲唐季五代藩鎮之禍，蓄兵京師，以成强幹弱支之勢，故于兵食爲重。

建隆以來，首浚三河，令自今諸州歲受税租及筦榷貨利、上供物帛，悉官給舟車，輸送京師，毋役民妨農。開寶五年，率汴、蔡兩河公私船，運江淮米數十萬石以給兵食。是時京師歲費有限，漕事尚簡。

至太平興國初，兩浙既獻地，歲運米四百萬石。所在雇民挽舟，吏並緣爲姦，運舟或附載錢帛、雜物輸京師，又回綱轉輸外州，主藏吏給納邀滯，於是擅貿易官物者有之。八年，乃擇幹彊之臣，在京分掌水陸路發運事。凡一綱計其舟車役人之直，給付主綱吏雇募，舟車到發、財貨出納，並關報而催督之，自是調發邀滯之弊遂革。

初，荆湖、江浙、淮南諸州，擇部民高貲者部送上供物，民多質魯，不能檢御舟人，舟人侵盜官物，民破產不能償。乃詔牙吏部送，勿復擾民。大通監輸鐵尚方鑄兵器，鍛練用之，十裁得四五；廣南貢藤，去其粗者，斤僅得三兩。遂令鐵就治郎淬治之，藤取堪用者，無使負重致遠，以勞民力。汴河挽舟卒多饑凍，太宗令中黄門求得百許人，藍縷枯瘠，詢其故，乃主糧吏率取其口食。帝怒，捕鞫得實，斷腕徇河上三日而後斬之，押運者杖配商州。

雍熙四年，併水陸路發運爲一司。主綱吏卒盜用官物，及用水土雜糅官米，故毁敗舟船致沉溺者，棄市，募告者厚賞之；山河、平河實因灘磧風水所敗，以收救分數差定其罪。

端拱元年，罷京城水陸發運，以其事分隸排岸司及下卸司。先是，四河所運未有定制，太平興國六年，汴河歲運江淮米三百萬石，菽一百萬石；黄河粟五十萬石，菽三十萬石；惠民河粟四十萬石，菽二十萬石；廣濟河粟十二萬石：凡五百五十萬石。非水旱蠲放民租，未嘗不及其數。至道初，汴河運米五百八十萬石。大中祥符初，至七百萬石。

江南、淮南、兩浙、荆湖路租糴，於真、揚、楚、泗州置倉受納，分調舟船泝流入汴，以達京師，置發運使領之。諸州錢帛、雜物、軍器上供亦如之。陝西諸州菽粟，自黄河三門沿流入汴，以達京師，亦置發運司領之。粟帛自廣濟河而至京師者，京東之十七州；由石塘、惠民河而至京師者，陳、潁、許、蔡、光、壽六州，皆有京朝官廷臣督之。河北衛州東北有御河達乾寧軍，其運物亦廷臣主之。廣南金銀、香藥、犀象、百貨，陸運至虔州而後水運。川益諸州金帛及租、市之布，自劍門列傳置，分輦負擔至嘉州，水連達荆南，自荆南遣綱吏運送京師，咸平中定歲運六十六萬匹，分爲十綱。天禧末，水陸運上供金帛、緡錢二十三萬一千餘貫，兩、端、匹，珠寶、香藥二十七萬五千餘斤。諸州歲造運船，至道末三千二百三十七艘，天禧末減四百二十一。

先是，諸河漕數歲久益增，景德四年，定汴河歲額六百萬石。天聖四年，荆湖、江淮州縣和糴上供，小民闕食，自五年後權減五十萬石。慶曆中，又減廣濟河二十萬石。後黄河歲漕益減耗，纔運菽三十萬石，歲創漕船，市材木，役牙前，勞費甚廣；嘉祐四年，罷所運菽，減漕船三百艘。自是歲漕三河而已。

江、湖上供米，舊轉運使以本路綱輸真、楚、泗州轉般倉，載鹽以歸，舟還其郡，卒還其家。汴舟詣轉般倉運米輸京師，歲摺運者四。河冬涸，舟卒亦還營，至春復集，名曰放凍。卒得番休，逃亡者少；汴船不涉江路，無風波沉溺之患。後發運使權益重，六路上供米團綱發船，不復委本路，獨專其任。文移坌併，事目繁夥，不能檢察。操舟者賕諸吏，得詣富饒郡市賤貿貴，以趨京師。自是江、汴之舟，混轉無辨，挽舟卒有終身不還其家、老死河路者。籍多空名，漕事大弊。

皇祐中，發運使許元奏：『近歲諸路因循，糧綱法壞，遂令汴綱至冬出江，爲他路轉漕，兵不得息。宜敕諸路增船載米，輸轉般倉充歲計如故事。』於是牟利者多以元説爲然，詔如元奏。久之，諸路綱不集。

嘉祐三年，下詔切責有司以格詔不行，及發運使不能總綱條，轉運使不能斡歲入。預敕江、湖、兩浙轉運司〔一〕，期以朞年，各造船補卒，團本路綱，自嘉祐五年汴船不得復出江。至期，諸路船猶不足。汴船既不至江外，江外船不得至京師，失商販之利；而汴船工卒訖冬坐食，恒苦不足，皆盜毁船材，易錢自給，船愈壞而漕額愈不及矣。論者初欲漕卒得歸息，而近歲汴船多傭丁夫，每船卒不過一二人，至冬當留守船，實無得歸息者。時元罷已久，後至者數奏請出汴船，執政不許。治平三年，始詔出汴船七十綱，未幾，皆出江復故。

治平二年，漕粟至京師，汴河五百七十五萬五千石，惠民河二十六萬七千石，廣濟河七十四萬石。又漕金帛緡錢入左藏、内藏庫者，總其數一千一百七十三萬，而諸路轉移相給者不預焉。繇京西、陝西、河東運薪炭至京師，薪以斤計一千七百一十三萬，炭以秤計一百萬。是歲，諸路創漕船二千五百四十艘。治平四年，京師粳米支五歲餘。是時，漕運吏卒，上下共爲侵盜貿易，甚則托風水沉没以滅迹。官物陷折，歲不減二十萬斛。熙寧二年，薛向爲江淮等路發運使，始募客舟與官舟分運，互相檢察，舊弊乃去。歲漕常數既足，募商舟運至京師者又二十

〔一〕江、湖、兩浙轉運司　『江湖』原作『江淮』，據《宋會要稿·食貨》四六之一六改。

六萬余石而未已，請充明年歲計之數。

三司使吴充言：『宜自明年減江淮漕米二百萬石，令發運司易輕貨二百萬緡，計五年所得，無慮緡錢千萬，轉儲三路平糴備邊。』王安石謂：『驟變米二百萬石，米必陡賤；驟致輕貨二百萬貫，貨必陡貴。當令發運司度米貴州郡，折錢變爲輕貨，儲之河東、陝西要便州軍，用常平法糶糴爲便。』詔如安石議。七年，京東路察訪鄧潤甫等言：『山東沿海州郡地廣，豐歲則穀賤，募人爲海運，山東之粟可轉之河朔，以助軍食。』詔京東、河北路轉運司相度，卒不果行。是歲，江淮上供穀至京師者三分不及一，令督發運使張頡亟辦來歲漕計。

宣徽南院使張方平言：『今之京師，古所謂陳留，天下四衝八達之地，利漕運而贍師旅。國初，浚河渠三道以通漕運，立上供平額，汴河六百萬石，廣濟河六十二萬石，惠民河六十萬石。廣濟河所運，止給太康、咸平、尉氏等縣軍糧，唯汴河運米麥，乃太倉蓄積之實。近罷廣濟河，而惠民河斛斗不入太倉，大衆所賴者汴河。議者屢作改更，必致汴河日失其舊。』十二月，詔浚廣濟河，增置漕舟。其後河成，歲漕京東穀六十萬石。東南諸路上供雜物舊陸運者，增舟水運。押汴河江南、荆湖綱運，七分差三班使臣，三分軍大將、殿侍。又令真、楚、泗州各造淺底舟百艘，分爲十綱入汴。

元豐五年，罷廣濟河輦運司及京北排岸司，移上供物于淮陽計置入汴，以清河輦運司爲名。御史言廣濟安流而上，與清河泝流入汴，遠近險易不同。詔轉運、提點刑獄比較利害以聞。江淮等路發運副使蔣之奇、都水監丞陳祐甫開龜山運河，漕運往來，免風濤百年沉溺之患。詔各遷兩官，餘官減年循資有差。八年，罷歲運百萬石赴西京。先是，道洛入汴，運東南粟實洛下，至是，户部奏罷之。是年，立汴河糧綱賞罰，歲終檢察。紹聖二年，置汴綱，通作二百綱。在部進納官銓試不中者，注押上供糧斛，不用衙前、土人、軍將。未幾，復募土人押諸路綱如故。

政和七年，立東南六路州軍知州、通判裝發上供糧斛任滿賞格，自一萬石至四十萬石升名次減年有差。張根爲江南西路轉運副使，歲漕米百二十萬石給中都。江南州郡僻遠，官吏艱于督趣，根常存三十萬石爲轉運之本，以寬諸郡，時甚稱之。宣和二年，詔：『六路米麥綱運依法募官，先募未到部小使臣及非泛補授校尉以上未許參部人，並進納人管押；淮南以五運，兩浙及江東二千里内以四運，江東二千里外及江西三運，湖南、北二運，各欠不及五釐，依格推賞外，仍許在外指射合入差遣一次。召募土人並罷。』七年，詔結絶應奉司江淮諸局、所及罷花石綱，令逐路漕臣速拘舟船裝發綱運備邊。靖康初，汴河決口有至百步者，塞之，工夫未訖，乾涸月餘，綱運不通，南京及京師皆乏糧。責都水使者陳求道等，命提舉京師所陳良弼同措置。越兩旬，水復舊，綱運沓至，兩京糧乃足。

河北、河東、陝西三路租税薄，不足以供兵費，屯田、營田歲入無幾，糴買入中之外，歲出內藏庫金帛及上京榷貨務緡錢，皆不翅數百萬。選使臣、軍大將，河北船運至乾寧軍，河東、陝西船運至河陽，措置陸運，或用鋪兵廂軍，或發義勇保甲，或差雇夫力，車載馱行，隨道路所宜。河北地里差近，西路回遠，又涉磧險，運致甚艱。熙寧六年，詔鄜延路經略司支封樁錢於河東買橐駝三百，運沿邊糧草。

元豐四年，河東轉運司調夫萬一千人隨軍，坊郭上户有差夫四百人者，其次一二百人。願出驢者三驢當五夫，五驢別差一夫驅喝。一夫雇直約三十千以上，一驢約八千，加之期會迫趣，民力不能勝。軍須調發煩擾，又多不急之務，如絳州運棗千石往麟府，每石止直四百，而雇直乃約費三十緡。涇原路轉運判官張大寧言：『餽運之策，莫若車便。自熙寧〔砦〕〔一〕至磨哆口皆大川，通車無礙，自磨哆至兜嶺下道路亦然。嶺以北即山險少水，車乘難行。可就嶺南相地利建一城砦，使大車自鎮戎軍載糧草至彼，隨軍馬所在，以軍前夫畜往來短運。更于中路量度遠近，以遣回空夫築立小堡應接，如此則省民力之半。』神宗嘉之。

京西轉運司調均、鄧州夫三萬，每五百人差一官部押，赴鄜延饋運。其本路程塗日支錢米外，轉運司計自入陝西界至延州程數，日支米錢三十、柴菜錢十文，並先併給。陝西都轉運司于諸州差雇車乘人夫，所過州交替，人日支米二升、錢五十，至沿邊止。運糧出界，止差廂軍。六年，詔熙河蘭會經略制置司，計置蘭州人萬馬二千（般運）糧草〔二〕，于次路州軍劄刮官私橐駝二千與經制司，自熙河摺運。事力不足，發義勇保甲。給河東、陝西邊用非機速者，並作小綱數排日遞送。

大觀二年，京畿都轉運使吴擇仁言：『西輔軍糧，發運司歲撥八萬石貼助，於滎澤下卸，至州尚四五十里，擺置車三鋪，每鋪七十人，月可運八千四百石。所運漸多，據數增添鋪兵。』靖康元年十月，詔曰：『一方用師，數路調發，軍功未成，民力先困。京西運糧，每名六斗，用錢四十貫；陝西運糧，民間倍費百余萬緡，聞之駭異。今歲四方豐稔，粒米狼戾，但可逐處增價收糴，不得輕〔議〕般運〔三〕，以稱恤民之意。若般綱水運及諸州支移之類仍舊。』三路陸運以給兵費，大略如此，其他州縣運送或軍興

〔一〕熙寧〔砦〕　『砦』字原脱，據《宋會要稿・食貨》四三之二、《長編》卷三一九補。

〔二〕（般運）糧草　『般運』二字衍，據《宋會要稿・食貨》四八之一八、《長編》卷三三三刪。

〔三〕不得輕〔議〕般運　『議』字原脱，據《宋會要稿・食貨》四八之一九、《靖康要録》卷一一補。

調發以給一時之用，此皆不著。

轉般，自熙寧以來，其法始變，歲運六百萬石給京師外，諸倉常有餘蓄。州郡告歉，則折收上價，謂之額斛。計本州歲額，以倉儲代輸京師，謂之代發。復于豐熟以中價收糴，穀賤則官糴，不至傷農；饑歉則納錢，民以爲便。本錢歲增，兵食有餘。崇寧初，蔡京爲相，始求羨財以供侈用，費所親胡師文爲發運使，以糴本數百萬緡充貢，入爲户部侍郎。來者效尤，時有進獻，而本錢竭矣；本錢既竭，不能增糴，而儲積空矣；儲積既空，無可代發，而轉般之法壞矣。

崇寧三年，户部尚書曾孝廣言：『往年，南自真州江岸，北至楚州淮堤，以堰瀦水，不通重船，般剥勞費。遂於堰旁置轉般倉，受逐州所輸，更用運河船載之入汴，以達京師。雖免推舟過堰之勞，然侵盗之弊由此而起。天聖中，發運使方仲荀奏請度真、楚州堰爲水牐，自是東南金帛、茶布之類直至京師，惟六路上供斛斗，猶循用轉般法，吏卒縻費與在路折閲，動以萬數。欲將六路上供斛斗，並依東南雜運直至京師或南京府界卸納，庶免侵盗乞貸之弊。』自是六路郡縣各認歲額，雖湖南、北至遠處，亦直抵京師，號直達綱，豐不加糴，歉不代發。方綱米之來，立法峻甚，船有損壞，所至修整，不得踰時。州縣欲其速過，但令供狀，以錢給之，沿流鄉保悉致騷擾，公私橫費百出。又鹽法已壞，回舟無所得，舟人逃散，船亦隨壞，本法盡廢。

大觀三年，詔直達綱自來年並依舊法復令轉般，令發運司督修倉廒，荆湖北路提舉常平王璹措置諸路運糧舟船。

政和二年，復行直達綱，毁拆轉般諸倉。譚稹上言：『祖宗建立真、楚、泗州轉般倉，一以備中都緩急，二以防漕渠阻節，三則綱船裝發，資次運行，更無虚日。自其法廢，河道日益淺澀，遂致中都糧儲不繼，淮南三轉般倉不可不復。乞自泗州爲始，次及真、楚，既有瓦木，順流而下，不甚勞費。俟歲豐計置儲蓄，立法轉般。』淮南路轉運判官向子諲奏：『轉般之法，寓平糴之意。江、湖有米，可糴於真；兩浙有米，可糴於揚；宿、亳有麥，可糴於泗。坐視六路豐歉，有不登處，則以錢折斛，發運司得以斡旋之，不獨無歲額不足之憂，因可以寬民力。運渠旱乾，則有汴口倉。今所患者，向來糴本歲五百萬緡，支移殆盡。』

宣和五年，乃降度牒及香、鹽鈔各一百萬貫，令呂淙、盧宗原均糴斛斗，專備轉般。江西轉運判官蕭序辰言：『轉般道里不加遠，而人力不勞卸納，年豐可以廣糴厚積，以待中都之用。自行直達，道里既遠，情弊尤多，如大江東西、荆湖南北有終歲不能行一運者，有押米萬石欠七八千石，有抛失舟船、兵梢逃散、十不存一二者。折欠之弊生於稽留，而沿路官司多端阻節，至有一路漕司不自置舟船，截留他路回綱，尤爲不便。』詔發運司措置。六年，以無額上供錢物並六路舊欠發斛斗錢，貯爲糴本，別降三百萬貫付盧宗原，將湖南所起年額，並隨正額預起抛欠斛斗於轉般倉下卸，卻將已卸均糴斗斛轉運上京，所有直達，候轉般斛斗有次第日罷之。靖康元年，令東南六路上供額斛，除淮南、兩浙依舊直達外，江、湖四路並措置轉般。

高宗建炎元年，詔諸路綱米以三分之一輸送行在，余輸京師。二年，詔二廣、湖南北、江東西綱運輸送平江府，京畿、淮南、京東西、河北、陝西及三綱輸送行在。又詔二廣、湖南北綱運如過兩浙，許輸送平江府；福建綱運過江東西，亦許輸送江寧府。三年，又詔諸路綱運見錢並糧輸送建康府户部，其金銀、絹帛並輸送行在。紹興初，因地之宜，以兩浙之粟供行在，以江東之粟餉淮東，以江西之粟餉淮西，荆湖之粟餉鄂、岳、荆南。量所用之數，責漕臣將輸，而歸其餘於行在，錢帛亦然。雇舟差夫，不勝其弊，民間有自毁其舟、自廢其田者。

紹興四年，川、陝宣撫吴玠調兩川夫運米一十五萬斛至利州，率四十餘千致一斛，饑病相仍，道死者衆，蜀人病之。漕臣趙開聽民以粟輸内郡，募舟挽之，人以爲便。總領所遣官就糴于沿流諸郡，復就興、利、閬州置場，聽商人入中。然猶慮民之勞且憊也，又減成都水運對糴米。紹興十六年。

三十年，科撥諸路上供米：鄂兵歲用米四十五萬余石，於全、永、郴、邵、道、衡、潭、鄂、鼎科撥；荆南兵歲用米九萬六千石，於德安、荆南、澧、純、潭、復、荆門、漢陽科撥；池州兵歲用米十四萬四千石，於吉、信、南安科撥；建康兵歲用米五十五萬石，於洪、江、池、宣、太平、臨江、興國、南康、廣德科撥；行在合用米一百十二萬石，就用兩浙米外，於建康、太平、宣科撥；其宣州見屯殿前司牧馬歲用米，並折輸馬料三萬石，於本州科撥；並諸路轉運司樁發。時内外諸軍歲費米三百萬斛，而四川不預焉。

嘉定兵興，揚、楚間轉輸不絶，濠、廬、安豐舟楫之通亦便矣，而浮光之屯，仰饋于齊安、舒、蘄之民；遠者千里，近者亦數百里。至于京西之儲，襄、郢猶可徑達，獨棗陽陸運，夫皆調於湖北鼎、澧等處，道路遼邈，夫運不過八斗，而資糧扉屨與夫所在邀求，費常十倍。中產之家雇替一夫，爲錢四五十千；單弱之人一夫受役，則一家離散，至有斃于道路者。

至于部送綱運，並差見任官，闕則選募得替待闕及寄居官有材幹者，其責繁難，人以爲憚。故自紹興以來優立賞格，其有欠者亦多方而憫之。乾道初，蠲欠五十石以下者；三年，蠲欠百石以下者。九年，初，綱運欠及一分者送有司究弊。至是，臣僚申明綱運欠及一分者亦許其補足。淳熙元年，詔：『不以所欠多寡，並無除放。其有因綱欠追降官資者，如本非侵盜，且補輸已足，許敘復。』自是綱運欠失雖責償于官吏，然以其山川踰遠，非一人所能究，亦時寓於蠲放焉。

卷六一　五行一上

水上

建隆元年十月，棣州河決，壞厭次、商河二縣居民廬舍、田疇。

二年，宋州汴河溢。孟州壞堤。襄州漢水漲溢數丈。

四年八月，齊州河決。九月，徐州水損田。

乾德二年四月，廣陵、揚子等縣潮水害民田。七月，泰山水，壞民廬舍數百區，牛畜死者甚衆。

三年二月，全州大雨水。七月，蘄州大雨水，壞民廬舍。開封府河決，溢陽武。河中府、孟州並河水漲，孟州壞中潬軍營、民舍數百區。河壞堤岸石，又溢於鄆州，壞民田。泰州潮水損鹽城縣民田。淄州、濟州並河溢，害鄒平、高苑縣民田。

四年，東阿縣河溢，損民田。觀城縣河決，壞居民廬舍，注大名。又靈河縣堤壞，水東注衛南縣境及南華縣城。七月，滎澤縣河南北堤壞。八月，宿州汴水溢，壞堤。淄州清河水溢，壞高苑縣城，溺數百家及鄒平縣田舍。泗州淮溢。衡州大雨水月餘。

五年，衛州河溢，毀州城，没溺者甚衆。

開寶元年六月，州府二十三大雨水，江河泛溢，壞民田、廬舍。七月，泰州潮水害稼。八月，集州霖雨河漲，壞民廬舍及城壁、公署。

二年七月，下邑縣河決。是歲，青、蔡、宿、淄、宋諸州水，真定、澶、滑、博、洺、齊、潁、蔡、陳、亳、宿、許州水，害秋苗。

三年，鄭、澶、鄆、淄、濟、虢、蔡、解、徐、岳州水災，害民田。

四年六月，汴水決宋州穀熟縣濟陽鎮。又鄆州河及汶、清河皆溢，注東阿縣及陳空鎮，壞倉庫、民舍。鄭州河決原武縣。蔡州淮及白露、舒、汝、廬、潁五水並漲，壞廬舍、民田。七月，青、齊州水傷田。

五年，河決澶州濮陽，絳、和、廬、壽諸州大水。六月，河又決開封府陽武縣之小劉村。宋州、鄭州並汴水決。忠州江水漲二百尺。

六年，鄆州河決楊劉口。懷州河決獲嘉縣。潁州淮、渒水溢，渰民舍、田疇甚衆。七月，歷亭縣御河決。單州、濮州並大雨水，壞州廨、倉庫、軍營、民舍。是秋，大名府、宋、亳、淄、青、汝、澶、滑諸州並水傷田。

七年四月，衛、亳州水。泗州淮水暴漲入城，壞民舍五百家。安陽縣河漲，壞居民廬舍百區。

八年五月，京師大雨水。濮州河決郭龍村。六月，澶州河決頓丘縣。沂州大雨，入城，壞居舍、田苗。

九年三月，京師大雨水。淄州水害田。

太平興國二年六月，孟州河溢，壞温縣堤七十余步，鄭州壞滎澤縣寧王村堤三十余步，又漲於澶州，壞英公村堤三十步。開封府汴水溢，壞大寧堤，浸害民田。忠州江漲二十五丈。興州江漲，毁棧道四百餘間。管城縣焦肇水暴漲，踰京水。濮州大水，害民田凡五千七百四十三頃。潁州潁水漲，壞城門、軍營、民舍。七月，復州蜀、漢江漲，壞城及民田、廬舍。集州江漲，泛嘉川縣。

三年五月，懷州河決獲嘉縣北注。又汴水決宋州寧陵縣境。六月，泗州淮漲入南城，汴水又漲一丈，塞州北門。十月，滑州靈河已塞復決。

四年三月，河南府洛水漲七尺，壞民舍。泰州雨水害稼。宋州河決宋城縣。衛州河決汲縣，壞新場堤。八月，梓州江漲，壞閣道、營舍。九月，澶州河漲。鄆州清、汶二水漲，壞東阿縣民田。復州沔陽縣湖晶漲，壞民舍、田稼。

五年五月，潁州潁水溢，壞堤及民舍。徐州白溝河溢入州城。七月，復州江水漲，毁民舍，堤塘皆壞。

六年，河中府河漲，陷連堤，溢入城，壞軍營七所、民舍百余區。鄜、延、寧州並三河水漲，溢入州城：鄜州壞軍營，建武指揮使李海及老幼六十三人溺死；延州壞倉庫、軍民廬舍千六百區；寧州壞州城五百余步，諸軍營、軍民舍五百二十區。

七年三月，京兆府渭水漲，壞浮梁，溺死五十四人。四月，耀、密、博、衛、常、潤諸州水害稼。六月，均州涢水、均水、漢江並漲，壞民舍，人畜死者甚衆。又河決臨邑縣，漢陽軍江水漲五丈。七月，大名府御河漲，壞范濟口。南劍州江水漲，壞居民舍一百四十余區。京兆府咸陽渭水漲，壞浮梁，工人溺死五十四人。九月，梧州江水漲三丈，入城，壞倉庫及民舍。十月，河決懷州武陟縣，害民田。

八年五月，河大決滑州房村，徑澶、濮、曹、濟諸州，浸民田，壞居民廬舍，東南流入淮。六月，陝州河漲，壞浮梁；又永定澗水漲，壞民舍、軍營千余區。河南府澍雨，洛水漲五丈餘，壞鞏縣官署、軍營、民舍殆盡。穀、洛、伊、瀍四水暴漲，壞京城官署、軍營、寺觀、祠廟、民舍萬余區，溺死者以萬計。又壞河清縣豐饒務倉庫、軍營、民舍百余區。雄州易水漲，壞民廬舍。鄜州河水漲，溢入城，壞官寺、民舍四百余區。荆門軍長林縣山水暴漲，壞民舍五十一區，溺死五十六人。八月，徐州清河漲丈七尺，溢出，塞州三面門以禦之。九月，宿州睢水漲，泛民舍六十里。是夏及秋。開封、浚儀、酸棗、陽武、封丘、長垣、中牟、尉氏、襄邑、雍丘等縣河水害民田。

九年七月，嘉州江水暴漲，壞官署、民舍，溺者千餘人。八月，延州南北兩河漲，溢入東西兩城，壞官寺、民舍。淄州霖雨，孝婦河漲溢，壞官寺、民田。孟州河漲，壞浮梁，損民田。雅州江水漲九丈，壞民廬舍。新州江漲，入南砦，壞軍營。

雍熙二年七月，朗江溢，害稼。八月，瀛、莫州大水，損民田。三年六月，壽州大水。

端拱元年二月，博州水害民田。五月，英州江水漲五丈，壞民田及廬舍數百區。七月，磁州漳、滏二水漲。

淳化元年六月，吉州大雨，江漲，漂壞民田、廬舍。黄梅縣堀口湖水漲，壞民田，廬舍皆盡，江水漲二丈八尺。洪州漲壞州城三十堵、民廬舍二千余區，漂二千餘户。孟州河漲。

二年四月，京兆府河漲，陜州河漲，壞大堤及五龍祠。六月乙酉，〔汴水〕〔一〕溢于浚儀縣，壞連堤，浸民田。上親臨視，督衛士塞之。辛卯，又決于宋城縣。博州大霖雨，河漲，壞民廬舍八百七十區。亳州河溢，東流泛民田、廬舍。七月，齊州明水漲，壞黎濟砦城百餘堵。許州沙河溢。雄州塘水溢，害民田殆盡。嘉州江漲，溢入州城，毁民舍。復州蜀、漢二江水漲，壞民田、廬舍。泗州招信縣大雨，山河漲，漂浸民田、廬舍，死者二十一人。八月，藤州江水漲十餘丈，入州城，壞官署、民田。九月，邛州蒲江等縣山水暴漲，壞民舍七十區，死者七十九人。是秋，荆湖北路江水注溢，浸田畝甚衆。

三年七月，河南府洛水漲，壞七里、鎮國二橋；又山水暴漲，壞豐饒務官舍、民廬，死者二百四十人。十月，上津縣大雨，河水溢，壞民舍，溺者三十七人。

四年六月，隴城縣大雨，牛頭河漲二十丈，没溺居人、廬舍。九月，澶州河漲，沖陷北城，壞居人廬舍、官署、倉庫殆盡，民溺死者甚衆。梓州玄武縣涪河漲二丈五尺，壅下流入州城，壞官私廬舍萬余區，溺死者甚衆。十月。澶州河決，水西北流入御河，浸大名府城，知府趙昌言壅城門禦之。

至道元年四月甲辰，京師大雨、雷電，道上水數尺。五月，虔州江水漲二丈九尺，壞城流入深八尺，毁城門。

二年六月，河南瀍、澗、洛三水漲，壞鎮國橋。七月，建州溪水漲，溢入州城，壞倉庫、民舍萬余區。鄆州河漲，壞連堤四處。宋州汴河決穀熟縣。閏七月，陜州河漲。是月，廣南諸州並大雨水。

咸平元年七月，侍禁、閤門祇候王壽永使彭州回，至鳳翔府境，山水暴漲，家屬八人溺死。齊州清、黄河泛溢，壞田廬。

二年十月，漳州山水泛溢，壞民舍千余區，民黄拏等十家溺死。

三年三月，梓州江水漲，壞民田。五月，河決鄆州王陵埽。七月，洋州漢水溢，民有溺死者。

〔一〕〔汴水〕二字原脱，據《宋史》卷五《太宗紀》、《通考》卷二九六《物異考》補。

四年七月，同州洿谷水溢夏陽縣，溺死者數十人。

五年二月，雄、霸、瀛、莫、深、滄、諸州、乾寧軍水，壞民田。六月，京師大雨，漂壞廬舍，民有壓死者。積潦浸道路，自朱雀門東抵宣化門尤甚，皆注惠民河，河復漲，溢軍營。

景德元年九月，宋州汴水決，浸民田，壞廬舍。河決澶州橫隴埽。

二年六月，寧州山水泛溢，壞民舍、軍營，多溺死者。

三年七月，應天府汴水決，南注亳州，合浪宕渠東入於淮。八月，青州山水壞石橋。

四年六月，鄭州索水漲，高四丈許，漂滎陽縣居民四十二户，有溺死者。鄧州江水暴漲。南劍州山水泛溢，漂溺居人。七月，河溢澶州，壞王八埽。八月，橫州江漲，壞營舍。

大中祥符元年六月，開封府尉氏縣惠民河決。

二年七月，徐、濟、青、淄大水。八月，鳳州大水，漂溺民居。十月，京畿惠民河決，壞民田。

三年六月，吉州、臨江軍並江水泛溢，害民田。九月，河決河中府白浮梁村。

四年七月，洪、江、筠、袁州江漲，害民田，壞州城。八月，河決通利軍，大名府御河溢，合流壞府城，害田，人多溺死。九月，河溢于孟州温縣。蘇州吴江泛溢，壞廬舍。十一月，楚、泰州潮水害田，人多溺者。

五年正月，河決棣州聶家口。七月，慶州淮安鎮山〔水〕暴漲〔一〕，漂溺居民。

六年六月，保安軍積雨河溢，浸城壘，壞廬舍，判官趙震溺死，又兵民溺死凡六百五十人。

七年六月，泗州水害民田。河南府洛水漲。秦州定西砦有溺死者。八月，河決澶州。十月，濱州河溢于〔安〕定鎮〔二〕。

八年七月，坊州大雨河溢，民有溺死者。

九年六月，秦州獨孤谷水壞長道縣鹽官鎮城橋及官廨、民舍二百九十五區，溺死六十七人。七月，延州洎定平、安〔遠〕〔三〕八、塞門、栲栳四砦山水泛溢，壞堤、城。九月，雄、霸州界河泛溢。利州水漂棧閣萬二千八百間。

天禧三年六月，河決滑州城西南，漂没公私廬舍，死者甚衆，歷澶州、濮、鄆、濟、單至徐州，與清河合，浸城壁，不没者四板。明年既塞。六月，復決於西北隅。

乾興元年正月，秀州水災，民多艱食。十月己酉夜，滄州鹽山、無棣二縣海潮溢，壞公私廬舍，溺死者甚衆。

〔一〕山〔水〕暴漲　原脱『水』字，不通，據《通考》卷二九六《物異考》補。

〔二〕〔安〕定鎮　『安』字原脱，據《長編》卷八三、《通考》卷二九六《物異考》補。

〔三〕安〔遠〕　『遠』字原脱，據《長編》卷八三、《通考》卷二九六《物異考》補。

是歲，京東、淮南路水災。

天聖初，徐州仍歲水災。

三年十一月辛卯，襄州漢水壞民田。

四年六月丁亥，劍州、邵武軍大水，壞官私廬舍七千九百余區，溺死者百五十餘人。是月，河南府、鄭州大水。十月乙酉，京山縣山水暴漲，漂死者衆，縣令唐用之溺焉。是歲，汴水溢，決陳留堤，又決京城西賈陂入護龍河，以殺其勢。

五年三月，襄、潁、許、汝等州水。七月辛丑，泰州鹽官鎮大水，民多溺死。

六年七月壬子，江寧府、揚、真、潤三州江水溢，壞官私廬舍。是月，雄、霸州大水。八月甲戌，臨潼縣山水暴漲，民溺死者甚衆。是月，河決楚王埽。

七年六月，河北大水，壞澶州浮梁。

明道元年四月壬子，大名府冠氏等八縣水浸民田。

景祐元年閏六月甲子，泗州淮、汴溢。七月，澶州河決橫隴埽。八月庚午，洪州分寧縣山水暴發，漂溺居民二百余家，死者三百七十餘口。

三年六月，虔、吉諸州久雨，江溢，壞城廬，人多溺死。

四年六月乙亥，杭州大風雨，江潮溢岸，高六尺，壞堤千餘丈。八月甲戌，越州大水，漂溺居民。

寶元元年，建州自正月雨，至四月不止，谿水大漲，入州城，壞民廬舍，溺死者甚衆。

康定元年九月甲寅，滑州大河泛溢，壞民廬舍。

慶曆元年三月，汴流不通。

八年六月乙亥，河決澶州商胡埽。是月，恒雨。七月癸丑，衛州大雨水，諸軍走避，數日絶食。是歲，河北大水。

皇祐元年二月甲戌，河北黄、御二河決，並注于乾寧軍。河朔頻年水災。

二年，鎮定復大水，並邊尤被其害。

三年七月辛酉，河決館陶縣郭固口。八月，汴河絶流。

四年八月，鄜州大水，壞軍民廬舍。

嘉祐二年六月，開封府界及京東西、河北水潦害民田。自五月大雨不止，水冒安上門，門關折，壞官私廬舍數萬區，城中繫栰渡人。七月，京東西、荆湖北路水災。淮水自夏秋暴漲，環浸泗州城。是歲，諸路江河溢決，河北尤甚，民多流亡。

三年七月，京、索、廣濟河溢，浸民田。

五年七月，蘇、湖二州水災。

六年七月乙酉，泗州淮水溢。

七年六月，代州大雨，山水暴入城。七月，賓州山水壞城。河決北京第五埽。

治平元年，慶、許、蔡、潁、唐、泗、濠、楚、廬、壽、杭、宣、鄂、洪、施、渝州、光化軍水。九月，陳州水災。

二年八月庚寅，京師大雨，地上湧水，壞官私廬舍，漂人民畜産不可勝數。是日，御崇政殿，宰相而下朝參者十數人而已。詔開西華門以洩宮中積水，水奔激，殿侍班屋皆摧没，人畜多溺死，官爲葬祭其無主者千五百八十人。

熙寧元年秋，霸州山水漲溢，保定軍大水，害稼，壞官私廬舍、城壁，漂溺居民。河決恩、冀州，漂溺居民。

二年八月，河決滄州饒安，漂溺居民，移縣治于張爲村。泉州大風雨，水與潮相沖泛溢。損田稼，漂官私廬舍。

四年八月，金州大水，毁城，壞官私廬舍。

七年六月，熙州大雨，洮河泛溢。

八年四月，潭、衡、邵、道諸州江水溢，壞官私廬舍。

九年七月，太原府汾河夏秋霖雨，水大漲。十月，海陽、潮陽二縣海潮溢，壞廬舍，溺居民。

十年七月，河決曹村下埽，澶淵絶流，河南徙，又東匯于梁山、張澤濼，凡壞郡縣四十五，官亭、民舍數萬，田三十萬頃。洺州漳河決，注城。大雨水，二丈河、陽河水湍漲，壞南倉，溺居民。滄、衛霖雨不止，河濼暴漲，敗廬舍，損田苗。

元豐元年，章丘河水溢，壞公私廬舍、城壁，漂溺民居。舒州山水暴漲，浸官私廬舍，損田稼，溺居民。

四年四月，澶州臨河縣小吴河溢北流，漂溺居民。五月，淮水泛漲。

五年秋。陽武、原武二縣河決，壞田廬。

七年六月，青田縣大水，損田稼。七月，河北東、西路水。北京館陶水，河溢入府城，壞官私廬舍。八月，趙、邢、洺、磁、相諸州河水泛溢，壞城郭、軍營。是年，相州漳河決，溺臨漳縣居民。懷州黄、沁河泛溢，大雨水，損稼，壞廬舍、城壁。磁州諸縣鎮，夏秋漳、滏河水泛溢。臨漳縣斛律口決，壞官私廬舍，傷田稼，損居民。

元祐四年，夏秋霖雨，河流泛漲。

八年，自四月，雨至八月，晝夜不息，畿內、京東西、淮南、河北諸路大水。詔開京師宮觀五日，所在州令長吏祈禱，宰臣吕大防等待罪。

紹聖元年七月，京畿久雨，曹、濮、陳、蔡諸州水，害稼。

元符元年，河北、京東等路大水。

二年六月，久雨，陝西、京西、河北大水，河溢，漂人民，壞廬舍。是歲，兩浙蘇、湖、秀等州尤罹水患。

大觀元年夏，京畿大水。詔工部都水監疏導，至于八角鎮。河北、京西河溢，漂溺民户。十月，蘇、湖水災。

二年秋，黄河決，陷没邢州鉅鹿縣。

三年七月，階州久雨，江溢。

四年夏，鄧州大水，漂没順陽縣。

政和五年六月，江寧（州）〔府〕〔一〕、太平、宣州水災。

〔一〕江寧（州）〔府〕　按江寧南唐時爲府，見《宋史》卷八八《地理志》、《九域志》卷六均未嘗爲『江寧州』，據改。

八月，蘇、湖、常、秀諸郡水災。

七年，瀛、滄州河決，滄州城不没者三版，民死者百余萬。

重和元年夏，江、淮、荆、浙諸路大水，民流移、溺者衆，分遣使者振濟。發運使任諒坐不奏泗州壞官私廬舍等勒停。

宣和元年五月，大雨，水驟高十餘丈，犯都城，自西北牟駝岡連萬勝門外馬監，居民盡没。前數日，城中井皆渾，宣和殿后井水溢，蓋水信也。至是，詔都水使者決西城索河堤殺其勢，城南居民塚墓俱被浸，遂壞藉田親耕之稼。水至溢猛，直冒安上、南薰門，城守凡半月。已而入汴，汴渠將溢，於是募人決下流，由城北入五丈河，下通梁山濼，乃平。十一月，東南州縣水災。

四年十二月戊戌，詔：『訪聞德州有京東、西來流民不少，本州振濟有方，令保奏推恩。余路遇有流移，不即存恤，按劾以聞。』

六年秋，京畿恒雨。河北、京東、兩浙水災，民多流移。

建炎二年春，東南郡國水。

紹興二年閏月，徽、嚴州水，害稼。

三年七月丙子，泉州水三日，壞城郭、廬舍。

五年秋，西川郡國水。

六年冬，饒州雨水壞城四百餘丈。

十四年五月丙寅，婺州水。乙丑，蘭溪縣水侵縣市，丙寅中夜，水暴至，死者萬余人。

十六年，潼川府東、南江溢，水入城，浸民廬。

十八年八月，紹興府、明、婺州水。

二十二年，淮甸水。

二十三年，金堂縣大水。潼川府江溢，浸城内外民廬。宣州大水，其流泛溢至太平州。七月，光澤縣大雨，溪流暴湧，平地高十餘丈，人避不及者皆溺，半時即平。

二十七年，鎮江、建康、紹興府、真、太平、池、江、洪、鄂州、漢陽軍大水。

二十八年六月丙申，興、利二州及大安軍大雨水，流民廬，壞橋棧，死者甚衆。九月，江東、淮南數郡水。浙東、西沿江海郡縣大風、水，平江、紹興府、湖、常、秀、潤爲甚。

二十九年七月戊戌，福州水入城，閩、候官、懷安三縣壞田廬，官吏不以聞，憲臣樊光遠坐黜。

三十年五月辛卯夜，於潛、臨安、安吉三縣山水暴出，壞民廬、田桑，溺死者甚衆。

三十一年八月，建始縣大水，流民廬，死者甚衆。

三十二年四月，淮溢數百里，漂民田廬，死者尤衆。六月，浙西郡縣山湧暴水，漂民舍，壞田覆舟。

隆興元年八月，浙東、西州縣大風、水，紹興、平江府、湖州及崇德縣爲甚。

二年七月，平江、鎮江、建康、寧國府、湖、常、秀、池、太平、廬和光州、江陰、廣德、壽春、無爲軍、淮東郡皆大水，浸城郭，壞廬舍，圩田、軍壘。操舟行市者累日，人溺死甚衆。越月，積陰苦雨，水患益甚，淮東有流民。

乾道元年六月，常、湖州水壞圩田。

二年八月丁亥，温州大風，海溢，漂民廬、鹽場、龍朔寺，覆舟，溺死二萬余人，江濱胔骼尚七千餘。

三年六月，廬、舒、蘄州水，壞苗稼，漂人畜。七月己酉，臨安府天目山湧暴水，決臨安縣五鄉民廬二百八十餘家，人多溺死。八月，湖、秀州、上虞縣水，壞民田廬。時積潦至於九月，禾稼皆腐。江東山水溢，江西諸郡水，隆興府四縣爲甚。

四年七月壬戌，衢州大水，敗城三百餘丈，漂民廬，孳牧，壞禾稼。諸既縣大水害稼。江寧、建康府水。是歲，饒、信亦水。

五年七月丁巳，建寧府瑞應場大漈、山棗等山暴水湧出，漂民廬，溺死甚衆。是歲夏秋，温、台州凡三大風，水漂民廬，壞田稼，人畜溺死者甚衆，黄岩縣爲甚，郡守王之望、陳岩肖不以聞，皆黜削。

六年五月，平江、建康、寧國府、温、湖、秀、太平州、廣德軍及江西郡大水，江東城市有深丈餘者，漂民廬，湮田稼，潰圩堤，人多流徙。

八年五月，贛州、南安軍山水暴出，及隆興府、吉、筠州、臨江軍皆大雨水，漂民廬，壞城郭，潰田害稼。六月壬寅，四川郡縣大雨水，嘉、眉、邛、蜀州、永康軍及金堂縣尤甚，漂民廬，決田畝。

九年五月戊午，建康、隆興府、嚴、吉、饒、信、池、太平州、廣德軍水，漂民居，壞圩湮田，分水縣沙塞四百餘畝，採石流民多渡江。六月，湖北郡縣水。

淳熙元年七月壬寅、癸卯，錢塘大風濤，決臨安府江堤一千六百六十餘丈，漂居民六百三十余家，仁和縣瀕江二鄉壞田圃。

三年八月辛巳，台州大風雨，至於壬午，海濤、溪流合激爲大水，決江岸，壞民廬，溺死者甚衆。癸未，行都大雨水，壞德勝、江漲、北新三橋及錢塘、餘杭、仁和縣田，流入湖、秀州，害稼。浙東西、江東郡縣多水，婺州、會稽、嵊、廣德軍建平三縣尤甚。

四年五月庚子，建寧府、福、南劍州大雨水，至於壬寅，漂民廬數千家。己亥夜，錢塘江濤大溢，敗臨安府堤八十餘丈；庚子，又敗堤百餘丈。明州瀕海大風，海濤敗定海縣堤二千五百餘丈、鄞縣堤五千一百餘丈，漂没民田。九月丁酉、戊戌，大風雨駕海濤，敗錢塘縣堤三百餘丈；余姚縣溺死四十餘人，敗堤二千五百六十餘丈；敗上虞縣堤及梁湖堰及運河岸；定海縣敗堤二千五百餘丈；鄞縣敗堤五千一百餘丈。

五年六月戊辰，古田縣大水，漂民廬，圮縣治市橋。

閏月己亥，階州水，壞城郭。乙巳，興化軍及福清縣及海口鎮大水，漂民廬、官舍、倉庫，溺死者甚衆。

六年夏，衢州水。秋，寧國府、温、台、湖、秀、太平州水，壞圩田，樂清縣溺死者百餘人。

七年五月戊戌，分宜縣大水，決田害稼。

八年五月壬辰，嚴州大水，漂浸民居萬九千五百四十餘家、壘舍六百八十余區。紹興府大水，五縣漂浸民居八萬三千余家，田稼盡腐；漁浦敗堤五百餘丈，新林敗堤通運河。是歲，徽、江二州亦水。

十年五月辛巳，信州大水入城，沈廬舍、市井。襄陽府大水，漂民廬，蓋藏爲空。江東、浙東數郡亦水。八月辛酉，雷州大風激海濤，没瀕海民舍，死者甚衆。九月乙丑，福、（潭）〔漳〕州〔一〕大風雨，水暴至，長溪、寧德縣瀕海聚落、廬舍、人舟皆漂入海，漳城半没，浸八百九十餘家。

十一年四月，和州水，湮民廬，壞圩田。五月丙申，階州白江水溢，決堤圮城，浸民廬、壘舍、祠廟、寺觀甚多。丁卯，吉州龍泉縣大水，漂民廬，壞田畝，溺死者衆。

十二年六月，婺州及富陽縣皆水，浸民廬，害田稼。建康府、太平州水。六月甲申，處州龍泉縣大雨，水浸民舍，壞杠梁，匯田害稼。七月壬辰，明州大風雨，山水暴出，浸民市，圮民廬，覆舟殺人。

八月戊寅，安吉縣暴水發棗園村，漂廬舍、寺觀，壞田稼殆盡，溺死千餘人，郡守劉藻不以聞，坐黜。是歲，鄂州自夏徂冬，水浸民廬。九月，台州水。

十四年三月辛未，汀州水，漂百餘家、軍壘六十余區。

十五年五月，淮甸大雨水，淮水溢，廬、濠、楚州、無爲、安豐、高郵、盱眙軍皆漂廬舍、田稼，廬州城圮。荆江溢，鄂州大水，漂軍民壘舍三千餘。江陵、常德、德安府、復、岳、澧州、漢陽軍水。戊午，祁門縣群山暴匯爲大水，漂田禾、廬舍、塚墓、桑麻、人畜什六七，浮胔甚衆，及害及浮梁縣。六月，建寧、隆興府、袁、撫州、臨江軍水圮民廬。七月，黄岩縣水敗田瀦。番易湖溢番易縣，漂民舍、田稼，有流徙者。

十六年四月甲戌，紹興府新昌縣山水暴作，害稼湮田，漂民廬。五月丙辰，沅、靖州山水暴溢至辰州，常德府城没一丈五尺，漂民廬舍。汀州大水，浸民廬千五百餘家，溺死三千人。分宜縣水。丁巳，階州白江水溢，浸城市民廬。六月庚寅，鎮江府大雨水五日，浸軍民壘舍三千餘。辛卯，潼川府東、南二江溢，決堤，毁橋，浸民廬，涪城、中江、射洪、通泉、郪縣没田廬。

紹熙二年三月，寧化縣連水漂廬舍、田畝，溺死二十餘人。五月戊申，建寧州水。己酉，福州水，浸附郭民廬，懷安、候官縣漂千三百餘家，古田、閩清縣亦壞田廬。庚

〔一〕（潭）〔漳〕州　原作「潭州」，據本條下文「漳城半没」句和《通考》卷二九七《物異考》補。

午，利州東江溢。壞堤、田、廬舍。辛未，潼川府東、南江溢；六月戊寅，又溢，再壞堤橋，水入城，没廬舍七百四十餘家，郪、涪、射洪、通泉縣匯田爲江者千餘畝。七月癸亥，嘉陵江暴溢，興州圮城門、郡獄、官舍凡十七所，漂民居三千四百九十餘，潼川崇慶府、綿、果、合、金、龍、漢州、懷安、石泉、大安軍魚關皆水。時上流西蕃界古松州江水暴溢，龍州敗橋閣五百余區，江油縣溺死者衆。

三年五月壬辰，常德府大雨水，浸民田廬。乙未，潼川府東、南江溢，後六日又溢，浸城外民廬，人徙於山。己亥，池州大雨水連夕，青陽縣山水暴湧，漂田廬殺人，蓋藏無遺；貴池縣亦水。庚子，涇縣大雨水，敗堤，圮縣治、廬舍。六月辛丑，建平縣水，敗堤入城，漂浸民廬。甲戌，祁門縣水。七月壬申，天臺、仙居縣大水連夕，漂浸民居五百六十餘，壞田傷稼。襄陽、江陵府大雨水，漢江溢，敗堤防，圮民廬、没田稼者逾旬，復州、荆門軍水亦如之。鎮江府三縣水，損下地之稼。

四年四月，上高縣水，浸二百餘家。五月壬申、癸酉，奉新縣大雷雨、水，漂浸八百二十餘家。五月辛未、丙子，鎮江府大雨水，浸營壘六千余區。戊寅，安豐軍大水，平地三丈餘，漂田廬，絲麥皆空。是月，諸暨、蕭山、宣城、寧國縣大水，壞田稼。廣德軍屬縣水害稼。筠州水浸民廬。戊寅，進賢縣水，圮百二十餘家。六月丙申，興國軍水，池口鎮及大冶縣漂民廬，有溺死者。戊戌，靖安縣水，漂三百二十餘家。是夏，江、贛州、江陵府亦水。七月乙酉，豐城縣水，壬午，臨江軍水，皆圮民廬。丁亥，新淦縣漂浸二千三百餘家。八月辛丑，隆興府水，圮千二百七十餘家。吉州水，漂浸民廬及泰和縣官舍。自夏及秋，江西九州三十七縣皆水。是歲，興化軍大風激海濤，漂没田廬尤多。

五年五月辛未，石埭、貴池、涇縣皆水，圮民廬，溺死者衆。是月，泰州大水。七月壬申，慈溪縣水，漂民廬，決田害稼，人多溺死。乙亥，會稽、山陰、蕭山、餘姚、上虞縣大風駕海濤，壞堤，傷田稼。八月辛丑，錢塘、臨安、新城、富陽、於潛縣大雨水，餘杭縣尤甚，漂没田廬，死者無算。安吉縣水，平地丈餘。平江、鎮江、寧國府、明、台、温、嚴、常州、江陰軍皆水。是秋，武陵縣江溢，圮田廬甚衆。

慶元元年六月壬申，台州及屬縣大風雨，山洪、海濤並作，漂没田廬無算，死者蔽川，漂沉旬日。至於七月甲寅，黄岩縣水尤甚。常平使者莫漳以緩於振恤，坐免。七月，臨安府水。

二年秋，浙東郡國大水。

三年九月，紹興府屬縣二、婺州屬縣二，水害稼。

五年秋，台、温、衢、婺水，漂民廬，人多溺死，衢守張經以匿災各振坐黜。

六年五月，建寧府、嚴、衢、婺、饒、信、徽、南劍州及江西郡縣皆大水，自庚午至於甲戌，漂民廬，害稼。

嘉泰二年七月丙午，上杭縣水，圮田廬，壞稼，民多溺死。建安縣漂軍民廬舍百二十餘，山摧，覆民廬七十七家，溺壓死者六十餘。丁未，長溪縣漂民廬二百八十餘家。古田縣漂官舍、民廬甚衆，溺死者二百七十。劍浦縣圮二百五十餘家，死者亦衆。

三年四月，江南郡邑水害稼。

開禧元年九月丙戌，漢、淮水溢，荆襄、淮東郡國水，楚州、盱眙軍爲甚，圮民廬，害稼。

二年五月庚寅，東陽縣大水，山崩千七百三十餘所，同夕洪，漂聚落五百四十餘所，湮田二萬餘畝，溺死者甚衆。

三年，江、浙、淮郡邑水，鄂州、漢陽軍尤甚。

嘉定二年五月己亥，連州大水，敗城郭百餘丈，没官舍、郡庠、民廬，壞田畝聚落甚多。六月辛酉，西和州水，没長道縣治、倉庫。丙子，昭化縣水，没縣治，漂民廬。成州水，入城，圮壘舍。同谷縣及遂寧府、閬州皆水。七月壬辰，台州大風雨激海濤，漂圮二千二百八十餘家，溺死尤衆。

三年四月甲子，新城縣大水。五月，嚴、衢、婺、徽州、富陽、餘杭、鹽官、新城、諸暨、淳安大雨水，溺死者衆，圮田廬、市郭，首種皆腐。行都大水，浸廬舍五千三百，禁旅壘舍之在城外者半没，西湖溢。

四年七月辛酉，慈溪縣大水，圮田廬，人多溺者。八月，山陰縣海敗堤，漂民田數十里，斥地十萬畝。

五年五月庚戌，嚴州水。六月丁丑，台州及建德、諸暨、會稽縣水，壞田廬。

六年六月丁丑，淳安縣山湧暴水，陷清泉寺，漂五鄉田廬百八十里，溺死者無算，巨木皆拔。丁亥，於潛縣大水。戊子，諸暨縣風雷大雨，山湧暴作，漂十鄉田廬，溺死者尤多。錢塘縣、臨安、餘杭、於潛、安吉縣皆水。

九年五月，行都及紹興府、嚴、衢、婺、台、處、信、饒、福、漳、泉州、興化軍大水，漂田廬，害稼。

十年冬，浙江濤溢，圮廬舍，覆舟，溺死甚衆。蜀、漢二州江没城郭。

十一年六月戊申，武康、吉安縣大水，漂官舍、民廬，壞田稼，人畜死者甚衆。

十二年，鹽官縣海失故道，潮汐沖平野三十餘里，至是侵縣治，(廬)〔蘆〕州[一]、港瀆及上下管、黄灣岡等場皆圮。蜀山淪入海中，聚落、田疇失其半，壞四郡田。後六年始平。

十四年，建康府大水。

十五年七月，蕭山縣大水。時久雨，衢、婺、徽、嚴暴流與江濤合，圮田廬，害稼。

[一] (廬)〔蘆〕州　按《宋史》卷九七《河渠志》記載，海水泛漲，横沖沙岸，『侵入鹵地，蘆州、港瀆蕩爲一壑』。《宋會要稿·食貨》六一之一四所記同。此處『廬州』疑是『蘆州』之誤。

十六年五月，江、浙、淮、荆、蜀郡縣水，平江府、湖、常、秀、池、鄂、楚、太平州、廣德軍爲甚，漂民廬，害稼，圮城郭、堤防，溺死者衆。鄂州江湖合漲，城市沉没，累月不泄。是秋，江溢，圮民廬。餘杭、錢塘、仁和縣大水。福、漳、泉州、興化軍水壞稼十五六。

十七年五月，福建大水，漂水口鎮民廬皆盡，候官縣甘蔗砦漂數百家，人多溺死；建寧府没平政橋，入城；南劍州圮郡治、城樓、郡獄、官舍，城壞，民避水樓上者皆死。乙卯，建昌軍大水，城不没者三板，漂民廬，圮官舍、城郭、橋梁，害稼。

紹定二年，天台、仙居縣大水。

四年，沿江水災。

端平三年三月辛酉，蘄州大雨水，漂民居。是年，英德府、昭州及襄、漢江皆大水。

嘉熙元年，饒、信州水。二年，浙江溢。

淳祐二年，紹興府、處、婺州水。

七年，福建水。

十年，嚴州水。

十一年八月甲辰，汀州山水暴至，漂人民。九月，江陵水。是年，江浙多水，饒州亦水。

十二年六月，建寧府、嚴、衢、婺、信、台、處、南劍州、邵武軍大水，冒城郭，漂室廬，死者以萬數。

寶祐元年七月，温、台、處、信、饒州大水。

開慶元年五月己未，婺州水，漂民廬。是歲，滁、嚴州水。

景定二年，浙東水。

咸淳六年五月，大雨水。

七年五月甲申，諸暨縣大水，漂廬舍。是月，重慶府江水泛溢者三，漂城壁，壞樓櫓。

十年三月，廬州水。四月，紹興府大雨水。八月，臨安府水，安吉、武康縣水。

太平興國四年八月，滑州黎陽縣河清。

端拱元年二月，澶、濮二州河清二百餘里。

大中祥符三年十一月丁酉，陝西河清。十二月乙巳，河再清，當汾水合流處清如汾水。

元豐四年十月，環州河水變甘。

大觀元年八月，乾寧軍河清。

二年十二月，陝州河清，同州韓城縣、郃陽縣至清及百里，涉春不變。自是迄政和、宣和，諸路數奏河清，輒遣郎官致祭，宰臣等率百官拜表賀，歲以爲常。

大中祥符元年二月，醴泉出蔡州汝陽鳳原鄉，有疾者飲之皆愈。

八年十一月，通州軍言醴泉出汶山下，有疾者飲之皆愈。

熙寧元年五月，京師開化坊醴泉出。

政和五年正月，河陽臺觀醴泉出。

卷六四　五行三

建隆元年十月，蔡州大霖雨，道路行舟。

開寶二年八月，帝駐潞州，積雨累日未止。九月，京師大雨霖。

五年，京師雨，連旬不止。河南、河北諸州皆大霖雨。

九年秋，大霖雨。

太平興國二年，道州春夏霖雨不止，平地二丈餘。五年五月，京師連旬雨不止。

七年六月，齊州逮捕臨邑尉王坦等六人。繫獄未具，一夕，大風雨壞獄户，王坦等六人並壓死。

雍熙二年八月，京師大霖雨。

淳化元年六月，隴城縣大雨，壞官私廬舍殆盡，溺死者百三十七人。

三年九月，京師霖雨。

四年七月，京師大雨，十晝夜不止，朱雀、崇明門外積水尤甚，軍營、廬舍多壞。是秋，陳、潁、宋、亳、許、蔡、徐、濮、澶、博諸州霖雨，秋稼多敗。

五年秋，開封府、宋、亳、陳、潁、泗、壽、鄧、蔡、潤諸州雨水害稼。

咸平元年五月，昭州大霖雨，害民田，溺死者百五十七人。

景德三年八月，青州大雨，壞鼓角樓門，壓死者四人。

大中祥符二年八月，無爲軍大風雨，折木，壞城門、軍營、民舍，壓溺千餘人。十月，兗州霖雨害稼。

三年四月，升州霖雨。五月辛丑，京師大雨，平地數尺，壞軍營、民舍，多壓者，近畿積潦。

五年九月，建安軍大霖雨，害農事。

天禧四年七月，京師連雨彌月。甲子夜，大雨，流潦泛溢，民舍、軍營圮壞大半，多壓死者。自是頻雨，及冬方止。

乾興元年二月，蘇、湖、秀州雨，壞民田。

天聖四年六月戊寅，莫州大雨，壞城壁。

七年，自春涉夏，雨不止。

明道二年六月癸丑，京師雨，壞軍營、府庫。

景祐三年七月庚子，大雨震雹。

慶曆六年七月丁亥，河東大雨，壞忻、代等州城壁。

皇祐二年八月，深州大雨，壞民廬舍。

四年八月癸未，京城大風雨，民廬摧圮，至有壓死者。

嘉祐二年八月，河北緣邊久雨，濒河之民多流移。五月丁未，晝夜大雨。六月乙亥，雨壞太社、太稷壇。

三年八月，霖雨害稼。

六年七月，河北、京西、淮南、兩浙、江南東西淫雨爲災。閏八月，京師久雨。是歲頻雨，及冬方止。

治平元年，京師自夏歷秋，久雨不止，摧真宗及穆、獻、懿三后陵臺。

熙寧元年八月，冀州大雨，壞官私廬舍、城壁。

七年六月，陜州大雨，漂溺陜、平陸二縣。

元豐四年七月，泰州海風駕大雨，漂浸州城，壞公私舍數千楹。

元祐二年七月丁卯，以雨罷集英殿宴。

元符二年九月，以久雨罷秋宴。

三年七月，久雨，哲宗大昇轝在道陷泥中。

建中靖國元年二月，久雨，時欽聖憲肅皇后、欽慈皇后二陵方用工，詔京西祈晴。

崇寧元年七月，久雨，壞京城廬舍，民多壓溺而死者。

三年六月，久雨。

四年五月，京師久雨。又自七月至九月，所在霖雨傷稼，十月始霽。

靖康元年四月，京師大雨，天氣清寒。又自五月甲申至六月，暴雨傷麥，夏行秋令。

建炎二年春，淫雨。

三年二月癸亥，高宗初至杭州，久霖雨，占曰：『陰盛，下有陰謀。』時苗傅、劉正彦爲亂。五月，霖雨，夏寒。

紹興元年，行都雨，壞城三百八十丈。是歲，婺州雨，壞城。

三年，雨，自正月朔至於二月。七月，四川霖雨，至於明年正月。

四年六月，淫雨害稼，蘇、湖二州爲甚。九月，久雨，時劉豫連、金人入寇；十月，高宗親征而霽。

五年三月，霖雨，傷蠶麥，行都雨甚。九月，雨，至於明年正月。

六年五月，久雨不止。

七年十月，高宗如建康，久雨。

八年三月，積雨，至於四月，傷蠶麥，害稼。

二十一年夏，襄陽府大雨十餘日。

二十三年六月，大雨，壞軍壘、民田。

三十年五月，久雨，傷蠶麥，害稼。八月，施州大風雨。

三十二年六月，浙西大霖雨。

隆興元年三月，霖雨，行都壞城三百三十餘丈。

二年六月，陰雨。七月，浙西、江東大雨害稼。八月，風雨踰月。

乾道元年二月，行都及越、湖、常、潤、温、台、明、處九郡寒，敗首種，損蠶麥。

二年正月，淫雨，至於四月。夏寒。江浙諸郡損稼，蠶麥不登。

三年五月丙午，泉州大雨，晝夜不止者旬日。八月，淫雨，江、浙、淮、閩禾、麻、菽、麥、粟多腐。

四年四月，陰雨彌月。

六年五月，連雨六十餘日。十一月，連雨。辛巳，郊祀，雲開於圜丘，百步外有澍雨。

八年四月，四川陰雨七十餘日。六月壬寅，大雨徹晝夜，至於己酉。

九年閏正月，淫雨。

淳熙二年夏，建康府霖雨，壞城郭。

三年五月，淮、浙積雨損禾麥。八月，浙東西、江東連雨。癸未、甲申，行都大風雨。九月，久雨。十月癸酉，孝宗出手詔決獄，援筆而風起開霽。

四年九月丁酉、戊戌，紹興府余姚、上虞二縣大風雨。

五年閏六月己亥，階州暴雨，至於戊申。乙巳，興化軍、福州福清縣暴風雨夜作。

六年四月，衢州霖雨。九月，連雨；己巳，將郊而霽。

八年四月，雨腐禾麥。五月，久雨，敗首種。

十年五月，信州霖雨，自甲戌至於辛巳。八月，福州大霖雨，自己未至於九月乙丑，吉州亦如之。

十一年四月，淫雨。戊寅，建康府、太平州大霖雨。六月甲申，處州龍泉縣暴雨。

十二年五月、六月，皆霖雨。

十三年秋，利州路霖雨，敗禾稼穜稑，金、洋、階、成、岷、鳳六州亦如之。

十五年五月，荆、淮郡國連雨。戊午，祁門縣霖雨。

十六年四月，西和州霖雨，害禾麥。五月，浙西、湖北、福建、淮東、利西諸道霖雨。

紹熙元年春，久陰連雨，至於三月。夏，階、成、岷、鳳四州霖雨傷麥。

二年二月，贛州霖雨，連春夏不止，壞城四百九十丈，圮城樓、敵樓凡十五所。四月，福建路霖雨，至於五月。七月，利路久雨，傷種麥。癸亥，興州暴雨連日。八月，行都久雨。

三年五月，江東、湖北路連雨。常德府大雨徹晝夜，自壬辰至於庚子。寧國府、池州、廣德軍自己亥至於六月辛丑朔，雨甚，祁門縣至於庚戌。七月壬申，天臺、仙居二縣大雨連旬。淮西路、鎮江、襄陽府皆害禾麥。八月，普州雨害稼。

四年四月，霖雨，至於五月，浙東西、江東、湖北郡縣壞圩田，害蠶、麥、蔬、稑，紹興、寧國府尤甚。鎮江府大雨，自辛未至於丙子，淮西郡縣自丙子至於戊寅。

五年八月，霖雨，畿縣、浙東西皆害稼。九月，雨，至於十月癸巳，大雨三晝夜不止，江東西、福建郡縣皆苦雨。

慶元元年正月，霖雨。甲辰，帝蔬食露禱，丙午霽。二月，又雨，至於三月，傷麥。五月，霖雨。七月，雨，至於八月。

二年六月壬申，台州焱風暴雨連夕。八月，行都霖雨五十餘日。

三年七月，雨連月。

四年八月，久雨。

五年五月，行都雨，壞城，夜壓附城民廬，多死者。六月，浙東、西霖雨，至於八月。

六年五月庚午，嚴州霖雨，連五晝夜不止。

嘉泰二年六月，福建路連雨，至於七月丁未，大風雨爲災。

三年八月，久雨。

開禧元年七月，利路郡縣霖雨害稼。閏月，盱眙軍陰雨，至於九月，敗禾稑。十月，行都淫雨，至於明年春。

二年春，淫雨，至於三月。

嘉定二年五月戊戌，連州大雨連晝夜。六月，利、閬、成、西和四州霖雨。七月壬辰，台州大風雨夜作。

三年三月，陰雨六十餘日。五月，淫雨，至於六月，首種多敗，蠶麥不登。

四年八月，霖雨，至於九月。

五年春，淫雨，至於三月，傷蠶麥。十一月，雨雪積陰，至於明年春。

六年春，淫雨，至於二月。丁亥，雨雪集霰。五月，陰雨經日。辛酉，嚴州霖雨。月戊子，紹興府大風雨，浙東、西雨，至於七月。

七年九月，陰雨，至於十月，害禾麥。

九年四月、六月，大霖雨，浙東、西郡縣尤甚。

十年三月，連雨，至於四月。十月，霖雨害稼。

十一年六月，霖雨，浙西郡縣尤甚。

十二年六月，霖雨彌月。

十五年七月，浙東、西霖雨爲災。

十六年五月，霖雨，浙西、湖北、江東、淮東尤甚。八月，大風雨害稼。

十七年八月，霖雨。

卷六七　五行五

元祐八年，福建、兩浙海風駕潮，害民田。

紹興二十八年七月壬戌，平江府大風雨駕潮，漂溺數百里，壞田廬。

三十二年七月戊申，大風拔木。温州大風，壞屋覆舟。

隆興元年，浙東、西郡國風水傷稼。

二年八月，大風雨，漂蕩田廬。

乾道二年八月丁亥，温州大風雨駕海潮，殺人覆舟，壞廬舍。

五年十月，台州大風水，壞田廬。

八年六月丙辰，惠州颶風，壞海艦三十餘。時樞密院調廣東經略司水軍，四艦覆其三，死者百三十餘人。

淳熙四年九月，明州大風駕海潮，壞定海、鄞縣海岸七千六百餘丈及田廬、軍壘。六月乙巳夜，福清縣、興化軍大風雨，壞官舍、民居、倉庫及海口鎮，人多死者。

六年十一月，鄂州大風覆舟，溺人甚衆。

十年八月辛酉，雷州颶風大作，駕海潮傷人，禾稼、林木皆折。

紹熙二年三月癸酉，瑞安縣大風，壞屋拔木殺人。四年七月，興化軍海風害稼。五年七月乙亥，行都大風拔木，壞舟甚衆。紹興府、秀州大風駕海潮，害稼。秋，明州颶風駕海潮，害稼。

慶元二年六月壬申，台州暴風雨駕海潮，壞田廬。

嘉定二年七月壬辰，台州大風雨駕海潮，壞屋殺人。

三年八月癸酉，大風拔木，折禾穗，墮果實。寧宗露禱，至於丙子乃息。後御史朝陵於紹興府，歸奏風壞陵殿宮牆六十餘所、陵木二千餘章。

六年十二月，余姚縣風潮壞海堤，亘八鄉。

金史

卷四七　食貨二

田制

量田以營造尺，五尺爲步，闊一步，長二百四十步爲畝。

世宗大定二十一年六月，上謂省臣曰：『近者大興府平、灤、薊、通、順等州，經水災之地，免今年税租。不罹水災者姑停夏税，俟稔歲徵之。』時中都大水，而濱、棣等州及山後大熟，命修治懷來以南道路，以來糴者。又命都城減價以糶。

八月，尚書省奏山東所刷地數，上謂梁肅曰：『朕嘗以此問卿，卿不以言。此雖稱民地，然皆無明據，括爲官地有何不可？』又曰：『黄河已移故道，梁山濼水退，地甚廣，已嘗遣使安置屯田。民昔嘗恣意種之，今官已籍其地，而民懼徵其租，逃者甚衆。若徵其租，而以冒佃不即出首罪論之，固宜。然若遽取之，恐致失所。可免其徵，赦其罪，別以官地給之。』

明昌元年二月，諭旨有司曰：『瀕水民地，已種蒔而爲水浸者，可令以所近官田對給。』

六年二月，詔罷括陝西之地。又陝西提刑司言：『本路户民安水磨、油栿，所占步數在私地有税，官田則有租，若更輸水利錢銀，是重並也，乞除之。』省臣奏：『水利錢銀以輔本路之用，未可除也，宜視實占地數，除税租。』命他路視此爲法。

興定四年十月，移剌不言。又河南水災，逋户太半，田野荒蕪，恐賦入少而國用乏，遂命唐、鄧、裕、蔡、息、壽、潁、亳及歸德府被水田，已燥者布種，未滲者種稻，復業之户免本租及一切差發，能代耕者如之，有司擅科者以違制論，闕牛及食者率富者就貸。

租賦

民訴水旱應免者，河南、山東、河東、大名、京兆、鳳翔、彰德部內支郡，夏田四月，秋田七月，余路夏以五月，秋以八月，水田則通以八月爲限，遇閏月則展期半月，限外訴者不理。

太宗天會五年，命有司：『凡罹蝗旱水溢之地，蠲其賦税。』六年，以河北、山東水，免其租。十二年正月，以水旱免中都、西京、南京、河北、河東、山東、陝西去年租税。十九年秋，中都、西京、河北、山東、河東、陝西以水旱傷民田十三萬七千七百餘頃，詔蠲其租。二十一年九月，以中都水災，免租。二十七年六月，免中都、河北等路嘗被河決水災軍民租稅。十一月，詔河水泛溢，農田被災者，與免差稅一年。懷、衛、孟、鄭四州塞河勞役，並免今年差稅。

明昌五年，敕免河決被災之民秋租。

宣宗貞祐四年，御史中丞完顏伯嘉奏：『亳州大水，計當免租三十萬石，而三司官不以實報，止免十萬而已。』詔命治三司官虛妄之罪。七月，以河南大水，下詔免租勸種，且命參知政事李復亨爲宣慰使，中丞完顏伯嘉副之。十月，以久雨，令寬民輸稅之限。

卷五〇　食貨五

水田

明昌五年閏十月，言事者謂郡縣有河者可開渠，引以溉田，詔下州郡。既而八路提刑司雖有河者皆言不可溉，惟中都言安肅、定興二縣可引河溉田四千餘畝，詔命行之。六年十月，定制，縣官任內有能興水利田及百頃以上者，陞本等首注除。謀克所管屯田。能創增三十頃以上，賞銀絹二十兩匹，其租稅止從陸田。

承安二年，敕放白蓮潭東閘水與百姓溉田。三年，又命勿毀高梁河閘，從民灌溉。

泰和八年七月，詔諸路按察司規畫水田，部官謂：『水田之利甚大，沿河通作渠，如平陽掘井種田俱可灌溉。比年邳、沂近河布種豆麥，無水則鑿井灌之，計六百餘頃，比之陸田所收數倍。以此較之，它境無不可行者。』遂令轉運司因出計點，就令審察，若諸路按察司因勸農，可按問開河或掘井如何爲便，規畫具申，以俟興作。

貞祐四年八月，言事者程淵言：『碭山諸縣陂湖，水至則畦爲稻田，水退種麥，所收倍於陸地。宜募人佃之，官取三之一，歲可得十萬石。』詔從之。

興定五年五月，南陽令李國瑞創開水田四百餘頃，詔升職二等，仍録其最狀遍諭諸道。

十一月，議興水田。省奏：『漢召信臣於南陽灌溉三萬頃。魏賈逵堰汝水爲新陂，通運二百餘里，人謂之賈侯渠。鄧艾修淮陽、百尺二渠，通淮、潁，大治諸陂於潁之南，穿渠三百餘里，溉田二萬頃。今河南郡縣多古所開水田之地，收穫多於陸地數倍。』敕令分治户部按行州郡，有可開者誘民赴功，其租止依陸田，不復添徵，仍以官賞激之。陝西除三白渠設官外，亦宜視例施行。

元光元年正月，遣户部郎中楊大有等詣京東、西、南三路開水田。

卷二三　五行志

太宗天會二年，曷懶移鹿古水霖雨害稼，且爲蝗所食。秋，泰州潦，害稼。

天眷元年七月丁酉，按出滸河溢，壞民廬舍。

世宗大定七年九月庚辰，地震。八年五月甲子，北望澱大風，雨雹，廣十里，長六十里。六月，河決李固渡，水入曹州。

十七年七月，大雨，滹沱、盧溝水溢，河決白溝。

二十年秋，河決衛州。

二十六年秋，河決，壞衛州城。

章宗大定二十九年五月，曹州河溢。

明昌元年七月，淫雨傷稼。

四年五月，霖雨，命有司祈晴。六月，河決衛州，魏、清、滄皆被害。

五年八月，河決陽武故堤，灌封丘而東。

承安元年五月，自正月不雨，至是月雨。

紹王大安元年，徐、邳界黄河清五百餘里，幾二年，以其事詔中外。臨洮人楊珪上書曰：『河性本濁，而今反清，是水失其性也。正猶天動地静，使當動者静，當静者動，則如之何，其爲災異明矣。且傳曰：「黄河清，聖人生。」假使聖人生，恐不在今日。又曰「黄河清，諸侯爲天子。」正當戒懼，以銷災變，而復誇示四方，臣所未喻。』宰相以爲妖言，議誅之，慮絶言路，即詔大興鎖銷還本管。

至寧元年八月癸巳，是日，海水不潮。

宣宗貞祐二年六月，潮白河溢，漂古北口鐵裹關門至老王谷。冬，黄河自陝州界至衛州八柳樹，清十餘日，纖鱗皆見。

興定四年七月，河南大水，唐、鄧尤甚。

天興二年六月，上遷蔡，自發歸德，連日暴雨，平地水數尺，軍士漂没。

元史

卷九三　食貨一

海運

元都于燕，去江南極遠，而百司庶府之繁，衛士編民之衆，無不仰給於江南。自丞相伯顔獻海運之言，而江南之糧分爲春夏二運。蓋至于京師者一歲多至三百萬餘石，民無挽輸之勞，國有儲蓄之富，豈非一代之良法歟！

初，伯顔平江南時，嘗命張瑄、朱清等，以宋庫藏圖籍，自崇明州從海道載入京師。而運糧則自浙西涉江入淮，由黄河逆水至中灤旱站，陸運至淇門，入御河，以達於京。後又開濟州泗河，自淮至新開河，由大清河至利津，河入海，因海口沙壅，又從東阿旱站運至臨清，入御河。又開膠萊河道通海，勞費不貲，卒無成效。

至元十九年，伯顔追憶海道載宋圖籍之事，以爲海運可行，於是請於朝廷，命上海總管羅璧、朱清、張瑄等，造平底海船六十艘，運糧四萬六千餘石，從海道至京師。然創行海洋，沿山求嶼，風信失時，明年始至直沽。時朝廷未知其利，是年十二月立京畿、江淮都漕運司二，仍各置分司，以督綱運。每歲令江淮漕運司運糧至中灤，京畿漕運司自中灤運至大都。

二十年，又用王積翁議，命阿八赤等廣開新河。然新河候潮以入，船多損壞，民亦苦之。而忙兀䚟言海運之舟悉皆至焉。於是罷新開河，頗事海運，立萬户府二，以朱清爲中萬户，張瑄爲千户，忙兀䚟爲萬户府達魯花赤。未幾，又分新河軍士水手及船，於揚州、平灤兩處運糧，命三省造船三千艘於濟州河運糧，猶未專於海道也。

二十四年，始立行泉府司，專掌海運，增置萬户府二，總爲四府。是年遂罷東平河運糧。

二十五年，内外分置漕運司二。其在外者於河西務置司，領接運海道糧事。

二十八年，又用朱清、張瑄之請，並四府爲都漕運萬户府二，止令清、瑄二人掌之。其屬有千户、百户等官，分爲各翼，以督歲運。

至大四年，遣官至江浙議海運事。時江東寧國、池、饒、建康等處運糧，率令海船從揚子江逆流而上。江水湍急，又多石磯，走沙漲淺，糧船俱壞，歲歲有之。又湖廣、江西之糧運至真州泊入海船，船大底小，亦非江中所宜。於是以嘉興、松江秋糧，並江淮、江浙財賦府歲辦糧充運。海漕之利，蓋至是博矣。

凡運糧，每石有脚價鈔。至元二十一年，給中統鈔八兩五錢，其後遞減至于六兩五錢。至大三年，以福建、浙東船户至平江載糧者，道遠費廣，通增爲至元鈔一兩六錢，香糯一兩七錢。四年，又增爲二兩，香糯二兩八錢，稻穀一兩四錢。延祐元年，斟酌遠近，復增其價。福建船運糙粳米每石一十三兩，温、台、慶元船運糙粳、香糯每石一十一兩五錢，紹興、浙西船每石一十一兩，白粳價同，稻穀每石八兩，黑豆每石依糙白糧例給焉。

初，海運之道，自平江劉家港入海，經揚州路通州海門縣黄連沙頭、萬里長灘開洋，沿山嶼而行，抵淮安路鹽城縣，歷西海州、海寧府東海縣、密州、膠州界，放靈山洋投東北，路多淺沙，行月余始抵成山。計其水程，自上海至楊村馬頭，凡一萬三千三百五十里。至元二十九年，朱清等言其路險惡，復開生道。自劉家港開洋，至撑脚沙轉沙觜，至三沙、洋子江，過匾擔沙、大洪，又過萬里長灘，放大洋至青水洋，又經黑水洋至成山，過劉島，至芝罘、沙門二島，放萊州大洋，抵界河口，其道差爲徑直。明年，千户殷明略又開新道，從劉家港入海，至崇明州三沙放洋，向東行，入黑水大洋，取成山轉西至劉家島，又至登州沙門島，於萊州大洋入界河。當舟行風信有時，自浙西至京師，不過旬日而已，視前二道爲最便云。然風濤不測，糧船漂溺者無歲無之，間亦有船壞而棄其米者。至元二十三年始責償於運官，人船俱溺者乃免。然視河漕之費，則其所得蓋多矣。

歲運之數：（略）

卷九七　食貨五

海運

元自世祖用伯顔之言，歲漕東南粟，由海道以給京師，始自至元二十年，至于天曆、至順，由四萬石以上增而爲三百萬以上，其所以爲國計者大矣。歷歲既久，弊日以生，水旱相仍，公私俱困，疲三省之民力，以充歲運之恒數，而押運監臨之官，與夫司出納之吏，恣爲貪黷，脚價不以時給，收支不得其平，船户貧乏，耗損益甚。兼以風濤不測，盜賊出没，剽劫覆亡之患，自仍改至元之後，有不可勝言者矣。由是歲運之數，漸不如舊。至正元年，益以河南之粟，通計江南三省所運，止得二百八十萬石。二年，又令江浙行省及中政院財賦總管府，撥賜諸人寺觀之糧，盡數起運，僅得二百六十萬石而已。及汝、潁倡亂，湖廣、江右相繼陷没，而方國珍、張士誠竊據浙東、西之地，雖縻以好爵，資爲籓屏，而貢賦不供，剥民以自奉，於是海運之舟不至京師者積年矣。

至十九年，朝廷遣兵部尚書伯顔帖木兒、户部尚書齊履亨徵海運于江浙，由海道至慶元，抵杭州。時達識帖睦邇爲江浙行中書省丞相，張士誠爲太尉，方國珍爲平章政事，詔命士誠輸粟，國珍具舟，達識帖睦邇總督之。既達朝廷之命，而方、張互相猜疑，士誠慮方氏載其粟而不以輸於京也，國珍恐張氏掣其舟而因乘虚以襲己也。伯顔帖木兒白於丞相，正辭以責之，巽言以諭之，乃釋二家之疑，克濟其事。先率海舟俟於嘉興之澉浦，而平江之粟輾轉以達杭之石墩，又一舍而後抵澉浦，乃載於舟。海灘淺澀，躬履艱苦，粟之載於舟者，爲石十有一萬。

二十年五月赴京。是年秋，又遣户部尚書王宗禮等至江浙。

二十一年五月，運糧赴京，如上年之數。九月，又遣兵部尚書徹徹不花、侍郎韓祺往徵海運一百萬石。

二十二年五月，運糧赴京，視上年之數，僅加二萬而已。九月，遣户部尚書脱脱歡察爾、兵部尚書帖木至江浙。

二十三年五月，仍運糧十有三萬石赴京。九月，又遣户部侍郎博羅帖木兒、監丞賽因不花往徵海運。士誠託辭以拒命，由是東南之粟給京師者，遂止於是歲云。

卷五〇　五行一

至元元年，真定、順天、河間、順德、大名、東平、濟南等郡大水。

四年五月，應州大水。

五年八月，亳州大水。

六年十二月，獻、莫、清、滄四州及豐州、渾源縣大水。

九年九月，南陽、懷孟、衛輝、順天等郡，洺、磁、泰安、通、灤等州淫雨，河水並溢，圮田廬，害稼。

十四年六月，濟寧路雨水，平地丈餘，損稼。曹州定陶、武清二縣，濮州、堂邑縣雨水，没禾稼。

二十年六月，太原、懷孟、河南等路沁河水湧溢，壞民田一千六百七十餘頃。衛輝路清河溢，損稼。南陽府唐、鄧、裕、嵩四州河水溢，損稼。十月，涿州巨馬河溢。

二十一年六月，保定、河間、濱、棣大水。

二十二年秋，南京、彰德、大名、河間、順德、濟南等路河水壞田三千餘頃。高郵、慶元大水，傷人民七百九十五户，壞廬舍三千九十區。

二十三年六月，安西路華州華陰縣大雨，潼谷水湧，平地三丈餘。杭州、平江二路屬縣水，壞民田一萬七千二百頃。

二十五年七月，膠州大水，民采橡爲食。十二月，太原、汴梁二路河溢，害稼。

二十六年二月，紹興大水。十月，平灤路水，壞田稼一千一百頃。

二十七年正月，甘州、無爲路大水。五月，江陰州大水。六月，河溢太康縣，没民田三十一萬九千畝。八月，沁水溢。廣州清遠縣大水。十一月，河決祥符義唐灣，太康、通許二縣，陳、潁二州，大被其患。

二十八年九月，平灤、保定、河間三路大水。

二十九年六月，揚州、寧國、太平三郡大水。

三十年五月，深州静安縣大水。

元貞元年六月，歷城縣大清河水溢，壞民居。九月，廬州、平江二郡大水。

二年六月，大都路益津、保定、大興三縣水，損田稼七千餘頃。九月，河決河南杞、封丘、祥符、寧陵、襄邑五縣。十月，河決開封縣。

大德元年三月，歸德徐州，邳州宿遷、睢寧，鹿邑三縣，河南許州臨潁、郾城等縣，睢州襄邑，太康、扶溝、陳留、開封、杞等縣，河水大溢，漂没田廬。

五月，河決汴梁，發民夫三萬五千塞之。漳水溢，害稼。

六月，和州歷陽縣江水溢，漂廬舍一萬八千五百區。

七月，郴州耒陽縣、衡州酃縣大水，溺死三百餘人。

(七)〔九〕月，温州平陽、瑞安二州水，溺死六千八百餘人。十一月，常德武陵縣大水。

二年六月，河決蒲口，凡九十六所，泛溢汴梁、歸德二郡。

四年六月，歸德睢州大水。

五年七月，江水暴風大溢，高四五丈，連崇明、通、泰、真州定江之地，漂没廬舍，被災者三萬四千八百餘户。八月，平灤郡雨，灤河溢。

六年四月，上都大水。五月，濟南路大水。歸德府徐州、邳州睢寧縣雨五十日，沂、武二河合流，水大溢。東安州渾河溢，壞民田一千八十餘頃。六月，廣平路大水。

七年六月，遼陽、大寧、平灤、昌國、瀋陽、開元六郡雨水，壞田廬，男女死者百九十人。修武、河陽、新野、蘭陽等縣趙河、湍河、白河、七里河、沁河、潦河皆溢。台州風水大作，寧海、臨海二縣死者五百五十人。

八年五月，太原陽武縣、衛輝獲嘉縣、汴梁祥符縣河溢。大名滑州、濬州雨水，壞民田六百八十餘頃。八月，潮陽颶風海溢，漂民廬舍。

九年六月，汴梁(武陽)〔陽武〕縣思齊口河決。綿江、中江溢，水決入城。七月，沔陽玉沙縣江溢。八月，歸德府寧陵，陳留、通許、扶溝、太康、杞縣河溢。大名元城縣大水。

十年六月，大名、益都、定兴等路大水。七月，平江路大風，海溢。吴江州大水。

十一年七月，冀寧文水縣汾水溢。

至大元年七月，濟寧路雨水，平地丈餘，暴決入城，漂廬舍，死者十有八人。真定路淫雨，大水入南門，下注藁城，死者百七十人。彰德、衛輝二郡水，損稻田五千三百七十頃。

二年七月，河決歸德府，又決汴梁封丘縣。

三年六月，峽州大雨，水溢，死者萬余人。七月，循州、惠州大水，漂廬舍二百九十區。

四年六月，大都三河縣、潞縣，河東祁縣、懷仁縣，永平豐盈屯雨水害稼。七月，東平、濟寧、般陽、保定等路大水。

皇慶元年五月，歸德睢陽縣河溢。六月，大寧、水達達路雨，宋瓦江溢，民避居亦母兒乞嶺。八月，松江府大風，海水溢。

二年六月，涿州范陽縣，東安州，宛平縣，固安州，霸州益津，永清、（永）〔文〕安等縣雨水，壞田稼七千六百九十餘頃。河決陳、亳、睢三州，開封、陳留等縣。八月，崇明、嘉定二州大風，海溢。

延祐元年五月，常德路武陵縣雨水，壞廬舍，溺死者五百人。六月，涿州范陽、房山二縣渾河溢，壞民田四百九十餘頃。

二年六月，河決鄭州，壞汜水縣治。七月，京師大雨。全州、永州江水溢，害稼。

三年四月，潁州（泰）〔太〕和縣河溢。七月，婺源州雨水，溺死者五千三百餘人。

五年四月，廬州合肥縣大雨水。

六年六月，河間路漳河水溢，壞民田二千七百餘頃。益都、般陽、濟南、東昌、東平、濟寧等路曹、濮、泰安、高唐等州大雨水害稼。大名路屬縣水，壞民田一萬八千頃。汴梁、歸德、汝寧、彰德、真定、保定、衛輝、南陽等郡大雨水。

七年四月，安豐、廬州淮水溢，損禾麥一萬頃。六月，棣州、德州大雨水，坏田四千六百餘頃。八月，霸州文安、（文）〔大〕成二縣滹沱河，害稼。

是歲，河決汴梁原武縣。

至治元年六月，霸州大水，渾河溢，被災者三萬餘户。七月，薊州平谷、漁陽二縣，順（州）〔德〕邢台、沙河二縣，大名魏縣，永平石城縣大水。彰德臨漳縣漳水溢。东平、东昌二路，高唐、曹、濮等州雨水害稼。乞里吉思部江水溢。八月，安陸府雨七日，江水大溢，被災者三千五百户。雷州海康、遂溪二縣海水溢，壞民田四千頃。九月，京山、長壽二縣漢水溢。

二年正月，儀封縣河溢。二月，濮州大水。閏五月，睢陽縣亳社屯大水。十一月，平江路大水，損民田四萬九千六百頃。

三年五月，東安州水，壞民田一千五百餘頃。六月大都永清縣雨水，損田四百頃。七月，漷州雨水害稼。

泰定元年，五月，隴西縣大雨水，漂死者五百餘家。龍慶路雨水傷稼。六月，益都、濟南、般陽、東昌、東平、濟寧等郡二十有二縣，曹、濮、高唐、德州等處十縣淫雨，水深丈餘，漂没田廬。大同渾源河溢。陳、汾、順、晉、恩、深六州雨水害稼。真定滹沱河溢，漂民廬舍。陝西大雨，渭水及黑水河溢，損民廬舍。渠州江水溢。七月，真定、河間、保定、廣平等郡三十有七縣大雨水五十餘日，害稼。大都路固安州清河溢。順德路任縣沙、澧、洺水溢。奉元朝邑縣、曹州楚丘縣、開州濮陽縣河溢。九月，延安路洛水溢。奉元長安縣大雨，（澧）灃水溢。十二月，杭州鹽官州海水大溢，壞堤塹，侵城郭，有司以石囤木櫃捍之不止。

二年閏正月，雄州歸信縣大水。二月，甘州路大雨水，漂没行帳孳畜。三月，咸平府清、寇二河合流，失故道，隳堤堰。五月，檀州大水，平地深丈有五尺。河溢汴梁，被災者十有五縣。六月，冀寧路汾河溢。潼（江）〔川〕府綿江、中江水溢入城，深丈餘。七月，睢州河決。八月，霸州，涿州，永清、香河二縣大水，傷稼九千五十頃。九月，開元路三河溢，没民田，壞廬舍。十月，寧夏鳴沙州大雨水。

三年二月，歸德府河決。六月，大同縣大水。七月，河決鄭州，漂没陽武等縣民一萬六千五百餘家。東安、檀、順、漷四州雨，渾河決，温榆水溢，傷稼。延安路膚施县水，漂民居九十餘户。八月，鹽官州大風，海溢，捍海堤崩，廣三十餘里，袤二十里，徙居民千二百五十家以避之。九月，平遥縣汾水溢。十一月，崇明州三沙鎮海溢，漂民居五百家。十二月，遼陽大水。大寧路瑞州大水，壞民田五千五百頃，廬舍八百九十所，溺死者百五十人。

四年正月，鹽官州潮水大溢，捍海堤崩二千餘步。四月，復崩十九里，發丁夫二萬餘人，以木柵竹落磚石塞之，不止。七月，上都雲州大雨。北山黑水河溢。八月，汴梁扶溝、蘭陽二縣河溢，漂民居一千九百餘家。濟寧虞城縣河溢，傷稼。十二月，夏邑縣河溢。

致和元年三月，鹽官州海堤崩，遣使禱祀，造浮圖二百十六，用西僧法壓之。河決碭山、虞城二縣。四月，鹽官州海溢，益發軍民塞之，置石囤二十九里。六月，益都、濟南、般陽、濟寧、東平等郡三十縣，濮、德、泰安等州九縣雨水害稼。

天曆元年八月，杭州、嘉興、平江、湖州、建德、鎮江、池州、太平、廣德九郡水，没民田萬四千餘頃。

二年六月，大都東安、通、薊、霸四州，河間靖海縣雨水害稼。

至順元年六月，河決大名路長垣、東明二縣，没民田五百八十餘頃。七月，海潮溢，漂没河間運司鹽二萬六千七百引。閏七月，平江、嘉興、湖州、松江三路一州大水，壞民田三萬六千六百餘頃，被災者四十萬五千五百餘户。杭州、常州、慶元、紹興、鎮江、寧國等路，望江、銅陵、長林、寶應、興化等縣水，没民田一萬三千五百餘頃。

二年四月，潞州潞城縣大雨水。六月，彰德屬縣漳水決。十月，吴江州大風，太湖水溢，漂民居一千九百七十餘家。

三年三月，奉元朝邑縣洛水溢。五月，汴梁河水溢。六月，汾州大水。

至元十四年九月，湖州長興縣金沙泉，自唐、宋以來，用以造茶。其泉不長有，今瀵然湧出，溉田可數百頃，有司以聞，錫名瑞應泉。

十五年十二月，河水清，自孟津東柏谷至汜水縣蓼子谷，上下八十餘里，澄瑩見底，數月始如故。

元貞元年閏四月，蘭州上下三百餘里，河清三日。

卷五一　五行二

水不潤下

元統元年五月，汴梁陽武縣河溢害稼。六月，京畿大霖雨，水平地丈餘。涇河溢，關中水災。黄河大溢，河南水災。泉州霖雨，溪水暴漲，漂民居數百家。七月，潮州大水。

（元統）二年二月，灤河、漆河溢。三月，山東霖雨，水湧。五月，宣德府大水。六月，淮河漲，漂山陽縣境内民畜房舍。

至元元年，河決汴梁封丘縣。

二年五月，南陽鄧州大水。六月，涇水溢。八月，大都至通州霖雨，大水。

三年二月，紹興大水。五月，廣西賀州大水害稼。六月，衛輝淫雨至七月，丹、沁二河泛漲，與城西御河通流，平地深二丈餘，漂没人民房舍田禾甚衆。民皆棲於樹木，郡守僧家奴以舟載飯食之，移老弱居城頭，日給糧餉，月餘水方退。汴梁蘭陽、尉氏二縣，歸德府皆河水泛溢。黄州及衢州常山縣皆大水。

四年五月，吉安永豐縣大水。六月，邵武大水，城市皆洪流，漂沿溪民居殆盡。

五年〔五〕〔六〕月庚戌，汀州路長汀縣大水，平地深三丈許，損民居八百家，壞民田二百頃，溺死者八千餘人。七月，沂州沂、沭二河暴漲，決堤防，害田稼。邵武光澤縣大水。常州宜興縣山水出，勢高一丈，壞民居。

六年二月，京畿五州十一縣及福州路福寧州大水。五月甲子，慶元奉化州山崩，水湧出平地，溺死人甚衆。六月，衢州西安、龍游二縣大水。庚戌，處州松陽、龍泉二縣積雨，水漲入城中，深丈餘，溺死五百餘人。遂昌縣尤甚，平地三丈餘。桃源鄉山崩，壓溺民居五十三家，死者三百六十餘人。七月壬子，延平南平縣淫雨，水泛漲，溺死百餘人，損民居三百餘家，壞民田二頃七十餘畝。乙卯，奉元路盩至縣河水溢，漂溺居民。八月甲午，衛輝大水，漂民居一千餘家。十月，河南府宜陽縣大水，漂民居，溺死者衆。

至正元年，汴梁鈞州大水。揚州路崇明、通、泰等州海潮湧溢，溺死一千六百餘人。

二年四月，睢州儀封縣大水害稼。六月癸丑夜，濟南山水暴漲，沖東西二關，流入小清河，黑山、天麻、石固等寨及臥龍山水通流入大清河，漂没上下民居千餘家，溺死者無算。

三年二月，鞏昌寧遠、伏羌、成紀三縣山崩水湧，溺死者無算。五月，黄河決白茅口。七月，汴梁中牟、扶溝、尉氏、洧川四縣，鄭州滎陽、汜水、河陰三縣大水。

四年五月，霸州大水。六月，河南鞏縣大雨，伊、洛水溢，漂民居數百家。濟寧路兖州，汴梁鄢陵、通許、陳留、臨潁等縣大水害稼，人相食。七月，灤河水溢，出平地丈餘，永平路禾稼廬舍漂没甚衆。東平路東阿、陽穀、汶上、平陰四縣，衢州西安縣大水。温州颶風大作，海水溢，漂民居，溺死者甚衆。

五年七月，河決濟陰，漂官民亭舍殆盡。十月，黄河泛溢。

七年五月，黄州大水。

八年正月辛亥，河決，陷濟寧路。四月，平江、松江大水。五月庚子，廣西山崩水湧，灕江溢，平地水深二丈餘，屋宇人畜漂没。壬子，寶慶大水。乙卯，錢塘江潮比之八月中高數丈餘，沿江民皆遷居以避之。六月己丑，中興路松滋縣驟雨，水暴漲，平地深丈有五尺餘，漂没六十餘里，死者一千五百人。是月，膠州大水。七月，高密縣大水。

九年七月，中興路公安、石首、潛江、監利等縣及沔陽府大水。夏秋，蘄州大水傷稼。

十年五月，龍興瑞州大水。六月乙未，霍州靈（巖）〔石〕縣雨水暴漲，決堤堰，漂民居甚衆。七月，汾州平遥縣汾水溢。静江荔浦縣大水害稼。

十一年夏，龍興南昌、新建二縣大水。安慶桐城縣雨水泛漲，花崖、龍源二山崩，沖決縣東大河，漂民居四百餘家。七月，冀寧路平晋、文水二縣大水，汾河泛溢東西兩岸，漂没田禾數百頃。河決歸德府永城縣，壞黄陵岡岸。静江路大水，決南北二徙渠。

十二年六月，中興路松滋縣驟雨，水暴漲，漂民居千餘家，溺死七百人。七月，衢州西安縣大水。

十三年夏，薊州豐潤、玉田、遵化、平谷四縣大水。七月丁卯，泉州海水日三潮。

十四年六月，河南府鞏縣大雨，伊、洛水溢，漂没民居，溺死三百餘人。秋，薊州大水。

十五年六月，荆州大水。

十六年，河決鄭州河陰縣，官署民居盡廢，遂成中流。山東大水。

十七年六月，暑雨，漳河溢，廣平郡邑皆水。秋，薊州四縣皆大水。

十八年秋，京師及薊州、廣東惠州、廣西四縣、賀州皆大水。

十九年九月，濟州任城縣河決。

二十年七月，通州大水。

二十二年三月，邵武光澤縣大水。

二十三年七月，河決東平壽張縣，圮城牆，漂屋廬，人溺死甚衆。

二十五年秋，薊州大水。東平須城、東阿、平陰三縣河決小流口，達於清河，壞民居，傷禾稼。

二十六年二月，河北徙，上自東明、曹、濮，下及濟寧，皆被其害。六月，河南府大霖雨，瀍水溢，深四丈許，漂東關居民數百家。秋七月，汾州介休縣汾水溢。薊州四縣、衛輝、汴梁鈞州大水害稼。八月，棣州大清河決，濱、棣二州之界，民居漂流無遺。濟寧路肥〔水〕〔城〕縣西黄水泛溢，漂没田禾民居百有餘里，德州齊河縣境七十里亦如之。

至正二十年十一月，汴梁原武、滎澤二縣黄河清三日。

二十一年十一月，河南孟津縣至絳州垣曲縣二百里河清七日，新安縣亦如之。十二月，冀寧路石州河水清，至明年春冰泮，始如故。

二十四年夏，衛輝路黄河清。

明史

卷七九　食貨三

漕運　倉庫

歷代以來，漕粟所都，給官府廩食，各視道里遠近以爲準。太祖都金陵，四方貢賦，由江以達京師，道近而易。自成祖遷燕，道里遼遠，法凡三變。初支運，次兑運、支運相參，至支運悉變爲長運而制定。

洪武元年北伐，命浙江、江西及蘇州等九府，運糧三百萬石於汴梁。已而大將軍徐達令忻、嵉、代、堅、台五州運糧大同。中書省符下山東行省，募水工發萊州洋海倉餉永平衛。其後海運餉北平、遼東爲定制。其西北邊則浚開封漕河餉陝西，自陝西轉餉寧夏、河州。其西南令川、貴納米中鹽，以省遠運。於時各路皆就近輸，得利便矣。

永樂元年納户部尚書郁新言，始用淮船受三百石以上者，道淮及沙河抵陳州潁岐口跌坡，別以巨舟入黄河抵八柳樹，車運赴衛河輸北平，與海運相參。時駕數臨幸，百費仰給，不止餉邊也。淮、海運道凡二，而臨清倉儲河南、山東粟，亦以輸北平，合而計之爲三運。惟海運用官軍，其餘則皆民運云。

自浚會通河，帝命都督賈義、尚書宋禮以舟師運。禮以海船大者千石，工窳輒敗，乃造淺船五百艘，運淮、揚、徐、兖糧百萬，以當海運之數。平江伯陳瑄繼之，頗增至三千餘艘。時淮、徐、臨清、德州各有倉。江西、湖廣、浙江民運糧至淮安倉，分遣官軍就近輓運。自淮至徐以浙、直軍，自徐至德以京衛軍，自德至通以山東、河南軍。以次遞運，歲凡四次，可三百萬餘石，名曰支運。支運之法，支者，不必出當年之民納；納者，不必供當年之軍支。通數年以爲裒益，期不失常額而止。由是海陸二運皆罷，惟存遮洋船，每歲於河南、山東、小灘等水次，兑糧三十萬石，十二輸天津，十八由直沽入海輸薊州而已。不數年，官軍多所調遣，遂復民運，道遠數愆期。

宣德四年，瑄及尚書黄福建議復支運法，乃令江西、湖廣、浙江民運百五十萬石於淮安倉，蘇、松、寧、池、廬、安、廣德民運糧二百七十四萬石於徐州倉，應天、常、鎮、淮、揚、鳳、太、滁、和、徐民運糧二百二十萬石於臨清倉，令官軍接運入京、通二倉。民糧既就近入倉，力大減省，乃量地近遠，糧多寡，抽民船十一或十三、五之一以給官軍。惟山東、河南、北直隸則徑赴京倉，不用支運。尋令南陽、懷慶、汝寧糧運臨清倉，開封、彰德、衛輝糧運德州倉，其後山東、河南皆運德州倉。

六年，瑄言：『江南民運糧諸倉，往返幾一年，誤農業。令民運至淮安、瓜洲，兑與衛所。官軍運載至北，給與路費耗米，則軍民兩便。』是爲兑運。命群臣會議。吏部蹇義等上官軍兑運民糧加耗則例，以地遠近爲差。每石，湖廣八斗，江西、浙江七斗，南直隸六斗，北直隸五斗。民有運至淮安兑與軍運者，止加四斗，如有兑運不盡，仍令民自運赴諸倉，不願兑者，亦聽其自運。軍既加耗，又給輕齎銀爲洪閘盤撥之費，且得附載他物，皆樂從事，而民亦多以遠運爲艱。於是兑運者多，而支運者少矣。軍與民兑米，往往恃强勒索。帝知其弊，敕户部委正官監臨，不許私兑。已而頗減加耗米，遠者不過六斗，近者至二斗五升。以三分爲率，二分與米，一分以他物準。正糧斛面鋭，耗糧俱平概。運糧四百萬石，京倉貯十四，通倉貯十六。臨、徐、淮三倉各遣御史監收。

正統初，運糧之數四百五十萬石，而兑運者二百八十萬餘石，淮、徐、臨、德四倉支運者十之三四耳。土木之變，復盡留山東、直隸軍操備。蘇、松諸府運糧仍屬民。景泰六年，瓦剌入貢，乃復軍運。天順末，兑運法行久，倉人覬耗餘，入庾率兑斛面，且求多索，軍困甚。憲宗即位，漕運參將袁佑上言便宜。帝曰：『律令明言，收糧令納户平準，石加耗不過五升。今運軍頗明加，則倉吏侵害過多可知。今後令軍自概，每石加耗五升，毋溢，勒索者治罪。』後從督倉中官言，加耗至八升。久之，復溢收如故，屢禁不能止也。

初，運糧京師，未有定額。成化八年始定四百萬石，自後以爲常。北糧七十五萬五千六百石，南糧三百二十四萬四千四百石，其内兑運者三百三十萬石，由支運改兑者七十萬石。兑運之中，湖廣、山東、河南折色十七萬七千七百石。通計兑運、改兑加以耗米入京、通兩倉者，凡五百十八萬九千七百石。而南直隸正糧獨百八十萬，蘇州一府七十萬，加耗在外。浙賦視蘇減數萬。江西、湖廣又殺焉。天津、薊州、密雲、昌平，共給米六十四萬餘石，悉支兑運米。而臨、德二倉，貯預備米十九萬餘石，取山東、河南改兑米充之。遇災傷，則撥二倉米以補運，務足四百萬之額，不令缺也。

至成化七年，乃有改兑之議。時應天巡撫滕昭令運軍赴江南水次交兑，加耗外，復石增米一斗爲渡江費。後數年，帝乃命淮、徐、臨、德四倉支運七十萬石之米，悉改水次交兑。由是悉變爲改兑，而官軍長運遂爲定制。然是時，司倉者多苛取，甚至有額外罰，運軍展轉稱貸不支。

弘治元年，都御史馬文升疏論運軍之苦，言：『各直省運船，皆工部給價，令有司監造。近者，漕運總兵以價不時給，請領價自造。而部臣慮軍士不加愛護，議令本部出料四分，軍衛任三分，舊船抵三分。軍衛無從措辦，皆軍士賣資産、鬻男女以供之，此造船之苦也。正軍逃亡數多，而額數不減，俱以餘丁充之，一户有三四人應役者。春兑秋歸，艱辛萬狀。船至張家灣，又僱車盤撥，多稱貸以濟用，此往來之苦也。其所稱貸，運官因以侵漁，責償倍息。而軍士或自載土産以易薪米，又格於禁例，多被掠奪。今宜加造船費每艘銀二十兩，而禁約運官及有司科害搜檢之弊，庶軍困少甦。』詔從其議。

五年，户部尚書葉淇言：『蘇、松諸府，連歲荒歉，民買漕米，每石銀二兩。而北直隸、山東、河南歲供宣、大二邊糧料，每石亦銀一兩。去歲，蘇州兑運已折五十萬石，每石銀一兩。今請推行於諸府，而稍差其直。災重者，石七錢，稍輕者，石仍一兩。俱解部轉發各邊，抵北直隸三處歲供之數，而收三處本色以輸京倉，則費省而事易集。』從之。自後歲災，輒權宜折銀，以水次倉支運之糧充其數，而折價以六七錢爲率，無復至一兩者。

先是，成化間行長運之法。江南州縣運糧至南京，令官軍就水次兑支，計省加耗輸輓之費，得餘米十萬石有奇，貯預備倉以資緩急之用。至是，巡撫都御史以兑支有弊，請令如舊上倉而後放支。户部言：『兑支法善，不可易。』詔從部議，以所餘就貯各衛倉，作正支銷。又從户部言，山東改兑糧九萬石，仍聽民自運臨、德二倉，令官軍支運。

正德二年，漕運官請疏通水次倉儲，言：『往時民運至淮、徐、臨、德四倉，以待衛軍支運，後改附近州縣水次交兑。已而並支運七十萬石亦令改兑。但七十萬石之外，猶有交兑不盡者，民仍運赴四倉，久無支銷，以致陳腐。請將浙江、江西、湖廣正兑糧米三十五萬石，折銀解京，而令三省衛軍赴臨、德等倉，支運如所折之數。則諸倉米不腐，三省漕卒便於支運。歲漕額外，又得三十五萬折銀，一舉而數善具矣。』帝命部臣議，如其請。

六年，户部侍郎邵寶以漕運遲滯，請復支運法。户部議，支運法廢久，不可卒復，事遂寢。

臨、德二倉之貯米也，凡十九萬，計十年得百九十萬。自世宗初，災傷撥補日多，而山東、河南以歲歉，數請輕減，且二倉囤積多朽腐。於是改折之議屢興，而倉儲漸耗矣。

嘉靖元年，漕運總兵楊宏，請以輕齎銀聽運官道支，爲顧僦舟車之費，不必裝鞘印封，計算羨餘，以苦漕卒。給事、御史文駁之。户部言：『科道官之論，主於防奸，是也。但輕齎本資轉般費，今慮官軍侵耗，盡取其贏餘以歸太倉，則以脚價爲正糧，非立法初意也。』乃議運船至通州，巡倉御史核驗，酌量支用實數，著爲定規。有羨餘，不輸太倉，即用以修船，官旗漁蠹者重罪。輕齎銀者，憲宗以諸倉改兑，給路費，始各有耗米；兑運米，俱一平一鋭，故有鋭米；自隨船給運四斗外，餘折銀，謂之輕齎。凡四十四萬五千餘兩。後頗入太倉矣。

隆慶中，運道艱阻，議者欲開膠萊河，復海運。由淮安清江浦口，歷新壩、馬家壕至海倉口，徑抵直沽，止循海套，不泛大洋。疏上，遣官勘報，以水多沙磧而止。

神宗時，漕運總督舒應龍言：『國家兩都並建，淮、徐、臨、德，實南北咽喉。自兑運久行，臨、德尚有歲積，而淮、徐二倉無粒米。請自今山東、河南全熟時，盡徵本色上倉。計臨、德已足五十餘萬，則令納於二倉，亦積五十萬石而止。』從之。當是時，折銀漸多。

萬曆三十年，漕運抵京，僅百三十八萬餘石。而撫臣議截留漕米以濟河工，倉場侍郎趙世卿爭之，言：『太倉入不當出，計二年後，六軍萬姓將待新漕舉炊，倘輸納愆期，不復有京師矣。』蓋災傷折銀，本折漕糧以抵京軍月俸。其時混支以給邊餉遂致銀米兩空，故世卿爭之。自後倉儲漸匱，漕政亦益弛。迨於啟、禎，天下蕭然煩費，歲供愈不足支矣。

運船之數，永樂至景泰，大小無定，爲數至多。天順以後，定船萬一千七百七十，官軍十二萬人。許令附載土宜，免徵稅鈔。孝宗時限十石，神宗時至六十石。

憲宗立運船至京期限，北直隸、河南、山東五月初一日，南直隸七月初一日，其過江支兑者，展一月，浙江、江西、湖廣九月初一日。通計三年考成，違限者，運官降罰。武宗列水程圖格，按日次填行止站地，違限之米，頓德州諸倉，曰寄囤。

世宗定過淮程限，江北十二月者，江南正月，湖廣、浙江、江西三月，神宗時改爲二月。又改至京限五月者，縮一月，七八九月者，遞縮兩月。後又通縮一月。神宗初，定十月開倉，十一月兑竣，大縣限船到十日，小縣五日。十二月開幫，二月過淮，三月過洪入閘。皆先期以樣米呈戶部，運糧到日，比驗相同乃收。

凡災傷奏請改折者，毋過七月。題議後期及臨時改題者，立案免覆。漂流者，抵換食米。大江漂流爲大患，河道爲小患；二百石外爲大患，二百石内爲小患。小患把總勘報，大患具奏，其後不計多寡，概行奏勘矣。

初，船用楠杉，下者乃用松。三年小修，六年大修，十年更造。每船受正耗米四百七十二石。其後船數缺少，一船受米七八百石。附載夾帶日多，所在稽留違限。一遇河決，即有漂流，官軍因之爲奸。水次折乾，沿途侵盜，妄稱水火，至有鑿船自沉者。

明初，命武臣督海運，嘗建漕運使，尋罷。成祖以後用御史，又用侍郎、都御史催督，郎中、員外分理，主事督兑，其制不一。

景泰二年始設漕運總督於淮安，與總兵、參將同理漕事。漕司領十二總，十二萬軍，與京操十二營軍相準。初，宣宗令運糧總兵官、巡撫、侍郎歲八月赴京，會議明年漕運事宜，及設漕運總督，則並令總督赴京。至萬曆十八年後始免。

凡歲正月，總漕巡揚州，經理瓜、淮過閘。總兵駐徐、邳，督過洪入閘，同理漕參政管押赴京。攢運則有御史、郎中，押運則有參政，監兑、理刑、管洪、管廠、管閘、管泉、監倉則有主事，清江、衛河有提舉。兑畢過淮過洪，巡撫、漕司、河道各以職掌奏報。有司米不備，軍衛船不備，過淮誤期者，責在巡撫。米具船備，不即驗放，非河梗而壓幫停泊，過洪誤期因而漂凍者，責在漕司。船糧依限，河渠淤淺，疏浚無法，閘坐啟閉失時，不得過洪抵灣者，責在河道。

明初，於漕政每加優恤，仁、宣禁役漕舟，宥遲運者。英宗時始扣口糧均攤，而運軍不守法度爲民害。自後漕政日馳，軍以耗米易私物，道售稽程。比至，反買倉米補納，多不足數。而糧長率攙沙水於米中，河南、山東尤甚，往往蒸濕浥爛不可食。權要貸運軍銀以罔取利，至請撥關税給船料以取償。漕運把總率由賄得。倉場額外科取，歲至十四萬。世宗初政，諸弊多厘革，然漂流、違限二弊，日以滋甚。中葉以後，益不可究詰矣。

漕糧之外，蘇、松、常、嘉、湖五府，輸運内府白熟粳糯米十七萬四十餘石，内折色八千餘石，各府部糙粳米四萬四千餘石，内折色八千八百餘石，令民運。謂之白糧船。自長運法行，糧皆軍運，而白糧民運如故。穆宗時，陸樹德言：『軍運以充軍儲，民運以充官禄。人知軍運之苦，不知民運尤苦也。船户之求索，運軍之欺陵，洪閘之守候，入京入倉，厥弊百出。嘉靖初，民運尚有保全之家，十年後無不破矣。以白糧令軍帶運甚便。』疏入，下部議。不從。

凡諸倉應輸者有定數，其或改撥他鎮者，水次應兑漕糧，即令坐派鎮軍領兑者給價，州縣官督車户運至遠倉，或給軍價就令關支者，通謂之穵運。九邊之地，輸糧大率以車，宣德時，餉開平亦然，而蘭、甘、松潘，往往使民背負。永樂中，又嘗令廣東海運二十萬石給交址云。

明初，京衛有軍儲倉。洪武三年增置至二十所，且建臨濠、臨清二倉以供轉運。各行省有倉，官吏俸取給焉。邊境有倉，收屯田所入以給軍。州縣則設預備倉，東南西北四所，以振凶荒。自鈔法行，頗有省革。二十四年儲糧十六萬石於臨清，以給訓練騎兵。二十八年置皇城四門倉，儲糧給守御軍。增京師諸衛倉凡四十一。又設北平、密雲諸縣倉，儲糧以資北征。

永樂中，置天津及通州左衛倉，且設北京三十七衛倉。益令天下府縣多設倉儲，預備倉之在四鄉者移置城内。迨會通河成，始設倉於徐州、淮安、德州，而臨清因洪武之舊，並天津倉凡五，謂之水次倉，以資轉運。既，又移德州倉於臨清之永清壩，設武清衛倉於河西務，設通州衛倉於張家灣。

宣德中，增造臨清倉，容三百萬石。增置北京及通州倉。京倉以御史、户部官、錦衣千百户季更巡察。外倉則布政、按察、都司關防之。各倉門，以致仕武官二，率老幼軍丁十人守之，半年一更。英宗初，命廷臣集議，天下司府州縣，有倉者以衛所倉屬之，無倉者以衛所改隸。惟遼東、甘肅、寧夏、萬全及沿海衛所，無府州縣者仍其舊。

正統中，增置京衛倉凡七。自兑運法行，諸倉支運者少，而京、通倉不能容，乃毁臨清、德州、河西務倉三分之一，改爲京、通倉。景泰初，移武清衛諸倉於通州。成化初，廢臨、德預備倉在城外者，而以城内空廒儲預備米。名臨清者曰常盈，德州者曰常豐。凡京倉五十有六，通倉十有六。直省府州縣、藩府、邊隘、堡站、衛所屯戍皆有倉，少者一二，多者二三十云。

預備倉之設也，太祖選耆民運鈔糴米，以備振濟，即令掌之。天下州縣多所儲蓄，後漸廢弛。于謙撫河南、山西，修其政。周忱撫南畿，别立濟農倉。他人不能也。正統時，重侵盜之罪，至僉妻充軍。且定納穀千五百石者，敕獎爲義民，免本户雜役。凡振饑米一石，俟有年，納稻穀二石五斗還官。

弘治三年限州縣十里以下積萬五千石，二十里積二萬石；衛千户所萬五千石，百户所三百石。考滿之日，稽其多寡以爲殿最。不及三分者奪俸，六分以上降調。十八年令贖罪贓罰，皆糴穀入倉。

正德中，令囚納紙者，以其八折米入倉。軍官有犯者，納穀準立功。初，預備倉皆設倉官，至是革，令州縣官及管糧倉官領其事。

嘉靖初，諭德顧鼎臣言：『成、弘時，每年以存留餘米入預備倉，緩急有備。今秋糧僅足兑運，預備無粒米。一遇災傷，輒奏留他糧及勸富民借穀，以應故事。乞急復預備倉糧以裕民。』帝乃令有司設法多積米穀，仍仿古常平法，春振貧民，秋成還官，不取其息。府積萬石，州四五千石，縣二三千石爲率。既，又定十里以下萬五千石，累而上之，八百里以下至十九萬石。其後積粟盡平糶，以濟貧民，儲積漸減。隆慶時，劇郡無過六千石，小邑止千石。久之數益減，科罰亦益輕。萬曆中，上州郡至三千石止，而小邑或僅百石。有司沿爲具文，屢下詔申飭，率以虚數欺罔而已。

弘治中，江西巡撫林俊嘗請建常平及社倉。嘉靖八年乃令各撫、按設社倉。令民二三十家爲一社，擇家殷實而有行義者一人爲社首，處事公平者一人爲社正，能書算者一人爲社副，每朔望會集，别户上中下，出米四斗至一斗有差，斗加耗五合，上户主其事。年饑，上户不足者量貸，稔歲還倉。中下户酌量振給，不還倉。有司造册送撫、按，歲一察核。倉虚，罰社首出一歲之米。其法頗善，然其後無力行者。

凡爲倉庫害者，莫如中官。内府諸庫監收者，横索無厭。正德時，台州衛指揮陳良納軍器，稽留八載，至乞食於市。内府收糧，增耗嘗以數倍爲率，其患如此。諸倉初不設中官，宣德末，京、通二倉始置總督中官一人，後淮、徐、臨、德諸倉亦置監督，漕輓軍民被其害。世宗用孫交、張孚敬議，撤革諸中官，惟督諸倉者如故。久之，從給事中管懷理言，乃罷之。

卷二八　五行一

水潦

洪武元年六月戊辰，江西永新州大風雨，蛟出，江水入城，高八尺，人多溺死。事聞，使賑之。

三年六月，溧水縣江溢，漂民居。

四年七月，南寧府江溢，壞城垣。衢州府龍游縣大雨，水漂民廬，男女溺死。

五年八月，嵊縣、義烏、餘杭山谷水湧，人民溺死者衆。

六年二月，崇明縣爲潮所没。七月，嘉定府龍遊縣洋、雅二江漲，翼日南溪縣江漲，俱漂公廨民居。

七年八月，高密縣膠河溢，傷禾。

八年七月，淮安、北平、河南、山東大水。十二月，直隸蘇州、湖州、嘉興、松江、常州、太平、寧國，浙江杭州俱水。

九年，江南、湖北大水。七月，湖廣、山東大水。

十年六月，永平灤、漆二水没民廬舍。七月，北平八府大水，壞城垣。

十一年七月，蘇、松、揚、台四府海溢，人多溺死。十月丙辰，河決蘭陽。

十二年五月，青田山水没縣治。

十三年十一月，崇明潮決沙岸，人畜多溺死。

十四年八月庚辰，河決原武。

十五年二月壬子，河南河決。三月庚午，河決朝邑。七月，河溢滎澤、陽武。是歲，北平大水。

十七年八月丙寅，河決開封，横流數十里。是歲，河南、北平俱水。

十八年八月，河南又水。是年，江浦、大名水。

二十三年正月庚寅，河決歸德。七月癸巳，河決開封，漂没民居。又海門縣風潮壞官民廬舍，漂溺者衆。是歲，襄陽、沔陽、安陽水。

二十四年十月，北平、河間二府水。

二十五年正月，河決陽武，開封州縣十一俱水。

二十六年十一月，青、兖、濟寧三府水。

二十七年三月，寧陽汶河決。

二十八年八月，德州大水，壞城垣。

三十年八月丁亥，河決開封，三面皆水，犯倉庫。

永樂元年五月，章丘漯河決岸，傷稼。南海、番禺潮溢。八月，安丘縣紅河決。

二年六月，蘇、松、嘉、湖四府俱水。七月，湖廣、江西水。九月，河決開封，壞城。

三年三月，温縣水決堤四十餘丈。濟、澇二水溢。八月，杭州屬縣多水，淹男、婦四百餘人。

七年五月，安陸州江溢，決渲馬灘圩岸千六百餘丈。六月，壽州水決城。是歲，泰興江岸淪于江者三千九百餘丈。渾河決固安。

八年五月，平度州濰水及浮糠河決，浸百十三所。七月，平陽縣潮溢，漂廬舍。八月庚申，河溢開封。十二月戊戌，河決汴梁，壞城。

九年正月，高郵甓社等九湖及天長諸水暴漲。六月，揚州屬州縣五江潮漲四日，漂人畜甚衆。七月，海寧潮溢，漂溺甚衆。八月，漳、衛二水決堤淹田。九月，雷州颶風暴雨，淹遂溪、海康，壞田禾八百餘頃，溺死千六百餘人。是歲，湖廣、河南水。

十年七月，盧溝水漲，壞橋及堤岸，溺死人畜。保定縣決河岸五十四處。十一月，吴橋、東光、興濟、交河、天津決堤傷稼。十二月，安州水決直亭等河口八十九處。

十二年十月，臨晉涑河逆流，決姚暹渠堰，流入硝池，淹没民田，將及鹽池。崇明潮暴至，漂廬舍五千八百餘家。

十三年六月，北畿、河南、山東水溢，壞廬舍，没田禾，臨清尤甚。滏、漳二水漂磁州民舍。

十四年夏，南昌諸府江漲，壞民廬舍。七月，開封州縣十四河決堤岸。永平灤、漆二河溢，壞民田禾。福寧、延平、邵武、廣信、饒州、衢州、金華七府，俱溪水暴漲，壞城垣房舍，溺死人畜甚衆。遼東遼河、代子河水溢，浸没城垣屯堡。

十八年夏秋，仁和、海寧潮湧，堤淪入海者千五百餘丈。

二十年五月，廣東諸府潮溢，漂廬舍，壞倉糧，溺死三百六十餘人。夏秋，湖廣沔陽江漲，河南北及鳳陽河溢。

二十一年五月，峨眉溪水漲，溺死百三十人。八月，瓊州府潮溢，漂溺甚衆。

二十二年七月，黄岩潮溢，溺死八百人。九月庚辰，河溢開封。

洪熙元年六月，驟雨，白河溢，沖決河西務、白浮、宋家等口堤岸。臨漳漳、滏二河決堤岸二十四。真定滹沱河大溢，没三州五縣田。七月，容城白溝河漲，傷禾稼。渾河決盧溝橋東狼窩口，順天、河間、保定、灤州俱水。

宣德元年六七月，江水大漲，襄陽、穀城、均州、鄖縣，緣江民居漂没者半。黄、汝二水溢，淹開封十州縣及南陽汝州、河南嵩縣。

三年五月，邵陽、武岡、湘鄉暴風雨七晝夜，山水驟長，平地高六尺。永寧衛大水，壞城四百丈。六月，渾河水溢，決盧溝河堤百餘丈。七月，北畿七府俱水。

五年七月，南陽山水泛漲，沖決堤岸，漂流人畜廬舍。

六年六月，渾河溢，決徐家等口，順天、保定、真定、河間州縣二十九俱水。

七年六月，太原河、汾並溢，傷稼。河決開封，没八縣。

八年六月，江西瀕江八府江漲，漂没民田，溺死男婦無算。

九年正月，沁鄉沁水漲，決馬曲灣，經獲嘉、新鄉，平地成河。五月，寧海縣潮決，徙地百七十餘頃。六月，渾河決東岸，自狼河口至小屯廠，順天、順德、河間俱水。七月，遼東大水。

正統元年閏六月，順天、真定、保定、濟南、開封、彰德六府俱大水。

二年，鳳陽、淮安、揚州諸府，徐、和、滁諸州，河南開封，四五月河、淮泛漲，漂居民禾稼。九月，河決陽武、原武、滎澤。湖廣沿江六縣大水決江堤。

三年，陽武河決，武陟沁決，廣平、順德漳決，通州白河溢。

四年五月，京師大水，壞官舍民居三千三百九十區。順天、真定、保定三府州縣及開封、衛輝、彰德三府俱大水。七月，滹沱、沁、漳三水俱決，壞饒陽、獻縣、衛輝、彰德堤岸。八月，白溝、渾河二水溢，決保定安州堤。蘇、常、鎮三府俱決。款饒陽、獻縣、衛輝、彰德堤岸。九月，滹沱復決深州，淹百餘里。

五年五月至七月，江西江溢，河南河溢。八月，潮決蕭山海塘。

六年五月，泗州水溢丈餘，漂廬舍。七月，白河決武清，漷縣堤二十二處。八月，寧夏久雨，水泛，壞屯堡墩臺甚衆。

八年六月，渾河決固安。八月，台州、松門、海門海潮泛溢，壞城郭、官亭、民舍、軍器。

九年七月，揚子江沙洲潮水溢漲，高丈五六尺，溺男女千餘人。閏七月，北畿七府及應天、濟南、岳州、嘉興、湖州、台州俱大水。河南山水灌衛河，没衛輝、開封、懷慶、彰德民舍，壞衛所城。

十年三月，洪洞汾水堤決，移置普潤驛以遠其害。夏，福建大水，壞延平府衛城，没三縣田禾民舍，人畜漂流無算。河南州縣多大水。七月，延安衛大水，壞護城河堤。九月，廣東衛所多大水。十月，河決山東金龍口陽穀堤。

十一年六月，渾河溢固安。兩畿、浙江、河南俱連月大雨水。是歲，太原、兗州、武昌亦俱大水。

十二年春，贛州、臨江大水。五月，吉安江漲淹田。

十三年六月，大名河決，淹三百餘里，壞廬舍二萬區，死者千余人。河南、濟南、青、兗、東昌亦俱河決。七月，寧夏大水。河決漢、唐二壩。河南八〔柳〕樹口決，漫曹、濮二州，抵東昌，壞沙灣等堤。

十四年四月，吉安、南昌臨江俱水，壞壇廟廨舍。

景泰元年七月，應天大水，没民廬。

三年六月，河決沙灣白馬頭七十餘丈。八月，徐州、濟寧間，平地水高一丈，民居盡圮。南畿、河南、山東、陝西、吉安、袁州俱大水。

四年春夏，河連決沙灣。

五年六月，揚州潮決高郵、寶應堤岸。七月，蘇、松、淮、揚、廬、鳳六府大水。八月，東、兗、濟三府大水，河漲淹田。

六年六月，開封、保定俱大水。閏六月，順天大水，灤河泛溢，壞城垣民舍，河間、永平水患尤甚。武昌諸府江溢傷稼。

七年六月，河決開封，河南、彰德田廬淹没。是歲，畿内、山東俱水。

天順元年夏，淮安、徐州、懷慶、衛輝俱大水，河決。

三年六月，穀城、景陵襄水湧泛傷稼。

四年夏，湖北江漲，淹没麥禾。北畿及開封、汝寧大水。七月，淮水決，没軍民田廬。

五年七月，河決開封土城，築磚城禦之。越三日，磚城亦潰，水深丈餘。周王后宫及官民乘筏以避，城中死者無算。襄城水決城門，溺死甚衆。崇明、嘉定、昆山、上海海潮沖決，溺死萬二千五百餘人。浙江亦大水。

六年七月，淮安大水，潮溢，溺死鹽丁千三百餘人。

七年七月，密雲山水驟漲，軍器、文卷、房屋俱没。

成化三年六月，江夏水決江口堤岸，迄漢陽，長八百五十丈有奇。

五年，湖廣大水。山西汾水傷稼。

六年六月，北畿大水。

七年閏九月，山東及浙江杭、嘉、湖、紹四府俱海溢，淹田宅人畜無算。

九年六月，畿南五府及懷慶俱大水。八月，山東大水。

十一年五月，湖廣水。

十二年八月，浙江風潮大水。淮、鳳、揚、徐亦俱大水。

十三年二月甲戌，安慶大雪。次日大雨，江水暴漲。閏二月，河南大水。九月，淮水溢，壞淮安州縣官舍民屋，淹没人畜甚衆。

十四年四月，襄陽江溢，壞城郭。五月，陝州大水，人多淹死。七月，北畿、山東水。九月，河決開封護城堤五十丈。

十八年七月，昌平大水，決居庸關水門四十九，城垣、鋪樓、墩臺一百二。八月，衛、漳、滹沱並溢，自清平抵天津。

弘治二年五月，河決開封黄沙岡抵紅船灣，凡六處，入沁河。所經州縣多災，省城尤甚。七月，順、永、河、保四府州縣大水。八月，盧溝河堤壞。

四年八月，蘇、松、浙江水。

五年夏秋，南畿、浙江、山東。

七年七月，蘇、常、鎮三府潮溢，平地水五尺，沿江者一丈，民多溺死。

九年六月，山陰、蕭山山崩水湧，溺死三百餘人。

十四年五月，貴池水漲，蛟出，淹死二百六十餘人，旁邑十二皆大水。七月，廉州及靈山海漲，淹死百五十餘人。閏七月，瓊山颶風潮溢，平地水高七尺。八月，安、寧、池、太四府大水，蛟出，漂流房屋。

十五年七月，南京江水泛溢，湖水入城五尺餘。十七年六月，廬山平地水丈餘，溺死星子、德安民，及漂没廬舍甚衆。

正德元年六月，陝西徽州河溢，漂没居民孳畜。

二年六月，固原河漲，平地水高四尺，人畜溺死。

三年九月，延綏、慶陽大水。

五年九月，安、寧、太三府大水，溺死二萬三千餘人。十一月，蘇、松、常三府水。

六年六月，汜水暴漲，溺死百七十六人，毁城垣百七十餘堵。

十二年，順天、河間、保定、真定大水。鳳陽、淮安、蘇、松、常、鎮、嘉、湖諸府皆大水。荆、襄江水大漲。

十五年五月，江西大水。

十六年七月，遼陽湯站堡大水決城。

嘉靖元年七月，南京暴風雨，江水湧溢，郊社、陵寢、宫闕、城垣吻脊欄楯皆壞。拔樹萬余株，江船漂没甚衆。廬、鳳、淮、揚四府同日大風雨雹，河水泛漲，溺死人畜無算。

二年七月，揚、徐復大水。夏、秋間，山東州縣俱大水。八月，蘇、松、常、鎮四府大水，開封亦如之。

五年六月，陝西五郎壩大水三丈餘，沖決官舍。徐、沛河溢，壞豐縣城。

六年秋，湖廣水。

十六年秋，兩畿、山東、河南、陝西、浙江各被水災，湖廣尤甚。

二十六年七月丙辰，曹縣河決，城池漂没，溺死者甚衆。

二十七年正月，汧陽大水没城。

隆慶元年夏，京師大水。六月，新河鯰魚口沉運船數百艘。是歲，襄陽、鄖陽水。

二年七月，台州颶風，海潮大漲，挾天臺山諸水入城，三日溺死三萬餘人，没田十五萬畝，壞廬舍五萬區。

三年閏六月，真定、保定、淮安、濟南、浙江、江南俱大水。七月壬午，河決沛縣，自考城、虞城、曹、單、豐、沛至徐州，壞田廬無算。九月，淮水溢，自清河至通濟閘及淮安城西，淤三十里，決二壩入海。莒、沂、郯城之水又溢出邳州，溺人民甚衆。
四年七月，沙、薛、汶、泗諸水驟溢，決仲家淺等漕堤。八月，陝西大水，河決邳州。
五年四月，又決邳州，自曲頭集至王家口新堤多壞。是歲，山東、河南大水。
萬曆元年七月，荆州、承天大水。
二年六月，福建永定大水，溺七百餘人。是歲，海鹽海大溢，死者數千人。八月庚午，淮安、揚州、徐州河溢傷稼。
三年四月，淮、徐大水。五月，淮水大決。六月，杭、嘉、寧、紹四府海湧數丈，没戰船、廬舍、人畜不計其數。八月，淮、揚、鳳、徐四府州大水，河決高郵、碭山及邵家口、曹家莊。九月，蘇、松、常、鎮四府俱水。
四年正月，高郵清水堤決。九月，河決豐、沛、曹、單。十一月，淮、黄交溢。
五年閏八月，徐州河淤，淮河南徙，決高郵、寶應諸湖堤。
六年六月，清河水溢。
七年五月，蘇、松、鳳陽、徐州大水。八月，又水。是歲，浙江大水。
九年五月，從化、增城、龍門溪壑泛漲，田禾盡没，淹死男婦無算。七月，福安洪水踰城，漂没廬舍殆盡。八月，泰興、海門、如皋大水，塘圩坡埂盡決，溺死者甚衆。
十年正月，淮、揚海漲，浸豐利等鹽場三十，淹死二千六百餘人。七月，蘇、松六州縣潮溢，壞田禾十萬頃，溺死者二萬人。
十一年四月，承天江水暴漲，漂没民廬人畜無算。金州河溢没城。
十四年夏，江南、浙江、江西、湖廣、廣東、福建、雲南、遼東大水。
十五年五月，浙江大水。七月，開封及陝州、靈寶河決。是歲，杭、嘉、湖、應天、太平五府江湖泛溢，平地水深丈餘。七月終，颶風大作，環數百里，一望成湖。
十六年八月，河決東光魏家口。
十七年六月，浙江海沸，杭、嘉、寧、紹、台屬縣廨宇多圮，碎官民船及戰舸，壓溺者三百餘人。
十九年六月，蘇、松大水，溺人數萬。七月，寧、紹、蘇、松、常五府濱海潮溢，傷稼淹人。九月，泗州大水，州治浸三尺。淮水高於城，祖陵被浸。十月，揚州湖淮漲溢，決邵伯堤五十余丈，高郵南北閘俱沖。
二十年夏秋，真、順、廣、大四府水。
二十一年五月，邳州、高郵、寶應大水決湖堤。
二十二年七月，鳳陽、廬州大水。
二十三年四月，泗水浸祖陵。
二十四年秋，杭、嘉、湖三府大水。
二十九年八月，沔陽大水入城。

三十年六月，京師大水。

三十一年五月，成安、永年、肥鄉、安州、深澤漳、滏、沙、燕河並溢，決堤横流。祁州、静海圮城垣、廬舍殆盡。六月，泰安大水，淹八百餘人。八月，泉州諸府海水暴漲，溺死萬餘人。

三十二年六月，昌平大水，壞各陵橋道。七月，永平、真、保三府俱水，淹男、婦無算。八月，河決蘇家莊，淹豐、沛，黄水逆流灌濟寧、魚臺、單縣。

三十五年六月，黄州蛟起，武昌、承天、鄖陽、岳州、常德大水，漂没廬舍。徽州、寧國、太平、嚴州四府山水大湧，漂人口甚衆。閏六月，京師大水，長安街水深五尺。

三十七年九月，福建、江西大水。

四十一年六月，通惠河決。七月，京師大水。南畿、江西、河南俱大水。八月，山東、廣西、湖廣俱大水。九月，遼東大水。

四十二年，浙江、江西、兩廣俱水。

四十四年七月，江西、廣東水。

四十六年八月，潮州六縣海颶大作，溺萬二千三百餘人，壞民居三萬間。

天啟三年，睢寧河決。

六年秋，河決匙頭灣，倒入駱馬湖，自新安鎮抵邳、宿，民居盡没。是歲，順天、永平二府大水，邊垣多圮。

崇禎元年七月壬午，杭、嘉、紹三府海嘯，壞民居數萬間，溺數萬人，海寧、蕭山尤甚。

三年，山東大水。

四年六月，又大水。

五年六月壬申，河決孟津口，横浸數百里。

七年五月，邛、眉諸州縣大水，壞城垣、田舍、人畜無算。

十年八月，敘州大水，民登州堂及高阜者得免，餘盡没。

十三年五月，浙江大水。

十四年七月，福州風潮泛溢，漂溺甚衆。

十五年六月，汴水決。九月壬午，河決開封朱家寨。

癸未，城圮，溺死士民數十萬。

水變

洪武五年，河南黄河竭，行人可涉。

天順二年十二月癸未，武强苦井變爲甘。

弘治十四年八月丙辰，融縣河水紅濁如黄河。十月丙辰，馬湖底涡江水白可鑒，翌日濁如泔漿，凝兩岸沙石上者如土粉，十七日乃澄。丁巳，敘州東南二河白如雪、濃如漿者三日。

十五年九月丙戌，濮州井溢，沙土隨水而出。

正德十年七月，文安水忽僵立，是日大寒，結爲冰柱，高圍俱五丈，中空旁穴。數日而賊至，民避穴中，生全者甚衆。

隆慶六年五月，南畿龍目井化爲酒。

萬曆二十二年四月，南京正陽門水赤三日。

二十五年八月甲申，蒲州池塘無風湧波，溢三四尺。臨淄濠水忽漲，南北相向而鬥。又夏莊大灣潮忽起，聚散不恒，聚則丈餘，開則見底。樂安小清河逆流。臨清磚、板二閘，無風大浪。

三十年閏二月戊午，河州蓮花寨黄河涸。

四十六年四月，宣武、正陽門外水赤三里，如血，一月乃止。

四十七年四月，宣武門響閘至東御河，水復赤。

崇禎十年，寧遠衛井鳴沸，三日乃止。河南汝水變色，深黑而味惡，飲者多病。

十三年，華陰渭水赤。

十四年，山西潞水北流七晝夜，勢如潮湧。

十五年，達州井鳴，濠水變血。

十六年，松江自五月至七月不雨，河水盡涸，而泖水忽增數尺。

清史稿

卷一二一　食貨二

一曰役法。瀕河之地，例有夫役守護。順治四年，以御史佟鳳彩言，設直隸沿河堤夫。九年，河決封丘，起大名、東昌、兗州及河南丁夫數萬塞之。十二年，增給河夫工食。河工用民之例有二：曰僉派，曰召募。僉派皆按田起夫，召募則量給雇值。其後額設之夫，悉給工食，由僉派而召募，役民給值，較古制爲善矣。

倉庫

京師及各直省皆有倉庫。倉，京師十有五。在户部及内務府者，曰内倉，曰恩豐；此外曰禄米，曰南新，曰舊太，曰富新，曰興平，曰海運，曰北新，曰太平，曰本裕，曰萬安，曰儲積，曰裕豐，曰豐益。在通州者，曰西倉，曰中倉。

各省漕運，分貯於此。直省則有水次倉七：曰德州，曰臨清，曰淮安，曰徐州，曰江寧，各一；惟鳳陽設二。爲給發運軍月糧並駐防過往官兵糧餉之需。其由省會至府、州、縣，俱建常平倉，或兼設裕備倉。鄉村設社倉，市鎮設義倉，東三省設旗倉，近邊設營倉，瀕海設鹽義倉，或以便民，或以給軍。大抵京、通兩倉所放米，曰官俸，曰官糧，亦名甲米，二者去全漕十之六。其一，養工匠，名匠米。其一，定鼎時，宗臣封親王者六，封郡王者二，世宗之弟封親王者一，此九王子孫，自適裔外，並有封爵，以世降而隨之，統名恩米，二者去京倉百之一。是以雍正以前，太倉之粟常有餘。

卷一二二　食貨三

漕運

清初，漕政仍明制，用屯丁長運。長運者，令瓜、淮兑運軍船往各州縣水次領兑民，加過江脚耗，視遠近爲差；而淮、徐、臨、德四倉仍系民運交倉者，並兑運軍船，所謂改兑者也。逮至中葉，會通河塞，而膠萊故道又難猝復，借黄轉般諸法行之又不能無弊，於是宣宗采英和、陶澍、賀長齡諸臣議復海運，遴員集粟，由上海雇商轉船漕京師，民咸稱便。河運自此遂廢。夫河運剥淺有費，過閘過淮有費，催趲通倉又有費。上既出百餘萬漕項，下復出百餘萬幫費，民生日蹙，國計益貧。海運則不由内地，不歸衆飽，無造船之煩，無募丁之擾，利國便民，計無踰此。洎乎海禁大開，輪舶通行，東南之粟源源而至，不待官運，於是漕運悉廢，而改徵折漕，遂爲不易之經。今敘次漕運，首漕糧，次白糧，次督運，次漕船，次錢糧，次考成，次賞恤，而以海運終焉。

漕運初悉仍明舊，有正兌、改兌、改徵、折徵。此四者，漕運本折之大綱也。順治二年，户部奏定每歲額徵漕糧四百萬石。其運京倉者爲正兌米，原額三百三十萬石：江南百五十萬，浙江六十萬，江西四十萬，湖廣二十五萬，山東二十萬，河南二十七萬。其運通漕者爲改兌米，原額七十萬石：江南二十九萬四千四百，浙江三萬，江西十七萬，山東九萬五千六百，河南十一萬。其後頗有折改。至乾隆十八年，實徵正兌米二百七十五萬餘石，改兌米五十萬石有奇，其隨時截留蠲緩者不在其例。山東、河南漕糧外有小麥、黑豆，兩省通徵正兌。改耗麥六萬九千五百六十一石八斗四升有奇，豆二十萬八千一百九十九石三斗一升有奇，皆運京倉。黑豆系粟米改徵，無定額。凡改徵出特旨，無常例。

折徵之目有四：曰永折，曰灰石米折，曰減徵，曰民折官辦。永折漕糧，山東、河南各七萬石，石折銀六錢、八錢不等；江蘇十萬六千四百九十二石有奇，石折銀六錢不等；安徽七萬五千九百六十一石有奇，石折銀五錢至七錢不等；湖北三萬二千五百二十石，湖南五千二百十有二石各有奇，石均折銀七錢。其價銀統歸地丁報部。灰石改折，江蘇二萬九千四百二十四石，浙江萬八千六百五十三石，遇閏加折四千十有五石，石折銀一兩六錢，以供工部備置灰石之用，自順治十七年始也。

次年，飭江南、浙江、江西三省大吏，凡改折止許照價徵收，如藉兌漕爲名，濫行科索者，即行參劾。又以蘇、松、常、鎮四府差繇賦重，漕米每石折銀一兩，其隨漕輕齎席木贈截等銀，仍徵之耗米，及給軍行月贈耗等米，亦按時價折徵。

康熙八年，定河南漕糧石折銀八錢。九年，浙江嘉、湖二府被災，每石折徵一兩。五十八年，覆準河南附近水次之州縣，額徵漕糧每石八錢內，節省銀一錢五分，仍令民間上納，餘六錢五分，令徵本色起運。至距水次較遠及不近水次之州縣，額徵米石，仍依舊例徵銀八錢，以一錢五分解部，餘交糧道採辦米石。

雍正元年，以嘉、湖二屬州縣災，諭令收徵漕米本折各半，其折價依康熙九年例。六年，議定河南去水次稍遠州縣，均徵本色，惟南陽、汝寧二府屬，河南府之盧氏、嵩、永寧三縣及光、汝二州並屬縣，又離水次最遠之靈寶、閿鄉，路遠運艱，共酌減米萬五千六十二石有奇，免其辦解，分撥內黃、濬、滑、儀封、考城等五縣協辦，於五縣地丁銀內扣除完漕，照部價每石八錢，以六錢五分辦運，節省之一錢五分，徵解糧道補項。其南、汝等府屬，每石折銀八錢解司，以抵濬、滑等五縣地丁銀數，所謂減徵是也。

乾隆二年，以大濬運河，江蘇淮安之山陽、鹽城、阜寧，揚州之江都、甘泉、高郵、寶應各縣漕糧，每石徵折銀一兩。其後海州、贛榆兩邑亦然。山東、河南向所改徵黑豆，不敷支給，河南再改徵二萬石，山東四萬石。

三年，湖廣總督德霈言湖南平江距水次五百餘里，請改折色，分撥衡陽、湘潭代買兑運，從之。七年，江西瀘溪以折價八錢不敷採買，定嗣後每年八月借司庫銀撥縣採買，照買價徵銀歸還。其後江蘇之嘉定、寶山、海州、贛榆，安徽之寧國、旌德、太平、英山，湖北之通山、當陽諸州縣，悉遵此例。

十一年，定河南祥符等四十州縣額徵粟米內，每年改小麥萬石，與漕米黑豆並徵運通。

十六年，以京師官兵向養馬駝，需用黑豆，豫、東二省自雍正十年以來，於漕糧粟米內節次改徵，每年額解黑豆二十萬九千餘石，每省酌量再改徵黑豆一二萬石。尋定山東三萬石，河南二萬石，額徵粟米，照數除抵，其節省銀一錢五分爲運脚之用者並徵之。十八年，倉場侍郎鶴年言：『現在京倉黑豆六十萬餘石，足供三年支放，請自明年始，豫、東二省應運黑豆，酌半改徵粟米，分貯京、通各倉，則豆無潮黰之虞，粟價亦平。』從之。

二十六年，以江蘇之清河、桃源、宿遷、沭陽不產米粟，命嗣後先動司庫銀兩，按照時價採辦，令民輸銀還欵，是謂民折官辦。其後阜寧、旌德、泰興、寧國、太平、英山諸縣皆仿行之。

二十一年諭曰：『漕糧歲輸天庾，例徵本色。勒收折色，向干嚴禁。現值年豐穀賤，若令小民以賤價糶穀，交納折色，是閭閻終歲勤劬，所得升斗，大半糶以輸官，以有限之蓋藏，供無窮之朘削，病民實甚。著通諭有漕省分大吏，飭所屬徵收糧米，概以本色交納，無許勒折滋弊。如有專利虐民者，據實嚴參。』然州縣往往仍藉改折浮收，雖有明令，莫能禁也。

正兑、改兑、改折之外，復有截漕及撥運。各省截留漕船，介於起運停運之間，行月二糧，應給應追，向無定例。自乾隆元年，議定江蘇、安徽、浙江截留漕船應支本折月糧三修銀，照數全給。至行糧盤耗贈銀負重等項，按站發給。若幫船截留本次，或旋兑旋卸，或數月後清，贈米亦按月計算。江西船大載重，每年三修銀不敷，則取辦於行月二糧。遇有截留，將原領折耗行月贈銀贈米斛面米均免扣追。嗣以運軍掛欠之項，諭將雍正十二年以前各省截留漕船應追等項悉免之。七年，以各省截留漕船已兑開行，例須扣追，酌定加給，視程途遠近、船糧多寡爲衡。山東、河南每船給銀五十兩。江南、浙江六十兩，湖廣七十兩，江西九十兩，以充各軍在次修船置備器具，及雇募舵工水手安家養贍之用。其應給之銀，即於行月折色銀內扣給。十八年，諭曰：『前命截留南漕二十萬分貯天津水次各倉備用，但恐旗丁等於米色斛面任意攙和短少，而州縣胥役又往往藉端勒索，令方觀承飭天津道親往監看。嗣後截漕之省，俱派就近道員稽查，不得委州縣。著爲令。』

撥運者，截留山東、河南所運薊州糧，撥充陵糈及駐防兵米者也。康熙三十四年，議定年需粟米三萬六百餘石，將山東漕糧粟米照數截留，以原船自天津運至新河口，撥天津紅剥船百五十艘，運至薊州五里橋，船載百石，每百里給脚價一兩三錢二分，所需之銀，於過閘入倉脚價內撥給。四十五年，定密雲駐防兵米，在豫、東二省每年徵存薊糧項下撥運，令該縣于春夏之交，赴通領運收倉。平時由水運，有故則陸運。脚價由地糧銀內給發。次年，令豫、東各添撥米百石，備支銷折耗。又撥運保定、雄縣兩處駐防兵米，截至西沽就船受兑，以節耗費。

嘉慶初，因東省輪免漕糧，先令豫省兑運，不敷之數，許動支節年倉存薊米，並動碾公穀。其後河南被災，亦準在薊倉存米存穀內碾動。其各州縣派撥之數，薊州五萬八千六百石、易州三萬八千六百石各有奇，密雲一萬一千五百餘石，保定、雄縣共三千一百餘石，良鄉暨大興之采育三百餘石，順義、昌平二百餘石，霸州、東安、固安、寶坻三百餘石，玉田及遷安之冷口各五百餘石，滄州二千七百餘石。又青州駐防兵米二千一百餘石，亦於薊糧內截留運供，德州駐防兵米不敷，亦得動支。此撥運之大略也。

各省之徵收漕糧也，向系軍民交兑，運軍往往勒索擾民。順治九年，始改爲官收官兑，酌定贈貼銀米，隨漕徵收，官爲支給。雍正六年，以江、浙應納漕糧爲額甚巨，若必拘定粳米，恐價昂難於輸將，以後但擇乾圓潔淨，準紅白兼收，秈粳並納，著爲令。

乾隆初，奏定民納漕米，隨到隨收，嚴禁蠹書留難。四年，諭曰：『朕聞湖北糧米，以十五萬一千餘石運赴通倉，名曰北漕，十二萬六千餘石爲荆州官米，名曰南漕，二項原可合收分解。乃有不肖州縣，分設倉口，令糧户依兩處完納，以圖多得贏餘，重累吾民。著行文該省，將二項漕糧合收，永遠遵行。』七年，定直省有漕各屬，於隔歲年終，刊易知由單，條悉開載，按户分給，以杜濫科。十年，工部侍郎范燦奏：『江南下江徵收漕米，向借漕費之名，或九折，或八折，自巡撫尹繼善定每石收費六分，諸弊盡革。久之，吏胥復乘緊兑之際，多方刁難，小民勢難久待，不得不議扣折。』諭飭有漕省分大小官吏，嚴行釐剔積弊。嘉慶八年，禁止各州縣漕糧私收折色，及刁生劣監收攬包交。

凡漕糧皆隨以耗費，耗皆以米，正兑一石耗二斗五升至四斗，改兑一石耗一斗七升至四斗，皆隨正入倉，以供京、通各倉並漕運折耗之用。其南糧又有隨船作耗米，自五升至二升三升不等，以途之遠近爲差。嘉慶間，定江蘇漕糧耗米原備篩颺，耗米四升有奇。嗣後以二升餘劃付旗丁，二升隨糧交倉。浙江、江西、兩湖悉依此例。逮漕務改章，凡改徵折色各省，耗米亦折價與正米並徵，自是漕耗之名遂廢。

初，各省漕糧改爲官收官兑，贈貼名稱，山東、河南謂之潤耗，江蘇、安徽謂之漕貼，浙江謂之漕截，江西、兩湖謂之貼運，其數多寡不一，隨糧徵給，均刊列易知由單，私派挪移者罪之。其後江南每糧百石，竟私截至百餘兩，浙江至三十餘兩。糧道劉朝俊以貪婪漕貼萬二千餘兩被劾，給事中徐旭齡亦疏陳贈耗之弊。然貪官污吏，積習相沿，莫能禁也。康熙十年，議定江寧等府起運耗米及正糧一體貼贈，蘇、松、常三府改折灰石，幫貼漕折等銀悉免之。二十四年，令各省隨漕截銀免解道庫，徑令州縣給發。乾隆七年，定江南漕米贈耗永免停支例。各省收漕州縣，除隨正耗米及運軍行月糧本折漕贈等項外，別收漕耗銀米，其數亦多寡不一，此項耗外之米，皆供官軍兑漕雜費及州縣辦公之用者也。

輕齎銀者，始於有明中葉。以諸倉兑運，須給路費，徵耗米，兑運米一平一鋭，其鋭米量取隨船作耗，餘皆折銀，名曰輕齎。清因之。每年正兑米一石，江西、兩湖諸省加耗四斗六升或六斗六升，鋭米皆一斗。加耗四斗六升者，則以三斗隨船作耗，而以連鋭二斗六升折銀一錢三分；加耗六斗六升者，則以四斗隨船作耗，而以連鋭三斗六升折銀一錢八分，謂之三六輕齎。江蘇、安徽每石加耗五斗六升，鋭米一斗，除四斗隨船作耗，而以餘米二斗六升折銀一錢三分，謂之二六輕齎。山東、河南每石加耗三升，鋭米一斗，除二斗五升隨船作耗，餘米一斗六升折銀八分，謂之一六輕齎。其改兑止有耗米，或三斗二升至一斗七升不等，止給本色隨船作耗，而以存米二升易銀一分，謂之折易輕齎。均每升折徵銀五釐，解倉場通濟庫。康熙四十七年，令每年江南等省額解輕齎銀三十八萬四千兩，内除山東、河南、湖廣、江西、浙江、江南等省額解銀二十四萬六千九百餘兩，仍留通濟庫應用，其蘇松糧道所屬額解銀十三萬七千餘兩，徑解户部。如倉場不敷，得咨行户部支發。尋分撥蘇松糧道所屬額解輕齎銀五萬分解通濟庫備用。用此項輕齎銀，例應兑漕通以濟運務，外此有席木竹板等存，皆隨漕交納，其尺寸長短廣狹，均有定制。

道光二十九年，兩江總督李星沅奏南漕改折，户部定價太輕，開不肖州縣浮勒之端。江蘇巡撫陸建瀛亦言其不便。遂罷改徵折色。同治四年，曾國藩、李鴻章請將江蘇鎮洋、太倉二州縣漕糧改徵折色，不許。

光緒十年，翰林院侍讀王邦璽疏陳丁漕有五弊、三難、五宜、三不可。是時直省丁漕積欠頻仍，故邦璽以爲言。二十三年，侍講學士瑞洵言南漕改折，有益無損。先是江、浙漕米，除河運十二三萬石外，歲約海運百二十餘萬。二十年，辦理海防，江浙各省各折十之五六。翌年，兩江總督張之洞擬令蘇省州縣收折收本仍其舊，而由官全行折解。部令仍運本色。張之洞復奏，蘇漕全折，歲可省運費八十萬，浙江全折，兩湖採買全停，剥船挑河各費、漕職衛官各項，均可酌減，歲可省百五十萬。嗣户部以庫儲支絀，請將江蘇海運漕糧暫減運三十萬石，得銀九十八萬餘兩。奕劻等奏言：『南漕歲有定額，兵民生計攸關，京師根本重地，尤須寬爲儲備。言者動稱折漕歲五六百萬，實則不過百餘萬有奇，似不宜輕議更張。』從之。

漕糧之外，江蘇蘇、松、常三府，太倉一州，浙江嘉、湖兩府，歲輸糯米於內務府，以供上用及百官廩禄之需，謂之白糧。原額正米二十一萬七千四百七十二石有奇。耗米，蘇、松、常三府，太倉一州每石加耗三斗，以五升或三升隨正米起交，餘隨船作耗，共二萬七百七石有奇；嘉、湖二府每石加耗四斗，以五升或三升隨正米起交，餘隨船作耗，共萬三千四百八十八石有奇。康熙初，定白糧概徵本色，惟光禄寺改折三萬石，石徵銀一兩五錢。十四年，議定江南白糧仿浙省例，抽選漕船裝運，每船給行月糧米六十九石三斗，銀五十六兩七錢六分。經費銀，浙江舊例四百五十七兩一錢一釐，議減去銀百二十六兩二錢四分、米二十八石。嗣以運漕、運白事同一體，裁江、浙白糧經費，仿漕糧之例，支給行贈銀兩。至白糧悉系包米運送，並無折耗，俟抵通照例交收。

先是江、浙輸將白糧二十二萬餘石，太常寺、光禄寺各賓館需用二千餘石，王公官員俸約需十五六萬石，內務府、紫禁城兵卒及內監食用需一萬石，尚餘五萬石。乾隆二年，高宗謂：『光禄寺等處收支，原以供祭祀及賓館之用，在所必需。其王公百官俸米，應用白糧酌減其半，以粳米抵充。至賚賞禁城兵卒及內監米石，應將白糧易以粳米，以紓民力。』自是實徵白糯不過十萬石有奇矣。又準松江、太倉額徵白糯，改徵漕糧，即在派運白米十萬石內通融盈縮，以均應減應運之數。浙江向不產糯，白糧中糯米一項，隨漕統徵糙粳，官爲易糯兑運。兩省白糧經費前已議裁，至是復照舊例徵收。江蘇徵銀十八萬六千九百八十五兩有奇，米萬八千八百八十九石有奇，春辦米二萬一千三百九十九石有奇，浙江徵銀四萬五千七十五兩有奇，米三千九百六十九石，春辦米萬三千二百九十石有奇，共實徵銀二十三萬一千六十一兩，米五萬五千七百四十八石有奇。除給運弁運軍、並解通濟庫爲運送京、通各倉脚價之用，餘銀及米折，均造册送部酌撥。逮嘉慶中，白糧經費，江蘇徵銀六萬餘兩，米及春辦米各萬餘石，浙江徵銀五萬餘兩，米三千餘石，春辦米萬餘石，共實徵銀十一萬四千五百十八兩有奇，米五萬三千七百二十九石有奇，較之乾隆時經費銀所減又踰半矣。

江、浙之運白糧也，初沿明代民運之制。嗣以臨期雇募民船，時日稽遲，改行官運；仍不便民，乃令漕船分帶，以省官民之累。康熙三年，定浙江行漕帶法，需船百二十六艘，於漕幫内抽出六十二艘裝運，增造六十四艘併入僉運，後江蘇亦踵行之。每船裝運五百石，擇軍船殷實堅固者裝運，五年一易。制定每年未兑之前，責令糧道赴次查驗，如運軍力疲、船不堅固者，别選殷軍補運。十六年，漕運總督瑚寶奏：『江蘇運白糧船向例五年更調，但爲時過久，請依漕船三年抽調例，定運白三年即行另選。』從之。江、浙兩省運白糧船，原定蘇州、太倉爲一幫，松江、常州各爲一幫，嘉興、湖州各一幫，領運千總每幫二，隨幫武舉一。改行官運後，以府通判爲總部，縣丞、典史爲協部，吏典爲押運。旋裁押運。後白糧改令漕船帶運，復裁總、協二部。蘇、松、常每府增設千總二，更番領運，每幫設隨幫百總一，押趲回空。浙江增設千總四、隨幫二，蘇州、太倉倉運白糧船，原定百十八艘，船多軍衆，分爲前後兩幫，增設千總二、隨幫一。白糧減徵後，併兩幫爲一，其千總、隨幫悉予裁減。

清初，都運漕糧官吏，參酌明制。總理漕事者爲漕運總督。分轄則有糧儲道。監兑押運則有同知、通判。趲運則有沿河鎮道將領等官。漕運總督駐淮南，掌僉選運弁、修造漕船、派撥全單、兑運開幫、過淮盤掣、催趲重運、查驗回空、覈勘漂流、督催漕欠諸務，其直隸、山東、河南、江西、江南、浙江、湖廣七省文武官吏經理漕務者皆屬焉。糧道，山東、江安、蘇松、江西、浙江、湖北、湖南各一。河南以開歸鹽驛道兼理。糧道掌通省糧儲，統轄有司軍衛，遴委領運隨幫各官，責令各府清軍官會同運弁、僉選運軍。兑竣，親督到淮，不得委丞倅代押。如有軍需緊要事件，須詳明督撫、漕臣，方許委員代行其職務。

監兑，舊以推官任之。推官裁，改委同知、通判。山東以武定同知，東昌清軍同知，濟南、兖州、泰安、曹州四通判，濟寧、臨清兩直隸州同；河南以歸德、衛輝、懷慶三通判；江南以江寧、蘇州督糧同知，松江董漕同知，鳳陽同知，蘇州、揚州、廬州、太平、池州、寧國、安慶、常州八管糧通判，太倉州臨時添委丞倅一；浙江以湖州同知，杭州局糧通判，嘉興通判；江西以南昌、吉安、臨江三通判；淮北、湘南每年於通省同知、通判内詳委三員，監兑。江西、湖廣、安徽監兑押淮之員尋裁。

凡開兑，監兑官須坐守水次，將正耗行月搭運等米，逐船兑足，驗明米色純潔，面交押運官。糧船開行，仍親督到淮，聽總漕盤驗。糧數不足、米色不純者，罪之。道、府，不揭報，照失察例議處。意存袒護，照徇庇例議處。

押運本糧道之職，但糧道在南董理運務，無暇兼顧。江、浙各糧道，止令督押到淮盤驗，即回任所。總漕會同巡撫遴委管糧通判一，專司督押，約束運軍，防範侵盜攙和等弊。山東、河南通判各一，江南七，浙江三，江西二，湖北、湖南各一。後因通判官卑職微，復令糧道押運。其漕船回空，仍令通判管押。過淮必依定限，如有遲誤，照重運違限例議處。江南、浙江、江西尋復通判押運之制。

押運同知、通判抵通後，出具糧米無虧印結，由倉場侍郎送部引見。糧道押運三次，亦準督撫咨倉場侍郎送部引見。其員弁紳董隨同押運到通，並準擇尤保獎，以昭激勸。其後各省大吏往往藉漕運保舉私人，朝廷亦無由究詰也。

淮北、淮南沿河鎮道將領，遇漕船入境，各按汛地驅行，如催趲不力，聽所在督撫糾彈。江南京口、瓜洲渡江相對處，令鎮江道督率文武官吏催促，並令總兵官巡視河干，協催過江。總兵裁，改由副將管理。雍正三年，巡漕御史張坦麟條上北漕事宜：一、自通抵津，沿河舊汛窎遠，請照旱汛五里之例，漕船到汛，催漕官弁坐視阻抵不行申報者，依催趲不力例參處；一、沿途疏淺約十三四處，坐糧廳難以兼顧，請交各汛弁率役疏通，應銷錢糧，仍令坐糧廳管理。從之。巡漕御史伊喇齊疏劾河南糧道提催之弊，巡撫尹繼善亦疏請革除各州縣呈送監兑押運官役陋規。凡漕船回空到省，未開兑之前，責成本省巡撫及糧道，既開兑出境，則責成漕督及沿途文武官吏，抵津後，責成倉場侍郎、坐糧廳及天津總兵、通州副將，嚴行稽查。有違犯者，捕獲懲治。

四十八年，漕督毓奇言：『各省督押，惟山東糧道抵通，餘祇押抵淮安。嗣後各省重運，俱令糧道督押本幫至臨清，出具糧米無虧印結，即行回任。其自臨清抵通，概令山東糧道往來催趲。山東運河，每年十一月朔煞壩挑淺。開壩之日，以南省漕船行抵台莊爲準。微山等湖收蓄衆泉，爲東省濟運水櫃，不許民間私截水源。閘河遇春夏水微，務遵漕規啓閉。漕船到徬，須上下會牌俱到，始行啓板。如河水充足，相機啓閉，以速漕運，不得兩閘齊啓，過洩水勢。其在江中偶遇大風，原可停泊守候，而催漕官吏惟知促迫，軍船冒險進行，恒有漂没之虞。回空之船，管運員及運丁等恒意存怠玩，或吝惜雇價，將熟習舟子遣散，留不諳駕馭之人，而押運員弁每先行回署，並不在船督率，往往有運船失風之事。』上諭飭『沿途各員催趲，應察風色水勢，毋得過於急迫，至涉險失事，亦不得因此旨遂任意逗留，致逾定限』。初，運河中銅鉛船及木排，往往肆意横行，民船多畏而讓之。糧船北上，亦爲所阻。至是令巡漕御史轉飭沿途文武員弁，將運漕船催趲先行，餘船尾隨，循次前進，恃强争先、不遵約束者，罪之。

領運員弁，各省糧船分幫，每幫以衛所千總一人或二人領運，武舉一人隨幫效力。順治六年，奏定就漕運各衛中擇其才幹優長者授職千總，責其押運，量功升轉，掛欠者治罪追償。其後裁衛所外委百總，改爲隨幫官。康熙五十一年，揀候選千總三十員，發南漕標效力，如有領運千總員缺，聽總漕委署押運，果能抵通全完，倉場總督咨送兵部，準其即用。揀選武舉，候推守衛所千總有原補隨幫者，可在總署處呈明，遇缺準其頂補，三年無誤，以衛千總推用。雍正二年，漕運總督張大有奏稱，山東、河南輪運薊州、遵化、豐潤官兵米石，沿途管押及回空催趲，例責成押運通判，請添設薊糧千總二，更番領運，從之。各衛既有千總領運，而漕臣每歲另委押運幫官，分爲押重押空，一重運費二三千金，一空運費浮于千金，幫丁之脂膏竭，而浮收之弊日滋矣。嘉慶十二年，諭漕督不得多派委員，並禁止運弁等收受餽贈。十四年，巡漕御史又請大加減省。自咸豐三年河運停歇，船隻無存，領運之名亦廢。

巡漕御史本明官，順治初省。雍正七年，以糧船過淮陋規甚多，並夾帶禁物，遣御史二，赴淮安專司稽察。糧船抵通，亦御史二稽察之。乾隆二年，設巡漕御史四：一駐淮安，巡察江南江口至山東交境；一駐濟寧，巡察山東台莊至北直交境；一駐天津，巡察至山東交境；一駐通州，巡察至天津。凡徵收漕糧，定限十月開倉，十二月兑畢。惟山東臨清牐內之船，改於次年二月兑開，依限抵通，牐外之船，仍冬兑冬開。乾隆間，令牐內徬外一律春兑春開，從漕督楊錫紱請也。嘉慶四年，諭曰：『冬兑冬開，時期促迫。嗣後東省漕糧，仍照舊例起徵，運赴水次，立春後兑竣開幫，翌年改爲冬兑春開。』十五年，令牐河內外幫船，照春兑春開例辦理。江北冬漕，定於十二月朔開兑，限次年二月兑竣開行。

凡漕兑，首重米色。如有倉蠹作奸，攙和滋弊，及潮濕黴變，未受兑前，責成州縣，既受兑後，責在弁軍，覈驗之責，監兑官任之。如縣衛因米色爭持，即將現兑米麵同封固，送總漕巡撫查驗，果系潮濕攙雜，都令賠換篩颺，乃將米樣封送總漕，俟過淮後，盤查比較，分別糾劾。然運軍勒索州縣，即借米色爲由。州縣開倉旬日，米多廒少，勢須先兑。運軍逐船挑剔，不肯受兑，致糧户無廒輸納，因之滋事。運軍乘機恣索，或所索未遂，船竟開行，累州縣以隨幫交兑之苦。及漕米兑竣，運弁應給通關。通關出自尖丁。尖丁者，積年辦事運丁也，他運丁及運弁皆聽其指揮。尖丁索費州縣，不遂其欲，則靳通關不與，使州縣枉罹遲延處分。運軍運弁沆瀣一氣，州縣惟恐誤兑，勢不得不浮收勒折以供其求。上官雖明知其弊，而憚於改作。且慮運軍裁革，遺誤漕運，於是含容隱忍，莫之禁詰。州縣既多浮收，則米色難於精擇。運軍既有貼費，受兑亦不復深求。及至通州，賄賣倉書經紀，通挪交卸，米色潮濕不純之弊，率由於此。積重難返，而漕政日壞矣。乾隆間，漕運總督顧琮條上籌辦漕運七事：一、州縣親收漕糧，以免役胥藉端累民；一、杜匿富僉貧包丁代運之弊；一、受未開之幫船催令速行；一、糧船過淮後，分員催趲，以速運漕；一、河道舊有横淺，豫爲疏濬，以免阻滯；一、各閘俱照漕規，隨時啟閉，江、廣漕船攜帶竹木，限地解卸；一、回空三升五合餘米，速給副丁，以濟回時食用。詔從其議。

各省漕糧過淮，順治初，定限江北各府州縣十二月以內，江南江寧、蘇、松等處限正月以內，江西、浙江限二月以內，山東、河南限正月儘數開行。如過淮違誤，以違限時日之多寡，定督撫糧道監兑推官降罰處分。領運等官，捆打革職，帶罪督押。其到通例限，山東、河南限三月朔，江北四月朔，江南五月朔，江西、浙江、湖廣六月朔。各省糧船抵通，均限三月內完糧，十日內回空。倉場定立限單，責成押幫官依限到淮，逾限不能到次，照章糾劾。

承平日久，漕弊日滋。東南辦漕之民，苦於運弁旗丁，肌髓已盡，控告無門，而運弁旗丁亦有所迫而然。如漕船到通，倉院、糧廳、户部雲南司等處投文，每船需費十金，由保家包送，保家另索三金。又有走部，代之聚斂。至于過壩，則有委員舊規，伍長常例，上斛下蕩等費，每船又須十餘金。交倉，則有倉官常例，並收糧衙署官辦書吏種種需索，又費數十金。此抵通之苦也。

逮漕船過淮，又有積歇攤派吏書陋規，投文過堂種種費用。總計每幫漕須費五六百金或千金不等。此過淮之苦也。

從前運道深通，督漕諸臣只求重運如期抵通，一切不加苛察。各丁于開運時多帶南物，至通售賣，藉博微利。乾隆五十年後，黃河屢經開灌，運道日淤，漕臣慮船重難行，嚴禁運丁多帶貨物，於是各丁謀生之計絀矣。運道既淺，反增添夫撥淺之費，每過緊要閘壩，牽挽動須數百人，道路既長，限期復迫，丁力之敝，實由於此。雖經督撫大吏悉心調劑，無如積弊已深，迄未能收實效也。

各省漕船，原數萬四百五十五號。嘉慶十四年，除改折分帶，坍荒裁減，實存六千二百四十二艘。每届修造十一，謂之歲造，其升科積缺漂没者，謂之補修改造，限以十年。至給價之多寡，視時之久暫、地之遠近爲等差。造船之費，初於民地徵十之七，軍地徵十之三，備給料價。不足，則徵軍衛丁田以貼造漕船。十年限滿，由總漕親驗，實系不堪出運，方得改造，有可加修再運者，量給加修銀，仍令再運。按年計算，舊船可用，不驗明駕運，督撫查實糾劾。司修造漕船各官，或詐朽壞，或修造未竣詐稱已完，或將朽壞船册報掩飾，或承造推諉不依限竣工，或該管官督催不力，及朽壞船不估價申報，均降罰有差。

直隸、山東、鳳陽地不産木，于清江關設廠，由船政同知督造。江寧各幫共船千二百餘，亦于清江成造。自儀徵逆流抵淮，四百餘里，沿途需用人夫挽曳，船成後復渡大江，道經千里，到次遲延，縣官急於考成，旗丁利於詐索，船未到即行交兑，名曰轉廒，於是贈耗、使費、賠補、苛索諸弊日滋，運軍苦之。嗣裁船政同知，統歸糧道管理，令運軍支領料價赴廠成造，不敷，即於道庫減存漕項銀內動支。徐州衛、河南後幫漕船，向亦在清江船廠成造，駕赴河南水次兑糧，程途遼遠，易誤兑限。尋改在山東臨清設廠成造。遇滿號之年，令各軍于江、安道庫銀內領價成造。其濟南前幫，則在江南夏成鎮成造，嗣又改于臨清胡家灣設廠。

船成查驗之法九：一驗木、二驗板、三驗底、四驗樑、五驗棧、六驗釘、七驗縫、八驗艙、九〔驗〕艙頭梢。山東各幫於額運漕船外，向設量存船三十。江蘇揚州亦有量存船二十四。先後議裁，並將揚州衛應裁之船，抵補江、興二衛貧疲軍船。乾隆八年，漕運總督顧琮上漕船變通事宜：一、漕船當大造之年，遇有減歇，即停造一年，與先運之船年限參差，將來無須同時配造；一、賠造之船已出運多次，恒欠堅固，嗣後將賠造接算原船，已滿十年尚能出運者，準其將船在通售賣；一、滿號之船，向俱分年抽造，其中堅固者，交總漕擇令加修，出運一次，許其流通變賣。從之。

二十九年，漕督楊錫紱言：『各省漕船當十運屆滿應行成造之年，如運糧抵通，準在通變價。再買補之船未經滿運，或中途猝遇風火，請准就地折變。』詔從其議。大河、淮安等幫漕船，恒有遭風沈溺之事。阿桂奏稱，因船過高大，掉挽維艱所致，請較原定尺寸酌量減小。嘉慶十五年，復酌減江、廣兩省漕船尺寸。運丁利於攬載客貨，船身務爲廣大，不知載重則行遲，行遲則壅塞，民船被阻，甚有相去數丈守候經旬者；兼之强拏剥運，捶撻交加，怨聲載道，不僅失風之虞也。十七年，以浙省成造漕船賠累日甚，每船除例給二百八兩外，復給銀五百九十餘兩，以紓丁力。漕船建造修葺，其費有經常，有額外，年糜國帑數十百萬。及其出運，勒索於州縣者又數十百萬。催趲迎提，終歲勞擾，夾帶愈多，雖蘇、松內河，亦無歲不剥運。剥運仍責舟於沿途，甚至攔江索費，奪船毀器，患苦商民，抗違官長，以天庾爲口實，援漕督爲護符，文武吏士，畏其勢焰，莫或究詰。

凡漕船載米，毋得過五百石。正耗米外，例帶土宜六十石，雍正七年，加增四十，共爲百石，永著爲例。旋准各船頭工舵工人帶土宜三石，水手每船帶土宜二十石。嘉慶四年，定每船多帶土宜二十四石。屯軍領運漕糧，冬出冬歸，備極勞苦，日用亦倍蓰家居，於是有夾帶私貨之弊。漕船到水次，即有牙儈關說，引載客貨，又於城市貨物輻輳之處，逗留遲延，冀多攬載，以博微利。運官利其餽獻，奸商竄入糧船，藉免國課。其始運道通順，督漕諸臣不事苛察。逮黄屢倒灌，運道淤淺，漕臣嚴申夾帶之禁，丁力益困。當商力充裕時，軍船回空過淮，往往私帶鹽斤。漕運總督張大有條上六事：一、長蘆、兩淮産鹽之處，奸民勾串灶丁，私賣私販，伺回空糧船經過，即運載船中，請嚴行禁止，違者俱依私鹽例治罪；一、糧船回空時，請於瓜洲、江口派瓜洲營協同廳員搜查；一、運司等官拏獲私鹽，請依專管兼轄官例議敘；一、隨幫官專司回空，有能拏獲私鹽三次及幫船三次回空無私鹽事者，以千總推用；一、每船量帶食鹽四十斤，多帶者以私鹽例治罪；一、例帶土宜之外，包攬商船木筏者，照漏稅例治罪，貨物入官。自是禁網益密矣。幫丁困苦，爰有津貼之議。江蘇漕船，以松江幫丁力爲最疲。定例松、太等屬每船津貼銀三百兩，旋加爲五百兩。幫丁視爲額給之項，仍欲另議津貼，開船遲延，州縣恐貽誤獲譴，恒私餽之，以致津貼日增，流弊無已。

漕運抵通及遇淺，皆須用剝船。清初設紅剝船六百艘，每船給田四十頃，收租贍船，免其徵科。近畿州縣距河甚遠，恒雇覓民船，河干遊民藉之邀利，及接運漕糧，往往有盜賣攙和之弊，甚有盜賣將盡，故傾覆其船，逮運官查明，仍責地户賠償，傾家蕩業。又領船船户例受天津鈔關部差管轄，每歲河冰未泮之日，部差催促過堂守候，莫不有費，苦累實甚。三十九年，裁紅剝船，依原收租數分派各省，于漕糧項下編徵，解糧道庫支發。

乾隆二年，定每船給紅剝銀二兩，由隨幫千總領發，漕船遇淺，由運軍自雇民船，坐糧廳酌定雇價。十三年，增設垈船六十艘，造船及用具夫役工食，均於紅剝銀內支用，餘仍分給運軍。南糧入北河後，官爲雇船剝運，糧艘未到，剝船先期預備，守候累日，且有妨商鹽挽運。五十年，諭令另造剝船，南糧抵北河，即剝運赴通，嗣後毋得封固民船，致滋擾累，違者罪之。尋議定官備剝船千二百艘，發交附近沿河天津等十八州縣收管，如有商貨鹽斤，許其攬載，四月以後，調赴水次，毋得遠離。翌年復添造三百隻，交江西、湖廣成造，運送天津，與原設剝船在楊村更番備剝。豫、東二省，因水淺阻滯，定造剝船三百艘，交德州、恩、武城、夏津、臨清五州縣分管。

清初沿明衛所之制，以屯田給軍分佃，罷其雜徭。尋改衛軍爲屯丁，毋得竄入民籍，五年一編審，糧道掌之。康熙初，定各省衛所額設運丁十名。三十五年，定漕船出運，每船僉丁一名，餘九名以諳練駕馭之水手充之。凡僉選運丁，僉責在糧道，舉報責衛守備，用舍責運弁，保結責通幫各丁。尋僉本軍子弟一人爲副軍。雍正初，免文學生員僉運。先是江蘇按察使胡文伯以江、安十衛去蘇、松水次遥遠，遇有應更换之丁，運官赴衛查僉，往返須時，請預僉備丁，造册送糧道，轉送總漕備案。經户部議准。漕督楊錫紱上疏争之，略言：『預僉閒丁，其不必者有二，不便者有二。各省衛幫，貧富不等。殷富之幫，本無俟閒丁預備；貧乏之幫，遇有應换之丁，百計搜查，求一二殷丁且不可得，安有數十閒丁可以預備？其不必一也。又殷實軍丁，生計粗裕，猝遇收成歉薄，一二年或即轉爲貧乏，今既僉選註册矣，設需用之時，已經貧乏，是仍以疲丁應選，其不必二也。至送糧道點驗，僕僕道途，廢時失業，不便一也。衛所州縣書吏，喜于有事，富者賄脱，貧者受僉，不便二也。請停止預選閒丁註册。』從之。

舊制漕船旗丁十名，丁地五頃。其後丁地半歸民户，運丁生計貧乏，經户部行文清查，不許民間侵佔。乾隆初，巡漕御史王興吾奏：『屯田籍册年久散失，無可稽考。亦有册籍僅存而界址難於徵實，或軍丁典佃於民，而輾轉相售，屢易其主者。清田歸運，徒滋擾累。蓋津貼之舉已成通例，民出費以贍丁，丁得項以承運，相沿既久，無礙於漕。況丁得田不能自耕，勢必召佃收租，是與未贖時之津貼同一得項承運，未見有益也。』二十五年，錫紱奏：『漕運之有疲幫，實緣運丁債負爲累。浙江之金、衢、嚴、温、處、紹、台、嘉等幫，江南之江、淮、興、武、鳳陽、大河等幫，債欠尤多，幫疲益甚。欲除私負之累，莫若出借官帑。每歲請于浙江江、安道庫各提銀六萬兩，專備疲幫領借。每歲督運道員，查按沿途及抵通需用銀數，提交押運，至期散給，於次年新運應領項下扣還，俟疲幫漸起，奏明停止。』

各省州縣衛幫承僉運丁，均以奉文派僉日起，限兩月僉解，並查明田地房産，造册送總漕存案。設有虧短掛欠，令其賠補。若僉派後實系賣富差貧，或棄船脱逃，或重僉已革之丁，以及徇情出結，將軍丁改入民籍者，承僉之員降二級調用，不准抵銷。其上司照失察例議處。從漕督毓奇請也。道光十三年，給事中金應麟奏：『江、浙内河一帶漕船，訛詐商民，有買渡、排幫等名目。州縣以兑米畏其挑剔，置若罔聞，滯運擾民，爲害甚大。』詔林則徐、富呢揚阿嚴行查禁。

運軍往來淮、通，終歲勤苦，屯田所入有限，於是别給行月錢糧資用，其數各省不一。江南運軍每名支行糧二石四斗至二石八斗，月糧八石至十二石。浙江、江西、湖廣行糧三石，月糧九石六斗。山東行糧二石四斗，月糧九石六斗。其通、津等衛協運河南漕船運丁行月之數，與山東同。各省領運千總等官，於廩俸外多有兼支行糧者。行月二糧，舊時本少折多，且折價每石不過三四五錢，各處官丁常有偏枯之控。詔令漕督議定查照歲支行月舊額本折各半，折色照漕欠每石銀一兩四錢，永著爲令。康熙二十九年，行月錢糧設立易知由單，列明應給各項錢糧，丁各一紙，照款支給。如官役剋扣婪索，許本丁將事由載單内，于過淮時陳控。

雍正元年，覆准運船到次，先將本色行月錢糧於三日内給發折色銀，由衛守備出具印領受，領運千總鈐章，解道驗明，以半給軍，半封固，糧道賫淮，由總漕監發，愆期遲延者罪之。乾隆五年，議定運丁于解淮驗給一半錢糧内，酌留回空費用，數多者扣留三之一，少者酌扣八兩，令糧道另行封兑，于過淮時交隨運官弁收領，俟抵通交糧後，給發各丁。緣各省漕船回空，每因資斧缺乏，不能及時抵次也。十年，漕督顧琮上言：『糧道所押幫船，多少不同，兑開復有遲早，必俟最後之幫開竣，方得赴幫督察，而首進之幫，又不免守候領銀之累。請仍令糧道兑准封給領運千總，解淮呈驗散給。』從之。

凡漕船停歇，月糧減半給發，民船停運，給月糧原額四之一。三十年，車駕南巡，截留江、浙二省冬兑漕糧各十萬石，減歇之船，于應給月糧外，加恩再給十之二，以示體恤。運軍月糧，遇閏按月本折均平支給，尋罷。嗣以閏月錢糧乃計日授食，各軍春出冬歸，停支一月，不免枵腹。山東、河南、浙江、江寧、鳳陽等衞閏月有糧，仍照原額支給。山東、浙江及蘇、太等衞，遇閏各有額編加徵銀，江、興等衞無之，遇閏於道庫減存銀內支用。江西、湖北、湖南系按出運船米之數支給。河南遇閏亦無加徵銀，向淮山東等省一例支給，經部駁追，尋准其照支。

各省運軍名數參差不齊。江、浙每船十一二名不等。嗣議定每船概以十軍配運，按名支給行月。安慶衞舊系按漕用軍按名派行月二糧。自畫一裁減後，每船祇用十軍，而所載漕糧則倍於他船，應仍按糧支給行月。山東德州等衞有自雇民船裝運漕糧者，一體支給行月錢糧。江寧省衞無贍運屯田，遇有減存，同出運之船支給安家月糧。江淮、興武二衞，原主減駕軍二名，准其復設，派給行月二糧，例由布政司行文各府州縣支領，每船餽遺書吏六七金不等，否則派撥遠年難支錢糧及極遠州縣，而州縣糧書又有需索，每船約二三金不等。十金之糧，運丁所得實不及半也。

漕糧爲天庾正供，司運官吏考成綦嚴。順治十二年，定漕、糧二道考成則例。經徵州縣衞所各官，漕糧踰期未完，分別罰俸、住俸、降級、革職，責令戴罪督催，完日開復。康熙二年，議定隨漕行月、輕齎各項錢糧，總作十分計算，原參各官限一年接徵，而接徵之員止限半年，殊未平允。嗣後接徵官限一年，糧道、知府、直隸州一年半，巡撫二年。如仍不完，照原參分數議處。其經徵督催白糧各官考成條例，悉與漕糧同。白糧項下減存經費銀不得擅用，違者題參，並勒令賠繳。糧道完儲錢糧，春秋造册達部，候撥解京餉。年終及離任日，藩司盤查出如有侵虧，揭報巡撫題參。

凡漕欠，無論多寡，均發各糧道嚴追，承追官吏嚴查本弁本軍產業，估計變售償補。如運軍侵糧逃逸，報明户部，行文總督提究。掛欠米石，追完補運，與本幫原欠米不符者，將過淮不駁換之總漕及督漕，承運各官並採買搭運之員，一併糾劾。其運到之米，按數收用，以免累及運軍。承平日久，法令日弛，糧道及監兑、押運官既不親臨水次，糧船抵淮，漕總復不嚴行稽查，於是弁軍任意折銀，沿途盜賣，抵關時遂多掛欠矣。

四十五年，令嗣後耗贈漕截等銀米，暫存糧道倉庫，俟回空時，倉場查明，按其掛欠數扣抵。不足，以行糧抵補。旋議定掛欠漕糧不及一分至六分之弁軍治罪，總漕、糧道按所欠分數議處，並將所欠漕糧，由總漕、糧道及監兑、押運、僉丁、衞所各官至運丁，分別擔任，均限定期內償還。不完，總漕、糧道交部議，運官、運軍分別治罪，仍責成總漕、糧道賠償。全完者，優敍。

糧船抵通起卸漕米，例買別幫餘米抵補。雍正三年，奏准嗣後漕米如有不足，即分別參處償還，不得以別幫餘米買補。其運軍日用餘米，許其售賣，餘並禁阻。

漕船經涉江湖，偶遇風濤漂没，沿途催趲各官，及汛地文武官，親臨勘驗出結，總漕及巡撫覆勘奏免。若軍弁詐報漂没，及漂没而損失不多，乘機侵盗至六百石者，擬斬；不及六百石，充發極邊，漕米按數賠繳。文武官遇漕船沈溺，不將情由申報，押運官弁巡查不謹，致失火焚毁者，俱降一級調用。地方官不協救，延燒他船者，罰俸一年。雍正初，奏准漕船在内河失風漂沈者，不許豁免，押運官弁照失於防範例，罰俸一年。如有假捏，嚴加治罪，出結官弁，從重議處。凡海洋江河遭風漂没，領運弁軍幸獲生全者，照軍功保守在事有功例，晋級賜金。其漂没身故者，官弁照軍功陣亡例，分别准廕加贈，運軍給予祭葬銀。

乾隆七年，議定漕船失風火災，船未沉没，無論已未過淮，即令修固復載抵通。如已被沈難戽者，雇民船載運，隨幫過淮盤驗抵通。如失事在過淮以後，黄河中流，民船難募，令先分通幫帶運開行，沿途仍雇覓民船裝載。通幫各丁，出具互結，稍有虧欠，責令償補。江、廣漕船失風沈溺，如果不堪戽修，無論已未滿號，地方官驗明，申報總漕，就近變價，令運弁賚交糧道發給。回空漕船失事亦如之。嗣議准江蘇、浙江、山東、河南等省買補船艘，如已滿號，遇失風事故，就近折變，價銀封交員弁攜回，由糧道驗給各軍，以補新漕。漕船遇冰凌迅下，致被損壞，及雷火焚毁，沈失米糧，免其償補。

各省漕糧，歲有定額，凡荒地無徵者，督撫勘實報免，隨漕銀米，一例蠲免。災傷之區，應徵漕糧，及折改漕價，酌量各被災輕重，分别緩徵、帶徵。遇帶徵之年，復又被災傷，分年壓徵帶補。沿江沿海田地坍没水中者，保題豁免。水旱偏災民地，例得蠲免，惟應船役，即被災甚重，仍須供修船雇募等事，不得同邀寬典。康熙三十七年，議定京畿通州、武清、寶坻、香河、東安、永清六州縣紅剥船户所領地，水旱一體蠲免。水淹田畝，例於歲終確勘，涸前起徵，淹則停免。雍正十年，定淹田漕米照壓徵例，俟冬勘後，涸則帶徵，淹則豁免。

蘇、松、太三屬爲東南財賦之區，賦額最重。世宗以來，屢議蠲緩，然較之同省諸府縣，尚多四五倍或十數倍。道光時，兩遭大水，各州縣每歲歉蠲減，遂成年例。嗣是徵收之數，除官墊民欠，每年僅得正額之七八或五六而已。軍興以後，兩府一州，受害尤酷。同治二年，諭江督、蘇撫查明，折衷議減，期與舊額本輕之常、鎮二府，通融覈計，著爲定額。其紳户把持、州縣浮收諸弊，永遠禁革。四年，户部遵議：『江蘇常、鎮、太五屬編徵米，系會同漕贈行月南恤局糧等款徵收。應如李鴻章等所奏，無分起運留支，一體並減，酌科則之重輕，視減成之多寡，計原額編徵米豆二百二萬餘石，減五十四萬餘石。』民困稍舒。曾國藩又請將蘇、松地漕錢糧一體酌減。部覆漕項爲辦運要需，若議覈減，費必不敷，勢須另加津貼，于民生仍無裨益。詔令國籓、鴻章仿浙省成例，覈實删減浮收，並嚴禁大户包攬短交等弊。是年減浙江杭、嘉、湖三屬米二十六萬餘石。

海運始於元代，至明永樂間，會通河成，乃罷之。清沿明代長運之制。嘉慶中，洪澤湖洩水過多，運河淺涸，令江、浙大吏兼籌海運。兩江總督勒保等會奏不可行者十二事，略謂：『海運既興，河運仍不能廢，徒增海運之費。且大洋中沙礁叢雜，險阻難行，天庾正供，非可嘗試於不測之地。旗丁不諳海道，船户又皆散漫無稽，設有延誤，關係匪細』。上謂：『海運既多窒礙，惟有謹守前人成法，將河道盡心修治，萬一贏絀不齊，惟有起剥盤壩，或酌量截留，爲暫時權宜之計，斷不可輕議更張，所謂利不百不變法也。』自是終仁宗之世，無敢言海運者。

道光四年，南河黄水驟漲，高堰漫口，自高郵、寶應至清江浦，河道淺阻，輸輓維艱。吏部尚書文孚等請引黄河入運，添築閘壩，鉗束盛漲，可無泛溢。然黄水挾沙，日久淤墊，爲患滋深。上亦知借黄濟運非計，於是海運之議復興。詔魏元煜、顔檢、張師誠、黄鴻傑各就轄境情形籌議。諸臣憚於更張，以窒礙難行入奏。會孫玉庭因渡黄艱滯，軍船四十幫，須盤壩接運，請帑至百二十萬金。未幾，因水勢短絀，難於挽運，復請截留米一百萬石。上令琦善往查，覆稱玉庭所奏渡黄之船，有一月後尚未開行者，有淤阻禦黄各壩之間者，其應行剥運軍船，皆膠柱不能移動。上震怒，元煜、玉庭、檢均得罪。

協辦大學士、户部尚書英和建言：『治道久則窮，窮則必變。河道既阻，重運中停，河漕不能兼顧，惟有暫停河運以治河，雇募海船以利運，雖一時之權宜，實目前之急務。蓋滯漕全行盤壩剥運，則民力勞而帑費不省，暫雇海船分運，則民力逸而生氣益舒。國家承平日久，航東吴至遼海者，往來無異内地。今以商運決海運，則風颶不足疑，盗賊不足慮，黴濕侵耗不足患。以商運代官運，則舟不待造，丁不待募，價不待籌。至于屯軍之安置，倉胥之稽察，河務之張弛，胥存乎人。矧借黄既病，盤壩亦病，不變通將何策之從？臣以爲無如海運便。』詔仍下有漕各省大吏議。時琦善督兩江，陶澍撫安徽，咸請以蘇、松、常、鎮、太倉四府一州之粟全由海運。乃使布政使賀長齡親赴海口，督同地方官吏，招徠商船，並籌議剥運兑裝等事。嗣澍言：『現雇沙船千艘，三不像船數十，分兩次裝載，計可運米百五六十萬石。其安徽、江西、湖廣離海口較遠，浙江乍浦、寧波海口或不能停泊，或盤剥費鉅，仍由河運。』上乃命設海運總局於上海，並設局天津。復命理籓院尚書穆彰阿，會同倉場侍郎，駐津驗收監兑，以杜經紀人需索留難諸弊。

六年正月，各州縣剥運之米，以次抵上海受兑，分批開行。計海運水程四千餘里，踰旬而至。米石抵通後，轉運京倉，派步軍統領衙門文武員弁沿途稽查。沙船耗米，於例給旗丁十八萬餘石内動放，所節省耗米六萬石，仍隨同起運。承運漕糧每石給耗米八升，白糧耗米一斗，以補正米之不足。仍將漕運商耗覈出二成，白糧覈出三成，由津局給價收買，隨正交運。漕糧無故短少黴變，於備帶耗米内補足； 不敷，勒令買補。如有斫桅松艙傷人等事則免之。船户脚價飯米折色並津貼等銀，先於受兑後發七成，餘三成交押運員弁，到壩後查無弊端，始行全發。沙船餘米不下十萬石，初照南糧例，聽天津人照市價收買。嗣以商人希圖賤價售買，改由官爲收買，其價銀由江南委員轉發船户，後仍令商船自行售賣。

每届海運期，沿海水師提鎮，各按汛地，派撥哨船兵丁，巡防護送，並派武職大員二，隨船赴津。上海交兑時，先期咨照浙江提鎮水師營出哨招寶、陳、錢一帶地方，江南提鎮水師營出哨大小洋山，會于馬跡山，山東總鎮出哨成山、石島，會于鷹遊門，以資彈壓。山東洋面，責成遊擊、守備，搜查島嶼，防護迎送。後以邵燦言，停派護送武職大員，責成沿海水師逐程遞護。嗣寧、滬商人各置火輪船一，遇新漕兑開行時，分別扼要巡防。

剥船，直隸舊設二千五百艘，二百艘分撥故城等處，八百艘留楊村，餘千五百艘集天津備用。後雇覓堪裝漕糧二百五十石民船五百艘，以備裝載。商船首次抵津，先僅府縣倉脚廟宇撥卸三十萬石，餘令剥船徑運通倉。隨將天津倉脚廟宇所儲漕米運通，無庸轉卸北倉，致多周折。至商船二次抵津，如剥船不敷裝載，即將米先儲府縣倉脚廟宇； 不敷，再剥儲北倉。隨令原剥將所儲米石儘數運通。剥船足敷裝載，即按首次商船辦法，不必分儲北倉，以歸簡便。剥船百六十只爲一起，由經紀自派人分起押運交倉，押運員役稟報倉場，復馳回續押後起米船。經紀等止須帶領斛手到船起卸，如有藉端刁難需索，交地方官從嚴治罪。

各州縣經管剥船，每年例給修艌銀五兩，三年小修一次，給費二十兩，歲終漕竣，逐一挑驗，船身堅固者，酌量修艌，如損壞較甚，即核賞估價，所需經費，於道庫油艌銀項下動撥。封河守凍期内，每船工食銀十五兩，運米百石，給脚價八兩四錢，食米一石一斗五升。嗣每百石加脚費五兩。李鴻章因官剥船户貧困滋弊，例定工食銀十五兩，僅領一半，不敷贍家，請每船由蘇、浙漕項内酌貼五兩，部格不行。鴻章上疏争之，詔從其議。商船領運漕糧，迅速無誤，萬石以下給匾額，五萬石獎職銜，每次奏保以百二三十人爲限。

七年，蔣攸銛請新漕仍行海運。上以近年河湖漸臻順軌，軍船可以暢行，不許。其後各省歲運額漕，逐漸短少，太倉積粟，動放無存。二十六年，詔復行海運。二十七年，議準蘇、松、太二府一州漕白糧米，自明歲始，改由海運。三十年，復令蘇、松、太二府一州白糧正耗米，援照成案，由海運津。

咸豐元年，户部尚書孫瑞珍請河海並運。御史張祥晉請將江蘇新漕，援案推廣常、鎮各屬及浙江，一體海運。下江督陸建瀛、蘇撫楊文定、浙撫常大淳妥議。覆稱明年蘇、松、常、鎮、太四府一州漕白糧米，請一律改由海運。浙漕礙難海運，請仍循舊章，從之。

二年，建瀛上籌辦海運十事，下部議行。是年以浙江漕船開兑過遲，回空不能依期歸次，詔來歲新漕改爲海運，從巡撫黃宗漢請也。

五年，河決銅瓦廂，由張秋入大清河，挾汶東趨，運道益梗。六年，截留江蘇應運漕糧二十萬石供支兵餉，實運漕白正耗及支贍給丁餘耗米七十五萬五千餘石，其歉緩南漕，令各州縣依限催徵運通。

同治七年，議試用夾板船裝運採買米石，水脚銀數悉仍沙船例，給銀五錢五分，挽至天津紫竹林，由商董就近寄棧，聽驗米大臣會同通商大臣驗收過剥，所需小船剥價、棧租、挑力，每石給銀七分，由商董承領經理。又每石給保險銀三分，設有遭風抛失，責令賠補。至每米千石，隨耗八十石，備帶餘米二十石，剥船食耗米十一石五斗。又每百石給津、通剥價銀八兩一錢四釐，通倉個兒錢折銀二兩，均照海運正漕採買各案辦理。是年以津沽河面狹隘，常有沈船失米之虞，於大沽增設海運外局。

九年，浙江巡撫楊昌濬奏：『浙省來歲新漕，酌擬海運章程十四條：一、委員分辦，以專責成；一、新漕仍由上海受兑放洋，白糧仍循案裝盛麻袋，首先運滬；一、寬備海運商船，並由蘇省多撥沙船，移浙濟用；一、經耗等米，仍照數支給，商耗飭帶本色並餘耗申糙等米搭交倉；一、增給天津剥船耗米，以彌虧欠；一、津、通經費，照案備帶，竹蔑等款，仍按數抵解；一、商船準帶砲械，並由商捐輪船護送，仍責成沿海水師實力巡防；一、天津交米後，循舊責成經紀，續到之船，仍由天津道驗收；一、循案加增海運經費；一、米船到津，應多添排數，寬備剥船；一、商船水脚等項，照案核給，並二成免税，酌定賞罰；一、商船二成免私之貨，仍以米石計斤，所帶竹木，照案免税；一、商船回空載貨，照向章免税；一、米船抵津交卸，嚴禁經紀斗斛剥船需索浮費。』下部議行。

十年，鴻章言：『剥船守候苦累，每載米百石，請加給脚價銀五兩，並另籌運白糧民船守候口糧銀萬二千兩，由蘇、浙糧道庫漕項内撥解；不敷，則由司庫通融借撥。』

十一年，昌濬請以輪船運漕，從之。輪船招商，由商人借領二十萬串爲設局資本，盈虧悉由商任之。購堅捷輪船三艘，每年撥海運漕米二十萬石，由招商輪船運津，其水脚耗米等項，仍照向章辦理。輪船到津，命直督籌備剥船轉運，並會同倉場侍郎臨棧查驗，仍仿照白糧例，由江、浙撫道運通交納，以杜折耗偷漏。輪船協運江、浙漕糧，簽明某省漕白糧米字樣于米袋之上。糧米上棧時，由滬局派員監兑；　兑竣，即由輪船商局給收米回文，以後裝船起運，俱由商局覈辦，滬局不再與聞。其棧費夫力，亦由商局任之。凡漕糧派裝輪船，輪船商局酌委執事，會同滬局詳驗，米色乾潔，方行收兑，交輪局押赴浦江東棧斛收。抵津，飭津局各員董提前驗收，以免壅滯。輪船每艘載米三千石，填發連單，由津局稽核，一切領銀領米等結悉罷之。輪船運米，由上海道填給免税執照，並援例得酌帶二成貨物。其洋藥及二成之外另帶貨物，仍須納税。

喬松年奏山東境内黄水日益汎濫，運河淤塞，擬因勢利導，俾黄水先驅張秋。其張秋南北，普行挑濬，修建徬壩以利漕。丁寶楨、文彬奏請挽復淮、徐故道。事下廷臣會議。復稱銅瓦廂決後，舊河身淤墊過高，勢不能挽復淮、徐故道。至借黄濟運，築堤束水，與導衛濟運之法同一難行。鴻章奏請仍由海道轉運，令各省酌提本色若干運滬，由海船解津，餘照章折解，以節運費。並隨時指撥漕折銀兩採買接濟，並請停止河運採買糧石，推廣海運。仍下部議。先是江北漕糧，由河運通，至是亦試辦海運。

十三年，奏準江西在滬採買漕糧八萬石，交招商局由海運津，每石脚價銀二兩七錢。光緒元年，湖南漕糧採辦正耗米二萬三百四十五石，湖北採辦三萬石，均交招商局由海運津。江西、湖南尋停。

寶楨奏運河廢壞，莫非黄水之害，治運必先治黄。應先將微山湖之湖口雙閘及各減閘，迅速修砌，及時收蓄，以保湖瀦；　運河正身亦須量爲疏濬。嗣桂清、畢道遠、廣壽、賀壽慈等亦以籌款修復運河爲請。黄元善復稱：『自黄河北徙，運河阻滯，改由海運，原屬權宜之計。當時奏定江蘇漕額，以河運經費作爲海運支銷，每石不得過七錢。嗣以經費不敷，迭次請增。江蘇所加，距一兩不遠，浙江已加至一兩，較道光二十八年、咸豐二年海運經費尚有節省歸公者，大相逕庭。且海運曆涉重洋，風波靡定，萬有不測，所關匪細。河運雖迂滯，而沿途安定，經費維均。自各省以達京倉，民之食其力者，不可數計。裕國利民，計無善於此者。現停運未久，及時修復，尚屬未晚。再遲數年，河道日淤，需費更鉅。臣以爲河運迂而安，海運便而險，計出萬全，非復河運不可。』上命河督、漕督及沿河各督撫籌畫具奏。沈葆楨疏駁桂清、畢道遠等請將有漕省分酌提漕項及將海運糧石分出十數萬石改辦河運之議，並力言：『河運決不能復。運河旋濬旋淤，運方定章，河忽改道，河流不時遷徙，漕路亦隨爲轉移。而借黄濟運，爲害尤烈。前淤未盡，下届之運已連檣接尾而至，高下懸殊，勢難飛渡。於是百計逆水之性，强令就我範圍，致前修之款皆空，本届之淤復積。設令因濟運而奪溜，北趨則畿輔受其害，南趨則淮、徐受其害，億萬生靈，將有其魚之歎，又不僅徒糜巨帑無裨漕運已也。』

七年，令直督飭招商局有協運漕糧時，酌分道員駐津驗兑，並責成糧道嚴督治漕事人員，兑米時加意查察。因招商局協運江、浙漕糧，有攙雜破碎諸弊故也。

十年，法人搆衅，海運梗阻。太常卿徐樹銘言：『漕糧宜全歸河運，請於運道經行處疏濬河流，修治閘壩，並選雇民船以濟運。』明年，曾國荃言：『來年河運酌添江蘇漕糧五萬石，並將邳、宿河道淤淺處，酌估挑濬。』從之。盧士傑言：『鄭州黃河漫口奪溜，山東運河十里堡門外積淤日寬，回空漕船，不能挽抵口門。現寧、蘇新漕待船裝載，邳、宿挑淤築壩，必待空船過竣，方可興工。』上命迅飭疏濬積淤，俾漕船早日南下。

十五年，從山東巡撫張曜請，改撥海運漕米二十萬石仍歸河運。曾國荃、黃彭年奏：『江、安河運米石，業經截留充賑。蘇屬河運漕米十萬，前已改歸海運，各州縣起運，均已抵滬，驟改河運，窒礙難行。且雇船將近千艘，亦非旦夕可致。請俟本年冬漕，再行遵旨提前河運，以期規復舊章。』制可。

十九年，北運河上游潮、白等河狂漲，水勢高於堤顛數尺，原築上堰，俱沒水中，運河水旱大小決口七十餘處，由津運京米麥雜糧千數百艘，在楊村阻淺，命鴻章將各口門堵合，並疏濬河身，停蓄水勢，以利舟行。

二十二年，王文韶奏：『南漕改行海運，惟江北漕糧仍由河運，復于蘇、松項下提撥米十萬石併入河運。船多道遠，自黃入運，自運入衛，節節阻滯，船户窮無復之，竊米攙水，諸弊叢生。本年漕船到津，較昔已遲二三月，誠恐有誤回空。已飭併程催趲，剋日兑收。但此次截留江北漕米五萬石，米色尚佳。江蘇五萬石，米色參差，甚或蒸變，剔除晾曬，幾費周章，蓋運受黃病，已非人力所能挽救。擬請自本年始，改撥蘇漕之十萬石統歸海運。其江蘇冬漕仍辦河運，以保運道。』下部議行。御史秦夔揚以江北河運勞費太甚，疏請停辦，改折解部。部議漕糧關係京倉儲積，未便遽更舊制。

二十六年，以戰端既開，從陳璧請，於清江浦設漕運總局。車駕西幸，轉運局移漢口，清江改設分局。是年南漕改用火車由津運京。

二十七年，以財用匱乏，諭：『自本年始，直省河運海運，一律改徵折色，責成各省大吏清釐整頓，節省局費運費，並查明各州縣徵收浮費，勒令繳出歸公，以期匯成鉅款。』奕劻請于應辦白糧外，每年採辦漕糧百萬石，純用粳米，並不得率請截留，從之。

二十八年，部議本年江、浙漕糧，純歸招商局輪船承運，費應力從減省。盛宣懷奏：『近年滬局輪船，因事起運太遲，棧耗既鉅，及運至塘沽，又值聯軍未退，費用倍于常時。二十六、二十七兩年，招商局所領水脚，實不敷所出。本年太古洋行原減價攬載，英、日議定商約，均欲漕運列入約章，臣等力拒之。蓋招商局爲中國公司，前李鴻章奏准漕米、軍米悉歸招商局承運，實寓有深意也。此次詳察中外情形，擬請自二十八年冬漕始，于向章每石輪船水脚保險等項漕米銀三錢八分八釐一毫內減去五分，永爲定制。』從之。

江、浙漕糧由海運津，向用剥船運至通倉，每石支耗米一升一合五勺，名曰『津剥食耗』。自南漕改用火車運京，此項耗米，改令隨正交倉。嗣因運米事竣，每有虧耗，許仍舊支給，以抵車運虧耗云。

卷四〇　災異一

順治元年八月，東陽大水，邢台大水。

二年四月，萬載大水，淹没田禾；　東安大水。七月，嵊縣大水，邢台大水，棗强大水，真定滹沱河溢，雞澤大水，單陽大水。

三年二月，阜陽大水，亳州大水。五月，兖州大水，漂没廬舍，沂州、蒙滇大水。七月，高平大水，臨淄大水。

四年四月，萬載大水。六月，平樂、蕭縣、銅山、望江、無爲、阜陽、亳州大水。七月，瑞安、曲阜、沂水、樂安、汶上、昌樂、安丘大水。八月，高州、高郵大水，寧陽汶水溢。

五年春，五河、平原、汶上大水。五月，平樂、永安、密雲、獻縣、新河、柏鄉、霸州大水；　白河堤決。六月，武强、平鄉、南和、永年、棗强、密雲、晉州、宿松大水；　建德蛟起大水。七月，潁上、亳州、太平、常山大水。

六年四月，九江、漢陽、鍾祥大水。五月十八日，阜陽淮河漲，平地水深丈許，壞民舍無算。七月，鹽城、文安、真定、順德、廣平、大名、河間大水。

七年正月，漢陽九真山蛟發水。五月，齊河河決，長清河決，荆隆口平地水深丈餘，村落漂没殆盡，黄河決；　剡城、日照大水。六月，蒼梧、遂昌、台州、湖州、興安、安康大水。秋，東阿大水，淹没六十七村；　東明、荆隆口決，河溢，陸地行舟；　茌平、昌邑濰水決，漂没田禾；　石城、膠州、恩縣、堂邑、武定府屬大水。十月，仙居大水，城北隅塌，壞田廬無數，民多溺死；　撫寧、欒城大水。

八年正月，石埭、蘇州大水；　景州河決。四月初七日，潛山蛟出千百條，江暴漲，壞民居無算；　望江大雷雨。五月，旌德大雨，蛟發水，平地水深丈餘，溺死人畜無算。八月，烏程、瑞安、高淳、鎮洋大水傷禾。十月，廣宗、南樂、玉田、邢台、寧河、南和大水。

九年二月，東流大潦，湖水出，江湧高丈餘。三月，齊東黄河決。五月，臨清、平定、樂平、壽陽、武定、商河、樂陵大水，村落多淹没。六月，樂平、岳陽、平陽、榮河、壽光、昌樂、安丘、高苑大水。七月，蒙陰、秦州、隴西、烏程、鍾祥、開平大水害禾稼。八月，普寧、桐鄉大水。

十年四月，石首、枝江大水；　松滋堤潰。五月，沁水、壽陽、興安大水；　欽州海水溢。六月乙卯，蘇州大風雨，海溢，平地水深丈餘，人多溺死；　安定白河雷雨暴至，水高數丈，漂没居民；　陽穀大水，田禾淹没，民舍多圮，陸地行舟；　文登大雨三日，海嘯，河水逆行，漂没廬舍，衝壓田地二百五十餘頃。七月，鎮洋、蕭縣、嘉興大水。八月，莘縣、臨清大水。

十一年三月，武昌縣雷山寺蛟起，水平地深丈許；　沔陽堤潰大水。五月，興寧、龍川大水。六月，茌平黄河決，村墟漂没。

十二年正月，鹽城海溢，人民溺死無算。四月，石埭、嘉興、鍾祥、潛江大水。六月，漳水溢，平地水深丈許，陸地行舟。

十三年五月，武强、湖州大水，興寧大水，陸地行舟。六月，萬載、萍鄉、甯都大水。十月，平湖、烏程、天台大水。

十四年六月，太平、石埭、銅陵大水。秋，望都、高要、安丘大水。

十五年三月，台州、臨海大水。夏，歸州、峽江、宜昌、松滋、武昌、黄州、漢陽、安陸、公安、嵊縣大水；　宜城漢水溢，浮没民田；　當陽水決城堤，浮没田廬人畜無算；　荆門州大水，漂没禾稼房舍甚多。秋，蘇州、五河、石埭、舒城、婺源大水，城市行舟；　鍾祥大水；　天門漢堤決；　潛江大水。

十六年四月，湖州、信宜大水。五月，衢州、江山、常山、江陵大水。六月，江夏、漢川、沔陽大水。十一月，仙居、通州、延川大水。十二月，望都、獻縣大水。

十八年五月，龍川、峽江、萬載大水。六月，河源、平樂、蒼梧、武强大水。八月，淳安、慶元、南昌各府大水。

康熙元年五月，廣州大水。六月，洵陽、白河、興安、榆林大水。七月，孝感、沔陽、廣陵、江陵、松滋、鉅鹿、興化、蕭縣、沛縣、寧州大水。八月，天門漢水溢，堤決，舟行城上，成安、鍾祥、潛江大水。九月，冀州、阜城大水。

二年六月，漢中、漢江、交河大水。七月，永安州、平樂、貴州、咸寧、大冶、蘄州、江陵大水。八月，松滋堤決，大水浸公安，民溺無算；　枝江大水，漂没民居，浮屍旬日不絶；　宜都、黄岡、鍾祥、麻城、鉅鹿大水。九月，浦江、當塗、望江大水。十二月，蒲圻、大冶、沔陽、天門大水；　江陵郝穴堤潰，大水。

三年三月，阜城、萬載大水。六月，偏關河水暴發，壞民舍甚多，城内水深丈餘；　海寧海決，水入城壕，天門、大埔大水。閏六月，延安、昌黎大水。七月，交河、梧州大水。八月，餘姚、山陰大水害稼，仙居、桐鄉大水。十二月，汾州府屬大水。

四年三月，阜陽、望都大水，鳳陽水入城。七月，平定嘉水溢，景州、肥鄉、湖州、麗水、萍鄉、望都、雞澤大水，天門水決入城。八月，高邑、仁化、平樂、梧州大水。

六年八月，懷來、河間、蠡縣大水，萊陽大水高數丈。

七年五月，麻城、玉田、大埔大水。六月，欒城、南宮、藁城、磁州大水。七月，趙州、臨城、高邑、深澤、安平、永年，蠡縣、鉅鹿、黄岩、樂清、萍鄉大水。八月，交河、高平、蒼梧大水。

八年六月，三水、茂名、化州大水；　房縣大水，壞田廬；　東莞潦潮大溢。

九年，鍾祥、應城、蒲圻、崇陽、枝江、鳳陽大水；　湖州太湖水陡漲丈餘，漂没人畜廬舍無算；　青浦、全椒、五河、鄞縣、上虞大水；　博野等二十九州縣大水。

十年秋七月，松滋、宜都大水。八月，文安、安肅、濟寧州大水，沭陽、石首大水。

十一年，巴縣、忠州大水入城，酆都、遂寧、平樂、永安州、任縣大水。六月，湖州、宜興大水，漂没民房，英德、杭州、邢台大水，宜都、潛江、松滋、太平、烏程大水。

十二年六月，高要、蒼梧、虹縣、濟南府屬大水。

十三年三月，蘇州大水，霸州等十一州縣水。五月任縣、萬載大水；　瓊州海水溢，民舍漂没入海，人畜死者無算。

十四年六月，五河、新城、蠡縣、肅寧大水。八月，梧州大水。

十五年正月，潛江、穀城大水；　宜城漢水溢，漂没人畜禾稼房舍甚多。五月，白河、永安州、平樂、武昌、大冶、蒲圻、黄陂、孝感、沔陽、廣濟、宜城、天門、梧州大水。六月，黄岡、江陵、監利、蘇州、青浦大水；　廣濟江決，大水；　懷集、震澤、蕭縣大水。九月，銅山、南樂大水。

十六年二月，高郵、銅山、蕭縣大水。四月，潛江、望江大水。七月，河間、安丘、任縣、雞澤、欽州、蒼梧、横州、潯州大水。

十七年四月，龍川、和平、湖州大水。六月，欽州、惠來、遂州、合江大水。七月，任縣、邢台、蕭縣、銅山、延安、平樂大水。

十八年七月，祁州、肅寧大水。八月，漢中大水，潛江堤決。

十九年六月，廣濟、宜都、宜昌、宜興、武進、福山、沂水、蒙陰、滕縣大水。七月，峽江、宜昌、宜都大水。八月，太湖溢，湖州大水。

二十年四月，常山、封川大水。五月，昌化、湯溪、江陵、監利大水，死者無算；　新建等十四州縣水。

二十一年春，秀水大水。五月，封川、枝江、建德大水入城。十七日，嚴州府屬六邑大水，二十一日方退。六月初五，水復大至。七月，平樂、蒼梧、建德、震澤、太湖、宿松、鄒平大水。

二十二年七月，永安州、蒼梧大水。十月，藁城、單縣、寧□大水。

二十三年正月，銅陵、東昌大水。四月，寧州、莘縣、樂安、藁城大水。

二十四年正月，饒陽、臨城、遷安、獻縣、河間、樂亭、東平大水。夏，江夏、通城、黄岡、蘄水、麻城、黄陂、黄梅、廣濟、羅田、鍾祥、沔陽、荆州、江陵、監利、孝感、蒲圻、公安、高苑、安平、武强大水。

二十五年六月，常山、樂安、壽光、昌樂、蓬萊大水。七月，台州、薊州大水。

二十六年，高明、連州大水。秋，震澤、高苑大水。

二十七年五月，澄海、澤州、定遠大水。

二十八年夏，永安州、平樂大水；河源大水，陸地行舟。

二十九年八月，餘姚大水，蛟蜃出者以千計，平地水深丈餘；諸暨、上虞皆被水，田禾盡淹；薊州、寶坻大水。

三十年，永寧河決，淹没田二百餘頃。

三十一年二月，新城、新安、鄒平大水。七月，嘉定、眉州、酆州、灌縣、新津、威遠河水漲，損民舍，傷稼。九月十二日，新市河中水忽湧立高丈餘，徑圍俱有丈餘。

三十二年七月，陽高、高郵、保定、順天、武定、河間大水。

三十三年十二月，銅山溢，陽湖、高郵、東明大水。

三十四年五月，湖州、桐鄉、澄海、公安、三水、樂安、震澤大水。

三十五年六月，新安、即墨、藁城大水。七月，江夏江水決；崇陽溪、黄陂、蒲圻、江陵大水；黄潭堤決；枝江大水入城，五日方退，廬舍漂没殆盡。八月，黄岡、饒陽、秦州、歙縣、沛縣、遷安大水。九月，深澤、滎成大水。

三十六年七月，昆山、臨榆大水。

三十七年五月，婺源、堂邑、鳳陽、東昌、五河、新安、建昌大水。

三十八年六月，新城、泰順、建德、新安、無極大水。閏七月，杭州大水。八月，台州大水，平地高丈餘；金華、湯溪、西安、江山、常山、贛縣、沔陽大水。

三十九年七月，剡城、沂州、高郵大水。

四十年，平樂、鶴慶、廣平、連州、廣州大水。六月，大埔、黄岡、海陽大水。

四十一年五月，英山、澄海、寧縣大水。

四十二年五月，高唐、南樂、寧津、東阿、江陵、監利、湖州大水；平樂灕江漲，平地水深丈餘，民舍傾圮；青城、陽穀、沂州、平遥、南樂、廣平大水；恩縣大水，陸地行舟；衛河決。七月，登州府屬大水。十一月，漢中府屬七州縣大水，濟南府屬大水。

四十三年二月，景州、漢江、天門、沔陽、監利大水。五月，連州、山陽大水，平地深丈餘；蒼梧、湖州、漢陽、漢川、監利、邢台大水。

四十四年，新建、豐城、廬陵、吉水大水。秋，青浦、柏鄉、六合大水。十一月，隨州溳水溢，壞民居；江夏、嘉興、漢川、潛江、天門、沔陽、監利、當陽大水。

四十五年，清江、新淦、瑞金、穀城、鍾祥、天門大水。

秋，沛縣、銅陵、阜陽大水。

四十六年五月，鶴慶、龍門、河源、蒼梧、鄒平大水。冬，霸州六州縣大水。

四十七年五月，杭州、高淳、南匯、太平、銅陵、無爲、廬江、巢縣、太湖、南陵、昆山大水。六月，太湖水溢。七月，西安、常山、江陵、上海、武進、丹陽、蘇州大水。冬，當塗、蕪湖、翼山大水。

四十八年春，潁川、阜陽、臨安大水。五月，慶元、江陵、監利、應城、荆門州、漢陽、漢川、孝感、潛江、光化大水。六月，婺源大水，漂没田廬； 黄河溢； 灤河溢； 東安、單縣、台州大水。

四十九年八月，銅陵、無爲、舒城、巢縣、嵊縣大水。十一月，棗强、霸州、慶雲、崇陽大水。

五十年五月，沂水大水。十月，平陽大水，漂没居民數百人。

五十二年五月，海陽、興安、鶴慶大水，石城河決，浸入城，田舍漂没殆盡； 贛州山水陡發，沖圮城垣。八月，台州、廬州大水。

五十三年五月，石城、肅□大水。

五十四年春，梧州、鎮安府、昆山大水，江夏七州縣大水。四月，全州大水，城内深四五尺。五月，澄海大水，堤決； 丘縣、壽光、獲鹿、獻縣、武定、濱州、海豐、陽信大水； 長山河溢，湧起數丈。六月，蘇州大水，城水深五六尺，廬舍田地沖没殆盡； 杭州、枝江大水。秋，東昌河決。十一月，德平大水。

五十五年三月，黄梅、廣濟、江陵、監利大水。五月，昌化、常山、寧武、建昌、丘縣、樂安大水； 漳水決，寧陽、濟寧、汶上均受其災； 崇陽、黄陂、天門、銅陵、太湖大水。九月，濟南府屬大水； 潛山江水泛溢，田廬盡淹。

五十七年三月，萬全、光化大水。五月，大埔大水。六月，旌德大水，漂没人民橋樑無算； 海豐、普寧、嘉應州、黄定縣、崇陽大水。秋，黄陂大水。

五十八年正月，清河大水。七月，福山、日照、濰縣大水； 膠州大水，平地深丈餘，漂没廬舍無算，城垣崩圮。

五十九年五月，龍川、海陽、澄海、慶元、桐鄉、高郵大水。六月，石首大水，漂没民居殆盡； 蒲圻、漢陽、漢川、沔陽大水。七月，横州、宣化、隆安、永淳、蒼梧大水。

六十一年六月，東阿河決； 沂水河決，山東曹、單、濮等州縣均受其災； 海州海溢； 齊河金龍口河決。

雍正元年夏，東流、房縣大水； 海陽韓江漲，保康水溢。七月，上海、大埔大水。

二年二月，饒陽、肅宣、新樂、三河、寧河大水。四月，饒平大水。五月，澄海大水，堤決四十餘丈； 光化漢水溢，傷人畜禾稼； 房縣大水入城，漂没民居甚多； 穀城大水，一月始退； 潛江、天門大水入城； 鍾祥大水，堤決； 沔陽、江陵、慶元大水。六月，東阿河決，陸地行舟。

七月，泰州海水泛溢，漂没官民田八百餘頃；　南匯大風雨，海潮溢，田廬鹽場人畜盡没；　海寧海潮溢，塘堤盡決；　餘姚海溢，漂没廬舍，溺死二千餘人；　海鹽海水溢；　太湖溢；　定海大風海溢，漂没廬舍；　鎮海大風雨，海水溢；　鄞縣、慈谿、奉化、象山、上虞、仁和、海寧、平湖、山陰、會稽、嵊縣、永嘉，於七月十八日同時大水。八月己丑，蘇州海溢；　樂清大水；　即墨大水，民舍多圮。十二月，漢水暴發入城。

三年正月，寶坻大水。二月，濟南、齊河、濟陽、德州大水。四月，廣州西江水溢。五月，饒平大水。六月，沂州河決；　武强滹沱河溢，平地水深數尺，田禾盡淹没；　普宣大水；　澄海大水，堤決五百丈。八月十五夜，大埔大水，陸地行舟；　曲陽、武强、雞澤、邢台、棗强、薊州、清苑、遵化州大水；　新安大水，南北堤同日決。

四年，濟南府屬大水。六月，大埔、應城、黃梅、黃岡、江陵、監利大水；　蘄州江水高起丈餘；　天門大水，陸地行舟。七月，嘉應、信宜、慶陽、漢陽、漢川、黃陂、江夏、武强、祁州、唐州、黃安、平鄉、饒平、蒼梧、普宣、濟寧州、兗州、東昌大水；　崇陽蛟起，水浸入城。八月，桐鄉、南昌、新建、豐城、進賢、清江、新淦、建昌、德化、高淳、鶴慶大水。十二月，曹縣、單縣、菏澤、兗州、東昌大水。

五年，漢水溢，武昌、安陸、荊州三府堤決。五月，蒼梧、安南、荊門州、黃岡、蘄州、廣濟大水。六月，平魯山水暴發，漂没民居；　慶陽、蒼梧、石城大水。七月，臨安、孝豐兩縣蛟出，山水陡發，餘杭、新城、安吉、德清、武康俱被水；　蘄州江水漲；　羅田、石首、公安、廣濟、嵊縣、安肅、容城大水；　霍山蛟發水，黃河高數丈，沿河居民漂没甚衆。十月初三日，昌邑海溢，人多溺死；　高郵、銅陵、廬江、舒城大水。

六年，崇陽、漢陽、潛江大水。

七年五月，大庾、南康大水。

八年五月，蘇州、震澤大水。（八年）六月，武定、濱州、海豐、利津、霑化、滕縣、寧陽、兗州大水；　濟南小清河決，傷禾稼；　萊州霪雨兩月，河水暴發，田禾漂没，民多溺死；　衡水、沙河、雞澤、大名、順德、廣平、永年、高苑、博興、樂安大水；　慶雲北河溢，清淵黃河、無定河溢[一]，漂没人畜。

九年春，樂安、壽光、東昌、長寧、慶雲大水。四月，宜昌溪水暴溢，壞民田。六月，碭山、長山大水。十月，濟南、鄒平大水。

十年四月，富川大水。五月，瓘眉大水，沖塌房七十九間，淹斃人口九十五口；　滎經、雅安、南安、南昌、撫州、瑞州、吉安大水。六月，黃岡大水。七月，蘇州大風

[一] 清淵黃河、無定河溢　常見本將『清淵』亦視作河流，誤。本文所指爲位於清淵縣的黃河與無定河泛溢。

雨，海溢，平地水深丈餘，漂没田廬人畜無算；　鎮洋颶風，海潮大溢，傷人無算；　昆山海水溢；　寶山颶風兩晝夜，海潮溢，高丈餘，人多溺斃；　嘉定海溢；　崇明海溢，溺人無算；　青浦大風海溢。　八月，昆山海水復溢，溺人無算。

十一年，武强、邢台、饒陽、豐潤、薊州、肅寧、沙河、盧龍、昌黎、獻縣大水；　三河寧河溢[一]；　沙州山水驟發，沖塌民房五百七十餘間。　八月，剡城、高淳大水。

十二年三月，懷安大水入城。

乾隆元年，鍾祥漢水溢；　漢川、江陵、沔陽、天門大水。　七月，鄞縣海水溢，慶元大水。

二年二月，樂清、永嘉、瑞安大水。　五月，鳳台、黄岡大水。　七月，武强、饒陽、獲鹿、欒城、平山、景州、容城、獻縣、新樂、新河、高邑、順天、莘縣大水，東昌衛河決。

三年七月，黄岡、麻城、柏鄉、肅寧、滄州、武强、東安、新安、饒平、獻縣、遂寧、合江、邢台大水；　渾河溢，秋禾被災者一百九十村；　深澤、無極滹河水溢。

四年四月，亳州河決，潁上、阜陽、五河大水。　秋，陽穀、壽張大水，禾盡淹；　潤德泉溢。

六年四月，鍾祥、天門、沔陽大水。　五月，龍川、潮陽、寧都大水。　七月，永嘉海溢，瑞州海溢，寶山海溢，蒼梧、湖州大水。　八月，鍾祥南郊大水。

七年六月，光化、宜城、江陵、枝江、南安府屬、永寧大水，游水發，田廬盡没。　七月，鹽城河決，毁民居數萬間；　銅山河決，漂没廬舍；　安丘水溢六七里，人有溺斃者；　膠河溢；　剡城、袁州、江夏、嘉魚、東流、漢陽、漢川、黄陂、孝感、鍾祥大水，潁上、五河、亳州大水。

八年夏，黄岡、宜都、興國、高淳大水。

九年，天津、河間、霸州、撫寧大水。　五月，澄海大水；　東林堤決六十餘丈，沖倒民房數百間；　大埔洪水入城，漂没民房一百九十餘間。　六月，漢川、遂寧、簡州、江、新繁、彭水、什邡、羅江、彭山、青神、樂山、仁壽、資陽、崇慶、綿州、邛州、成都、華陽、金堂、新都、郫縣、崇寧、温江、新繁……

射洪大水，溺死居民六百餘人。　七月，當陽江水暴發，田禾盡淹；　紹興、徽縣岩水發，海溢，田禾盡淹；　常山大水，溺人無算；　淳安江濤暴漲，城市淹没；　桐廬江水驟漲，市城水高二丈，凡浸五日方退；　昌化、建德、嘉善大水。

十年四月，西桂、普安州大水，潛江、沔陽等九州縣大水。　五月，泰州海溢；　亳縣水災；　七沃、滄河大水，淹没人畜無算；　渭水溢；　秦州藉水溢；　白沙北堤決，水入城，民居漂没甚多；　隴石、棗陽、江陵大水。　十一月，濟南大水。

[一] 三河寧河溢　常見本將「三河」亦視作河流，誤。本文所指爲位於三河縣的寧河泛溢。

十一年，棗陽、潛江、沔陽、袁州、高苑大水。六月，連州、臨武大水。七月，鳳陽、潁上、亳州大水。十月，江陵、萬城堤潰，潛江被水災甚重。十一月，即墨大水。

十二年五月，遊仙山水驟發。六月，應州、渾源、大同三州縣大水。七月，海寧潮溢；鎮海海潮大作，沖圮城垣；蘇州颶風海溢；常熟、昭文大水，淹没田禾四千四百八十餘頃，壞廬舍二萬二千四百九十餘間，溺死男女五十餘人；崑山海溢，傷人無算；泰州大風潮溢，淹鹽城，傷人甚多；棗陽大水，淹没田禾；濟陽、德平、平原、霑化、兖州、濟寧州、嘉祥、郯城、莒州、蒙陰、日照、蘭山大水；東□、赤城水災。

十三年五月，日照海溢、金鄉、魚台、濟寧州、寧陽、范縣、壽光、膠州、岐山、潤德、肥城、潛江、漢川、天門、沔陽、江陵、監利大水，太原汾水溢。九月，鄖西、房縣大水。

十四年三月，壽光海溢，海豐、全州、太湖大水。八月，宜都漢水漲，沖没民居百餘家；沔陽、潛江、天門、江陵、監利、漢川大水。

十五年三月，平遠大水，連日洪水漲發，壞田屋，漂没人畜無算。五月，樂亭海潮，運河上，田禾盡淹；英山大水，淹没田廬；肅寧、阜平、武進、阜陽大水；淳安水驟發，田禾淹没。六月，日照水溢；隨州湞水溢，壞民田舍；富平、容城、祁州大水。

十六年三月，濰縣海水溢；掖縣大風雨，海水溢，漂没人畜。四月，平度海溢；兖州府屬大水。七月，東昌、日照、利津、霑化、惠民、蒲台、壽光、永樂大水，灤州河溢。

十七年正月，鄖縣、鍾祥、京山等十六州縣大水。四月，洛川水。六月，雷州、文登、榮成、遵化、陵縣、臨邑大水。七月，仁和、海寧水驟至，田禾盡淹。八月，襄陽、棗陽、宜城、穀城、均州、龍川大水。冬，桐鄉南柵大水。

十八年二月，峽江、潛江、沔陽、天門、吉安、蘄水大水。六月，饒平大水，漂没民房五百六十餘間。八月，海豐、利津海溢，壽光海溢，濱州、霑化、蘭山、郯城、日照大水。九月，淮水溢，壞民舍；涑水漲，淹没西王等村；太湖、鳳陽、五河大水；信宜大水，淹没廬舍二百餘間，男婦五十餘口。十月，黄河溢，漂没民舍甚多；慶雲大水。十二月，天門江溢。

二十年，金鄉、魚台、潛江、沔陽、荆門、江陵、監利、光化大水。十二月，潛江團湖垸堤潰，光化、壽州、鳳陽、潮州大水。

二十一年十二月，五河、德州、金鄉、魚台、壽張大水，東昌衛河決。

二十三年，青浦、金鄉、魚台、濟寧州大水，普寧大水入城。

二十四年八月，泰州大風潮溢，淹没禾稼；臨清衛河決；太湖、潛山大水。

二十五年五月，慶元、洵陽、柏鄉大水。秋，屏山縣百溪水暴漲。

二十六年五月，潛江、沔陽等七州縣大水。六月，南宮河水溢；雲夢河水漲，高湧丈餘，田宅盡淹，死者無算；峽江大水溢；江陵、婁縣、固安、永清、寧河、文安、望都、容城、盧龍大水；樂陵、金鄉、魚台、寧陽、汶上、壽張大水。八月，東昌衛河決。

二十七年四月，慶雲、棗强、安肅、望都大水。七月，丘縣漳水溢，淹没田禾；海鹽潮溢塘圮，水入城，漂没民居；仁和、錢塘、海寧、餘杭大風雨，山水驟發，竈場、田禾盡淹；平湖、蒲台、義烏、青浦、東昌、德平、黄縣大水。

二十八年五月，瑞安潮溢，陸地行舟；資陽大水。

二十九年二月，南昌、吉安、九江、漢陽、漢川、武昌、江夏大水。四月，黄安、黄州、黄岡、蘄水、廣濟、石首大水；洞庭湖漲，漂没民居無算。五月，宣平、達州大水。

三十年三月，長清、惠民、諸城大水。七月，府穀河漲；薊州大水；北山蛟水陡發，漂没房舍。

三十一年秋，東昌衛河決，濟南、禹城、惠民、商河、利津、金鄉、魚台大水。

三十二年，江夏、武昌、黄陂、漢陽、荆門州、黄岡、蘄水、羅田、廣濟、江陵、枝江大水。

三十三年七月，太原、武清、慶雲、寧河、南樂、安肅、望都大水。

三十四年五月，蒼梧、懷集、新樂、溧水大水。六月，太湖溢，武進、潛山、湖州、嘉善大水。十月，江夏、武昌、崇陽、黄陂、漢陽、黄岡、廣濟、江陵、枝江大水。

三十五年春，鄞縣、慶元大水。夏，古北口山水暴發，滄州、寶坻、武清、喀喇河屯廳、望都、洵陽、白河、武寧大水，鄖西漢水溢。秋，濟南、東昌大水。壽光大風雨，海溢，傷民畜無算。

三十六年正月，鳳陽大水。五月，寧陽、安丘、壽光、博興大水。秋，五河、鄒平、商河、惠民、東昌、德平大水。

四十年春，直隸省四十州縣大水。八月，河津汾水溢，近城高數尺，次日退。

四十一年六月，海子山水驟發，浪高丈許，壞城垣廬舍，人多溺死。秋，代州秋峪口河決，田廬多没。

四十四年六月，臨清衛河決；施南清江水溢；鍾祥漢水溢，入城，壞民廬舍；江陵大水，田禾盡淹；宜都、武昌大水。

四十五年三月，慶元大水。五月，袁州、義烏大水入城，鍾祥、沔陽、潛江、荆州三衛大水。六月，常山大雨，湖水暴發，民房多圮；武清、房山、滕縣大水。九月，慶元、金華大水。

四十六年十二月，宜城、江陵、壽光、博興大水。

四十七年六月十七日，鄞、涪二江漲，頃刻水高丈餘，民田廬舍淹没殆盡。中江、三台、射洪、遂安、蓬溪、鹽亭同日大水，江夏、武昌、黄陂、漢陽、安陸、德安、瑞安大水。

四十八年五月，宣平大水，漂没田禾。六月，江夏、黄梅、武昌三衛、黄岡、廣濟大水。

五十一年春，霑化、崇陽大水。八月，江陵大水。

五十三年五月，宜昌大水，沖去民舍數十間； 常山、慶元、南昌、新建、進賢、九江、臨榆大水。六月，荆州萬城堤決，城内水深丈餘，官署民房多傾圮，水經兩日始退。漳河溢； 枝江大水入城，深丈餘，漂没民居； 羅田大水，城垣傾圮，人多溺死； 江夏、漢陽九衛、武昌、黄陂、襄陽、宜城、光化、應城、黄岡、蘄水、羅田、廣濟、黄梅、公安、石首、松滋、宜都大水。七月，江陵萬城堤潰，潛江被災甚重； 漢陽大水。

五十四年五月，瑞安、寧海、東湖大水。八月，安州、臨榆大水。

五十五年七月，長清、濱州大水； 運河決，水溢，禹城、平原等縣水深數尺。八月，灤州灤河溢； 樂亭、武强、高唐大水。

五十六年正月，湖州大水。十月，即墨沽河水溢。十一月，保康大水，田廬多没。

五十七年十一月，臨江、吉安、撫州、九江大水。

五十八年春，青浦大水； 貴定大水，壞民舍。四月，隨州、黄安、南昌大水。七月，海鹽潮溢，壞民舍。大名、元城大水。

五十九年三月，衛河溢，武城大水，襄陽、光化、宜城、黄安、清苑、蠡縣、撫寧大水，滹沱河溢。

六十年五月，漢水溢，麗水、分宜、玉山、潛江、沔陽、松滋大水，朱家阜堤決。

嘉慶二年六月，武進、東平、良鄉、天津、静海、青縣、滄州大水。七月，樂亭、永清大水； 寧都霪雨，水驟發，毁民居瓦房一萬八千九百三十間，草房一千二百四十五間，淹斃男婦四千三百九十二名。

三年夏，武昌、文安大水。

四年二月，蠡縣大水。七月，長清大水。

五年，霸州、河間、任丘、隆平、晉寧、定州大水。

六年春，禹城運河決，水至城下； 長清、觀城、任丘、静海、黄縣、平鄉大水； 滹沱河溢，田禾盡没； 鎮西堤決。六月，武清、昌平、涿州、薊州、平谷、武强、玉田、定州、南樂、望都、萬全、大興、宛平、香河、密雲、大城、永清、東安、撫寧、南宫、金華大水，灤河溢，永定河溢。七月，義烏大雨，江水入城； 新城、縉雲大水。

七年四月，義烏大水，禾盡没。五月，定海大水，田禾盡没。七月，新城大水，漂没民房一萬七千餘間； 漢川、沔陽、鍾祥、京山、潛江、天門、江陵、公安、監利、松滋等州縣連日大雨，江水驟發，城内水深丈餘，公安尤甚，衙署民房城垣倉廒均有倒塌，而人畜無損。九月，郧西大水，鍾祥大水，堤決。

八年五月，隨州大水。冬，黄河溢，大水； 東阿河決，壞民田廬舍；　東昌河決；　蒲台、利津、濱州、霑化、雲夢、范縣、觀城大水。

九年三月，南昌、撫州、贛州、九江大水。

十年六月，文安、安州、新城、霸州大水。

十一年七月，温州、寧波、鍾祥、珙縣大水。

十三年三月，武進、望都、清苑、定州大水。五月，新城、慶元大水。七月，慶元復大水。九月，南宫、袁州、九江大水。

十四年四月，望都、房縣大水。六月，南宫大水。

十五年四月，新林、宜城大水。六月，濟南大水。七月，永定河溢，南宫、平度、廣元、鹽源大水。十月，宜城大水。

十六年四月，保定、文安、大城、固安、永清、東安、宛平、涿州、良鄉、雄縣、安州、新安、任丘大水。秋，肥城、即墨、平度、寧海大水。

十七年春，南昌、臨江大水。五月，竹溪大水入城。六月，麗水、房縣大水。

二十年四月，歷城、長清大水。

二十二年七月，宜城、穀城、嬰武大水。

二十四年二月，黄縣大水，沖塌民房，人多溺死。四月，唐山、灤州大水。

二十五年，宣化、寧晉、寧河、寶坻、文安、東安、涿州、高陽、安州、静海、滄州、埠山、大名、南樂、長垣、保安、萬全、懷安、西寧、懷來、新河、豐潤大水。六月，麗水大水。

道光元年三月，寧津大水。五月，保康、隨州、博興、即墨大水。秋，濟南、惠民、商河、霑化、潛江、任康大水。

二年正月，鍾祥大水，堤決；　潛江大水。五月，光化漢水溢；　竹山、鄖縣大水。六月，武城河決；　武强河水溢；　清苑、唐山、蠡縣、任丘、曲陽大水。七月，定遠廳、應城大水。八月，霑化徒駭河溢；　東昌衛河決，壞民田；　長清、日照、菏澤、觀城、鉅野大水。

三年三月，石首、江陵大水；　郝穴堤淤；　平鄉、固安、武清、平谷、清苑、蠡縣、任丘、青縣、曲陽、玉田、霸州大水。六月，武城河決；　江山、黄梅、鉅野、通州大水；　東昌衛河決。七月，太湖溢；　鮑家壩決，下河禾稼盡淹，蘇州、高淳大水。

四年二月，大興、宛平等九州縣大水。

七年五月，房縣汪家河水溢，壞田廬無算；　西河水溢入城；　蘄州大水，漂没田廬人畜；　江陵大水。六月，枝江大水入城；　日照大水。八月，崇陽山水陡發，城中水深數尺；　潛江大水堤潰。

九年秋，霑化、長清大水。

十年五月，通山水陡發高數丈，淹没田廬人畜無算；　崇陽大水。六月，枝江大水入城，漂没田廬；　宜都、興山大水。

十一年，貴築、黄安、黄岡、麻城、蘄水、公安、宜都大水；石首堤潰。六月，雲夢堤決，漂没田廬無算；房縣、安陸大水。七月，日照、清苑、惠民、商河、霑化、高淳、武進大水。八月，鍾祥大水漫堤，黄陂、漢陽大水。十一月，陸河水大漲，房縣、黄州、應山、武昌、南昌、南康、瑞州、袁州、饒州、撫州、文安、清苑大水。

十二年夏，松滋堤決；江夏、應山、麻城、鄖縣大水，民房多壞；玉田大水。七月，鍾祥大水，堤決；漢江暴漲，城圮二百四十餘丈，溺人無算；堵水溢，壞官署民房過半；襄陽、宜城大水。八月，均州漢水溢入城，深七尺，民房坍塌無算；應城水溢，青田大水。九月，觀城、鉅野大水，武城河決。

十三年春，平鄉大水。四月，貴溪、江山、咸寧、江夏、黄陂大水；武昌大水至城下。五月，公安、宜都、歸州大水。六月，漢江溢；黄岡、蘄州、黄梅大水；大興、宛平、望都、撫寧、石首、公安、松滋大水。五月，麗水、孝義大水。六月，榆林大水，淹没田禾；縉雲大水。

十五年五月，沔縣漢水溢，漂没田廬；鍾祥大水。七月，霑化、蒲台、邢台大水。

十六年春，寧海海溢，淹没民田。七月，鍾祥大水堤潰。

十八年六月，宜都水溢，南陽淹没民居甚多。七月，恩施清江水溢。

十九年正月，惠民、霑化、濟寧州大水。三月，枝江大水入城，公安、松滋、鄖西大水。四月，鍾祥大水堤潰。六月，武昌、臨江大水；文昌、天門、公安、枝江、宜都、松滋大水。六月，汶水溢；臨邑、陵縣大水；玉田大水，相繼五年，被災甚重。秋，静海溢，禾稼盡没；霑化大水；沔縣漢水溢。

二十一年夏，武昌、黄陂、漢陽、松滋、黄州、鍾祥大水。

二十二年五月，江陵大水入城，松滋大水。

二十四年七月，嵊縣堤潰，溺死七十餘人；江陵大水，城圮；松滋、枝江大水入城；南昌、袁州、饒州、南康、惠民、霑化、蒲台大水。

二十五年六月，東平大水。七月，青縣、縉雲、雲和、太平、公安大水，欒亭海溢。

二十六年正月，灤河溢。五月，枝江大水入城；青浦大水，漂没數千家。六月，汶水漲，堤決；青縣大水。

二十七年，鹽山等二十六州縣大水。

二十八年，松滋、安陸、隨州大水；黄州大水至清源門；保康大水，田廬多損。六月，南昌、袁州、饒州、南康、陵縣大水；雲夢山水陡漲，堤盡潰；咸寧、江夏、黄陂、漢陽、高淳、武清大水；蒲圻水漲，高數丈。十二月，隨州、應山、黄岡、江陵、公安大水。

二十九年四月，應山大水，居民漂没無算；黄岡大水入城；蘇州、嘉興大水；湖州大水，田禾盡淹。五月，興安、黄陂、漢陽大水，巒水溢。六月，公安、羅田、麻城、蘄水、歸州、宜昌、蒲圻、咸寧、安陸大水，黄州大水入城，枝江大水入城。七月，三原河溢，漂没田舍，溺人甚多； 日照大水； 武昌大水，陸地行舟。十二月，桐鄉大水，田禾盡淹。

三十年六月，黄河漲，漂没田廬無算； 青田、東平大水。

咸豐元年正月東平，夏太平大水。秋，懷州大水。

二年六月，平河、高陽大水。七月，鍾祥、穀城、襄陽、潛江、公安大水。

三年三月，麗水大水。五月，孝義廳、嵊縣、太平大水。六月，左田、如德山水暴漲，平地深丈餘。七月，保定府屬大水； 宜城漢水溢，堤潰，城垣圮一百五十丈； 均州大水入城。

四年五月，松陽大水； 廣昌蛟出水，西南北三面城圮，淹斃男婦以萬計，官廳、民舍僅存十之一二。秋，保定府屬大水。

五年七月，麗水、雲和大水； 景寧山水暴發，田廬盡壞，黄陂、麻城、黄岡、蘄州、廣濟陂塘水溢。十二月，鍾祥水暴溢。

六年五月，嵊縣、太平大水。

七年夏，松滋、枝江大水。七月，縉雲、濱州大水。

八年十二月，江陵、松滋、公安大水。

十一年六月，鍾祥大水堤潰。七月，景寧大水。

同治元年五月，公安大水，日照大水。秋，臨江大水。

二年春，湖州海水溢。六月，鍾祥大水； 潛江高家拐堤決； 保康大水，淹没田舍； 公安大水。秋，鄖西大水。

三年夏，公安大水。秋，鄖西大水。

四年四月，公安大水。

五年夏，公安、德安、崇陽、咸寧大水。九月，臨江、江夏大水。

六年三月，羅田大水。五月，江陵、興山大水。八月，宜城漢水溢，入城深丈餘，三日始退； 襄陽、穀城、定遠廳、沔縣、鍾祥、德安大水； 潛江朱家灣堤潰。九月，臨邑大水，黄河溢。

九年六月，滹沱河溢； 宜城漢水溢； 公安、枝江大水入城，漂没民舍殆盡； 歸州江水暴溢； 黄岡、黄州大水。秋，孝義廳、武昌、黄陂大水。

十年夏，武清、平谷大水。秋，公安大水，泗河堤潰。

十一年三月，公安、枝江大水。六月，滹沱河溢，漫入滋河； 直隸諸郡大水； 高淳、甘泉、臨朐大水。

十二年六月，公安大水。秋，臨朐、高淳大水，灤河溢，青縣黑港河決。秋，潛江大水。

十三年五月，公安大水。秋，甘泉、孝義大水； 潛江大水深丈餘，宣平北門外洪水泛濫，水高丈許，沖塌民房八十餘間，男婦二十餘人。

光緒元年二月，青浦、魚台河決，境內淹没過半；潛江大水。

二年五月，南昌、臨江、吉安、撫州、饒州、南康、九江、潛江大水。六月，青田、宣平大水。八月，邢台白馬河溢。

三年五月，宣平大水。

四年夏，常山大水入城，南昌、臨江、吉安、撫州、南康、九江、饒平、廣信、武昌大水。

五年五月，玉田薊運河決；階州大水；文縣大水，城垣傾圮，淹没一萬八百三十餘人。六月，文縣南河、階州西河先後水漲，淹没人畜無算。

八年三月，武昌、德安大水；常山大水，田禾盡淹，秋復大水。

九年正月，玉田、孝義廳、臯蘭、順天大水。

十一年五月，黄河溢，惠民徒駭河溢，霑化大水。

十三年秋，灤州、洮州大水。

十八年六月，南樂衛河決，洮州大水。

二十年七月，太平、松門溢，堤盡潰；南樂衛河決。

宣統元年六月，蘭州黄河漲，泰安大水。

整理人：蔡蕃，中國水利史專家。曾出版《北京古運河與城市供水研究》《元代水利家郭守敬》《京杭大運河水利工程》等著作。

歷代水利法規選編

蔣超　曹政雲　張彥平　整理

整理説明

在人類文明史中，從開始定居生活，社會生産由以漁獵爲主轉爲農耕爲主，對水資源的合理分配和利用就成爲一個重大的社會問題。人們在生産實踐中獲得了種種經驗，並形成了約束有關各方的條例。這可以説是水利法規的起源。

我國水利管理規章，從春秋時期『無由防』條約算起，已有二千五百年以上的歷史。西漢時有倪寬『定水令』、召信臣『作均水約束』的記載。至唐代，我國封建制度的法律已相當完備，水利立法也達到一個高峰。除了《唐六典》《唐律疏議》中有關於水利的處罰條文外，更出現了《水部式》這樣內容豐富翔實的專業水利法規。它也是我國兩千年封建時代中唯一一部國家級水利法規，以後各代的法律，多以唐律爲藍本，但均未有類似《水部式》的水法出現。

我國的許多古代工程，不僅有相當詳盡的文獻記載，還有系統的管理規章。對工程效益的分配、管理方法、維修經費分攤等方面都有切實可行的成文規定，這是我國水利事業持續發展的重要條件。

我們初步整理彙編了自唐代開始的一些有代表性的水利法律法規，提供給廣大水利工作者和研究人員使用。其中包括了唐代的《水部式》、北宋的《農田利害條約》、南宋的《慶元條法事類》、元代的《通制條格》、西夏的《天盛改舊新定律令》，以及明、清《會典》及《則例》中與水利相關的法規內容。

此外，民國時頒行的《水利法》及《實施細則》是我國水法史上的重要里程碑，也一併收入。

另外一部重要的防洪法典——金代的《河防令》，因現存於《河防通議》一書中，而該書是關於黄河的重要歷史文獻，故未收入到水利法規系列中，讀者可參閲《中國水利史典·黄河卷一》。

《明會典》以及《乾隆清會典及會典則例》中有關運河、漕運內容的點校工作由曹政雲、張彦平承擔，蔣超、蔡蕃、段天順審稿。其他部分由蔣超承擔點校工作，蔡蕃、鄭連第、段天順審稿。限於水準，不當之處，歡迎批評指正。

整理者

目録

唐水部式輯録

整理説明

唐《水部式》是見於文獻記載的由中央政府作爲法律正式頒佈的我國第一部水利法典，是唐代水利管理的一項重要創舉。

唐代的基本法分爲律、令、格、式。『凡律以正刑定罪，令以設範立制，格以禁違正邪，式以軌物程事。』令、格、式不止是研究唐制的原始資料，而且是具有法的性質的原始資料，特别明晰而準確。在武德初年（六一八年）即已修定，頒佈施行。《唐六典》所載令、格、式應該是開元七年的，因爲開元十年開始撰著《六典》。《水部式》全文已佚，在《唐六典》卷七，『尚書工部』中摘録了部分内容。

一八九九年在甘肅省敦煌縣鳴沙山千佛洞發現古代封藏於洞内的六朝唐代寫本，其中《水部式》爲法國人伯希和盜走，現藏於法國國家圖書館，民國初年由羅振玉影印，收入《鳴沙石室佚書》中。現在所見《水部式》殘卷，首尾俱缺，不見書題。其中的第三條前七十二字，與《白氏六帖》所引《水部式》文字大致相同。可以肯定，此殘卷正是已佚失的唐《水部式》。這部分内容共二十九自然條，約二千六百餘字。其内容包括農田水利管理，碾磑設置及其用水量的規定，運河船閘的管理及維護，橋樑的管理及維修，内河航運船隻及水手的管理，海運管理，漁業管理以及城市水道管理等内容。

對《水部式》殘卷，羅振玉在《鳴沙石室佚書》中，最早作了介紹和初步研究，並以《水部式》校勘《唐六典》，提出了唐代海運的幾種資料。一九三六年，日本學者仁井田陞發表《敦煌發現唐水部式研究》（載《服部先生古稀祝紀念論文集》），該文對『式』這一法律形式的起源、流變及唐式的内容進行了周詳的論證，其創見之處是對羅振玉未考證出來的敦煌《水部式》殘卷所屬年代問題，提出了是開元七年《水部式》的結論。該文還對照《唐六典》作了唐《水部式》的復原工作。那波利貞《唐代有關農田水利的規定》（日本《史學雜誌》五四期，一九四三年）一文利用敦煌《水部式》殘卷論述了唐代的農田水利管理狀況。王永興《唐開元水部式校釋》（《敦煌吐魯番文獻研究論集》（三），北大出版社，一九八六年）根據原卷照片及相關文獻，對開元《水部式》進行了互校，並加以詳盡注釋，同時就番役、造舟爲梁等問題進行了探討。周魁一《水部式與唐代的農田水利管理》（載《歷史地理》第四輯，上海人民出版社，一九八六年）考察了唐代以《水部式》爲代表的水利法規制定情況，並就敦煌《水部式》殘卷中的農田水利條款及《水部式》在水利管理中的地位和意義進行了探討。文章指出，水利事業關係到鞏固封建統治秩序的問題，唐代以《水部式》爲代表的水利法的制定和公開頒佈，使水利管理工作有法可依，有章可循，這對於合理利用水資源，充分發揮水利工程的效益至關重要，是唐代立法的一個重要進步。

爲方便讀者，我們還摘録了《唐六典》卷七『工部』中記載的《水部式》有關文字，宋刻《白氏六帖事類集》（芹圃影印江安傅氏藏本）卷二三『水田』中記載的《水部式》的文字，以及《劉夢得文集·高陵令劉君遺愛碑》提到《水部式》的文字。

從保存文獻與便於研究出發，文後附録了唐《水部式》殘卷書影和羅振玉《鳴沙石室佚書目録提要·水部式》，供讀者閱讀參考。

一〔一〕、涇、渭白渠及諸大渠用水溉灌之處，皆安斗門，並須累石及安木傍壁，仰使牢固。不得當渠造堰。諸溉灌大渠有水下地高者，不得當渠〔造〕〔二〕堰，聽於上流勢高之處爲斗門引取。其斗門皆須州縣官司檢行安置，不得私造。其傍支渠有地高水下，須臨時蹔堰溉灌者，聽之。凡澆田，皆仰預知頃畝，依次取用，水遍即令閇〔三〕塞，務使均普，不得偏併。

二、諸渠長及斗門長至澆田之時，專知節水多少。其州縣每年各差一官檢校。長官及都水官司時加巡察。若用水得所、田疇豐殖及用水不平並虚棄水利者，年終録爲功過附考。

三、京兆府高陵縣界清、白二渠交口，著斗門，堰清水。恒准水爲五分，三分入中白渠，二分入清渠。若水兩〔四〕過多，即與上下用水處相知開放，還入清水。二月一日以前，八月卅日以後，亦任開放。涇、渭二水大白渠，每年京兆少尹一人檢校。其二水口大斗門，至澆田之時，須

〔一〕從一至二九條内容，據巴黎國立圖書館藏敦煌發現伯希和二五〇七號文書殘存唐《開元水部式》。原件參見附録一。本編號爲方便讀者閱讀，由整理者所加，下同。

〔二〕『渠』下當脱一『造』字。原文應爲『不得當渠造堰』。

〔三〕閇塞　即『閉塞』。『閇』字見《玉篇》。

〔四〕水兩　疑爲『水雨』或『水量』之訛。

有開下。放水多少，委當界縣官共專，當官司相知，量事開閉。

四、涇水南白渠、中白渠、南渠水口初分，欲入中白渠、偶南渠處，各著斗門堰。南白渠水一尺以上、二尺以下，入中白渠及偶南渠。若水兩過多，放還本渠。其南北白渠，雨水汎漲，舊有洩水處，令水次州縣相知，檢校疏決，勿使損田。

五、龍首、涇堰、五門、六門、昇原等堰，令隨近縣官專知檢校，仍堰別。各於州縣差中男廿人、匠十二人分番看守，開閉節水。所有損壞，隨即修理。如破多人少，任縣申州，差夫相助。

六、藍田新開渠，每斗門置長一人，有水槽處置二人，恒令巡行。若渠堰破壞，即用隨近人修理。公私材木並聽運下。百姓須溉田處，令造斗門節用，勿令廢運。其藍田以東先有水磑者，仰磑主作節水斗門，使通水過。

七、合璧宮舊渠深處量置斗門節水，使得平滿，聽百姓以次取用。仍量置渠長、斗門長檢校。若溉灌周遍，令依舊流，不得因茲棄水。

八、河西諸州用水溉田，其州縣府鎮官人公廨田及職田，計營頃畝，共百姓均出人功，同修渠堰。若田多水少，亦准百姓量減少營。

九、揚州揚子津斗門二所，宜於所管三府兵及輕疾[一]內量差，分番守當，隨須開閉。若有毀壞，便令兩處併功修理。從中橋以下洛水內及城外，在側不得造浮磑及捺堰。

一〇、洛水中橋、天津橋等，每令橋南北捉街衛士灑掃。所有穿穴，隨即陪填。仍令巡街郎將等檢校，勿使非理破損。若水漲，令縣家檢校。

一一、諸水碾磑，若擁水質泥塞渠，不自疎導，致令水溢渠壞，於公私有妨者，碾磑即令毀破。

一二、同州河西縣瀵水，正月一日以後，七月卅日以前，聽百姓用水，仍令分水入通靈陂。

一三、諸州運船向北太倉，從子苑內過者，若經宿，船別留一兩人看守，餘並關出。

一四、沙州用水澆田，令縣官檢校。仍置前官四人，三月以後、九月以前行水時，前官各借官馬一疋。

一五、會寧關有船伍拾隻，宜令所管差強了官檢校，著兵防守，勿令北岸停泊。自餘緣河堪渡處，亦委所在州軍嚴加捉搦[二]。

一六、滄、瀛、貝、莫、登、萊、海、泗、魏、德等十州，共差水手五千四百人，三千四百人海運，二千人平河。宜二

[一] 輕疾　唐代規定的三種殘廢情況之一，另外兩種分别是『廢疾』和『篤疾』。按照當時的規定，『輕疾』者也要承擔一定的雜徭。參見《大唐六典》卷三〇三《府督護州縣官吏》『縣令』條。

[二] 捉搦　檢查違禁事項。

年與替，不煩更給勳賜，仍折免將役年及正役年課役，兼准屯丁例，每夫一年各怗一丁。其丁取免雜徭人家、道稍殷有者，人出二千五百文資助。

一七、勝州轉運水手一百廿人，均出晉、絳兩州，取勳官充，不足兼取白丁，並二年與替。其勳官每年賜勳一轉，賜絹三疋、布三端以當州應入京錢物充。其白丁充者，應免課役及資助，並准海運水手例，不願代者聽之。

一八、河陽橋置水手二百五十人，陝州大陽橋置水手二百人，仍各置竹木匠十人，在水手數內。其河陽橋水手，於河陽縣取一百人，餘出河清、濟源、偃師、汜水、鞏、温等縣。其大陽橋水手出當州。並於八等以下户取白丁灼然解水者，分爲四番，並免課役，不在征防、雜抽、使役及簡點之限。一補以後，非身死遭憂，不得輒替。如不存檢校，致有損壞，所由官與下考水手決卅[一]。安東都里鎮防人糧，令萊州召取。當州經渡海得勳人諳知風水者，置海師貳人，拖師肆人，隸蓬萊鎮，令候風調海晏，併運鎮糧。同京上勳官例，年滿聽選。

一九、桂、廣二府鑄錢及嶺南諸州庸調並和市、折租等物，遞至揚州訖，令揚州差綱部領送都。應須運脚[二]，於所送物内取充。

二〇、諸溉灌小渠上先有碾磑，其水以下即棄者，每年八月卅日以後，正月一日以前，聽動用。自餘之月，仰所管官司於用磑斗門下著鏁封印，仍去卻磑石，先盡百姓溉灌。若天雨水足，不須澆田，任聽動用。其傍渠疑有偷水之磑，亦准此斷塞。

二一、都水監三津各配守橋丁卅人，於白丁、中男内取灼然便水者充，分爲四番上下，仍不在簡點及雜徭之限。五月一日以後，九月半以前，不得去家十里。每水大漲，即追赴橋。如能接得公私材木栰等，依令分賞。三津仍各配木匠八人，四番上下。若破壞多，當橋丁近不足，三橋通役。如又不足，仰本縣長官量差役，事了日停。都水監漁師二百五十人，其中長上[三]十人，隨駕京都。短番一百廿人，出虢州。明資一百廿人，出房州。各爲分四番上下，每番送卅人，並取白丁及雜色人五等已下户充。並簡善採捕者爲之，免其課役及雜徭。本司雜户、官户並令教習，年滿廿補替漁師。其應上人，限每月卅日文牒並身到所由。其尚食、典膳、祠祭、中書、門下所須魚，並都水採供。諸陵，各所管縣供。餘應給魚處及冬藏，度支每年

[一] 決卅　一種處罰，鞭笞三十。
[二] 運脚　指所需費用。
[三] 『長上、短番、明資』均爲唐代勞役制的名目。長上，即長役無番；短番，指輪番服役或短期服役者，與長上相對應；明資，是臨时短期雇用者，在雇用期間由相關官府支付工錢。參見《大唐六典》卷二三《將作都水監》『將作監令』條；《新唐書》卷四八《百官志》『將作監』條。

支錢二百貫，送都水監，量依時價給直，仍隨季具破除、見在，申比部[一]勾覆。年終具録，申所司計會。如有迴殘，入來年支數[二]。

二二、□[三]已了及水大有餘，溉灌須水，亦聽兼用。

二三、京兆府灞橋、河南府永濟橋，差應上勳官並兵部散官，季別一人，折番檢校。仍取當縣殘疾及中男分番守當。灞橋番別五人，永濟橋番別二人。

二四、諸州貯官船之處，須魚膏供用者，量須多□役當處防人採取。無防人之處，通役雜職。

二五、皇城内溝渠擁塞停水之處及道損壞，皆令當處諸司修理。其橋，將作修造。十字街側，令當鋪[四]衛士修理。其京城内及羅郭牆各依地分，當坊修理。河陽橋每年所須竹索，令宣、常、洪三州役丁匠預造。宣、洪州各大索廿條，常州小索一千二百條。脚以官物充，仍差綱部送，量程發遣，使及期限。大陽、蒲津橋竹索，每三年一度，令司竹監給竹，役津家水手造充。其舊索每委所由檢覆，如斟量牢好，即且用，不得浪有毁换。其供橋雜匠，料須多少，預申所司量配，先取近橋人充，若無巧手，聽以次差配，依番追上。若須併使，亦任津司與管近州相知，量事折番，隨須追役。如當年無役，准式徵課。

二六、諸浮橋脚船，皆預備半副，自餘調度，預備一副，隨闕代换。河陽橋船於潭、洪二州役丁匠造送。大陽、蒲津橋船，於嵐、石、隰、勝、慈等州折丁採木，浮送橋所，役匠造供。若橋所見匠不充，亦申所司量配。自餘供橋調度並雜物一事以□仰以當橋所换不任用物迴易便充。若用不足，即預申省，與橋側州縣相知，量以官物充。每年出入破用，録申所司勾當[五]。其有側近可採造者，役水手、鎮兵、雜匠等造貯，隨須給用，必使預爲支擬，不得臨時闕事。

二七、諸置浮橋處，每年十月以後，淩牡開解合水□抽正解合，所須人夫採運榆條、造石籠及絙索等雜使者，皆先役當津水手及所配兵。若不足，兼以鎮兵及橋側州縣人夫充，即橋在兩州兩縣□者，亦於兩州兩縣准户均差，仍與津司相知，□須多少，使得濟事。役各不得過十日。

二八、蒲津橋水匠一十五人，虔州大江水贛石險難□

[一] 比部　唐尚書省刑部下轄四司之一。主管諸司百寮的『倉庫出内，營造傭市，丁匠功程，贓贖賦斂，勳賞賜與，軍資器仗，和糴屯收』等多項事務的審核，參見《大唐六典》卷六《尚書刑部》『比部郎中員外郎』條。出内即出納。

[二] 此處有一行小字『此下原有斷闕不計行數』，當爲影印時羅振玉所注，並非原文。

[三] 此處原稿有缺字。今用□表示，下同。

[四] 鋪　唐代警戒之所的專稱之一。當時兩京有街鋪，依城門大小和重要程度，置大鋪、小鋪，分兵警護。參見《新唐書》卷四九《百官志》。

[五] 勾當　即『審核』。

給水匠十五人，並於本州取白丁便水及解木作充，分爲四番上下，免其課役。

二九、孝義橋所須竹(篾)配宣、饒等州造送。應塞繫(篾)船，别給水手一人，分爲四番。其洛水(篾)取河陽橋故退者充。

三〇〔一〕、白馬津船四艘、龍門、會寧、合河等關船並三艘，渡子皆以當處鎮防人充；渭津關船二艘，渡子取永豐倉防人充；渭水馮渡船四艘，涇水合涇渡、韓渡、劉控阪渡、眭城阪渡、覆籬渡船各一艘，濟州津、平陰津、風陵津、興德津船各兩艘，洛水渡口船三艘，渡子皆取側近殘疾、中男解水者充。會寧船别五人，興德船别四人，自餘船别三人。蘄州法津渡、荆州洪亭松滋渡、江州馬頰檀頭渡船各一艘，船别六人；越州、杭州、浙江渡、洪州城下渡、九江渡船各三艘，船别四人，渡子並須近江白丁便水者充，分爲五番，年别一替。

三一、凡天下造舟之梁四，河三，洛一。河則蒲津、大陽、盟津，一名河陽。洛則孝義也。石柱之梁四，洛三，灞一。洛則天津、永濟、中橋，灞則灞橋也。木柱之梁三，皆渭川也。便橋、中渭橋、東渭橋，此舉京都之沖要也。巨梁十有一，皆國工修之。其餘皆所管州縣隨時營葺。

三二〔二〕、決泄有時，畎澮有度，居上遊者不得擁泉而顓其腴。每歲少尹一人行視之，以誅不式。

〔一〕三〇條和三一條内容，據《唐六典》卷七《工部》『水部郎中員外郎』條補。

〔二〕此段文字據劉禹錫《劉夢得文集·高陵令劉君遺愛碑》，從内容看是一種原則規定，當是殘卷前面所缺内容。

附録一　《唐六典》摘録

卷七　尚書工部

工部尚書一人　侍郎一人

郎中一人　員外郎一人　主事三人　令史十二人

書令史二十一人　計史一人　亭長六人　掌固八人

屯田郎中一人

員外郎一人　主事二人　令史七人　書令史十二人

計史一人　掌固四人

虞部郎中一人

員外郎一人　主事二人　令史四人　書令史九人

掌固四人

水部郎中一人

員外郎一人　主事二人　令史四人　書令史九人

掌固四人

凡水有溉灌者，碾磑不得與争其利；自季夏及於仲春，皆閉斗門，有餘乃得聽用之。溉灌者又不得浸入廬舍，壞人墳隧。仲春乃命通溝瀆，立堤防，孟冬而畢。若秋、夏霖潦，泛溢沖壞者，則不待其時而修葺。凡用水自下始。

凡天下造舟之梁四，河三，洛一。河則蒲津、大陽、盟津，一名河陽。洛則孝義也。石柱之梁四，洛三，灞一。洛則天津、永濟、中橋，灞則灞橋也。木柱之梁三，皆渭川也。便橋、中渭橋、東渭橋，此舉京都之沖要也。巨梁十有一，皆國工修之。其餘皆所管州縣隨時營葺。河陽橋所須竹索，令宣、常、洪三州役工匠預支造，宣、洪二州各大索二十條，常州小索一千二百條。大陽、蒲津竹索，每年令司竹監給竹，令津家水手自造。其供橋雜匠，料須多少，預申所司，其匠先配近橋人充。浮橋脚船，皆預備半副；自余調度，預備一副。河陽橋船於潭、洪二州造送；大陽、蒲津橋於嵐、石、隰、勝、慈等州采木，送橋所造。河陽橋置水手二百五十人，大陽橋水手二百人，仍各置木匠十人，蒲津橋一十五人。孝義橋所須竹索，取河陽橋退者以充。其大津無梁，皆給船人，量其大小難易，以定其差等。白馬津船四艘，龍門、會寧、合河等關船並三艘，渡子皆以當處鎮防人充；渭津關船二艘，渡子取永豐倉防人充；渭水馮渡船四艘，涇水合涇渡、韓渡、劉控阪渡、眭城阪渡、覆籬渡船各一艘，濟州津、平陰津、風陵津、興德津船各兩艘，洛水渡口船三艘，渡子皆取側近殘疾、中男解水者充。會寧船别五人，興德船别四人，自餘船别三人。蘄州江津渡、荊州洪亭松滋渡、江州馬頰檀頭渡船各一艘，船别六人；越州、杭州、浙江渡、洪州城下渡、九江渡船各三艘，船别四人，渡子並須近江白丁便水者充，分爲五番，年别一替。

卷二三　將作都水監

都水監：使者二人，正五品上。本《周官》川衡之職。漢太常、大司農、少府、内史、主爵中尉。其屬官各有都水長、丞。武帝置水衡都尉，掌上林苑，有五丞，其屬官有上林、均輸、御羞、禁圃、輯濯、鍾官、辯銅令、丞；又衡官、水司空、都水、農倉，又甘泉上林、都水七官長、丞皆屬焉。至成帝，以都水官多，置左、右使者各一人，則劉向護左都水使者是也。至哀帝，罷之。王莽改水衡都尉曰予虞。後漢省都水以屬郡國，而置河堤謁者五人。魏因之，又兼有水衡都尉，主天下水軍舟船器械。晉置都水臺都水使者一人，掌舟楫之事，官品第四； 又有左、右、前、後、中五水衡。《晉起居注》及元康《百官名》： 陳慎、戴熊俱以都水使者領水衡都尉。 宋孝武帝省都水臺，置永衡令。 齊氏複置都水臺使者一人。 梁武帝天監七年改爲太舟卿，爲冬卿，班第九，吏員依晉，又加當關四人。 陳因之。 後魏亦二官並置建，都水使者正第四品中，水衡都尉從五品中； 太和二十二年，都水使者從五品，而省水衡。 北齊都水臺使者二人，後周有司水中大夫一人。 隋都水臺使者二人，從第五品，有丞、參軍、河堤謁者、録事，掌船局都水尉、諸津尉、丞、典作、津長等。 開皇三年，省都水入司農，十三年複置。 仁壽元年，改爲都水監； 煬帝複爲使者，正五品，統舟楫、河渠二署。 大業五年，又改使者爲監，加至四品； 又置少監，爲五品。 複改監爲令，從三品； 少監爲少令，從四品。 皇朝改爲都水署，隸將作，令從七品下。 貞觀中，複改爲都水使者，從五品上。 龍朔二年改爲司津監，咸亨元年複爲都水使者。 光宅元年改爲水衡都尉，神龍元年復舊。

都水使者掌川澤、津梁之政令，總舟楫、河渠二署之官屬，舟楫署開元二十三年省。 辨其遠近，而歸其利害； 凡漁捕之禁，衡虞之守，皆由其屬而總制之。 凡獻享賓客，則供川澤之奠。 凡京畿之內渠堰陂池之壞決，則下於所由，而後修之。

每渠及斗門置長各一人，以庶人年五十已上並勳官及停家職資有幹用者爲之。 至溉田時，乃令節其水之多少，均其溉灌焉。 每歲，府縣差官一人以督察之； 歲終，録其功以爲考課。

丞二人，從七品上；《漢書》都水、水衡皆有丞。 後漢省。 晉初置都水使者，有參軍二人，蓋丞之職也。 宋因之。 孝武帝省都水臺，置水衡令，亦無丞。 梁天監七年置太舟卿，始置丞一人，班第一。 陳因之。 後魏都水有參事六人，北齊有參事十人，並丞之任也。 隋初，置都水臺，有丞二人，正第八品上； 大業三年，加從七品。 皇朝改爲都水署，丞從八品下。 貞觀中，改爲使者，以署爲監，加丞秩至從七品上。 主簿一人，從八品下。《晉令》： 『水衡都尉置主簿一人。』又： 『左、右、前、後、中五水衡皆有主簿。』梁天監七年，太舟主簿七班之中第三，與宗正主簿同。 後魏、北齊並不置。 大業中置主簿一員，皇朝因之。 丞掌判監事。 凡京畿諸水，禁人因灌溉而有費者，及引水不利而穿鑿者； 其應入內諸水，有餘則任王公、公主、百官家節而用之。 主簿掌印，勾檢稽失。 凡運漕及漁捕之有程者，會其日月，而爲之糾舉。

舟楫署： 令一人，正八品下； 漢中尉屬官有都船令、丞，水衡都尉有輯濯令。 晉水衡令各有舷曹吏。 齊職儀有船官典軍一人。 後周有舟工中士一人。 隋都水使者領掌船局都尉二人，煬帝改爲舟楫署令一人，皇朝因之。 丞二人，正九品下。 漢有都船丞、輯濯丞。 隋煬帝置舟楫署丞二人，皇朝因之。 舟楫令掌公私舟船及運漕之事； 丞爲之貳。 諸州轉運至京、都者，則經其往來，理其隱失，使監漕監之。

河渠署： 令一人，正八品下； 秦及兩漢都水、水衡屬官有河堤謁者，則河渠署令也。 隋煬帝取《史記·河渠書》之義以名署，置令一人，皇朝因之。 領河堤謁者、魚師。 丞一人，正九品下。 隋煬帝置河渠署丞一人，皇朝因之。 河渠令掌供川澤、魚醢之事； 丞爲之貳。 凡溝渠之開塞，漁捕之時禁，皆量其利害而節其多少。 每日供尚食魚及中書門下官應給者。 若大祭祀，則供其乾魚、魚醢，以充籩、豆之實。 凡諸司應給魚及冬藏者，每歲支錢二十萬送都水，命河渠以時價市供之。

諸津：令一人，正九品上；《列女傳》有道津吏女，自後無聞。《晉令》：諸津渡二十四所，各置監津吏一人。北齊三局尉皆分司諸津、橋之事。後周有掌津中士一人，掌津渡、川瀆之制，而爲之橋樑。隋都水領諸津：上津，每尉一人、丞二人；中津，尉、丞各一人；下津，尉一人。每津典作一人、津長四人。皇朝改置令、丞。丞一人，從九品下。皇朝因隋置。諸津在京兆、河南界者隸都水監，在外者隸當州界。諸津令各掌其津濟渡舟梁之事，丞爲之貳。

附録二　《唐開元水部式》殘卷書影

摘自《鳴沙石室遺書正續篇》

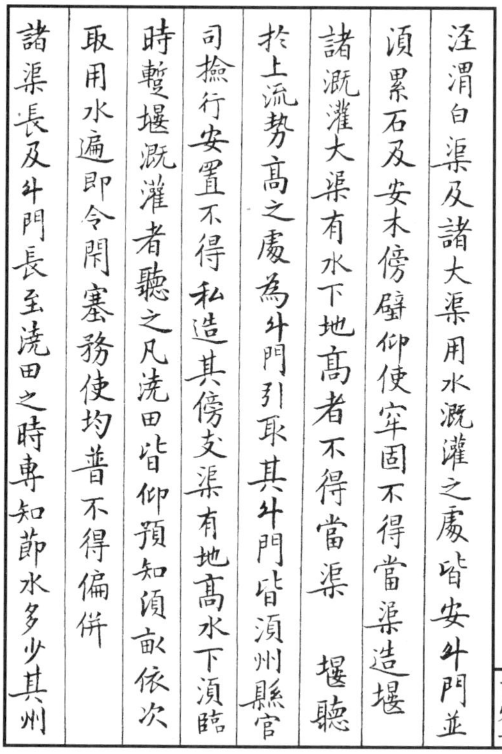

涇渭白渠及諸大渠用水溉灌之處皆安斗門並
須累石及安木傍壁仰使牢固不得當渠造堰
諸溉灌大渠有水下地高者不得當渠　堰聽
於上流勢高之處為斗門引取其斗門皆須州縣官
司撿行安置不得私造其傍支渠有地高水下須臨
時蹔堰溉灌者聽之凡澆田皆仰預知須畝依次
取用水遍即令閇塞務使均普不得偏併
諸渠長及斗門長至澆田之時專知節水多少其州

百零一

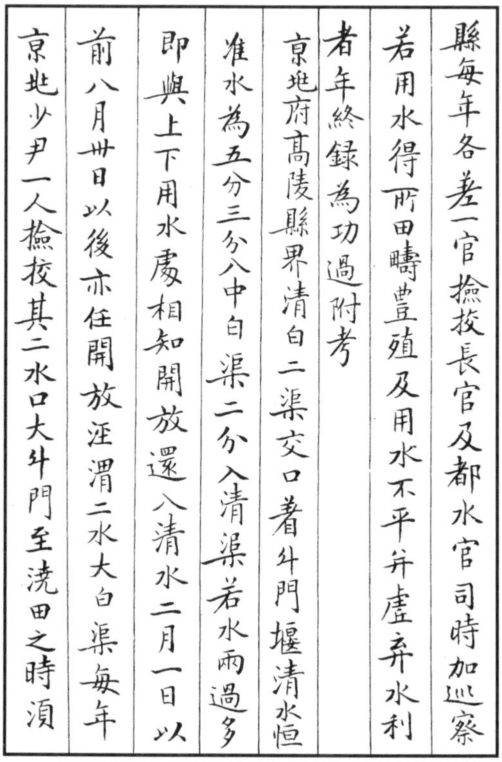

縣每年各差一官撿校長官及都水官司時加巡察
若用水得所田疇豊殖及用水不平并虗弃水利
者年終録為功過附考
京兆府高陵縣界清白二渠交口著斗門堰清水恒
准水為五分三分入中白渠二分入清渠若水雨過多
即與上下用水處相知開放還入清水二月一日以
前八月卅日以後亦任開放涇渭二水大白渠每年
京兆少尹一人撿校其二水口大斗門至澆田之時須

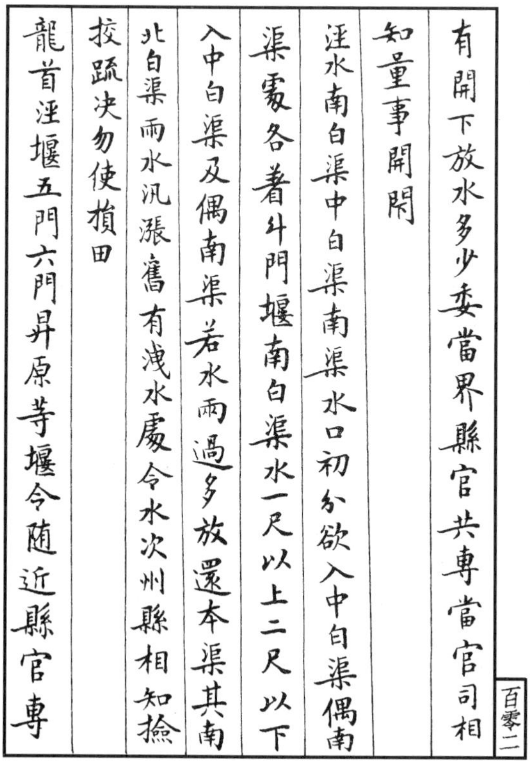

有開下放水多少委當界縣官共專當官司相
知量事開閇
涇水南白渠中白渠南渠水口初分欲入中白渠偶南
渠處各著斗門堰南白渠水一尺以上二尺以下
入中白渠及偶南渠若水雨過多放還本渠其南
北白渠雨水汎漲舊有泄水處令水次州縣相知撿
校疏決勿使損田
龍首涇堰五門六門昇原等堰令隨近縣官專

百零二

知檢校仍堰別各於州縣差中男廿人匠十二人分
番看守開閉節水所有損壞隨即修理如破多
人少任縣申州差夫相助
藍田新開渠每斗門置長一人有水槽處置二人
恒令巡行若渠堰破壞即用隨近人修理公私材
木並聽運下百姓須溉田處令造斗門節用勿
令廢運其藍田以東先有水碾者仰碾主作節
水斗門使通水過

合辟官舊渠深處量置斗門節水使得平滿
聽百姓以次取用仍量置渠長斗門長檢校若
溉灌周遍令依舊流不得回茲弃水
河西諸州用水溉田其州縣府鎮官人公廨田及職
田計營頃畝共百姓均出人功同修渠堰若田多水
少亦准百姓量減少營
揚州揚子津斗門二所宜於所管三府兵及輕疾內
量差分番守當隨須開閉若有毀壞便令兩處

百零二

併功修理從中橋以下洛水內及城外在側不得造
浮磑及捺堰
洛水中橋天津橋等每令橋南北捉街衛士灑掃
所有穿穴隨即陪填仍令巡街郎將等檢校勿
使非理破損若水漲令縣家檢校
諸水碾磑若擁水質泥塞渠不自疏導致令水
溢渠壞於公私有妨者碾磑即令毀破
同州河西縣瀵水正月一日以後七月卅日以前聽百姓

用水仍令分水入通靈陂
諸州運船向北太倉從子苑內過者若經宿船別
留一兩人看守餘並闢出
沙州用水澆田令縣官檢校仍置前官四人三月以
後九月以前行水時前官各借官馬一疋
會寧關有船伍拾隻宜令所管差強了官檢校
着兵防守勿令北岸停泊自餘緣河堪渡處亦
委所在州軍嚴加捉搦

百零四

滄瀛貝莫登萊海泗魏德等十州共差水手五千
四百人三千四百人海運二千人平河宜二年与替不煩
更給勲賜仍折免將役年及正役年課役兼准
屯丁例每夫一年各帖一丁其丁取免雜徭人家道
稍殷有者人出二千五百文資助
勝州轉運水手一百廿人均出晉絳兩州取勲官充
不足兼取白丁並二年与替其勲官每年賜勲一
轉賜絹三疋布三端以當州應入京錢物充其白

百零五

丁充者應免課役及資助並准海運水手例不願
代者聽之
河陽橋置水手二百五十人陝州大陽橋置水手二
百人仍各置竹木匠十人在水手數內其河陽橋水
手於河陽縣取一百人餘出河清濟源偃師汜水
鞏溫等縣其大陽橋水手出當州並於八等以下
戶取白丁灼然解水者分為四番並免課役不在征
防雜抽使役及簡點之限一補以後非身死遭憂

不得輒替如不存檢校致有損壞所由官与下
考水手決卅安東都里鎮防人粮令萊州召取
當州經渡海得勲人諳知風水者置海師貳人柂
師肆人隸蓬萊鎮令候風調海晏併運鎮粮
同京上勲官例年滿聽選
桂廣二府鑄錢及嶺南諸州庸調并和市折租
等物遞至揚州訖令揚州差綱部領送都應須
運脚於所送物內取充

百零六

諸溉灌小渠上先有碾磑其水以下即弃者每年
八月卅日以後正月一日以前聽動用自餘之月仰所
管官司於用磑斗門下著鏁封印仍去却磑石
先盡百姓溉灌若天雨水足不須澆田任聽動用
其傍渠疑有偷水之磑亦准此斷塞
都水監三津各配守橋丁卅人於白丁中男內取灼然
便水者充分為四番上下仍不在簡點及雜徭之限
五月一日以後九月半以前不得去家十里每水大漲

即追赴橋如能接得公私材木栰等依令分賞
三津仍各配木近八人四番上下若破壞多當橋丁近
不足三橋通役如又不足仰本縣長官量差役事
了日停都水監漁師二百五十人其中長上十人隨
駕京都短番一百廿人出虢州明資一百廿人出房
州各為分四番上下每番送卅人並取白丁及雜色
人五等已下戶充並簡善採捕者為之免其課役
及雜徭本司雜戶官戶並令教習年滿廿補替

百零七

漁師其應上人限每月卅日文牒并身到所由其
尚食典膳祠祭中書門下所須魚並都水採供
諸陵各所管縣供餘應給魚處及冬藏度支
每年支錢二百貫送都水監量依時價給直仍
隨季具破除見在申比部勾覆年終具錄申所
司計會如有迴殘入來年支數（此下原有斷闕不詳行數）
已了及水大有餘溉灌須水亦聽兼用
京兆府灞橋河南府永濟橋差應上勳官并兵部

散官季別一人折番檢校仍取當縣殘疾及中男
分番守當灞橋番別五人永濟橋番別二人
諸州貯官船之處須魚膏供用者量須多
役當處防人採取無防人之處通役雜職
皇城內溝渠擁塞停水之處及道損壞皆令
當處諸司修理其橋將作修造十字街側令當
鋪衛士修理其京城內及羅郭牆各依地分當坊
修理河陽橋每年所須竹索令宣常洪三州役丁

百零八

近預造宣洪州各大索廿條常州小索一千二百條
脚以官物充仍差綱部送量程發遣使及期
限大陽蒲津橋竹索每三年一度令司竹監給竹
役津家水手造充其舊索每委所由檢覆如
斟量牢好即且用不得浪有毀換其供橋雜
近料須多少預申所司量配先取近橋人充若
無巧手聽以次差配依番追上若須併使亦任
津司与管近州相知量事折番隨須追役如當

年無役准式徵課
諸浮橋脚船皆預備半副自餘調度預備
一副隨闕代換河陽橋船於潭洪二州役丁匠造
送大陽蒲津橋船於嵐石隰勝慈等州折丁
採木浮送橋所役匠造供若橋所見匠不充亦
申所司量配自餘供橋調度并雜物一事以
仰以當橋所換不任用物迴易便充若用不足即
預申省與橋側州縣相知量以官物充每年出
入破用録申所司勾當其有側近可採造者役
百零九
水手鎮兵雜匠等造貯隨須給用必使預為支
擬不得臨時闕事
諸置浮橋處每年十月以後淩牡開解合冰
抽正解合所須人夫採運榆條造石籠及絙索等
雜使者皆先役當津水手及所配兵若不足兰
以鎮兵及橋側州縣人夫充即橋在兩州兩縣
者亦於兩州兩縣准戶均差仍與津司相知
須多少使得濟事役各不得過十日
蒲津橋水匠一十五人虔州大江水贛石險難
給水匠十五人並於本州取白丁便水及解木作
充分為四番上下免其課役
孝義橋所須竹䈽配宣饒等州造送應
塞繫䈽船别給水手一人分為四番其洛水
䈽取河陽橋故退者充

附録三　羅振玉《鳴沙石室佚書目録提要・水部式》

水部式

此卷首尾皆缺，不見書題。檢《白氏六帖》卷二十(二)〔三〕水田類引《水部式》：『京兆府高陵界，清白二渠交口置斗門堰。清水恒佳爲五分，三分入中白渠，二分入清渠。若雨水邊多，即上下用水處相開放，還入清水。三月六日已前，八月二十日已後，任開放之』云云，正在此卷中，知此書爲《水部式》也。考《唐六典・唐律》一十二章，令二十有七，格二十有四篇，式三十有三篇。此《水部式》蓋三十三篇之一。有唐初葉，《式》凡四修，曰永徽、曰垂拱、曰神龍、曰開元，此卷不知屬何時矣。《六帖》所引文多不可通。以此卷校之，數行之中得異文二、譌字五、奪字三。《六帖》『置斗門』，此卷『置』作『著』。『任開放之』，卷作『亦任開放』。『清水恒佳爲五』分，『佳』乃『準』之譌。『雨水邊多』，『邊』乃『過』之譌。『三月六日』作『二月一日』，『二十日以後』作『三十日以後』。『高陵界』，『界』上有『縣』字。『即上下用水處相開放』，『即』下有『與』字，『相』下有『知』字，《六帖》並奪佚。予所據之《六帖》乃宋槧本，譌奪尚爾不知。明以後刊本更何如也？

更以校《六典》及《唐書・百官志》，得據是卷訂正，其疏誤者凡十事。《六典》水部郎中條：『河陽橋置水手二百五十人，大陽橋置水手二百人，仍置竹木匠十人』。今撿此卷，則『置竹木匠十人』下有『在水手數内』句，知非水手以外，别有竹木匠。故下文又有『蒲津橋水匠一十五人』之文。水匠乃合水手、竹木匠稱之。《六典》删『在水手數内』五字，則似水手以外别有竹木匠名額矣。《六典》『大陽、蒲津竹索，每年令司竹監給竹』。今撿此卷，則作『每三年』，非每年也。《六典》『孝義橋所須竹索，取河陽橋退者以充』。今此卷則云『孝義橋所須竹篾，配宣饒等州造送。其洛水中橋竹此三字已不可見，參以他條知是此三字篾取河陽橋故退者充』，《六典》誤『洛水中橋』爲『孝義』也。此均《六典》之疏誤也。《六典》『修理河梁橋』，『梁』此卷作『陽』。《六典》『大陽蒲津橋於嵐石隰勝慈等州材木送橋所造』，『材』此卷作『採』，則又《六典》刊本之譌字矣。《六典》都水使署條及《唐書・百官志》河渠署令注：『每渠及斗門有長一人《百官志》水部郎中條言，京畿有渠長、斗門長，不言幾人。』今此卷云『藍田新開渠，每斗門置長一人。有水槽處，置二人。』《百官志》諸津令條『天津橋、中橋則衛士掵掃。』此卷作『令橋南北捉街衛士灑掃，所有穿穴，隨即陪填。』《唐志》省去『衛士』上數字，不知爲何等衛士矣。《百官志》諸津令注：『唐改津尉曰令，有録事一人、府一人、史二人、典事三人、津吏五人、橋丁各三十人、匠各八人。』此卷作『都水監三津各配守橋丁三十人，三津仍各配木匠八人』。《唐志》省『都水監三津』諸字，囫圇不可通矣。《百官志》河渠署令注：『有漁師十三人』。此作『都水監漁師二百五十人，其中長上十人，短番一百二十人，明資一百廿人（《六典》及《舊唐書·職官志》河渠署文與此同。）』。《志》不知何以誤爲十三人。《百官志》諸津令條『灞橋、永濟橋以勳官散官一人涖之』。此卷作『灞橋、永濟橋差應上勳官並兵部散官季別一人折番檢校』，其義乃二橋每季以一人檢校，其人差應上勳官並兵部散官更番充之。《唐志》節省其文，義乃全晦。格式文字與律令同，未容隨意增損點竄。《六典》專述典制，尚不免此弊，歐公素持文省事增之旨，其疏失更無足異矣。然使此卷不存，亦烏乎是正之。則此卷者，洵石室佚籍中之至寶矣。

又，唐代轉漕於水陸常運外，曾行海運。兩書《食貨志》中顧不載之。予偏撿紀傳及《唐會要》、石刻、《册府元龜》、杜甫詩，得七事，知由貞觀以訖開（天）〔元〕[一]，屢屢行之，咸通中再行之。《舊唐書·崔仁師傳》：『征遼之役，詔韋挺知海運，仁師爲副。仁師又別知河南水運。仁師以水路險遠，恐遠州所輸不時，至海遂便宜從事，遞發近海租賦，以充轉輸。及韋挺以壅滯失期除名爲民，仁師以運夫逃走不奏坐免官』。此一事也。《册府元龜》卷四百九十八：『太宗貞觀十七年，時征遼東。先遣太常卿韋挺於河北諸州徵軍糧，貯於營州。又令太僕少卿蕭鋭於河南道諸州轉糧入海。至十八年八月鋭奏稱，海中古大人城，西去黄縣二十三里，北至高麗四百七十里，地多甜水，山島接連，貯納軍糧，此爲尤便。詔從之。於是自河南道運轉米糧，水陸相繼渡海，軍糧皆貯此。』此二事也。《登州司馬王慶墓誌》：『萬歲通天元年，白虜趑趄，鋒交碣石。天子詔左衛將軍薛訥絶海長驅，掩其巢穴。飛芻輓粟，霧集登萊，除公行登州司馬，仍充南運。使舡粟齊山，飛雲蔽海，三年歎美，僉曰得人。聖曆年運停，還任。』此三事也。《唐書·姜師度傳》：『神龍初試，爲易州刺史、河北巡察兼支度營田使，並海鑿平虜渠，以通餉路。罷海運，省功多。遷司農卿（《册府元龜》卷四百九十七，記師度約舊渠傍海穿漕，號爲平虜渠，以備海南運糧。與傳所記畧殊）』。此四事也。《唐會要》：（《玉海》卷一百八十二引）『開元二十七年十二月，李適之爲幽州節度使、河北海運使』。此五事也。杜甫《後出塞詩》：『雲帆轉遼海，粳粟來東吴』。此六事也。《舊史·懿宗紀》：『咸通三年，南蠻陷交趾。徵諸道兵赴嶺南。廣州乏食。潤州人陳磻石奏，臣弟聽思曾任雷州刺史，家人隨海船至福建往來。大船一隻，可致千石。自福建裝船，不一月至廣州。得船數十艘，便可致三萬石至廣州矣。執政是之，以磻石爲鹽鐵巡官，往揚子

[一] 原文『開天』，應爲『開元』。

院，專督海運。於是康承訓之軍皆不闕供。又五年五月丁酉詔曰，淮南兩浙海運虜隔舟船。令三道據所搬米石數，牒報所在鹽鐵巡院，令和雇入海舸船，分付所司。通計載米數足外，輙不更有隔奪，妄稱貯備。其小舸短船到江口，使司自有船，不在更取商人舟船之限。如官吏妄行威福，必議痛刑』云云。此七事也。

前六事爲太宗、武后、中宗、元宗四朝海運事，實可考者。第七事則懿宗朝復行海運之事，實此卷載『滄、瀛、貝、莫、登、萊、海、泗、魏、德等十州共水手五千四百人，三千四百人海運，二千人平河，宜二年與替。』又云『安東都里鎮防人粮，令萊州召取。當州經渡得勳人諳知風水者，置海師二人，拖殆即舵字師四人，隸蓬萊鎮。令候風調海晏，併運鎮粮。』所記海師、拖師、水手之制，足補紀傳諸書所未備。兩史《食貨志》謂州縣方鎮漕以自資，或兵所征行轉運以給一時之用者，皆不足紀。然唐之海運行之數世，烏可不載，兩志乃均削而不著。幸散見紀傳及諸書石刻及此卷中，得知涯畧。明邱瓊山謂唐代海運見於杜詩，可謂疏矣。予故採擿之，附載於此，俾言唐代史事者有所稽焉。

農田利害條約

整理説明

《農田利害條約》是北宋王安石變法中的産物。王安石執政後，迅速建立了一個主持改革的新機構『制置三司條例司』，對北宋王朝的政治、經濟、軍事、文教進行全面的改革。自熙寧二年到元豐八年的十七年間，先後推行均輸、青苗、免役、保甲、將兵、市易、軍器、方田均税和農田水利等十幾部新法。其中的《農田利害條約》是王安石變法中的重要内容之一，是我國第一部比較完整的農田水利法。

《農田利害條約》正式頒佈於熙寧二年十一月十三日。《宋史》卷一四《神宗紀一》稱之爲《農田水利約束》，全文共一千二百餘字。

《農田利害條約》記載在《宋會要輯稿》中。現存《宋會要輯稿》是清代嘉慶年間，學者徐松利用修撰《全唐文》的機會，命人根據《永樂大典》中收録的宋代官修《宋會要》加以輯録而成。此後，繆荃孫、屠寄、劉富曾等均曾參與過整理工作。現傳世的版本是一九三六年經過後人整理出版的影印稿。《農田利害條約》兩次出現在該書『食貨一』和『食貨二十三』中。本次點校以『食貨二十三』爲底本，個别地方參照『食貨一』修改。

十一月十三日，（置制）〔制置〕三司條例司[一]言：　乞降《農田利害條約》[二]付諸路。

應官吏、諸色人，有能知土地所宜種植之法，及可以完復陂湖河港；　或不可興復，只可召人耕佃；　或元無陂塘圩岸、堤堰溝洫，而即今可以創修；　或水利可及衆而爲之占擅；　或田土去衆用河港不遠，爲人地界所隔，可以相度均濟疏通者，但於農田水利事件，並許經管勾官或所屬州縣陳述。管勾官與本路提刑或轉運商量，或委官按視。如是利便，即付州縣施行。有礙條貫及計工浩大，或事關數州，即奏取旨。

其言事人並籍定姓名、事件，候施行（乞）〔訖〕[三]，隨功利大小酬獎；　其興利至大者，當議量材録用；　内有意在利賞，人不希恩澤者，聽從其便。

應逐縣各令具本管内有若干荒廢田土，仍須體問荒廢所因，約度逐段頃畝數目，指説著望去處。仍具令來合如何擘畫立法，可以糾合興修，召募墾闢，各述所見，具爲圖籍，申送本州。本州看詳，如有不盡事理，即别委官覆檢，各具利害開説，牒送管勾官。應逐縣並令具管内大川溝瀆行流所歸，有無淺塞合要濬導，及所管陂塘、堰埭之類可以取水灌溉者，有無廢壞合要興修，及有無可以增廣創興之處。如有，即計度所用工料多少，合如何出辦。若係衆户，即官中作何條約（興）〔與〕[四]糾率；　衆户不〔足〕[五]，即如何擘畫假貸，助其闕乏。

所有大川流水阻節去處，接連别州縣地界，即如何節次尋究施行，各述所見，具爲圖籍，申送本州。本州看詳，如有不盡事理，即别委官覆檢，各具利害，牒送主管官。應逐縣田土邊迫大川，數經水害，或地勢汙下，所積聚雨潦，須合修築圩岸、堤防之類，以障水患。或開導溝洫，歸之大川，通泄積水，並計度闊狹、高厚、深淺，各若干工料，立定期限，令逐年官爲提舉人户，量力修築開濬，上下相接。已上亦先具圖籍，申送本州。本州看詳，如有不盡事，即别委官覆檢，各具利害，牒送管勾官。

所有州縣攢寫都大圖籍，合用書筆，成添雇人書，許於不係省頭子錢内支給。諸色公人如敢緣此起動人户乞覓錢，並從違制科罪，其贓重者自從重法。

應據州縣具到圖籍並所陳事狀，並委管勾官與提刑或轉運商量，差官覆檢。若事體稍大，即管勾官躬親相度。如委實便民，仍相度其知縣縣令實有才能，可使辦

[一] 置制三司條例司　應爲『制置三司條例司』，據《宋會要輯稿·食貨一》改。以下簡稱《食貨一》。
[二] 《宋史》卷一四《神宗紀一》記載『熙寧二年十一月丙子頒《農田水利約束》』。
[三] 乞　應爲『訖』，據《食貨一》改。
[四] 興　應爲『與』，據《食貨一》改。
[五] 原文脱『户』字，據《食貨一》補。

集，即付與施行。若一縣不能獨了，即委本州差官或別選，往彼協力了當。若計工浩大，或事關數州，即奏取旨。其有合興水利及墾廢田用工至多縣分，若知縣縣令不能施行，即許申奏對换。或别舉官，或替下官仍别與合入差遣。若本縣事務煩劇，兼所興功利浩大，合添丞、佐去處，即依今年二月中所降添員指揮，别具聞奏。

應有開墾廢田、興修水利、建立隄防、修貼圩岸之類，工段浩大，民力不能給者，許受利人户於常平廣惠倉係官錢斛内，連狀借貸支用，仍依青苗錢例，作兩限或三限送納。如是係官錢斛支借不足，亦許州縣勸諭物力人出錢借貸，依例出息，官爲置薄及催理。

諸色人能出財力，糾率衆户，創修興復農田水利，經久便民，當議隨功利多少酬奬。其出財頗多，興利至大者，即量才録用。應逐縣計度管下合開溝洫工料，及興修陂塘、圩岸、堤堰、斗門之類。事關衆户，却有人户不依元限開修，及出備名下人工物料有違約束者，並官爲催理外，仍許量事理大小，科罰錢斛。其錢斛却爲置簿拘管，收充本鄉衆户工役支用。所有科罰等，第令管勾官與逐路提刑司，以逐處衆户見行科罰條約共同參酌，奏請施行。

應知縣縣令能用新法興修本縣農田水利，已見次第，令管勾官及提刑或轉運使、本州長吏保明聞奏，乞朝廷量（力）〔功〕績〔一〕大小與轉官，或升任，減年磨勘循資；或賜金帛，令再任；或選差知自來陂塘、圩岸、堤堰、溝洫、田土堙廢最多縣分；或充知州、通判，令提舉部内興修農田水利。資淺者且令權入，其非本縣令、佐，爲本路監司管勾官差委，擘畫興修。如能了當，亦量功利大小，比類酬奬。詔並從之。

〔一〕力績　應爲『功績』，據《食貨一》改。

慶元條法事類

整理説明

《慶元條法事類》，南宋謝深甫監修。全書共八十卷，附録二卷。所收爲南宋初年（一一二七年起）至慶元（一一九五至一二〇〇年）間敕、令、格、式及隨敕申明。分職制、選舉、文書、榷禁、財用、庫務、賦役、農桑、道釋、公吏、刑獄、當贖、服制、蠻夷、畜産、雜門等十六門，爲南宋法律、經濟資料的彙編。現存《慶元條法事類》正文缺四十四卷，僅餘三十八卷，缺佚雖多，但保存的宋代史料很珍貴。其中卷四七至卷四九保留了部分水利内容。

宋代吏部七司有《條法總類》，作爲各司辦事的依據。淳熙（一一七四至一一八九年）時，孝宗命按七司所掌政事分類，改編成《淳熙條法事類》，以便檢閲。寧宗（一一九四至一二二四年在位）時依淳熙故事，命宰相謝深甫等據慶元四年（一一九八年）九月所頒《慶元重修敕令格式》改編成《慶元條法事類》。書成於嘉泰二年（一二〇二年）八月，於次年頒行，因此《直齋書録解題》把此書稱做《嘉泰條法事類》。該書末附録《開禧重修尚書吏部侍郎右選格》二卷，爲開禧二年（一二〇六年）三月所頒《開禧重修七司法》中的部分内容。該書流傳甚少，清乾隆以後有抄本五種（其中一種藏日本岩崎氏），缺卷相同，似乎是同出一源，其所根據的祖本則不詳。現今通行的爲燕京大學圖書館於一九四八年十月據常熟瞿氏本印行的版本。本次點校即以此爲底本。

卷四七　賦役門一

閣免税租 勅令

令

田令

諸田因水發衝注塌壞，或因官司占𤸃，不堪開修耕作，應開閣減免税租者，許地主或業主申縣，伍日内令、佐親詣檢量頃畝，後有退復田堪耕種者，耆鄰限叁拾日申縣，依此撿量籍記，限壹年歸業。黄河積水限貳年，壹發水限壹年半。

匿免税租 勅令格

勅

詐偽勅

諸詐稱災傷減免税租者，論如《廻避詐匿不輸律》，許人告。

諸詐匿減免税租而官司知情者，計壹年虧官物數准枉法論，許人告。吏人貼司、鄉書手杖罪並勒停，流罪配本城。

諸以陸地開墾水田未成者，不得作隱匿税租陳告。

卷四八　賦役門二

支移折變 勅令格申明

令

賦役令

諸户放税伍分以上及暴水漂溺之家，其檢。放不盡税數，應支移、折變者，聽免。

諸因災傷而逃亡歸業者，免兩料催科。不因災傷非避賦役者，免兩料支移、折變。歸業日有元種苗稼者，不免。限外歸者，若因災傷滿叁年，免叁料催科，每加壹年，又免壹料，至柒料止。滿伍年，仍減税額壹分，每加貳年，又減壹分，至叁分（一）〔止〕。不因災傷滿肆年，非避賦役者，免兩料催科；　避賦役者，免壹料，每加貳年，各人免壹料，至伍料止。滿柒年仍各減税額壹分，滿拾年各減貳分。

諸軍須河防物，並預先約度，支係省錢置場，或差衙前，許於出産處計會官司收置。如須至科率，即申轉運司相度，於形勢之家及第叁等以上户税租内折納。仍即時具科買、折納名數及人户姓名牓示。

諸轉運司科買及折納之物謂本上所有者，各依時估紐價。若已行曉諭，復令別納錢物，及反覆紐折過爲掊剋者，州縣未得行下，速申本司改正，及申(爲)〔尚〕書户部相度。如或固執，即具狀以聞。事干軍期、河防不可待報者，買納訖奏稅租應折變者，除紐價外，依折納法。

卷四九　農桑門

農田水利勑令格

勑

户婚勑

諸瀦水之地謂衆共溉田者，輒許人請佃、承買，并請佃、承買人各以違制論，許人告。未給、未得者，各杖壹佰。

令

田令

諸田爲水所衝，不循舊流而有新出之地者，以新出地給破衝之家可辦田王姓名者，自依退復田法。雖在佗縣亦如之。兩家以上被衝而地少給不足者，隨所衝頃畝多少均給。具兩岸異管從中流爲斷。

諸雨水過常而瀦積爲害及於道路有妨者，令、佐監督導決，水大者，州差官計度，仍申監司。若功役稍衆，轉運司應副并差官同本州相度。行訖具應用財力及導決次第，申尚書本部。

諸州雨雪過常或愆亢，提舉常平司體量，次月申尚書户部。

諸江河、山野、陂澤、湖塘、池濼之利與衆共者，不得禁止及請佃、承買。監司常切覺察，如許人請佃、承買并犯人糾劾以聞。河道不得築堰或束狹以利種植。即瀦水之地，衆共溉田者，官司仍明立界至，注籍請佃及買者，追地利入官。

諸陸田興修爲水田者，税依舊額輸納，即經伍料，提點刑獄司報轉運司，依鄉例增立水田税額。

河渠令

諸以水溉田，皆從下始，仍先稻後陸。若渠堰應修者，先役用水之家，其碾磑之類壅水於公私有害者，除之。

諸大渠灌溉，皆置斗門，不得當渠造堰。如地高水下，聽於上流爲斗門引取，申所屬檢視置之其傍支俱地高水下，須暫堰而灌溉者，聽。

諸小渠灌溉，上有碾磑，即爲棄水者，玖月壹日至拾貳月終方許用水。捌月以前，其水有餘，不妨灌溉者，不用此令。

格

賞格

諸色人

告獲請佃、承買瀦水之地謂衆共溉田者，每取畝錢叁貫壹佰貫止。

種植林木 勑令格申明

河渠令

諸緣道路、渠堰官林木，隨近官司檢校，枯死者，以時栽補，不得斫伐及縱人畜毀損。

申明

隨勑申明

職制

紹興五年十月六日勑：　勘會種植榆柳林木之類，本爲修築埽岸，隄備黄河，及官司營缮以充財植。擾攘以来，黄河無修築，官司罷营缮，將縣丞種植榆柳木推賞權罷，候邊事寧息日依舊。

天盛改舊新定律令（摘録）

整理説明

《天盛改舊新定律令》是西夏仁宗天盛年間（一一四九至一一六九年）頒行的一部法典，簡稱《天盛律令》，原文是西夏文。西夏是公元一〇三八年至一二二七年党項民族在西北地方建立的王朝，地域包括今寧夏全部和甘肅、青海、陝西、内蒙古部分地區。西夏王朝覆亡後，其文獻多被毁壞。

一九〇九年，科兹洛夫率領俄國皇家地理考察隊，在内蒙古額濟納旗的黑水城遺址發掘出大批西夏文物。其中約九千個編號的西夏文獻，現收藏於俄國科學院東方研究所聖彼德堡分所寫本部，《天盛律令》也在其中。《天盛律令》是中國歷史上第一部用少數民族文字印行的法典，全書二十卷，分一百五十門，一千四百六十一條，其詳細程度爲現存中古法律之最。可惜的是第十六卷已佚，尚存十九卷。《天盛律令》總計二十余萬言，它繼承了《唐律》和《宋刑統》的很多内容，也沿襲了其豐富、嚴謹、細密的傳統，同時在很多方面有新的發展和創新。其内容包括刑法、訴訟法、行政法、民法、經濟法、軍事法，多方位地反映了西夏社會生活的方方面面，不僅爲研究西夏政治、經濟、軍事、文化提供了大量可靠資料，對研究中國法制史也具有重要的意義。《天盛律令》形式上也有特點，它全部爲統一格式的律令條文，既没有條後附贅的注疏，也没有條外另加的令、格、式、敕。這樣不僅使律條眉目清晰，易於查找，也可避免律外生律、輕視本條的弊病。《天盛律令》的另一個特點是創立了分層次的條款格式。一條中若包含幾項不同情況，則分幾小條叙述，若小條下再有幾項内容，則再分幾小款叙述，分條降格書寫，其他依此類推。這種條文形式使内容綱目分明、層次清楚，很近於現代的法律條文形式。

我國西夏學者史金波、聶鴻音、白濱譯注的《天盛改舊新定律令》，二〇〇〇年由法律出版社出版，我們依據此版本摘録了其中有關水利内容以饗讀者。

第十一　渡船門

一、河水上置船舶處左右十里以內，不許諸人免稅渡船。倘若違律時，當納稅三分，一分當交官，二分由舉告者得。若罪稅錢自五十至一緡，庶人七杖，有官罰錢三緡。罪稅錢一緡以上至二緡，有官罰錢五緡，庶人十杖。二緡以上一律有官罰馬一，庶人十三杖。

一、船舶左右十里以外有渡船者，不許船主諸人等騷擾索賄。倘若渡船時，判斷以枉法貪贓罪，所取賄當還屬者。

第十五

計十一門

收納租

取閑地

催租罪功

租地

春開渠事

園地苗圃灌溉法[一]

冬草條椽供給

渠水

橋道

地水雜罪

納領穀派遣計量小監

分八十六條

[一] 此條有目無文，缺。

一、每年春開渠大事開始時，有日期，先局分處提議，伕事小監者、諸司及轉運司等大人、承旨、閤門、前宫侍等中及巡檢前宫侍人等，於宰相面前定之，當派勝任人。自□局分當好好開渠，修造墊板，使之堅固。事始自夏季，至於冬結冰，當管，依時節當置灌水之人。若水險而眼心未至時，應另派排水之人則當派。渠水巡檢、渠主等當緊緊指揮，令依番灌水。若違律，應予水處不予水而不應予水處予水時，有官罰馬一，庶人十三杖。

一、灌水時，諸人排水者未依番予水，曰未得時，當告所管事處，應派人則派人，應行則行。原排水者有罪跡，應問則當問之，當即予水。若排水者有罪跡，受賄徇情而不問之時，局分大小一律依枉法貪贓罪法判斷。未受賄則有官罰馬一，庶人十三杖。

一、催促地租者令一班小監當分别按納册催促其人地租，不許另過。違律另過時，過者、導助者所在局分大小等，一律依執牧農重事轉院罪狀判斷。

一、官私地中治穀、農田監、地主人等不知，農主人隨意私自賣與諸人而被舉時，賣地者計地當比偷盜罪減一等。買者明知地主人，則以從犯法判斷。爲賣方傳語、寫文書者等知覺，有無受賄，罪依買盜物知覺有賄無賄之各種罪狀法判斷。未知，則勿治罪。舉賞十分中當得一分，由犯罪者出，勿過百緡。原地官私誰屬及價錢等，當還前屬者。

催租罪功門

一、催促水澆地租法：　自嗚沙、大都督府、京師界内等所屬郡、縣及轉運司大人、承旨等，每年當派一人□□。

一、諸租户所屬種種地租見於地册，依各自所屬次第，郡縣管事者當緊緊催促，令於所明期限繳納完畢。其中住滯時，種種地租分爲十分，使全納、部分納、全不納等時，功罪依所定實行。

一等催促租之大人，於租户種種地租期限内已納未納幾何，於全部分爲十分，其中九分已納一分未納者勿治罪，八分納二分未納當徒六個月，七分納三分未納徒一年，六分納四分未納徒二年，五分納五分未納徒三年，四分納六分未納徒四年，三分納七分未納徒五年，二分納八分未納徒六年，一分納九分未納徒八年，十分全未納徒十年。若十分全已納，則當加一官，獲賞銀五兩、雜錦一匹。

一等乘馬催促租者自處所屬租户家主不納種地租而住滯時，乘馬自局分當總催促，到時分爲十分，比催促租之大人之罪情當減三等判斷。

一、都轉運司大人、承旨勿入催促地租中，當緊緊指揮，催促所屬郡縣内人。其上爲提舉者，大人、承旨中一年内當令一人輪換。若住滯時，依前與催促者住滯之分等承罪次第相同。

租地門

一、諸人地册上之租地邊上，有自屬樹草、池地、澤地、生地等而開墾爲地者，則可開墾爲地而種之。開自一畝至一頃，勿爲租傭草，當以爲增舊地之工。有開地多於一頃者，除一頃外，所多開大小數當告轉運司。三年畢，堪種之，則一畝納三升雜穀物，傭草依邊等法爲之。彼諸人新開至一頃之地，不許告舉取狀。若違律告舉取狀，導助者等有官罰馬一，庶人十三杖。若多開於一頃以上，依邊等法，與逃避租傭草同樣判斷。已告日畢，局分處不過問，察量者之租等級以頃畝低入高時，與邊等佔據閑地，逃避租傭草，入虚雜之罪狀同樣判斷。

一、僧人、道士、諸大小臣僚等，因公索求農田司所屬耕地及寺院中地、節親主所屬地等，諸人買時，自買日始一年之内當告轉運司，於地册上註册，依法爲租傭草事。若隱之，逾一年不告，則所避租傭草數當計量，應比偷盗罪減一等，租傭草數當償。已告而局分人不過問者，受賄徇情則依枉法貪贓罪判斷，未受賄徇情則依延誤公文法判斷。

一、大渠水已落時，附近官私家主當報，當立即勸護，協助修治。倘若違律不往報時，有官罰馬一，庶人十三杖。

春開渠事門

一、畿内諸租户上春開渠事大興者，自一畝至十畝開五日，自十一畝至四十畝十五日，自四十一畝至七十五畝二十日，七十五畝以上至一百畝三十日，一百畝以上至一頃二十畝三十五日，一頃二十畝以上至一頃五十畝一整幅四十日。當依頃畝數計日，先完畢當先遣之。其中期滿不遣時，伕事小監有官罰馬一，庶人十三杖。

一、每年春伕事大興者，勿過四十日。事興季節到來時當告中書，依所屬地沿水渠幹應有何事計量，至四十日期間依高低當予之期限，令完畢。其中予之期限而未畢時，當告局分處並尋論文。若不尋論文而使逾期時，自一日至三日徒三個月，自四日至七日徒六個月，自七日以上至十日徒一年，十日以上一律徒二年。

一、春挖渠事大興者，二十人中當抽派一『和衆』、一『支頭』等職人。違律增派人數時，一人十三杖，二人徒三個月，三人徒六個月，自四人以上一律徒一年。受賄則與枉法貪贓罪比較，從重者判斷。

一、春挖渠事大興時，笨工預先到來，來當令其受事，當計入日數中。其中已行頭字，集日不計，三日以内事屬者不派事人時，有官罰馬一，庶人十三杖。倘若所遣，頃畝……

（養草監水門）

（屋邊上養園爲種稗）

（混亂放水）

（無監給水）

（伕事頭監等鬥打）

（毆打供水者等）

渠水門

一、大都督府至定遠縣沿諸渠幹當爲渠水巡檢、渠主百五十人。先住中有應分抄亦當分抄，有已超亦當減。其上未足，則不任獨誘職中應知地水行時，增足其數，此後則不許渠水巡檢、渠主超。若超派人數及另超等時，爲超人引助者處及超派人所驗處局分大小等，一律依轉院罪狀法判斷。

一、沿渠幹察水應派渠頭者，節親、議判大小臣僚、租户家主、諸寺廟所屬及官農主等水□户，當依次每年輪番派遣，不許不續派人。若違律時有官罰馬一，庶人十三杖。受賄則以枉法貪贓論。

一、諸沿渠幹察水渠頭、渠主、渠水巡檢、伕事小監等，於所屬地界當沿綫巡行，檢視渠口等，當小心爲之。渠口墊版、閘口等有不牢而需修治處，當依次由局分立即修治堅固。若粗心大意而不細察，有不牢而不告於局分，不爲修治之事而渠破水斷時，所損失官私家主房舍、地苗、糧食、寺廟、場路等及傭草、笨工等一併計價，罪依所定判斷。

一等當值渠頭並未無論晝夜在所屬渠口，放棄職事，不好好監察，渠口破而水斷時，損失自一緡至五十緡徒三個月，五十緡以上至一百五十緡徒六個月，一百五十緡以上至五百緡徒一年，五百緡以上至千緡徒二年，千緡以上至千五百緡徒三年，千五百緡以上至二千緡徒四年，二千緡以上至二千五百緡徒五年，二千五百緡以上至三千緡徒六年，三千緡以上至三千五百緡徒八年，三千五百緡以上至四千緡徒十年，四千緡以上至五千緡徒十二年，五千緡以上一律絞殺。其中人死者，令與隨意於知有人處射箭、投擲等而致人死之罪狀相同。伕事小監、巡檢、渠主等因指揮檢校不善，依渠主爲渠頭之從犯、巡檢爲渠主之從犯、伕事小監爲巡檢之從犯等，依次當承罪。

一等渠主局分所屬沿渠幹之墊版、閘口等不牢，預先不告於渠水巡檢，生處斷破時，與渠頭放棄職事而致渠口斷同樣判斷。渠水巡檢因指揮檢校不善，以渠主之從犯法判斷。

一等渠主已告於渠水巡檢，曰墊版、閘口不牢，渠水巡檢不聽其言，不立即告於局分，不修治而水斷時，渠水巡檢之罪與渠主墊版不牢而不告於局分致水斷同樣判斷。水未斷則徒一年。

一等渠主已告於渠水巡檢，曰墊版、閘口不牢，渠水巡檢不聽，渠主不告於他局分而水斷者，渠主比渠水巡檢之罪狀當減三等。渠未破、水未斷，則渠主勿治罪，渠水巡檢有官罰馬一，庶人十三杖。

一等唐徠、漢延及諸大渠等上，渠水巡檢、渠主諸人等不時於家主無理相□，決水，損壞墊版，有官私所屬地苗、家主房舍等進水損壞者，諸人告舉時，其決者之罪及得舉賞，償修屬者畜物法等，與蓄意放火罪之舉賞、償畜物法相同。

一、沿唐徠、漢延、新渠諸大渠等至千步，當明其界，當置土堆，中立一碣，上書監者人之名字而埋之，兩邊附近租户，官私家主地方所應至處當遣之。無附近家主者，所見地□處家主中當遣之，令其各自記名，自相爲續。其上渠水巡檢、渠主等當檢校，好好審視所屬渠幹、渠背、土閘、用草等，不許使諸人斷抽之。若有斷抽者時，當捕而告管事處，罪依律令判斷。監者見而放縱時同之，不見者坐庶人十三杖，用草當償，併好好修治。若疏於監視，粗心而渠斷圮時，比渠頭粗心大意致渠斷破之罪狀當減二等。

一、節親、宰相及他有位富貴人等若毆打渠頭，令其畏勢力而不依次放水，渠斷破時，所損失畜物、財産、地苗、傭草之數，量其價，與渠頭瀆職不好好監察，致渠口破水斷，依錢數承罪法相同，所損失畜物、財産數當償二分之一。渠頭曰『我已取渠口』，立即告奏，則勿治罪。若行賄徇情，不告管事處，則當比無理放水者之罪減二等。又諸人予渠頭賄賂，未輪至而索水，致渠斷時，本罪由渠頭承之，未輪至而索水者以從犯法判斷。渠頭或睡，或遠行不在，然後諸人放水斷破者，是日期內則本罪由放水者承之，渠頭以從犯法判斷。若逾日，則本罪當而渠頭承之。

一、渠水巡檢、渠主諸人等告狀，曰沿諸處大渠墊版不牢及需修治，局分司吏不取狀及雖取狀而不速受理，或已受理而大人、承旨不聽其言，渠斷破時，所滯礙處與渠水巡檢處渠主告狀而不聽，致渠破罪同樣判斷，渠未破則徒六個月。

一、諸人有開新地，須於官私合適處開渠，則當告轉運司，須區分其於官私熟地有礙無礙。有礙則不可開渠，無礙則開之。若不許，而令於有礙熟地處開渠，不於無礙處開渠，屬者等一律有官罰馬一，庶人十三杖。

一、大都督府轉運司當管催促地水渠幹之租，司職事勿管之，一律當依京師都轉運司受理事務次第管事。

一、大都督府轉運司地水渠幹頭項漲水、降雨，渠破已出大小事者，其處轉運司當計量多少，速當修治，同時當告聞管事處。

一、大都督府轉運司所屬冬草、條椽等，京師租户家主依法當交納入庫。若未足，則彼處轉運司人當量之，當於租户家主徵派使納。其所納數已畢，有超出數當還屬者，不治罪。若不還而自己食之時，計價以偷盜法判斷，已入官庫則與做錯罪相同。

一、諸租户家主除冬草蓬子、夏蒡等以外，其餘種種草一律一畝當納五尺捆一捆，十五畝四尺揹之蒲葦、柳條、蘿蔔等一律當納一捆。前述二種繩捆當爲五寸捆頭，當自整繩中減之。使變换冬草中蓬子、夏蒡及條爲納雜草等時，納者及斂者一律當計量所納草及應納條，未足者計價，以偷盜法判斷。

一、京師界沿諸渠幹上△[一]有處需椽，則春開渠事興，於百伕事人做工中當減一伕，變而當納細椽三百五十根，一根長七尺，當置渠幹上。若未足，需多於彼，則計所需而告管事處，當減伕職而納椽。若不告管事處而令減夫職而納椽，且超派時，未受賄且納入官倉，則當比做錯罪減一等，自食之，則當與枉法貪贓罪相同。

一、租户家主納冬草、條等時，轉運司大人、承旨中當派一庫檢校，當緊緊指揮庫局分人，使明繩捆長短松緊，當依法如式捆之。五十日一番當計量，捆不如式，則幾多不如式者由草庫局分人償之。未受賄則有官罰馬一，庶人十三杖，受賄則以枉法貪贓罪判斷。又伕事小監等斂草時，亦當驗之，未足則當使未足數分明。庫檢校及局分人等有何虚枉處，償草承罪法當與前所示相同。

橋道門

一、沿諸渠幹有大小各橋，不許諸人損之。若違律損之時，計價以偷盜法判斷，用度盜人當償之，橋當修治。

一、大渠中唐徠、漢延等上有各大道、大橋，有所修治時，當告轉運司，遣人計量所需笨工多少，依官修治，監者、識信人中當遣十户人。若有應修造而不告時，有官罰馬一，庶人十三杖。此外，沿大渠幹有各小橋，轉運司亦當於租户家主中及時遣監者，依法修治，依次緊緊指揮，無論晝夜，好好監察。若監察失誤，致取水、盜竊、損橋時，本人賠償而修治之，不治罪，不修治則有官罰馬一，庶人十三杖。

一、沿諸小渠有來往道處，附近家主當指揮建橋而監察之，破損時當修治。若不建橋不修治時，有官罰錢五緡，庶人十杖，橋當建而修治之。

一、諸租地中原有官大道，不許斷破、耕種、沿道放水等。若違律時有官罰馬二，庶人徒三個月，依道法當

〔一〕西夏天盛律令原書文字清晰可辨，但音、義無考，漢譯本則在相應的地方以『△』號標識。

除之。

一、諸大小橋不牢而不修，應建橋而不建，大小道斷毁，又毁道爲田，道内放水等時，渠水巡檢、渠主當指揮，修治建設而正之。若渠水巡檢、渠主見而不告，不令改正時，與放水斷道等罪同樣判斷。

一、沿唐徠、漢延、新渠、其他大渠等，不許人於沿岸閘口、墊版上無道路處破損缺圮。若違律時，家主監者當捕之交於局分，庶人十杖。若放縱、監失誤等，使同等判斷。

地水雜罪門

一、沿唐徠、漢延諸官渠等租户、官私家主地方所至處，當沿所屬渠段植柳、柏、楊、榆及其他種種樹，令其成材，與原先所植樹木一同監護，除依時節剪枝條及伐而另植以外，不許諸人伐之。轉運司人中間當遣勝任之監察人。若違律不植樹木，有官罰馬一，庶人十三杖。樹木已植而不護，及無心失誤致牲畜入食時，畜主人等一律庶人笞二十，有官罰鐵五斤。其中官樹木及私家主樹木等爲他人所伐時，計價以偷盜法判斷。諸人舉之時，舉賞當依偷盜舉賞法得之。彼監護樹木者自捕之而告，則赦其罪。自伐之時，無論樹數多少，一律庶人十三杖，有官罰馬一。

一、沿渠幹官植樹木中，不許剥皮及以斧斤斫刻等。若違律時，與樹全伐同樣判斷，舉賞亦依邊等法得之。

一、渠水巡檢、渠主沿所屬渠幹不緊緊指揮租户家主，沿官渠不令植樹時，渠主十三杖，渠水巡檢十杖，併令植樹。見諸人伐樹而不告時，同樣判斷。

一、沿唐徠、漢延及諸大渠等，不許諸人沿其閘口、垜口、△口、諸墊版等取土、取柴而抽損之。若違律取土抽損，致彼水斷破時，抽損者之罪與渠頭放棄職守致渠斷破罪狀同樣判斷。未斷破，則計土、柴，以偷盜罪及徒三個月從其重者判斷。他人舉時，當依舉盜賞法得賞。

一、租户家主沿諸供水細渠田地中灌水時，未畢，此方當好好監察，不許諸人地中放水。若違律無心失誤致渠破培口斷，舍院、田地中進水時，放水者有官罰馬一，庶人十三杖。種時未過，則當償牛工、種籽等而再種之。種時已過，則當以所損失苗、糧食、菓木等計價則償之。舍院進水損毁者，當計價而予之一半。若無主貧兒實無力償還工價，則依作錯法判斷。若人死者，與遮障中向有人處射箭投擲等而致人死之罪相同。

一、渠水巡檢、渠主一班大軍往興大事時，當依法爲之，此外勿置臨時所出攤派雜事。若違律時，有官罰馬一，庶人十三杖。

一、沿諸渠漲水、下雨，不時斷破而堵之時，附近未置官之備草，則當於附近家主中有私草處取而置之。當明其總數，草主人有田地則當計入冬草中，多於一年冬草則當依次計入冬草中。未有田地則依捆現賣法計價，官方予之。若私草已置而不計入冬草中，不予計價等，有官罰馬一，庶人十三杖。

一、催促地租者乘馬於各自轉運司白册□□蓋印，家主當取收據數登記於白册。其處於收據主人當面由催租者爲手記，十五日一番，由轉運司校驗，不許胡亂侵擾家主取賄等。違律不登記、無手記時十三杖，受賄依枉法貪贓罪法判斷。

一、諸郡縣轉交租，所屬租傭草種種當緊緊催促，收據當總匯，一個月一番，收據由司吏執之而來轉運司。催租不果，後當在任上催租，每月分析中勿來，春秋磨勘租時，依前法一併當喚來磨勘。若催租者大人每月另交收據有侵擾時，轉運司大人、承旨、都案、案頭、司吏等誰知者，有官罰馬一，庶人十三杖。

一、諸租户家主當指揮，使各自所屬種種租，於地册上登録頃畝、升斗、草之數。轉運司人當予屬者憑據，家主當視其上依數納之。其中有買地亦當告，令與先地册所有相同，予之憑據。家主人不來索憑據及所告轉運司人不予憑據等時，有官罰錢五緡，庶人十杖。

一、租户家主有種種地租傭草，催促中不速納而住滯時，當捕種地者及門下人，依高低斷以杖罪，當令其速納。

一、春開渠發役伕中，當集唐徠、漢延等上二種役伕，分其勞務，好好令開，當修治爲寬深。若不好好開，不爲寬深時，有官罰馬一，庶人十三杖。

一、諸租户家主所屬租地河水已斷，沙□已入，及池起石出，地高水不至，致不堪耕種而爲舍，告曰我求註銷者，轉運司大人、承旨一人當往視之。地邊相鄰者應擔保，是實言，則當明其頃畝數而奏報註銷。若言語隱瞞，告者與視者、擔保者隨意無理註銷時，一律以頃畝數計價，當比偷盜法減一等判斷。又先已註銷，後其地中所種可生，及爲舍處又損而他遷等，不許隨意種之，當告轉運司而種之，種種租傭草當依拓新地法納之。不告而擅自隨意種之時，所避之租傭草價以偷盜法判斷，依租傭草法當償之。

一、諸人租地中已爲林場，除先已註銷以外，此後不許註銷，當依租傭草法爲之。若違律時，所註銷地之種種租計價，依偷盜律判斷。

一、諸人互相買租地時，賣者地名中註銷，買者曰『我求自己名下註册』，則當告轉運司註册，買者當依租傭草法爲之。倘若買處地中註銷，買者自地中不註册時，租傭草計價，以偷盜法判斷。

一、諸人互相賣租地，買地者曰我求丈量，告轉運司者，當遣人丈量，買憑據上有頃畝數不足者，賣地者其地原是甚多，另二三種已賣，餘持自種，則皆當丈量，超地所在處當承租傭草事，空頃畝上當減之，價當還買地者。其中地雖未另賣，然部分地主人自己未種，皆賣與一人，少於地册上有者，轉運司大人、承旨一人當往丈量。是實言，則當奏而註銷頃畝未足之數。若不合註銷時，依邊等隱瞞官私地而避租傭草事之計量罪狀法判斷，受賄則與枉法貪贓罪比較，從重者判斷。

第十八

計九門

（繳買賣税）

（舟船）

（雜麴）

（鹽池開閉）

能增定税罰貪

（派供給小監）

（減攤税）

（年食工續）

（他國買賣）

分五十六條

（舟船門）

（製造船及行日）
（大意製做舟船壞）
（盜減應用日未滿船壞）
（船沉失畜人物）
（製船未牢水中壞）
（鐵釘木及式樣）
（應用未減製船未牢日未滿壞）
（造船及行牢等賞）

鹽池開閉門

一、諸人賣鹽池[一]中烏池之鹽者，一斗一百五十錢，其餘各池一斗一百錢，當計税實抽納，不許隨意偷税。倘若違律時，偷税幾何，當計其税，所逃之税數以偷盜法判斷。

一、國内有不開閉池鹽，應護之者當護之，不許守護無鹽之碱池。倘若閉護池中鹽而盜抽者，依其盜抽多寡，當依所犯地界中已開池納税次第法量之，以偷盜法判斷。其中守護無鹽之碱池，分別令掩蓋之，謂已抽鹽時，徒六個月。

第十九

計十三門
（派牧監納册）
（分畜）
（減牧雜事）
（死減）
供給馱
畜利限
官畜馱騎
畜患病
官畜私畜調换
校畜
管職事
牧場官地水井
貧牧逃避無續
分七十八條

[一] 原譯文『鹽、池』將二字斷開，不妥。今删去頓號。

牧場官地水井門

一、諸牧場之官畜所至住處，昔未納地册，官私交惡，此時官私地界當分離，當明其界劃。官地之監標誌者當與掌地記名，年年録於畜册之末，應納地册，不許官私地相混。倘若違律時，徒一年。

一、諸牧場所屬官地方內之原家主家中另外有私地者，不許於官地內安家，皆當棄之。地方無有，及若雖有而草木不生，或未有净水，無供給處，又原家實舊者，可於安家處安家。彼牧場其他諸家主等，不許於牧官畜處於水過處墾耕，原有已耕地舊田地當耕，當依邊等法入交納散黍中。彼地方內之牧人、雜家主等於妨害官畜處新耕時，大小牧監不告於局分，不令耕舊田地，牧主、牧人等叨擾時，一律有官罰馬一，庶人十三杖。若天旱□，官牧場中諸家主之尋牧草者來時，一年以內當安家，不許耕種。逾一年不去，則當告於局分而驅逐之。一年以內驅逐，及逾一年而不驅之時，有官罰馬一，庶人十三杖。

一、牧人當依前律令修造水井，倘若水井劣時，斷十三杖。又官地方水源泉有諸人鑿井者，則於不妨害官畜處可鑿井。若於妨害處鑿井及於不妨害處鑿井而牧人護之等，一律有官罰馬一，庶人十三杖。

元《通制條格》水利史料彙編

整理説明

《大元通制》是元朝政府頒行的法令文書彙編，於元英宗至治三年（一三二三年）刊行，具有法典的性質。其中的條格部分被稱爲《通制條格》。

《大元通制》全書八十八卷，分制詔、條格、斷例以及別類等四部分，凡二千五百三十九條。其中條格、斷例部分的篇目和編排，分別仿效金《泰和律令》和《泰和律義》。《大元通制》全書今已不傳，現僅存明初寫本《通制條格》殘卷，一九三〇年由國立北平圖書館影印出版，共二十二卷，包括户令、學令、選舉、軍防、儀制、衣服、禄令、倉庫、廄牧、田令、賦役、關市、捕亡、賞令、醫藥、雜令、僧道、營繕等十九個篇目。元代條格，大體上相當於唐代、金代法律體系中的令，是元代在民事、行政、財政等方面的重要法規。它與《元典章》同樣是研究元朝典章制度、社會經濟和階級關係的珍貴史料。近年來已有中華書局、浙江古籍出版社等出版過整理點校本。二十世紀八十年代，内蒙古額濟納旗黑城遺址出土的元代文書有《至正條格》殘頁。此外，韓國近年來發現了《至正條格》殘本。這些發現對於研究元史和中國法制史有很重要的價值。

《通制條格》中有不少涉及農桑水利、河工漕運的條款，這裏將其摘録出版。本次點校以《續修四庫全書》影印本爲底本。

卷七　軍防

看守倉庫

至元二十三年三月，中書省契勘：　在都倉庫，掌管國用錢糧，出入浩大，恐被侵盗，周迴各置軍鋪，並委官色目人等，親臨門首，專一看守。軍官軍人等須管晝夜，常切用心巡綽關防，遞相覺察，毋致官典勾當諸色人等侵盗官物。仍禁約不干礙閑雜之人，毋得輒去門首。如遇收支錢糧倉庫達魯花赤、官攢、庫子、斗脚人等，照依省部印押文字，坐去數目，對衆明白收管支發。如是庫司勾當並支納人員出庫，仰沿身子細搜尋，但有隱藏官物，即便捉拿解赴省部，照依扎撒處斷。如是把門人員並看守庫官人等，不爲用心看守巡綽搜尋，致有違犯，亦行痛斷。

卷一四　倉庫

部糧

至元二十七年十月，尚書省奏：　都漕運司申，着糧官司每年故縱百姓送納帶穀米陳粟，爲倉官不收，其部税官教唆税户恥辱倉官，（歐）〔毆〕打[一]斗脚，須要收管。又一等强豪勢要、近倉巡檢人員，不及糧税户，公然攬納得訖，輕賫趁賤，糴買陳粟麤米，恃勢强行送納。更監納倉官與攢典、斗脚通同計搆，暗受輕賫飛鈔，結攬糴買濫物入倉，致使官中不得精粹好物。合令各縣正官部税。及在河船户，寫訖伏定文字，關訖定錢，多日不赴河倉裝糧，或有裝訖官糧，支訖柒分脚價，却將糧斛沿河寄囤，就用脚錢作本，駕船別作買賣，經隔數月，不行運到交納處所。如此姦弊多端，乞禁約事。准奏，仰遍行諸路，依上嚴切禁約施行。今後各處正官部税，須要送納乾圓絶穀白米新粟，及禁約豪勢、官員税户、人等不得結攬行凶，恥辱倉官，毆打斗脚。仍鼇勒倉官、攢典、斗脚合干人等，却不得通行計搆結攬飛鈔作弊，及刁蹬停滯人難。並據在河船户人等，依元立伏定文字，於所撥河倉運納。如有違犯之人，取問得實，並行斷罪。

糧耗

至元二十二年十月，中書省户部呈：　江南民田税石，擬合依例每石帶收鼠耗分例七升，内除養贍倉官斗脚一升外，六升與正糧一體收貯。如有短折數目，擬依腹裏折耗例，以五年爲則，准除四升，初年一升二合，次年二

[一] 歐打　應爲『毆打』。以下徑改。

升，三年二升七合，四年三升四合，五年共報四升，餘上不盡數目追徵還官。若有不及所破折耗，從實准算，無得因而作弊，多破官糧。外據官田帶收鼠耗分例，若比民田減半，每石止收三升五合，却緣前項所破正糧，擬合每石帶收鼠耗分例五升。都省議得，除民田稅石依准部擬外，官田減半收受。

至元二十九年八月十八日，完澤丞相等奏：通州河西務的倉官每俺根底告説有，倉裏收來的糧內，前省官人每定的鼠耗分例少的上頭，賣了媳婦孩兒家緣陪納不起，至今生受行有，麽道告有。俺商量得：前省官定到的鼠耗分例不均有。如今南糧北糧的鼠耗分例，比在先的添與，各年的耗糧分例，依體例斟酌定也，麽道。奏呵，依着您的言語者。雖那般呵，怎合得心雀鼠待喫的多少，因着那的，休教歹人每作弊做賊説謊。麽道聖旨了也。欽此。

依舊聽耗：

唐村等處(般)〔船〕[一]運至河西務，北糧每石破柒合。

直沽船運至河西務，南糧每石破壹升貳合。

河西務船運至通州李二寺，南糧每石壹升五合，北糧每石伍合。

壩河站車運至大都省倉，南糧每碩壹升伍合，北糧每碩壹升。

今議擬耗例：

大都省倉

元定破耗

南糧每碩肆升

北糧每碩叁升

今擬限年聽耗

初年聽耗

南糧每碩貳升

北糧每碩壹升伍合

次年聽耗

南糧每碩叁升

北糧每碩貳升叁合

貯經叁年已上依元定聽耗

南糧每碩肆升

北糧每碩叁升

河西務、通州李二寺

元定破耗

南糧每碩貳升

北糧每碩壹升伍合

今擬限年聽耗

初年依元定破耗

南糧每碩貳升

[一] 般　《大元海運記》卷下作『船』，據改。以下徑改。

北糧每碩壹升伍合

次年聽耗

南糧每碩叁升

北糧每碩貳升叁合

貯經叁年以上聽耗

南糧每碩肆升

北糧每碩叁升

直沽倉除對船交裝不須破耗外，今擬壹年須要支運盡絶。

今擬添柒合

元定破耗壹升叁合

南糧每碩聽耗貳升

附餘短少

大德七年六月，中書省户部呈： 永州北倉官司倉李全、司庭實等得替交割，短少南糧糙粳米叁千壹佰陸碩肆合，北糧白米粟豆却有積餘捌佰捌拾碩壹斗陸升肆合。本部照得先欽奉聖旨節該： 管倉的官人每在先偷了糧的失陷了的，那年分偷來，依着那年分價鈔教陪者。欽此。議得南糧短少，北糧附餘，各色各異，似難相補。擬合欽依，比照當年得代交割失陷月日時估追徵。都省准擬。

元貞元年二月，中書省御史臺呈： 江南行臺咨，嘉興、松江等處壹倉各敖互有增短糧數，擬合通行准算。户部照議得： 上項短少附餘粳米，雖然各敖收貯，終是壹倉，互相增短，合依臺擬對色准算。外據短少小麥，着落追徵還官。都省准擬。

沮壞漕運

元貞二年正月，欽奉聖旨節該： 中書省奏，都漕運使司所管沿河倉分，隨路部糧官吏與倉官人等通同作弊，收受糠粃米粟，結攬輕賫，虚出通關，致有短少官糧； 又收糧其間，各處官司輒將倉官綱官人等勾攝攪擾，沮壞漕運，乞降聖旨禁約事。准奏。仰漕運司官、各路部糧正官、倉官人等，毋得似前通同作弊。收運糧斛其間，諸衙門不得妄生事端，勾擾沮壞。違者照依累降聖旨條畫斷罪。

運糧作弊

皇慶二年四月，中書省江浙行省咨： 准本省提調海運官咨，海運歲供，京師所繫甚重，往往詐稱風水，盜糶官糧。除已督責合屬委自廉幹正官於瀕海去處常切用心巡視體問，若有運糧船隻無故沿海停泊，就將船主取招究治，剗時催趕起發，前赴直沽等處交卸，不得停留。本地面里正、社長、主首人等容令灣泊，盜糶官糧作弊，一體坐罪。如果有遭風船隻，隨即根問虚實，體覆明白，依例施行外，切恐各處官司恃不統攝，看爲泛常。合令山東沿海去處嚴切戒諭，庶肯遵守。都省准擬。

至元八年七月，尚書省御史臺呈：今後軍人合支糧食，合無聽從所願，或支米糧折支寶鈔，仍禁約不得私下賣籌。户部講究得，若令軍人支鈔，切恐非理破用，合令依舊支米，常切出榜，許諸人捉拏賣籌買籌人等，嚴行治罪。都省准擬。

卷一六　田令

農桑

至元九年二月，欽奉聖旨節該：據大司農司奏，自大都隨路州縣城郭周圍，並河渠兩岸，急遞鋪道店側畔，各隨地宜，官民栽植榆柳槐樹，令本處正官提點本地分人護長成樹。係官栽到者，營修隄岸、橋道等用度，百姓自力栽到者，各家使用，似爲官民兩益。准奏。仰隨路委自州縣正官提點，春首栽植，務要生成。仍禁約蒙古、漢軍、探馬赤、權勢諸色人等，不得恣縱頭疋嚙咬，亦不得非理斫伐。違者並仰各路達魯花赤、管民官依條治罪，本處官司却不得因而搔擾。

至元二十三年六月十二日，中書省奏：立大司農司的聖旨，奏呵，與者，麽道聖旨有來。又，仲謙那的每行來的條畫，在先也省官人每的印信文字行來。如今條畫根底省家文字裏交行呵，怎生？麽道。奏呵，那般者，麽道聖旨了也。欽此。今將奏奉聖旨定到條畫開立於後：

一、諸縣所屬村疃，凡伍拾家立爲壹社，不以是何諸色人等，並行入社，令社衆推舉年高、通曉農事、有兼丁者，立爲社長。如壹村伍拾家以上只爲壹社，增至伯家者另設社長壹員。如不及伍拾家者，與附近村分相併爲壹社。若地遠人稀不能相併者，斟酌各處地面，各村自爲壹社者聽。或叁村或伍村併爲壹社，仍於酌中村內選立社長。官司並不得將社長差占別管餘事，專一照管教勸本社之人務勤農業，不致惰廢。如有不肯聽從教勸之人，籍記姓名，候提點官到彼，對社衆責罰。所立社長，與免本身雜役。年終考較，有成者優賞，怠廢者責罰。仍省會社長，却不得因而搔擾，亦不得率領社衆非理動作聚集，以妨農時。外據其餘聚衆作社者，並行禁斷。若有違犯，從本處官司就便究治。

一、農民每歲種田，有勤謹趁時而作者，懶惰過時而廢者，若不明諭，民多苟且。今後仰社長教諭，各隨風土所宜，須管趁時農作。若宜先種者，儘力先行布種植田，以次各各隨宜布種，必不得已，然後補種晚田瓜菜。仍於地頭道邊各立牌橛，書寫某社某人地段，仰社長時時往來點覷，獎勸誡諭，不致荒蕪。仍仰隄備天旱，有地主户量種區田，有水則近水種之，無水則鑿井。如井深不能種區田者，聽從民便。若有水田之家，不必區種，據區田法度另行發去。仰本路鏤板，多廣印散，諸民若農作動時，不得無故飲會，失悮生計。

一、每丁週歲須要創栽桑棗貳拾株或附宅栽種地桑貳拾株，早供蟻蠶食用。其地不宜栽桑棗，各隨地土所宜，栽種榆柳等樹，亦及貳拾株。若欲栽種雜果者，每丁衮種壹拾株。皆以生成爲定數。（目）〔自〕願〔一〕多栽者聽。若本主地内栽種已滿，别無餘地可栽者，或有病喪丁數，不在此限。若有上年已栽桑果數目，另行具報，却不得朦昧報充次年數目。或有死損，從實申説本處官司，申報不實者並行責罰。仍仰隨社布種（首）〔苜〕蓿〔二〕，初年不須割刈，次年收到種子，轉轉俵散，務要廣種，非止喂養頭疋，亦可接濟饑年。

一、隨路皆有水利，有渠已開而水利未盡其地者，有全未曾開種並創可挑撅者，委本處正官壹員，選知水利人員一同相視，中間别無違礙，許民量力開引。如民力不能者，申覆上司，差提舉河渠官相驗過，官司添力開挑。外據安置水碾磨去處，如遇澆田時月，停住碾磨，澆溉田禾。若是水田澆畢，方許碾磨依舊引水用度，務要各得其用。雖有河渠泉脈，如是地形高阜不能開引者，仰成造水車，官爲應副人匠，驗地里遠近，人户多寡，分置使用。富家能自置材木者，令自置。如貧無材木，官爲買給，已後收成之日，驗使水之家均補還官。若有不知造水車去處，仰申覆上司關樣成造。所據運鹽運糧河道，仰各路從長講究可否，申覆合干部分定奪，利國便民，兩不相妨。

一、近水之家許鑿池養魚並鵝鴨之類，及栽種蓮藕、雞頭、菱角、蒲葦等，以助衣食。如本主無力栽種，召人依例種佃，無致閑歇無用。據所出物色，如遇貨賣，有合税者，依例赴務投税，難同自來（辨）〔辦〕〔三〕課河泊創立課程，以致人民不敢增修。

一、本社内遇有病患兇喪之家不能種蒔者，仰令社衆各備糧飯器具併力耕種，鋤治收刈，俱要依時辦集，無致荒廢。其養蠶者亦如之。壹社之中災病多者，兩社併助。外據社衆使用牛隻，若有倒傷，亦仰照依鄉原例均助補買。比及補買以來，併牛助工。如有餘剩牛隻之家，令社衆兩和租賃。

一、應有荒地，除軍馬營盤草地已經上司撥定邊界者並公田外，其餘投下、探馬赤、官豪勢要之家自行冒占年深荒閑地土，從本處官司勘當得實，打量見數，給付附近無地之家耕種爲主。先給貧民，次及餘户。如有争差，申覆上司定奪。外據祖業或立契買到地土，近年銷乏時暫荒閑者，督勒本主立限開耕租佃，須要不致荒蕪。若係自

〔一〕目願　應爲『自願』。

〔二〕首蓿　應爲『苜蓿』。

〔三〕辨　應爲『辦』。以下徑改。

來地薄輪番歇種去處，即仰依例存留歇種地段，亦不得多餘冒占。若有熟地夾間本主未耕荒地，不及壹頃者不在此限，仍督責早爲開耕。

一、每社立義倉，社長主之。如遇豐年收成去處，各家驗口數，每口留粟壹斗，若無粟抵斗，存留雜色物料，以備歉歲就給各人自行食用。官司並不得拘檢借貸動支，經過軍馬亦不得强行取要。社長明置文曆，如欲聚集收頓，或各家頓放，聽從民便。社長與社户從長商議，如法收貯，須要不致損壞。如遇天災兇歲不收去處，或本社內有不收之家，不在存留之限。

一、本社內若有勤務農桑、增置家產、孝友之人，從社長保舉官司，體究得實，申覆上司，量加優恤。若社長與本處官司體究所保不實，亦行責罰。本處官司并不得將勤謹增置到物業添加差役。

一、若有不務本業、游手好閑、不遵父母兄長教令、兇徒惡黨之人，先從社長叮嚀教訓，如是不改，籍記姓名，候提點官到日，對社衆審問是實，於門首大字粉壁書寫不務本業、游惰、兇惡等名稱。如本人知恥改過，從社長保明申官，毁去粉壁。如終是不改，但遇本社合着夫役，替民應當。候悔過自新，方許除籍。

一、今後每社設立學校壹所，擇通曉經書者爲學師，於農隙時月，各令子弟入學。先讀《孝經》、小學，次及《大學》、《論》、《孟》經、史，務要各知孝悌忠信，敦本抑末。依鄉原例出辦束修。如自願立長學者，聽。若積久學問有成者，申覆上司照驗。

一、若有蟲蝗遺子去處，委各州縣正官壹員，於拾月內專一巡視本管地面。若在熟地，併力翻耕。如在荒陂大野，先行耕圍，籍記地段，禁約諸人不得燒燃荒草，以備來春蟲蝻生發時分，不分明夜，本處正官監視就草燒除。若是荒地窄狹、無草可燒去處，亦仰從長規劃，春首捕除。仍仰更爲多方用心，務要盡絶。若在煎鹽草地內蟲蝻遺子者，申部定奪。

一、若有該載不盡農桑水利於民有益或可預防蝗旱災咎者，各隨方土所宜，量力施行。仍申覆上司照驗。

一、前項農桑水利等事，專委府州司縣長官，不妨本職提點勾當。若有事故，差出以次官提點。如但有違慢沮壞之人，取問是實，約量斷罪。若有恃勢不伏或事重者，申覆上司究治。其提點官不得勾集百姓，仍依時月下村提點，止許將引當該司吏壹名，祗候人壹貳名，毋得因而多將人力，搔擾取受。據每縣年終比附到各社長農事成否等第，開申本管上司通行考較。其本管上司却行開坐所屬州縣提點官勾當成否，編類等第，申覆司農司及申户部照驗。才候任滿，於解由內分(朗)〔明〕〔一〕開寫排年

〔一〕朗　應爲『明』。

考較到提點農事功勤廢惰事跡，赴部照勘呈省，欽依見降聖旨比附以爲殿最。提刑按察司更爲體察。

至元二十八年十二月十五日，中書省奏：『江南勸課農桑，那裏的路官每親身巡行呵，搔擾百姓有。不教行呵，怎生？』麽道。奏呵，『與理會的南人每一處商量了說者。』麽道聖旨有來。俺衆人與南人每一處商量來，那的每也則這般說有，『江南勸課農桑的不教官人提調着呵，百姓每也不怠慢向前有，不教官人每巡行，依時節行文書呵，中也者。』麽道說有。俺也那般商量來。麽道。奏呵，那般者。麽道聖旨了也。欽此。

至元二十九年閏六月，欽奉聖旨：宣諭諸路府州司縣達魯花赤、管民官、提點農桑水利官員人等，據中書省奏，在前爲勸農的上頭，各處立着勸農司衙門來，後頭罷了，併入按察司時節，按察司名兒裏與了聖旨來。如今按察司改做肅政廉訪司也，依那體例裏倒換與他每聖旨宣諭，似望各各盡心，早得成就。准奏。仰各道肅政廉訪司照依已降聖旨，巡行勸課，舉察勤惰。隨路若有勤謹官員，仰各路具實跡牒報，巡行勸農官體覆得實，申大司農司呈省聞奏，於銓選時定奪。如文字遲慢，仰廉訪司官即將當該司吏，對提點官就便取招，申大司農司責罰。其各路並府州提點官違慢者，大司農司取招呈省定奪。外據社長委有公謹實效之人，行移巡行勸農官體察得實，申覆大司農司定奪。如有違慢者，仰就便依理責罰黜罷。這般省諭了呵，勸農官吏人等却不得因而取受，看循面情，非理行事。本處官司及不以是何人等，亦不得使氣力搔擾社長，妨奪勸農事務。如違治罪。仍仰肅政廉訪司照依已降聖旨，更爲體察施行。

大德二年九月，中書省御史臺呈：江南行臺咨，各道報到農桑文册，俱係司縣排户取勘栽種數目，自下而上申報文字，所費人力紙札，無非擾民。江南地窄人稠，與中原不同，農民世務本業。擬合欽依聖旨，依時節行文書勸課，免致取勘動摇。兵部議得：既是江南農事行御史臺親行提調，明咨地窄人稠，多爲山水所占，大與中原不同，土著農民世務本業，不須加勸而自能勤力，以盡地利。合准御史臺所擬，依時行文字勸課相應。都省准呈。

大德三年二月初七日，中書省奏：『教百姓每謹慎種養栽接的，路府州縣官提調着，依時親身點覷者，廉訪司官也提調點覷者。』麽道，司農司聖旨條畫裏這般該着有。『這般挨次重併點覷呵，百姓每生受。親臨百姓州縣官點覷，除那的外，路府州官等則依體例提調呵，中也者。』說有，似這般言語，在先壹箇人題說，與文書呵，『他說的是有，教那般行者。』麽道行文書來。『係聖旨條畫裏該載的言語。』麽道，御史臺司農司官人每俺根底回將文書來。他的言語是有，這般行呵，怎生？商量來奏呵，奉聖旨：那般行者。欽此。

皇慶二年七月二十一日，大司農司奏奉聖旨節該：

大都路爲頭五路裏種田的地壹半秋耕，其餘路分聽民儘力秋耕。依着這般行呵，也宜趁天氣未寒時月將陽氣掩在地中，蝗蝻遺下種子也曝曬死，次年種來的苗稼榮旺耐旱。依着這般行呵，秋成豐稔，農事有成效的一般。奏呵，奉聖旨：那般者。依着薛禪皇帝行來的行者。您與省家文書教遍行者。

大德九年二月，欽奉詔書內一款：仲春已後，此農民盡力耕桑之時，其敕有司，非急速之務，慎毋生事煩擾，或有小罪，即與疎决，勿禁繫妨其時。

皇慶二年七月二十一日，大司農司奏：世祖皇帝時分，每年農民種田剩桑時月，若有工役，合倩人夫車牛，本管官司非奉省部明文，等候秋成農隙，方許均科，不妨悞了農種的一般。奏呵，奉聖旨：那般者，您與省家文書教遍行者。

卷一七　賦役

押運使臣

至元二十四年閏二月，中書省兵部員外郎馬承務呈：各省解納進呈一切段疋諸物，和雇船隻長運，直至河東交卸。依漕運司糧斛例，船主既支脚錢，自行雇夫。其站船遞運，驗船隻大小料例，俱有已設站夫，毋得更差捧船人夫。仍禁治押運官員使臣，今後毋得擅便督勒沿江河路府州縣，行移前路文字，准備差撥人夫。路府州縣亦不得聽從押物人員輒便行移差撥。都省准呈。

卷二七　雜令

兵仗應給不應給

至元八年三月，御史臺據各道提刑按察司申：書史、書吏、奏差人等告稱，每遇差出巡按，乞許令懸帶弓箭事，於三月初九日聞奏過，奉聖旨：教懸帶者，欽此。憲臺公議得：各道司官除已懸帶外，今擬每道弓箭陸副，如遇書史、書吏、奏差人等公出，許令懸帶。

至大三年七月二十九日，御史臺奏：在先塔察兒、月兒魯那延臺裏行時分，禁約漢兒人休拏弓箭軍器上頭，世祖皇帝根底奏呵，『按察司官人每是拏説謊做賊的人每有，壹箇兩箇出去體察勾當行呵，弓箭交拏者。』麼道兩遍聖旨有來。如今尚書省官人每奏了，『但有姓的漢兒、蠻子，弓箭軍器禁了者，拏的人依在前體例要罪過者。』麼道行了文書有。俺商量來，監察廉訪司官人每是拏做賊説謊的衙門有，歹人每不愛的多有也者，體察勾當行的時分，不教拏弓箭呵，不中的一般有。可憐見呵，依先聖旨體例教拏弓箭呵，怎生？奏呵，奉聖旨：那般者。欽此。

皇慶二年十一月十六日，樞密院奏： 弓箭軍器的勾當專與軍人者，麼道，世祖皇帝好生記心有來。如今無問遠近內外去的使臣每根底，又大小衙門裏行的首領官、令史每，春秋上下往來，索要弓箭的多有。似這般索要呵，用着的時分短少了去也。今後除與軍前去的使臣每外，其餘使臣每根底並各衙門首領官、令史每根底，休教與呵，怎生？奏呵，奉聖旨： 您說的是有。那般者。院裏行文字物料造作來的軍器，各衙門首領官、令史、漢人、蠻子、高麗人每根底休與者。欽此。

大德七年十一月，中書省河東陝西道奉使宣撫呈：太原路所轄州城有姓在閑達魯花赤多有執把弓箭之人，合行禁約。刑部議得： 有姓達魯花赤如係漢兒人，擬合欽依禁約。都省准擬。

至元十一年三月初五日，大司農司奏： 都水監管勾當官壕寨差出爲河道勾當裏去呵，山裏水裏難田地裏行有，別無隄防器械，合無令各人帶弓箭壹副。奉聖旨：教帶弓箭者。欽此。

至元十四年三月初一日，中書省奏： 南省官人每與的文書來，蠻子田地裏做去底官人每田地遠有，民户新入來有，軍器不把着呵，沿路上做賊的歹人每，莫不撞着麼，那般道將來。臣等議得： 去的官人每，斟量着教把着軍器行呵，怎生？奉聖旨： 那般者。欽此。

元貞元年十月初三日，中書省奏： 江浙省、南京省所轄的地面，巡禁私鹽的漢軍、新附軍相參安置着有。漢軍每有軍器，新附軍無軍器。賊每行呵，將着軍器行有，這巡禁的新附軍每無軍器的上頭，被賊每傷害有。這的每根底也依那體例裏索將軍器來呵，俺院官每根底商量來，這的每是巡禁的軍人，合與，麼道說有。俺也商量來，不教其餘的指例與呵，怎生？奏呵，奉聖旨： 與者。休教別箇的指例者。欽此。

至元二十三年六月二十七日，中書省奏： 拏賊的巡馬每在先教拏着悶棍道來。拿賊的將着悶棍呵，賊每到有弓箭，拏的人每傷着去也，麼道說將來。俺商量的，路裏壹拾副弓箭，散府州裏各柒副弓箭，縣裏教伍副弓箭呵，怎生？奏呵，是有。那般者。聖旨了也。欽此。

大德六年五月，中書省江浙省咨： 合屬地面多是依山瀕海去處，盜賊不時生發，執把軍器，捕盜官兵却無弓箭軍器，不能擒捕，擬合依例給付。都省議得： 路府州縣巡防捕盜衙門懸帶弓箭已有定數，各處巡檢每處量給弓箭叁副。

大德七年十一月，中書省江浙省咨： 饒州路胡國用告，周蘭十二捏合根脚，迤北求仕回家，懸帶弓箭環刀，稱係怯薛歹人，改名周也里占。歸問間，欽遇詔恩。都省議得： 周也里占所犯罪經革撥，怯薛身役，既是蠻子人氏，擬合罷去，發付元籍當差，見帶弓箭追收還官。

至元二十四年二月，尚書省河東山西道宣慰司呈：

西京、太原、太和嶺等處把隘軍人，若將弓箭軍器拘收，儻有疏失，不及申訴。劄付樞密院，照擬得：漢兒執把弓箭軍器即係禁斷事理。所有上頂把隘軍人，既宣慰司呈所把隘口嶮惡，不時防送官物，合許執把悶棍巡防勾當。仍令本管色目人員常切鈐束，不致生事違錯。都省准擬。

至元二十四年五月二十四日，尚書省奏：江西行省官人每與將文書來，『吉、贛等地面，湖南、廣東、福建這地面相連着。每年草賊生發呵，出備軍器，聚集弓手人每收捕來。年時江南地面漢兒南人休把弓箭禁斷時分，這裏的弓箭拘收了來。如今依着漢兒城子裏與了的體例裏與的。』説將來有。俺商量得：在先中書省官人每奏，『每一個路裏拾副弓箭、散府裏州裏柒副弓箭、縣裏伍副弓箭教執把呵，怎生？』麼道。奏呵，『是也。那般者』。麼道聖旨了來。如今依着那體例，路裏拾副、散府州裏柒副、縣裏伍副教執把，城子裏的達魯花赤、達達、畏吾兒、回回官人每教管者。若收捕賊的勾當有呵，巡軍根底教把弓箭，無勾當時拘收了庫裏放着呵，怎生？麼道。奏呵，那般者。好人根底委付者。麼道聖旨了也。欽此。

拘滯車船

至元二十年五月，中書户部承奉中書省劄付：體知隨處官司遇有遞運，將販賣米斛車船壹概拘刷拖拽，以致水陸澀滯，南北米糧不通，民甚不便。都省相度：江淮等處米粟任從客旅興販，官司毋得阻當。般販物斛車船並免遞運，不以是何人等，毋得拘刷拖拽。仍於關津渡口出榜曉諭，如遇興販物斛車船經過，不得非劄遮當搜檢，妄生刁蹬，取要錢物。違者痛行治罪。

至元二十年十一月，中書省所委官李尚書呈：江南行省差押運官物船隻人員，多於沿河拘奪客旅船隻交換，深是擾擾。合無行移各省禁約所差人員，毋得似前奪要客旅船隻。都省准呈。

至元二十五年三月，尚書省契勘，大都居民所用糧斛，全籍客旅興販供給。體知漕運司押綱頭目並船户人等，指裝運官糧爲名，將御河上下興販物斛客旅非理擾擾，及將在船物貨强行剥卸，阻滯販賣，以致京師物斛添價。都省議得：擬令都漕運使司嚴加禁約押綱頭目船户人等，毋得似前搔擾客旅，阻滯船隻。非奉都省明文，不得擅自拘雇。

至元二十九年正月十一日，御史臺奏：大都裏每年百姓食用的糧食，多一半是客人從迤南御河裏搬將這裏來賣有。來的多呵賤，來的少呵貴有。如今街下有來的米，比已前貴有。這米貴了的緣故，官船搬運官糧諸物呵，船户每倚着官司氣力，壞了官船也麼道，却奪要了客人每的船隻，與了鈔放了，不與鈔呵，教百姓每船運官物。更有氣力的人每行呵，客人每根底阻當。爲那般呵，客人每來的少的上頭，米貴了有。俺商量得：今後官船損壞了呵，教所在官司修補者，客人每的船隻休拿者，麼道，中書省裏說了。多出文榜，更省裏臺裏常川差人，這般教百姓生受的根底巡綽呵，便當有。麼道。奏呵，那般者。麼道聖旨了也。欽此。

卷二八　雜令

船路阻害

至大四年七月，中書省禮部呈：　高榮孫陳言，江河霸閘攬載人等，故用損船繩攬，名爲盤淺，阻截民船，及河岸設立部頭，把隘軍人，假名辨驗，刁蹬客旅，取要錢物。刑部議得：　盤淺船隻，游手潑皮及河岸部頭把隘軍人作弊，刁蹬客旅，取受錢物，擾民不便等事，合令所在官司出榜嚴加禁治。仍令都水分監並瀕河巡防捕盗官，不妨巡捕，常加體察禁約。敢有違犯之人，捉拿到官，痛行追斷。除把隘軍人發還本翼交換，餘皆就發元籍收管。都省准擬。

卷三〇　營繕

堤渠橋道

至元七年九月，中書省近欽奉聖旨節該：　都水監所管河渠、隄岸、道路、橋梁，每歲修理，欽此。照得九月間平治道路，合監督附近居民修理，十月一日修畢。其要路陷壞停水，阻礙行旅，不拘時月，量差本地分人夫修理。仍委按察司以時檢察。

至元二十一年七月，欽奉聖旨條畫內一款：　津梁渠道路，仰當該官司常切修完，不致陷壞停水，阻礙宣使車馬客旅經行。如違，仰提刑按察司究治。

驛路船渡

至元二十年七月，中書省議得：　各處驛路河道，若有山水泛溢衝斷橋梁去處，仰所在官司預爲計置船隻，擺渡過往使臣客旅，毋致停滯。伺候水落，將所損橋梁依例搭蓋。

明會典(節選)

整理説明

《明會典》是明代記載典章制度的官書。又名《大明會典》。始纂於弘治十年(一四九七年)三月,經正德時參校後刊行,共一百八十卷。嘉靖時經兩次增補,萬曆時又加修訂,撰成重修本二百二十八卷。這是目前最爲完備的刊本。該書以六部爲綱,以事例爲目,記載了明代開國至萬曆十三年二百餘年職官的建置沿革與所掌職事。

萬曆四年(一五七六年)六月,明神宗朱翊鈞敕命張居正爲總裁,定纂修凡例十五條,校訂弘治、嘉靖舊本,補輯嘉靖二十八年(一五四九年)以後的六部現行事例,分類編纂,改編年爲從事分類,從類分年。書成於萬曆十三年。十五年二月,大學士申時行奏進,由内府刊行。全書共二百二十八卷,合凡例目録共二百四十卷,通稱《萬曆重修會典》。其卷一至卷二二六記文職衙門,卷二二七和二二八記武職衙門。文職先後爲宗人府、吏部、户部、禮部、兵部、刑部、工部、都察院、通政使司、大理寺、太常寺、詹事府、光禄寺、太僕寺、鴻臚寺、國子監、翰林院、尚寶司、欽天監、太醫院、上林苑監、僧録司、道録司;武職則爲五軍都督府與錦衣衛等二十二衛。南京存留諸司附於北京諸司之後。

該書輯録明代的法令和章程,包括中央和地方政府的機構與職掌,官吏的任免、文書制度、少數民族地區的管理、行政管理和監督,農業、手工業、商業和土地制度、賦税、户役、財政等經濟政策,以及天文、曆法、習俗、文教等,是研究明代典章制度的重要資料。其中卷一九六至卷二〇〇集中記載了明代的水利、漕運等規章制度,是研究明代水利歷史的重要史料依據。

本次節選點校以萬曆重修本爲底本,其版本通用的爲萬有文庫本,以及近年來的多種影印本,實際都是同一個版本。

卷一九六　工部一六

都水清吏司

郎中，員外郎，主事，分掌川瀆陂池，橋道舟車，織造衡量之事。內一員提督清江浦造船，隆慶六年加設。

河渠一

運道一 海道附

國初都金陵，則漕於江。其餉遼卒，猶漕於海。自永樂都燕後，歲漕東南四百萬石。由江涉高、寶諸湖，絶淮入河，經會通河，出衛河、白河，溯大通河，以達於京師。諸洪泉壩閘，以次修舉。至於今，纖悉具備。故並載焉。

大通河

大通河，即潞河，舊爲通惠河。其源出昌平州白浮村神山泉，過榆河，會一畝、馬眼諸泉，匯爲七里濼，東貫都城，由大通橋河渠而下，至通州高麗莊入白河，長一百六十餘里。元初所鑿，賜名通惠。每十里爲一閘，蓄水通舟，以免漕運陸輓之勞。

國朝永樂以來，諸閘猶多存者。仍設官夫守視。然不以轉漕，河流漸淤。成化、正德間，累命疏之，功不果就。嘉靖六年，遣漕運總兵、錦衣衛都指揮及御史會濬之。自大通橋起至通州石壩四十里，地勢高下四丈。中間設慶豐等五閘以蓄水。每閘各設官吏，共編夫一百八十名。每名工食銀八兩。造剥船三百隻，每隻價銀三十五兩。分置各閘。責經紀領之，使製布囊盛米，雇役遞相轉輸。軍民稱便。

白河

白河南去通州二百里。其源出胡地，經密雲縣，合大通、榆、渾諸河，凡三百六十里至直沽，會衛河入海。源遠流迅，河皆溜沙。每夏秋暴漲，最易衝決。每決，輒發丁夫修築，屢築屢決。正統三年，命官相視地勢，自河西務徑二十里，改鑿順下，河遂安流。每淤淺處，設鋪舍、置夫甲，專管挑濬。舟過則招呼，使避淺而行。自此而南，運河淺鋪，以次而設。

衛河

衛河，舊名御河。源出河南輝縣之蘇門山。東北流，會淇、漳諸水，過臨漳，分爲二。其一北出，經大名，至武邑，以入滹沱。其一東流，經大名東北，出臨清，至直沽，會白河入海。長二千餘里。今爲運河。自臨清至直沽凡五衛十七州縣，淺一百五十七處。此河自德州而下，漸與海近。河狹地卑，易於衝決。每決，輒發丁夫修治。嘉靖十三年議准，恩縣、東光、滄州、興濟四處，各建減水閘一座，以洩漲溢之水。

會通河

會通河，自臨清迤南至濟寧州。元初由任城即今濟寧開渠，至安民山即安山一百五十里。復自安民山之西南開渠，由壽張西北至東昌，又西北至臨清，凡二百五十里。引汶絶濟，直歸漳衛。洪武二十四年，河決原武縣黑陽山，由舊曹州鄆城縣兩河口，漫過安山湖，而會通漸淤。永樂九年，因海運艱阻，遣尚書、都督等官疏鑿元人故道。乃於東平州戴村汶水入海處，築一土壩，橫亘五里，遏汶水使西流，盡出南旺分流。四分往南，接濟徐吕；六分往北，以達臨清。自後添設新閘，修築舊岸，大爲漕運之利。自臨清抵徐州七百里間，全資汶、泗、沂、洸諸水接運，總曰閘河。舊爲閘四十有三。前元建者二十餘。永樂以來，先後增建者二十餘。而減水通河諸閘，不與焉。兩閘之間，每存稍淺一處約數丈，多不過十餘丈，用留洩水，令積易盈。今建設改革益多。見『閘壩』條下。

汶河

汶河，一出新泰縣宫山之下，曰小汶河。一出泰安州仙臺嶺，一出萊蕪縣原山，一出縣寨子村，俱至州之静封鎮合流，曰大汶河。出徂徠山之陽，而小汶來會。經寧陽縣北堽城，歷汶上、東平、東阿，又東北流入海。元於堽城之左築壩，遏汶入洸，南流至濟寧，合沂、泗二水，以達於淮。自永樂間築戴村壩，汶水盡出南旺。於是洸、沂、泗自會濟，而汶不復通洸。今沂州亦有汶河，一出蒙山東澗谷，一出沂水縣南山谷，俱入邳州淮河。

洸河

洸河，乃汶水之支流。出寧陽縣北三十里堽城，西南流。又循縣南流三十里，會寧陽諸泉。又六十里經濟寧城，東與泗合，出天井閘河。

沂河

沂河，源出曲阜縣尼山西南，分流爲二。一西流，至金口壩上，即與泗會。一南流，亦與泗會，出港裏河。又有出沂水縣艾山者，會蒙陰沂水諸泉，與沂山之汶合流，至邳州入淮。

泗河

泗河，源出泗水縣陪尾山，四泉並發。西流至兖州府城東。又南流經横河，與沂水合。元時於兖州東門外五里金口，作壩建閘，遏泗之南趨。國朝因而修築。每夏秋水長，則啟閘，放使南流，會沂水，由港田河，出師家莊閘。冬春水微，則閉閘，令由黑風口東經兖城入濟。又南流會洸水，至濟寧出天井閘。

濟河

濟河，出王屋山，至河南濟源縣，二源合流。其水或伏或見，東出於陶丘北，又東北會於汶。今在汶上縣北，一名大清河。元人作金口壩，傍有河即黑風口西通濟流，併入會通河。

沁河

沁河，出山西沁源縣綿山東谷，由太行山麓，至河南原武縣黑陽山，與河、汴合流，至徐州入運河，以濟徐、呂二洪。每年水勢淺深尺寸，管洪官按季奏報。前代嘗引沁以通衛。正統以前，其支流猶自武陟山原村東北，由紅荊口，經衛輝，凡六十里，與衛通。天順七年，河趨陳、潁入淮。乃開沁以達徐，復引河以合泗，而入衛之故道始湮。

南陽新河

新河，在昭陽湖之東。起南陽，至留城一百四十一里八十八步。嘉靖六年，以河決，命官開濬，垂成而止。四十四年復決，乃因舊跡疏鑿。又起留城至境山，濬復舊河五十三里。凡役夫九萬一千有奇，八閱月而成。隆慶元年，山水衝決，復淤新河之三河口。薛河、沙河、趕牛溝會此，故名。乃經理沙、薛上流，各開支流。築黃家口、豸裏溝等壩，引薛河由呂孟湖出地濱溝。築宋家壩，引沙河由尹家湖出鯰魚口。築黃甫壩，引沙河由滿家湖入南陽湖。次年工成。又爲三河口石壩一座，南陽湖石堤三十餘里。凡建閘九、築壩十三、減水閘二十、開支河九十六里。三年，又於昭陽湖以東，沙薛二水所從入舊河處，開鴻溝廢渠，達李家口回回墓，而東出留城閘，計六十餘里。積水俱有宣洩，滕、沛利之。

黃河 徐、呂二洪、羊山新河附

黃河，發源詳載《元史》。其流合陝西、山西諸水而始大。至河南，始散漫泛溢。至山東，勢益峻急，衝決無常。洪武二十四年，決原武，淤安山。正統十三年，河溢滎陽縣，自開封府城北經曹、濮二州、陽穀縣，以入運河。至兗州府沙灣之東，決大洪口，諸水從之入海。

景泰四年，命官塞之。乃更作九堰八閘以制水勢。復於開封府金龍口即荊隆口、筒瓦廂等處，開渠二十里，引河水東北入運河。

弘治二年，復決金龍口，東北至張秋鎮入運河。而紅荊口並陳留通、許二縣俱淤淺。命官治之。五年復決。未幾，又決張秋，運河水從以入海，運舟甚艱。命內臣及文武官往治。發丁夫數萬，於黃陵岡南濬賈魯河一帶，分殺水勢。下由梁靖口至丁家道口，會黃河，出徐州，流入運河。又從黃河南濬孫家渡口，別開新河一道，導水南行，由中牟至潁州，東入於淮。又濬四府營淤河，由陳留縣至歸德州，分爲二派。一由宿遷縣小河口，一由亳縣渦河，會於淮。又從黃陵岡至楊家口，築壩堰十餘，並築大名府三尖口等處長堤二百餘里，及修南岸於家店、筒瓦廂等處堤一百六十里，始塞張秋決口，更名曰安平鎮。又於河東置減水石壩，分五洞以洩水勢。令管河官隨時修治。

正德四年，溢皮狐營，決曹縣之温家口、馮家口等處。又北從至儀封縣小宋集而決，衝黃陵岡埽壩，溢入賈魯河，敗張家口等處縷水小堤，循運河大堤東南行。而賈魯河下流淤塞，亦出張家口，合而南注，遂決楊家口，道曹、單二縣城下，直趨豐、沛。命官塞之。十二年，溢武城縣，壞城廓田廬。命官修濬。

嘉靖五年，上流驟溢。東北至沛縣廟道口，截運河，注雞鳴臺口，入昭陽湖。汶泗南下之水，從而東。而河之出飛雲橋者，漫而北，泥沙填淤，亘數十里。管河官力濬之，僅通舟楫。六年，復塞老和尚寺、八里屯、張家莊等處。命官發丁夫數萬，於昭陽湖東，北起汪家口，南抵留城口，改鑿新河，以避黃河衝塞之患。尋以災異罷役。命官即故道濬之。修築單縣林臺至沛縣舊城堤百四十餘里，以塞入湖之道。又濬趙皮寨、孫家渡口，殺上流之勢，沛漕復通。九年，自沛北徙，橫流金鄉、魚臺，出穀亭口。命官濬趙皮寨，抵寧陵故道，及築睢州張見口至歸德州長隄百餘里，以禦泛漲。尋以河流改遷，罷役。十四年，築岔河口縷水堤一道，長三里。又於曹縣八里灣，抵單縣侯家林，築長隄八十里。十六年，鑿地丘店、野雞岡等上流支河四十餘里。十九年，濬睢州孫繼口至丁家道口淤河五十里。二十一年，又鑿野雞岡上流，李景高等口支河三，導河東注，以濟二洪。二十四年，由野雞岡決而南，至泗州，合淮入海，遂溢蒙城、五河、臨淮等縣。二十五年，又決曹縣，溢入武城、金鄉、魚臺、單縣，漂溺甚衆。命總理河道、都御史，會同南北直隸、山東、河南撫按官，議築曹縣等處，不果。三十一年，又決房村，至曲頭集。凡決四處，淤四十餘里。命官濬之，役夫五萬餘，三閱月而成。三十七年，淤新集，趨段家口，析爲六支，入運河。又由碭山趨郭貫樓，析爲五支，出小浮橋，會徐州洪。四十四年，郭貫樓淤，遂決華山，出飛雲橋，截沛以入昭陽湖。北泛胡陵城、孟陽泊，至穀亭。南溢於徐。命官往治。乃接六年所鑿故跡，役夫濬之，爲南陽新河。又疏舊河，自留城至境山。又堤馬家橋，遏河流之出飛雲橋者，使盡歸秦溝。魚沛橫流始絶，惟茶城時有淺阻。

隆慶四年，又決邳州，注睢寧，出小河口，自曹家口至直河，淤百餘里。命官濬之，復故渠，盡塞諸決口。六年，築堤自徐沛至宿遷三百七十里。

萬曆元年，茶城復淤。修建境山閘，並護房村等處堤岸，及築遥堤。四年，開草灣，導河自安東縣後，至金城五港入海，然泛溢如故，曹、豐、徐、沛之間，隨塞隨決。五年，秦溝復淤，自崔家口歷北陳、鴈門集等處，至九里山，出小浮橋。其一支自九里溝誼安山，歷符離，出小河口。而崔鎮大決，散漫湖泊間。桃源以下，故渠多淺。六年，命官修治。乃議塞崔鎮口。因築遥堤，東水衝沙。其南岸自三山頭至李字鋪，長二萬八千五百五十八丈。又自歸仁集築横堤，至孫家灣，長七千六百八十餘丈。又於桃源縣馬廠坡築堤，長七百四十丈，以遏南奔入淮之勢。其北岸自谷山至直河，長九千四百六十四丈。又自古城至清河，長一萬八千四百十丈。建崔鎮等滚水石壩四座，以緩泛溢之水。使不能潰堤而出，河流乃安。

徐州洪，在徐州，爲運河要害。亂石峭立，凡百餘步，故又名百步洪。成化四年，命官鑿石以利舟楫。又甃石路，長一百三十餘丈。以便牽挽。二十年，置石壩，長八十丈。遇有損壞，管河官隨時修築。嘉靖二十年，於洪下置石閘一座。

吕梁洪，在徐州東南六十里。有上下二洪，相距七里，亦運河要害。成化八年，命官甃二石堤，共長七十餘丈。十六年，命官築石壩，長二百六十五丈。復於壩西築堤二十餘丈，洪東甃石路四百二十丈。遇有損壞，管河官隨時修築。嘉靖二十年，於洪下置石閘一座。

羊山新河，萬曆十一年議准，由昭靈祠南黄河出口，歷羊山、内華山、梁山，接境山，開河置閘，以避戚港之溜。

淮安運道

自漢以來，即有高家堰，在淮安之東南。永樂間，通淮河爲運道，築堤堰上，以防淮水東侵。又自府北鑿河，蓄諸湖水，南接清口，凡六十里，曰清江浦，乃運船由江入淮之道。建清江等閘，遞互啟閉。又築土壩，以遏水勢。後閘壩禁弛，河渠淤塞。嘉靖八年，疏治復舊。隆慶中，高家堰廢。淮水由黄浦口決入，漫衍民田。萬曆四年，開草灣河渠，長六十二里，分殺黄河，以緩清口之衝。七年，復築高堰，起新莊至越城，長一萬八百七十餘丈。堰成，淮水復由清口會黄河入海，而黄浦不復衝決。又以通濟閘逼近淮河，舊址塌損，改建於甘羅城北。仍改濬河口，斜向西南，使黄水不得直射。因廢拆新莊閘。又改福興閘於壽州廠適中處所。其清江板閘，照舊增修。又議修復五壩，惟信字壩久廢不用，禮、智二壩加築。仍舊車盤船隻。仁、義二壩與清江閘相鄰，恐有衝漫，移築天妃閘内。八年用石包砌高堰。九年，又於府城南運河之旁，自窯灣、楊家澗，歷武家墩開新河一道，長四十五里，曰永濟河。因置三閘，以備清浦之險。十一年，建清江浦外河石堤，長二里。磯觜七座。又建西橋石堤，長九十八丈，以禦淮黄之衝。

揚州高寶運道

自清口引淮，爲清江浦。至烏沙河，匯管家、白馬二湖。堤黄浦八淺，及寶應縣槐角樓南諸湖相接，西抵泗州盱眙縣界，皆運道所經。湖東有堤，長三十餘里。洪武九年，用磚修高家潭等處。成化二十一年，造石堤，漸修至二十餘里。其南高郵、邵伯等湖，皆有石堤。運船觸堤，往往敗溺。弘治三年，命官於高郵河迤東開新河，以避其險，曰康濟河。中爲圈田，南北置閘，以時啟閉。兩岸俱甃以石。嘉靖五年題准，於氾光湖東，傍舊堤開新河，長三十里。遂棄康濟河。又自寶應至界首，凡有溝可通注於海者，造平水閘十座。十年，又自寶應湖東築月堤，長二十一里。萬曆五年，淮水由黄浦口決入，石堤多壞。七年，命官修築，改建減水閘四座，加高閘石九座。自是寶應諸湖，堤岸相接。十二年題准，於石堤之東，傍堤開新河三十餘里，以避槐角樓一帶之險，曰弘濟河。

儀真瓜洲運道

儀真上下江口及瓜洲便河，皆由江達淮運道襟喉。宋時，儀真嘗建三閘。洪武中，即其地築爲壩。弘治元年，始建東關、羅泗二閘。十二年，復於濱江建攔潮閘。嘉靖五年題准，潮長開閘放船，潮退盤壩。不許候閘延久。萬曆四年，於朱輝港、鑰匙河、清江等處，各開河以便停泊。

瓜洲江口舊建土壩。江北糧船空回，撤壩以出。而江南重船，反令盤壩。搬剥艱難，風濤守候。隆慶六年題准，自時家洲以達花園港，開渠六里有奇。建瓜洲通江閘二座。自此漕艘始免車盤之苦。萬曆四年，於瓜洲開港塢，以泊運船。

海道

元時海道，自平江劉家港入海。經通州海門縣黄連沙觜、萬里長灘，開洋，沿山嶼，抵淮安路鹽城縣。歷海寧府東海縣，又經密州、膠州界，放靈山洋，按東北行。路多淺沙，旬月始抵成山。計自上海至直沽楊村馬頭，凡一萬三千三百五十里。其後再變，自劉家港出揚子江，開洋。落潮東北行，離萬里長灘，至白水緑水，經黑水大洋，轉成山。西行過劉家島，入沙門島，放萊州大洋，抵界河，至直沽。其道差直。三變，自劉家港入海，至崇明三沙放洋。向東行，入黑水大洋，直取成山轉西，至劉家島，入沙門，放萊州大洋，至直沽。如遇風順，由浙西至京師，不過旬月而已。其道徑便。

國初海運，猶仍元舊。自會通河成，報罷。嘉靖中，尋膠萊故道，燒鑿馬家壕十五里，達於麻灣。隆慶五年，議因其故開新河，令江南之糧，由淮安清江浦口，歷新壩口、馬家壕、麻灣口、海滄口，徑抵直沽天津，止一千六百里。半從河行。其海行者，止由海套，不泛海洋。惟馬家壕、分水嶺二處，開鑿爲難。遣科官勘報。竟以無源水、多沙磧而止。

卷一九七　工部一七

河渠二

運道二

湖泉

湖泉之水，導引蓄洩，皆以濟漕，爲運道所關。徐沛山東諸湖，在運河東者，儲泉以益河之不足，曰水櫃。在運河西者，分漲以洩河之有餘，曰斗門。而淮揚諸湖，即爲運道。其山東新舊各泉，可引以濟漕者，派分爲五。入汶者，爲分水派。入泗、沂、濟及天井開漕河者，爲天井派。入白馬河及南陽棗林、魯橋閘河者，爲魯橋派。入南陽新河者，爲新河派，即沙河派。入邳州河者，爲邳州派。今備載焉。

安山湖，在東平州。週圍八十三里零一百二十二步。舊有二閘，底高於河，水不能入。湖之下口無閘，水不能出。嘉靖六年，止於湖中築堤十餘里，而湖益狹。後乃漸復焉。

南旺湖，在濟寧州。週圍一百五十餘里。漕渠貫其中。西岸爲南旺西湖，東岸爲南旺東湖。汶水自東北來，界分東湖爲二，二湖之下，北爲馬踏湖，又北爲伍莊湖。南爲蜀山湖，又南爲馬場湖。各湖通連無間。凡與西湖盡處相對者，即爲東湖。東西湖中爲長堤二。西堤設斗門。爲減水閘十有八，隨時啟閉，以濟運河。遇有淤淺，隨時挑濬，每二年一大挑。隆慶中，開南旺月河二十里有奇，以便大挑，北至王家窪，南出尹家窪。稍北里餘，各建通河大閘一座。

馬場湖，週圍四十里。舊有堤壞，與運河相通。河水稍盈，即洩入湖，每致淺涸。嘉靖十四年，築堤長六十里，內外各植柳以護之。更置減水閘五座，運河易盈，湖水亦有蓄洩。

蒲灣泊、武家湖，在汶上縣。

南陽湖，在魚臺，即獨山坡，滙爲湖，週圍七十六里。引沙河經其中，入新河。

昭陽大湖，長十八里，小湖長十二里，二湖相連。北屬滕，南屬沛。週圍八十餘里，納諸縣水。湖口置石閘，放水入薛河，由金溝口以達舊運河。後以河決棄沽頭，於湖東開新河。則南陽在東，昭陽在西，去黃水益遠，運河乃安。

赤山湖、微山湖、呂孟湖、張莊湖，四湖相連，長八十里，在徐州。引薛河出地浜溝，入新河。

蛤蟃湖，長二十里；　連汪湖，長一十五里；　周湖，長二十里；　柳湖，長一十五里，在邳州。

落馬湖，長六十里；　茅茨湖，長六十里；　黃墩湖，長二十里；　侍丘湖，長三十里；　倉基湖，長三十里；　埠子湖，長八十里，在宿遷縣。

大莊湖，長十里；　崔鎮湖，長三十里，在桃源縣。

杜村湖，長十里；　萬家湖，長十里，在清河縣。

管家湖，在淮安府城西門外，舊有堤。永樂十四年，命官於湖中築長堤，以便運舟。隨時修築。

白馬湖，長三里；　氾光湖，即寶應湖，長三十里；　界首湖，即津湖，長三里，在寶應縣。新開湖，長三十五里，在高郵州。邵伯湖，長十八里，在江都縣。諸湖延袤高、寶，以抵揚州，上下相接。

以上諸湖。

東平州泉十四舊九，新五。

安圈泉　吴家泉

張胡郎泉　小黃泉新

大黃泉新　王老溝泉

席橋泉　浄泉新

源泉新　洌泉新

把頭泉　獨山泉

鐵鉤觜泉　坎河泉俱入汶。

舊有徐家莊灰蘆三泉，今廢。

汶上縣泉三舊二，新一。

龍　泉　濼當山泉

雞爪泉新，俱入汶。

舊有馬莊泉，今廢。

平陰縣泉一舊

柳溝泉入汶

滋陽縣泉八舊四，新四。

東北新泉　闞黨泉

古溝泉新　負假泉

上蔣詡泉新　下蔣詡泉新

西北新泉　驛後新泉新，俱入濟。

鄒縣泉十二舊八，新四。

鱔眼泉　程家莊泉新

孟母泉　陳家溝泉

白馬泉　岡山泉

黃港溝泉新　淵源泉

柳青泉　馬山泉新

勝水泉新，俱入白馬河。　三角灣泉入魯橋河。

舊有白莊泉，今廢。

曲阜縣泉二十舊十七，新三。

横溝泉　埠下泉

新安泉　變巧泉俱入泗

青泥泉　柳青泉

車輞泉　逵泉

茶泉　雙泉

曲水詠歸泉　温泉

連珠泉　新泉

曲溝泉　濯纓泉

鄒村泉新　文水泉新

柳莊泉新，俱入沂。　蜈蚣泉會鱔眼泉，入白馬河。

舊有潺聲泉，今廢。

泗水縣泉五十三舊二十，新二十三。

趵突泉　珍珠泉

淘糜泉　黑虎泉四泉俱出陪尾山林泉寺左，會爲泗源。

繁星泉　白石泉新

蓮花泉　新開泉新

響水泉　紅石泉

甘露泉七泉在林泉寺南，會趵突等泉入泗。

下莊泉　三台泉新

湧珠泉　石露泉新

甘露新泉新　奎聚泉新

琵琶泉新，七泉俱會趵突等泉入泗。

潘波舊泉　潘波新泉新

黄陰泉　吴家泉

杜家泉　曹家泉

蔣家泉　里澇溝泉新

石井泉新　鮑村泉

合德泉新　趙家泉

黿陰泉　黿眼泉新

黿尾泉新　東巖石縫泉

珍珠泉在縣東南尚舒社　黄溝泉

岳陵泉　石河泉

璧溝泉　小玉溝泉

大玉溝泉　蘆城泉

西巖石縫泉　三角灣泉

雪花泉新　新開第二泉新

天井泉新　醴泉新

醴前泉新　七里溝泉新

馬莊泉新　馬跑泉新

魏莊泉新，俱入泗。

滕縣泉十八舊十五，新三。

北石橋泉　三里橋泉

大烏泉　絞溝泉

趙溝泉　荊溝泉

趵突泉　劉家溝泉新
南石橋泉　玉花泉
魏家莊泉新　三山泉
黃溝泉　白山泉新
温水泉　黃家溝泉俱轉入南陽新河
三界灣泉　龍灣泉二泉挑入新河

嶧縣泉五舊三，新二。

許有泉　温水泉
搬井泉新，俱轉入南陽新河。許池泉
龍王泉新，俱入邳州河

寧陽縣泉十二舊

龍魚泉　龍港溝泉
魯姑泉　濼當泉俱入汶
蛇眼泉會諸泉入漕河，經洸、濟，出天井閘。
張家泉　井泉
三里溝泉　古泉
柳泉俱會蛇眼等泉，入漕河。金馬莊泉
古城泉俱入漕河

魚臺縣泉十四舊五，新九。

東龍泉　平山泉
古泉新　廉家潭泉新
西龍泉　聖母泉新
黃良泉　廟前泉

滕家泉新　河頭泉新
高家東泉新　高家西泉新
陳家泉新　中溢泉新，俱入南陽新河。

濟寧州泉三舊

蘆溝泉入南陽閘河　拓基泉入棗林閘河
馬陵泉入魯橋閘河

泰安州泉三十八舊三十五，新三。

板橋灣泉　皂泥溝泉
鯉魚溝泉　範家灣泉
鐵佛堂泉　清泉
周家灣泉　風雨泉
馬兒溝泉　梁子溝泉新
木頭溝泉　龍灣泉
張家泉　梁家莊泉
上泉　馬蹄溝泉
臭泉　朔港溝泉
水磨泉　狗跑泉
報恩泉　陷灣泉
胡家港泉　馬黃溝泉
龍王泉　濁河泉
斜溝泉　羊舍泉
顏謝泉　北滾泉
順河泉　韓家莊泉新

力溝泉　東柳泉
神泉新　西柳泉
龍堂泉　水波泉俱入汶
新泰縣泉十四舊十二，新二。
南陳泉　魏家泉
南師家泉　名公泉新
張家泉　公家莊泉
孫村泉　西周泉
名灣泉新　和莊泉
西都泉　古河泉
劉杜泉　靈查泉俱入汶
舊有北鮑泉及北流泉、萬歲泉，今廢。
肥城縣泉九舊五，新四。
清泉　拖車泉新
鹽河泉　董家泉新
臧家泉　吴家泉
王家泉　開河泉新
馬房泉新，俱入汶。
萊蕪縣泉十六舊十一，新五。
小龍灣泉　湖眼泉
蓮花池泉　郭娘泉
牛王泉　鵬山泉
烏江岸泉　鎮里泉
趙家莊泉　王家溝泉
半壁店泉　海眼泉
雪家莊泉新　水河泉新
魚池泉新　新興泉新，俱入汶。
蒙陰縣
舊有泉河、順德、伏牛峪、官橋、卞家莊五泉，俱入邳州河。今廢。
沂水縣
舊有單家、銅井、芙蓉、上泉、盆泉、灰泉、大泉、小水、雪王臺、龍王堂共十泉，俱入邳州河。今廢。
以上諸泉。

閘壩

宛平縣閘五
青龍閘　白石閘
廣源閘　高梁閘
澄清閘
大興縣閘三
慶豐閘　平津上、下二閘
通州閘五，壩一。
普濟閘　南普閘
土橋閘　廣利閘
通流閘　石壩

舊普濟、通流，俱有上、下二閘，今各廢（其）〔一〕〔一〕

臨清州閘五

南板閘　新開上閘

沙灣減水閘　潘官屯減水閘

觀音觜減水小閘

舊有會通、臨清二閘，今廢。

清平縣閘三

戴家灣閘　李家口減水閘

魏家灣減水閘

堂邑縣閘四

梁家鄉閘　土橋閘

土橋進水閘　新開口進水閘

舊有土城、中閘二減水閘，今廢。

博平縣閘五

第一至第五，五減水閘

舊有老堤頭北減水閘，今廢。

聊城縣閘十

通濟橋閘　李海務閘

周家店閘　龍灣、西柳行二進水閘

官窯口、裴家口、方家口、李家口、耿家口五減水閘

陽穀縣閘六

七級上、下二閘　阿城上、下二閘

荊門上、下二閘

寧陽縣閘二

洸河東、西二閘嘉靖六年建

舊有堽城石壩、堽城閘，今廢。

滋陽縣閘一，壩一。

金口閘　金口石壩成化八年，因元舊，易爲石堰。

舊有土婁、杏林二閘，今廢。

鄒縣

舊有港里積水閘、小閘，今廢。

東阿縣閘一

通源閘

壽張縣閘一，壩一，堰一。

沙灣積水閘　師家壩

野豬腦堰

東平州閘七，壩二。

戴村閘舊　戴家廟閘嘉靖十九年建

安山閘成化十二年建　靳家口閘嘉靖四年建

袁家口閘　安山湖東、西二小閘

戴村壩　坎河口堤壩

舊有魚營減水閘，今廢。

汶上縣閘十六

開河閘　南旺上、下二閘

〔一〕『其』字後可能脱字『一』。

寺前鋪閘　界首、石口二積水閘舊焦欒、張全、劉玄、彭秀、孔家、邢家、常家口、闞家口、李泰口、田家口十減水閘。

鉅野縣閘一，壩一。

長溝減水閘嘉靖十九年　篷子山壩

濟寧州閘十四

天井閘　在城閘

趙村閘　石佛閘

新店閘　新閘六閘俱因元舊。嘉靖間重修。

仲家淺閘宣德四年建　師家莊閘

魯橋閘二閘永樂間建　上新閘

中新閘　下新閘三閘俱成化十一年建

棗林閘永樂間建　四里灣減水閘

舊有分水閘，廣運上、下二閘，永通上閘，耐牢坡閘，宮村閘，吴泰閘，片玉閘，碎玉閘，今廢。

濟寧衛閘四

永通減水閘　五里營平水閘

十里鋪平水閘　安居平水閘

魚臺縣閘十六，壩一。

南陽閘宣德二年建　利建閘即宋家口閘，隆慶元年建。

新河十四減水閘嘉靖四十五年建

蘇家壩

舊有穀亭、八里灣、硯瓦溝、陽城湖、泥河五閘，今廢。

滕縣閘一，壩五。

佃户屯減水閘　東邵壩

王家口壩　豸里壩

宋家壩　黄甫壩以上閘壩，俱隆慶二年建築。

沛縣閘七，壩三。

珠梅閘　楊莊閘

夏鎮閘　滿家閘

西柳莊閘　馬家橋閘

留城閘以上七閘，俱隆慶元年，以舊河孟陽泊、沽頭上中下、胡陵城、廟道口、謝溝七(四)〔閘〕[一]改建

沙河口壩隆慶元年築　薛河口石壩隆慶二年築

權城壩嘉靖四十五年築

舊有新興閘，金溝口，飛雲橋，雞鳴臺，昭陽湖中、東、西六積水閘，今廢。

徐州閘四，壩二。

黄家閘天順三年建　梁境閘即境山舊閘，萬曆二年復。

內華閘　古洪閘二閘萬曆十一年建

徐州洪石壩　吕梁洪石壩

舊有徐州洪閘，吕梁洪上、下二閘，今廢。

邳州閘一

匙頭灣減水閘萬曆八年建

桃源縣壩一，壩四。

[一] 原文『七四』，疑爲『七閘』。

馬廠坡減水閘萬曆八年建
崔鎮、徐昇、季太、三義四減水石壩萬曆七年，築遥堤建。
清河縣閘一，壩一。
通濟閘嘉靖中建。萬曆七年，改建甘羅城出口之處，題准每年六月初旬水漲，築壩攔截。九月初旬水落，開壩行舟。
天妃壩萬曆七年建
舊有新莊閘、天妃閘，萬曆七年，俱廢。
山陽縣閘七，壩六，堤一。
福興閘萬曆七年，改建壽州廠。　清江閘
板閘　龍汪閘
永清閘　窯灣閘三閘，萬曆十年永齊河建。
黄浦減水閘萬曆二年建　方家壩
新建壩　仁、義、禮、智四字壩
高家堰石堤萬曆七年建
舊有移風閘、磚閘、新城上、下二閘。及萬曆元年建涇河、平河橋二減水閘，又有清江東西、淮安、滿浦、南鎖五壩、信字壩，今俱廢。
寶應縣閘十三
弘濟河南、北二閘　長沙溝減水閘
朱馬灣減水閘　劉家堡減水閘五閘俱萬曆十二年建
江橋北等八減水閘嘉靖、萬曆年間建。
舊有七里溝、菜橋口、魚兒溝三減水閘，白馬湖、七里溝、槐角樓滚水壩，今俱廢。
高郵州閘九，壩一。
康濟河南、北二閘萬曆四年建
城南河堤三減水閘嘉靖中建
新中堤四減水閘萬曆五年建
蛤蜊壩
舊有觀橋上、下二閘，車邏、王琴二減水閘，今廢。
江都縣閘十六，壩十二。
廣惠閘　通惠閘二閘隆慶六年瓜洲建
邵伯九減水閘　芒稻河減水閘萬曆十一年建
沙壩、裔家、馬家渡、南潭四平水閘萬曆元年建
瓜洲十壩舊十一　灣頭滚水壩
舊有朝宗上、下，通江、新開、大同、潘家、大橋、江口、留湖九閘，及新廟等十一減水閘，邵伯小壩，揚子橋古壩，瓜洲減水磑，雷公上下二塘，小新塘，句城塘，今俱廢。
儀真縣閘四，壩六。
響水閘　通濟閘
羅泗閘一名臨江閘　攔潮閘
一壩至五壩　新壩
舊有清江等八閘，裹河口閘，及東門、新高橋二減水閘，劉塘、茅家山、北山、陳公四塘，蔣家溝、張家溝二減少磑，今俱廢。
丹徒縣閘一
□[一]犢山閘萬曆十一年建
丹陽縣閘一

[一] 原文此處有一脱字。

黄泥壩閘萬曆十一年建。以上二閘，俱爲挑復練湖設。

卷一九八　工部一八

河渠三

運道三

夫役

運河夫役，在各泉閘，原額頗多。後或議裁革，或改停役，停役夫候大挑調州，或徵銀一兩六錢爲銀差。或改折徵，折徵，每名歲徵銀六兩，貯庫。沿革不常。今斷自萬曆四年爲則，新舊額數備載焉：

宛平縣青龍等閘五，共夫七十五名。

大興縣慶豐等閘三，共夫四十七名。

通州普濟等閘五，共夫九十三名。淺鋪十，小甲十名，夫一百名。修堤小甲八名，夫七十五名。

通州左衛淺鋪二，小甲二名，夫二十名。修堤小甲三名，夫二十六名。

通州右衛淺鋪四，小甲四名，夫四十名。修堤小甲四名，夫三十六名。

定邊衛淺鋪二，小甲二名，夫二十名。修堤總甲一名，小甲四名，夫四十五名。

神武中衛淺鋪三，小甲三名，夫三十名。修堤小甲五名，夫四十五名。

寶坻縣，修堤小甲四名，夫四十六名。

東安縣，修堤總甲一名，小甲六名，夫七十名。

漷縣淺鋪四，小甲四名，夫四十名。修堤總甲二名，小甲八名，夫九十名。

香河縣淺鋪六，小甲六名，舊用老人夫六十名。修堤總甲一名，小甲三名，夫四十名。

營州前屯衛淺鋪四，小甲四名，夫四十名。修堤總甲一名，小甲二名，夫二十四名。看淺夫三名。

武清縣淺鋪十一，小甲十一名，夫一百一十名。看守要兒渡口等堤五處，總甲一名，小甲五名，夫五十名。修堤老人一名，總甲一名，小甲九名，夫九十二名。

武清衛淺鋪四，小甲四名，夫四十名。修堤總甲一名，小甲一名，夫九十九名。

天津衛淺鋪十二，舊十一小甲十二名，夫一百八名。今存二十四名，軍夫六十名。修堤小甲五名，夫四十五名。

天津左衛淺鋪二十四，小甲二十四名，夫二百十六名。今存四十八名。軍夫一百八十名。修堤小甲五名，夫四十五名。

天津右衛淺鋪十，小甲十名，夫九十名。今存二十名。軍夫五十名。修堤小甲五名，夫四十五名。

霸州蘇家等淺鋪十一，舊一老人十一名，夫一百十名。修堤夫二百六十名。

静海縣淺鋪九，老人九名，夫九十名。修堤夫六百名。

青縣淺鋪六，老人六名，夫六十名。修堤夫六百十六名。

興濟縣淺鋪七，老人七名，夫七十名。內軍夫二十名，民夫五十名。

滄州淺鋪七，老人七名，夫七十名。

交河縣淺鋪五，老人五名，夫五十名。修堤夫三百名。

南皮縣淺鋪五，老人五名，夫五十名。修堤夫三百五十名。

景州淺鋪四，老人四名，夫四十名。修堤夫二百名。

吴橋縣淺鋪十，老人十名，夫一百名。修堤夫四百五十名。

故城縣淺鋪三，老人三名，夫三十名。修堤夫八十名。

東光縣淺鋪七，老人七名，夫七十名。

德州上八里等淺鋪七，舊六老人七名，夫一百四十名。後折徵七十名。今存七十名。

德州衛張家灣等淺鋪十，舊八小甲十名，軍夫一百名。舊每鋪九名。

德州左衛鄭家口等淺鋪六，小甲六名，軍夫六十名。舊每鋪九名。

恩縣白馬廟等淺鋪七，舊五老人七名，夫七十名，今存三十五名。撈淺夫二十八名，今存十四名。沙灣修堤大户，夫七十五名。

武城縣桑園口等淺鋪二十九，舊二十六老人二十九名，夫二百六十一名。後折徵八十七名。今存一百七十四名。沙灣修堤守口大户，夫二十五名。

夏津縣趙貨郎口等淺鋪八，老人八名，夫八十名，後折徵四十名。今存四十名。撈淺夫二十名，今存十名。沙灣修堤夫六名。

清河縣二哥營等淺鋪八，老人八名，夫八十名，後折徵三十二名。今存四十八名。

臨清州南板閘，夫四十名，溜夫一百十五名。新開上閘，夫四十名。溜夫七十五名。今二閘共夫八十四名，溜夫共存四十名。潘家橋等淺鋪十一，老人十一名，夫一百七十一名，後折徵七十六名。今存九十五名。撈淺夫九十名，今存三十九名。橋夫二十八名，今存二十名。

館陶縣尖塚兒等淺鋪十二，老人十二名，夫九十六名，後折徵二十四名。今存七十二名。

清平縣戴家灣閘，夫三十名。魏家灣等淺鋪九，老人九名，夫八十一名，後折徵三十六名。今存四十五名。撈淺夫一百三十二名，後折徵六十六名。今存六十六名。

堂邑縣土橋、梁家鄉二閘，各夫三十名。梁家鄉等淺鋪七，老人七名，夫七十名，今存三十五名。撈淺夫二百名，今存六十六名。

博平縣梭堤等淺鋪六，老人六名，夫五十四名，後折徵二十四名。今存三十名。撈淺夫一百三十二名，後折徵六十六名。今存六十六名。

聊城縣通濟橋、李海務、周家店三閘，各夫三十名。官窯口等淺鋪二十三，老人二十三名，夫二百七名，後折徵九十二名。今存一百一十五名。撈淺夫二百名，今存八十五名。

陽穀縣七級、阿城、荊門六閘，舊各夫二十名。今共夫一百五十名。荊門上下二閘月河修壩夫各五十名。管驛灣等淺鋪十二，舊十老人十二名，夫一百八名，後折徵四十八名。今存六十名。撈淺夫四百八十七名，後折徵二百四十三名。今存二百四十四名。

東阿縣沙灣等淺鋪九，舊八。老人九名，夫八十名，後折徵三十五名。今存四十五名。撈淺夫一百五十八名，後折徵七十九名。今存七十九名。

壽張縣大家廟等淺鋪五，老人五名，夫四十五名，後折徵二十名。今存二十五名。撈淺夫九十二名，後折徵四十六名。今存四十六名。渡夫四名，今存二名。

東平州戴家廟、安山二閘，各夫三十名。靳家等淺鋪十三，老人十三名，夫一百一十七名，後折徵四十二名。今存七十五名。撈淺夫一百八十二名，後折徵九十一名。今存九十一名。戴村修壩老人四名，舊一夫一百五十名，後革四十八名，又伏役十二名，銀差二十名，後又折徵四十六名。今存二十四名。安圈等泉，老人二名，存一名，今革。夫六十五名，後折徵二十六名。今存三十九名。

東平守禦千户所安山等淺鋪四，小甲四名，軍夫四十名。

平山衛第五等淺鋪五，軍夫五十名。

汶上縣開河寺、前鋪、袁家口、靳家口四閘，各夫三十名。袁、靳二口有溜夫，並各閘夫，俱於撈淺夫內改編。南旺上、下二閘，共夫四十名。

南旺、寺前鋪二處溜夫各九十名，後各折徵四十五名。今各存四十五名。界首等淺鋪十四，老人十四名，夫一百二十六名，後折徵五十六名。今存七十名。撈淺夫四百五十二名，後折徵二百二十六名。今存二百二十六名。戴村修壩夫一百五十名，後革四十八名，又停役十二名，折徵六十六名。今存二十四名。蒲灣泊、武家湖共老人一名，夫三十名。龍門等泉，老人二名，今革夫四十二名，後停役六名，又折徵十四名。今存二十二名。

嘉祥縣大長溝等淺鋪四，老人四名，夫三十六名，後折徵十六名。今存二十名。撈淺夫一百三十七名，後折徵六十八名。今存六十九名。

鉅野縣大頭灣等淺鋪五，小甲五名，夫四十五名，後停役，折徵二十名。今存二十五名。撈淺夫二百四十五名，後停役，折徵一百二十二名。今存一百二十三名。蓬子山壩夫三十名。

濟寧衛永通閘，夫二名。曹井橋等淺鋪五，小甲五名，軍夫五十名。撈淺夫一百八十二名，舊二百名，隆慶三年減。後折徵九十一名。今存九十一名。

濟寧州天井、在城、趙村、石佛、新店、新閘、仲家淺、師家莊、魯橋、棗林閘，各夫三十名。上新、中新、下新三閘，各四名。在城閘，溜夫三百名，後折徵九十名，撥補天井閘二十三名。今存六十七名。天井閘，溜夫九十名，後折徵四十五名。今存六十八名，內借撥在城閘二十三名。趙村、石佛、新店、新閘、仲家淺、魯橋、棗林七閘，溜夫各一百三十三名。師家莊閘，溜夫一百三十六名，後趙村等四閘，各折徵六十六名。今存六十七名。仲家淺改編一百一十三名，折徵十名。今存十名。師家莊改編七十名，折徵三十三名。今存三十三名。硯瓦等淺鋪十二，老人十二名，夫一百八名，後折徵四十八名。今存六十名。撈淺夫四百三十五名，後折徵二百一十七名。今存二百一十八名。南門橋草橋夫二十名，舊橋五，夫五十。盧溝等泉老人一名，今革夫二十六名，後革四名，折徵十三名。今存九名。

滋陽縣金口壩，老人四名，修壩夫一百八十名，後革二十八名。改停役銀差一百三十二名，折徵十名。今存十名。洸河淺鋪十，夫四十名，後革十三名，又折徵十四名。今存十三名。濟河淺鋪五，夫二十五名，後革三名，又折徵十名。今存十二名。沙灣中口大户〔一〕夫廿五名。東北新等泉，老人二名，今革夫二十六名，後革四名，折徵十三名。今存十三名。

平陰縣柳溝泉，老人一名，今革夫十名。

寧陽縣堽城壩，老人二名，今革夫二百一十五名，後革一百八十三名，停役三十一名。今存一名。龍魚等泉，老人二名，今革夫一百八十七名，後革十八名，停役六十九名。今存一百名。

魚臺縣南陽、利建二閘，各夫三十名。南陽閘溜夫一百三十四名，後改堤夫一百二十名，折徵七名。今存七名。利建閘溜夫一百五十一名，後折徵七十五名。今存七十六名，改新河堤夫。張家林等淺鋪二十一，老人二十一名，夫一百八十九名，後折徵八十四名。今存一百五名。撈淺夫二百二十名，後折徵一百十名。今存一百十名。東龍等泉，老人三名，今革夫五十五名，後革十三名，折徵二十五名。今存十七名。

鄒縣撈淺夫十名。鱔眼等泉，老人六名，今革夫一百二十八名，後革十名，又改堤夫五十名，又折徵四十六名。今存三十一名。

曲阜縣横溝等泉，老人一名，今革夫六十七名，後折徵三十三名今存三十四名。

〔一〕原文『口』『户』二字不清楚，存疑。

泗水縣趵突等泉，老人二名，今革夫一百五十七名。後折徵七十八名。今存七十九名。

滕縣北石橋等泉，老人二名，今革夫二百九十九名，後革三十七名，改停役六十名，堤夫五十名。後又折徵九十名，革三十一名。今存三十一名。東邵等壩五，夫一百一十名。

嶧縣許有等泉，老人一名，今革夫六十三名，後革九名，改堤夫三十名，折徵十四名。今存五名。

泰安州板橋灣等泉，老人四名，今革夫三百二十三名，後折徵一百三十名。今存一百九十三名。

新泰縣南陳等泉，老人二名，今革夫二百六名，後折徵八十六名，革二十一名。今存九十九名。

肥城縣清泉等泉，老人一名，舊三名，今革。夫七十九名，後折徵三十二名。今存四十七名。

萊蕪縣小龍灣等泉，老人一名，今革夫二百三名，後折徵八十三名。今存一百二十名。

沛縣珠梅閘，夫三十名。守堤夫三十六名。夏鎮閘，夫四十名。溜夫一百十五名。留城、滿家橋、西柳莊、馬家橋、楊莊閘，各夫三十名。溜夫各一百二十五名。以上七閘夫，俱以舊運河孟陽泊等七閘夫改撥。金溝等淺鋪十九，老人十九名，夫三百八十名，後革一百六十八名。今存一百三十三名。

豐縣大黃堤鋪十七，鋪夫三百六名。

碭山縣縷堤鋪九，鋪夫一百六十八名。

徐州黃家、梁境、內華、古洪四閘，各夫三十名。黃家閘溜夫一百三十名，後革三十二名。今存九十八名。徐州洪，夫九百一名，今存七百五十一名。呂梁洪，夫一千五百五十名，今存一千三百名。雙溝等淺鋪四十三，舊三十六老人四十三名，夫四百三十名，舊每鋪四十名，後止七名。今存三百一名。堤鋪三十二，守堤夫六百六名。

睢寧縣龍岡等淺鋪十一，老人十一名，夫二百二十名，舊每鋪一百五十名，弘治三年革存前數。今存一百九十八名。改堤夫堤鋪二十七，守堤夫七百四十一名。

邳州蔡家莊等淺鋪十一，舊十老人十一名，夫二百二十名，舊每鋪一百五十名，弘治三年革存前數，後又革二十二名。今存一百九十八名。改堤夫堤鋪二十八，守堤夫四百七十三名。

邳州衛東城安淺，鋪夫二十名，後革二名今存一十八名。

宿遷縣武家溝等淺鋪二十一，舊三老人二十一名，夫四百二十名，舊每鋪一百名，弘治三年革存前數。今存二百三十名。改堤夫堤鋪十四，守堤夫六十四名。歸仁集遥堤鋪十三，守堤義官一員，夫二百七十九名。

桃源縣汊河南等淺鋪十二，老人十二名，夫二百四十名，舊每鋪一百名，弘治三年革存前數。後又減停七十四名。今存一百六十六名。堤鋪二十七，守堤夫三百三十一名。

清河縣通濟閘，夫三十名。李家橋等淺鋪五，老人五名，夫六十名，舊每鋪十二名，後各減二，內吴城淺二十名。今存五十三名。堤鋪五，守堤夫六十五名。

山陽縣福興閘，夫四十名，後革十名，停役六名。今存二十四名。清江閘，夫四十名，後革十名，停役六名，改撥天妃閘五名。今存二十一名。板閘夫三十名，後革六名，停役十四名。今存十名。龍汪等三閘，即以福興、清江舊閘官夫改撥。黄家等淺鋪十五，老人十五名，夫七十五名，後革七名，後又復板閘等停役夫三十二名。今一百名。清江浦西橋守堤夫五十名。高家堰堤鋪六十七，守堤夫八百八名。

寶應縣子嬰溝等淺鋪九，淺官九員，舊老人、塘長各九名。夫四百四十三名，後革二百五名。今存二百八十八名。舊有子嬰溝第一淺，夫二十五名。瓦店等二淺，夫十名。今革。

高郵州王琴新河等淺鋪十七，夫二百七十名，後革一百二十四名。蛤蜊壩夫七名。原設永充壩夫十五名，弘治末年逃絶，存前數。舊有丁家灣等淺鋪十一，老人十一名，夫一百九十名。康濟河淺鋪六，老人六名，夫六十名。今俱革。

江都縣廣惠、通惠二閘，各夫六十名。城南北等淺鋪十一，老人十七名，舊老人塘長各十一名。夫二百五十四名。舊二百二十名。瓜洲十壩，夫三百七名，後革二十八名，又停役□〔一〕百五十九名。今存一百二十名，於閘夫內撥用。三年一次挑港，夫二千四百九十二名。

儀真縣通濟閘，夫五十七名。嚮水、羅泗、攔潮三閘，各五十五名。麻線港等淺鋪三，老人三名，夫二十七名。六壩夫，於閘夫內撥二名看守。三年一次挑港，夫九千二百二十名。

運河錢糧

通惠河郎中所屬

通州、惠安等七州縣，椿草銀五百三兩六錢五分。

通州左右神武等九衛，椿草銀六百十六兩。

北河郎中所屬

兖州府屬州縣並衛所，石灰十三萬八千斤；檾麻九十六斤；椿草、檾麻銀五千五百三十五兩六錢八分；副磚銀二百五十七兩七錢六分；安山南旺等湖租銀三千三百三十五兩二錢四釐八毫。各州縣裁革、折徵、撈淺、淺鋪等夫二千二百八十名，每名歲徵銀十二兩渡夫二名，每名歲徵八兩共該銀二萬七千三百七十六兩。萬曆四年議定，每名連椿草歲徵銀六兩，著爲例，每歲共該銀一萬三千六百九十二兩。

東昌府屬州縣，並帶管德州、德州左二衛及清河縣，副磚一萬六千九百九十二個。石灰九千二百斤。椿草、

〔一〕原文此處有一脱字。

檾麻、磚灰銀二千四百八十兩六錢四分。各州縣裁革、折徵、撈淺、淺鋪夫八百六十二名。

萬曆四年議定，每名連椿草歲徵銀六兩。每歲共該銀五千一百七十八兩。

河間府屬州縣並衛所，椿草銀二百五十八兩五錢六分；葦草銀二百三十五兩三錢六分；檾麻、副磚銀各五十三兩四分；石灰銀二十六兩五錢二分。

南河郎中所屬今天妃閘以北改屬中河郎中，以南仍屬南河郎中。淮安府屬天妃閘以北，邳州、清、桃、睢、宿五州縣，並邳州衛，椿草、磚灰銀四百六十九兩八分。

廬、鳳二府，並滁、和二州，徵解邳州河堤防守夫銀一萬二千九十六兩。

徐州並屬縣，椿草、磚灰銀八百七十九兩八分。

廬、鳳二府，並揚州府屬州縣，徵解徐州停役夫協助河工銀一千三百九十九兩二錢。

徐州庫收支徐州洪稅，協濟河工錢糧，歲徵無定額，約萬餘兩不等。

管泉主事所屬

濟兗二府有泉州縣，額徵泉壩錢糧、椿草銀四百五十三兩一錢二分；壩夫銀二百十一兩二錢；裁革泉夫折徵銀九千二十四兩；裁革壩夫折徵銀一千五百四十四兩；裁革洸濟河淺夫折徵銀二百八十八兩。萬曆四年議定，每名連椿草歲徵銀六兩。

黄河錢糧

山東管河道副使所屬

兗州府屬州縣，堤鋪夫銀九千八百六十兩。

河南管河道副使所屬

開封等八府並汝州，河堡夫銀三萬二千八百五十三兩。

凡運河職官

永樂初年，差主事一員疏導寧陽縣等處泉源以濟運河。後又差通政郎中各一員。又差主事一員專管閘河。臨清閘，則令提督衛河提舉司主事兼管。皆三年更代。

十二年議罷海運。令工部尚書一員及都督一員疏濬運河。

十五年，令伯一員充總兵官，創行漕事。又遣都督、侍郎各一員及尚書一員、伯二員，往來提督。以本部員外郎、主事二員分理。又遣侍郎、提督監察御史、錦衣衛千户等官巡視。

十九年，遣侯伯各二員分理濟寧等閘，及徐州、吕梁二洪、通州等處河道。徐州洪，差御史一員，又差郎中一員。吕梁洪，差少卿一員，又差河南按察司官一員，又差郎中一員。今二洪各差主事一員專管，三年更代，遂爲定制。

宣德中，設濟寧管閘主事。

正統四年，定巡視河道部屬官六員。提督侍郎、都御史各一員，以濟寧爲界，其南屬侍郎，其北屬都御史。又以都督一員遞相提督。

景泰元年，令提督河道專屬都御史。

二年，減巡視河道主事一員。復減巡河御史二員，以巡鹽御史兼理。

三年，設山東府州縣管河官。

六年，令總督漕運都督兼理河道。

天順元年，減淮安、臨清、沙灣巡河主事三員。仍差主事一員，管揚州一帶河道。

成化初，定設主事一員，專管寧陽縣等處泉源。

七年，始分河道爲三節，北自通州至德州，南自沛縣至儀真，各屬郎中一員。中自德州至濟寧，屬山東按察司官一員。又以侍郎一員總理。罷主事御史，惟管洪閘主事如故。

八年，復令長蘆巡鹽御史兼理通州、臨清一帶河道。又御史一員，兼理濟寧至南京河道。

十三年奏准，管河郎中兼理河道驛傳、捕盜、夫役等事。又令河道自通州至濟寧，濟寧至儀真，仍以郎中二員分理。

十九年，令沛縣沽頭等閘，别差主事一員提督。

二十一年，罷河南布政司管河、沁二水官，添設主事一員。

弘治元年，罷沽頭閘主事，令濟寧以南河道屬巡鹽御史兼理。又罷管河、沁二水主事，令徐州洪主事提調。

三年，令山東勸農參政兼理山東河道。又令各府州縣管河官，帶領家口，專在該管去處住坐，管理河道。不許私回衙門，營幹他事。

七年，復差沽頭主事。

八年，因治河工完，奏准，仍以河道分三節，設官三員理之。革淮、揚二府，山陽等縣管河通判、主簿。

十八年，令浙西水利僉事濬常、鎮河道，以便糧運。

正德二年，革河南新鄉、獲嘉、武陟等縣管河主簿。

八年，設大名府通判一員，東明、長垣、武城、曹縣主簿各一員，專管河道。

嘉靖二年，復罷沽頭閘主事，並罷湖陵、沽頭上中下、金溝、射溝、新興、黄家等八閘官吏，令徐州洪主事帶管。又議准，遣都御史一員提督河道事務。山東、河南、南北直隸、巡撫三司等官，俱聽節制。仍添註郎中、員外郎各一員分理。

七年，罷提督衛河提舉司主事，令管磚主事帶管閘座。又以修濬大通河成，設郎中一員駐劄通州，往來督理，兼管天津一帶河道。

八年，罷户部督運官，令管河郎中兼理。又令徐州兵備副使兼理曹、沛、徐、淮一帶黄河。

十三年，復設沽頭閘主事，並新興、黄家、湖陵等七閘官吏人夫。

十四年，復設直隸景州、滄州管河通判。

十五年，設兖州府同知一員，疏濬泉源，聽管泉主事提調。又令清江浦抽分主事，兼管移風等五閘。

二十年，設南旺管閘主事。置境山鎮閘及官吏人夫。又令濬南旺、安山、馬場、昭陽四湖，築堤開渠，添置閘壩斗門。仍照地界，分隸本部郎中帶管。

二十四年，革南旺管閘主事，令管泉主事帶管。添設歸德府通判一員，商丘縣主簿一員，專管河道。

二十五年，改兖州府管泉同知爲管河同知，駐劄曹縣。添設單縣管河主簿一員。

隆慶元年，移沽頭主事於夏鎮駐劄，管理新河一帶。

三年，革棗林、魯橋、利建各閘官，以南陽閘帶管。革師家莊新閘閘官，以仲家淺帶管。

六年，添設河南副使一員，給敕專管黄河，修築堤岸。又題復夏津、魚臺二縣各主簿一員，專管新河石堤閘壩。設廣惠閘官吏，帶管通惠閘。

萬曆元年題准，蘇常鎮三府運河，責之蘇松兵備副使；浙西運河，責之浙江水利僉事，照所轄地方時加疏濬。如有疏濬不早，致誤糧運者，俱聽總理河道侍郎並儹運御史參究。革移風閘帶管板閘官吏。

三年，革兖州府南旺管河通判，令本府管河同知帶管，仍兼管泉。濟寧衛管河指揮一員。

四年，添設山東督濬官，東平、濟寧二州，各判官一員；泰安州吏目一員；汶上、曲阜、鄒、滕四縣，各縣丞一員；泗水、魚臺二縣，各主簿一員；新泰、萊蕪、肥城、平陰、寧陽、滋陽、嶧七縣，各典史一員；鉅野、嘉祥共典史一員。每州縣設管泉義官一員，或兼管壩。惟魚臺、平陰不設泉官，以濟寧、東平帶管。又泰安州泉官二員革一員。鄒、嶧二縣各泉官俱革，以濟寧、滕縣帶管。其各州縣管泉老人並革。添設淮安府管河同知一員。

五年，添設總理河漕都御史一員。後以治河工完停止。革提督河道都御史，其事務並歸各該巡撫，照地分管。又革吕梁洪主事，添設中河郎中一員，駐劄吕梁，兼管洪事。

六年，革徐州洪主事，並屬中河郎中兼管。其鈔務歸并户部分司。

七年議准，山東、河南、南北直隸各巡撫衙内，添『兼管河道』四字，給與專敕。添設高堰、柳浦二堤大使一員，歸仁集遥堤義官一員。

八年，革土橋、李海務二閘閘官，以梁家鄉、周家店官各帶管。

十一年議准，淮安府管河同知二員，原駐邳州者，改於甘羅城，專管清、桃、山、鹽等處河道。原駐徐州者，改於邳州，管徐州至宿遷河道。設梁境、古洪各閘官一員。

内華閘以古洪帶管。

十三年，令山東濟、青、登、萊四府管糧通判及所屬州縣管糧官，俱帶管水利。凡漕河正閘，各設閘官一員，吏一名。其無官吏者，以別閘帶管。

凡運河禁令

宣德八年，令沿河無軍衛處，免其民雜泛徵科，專修河道。

景泰六年奏准，修河人户免養馬。

天順二年，令河道三年一次挑濬。

成化十年令，凡故決南旺、昭陽湖堤岸，及阻絶泰山等處泉源者，爲首之人發充軍，軍人發邊衛。凡侵佔河岸牽路爲房屋者，撤去，治罪。凡漕河事，悉聽掌管官區處，他官不得侵越。凡所徵椿草，並折徵銀錢備河道之用者，毋得以別事擅支。凡府州縣添設通判、判官、主簿閘壩官，專理河防，不許別委。有犯，行巡河御史等官問理。別項上司，不許逕自提問。又令，諸閘壩洪淺夫，官員過者不許拘令拽船。

弘治二年，令各處河堤每年增高一尺、闊一尺，管河官年終具數奏聞。

十三年奏准，河南地方盜決及故決河防，毁害人家，漂失財物，渰没田禾，犯該徒罪以上，爲首者，若係旗捨餘丁民人，俱發附近充軍。係軍，調發邊衛。又題准，運河一帶，用强包攬閘夫、溜夫二名之上，俱問罪，旗軍發邊衛，民並軍丁人等發附近，各充軍。其攬當一名，不係用强生事者，問罪，枷號一個月發落。

十五年議准，凡故決萬山湖、安山積水湖堤岸者，照故決南旺等湖事例，用草捲閣板盜洩水利得財，該徒罪以上者，照盜決河防事例，各問罪。

嘉靖十五年奏准，山東、河南、南北直隷凡臨河州縣，各造上中下三等船隻，並置鐵扒尖鋤，疏濬淤淺。又議准，昭陽諸湖各該管河官員，將一應湖陂逐一查勘，果係小民侵佔，就令退出還官。其餘堤岸淤淺，從宜修濬。合用工料，於河道銀内支給。

二十年，令於沙灣、龍岡、陸家墩、武家營等淺，置木閘四座。又奏准，野雞岡、孙繼口等處，各置船隻器具，管河官於河水未發之前，督率人夫挑濬。若推調誤事，聽總理河道都御史究問。

隆慶元年題准，河南輝縣蘇門山百門等泉，乃衛河發源，及小灘一帶運河，賴以接濟。如有豪横，阻絶泉源，引灌私田，照依山東阻絶泉源事例問罪。

五年題准，徐邳上下盜決、故決河防，比照河南山東河防事例問罪。

凡閘壩禁令

宣德四年令，凡運糧及解送官物，並官員軍民商賈等船到閘，務積水至六七板，方許開放。若公差內外官員人等，乘坐馬快船，或站船，緊急公務，就於所在驛分給與馬驢過去，不許違例開閘。進貢緊要，不在此例。

成化十年令，凡閘，惟進鮮船隻，隨到隨開。其餘務待積水。若豪强擅開，走洩水利，及閘開不依幫次爭鬥者，聽閘官拏送管閘並巡河官究問。因而閣壞船隻，損失進貢官物，及漂流官糧，並傷人者，各依律例從重問罪。幹礙豪勢官員，參奏究治。其閘內船已過，下閘已閉，積水已滿，而閘官大牌，故意不開，勒取客船錢物者，亦治以罪。

萬曆七年題准，往來船隻，俱照例築壩盤壩。如有勢豪人等阻撓者，拏問治罪，於該地方枷號三個月發落。幹礙職官，參奏處治。

卷一九九　工部一九

河渠四

水利

洪武二十六年定，凡各處閘壩陂池，引水可灌田畝，以利農民者，務要時常整理疏濬。如有河水橫流泛濫，損壞房屋田地禾稼者，須要設法隄防止遏。或所司呈稟，或人民告訴，即便定奪奏聞。若隸各布政司者，照會各司。直隸者，劄付各府州。或差官直抵處所，踏勘丈尺闊狹，度量用工多寡。若本處人民足完其事，就便差遣。儻有不敷，著令鄰近縣分添助人力。所用木石等項，於官見有去處支用。或發遣人夫，於附近山場採取。務在農隙之時興工，毋妨民業。如水患急於害民，其功可卒成者，隨時修築，以禦其患。

二十七年敕諭，凡天下陂塘湖堰，可瀦畜以備旱熯，宣洩以防霖潦者，皆因其地勢修治之。勿妄興工役，掊尅吾民。又遣監生及人材，分詣天下，督吏民修治水利。

盧溝河

盧溝河，出太原之天池。伏流至朔州馬邑，從雷山發爲渾泉。會桑乾河，及雲中諸水，經太行山入宛平縣界。東南至看丹口，分爲二派。一東流至通州高麗莊入白河。一南流至霸州合易水，又南至丁字沽入運河。東岸自龐村回龍廟等處至盧溝橋，堤岸長二十五里。宣德以後，時決時修。正統元年，決狼窩口。弘治二年，決楊木廠。正德元年，又決狼窩口。俱敕大臣督修。嘉靖三十五年題准，共修東岸狼窩口等決口一十八處。凡築堤二千三百九十二丈，甃以條石。四十一年水決西岸，復命修築。東西兩岸各分八區，每區約五十丈。凡爲石堤九百六十丈。

滹沱河

滹沱河，源出山西繁峙縣泰戲山。歷代、崞等州縣東流，經真定府城南，至武邑縣合漳水。又東北至岔河口入運河。天順、成化間，屢決晉州紫城口。束鹿、深州，俱受水患。弘治二年，命真定等府衛發軍民相兼築塞。嘉靖九年，決真定城南。命大臣相勘，行順天、保定各撫臣修築大小舊堤。

桑乾河

桑乾河，發源馬邑之金龍池，百斛湧泉，迆邐東下，南至盧溝，會於天津。北達宣府之保安州，本元運道。保安而西，直達大同之古定橋，皆可舟行。中有山石二處，湍險爲阻。大約水程七百二十七里，陸止八十八里。

胡良河　琉璃河

胡良河，在涿州。自拒馬河分流至通州，東入渾河。琉璃河，在良鄉縣。自磁家務發源，潛流地中，至良鄉，東入渾河。渾河水勢洶湧，工力難施。二河下流沙壅處，各不過四五里，疏濬甚易。嘉靖十一年題准，每年四五月間，該州縣官督責疏濬。

薊州河

國初用遮洋船〔一〕，從直沽出〔海〕〔二〕，轉餉薊州，時有漂没。天順二年，以海口新開沽與近州之水套沽正相值，中間止隔陸地十里。遂命鑿通。五年淤塞，仍濬之。弘治初，議發軍夫萬人，鑿河四十里，以免海運。每三年一挑濬。嘉靖初，定額夫八千名，二年一次，令工部官一員，會同巡按御史及天津兵備，督工挑浚。

昌平河

昌平河，在鞏華城外安濟橋起至通州澞口止，長一百四十五里。中有淤淺難行者三十里。隆慶六年題准，量加挑濬，幫築堤岸，遂成通流。

密雲河

密雲城西有白河故道，自牛欄山而下與潮河交會，水勢深廣。嘉靖三十四年題准，於楊家莊築塞新口，疏濬故道，舟楫通行。

天津海口新河

天津海口新河，長一十里四十八步。內王家淺至冀家窩，關係運道，每三年兩次挑穵。萬曆六年題准，每年秋開濬一次。其附近寶坻、武清、香河三縣，天津、天津左

〔一〕遮洋船　又稱『遮陽船』。
〔二〕原文不清，疑爲『海』字。

右、營州前、武清五衛,梁城一所,額夫一千一百五十四名。其餘窵遠州府衛所五十處,該夫五千七百二十九名,俱免力役,每名減半徵銀五錢或四錢,解送工部寄庫。俟八月間,分司差官於附近處所募夫,每日給銀六分。每年九月初一日計里分工,二十日畢工。管理河道郎中,會同天津兵備往來提督。其挑空泥沙,不許堆積河邊。工完,造册送部查考。

浙西諸水

浙西諸水,太湖爲大,納杭、湖、宣、歙、常、鎮六府溪澗港瀆之水,以成巨浸。注於江湖,以會於海。每天雨浸淫,水道雍塞。長洲、吴江、常熟、崑山諸縣,多被渰没。

永樂二年,命官往治。乃鑿吴淞江南北岸灘塗,及濬安亭等浦,引湖水,由嘉定縣劉家港入海。又濬導陽城、昆承諸湖水,由常熟縣白茆港入江。又濬淞江府範家浜,至南蹌浦口,上接大黄浦,引湖泖之水入海。

弘治七年,復命發民夫二十萬,濬吴江長橋諸茭蘆之地,導太湖之水,散入澱山、陽城、昆承等湖,而開吴淞並大石、趙屯等浦,洩澱山湖水,由吴淞江以達於海。開白茆港,並白魚洪、鯰魚口等處,洩昆承湖水以注於江。開七浦、鹽鐵等塘,洩陽城湖水以達於海。開湖州府漊涇,洩天目諸山之水,自西南入於太湖。開常州府百瀆,洩荆溪之水,自西北入於太湖。開各斗門,洩運河之水,由江陰縣以入於江。

正德十六年,復命官發軍民夫六十餘萬,起常熟東倉至雙廟,濬白茆港故道一萬三千八百二十餘丈。起雙廟至海口,改鑿新河三千五百五十餘丈。又濬尚湖、昆承、陽城等湖支河一十九道,吴淞江下流六千三百三十餘丈,並吴江長橋、大石、趙屯、大盈、道褐等四浦,常州府烏涇等瀆六十三,桃花等港、市河等河各四,湖州府大錢、小梅等河,及漊港七十二。俾上源下委,遞相容洩。

〔嘉靖〕〔一〕六年,濬丹陽至京口驛諸處淤淺,令運船避孟瀆風濤之險。

二十四年題准,濬臧村以溉金壇,澡港以溉武進,艾祁、通波以溉青浦,顧浦、吴塘以溉嘉定。又濬大瓦等浦以溉崑山之東,許浦等塘以溉常熟之北。凡岡壟支河湮塞不治者,皆濬之深廣,使復其舊。

隆慶三年,復命開白茆港、劉家河、黄浦港諸海口,及湖浦涇漊,並浙直交界湮塞處所,備濬深闊。

五年,又題准,通修吴淞江、白茆塘、丹陽縣練湖隄岸,悉令完固。

萬曆三年,又開黄浦,白茆、吴江諸湮塞口,及修浙江海寧、海鹽等縣衝壞海塘。其海鹽石塘,南環澉浦,北接

〔一〕前文已是正德十六年,此處疑脱『嘉靖』二字。

金山、上海等界，尤爲要害。越三年，工成。

四年，丹陽一帶運道淺阻。議准，挑復練湖上下，並濬孟瀆河通江。

凡水利職官

弘治八年，令浙江按察司管屯田官，帶管浙西七府水利。仍設主事或郎中一員專管，三年更代。

正德九年，設郎中一員，專管蘇松等府水利。

十二年，遣都御史一員，專管蘇松等七府水利。

十六年，遣工部尚書一員，巡撫應天等府地方，興修蘇松等七府水利。浙江管水利僉事，聽其節制。尋設郎中二員，於白茆港、吳淞江分理開濬。

嘉靖三年，罷蘇松等府管水利郎中。仍行浙江管水利僉事帶管。

四年奏准，貴州水利，委官屯僉事帶管，年終具所修濬陂塘、壩堰丈尺，造册送部查考。

五年奏准，雲貴水利，委管屯副使帶管，年終具所修濬圩岸、陂塘、壩堰、閘洞、溝渠丈尺，造册送部查考。

六年，令巡撫官督同水利僉事，用心整理蘇松水利，毋得虛應故事。

十三年，令各處按察司屯田官兼管水利。

四十五年題准，東南水利不必專設御史，令兩浙巡鹽御史兼管。

隆慶元年題准，四川水利、茶法、屯鹽，並歸一道。

六年，特降敕書，以東南水利專責成巡撫。

萬曆三年，令巡江御史督理江南水利。

四年，添設淮安水利僉事一員，於河南按察司帶銜。今革

凡水利禁令

正統二年，令有司秋成時，修築圩岸，疏濬陂塘，以便農作。仍具疏繳報，俟考滿以憑黜陟。

弘治十八年，令各府州縣治農官，不得別項差占。年終，具所轄水道通塞濬否緣由，造册奏繳，考覈黜陟。

嘉靖七年，令陝西、河南、山東撫按等官，嚴督守令，疏濬河水，設法隄防，以備旱潦。能修舉者，照例旌擢。又令各處撫按守巡官，嚴督所屬，以時修濬圩岸、壩堰、陂塘、溝渠之在境內者。

十年，令決河上緊修築，疏通糧運。户工二部多方從長計議，責令刻期報完。

二十五年，令南直隸巡撫都御史，督屬修濬太倉州、常熟、崑山等縣七浦、白茆、新涇等河，鹽鐵、許浦等塘。仍令巡按御史驗勘。

二十六年題准，琉璃、胡良、滹沱等河，各下流壅塞，渰没民田。令順天、保定各巡撫官親詣查勘，作速開濬。

隆慶三年題准，凡河南等處霸佔源頭、阻絶河道者，

各該巡撫衙門查照故決泉源條律，爲首者發附近衛所，係軍，調發邊衛，各充軍。著爲例。

卷二〇〇　工部二〇

河渠五

橋道

洪武二十六年定，凡各處河津，合置橋樑者，所在官司起造。若當用渡船去處，須要置造船隻，僉點水手。其通行驛道，或有損壞，須於農隙之時修理。所用樁木灰石等項，於本處丁多户內起夫，附近山場採辦。若在京橋樑道路，本部自行隨時計工成造修理。果有幹係動衆，具奏施行。

永樂七年，令海子橋至西湖一路水道，差辦事官十員，給與行糧，往來巡察，不許作踐。

正統四年，令各府州縣提調官，時常巡視橋樑道路。但有損壞，隨時修理堅完，毋阻經行。

成化二年，令京城街道溝渠，錦衣衛官校，並五〔一〕城兵馬，時常巡視。如有怠慢，許巡街御史參奏拏問。若御史不言，一體治罪。

六年令，皇城周圍及東西長安街，並京城內外大小街道溝渠，不許官民人等作踐掘坑，及侵佔淤塞。如街道低窪，橋樑損壞，即督地方火甲人等，並力填修。

七年奏准，各處渡船，每船設梢夫十名。每州縣設老人一名管理，於附近巡司衙門掌之。仍大書老人、稍夫姓名於船尾。如有違誤擺渡，及勒要渡錢，聽過往諸人指名陳告。

十年奏准，京城水關去處，每座蓋火鋪一，設立通水器具，於該衙門撥軍二名看守。遇雨過，即令打撈疏通。其各廠大小溝渠、水塘、河漕，每年二月，令地方兵馬通行疏濬。看廠官員，不許阻當。

十五年奏准，虞衡司添註員外郎一員，專一巡視在京街道溝渠。

二十三年奏准，凡豪强據河津要處，以船擺渡規利者，拏問治罪。渡船入官。

弘治十三年奏准，京城內外街道，若有作踐，掘成坑坎、淤塞溝渠、蓋房侵佔，或傍城行車、縱放牲口、損壞城脚，及大明門前御道、棋盤街，並護門柵欄，正陽門外御橋南北、本門月城將軍樓、觀音堂、關王廟等處，作踐損壞者，俱問罪，枷號一個月發落。

嘉靖十年題准，大通橋至京倉糧運陸路，每年二月

〔一〕原文此處脱『五』字。

内，巡城御史督並兵馬司修築。該司仍將行過緣由，呈報督理糧運衙門查考。又題准，京城内外勢豪軍民之家，侵佔官街，填塞溝渠者，聽各巡視街道官員勘實究治。若係各鋪面招牌酒旗，及布棚傘幔，不礙經行者，聽從其便。不許地方旗校狄甲人等，一概驅逐。

二十四年題准，良鄉琉璃河建橋一座，取用各處帑銀三十餘萬兩，内欽助銀九萬三千八百餘兩。

四十年，修理琉璃河博岸，支用工部銀七萬六千餘兩。

萬曆二年，令於涿州胡良河建石橋一座，北關外修浮橋一座。慈寧宫發銀一萬五千兩，欽發銀五萬兩。選差司官，同内監官管理，分毫不擾於民。

八年題准，京師街道溝渠，近朝去處，間用磚石攔砌，以防車碾作踐。及各腰牆、河牆、隄岸、門廠修理，用銀三十二萬二千七十兩有奇。凡五城兵馬，掌京城内外街道溝渠，各奉劄付，分坊管理，每二年申呈更調。

船隻河泊麻鐵課附

洪武二十六年定，凡在京並沿海去處，海運遼東糧儲船隻，每年一次修理。其各衛征戰風快船隻等項，若有缺少損壞，及當修理者，務要會計木釘、灰油、麻藤，及所用工具，依數撥用。如有不敷，亦當豫爲規畫。或令軍民採辦，或就客商收買，或外處撥支，審度便利，定擬奏聞。行下龍江提舉，計料明白，行移各庫放支物料。其工程物件，照依料例文册，然後興工。如或新造海運船隻，須要量度産木水便地方，差人打造。其風快小船，就京打造者，亦須依例計造。木料等項，就於各場庫支撥。若内外有船隻，務要周知其數。設或需索運用，酌量勞逸多寡撥與。其各湖泊所，帶辦魚油鰾，每歲催督進納備用。

一千料海船一隻合用：杉木三百二根。雜木一百四十九根。株木二十根。榆木舵桿二根。栗木二根。櫓坯三十八根。丁線三萬五千七百四十二個。雜作一百六十一條個。桐油三千一十二斤八兩。石灰九千三十七斤八兩。艌麻一千二百五十三斤三兩二錢。

船上什物：絡麻一千二百九十四斤。黄藤八百八十五斤。白麻二十斤。棕毛二千二百八十三斤一十二兩。

四百料鑽風海船一隻合用：杉木二百二十八根。桅心木二根。雜木六十七根。鐵力木舵桿二根。櫓坯二十枝。松木五根。丁線一萬八千五百八十個。雜作九十四條個。桐魚油一千一斤一十五兩。石灰三千五斤一十三兩。艌麻七百二十九斤八兩八錢。

船上什物：絡麻五百七十四斤一十四兩四錢。黄藤三百八十三斤八兩。棕毛七百三斤。白麻一十斤。

黃船

國初造黃船，制有大小，以備御用。至洪熙元年，計三十七隻。正統十一年，計二十五隻。常以十隻留京師河下聽用。成化八年奏准，照快船事例，定限五年一修，十年成造。其停泊去處，常用廠房苫蓋，軍夫看守。

馬船

國初，四川、雲南市易馬騾，及蠻夷酋長貢馬者，皆由大江以達京師，有司用民船載送。洪武十年，令武昌、嶽州、荊州、歸州各造馬船五十隻，每雙定民夫三十名，以備轉送。後復定江西、湖、廣二省，並直隸安慶、寧國、太平三府，造馬船共八百一十七隻，僉撥水夫二萬三百六十餘名。廣西全州、灌陽縣，造馬船二十一隻，僉民夫五百二十五名，俱隸江淮、濟川二衛。其工食料價銀兩，亦係原編省府徵解。永樂以後，定都北京，遂專以運送官物，及聽候差遣。弘治十三年，免廣西全州並灌陽縣馬船民夫。其修造，並差撥運送等例，詳見『南京兵部』。

快船

國初，於錦衣等四十衛，造風快船九百五十八隻，以備水軍征進。後止用供送官物，與馬船相兼差撥。定撥各衛軍丁，充小甲人夫，撐駕修造。弘治十七年，裁減水軍左衛二十隻。十八年，又減各衛多餘在塢船一百五十隻。嘉靖二十一年，減疲敝衛分三十三隻。其修造、差撥、運送等例，詳見『南京兵部』。

海運船

永樂五年，改造海運船二百四十九隻，備使西洋諸國。

正統七年，令南京造遮洋船三百五十隻，給官軍，由海道運糧赴薊州等倉。又，登州衛原設海船一百隻，因罷海運，至十三年，減八十二隻，止存一十八隻。歲撥五隻，裝運遼東賞車布花鈔錠。弘治十六年，復減四隻。其十四隻，分派湖廣、江西各四隻，就彼成造； 浙江、福建各三隻，解銀赴部成造。正德四年，以布花折價陸運，前船俱罷。五年，議復造。嘉靖三年奏罷。仍行各布政司，再不許科派料價擾民。

隆慶五年，議復海運，題准動支節慎庫銀一萬五千兩，並淮揚商税銀一萬五千兩，俱差管解赴漕司，轉委淮揚蘇松兵備及淮揚二府掌印官，雇覓堪用堅固海船三百餘隻，加修完備，裝載漕糧一十二萬石。將各船分爲六小總，以平定寧靜安全爲號。每號管運正糧二萬石，由海道入天津交割。六年題准，每年定派海運漕糧一十二萬一千二百五十石，共用船四百二十六隻，並把總運官船十隻，酌派湖廣廠造二百隻，責督糧道管理。儀真廠造二百三十六隻，責海防道管理。湖廣每隻給銀二百五十兩，儀真每隻給銀二百九十兩，定限十五年一改造。將河船額數內，免造六百五十四隻，即以料價抵造海船。俱應於清江抽分，並浙江、蘇州額解料價內扣解。其不足之數，量借河工贓罰等銀支補。

萬曆三年，罷海運，船亦停造。

供應船

南京光禄寺掌醢署，供應打魚船二隻。每五年一修，十年改造。

後湖船

南京後湖樓座船二隻，平船一十隻。每三年一小修，六年一大修，十年改造。

備倭船

沿海衛所，每千户所設備倭船十隻。每一百户，船一隻。每一衛五所，共船五十隻。每船旗軍一百名，春夏出哨，秋回守。月支行糧四斗。船有虧折，有司補造。損壞者，軍自修理。今沿海地方，自行添造。

戰船

新江口戰船，永樂五年，額設一百三十一隻。宣德以後，增至三百一十九隻。至成化十年，堪操者止一百四十隻。其拆卸未造，內三四百料者，俱改造二百料快船。嘉靖四年，添造蜈蚣船四隻，每船架佛朗機銃十二副。七年奏准，新江口造完戰、巡等船共四百隻。每十隻作一幫，日輪軍一人看守。季終，南京兵、工二部各委官一員，會同兵科給事中一員點閘。遇有拋棄搖損，及將隨船什物私自借貸，輕則責令本船官軍培修，重則參究提問。十一年，額定二百隻，內兩班操守一百二十二隻備補二十八隻。改輕淺便利船五十隻。以上南京工部所隸戰船。凡遇改造具題，五年一修，十年一造，本部覆行。

糧船

糧船有二，曰遮洋，曰淺船。永樂初，漕江南粟，一由海道，至直(古)〔沽〕口[一]，入白河，抵通州。一渡淮，泝黄河，至陽武，又陸運至衛河，由衛河，抵通州。海運用遮洋船。裏河用淺船。永樂九年，濬治會通河成，運船由淮直達於衛，遂罷陸運。十三年，增造淺船三千餘隻。一年四次，從裏河轉漕，遂罷海運。獨薊州軍餉，用遮洋船，海運如初。

凡修理改造，南京並中都留守司、江南、江北直隸諸衛，湖廣、江西、浙江三都司淺船，俱隸清江提舉司。北直

〔一〕直古口　應爲『直沽口』。

隸諸衛，山東都司淺船並遮洋船，俱隸衛河提舉司。內江南、直隸、湖廣等三都司淺船，經由瓜洲儀真壩者，每五年一造。其餘止由裏河者，並遮洋船，俱十年一造。宣德以後，江南、直隸、湖廣等三都司淺船，各歸原衛所自造。嘉靖三年，北直隸、山東都司淺船並遮洋船，俱改清江提舉司造。淺船今運京通倉糧三百七十萬石。遮洋船今運薊州軍糧二十四萬石，並天津倉糧六萬石。

舊額造船共一萬八百五十五隻。淺船一萬五百九隻，遮洋船三百四十六隻。

原衛所五千一百四十隻：江南直隸一千三百五十□[一]隻。浙江一千九百九十九隻。江西八百六十六隻。湖廣九百二十四隻。

清江提舉司四千七百三十五隻：南京衛分一千五百八十隻。江北直隸二千三百八十五隻。中都留守司七百七十五隻。

衛河提舉司九百八十隻：北直隸九十三隻。山東五百四十一隻。遮洋船三百四十六隻。

今額造船共一萬二千一百四十三隻。淺船一萬一千六百十八隻，遮洋船五百二十五隻。

原衛所五千三百四十隻：江南直隸上江總下，建陽等衛六百四十八隻。江南直隸下江總下，鎮江等衛、松江等守禦千户所七百七十五隻。浙江都司總下，杭州前等衛、金華等守禦千户所二千三十九隻。江西都司總下，南昌等衛、吉安等守禦千户所八百六十六隻。湖廣都司總下，武昌等衛，德安等守禦千户所一千一十二隻。

清江提舉司六千八百三隻：南京總下，錦衣等衛八百八十三隻。南京總下，旗手等衛八百七十一隻。中都留守司總下，鳳陽等衛、潁上等守禦千户所八百八十七隻。江北直隸總下，揚州等衛、通州等守禦千户所九百五十五隻。江北直隸總下，淮安等衛一千六百一十隻。江南直隸上江總下，水軍左等衛，領駕徐左、泗州二衛缺軍八十六隻。江南直隸下江總下，水軍右等衛，領駕泗州衛缺軍三十六隻。江南直隸上江總下，水軍左等衛，領駕德州等四衛一百二十五隻。江南直隸下江總下，水軍右等衛，領駕天津等五衛五十二隻。山東都司總下，臨清等衛，東平等守禦千户所七百七十三隻。遮洋總下，淮安等衛五百二十五隻。

造淺船遮洋船用料[二]

四百料淺船一隻，合用：底板楠木三根。棧板楠木三根。出脚楠木一根。梁頭雜木三根。前後伏獅、拏獅雜木二根。草鞋底楡木一根。封頭楠木連三枋一塊。封

[一] 原文此處有一脱字。
[二] 原書無此標題，係點校人所加，以與後文『造淺船遮洋船則例』對應。

梢楠木短枋一塊。挽脚梁雜木一段。面梁楠木連二枋一塊。將軍柱雜木一段。桅夾雜木一段。大小釘鍋七百斤。艌麻二百斤。油灰六百斤。桐油三十斤。

船上什物：　大桅一根，頭桅一根，大篷一扇，頭篷一扇，緈索三副，度緈三副，貓纜一條，貓頂一條，繫水一條，紝簟一條，箍頭繩一條，八皮四條，牽簟三條，抱桅索二副，櫓四枝，脚索二副，招頭木一根，篙子十根，挽子一把，水橛二根，郎頭一個，跳板一塊，櫓跳四塊，櫓繩四條，戽斗一個，鐵貓二個，弔桶一個，挨簟木二條，竹水斗一個，舵一扇，舵牙一根，舵關門棒一根，水桶一個。前後襯倉水基竹瓦全。蓋篷並襯倉蘆席全。

船式樣：　底長五丈二尺。頭長九尺五寸。梢長九尺五寸。底闊九尺五寸。底頭闊六尺。底梢闊五尺。頭伏獅闊八尺。梢伏獅闊七尺。梁頭二十四座。底板厚二寸。棧板厚一寸七分。釘，一尺三釘。龍口梁闊一丈，深四尺。使風梁闊一丈四尺，深三尺八寸。後斷水梁闊九尺，深四尺五寸。兩廒廒共闊七尺六寸。

遮洋船一隻合用：　底板楠木三根。棧板楠木四根。出脚楠木一根。梁頭雜木十根。草鞋底榆木一段。前後伏獅拏獅雜木二根。封頭楠木連三枋一塊。封稍楠木短枋一塊。挽脚梁雜木一段。面梁楠木連二枋一塊。將軍柱雜木二段。桅夾雜木板四片。木小釘鍋八百斤。艌船麻二百二十斤。石灰七石。椿灰並油船桐油一百五十斤。

船上什物：　大桅一根。頭桅一根。大篷一扇。頭篷一扇。緈索三副。度緈三條。貓纜一條。貓頂一條。繫水一條。紝簟一條。箍頭繩一條。八皮六條。牽簟四條。抱桅索二副。櫓四枝。脚索二副。招頭木一根。篙子十二根。挽子二把。水橛二根。郎頭一個。跳板一塊。櫓跳四塊。櫓繩四條。戽斗一個。鐵貓一個。弔桶一個。挨簟木二根。竹水斗一個。舵一扇。舵牙一根。舵關門棒一根。水桶二個。前後襯倉水基竹瓦全。蓋篷並襯倉蘆席全。

船式樣：　底長六丈。頭長一丈一尺。梢長一丈一尺。底闊一丈一尺。底梢闊六尺。底頭闊七尺五寸。頭伏獅闊一丈。梢伏獅闊七尺五寸。梁頭十六座。底板厚二寸。棧板厚一寸七分。釘，一尺四釘。龍頭梁闊一丈二尺，深四尺八寸。使風梁闊一丈五尺，深四尺八寸。後斷水梁闊六尺，深六尺。兩廒廒各闊四尺五寸，共九尺。

造淺船遮洋船則例

舊例：　清江提舉司每年該造淺船五百三十三隻，衛河提舉司九十五隻。每隻該用銀一百兩。俱以三分爲率，原船舊料一分，旗軍自備一分，官給一分，該銀三十三兩三錢。遮洋船三十五隻，每隻該用銀一百二十兩。以十分爲率，除原船舊料三分外，官給銀八十四兩。

今例，清江提舉司每年該造船六百八十隻，俱有楠木料。內南京並中都留守司、江北直隸等衛淺船五百三十三隻。每隻用銀一百二十兩，底船准二十兩，軍自辦三十五兩，官給六十五兩。無底船者，在連貼軍辦料銀二十兩。北直隸、山東都司淺船九十五隻。每隻用銀一百二兩八錢，底船准二十兩，軍自辦三十二兩八錢，官給五十兩。無底船者，在連貼軍辦料銀二十兩。遮洋船五十二隻，每隻用銀一百二十七兩三錢三分，軍自辦六十五兩六錢。官給六十一兩七錢三分。底船不准銀數，聽拆卸相兼成造。

江南直隸衛所每年該造船不等，用料不一。凡杉木、楠木者，十年一造。每隻用銀一百四十一兩四錢六分，底船准二十八兩。雜木者，七年一造。每隻用銀九十六兩七錢一分，底船准二十一兩五錢八分。餘俱軍三民七出辦。松木者，五年一造。每隻用銀七十四兩六錢三分，軍三民七出辦。底船不准銀數，聽拆卸相兼成造。

浙江都司，每年該造船四百七隻，俱用松木料。底船全者，每隻用銀八十八兩。沉水拆造者，九十三兩。無底船者，九十七兩。民出七十三兩，餘運軍自備。

江西都司，每年該造船不等。其料用株、松二木。株雜木者，七年一造，每隻用銀九十三兩。松木者，五年一造，每隻用銀八十三兩。底船各准十兩，餘俱軍三民七出辦。

湖廣都司，每年該造船不等，用料不一。凡杉木者，十年一造，每隻用銀一百三兩，底船准三十兩。株雜木者，七年一造，每隻用銀九十兩五錢。底船准二十七兩。松木者，五年一造，每隻用銀七十三兩九錢一分，底船准二十五兩。餘俱軍三民七出辦。

宣德五年奏准，運糧官、軍船，南京中都留守及直隸衛所，於淮安修理；山東等都司於臨清修理；浙江、江西、湖廣都司，皆回原衛修理。有司給與材料。

正統八年令，運糧船損壞，附近地方產有物料，於清江、衛河提舉司修造。每處工部差官一員，監收督造。各衛所仍差撥官軍，蓋立廠房，相兼匠作用工及貼辦物料。

成化七年，令工部差官，於杭州、荊州、太平三處，抽分竹木等物。選上等者，按季送清江、衛河二提舉司造船。後以解運竹木不便，折抽價銀給領。十六年，令各處運糧，通加耗一斗。各把總官，變賣時價，解送清江、衛河提舉司，給與官軍造船。其有司木料並抽分木植價銀停止。十七年議定，清江、衛河二提舉司，造船料價銀共一萬七千兩。二十一年議准，淺船舊料一分，每隻添銀一十一兩六錢六分有零，連前官給共銀四十五兩。二提舉司出批，差人於浙江杭州、湖廣荊州，二八分廠領回，分給官軍，聽其買料，從便造完，順運糧，赴本部原差提督、二提舉司官處，查驗印烙。

弘治三年議准，每船一隻，官給銀五十兩，軍自辦五十兩，底船准二十兩，共銀一百二十兩。十四年議准，清江提舉司船，每隻增銀五兩。荊州造船價銀，悉於蕪湖取用。十六年議准，清江提舉司船，增銀十兩，通前共銀六十五兩。軍止辦三十五兩。

嘉靖八年議准，通行各該巡按，嚴督各該司府州縣衛所，各將年例軍民料價，預爲派徵，務在上年九月以裏給發。若徵收未完者，將貯庫别項官銀借給，候完補還。如十二月終不完給者，府州縣、衛所收料官住俸。正月終不完者，府州縣、衛所各掌印官住俸，收料官仍革去冠帶，首領官吏提解漕運衙門問罪。四月終不完給者，都、布二司並府州縣、衛所各掌印官，並催料官、收料官、一體參究提問。府州縣、衛所官降級，文職送吏部别用，軍職發回原衛，帶俸差操。中間若有侵那等項情弊，從重究問。又議准，各處衛所將運糧官私料造船隻，每隻出印信文憑一紙，開寫原編字號，料力打造緣由，付與駕船旗軍，收執運糧。如遇糧完，其船損壞，不堪駕使，赴大通關提舉司具告。相看是實，就將前文憑收銷附卷，官船著令拆卸，帶回原衛，或清江提舉司交收。自造船隻，聽從發賣。仍送通州抽分竹木局，照例拆卸抽分。又議准，通行各該衛所，自嘉靖十三年爲始，軍三料銀，俱要及時追徵，與民七料銀一同解赴工部抽分衙門，驗發寄庫，以便督造。拖欠不完者，許本部督造官，輕則住俸提問，重則指實參究。

二十年議准，南京（不可）〔一〕將貯庫鹽引紙價積餘銀內，每年動支一千七百八十四兩。南京兵部將武庫司收貯缺官柴薪銀內，每季動支一千兩。俱自嘉靖十九年爲始，聽候總督漕運、巡撫都御史委官支領，前去淮安清江浦造船，代南京疲敝衛所餘丁料價，永爲定規。

二十六年題准，遮洋總歲造糧船，自明年爲始，經過臨清衛河提舉司，不許重復印烙，以免稽遲。

四十四年奏准，杭州主事專管抽分。其造船事務，以該省督糧道兼管。

隆慶四年題准，令漕運衙門，行各司道並船廠主事，用心督造。如糧船過淮驗烙之時，查有船不如式者，該管官員，不分軍職有司，一體參奏。

六年題准，清江廠造船主事，不必註選，聽工部選擇司屬題差。仍三年更代。其原委指揮等官革回，經歷縣丞改選。如成造不堅，支銷不明，聽漕臣問究。

萬曆元年議准，將江北南京等節年損壞缺船六百餘隻，行督糧道，照依湖廣、江西二省船式，就於瓜、儀設廠打造，約裝載正耗米可五百石，務要底平倉闊，入水不深。合用料價，於漕庫收貯清江廠船料及堪動銀

〔一〕從上下文看，『不可』衍。

內支用。船完之日，編爲字號，次第驗烙。仍將經造官匠姓名刻於船尾。如無故早壞一年，於官匠名下追補一分，二年遞加。浙江下江等處，一體行令刷造，不許雇船誤事。

十三年奏准，清江廠每年修造南京錦衣等衛漕船二百一十餘隻，改歸南京龍江關舊廠團造。

河泊麻鐵等課

河泊所，舊制設官，管徵麻鐵、魚油、翎鰾等料，以爲造船之用。原解本色，如遇丁字形檔收貯數多，間改折色。嘉靖四十二年，以廣東、廣西、福建、四川地遠，全徵折色。其餘司府仍徵本色。萬曆三年，丁字形檔黃麻、熟鐵、絡麻、翎毛收貯數多，將浙江、江西、湖廣，並南直隸十四府州，題改折色。其餘各料仍解本色。

浙江布政司

黃麻一萬二千二百八十八斤八兩四錢。遇閏加八百八十斤一十三兩七錢。

白麻四百九十三斤三兩七錢。閏加五十一斤六兩五錢。

黃絡麻五千九百三十四斤一十五兩。閏加四百八十二斤一十三兩五錢。

苧麻四百五十二斤十兩四錢。閏加三十九斤四兩二錢。

熟鐵三萬七千五百二十八斤五兩。閏加二千八百三十二斤一十三兩九錢。

生鐵一千三百三斤二兩。閏加一百八斤九兩七錢。

熟銅五百二十六斤。閏加四十三斤五兩二錢。

生銅九百三十六斤六兩。閏加六十六斤一十三兩三錢。

魚線膠一千七百二斤九兩四錢。閏加一百三斤七兩五錢。

銀硃一百四十四斤一十四兩七錢。閏加一十二斤四兩三錢。

生漆二百二十六斤二兩一錢。閏加一十九斤一兩六錢。

桐油五百九十五斤一十五兩六錢。閏加三十四斤三兩。

以上黃麻，絡麻，熟鐵，共折銀一千五百六十兩八錢七分四釐七毫三絲五忽。閏加一百一十九兩一分八釐三毫二絲三忽，餘解本色。

江西布政司

黃麻鐵等料，共五千六百二十七斤七兩三分八釐。遇閏不加。折銀一千九百七十二兩六錢七分七釐五毫八絲八忽六微九纖。

湖廣布政司

麻鐵等料，共六十萬四千六百四十四斤九兩五錢三分四釐五毫三絲。閏加三萬二千五百四十斤一十兩六錢八分五釐四毫七絲。

折銀一萬三千六百三十一兩二錢六釐八毫。閏加八百三十四兩九分五釐五毫。

福建布政司全徵折色

黄麻八十八斤。閏加一十九斤。

熟鐵二千三百三十四斤一十兩一錢。閏加一百九十斤七兩二錢。魚線膠五百九十一斤一兩四錢。閏加四十六斤五兩一錢。

以上折銀九十五兩九錢三分二釐七絲。閏加七兩八錢六分九釐五毫六絲。

四川布政司全徵折色

黄麻一萬五千三百七十九斤。

魚線膠三千三百六斤一十五兩。

熟鐵二萬五百五斤一兩。

以上折銀五百七十六兩三錢六釐九毫。閏加三十四兩二錢二分五釐六毫。

廣東布政司全徵折色

熟鐵一萬七千一十四斤五兩。閏加一千二百八十七斤三兩。

黄麻一萬一千一百一十三斤六兩九錢。閏加八百九斤三兩七錢。

魚線膠一千二百八十四斤一十一兩。閏加一百二十五斤一十二兩九錢。

熟銅四百六十四斤一十兩六錢。閏加三十八斤五兩二錢。

生銅一百一斤二兩五錢。閏加一十四兩一錢。

翎毛一十七萬七千八百四十七根。閏加一萬五千四百八十九根。

以上折銀九百二十九兩二分二釐八毫。閏加七十九兩五錢三分六釐。

廣西布政司全徵折色

黄麻一千五百一十六斤四兩四錢。

熟鐵一萬二百三十四斤四兩。

生銅二百八十四斤三錢。

魚線膠一千一十六斤五兩。

翎毛一十八萬五千一百九十七根。

以上折銀四百三十六兩八分二釐四毫六絲。遇閏不加。

應天府

黃麻一萬七百五十九斤五兩。閏加三百一斤一兩。
白麻八千三百一十九斤七兩。閏加二百四十六斤一十一兩三錢。
魚線膠四百三十八斤一十五兩。閏加一十一斤一十二兩。
翎毛一十二萬三千三百根。閏加三千九百三十四根。
碎小翎毛七百六根。閏不加。
以上黃麻、熟鐵、翎毛，共折銀五百八十兩九錢三分四釐。閏加一十五兩六錢七分六釐。餘解本色。

直隸鳳陽府

黃麻三百一十二斤八兩。
白麻二百六斤四兩。
以上黃麻折銀一十三兩五錢五分。遇閏不加。

廬州府

黃麻一萬二千四百二十一斤。閏加五百五十二斤。
白麻一千四百五十二斤六兩。閏加四十一斤一十兩。
熟鐵一萬一千四百二十六斤。閏加六百六十三斤十兩。
生銅六百六十九斤四兩。閏加八斤一十二兩。
魚線膠三百八十三斤八兩。閏加二十一斤八兩。
翎毛一十二萬四千六百一十六根。閏加七千一百七十八根。
牛角一十六副，閏加一副。
牛觔四斤。閏加十二兩。
以上黃麻、熟鐵、翎毛，共折銀六百九十七兩一錢九分二釐。閏加三十三兩一錢八分五釐。餘解本色。

淮安府

黃麻二萬八千四百三十八斤九兩。
白麻二萬六千二百三十一斤四兩五錢。
桐油一千二百斤。
生鐵九百六斤六錢。
熟鐵七百五十四斤一十一兩八錢。
魚線膠七百六十五斤九兩。
翎毛二十九萬四千九百五十五根。
以上黃麻、熟鐵、翎毛，共折銀一千六百七十五兩五錢七分七釐。
遇閏不加。餘解本色。

揚州府

黄麻二萬六千五百八十七斤三兩二錢。閏加一千九百二斤九兩。

白麻二萬三十八斤一兩二錢。閏加一千六百斤一兩六錢。

魚線膠八百三十四斤九兩三錢。閏加五十八斤七兩八錢。

熟鐵一千二百六十六斤四兩四錢。遇閏不加。

翎毛二十五萬六千五百二十一根。閏加一萬六千九根。

桐油八十八斤四兩。遇閏不加。

以上黄麻、熟鐵、翎毛，共折銀一千四百三兩六錢六分四釐。閏加一百三兩四錢五分六釐。餘解本色。

蘇州府

黄麻一萬五千六百二十六斤。

白麻一萬一千五百五十九斤。

魚線膠六百一十八斤。

桐油一百九十斤四兩。

翎毛二十一萬三千五百八十八根。

以上黄麻、翎毛，共折銀七百六十九兩四錢五分六釐七毫。遇閏不加。餘解本色。

松江府

黄麻九百斤。

白麻四百七十五斤。

魚線膠二十七斤。

桐油一百九十一斤四兩。

翎毛八千六百八根。

以上黄麻、翎毛，共折銀四十六兩七分。遇閏不加。餘解本色。

常州府

黄麻一萬六千四百五斤八兩四錢。

白麻七百七十三斤。

魚線膠二百八十六斤五兩五錢。

翎毛九萬一千四百二十四根。

以上黄麻、翎毛，共折銀四百一十七兩九錢九分二毫八絲。遇閏不加。餘解本色。

鎮江府

黄麻三千二百二十九斤七兩。閏加六百三十一斤一十五兩。

魚線膠八十二斤五兩。閏加一十二斤七釐。

翎毛二萬八百八十七根。閏加九百三十三根。

以上黄麻、翎毛，共折銀一百七十二兩三錢一分一釐三毫四絲五忽。閏加一十三兩八錢四分四釐一毫二絲。餘解本色。

寧國府

熟鐵五千九百三十三斤四兩。閏加四百九十二斤四兩一錢。

生銅七百三十斤二兩四錢。閏加六十斤八兩八錢。

魚線膠一百五十二斤三兩。閏加一十一斤一十五兩三錢。

翎毛四萬八千六百七十七根。閏加六千六十一根。

以上熟鐵、翎毛，共折銀二百一十三兩五錢九分。閏加一十八兩六錢七分五釐二毫四絲五忽。餘解本色。

池州府

黄麻八千六百三十五斤四兩五錢。閏加二百八十九斤八兩九錢。

白麻六千五百四斤一十兩。閏加一百九十一斤一兩六錢。

魚線膠四十八斤一兩。閏加二斤一兩三錢。

翎毛七萬三千三百三十六根。閏加一千九百五十二根。

以上黄麻、翎毛，共折銀四百四兩二錢七分四釐九毫七絲九忽。閏加一十三兩八分四釐六毫一絲。餘解本色。

太平府

黄麻二萬四千五百四十四斤一十四兩四錢。閏加二千二百二十二斤七兩。

魚線膠四百斤一十三兩五錢。閏加三十五斤二兩二錢。

翎毛一十三萬九千七百一十八根。閏加二萬三千四百二根。

採辦翎毛一萬七千七百三十七根。

以上黄麻、翎毛，共折銀六百四十八兩六錢四分一釐。閏加五十四兩五分七釐。餘解本色。

安慶府

黄麻四萬四千二百二十九斤。閏加三千二百三十二斤一十二兩一錢。

白麻三萬八千五百二十八斤二兩。閏加一千八百六十二斤一兩。

熟鐵一萬七千三百六十七斤。閏加七百一十八斤一十三兩。

魚線膠二千三百八十七斤。閏加一百二十二斤一十三兩八錢。

翎毛七十八萬五千八百一十三根。閏加八萬七千七百五十九根。

以上黄麻、熟鐵、翎毛，共折銀三千四十四兩三錢六分八釐。閏加二百九十二兩二錢一分二釐。餘解本色。

和州

黄麻三千八百三十三斤一十二兩八錢。閏加一百八十二斤九兩九錢。

白麻三千五十一斤一十二兩九錢。閏加二十斤七兩三錢。

生鐵一千九百五十八斤九兩。遇閏不加。

魚線膠一百六斤八兩五錢。閏加一十九斤一十五兩三錢。

翎毛五萬三百九十一根。閏加一萬七千三百二十九根。

以上黄麻、翎毛，共折銀二百二十九兩九錢二分八釐。閏加一十二兩四錢九分四釐。餘解本色。

車輛

洪武五年，令造獨轅車。山西、河南八百輛。北平、山東一千輛。

二十六年定，凡大小車輛，若有成造及修理者，務要計算合用木植、魚膠、鐵箍等項物料。行下丁字庫檔等衙門依數放支，如式修造。其有司預備車輛，必須備知其數。倘或需索使用，酌量勞逸多寡換與。

牛車一輛合用：榆木三根。棗木一根。槐木一根。杉木板枋一根。魚線膠一斤。鐵箍八個。鐵釘四十枚。鐵穿四個。車澗八條。車頭三個。

永樂十三年，令各處造車，務用乾燥堅壯木植，依降去樣車成造。就於車上編號印烙。附册開寫看驗提調官吏並匠作姓名。日後有不堅固者，照名究治。

正統十四年，造戰車一千輛。每輛，上用牛皮十六張，下用馬皮二十四張。戰車，舊屬都水司，今隸虞衡司軍器條下。

計各處造車數目：河南布政司一千四百輛，都司五百輛。陝西布政司五百輛，都司三十輛。山東布政司一千二百五十輛，都司六百二十輛。山西布政司一千五百輛，都司八百輛。直隸鳳陽府二百五十輛。徐州三十輛。淮安府一百五十輛。淮安衛二十五輛。大河衛二十五輛。壽州衛二十輛。泗州衛二十輛。邳州衛二十輛。宿州衛二十輛。徐州衛二十輛。中都留守司一百五十輛。北京行後府一十輛。

乾隆清會典及會典則例

整理説明

《清會典》，亦稱《大清五朝會典》《大清會典》，是康熙、雍正、乾隆、嘉慶、光緒五個朝代所修會典的總稱。它是按行政機構分目，内容包括宗人府，内閣，吏、户、禮、兵、刑、工六部等職能及有關制度。從内容看，是以行政法律爲主要内容的法律彙編，詳細記述了清代從開國到清末的行政法規和各種事例，反映了封建行政體制的完備。它不僅是清朝行政法規大全，也是中國封建社會最完備的行政法典。是研究清代典章制度的基本資料。關於《清會典》，學術界歷來頗有争議，是典制史書，還是法規彙編；是官制法，還是行政法；是綜合性法典，還是清朝的憲法等，各種説法都有。

乾隆十二年（一七四七年），鑒於『例可通，典不可變』，唯恐典、例並載，使後人『妄相牽引，無所適從』。因此在修改時下詔，令將附於各條的則例分出，另立一篇，以典爲綱，以則例爲目，使典、例既不相混，又互相補充。由於典、例分立，因此乾隆二十九年編成《乾隆清會典》一百卷與《乾隆會典則例》一百八十卷，所載内容止於乾隆二十三年。

《乾隆清會典》所開創的典、例分編體例，此時已經確定，此後爲嘉慶、光緒兩朝所沿襲。

《清會典》中記載了大量有關水利的内容，涉及到防洪、運河、城市水利、農田水利、海塘等多種門類。這裏選擇了乾隆朝《清會典》和《會典則例》中的相關内容提供給讀者，所依據的底本是《文淵閣四庫全書》本。

大清會典　卷一三　户部

漕運

自元濬會通河，明導汶水，北會漳、衛，而東北之運道以通。國朝南鑿桃宿之道，開中運河，以避黄河之險，於是糧艘由淮浦渡河，徑趨山東，達京師，皆銜尾無阻。刓弊剔姦，以肅漕政，垂萬世之利賴於無窮焉。

凡歲漕京師者八省。其漕有五等。

曰正兑，米入京倉，以待八旗三營兵食之用。以乾隆十八年奏銷册計之，山東十有五萬七千九百九十四石；河南八萬一千六百二十八石；江蘇百有七萬六千三百九十三石；安徽三十萬七千十有六石；江西三十五萬千五百有三石；浙江五十五萬九百四十七石；湖北九萬四千五百七十四石；湖南九萬五千五百三十一石各有奇。

曰改兑，米入通州倉，以待王公百官俸廪之用。山東六萬九千四百七十三石；河南三萬九千九百十有一石；江蘇九萬二千四十四石；安徽十有一萬八千八百四十五石；江西十有五萬千八百五十石；浙江二萬九千三百六十五石各有奇。

曰白糧，分入京通倉，以供内府、光禄寺，以待王公百官、各國貢使廪餼之用。江蘇六萬九千四百四十七石；浙江三萬五百五十三石各有奇。

曰穱麥，入京倉，以供内府之用。河南正兑五千八十六石，改兑三千三十三石各有奇。

曰黑豆，入京倉，以待八旗官軍及賓館牧馬之用。山東正兑四萬五百有四石，改兑萬六千五百石；河南正兑三萬二千六百七十四石，改兑萬五千五百八十八石各有奇。

凡漕糧改折，曰永折米徵銀，解部。山東、河南歲折徵各七萬石；江蘇十萬六千四百九十二石；安徽七萬五千九百六十一石；湖北三萬二千五百二十石；湖南五千二百十有二石每石連耗，折銀五錢至八錢。

曰改折灰石米徵銀，解部以待工部灰石之用。江蘇歲折徵二萬一千一百十有六石；浙江萬三千三百二十三石各有奇每石連耗，折銀一兩六錢八分。

凡漕糧經費，曰正耗。各省正兑米每石二五二斗五升，後仿此加耗，改兑米一七加耗，以備通州五牐運耗、貯倉折耗及運軍回船食米之費。

曰輕齎。正兑米，山東、河南每石一六加耗；江蘇、安徽二六；江西、浙江、湖北、湖南三六。改兑米，江蘇、安徽、江西、浙江，每石二升加耗山東、河南改兑米不徵輕齎。湖南、北無改兑米，均折銀徵解倉場通濟庫。漕船至通，計運道遠近，每船給羨餘銀。又按到通米數，每石給簹夫銀各有差惟山東、河南道近，不給篷夫銀。

曰船耗。除山東、河南，及江蘇徐州府屬之銅、豐、沛、蕭、碭漕船不給耗，餘船正兑米每石一五及五升加耗； 改兑米二三一三及八升加耗各有差，以給運軍沿塗耗折。

曰席木。各省正兑改兑米每二石徵葦席一，以十分之一七隨船解通，爲倉庾苫蓋之用。江西、湖北、湖南，每正兑米二千石徵楞木一、松版九，以十分之五解通，爲倉庾鋪墊之用。餘均折銀徵解通濟庫。浙江及江蘇常、鎮、安、寧、池、太等府、太倉州徵版木如之，皆折徵解庫。

曰行糧、月糧。各省運弁、運軍，凡出運之年，各支行糧二石四斗至三石有差； 運軍月糧八石九斗至十有二石有差。或折銀徵給，或銀米各半，各因其地之宜。山東、蘇松、江安糧道所屬，半於領運時發給，半徵解水次六倉。山東則臨清、德州，江蘇、安徽則江寧、鳳陽、淮安、徐州，沿塗發給。

曰贈貼。明代漕糧繫軍民交兑，民受需索之苦。國初改爲官收官兑，因酌定贈貼，官爲支給。隨其方俗，各省異名。山東、河南漕船每運米百石，給潤耗銀五兩、米五石； 江安糧道所屬給漕贈如之； 蘇松糧道所屬米同銀倍； 浙江給漕截銀三十四兩有奇； 江西給貼運銀三兩、米三石、副耗米十有三石； 湖北、湖南給貼運米二十石，皆隨漕科徵。

凡白糧經費，江蘇每石正耗三斗，浙江四斗五升，以備入倉耗折及運軍沿塗折耗之費。江蘇每船給束包人夫工食銀十有四兩。每運米百石，給漕截銀三十四兩、食米七石各有奇。又盤耗米二十石。浙江給漕截銀如江蘇，食米三十四石有奇。運弁行糧、運軍行糧、月糧與漕糧同，皆隨糧科徵。

凡漕糧轉輸薊州、易州，以待陵寢官兵俸餉之用。薊州酌撥漕糧四萬六千八百七十石、白糧千三百十有五石，自天津府轉輸。易州酌撥漕糧萬九千一百八十七石、白糧四百五十石，自白溝河轉輸。均於各省應輸京通倉米內撥運。

後水師駐防，俸餉同。

凡漕糧歲留天津府滄州，以待水師及駐防官兵俸餉之用。糧船過滄，留漕糧萬一千七百十有九石； 過天津留四萬五千石各有奇。

凡漕糧截留，或一方偶遇偏災，截漕轉運，以備拯荒平糶之用； 或酌留直省，分貯府縣，每歲出陳易新，以爲經久不匱之儲，皆隨時調劑，不限常數。

凡蠲免田賦之歲，漕糧以天庾儲備，徵輸如常。若被災府縣完納維艱，令督撫確勘情形，酌應緩應蠲之數，具疏請旨。

凡漕船六千九百六十有九。每歲出運者，直隸三十七均協運河南； 山東九百七十五運軍自備者三百十有一、協運河南二百六十八； 蘇松糧道所屬五百八十九； 江安糧道所屬三千八十四協運河南百二十五，協運蘇松千九百九十七，內運白糧者百三十六，於通省漕船內簡調，三年踐更； 江西七百有八； 浙江千二百十有四，內專運白糧者六十三； 湖北百八十； 湖南百八十二。

成造漕船，以長九丈、載米四百石爲度。 江西、湖北、湖南加長一丈。每歲修理出運，十年改造。如成造不堅固，不及十年損壞者，責運軍補造。督運官弁皆劾論。 遇運河水涸，須分載過淺； 回南阻凍，不能依期歸次，須以別船代運赴通，均許和雇民船，官爲定價，毋許運弁抑派及船户居奇高索。

凡漕政，掌於漕運總督。各省以糧儲道專司之。各府以管糧同知、通判分治之。徵收兑運由州縣官，總其成於巡撫、布政使司。運道疏濬，牐壩啟閉，自江北至淮，自淮北至天津，則河道總督任之。天津以北，倉場侍郎經理之。歲以給事中、御史分巡通州而下天津、濟寧、淮安至揚子江口，以稽察運道，剔除漕弊。

凡有漕之省，隨漕之多寡以建衛。每衛守備一人，以治衛軍。酌漕船之多寡以分幫，每幫領運千總二人，分年番休。武舉一人，隨幫効力。每船領運衛軍十人。每運選用一人，由守備舉報。濫舉不慎者論。每軍出運副一人隨運，以本軍子弟充之。水手十人，由運軍雇募。令十船互保，滋事不法者連坐。

凡徵糧，以十月朔啟徵。米取乾潔，不分赤白。兼收白糧，則官爲舂治，民輸舂耗。有差立聯三票，稽覈如制詳見田賦。

凡兑運，以漕船到次之日爲始，至十一月終兑畢。以府同知、通判爲監兑官。總漕按船數、米數刊發全單，開明耗贈。糧道依全單之數，分刊號單，頒之州縣。每單兑米百石。一單兑足，令運弁注明收數。一船兑足，即發水程開行。

凡察驗米色，監兑官以米一石包封爲式，糧道親驗鈐印。至淮，總漕拆封掣驗，通船米如式仍鈐封。至通，倉場侍郎拆驗，亦如之。其包封米作正交倉。

凡漕運行程，重運北上，順流日行四十里，逆流日行二十里。巡撫給以水程，所過沿河州縣，入境、出境皆注日時。至淮，總漕察驗無誤，換給水程，所過州縣注日時。至通州，倉場侍郎察驗如之。空船南下，順流日行五十里，逆流日行三十里。倉場侍郎給發水程，所過州縣注日時。至淮，總漕察驗如北上時。先後還次不得過十一月。巡撫察驗亦如之。惟經涉河、淮，江湖重險，不立程期。守牐、候風、阻凍，均準注限。若內河無阻，有違行程者，領運官弁及運軍皆論如法。

凡通漕限期，山東、河南以次年三月初一日到通。江蘇、安徽大江以北，本年十二月杪過淮，次年四月初一日到通。大江以南，次年正月杪過淮松江府所屬寬限十日，五月初一日到通。浙江、湖北次年二月杪過淮，六月初一日到通。江西、湖南次年三月初十日過淮，六月初一日到通。受兑開行由巡撫疏報；過淮由漕運總督；經皂河由江南河道總督；過濟寧、逾臨清由河東河道總督，皆具疏專達。天津以北，倉場侍郎五日一奏報。如過淮遲延，責在巡撫。抵津遲延，責在漕河三督及所屬沿河文武官，皆按期劾論。

凡督運，山東、河南漕船兑運已畢，糧道簡委府通判管押赴通。江、淮以南則監兑官親送至淮。候總漕察驗畢，或即委監兑官，或別委通判以行。過淮已畢，總漕隨運北上，率所屬官弁，相視運道險易，調度全漕，察不用命者，俾舳艫相接，畢渡天津，迺入覲述職，以重官守。各省通判仍竢漕船卸載，管押回南，迺既厥事。

凡催漕，道府董率州縣官，於入境時按程催行，毋許停泊，出境迺止。沿河營汛鎮將，董率汛弁催行亦如之。催行不力，致有羈遲者，專催、督催各官弁劾論有差。

凡屯田，各省多寡不一詳見田賦，皆按漕船均分給領運之軍，耕以濟運。其不能自耕者，或官召民佃，徵租贍軍；或民賃軍田，軍自取息。有爭訟則州縣官治之。私相質買者，與受皆罪。

凡優郵，運軍每船北上，許隨載土產物百石，頭工、舵工、水手共二十六石。回空隨載梨棗六十石。經過關津，免其輸税。過淮，如期抵通交糧無闕，總漕酌加獎賞。二十年領運無過，給九品冠帶榮身。

凡漕運禁令，州縣徵糧，毋許吏役浮加斛面，抑派雜費。府倅監兑，無許弁軍需索陋規，私收折色。重運北上，空船南回，毋許運軍水手盜賣漕米、滲水和沙；或私帶客貨，冒渡關津；或擾害民船，强横生事；或行船越次，以避稽察；或中途并載，脱船私歸。運弁毋許擅離漕船。催運弁兵毋許索運軍土物。違者皆論如法。

凡漕運考成，漕糧、白糧並隨糧經費，皆限本年徵足。糧道造具四柱清册，達總漕疏報。徵收官以經徵、督徵之數，作十分考成。如有未完，經徵之州縣衛所，自不及一分至五分；督徵之道府，自一分至六分；巡撫自一分至八分，論劾有差。叅後，州縣、衛所限一年，道府限一年有半，巡撫限二年，逾限不完，不復作分數，照原叅分數叅處。巡撫以完欠支存之數隨奏銷疏報。轉運之官抵通交倉，糧數無闕，總漕、糧道及押運、領運官弁，議敘有差。如有未完，按分數叅處，勒限責償。逾限不完者，皆論如法。

凡漕船偶遭風浪，在河淮江湖失事者，如船糧漂没無存，地方官勘實，報總漕題豁。若内河遇風，收泊不慎，或不戒於火，致船與糧有失者，皆不準豁免。領運、押運並地方文武官弁劾論如法。

大清會典　卷七四　工部　都水清吏司

河工水利附

凡河道工程，黄、淮二瀆爲大，運河次之，永定河又次之。及南北條諸川湖淀附流入海，分流濟運者，咸受治焉。

凡職掌，江南河道總督一人，掌黄、淮會流入海，洪澤湖汕黄濟運，南北運河洩水行漕，及瓜洲江工、支河湖港疏濬隄防之事。所屬河庫道一人，掌出納河帑。淮徐河道一人，轄銅沛、邳睢、宿虹、桃源同知四人，豐蕭碭、宿遷運河通判二人，二十四汛州同、州判各一人，縣丞五人，主簿十有二人，巡檢七人分管詳見《則例》。淮揚河道一人，轄山清裏河、山清外河、山安、海防、江防同知五人，高堰、山盱、桃源、安清中河、揚河、揚糧水利通判六人，三十八汛州同、州判各三人，縣丞十有四人，主簿十人，巡檢八人，又西溪司、安豐司管河巡檢各一人，十四牐牐官十有一人分管詳見《則例》。河營叅將一人，統轄淮徐、淮揚各營。淮徐河營游擊一人，轄九營守備九人，二十一汛千總八人，把總十有三人。淮揚河營游擊一人，轄十一營守備十有一人，二十六汛千總九人，把總十有七人。葦蕩營叅將一人，轄左右營守備、千總、把總各二人。

山東、河南河道總督一人，掌黄河南下、汶水分流、運河蓄洩，及支河、湖港疏濬隄防之事。所屬山東運河道一人，轄運河沂郯、海贛同知二人，泇河、捕河、上河、下河、泉河通判五人，二十八汛州同、州判各三人，縣丞十人，主簿十有二人分管詳見《則例》。分理泉河州同二人，府經歷三人，縣丞六人，巡檢一人，四十八牐牐官三十一人。兖沂曹兼管黄河道一人，轄曹單黄河同知一人，四汛縣丞一人，主簿二人，巡檢一人。黄運河營守備一人，轄七汛千總五人，把總二人。東昌、德州二衛管河守備各一人。德州運河南北兩岸管河千總各一人。河南開歸陳道一人，轄上南河、下南河同知二人，儀考、商虞通判二人，十二汛州判一人，縣丞七人，主簿四人。彰衛懷道一人，轄懷慶黄河、開封上北河、下北河同知三人，彰德河務、衛輝鹽河、懷慶河務、曹儀河務通判四人，二十汛縣丞八人，主簿十人，巡檢二人。又林縣管河典史一人，豫河、懷河二營守備各一人，協辦守備各一人，轄七汛千總四人，把總三人。

直隸總督兼河道總督一人，掌漳、衛入運歸海，永定河歸淀疏濬、隄防之事。所屬永定河道一人，轄石景山、永定河南岸、北岸同知三人，三角淀通判一人，十五汛州判三人，縣丞、主簿各五人，吏目二人。通永河道一人，轄北運河務關同知一人，北運河楊村、薊運糧河通判二人，十三汛州同一人，州判四人，縣丞三人，主簿五人。天津河道一人，轄南運河津軍、河間河捕同知二人，泊河、子牙河通判二人，西汛清河、故城、吴橋管河縣丞各一人，東汛景州、滄州管河州判各一人，天津管河縣丞一人，東光、交河、南皮、青、静海、獻管河主簿各一人，青縣管河巡檢一人。清河道一人，轄保定河務同知一人，正定糧馬河通判一人，分汛冀州、祁安、安州管河州判各一人，武强、隆平、寧晉兼管河務知縣各一人，清苑、蠡、高陽、新安、雄、安肅、新城管河縣丞各一人，保定、任邱、唐管河主簿各一人，滿、完[一]方順橋管河巡檢各一人，深澤管河典史一人。大廣順河道一人，轄廣大漳、廣平河務、漳河同知三人，分汛永年、邢臺、沙河、南河、平鄉、廣宗、鉅鹿、唐山、内邱、任、元城、大名、魏、東明、長垣兼管河務知縣十有五人，元城、大名、魏、長垣管河縣丞各一人，永年、成安管河典史各一人。永定河河營守備一人，轄南、北岸、淀河三汛千總，把總各一人，石景山汛千總一人，北運河汛千總、把總各三人，南運河汛千總一人、把總八人，東淀垡船千總一人，西淀垡船把總一人。

凡河兵，各有定額詳見《兵部營制》，於緑旗營兵之外，別自爲伍，專屬河工調遣及守汛防險之事。其分戰守給餉，仍如緑旗營制。惟江南葦蕩營河兵專司樵採，不與雜役。

凡夫役，江南、山東、河南設堡夫；山東、江南設牐夫；直隸、山東設淺夫；河南設柳船長夫、椿埽夫；山東設徭夫、泉夫、壩夫、軍夫、橋渡夫；直隸設衩夫、防夫，各隨其地之宜。其食於官也，則視役之輕重以爲差。山東運河屆疏濬之年，按其工之大小，別募夫役，工竣則止。

凡工式，蓄洩隨宜，曰牐。蓄洩以漸，曰涵洞。束水曰隄。隄外重以隄，曰遥隄。隄外築隄，俾河流遶越而過，曰越隄，亦曰月隄。兀立者曰縷隄。截流曰壩。洩漲者曰滚水壩、曰竹絡壩。鋭出河流以分水勢者，曰磯觜壩。護隄曰埽。埽有魚鱗、龍尾、丁頭之別。護埽曰障。障有六楞、三楞、排木之異。他如以導大溜，則有木龍、柳薢；以濟覆舟，則有救生椿木，均如式建置，限年保固。

凡經費，各工有修防之費，有俸餉之費，有役食之費，有歲報圖册之費。江南河工有歲增五寸之費，山東有疏濬運河之費，各有常額。江南以河庫道，河南以開歸陳道、彰衛懷道，山東以運河道，直隸以天津道、通永道、永定河道、清河道、大名道掌其出納。歲要其數於河道總督覈實奏銷。侵蝕者論。

凡物材，葦柳、秫稭論束；䔢麻論斤；土論方；甎論塊；石料分雙單；椿木別杉楊。下至石灰、米汁、釘鐵之屬，各有定則。有額者，歲辦如額。無額者，如其需用之數購備，均按則給價。剋扣浮冒者論。

[一] 滿、完　指滿城和完縣。方順橋在兩縣交界處，因此兩縣都有管河巡檢。

凡修防，以工程告竣、保固限滿交汛之日爲始，其工當衝灄，須用長椿大埽歲加鑲築，費有定額者，曰歲修。或河流遷徙及三汛屆臨，偶被刷損，隨時搶護，工費在五百兩以内者，曰搶修。江南黃運河隄工每歲增高五寸，亦曰歲修。其覈費具題也，歲修以十月，搶修無定期。題銷均以次年之四月，逾限者論。別案大工，不在此限。

凡三汛，歲以清明節閲二十日爲桃汛；自桃汛後至立秋前爲伏汛；自立秋至霜降爲秋汛。屆期該管官弁督率兵夫，多備物材，晝夜分防。有警則鳴金爲號，集附近兵夫協力搶護。如汛臨工固，河道總督馳奏安瀾。

凡疏濬河道，面必廣，底必深。運土必於隄内，無隄者以去河百丈爲率。運河歲小濬，間歲大濬。黃河無定期，遇沙停淤積，即爲濬治。其法或以勺，或以刮版，或以浚船，皆因地制宜，不拘器具。

凡浚船以疏瀹河道，柳船以濟運物材。垡船與浚船同，石船與柳船同。均以三年小修，五年大修。更造則河南、江南以八年，直隸以十年。

凡保固，黃河工程限一年，運河限三年，江南、河東同。直隸南運河限三年，北運河限二年，永定諸河險工限一年，平易工程並限三年，均以報竣之日起限。限内衝決，責承修官暨督修官賠修，不修治以罪。限外衝決，守汛官弁暨該管文武官、沿河州縣皆分別議處。

凡葦柳議叙，河工官弁於沿河隙地捐資種植葦柳、小楊備用者，葦以一頃、柳以五千株、楊以五百株計算，各紀録一次，按數遞加。葦至四頃、柳至二萬株、楊至二千株者，各加一級。居民捐種葦柳、小楊至官弁應議加一級之數者，各予以九品頂帶榮身。葦蕩營餘葦至十萬束以上者議叙，不及數者分別議處。

凡禁令，牐官非時啟閉，糧船不候會牌，官民船不遵漕規擅自争放，並頑民包攬夫役、盜決河防，或傍隄驅車、占隄蓋房者，均有禁違者，並論如律。

凡水利，直省河湖、淀泊、川澤、溝渠有益於民生者，以時修治，務令蓄洩隨宜，旱潦有備。以府、州、縣丞倅佐貳董其役，各給以管理水利職銜。

海塘江防附

凡海塘，江南以蘇松太道，浙江北塘以杭嘉湖道、南塘以寧紹台道，掌其修防之政。承以府丞倅，分理以州縣佐貳等官。事關題奏，均由督撫。

凡塘工，皆以石。其非潮汐衝撼之所，間用土工，或用柴工，均如式建置，限年保固。物材價直率與江南河工同。

凡歲修，歲以冬至前，該管道察其境内塘工之應修治者，計費以申於督撫。督撫覈實，迺率屬興工。工竣限四閲月奏銷。每歲俸餉役食之費，咸入奏焉。

凡塘汛，沿塘十里或五里爲一汛。每汛設一斥堠，在汛各兵，晝夜分巡，以資防守。

凡夫役，江南設塘長，每塘四里或五六里設一長。浙江設堡夫，北塘一里一夫，南塘二里一夫，皆令在塘主守。遇柴土各工偶有刷損，即爲補治。歲給役食有差。

凡江防，四川以成都府同知，湖廣以武漢黄德道、上荆南道、下荆南道，江西以九江府同知，掌其修理，均無定期。如所屬隄岸工程偶被衝刷，該管道廳即履勘計費，以申於督撫。督撫覈實，具題興工。工竣報銷。惟江南瓜洲江工歲修，由江南河道總督奏銷詳《河工典則》。

大清會典則例　卷一七　吏部　考功清吏司

漕運

一、漕運考成

順治初年，定官員收兑漕糧。多攙糠粞砂土者，該管官革職；監兑官降一級調用。其抵通兑交漕糧米，多糠粞及有砂土者，押運官革職；管糧道降一級調用。如無糠粞砂土，經收兑勒措不收者，降二級調用。至京通各倉支放米時，如倉級等攙和砂土，該監督不行稽察究處者，降一級調用。

十年覆準，各省糧道經管漕糧十分全完者，加升一級；欠一分者，罰俸一年。再，運糧掛欠一分者，降一級調用；欠二分者，降二級調用；欠三分者，革職。凡欠二分、三分者，初次與二次處分同。

康熙三年題準，坐糧廳經管漕糧，欠不及一分者，罰俸六月；欠一分以上，不及二分者，罰俸一年。

八年，定倉場侍郎經管各省漕糧。欠五釐以上至一分者，罰俸一年；三年連欠五釐以上至一分者，降一級，戴罪督催。

四十九年覆準，山東、河南二省漕糧數少，經管糧道十分全完者，加升一級；江南、江北、浙江、江西、湖廣漕糧數多，經管糧道十分全完者，加升二級；至總漕於各省漕糧十分全完者，加升二級；未完，照考覈倉場侍郎例議處。

五十年覆準，州縣水次，兑米糧道、監兑官親往稽察。如有私自改折漕糧者，該州縣及領運官皆革職，米照數交賠，監兑官降二級調用，糧道降二級留任。

又覆準，監兑官同糧道親身督押到淮，一有短少，該督即行審明，題參。米罶旗丁，兄弟子姪一人，交與監兑官購買，赶幫交兑，押運千總出具甘結，呈報。如押運等官，捏具廿[一]結者，降二級調用。

五十一年覆準，各省押運同知、通判，一次無欠者，加

[一] 廿　疑爲『甘』字。

一級；二次無欠者，加二級；三次無欠者，不論俸滿即升一次；掛欠者，降一級留任；二次掛欠者，降二級留任；三次掛欠者，降三級調用，仍將掛欠之米分賠。

雍正四年，奉旨：『押運官員均令該督撫出具考語，送部。抵通之日，倉場總督送部引見。』

乾隆元年奏準，京通各倉監督，定以二年更代。差未滿時，有俸滿應升人員，準其照常升轉，仍俟差滿更代。至差滿之後，若照贏餘米議敘，恐出入之際，易滋弊端，應請停止。如果能出入公平，糧儲無虧，倉厫不致滲漏，米糧不致霉變，任滿時，令倉場侍郎保題交部議敘，準其加一級。

四年覆準，山東、河南押運薊糧官員，如有逗遛掛欠、失風等事，亦照例處分。若抵薊全完並無事故，該總漕覈實具題，亦照例分別次數議敘。

一、漕糧限期

順治初年定，每年漕糧經徵州縣，限十月開倉，十二月兑完。

又定，河漕總督理應督率各官，挑淺疏通糧艘。如不豫行挑淺疏通，以致遲誤者，請旨議處。如回空船不行力催，又不題參地方官者，皆降二級留任。

又定，官員催趲漕船，無故容後幫之船前行、前幫之船後行者，罰俸一年。漕船入境日期，該管官不察明轉報者，罰俸六月。

又定，各省漕糧，江北限十二月過淮；江南江寧、蘇松等處，限正月內過淮；江西、浙江、湖廣限二月內過淮；山東、河南限正月全數開行。又，江北限四月初一日抵通；江南限五月初一日抵通；江西、浙江、湖廣限六月初一日抵通；山東、河南限三月初一日抵通。均限三月內完糧。

康熙十二年議準，有司無糧、軍衛不備船以致遲誤過淮，違限一月以上者，督撫罰俸三月，糧道、監兑官罰俸六月；違限二月者，督撫罰俸六月，糧道、監兑官罰俸一年；違限三月以上者，督撫皆住俸，戴罪督催，俟糧船抵通交明，開復。糧道等官，各降一級調用。如經徵州縣、衛所等官船到無米、有米無船，及過十二月者，皆罰俸六月；過正月者，各罰俸一年；過二月者，各降二級留任。至總漕，繫通管漕糧催趲，尤其專責。及過淮以後，令總河星速催趲。如依期過淮，而抵通遲誤者，河漕二督及沿河道員、州縣等官，亦照督撫遲誤過淮例處分。

又議準，白糧過淮抵通遲誤者，亦照遲誤漕糧例處分。

又議準，監兑漕糧未經兑完，捏報兑完，或漕船未經開行，捏報開行者，皆降二級調用。

又議準，完糧在原限三月之外，違限不及一月者，將押運等官罰俸三月；一月以上者，罰俸六月；二月以上者，罰俸一年；三月以上者，降一級留任。

十七年議準，漕船自淮安至天津，計程二千三百五十餘里。沿途州縣、衛所，於重運北上，催令出境。如原限半日而違限一時，原限一日而違限兩時，原限一日半而違限三時，原限兩日而違限半日，原限四日以上而違限一日，原限六日以上而違限一日半，原限十二日而違限兩日者，專催官罰俸一年，督催上司罰俸半年。如原限半日而違限三時，原限一日以上而違限半日，原限兩日以上而違限一日，原限四日以上而違限兩日，原限六日以上而違限三日，原限十二日而違限四日者，專催官降一級調用，督催上司罰俸一年。如違限之期，與原限之期相等，專催官降二級調用，督催上司降一級調用。如違限之期逾於原限之期，專催官革職，督催上司降二級調用。又，押運官自受兑以至交倉，曾於一二處逾限者，罰俸半年；三四處逾限者，罰俸一年；五六處逾限者，降一級調用；七八處逾限者，降二級調用；十處以上者，革職。其回空漕船，如過逆流，其間設有牐壩蓄水之處，均照重運定期。無牐壩之處，原限十二日者，改限九日；原限四日，改限三日；原限三日，改限二日；原限日半，改限一日。又，順流有牐壩之處，亦照重運定例。無牐壩之處，原限半日者，改爲三時；一日改爲半日；四日改爲兩日；五日改爲兩日半。如有不行力催，以致違限，沿途文武官弁並隨幫官，皆照催趲重運例議處。至天津以北至通州，繫逆流重運，糧船每二十里限一日。其回空船繫順流，每五十里限一日。山陽以南至浙江，其重運糧船，如順流每四十里限一日，逆流每二十里限一日。回空船，如順流，每五十里限一日，逆流每三十里限一日。如有違限催趲，押運官按違限日期，皆照前例議處。湖廣、江西，並江南等處，行長江以至儀徵，皆由大江，因風輓運，難以逐程立限。令該督撫，或繫重運，或繫回空，飭該地方官作速嚴加催趲出境。其自儀徵至天津，如有違限，亦照前例議處。設或有非常風阻、冰凍、淺滯等事，難以副限，均令報明，免其議處。

三十五年議準，豫省輝、安、河内三縣農務，在於每年三四月，而漕船抵臨，在於五月。應於五月初一日爲始，封版塞渠。如不封版塞渠，以致漕船阻滯者，將經管官降一級調用，該管官罰俸一年，該撫不行察參，罰俸六月。

三十九年議準，漕糧盤壩、過牐，運至京通各倉。監督抽一二袋驗看入廒，限三月内全完。若米到不即盤過及驗看，時有藉端抑勒，許運丁首告。監督降二級調用，倉場侍郎不行察參，罰俸一年。

雍正元年議準，漕糧冬兑、冬開。如船到無米，有米無船，以致開兑遲延，將州縣、衛所官照例察參。如該管上司徇庇，不行稽察，以致誤漕者，該督撫指名題參，將該管上司照徇庇例議處。

二年議準，湖南州縣漕務，於十一月運至岳倉。如遲至十二月中旬到者，照過十二月兑開例議處；如過十二月到者，即照過二月兑開例議處。如州縣糧米依期到次，軍衛船已備，而監兑領運廳弁交兑稽遲，至過十二月者，亦即照過二月兑開例議處。如能依限過淮，題明開復。

五年遵旨議準，江、浙、湖廣、江西四省糧船過淮違限，仍照定例議處。於抵通完糧之日，將過淮違限日期扣算。如過淮違限十日，已經處分者，將抵通完糧違限十日扣出，免其處分。凡日期多寡，照此扣除。其道遠之省，以九月初十日爲限，逾此限而不完糧者，將押運等官，照抵通違限例議處。

乾隆二年議準，牐官越漕起版，洩水誤漕者，該廳官不行稽察，致誤漕務者，降一級留任；如曲爲回護，徇隱不報者，降三級調用。

一、旗丁　收書

康熙二十六年題準，運丁正身不押運，雇覓匪徒及舵役代運者，將押運通判罰俸六月。

三十九年議準，各倉放米時，如有倉役人等，抑勒留難，向領米之人需索銀錢，該監督失察者，照失察衙役犯贓例議處，倉場侍郎罰俸六月；若知情故縱者，革職治罪，倉場侍郎罰俸一年。

又議準，坐糧廳及各倉書役人等，向運官、運丁指稱費用勒索，坐糧廳監督失察者，照失察衙役犯贓例議處，倉場侍郎罰俸一年；如監督等通同需索者，革職治罪；倉場侍郎不行察參者，降三級調用。

五十一年覆準，旗丁須僉家道殷實之人，令千總保結，呈報衛守備、府廳等官再加驗看，加具印結。如有掛欠，千總、守備照例處分外，一幫掛欠府廳等官，罰俸一年，糧道罰俸半年。數幫掛欠，照此遞加罰俸。

雍正五年覆準，僉派收書，徵收糧米，務令遴選老成殷實書吏。如有僉派匪人、侵蝕漕糧者，書吏照律治罪，州縣官照溺職例議處。侵蝕米糧，即著官役名下嚴行追補。至州縣收糧倘有贏餘，飭令糧道不時盤驗。每斛應有餘米若干，計算明白，存爲修倉振濟之用。年終將存貯動用數目，造册報部。仍令該撫不時稽察，如有扶同徇隱，及各州縣藉名私加斛面，苦累小民者，即行參究。

一、修造漕船

康熙十四年議準，官員修造漕船，或謊報朽爛，或修造未竣，報稱已完，或朽爛漕船、册報掩飾者，皆降二級調用。如承造漕船推委、不行監造，或檄催日久、不完竣者，皆降一級調用。該管官督催不力者，罰俸一年。如船朽爛不估價申報者，亦罰俸一年。

一、糧船夾帶私貨

康熙二年題準，漕運重船，除定例準帶土宜外，不許夾帶私貨。淮安、濟寧地方嚴加稽察，如有漕船夾帶私貨，沿途包買通同商人搭船者，將不行嚴禁之該管糧道罰俸一年，監兑官降一級調用，押運官降一級留任。

十五年題準，淮安、濟寧地方官失察糧船夾帶私貨者，罰俸一年。

雍正三年議準，糧船闖牐、闖關及倚恃糧船，任意販載私鹽，不服盤詰，持械傷人，若押運等官不行約束，知情故縱，將押運等官革職，隨幫照例責革。如該管關牐各官藉端勒索，故意留難，亦許押運等官呈明，該督撫題參究治。

又議準，糧船繫合幫結隊而行，不畏盜賊，火礮、鳥槍無所取用，應行禁止。通飭糧道、衛備運弁，嚴禁、搜察。倘於糧艘之中，仍帶火礮、鳥槍者，事發除將本犯照私藏鳥槍例責四十外，將失察之該管官，照失察銃礮、鳥槍例，分別議處。

一、糧船漂燬

康熙二十一年題準，押運官弁巡察不謹，以致夫火燒燬漕船者，降一級留任。地方官不行協救，延燒別船者，罰俸一年。

又題準，漂没船糧，著沿途催趲，各官及汛地文武官親臨確勘是實，各出保結，取具運官結狀。該督撫確察，具題到日，照例豁免。如運糧官丁未經漂没船糧，謊報漂没，並故將船放火漂流，及雖繫漂流，損失不多，乘機侵盜者，照律治罪，米照數賠補。其沿途催趲各官，及汛地文武各官，不親臨確勘的實，遽出保結者，皆革職。如該督撫不緝察確實，遽行題豁，後致詐冒事露，將具題督撫降二級調用。

雍正元年覆準，漕船在內河失風，押運官失於防範者，罰俸六月。

五年覆準，沿塗地方官，除遇風水平順仍照定例原限日時催趲出境，不得遲誤外，若遇風色不順，並水勢漫大，該地方官與押運官弁公同計議，暫停守候。一面即將守候日期，申報該管上司並總漕衙門，於入境、出境日時册內僉注明白。倘有不顧風色、水勢，催趲前進，在內河致有疎虞，將地方官罰俸一年，押運官罰俸六月。一俟風息水平，仍須立刻催趲出境，無得藉辭守候，任其停泊。如有捏稱風水，未便停泊、逗遛者，總漕、該督撫據實察參，將地方官降二級調用，押運官降一級調用。

乾隆四年覆準，汎水漲發，猝不及防，能戽水救船、修艌抵通、漕糧並無虧折，能買補全完者，皆毋庸議處，仍照例議敘。倘船非滿號、不能戽救、米有掛欠，雖買補全完者，仍照例議處。

十四年覆準，漕船回次，雖交與地方官收管，仍著隨幫官弁約束稽察，遇有風火事故，即將該隨幫官弁職名報參。如新運千總既經接收幫船，將接收日期呈報之後，遇有事故，即將新運千總職名察參。或糧船減存在次，遇有事故，運隨二弁皆不能兼顧，即察明收管之地方官開參。至漕船既已回空到次，押運同知等官一運之事已畢，實與隨幫專爲空船而設者不同，應將押運同知等官，免其參處。

一、盗賣漕糧

順治初年定，旗丁於未經抵通之先，沿途盗賣米糧，押運同知、通判等官不行察究者，各降一級留任。

康熙四十三年議準，重運入境，責令該管道、府、州、縣往來巡察。如失察盗賣一起者，州縣官罰俸六月，道府罰俸三月；二起者，州縣官罰俸一年，道府罰俸六月；三起者，州縣官降一級留任，道府罰俸一年；四五起以上者，州縣官降一級調用，道府降一級留任。

乾隆三年覆準，漕船抵通，如有交倉不足，無故掛欠者，一槩不準買别幫餘米抵補，仍令倉場將掛欠之幫逐一開明，移咨總漕，著落領運官丁分賠，於下年起解搭運。如運滿無完，照例叅處。其有沿途失風、失火事故等船，所運漕糧一時沉失，並搶救濕米等項，事出意外，令總漕察明沉失搶救濕米之數，報明户部，移咨倉場，於本倉餘米内買補扣抵，不準在通購買交納。至給旗丁行月等項日用餘米，抵通餘剩，令坐糧廳察明，給與驗票，準其售買。如有私相買賣秔粟二米，及交納不敷，官丁在通購買糧米，抵補虧闕者，交與通永道並通州知州察拏究治。該道員、知州不實力稽察，被倉場及巡漕御史拏獲，即題叅交部，照失於詳察例罰俸一年。

四年覆準，失察盗賣一二起，合算米數至五十石以上者，將該地方官降一級留任，道府等官罰俸一年；失察一起以至三起，合算米數至百石以上者，將該地方官降一級調用，府道等官降一級留任。

又覆準，州縣官一年内能將盗賣漕糧拏獲二次者，紀録一次。道府等官於所管境内，一年内能拏獲至四次者，紀録一次。再有多獲，照此遞加。

一、漕船回空

康熙五十一年覆準，凡抵通遲延之船，倉場勒限交糧回空，不可遲誤新運。其不能依限回空者，令總督察明該省減存船數，依限兑運開行。如無減存船，即將本省漕船搭運。或本省漕船不能搭運，即行捐輸雇船，依限兑運開行。其遲滯船，來年開凍之時，沿河文武官弁，速催抵次。如有不行設法雇船、依限兑運開行，即將在南之糧道、監兑、州縣等官題叅，照過淮違限例議處。如有遲滯船不行速催抵次，即將在北沿河催趲回空之文武各官題叅，照催趲漕船定限例内回空違限，計時日，分别議處。

康熙六十一年覆準，副丁跟隨重運，過淮抵通，交糧完日，押運官同隨幫官逐名察點，令其管押頭舵水手回空。押運廳官所押尾幫船糧起卸完日，坐糧廳即將批迴印發呈送户部察驗，令其押空南下。如坐糧廳抑勒批迴，不行印發投驗者，聽該廳官呈報倉場，將坐糧題叅，照抑勒遲延例降二級調用。

又議準，押運官不候掣批，輒行押空回任者，罰俸一年。若不遵定例管押回空，從陸路回省者，照差遣官員枉道例議處。其回空船過淮違誤者，皆照重運過淮違限之例議處。

大清會典則例　卷二八　吏部　考功清吏司

修造

一、修造

順治初年定，官員將通衢大路、緊要隄橋不行豫修，以致衝決、損壞者，將府州縣官各罰俸一年，該撫罰俸六月。如有城池不豫先修理，以致倒壞者，罰俸六月。

康熙三年議準，官員捐資修理城郭、樓臺、房寨、器械等項，該督撫親身詳加察驗保奏後，若有不堅固、不如式，三年内坍壞者，仍令該督撫並督工官賠修本工，損資紀録銷去，免其處分。若限内坍壞，該府州縣官隱匿不報，被傍人出首者，將該管官革職。如該管官申報督撫，督撫隱匿不報，將該督撫各降二級留任。

九年題準，官員解送一應匠役，或名數短少、或不擇良工、以老病不諳之人塞責者，皆罰俸六月。

又題準，官員解送金甎、杉木，不選擇精美，以不堪用者解送，或折損、或遲延，皆罰俸一年，布政使、巡撫各罰俸六月。

又題準，官員將安插官兵居住房屋不行修理，安插以致占住民房者，罰俸一年。

十五年題準，官員織造段疋不精好者，降一級調用。

又議準，官員修造礮臺、邊界烽墩，不速行修造完結者，降一級留任，修完之日仍還其所降之級。不行催之上司罰俸一年。

二十六年題準，古北口徵收木植，該差官以任滿日期計，四月内交完。潘家桃林徵收木植，以任滿日期計，八月内交完。如限内不完者，照拖欠銅斤之例，勒限議處。如差官不收大木而收小木，察出題參，將該差官照徇情例，降二級調用。差滿交代，備造清册報部。如有遺漏、舛錯，照造册遺漏例，罰俸一年。

六十年題準，在京各處修理工程，工價五十兩以内，物料價直二百兩以内者，照依各處印文準其修理。其工價五十兩以上，物料價直二百兩以上者，著該修理處料估啟奏，工部差官覆覈，會同該處官員首領監修，將用過錢糧，著管工官名下銷算。如多用錢糧不行啟奏，即便承修者將行文與承修堂司官，皆照應奏不奏例，降三級調用。

雍正元年覆準，各省修理行宫，並直省倉廒等項工程，一應動用錢糧事件，皆令該督撫奏聞，工部議覆，再行修理。工完之日，該督撫察明造册，具題工部，詳加覈算題銷。如有關繫錢糧，應啟奏事件不行啟奏，擅自咨部請銷，而該部據咨完結者，即行題參，照修理工程不行奏請例議處。

五年議準，各省城垣，督撫驗明新舊倒塌，如城垣本屬修整，偶有些小坍塌，令地方官於農隙及時修補，務令堅固。若漫不經心，致坍塌過多，該督撫察參，將該地方官照修造礮臺等項遲延例，降一級留任。修完之日，仍還其所降之級。其原坍塌已多，必須備辦物料者，該地方官量行捐修，工竣後將丈尺詳報，督撫委官勘明，具結申報。如果工程堅固，將捐修各官造册具題，交部議敘。如各地方官正在興修，尚未竣工遇有升遷事故，將所修城垣丈尺報明，督撫造入交盤册内，移交接任之人。俟續修完竣，將修理之工程丈尺數目，分别新舊，造具總册報部。倘地方官因循怠忽，不實心任事，將未修城垣，捏報修完者，照修造戰船未經修完捏報完工例，革職。甚至借修城名色，科派民間者，照私派例革職治罪。

七年議準，一應工程，該管工官不依定限完工者，工部察參，照玩誤工程例議處。如不照限呈遞銷算清册，而該司亦不依限據實覈銷者，皆照遲延事件例參處。如該管工官，或有因限期已届，修理未完，而規避處分，捏報工竣者，察出别行指參，按所得之罪議處。其有應繳銀，不遵定限繳庫完結者，即將該員參奏革職，勒限催追。限内全完，準其開復。逾限不完，交部，照侵蝕正項錢糧例治罪，仍著落家産追還。如該司官員通同遮掩者，亦照承追虧空不力例議處。此外或有工程浩繁，辦料維艱，其工料銀數至三萬兩以上，難以依限完工者，繕摺奏聞，再行定限修竣。

又議準，京師城牆上下，應令步軍統領會同工部，各委官一人，凡有應行葺補修理之處，勘明報部，務於雨水之前，堅固修葺。其所委之官，竣一年任滿，再委官更代。倘官員不加謹修理，及不實力察勘者，一經察出，即行題參，照造作遲延例議處。

乾隆二年覆準，各省墩臺、營房，如有坍塌、傾圮之處，倘武職不行詳報，照承察遲延例議處；文員不行修造，照修造遲延例議處。

四年，遵旨議準，凡修建工程所需物料，不必拘泥從前造報物料定價，悉照時價確估。造報工竣之日，該管上司委官驗勘，並取印結，詳報該督撫等，確訪時價覈明，題咨到日，工部再行覈銷。倘承辦各官浮開捏報，該督撫即照冒銷錢糧例指參。如委官驗看不實，即以扶同徇隱例參處。

五年覆準，採買一切物料，工部照定例發價。如承辦官侵蝕入己者，察出照冒銷例參處。倘有匠作、搬運等費，許承辦官將緣由呈明，以聽覈奪。如該員並不呈報，經工部察出參奏，照應申上而不申上律，罰俸九月。

河工

一、河工

順治初年定，河工衝決地方，限十日内申報，如過十日報者，降二級調用。如沿河隄岸豫先不行修築，以致漕船阻滯者，將經管官降一級調用，該管官罰俸一年，總河罰俸六月。至河工隄岸衝決少，而該管官報多者，降三級調用； 不行詳確轉詳之官，降二級調用； 不行詳確具題之總河，降一級留任。

又定，經徵河銀，一年內全完三百兩以上者，紀録一次。

康熙九年題準，官員奉修衝決，地方催夫不發，或令揠淺不行揠者，或稱非本汛推卸者，或將柳埽椿木等物不行速辦，以致遲延河工者，州縣官降三級調用，道府官降一級調用。

十五年議準，黃河水勢洶涌，與運河不同。修築黃河隄岸，定限一年，運河隄岸定限三年。如黃河隄岸半年內，運河隄岸一年內衝決者，將經修、防守同知、通判、州縣等官，皆革職，道員降四級調用，總河降三級留任。如黃河隄岸過半年，運河隄岸過一年限內衝決者，將經修防守同知、通判、州縣等官，降三級調用，道員降二級調用，總河降一級留任。如過限年衝決者，將管河各官皆革職，戴罪修築。道員住俸，督修工完開復，總河罰俸一年。若限年之內，修築之官已去，而防守之官疎忽，致有衝決者，將原修防守之官一例處分。其限年內，本官所修堤岸衝決隱匿不報，別指他處申報衝決者，將經修防守各官革職，司道降五級調用。不行確察、具題之總河，降三級調用。

十七年議準，知府有地方之責，如遇衝決等事，照道員一例處分。凡隄岸工程，均限半年完工。如限內不完，將承修官罰俸一年，督修道府罰俸半年，再限三月完工。如再不完，將承修官降一級調用，督修道府罰俸一年。如繫革職，戴罪承修之官，半年限內不完，降一級調用。其降調官、工程別委官，限三月完工。如不完罰俸一年。督修道府所屬官員，工程一年內不完，降一級調用。如限內不完，總河不行題參，罰俸三月。若繫限內難完之大工，總河豫先題明。至於分管官所築隄工，有一處不堅固，盛水即漏，並有一二丈不豐滿合式者，降一級調用； 兩處不堅固，盛水即漏，並有三四丈不豐滿合式者，降二級調用； 三處不堅固，盛水即漏，並有五丈以上不豐滿合式者，革職。監理官所轄分管官，有因築隄不堅固合式，一人議處者，罰俸一年； 二人議處者，降一級調用； 三人議處者，降二級調用； 四人以上議處者，將監理官革職。如議處議敘相同者，準與抵算。如繫監理官揭參者，免連坐。如興舉大工，附近地方官不協同募夫，不將急需物料速即協買、上緊解運，以致遲誤河工者，題參。將州縣官降三級調用，道府官降一級調用。

二十三年，遵旨議定，隄岸衝決、河流遷徙者，仍照舊例處分。至河水漫決、河流不移者，限年之內，令經修官賠修。如過年限漫決者，令防守官賠修。

三十九年覆準，河工隄岸衝決、如河流不移者，將管河各官皆革職戴罪，勒限半年賠修。道員各降四級，督賠工完開復。如限内不完，將賠修官革職，道員降四級調用，總河降一級留任。未完工程仍令賠修。如限内不完，道員不行揭報，總河不行題參，照徇庇例議處。

四十六年議準，修防工程道員，按工發帑，廳員領帑作工。其微員、末弁以及効力人員，止令防守險工、催遣夫役，及押運物料不得輕給帑金。如該廳親具保給申詳，該道轉詳，該督方準給發。如濫委匪人，以致工程不完，虧空帑金，將本身革去職銜，限一年追完，完日復還原職。逾限不完，將該廳官革職戴罪，勒限一年賠完，完日開復。再逾限不完，將該廳官革職，該道降四級，勒令賠完，完日該道準其開復。如又限内不完，將該道降四級調用，該督降一級，與該道廳同賠完日，準其開復，不完將該督每案罰俸一年。仍令該督及道廳同賠還項。

四十九年覆準，河南省隄工如遇水長，管河等官，協同地方官，率領堡夫，合力搶護。如有怠玩誤工者，將管河地方官照黄河定例議處。仍按照年限，著落賠修。

五十四年諭：『江隄與黄河隄塍不同，黄河水流無定，時常改移，故特設河官看守。江水並不改移，故止交與地方官看守。如江水倘一泛漲，亦非人力所能保。湖廣隄岸引黄河看守隄工例議處地方官員之處，著詳察再議具奏。欽此。』遵旨議定，嗣後，湖廣隄岸衝決，府州縣官員各罰俸一年，該撫罰俸六月。

雍正二年議準，河工修築不堅，致有衝決力，能賠修者，別委官督令賠修；不能賠修者，題參革職，別委賢員給發錢糧修築。將所用錢糧，勒限一年，令其照數賠還。如限内賠完，仍準其開復；如逾限不完，題交刑部治罪。

三年議準，豫東、江南蓄水諸湖栽葦官員，栽葦一頃者，紀録一次；二頃者紀録二次；三頃者紀録三次；四頃者加一級。殷實之民，種葦四頃，準以九品頂帶榮身，次年驗明栽種活數，造册題請議敘。

四年遵旨議定，河工承修官員估計工程。總河及該督撫等委官確勘工段丈尺、椿埽料物。如果與所估數目相符，覈實具題，發帑興修。如估計過多、存心浮冒察出，將承修之官，照溺職例革職。驗勘之官不實心勘驗，扶同徇隱，照徇庇例議處。至工完之日，該總河、督撫等再行確勘。如工程單薄、物料剋減、錢糧不歸實用，以致修築不堅，不能保固，將承修之官，照侵欺錢糧例，分别治罪。其侵欺銀，勒限著落該員家産追賠還項。至所修單薄工程，該員既經浮冒，工程必難保固。令總河、督撫等，别委賢員，動帑堅固修築，工完題銷。但河防重大，水性無常，倘一時水勢暴漲，人力難施，致有衝決。該總河、督撫察明具題，仍照黄運兩河衝決例，分别年限處分。

又議準，直隸一切河道工程，令該管官各分工段，照例保固。如有隄岸修築不堅，以致衝決者，該督察明題參。繫一年内衝決，將該管官降三級調用，管河道員降二級調用，總督降一級留任。一年外衝決者，該管官皆革職，戴罪修濬。道員住俸，督修完日開復。若河工衝決，例應叅處知府者，知府亦照道員例處分。

五年遵旨議定，黄河一年之內，運河三年之內，隄工陡遇衝決，而所修工程實繫堅固。工完之日，已經總河、督撫保題者，止令承修官賠修四分，其餘六分準其開銷。如該員修築錢糧均歸實用，工程已完，未及題報而陡遇衝決者，該總河、督撫將衝決情形，並該員工程果無浮冒之處，據實保題，亦令賠修四分，其餘皆準開銷。如黄河一年之內，運河三年之外，隄工陡遇衝決，而該管各官實繫防守謹慎，並無疎虞懈弛者，該總河、督撫覈明具題，止令防守該管各官共賠四分，內河道知府共賠二分，同知、通判，守備、州縣共賠一分半，縣丞、主簿、千總、把總共賠半分，餘六分準其開銷。其承修、防守各官皆革職留任，戴罪効力。工完之日，方準開復。倘總河、督撫有保題不實者，後經察出，照徇庇例議處。所修工程仍照定例，勒令各官分賠還項。

七年議準，江南蘇松等府兼管水利各官，一年內果能實力奉行疏濬河道，修築隄岸，均有成效，該管道員申報督撫，該督撫覈實保題，準加一級；二年內能無誤工程，準其加銜一等；三年內始終無懈，於河道實有裨益，該督撫保題到日，以應升之官即用。其玩視興修，致河道淤淺，隄岸傾圮者，該督撫即指名題叅，所用錢糧責令賠補。

十二年，覆準，江南黄、運兩河隄岸，令河道總督轉飭經管廳、汛各官，督率在工兵夫，各照本汛應積土方數目，逐漸堆積工所，以資工用。除寒暑兩月，免其積土外，其餘每月黄河一堡二夫，責令堆土十五方；運河一堡二夫，除糧船往返修補、犁溝楲眼外，責令積土十二方。以一年合算，計積土十萬餘方。每月察明細數，詳報總河衙門，不得漸次短少。除河兵所積土方，入於該備弁交代項下外，其堡夫所積土方，每月造於新土冊內彙報，算入交代。倘不能如數挑積，專汛官罰俸一年，該管廳員罰俸半年。若擔積不及一半，將專汛官降一級，暫留原任，戴罪趲挑，該管廳員罰俸一年。

乾隆二年覆準，豫省應修水利地方，如繫動帑修築工程，承修各官果能實力辦理，修築堅固，錢糧並無糜費，竣保固三年之後，該督撫將該員功績覈定，造冊題請交部，分別議敘。其專轄監修、統轄督修之員，果能督率有方，各屬內毫無怠忽，應照河工秋汛平穩之例，量加議敘。倘承修之官膜視悠忽，不豫期修築，以致田畝被淹者，照河工隄岸豫先不行修築例，降一級調用，專管監修之官罰俸一年，統轄督修之官罰奉六月。倘有虚冒錢糧、侵蝕入己，以致工程不堅者，將承修之官照侵欺河工錢糧例，革職治罪，該管各官徇隱不報，照徇庇例議處。

三年覆準，河南、山東沿河文武官弁，於沿河地方，有能出己資，捐栽成活小楊五百株者，準其紀録一次；千株者紀録二次；千五百株者紀録三次；二千株者，準其加一級。其瀕河民人，有情願在官地內，捐栽成活小楊二千株，或在自己地內栽成千株者，該管官申報河督，勘明成活數目，造册報部，給以九品頂帶榮身。如不及議敘之數，準其次年補栽，仍將栽成楊樹，責令汛官收管培養。如廳汛各官有將民地指爲官地，强占栽種，希圖議敘者，察出嚴叅，照强占官民山場河泊律治罪。

六年覆準，凡工程完竣，應追覈減銀，照依雜項錢糧例，計以年限著追。如限滿不完，將承追官初叅，降俸二級，戴罪督催完納； 復叅，罰俸一年。如承辦之員，遇有升遷事故，於任所、原籍催追限滿，不行完繳者，該督撫指名察叅，分別議處。

十八年議準，河工同知、通判等官交代皆繫工程物料。向因覈算需時，並未定有限期，往往任意遲延。嗣後廳員遇有升調事故，皆限三月內將一應經手錢糧，並歲修搶修工程，統行交代清楚，出具切結呈報。如有錢糧繁多，應展限者，咨部請展。倘有虧闕、逾限等事，即行分別揭叅。該管道員督催不力，亦照例叅處。

二十年奏準，南河栽種柳楊，在報捐之人，雖稍出己資，並不親身料理，大槩託河工弁兵代爲栽植，往往以細小嫩枝涸插充數，幸而成活，即可倖邀議敘，迨驗看之後，報捐者絶不照管，或漸次枯槁，實屬有名無實。所有南河官民捐栽議敘之例，應請停止，以免冒濫。

又議準，河工楊柳、葦草，均有捐栽議敘之例，但行之既久，恐滋冒濫之漸，自應稍爲分別。除柳株一項，既有捐栽，又有兵夫額栽，易於涸冒。惟楊椿、葦草二項，並無兵夫額栽，易於覈驗，不致有名無實。且定例以來，官民捐栽楊樹、葦草者，寥寥無幾，應督令各力行勸捐，以裕工料。嗣後河南、山東官民捐栽楊柳樹，照依南河之例，停止議敘，以免冒濫。其楊樹、蘆葦二項，河東與江南稍有不同，必須及早勸諭捐栽，以資工用，勢不能照依南河，一例停止。應照舊辦理，仍令該督，嗣後官民捐栽楊、葦，務須委官察驗實在成活數目，取結造册，送部題明，分别議敘。毋使涸冒、影射，致滋冒濫。

大清會典則例　卷四一　户部

漕運一

一、正兑漕糧運京倉

各省原額三百三十萬石。山東二十八萬石、河南二十七萬石、江蘇一百十有一萬三千石、安徽三十八萬七千石、江西四十萬石、浙江六十萬石、湖北十有二萬二千九百四十二石七斗一升有奇、湖南十有二萬七千五十七石二斗八升有奇。內除永折米改徵黑豆，米並節年荒闕，開墾報升不足原額外，以乾隆十八年計之，共米二百七十五萬一千二百八十三石五斗六升有奇。內： 山東十有五萬七千九百九十四石八斗三升有奇。

河南八萬一千六百二十八石六斗五升有奇。
江蘇百有七萬六千三百九十三石七斗有奇。
安徽三十萬七千十有六石一斗一升有奇。
江西三十五萬千五百有三石七斗九升有奇。
浙江五十八萬六千六百六十石有奇。
湖北九萬四千五百七十四石一斗八升有奇。
湖南九萬五千五百十有二石三斗有奇。

一、改兑漕糧運通州倉

各省原額七十萬石。山東九萬五千六百石、河南十有一萬石、江蘇九萬三千九百五十石、安徽二十萬四百五十名、江西十有七萬石、浙江三萬石。湖北、湖南均無改兑米。內除永折米改徵黑豆，米並節年荒闕，開墾報升不足原額外，以乾隆十八年，共米五十萬一千四百九十石五斗一升有奇。內計之：
山東六萬九千四百七十三石八升有奇。
河南三萬九千九百十有一石一斗七升有奇。
江蘇九萬二千四十四石三斗八升有奇。
安徽十有一萬八千八百四十五石五斗三升有奇。
江西十有五萬千八百五十石八斗五升有奇。
浙江二萬九千三百六十五石五斗有奇。
以上共實徵正兑、改兑米三百二十五萬二千七百七十四石六升有奇。

一、白糧分運京通各倉

江蘇蘇、松、常三府、太倉一州，原額十有五萬四百三十八石四斗七升。除改徵漕糧外，實徵六萬九千四百四十七石。白秔米六萬五千六百五十一石，白糯米三千七百九十六石。
浙江嘉興、湖州二府，原額六萬六千二百名。除改徵漕糧外，實徵三萬五百五十三石，白秔米二萬五千三百四十九石，白糯米五千二百四石。共實徵白糧十萬石。

一、小麥運京倉

河南正兑麥五千八十六石四斗，改兑麥三千三十三石。以上共實徵正兑、改兑麥八千一百十有九石四斗。

一、黑豆運京倉

山東正兑豆四萬五百有四石二斗五升，改兑豆萬六千五百五十五石二斗七升各有奇。
河南正兑豆三萬二千六百七十四石八斗四升，改兑豆萬五千五百八十八石九斗九升各有奇。
以上共實徵正兑、改兑豆十萬五千三百二十三石三斗五升有奇。

一、永折漕糧

山東七萬石。
河南七萬石均每石折銀六錢、八錢不等。
江蘇十萬六千四百九十二石六斗九升每石折銀六錢、七錢不等。
安徽七萬五千九百六十一石三斗一升每石折銀五錢六分、七錢不等。
湖北三萬二千五百二十石六斗。

湖南五千二百十有二石五升各有奇均每石折銀七錢。

以上共永折米三十六萬一百八十六石六斗六升有奇。

一、灰石改折

江蘇二萬一千一百十有六石三斗。

浙江萬三千三百二十三石七斗。

以上共改折米三萬四千四百四十石，遇閏加折二千八百七十名。每石連耗折銀一兩六錢八分。

一、隨漕正耗隨正起運，以爲京通各倉，耗米並沿塗折耗等項之用

山東每正兑米一石，加耗二斗五升；　每改兑米一石，加耗一斗七升，隨正起交。黑豆如之。

河南每正兑米一石，加耗二斗五升、二斗八升不等；每改兑米一石，加耗一斗七升，隨正起交。小麥、黑豆如之。

蘇松糧道所屬之蘇州、松江、常州、鎮江四府，並太倉州屬，每正兑米一石，加耗四斗，內二斗五升隨正起交，一斗五升隨船作耗。每改兑米一石，加耗三斗，內一斗七升隨正起交，一斗三升隨船作耗常州府無改兑米。

江安糧道所屬之江寧、安慶、寧國、池州、太平、廬州六府並六安州屬，每正兑米一石，加耗四斗。鳳陽、淮安、揚州、穎州四府，通、海、泗三州屬，並徐州府屬之邳州、宿遷、睢寧二縣，每正兑米一石，加耗三斗，內二斗五升隨正起交〔一〕，一斗五升及五升不等，隨船作耗。又徐州府屬之銅山、豐、沛、蕭、碭山五縣，每正兑米一石，加耗二斗五升，皆隨正起交。江寧、廬州二府，廣德州屬每改兑米一石，加耗三斗。鳳陽、淮安、揚州、穎州四府，通、海、泗三州屬，並徐州府屬之邳州、宿遷縣，每改兑米一石，加耗二斗五升。又徐州府屬之銅山、豐、沛、蕭、碭山五縣，每改兑米一石，加耗二斗二升，內一斗七升隨正起交〔二〕，一斗三升及八升、五升不等，隨船作耗。徽州府並滁、和二州屬無正兑、改兑米。廣德州無正兑米。安慶、池州、太平、寧國四府並六安州及徐州府屬之睢寧縣，均無改兑米。

江西每正兑、改兑米一石加耗四斗，內二斗五升、一斗七升隨正起交；　一斗五升、二斗三升隨船作耗。

浙江每正兑、改斗米，一石加耗四斗，內二斗五升、一斗七升隨正起交；　一斗五升、二斗三升隨船作耗。

湖北每正兑米一石，加耗四斗，內二斗五升隨正起交，一斗五升隨船作耗。

湖南每正兑米一石，加耗四斗，內二斗五升隨正起交，一斗五升隨船作耗湖北、湖南均無改兑米。

正兑米、麥、豆，每石交倉耗米二斗五升，內除運通、運京，共耗二斗一升二合詳見倉庾，餘給運軍回空食米三升

〔一〕此處似有誤。應爲『內一斗五升及二斗五升不等，隨正起交』。

〔二〕此處似有誤。參照前後文，似應爲『內九升、一斗四升、一斗七升隨正起交』。

八合。改兑米、麥、豆，每石交倉耗米一斗七升，内除運通、運京，共耗一斗三升二合詳見倉庾，餘給運軍回空食米三升八合。

雍正元年奏準，各幫運弁、運軍，有在倉交剩三升八合餘米，本軍如有舊欠，照數全扣；本幫有欠，三七扣留。節年皆有舊欠。將扣留之米，按年分交銷。如願賣與別幫抵欠，即於册内開晰米數。如抵賣之外，再有餘剩，秈米每石作價七錢，稄米每石六錢，粟米每石五錢，動用茶果銀給與運軍，顆粒不許出倉。如茶果銀不敷，即於通濟庫銀内，動用給發。所有餘米，通行留倉作正支放。

四年題準，運軍應得餘米，或本幫有欠抵補，本幫或別幫有欠賣補，別幫賣抵之外，仍有餘米，準令經紀車户買抵掣欠。至尾幫，有願赴坐糧廳領價者，仍照例給發。

乾隆三年題準，各省糧船抵通起卸，如有不足，不準買餘米抵補，即照例叅處著賠。其失風、失火等船，一時沉失，事出意外，準其照例買抵。

七年奏準，漕船抵通起卸完日，驗明飯米闕乏之幫，將應得每石三升八合餘米，三分交倉給銀，七分給米，以濟回空之用。

一、隨漕輕齎易銀

每正兑米一石，山東、河南又徵耗米一斗六升，謂之『一六輕齎』；江蘇、安徽二斗六升，謂之『二六輕齎』；江西、浙江、湖北、湖南三斗六升，謂之『三六輕齎』。每斗折徵銀五分。又，江蘇、安徽、江西、浙江每改兑米一石，又徵耗米二升，謂之『二升易米折銀』，每升折徵銀五釐，均解倉場通濟庫。山東、河南並江蘇徐州府屬之銅山、豐、沛、蕭、碭山五縣，改兑米均無易米折銀之項。各省漕船到通，除山東、河南路近，不給簟夫銀外，其江蘇、安徽、江西、浙江、湖北、湖南六省漕糧，按實過壩正米覈算，每石給簟夫銀一分。又按到通漕船實數，山東、河南每船給羡餘銀一兩；江蘇、安徽每船二兩；江西、浙江、湖北、湖南每船四兩。凡有挂欠漕糧者，按所欠米數，以通幫簟、羡銀均派，扣除其中途失風、漂没損壞不到通者，按船扣除。

順治十七年題準，應給簟夫、羡餘銀，務令運官親到坐糧廳，唱名給發。如有買照代領情弊，即行叅究。

康熙五年議準，輕齎等銀，例應先漕解通，以濟運務。令各省巡撫就近督催糧道，依期完解。如有遲誤，聽倉場侍郎題叅。

四十七年題準，嗣後各省額解輕齎銀，山東、河南、湖廣、江西、浙江五省，及江南江安糧道所屬，解貯通濟庫應用，蘇松糧道所屬輕齎銀解交部庫。如倉場不敷，應用咨部支發。

六十年題準，蘇松糧道所屬額解部庫之輕齎銀十有三萬兩，仍分撥五萬兩解通濟庫備用，其餘均解部庫。

乾隆二年奏準，江西漕船，每船例給羡餘銀四兩。惟九江前後兩幫，從前運送京口糧船，並不到通，向照江蘇之例，每船止給羨餘銀二兩。今既運通交卸，照依該省定例，每船給銀四兩。

三年議準，江浙二省白糧改徵漕糧。每年到通之時，簟羨脚抗等項，悉照漕糧例辦理。

又咨準，山東自備船，應領簟羨等銀，於具領之日，坐糧廳設一印票，填明銀數，連銀封固給發。回衛時，將銀票並呈各衛所驗明，按名匀給，仍取具領狀，與原發印票一同申繳，送部察覈。如有侵扣、隱蝕，詳革究追。

又咨準，買補及雇募船，停給簟羨等銀。其山東運軍自備雇募船，與各省風火失事買補雇募不同，仍準照舊給與羨餘等銀。

五年覆準，湖南起解輕齎銀需用盤費等項，向於該省公捐備用銀內給發。今公捐停止，應將起解輕齎需用盤費等項，於地丁額編解費銀內動給。

九年奏準，欠米漕船，例將副軍回空，食米起作正項，回空未多拮据。嗣後，將運軍應得簟羨等銀，全給副軍，以資回空之費。如運軍不能交納，茶果行南比追，於次年附解交通。

十年咨準，簟羨餘米等銀，例繫按照到通船數、米數覈給，其中途截留漕船，槩不準支，至抵壩之後派撥。轉運各船應交茶果銀。又經照數交納通濟庫，其簟羨餘米等銀，準照到通之例辦理。

一、隨漕席木板竹

每正、改兑漕糧二石，山東、河南徵長席一領，縱六尺四寸、廣三尺六寸。江蘇、安徽、江西、浙江、湖北、湖南徵方席一領，縱廣皆四尺八寸。其應改折色者，每領徵銀一分。應解本色者，山東、河南及江安糧道所屬各府州屬，均徵本色席片，給運軍解交。蘇松糧道所屬各府州並江西、浙江、湖北、湖南，均徵銀給運軍辦買，赴通交納。

江安糧道所屬之安、寧、池、太各府，蘇松糧道所屬之蘇、松、常、鎮、太倉州，江西、浙江、湖北、湖南，每正兑正米二千石，徵楞木一根，長一丈四尺九寸，圍圓二尺五分。松板九片，濶一尺三寸五分，厚五寸五分。其改徵折色者，每楞木一根，徵銀五錢至五錢五分；　松板一片，徵銀四錢至四錢五分各不等。山東、河南及江安糧道所屬之廬、鳳、淮、揚、徐、潁各府，六安、泗、海、通各州正兑改兑米，均不徵楞木松板。

江蘇、安徽、江西、浙江、湖北、湖南糧艘到通，每船帶大竹一根，中竹三根。蘇松糧道所屬各府州，大竹長二丈一二尺，圍圓一尺一二寸，每根價銀二錢四分；　中竹長一丈一二尺，圍圓六七寸，每根價銀一錢二分。江安糧道所屬安、寧、池、太、淮五府，廣、泗二州，大竹長三丈五尺，圍圓一尺八寸至長一丈二尺，圍圓八寸，每根價銀一錢五六分至五六分不等；　中竹長一丈六七尺，圍圓一尺二寸至長一丈，圍圓四寸，每根價銀一錢二分至八釐不等。江寧府及海、通二州，毛竹向無定價，悉照時價造報。江西大竹長二丈，中徑五寸，每根價銀六分；　中竹長一丈二尺，中徑二寸，每根價銀五分。湖北、湖南大竹長二丈，中徑五寸，每根價銀：湖北一錢，湖南九分；中竹長一丈二尺，中徑二寸，每根價銀：湖北八分，湖南六分。

順治十三年題準，各省隨漕帶運本色席片、板木，倉場侍郎覈明，隨糧完欠造册，按年奏銷。

又題準，席片、板木，各有長短、濶狹尺寸，隨糧解交，務照定式，不許短少、充數，亦不得濫收、濫罰，致滋弊竇。

十五年題準，楞木、松板，向解交京糧廳收納，今京糧廳既裁，改歸大通橋監督交納。

又題準，正兑米例進京倉，應解楞木、松板，改撥通倉。即照改通米數，扣留板木，以供鋪墊，或有河兑其板木，仍於大通橋交納。

十七年題準，席片、板木，以供倉厫鋪墊。如運弁挂欠不完，總漕倉場侍郎限年追補。雖漕糧全完，不準議叙。

康熙二十五年題準，各省應徵隨糧席片，舊例繫三分本色，七分折色。嗣後，將三分本色内，再改折五釐。

雍正四年題準，各省應徵楞木、松板，舊例繫三分本色，七分折色。江安、寧、池、太各府屬，將應徵本色，徵給運軍。蘇、松、常、鎮四府，太倉一州，浙江、江西、湖北、湖南各府州屬，將應徵本色，徵銀給運軍辦交。嗣後，將松板全解本色，楞木改徵松板，亦全解本色。

八年諭：『向因鋪墊倉厫，需用松板，令各省糧船隨帶到倉交納。續經該部議定，産木之省如江西、湖廣及江安糧道所屬地方，則全解十分本色；其不産木之浙江、蘇、松等屬，則解三分本色，七分折色。此便民利用之意也。乃朕聞該地方所交三分本色，亦於抵通之時，始行採辦，以至通州木商與胥役勾通包攬，每板一片用銀至二兩餘，或一兩七八錢不等，較折色之數多至四五倍。運軍不免苦累。今京通各倉一年支放俸米、兵米、空出厫座，應鋪墊百五十餘座。其湖廣、江西、安徽三省所解松板已足備用。即有應需採辦者，諒亦無多。所有不産木之浙江及蘇、松等屬，應解三分本色松板二千五百四十片，著改徵折色。令各該糧道彙解通濟庫，以備採辦之用。其湖廣、江西、安徽等處，全解十分本色者，著倉場侍郎嚴加稽察，不許收板官吏勒索使費。俟各倉厫鋪墊完日，將應徵本色若干，具奏請旨。欽此。』

又奏準，山東、河南二省派徵長席；江南、江西、浙江、湖廣，派徵方席，每米二石徵席一領。以二分五釐徵本色，付運軍交倉；以七分五釐徵折色起解。其應交本色席片，均以茶席二領作爲長席，方席一領見今遵行。但各倉所用席，每年多有餘剩，自當酌量裁減。以一分七釐扣算，徵收本色起運，其所減八釐，歸入折色之内，總以八分三釐計算，徵收折色附解。

十二年奏準，江南、江西、浙江、湖廣各省糧船運通舊例，每船運軍自備大竹二根、中竹十根，解交各倉，編造氣篰。嗣後，每船大竹仍帶二根，中竹減去四根，止帶六根。

乾隆二年奏準，每船再減中竹二根，止帶大竹二根，中竹四根，給以價直，於各道庫先期給發，以便採辦。

三年奏準，糧船隨帶席板、毛竹，向例於抵通交米後，雇車運送到倉，經由大通橋察驗。各軍雇費艱難，應令各幫於起米之後，將板木、席、竹，在東嶽廟堆卸，坐糧廳督令經紀雇車，改從陸路運送，由石道至朝陽門，不由大通橋經過監督，於朝陽門隨到隨驗。進倉中塗遺失、短少，責令經紀賠補。仍嚴禁經紀不得藉端勒索。其應投橋倉文册，各弁軍俟經紀知照，起車之日，自赴投遞掣獲倉收。

五年奏準，江南江、安各屬隨漕席片，例繫州縣備辦本色交軍。因各州縣從前私自折交，以致運軍藉端勒索。嗣後，辦交本色，毋許折銀，運軍毋得勒索，倘有前弊，嚴行糸究。

六年奏準，見存木板，足敷四五年之用，似當酌量停減。江西、湖廣産木之鄉，每年應徵之數，改徵折色一半。其江、安所屬，每年應解松板，全數改徵折色，彙解通濟庫。俟將來别有需用，隨時酌辦。

又奏準，毛竹逐歲陳積，不無朽裂，應再減二根。每船各帶大竹一根，中竹三根。

十二年議準，河南省隨漕應辦一分七釐本色席片，向無徵款，繫運軍自辦交倉。今酌定，席交本色。席銀於節省耗羨銀内動支，隨漕交軍，赴通交納。

一、官軍行月

山東、河南領運千總，於俸廪外兼支行糧二石四斗。運軍每名行糧二石四斗，月糧九石六斗。江南蘇松糧道所屬之蘇州、太倉、鎮海、金山、松江五衛千總，不支行糧。運軍每名行糧三石，月糧九石六斗。鎮江衛千總不支行糧。運軍每名行糧二石九斗七升五合，月糧九石五斗四合。江安糧道所屬之江淮興武、泗州等衛並廬州衛二幫、三幫，大河衛二幫、三幫，揚州衛頭幫、儀徵幫領運千總，於俸廪外並支行糧三石。運軍每名行糧三石，月糧十有二石。安慶、新安、宣州、建陽、宿州、鳳陽、長淮、淮安、滁州、徐州並廬州衛頭幫，大河衛前幫，揚州衛二幫、三幫、四幫領運千總，於俸廪外各照本衛兼支行糧。運軍每名行糧二石四斗、二石六斗、二石八斗、三石不等，月糧八石、九石、九石九斗、十有二石不等。浙江各衛千總，於俸廪外兼支行糧三石。運軍每名行糧三石，月糧九石六斗。以上均本折各半。江西各衛千總，於俸廪外兼支行糧三石。運軍每名行糧三石，月糧九石六斗。湖北、湖南各衛千總，於俸廪外兼支行糧三石。運軍每名行糧三石，月糧九石六斗。以上均折銀徵給。

順治初年定，直隸通、津等衛，今改通、津所，協運豫省漕糧。通州所月糧，向繫部撥本色，今半本在中南倉支給，半折每石折價八錢，赴坐糧廳支領。天津所月糧向在天津倉全支本色，今改在河南糧道本折均平支給。

三年議準，行、月二糧，載入全單，務同漕糧並兑。如正糧已完，而行月不給者，官以誤漕衆處，吏以侵剋究罪。

九年題準，額徵南屯二米，原編給運軍安家月糧。順治二年，因兵馬雲集，漕運未定，將南糧改充兵餉。今漕運復舊，月糧失額，應將漕項歸漕。南米先盡支給運軍，餘剩米留充該省兵米。

十年題準，官軍行糧，務派見兑。水次不足，方派貼鄰。州縣運船一到，如數給發。如有違誤、過期及遠派隔府隔縣者，總漕題衆重處。

十一年恩詔：『運糧官軍月糧，各地方本折不等，多有偏枯之弊。著漕督通行籌酌，具奏。務令本折均平，以邺運軍。欽此。』

十二年題準，運軍行月糧，向例扣除三月，折銀解京，以防挂欠。嗣後，將全數給軍，毋得扣留、短發，致累弁軍。

又題準，浙江行糧舊例全支本色，派於杭、嘉、湖三府屬。月糧本折不等，派於通省十一府。今本折均平，除半本照支外，折色行糧，每石定價一兩二錢。折色月糧，每石定價一兩。

十三年題準，山東衛所行月舊例，原繫全支本色。今本折均平，兖、濟二屬仍於舊編州縣，本折均派各半。東昌三衛原編本色仍歸漕用，折色銀內每石定價八錢。河南領運官軍，例繫直隸、山東、江北幫船協運，月糧向於本處地方支領；行糧於臨、德諸倉支領。惟臨清後幫、平山前後二幫行糧在於河南，全支本色。今改給本折，每石定價八錢。不敷之銀，於清理人丁銀內撥補。江南蘇州、太倉、鎮海三衛及金山、松江二衛所，舊例行糧全支本色，月糧全支折色。今行、月二糧，改爲本折各半。蘇、鎮、太三衛，每石原折銀五錢，今半折行糧，每石一兩二錢；半折月糧，每石一兩，於屯糧充餉及軍儲扣充兵局二糧內湊支。金、松二衛所，每石原折銀一兩，今半折行糧，每石一兩一錢，減米徵銀；半折月糧，照依原折，每石一兩，編徵支給。鎮江衛舊例行糧全支本色，月糧全支麥折，每石原折銀三錢五分。今行、月二糧，改爲本折各半。半折行糧，每石八錢，減米徵銀；半折月糧，每石酌改五錢，編徵支給。安徽寧、太四府所屬安慶、新安、宣州、建陽四衛，舊例行、月本折不等。今本折均平。行糧每石折銀一兩二錢，月糧每石折銀一兩。安慶衛行、月本色，除將萬億、安糧二項盡數支給，不敷之米，於懷寧、桐城等縣南糧米內找支。行、月折色，除撥給屯糧、操餉、新墾等銀，尚不敷銀於皖屬縣、衛成熟田地編徵。新安、宣州、建陽三衛，一半本色，在原派徽、寧、太三府屬南米內支給，不敷折色，亦於民屯田畝内扣徵。淮安、大河、邳州、泗州等衛，舊例行糧坐派淮倉，月糧在於濟漕四税及屯糧內支給，均繫全支折色。今行糧於解倉折色內，分出半本半折。月糧原在屯糧支給者，照例改爲半本，其在四税項下應支半本。每石給銀八錢，於各衛所減存銀內通融支給，半折仍照舊額支給。壽州衛改并長淮衛，武平衛改并宿州衛，行糧坐派徐州倉、德州倉支領，月糧坐派鳳、常二府屬，並江安道庫及所屬鳳倉項下支領。舊例全繫折色，今改徵一半本色，其一半折色，原繫三、四、五錢者，仍舊支領。江寧衛行糧，舊例全支本色，月糧本折各半，折色每石五錢。今本折均平，除一半本色照支，其一半折色，行糧每石折銀一兩二錢，月糧每石折銀一兩。江西行、月，向例全支折色，行糧每石折銀五錢，月糧每石折銀四錢。今不分本折，每石增銀一錢。行糧改給六錢，月糧改給五錢，於過湖屯糧倉米等項銀內裒增。

又題準，江南上江各府所派本色月糧，照依時價徵銀，赴省買米給軍。

十五年題準，江西加增不敷，行、月無款可動。每船原設一軍九散、十散、十一散者，槩作一軍九散，即以扣除軍散行月，抵補加增。尚不敷加增銀，於屯田耔粒內，每石加增銀一錢，以敷支給。

又題準，江南揚州府屬各衛幫，行糧坐派淮倉，向繫全支折色，每石折銀四錢。月糧繫在揚屬並蘇、松、常、鎮協濟米折銀內動支，每石徵銀六錢，三錢給運軍，三錢給操軍。今行糧於淮倉項下改徵半本，月糧於原給運軍三錢之內分出半本半折。本色月糧額派蘇、松、鎮三屬並揚、通二屬支領。折色月糧額派蘇、松者，聽蘇松糧道派給。其派鎮、揚、通三屬者，解江安糧道支給。

又題準，浙江行、月二糧，本折各半。除行糧每石一兩二錢，已足支用外，月糧每石原議一兩之內，扣補兵餉三錢，仍給運軍七錢。

又題準，山東衛所本、折、行、月，酌量地方遠近派徵。所有原編本色麥米之歷城等二十五處，並原編折色麥米之濟陽等二十六處，均繫臨河州縣，一例派徵本色給軍。其原編折色之鄒平等十一處，又原無額編漕項之新泰等十三處，皆離水次寫遠，照例派徵折色，每石折價八錢。

又題準，運軍月糧，遇閏之年，按月本折均平支給。

十八年題準，江寧衛月糧每石扣銀三錢，給銀七錢。其加增折色銀，於嘉定等縣漕折加徵，並草場苜宿裁省工食銀內支給。

康熙五年題準，江西漕船闕額，一時不能補足，勢必雇船裝運，每石給銀四錢。今軍船於原派一錢之外，加載糧米，照給行月，每石止給銀一錢六分五釐，較雇船水脚節省甚多，實屬經久可行。

七年咨準，徐州衛河南幫，今分徐州衛河南前後二幫，協運河南漕糧。行、月二糧，向在徐倉支給，行糧折色，每石四錢；月糧折色，每石三錢。今行月折色，每石應改折銀八錢。

九年議準，河南應解臨清、德州二倉運軍行、月，改解糧道衙門，隨糧支放。所有德左、任城、平山、天津等幫行、月二糧，及通州幫行糧，均改赴河南糧道，照依本折兼支。其臨清衛一半行、月糧，仍在臨清倉支給。江北各幫行、月二糧，仍在淮、徐、鳳三倉支給。

十年題準，浙江寧、紹等八府一半月糧本色，照灰石折漕定價一兩二錢，徵給運軍。杭、嘉、湖三府屬州縣，仍徵本色支給。

十五年議準，江南壽州、武平二衛，改并長淮、宿州二衛。月糧原派河南省屬者，改歸鳳陽倉支給。

又題準，江南江寧衛行、月糧本折，統歸江安糧道管理。

十六年咨準，各省運軍月糧，遇閏一例停止。

十八年題準，山東、河南、浙江及江南江寧、鳳陽等衛，運軍月糧遇閏照例支給。

二十一年題準，行、月糧務當堂按名支給。若不照數給發，糧道揭報，漕運總督指名題參。

二十四年題準，臨清倉額徵米、麥，除將臨清、濟寧二處，仍徵本色，其餘米、麥折徵解倉。運軍月糧將麥折銀支給。

二十五年咨準，蘇、松等衛閏月錢糧，乃計口授食，全書額編之款，各軍春出冬回，多此一月，難以枵腹。此項閏月月糧應仍準支給。

又題準，各省運軍，名數參差不齊。江浙二省，每船十一二軍不等，應畫一裁扣。每船槩以十軍配運，按名支給行、月。

二十六年議準，山東德州等衛，自雇民船裝運漕糧，應領行、月糧均照軍船支給。

又題準，山東濟、兗二屬，額解德州常、豐二倉本色米，就近兑支。各營兵米、衛所行月，在額解德州倉麥內動支。

二十七年題準，江南行、月減存等項錢糧，舊例解貯淮庫。嗣後，照山東、江西、浙江、湖廣之例，徑解蘇、松、江安糧道支用。餘者解部。

二十八年題準，江南江寧衛應支一半本色月糧，內有徽、寧、池、滁、廣和等府州縣不通水道，每石折徵銀八錢，解交道庫支給。

又題準，行、月等項錢糧，設立易知小單，列明應給各數，每軍各給一張。如有官役扣剋需索，許本軍於單內開明情由，於過淮時陳控審實，題參治罪。

三十年題準，徐、鳳、淮三倉米、麥、豆照漕折例折徵，米每石折銀九錢，麥每石折銀五錢。各衛幫有於三倉應支全色米麥者，均照折徵定價，於江安糧道庫支給。

三十一年咨準，江南江、興二衛各幫運軍應支行、月銀米，原繫計口授食，遇有閏月，於減存銀米內給發，與他省、他衛不同。所有三十年閏七月銀米，準於減存銀米內動給。

三十三年題準，行、月二糧，均繫冬兑時給發。各軍料理運務，勢難分赴支領。令將一幫行、月，就近歸於一處給發。

三十四年題準，安慶衛運軍舊例繫按漕用軍，按名派給行、月，原與別衛不同。二十五年畫一裁減，每船只用十軍，則倍載漕糧，理應按糧計船，補造足額，與其徒費帑金，以充漕造，莫若循照舊章，實爲節省。嗣後，應仍準其按糧支給。

又議準，江西闕額漕船，原撥江南減船協運，仍支江南行、月錢糧，嗣將江南協船停運，原運米於江西軍船加增載運，亦應按米計算。每石給銀一錢六分五釐，永爲定例。

四十一年題準，江南江淮、興武二衛，無贍運屯田。原減駕軍二名，準其照舊復設。

雍正元年覆準，各省運船到次，本色行月定限三日內，照額給發。折色銀解道驗明，一半給軍開船，一半封固。糧道隨帶到淮，總漕監發各軍收領。如本色給發愆期，折色解送遲延，照誤漕例題參議處。

二年題準，隨漕行月銀，由衛守備出具印領，交與領運千總加具戳記，赴道投遞，照額給發。仍取該衛並無豫借印結，申送總漕察覆。

又題準，各省漕船停運，舊例月糧全給運軍。嗣後減半給發。

四年議準，江南徐州幫協運河南，百有六船，分爲前後兩幫派定。前幫在江南支行糧二十船，在河南支行糧三十三船；後幫在江南支行糧二十一船，在河南支行糧三十二船。

五年題準，運軍月糧，山東、浙江、蘇、松所屬之蘇、太等衛，遇閏各有額編加徵銀。江安所屬江興等衛，無額編加徵銀，遇閏之年，於道庫減存銀內動支。江西、湖北、湖南繫按出運船米數目支給，並無加增。河南亦無額編加徵銀，遇閏之年，向來均照山東等省一例支給。康熙五十四年以後，經部駁追。嗣後，仍準照例支銷。

六年題準，運船減歇，給與一半月糧。民船減歇，減半之中，再減半支給。

十年議準，上下兩江，每年應徵行、月糧定限十月內完解十分之六。解不足數，州縣官罰俸六月，勒限三月催完。如仍徵解不全，再行咨參，罰俸一年。

十二年議準，宿州二幫，每船加增本折行糧二石，月糧二十四石。行糧在德州請支；月糧在江安糧道庫鳳倉項下支給。

十三年咨準，江南徐州幫協運河南糧船，因該幫運軍有正衛、并衛之別，每年兩幫找算分給不清。應將徐州前幫內派四十一船在江安支領行糧。其餘十二船，並後幫五十三船，均在豫省支領行糧。

又題準，江南淮、揚、海、邳各府州屬慶徵月糧例於次年徵解。各幫例應本年支領，向在道庫減存銀內通融給發。其太平、廬州等府州屬，豫徵行月糧，應照淮屬，於起運之年開徵。先於道庫減存銀内動給，按年徵解還項。

乾隆元年題準，各省停運漕船，應給減半月糧，均應酌定款項，支本支折，庶免辦理參差。湖北、湖南本折各半折色，照該省定價，每石折銀四錢，於漕項内支給。本色於減存、貼贈二耗米内動支。倘無本色米可支，即照該省定價四錢折給。

四年奏準，湖北、湖南行月本折，每石向折價四錢，因該省爲産米之鄉，當年米價平賤，是以定價較少。近年該省米價迥非昔比，一槩折給四錢，實屬偏枯。嗣後，將一半折色仍照舊例折給；其一半本色，照兵糧例，湖北每石七錢，湖南每石六錢，於解道隨漕銀内支給。

又題準，浙江本色行糧，照出運船數，每船給食米十有五石外，其餘支剩之米，每石折銀一兩二錢解部，向均隨漕十月開徵。嗣後將應支本色行糧，照常年出運船數，隨漕開徵。其餘支剩折色銀，并入地漕，二月統徵。設遇出運增船一隻，於折色銀内，支銀十有八兩，買米給軍；減船一隻，於本色米内，支米十有五石，易銀彙解。

五年題準，各省漕船，每至回空，資斧闕乏，不能及時抵次，有誤新漕。應令江、浙、江、廣等省，於解淮驗給一半行、月糧内，多者扣留三分之一，少者扣銀八兩，令各糧道另封。於過淮時，送總漕驗發，運弁及隨弁收受。竢抵通交糧後，給發各軍，以資回空之用。山東扣銀三十兩，河南扣銀十兩，以作回空之資。

封交運官，沿途遇有支用之處，禀明支用；

六年題準，江南揚州衛頭幫、儀徵衛幫，向在蘇屬實徵揚倉項下，找支月糧銀米，爲數不敷支給。大河衛二三幫、淮安衛頭二幫、泗洲衛、長淮衛各幫，向在常鎮二屬實徵揚鎮等倉項下，找支行月銀米。除支給外，每年存剩數目，盡數支給前項本折。應將各幫統歸蘇松糧道一處支給。至大河衛前幫，及輪兑淮糧一幫，揚州衛二三四幫，既兑淮揚二屬漕糧，應支行月本折，應統歸江安糧道，於額編減存銀淮屬山、鹽、阜三縣實徵月糧米、夏麥改米，揚通二屬實徵月糧米、並淮屬餘存米内，通融撥給。其餘各幫本折行月，均照舊例遵行。江安糧道、協運蘇松道白糧負重銀，例繫蘇松糧道支給。至協運漕糧負重銀，轉赴江安糧道支領，例未畫一。應將協運蘇松漕船負重銀統歸蘇松糧道，於減存項下照數給發。江安糧道毋庸按數解交，徑造入季報册内，送部酌撥。

又議準，江南江寧衛各幫，分運江寧及蘇松等屬漕米，行糧、月糧向繫江安、蘇松兩糧道互相派給。應將兑運江屬漕糧，行、月、安家加給、折色等項，歸江安糧道派給。其兑運蘇、松、常、鎮漕糧，每船安家月糧四十八石、豫支月糧銀三十六兩，原在上江州縣屯衛屯糧及租銀裁扣内動支，亦應歸江安糧道派給。惟行糧並水手米，共四十二石，加給行月折色銀，共三十六兩，既在蘇、松、常、鎮四府南糧，及嘉定等縣加漕内動支，應歸蘇松糧道派給。總以兑糧州縣水次就近，派支不敷，方於鄰邑協發。

又題準，江南江、安、宿、鳳、長、徐等衛月糧，例在徐、鳳、淮三倉全支折色外，其江淮、興武、安慶、新安、宣州、建陽等衛幫，廬州衛頭二三幫，長淮衛三四兩幫，宿州衛頭幫，揚州衛頭二三四幫，儀徵衛幫，滁州衛蘇州幫，凡遇截留停運船，應支減半月糧，照例本折均平，分別支給。倘再將給軍本色動款折銀，應徵本色，易銀解道，照例題叅。如因災緩停運，所需減船，半本月糧不敷支給，將上年額徵行月餘剩米，通融撥補。俟下年照數徵收還項。江蘇各衛幫截留停運船，應給減半月糧，本折均支。浙江停運漕船，應支減半月糧。寧紹等八府幫船，並無本色，仍照舊例支給折色。杭、嘉、湖三府，本折各半，均平支發。江西並無本色，遇有截留停運漕船，按裝載一淺計算，於月糧内減半，給銀二十四兩。山東遇有停運減歇之年，淺船減半，月糧自備；丁船四分之一，月糧本折均平覈給。如本年隨漕米遇災減緩，照江安餘剩米内動支之款一例辦理。

七年題準，各省停運漕船，應給減半月糧，定例由總漕覈明應給之數，具題户部覈明覆準，然後給發。乃各省相沿有請先給後題者。嗣後，仍照舊例辦理。

又題準，各省帶運緩漕負重銀，例與行、月等項一同支給。惟山東向來先題後給。嗣後，照行月之例，及時支給，造入奏銷具題。

九年奏準，淮放銀，除重運二分，發交運弁散給各軍外，其回空一分，即交督運之同知、通判等官，收帶到通，於各幫起米後，面同隨幫散給各軍。仍將給過日期，在倉場等衙門報覈。

又奏準，淮放扣留回空銀，交督運同知、通判，收帶到通，散給各幫，事屬難行。嗣後，令總漕交與領運、隨幫二弁收帶，俟漕船抵通之日，報明坐糧廳，於驗米時，按船照數給發。仍將給銀日期報部察覈。倘有先行給軍，及沿塗私自那〔一〕移者，倉場侍郎察明題叅。

十一年議準，江西淮放銀，交押運丞、倅帶至淮安驗放。江安、蘇松、浙江淮放銀，令糧道兑準，封給領運千總，齎解赴淮，呈報總漕驗給。

十三年議準，江南江、興二衛，截減漕船應得行、月銀米，分給存運各船。每船加給行、月米七石二斗七升九合，銀十有一兩三分三釐九毫。

又議準，滁州衛蘇州幫行、月米，舊在六安州屬支領米七百二十三石五斗有奇。因水陸遼遠難支，將江興三八兩幫裁船行、月米六百五十二石三斗二升，撥抵該幫，行，月不敷米七十餘石，於附近州縣額徵減存米内撥補。

〔一〕那　同『挪』。

一、贈貼銀米

各省漕糧，舊繫軍民交兑，運軍需索，多爲民累。後改爲官收官兑，因酌定贈貼，隨漕徵給，各省名目不同、多寡不一。山東、河南謂之『潤耗』，江蘇、安徽謂之『漕贈』，浙江謂之『漕截』，江西、湖北、湖南謂之『貼運』。山東、河南及江安糧道所屬，每米百石，徵給銀五兩、米五石；蘇松糧道所屬，每米百石，徵銀十兩、米五石；浙江每石徵銀三錢四分七釐；江西每石徵銀三分、徵米三升、又徵給副耗米一斗三升；湖北、湖南無加贈銀米，於四耗之外，加耗二升，隨糧徵給。

康熙九年題準，漕糧贈耗銀米，刊刻易知由單，隨漕徵給。催徵各官不得私派那移，違者糾叅。

二十九年題準，河南漕糧向以山東等省漕船協運。自康熙二十二年改折之後，各船有徹回本省者，亦有年久沉溺，底板變價解部者，見在闕少漕船。令各軍暫行雇募裝運，給以脚價、行、月錢糧，並潤耗銀米，扣除解部。

四十六年題準，仍將潤耗銀五分、米五升，照數給軍。

乾隆元年咨準，江蘇溧陽縣漕糧，派兑江淮衛三六兩幫。每石民貼湖米三升，以爲漕船赴次駁淺修船之用。原繫舊例，勒石遵循。

三年題準，浙江杭、嘉、湖三府漕糧有貼贈一項，每石徵八九色銀三錢四分七釐，名曰『漕截』，按數給軍濟運，又每兩加耗二分。雍正八年奏明，抵給運弁養廉，例於每年十月開徵，勒限兩月全完，爲期甚迫。今酌定，正耗通扣，攤算總計。正耗一兩以九錢八分給軍，以二分解司爲運弁養廉。每年於二月徵收，秋後先盡漕截，九八折浄之數，以紋銀給發。倘有額外加耗及闕誤、扣剋情弊，即行揭叅。

又題準，浙省漕糧項下有灰石一項，白糧項下有食米折銀一項，向繫解道，同漕截並徵。今漕截正耗統徵，分解並改期開徵。嗣後亦同漕截一同派徵，將灰石及食米折銀徵收足色，解部。其耗羡并入地漕項下解司。

四年題準，江南上下兩江額徵漕糧，漕項外有漕費銀米一項，乃里民願輸以爲州縣修倉，及運軍募雇擔夫、駁船之用。今酌定，上江漕米每石收耗米一斗，以五升給軍，以五升留給州縣。下江漕米每石收銀六分，折錢五十二文，以二十七文給軍，二十五文留給州縣。外收水脚錢五文，水次離倉遠者，每十里加錢二文。其餘陋規盡行革除。責令監兑各官嚴察，如運軍額外需索，即計贓以枉法論。州縣額外多收，照因公科斂律治罪。

又題準，江南江蘇所屬錢價增長，漕費錢每石減去六文，止收錢四十六文。以二十四文給軍，二十二文留縣。槩令州縣隨時出易，毋得堆積，至兑漕時，將銀給軍。以三分爲率，有餘不足統於留縣銀内通融，酌補錢價消長無常。督撫隨時損益辦理。

七年諭：『前據漕運總督奏，江南漕米耗贈請免停支一案，朕交大學士會同該部議奏。前據議稱，停支之例相沿有年，應仍照浙省之例辦理。今該督摺奏浙江與江南情事不同。江省此項，始以軍興而議裁，繼以欠糧而議復。自復之後三十餘年，見在全支尚多拮据。若行裁減，則軍力既絀，轉運維難等語。運軍輓運辦公，朕所軫念。此漕耗一項，既有積年支領之成規，著照舊支領，永免停支，俾軍力寬紓，轉漕無誤。他省亦不得援以爲例。欽此。』

又題準，江南上江灊山等二十州縣，離次遥遠，漕米輓運維艱，需費浩繁。向於酌定漕費米外，每石加收水脚銀二三分至五六分、錢十餘文至四十餘文不等。定遠縣收錢百文，準其照舊徵收。

又題準，浙省漕糧改兑米，應支漕截銀，例應按照抵壩起交，一七米數給發。因該省誤照正兑之例，按照二五之數支給。今改正，照一七之數支給。

又題準，漕截銀每兩止應徵大耗二分，白糧項下，每完糙米一斗，應徵耗米三升，向繫攤算應徵數内徵收。嗣因各項銀米歸於地丁統徵分解，内有將耗銀、耗米，照依地丁一例徵耗者。應令有漕各屬，於隔歲年終，刊刻易知由單，地丁加耗若干，白糧加耗若干，漕截加耗若干，其有均攤、匀扣，於單内逐一注明。該户照單完納。如有多派、私折等弊，立即嚴糸，從重治罪。

八年題準，各省收漕州縣，除徵給隨正耗米並運軍行糧、月糧、本折漕贈等項銀米之外，别收漕耗銀米一項。河南每正糧一石收漕耗米一斗五升，内津貼運軍運費銀三分、米二升，其餘留爲州縣兑漕雜費。山東每正糧一石，收漕耗米一斗五升，内津貼運軍運費銀三分、米二升，又别給領運隨幫官盤費銀六釐，其餘留爲州縣，幫補運米不敷脚價之用。蘇松糧道所屬，每正糧一石，收漕費錢五十二文，以二十七文給軍，二十五文留爲州縣修倉鋪墊飯食。又外收水脚錢五文，以爲自倉擔駁上船之用。江安糧道所屬，每正糧一石，收漕耗米一斗，内以五升給軍，五升留爲修倉鋪墊飯食之用。江西每正糧一石，津貼州縣脚耗銀三分九釐六毫、米七勺六抄，協濟運軍銀一分三釐七毫。浙江起運漕糧，正耗之外，杭、嘉、湖三府，有鋪倉駁運等費。每正糧一石，收漕費錢八文至二十一文不等。白糧每石收取置備米袋錢五十文。湖北每正糧一石，收漕耗米七升、漕費銀七分。湖南每正糧一石，收漕耗米六升，漕費銀自五分至一錢三四分不等。皆給發官軍，爲一應辦公之用。此項若遽議裁革，非但運軍無以濟運，勢必更啟勒索之端。即州縣修倉鋪墊無項可動，亦必藉辦公名色，暗派浮收，轉滋弊竇。應令因時調劑，無濫無苛，照舊遵循辦理。

十年題準，州縣遇有蠲免地丁之年，將蠲免地丁錢糧内應徵漕項，每畝若干逐細覈明列款，開入易知單内，照數徵收。

又題準，各省漕耗銀米，如遇截留之年，隨正徵收，分別支解。如遇折徵之年，該督撫因時調劑徵收，以資辦公。

十六年奏準，浙省杭、嘉、湖三府徵收漕糧，原定漕費每石收錢自八文至二十一文不等，不敷辦公之用。應仿照江省之例，酌量加增。嗣後仁和、錢塘、海寧、富陽、餘杭、安吉、歸安、烏程、長興、德清、武康等十一州縣，加收錢二十文。嘉興、秀水、嘉善、海鹽、平湖、石門、桐鄉等七縣，加收錢三十文，均於原定脚費錢之外分別加增。以上隨漕輕賫、（蓆木板片）〔蓆片、板木〕〔一〕、行月、漕贈等項，山東徵銀九萬九百三十三兩四錢六分九釐、米四萬六千三百七十二石三斗三升六合，各有奇。

河南徵銀四萬五千八百三十九兩四錢五分八釐、米二萬三千六十九石四斗三升二合，各有奇。

江蘇徵銀四十三萬九千六百六十八兩五錢二分五釐、米十有六萬五千一百六十一石七斗五合，各有奇。

安徽徵銀二十六萬一千三百三十八兩二錢一分七釐、米十有九萬二千六百七十二石二斗五合、麥萬九千六百八十二石八斗五升九合、豆五百三十二石八斗五升三合，各有奇。

江西徵銀二十一萬千二百八十五兩七錢四分二釐、米十萬九千百五十九石三斗八升六合，各有奇。

浙江徵銀六十九萬五千七百六十三兩八錢三分一釐、米四萬三千四百二十石九斗九升，各有奇。

湖北徵銀四萬八千八百五十八兩八錢六分三釐、米萬八千九百二十一石二斗三升六合，各有奇。

湖南徵銀三萬五千八百二十一兩六分一釐、米萬九千九十九石四斗七升六合，各有奇。

以上各省實徵隨漕銀一百八十二萬九千一百九兩一錢六分六釐、米六十一萬七千八百七十六石七斗六升六合、麥萬九千六百八十二石八斗五升九合、豆五百三十二石八斗五升三合，各有奇。除給運弁、運軍並解通濟庫，爲運送京通各倉脚價之用，餘均造入撥册，送部酌撥。

一、水次六倉徵收銀米

山東德州倉徵銀六萬六千九兩七錢五分、米二萬五千七百二十二石七斗五合，各有奇。

臨清倉徵銀八萬三千七百二十五兩九錢二分二釐、米三千十有六石七斗三升八合，各有奇。

江南淮安倉徵銀萬三千一百八十六兩五錢一分、米二千五百七十一石五升九合、麥二萬五千一百石八斗二升四合，各有奇。

徐州倉徵銀二萬一千五百十有六兩五錢六分七釐、麥萬五千六百三十九石九斗五升九合、豆四千三十七石

〔一〕蓆木板片　應爲『蓆片、板木』。

四斗一升六合，各有奇。

鳳陽倉徵銀七萬九千一百八十七兩九錢八分七釐、米萬一千七百七十石四升三合、麥萬三千六百四十二石八斗三升四合，各有奇。

江寧倉徵米二萬九千一百六十六石四升七合有奇。

以上六倉，實徵銀二十六萬三千六百二十六兩七錢三分六釐、米七萬二千二百四十六石五斗九升二合、麥五萬四千三百八十三石六斗一升七合、豆四千三十七石四斗一升六合，各有奇。除補給運弁、運軍沿塗行、月等項之用，餘均造入撥册，送部酌撥。

一、白糧耗米

蘇松糧道所屬，每白糧一石加耗三斗，以五升、三升隨正米起交，交內倉、通倉加耗五升，交光禄寺加耗三升。二斗五升、二斗七升隨船作耗，共耗米二萬八百三十四石一斗有奇。

浙江糧道所屬，每白糧一石，加耗四斗，以五升、三升隨正米起交，三斗五升、三斗七升隨船作耗，共耗米萬三千七百四十八石八斗五升有奇。

以上白糧實徵耗米三萬四千五百八十二石九斗五升有奇。

一、白糧經費

順治二年覆準，糧長僉解白糧，受累無窮，宜改爲官解之法。路費、脚價額派之外，不許多索民間分毫。

十二年覆準，白糧既照舊官解，從前題請加派耗米經費，加增水手夫役名數，皆應照該督所請行。蘇、松、常三府白糧，除原額正米、耗米、舂辦米三項外，每正糧一石加派耗米二斗四升、水脚添簟、提溜脚價銀一兩三錢。每船加舵夫、水手十有二名，每名給米三石。看糧夫役二名、擔運夫役二名，各照船數，一例均派。總部、協部公費、工食，就糧米多寡裒益酌定，足以供用。

康熙元年覆準，蘇、松、常三府白糧雇用民船水脚銀，編載全書，計包給發，均從米數科算，並無别設雇船私貼之項，惟至丁字沽，每石應用雇駁銀一錢二分。今漕船可直抵通，此項應裁省解部。至於額編看船糧夫，每名工食十有二兩，擔運夫每名工食七兩二錢。南北艱辛，僅充口食，難議裁減。

二年覆準，浙江白糧應照江南之例，將丁字沽雇駁銀每石一錢二分，照數減扣解部。

三年覆準，浙省民船運白，與漕船帶白費用多寡截然。可按漕帶之法，亟當舉行。其協濟船并入漕幫僉運，應支經費、行月公費、廩工等項銀米亦應於白糧加貼經費内，照數徵給。其漕運項下行月糧米裁扣解部。永著爲例。

十一年覆準，浙江白糧一項，從前嘉善屬，每正米一石，徵糙平米一石八斗。額設夫船等費，每石銀八錢。湖屬每正米一石，徵糙平米一石五斗五升。額設夫船等費，每石銀一兩五分。今經費銀已按船一例派給，並無多寡。

若耗米仍照《全書》[一]徵糙，恐運軍春辦稽延。請兩府正項白米一石，各給白耗米四斗五升，在軍有盤駁之費、進倉之耗，在民減徵糙米，亦可抵其春折之數。

十四年覆準，江南蘇、松、常等府白糧照浙江例，分於漕船帶運，計白糧十有五萬一千餘石。每船裝米五百石，約用船三百有二隻。每船原派行月，照支給經費銀三百三十兩八錢六分之例，共應給經費銀九萬九千九百十有九兩七錢有奇。共節省經費等銀十有三萬一千二百六十七兩八錢、米萬八百六十九石八斗有奇。

又題準，蘇、松、常等府白糧抽選漕船裝運，應用三百有二船。其三百二船之漕米，分灑於各漕船帶運，每船帶運米六十餘石，米多船重。每石給銀五分，約算每船給銀三兩。

又題準，蘇、松、常等府白糧選糧船裝運，每船議給經費銀三百三十兩有奇，繫由牐鋪墊，與備辦包索、添簟、提溜等項，均屬必需之款，應照原議給發。

十五年覆準，白糧已經倉場具題，河下兑放，改進通倉。蘇、松、常等府每船經費銀三百三十兩有奇，内除交通濟庫由牐銀四十兩外，其餘河下兑放。每船覈減銀四十二兩八錢六分，改進通倉覈減銀二十二兩八錢，扣存道庫，報部充餉。

四十三年覆準，江浙二省起運白糧，照依漕幫，支給行月贈貼銀米，將經費銀槩行裁減。運白各軍應領行月，仍在合幫給發；應支贈貼銀，均於經費銀内照漕例支給。餘剩聽候彙解。各幫船俟五年運白之後更換。接運白糧抵通，照依漕糧一例交收。

四十九年覆準，運白軍船，除行月應支米六十三石，補給米三十四石三斗，每石折銀一兩二錢，於道庫減存銀内照數給發。

五十六年覆準，蘇、松、常三府白糧經費，先經民運，每船需銀七百餘兩。後於康熙十四年照浙省例，改爲漕船裝運。每船給經費銀二百九十兩有奇，爲沿塗盤駁、添簟、提溜、抵通堆囤看守、交倉鋪墊等費。又給行月銀米，以爲運軍安家之費。二十七年於奏銷案内，停其支給行月。四十二年因停支行月，於經費之外，給飯米銀五十四兩。四十三年，以運漕運白，均屬一例，將經費盡裁，照漕例支給行贈[二]銀米。但浙江白糧除行月外，每石給漕截銀三錢四分七釐、飯米七升二合。江南除行月之外，每石止給贈銀一錢四分五釐，比浙江少給銀二錢二釐，應準其照浙江白糧漕截之例，每石補給銀二錢二釐，以爲沿塗盤駁、堆囤、交倉鋪墊諸費，在道庫減存銀内支給。

五十七年覆準，起運白糧，每石人夫工食米七升二合。浙省見在支給。蘇、松、常等府，均有額編，多在民

[一] 全書　指『漕運全書』。以下同。
[二] 行贈　指『行月』和『漕贈』。

欠，應於原編七升二合。民欠未完米內速徵濟運。

雍正六年覆準，浙江白糧聽民自舂，於完漕後，別納零星升合，米色終難純一。應照江南之例，隨漕統徵。每斗加舂白折耗三升。該州縣雇夫選米舂交。

八年諭：『浙省白糧繫民間舂辦。江省百姓輸納糙米，官爲舂白，一應捆包般運，皆屬官辦。其所有耗米，並束包人夫、工食等項，著準其開銷。欽此。』

乾隆二年覆準，江南蘇、松、常、太四府州，白糧減額，改徵漕糧。見運白糧項下，徵收支解經費銀三萬八千三百八十九兩一錢四分、米六萬一千一百二十三石五斗四升，各有奇。改徵漕糧項下，徵收隨漕支解銀二萬三千七百八兩七錢三分、米三萬八千六十五石九斗八升，各有奇。應減徵銀二萬七百七十七兩六錢七分、米萬九千六百五十二石一斗七升，各有奇，永免科徵。尚餘減存經費銀二萬九百五兩有奇，照數徵解。

又題準，浙江杭、嘉二府額徵白糧，原編每正米一石，加耗米四斗五升。又每正耗白米一石外，加舂耗米三斗。今白糧減改漕糧，每正米一石，止加耗四斗。其加三舂耗，按歲減免；給丁耗米，減去五升，共免舂耗米萬五千五百六石五升，〔丁〕〔一〕耗米千七百八十二石，各有奇。一應經費，改歸漕糧支給。每歲減徵給軍食米，折銀二千五百九十一兩有奇。其餘經費銀，仍照白糧舊例徵收，不準減免。至應解輕齎楞木、松板、蘆蓆等銀六千六百四十六兩，在於應解道庫由牐銀內扣抵，如有不敷，再於車夫款項支剩銀內動給。以上白糧經費銀、米，江蘇徵銀十有八萬六千九百八十五兩八錢一分九釐、米一萬八千八百八十九石五斗八升四合、舂辦米二萬一千三百九十九石八斗六升，各有奇。浙江徵銀四萬五千七十五兩一錢八分八釐、米三千九百六十九石、舂辦米萬三千二百九十石五斗五升，各有奇。

以上實徵銀二十三萬二千六十一兩七釐、米五萬七千五百四十八石九斗九升四合。除給各省運弁、運軍，並解通濟庫，爲運送京通各倉脚價之用，餘銀並米折，均造入撥册，送部酌撥。

一、轉輸薊易

康熙三十四年議準，陵寢官兵、人役，及緑旗兵丁一年所需粟米，共三萬六百餘石。將山東漕糧粟米，照數截留。以原船自天津衛運至新河口。自新河口撥天津紅駁船百五十隻，運至薊州五里橋。每船載百石，每百里給脚價銀一兩三錢二分，於過牐入倉脚價銀內撥給舊例繫各該地方官採買給發。

三十六年覆準，陵寢官兵、匠役俸餉，嗣後將各省協運通州等衛所船內，選不搭運輕小之船，將一年所需之米

〔一〕原文脱『丁』字。

足數裝載，委押運官，以原船運至薊州五里橋，照抵通交兑限期，交與該管地方官，即押船速回，仍將回空日期，申倉場侍郎題報。所收正耗米數，直隸巡撫造册報部。

又題準，陵寢官兵、匠役所需粟米，令山東、河南二省分年輪運。即以原船運送，節省脚價。其支放出倉，每石準銷補斛遞減等米三升九合。

雍正二年題準，令坐糧廳協同通永道驗明米色，即令地方官收受。

七年諭：『三陵俸工米，從前撥運漕糧不敷支給。經直督題請，將不敷之米，每石給銀一兩，令遵化、薊、豐潤三州縣，採買支放。州縣委之吏胥，遂至串通，折銀私相授受。其實在運送本色者，車脚之費不免賠墊。且領銀採買，或值米貴之時，一時難以購辦，官員、兵役未免守候時日。是折銀採買，官民均屬未便。著總理三陵事務大臣，將每年需給米，分晰造册，咨部。户部行知倉場，豫行照數截留。於雍正八年爲始，均以本色給發。欽此。』

八年題準，撥運薊糧，增截白秔、次白、糯米三色。其支放出倉，每石準銷折耗遞減等米一升九合。

又題準，撥運薊糧，令千總及正軍赴次交兑，守取倉收，隨幫及副軍押空回南。

又議準，撥運薊糧，自天津雇募駁船。每船量給銀八兩，於坐糧廳茶果銀內動給。

乾隆元年題準，易州泰陵駐防官兵、人役歲需俸餉米，準於天津地方截留漕糧，由白溝河轉運供支。

又題準，交兑易州漕米，各船封貯樣米，呈送陵部驗明，由坐糧廳及該管道委官監收。

二年題準，泰寧鎮兵餉，截撥漕米支給。其撥運事宜，悉照駐防官兵之例。

四年題準，易州糧船經由之范家口、永濟橋，守橋地方二名，每名歲給工食銀六兩，在坐糧廳茶果項下動給。

又奏準，截撥薊糧州縣收受，如有曬颺、撞斛、撒漫及令運軍津貼車脚費銀之弊，即行指叅。運軍如有攙和糠土，一并叅處。

又議準，薊糧到次，例限七日交清。如遇天雨連綿，不能裝運，許州縣按日計算，接扣七日。

八年奏準，直隸古北口外，墾地日廣，産米日多。於豐收之年，廣爲採買，以四萬七千餘石，運赴薊遵等倉，以供陵糈，餘皆運通。其山東、河南二省應運薊糧，照舊運通倉備用。如價貴停買，仍令二省運送陵糈。

又奏準，撥運易糧漕船，自天津至雄縣亞谷橋。於每年糧船將到之前，豫行探明淤淺處所，及時挑濬。如水小船重，酌量起駁。每船酌增駁價一兩。

一、截撥兵米

雍正六年題準，滄州駐防兵米，若秋冬截漕，春夏採買，恐價有不敷，轉致遲延。請照舊例，每歲截撥江西漕米七千石，以三千五百石作本年秋冬二季之需，以三千五百石作次年春夏二季之用。

八年議準，天津水師營兵米，每歲截撥漕糧萬五千石。每石每月準銷遞減米二合，計一年減米三百六十石，於正項内開除。

又題準，撥兑天津、滄、薊各米，照通倉之例，限七日内交收清楚。

乾隆元年題準，天津增建倉厫，截撥兵米，將隨漕蓆、木、板、片，隨糧交納。

二年題準，截撥天津漕米，將豫備正兑曬颺米四升七合，改兑曬颺米四升八合，一例交倉。簡廉幹道府官，赴倉監收，抽驗曬颺，覈算折耗外，餘剩曬颺米，皆作正數，按照年月遞減。此外再有虧闕，叅追究治。

三年奏準，截撥天津漕米，向例每百石，運軍加耗米一石。嗣後免其交納。

又奏準，截撥天津水師營並易州漕米，停止曬颺。照北倉之例，抽掣辦理。如有勒索等弊，即行題叅。

五年題準，漕糧截撥滄州、天津及薊易等處，較之抵通費用減省，將原備三升八合飯米内，運易船糧，每石給運軍一升；　運薊船糧，每石給運軍一升九合。照抵通例給與價直，以濟回空。其餘剩之米，仍令交倉。至截撥天津、滄州等處，原備三升八合飯米，責令一并交倉，作正支銷。

六年題準，截撥滄州漕米，令承收之官同旗員驗看，如繫好米，即行收受，毋許遲滯留難。倘有攙和糠土者，承收官及旗員詳報，委官驗實，照例報叅，並將攙和米色，面同運官裝袋、封印，隨交呈驗。其折耗之米，於運軍回空食米内賠補。或不足數，別於後幫截補。所欠之米咨南，著追次年搭運赴通。如並無攙和，將呈報不實之官，以有意勒索叅處。

八年題準，通倉撥運天津兵米，雇募民船駁價，照直隸各屬領米之例，每石每百里陸路給銀一錢，水路給銀一分五釐。

一、截留事例

康熙三十三年題準，截留武清、永平等處漕米，每石收耗米一斗八升三合九勺四抄。

又題準，直隸永平等處截留漕糧，每石耗米皆以一斗八升三合九勺四抄作正兑收。

三十八年題準，江西、湖廣漕糧截留江南、山東等處，每石耗米均以二斗五升作正交兑。

四十一年題準，江南、山東截留漕米，出入交收。準其每石加耗米三升。

五十八年題準，江西、湖廣漕糧截留江南安慶等處，將加四耗米全數作正交兑。

十六年題準，江西糧米截留直隸大名等處，照三十八年之例，每石以二斗五升作正交兑。應交蓆、木板、片，行文扣追。應給簟羨紅駁等銀，停其支給。

雍正三年題準，截留漕糧，仍照舊例，正兑以加二五，改兑以加一七耗米，作正交收。

又題準，江西糧米，截留直隸保定等處，每紅斛米一石，給耗米一斗。其平斛米每石原有耗米二斗五升，均令運通交倉。所有水脚，計運程遠近給發。

六年題準，江西截留漕米十萬石，存貯本省備用。出入盤量，請照江南旋收旋糶之例，每年準其加耗三升，於截漕贈軍耗米內扣抵。其糶過米價銀，存貯司庫。竢秋收，照數買補還倉。

七年咨準，天津水師營截留漕米，照薊滄之例，每正兑正米一石，外加耗米七升，尖米四升二合，尖耗米二合九勺四抄。又，新耗米六升九合，改兑正米一石，外加耗米四升，尖米四升二合，尖耗米一合六勺八抄。又，新耗米四升四合，折正兑交。

九年題準，截留天津北倉漕米四十萬石。從前截收之時，未有正兑耗米，及曬颺入倉。準照天津水師營截留漕糧之例，每月每石遞減米二合，一年統計，共減耗米九千六百石。

又題準，天津截留漕糧，每百石給地方官耗米一升，以作折耗。

又題準，湖廣、江西截留山東漕米，除耗米二五、一七作正截留外，將所餘盤耗米，按程計算，折耗給還運軍。其餘作正截留。

又議準，截留直隸、山東、河南豫備振濟漕米，務須隨到隨收，不得稽遲時日，致誤回空。其一應水陸運價，及苫蓋露囤等費，均動用公項錢糧。

十二年題準，截留山東漕糧，每石除原給加耗一升外，每月每石仍準遞減米二合。至一年後再有虧折，令各官照數賠補。

乾隆元年題準，各省截留漕船，介於起運、停運之間，行糧、月糧應給、應追向未定有成例，應酌定成規，以歸畫一。嗣後，江蘇安徽、浙江截留漕船，應支本折月糧、三修[一]銀，準其照數全給。至行糧盤耗，贈銀、負重等項，各隨多寡，分作十分。自水次抵通，按程塗遠近，亦作十分計算。行一分程塗，給一分銀米。如行一兩站未及一分者，即按一兩站扣算支給。贈米一項，如米到州縣半月放清者，按已行之程扣給。其未行之程追繳，半月以外，每石給米一升；滿一月者，給米二升；滿二月者，給米四升；滿三月者，全給。若幫船截留本次，或旋兑旋卸，或數月後收清，贈米亦按月計算。江西漕船較大，裝米數多，每年額領三修銀，不敷取辦於行月。兼之水次，開行逐節，淺阻起駁，長江守風，過淮修艌一應費用，較江浙不同。遇有截留，將原領折耗、行月贈銀、贈米、斛面米均免

[一] 三修　指三年小修、五年中修、十年大修。

扣追。又每米一石徵耗米四斗，爲交通倉及沿塗折耗之費；　副耗米一斗三升，爲水次開行抵淮折耗。如在淮安以南截留者，將四耗米令其隨正交納，一三副米，免其追繳；　如過淮截留者，將四耗米内正兑米隨交二斗五升，改兑米隨交一斗七升，並每石別交一升贈米外，其餘米按由淮到通程塗作爲十分計算，行一分程塗，即給一分耗米。湖北、湖南漕船，灣泊岳州府，濵臨洞庭，風波不測。截留漕船，於例給一半月糧之外，每船酌留頭舵、水手四名防護。每名日給口糧一升，減去水手人等，每名每站給盤費銀三分，米一升，均照時價折給。

二年諭：『各省截留漕船，例有應追銀米，但念運軍近年以來，尚屬急公効力。其從前挂欠之項，事隔數年，此時責令完補，未免艱難。著漕運總督詳悉覈明，將雍正十二年以前，各省截留漕船，應追行糧、漕贈、盤耗等項，除已完外，其未完者，一槩寬免。欽此。』

又奏準，山東截留漕船，應支三修月糧及任城幫贍運銀，準其照舊支給。其本折、行糧及潤耗銀，各按多寡，準作十分。水次抵通程塗，亦作十分計算。行一分程塗，準銷一分銀米。如行未及一分者，按程扣算，支給潤耗米五升，即如江南之五米。嗣後，米到截留州縣，半月内收清者，按已行之程扣給。其未行之程追繳，如過半月，給米一升；　滿一月者，給米二升；　滿二月者，給米四升；　滿三月者，全給。其截留在本次者，雖船未開行而糧已裝載，與中塗截留者，折耗相同，潤耗米亦按月支給。河南漕船皆繫別省協運，除不議三修外，倘遇截留之年，月糧一項，全數支給。如船雖抵次，尚未裝載者，河南亦無庸議給。至潤耗、行糧銀米，各隨多寡，計作十分。其程塗亦作十分計算。行一分程塗，給一分銀米。如行一兩站，未及一分者，即按站支給。官役俸工，亦照額支給。如本船開行已及十數站，奉文截留仍回原次交卸者，往返程塗，皆照重運程塗計算，將所領前項銀米，按程扣給。其不足十分程塗之數，按程計追。潤耗米一項，亦照東省例支給。至盤駁銀，截留船糧已抵臨清者，全數支給。如未抵臨清，將所領盤駁銀作爲十分。自衛輝水次至臨清，亦作十分程塗，扣算計給。

四年題準，湖北、湖南運軍所領錢糧比別省較少，截留漕船所領三修、行月二耗，並州縣津貼、京脚銀米，均免扣追。惟所領四斗耗米，視其船未出境，在本省截留者，均令隨正交收；　若已出境者，内一五耗米，按已行、未行程塗，分別追給。

五年題準，各省截留漕船，有到次尚未受兑，及已兑未開行者，原議未經議及作何支給錢糧。嗣後，未兑之船，照停運例，給與減半月糧；　已兑未開之船，於減半月糧之外，將三修一項照數全給。各省畫一辦理。

六年題準，各省漕船截留北倉，少給餘米折耗等項，與抵通應交茶果、箇兒錢費用，足以相抵。但船截北倉較之抵通少行程途約三百里，可省人工、飯食、駁淺、雜費，應將領過行糧、漕贈、盤耗銀米，一例按照程途扣追。其截留滄州船糧，比北倉尤近。天津水師營船糧，與北倉僅遠數十里，亦應按程分別扣追。惟運薊軍船，由天津海口入薊，綿長九百餘里。領過銀米一槩免其追繳。又，運易軍船，自天津抵次，水程三百餘里，領過銀米一槩免其追繳。再，各省凡遇截留，如已兑開行之船，所領一半月糧同行糧等項，應勻作十分計算，一并照例，按程扣追。

七年題準，各省截留漕船，已兑開行，按照定例扣追，運軍多有苦累，應酌量加給，使軍力寬裕。按各軍在次費用，需銀並無需米之處，今分別程途遠近，船糧多寡，山東、河南每船酌給銀五十兩，江南、浙江每船酌給銀六十兩。江西、湖廣程途均遠於江浙。江西裝載正糧，每船又較湖廣多至二三百石。湖廣每船酌給銀七十兩，江西每船酌給銀九十兩，以敷各軍在次修船，置備什物，及雇募舵頭、水手安家養贍之用。其應給之銀，即於行月折色銀内扣給。所有存剩行月等項銀米，山東、河南、江南、浙江仍照舊按程分別追給。再，江、廣二省，程途遥遠，兼涉長江、大河，非他省可比。其未經過江以前截留者，除在次酌量給銀外，其餘剩餘米，一例按程途分別追給。如已過長江，尚未渡河截留者，應給與四分之三。至渡河以北，至臨、德等處截留者，將各項銀米照抵通例，準其全給。

八年題準，湖南截撥廣東漕米，每石加耗米三合，於截漕減存里，納二耗米内兑給。

九年題準，江西截撥湖南漕糧，每石準折耗米四合。江、浙二省截撥福建漕糧，每石加耗米五合。

又題準，截留平糶所賣之錢，繫漕項錢糧，或易銀解部，或搭放兵餉。將原給款項扣解，以抵留漕費。

大清會典則例　卷四二　户部

漕運二

一、漕糧徵收

順治九年題準，各省漕糧，向繫軍民交兑，軍彊民弱，每多勒索。嗣後定爲官收官兑，酌定贈貼銀米，隨漕徵收，官爲支給。民間交完糧米，即截給印串歸農，軍民兩不相見，一應浮費槩行革除。

雍正二年，諭：『地丁漕米徵收之時，劣生劣監，遲延拖欠，不即輸納，大干法紀。該督撫立即嚴察，曉諭糧户，除去儒户、官户名目，如再有抗頑不肖生監，即行重處，毋得姑徇。倘有瞻顧，不力革此弊者，題參治罪。欽此。』

四年議準，蘇、松二府所收倉糧，交兑之外，果有贏餘，該州縣報明，存貯公所，以爲修理倉厫及振濟之用。倘有藉贏餘名色，加收斛面，及該道扶同徇隱，察出從重治罪。

六年諭：『江浙徵收漕米，但擇乾潔，不必較論米色，準令赤白兼收，秈秔並納。永著爲例。欽此。』

八年題準，州縣徵收糧米，豫將各里、各甲花户額數的名填定連三版串，一給納户執照，一發經承銷册，一存州縣校對。按户徵收，對册完納，即行截給歸農。其未經截給者，印官摘户追比。若遇有糧無票，有票無糧，即繫吏胥侵蝕，監禁嚴追。

十年咨準，江南句容縣地處山陬，多産秈稻，歲額漕糧四萬有奇。向來徵兑，悉糴秈易秔，於民未便。嗣後，著將土産秈米完漕輸納，毋庸糴秈易秔。

乾隆元年題準，農民完納漕米到倉，州縣驗明米色，隨到隨收。嚴禁蠹書留難等弊，違者參處。

二年題準，州縣漕糧原額田地向有荒闕，凡遇報墾升科，於漕糧正耗内，加入升科兑運。如無荒闕，漕糧足額，遇有升科，漕米皆解司充餉。倘有誤將足漕州縣升科，應行解司之項，造入漕項奏銷者，題明改正。

三年題準，河南漕糧，向止合邑總額，並無每畝應徵定數，今酌定祥符等州縣，各照見額漕米數目，按實在行糧熟地，除原不徵漕之更名等地外，無論倉口新升，一例均派，覈明某則地，每畝徵米若干，徵銀若干，遇閏加增銀米若干，載在《全書》。遇有升除，按則增減，其改徵黑豆，《全書》内統以米數開造。

四年諭：『湖北每年額徵糧米運通倉者，名曰北漕。給荆州官兵者，名曰南漕。二項合收分解，永遠遵行。如有分項徵收，零星多取者，該督撫嚴參治罪。倘别省收漕地方，有分收者，該督撫酌量察禁。欽此。』

五年覆準，各省漕耗等項，久經酌定成規。而不肖有司，竟有立名需索、苦累民間者，應令督撫力爲釐剔，道府密行訪察，州縣有不按定例需索，加派私行改折，及縱容胥吏舞弊、侵蝕，道府即行揭參治罪。倘有徇隱，督撫覺察，將道府一并題參究處。

又題準，江南蘇、松糧道所屬漕糧，按照區圖派厫收納。河南、江西、浙江、湖南，不分區圖隨厫收納。江南江安糧道所屬及山東、湖北糧多之處，按照區圖；糧少之處，不分區圖收納。毋致糧户擁擠守候。

又咨準，江南海州漕米，官折官辦，爲數無多，令該州購買白色乾潔好米交兑，不準紅白兼收。

六年諭：『江南下江地方，秋雨連綿，米色稍減。從前原有赤白兼收之例，該地方官酌量可收，即日收兑，抵通之後，或慮不能久貯，即發爲俸餉之用。欽此。』

八年題準，各省收兑漕糧斛式，向來底面尺寸相等，因口大、邊闊，易於浮溢，應改鑄小口鐵斛，頒發倉場並有漕各省，一例遵用。其從前原頒大口鐵斛繳銷。

又題準，徵收漕糧，令督撫嚴飭州縣，於開倉時，親詣稽察。若因公他出，暫委佐貳官監收。其州縣在倉看守之親戚人等，以及經手吏役，如有包攬浮收、交通舞弊，即行揭報，嚴叅究處。監收佐貳官扶同隱匿，一并究叅。

十年諭：『聞江南下江漕糧緊兑之時，印官不能處處親驗。吏胥等遂多方刁難小民，不能等候，情願議扣，自九五折至九折不等。向來徵收漕糧弊竇甚多。江蘇之漕甲，於諸省尤爲積弊之藪。著有漕地方大小官員，嚴行釐剔。如有仍蹈故轍者，經朕聞知，或被御史叅劾，必重加處分。欽此。』

十三年題準，豫省粟米，向例黄白兼收。其額徵之麥，無論黄白、淺深、籽粒大小，均許兼收。

一、白糧徵收

順治初年，定白糧米色，責令糧道、監兑等官，公同親驗。如有米色不純等弊，指叅治罪。各該州縣交兑時，即將白糧樣米封貯運通，以憑察驗。

十二年題準，州縣官交兑白糧，照漕糧之例，冬兑冬開。該督撫於開幫之日，注明交兑月日，列疏題報。如有遲誤，按例議處。

乾隆二年諭：『聞得江浙兩省，民間輸納白糧，較漕糧費用繁重，甚屬艱難。朕心深爲軫念，諭令該部詳考。據奏，兩省歲運白糧二十二萬餘石。太常寺、光禄寺、各賓館需用二千餘石，王公官員俸米約需十五六萬石，內務府、禁城兵丁及內監食用等項需萬石，尚餘五萬石存倉等語。朕思光禄寺等處所支，原以供祭祀及賓館之用，在所必需。其王公官員俸米應用白糧者，可酌量減半，以秔米抵給。至賞給禁城兵丁及內監食米，亦可將白糧裁減，給以秔米。如此則每年所需白糧不過十萬石，仍照常徵收起運。其餘十二萬石著漕運總督，會同該督撫酌行改徵漕糧。其經費銀米，均照漕例徵收，以紓民力。欽此。』

又題準，江浙二省運京白糯，每歲應需九千石，均攤科算。浙江原辦運白糯正米五千二百四石，照例採買辦運。江蘇常州府原辦運白糯正米九百八十石九斗六升二合，今派九百七十七石；蘇州府白糯正米原辦運四千二百六十八石二斗八升四合零，今派二千八百十有九石，以足九千石之數，餘均改徵漕糧。至松江府、太倉州屬偏處海濱，採買艱難，將白糯全改漕糧。

五年題準，江南崑山、新陽二縣，荒瘠田蕩應徵白糧六百二十一石有奇，於各縣南米內通融辦運。

七年題準，浙江杭、嘉二府有應徵白糯米，但浙地素不産糯，應隨漕統徵秔米，官爲易糯，春辦兑運。

一、漕糧蠲緩

順治初年定，漕糧原有定額。凡荒地無徵者，該督撫勘實具題，準予豁免。仍責令各州縣招墾，毋致久荒。

又定，災傷地方應徵漕糧及改折漕價，當年不能完納者，酌量被災輕重，或全行緩徵，或緩一半，或分作兩年、三年帶徵。

又定，凡田地沿江、沿海，坍没水中，無從徵漕者，保題豁免。

康熙七年題準，凡漕糧已經寬期帶徵，遇帶徵之年，復被災傷，其上年帶徵之糧，準其分年壓徵、帶補。

九年題準，漕糧寬期帶徵，漕項銀原無帶徵之例。如有被災過重州縣，該督撫題請寬緩者，亦準分年帶徵。

十年題準，荒闕田地、題豁漕糧，隨漕銀米一例準蠲。

二十一年題準，築隄占用民田，應徵漕糧，準其豁除。

三十年諭：『京通各倉累年積貯之糧，恰足供用。應將起運漕糧逐省蠲免，以紓民力。除河南明歲漕糧已頒，諭免徵外，湖廣、江西、浙江、江蘇、安徽、山東應輸漕糧，著自康熙三十一年爲始，以次各蠲免一年。欽此。』

雍正八年諭：『前因河南亦有被水州縣，特降諭旨，令該督按照歉收分數蠲免漕糧。今據該督奏稱，豫省州縣收成雖有不等，實未成災，且士民踴躍輸將今歲漕糧，見在完交兑運等語。士民等急公奉上，甚屬可嘉。但被水州縣雖未成災，而收成分數既有不等，著該督仍將歉收分數照例蠲免。即將已兑漕糧，準作雍正九年正供，以示朕加惠豫民至意。欽此。』

十年題準，凡水淹田畝，例於每年冬底確勘一次。涸則起徵，淹則停免。嗣後淹田漕米，先於糧册删除，照壓徵之例，竢冬勘後，涸則次年帶徵，淹則題請豁免。

十三年諭：『雍正十二年以前，民欠未完漕項銀全行豁免。嗣後遇有恩詔，均入於豁免內。永著爲令。欽此。』

乾隆二年題準，漕糧上供天庾，難容闕額。即漕項銀，亦辦漕之需。從前間有蠲免，出自特恩，原非定例。倘有被災地方，令有漕督撫確勘實在情形，或應分年帶徵，或按分數蠲免，臨時具題，請旨遵行。

六年咨準，各省凡遇災傷，多將漕項彙入地丁，並請蠲緩，以致牽溷。嗣後，無論咨題案件有關漕項者，專案造報。

一、漕糧改折

順治初年定，起運漕糧，例不改折，間有被災地方，準其暫時折解。

八年題準，漕糧改折後，百姓有先期完納本色者，準抵下年漕米。仍於下年應徵本色內，照數扣徵折色。

又題準，漕折銀即應起解，如該地方官有意延緩者，應按分數条處。

又題準，江浙兩省被災，除一、二、三分者，不必議折外，應以四、五、六、七分爲輕災，每石徵本色六斗，折色四斗。八、九、十分爲重災，每石徵本色五斗，折色五斗。其折色漕米，每石折銀一兩四錢。

九年題準，南北交旱，豫計折漕，江南、江西、浙江，每石折銀一兩五錢，山東、河南，每石折銀一兩二錢。

十年題準，本地被災改折糧額，不必復於鄰邑撥補起運。

十七年題準，漕糧內，向有給軍辦運灰石之米。因停辦灰石，米仍運通。嗣後，永折銀著徵解户部，聽工部按年支取，備辦灰石，以應工程之用。

十八年題準，漕糧改折，止許照價徵收。如仍藉兑漕爲名，濫行科索者，即行叅處。

又題準，漕糧遇有改折，其隨漕輕、齎、席、木、贈截等銀，照數徵解。

又題準，起運漕糧正米一石，例有耗米，並給軍行月、贈耗等米，如遇改折，一例按照時價折徵。

康熙八年題準，河南漕糧，遵《賦役全書》，每石折銀八錢。

九年題準，浙省嘉、湖二府被災，每米一石，折徵銀一兩。

十年題準，蘇、松、常等府被水，糧米每石折銀一兩，麥每石折銀四錢徵收。

十一年題準，沭陽、海州，地瘠民貧，漕糧折徵，每石徵銀八錢。

十六年題準，河南粟米價賤，每石於八錢內，節省銀一錢五分解部，餘銀六錢五分辦運。

五十八年議準，河北附近水次等府州縣粟米，每石令民間上納節省銀一錢五分。其餘六錢五分，即徵本色起運。至不近水次之州縣，仍照舊例，八錢折徵。

雍正元年諭：『浙省杭、嘉、湖所屬被災十四州縣，額徵漕米三十二萬石。朕恐荒歉之歲，民間納米爲難，著令徵收一半，改折一半。其改折之價，著照康熙九年例，每米一石折銀一兩。又念被災之後，所交米色未能純一，其十六萬漕米，著令赤白兼收。欽此。』

六年題準，河南去水次稍遠之府州縣，均照部議，徵收本色。惟南陽、汝寧二府屬縣，河南府屬盧氏、嵩、永寧三縣，及光、汝二州並屬縣，額徵漕糧，路遠難運，又離水次最遠之靈寶、閿鄉二縣，共酌減米萬五千六十二石有奇，均免辦解。分撥內黄、濬、滑、儀封、考城等五縣協辦。於五縣地丁銀內扣除完漕，照部價每石八錢，以銀六錢五分辦運，節省一錢五分，徵解糧道補項。其南、汝等府屬，每石折徵銀八錢解司，以抵濬滑等五縣所除地丁之數。

七年題準，江蘇通州漕糧兑給狼山營兵米，將附近水次州縣南米，改抵通州漕糧。

九年諭：『浙江杭、嘉、湖三府今歲小有蟲災，米粒稍碎，不能完漕。應令減價折收，以示體卹。著照雍正元年、四年之例，每石以一兩折徵解部。欽此。』

十一年題準，山東、河南額徵粟米內，改徵黑豆十二萬石，運供在京官兵，並支應理藩院賓館等項牧馬之用。一應起卸，均照漕例遵行。

乾隆二年諭：『江南淮揚一帶，於今冬大濬運河，自運口以至瓜洲，計程三百餘里，分隸淮安府之山陽、揚州府之江都、甘泉、高郵、寶應五州縣管轄。將來築壩開工之後，舟楫難通，民間輸納漕米，須用車驢陸運，未免竭蹶。又，淮安府之鹽城、阜寧二縣，與山陽接壤，向於淮城内外交倉兑運，則納漕與山陽等五州縣無異。朕心深切軫念。江南所屬漕糧，雍正八年、十一年有改徵折色，每石納銀一兩之例。著將今歲山陽等七州縣應納漕糧，照此例改徵折色。欽此。』

又題準，昭文縣薛家沙地，劃歸通州管轄，應徵漕米三百八石有奇，照通州漕糧之例，均留充狼山營兵餉。其應運之米，在於昭文縣南米内，改抵補額。

又題準，河南臨漳縣減徵黑豆，統作米數，折徵解部。應需黑豆，仍於應徵本色漕米内徵運。

又題準，江南蘇、常、鎮、揚、太倉、通六府州屬額徵之麥，向給運軍行、月二糧。遇有餘剩，易銀解部。但各屬産麥稀少，買交不便。嗣後，隨漕徵米給軍，餘剩每石易銀九錢，造報。

又覆準，豫省漕糧米豆，向因各府州縣以水次遥遠，運兑維艱，酌給脚價，令各州縣運至水次交兑。但祥符等三十一州縣，原給脚價多寡参差，不敷所用。嗣後，每石每里給銀八毫一絲六忽，於隨漕耗米及原定脚價銀内動支。若仍不敷，於節省銀内增補。餘剩節省銀解部。其永城等十九州縣離水次更遠，將額徵米豆折銀，令州縣選役赴水次，採買兑運。

又題準，江蘇嘉定、寶山二縣額徵漕米，例繫永折。今白糧截減，已改徵漕米四千九百二十六石。其永折漕米，亦照數改徵本色起運。

又題準，山東、河南改徵，黑豆不敷支給，於河南粟米内，再改徵二萬石，山東粟米内，再改徵四萬石。

三年題準，贛州府屬寧都縣原額起運漕米，因距省稍遠，兑運維艱。先經題定，留抵兵米，將奉、新等縣兵米解省，抵作漕米。今該縣新升漕糧正副米二石四斗七升二合，照例徵解贛縣，抵作贛縣應徵之兵米。即於贛縣額徵本色兵米内，扣米二石四斗七升二合，解省抵作寧都縣升增漕糧。仍於奏銷各册，分晰造報。嗣後，寧邑續升漕糧，均於贛縣兵米内，一例改兑抵解。至寧都縣漕米，抵解贛縣兵糧，其耗米一斗九升三合，應令寧邑照例扣徵，移解贛縣爲兑漕之費。其餘運費，令贛縣照派定漕糧款册徵收辦理。

四年諭：『聞海州及贛榆縣素不産米，漕糧皆採買於鄰郡。今年二州縣被水稍廣，民力未免艱難。其成災地畝應徵漕糧，聽該督撫察勘，題請蠲緩外，至勘不成災之處，民力亦覺艱難。著將本年應納並上年緩徵漕糧，均準其折色。每米一石折銀一兩，按數交官起解，免其購運，以紓民力。欽此。』

又諭：『聞贛榆縣地瘠民貧，又值連年被災。著將未被水之田應徵漕糧，照本地交納粟米例，一并改徵折色，俾多留米穀於瘠邑，庶民食不至匱乏。欽此。』

又題準，河南改徵黑豆，繫於各州縣應徵粟米內派徵。永城等十九州縣，折徵粟米，購買維艱。採辦之米於祥符等州縣徵解。以祥符等州縣應收之豆，於永城等州縣採買。

七年題準，江西瀘溪縣折徵漕糧，向定折價八錢，不敷採買。嗣後，於每年八月，借司庫存公銀，發該縣及時採買，按照買價徵銀還項。

又題準，江蘇海、贛二州縣不産米穀，漕米皆購諸外境，運赴清江交運，經過淮、黃，兑運維艱。嗣後，準照江西瀘邑之例辦理。

又題準，湖北通山、當陽二邑，僻處山陬，不通舟楫，漕糧難於兑運。嗣後，改徵折色，官爲採辦，每石連脚耗定價一兩二錢五分。

八年題準，江南嘉定、寶山二縣應輸漕白二糧，向繫折徵，官爲採辦。每年十月定價派徵，至十二月採買，時價長落不一，難免盈縮參差。改照江西瀘溪縣例，每年豫動庫項購買，覈明買價，出示徵收。

又題準，山東附近，青州州縣粟米徵運，青州支放兵糧。其改徵黑豆州縣，仍徵粟米兑運，將扣存兵米價銀，採買黑豆，運通所需，運青不敷脚價，以及隨漕幫貼等費，統於米折銀内動給。

九年題準，河南粟米内，再改徵黑豆二萬九千三百五十六石六斗六升有奇。

又題準，河南改徵黑豆，頻年加增。其永城等州縣購辦之豆，不必於祥符等州縣改徵粟米，即照數徵豆起運。

十一年題準，河南祥符等四十州縣額徵粟米內，每年改徵小麥萬石，同漕米、黑豆一同徵收，運通交納。由倉場侍郎轉運內務府收用。其運赴水次應需脚價，令該撫照舊每石徵收節省銀一錢五分，以資運費。自乾隆十二年爲始，照數改徵起運。

十四年題準，江南沭陽縣完漕粟米買自東省，陸運維艱。嗣後，準其採買糙秈兑運。

又題準，江南寧國、旌德、太平、英山四縣漕糧，向繫民折官辦，每年豫估，派徵官爲措銀墊辦，於官民均有未便。準照海、贛二州縣之例，先動司庫銀，及時採買兑運，將用過銀數，按米計算，照數徵收歸款。

十六年諭：『京師官兵牧養馬駝，需用黑豆甚多。豫東二省向爲出産黑豆之地。自雍正十年以來，已於二省漕糧粟米內，節次改徵，每年合計額解黑豆二十萬九千餘石，以供支放八旗馬駝之用，該省小民至今稱便。但見在豫東二省額徵運通粟米，尚有三十七萬餘石，計支放官兵俸餉外，每歲多有餘剩，似可再爲酌量改徵，以裨實用。著該撫等於額徵粟米內，各按地方情形，視其出産之多寡，分别實數，每歲再改徵黑豆一二萬石。同從前改徵黑豆一例兑運。在豫省多留此數萬石之粟米，既可以資民間口食，而京師黑豆價直亦可不致昂貴。倘加徵黑豆，於閭閻完納漕糧實有未便之處，亦即據實陳奏，不必勉强從事。欽此。』遵旨議準，東省牐河內外有漕州縣，向皆出産黑豆。前經改徵黑豆，完漕之時，以豆抵米，糧户樂輸。應將泰安、萊蕪、肥城、東平、東阿、寧陽、金鄉、濟寧、汶上、陽穀、菏澤、鄆城、單、范、觀城、朝城、聊城、博平、茌平、莘等二十縣及濮州，就其産豆多寡，區別定數，曉諭完糧。五升以上之花户，令其米豆兼收，共改徵黑豆三萬石，同應徵粟米一例依限徵完，交兑運通。至豫省地方粟豆兼産，豆多粟少之區，粟價常昂於豆價。自節年改徵黑豆，小民樂於輸將，徵運無誤。今應自本年爲始，於應輸粟米內改徵黑豆二萬石，將額徵粟米照數除抵。至漕糧每石向有節省銀一錢五分，徵爲運赴水次脚價之用，亦仍照前徵收，以資運費。

一、漕糧運船

各省漕船，原數萬四百五十五號。直隸三十有九，山東千五十四，江南江安糧道所屬四千八百八十七，蘇松糧道所屬六百四十八，浙江千九百九十九，江西一千有二，湖廣八百二十六。內除漕糧折銀徵解，及灰石改折，並分載帶運及坍荒田地應蠲漕糧，裁減船數外，以乾隆十八年實運船數計之，共五千四百八十八船：

直隸三十七號。協運河南。

山東九百七十五號。內漕船三百九十六，自備船三百三十五，運本省者七百三十一船，協運河南者二百四十四船。

江南江安糧道所屬二千八百八十六號。除協運河南百二十五船，撥運蘇、松等屬千八百三十五船，運本省者九百二十六船。

蘇松糧道所屬四百三十九號。

浙江五百六十九號。

江西三百四十八號。

湖北百二十號。

湖南一百十四號。

河南無出運。衛所船繫直隸、山東、江南等省就近協運四百有六號。

江南運白船一百三十六號。在通省漕船內，三年抽調一次。

浙江六十三號。在通省漕船內，撥定長運白糧。

順治初年定，奉委修造漕船，各官或詐報朽爛，或修造未竣，報稱已完，或將朽爛船册報掩飾者，皆降二級調用。承造官推諉，不行監造，或不能依限完竣者，各降一級調用。該管官督催不力者，罰俸一年。如朽爛船不估價申報者，亦罰俸一年。

十二年覆準，貼備造船，江寧各衛屯米，每石協濟銀三分，黄快船每丁協濟銀五分。官舍餘丁編爲三則：上則納銀五錢，中則納銀三錢，下則納銀二錢。審定造册，徵收解廠。安慶衛，以屯田匀配上下兩運，公同貼造。新安、宣州二衛，按屯田編徵貼造。建陽衛於屯丁銀內，加徵貼造。廬、鳳、淮、揚、徐、滁等衛，蘇太等衛所及山東各衛，均按清出丁舍編徵貼造。浙江，按清出閒丁，每丁徵銀四錢。江西每丁徵銀二錢五分。湖廣每丁徵銀二錢，以供貼造。若船多銀少，盡數匀攤。

又覆準，僉造漕船，除額給料價外，將各衛所舍餘閒丁，按年編審納銀，爲幫貼之費。

十四年議準，成造漕船，例有軍三民七。造船料價例於州縣民地徵十分之七，衛所軍地徵十分之三。並減存行、月等銀，供用東省，所增新糧應需船載，仍於額設銀內撥補成造。

十五年議準，湖北修造漕船所給料價，官役高下其手，竟非原數。不得不私派幫貼。嗣後，應令官修官造，以蘇軍困。

又題準，各省新升漕糧，運船不敷。例動經賫銀，雇募民船裝載。應令各省，豫爲題請補造。

康熙四年題準，漕船僉造之年，如有衛所官帶領運糧軍户勒索幫貼等弊，該督撫嚴禁。有違犯者，指名題叅。

又題準，造船屯軍，不僉不解，責在府廳衛所。解軍不造，責在糧道。該督撫指名題叅。

又覆準，嗣後漕船十年限滿，必須察驗確實，應造者造，應修者修。仍將每年修造船若干，造册題報。又須總漕親驗，實繫不堪出運者，方許改造。倘有可用舊船，不驗明駕運，該督撫察實題叅。其有過號漕船，自行造買，赴廠領銀者，槩行禁止。

七年題準，漕船改造，司漕之官親驗。如有仍可加修再運者，即於歲徵造船料價內，量給加修銀，仍令載運，照年扣算。

九年覆準，楚省軍三料價，因漕不起運，裁充兵餉。今楚漕見在復運，此軍三料價，自應照舊編，徵爲造船之用。嗣後，既有民七、軍三料價，毋得將別項動用。

十三年議準，漕船十年滿號，舊列照額船數目。凡額船十船，每年成造一船。嗣後，如滿號之船，尚可加修出運，仍令其加修出運。一二年迨至朽腐不堪，準其成造，不必泥於加一之數。

十七年題準，漕船載米不過四百石，入水不過六捺，空船以四捺爲度。

十九年覆準，造船料價，既有額支之銀，其清出丁銀，槩飭解部。

又覆準，定例停運漕船雖然限滿，未經運糧，仍令加修出運。

二十二年題準，各省漕船載正耗米共五百石，土宜〔一〕六十石。

二十六年題準，各省漕船，仍照各衛所見運船數，成造十分之一。

又題準，各省歲修銀多寡不同，今酌中畫一，通漕一例，每年出運一船，給修費七兩五錢。

〔一〕土宜　指土産貨物。

二十七年題準，各省修船銀，定例在糧道庫內，支給報銷。其江、安、蘇、松等處修艙銀，向繫各衛官軍，於過淮時，造報總漕批給。今酌議停其解淮，統歸糧道給發。其天津、通州二處三修銀，在通濟庫內支領。

三十四年覆準，江西漕船，每船準隨帶百石小船一隻。過百石者，不準隨帶。

又題準，運船不足，不早爲僉丁補造，又不設法雇募者，降一級調用。經管僉造漕船不力、玩誤者，罰俸一年。

衛所官解送漕駁船遲誤、朽爛者，罰俸一年。

五十二年題準，回空船如遇煞壩、濬淺，未經進口，給銀修艙。竢開壩飛輓受兑。

雍正二年議準，各省造船料價。安慶、新安、宣州、建陽、金山、鎮江、蘇太、鎮海等衛，並江西各衛所船，向例給各軍料價，在本地方設廠成造。湖廣各衛所船，定例糧道將料價分發武昌、漢陽二糧廳，在於武漢二廠成造。其江淮、興武、廬州、鳳陽、滁州、徐州、淮安、大河、揚州、儀徵等衛船，於江寧府及淮安、清江等廠成造。浙江各衛所船，於仁和、錢塘二廠成造。山東各衛所船，於淮安、山東廠成造。均隸船政同知管理。其料價銀，除動支額編民七軍三料價銀外，倘有不敷，或動關税，或動減存漕項，並支剩行、月銀，或動輕齎及蘆課銀，均漕臣臨時題請撥補。今船政同知，既經裁革，應統歸糧道管理。令運軍支領料價，赴廠自行成造。所有不敷料價，即於道庫減存漕項銀內動支。其蕪湖、淮安、杭州等關額供造船銀，飭令解部。

又覆準，糧船到次，立即給銀修艙。如運軍有事故者，即著該船舵工修艙。倘有遲誤，以及虛領錢糧、不修艙者，總漕即將糧道、監兑、押運、衛備等官題參議處。所領修艙銀，仍著落運軍賠補。

三年覆準，漕船料價，令糧道如數親給。如有侵扣等弊，總漕將糧道等官題參議處。侵扣之銀，嚴追入官。

四年題準，湖北、湖南見運漕船，竢運滿十年，一例請造。其餘各省，仍每年照十分之一，咨部請造。

又題準，山東不產楹木，每年應造漕船，先期造册報部。隨給價，豫往南省購辦。如有浮冒、扣剋等弊，將該管道官題參。其木料不堅實者，著糧道賠造濟運。

又題準，各省見存漕船數目，準部行令徹底清釐。今按江、興、廬、鳳等衛，原額漕船三千六百六十五號九分，內灰石改折，分灑帶運，及減存船四百五十五號九分。此外尚有新安等衛，永減、荒減、積闕、暫減、輪減等百八十三船。見運三千二百十船。江西十四幫，原額一千有三船，內除并造減淺七十四船，止存九百二十九船。又有減存、積闕二百二十一船，實在見運七百有八船。蘇太等衛，原額六百四十八船，內灰石、灑帶、減存一百有四船，見在實運五百四十四船。浙江額船久遠，案卷無考。照上年册開原奉單，派千五百五十八船，內灰石、灑帶、減存三百四十三船，見在實運千二百十有五船。湖北原額漕船並減存各卷，於康熙二十七年焚燬無存，見在實運二百二十八船。湖南原額一百八十二船，見皆實運。山東原額並自備七百三十一船，內輪流減存二十三船，共實運七百有八船，內自備船三百十有二號。又協運河南原額三百二十七船，內輪流減存三十九船，見在實運二百八十八船。天津右衛所，原額自備旗船十九號，內灑減船二隻，實派出運自備十七船。通州右所自備船二十號。嗣後，各省漕船，將實在見運船數作爲定額。內除運軍自備船，例不給料價，及湖北、湖南見運漕船，竢運滿十年，一例請造外，其餘各省見運漕船，每年將滿號之船，均照十分之一，咨部請造。如有可以加修出運者，仍令加修出運。不得將尚堪加修之船，冒請成造。

五年奏準，催漕船，按汛成造。每船給銀三十七兩六錢三分三釐，於稅課銀內動支。又別於茶果銀內，每歲支給小修銀二兩。十年期滿，照例別造。

八年題準，排造漕船給過料價，取具各弁軍並無需索、剋減印甘各結，送部覆覈。仍竢前項糧船過淮時，令總漕親驗。

又題準，山東及江南之廬、鳳等衛，成造漕船定例，將舊船解廠，充作裏料。如並無底板解廠者，交銀五十一兩。

又題準，江西滿號漕船不堪加修者，準其在北拆賣，改造駁船，將價銀解交糧道，驗給親造。

九年諭：『江南江淮、興武二衛運軍名下，有應追鑽夫底料銀十萬八千一百餘兩。此項自康熙四十二年至雍正元年，前後共二十載。各軍僉替更換不一，見今著追之人，未必繫當日領米之人。其力既不能完，未免有所拖累。且今承追、接催各官，叅罰纍纍，有礙考成，亦可軫念。朕思雍正三年以前拖欠錢糧之各案，正在清釐豁免。而運軍効力漕儲，尤朕所加恩體卹者，著將江、興二衛應追造船夫役及底料銀，悉行豁免，以示朕恩卹運軍之至意。欽此。』

又題準，江、興二衛因無贍運、屯田，又無什軍幫貼，料價不敷製造，造船夫役及底料銀，仍應照從前支給之數給發。除鑽夫銀五十兩原無增減，其底料銀以十分計算，每分銀五兩一錢。若無底料者，全給銀五十兩有奇。或有底料不足，則照不足分數補給。在徵收餘丁協濟銀內動支奏銷。

又題準，河南、山東減存七十四船之內，量存三十船以備兩省升科、新漕撥補之需。其餘四十四船，停其製造。又，楊州衛二幫減存六十六船之內，留三十二船。其餘三十四船，準其停造，每船追底板銀五十一兩，解部。

又題準，回空漕船無需雙桅，舊例令運軍賣桅木一根。雍正三年奏準禁止。嗣後，仍準賣桅木一根，以資路費。

又覆準，漕船篷、桅、什物，嚴禁通州木廠，不許串通盜賣、盜買。

十年覆準，初次出廠之年，槩不支給修艌銀，惟江南省累年獨支。嗣後停其支給，畫一遵行。

十一年覆準，各省滿號漕船，令糧道先期請造，豫備物料。原船到次，即時興工。倘隱匿不造，及請造遲延，將衛備參革。如將舊船掩飾，及造不如式者，將監造官、衛備、運軍，究擬賠追。糧道不親驗，及徇隱不揭者，并參處。

十二年覆準，湖北漕船將届歲造之期。該撫將解部漕項銀，豫年於季報册內，酌定數目，登明留備，暫存道庫，按限盤察。至漕船輪造之年，糧道於豫年冬兑時，將各季報册內存留數目，彙繕清册，同該年應造軍船清册，申送總漕。總漕於重運漕船過淮驗看後，即覈明送部覈覆。該撫接準部覆之後，將所需物料，先期完備。原船到次，立即興工，配造濟運。其動用銀，仍入各年漕項奏銷册內，具題覈銷。

又題準，修造漕船，擅自買補、捏報完工及私雇民船出運者，將該衛備及運弁參革究擬。

乾隆五年覆準，漕船遇有事故，應賠造者，回次之時，即令遵例賠造。倘有藉辭減歇，違至次年興造者，將督催衛弁，照例題參。

又覆準，歲造新船，當年不支三修銀。惟各省賠造之船，當年仍支。嗣後一例停給。

六年題準，湖廣糧船，向族通幫限滿，一齊修造，運料鳩工不免草率，易於朽腐。嗣後嚴飭衛備、運軍務遵定例，按式成造，並飭糧道詳驗，總漕於過淮時覆驗。如有造不堅固，出運七八年朽腐者，據實題參。

七年題準，山東自備船繫運軍雇募修艌，兑運不給三修銀。但各軍先期定船，修艌無力。酌定每年雇船，先於該軍應領折色月糧內，每船先發銀八兩，以資修艌。如遇減運，於各軍應支四分之一苫蓋月糧內扣抵。

八年題準，湖北適遇截漕減歇，應將減存九十餘船，於乾隆九年按限配造。

又覆準，定例漕船造不如式，監造官弁及糧道皆有處分。惟賠造船不合式者，未經酌定參處，恐草率塞責。嗣後賠造之船，務照軍船式樣成造。倘有短窄及板木不堅厚者，將監造官弁及糧道皆題參究擬。

又題準，湖廣漕船滿號之年，總漕於重運回空時，親加驗看，擇其堅固者，加修出運一次，準其留通變賣。五、六年事故賠造之船於足運後，細加察驗，如實繫堅固，令其再運二次，咨部請造。所有舊船，準其留通變賣。倘賠造足運之船已經朽腐，該軍希圖二運之後可以變賣，捏報堅固，該管官察驗不實，擅準出運，總漕即嚴參究處。

又題準，山東各幫，於額運漕船之外，向設量存船三十號，留備漕糧新升，及不時撥補之用，今應裁汰。倘有新升漕糧，照自備運船之例，雇船運送。

九年題準，留通變賣之船，沿塗遇有失風事故，旋已修造堅固，將米分於通幫代運抵通者，其船如即在塗次變賣，將千總照例議處。

十年覆準，浙江紹興前後兩幫漕船，向繫加一成造。緣奉十年滿號，一例報造之文不能符合加一之數。嗣後每幫每年留歇八船，將米分各船加載，遞年輪運、輪歇，以符歲造加一之數。其輪歇之船，即以滿號留存配造，不準支給三修。

十一年議準，揚州衛二幫，量存船二十四號，原屬虛糜曠設，理應裁汰。因江、興二衛有貧疲軍船，將江、興三七八幫察明，實屬貧疲軍船，照數裁減，即將揚州衛二幫應裁之船留存抵補。

又覆準，湖北、湖南買補足運之船，俟抵通交糧之後，準其留通變賣。將所賣價銀，令坐糧廳就近驗明封交，隨幫攜帶回次。由糧道驗給各軍，以爲增造新船之用。

十二年覆準，江、興二衛幫軍貧疲。將漕船千一百八十四號內察明，實屬貧疲、不堪駕運者，按照加一裁減。裁船底料照例變價，並將裁船應得之行月、漕贈銀米，分給存運各船，以蘇軍困。

又覆準，廬州衛三幫輪減漕船與揚州衛二幫量存輪運船，事屬相同。全數裁汰，以省糜費。將裁船照例變價。

十三年覆準，湖北、湖南同省，湖北漕糧比湖南少八百餘石，漕船多於湖南四十六號。船多米少，每船應得耗米、水脚等項較少。事例既不畫一，運軍未免偏枯。將湖北裁汰四十八船，存船百有八十，均裝額運漕糧。仍將各船應運漕糧、應增銀米各數目，造册送部察覈。裁船底料，照例變繳報部。

又覆準，江、廣二省失風漕船，如果不堪舁修，該地方官弁據實察驗，出具並無揑飾各結，呈報總漕，咨部，準其折板變價。其變價銀，令地方官覈數封固，交該幫運弁呈明該省糧道驗發。

十四年覆準，徐州衛河南後幫歲造漕船，向在淮安清江浦船廠成造，駕赴河南衛輝水次兑糧，程塗遥遠，渡河過牐，守候風汛，有需時日，恐誤兑限。今酌定在於臨清設廠成造。凡遇滿號之年，令各軍於歲前自備價銀，並飭弁軍先行購料，俟準造之日，照例於江安糧道庫銀內，給發料價成造。

一、駁船

順治初年定，漕船至天津起駁，分運至通，設紅駁船六百隻，每船給田十頃，收租贍船，免其徵科。

康熙三十九年題準，紅駁船年久破壞，不堪運糧，裁革變價。原給之田按畝起科，歸入地丁奏銷案內。起運仍照原收租數分派。各省於漕糧項下，編徵解糧，道庫支發運軍。漕船遇淺之時，自雇民船起駁。

四十六年題準，紅駁銀，照實在抵通船數，就近於通濟庫銀內支給。倉場侍郎將給過銀數，造册奏銷。

雍正十年覆準，漕船遇淺，雇船駁運，例繫坐糧廳酌定雇價。但船户皆繫州縣百姓，不屬坐糧廳管轄，不遵約束，多索運軍，勢所不免。應令天津以北各地方官，計道里之遠近，酌定工食之多寡。先期出示曉諭。如船户運軍不遵約束，該地方官即行拏究。倘地方官奉行不力，巡漕御史察明參處。

乾隆二年咨準，漕船到通，每船例給紅駁銀二兩，以爲雇船駁淺之用，向繫漕船到通給發。嗣後應於各幫將次抵通之日，令隨幫千總率運軍赴領，先行散給。

又咨準，北河起駁漕糧，向繫運軍自雇民船，每多高價，運軍苦累。民船到通，亦不免稅。嗣後按照米數，計程遠近，定價多寡，官爲立契。船户不許額外勒索，運軍不得横奪裝載。民船運糧到通，免其徵稅。如漕糧之外別攜貨物者，仍按貨徵收。

九年題準，漕船起駁，於楊村等四處設立船行所雇民船，較前多有遲滯，已將船行悉行裁革。嗣後各省幫船在北河起駁，飭令運軍遵照定價，自行雇募。並令該管官不時稽察。倘有船户任意多索，或運軍短給價直，致啟争端，遲誤漕運者，即按律究治。

十三年覆準，紅駁銀每年額徵萬四千五百餘兩，遇閏加增銀三百餘兩，原給運軍爲北河駁淺之用。今議於北河增設垡船及衩淺夫，不時濬淺，使漕船米少起駁，以免丁累。其置造垡船器具及夫役工食等項，於紅駁銀內動支，餘剩之銀仍照數分給運軍，以備駁淺之用。

一、帶運加給

順治十八年題準，各省升糧，酌令每船分帶外，其餘撥減船代運。

康熙五年題準，江西漕船闕額，原撥江廣幫船協運。其軍船於原派一淺之外，加載漕糧。應按淺加支行月，每石給銀一錢六分五釐。

十四年題準，江南蘇、松、常三府白糧，向來雇募民船受兑。嗣後抽選漕船運白，各船應載漕糧，分於餘船帶運，每加裝正米一石，給負重銀五分。

二十五年題準，浙江帶運漕米，按裁闕船數，每船給負重銀四十八兩。江南每帶運米一石，給負重銀五分。浙江所給較之江南數多，應照江南之例，每石給銀五分。

二十九年題準，山東、河南、湖廣原繫按米派船，向無加裝漕米支給負重之例。今湖北帶徵漕米撥用減存船，餘米分派各幫帶運。其撥用減船行月、席木等銀，準其照例支給。至加載漕米，不準支行月及貼運銀米。

三十三年題準，停止江廣協運江西漕船。原派漕糧，令本省運船加增載運。其加裝漕米行月，仍照舊例，按石支給。

雍正四年題準，山東緩徵漕米，各軍雇募裝運。照依南漕搭運之例，每石給負重銀五分。

乾隆六年題準，湖廣程塗獨遠，如重運已經過淮失事者，回次之時，業屆受兑新漕，賠造不及，準其暫減一半，從容修造完固，再令出運。其本年應運正耗漕米，即分於通幫，附搭運通交納。若未經過淮失事者，去受兑之期尚遠，仍令於本年趕緊賠造，以濟新運。

十二年議準，江南、江西、浙江失事漕船，如果開兑期迫，實繫不及賠造，將本年漕糧分於通幫帶運，即責成運軍賠造新船。

一、雇募民船

順治四年題準，各省漕船闕額，雇募民船裝運。運畢之日，不必催令回南，聽其自便。

九年題準，各省雇募民船水脚，江南蘇、松、安、廬，並江西、浙江等處，每石自三錢至三錢五分，揚州府每石給二錢五分。均於月糧耗米並輕齎銀内動給。

十年題準，各省凍阻闕船，設法雇募，待冰泮，趕催接運。

十一年題準，雇船水脚，全動輕齎，倘有不敷，於減存行月内動給。

十二年題準，雇募水脚，令漕督於輕齎銀内支發，不許抵算到通起欠。

康熙十八年題準，山東漕糧，若議裁别省協運船，責令一年兩運。倘遇水旱，難以轉回，應令别僉殷軍，自備雇募船二百三十餘隻，共爲一運。

二十年題準，浙江雇船至淮，每石給脚價銀一錢。

三十四年題準，各省升糧既多，停其帶運，總漕將升科糧數，豫先題明，撥船載運。

四十四年題準，江西募船到淮，每糧一石給脚價一錢二分、米四升。

五十一年題準，回空遲延之船，不能依限到次者，應運新糧，由總漕稽察，將該省減存船兑運；如無減存船，於本省漕糧搭運；或本省船不能搭運，即捐雇民船，依限兑運開行。回空阻滯之船，於來年開凍時，沿河文武官飛催，迎淮受兑北上。如有不設法雇船、依限兑開，將在南之糧道、監兑、州縣等官題參議處。如遲滯船不能迎淮受兑，有誤北上，即將在北沿河催趲回空文武各官題參。按違限時日，分别議處。

雍正元年題準，各省回空漕船，若有凍阻者，雇募民船兑運抵通，不必迎船接換。

二年諭：『聞今春丹陽縣及常州府等地方漕船，沿塗遇淺，槩拏商船起駁，且藉名需索，貪暴公行，得賄者，雖空船亦行釋放，不遂其欲者，抑勒當差。有將貨物行李拋棄河干，紛紛露積，或爲風雨所損傷，或爲盜賊所窺伺。該管漕運文武官弁，漫無約束，毫不經心。小民營販資生，何以堪此擾害？江南總督、巡撫、總漕，繫地方大吏，皆當實心體卹，稽察周詳。奉諭之後，若再用起駁，當各嚴飭所屬官弁，申明約束，不得仍蹈前轍。欽此。』

又題準，漕船並不照額數出運，各軍夥雇大船裝運，其糧道、押運、領運等官不詳明少船情由，溷報開幫者，照徇庇例議處。

乾隆元年題準，自備船，例不支三修科價，僅給重運銀，令其雇募。若令回空，未免拮据。嗣後每年於八月内，責軍雇募，免其回空。

二年題準，各省雇募民船，抵通交糧之後，倉場侍郎按其回南水次遠近日期，每軍給以空身限單一紙，勒令及時回次。仍將限單彙送該管糧道察驗。

四年題準，山東漕糧於十二月初旬兑竣開行，自備船於八月内雇募，運軍多費雇價。嗣後寬限一月，每年於九月内雇募候兑，令糧道察驗。倘有遲延，即行揭參。

又奏準，各省重運漕船，凡經過地方，倘遇天旱水淺，萬不能通行之時，總漕、總河一面奏明，一面飭地方官豫備民船駁運。將駁過各幫運軍姓名、船米、貨物數目，以及給過船價，呈報督撫、漕河諸臣及巡漕御史備案。其雇募駁船價直，官爲酌定給發。如有運軍扣剋及船户額外勒索者，即行究治。

十二年議準，山東、河南漕船，不比江廣寬大，難以責令帶運。如失事漕船臨兑賠造不及，應運漕糧雇募民船裝運一次，仍令勒限賠造接運。

一、白糧運船

順治十年覆準，漕糧有官造漕船裝運。白糧無船，每至臨期雇募民船，稽遲時日。應照漕糧之例，攢廠造船，給發州縣兑運。

十一年恩詔：『白糧民解累民，官解仍以累民。今後於該省漕船分帶，以省官民之累。欽此。』

十二年覆準，白糧令漕船灑帶，恐舂辦束包，不能告竣於朝夕。責之民，則仍加苦累；責之軍，則分身無暇。應照舊仍令官運。

十七年覆準，白糧運至丁字沽起駁，緣漕糧先行，白糧繼後。每年凍阻，故於丁字沽駁運。今漕白兼行，無分先後，自應與漕糧一例。原船徑行低通，不許仍於丁字沽换駁，永著爲例。

康熙三年覆準，浙江白糧用漕帶之法，需船百二十六號。除六十二號於漕幫内抽出裝運外，實應增造新船六十四號，并入漕幫僉運。

十四年覆準，江南蘇、松、常等府白糧，照浙江之例，抽選漕船運送，每船裝運五百石。擇運軍殷實、船堅固者抽選、裝運。五年一次更换。

四十二年題準，蘇、松、常三府白糧，於回空無欠之江淮、興武等十一幫内，無論已運、未運，簡選殷實運軍、堅固漕船，五年一次輪運，毋致違誤。

五十六年題準，停止輪運。

雍正四年題準，白糧運費多於漕糧，仍照舊例，於通省漕船内抽選堅固者，並累年無欠殷軍，公同掣運。五年一次更替。如有挂欠，即捆打、革運、追賠，照監守自盜律治罪。

乾隆元年題準，江南運白糧船，例於通漕船内抽選，五年更替。但五年之内，運軍消長不常，致有軍力漸疲，運船朽壞之弊。嗣後於每年未兑之先，責令糧道赴次察驗，如運軍力疲，船不堅固者，别選殷軍補運。

二年覆準，蘇、太、松、常四府州，原運白糧二百九十三船，今減徵白糧，改徵漕糧。應減白糧船百五十有七，仍令兑漕，實起運白糧船百三十有六。蘇州府前幫二十有九，後幫二十有六，共船五十有五，應歸并一幫。松江府四十五船爲一幫，常州府三十六船爲一幫，船數適中，應仍其舊。

又題準，浙江原額白糧内改徵杭米，即以原運白糧之船，領運改徵之米。嘉興府屬白糧幫七十六船，以三十八船運白，三十八船運杭。湖州府屬白糧幫五十船，以二十五船運白，二十五船運杭。下次則以今次運杭之船，更换運白；運白之船，更换運杭。各半分運，遞年輪换。

七年題準，浙江白糧幫船，於康熙四十三年題定，五年抽調。因該省運白各軍挂欠頻仍，别軍懼累，不願抽調，以至累年並不遵行。至雍正十三年，行令仍照康熙四十三年之例。但漕白各幫，均不願紛更抽調。嗣後浙省白糧照舊撥定軍船，永遠運送，免其抽調。

十六年奏準，江南運白各船，從前原議，於通省漕船内抽選兑運，五年更换。但爲期太久，自宜稍爲變通。嗣後江蘇運白船定爲三年抽調，仍照例於通省漕幫内，遴選軍殷船固，累年無欠，以及並未運過白糧者，抽换兑運。倘該道衛等違例遴選，即行參處。

一、總漕督運

順治初年定，設漕運總督一人，駐劄淮安。

十二年覆準，漕運錢糧盡歸糧道專管，其他省協運官軍各該管官，將支給行月雇募等項，造册移送彙報。總漕送部察覈。

康熙二十二年諭：『漕運總督管理船糧，是其專責。過淮及回空時，令漕督親身往來催趲，不致貽誤。欽此。』

一、巡視漕運

順治二年覆準，前明漕運設旗甲以輓運之，設運總以統領之，設漕道、糧道以督押之，設總漕、巡漕以提衡巡察之，業已犁然具備。况江南初定，法制未遑，漕運一事，無如仍舊爲是。

七年議準，漕糧每歲開兑之時，各糧道即將該管糧船，自爲首尾督押。把總、運官隨幫前進，互相訪察。並責成沿河各道及管河各官，不論兵丁、士庶，盜賣漕米，立時拏報。該管撫按及巡漕御史題參究問。倘該管境内盜賣事發，該道河官聽巡漕御史糾參，治以不職。

是年裁巡漕御史。

又奏準，重運漕船抵通交卸，例聽巡漕御史督押回南。今巡漕御史已裁，應自通州起，即將原來運糧起卸船交明，密雲道押到天津，交割明白，仍前督押出境。自此而南，武德、東昌各道，照前督押，直至濟寧，呈報總河，給發牌票。責成沿河各道，逐程督押出境，至淮安呈報總漕；至江寧呈報江南總督；至杭州呈報浙福總督。各照前，責成各道，逐程督押，交割該管衙門，接濟新運。如有短少及攬載遲滯，將原領官旗察明治罪，督押各道一并議處。

又覆準，督押回空，向繫巡漕御史職掌。今巡漕既裁，應責成各兵糧道，逐程分押，催令星速回南。如各船沿途遲滯，有誤新運，將該道叅處。

雍正七年諭：『朕聞糧船過淮，所費陋規甚多。嗣後著御史二人前往淮安稽察，不許官吏人等向運軍額外需索，以致擾累。其糧艘中攙帶物件，除照例許帶外，如運軍有夾帶私鹽及違禁等物者，亦著該御史稽察。但不得過於嚴刻吹求，以致糧運遲滯。至糧船抵通之時，其該管衙門官吏及經紀車户人等，恐有向運軍額外需索陋規者，亦著差御史二人前往稽察。淮安於二月初差往，通州於三四月内差往，不必拘定。滿漢各一人，著都察院按期開列請旨。欽此。』

十一年題準，嗣後淮安巡漕御史，於年前十二月間，命往稽察。

十二年題準，嗣後巡察南漕御史，令於漕船過淮、出臨清之後，隨漕沿途稽察，直抵天津。如有運河水道石塊、木樁，該管官察看不實、起除不淨，以致抵觸漕船，及官弁需索稽留等弊，即行叅奏。

乾隆二年題準，巡漕御史四人，以一人駐劄淮安，巡察江南江口起至山東交境止；一人駐劄通州，巡察至天津止；一人駐劄濟寧，巡察山東臺莊起至北直交境止；一人駐劄天津，巡察至山東交境止。各按所巡地方巡遊訪察，剔除諸弊。

一、分省漕司

山東、江安、蘇松、江西、浙江、湖北、湖南各設糧道一人。河南以開歸鹽驛道兼理。康熙二十二年，山東漕糧改折，裁糧道官。二十九年，仍徵本色，以開歸鹽驛道兼理。

順治十年題準，各省糧道職掌漕務，别衙門不得干與。有勢要把持及不服鈐束者，指實叅奏。

十六年覆準，糧道專司漕運諸務，督押過淮、盤驗後，即令回任，料理新漕。除山東、河南糧道，照舊押運抵通外，餘省令總漕巡撫，於本省管糧通判中遴選一人，督押抵通。

十七年覆準，糧道不得别委，俾得專司漕務，毋誤職掌。

康熙十年覆準，荆州等四衛軍船、武昌左衛增補漕船，聽湖南糧道催運。武昌等六衛所軍船，聽湖北糧道催運。

雍正四年題準，糧道皆有公事辦理，若令押船過天津，諸事必多遲誤。應令總漕於江、蘇二糧道内，每年委一人親押過山東入牐，俟江南糧船盡數過淮，即回本任。

一、監兑漕糧

山東以武定府同知，濟南、兖州、東昌、泰安、曹州五府通判。河南以歸德、衛輝、懷慶三府通判。江南以江寧、蘇州、松江、鳳陽四府管糧同知，蘇州、安慶、寧國、池州、太平、廬州、揚州七府管糧通判，松江、鎮江、徐州三府糧捕通判，淮安府軍捕通判。浙江以湖州府同知，杭州、嘉興二府通判。江西以南昌、吉安、臨江三府通判。湖北以武昌、漢陽、黄州、安陸、德安、荆州六府通判。湖南以長沙、衡州、岳州三府通判。

康熙六年題準，向來漕糧專以府推官監兑。凡米色之美惡，兑運之遲延，及運軍横肆苛求、衙役需索、姦蠹包攬，攙和等弊，皆責令監兑官嚴行禁戢。今各省推官既裁，監兑事宜委府同知、通判，照推官例舉行。

五十一年題準，監兑官務令坐守水次，將正耗、行月、搭運等米，逐船兑足，親督到淮，聽總漕盤驗。

雍正元年題準，漕糧開倉將兑之時，委定監兑官，不得以别項公事差委。

七年覆準，漕糧開兑之期，監兑官親赴水次，驗明米色純潔，與押運官面交。糧船開行之後，仍令親押到淮，聽總漕盤驗。如有糧數不足，米色不純，照溺職例議處。

一、押運府判

山東通判一人，河南通判一人，江南通判七人，浙江通判三人，江西通判二人，湖北通判一人，湖南通判一人。

順治十六年覆準，江浙漕運，令總漕會同該巡撫，於管糧通判内，每省遴委一人，專司督押，管束運軍，嚴加防範，以杜沿途侵盜、攙和等弊。

康熙二十九年議準，押運官不得攜帶侍妾、優人及多帶童僕。其餽送積弊，盡行革除。仍將管押幫船，自開行日期計程，嚴督催趲。

三十四年題準，嗣後漕船回空，應令通判管押，如徑從陸路回南，照差遣官枉道例議處。押空過淮遲誤，照重運過淮違限例議處。

雍正四年諭：『押運同知、通判抵通之日，著總督、倉場侍郎送部引見。欽此。』

乾隆元年題準，江南向設押運官五人，江西向設押運官一人，船多人少，前後遥隔，未便稽察。應於江西增委一人，江南增委二人。該督撫遴選委用，分幫管押。一應抵通回空，均令沿塗稽察。議叙議處，悉照定例。

二年題準，山東漕糧於泰安、武定、曹州三府同知、通判内遴委管押。凡牐外先進糧船，牐内抵通回空糧船，以及輪押薊糧，並監兑等事，與濟南、兖州、東昌三府管糧通判一同辦理。

三年議準，押運官引見後，部内給與限單，趕幫督同前進到淮總漕察覈。有違誤逾限，即行糸處。

四年題準，籤算漕糧之法，其間伸縮、盈虛，易滋弊竇。嗣後籤量盤察之時，著漕運總督親率善算之人，赴船細覈。一應無事人等，毋得多留在倉。如有勾引滋弊者，立即嚴拏究處。

六年題準，山東東昌府上河通判，向繫專理運河河道工程，兼管聊城等十四州縣糧務。該員事務紛繁，難以兼顧，應將聊城等十四州縣糧務，改歸東昌府清軍理事同知管理。

七年題準，重運過淮之時，令淮安府糧捕通判，協同漕標營將，秉公籤驗。倘籤驗不實，有弁丁營役無弊營私，該督即行題糸。

九年題準，籤盤、營衛互用，於籤盤之日，拈鬮匀分，著爲定例。總漕及巡漕御史，照此稽察。如有改易成規，即行糸奏。

十年咨準，松常二府船糧，即令各府監兑、府判押運抵通。蘇太二府州所屬之長洲、元和、吴、吴江、震澤五縣船，亦令監兑之管糧通判，管押北上。其常熟、昭文、崑山、新陽、太倉、鎮洋、嘉定、寶山等八州縣，及鎮江府屬船糧，將應委增設押運官二人，先期委一人豫赴常昭等處水次，一人豫赴鎮屬各縣水次，稽察船糧、催督開行、趲押抵通。其米色、行月、上船等件，仍責監兑經理。兑齊開行之時，將各官管押幫船數目，造册報部。

十二年奏準，湖北糧船無多，不需多官料理。於六府通判内，裁減三人。

一、沿塗催運

康熙元年題準，淮北、淮南沿河鎮道將領等官，均有趲重催空之責。漕船入境，各按汛地，立即驅行，毋使停滯。如催趲不嚴，以致糧船停泊，及縱運軍登岸生事，聽所在督撫題糸。

二十六年題準，江南京口、瓜洲渡江相對之處，令江鎮道董率地方文武官，遇有重運，亟催過渡，並令京口總兵官巡視河干，一同催護過江。如遇大風，督令標兵操舟豫備，遇有船及江心，不能近岸收口者，設法挽收。

三十六年題準，京口總兵奉裁催護漕船，即令副將管理。

四十五年題準，漕糧至臨清、德州等處，河水淺阻，山東巡撫簡委賢能官，自濟寧隨押督催，遇淺疏濬，催出山東地界，將出界日期奏報。如催趲不力，照例題糸。

五十一年題準，各省空重漕船，有在淮揚以及蘇松南河遲延者，江南巡撫取催趲不力、並押運領運官弁職名，題糸。其在淮安以至天津北河遲延者，總漕、倉場侍郎行文各該督撫，取專催、督催不力各官，並押運官弁職名，題糸。

雍正三年奏準，天津至通州沿河各有汛地，遞相催趲。倘前汛不行力催，有礙後船，及漕船到汛不親赴河干，並坐視前船阻滯、不行申報者，倉場侍郎題參。

四年題準，天津關內，舊設三十八汛，沿途趲運。今以蔡村以上，每五里造船一隻；蔡村以下，每十里造船一隻。令兵丁住宿在船，糧船來則催重，回則催空。

七年奏準，北河壽張、東昌等處，向無專駐大員，巡察不密。今遴委專員駐劄，各按河汛，往來催趲。其臨清甎版二牐，即令臨清副將催趲巡察。如不實心奉行，致空船、重船停泊躭延者，倉場侍郎題參。

又題準，糧船回空到省，未經開兑之先，責成本省巡撫及糧道等官開兑。出境之後，責成漕運總督及沿途該管地方文武等官；到天津以後，即責成倉場侍郎、坐糧廳並天津總兵、通州副將，天津、通州等官，各按該管地方，嚴行稽察。如有違犯，協同押運官弁，立即擒拏，按律懲治。

一、漕糧領運

直隸通州左所、右所，天津左所、右所領運千總各一人。均領河南運。山東濟寧衛守備一人。前後及前左、後右漕船四幫，任城一幫，每幫領運千總二人。德州衛、德州左衛、東平守禦所、東昌衛濮州所、平山前幫、後幫，領運千總各二人。臨清衛，山東前幫、後幫領本省運，河南前幫、後幫領河南運，薊糧幫運送直隸薊州，每幫領運千總二人。

江南江安糧道所屬興武、江淮二衛，守備各一人，漕船各九幫。淮安衛守備一人，漕船四幫。大河衛守備一人，漕船三幫。揚州衛守備一人，漕船三幫，儀徵一幫。徐州衛守備一人，本衛漕船一幫，河南前後二幫。領河南運。安慶、新安、宣州、建陽、廬州、滁州、泗州七衛，漕船各一幫。鳳陽衛守備一人，本衛漕船常州一幫，原鳳中常州三幫。長淮衛守備一人，本衛漕船四幫。宿州衛二幫，每幫領運千總二人。

浙江杭州衛漕船四幫。嘉興、湖州、嚴州二所各一幫。台州、温州二衛各二幫，每幫領運千總二人。紹興、處州二衛漕船前幫領運、守備各一人，千總各一人；後幫領運千總各二人。海寧衛金衢所，領運、守禦千總各一人，衛千總各一人。

江西南昌衛，漕船前幫領運守備一人，千總一人，後幫領運千總二人。袁州、贛州二衛漕船各一幫，領運、守備各一人，千總各一人。九江衛漕船二幫，領運千總各二人。吉安、安福、永新、撫州、建昌、廣信、鉛山、饒州八所，漕船各一幫，領運、守禦千總各一人，衛千總各一人。

湖北武昌衛、武昌左衛、蘄州、黄州、襄陽、沔陽、岳州五衛，荆州衛、荆州左衛、右衛，湖南三幫，領運千總各一人。以上各省、各幫，每幫隨幫効力武舉一人。

順治七年覆準，每年僉選職各糧道，於七月內呈報。遲至八月不報者，罰俸三月；九月不報者，罰俸六月；十月不報者，降俸一級。俟運官糧完，方準開復。

康熙六年題準，運官挂欠漕糧脱逃者，將出結委用官議處。

十一年題準，衛官捏報運官侵欠漕糧，希圖奪運、遲誤漕運者，將原告之官革職。其運官已經僉運，抗違規避誤漕者，革職。又運官以私事不親押運起卸，後始行趕至，及運竣南旋，托故回籍者，皆革職。

又題準，衛所裁外委百總，名色改爲隨幫官。江南、江西、浙江、湖廣，隨軍三次；山東、河南，隨運四次。給千總劄，再隨運二次，以衛千總推用。

二十四年題準，本衛領運千總乏人，務於別衛簡選，不得濫委守備代運。

四十九年覆準，各省運弁，如繫革職未復，毋得僉委領運。

五十一年覆準，簡選、候選衛所千總，發往漕標効力。如有領運千總員闕，聽總漕委署押運，其抵通全完者，即準補授。

雍正元年覆準，凡大衛應補之守千，務選才守兼長者調補。其才幹平常者，移調軍船減少之幫。倘有徇情濫委者，照徇情例議處。若調補不得其人，以致沿途生事，並抵通欠糧者，將該督照濫委匪人例議處。

又覆準，運弁抵通無欠，給發完呈限單，限一月到淮。其逾限不到者，照規避例咨革。如果屬因公逗遛，總漕據實咨部，以憑稽察。

又題準，運弁隨幫領運、回空，務親身管押。其有擅自離幫者，從重治罪。

又題準，領運各弁領到全單，督軍修船、公同驗米交兑，如有縱軍生事、勒索、折乾、偷盗等弊，以及停泊躭延致誤抵通定限者，叅處。

二年題準，簡選武舉，候推守禦所千總有情願頂補隨幫者，赴部領給執照，發往總漕僉補。三運無誤，以衛千總補用。

三年題準，運弁挂欠漕糧，咨部解任，發南追比。即以完糧之効力武舉推補。其欠糧運弁，如限內全完，題請開復。

四年題準，江南等省、江淮等衛，均屬繁劇。總漕簡選才能並無事故之衛弁，題請調換。所遺衛所，請發藍翎侍衛補授。

五年題準，運官不及早僉，廹近兑糧開船限期者，照漕船日久不完例議處。

十二年題準，發回漕標効力武舉，定限五運，給咨赴部。倘三四運以下，該員有情願赴部者，亦準咨部候推。

又題準，漕標武職，遇有親喪於聞訃之日，給假回籍葬親，報部察覈。近者不得過六月，遠者不得過十月。

乾隆三年題準，嗣後領運衛弁到通完糧，即按年咨部，按運議敘，不得遲延。

九年題準，初任運弁，如有不諳漕務，未能領運者，酌量扣除一次，別選熟諳之開運千總，或例應委用南漕之武舉出運。仍將出運之弁，調淮差委學習，至第二運仍不諳練，據實題參。有藉此鑽營奪運，並遴委之該管各官有徇私偏袒等弊，該督即指名題參。

一、白糧領運

江蘇蘇州府、太倉州運白糧船共一幫；松江、常州二府各一幫；浙江嘉興、湖州二府各一幫。領運千總每幫各二人，隨幫効力武舉各一人。

順治四年題準，白糧改爲官運。以府通判爲總部，縣丞、典史爲協部，吏典爲押運。

十六年覆準，押運白糧應慎選丞簿，專委收解，將押吏盡行裁革。

康熙十四年覆準，白糧改令漕船帶運，裁去總協二部。蘇、松、常三府，每府增設千總二人，每年輪流領運。

又覆準，蘇、松、常三府白糧，每幫增設隨幫一人，押趲回空。

又覆準，浙江增設領運白糧千總四人、隨幫二人。

雍正三年覆準，蘇州府太倉州運白糧船一百十有八號，船多軍衆，分爲前後二幫，增設千總二人、隨幫一人。

乾隆二年覆準，白糧減徵，蘇太前後二幫歸並一幫，從前增設千總二人、隨幫一人，悉歸裁減。

又覆準，浙江駕運白糧軍船，乃永久承運。今減徵白糧，改徵秈米。即以減出運白之船，運改徵之米，仍歸嘉湖二府運弁領運。

一、句僉〔一〕運軍

順治九年覆準，舊例用黄快船以運貨物，設運船以輓漕糧。邇年運軍苦於運糧，每多竄入黄快丁，該管官嚴行清句。

十二年覆準，軍丁勿許竄入民籍，責令該管糧道，分別造册，五年一編審。倘有朦溷不清，乃受賄擾民者，指名題參。

康熙四年題準，衛所内倘有不法强徒，强索民間富户、與遠年絶軍同姓者，幫貼運費，總漕、督撫嚴察究治。

二十二年題準，運軍不許投竄別差。倘有避運投旗、隱漏不報者，總漕即行題參。

二十五年議準，各省衛所運軍，舊例每船自十名至十一二名不等。今酌定每船額設十名，各省一例僉差。

二十六年題準，運軍不親押運、以子弟代運者，定例將運軍及代運之人，發邊衛充軍。嗣後將該管官弁，一并分別議處。

三十五年覆準，漕船出運，每船僉軍一名。其餘水手九名，雇覓有身家並諳練撑駕之人充役。如有濫充以致侵欠者，將僉軍不慎之官題參。

四十一年題準，江南江淮、興武二衛，無贍運屯田，原

〔一〕句僉　即『勾僉』。以下『清句』亦爲『清勾』。

減駕軍二名，準其照舊增設。

四十五年覆準，全漕杜欠，務在僉軍，須用殷實誠厚之人。僉軍之例，親僉責在糧道，舉報責在衛守備，用舍責在運弁，保結責在通幫。衆軍一軍無保，不準僉運；一軍有欠，衆軍同賠。

五十一年題準，每年於本軍子弟及兄弟之子，再僉一人爲副軍，隨運。如抵通欠糧，留本軍追比，令副軍駕空回南；如重運到淮短少，令本軍駕運北上，留副軍買米趕幫。

又覆準，每幫十船，連環保結，互相稽察。如有折乾盜賣等弊，有能出首者，酌量賞給。如隱匿不首事發，本軍照律治罪，其餘九軍一同責懲。所欠米數，即令買補運通。

又題準，僉差運軍必須千總保結，呈報衛備府佐等官驗看，加具印結。如有欠糧者，將各官一并參處。

五十二年題準，湖廣僉軍，責成衛備。其道府府佐貳官，照舊驗看加結。

五十三年題準，江西屯田悉歸州縣管理。其僉差運軍，即責令州縣保結。

六十一年題準，糧船回空，額設副軍，務令親身押空。其雇募頭舵工及水手取具互保，各結報明。該管官存案。

雍正二年議準，衛所等官僉差運軍，致令差役擾害地方，又或以徵收錢糧爲名、藉端科派者，該上司題參，照例議處。

三年題準，各省幫船，雇募水手及頭工、舵工，責成衛備及領運千總，令前後十船互相稽察，並取本軍甘結，十船連環保結。一船生事，十船連坐。糧道及押運等官，沿塗稽察，並許地方官會同察訊。倘有隱匿不報者，總漕察出，一并題參。若總漕不題參，别經發覺者，將總漕一并交部，嚴加議處。

六年奏準，舊制，凡軍籍内身家殷實、堪充運者，槩行句僉，並以十名爲率，舍二軍八，著爲定額。其各衙門書吏、承差及生員、餘丁皆在僉運之内。嗣後除文學生員、專攻舉業者，準其優免外，其援納之俊秀貢監及武生，均一例僉運。如武生遇歲試之年，呈明學政，運回補考。

八年題準，沿塗短縴夫，聽運軍臨時酌量雇募。沿河地方鎮備等官，加謹巡察匪類，並將短縴夫役竢糧船過完，驅散回籍。

又題準，各省衛所於糧船未經抵次之先，務選殷實運軍，秉公結報，驗看注册。竢糧船回空，如領運之軍有犯事故者，即將注册軍名僉補。倘有僉選不實，或賣富差貧，將經僉、看驗各官，照例題參。

乾隆八年題準，江淮、興武二衛運軍，每有竄入黄快船内躲避僉運之弊。嗣後黄快船丁仍歸民賦項下辦理。將見運及備僉餘軍，逐一句考。每户下將子孫、兄弟及兄弟之子若干，並住居州縣都圖鄉鎮逐一開注。五年一次造册，送部稽察。如有隱匿察出，將該軍按律懲究，該管官照例叅處。

一、漕船交兑

順治七年題準，官丁兑米入船，即將所載米數懸於倉口，聽糧道不時察驗，以杜盜賣。

九年題準，漕船到次，嚴刻限期，隨到隨兑，隨兑隨開。不許久戀水次，不得守候全幫，藉端遲延。

十二年題準，運軍兑糧，交兑明白，出有完糧通關。過淮虧少，責在運軍，不得牽累糧户，違者嚴究治罪。

又議準，徵收漕糧，定限十月開倉，十二月兑完。如州縣、衛所等官，船到無米或有米無船，過十二月者，罰俸半年；　過正月者，罰俸一年；　過二月者，降二級留任。

十七年議準，各州縣漕糧，總漕頒發全單，糧道頒發號單，開明船米數目，刊定贈耗，分發各州縣。每兑完一單，著令衛官填注收數。一般兑足，即出給水程，勒令開幫。

又覆準，漕兑首重米色。其有倉蠹作奸、攙和滋弊，責成監兑官覈驗究處。如米色果繫乾潔，弁軍故意勒索，即按法重處。

十八年議準，收兑漕糧，糧道先將各衛軍船分定前後，臨兑之時，州縣懸牌，挨次輪兑，不得陵越。

康熙二十八年題準，漕糧兑運事竣，定例將兑完、過淮日期，並船糧細數奏報。巡撫不得過二月，漕司不得過三月，河道不得過四月。嗣後各省漕船開行之後，巡撫即具疏題報。如遲至二三月始題者，叅處。

五十年議準，監兑漕糧未經兑完，捏報兑完或漕船未經開行，捏報開行者，降二級調用。督撫不題叅，察出將督撫、糧道、監兑文武各官，一并從重議處。

五十一年議準，監兑官務令坐守水次，將米逐船兑足，同糧道親押到淮盤驗。如有短少，審明題叅。仍留運軍子弟或兄弟之子一人，交與監兑官，購補足數，雇船趕幫。取具押運等官甘結，呈報總漕察覈。

五十四年題準，各州縣交兑漕米舊例，照取四升，裝成二袋，用印封固，解送倉場驗收。嗣後水次兑糧，每船裝米一石，糧道親驗，鈐印加封。到淮之日，總漕拆封，對驗加封。抵通，倉場侍郎率坐糧廳驗明起卸。其樣米仍作正收受。

雍正元年諭：『江西省産漕各州縣運糧到省，又自省倉運上軍船故有脚耗、扒夫、修倉、鋪墊等項，編載《全書》，歷來支給已久。自康熙二十三年，部中誤駁，不準支給，行令追還。嗣後一例駁追，究無完解。至三十四年，聖祖仁皇帝特頒諭旨，將從前已經支給者，均免追賠，恩至渥也。至康熙三十八年，部議又以脚耗與扒夫等項分晰未清，仍令扣追。不知脚耗乃貼運之總名，扒夫等項乃支給之細數，其實一事非兩項也。自康熙三十八年至今已二十餘年，應追銀五十一萬餘兩，米六十一萬餘石。積累既多，究無完解，追比日久，官民均受其累。朕知之甚悉。著將從前積欠盡免追賠。嗣後準其支給，以副朕加惠黎元，體卹有司之意。欽此。』

又議準，漕糧開兑、開幫之日，總漕務將各糧道所屬糧船數目、運軍姓名細數文册，豫行送部，違者參處。

又議準，嗣後各幫務於冬兑冬開。如船到無米及有米無船，以致開兑遲延誤漕，該督撫即指名題參。

二年覆準，湖南向例七月開徵及運赴岳州水次，每多遲至正月以後。嗣後務於十一月内運貯岳倉。遲至十二月中旬到者，照過十二月兑開例議處；過十二月到者，照過二月兑開例議處。若州縣漕米、運軍漕船均到水次，監兑、領運官弁交兑稽遲，致過十二月者，亦即照過二月兑開例議處。如能依限過淮，該督撫據實題明開復。

又覆準，河南開歸等府，辦買漕米十有五萬餘石，由衛輝至小灘，經濬、滑、内黄、大名四縣。令分地、分船米多之地，多撥受兑船，米少之地，少撥受兑船。各衛幫船，到所撥之處交兑。

又議準，漕糧交兑之時，監兑官驗明實米足額，面同州縣官交兑。漕船如有專覓巧手製斛、飛笆走攩等弊，即嚴拏治罪。如運軍額外勒索，亦嚴拏治罪。監兑、領運官弁不約束者，總漕題參。

又議準，漕糧過淮，總漕按數察驗。如正數有虧，借水手所買包米及借别船米湊數抵補者，總漕即驗明印記，作爲正米運通，不得復歸水手、别船。仍將領押運官題參，運軍治罪。

五年題準，漕贈、行月、本色、米麥及副耗等米，照數裝載入船。開行之日，糧道察驗結報。至糧船到淮，總漕細加盤驗。如有闕額，分别究參。

又議準，到淮之船，米色潮濕霉變。其虧折之米，運弁出具米色結狀者，著落該幫運軍賠補；未出結狀者，州縣及該幫運軍，分半均賠。

又覆準，蘇、松、常、鎮、太五府州屬漕船，無論土著協運，皆就向年原兑府屬止調。本省各邑水次。定以三年一調，杜其久戀情熟，盜賣鑽營之弊。

十年議準，交兑漕糧，責令監兑官秉公察驗米色。如無潮濕、攙和，兑完即照例出具通關米結，不得勒索、推諉。其有縣衛以米色争持者，將見兑米，面同封固，馳送總漕、巡撫察驗，並申送委驗道員親往驗看。果繫潮濕、攙雜，督令賠换篩颺。仍將所兑米樣，封送總漕，竢過淮時盤察、比對，分别嚴參。

又議準，交兑漕米，例應乾圓，潔浄，如有攙雜、潮濕，在未受兑以前，責在州縣；既受兑以後，責在弁軍。不得諉卸，以專責成。

又題準，湖北安陸府屬荆門、沔陽、天門、潛江四州縣漕糧，向例運省水次交兑，計程六七百里，輓運維艱、盤駁多費。其黄州府屬之黄岡等六州縣，每年有解交荆倉兵糧，計程千數百里，輓運尤難。應令彼此抵兑，以省上下運駁繁費。約抵兑米二萬一千一百餘石，共節省水脚銀千七百餘兩，解司充公。至於給軍截貼、解荆耗米、修倉等費，令各州縣自行給發。

十三年題準，山東臨清牐外之船，照定例冬兑冬開，牐内之船，定於次年二月兑開，仍依定限抵通。

一、沿途程限

順治初年定，催漕官弁，無故容後幫船前行，前幫船後行者，罰俸一年。漕船入境日期，該管官不驗明轉報者，罰俸六月。

康熙二年題準，各省漕糧，總漕刊發全單，開列本幫兑糧軍船數目、行月、修船錢糧，及到次開兑、開行過淮、到通、回空違限日期，與夫驗米色、察夾販款項，靡不備具。各弁投到全單，嗣後依式填注，如有違誤不填，及填注不實者，在南聽漕運總督，在北聽倉場侍郎察覈指參。

十七年題準，各省漕船重運北上，自淮安至天津，沿途原有定限。再加酌定：如原限半日，而違限一時；原限一日，而違限兩時；原限一日半，而違限三時；原限兩日以上，而違限半日；原限四日以上，而違限一日；原限六日以上，而違限一日半；原限十二日，而違限兩日者，專催官罰俸一年，督催上司罰俸半年。如原限半日，而違限三時；原限一日以上，而違限半日；原限兩日以上，而違限一日；原限四日以上，而違限兩日；原限六日以上，而違限三日；原限十二日，而違限四日者，專催官降一級調用，督催上司罰俸一年。如違限之期，與原限之期相等，專催官降二級調用，督催上司降一級調用。如違限之期，逾於原限者，專催官革職，督催上司降二級調用。

又題準，各省漕船回空，自天津至淮安，向亦有定限。今回空漕船，如遇逆流，其間設有牐壩蓄水之處，均照重運定期。無牐壩之處，原限十二日者，改爲九日；四日改爲三日；三日改爲二日；一日半改爲一日。又順流有牐壩之處，亦照重運定例。無牐壩之處，原限半日，改爲三時；一日改爲半日；四日改爲二日；五日改爲二日半。如催行不力，以致違限，沿途文武官弁並隨幫官，皆照催趲重運例議處。

又題準，天津至通州重運，繫逆流，每二十里限一日，回空繫順流，每五十里限一日。山陽至浙江重運漕船，順流四十里限一日，逆流二十里限一日。回空漕船順流五十里限一日，逆流三十里限一日。如有違限，照例議處。至鎮江過江，倘有因風守候，皆令地方官報明，免其議處。再有江西、湖廣並江南等處糧船，行長江至儀徵者，皆由大江。因風挽運，難以逐程立限，應令該地方官作速嚴催出境。其自儀徵至天津，如有違限者，亦照新定例議處。

又題準，押運官自受兑，以至交倉逾限一二處，罰俸半年；　三四處，罰俸一年；　五六處，降一級調用；　七八處以上，降二級調用；　十處以上，革職。

二十二年諭：『漕運關繫重大，一切定例務期久遠可行。河道淺深、風勢逆順，各有不同。或遇積雨泥濘、縴路阻壞，易致稽遲。若一槩從嚴處分，恐經管各官徒被叅罰，運軍人等亦受苦累，究於輓運無濟。漕運總督，管理糧船是其專責。漕糧過淮及回空之時，應令總漕往來親催，不致貽誤。欽此。』

二十六年題準，江南瓜洲、京口渡江，民間向有捐造救生船。應仿其成式，製造官船十隻，分泊兩岸。漕船遇風，南北並出救護。如過往商民偶遇風患，一例協救。

又題準，江南瓜洲、（江）〔京〕口舊設望樓，置立旗杆，爲過江標準。年久坍廢，應於高阜處，仍立旗杆，擇善測風信者，專司其事。

五十一年題準，漕船受兑開幫，巡撫給以限單，填明開行日期，飭令沿河州縣，挨注入境、出境時日，抵淮盤驗時，將限單呈繳，總漕察驗。過淮之後，總漕亦給以限單，將經過州縣原定限日，刊入單內，飭令沿河州縣注明出境、入境日期，俟糧船抵通，將限單申繳倉場侍郎察驗。

五十二年題準，各省重運及回空漕船，舊例遇有非常風阻、冰凍、淺滯之事，難以副限者，報明免議。嗣後漕船抵壩、守候齊幫及山水漲發、牐溜難行，並撞沉、搶修，均準於單內注明，免其叅處。

六十一年題準，重運及回空漕船一入境汛，地方文武官及河官，率領兵役親往催行出境，毋許停留生事。倘有運軍舵工、水手生事爲匪，專管各官並不親往河干彈壓、協拏，照溺職例處分，兼轄等官，照例議處。

雍正三年諭：『山東、河南糧船過天津關日期，自雍正四年起，照依南漕三日一報。欽此。』

五年題準，漕船若遇風色不順並水勢浩大，地方官與押運官弁，公同計議，暫停守候，於入境、出境册內注明。如但稱風色未便停泊逗遛者，地方官及押運官弁，皆照例議處。

七年題準，漕船過淮之後，經過皀河、濟寧、臨清三處，定例繫總河題報。今山東、河南增設總河。嗣後重運糧船過濟、過臨，令河東總河題報。其過皀河日期，仍令江南總河題報。

乾隆四年題準，各運官豫將出運船數，開單呈送總漕，轉發經過各汛。各汛弁兵，候船入汛，即照驗放行，倘有勒索、遲延者，嚴明究叅。

五年題準，黄河設立救生二船，每船舵工、水手十名，每名月給工食銀一兩，每年於正、二、三月保護漕船濟運。護漕後，聽其渡載覓食，不給工食。其船三年一修，所需每年舵水工食及歲修之費，令江安、蘇松糧道，於六升米折項下，各半支給。十年拆造，每船給工料銀百兩，仍在六省出運漕船行贈銀內派給。

又題準，黃河兩岸，有傍河漲錨小船。原繫民船，向來漕船經過，遇有意外事故，雇其裝載米貨，往往乘機遠颺，運軍不能追尋。應令州縣官，詢明船户姓名，取具地鄰甘結，給以腰牌，填明水手年貌、住址，船身兩旁編列號數。竢交還糧貨，該軍船酌給雇價。倘有乘機撈搶遠遁者，州縣官嚴拏究治。

七年題準，山東糧船不到淮，不由總漕給發程塗限單，受兑之後，令運官即呈報總河及巡漕御史，以便稽察催行。

八年題準，脱幫、遲誤降級督運之官，如題參未經部議，以前有完糧報部者，準扣除免議。已經題結者，照過淮違限例，總漕於完糧後，題請開復。

十年題準，漕船應增縴夫，著運弁、運軍自募，不得槩令多增。如短縴人夫勒索運軍，各汛千把拏送巡漕衙門懲治。汛弁拏送不力，及故行捆打運軍、勒加縴夫，並縴夫暗串兵役、朋比爲姦者，照縱役例議處。其漕船入汛，運軍不遵催行、無故停留者，該汛會同運弁責處。

一、淮通例限

順治十二年諭：『漕運至爲重務，年來拖欠稽遲，弊非一端。漕督固應盡心料理，各處督撫亦當分任責成。除湖廣漕糧暫留充餉外，江南、江北、江西、浙江等處漕糧，著該督撫督率所屬各糧道、州縣、衛所等官，恪遵漕規，各兑春開，務依限到淮。其到淮以後，漕督察驗催儹，抵通交納。河南、山東漕糧，該督撫督率所屬各官，徵兑開行，知會漕督，察催北上，繫何地方遲誤者，自督撫以至州縣、衛所等官，應擬何罪，屬何省分者，應限若干月日，户部詳確議奏。欽此。』遵旨議準，各省漕糧過淮，應限月日，均照議單開載。江北各府州縣，限十二月以内過淮；江南江寧、蘇松等處，限正月以内過淮；江西、浙江，限二月以内過淮；山東、河南，限正月盡數開行。如有司無糧，軍衛船不齊備，以致過淮違誤者，罪在巡撫。並未議定何罪，亦未議定總督責成。今議違限一月以上，督撫罰俸三月；糧道、監兑、推官，罰俸六月。違限二月者，督撫罰俸六月；糧道、監兑、推官，罰俸一年。遲至三月以上者，督撫住俸，戴罪督催，竢糧船抵通交明，開復。糧道等官，降一級調用。其領運等官，如兑糧及期，開行過淮違限十日者，總漕衙門捆打二十；違限一月者，捆打四十，革職，戴罪督押，竢交糧全完開復。如經徵州縣、衛所等官，船到無米、有米無船，過十二月者，各罰俸半年；過正月者，各罰俸一年；過二月者，各降二級留任。至漕督管理、通漕催儹，尤其專責，及過淮以後，總河星速催儹。如過淮及期而到通遲誤者，河漕二督及沿河鎮道將領、州縣等官，亦照督撫、糧道、監兑等官遲誤過淮例，嚴加議處。

十七年覆準，押運同知、通判，過淮抵通違誤者，照糧道例處分。

康熙十一年題準，山東、河南，限三月初一日到通；江北限四月初一日到通；江南限五月初一日到通；江西、浙江、湖廣，限六月初一日到通。各省糧船到通，均限三月内完糧。如三月内不完，舊例不論月日多寡，各罰俸半年。今議原限三月之外，押運等官違限不及一月者，罰俸三月；一月以上者，罰俸六月；二月以上者，罰俸一年；三月以上者，降一級留任。

又題準，白糧過淮、抵通違限，督運各官皆照漕糧違限例議處。

三十四年題準，漕白二糧過淮，定例總漕將船糧數目陸續具題。嗣後每年過淮，漕糧總數繕造黄册，專疏具題。

四十一年題準，各幫過淮違限，實因兑竣開行，隆冬水涸之故，將過淮展限一月。若再有遲延，照舊例加倍處分。

四十三年題準，運官過淮違限，例應革職、戴罪督押者，停其升轉，竢該弁領運漕糧全完，題請開復，準其推升。

五十一年諭：『凡事不求根本，止務枝葉，斷無實效。條奏漕糧一事者，止以塗間耽閣、開兑遲誤陳奏。其漕船稽遲根原，從無一人言及。朕南巡數次，河道漕運知之甚悉。如上江漕船，皆入儀徵河口。下江漕船，皆入瓜洲河口。因大江泊船不便，而四千餘艘，彼此相争入口灣泊。必竢到齊，始挨次開行，則守候之間，甚至遲誤。若凡一幫全到在先，不必等候各幫，隨令起行過淮。其續到者亦照此，勿令守候。止以船到即令起行，則前幫得以早行，後幫船慮其隔絶，自然奮勉追行。如此則回空、重運，斷不致遲誤。將此情由議奏。欽此。』遵旨議準，各省漕船照常，令進儀徵、瓜洲河口。至三汊河時，凡有一幫到齊，即催趲先行過淮。如有前幫船不全，總漕委官帶領後幫全到船，越過先行。其有停阻河道、争相漫越者，嚴行約束。該糧道嚴催尾押過淮，如有不依限兑運、催趲過淮，以致遲誤，將糧道、監兑、押運、催趲各官題參，照例處分。

又題準，過淮違限一二月者，仍照舊例處分外，其違限二月以上或七十日者，督撫降一級，戴罪督催，糧道、監兑等官，各降二級調用。違限八九十日者，督撫皆降一級留任，糧道、監兑等官，各降三級調用。

又題準，江南漕船仍依原限，正月以内過淮。

五十七年題準，江北、江西、浙江、湖廣漕船過淮，仍照舊例，扣限至過淮，既不展限一月。嗣後如有違限，仍照舊例處分，停其加倍議處。

雍正元年奏準，部發効力武舉，委運事竣，坐糧廳勒限一月到淮考覈。如有過淮違限、革職、捆打之案，總漕照例發落，題請開復。

三年題準，漕白糧船抵通日期及到通起過糧數、牘卸回空船數目，並石壩外河水勢深淺，五日一次奏聞。

六年題準，過淮抵通向例各按定限，扣算題參。嗣後江南、江西、浙江、湖廣糧船過淮違限，已經議處者，於抵通完糧之日，將原參過淮違限日期，準其扣除免議。道遠省分以九月初十日爲限，逾此限不完糧者，官弁從重治罪。

十一年題準，廬州衛頭幫，向隸江北，原限十二月內過淮。今應照江寧等幫，於正月以內過淮。

十三年題準，運官過淮違限，部議革職之案，未經開復，不準議敘加銜。

乾隆元年題準，淮揚運河河底加高，自應疏濬。將乾隆二年回空漕船，及早一月過完。乾隆三年重運，展限於三月進瓜洲江口。

二年奏準，開濬運河、增建牐壩，欲回空之迅速，必令重運之先期，將乾隆二年重運過淮之例，暫爲變通。如領運千總違限三日，監押、督催等官違限十日，一槩題參。果能空、重依限過淮，加等議敘。若運軍空、重亦能依限抵通全完者，準作五運，前後全算滿日，給以頂帶榮身。

三年奏準，疏濬運河，應以正月二十四日開壩之日起限，江北、河南幫船，均限一月內全數過淮； 江西、浙江、湖廣幫船再限一月內全數過淮。如有違限，照例覈參。

九年題準，糧船過淮限期，向按各省程塗酌定，未分各府遠近及道路難易，江南下江之松江府與浙江道路相等，但松江必由蕁泖、澱山等湖，湖南經涉洞庭，江西必由鄱陽，不能遄行前進。各幫到淮，均在浙江、湖北等省之後。應將江南松江府及江西、湖南幫船，於過淮原限外寬限十日。

十年題準，各省過淮違限之運弁，例應捆打。除違限不及十日者，仍照例免議； 違限十日，應捆打二十，亦仍照例準其完糧，扣除免議； 如違限一月及一月以上者，於過淮時，該督按違限日期，即照例捆打發落，於題參案內聲明。

一、回空例限

順治初年定，河漕總督專管漕運。如回空船不力催、又不題參地方官者，降二級留任。又，回空漕船如後船已過、前船未到者，押空官照例參處。

十二年題準，沿河督撫、鎮道等官，遇回空糧船入境，立刻催行，將入境、出境日時，報部察覈。

十六年題準，漕船回空到淮，總漕將各船，照重船過淮例，令押空官先期投驗限單，察明各幫原過淮船數，如有闕少，按律治罪。其山東、河南二省不過淮者，專責糧道稽察。

康熙四年議準，漕船到通，限十日内回空。倉場定立限單，責成押幫官依限到淮；沿河各官立催過汛，如汛地官不力催，指名題參。

五十一年題準，回空漕船，倉場侍郎給發限單，將經過州縣界址，照原定限日刊入單内。令沿河州縣注明出境、入境時日。至淮申繳總漕察驗，別給抵次限單，亦令沿河州縣注明入境、出境時日。各船抵次之限，不得出十一月終，將限單申繳巡撫稽察。

五十八年奉旨：『回空漕船於限内到次者，不必具奏；限内不到者，著聲明題參。』

六十一年題準，押運通判所押尾幫船糧起卸完日，坐糧廳即將批迴印發，送部察驗，令其押空南下。如通判及隨幫，托故不親管押回空，以致水手生事者，照規避例議處。如坐糧廳留難，不發批迴者，亦照例議處。

又題準，運弁交糧完日，坐糧廳立給完呈限單，勒限一月到淮投驗。如有逾限，照規避例議處。

乾隆二年題準，山東自備船，於交糧之日，除留頭船一二人在通候領簣羡、完呈等項外，其餘各軍，令倉場侍郎給與空身限單，勒令回次。各軍到次，將限單繳送各衛所察驗。如有違逾，分別責懲，仍將限單填明到次日期，彙送糧道考察。倘有違誤不到，別詳僉補，仍將運軍嚴究。如有沿途生事發覺，該衙門詳報究治。留通運軍事竣回次，如有違誤，一例究治。

大清會典則例　卷四三　户部

漕運三

一、計屯貼運

直隸通州、天津各所屯地，每軍分給五十畝。其通州所原存地畝未足者，將天津門地撥補。

山東德州衛屯地，每軍均分四頃七畝七分有奇，輪流耕種。每歲除納正項錢糧外，每畝公出銀二分一毫，津貼運軍。德州左衛撥德州衛屯地五百七十一頃三十二畝有奇，給軍貼運。其地仍歸德州衛承種，每畝除正項錢糧外，津貼左衛、運軍銀二分七釐。濟寧衛，每船分給贍運田五頃四十畝。任城衛，每軍額徵起科地七十六畝有奇，輪流承種濟運。東平所，每船給地五頃，自爲開墾以作贍運，免其起科。平山衛，每船分給贍運地二頃四十五畝不等。東昌衛，每船分給贍運地五頃。臨清衛，每軍原贍地五十畝或二三十畝不等，皆分派濟運。又，德州所屯地按軍分給，錢糧不徵、不解，坐抵安家月糧之用。每船該地四頃五畝有奇。濮、鄆等州縣，每船給地三頃贍運。

江南江安糧道所屬江寧等衛，原編屯丁、運户兩項，其屯地照畝納糧，額供兵餉；運軍給以行、月錢糧，不給屯田。安慶衛，每軍授田五百二十餘畝，分爲上下兩運。

新安衛，屯田額徵銀五千一百十有六兩二錢四分有奇，勻分給軍。凡幫貼散户，不論軍民管佃，每年每畝津贍銀一錢。宣州衛，每船分田千四百二十二畝有奇，歲津運銀一百四十兩有奇，續又每畝加津貼銀三分。建陽衛，每軍舊給額田四十畝。今以實在田數，分別等次均勻盡分，無分屯軍運户，按船授田，輪流領運。廬、鳳、淮、徐等衛屯田，均繫分別等次，品搭均勻，給軍贍運。其民種軍田者，按畝津貼。蘇松糧道所屬蘇松等衛所屯田，分上中下三等，各照領運船，分別給軍。

浙江各衛所屯田，每船均給百有二畝八分六釐有奇，計屯起運。凡有屯領運衛所，即以原額田，津派本衛所應運之船。其分剩屯田，分別等次，津貼有衛無屯衛所，按船分給。至有屯無運衛所，田畝徵租、解道，照則貼派無屯衛所之軍。

江西各衛所屯田，照各衛原額漕船及屯軍數目，均勻分撥。每船編撥屯田六百二十九畝，募佃耕種，令佃户完糧之外，每畝每年運軍收租銀八分。其民墾成熟、轉售賣者，除完正課外，照民田則例，按畝折徵解道，津貼本衛所運軍。其有減存之船，將該船應得屯田地畝租息，除完糧外，所餘籽粒折價歸公。

湖北、湖南各衛所屯田，按畝科糧給軍。其運弁俸薪等項，並軍三小料及運軍安家糧銀，均於屯田內，照數徵解支給。

乾隆二年奏準，各省屯田，如有佃種不清者，自應一并清理。但民間相沿日久，必須辦理妥協，方無煩擾。應令總漕、各該省督撫，酌量辦理。

又題準，湖南長沙等三十七州縣，統計開丁一千八百九十五名。每丁徵銀二錢，共徵丁銀三百七十九兩。因各丁內有無産窮丁，無力完納，議令照依人丁匠班之例，攤入各州縣地糧徵收。

三年諭：『朕思惠養斯民之道，以輕徭薄賦爲先，凡各省田糧稍有偏重之處，悉已陸續豁免，以紓民力。今安徽所屬懷遠衛軍田十三頃，每畝徵銀八分八釐有奇，較之民田未免稍重。著照蒙城縣民田之例，每畝徵銀二分一釐有奇，共免銀九十八兩八錢七分。又，武平衛軍田五千二百九十一頃，每畝加徵銀七釐三毫有奇。除見在請禁衛田之私典等事案内，每畝應留贍運銀一釐七毫外，每畝著減去加徵銀五釐五毫有奇，共免銀二千九百六十二兩六錢五分。該部即遵諭行文該督撫，自乾隆三年爲始，永著爲例。欽此。』

五年奏準，屯田租與民人耕種，該運軍止許得當年租銀。如加別年租銀，立券私交者，照私典軍田例，與受皆行治罪。其田追入新運之軍，租價入官。

又題準，浙江温州衛屯田三萬一千二百三十四畝內，撥派本衛二幫田萬六千二百九十三畝。該衛各軍，均交親屬管收外，其餘田萬四千九百四十畝，找派寧、紹、處三衛之軍。從前原因相隔遥遠，未經執業。未幾又值兵燹，屯民墾熟爲業，以致軍民争訟。今議定，按照上田一畝收穀三石，中田二石，下田一石六斗，各半平分之數，輸津給軍。其佃户輸津完餉之處，令該衛徵比。該管府道催徵，分别解餉給軍。衛備徵解不全，照例枀處。佃户不能完納，别召良佃耕種。私自典賣者治罪。

又題準，各省屯田，徹底清釐，將實在數目，造具清册送部。倘不實力奉行，該督撫一并題枀。

八年題準，湖北武昌等衛所屯田，清出原額，有屯清屯，無屯清費。每年德安所額船三十三號，每船得幫銀百六十二兩。襄陽衛三十船，每船給銀百七十兩。武昌衛五十六船，武左衛五十五船，每船得銀一百四十七兩三錢。黄州衛二十六船，每船給銀一百二十五兩。蘄州衛三十二船，每船給銀一百三十五兩，各有奇。

又題準，湖北荆左衛，成熟並新墾升科屯田二千二百五十五頃八十五畝有奇。荆右衛，成熟運操屯田二千二百二十五頃三十二畝有奇。沔陽衛屯田千九十六頃三十畝有奇，又軍操田八十四頃有奇。荆州左、右、中、前、後五所，屯田六百十有二頃十有四畝，操田千三百十有五頃五十八畝，各有奇。應令運軍民佃，照糧一例分派。凡軍田典賣在民，及頂絶墾荒年久，造有房屋墳墓，願當軍差者，即將本人編入軍户當差。軍置軍産田差均去者，亦準其當差管業，其田不準回贖。如民買軍田，不願當差，及軍買軍産，田去差存，而原户貧乏不能回贖者，分别津貼，以贍漕運。

九年題準，江西屯田，清出原額，新增田地、基山、塘堰，除豁除坍塌外，見在成熟者五千三百三十七頃七十八畝有奇。内，南昌前左、撫州、鉛山、饒州等衛所，隨田地、基山、塘堰，並建德縣補軍屯田、鉛山所運軍隱匿入官屯田、袁州屯田塘五百七十六頃六十畝不徵餘租。九江、廣信、鉛山等衛所成熟屯田二千四百二十七頃七十五畝有奇，應徵餘租，軍丁利於自取贍運外，其南昌等衛所，軍民管業屯田二千三百三十三頃四十二畝有奇，每畝派徵餘租不等，每年徵租銀九千五百九兩有奇。吉安所坐落龍泉縣，丈出餘屯改升民田六十一畝，每年徵租穀折價銀四十兩九分有奇，均由縣徵收解道，轉給各衛所運軍，匀分濟運。

十年題準，山東衛所屯田，除東昌、濮州、東平三衛所並無什軍分種，均繫見運之軍執業外，其濟寧、臨清、平山三衛所地畝，什軍一例領地，一軍駕運，九軍津貼。臨清衛貼運山東前幫、河南前後兩幫，每年每畝津銀三分。濟寧衛貼運濟寧前後兩幫，按地定肥瘠，照收成分數折給。東昌衛之平山前後兩幫，每年每畝津銀八分。其典賣地畝，逐漸贖回，歸輪運之軍。亦令同贖，田租輪收。嗣後若再典賣，與受一并治罪，追田給運。典賣地内葬有墳墓者，酌給畝數，永行津貼。什軍應贖地畝，未贖之前，應令一例津運各幫永減船。及閘運軍田內有糧地畝，每年每畝津銀八分，以二分完糧，六分津運。每歲津銀，令各衛彙齊，按原減、原歇幫次，勻給見運各軍。久荒屯田軍民費本開墾者，給照執業，議津每年每畝津銀六分，以二分完糧，四分津運。

又題準，浙江屯田，除康熙二十五年裁減駕軍田畝外，按各衛所出運千四百四十一船，每船給田百有二畝八分六釐有奇。運軍有自能執業者，即令運軍完納收租。有因坐落遥遠，以及零星磽瘠，不能自執業者，歸屯佃管辦。即令屯佃完餉，輸津贍運。其津銀數目，照依地土，隨時酌定，令衛所印官，徵解給軍。

又題準，德州正左二衛贍運屯田，坐落直隸、山東二省。從前原繫軍民承種貼租，各軍自討褢運，或有或無、有名無實。今清出地二千四百二十九頃有奇。每年每畝以一分起租，共銀二千四百二十九兩有奇。分給運軍五十六名，每名年給銀十兩；什軍五百四名，每名年給銀三兩七錢有奇。如隸本衛者，由衛徵租；如隸直隸者，每年造册，咨直督，轉飭州縣代徵，闗解衛備，一例分給各丁承領。任城幫四十七船，並無額產。仍照向例，每船每年給贍軍銀十兩，於地丁內動給，彙入漕項奏銷。

十二年題準，各省贍運屯田，典賣與民，照例備價回贖，由衛所移明州縣，飭令民人收價退田。倘地方官不即飭退，即將該州縣照承辦遲延例參處。如該軍不即備價，妄控退田，以及一時草率，不行詳察，旋即更正者，將該衛所官弁罰俸一年。若實繫民田，故作軍田，捏報詐冒者，將該衛所官弁降一級調用。倘各衙門書識人等，有隱占屯田情弊，該管官弁皆照失察衙役犯贓例議處，該役照侵盜官糧例治罪。

十三年題準，湖北荊右、沔陽〔三〕〔二〕衛〔一〕，有貧乏赤丁，按照原派輸幫銀數，減免幫貼。其枝、彝、長、遠四所既隸荊州衛，其舊存成熟田地千二百頃十畝有奇，改照民田起科。雖非運產，究屬同衛運軍，亦令津貼，以重漕運。

一、優邮運軍

康熙二十年議準，漕船凍阻，將通濟庫銀借給，仍令總漕將應給漕贈銀，照數扣解，補還原項。

三十五年題準，江淮、興武二衛，漕船凍阻，不能回南。動支通濟庫銀，每船給銀二十兩，速催回次。仍令總漕於漕贈銀內，扣解還款。

四十六年議準，各省領運運軍，限內過淮抵通，照數全完者，令總漕賞給花紅，以示鼓勵。如抵通交糧，於額糧之外，有領運三年，陸續多交米至百石者，倉場咨部注册。領運六年，多交米至二百石者，給以九品頂帶榮身。

〔一〕三衛　應爲『二衛』，指『荊石衛』和『沔陽衛』。

如有運軍運米至二十年，雖無多交之米，並無挂欠及過犯事故者，倉場侍郎咨部，亦給以九品頂帶榮身。

六十年議準，漕船回空凍阻，暫動東省藩庫銀，每船借給八兩，於六十一年各該糧道應給運軍月糧内坐扣，移解東省還項。

又議準，到淮各幫漕船，因雇募民船諸費浩繁，借給河庫帑銀，作民船口糧水脚之用。江安漕船每船借銀五十兩，蘇松漕白船每船借銀四十兩，江西漕船每船借銀三十兩，浙江漕白船每船借銀五十兩，均於次年運軍應領行、月銀米内扣還。

雍正元年議準，各省完糧各軍，並守凍完糧軍船，每船正軍一名，賞給銀二兩。又，山東張秋、臨清一帶地方，浙江、江西、江南等省幫船，運軍頭舵工等，守凍不能回次。量支藩庫銀四千兩，每船給銀六兩。

六年奏準，回空漕船過淮安關，頭工、舵工、水手人等，零星稍帶梨棗六十石以下者，免其報税。其餘貨物，仍照例籤量，按貨納税。經滸墅關，稍帶梨棗及應上税之物，仍令輸税。

七年諭：『運軍駕運辛苦。若就糧艘之便，順帶貨物至京貿易，以獲利益，亦情理可行之事。著於舊例六十石之外加增四十石，永著爲例。欽此。』

八年題準，各船頭工、舵工二人，每人準帶土宜三石。水手無論人數，每船帶土宜二十石。合算每船準帶土宜共百二十六石。

九年議準，河東二省截留存剩漕米三十萬石，議令原船運通，挽輸上下，倍爲勞苦。按道里之遠近、時日之多寡，酌議在德州往返者，每船給銀二十八兩三錢八分；在臨清往返者，每船給銀三十九兩三錢五分有奇。共四百十有九船，應給銀萬四千九百四十二兩一錢有奇。再，在德州往返各船，先經兩次借給，每船共銀三十八兩。今每船多給銀九兩六錢二分有奇，共多給銀千三百五十六兩一錢六分，免其扣追。

十三年諭：『湖南明歲應運漕糧，已經截留爲黔省振濟之用。定例漕船停運之年，給運軍一半月糧以爲養贍。朕思各船水手，均由運軍雇募，多繫别省貧民。今湖南漕運既停，各水手等在異鄉乏業，未免歸費無資。著湖南巡撫，於本年回空漕船抵次之日，就近驗明各水手内有别處民人，即量給盤費資助，令回原籍，勿令逗遛滋事。欽此。』

乾隆三年奏準，回空漕船舵水人等，零星稍帶梨棗六十石，免其輸税。

四年題準，各省重運糧船，例帶土宜百二十六石。向因各項貨物粗細不同，按石計算，漫無一定。嗣後分别貨物粗細，酌量捆束大小，定數作石，於過淮處立榜曉諭。如有違例裝載，以及書役人等稽延勒索，嚴加究處。

七年奏準，安徽、蘇松、浙江三省截留漕船，於定例停給一半月糧項内，再照浙例，減半賞給。

又諭：『今年漕船北上，時值河水淺涸，各船盤駁加繂，繁費實多。借支庫項，以作歸塗使用。江西南昌等幫借銀四千四百兩，江南興武等幫借銀千七百四兩，揚州等幫借銀千七百九十二兩，均著加恩賞給，免其扣還。欽此。』

十年奏準，首進幫船，每年五、六月間回空之時，尚無梨棗可帶，以致不能均沾利澤。嗣後回空糧船行至山東，如無梨棗可帶，準其將核桃、瓜子、柿餅等物，攜帶六十石，以抵梨棗之數。倘逾六十石者，按則徵收税銀。

十一年諭：『停運漕船，例給一半月糧，以資苦蓋。上年兩江被水，朕降旨蠲緩，並截留漕糧，以備振卹之用。其減歇軍船，自應照例支給。但念該地方被災之後，軍力未免艱難。一半月糧，慮不敷用，著加恩於常例五分之外，增給二分，俾窮軍不致拮据。欽此。』

十三年諭：『本年四月初間，湖南、江西運船於桃源、宿遷地方遭風，沉溺重船五十隻。所有虧折米數，例應運軍買補，其船亦應賠造。但念窮軍力量艱難，若令一時賠補，難免拮据。著加恩軫卹，其船已滿年限者，照例給價；成造未滿年限者，於道庫内借給，令其及早成造，限以三年，陸續還款，以紓軍力。至此次失風，實非人力疎忽所致，運官及汛地各官，均著免其處分。欽此。』

一、徵收禁例

順治九年題準，運軍行糧應給本色。有違例折銀者，縣官與運弁皆嚴提究擬。

十二年題準，兵道、知府，職不司漕。有借驗糧名色苛索者，官即指叅，胥役究治。

十三年奏準，漕糧開徵之時，如有州縣蠹役，包攬代完，及飛派無辜者，即行指叅。

十五年議準，州縣拖欠漕項錢糧，該管監兑、糧道等官嚴檄行催，不得差役致滋勒索，違者指叅。

又題準，運軍子弟及積年舊役，有謀充有漕各衙門書承者，令總漕及督撫嚴察，從重治罪。如本官失於覺察及徇庇容隱者，分別叅處。

十六年題準，州縣徵收漕米、浮派雜費，及僕役經承需索小民常例者，嚴行禁止。犯者，題叅究治。

康熙元年題準，徵收糧米，責成印官稽察，不許顆粒囤貯私家。如紳衿大户仍囤私家不行交倉者，管糧官詳報總漕題叅。

四年題準，各州縣徵收漕米，如有淋尖、踢斛、刓削斛底、改换斛面，及别取樣米、並斛面餘米者，總漕、各督撫嚴察題叅。

三十年題準，州縣官侵隱漕項銀，揑稱民欠，冒請蠲除者，題叅治罪。其失察之該管上司，交部議處。

又題準，州縣經承盜賣漕糧，依律治罪，失察之本管官照例議處。

三十三年題準，漕糧耗米，例應徵收本色給軍。如有私自改徵折色者，各該督撫題參，照私折漕糧例議處。

五十一年題準，州縣兑糧，責令監兑官坐守，糧道親到水次稽察。倘有折收情弊發覺，將該管州縣及領運官皆革職，監兑官降二級調用，糧道降二級留任。所折之米，照數追賠。

一、重運禁例

順治五年題準，運官奉單領運，赴次違限者，革職戴罪。交糧覈其完欠，奏奪僉運退避者，嚴拏究擬。

十年題準，領運弁軍，中途侵盜漕糧，按律治罪。所欠漕米，照數嚴催追賠。

十二年題準，衛軍水次承運，有衛官、隨幫官常例。書識、管家，抽豐名色。州縣官、知府、同知、通判，及糧道、漕院各衙門吏胥班役，勒索陋規，並過淮攤派使費，沿途需索土儀，及抵通過壩、交倉船規常例，倉場、坐糧廳書吏，苛索使費。飭令各該衙門，盡行禁革。在外責成總漕、總河、各該督撫，在內責成倉場侍郎、巡倉科道，協同釐剔。倘有前項弊端，立即題參究處，以肅漕政。

又題準，監兑漕糧事竣之日，監兑官將有無需索等弊，具結投送督撫存驗，事發以溺職坐罪。

十三年題準，水次將米折銀，罪在經徵有司並監兑官。如過淮盤驗短少，將監兑官照例參處。其嚴禁盜賣，令沿河各官具結呈報。如糧船到通挂欠，審繫某地方盜賣者，即將該地方官參處賠補。

十五年題準，運弁領運漕船，各有定數。如中途歸并帶運，冒支行、月、水脚等銀，按照闕船數目嚴追，從重究處。

康熙二年奏準，運船交兑之初，專責糧道，曉諭商牙，禁約運軍，不許夾帶私貨。漕糧兑畢、未開之先，專責監兑官逐船搜檢，糧道隨取監兑官察明並無夾帶甘結送總漕、總河、倉場侍郎三處稽考。如有犯者，拏解糧道，呈報總漕題參，照律治罪。

又題準，沿途城市、鎮店、貨物輻輳之所，專責押運通判極力催行，不許停泊，通幫前後，不時稽察。如稽察不嚴，即將通判題參，照例議處。

又題準，運軍包攬客貨，私載船內，運官、隨幫官嚴加稽察，許於司漕衙門，據實出首免罪。如隱匿不報，一經察出，運官、隨幫官，加倍究擬，運軍依律治罪。

又議準，糧船經由地方，自水次至淮安，總漕同淮揚道盤詰一次。至濟寧，總河同濟寧道盤詰一次。

三年題準，官軍赴兑漕糧，争索斛面酒席、恥辱糧官者，運官以故縱議處。運軍竣船糧抵通之日，嚴行究治。

五年題準，運弁侵蝕各軍月糧銀米，竣抵通交盤之日，倉場嚴審究擬。

又題準，運軍多收斛面入己，並運官知而不舉，皆從重擬罪。勒索之米，照追入官。

又題準，領運官弁勒索運軍飯米，擅扣行、月公費等銀，及縱容親僕需索常例者，俟抵通交糧完日，令倉場侍郎嚴提審追，按律究擬。

又題準，舊例，弁軍爭告在未兑糧之先，責令糧道嚴察，不許領運。如在領運之後，俟完糧回南日，聽該衙門審理。嗣後，有擅準運蠹呈辭，拘繫新運幫官，稽誤新漕者，照誤漕例議處，運蠹嚴審究擬。

六年題準，運弁自誤限期，揑辭卸罪，誣告官吏糧里者，依律擬杖。

八年題準，運弁領運全單，不填注支領糧銀月日，照疎忽例議處。

十一年題準，運弁私載客貨與己貨，及裝載私鹽者，皆革職。運軍私攬客貨，私載己貨，及裝載私鹽，運官失於覺察者，降一級調用。該管糧道不嚴禁者，罰俸一年。

二十一年題準，收兑漕糧，多攙糠粃砂土者，該管官革職，監兑官降一級調用。其抵通，交兑漕糧，米多糠粃及有砂土者，押運官革職，糧道降一級調用。

二十五年題準，紅駁船分運漕米，如有用石灰泡水及藥水灌漲糧米者，領運弁軍呈報倉場侍郎究審，將運船人夫發寧古塔等處兵丁爲奴。其短少之米，勒限著落正身船户家産賠完。如駁運米好，弁軍勒索不收，亦交與刑部，從重治罪。

二十六年題準，沿塗催漕將弁，縱兵索詐漕船，以致運軍畏避，船米擅沉者，革職，嚴拏究擬。

二十七年題準，運弁需索運軍未遂，不顧風浪逼船渡江，以致漂没漕糧，淹斃人口，照例治罪，追埋葬銀給死者之家。漂没漕米仍著落該弁賠補。

二十八年題準，運官縱軍捉船駁淺漫無約束者題參，照溺職例革職。

二十九年題準，運官縱令運軍搭臺演戲，停泊不行，貽誤漕運者，照例革職。

三十年題準，運官不親運者，將承委衛備及押運通判等官，交部議處。

又題準，押運官沿塗耗費漕糧，妄稱同押官折收者，勒追全完，仍照誣告律治罪。

四十一年題準，運軍沿塗盜賣漕糧，押運官弁失覺察者，各降一級調用。

四十三年題準，漕船重運入境，責令沿河該管道府州往來巡察，嚴緝盜賣。如失察盜賣一起者，州縣官罰俸六月，道府罰俸三月。四五起以上者，州縣官降一級調用，道府降一級留任。若道府州縣能察實拏獲，將賣糧買糧之人，各枷一月示衆，滿日責三十板，糧米追交本船，米價入官充餉。運弁俟回南，聽總漕捆打四十。

四十八年題準，各省漕船，除帶運鋪墊倉厫楞木、松板及每船土産貨物外，如有民船雜於糧船幫内，及將駁船竟造大船，夾帶私貨，並船上堆置木植，船尾拴縛木筏過闕，又違例多載私貨者，總漕、總河及糧道嚴察，將該運弁題參治罪。

五十一年奏準，每幫十船，令各軍連環保結，互相稽察。如有折收、盜賣等弊，事發之日，本軍照例治罪。其餘九軍一同責懲。

五十七年題準，浙江幫船，令分夾江南幫內、湖廣幫船，分夾江西幫內，使彼此勢孤力薄，免致爭鬬。

五十八年奏準，江西、湖廣糧船，該督撫責令糧道、押運等官並地方文武官，於上流漢口、吴城集貨馬頭嚴加察禁，不許商民貨物私上糧船，亦不許運軍包攬私貨。取具糧道押運等官弁並地方官甘結，報明總漕。如違例私帶，過淮盤糧時察出，貨物照例入官，軍商皆從重治罪。糧道及押運等官皆嚴加議處。

雍正元年覆準，運弁管押重運擅自離幫，及本軍在南挽託别軍包運，並隨幫與副軍，不親在幫押空，以致遺棄漕船，有誤新運者，將弁軍從重治罪，糧道指名題參。

又題準，失風船到壩，舊例驗其米色，不堪起卸者，準其賣銀買補。嗣後，如有不肖運軍，乘機夾帶好米，私行盜賣者，令倉場、坐糧廳，不時巡察究治。若在南串通州縣倉役，將米折銀，或將原米盜賣，掩飾過淮，故買爛米充數者，令總漕密加訪察，將弁軍胥役從重究處，該管官題參。

又題準，漕糧不許顆粒上岸。如遇過淺加夫，止許照常給錢，不得任意索米。違者以盜賣盜買，從重治罪。地方官照失察偷盜例題參。

二年諭：『朕惟漕運關繫甚大，經費本無不敷，運軍恣行不法，皆由官弁駮削所致。如開兑之時，糧道發給錢糧，任意扣尅，運軍所得十止八九，而僉軍之都司、監兑之通判又多誅求。及至開行沿塗，武弁借催趲爲名，百計需索。又過淮盤察私貨，徒滋擾累，究屬無益。運軍浮費既多，力不能支，因而盜賣漕糧，偷竊爲非，無所不至矣。嗣後，各省糧道給發錢糧，不許扣尅分釐；沿塗武弁，不許借端需索；運軍除包攬抗違外，所帶些須貨物，亦無容苛刻盤察。爾部行文各督撫，不時稽察。如有仍前需索等弊，立即指參，從重治罪。欽此。』

三年題準，運軍南北往返，必須食鹽。每船準於受兑上船處，帶鹽四十斤，交卸回空處，帶鹽四十斤。此外多帶者，同私鹽治罪。

又題準，糧船攜帶火礮、鳥槍，一經察出，本犯照私藏鳥槍例處治。糧道、衛守備、運弁，照失察例參處。

四年題準，領運弁軍不諳漕務，封閉倉門，以致倉米霉變，弁軍按律究擬。虧折漕米，勒限著落運軍賠補，不完從重治罪。

又題準，運弁兑漕，勒索各屬經承者，斥革究擬，所得銀物追取入官。

五年題準，漕米到淮盤驗，潮濕霉變，將經徵州縣官照例革職，監兑官照溺職例議處。糧道不先揭參，照徇庇例議處。運弁涸行收兑，照例革職留任，俟船糧抵通，令倉場侍郎按數稽察，如有虧折，勒限賠補。限内不完，題參革任追賠。

六年奏準，運軍用水攙和漕糧，運弁徇隱不報者，革職枷示河岸。俟漕竣日釋放。運軍用大枷枷示，漕竣日僉妻發黑龍江，給兵丁爲奴。押運官弁漫無覺察，照例革職。

八年題準，漕船到淮，向有給管糧經承津貼飯食陋規。嗣後定例，大幫給銀六兩，小幫四兩，呈繳給發。不許私相授受，違者提究重處。

又題準，漕船到淮，飭各幫字識，繕造米數、軍舵姓名等册，不許總漕册房攬造，科派使費，犯者嚴加究治。

又題準，江浙糧艘，由鎮江出口，方豎篷桅。舊例委催漕官就便察看，不免需索。嗣後，俟過淮時，總漕親加點驗。至各省糧船總滙於揚州之三汊河，例委幹員彈壓、分幫。如委官及跟随人役需索盤費，一例參究。

又題準，漕船渡黄，汛弁不顧風色水勢，妄行催趲，借端需索者，照失於防範例議處。致有疎虞，加倍治罪。

又題準，漕船渡黄河後，提溜、打牐，向有弁兵串同人夫，勒索運軍，倍出工價陋規。應於重運北上時，責令委駐營將，約束、禁止，倘有縱容徇庇，一并會參議處。

又題準，漕船應領修艌銀，例應照數給發運軍。有需索使費陋規，致運軍以朽腐船，撞觸民船，借端索詐者，即將該幫弁軍究處。

又題準，運軍攬載客貨，船重難行，强奪民船，駁載糧米者，照水手搶奪例治罪。其攬貨私得税銀，並商民通同聽攬者，皆照違制例治罪。

又題準，正副二軍赴次交兑，如有革軍衿監攙身入幫，即拏交地方官究治。若運軍不察拏，一并究治。

十年覆準，淮安府乃各省糧艘總滙之區，一應陋規久經裁革。恐日久生弊，照通州石土二壩建碑之例，於盤糧廳後立碑一座，將裁革陋規刻石，永遠遵行。

十一年奏準，各省漕船不許裝運無引私茶。如違禁攜帶，於過關時察出，即照私鹽例治罪。

乾隆元年奏準，糧船夾帶私鹽，多由土豪豫買私鹽，窩囤河干，勾通售買。嗣後，天津地方，令巡漕御史會運使實力緝拏。其沿河地方，令各督撫、提鎮，嚴飭沿河文武官弁，凡糧船經過時，差兵役實力稽察。如有水手人等私帶貨賣，以及土豪豫買窩囤情弊，一面嚴拏，按律究治，一面催船前進，勿得留難誤漕。倘徇縱失察，一經發覺，將督運、押運官弁，以及前途失察之地方官弁，並失察豪强之地方州縣，皆照例參處。其鹽除留食鹽外，餘皆入官。

三年奏準，運軍盜賣漕糧，頭舵工不舉，照不應重律治罪。受財者計贓從重論。

又奏準，重運入境，道府州縣往來巡察。如失察盜賣者，照例議處。其武職催漕，向未有失察處分，未免漫不經心。嗣後，沿河營弁失察盜賣漕糧，岀汛千、把，照州縣例議處。兼轄游守，照道府例議處。如岀汛千、把及文職州縣，一年內能拏獲二次者，紀録一次。兼轄游守及文職道府，一年內於所管內拏獲至四次者，紀録一次。再有多獲，照此遞加。至汛兵疎縱失察者革役，照不應重律，杖八十。知情賄縱者計贓，以枉法從重論。若能拏獲，報官審實，將米仍歸本船。其應入官之米價，追賞兵丁。

又奏準，小船受雇裝載盜賣漕糧，拏獲之日不得諉以不知，照賣糧、買糧枷責例，減二等發落。

又奏準，盜賣漕糧定例，賣買之人，枷一月，責三十板。糧交本船，價追入官。至運軍食米，向無禁賣之條。有將漕糧舂熟，假稱食米盜賣者。嗣後，運軍多餘食米，於抵通交米之後，方準變賣。如重運漕船沿途賣米，不論糙熟，皆照漕糧治罪。

又奏準，運軍不拘回空、重運，如有無故潛逃、棄船中途不顧者，照守禦官軍在逃律治罪外，仍於面上刺『逃丁』二字示儆。

四年奏準，如有重運盜賣漕米，回空之船代爲承認者，該管官嚴加稽察。察出，將賣買軍民一并照例治罪。

又奏準，失察盜賣漕米，合算米數不在五十石者，仍照失察次數處分。其失察一二次、米數至五十石以上者，將該地方官降一級留任，道府等官罰俸一年。失察一起至三起、合算米數至百石以上者，地方官降一級調用，道府等官降一級留任。

又奏準，各省受兑、開兑之時，令總漕密加察訪。如押運官弁、以及糧道等衙門吏役，有科斂陋規、幫規之弊，即嚴叅究處，並飭該管官不時嚴察。有陽奉陰違者，將與受之官軍等，照例詳揭。倘該管官徇隱不揭報，一并題叅。

五年題準，江廣等幫漕船，多帶土産、竹木，沿途貨賣。其竹木於天篷上裝載，毋得過高二尺。如有違例多裝，令押運官弁勒令起卸，嚴加責懲，竹木入官。如官弁通同徇隱，照例叅處。

六年奏準，糧道催米、催船，督押催船，凡差役滋擾之弊，定例皆經禁革。惟豫省提幫出運時，先發一牌，繼差一役賫票前至衛所提催，不無假威滋擾。嗣後嚴行禁革，並飭各省一例遵行。如有陽奉陰違，指名叅處。

八年題準，漕船如有失風事故，以致米色黴黯不純，驗明米色稍減，尚屬堅實，可以久貯者，交倉受收。其所減成色米，責丁賠補，於次年搭運抵通交納。

一、回空禁例

順治十六年題準，押空官串通運軍，盜賣漕船，提究追賠，買主從重懲處。

康熙五十一年題準，糧船回空至德州桑園地方，總漕選委能員、協同德州衛弁，搜索私鹽，並飭地方文武官弁，嚴拏審囘。如有夾帶私鹽事發，將專委漕員、德州衛弁，押運官弁並該地方官題參，嚴加議處。

雍正元年奏準，囘空船過天津關，長蘆巡鹽御史、會同天津鎮總兵官，親往驗放。至山東河南交界地方，總漕、巡撫、鎮將，差委知府、游擊等官搜檢。如有夾帶私鹽，盡拋入河，失察各官照例議處。

二年題準，囘空糧船夾帶私鹽，不服盤察，持械拒捕者，分別十人上下及傷人、不傷人，各按首、從依律治罪。其雖無私鹽，但闖關、闖牐者，亦分別首、從依律治罪。若未闖關、牐，但夾帶私鹽者，照販私律加一等治罪。

又題準，糧船夾帶私鹽，將販私地方之專管官，降三級調用； 兼轄官降一級，罰俸一年； 押空之運官，照徇庇例議處，隨幫革退。其恃衆闖關、闖牐，及犯私拒捕傷人者，押運等官革職，隨幫照例責革。

三年題準，糧船囘空，凡經由產鹽處所，地方文武官弁晝夜催行前進，不許逗遛，並嚴拏囤户串通運軍，販賣私鹽。該管鹽務運司等官，巡察各場竈，不許夾帶餘鹽出場。如有徇隱疎縱者，參處。

又題準，囘空糧船至揚州府儀徵縣，向例總漕委官，協同揚儀營汛並地方官搜檢。嗣後，改於瓜洲江口。令瓜洲營協，會同江防同知搜檢。如有私鹽事發，究明場竈地方並裝運上船日期，將各該地方官失察職名題參。

又題準，押運官弁一年之内，該管幫船並無私鹽事故，準予紀録一次。隨幫能拏獲、首明私鹽三次，及該幫三次囘空，並無私鹽事故者，該管上司出具印結咨部，以千總推用。

四年題準，漕船抵通完糧囘日，所餘行、月等米，舊例聽其沿途買賣。嗣後，全糧過壩之幫，遇有剩米，必赴坐糧廳批照，然後準賣。若未經給照，擅行私賣、私買者，照例議處。

十年奏準，囘空糧船過山東時，該撫豫於晉省私黄入境之處，令地方官弁分路巡察。本省焇硝亦實力稽察，毋許囤户偷販河干，暗送入船。並令搜檢私鹽之文武官，帶檢硝黄。如察出私帶硝黄，亦照私鹽例，究明參處。押運官弁失察，照糧船夾帶私鹽例議處。

乾隆元年奏準，漕船囘空，押運官弁多不隨船南下。頭舵水手人等往往欺壓行船。嗣後，如遇囘空糧船行兇爭鬭，藉端將來往行船阻留、捆毆商民等事，許沿河汛弁察明情由及幫次、船號、運軍姓名，一面速令遄行，一面詳報總河，咨明總漕究治。

又題準，囘空軍船應帶食米、燒煤，向無定數。嗣後，江西省每船準留食米四十五石、燒煤四十石； 湖南省每船準留食米三十六石、燒煤三十二石； 湖北省每船準留食米三十三石七斗五升、燒煤三十石； 江浙每船準留食米三十石、燒煤二十五石。自通州至宿遷、淮揚等處，逐關察驗、扣除，免税放行，不得越數多帶。巡役人等亦不得勒索留難。

六年奏準，押空随幫一年之內，並無私鹽事故者，準其於補官日紀録一次。

七年奏準，薊運回空，行令直督轉飭薊州文武官弁，俟糧船抵薊卸糧之後，即催回空，不許在該地方刨取白土，裝載上船。並令出示曉諭沿河各市鎮、舖户人等，不許將白土賣與糧船，至滋攙和情弊。嗣後，如經關口、汛地，察出薊運回空帶有白土，並兵役人等遇有糧船偷買白土，拏獲審出實情，將該運弁與押空千總，皆照運軍攙和水米、運官不行稽察例革職。其該船軍舵，照運軍使水攙和發遣例，減一等，杖一百，徒三年；偷賣白土之軍舵同罪；將白土攙入漕糧至百石以上者，即照攙和水米例，發遣黑龍江與兵丁爲奴。知情收買、收賣之舖户，照違制例，杖一百，仍枷一月發落。並不行察禁之薊州文武官弁，皆照出洋商船私帶軍器，地方官不嚴行禁止例，罰俸一年。

十四年題準，天津、阿城、淮安、儀徵等處産鹽之鄉，貧難老幼一遇漕船經過，充塞河干，負鹽售賣。令督撫轉飭地方營汛官弁，嚴行稽察，毋許老幼男婦随船貨賣。其舵工、水手應需食鹽，只許向官舖售買。每船總不許出定例四十斤之外，如多帶私鹽，即嚴拏究治。若不實力稽察，照例議處。

一、漕糧雜禁

順治十四年題準，領運弁軍如有借端擾害過往官商船及恣横生事者，督撫鎮道等官嚴拏，照營兵鼓譟例，先從重懲治，一面題參，送刑部究處。

康熙元年諭：『糧船經由漕河，領運官軍依限抵通、回空，方爲盡職無罪。乃有等姦頑官役，不守成法，多有夾帶、私放貨物、隱匿犯法人口、倚勢恃力行兇害人、借名阻礙河道、毆打平人、託言搜尋失物搶刦民船，且有盜賣漕糧，中塗故致船壞，以圖貽累地方種種姦惡。督漕各官並該地方官，一有見聞，即行叅奏，務將官員嚴提治以重罪。若知而徇隱不奏，亦從重處治。欽此。』

六十一年題準，糧船頭舵、水手，有砍伐官柳、折毁縴橋、拔樁掘埽者，嚴提治罪、估價追賠。押運官弁及地方文武各官，并加叅處。

又題準，水手夥衆搶奪，十人以上執持器械者，首犯照强盗律治罪，爲從減一等；十人以下無器械者，照搶奪律治罪。出結之運軍及頭工、舵工，容隱不首，照强盗窩主律，分別治罪。

又題準，押運、領運各官弁，例應嚴押漕船，毋許運軍、舵工、水手登岸生事。如有不法，即會同地方催糧各官協拏究治。倘平時漫不約束，臨時又復容隱者，總漕指名題叅，照例革職。

雍正元年諭：『江南、浙江、江西、湖廣、山東、河南各省總督、巡撫：　漕船關繫緊要，除本船正副運軍外，其頭舵工、水手，皆應擇用本軍、庶各知守法，不敢誤漕生事。近聞多雇募無籍之徒，朋比爲姦、不服運軍彈壓，當漕糧兑足之後，仍挨延時日、包攬貨物，以致載重稽遲，易於阻淺，不能如期抵通及回空經産鹽之地，又串通姦頑，收帶私鹽。此其弊端之彰著者，聞尤有不法之事。凡各省漕船，水手多崇尚邪教，聚衆行兇，一呼百應，邇年以來，或因争鬭傷害多人，或行刦鹽店、搶奪居民，種種兇惡漸不可長，亟宜懲治。

『爾該督撫，即嚴飭所屬各衞所，嗣後，糧船務於本軍內，擇其能撑駕者充當頭舵工、水手，不許雇募無藉之人。更嚴禁邪教，諭令歸業，務爲良民。如仍怙惡不悛，該地方官不時察拏，從重治罪。如奉行不力，即將該管官弁指名題參。欽此。』

五年題準，姦徒專放糧船私債。舊例，許運官並運軍自首，照私放官債加等治罪。嗣後，有違禁取利、盤剥運軍者，責令地方文武各官及坐糧廳立拏究治。如地方官、坐糧廳不即嚴拏及該管運弁縱軍私自借債者，一經發覺，皆交部嚴加議處。

十年覆準，漕船損壞，皆因運河水道舊堤遺址，積年淘卸衝激，日就窪下，舊存石塊、木樁，淹没水底。糧船過此，一經抵觸，多致損壞。應嚴飭沿河鎮、道等官，於水落之時，沿塗細看。凡有阻礙，悉行起除。倘起除不浄，抵觸漕船，總漕並巡漕御史將該管河道等官，題參議處。

十三年諭：『朕聞南方濱江兩岸多繫蘆洲，民間將蘆葦堆貯洲上，賣以度日。而江楚及上江各幫漕船由江經回，竟有不法水手，每遇蘆柴堆積之處，輒糾集多人蜂擁上岸，恃强奪取。洲民攔阻，動輒毆詈，甚至有强取雞鴨等物者。小民畏勢，莫敢與較。水手肆行如此，運弁即坐本幫糧船之內，安得推爲不知？至督運之糧道、押運之府佐，雖云統轄衆幫，亦當留心稽察，何得任其多事？著漕運總督，通行曉諭，倘有仍蹈前轍者，經朕訪聞，必將大小文武運官，分别嚴加議處。欽此。』

乾隆元年覆準，糧船水手遇有事犯，如已經離船，以及未經上船之先者，不得拖累運軍。如有棄差逃走者，令在押運通判處，十日一次呈報。

四年奏準：　催漕弁兵需索運軍銀錢、土物者，經該管上司及巡漕御史察出，繫兵，將該管千把照失察、衙役犯贓例議處；　繫汛弁，將該管上司照不揭報劣員例分别議處。需索之弁兵，計贓以枉法論，土宜、禮物，照挾勢豪强之人接受所部餽送土宜、禮物，受者笞四十，與者減一等律分别治罪，贓物給還。如兵弁需索運軍，或運軍行賄，而押運官不即申報，照應申報上司而不申報例處分。如知情故縱，照以財行求律，受財者與以財行求之運軍，一同治罪，追贓入官。如運軍被索，即時首告免罪，追贓給主。其贓少首多，或因催行，挾私誣首，照誣告律，分别治罪。如不行首告，仍照以財行求律，與受同科，贓物入官。催漕弁兵遇有運軍行賄，據實盡首，免其治罪，追贓入官，運軍照以財行求律治罪。

五年覆準，糧船沿塗提溜、趲幫，雇用短縴，每夫每里給制錢一文。打牐，每船用夫一名，給制錢一文。如牐壩水急難過，夫役守候，臨時酌增。催漕兵役，（母）〔毋〕[一]得借端需索。至各夫雇價給與見錢，毋得以貨抵給。如有兵役、夫頭派加短縴，多索夫價，從中取利，貽害運軍者，照霸占損擡，分外多取雇直，不容本家雇人者，枷兩月，杖一百例治罪。該管官弁自行察出懲究者，免其叅處。如漫無覺察，照失察衙役犯贓例議處。其扶同徇隱者，照縱役犯贓例革職。

又奏準，各幫頭船運軍，有借沿塗使費名色，科派各船，包攬侵蝕之弊，應專責運弁稽察。如運弁串通頭船運軍，科派各船者，照因公科斂律杖六十，贓重者坐贓論。若分肥入己者，計贓以枉法論。如運弁知情徇庇者，照縱容衙役犯贓例革職。其失於覺察者，照失察衙役例，分別議處。

七年奏準，漕規諸弊均有嚴禁之例。惟恐日久弛玩，刊刻木榜，列於瓜洲牐口、儀徵江口、淮安之盤糧廳、濟寧、臨清、天津、通州各口，俾往來弁兵觸目警心。仍令該管官不時稽察，如有干犯，照例提叅究處。

八年奏準，運軍正身不押運者，將承派運軍之衛守備，罰俸一年；領運守、千徇私不稽察者，降一級留任。惟隨幫武舉，向無責成。嗣後，領運官弁徇私、縱容代運隨幫，知而不報者，照應申上而不申上律議處。

一、倉漕奏銷

順治十二年題準，輕齎、由牐、席片板竹、行月等項一應隨漕錢糧，經管各官逐款備造舊管、新收、開除實在清册。在糧道者，總漕按年奏銷；在坐糧廳、大通橋者，總督、倉場侍郎按年奏銷。

又題準，漕糧徵兑，總漕派發全單，取造軍衛有司額漕數目報部。如有未完，即行指叅。

康熙二年題準，輕齎、席片、松板、楞木本折錢糧出運，減存行月銀糧、漕贈銀米、過湖淺船倉米、副米，並修造漕船、淺貢運官廩工、民七料價、六升米折及蘇、松、常、鎮四府協濟壽、淮、揚、鎮等倉米麥銀。此等漕項錢糧，均取在地畝銀米内支用備辦，舊例各作分數考成。嗣後，總作十分，總漕每年造册奏銷。

十五年題準，江南江淮、興武等幫水手銀，總歸江安糧道催徵給發，造册呈送巡撫奏銷。

又奏準，江寧衛本折、行月總歸江安糧道管理。

十八年題準，德州倉額徵本折米麥，歸并糧道專管

[一] 母　應爲『毋』。

報銷。

二十三年奏準，奏銷册籍，將支用款項、總撒數目分晰開造。如有款項不符，溷行造册題報，該管督撫照朦溷例處分。

二十四年題準，臨清倉應徵米麥，各屬相距甚遠，解送維難。應準其折徵解倉，支給報銷。

二十六年奏準，存留項下錢糧在本省支用，並支剩者，不作分數，随起運數內造册奏銷。

二十七年題準，江南減存行月、廩工、備料、小料等項銀，照江西、湖廣之例，停其解淮，徑解江安、蘇松糧道，歸入漕項奏銷案內題報。

二十九年題準，河南額解臨清、德州二倉錢糧，歸驛鹽道兼理。其奏銷、考成，該撫於年終具題。

三十一年題準，德州倉奏銷、考成，於次年五月內，依限奏銷。

三十二年題準，蘇松所屬州縣額徵加漕、裁扣、六升等銀，原繫供支蘇松漕糧運軍行月之需，舊例解交江安糧道給發報銷。今酌定，解交蘇松糧道，總作完欠支給奏銷。

又覆準，嗣後淮安、徐州、鳳陽等三倉徵收米、麥、豆，各州縣離倉路遠，往返盤駁，官民受累，應照漕折定例折徵，竟解糧道支給。

三十五年題準，各省漕項錢糧，向繫總漕隔年奏銷。嗣後，應照地丁錢糧之例，於次年五月奏銷。但漕糧十月開徵，至次年九月方滿，與地丁不同。嗣後仍照舊例，隔年三月奏銷。

又題準，臨、德、江寧、淮、徐、鳳陽等倉，編徵行月銀及米麥，原爲供支運軍廩糧之需，江寧、德州二倉，統入漕項奏銷。其臨清倉月糧，淮、徐、鳳三倉行月錢糧，總漕照例於隔年三月别案題銷。

六十年題準，奏銷本年錢糧，將上年存剩錢糧作爲舊管，本年已完錢糧作爲新收，仍將舊管收除，别造簡明清册，送部。

雍正七年題準，漕、白二糧奏銷及通濟庫錢糧奏銷，向未定有限期。今酌定於次年五月內造册具題。

十一年題準，江寧、淮安、徐州、鳳陽四倉錢糧奏銷、考成，舊例該管督撫於次年五月具題。今展限一月，江寧、淮安、鳳陽三倉，均於次年六月內題報； 徐州一倉，江督仍照原限奏銷。

十二年奏準，漕項奏銷，部覆駁問數項，向例扣限四月，按款咨覆，未完錢糧扣滿年限，咨叅。雍正十年部議，將漕項登荅，改爲一年一次具題。未完銀內續完數目，令其歲終彙報，並造入下次奏銷新收春秋季册之內。案牘紛繁，彼此牽溷，反難察覆。應仍照舊例，其節年未完錢糧，續完若干，仍未完若干，並動用存貯各數，該省分别造册，别繕題本，随本年奏銷一并題報。

一、漕糧考成

順治十三年題準，各省漕糧經徵州縣、衛所各官初參，未完不及一分者，免議；　一分以上，罰俸六月；　二分以上，住俸；　三分以上，降二級；　四分以上，降三級；　五分、六分以上，革職，並戴罪督催，完日開復。

又定例，州縣、衛所各官參後，漕糧違限不完者，加倍議處。應罰俸者，住俸；　應住俸者，降二級；　應降二級者，降四級；　應降三級者，革職，戴罪督催，完日開復；應革職戴罪者，實降二級調用。

十八年題準，州縣各官初參，淮徐等六倉糧銀未完不及一分者，停其升轉；　一分，罰俸六月；　二分，罰俸一年；　三分，降俸一級；　四分，降俸二級；　五分，降職一級；　六分，降職二級；　七分，降職三級；　八分，降職四級。以上皆戴罪徵收，停其升轉，完日開復。　九分、十分革職。布政使、知府、直隸州知州初參，各倉糧銀未完不及一分者，停其升轉；　一分，罰俸三月；　二分，罰俸六月；　三分，罰俸一年；　四分，降俸一級；　五分，降俸二級；　六分，降職一級；　七分，降職二級；　八分，降職三級；　九分，降職四級。以上皆戴罪督催，停其升轉，完日開復。十分革職。巡撫初參，各倉糧銀未完不及一分者，停其升轉；　一分二分，罰俸三月；　三分，罰俸六月；　四分，罰俸一年；　五分，降俸一級；　六分，降俸二級；　七分，降職一級；　八分以上，降職二級，皆戴罪督催，停其升轉，完日開復。署印官初參，各倉糧銀未完不及一分者，停升；　一分、二分，罰俸三月；　三分、四分，罰俸六月；　五分、六分，罰俸九月；　七分、八分，罰俸一年；　九分、十分，降一級調用；　不及一月者，免議。州縣各官參後，各倉糧銀限一年內全完。如限內不能全完，原參不及一分者，罰俸一年；　一分、二分，降三級調用；　三分、四分，降四級調用；　五分、六分，降五級調用；　七分、八分，革職。布政使、糧道、知府、直隸州知州參後，各倉糧銀限年半全完。如限內不能全完，皆照州縣官例處分。巡撫參後，各倉糧銀限二年內全完。如限內不能全完，原參不及一分者，罰俸一年；　一分、二分，降二級調用；　三分、四分，降三級調用；　五分、六分，降四級調用；　七分、八分，降五級調用；　九分、十分，革職。

康熙二年題準，見年額徵漕項錢糧，或一官經管，或數官經管，總作十分計算，不必各作十分。接徵、接催之官，皆照經徵督催例議處。

又題準，漕項、倉項錢糧，參後各立年限。州縣各官限一年，糧道知府限一年有半，巡撫限二年催追全完。不完，不復作分數，皆照原參分數處分。

又定，各省糧道，不必分別正官、署官，功罪皆一例行。

又題準，臨、德、江寧、淮、徐、鳳陽等倉銀糧，經徵督催官，與隨漕項下錢糧，各作十分考成。

又題準，巡撫等官催徵錢糧，叅後年限已滿，該撫將自欠原叅分數，及糧道等官分數，不於叅本聲明，察出，照原叅分數加等治罪。

又題準，各省隨漕輕齎等項錢糧，經徵州縣、衛所各官初叅，未完不及一分者，停其升轉，罰俸一年；　一分，降職一級；　二分，降職二級；　三分，降職三級；　四分，降職四級，皆戴罪徵收；　五分以上，革職。　督催糧道、知府各官初叅，未完不及一分者，停其升轉，罰俸六月；　一分，罰俸一年；　二分，降職一級；　三分，降職二級；　四分，降職三級；　五分，降職四級，皆戴罪督催；　六分以上，革職。　巡撫初叅，未完一分、二分者，罰俸三月；　三分，罰俸六月；　四分，罰俸一年；　五分，降俸一級；　六分，降俸二級；　七分，降職一級；　八分，降職二級，皆戴罪督催，完日開復。　州縣、衛所各官，隨漕輕齎等項錢糧，叅後年限內，不能全完。　原叅不及一分者，降一級調用；　一分，降三級調用；　二分，降四級調用；　三分，降五級調用；　四分以上，革職。　巡撫、糧道、知府等官，叅後年限內，不能全完。　原叅不及一分者，降一級，仍戴罪督催。　其餘均依州縣例處分。　署任各官未完不及一分者，罰俸三月；　一分，罰俸六月；　二分，罰俸九月；　三分，罰俸一年；　四分、五分，降一級調用；　六分、七分，降二級調用；　八分以上，革職；　不及一月，免議。

又題準，山東糧道專管漕糧，自開兑、開幫，以及抵通交倉，皆親身尾押臨、德二倉，改折徵銀，免其考成。

八年題準，向例各省巡撫經管漕糧完欠，均照糧道例議敘、議處。　嗣後，停止議敘。　如有未完，仍照糧道例處分。

十年題準，督催糧道、知府等官初叅，未完不及一分，免議；　一分以上，罰俸三月；　二分以上，罰俸六月；　三分以上，住俸；　四分以上，降二級；　五分以上，降三級；　六分以上，革職，皆戴罪督催，完日開復。　糧道、知府等官叅後，漕糧違限不完，加倍議處。　應罰俸三月者，罰俸六月；　應罰俸六月者，住俸；　應住俸者，降二級；　應降二級者，降四級；　應降三級者，革職，戴罪督催，完日開復；　應革職戴罪者，實降二級調用。　其署印各官未完漕糧，照雜項錢糧署印官未完例議處。　一分、二分，罰俸三月；　三分、四分，罰俸六月；　五分、六分，罰俸九月；　七分、八分，罰俸一年；　九分、十分，降一級調用；　不及一月者，免議。

十四年題準，漕糧改折銀與隨漕項下錢糧，各作分數題叅。

又題準，州縣、衛所官，原叅不及一分，年限內不完者，降一級留任，再限一年內催完。　如又不完，照所降一級調用。

又題準，署印官初叅，各倉銀糧，在任不久，其欠不及一分者，毋庸停升。

乾隆五年議準，浙江漕項奏銷，本折月糧、廩工、永減、淺貢等款，列爲一册；漕截灰石等款，列爲一册；輕賫、行折等款，列爲一册。其向附月、廩等款册內之本色月糧一款，改入輕賫、行折册內，統算考成。

又題準，道庫、州縣應解、應給銀米任意遲延，或移催衞幫，不即支領，即於各本案內，將道、縣、衞遲延職名，確察附參。

七年奏準，漕白二糧未完各官初參、二參、考成，均照隨漕輕賫等項錢糧，分別議處。

一、白糧考成

順治十一年題準，白糧與由牐銀總屬正項。其完欠分數，應以銀米總計合算。如有未完，照例議處。

康熙六年題準，經徵督催白糧各官完欠考成，照題定漕糧考成例議處。其交兑過淮、抵通限期，以及議敘、議處條例，皆照漕糧例處分。

十七年題準，白糧改折經費銀，原繫白糧項下應徵之款，與白糧一例考成。

三十三年題準，白糧項下減存經費銀，乃解部之項。如不豫行詳請，擅自動用，將擅動之官題參，著令賠完。

一、倉庫盤察

康熙六年題準，漕項錢糧乃輓運急需，司府州縣等官如將徵完之銀那動、給發別項支用者，糧道詳報總漕題參。

二十八年題準，各省糧道存貯錢糧，於年終及離任之日，責成藩司親身盤察、出結。如有虧空，立即揭報，該撫題參。

雍正四年議準，道庫實在錢糧，自雍正五年爲始，照司庫例，每年春秋二季，造册報部，聽候撥解京餉。

又題準，江安、蘇松、江西、湖南、湖北、山東等省糧道衙門，各增該庫大使一人。凡倉庫收放錢糧，責成稽察。其浙省道庫即令布政使司理問兼管。

六年題準，江寧布政使司衙門徵收上下兩江應解南屯米、麥、豆，舊有倉厫，皆繫吏役經手支放。今增設倉大使一人管理，以專責成。

十年題準，德州原設常豐、德州二倉，臨清州原設臨清、廣積、常盈三倉，年久坍廢，應於臨清、德州各增建新厫六座，責成糧道督率臨、德二州加謹蓋藏，年終盤驗，出具實貯印結送部。並令常豐、臨清二倉大使巡察看守。

十一年奏準，各省道庫一應收支錢糧，隨時知會藩司備案。奏銷時，將支、銷、存、剩各款造册，移司盤察，出結送部。

又題準，各省糧道新舊交代任內收支錢糧，均照布政使司交盤例，該管督撫造册具題。

一、起運完欠

順治五年題準，漕欠無論多寡，均發各糧道嚴追。

九年奏準，挂欠漕糧弁軍發南追比，承追各官嚴察本弁、本軍產業，估計變賣，盡數完糧，不得聽其株連攀害。

十二年題準，挂欠弁軍先在通州追比，勒限一年。如不能完，倉場題明，發南追比，再限一年追完。

又題準，官欠追官，軍欠追軍。每年發淮追比之時，分別欠數，研審明確，官軍一例嚴追，變產完賠。如運軍侵糧、脱逃，報明户部，行總督衙門提究追擬。

十四年題準，運官到通，糧米全完，緣事罣誤，非貪贓失守大計、隱匿逃人重罪，該部酌量，分別以示鼓勵。

十七年題準，總漕以通漕論，糧道以本省論，凡欠二分者，罰俸一年； 再運又欠一分者，降一級調用； 欠二分者，降二級調用； 欠三分者，革職。

又題準，運官領運漕糧，交納、銷算、買補以及隨幫代運〔未〕[一]全完者，不準議敘。

康熙元年題準，搭解舊欠漕糧復有挂欠，倉場開列分數，題參，照例處分。挂欠之米仍照數追賠。

二年題準，總漕、巡撫、糧道，如通漕及本省衛所漕糧盡行開兑、開幫北上，運務一官經手者，前官雖有事故離任，功罪應歸前官，後官免議。其總漕有一二省，巡撫、糧道有一二衛所未經兑完開幫，前官事故，後官接管，功罪應歸後官，前官免議。

八年題準，糧船阻凍天津，漕糧收受進倉，非本年內全完，至隔年始行運竣者，糧道、押運等官，不準議敘。

十年題準，漕糧開兑、過淮違限者，其到通糧米雖已全完，糧道等官，不準議敘。

二十五年題準，搭運欠舊米與原欠米色不符者，糧道、知府罰俸一年，領運千總革職。

四十三年議準，運官挂欠漕米，以通幫糧米計算。如挂欠不及一分者，責二十，革職追比，追究還職，免罪，不完，杖一百，革職； 一分，責三十，革職追比，追究免罪，不完，杖一百，徒一年； 二分，責四十，革職追比，追完免罪，不完，杖一百，徒三年； 三分，責六十，革職追比，追完免罪，不完，發附近衛所充軍； 四分，責八十，革職追比，追完，杖一百，不完，發邊遠衛所充軍； 五分，責一百，革職追比，追完徒一年，不完者絞； 六分以上者斬，照例籍没家產抵償。

又議準，運軍挂欠漕糧，以一船糧米計算，如挂欠不及一分者，責二十，革運追比，追完免罪，不完，杖一百； 一分，責三十，革運追比，追完免罪，不完，杖一百，徒一年； 二分，責四十，革運追比，追完免罪，不完，杖一百，徒三年； 三分，責六十，革運追比，追完免罪，不完，發附近衛所充軍； 四分，責八十，革運追比，追完，杖一百，不完，發邊遠衛所充軍； 五分，責一百，革運追比，追完，徒一年，不完者絞； 六分以上者斬； 照例籍没家產，妻子

〔一〕此處脱『未』字。

抵償。

四十九年題準，漕糧挂欠，皆由糧道、監兑、押運等官，不親詣水次，面同兑足。糧船抵淮，總漕亦不嚴行盤察，以致弁軍任意折銀、沿途盜賣。嗣後，將挂欠不及一分至六分之弁軍，照例分别治罪。其總漕、糧道等官，亦照例，按所欠分數議處，並將所欠漕糧算作十分分賠，總漕半分，糧道一分，監兑官半分，總押運官半分，運官一分半，僉丁、衞所官半分，運軍五分半。按此分數，令總漕等官於限内賠完，不完，總漕、糧道各官，交部議處，運官、運軍照例治罪。仍將弁軍不能賠完之米，著落總漕、糧道等官賠償。至挂欠糧米，既總漕、糧道，令分賠全完者，應加倍議敘。山東、河南、湖廣三省糧道，改爲加升一級；江南江北、江西、浙江三省糧道，改爲加升二級。總漕議敘之例，於康熙八年停止。嗣後，各省漕糧十分全完者，仍將總漕照例加升二級。

又議準，弁軍挂欠漕糧，承追、督催等官，皆照經徵、督催淮、徐等倉糧銀例議處。

五十一年題準，同幫運官連名互結，如將赤貧之軍出結僉運，以致挂欠不能賠補，將本軍應賠五分半之内，令互結各軍攤賠一分。

又題準，嗣後，一幫挂欠，府廳等官罰俸一年，糧道罰俸半年。幾幫挂欠，照此遞加罰俸。

又題準，押運同知、通判，一次挂欠，降一級留任；二次，降二級留任；三次，降三級調用。

又題準，押運同知、通判，一次無欠，加一級；二次無欠，加二級；三次無欠，不論俸滿，即升。

又題準，江浙積欠之幫，一運全完；其次挂欠之幫，三運全完；別幫，五運全完，均準其即升。

五十四年題準，弁軍挂欠，嗣後免其留通追比一年。令倉場侍郎，將欠糧運軍拏交運官，即行發南，追賠挂欠之米。限次年搭運赴通交納，如次年不搭運，總漕照例題參。

六十年題準，欠糧運官，有於倉場未題之先已升任他職者，革職發追，竢完糧開復之日，照例補用。

雍正元年題準，領運千總一運全完，加銜一等；二運全完，加升二等；三運全完，毫無事故者，從優議敘即升。其江浙積欠之幫，仍照舊例，二運全完，準其即升。

二年議準，搭解舊欠漕米，必以本色交兑。搭運過淮之時，總漕盤驗足數，方許開行北上。如有麥、豆、雜糧等項抵充漕欠，或過淮之後用小船趕送者，總漕察明題參。

三年題準，欠糧運官，倉場即咨兵部開闕，竢限内全完，題請開復，別行補用。

五年題準，弁軍挂欠漕糧，向照失風挂欠之例，止收平米，免其曬颺折耗。嗣後非失風而挂欠者，照起運之數，搭運抵通。

十三年奏準，運弁領運漕白船糧，如有過淮違限，而抵通全完者，竢總漕將原叅過淮違限，題準開復之後，始準議敘、加銜。

乾隆二年奏準，領運守、千〔一〕江浙等遠省，一二運準按運加銜，三運全完，議敘即升，不得復請加銜。至三運以後，再能全完，仍準按運加銜。山東、河南二省官弁，一三五運全完，均紀録二次；二四運全完，均加銜一等；至六運全完，方議敘即升，亦不得重複加銜；至六運以後，均照前相閒紀録加銜。

又奏準，重運効力武舉，領運江浙等遠省，每運全完，準於補官日紀録二次。領運山東、河南近省，每運全完，準於補官日紀録一次。三運運滿，咨部注册推用。

三年奏準，各省糧船抵通起卸漕米，如有不足，向例準買別幫餘米抵補，但各省收兑，如果足數抵通，何致不敷？嗣後如有不足，即行叅處，著賠，不準買補別幫餘米。其各船運軍日用餘米，坐糧廳給與驗票，準其售賣外，其餘各色漕米、票米，一粟不許買賣。交與通永道、通州知州，實力稽察。如有不遵，即行拏究。倘稽察不力，被倉場及御史訪聞，將該道、該州，題叅議處。

四年題準，山東、河南二省遞年輪運薊糧，督運通判，押運全完，照例議叙。

五年題準，輪運薊糧千總，準照山東、河南近省運通全完之例議敘。

八年題準，定例準以完糧議叙，抵銷因公罣誤降級等案，原指該弁本運降級事故，即以本運應得議叙抵銷。其一應罰俸案件，不準將完糧議叙抵銷。乃該弁等竟有以應加之銜，故意遲延，豫防將來罣誤降抵之計，於例未協。嗣後漕運各官因公罣誤，應降調者，如本運議叙準其抵銷，其前運應加之銜，槩不準抵。

十八年議準，武職加銜，既經刪除，嗣後領運官議叙遠省者，一運全完，加一級；二運全完，加二級；三運全完，即升。近省一運全完，紀録一次；二運全完，加一級；三運、五運與初運同；四運與二運同；六運全完，即升所加之級，準其隨帶。

一、漕船偶遭風火

順治十五年題準，漕糧改解兵米，大江漂流，準照漂没糧數開銷。

又題準，糧船在江洋、黄河漂流者，地方官察明，給有印照，總漕及各該撫覆勘明確，據實具題，準予豁免。如無題報，即於本軍名下追賠，若本軍無力補完，將本幫餘米、簟羨扣抵，務足原數。

康熙二十一年題準，大江、黄河漂没搶救者，將搶獲米灑帶各船運送。其漂没米，準予豁免。若坐視不救，該督題叅，從重治罪。

〔一〕領運守、千　似應爲『守、千領運』。

又題準，漂流船糧，令沿塗催趲各官及汛地文武官親臨確勘，各出保結，取具運官結狀，該督撫具題豁免。如未經漂没船糧，運糧官軍詐報漂没，並故將船放失，及雖漂没損失不多，乘機侵盜至六百石者，照律擬斬。不及六百石者，照律發邊衛，永遠充軍。漕米照數賠補。其沿塗催趲各官及汛地文武各官，不親臨確勘，遽出保結者，並行革職。該督撫不嚴察確實，遽行題豁，後詐冒事露，將具題督撫降二級調用。

又題準，文武官凡遇漕船沉溺，不將情由升報者，降一級調用。

又題準，押運官弁巡察不謹，以致失火燒燬漕船者，降一級調用；地方官不行協救，延燒别船者，罰俸一年。

三十六年題準，漕船失風沉溺，船未抵通，而糧已搭運到通全完者，坐糧廳呈報户部，運軍領過行月錢糧，免其追繳。

四十二年奉旨：『洪澤湖水勢更甚於大江、黄河之水，其失風漂没船糧，從寬豁免。嗣後，洪澤湖有漂没船糧，亦照大江、黄河漂没之例議奏。欽此。』

雍正元年題準，漕船在内河失風，將押運官弁照失於防範例，罰俸一年，仍取具押運官弁並地方文武官弁並無假捏印結送部。倘有假捏情弊，即將弁軍嚴加治罪，出結官弁從重議處。

又題準，糧船在内河漂流者，不準豁免。將該幫進倉米，免其曬颺，以所剩曬颺折耗餘米，抵補漂流之數。如抵補不敷，將該幫羨餘銀扣抵，該幫不足，將該衛羨餘銀覈總扣除，務足原額。

四年議準，失風漂流之米，除將本幫餘米抵補外，下剩米限次年搭運抵通，正兑、改兑均照平米收受，仍免其曬颺折耗之米，以示軫恤。

五年題準，漕船入境地方官，不顧風色、水勢，催趲前進，在内河致有疎虞，將該管地方官與押運官弁，皆照失於防範例議處。

又題準，漕船在江洋、黄河、洪澤湖漂没，片板、粒米無存者，準予豁免。

六年題準，領運弁軍，凡遇海洋、大江、黄河危險地方，遭風漂没，幸獲生全者，照軍功保守在事有功之例，官加一級，運軍照軍功一等傷例賞給。其漂没身故者，官不論銜級大小，照軍功陣亡例，皆以見在職任，分别準廕加贈，給與祭葬銀，運軍亦照軍功陣亡例，給與祭葬銀。其無妻子親屬者，照例給銀，該督撫、提鎮，委官致祭。至船内頭舵、水手被淹身故者，照軍功二等傷例賞給。

十三年議準，海洋、大江、黄河及洞庭、洪澤等湖，領運弁軍被溺身故，照軍功例賞卹、贈廕。其在内洋、内河及以停泊海口、島嶼等處修造漕船，雖屬奉公差委，與効力疆場者有間，此等幸生之弁軍，應照軍功例減等，官給與紀録二次，運軍人等照二等傷例，減半賞給。其漂没身故者，官照陣亡例，各減一等，分别廕贈，減半給與祭葬銀。運軍亦照陣亡例，減半給與祭葬銀。無妻子親屬收受者，仍照例給銀二兩，委官致祭。再，内洋等處遭風溺故之千總，量減一等，廕子弟一人，以把總補用。

十三年題準，漕船經運五六年，及未至五六年而有風火等事之失，責令賠造；經運七八年而有事故，責令買補；經運九年而有事故，以及腐朽不堪者，責令雇募；均至十年限滿，準其給價配造。

乾隆三年題準，漕糧内河失風漂流，運軍賠累艱難，應交茶果銀，槩行免交。其糧已漂失，臨倉買補。無藉經紀車户轉運者，箇兒錢一並免交。若船無破損、米無虧闕，到通轉運進倉者，箇兒錢照舊交納。

又題準，假揑失風、希圖挂欠者，仍照例議處。若汛水漲發，猝不及防，失風之船能戽救修艌抵通，糧無虧折，或買補全完者，領押守千丞倅，皆免議處，仍照例議敘。倘船非滿號，不能戽救，米有挂欠，雖買補全完，亦仍照例議處。至地方文武官弁協同戽救，船糧均無虧者，免其議處。如不能協同戽救，以致漂流者，仍照例處分。

又題準，押運丞倅，遇有幫船失風事故，向例與領運守千一例議處。但丞倅統轄十餘幫，較之守、千專管一幫者有間。嗣後量爲輕減，原例罰俸三月者，改爲一月；罰俸六月者，改爲三月；罰俸一年者，改爲六月；降一級留任者，改爲罰俸一年；降一級調用者，改爲降一級留任；降二級調用者，改爲降一級調用；革職者，改爲降三級調用。

四年題準，糧船停泊處所，他船失火，該軍在船，不即設法開放，地方官不行星飛往救，以致延燒者，將火燬船，責令官軍名下分賠造運。

五年題準，漕船遇有事故，各失防職名，照例開送。如有應行免議之處，於咨内聲明，聽候吏、兵二部察議。

又題準，副軍有在大江、黄河被淹身故者，照軍功二等傷例賞給。

六年題準，各省出運船糧，凡有失風漂流之米，照例報部，分别易换扣抵。倘有徇隱、揑報等弊，照例題參。

七年議準，糧船失風、火燎，其船不致被沉者，無論已未過淮，即令修固原船，復載抵通。如已被沉難戽者，準雇民船載運，隨幫過淮，盤驗抵通。倘過淮時未經雇募，將米已分通幫帶運者，不許中塗再雇民船裝運，以杜盜賣攙和之端。若過淮後失事，或在黄河中流，及該地方無民船雇募者，仍令先分通幫帶運開行，一面前塗雇覔民船裝運，總著通幫衆丁，出具互保各結，抵通交納。稍有虧欠，責令賠補。

十四年議準，漕船回次，雖交與地方官收管，仍著隨幫官弁約束、稽察，遇有風火事故，即將該隨幫職名報參。如新運千總既經接收幫船，即將新運千總職名報參。或漕船減存在次，遇有事故，隨運二弁均不能兼顧，即開收管之地方官職名報糸。至押運同知等官，如遇回空到次後風火事故，免其糸處。

大清會典則例　卷一三一　工部　都水清吏司

河工一

一、職掌

順治初年，設河道總督一人，駐劄濟寧州後移駐清江浦，綜理黄運兩河事務。通惠河分司一人，駐劄通州；北河分司一人，駐劄張秋；南旺分司一人，駐劄濟寧州；夏鎮分司一人，駐劄夏鎮；中河分司一人，駐劄吕梁洪；南河分司一人，駐劄高郵州；衛河分司一人，駐劄輝縣，分管所屬境内歲修搶修等事。

康熙四年，裁衛河分司，歸於彰衛懷道管理。

十五年，裁南旺分司，歸濟寧道管理。又裁夏鎮分司。所有滕、嶧二縣河道各汛，歸東兖道管理。沛縣河道各汛，歸淮徐道管理。

十七年，裁北河分司，分歸濟寧、天津二道管理。又裁中河、南河分司，分歸淮揚、淮徐二道管理。

又議準滕縣河務改歸濟寧道管理。

又覆準河南歲修工程暫交該撫料理，竢江南大工告竣，仍照舊例，總河親勘具題。

又議定山東、河南特設管理道官，一應督修、挑築、辦料諸務，均令河道協同催趲，聯銜會詳，一例責成。

二十二年諭：『河工關繫緊要。蘭家渡決口築塞方完。河南隄岸工程專令河南巡撫暫行料理。如有應會總河事務，仍移文商榷毋誤。欽此。』

二十三年諭：『朕觀高家堰地勢高於寶應、高郵諸水數倍。前人於此作石隄障水，實爲淮揚屏蔽，且使洪澤湖與淮水并力敵黄衝刷淤沙，關繫最重。今高家堰舊口及周家橋、翟壩修築雖久，仍須歲歲防護，不可輕視，以隳前功。欽此。』

又諭：『蕭家渡、九里岡、崔家鎮、徐升壩、七里溝、黄家嘴、新莊一帶，皆緊要近溜之處，甚爲危險。所築長隄與逼水壩須時加防護。大約運道之患在黄河，禦河全憑隄岸。若南北兩隄修築堅固，可免決齧，則河水不致四潰。水不四潰則濬滌淤墊，沙去河深，隄岸益可無虞。今諸處隄防雖經整理，還宜培薄增卑，隨時修築，以防未然。又如宿遷、桃源、清河上下，舊設減水諸壩，蓋欲分洩漲溢，一使隄岸免於衝決，可以束水歸漕，一使下流疏洩，可無淮弱黄强、清口噴沙之患。近來凡有決工，皆仿其意，不過暫濟目前之急。雖受其益，亦有小損。倘遇河水泛溢，乘勢横流，安保今日減水壩不爲他年之決口乎？當籌畫精詳，使黄河之水順軌東下，水行沙刷，永無壅決，則減水諸壩皆可不用。運道既免梗塞之患，民生亦無墊溺之憂，庶幾一勞永逸，河工可告成。欽此。』

三十二年奉旨：『河南工程不必行總河往勘。照該撫所請修築。』

三十六年諭：『海口爲黃水入海之道，所關甚屬緊要。河道總督每年委賢能河官專管修理，勿致壅滯。欽此。』

三十七年設永定河分司。

三十八年諭：『朕審視黃河之水，見河身漸高。登隄用水平測量，見河較高於田。行視清口高家堰，則洪澤湖水低、黃河水高，以致河水逆流入湖。湖水無從得出，泛溢於興化、鹽城七州縣。此災之所由生也。治河上策惟以深濬河身爲要，諸臣並無言及此者。誠能深濬河底，則洪澤湖水直達黃河，七州縣無泛溢之患，民間田廬自然涸出。不治其源，徒治下流，終無裨益。今朕親閱下河到海之口及射陽湖一帶淤墊之處，總河所帶効力人員甚多，可速分委，并力開濬蓄積之水。倘能稍洩，亦有益也。至於黃、淮交匯之口過於徑直，所以黃水常逆流而入。今宜將黃河南岸近淮之隄，更迤東長二三里，築令堅固。淮水近河之隄，亦迤東灣曲拓築，使之斜行會流，則黃水不致倒灌入淮矣。再，河流不迅急，無以刷去河底之沙。河直則溜自急，溜急則沙自刷。而河自深，宜於清口之西數灣曲處試行濬直。如直濬有益，漸將上流曲處歲加直濬，庶幾黃河之險自除，而河底漸深，洪澤湖之水漸出，七州縣之水患可漸息矣。欽此。』

四十年，覆準裁通惠河分司，歸通永道管理。

四十四年奉旨：『直隸、山東河道與總河相距甚遠。應照河南例，令各該巡撫就近料理。』

四十八年諭：『河防緊要，不可稍忽。宿遷以下有清水入黃河，得以刷沙湍行。宿遷以上至河南一帶，無清水入黃河。必須將兩岸隄工小心修防，令水不出漕。遒水由漕中行，無淤沙之患。至於黃河發水，由上源寧夏而來。著陝西總督轉行寧夏同知，遇黃河長水時速報。總河、河南巡撫豫爲修防。欽此。』

雍正二年議準，以河南武陟、中牟等縣隄工緊要，設副總河一人，管理豫省河務。

三年，覆準，豫省增設河官。凡歲修、搶修，均令河汛各官專司其事。倘遇緊要大工，仍令沿河印官與汛河各官協同辦理。

四年諭：『近年豫省河務險工下移，隄岸完固。山東河務甚屬緊要，向繫山東巡撫管理。但巡撫有地方責任，恐不能兼理河務。山東與河南接壤，令副總河兼管。欽此。』

又議準直隸河道分爲四局。南運河與臧家橋以下之子牙河、苑家口以東之淀河爲一局，令天津道就近管理。舊有天津同知、泊河同知及各地方管河同知、通判、縣丞、主簿等官，悉歸管轄。永定河分司改爲河道，駐劄固安縣總理。其沿河州縣各增設丞、簿等官，以資分防。除所有同知一人外，將向來効力人員一槩徹回。運河分爲一局，徹去分司，歸通永道兼管。其管河州判等官，悉歸管轄。苑家口以西各淀及畿南諸河爲一局，將大名道改爲清河道，移駐保定府。舊有管河同知、通判、州判、丞簿等官，悉歸管轄。

又議準設江南葦蕩營叅將一人、守備二人。

五年，議準黄河南岸劉家口埽工歸商、虞二縣就近管理。

又奏準豫省險汛下移，於開封府南岸增設主簿一人管理。開封府下北河增設廵檢二人，一駐祥符、陳留適中之地，一駐蘭陽、儀封適中之地，遇險要工程，協同廳汛各官辦理。其祥符北岸汰黄隄一道，亦令管理修埶。

六年，議準江南河營設叅將一人統轄。淮徐九營、淮揚十一營，每營設守備一人。淮徐、淮揚各設游擊一人。除舊存七營外，如額建設，以專責成。

七年諭：『治河之道，惟有使黄水暢流，無所壅滯，則永慶安瀾。然使黄水無所壅滯，必須保固高家堰隄工，使清水力能敵黄，且以助其暢流之勢。從前總河雖將石工稍加幫修，不若多費帑金，於隄工險要之所及卑薄之處，皆加修石工，務令堅固高厚，以爲久遠之計。欽此。』

又諭：『副總河專理北河，總河兼理南北兩河之事。今朕欲分任南北兩河，又思治河之道，必合全河形勢，通行籌畫，方可疏導安瀾。若分令兩人管理，亦有推諉掣肘之處。著詳議具奏。欽此。』遵旨議準，河之南北因地而分，其原委分流，本屬一貫。河臣雖分兩人，而辦事應如一體。請授總河爲總督江南河道、提督軍務；授副總河爲總督河南、山東河道、提督軍務，分管南北兩河。其有江南、河東修理工程，令公同商酌，會稿具題。倘遇緊要搶修，一面堵築，一面知會，不得藉會商爲名，以致遲誤工程。至題補河官及奏銷錢糧等事，仍令分辦。

又議準，設河南豫河、懷河守備各一人。

八年，議準設直隸河道總督一人。

九年，議準增設石景山同知一人，屬永定河道管轄。

又覆準，山東運河一應修築隄岸牐壩工程，均責令管河廳汛等官分司修防，不得推諉。倘有疎虞，題叅賠修。如別案大工，仍令地方官與管河各官分段修築。

又覆準，江南邳睢同知照舊管黄運兩河工程。宿虹同知專管黄河兩岸一百四十餘里，並將宿桃中河通判舊管黄河葉家莊、竇家林等工，歸於該同知管理。宿桃中河通判改爲宿遷運河通判，管理宿遷至古城運河兩岸子隄，長九十里。並將宿虹廳舊管運河兩岸隄工，長四十八里，歸於該通判管理。安清中河通判改爲桃源安清中河通判，原管運河自桃源三汊河起，至清河縣楊家莊止兩岸子隄。又運鹽中河一道，自運口沿河牐起，至安東縣止，並將宿桃中河通判舊管古城以下至三汊運河兩岸子隄歸於該通判管理。海防同知原駐廟灣，應移駐童家營適中之處，改爲分管山安南岸河務海防同知。將外河廳南岸工程之内，自新港頭工起，至山安交界陳家社，計長百有五里。又山安廳南岸工程之内，自陳家社起，至陶家社竈土隄尾止，計長六十一里，歸并該同知就近管理。增設巡檢、把總各一人，管理原屬外河廳所管上河汛新港頭起，至葉家營止，工長六千二十七丈。江防同知改爲揚河江防同知，駐劄瓜洲，原管江口及三汊河迤南河道二十五里。將揚河廳工程之内，自邵伯迤北高江交界三十里舖起，至三汊河止，兩岸各工長八十里分歸管理。

十年，議準設江南河庫道。

十二年，議準設山東運河道。

又議準直隸復設大名道，兼管河務。又增設永定河北岸同知、三角淀通判。

乾隆元年諭：『治河之道在因其勢而利導之。司河務者必將全河形勢熟悉胸中，隄防疏濬，在在得宜，始可以行所無事而致安瀾之慶也。黄河自河南武陟至江南安東入海長隄，綿亘二千餘里，舊設總河一人，駐劄清江浦。雍正七年復設河東總河，誠慮鞭長不及，故俾南北分隸，各有責成。惟是河流日久變遷，舊險既去，新險復生。其間防濬事宜，有病在上流而應於下流治之者，有病在下流而應於上流治之者。必須通局合算，同心協理，庶無顧此失彼之憂。若河臣於南北形勢未能洞悉，遇有開河築隄等事，或至各懷意見，彼此參商，則上游下游必有受弊之處，所關匪細。徐州府當南北之衝，爲兩河關鍵，最爲緊要。見設南河副總河，應移駐徐州，以專督率。如兩河有應會商事宜，就近可與南北河臣公同踏勘。應開濬者，即行開濬；應堵築者，即行堵築，毋得推諉，亦無得掣肘，於河務似有裨益。著江南總河、河東總河確議具奏。欽此。』遵旨議定，副總河移駐徐州。凡兩河應行會商事宜，即就近與南北河臣公同酌議，立即舉行。其毛城舖等處減水牐壩，就近督率徐屬廳營按時啓閉，隨宜辦理。如病在上流而應於下流治之者，北河臣豫爲知會副河臣與南河臣，踏勘定議興工。如病在下流而應於上流治之者，南河臣亦即知會副河臣與北河臣，踏勘定議興工。如上流開河築隄有礙下流，下流開河築隄有礙上流，並知會副河臣，會勘妥議。其動用錢糧，仍照南北工程定例。

又議準山東增設黄運河守備一人。

二年，徹回江南副總河。

又議準江南徐屬同知改爲銅沛同知，並增設豐蕭碭通判一人。其餘十五廳仍舊管理。

又議準山東東平、濟寧二州泉務，令各該州州同管理。汶上、滕、鄒、泰安、滋陽、寧陽六縣泉務，令各該縣縣丞管理。平陰、萊蕪、肥城三縣泉務，令泰安府經歷管理。曲阜、泗水二縣泉務，令兖州府經歷管理。蒙陰縣泉務，令沂州府經歷管理。新泰縣泉務，令該縣上泗莊巡檢管理。嶧縣泉務，令滕縣縣丞兼管。魚臺縣泉務，令濟寧州州同兼管。仍聽管泉通判管轄。其地方一切公務，管泉各官均免其差委。至該州縣泉源、泉河及蔭泉樹木、沿河柳株，均責令該員督率泉夫，不時疏濬、栽植。倘因循怠惰，泉務廢弛，即將專管之官衆究。如通判不實力巡察，通同徇隱，該督撫一并衆處。至冬間協挑運河，亦令該員管押。其有泉州縣印官，改爲兼管官，令其稽察催趲。仍令管泉通判不時巡察所屬。如泉流暢達、樹木繁茂、有益運道，該河道總督酌量具題，予以議叙。

又奏準，巡視山東漕運御史與河臣協同督察大濬、小濬工程。

三年諭：『毛城舖工程漸次就緒。但此地至洪澤湖河湖水道六百餘里，經過十數州縣，土壤相錯。若無專官統轄，則丞簿微員呼應不靈，所有一切隄岸壩座工程未必經久堅固。況見在修防疏濬，尚須逐年料理，則歲修之費當豫爲籌及者。著總河會同總督，悉心妥議，於就近廳員中歸并何官管轄，並酌定歲修之費若干，每年冬末春初河水未發時相度修治，俾地方永受其益。欽此。』遵旨議準，毛城舖減水壩迤下河道，令豐蕭碭河務通判、銅沛河務同知、邳睢靈壁河務同知、宿虹河務同知、山盱河務通判，各照所屬地方分界管理。子堰或經卑薄，河道間有淤阻，均令隨時修補疏濬。

又議準，河南商邱、虞城三汛隄工應清界址。虞隄自一堡至火神廟止，長千有五十丈五尺，改撥商汛，與商隄相接。商隄自五虎廟東埠口至蕭家莊止，長千有九十一丈，改撥虞汛，與虞隄相接。曹縣越隄一段，長一百八十八丈。東九十四丈改撥虞城上汛，西九十四丈改撥商邱汛，則工段聯絡，便於巡防。

四年，議準設河南儀考通判。

又議準設永定河營守備。

又奏準，洪澤湖發源桐栢淮、泗及七十二谿等處，間歲冬春，河臣會委大員，將河形水勢、通塞衰旺，以及分支合流，可引可截各情事，詳細勘明，豫爲酌定。

五年，議準設河南曹儀通判。

又議準，山東兗沂曹道兼管黃河工程。

又議準，總河所轄漕河，每年應詳按形勢，察明脈絡。凡各處泉河淀泊，以及支河汊港，關繫濟運之處，窮源溯委，將道里遠近，見在隄身高寬丈尺，何處發源，入漕何處，洩水歸宿，並將各隄牐壩舊制、新增、更改事宜，逐一分晰繪圖，黏單呈送到部，以備稽考。

六年，議準裁直隸祁河通判，改設子牙河通判。

七年，覆準河南彰德、懷慶二府通判，各令兼理河務。

九年，奏準江南淮徐、淮揚二道，原繫分巡兼管河務。但河工關繫緊要，該二道有管轄廳汛之責。嗣後，應令其專管河道。

十四年奉旨，直隸河道令總督兼管。又設江南協辦河務官，職掌與副總河同。

十六年諭：『洪澤湖上承清、淮、汝、潁諸水，匯爲巨浸。所以保障者，惟高堰一隄。天然壩乃其尾閭，伏秋盛漲，輒開此壩洩之，而下游諸縣胥被其患。冬月清水勢弱，不能刷黄，往往濁流倒灌。在下游居民深以開壩爲懼，而河臣轉藉爲防險秘鑰，二者恒相持。朕南巡親臨高堰，循隄而南，越三滚壩至蔣家牐。周覽形勢，乃知天然壩斷不可開。夫設隄以衛民也。隄設而民仍被其災，設之何用？若第掣流緩漲，自保上游搶險各工，而鄰國爲壑，田廬淹没，弗復顧惜。此豈國家建立石隄、保障生靈本意耶？爲河臣者，固不當如此存心也。天然壩當立石，永禁開放，以杜絶妄見。近者河臣等，於開天然壩亦深以爲非，而請於三滚壩外增建石滚壩，以資宣洩。朕親臨閲視，謂增三爲五，即以過水一二尺言之，向過三尺者，即爲五尺；向過六尺者，增而至丈，是與天然壩名異實同，人必有議其巧，避開壩之名而陰襲其用者。是當爲之限制。上年滚壩過水三尺五寸，天然壩仍未開放。應即以是爲準，俾五壩石面高下維均，以仁、義、禮、智、信爲之次。仁、義、禮三壩一如其舊，智、信二壩則於石面之上加封浮土。必仁、義、禮三壩已過水三尺五寸，猶不足以減盛漲，則啓智壩之土，仍不減，乃次及於信，斯爲節宣有度。較之開天然壩之一往莫禦者懸殊矣。再，高堰石隄至南滚壩以南，舊用土工石隄，有首無尾，形勢不稱。應自新建信壩北雁翅以北，一律改建石工。南雁翅以南至蔣家牐，水勢益平，則石基甎甃。如此方首尾完固，屹如金湯，永爲淮揚利賴。至洪湖束水，藉以刷黄，而上游宿、虹、鳳、潁諸邑，歲被水患。議者謂洪湖盛漲，諸邑先被其災洩，洪湖仍於上游無補。自朕觀之，漲減則上游之漫溢者亦減。此固在封疆大吏於未被水時先事綢繆，而司水土者，亦未可謂閭閻休戚，非己職掌所在，而專以束水保隄爲得計也。河工宿弊，不可枚舉。而無益之費尤多，或明知無用而因循不廢，或因以爲利而妄事興修。即以朕廵視高堰一隄之内，已不勝屈指數。然觀河臣管領河漕數千里，民命所繫，視督撫綏緝一二省者爲難。冒涉風雨，守護隄防，亦視督撫坐辦案牘者爲勞。而督撫職在刑名錢穀，事有實據，是非難掩。河臣遵守章程，可以福命苟安。無事則其任較易。向來河臣不乏表表尸祝之輩，而糜帑養患、有罪無功，其識機宜、得關鍵、實著功效者幾人哉？果使全不興工，則置民瘼於不問，河臣幾於虚設，固無此政體。如其糜脂膏以擲虚牝，則蠹弊之最巨者。總之，河不可不治而無循其虚名，工不可不興而必歸於實用。我皇祖、聖祖仁皇帝屢幸南河，躬親指示，平成睿略，萬世永賴。朕何能仰企一二。即經臨視，有所籌畫，亦不敢自信爲必不可易。惟愛養黎元，揆理度務，崇實敦本，兢兢業業之衷，可共白耳。將此詳悉宣諭中外臣民。其庀材興工、一切應行事宜，河臣會同督臣，按例確估具題。欽此。』

一、河員

江南河道總督一人。所屬河庫道一人。淮徐河道一人，轄六廳，同知四人、通判二人、二十四汛州同、州判各一人、縣丞五人、主簿十有二人、巡檢七人內大壩、運河二汛，各巡檢二人。淮揚河道一人，轄十一廳，同知五人、通判六人、三十八汛州同、州判各三人、縣丞十有四人、主簿十人、巡檢八人、十四牐牐官十有一人內一官管四牐。河營叅將一人，轄淮徐河營游擊一人、守備九人、千總八人、把總十有三人； 淮揚河營游擊一人、守備十有一人、千總九人、把總十有七人。葦蕩營叅將一人，轄守備、千總、把總各四人。

山東、河南河道總督一人。所屬山東運河道一人，轄七廳，同知二人、通判五人、二十八汛州同、州判各三人、縣丞九人內一丞管二汛、主簿十有二人、分理泉河州同二人、府經歷三人、縣丞六人、巡檢一人、四十八牐牐官三十一人內一官管二牐者九，一官管三牐者四。兖沂曹兼管黃河道一人，轄一廳，同知一人、四汛縣丞一人、主簿二人、巡檢一人，河營守備一人、千總五人、把總二人。管河衛守備二人，千總二人。河南開歸陳道一人，轄四廳，同知、通判各二人、十二汛州判一人、縣丞七人、主簿四人。彰衛懷道一人，轄七廳，同知三人、通判四人、二十汛縣丞八人、主簿十人、巡檢二人、河營守備二人、協辦守備二人、千總四人、把總三人。

直隸總督兼管河道總督一人。所屬永定河道一人，轄四廳，同知三人、通判一人、十五汛州判三人、縣丞、主簿各五人、吏目二人。通永河道一人，轄三廳。同知一人、通判二人、十三汛州同一人、州判四人、縣丞三人、主簿五人。天津河道一人，轄四廳。同知、通判各二人、西汛縣丞三人、東汛州判二人、縣丞一人、主簿五人、巡檢一人。清河道一人，轄二廳，同知、通判各一人、分汛州判三人、兼河務知縣三人、縣丞七人、主簿三人、巡檢二人、典史一人。大廣順河道一人，轄三廳，同知三人、分汛兼河務知縣十有五人、縣丞四人、典史二人、河營守備一人、千總八人、把總十有四人、垡船千把總各一人。

一、河兵

江南河兵九千一百四十五名，內食戰糧者千八百二十九名。葦蕩營樵採兵千四百十有九名，內食馬戰糧者六十名，步戰糧者五十九名。山東河兵六百名，內食戰糧者百二十名。河南河兵千一百名，內食戰糧者二百二十名。直隸永定河河兵千二百名，內食戰糧者百二十名。石景山河兵三十名，內食戰糧者三名。北運河河兵六百名，內食戰糧者六十名。南運河河兵三百名，內食戰糧者六十名。子牙河河兵四十名，均食守糧。

順治十二年，設江南河兵。

康熙十七年，議準江南鳳、淮、徐、揚四府裁去淺溜等夫，設兵五千八百六十名。

十八年，覆準江南河營增兵五百餘名，令各營弁督率防守濬築。

三十七年，設永定河河兵二千名。

三十八年，題準裁徐屬州縣額設歲夫六千九百五十名，改設河兵三千三十名。

四十年，覆準裁永定河河兵千二百名，留八百名在工防護。

五十九年，題準裁徐屬河兵千二百三十名，仍留千八百名，以資防守。

雍正二年，題準撥江南河兵千名，赴河南防守。

三年，議準山東運河緊要，照河南之例，於江南額設河兵內選二百名，安插險要地方。其江南河兵闕，即於濱河傭夫內，選其熟練河務者頂補。

又議準，河南堡夫募精壯丁男補額，擇其諳練工程者，每年於江南河兵更換時，準其拔充河兵。俟數滿五百名，將江南河兵停其調撥。

四年，增永定河河兵四百名。

五年諭：『黃河下埽之人，辦理工程不惜身命，當照軍功例，定以恩卹。欽此。』遵旨議定，嗣後黃河下埽之官兵，如在事遭險入坎，幸生者照軍功保守在事有功例，官加一級。兵夫以一等軍功傷例給賞。身故者，官不論銜級大小，照軍功陣亡例，以見在職分準廕加贈給祭葬銀。外委官弁以及兵丁夫役，亦照軍功陣亡例，分別給以祭葬銀。如無親屬者，照例委官致祭。

十二年，議準河兵於霜降後、工務稍閒，計兩月日期，照堡夫例，每兵二名，每月積土十五方，貯於隄工備用。造册入於該管備弁交代項下。如有闕少，照堡夫積土之例，分別參處。

乾隆元年諭：『江南河工額設二十河營，兵丁九千一百四十五名，內戰糧百四十六名，月給銀一兩五錢；守糧八千九百九十九名，月給銀一兩，專供力作修護工程。朕手胝足，經歲勤勞。內有椿手一項，更爲緊要，身冒危險，勞苦尤多。秖因額設戰糧無幾，各營椿手大率照衆食糧一分。勞異而餉同，可爲軫念。著將額設河兵九千一百四十五名，改爲戰二守八，設戰糧千八百二十九名、守糧七千三百十有六名，俾勤勞較多之椿手，均得領食戰糧，以示加恩優卹之意。此所改戰糧，每名每月增銀五錢，共增銀萬九千餘兩。著照例於外解河銀內一并動支報銷。欽此。』

又議準，河南豫河、懷河二營河兵千一百名，內原撥看守浚柳船兵三百四十名，應徹回，各歸本汛修防。其浚柳船別行募夫。

又奏準，嗣後歲修、搶修鑲填工程須用土方，河兵擔運十分之四，夫役擔運十分之六。

又議準，直隸運河額設淺夫六百三名有奇，盡行裁去。改設河兵六百名。

二年諭：『河營内有椿手一項，下埽、籤椿，履危蹈險，較之力作兵丁更爲辛苦。前江南二十河營兵丁改爲戰二守八，俾椿手均食戰餉，以賞勤勞。而河南、山東尚循舊制。所當照江南之例，一體加恩者，著將河東二省河兵亦改爲戰二守八，使用力較多之椿手得食戰糧，以示朕慎重河防、優邮戎行之至意。欽此。』

九年，覆準山東運、捕、泇三廳河夫改設河兵四百名，分隸濟寧衛、東平所、東昌衛各千總管轄。官兵俸餉照黄河官兵之例，自乾隆九年始，於本省司庫田賦銀内動支。

一、夫役

江南堡夫二千三百有八名，每名月給銀五錢。牐夫三百八十名，内一百八十名，每名歲給銀十兩六錢二分，餘每名月給銀六錢。山東堡夫二百三十七名，月給銀同江南。黄河徭夫千三百有八名，運河徭夫七十五名半，均每名月給銀一兩。牐夫千三百三十六名，每名月給銀一兩二錢。淺夫千一百五十三名半，壩夫九十八名，軍夫五十八名半，橋夫五十二名，渡夫二名，均每名月給銀一兩。泉夫七百八十四名，每名歲給銀十兩。運河大濬，額募夫六千二十四名半，小濬千二百五十五名，均日給銀五分。河南堡夫千三百九十六名，月給銀同山東。柳船長夫二十六名，每名歲給銀八兩。埽工長夫三十名，椿埽夫四十名，均每名月給銀一兩。直隸三角淀衩夫二百四十名，子牙河、津軍廳垡船衩夫各三百名，西淀垡船衩夫二百四十名，均每名月給銀五錢。北運河衩夫一百八十名、淺夫三百名，均每名月給銀一兩三錢。水手四十八名、牐夫六十四名，漳河防夫十有二名，均每名月給銀一兩。

順治十二年，定令河臣嚴察河工官吏扣折夫食，以蘇民困。

康熙十二年，議準停止河南僉派河夫。如遇歲修，動河道錢糧召募，每夫一名，月給銀二兩。

十三年，覆準江南河夫亦停僉派。如河南之例，動河道錢糧召募。

十五年，覆準夏鎮分司所設淺溜夫、南旺分司所設泉夫，盡行裁去。北河分司所設額夫裁半，餘皆照額留用。

十六年，題準河南募夫，每名每月給銀一兩二錢，照江南例，按日散給。

二十年，題準裁通州及武清、香河、寶坻、永清、東安諸縣淺夫，其額設夫役銀，歸通惠河分司召募挑濬。

二十三年諭：『隄工夫役，風雨晝夜露宿，草棲勞苦倍常，所領工食無幾，恐有不肖官吏從中侵蝕，必使人沾實惠。不可不加意軫邮。欽此。』

三十七年，設直隸河工淺夫。四十年，議準河工夫役工成之日，内有民夫，各給印票。該地方官察驗，免其雜項差徭。

四十六年，議準設順天所屬會清河以下七牐牐夫一百十有二名。

雍正元年諭：『山東運道淺阻，舊例分撥民夫濬淺濟運。山東連年薄收，百姓未必堪此重役，不若竟動正項錢糧，召募於興役之中，即寓振濟之意。欽此。』

四年，議準直隸河工設衩夫千二百六十名，分隸於各廳汛。

又議準山東濟運諸泉，各州縣均有額設泉夫，少則不敷，多則糜帑。應酌量增減。所有役食銀，於幫貼項內給發。

五年，覆準徐塘口以下勝陽山等處新建三牐，每牐各設牐夫三十名。

又議準，豫省河工社夫名色，永行禁止。

又題準，東省黃河廳所屬州縣，額設徭夫千三百名。每年十一月、十二月、正月空工，應扣除役食外，每名歲給銀九兩。各州縣豫造名册，解送該廳點驗，分汛供役。遇有險要，即調集搶護。

七年，議準東省運河額設淺溜、橋牐等夫。除歲給役食銀外，每歲各量給器具銀八錢。各州縣額編役食銀三萬二千二百四十兩有奇。其不敷銀於幫貼項下取給，遇閏加增。至大小濬募夫，日給工銀六分，每人給器具銀二錢。

八年，覆準豫省堡房五百十有二座。如遇州縣官升遷事故，令其造入工程錢糧交代册內。如有破損，照不修礮臺烽墩例議處。

又議準，豫省河工增設堡夫三百四十名。

九年，議準江南黃運兩河隄岸，每二里蓋堡房一座，設夫二名，共建堡房千一百五十四座，設堡夫二千三百八名，歸該管官弁管束。住宿堡內，常川巡守，每日責令擔積土牛，以資修補隄工之用。

十一年，議準直隸運河歲需疏濬，應設淺夫六百三名半。

十二年，議準黃河一堡二夫，寒暑兩月，免其積土。每月積土十五方。運河一堡二夫，糧船往返，修補犁溝、橛眼，每月積土十二方。該管汛官各將堡夫所積舊土報明備案。以雍正十二年正月爲始，每名每月如數擔積，造於新土册內彙報，並入交盤，以專責成。

十三年，議準東省有泉之十七州縣泉夫七百八十四名。自雍正十三年爲始，每名歲給銀十兩，在各州縣地畝銀內，照河夫幫貼之例，攤入大糧減正加耗分徵支給。歲以春夏秋三季，在本境浚泉栽柳，冬季調赴運河，一例均令濬淺。

乾隆元年諭：『河南武陟縣木欒店，沁河隄工關繫居民廬舍，每年定爲民夫修築，以防水患。里民按畝攤錢，計二千四百餘緡，頗爲地方之累。若設立長夫三十名，歲支工食三百六十兩，即可省民間二千餘金。著河南總督照此辦理。其長夫工食，即動豫省存公銀，不得私毫累民，永著爲例。倘胥吏土豪仍借名科斂，從重治罪。欽此。』

又議準，豫省浚柳船六十二，向撥河兵看守。今河兵既各歸本汛巡守，應募長夫六十二名，每名歲給銀八兩。運料之時，加募水手。浚船三名、柳船五名，每名日給銀五分。

二年，覆準河南孟縣小金隄設椿埽夫四十名，每名歲給銀十二兩，遇閏加增一兩。

三年，覆準東省疏濬運河，除器具銀外，每夫日給工銀五分，以爲定額。

又奏準，東省滕汛彭口大濬，募夫三百名，小濬百名，均屬不敷。應於嶧汛募夫，大濬四百名，小濬二百名。內各減去百名，歸於滕汛募用。

又覆準，江南新建之正二牐仍名通濟，正三牐仍名福興，龍王牐仍名清江。其淤閉之廣濟牐，别築草壩。原設牐夫三十六名，以三十名隸通濟牐。清江牐原設牐夫三十三名，應減去三名。福興牐應設牐夫三十名，即將廣濟、清江二牐所減牐夫九名撥用外，再召募二十一名，以符額數。

五年，覆準黄運湖河隄工額設堡夫，所積土牛，改築子堰。每夫二十名，内選撥六名，潑水夯硪，免其積土。

六年，奏準裁豫省浚船長夫四十名。

十年，議準東省距河寫遠之泉夫，協濬運河，皆非素諳。每名額支工食銀十兩，嗣後扣除六兩，歲於霜降前照數於司庫内撥解河庫，轉發沿河州縣，代爲召募。如有餘剩，仍令節存道庫，以爲大小濬通融辦理之用。餘銀四兩，仍照舊例，按名支給，止令在本境疏泉栽柳。計沿河泉夫，滕縣四十名，嶧縣二十名，魚臺縣二十名，濟寧州九名，汶上縣四十三名，東平州七十八名。内除八名撥防戴村壩，例不濬河。共泉夫二百二名，均繫沿河近便，仍令照舊協濬，毋容扣銀别募。其距河寫遠之泰安縣泉夫一百二十一名，平陰縣泉夫十名，令汶上縣代募。萊蕪縣泉夫九十名，肥城縣泉夫三十五名，令東平州代募。新泰縣泉夫七十五名，令東阿縣代募。寧陽縣泉夫六十一名，令嘉祥縣代募。泗水縣泉夫六十名，曲阜縣泉夫四十名，鄒縣泉夫三十名，滋陽縣泉夫三十六名，蒙陰縣泉夫十有六名，均令濟寧州代募。

十一年，議準直隸運河向設淺夫六百三名半，嗣於改設河兵案内全行裁去。但每歲運河揠淺，究非河兵所素習。除零數不計外，應酌復舊額之半，設淺夫三百名，每名月給銀一兩二錢，照北運河衩夫之例，動支紅撥銀給發，報部覈銷。

大清會典則例　卷一三二　工部　都水清吏司

河工二

一、工式

隄高一丈者，上寬三丈，下寬十丈。先於本土鏟去地皮，草根。坑窪不平之處，均填補整齊，施以水硪，然後加以新土，層層潑水夯硪。期於一律堅實，總以籤試不漏爲度。

如式圍築。

月隄首尾屬於大隄。河流逼近隄根者，於大隄之外，

越隄形式與月隄相仿。隄外圍築，使水流遶越而過。

遥隄離大堤稍遠，築隄以爲重障。

縷隄，水緩之處，單隄兀立，以資收束。

埽，江南河工埽高自五尺至一丈，作一丈長計料。用柴二十三束至五十束，秫稭二十二束至五十束，草百五十束至三百束，柳二十束至七十束。大纜一條至四條，小纓四十條至一百二十條。留橛一根至八根。籤樁一根，楸頭滾肚繩一條。填埽眼用柴八束至十五束，草二十束至四十束。河東高自五尺至二丈，作十丈長計料。用柳草各四百束至七千二百束。大纜、小纓各百條至四百條。留橛二根，籤樁二根，箍頭繩三十條至一百四十條，楸頭繩二條至八條，滾肚繩二條至十條。埽箇高丈餘者，用穿心繩一條。填埽眼用柳草各七十五束至千二百束。直隸高自三尺至一丈，作一丈長計料。用葦四十束至四百五十束。大葦緶七條，小葦緶七條至二十條，楸頭滾肚繩一條。留橛籤樁各二根。填埽眼用葦四束半至五十束。以上均令相機酌用，總以不出此數爲度。其式有魚鱗、龍尾、丁頭等名，用以挑溜開行，護隄作障。

牐，迎水裹頭各橫長三丈。雁翅各斜長六丈。金門口寬二丈二尺，由身直長二丈四尺。分水雁翅各斜長八丈。裹頭各橫長三丈。砌石二十四層，高二丈八尺八寸。每丈用牆面石一丈，裏石一丈。裏石之後以河甎襯之，每丈用甎七十塊。牆石之後下馬牙樁，每丈每路二十段。入裏下梅花樁，每丈每路十五段。牆石每丈扣生鐵錠二箇、熟鐵鋦二箇。牐底鋪石，悉照上下裹頭、迎水、分水寬長丈尺鋪砌。再於底石之下，每丈下梅花樁三十段，橫竪扣生鐵錠四箇。牐上下每丈每路下關石樁二十根，外接築三合土。每方用石灰十石、沙淤土九十石。三合土，每丈下頂土樁二十段。三合土上下口，每丈下關土樁，每路二十段。兩牆各二十四層，除蓋面一層外，其餘每層金門兩牆下版雙槽，並上下裹頭、迎水、分水雁翅轉角，共十有六處，每處用熟鐵錠二箇。牐版二槽用木，厚八九寸，長如金門口寬之制。每塊用鐵環二箇。啓閉用絭麻繩二條，絞關石六塊，每塊長五尺。每石一丈，用灌砌石灰一石。每河甎一塊，用灌砌石灰一升，每灰一石，用糯米汁五升。三合土每灰一石。用汁米六升。每米一石，用熬汁柴二十束。

滾水壩，每座上裹頭各斜長三丈，高一丈三尺二寸。上雁翅各長三丈，高一丈八寸。金門由身各長四丈，高九尺六寸。下雁翅各長十丈，高一丈二尺。束水牆各長六丈，高一丈四尺四寸。下裹頭各長四丈，高一丈五尺六

寸。墻面石後襯砌裏石。裏石之後襯砌河甎。墻石之下，每丈每路下馬牙樁二十段。入裏每丈每路下梅花樁十五段。面石每丈接頭扣生鐵錠二箇，與裏石合縫扣熟鐵鋦二箇。照金門鋪砌壩底，横長七十丈，上下坦坡中鋪石脊，寬二十丈。底石下，視土質之浮堅，定下樁之稀密。或上口下鎖口樁二路，下口下關石樁三路。石縫每丈横竪扣生鐵錠四箇，聯絡一片。砌石、襯裏、襯甎、砌灰、灌汁、熬汁等項，均與建牐同。遇水勢盛漲，即令開放，水從壩脊滚出。水涸之時，仍於脊上用柴土疊鑲，關攔堵禦。

束水壩、攔水壩，凡遇全流門户宣洩過多，藉以蓄留水勢。

磯觜壩，尖出河流，以分水勢。

竹絡壩，以竹簍盛貯碎石成砌。每簍長一丈或九尺，高三四五尺，寬五尺至七八尺不等。每兩簍横放交接之處上下空縫，均用塊石填實。上面簍縫用竹編紮聯絡，與簍面一式平整。每石簍用絆簍篾纜一條，每纜一條用勾纜樁二根，用以洩漲。

涵洞，每座口寬二尺四寸，由身直上四丈五尺。上水裏頭各横長三丈，迎水雁翅各長九尺。下分水雁翅各長六尺，裏頭各横長三丈。砌石三層，高三尺六寸。每丈用雙料面石一丈。洞底、後四角裏頭、迎水、分水，皆用料半石鋪砌。上用蓋面石一層。墻石後襯以河甎，每丈用河甎七十塊。墻石下每丈每路下馬牙樁二十段、梅花樁十五段。洞底石下每丈每路下頂石梅花樁三十段。洞口上下迎水、分水，每丈每路下關石樁二十段。雙料石每丈用灌砌石灰一石。料半石每丈用灌砌石灰七斗五升。河甎每塊用灌砌石灰一升，汁米熬柴均與建牐同。

木龍，編木自五層至十一層，長自數丈至數十丈，寬自三四丈至八九丈，均測水勢淺深，覈定規制，以挑河面大溜。其底層餘溜，用地成障。木龍面層中心空檔之上，仿天平架式搭架，上繫縈麻繩，障繫於架上，從龍身中空檔插下，直入河底。大溜遇障，不能經過，自順障斜趨，衝刷對岸沙灘。再，木龍遠出河心，迎溜安設。龍底竪繫纜，直柱扣繫上纜。岸上用犁戧帶住纜頭，不令走移。紮龍時，逐層縱横編木。留眼方二尺，以作戧位。貫以大戧，從眼插入河底，以防大溜衝動。每戧安設葫蘆架一座，上用股車挽住戧頭大纜，便於絞車隨時起下。旁岸紮成升關木，木龍漸次升出。每次駕用眠車絞關，匠夫齊力升犁，頂住溜頭。每龍身之前設護盤，以護龍挑溜。

六楞障，長二丈四尺、高六尺。中心龍骨一根，用攢木十八塊，週圍六面，龍脊楞木六根。兩頭中間三處，各用大撑木十根。每面用小撑木十二根，編以柳笆。升關木一根、夾樁二根、柢橛一根、留橛二根，下於埽外，攩溜護埽。

三楞障，長二丈、高五尺。三面龍骨三根。中心空檔編以柳笆，大小撑木與六楞相仿。

柳障，長四丈，頭寬一丈四尺，尾寬二丈。高十七層，一順一横成造。每層順木六路，每層横木通梁五道、斷梁八道、貫心接椿四根、升關木二根、靠關木三根。

排木障，長三丈。用接椿八根、離埽數尺。挨順監籤四路，深入河底。椿頂出水，每路二根，中留空檔，計十二層。横下排木，間以柳枝，逼溜挂淤。每接椿一根，用楊木二根，陰陽筍扣搭合縫。旁加幫木，皆用鐵箍。

救生椿，每長十丈，釘椿木二十根。每根長二丈九尺，入土一尺。管木十根，每根長二丈三尺。竪檔，高四尺釘梯木一根。横檔，寬五尺一二寸。梯木，長九尺，兩頭出椿木之外各一尺八九寸、二尺不等，俾遭風溺水之人得以攀援而上。

康熙十七年題準，築隄取土，或百丈外，或里餘。近者離隄二十丈或十五丈外，每堆土六丈爲一層，杵三遍，硪三遍，層層杵硪，期於經久堅固。

又題準，河工頂衝之地，即以舊隄爲縷隄。於舊隄之外別築遥隄，以爲重門保障。

二十八年題準，竹絡壩務令如式建造，使水從壩過而壩不動摇，水動沙停而壩益堅固。

三十九年議準，嗣後加幫之隄，將原隄重杵，再加新土。創築之隄，將平地杵深數尺，加土建築。

又議準，平常工程，向用龍尾埽稀釘排椿。一遇風浪，即易塌卸。均令停止。

又議準，嗣後一應石工，無論馬牙、梅花等椿，皆用整木深釘。無論面裏丁頭等石，鏨鑿務極平整。石灰重篩，用米汁搗杵膠黏。又用鐵錠、鐵鋦聯絡。該道廳驗看，如違揭報。

又覆準，分修工程每人有一定丈尺。令總河於分修之官交界處所，各立石椿，上鐫修理官姓名。舊隄亦立石編號，鐫明舊隄字樣，造册報部。如有不依定式，致被衝決者，治以罪。

三十九年覆準，永定河工程刷岸太甚者，間下大埽。其平常下埽以四五六七尺爲度。

四十年題準，石工所用馬牙、梅花等椿，土堅之地用一木二截，土鬆之地仍用一木整椿。

四十二年諭：『洪澤湖風浪危險，每致損船。著於沿湖坡岸釘椿木，以廣救濟。欽此。』

又奉旨指示，河溜險要地方，頂大隄起下長椿大埽，建築挑水大壩，長出河流，挑溜開行。上水建築雁翅並護崖埽，下水接下魚鱗埽、護崖埽，埽上一式加鑲，與大隄平。

四十四年，高家堰險要之所，增設救生椿五處。

雍正二年，覆準，河工鑲埽理宜畫一。自雍正二年爲始，每工程寬長一丈、高一尺，用葦柴三十八束，秫稭如之。永爲定式遵行。

五年，議準，月隄離河甚遠者，就近圍以套隄。甚長者，上下截以格隄，作重門保障。

又覆準，黄河大溜頂衝及埽灣之處，遇河崖汕塌，近至隄根，當多募人夫，廣用鍁鍬，將臨河隄崖受衝處所切成斜坡。復伐取密葉大柳，懸於坡上，以禦急溜。

十一年，議準河工需用石料，雙料面石、裏石，寬厚均一尺二寸。單料面石、裏石，寬一尺二寸、厚六寸。河瓤寬五寸、厚三寸三分、長一尺二寸。

又議準，河工修防全在臨時審度。應探水勢之淺深，酌量用埽之大小，層路之多寡，籤樁之粗細，加鑲之寬厚，隨時覈定。

又議準，沉水大埽並埽上加鑲，每長一丈用秫稭三十八束。水淺防風每單長一丈，用秫稭三十束，土半方。

又議準，河工鑲填，每寬長一丈、高一尺，柴工用柴三十八束，柳工用柳二十八束。草工，淮揚道所屬用草一百十有四束； 淮徐道所屬用草一百九十束，均壓土五分。如水勢深涌，於鑲填之上籤樁一根。

又定，龍尾埽每長十丈、高一尺，用柳十八束、葦柴十八束、小纓百條，每條重六斤。

又議準，建築牐壩，須於上流先築排樁土壩一道，攔水施工。量河面寬深，每丈籤下排樁十根、夾木二根、蘆笆四片、絆纜二條。壩內填土。

十三年，奏準，河東工程埽壩，舊例長一丈，用柴三十八束。黄運湖河水深之處，沉下大埽，與埽上加鑲。水深湍激，蟄陷靡常，自應照數動用。其水淺之處，因恐風浪汕刷隄根，用柴鑲護抵（檔）〔擋〕〔一〕，名爲『防風』。雖有蟄陷，尚非頂衝者可比，每丈應節省八束。著爲定式。

乾隆五年，議準，清口乃黄淮交匯之區，繫黄、運、湖河之樞紐。應於風神廟前東壩接長三十丈，只留口門二十丈，以資收束運口。頭壩外拆去蓄清壩，自東向西接長五十五丈。運口頭壩之南接長挑水壩，如磨盤墩式，迴流入運。

六年，議準黄河自宿遷經桃源至清河二百餘里。運河南岸，自宿遷十字河至清河雙牐，通築縷隄二萬五千二百五十二丈。又格隄九道，自十字河至桃源九里岡，通築萬一千四百八十四丈。又格隄五道，應以運河南岸縷隄作黄河北岸遥隄。

八年，議準，堵築河口皆水深溜急。若下梗埽鑲接，勢必滲漏。須先用軟鑲盤築壩臺，猶恐水激撼動，加細長麻繩兜纜拴繫，並用長大楊樁、梅花籤丁，按層鋪土搥壓，庶免滲漏。接下丁頭埽，除例用工料外，加用粗長滚肚揪頭麻繩，拴繫橛樁。上加鑲墊，背後接築靠隄，以資堵閉。

十一年諭：『朕聞洪澤湖周圍寬廣五百餘里，遇風起浪涌船，有漂溺之患。康熙年間，聖祖仁皇帝特設救生

〔一〕抵檔 應爲『抵擋』。

椿，釘於石工之外，被溺之人全活甚多。今夏家橋地方有舊葦壩一座，並高堰迤南順水壩一座，皆有口門，爲遭風船躲避之所，於行舟甚屬有益。再於高堰廳屬之老隄頭、山盱廳屬之高澗壩迤南、又徐家灣周橋，四處各增設護隄救生壩，俾沿河一帶人船恃以安全。欽此。』

又覆準，裏河廳屬運口，爲淮揚運河之關鍵，全賴口門收束。頭二三壩口門以不出四丈爲度。

一、經費

順治初年，定經徵河銀三百兩以上，歲内全完者，紀録一次。

又定河工歲修錢糧，先給一半，餘竢物料交完，方準找給。

康熙七年，題準，額銀不及三百兩者，不準紀録。

又定，江南、浙江等屬額徵河銀，分令各廳就近收支。

二十二年，議準，直隸、山東、河南、江南、浙江河工錢糧有蠲災闕額銀八萬兩，令該撫於地丁錢糧内照數撥補。

二十四年，覆準，嗣後搶修工程五百兩以内者，該督詳開各工細數，造册彙題。

三十二年，奉旨，河庫錢糧著照盤察州縣錢糧例行。

三十五年，題準，江南既設管河道，一應河工錢糧均歸道庫支收。

三十七年，題準，大工、歲修錢糧均交與總河自行經管。

三十八年，覆準，裁江南管河道錢糧，仍照舊例，歸於各廳收放。

四十七年諭：『河工動用錢糧，輒以數萬、數十萬計。河官當估計之時，先故浮估，以爲日後節省之地。此皆河工積弊。嗣後，凡有修理工程，河道總督務親詣察勘，確估具奏。不可一任河官浮冒估計。欽此。』

四十八年，覆準，河道錢糧令淮徐道管理。清江地方並無城垣，不便收貯。應於淮安府城内建庫收貯，仍令道役看守巡察。

五十二年，議準，嗣後山東、河南河庫每年令各該撫盤察；江南河庫每年令總河盤察，出具並無虧空印結，送部存案。出結後有虧空者，除責令各賠外，仍將該督撫照徇庇例議處。

六十年，覆準，各河道下扣過建曠銀。嗣後務於本年年終即行起解，不得遲延。

雍正三年，覆準，豫省修理工程，河庫錢糧或有不敷，於布政使司庫内撥解，就近支給。

四年，議準，永定、通永、天津、清河四道，每道額給歲修銀萬五千兩。石景山給歲修銀二千兩。動撥本省田賦，存貯道庫，以資修理。倘有不敷，題請再撥。統於年終報部。

五年，覆準，東省魚臺縣境内新築長隄，給歲修銀千兩，於地丁銀内動支。

八年，奏準，江南河庫錢糧，蘇屬每年徵解河銀十有一萬二千二百三十七兩五錢有奇；安屬每年徵解河銀二萬三千四百五十三兩；浙省每年徵解河銀一萬五百二十五兩二錢；淮關每年額解河銀二萬六千八百二十四兩八錢；瓜儀由牐每年額解河銀七千六百六十六兩六錢，各有奇。兩淮鹽政每年額撥銀三十萬兩。兩淮鹽運使司每年額解節省銀五萬兩。兩廣鹽運使司額解節省銀萬兩。兩浙鹽運使司額解節省銀萬兩。長蘆鹽運使司額解節省銀萬兩。山東鹽運使司額解節省銀七千兩。福建鹽運使司額解節省銀三千兩。下江司庫每年撥解河庫銀九萬九千八百二十八兩有奇。以上貯庫銀六十七萬五百三十六兩有奇，以供歲修、搶修及河營兵餉、夫役工食之用。逐年所用錢糧，總河將用過數目報部。其庫貯銀見存若干，每年量撥銀若干之處，據實詳題。

又覆準，江南險工處所，除豫備歲修、搶修物料外，再發銀三萬兩，照豫省例，每年辦料，堆貯上游濟用。

九年，議準，永定河疏濬尾閭，增給歲修銀五千兩。

十年，覆準，汶上縣南旺分水口東沙草壩，給歲修銀千五百兩，不敷臨時再請。如有餘剩，留爲下年之用。於司庫地丁銀內題撥。

十一年，奉旨修理山東運河工程，需銀五萬九千餘兩，於東省存公項下動支應用。

十二年，議準，葦蕩營界內不産葦柴之地，招民開墾升科。所徵錢糧造入河銀册內題報。如內有民田，給還原業户耕種輸糧。嗣後，每二年一次清釐。有淤墊者，即令開墾，按年升科。仍將附近産葦之地照數撥補。

又覆準，山東通省管河道收支。東省一應河銀及兵夫工食並大小濬酌募幫貼銀，均令解貯管河道庫內。各廳遇有應用之處，備領支給。

十三年，議準，河工幫貼銀照淮徐等倉錢糧之例，分作十分覈算。經徵州、縣、衛、所等官初參，欠不及一分者，停升督催；欠一分者，罰俸六月；欠二分者，罰俸一年；欠三分者，降俸一級；欠四分者，降俸二級；欠五分者，降職一級；欠六分者，降職二級；欠七分者，降職三級；欠八分者，降職四級。以上皆令戴罪徵收，停其升轉，完日開復。欠九分、十分者，皆革職。經管督催之司、道、府、直隸州知州，欠不及一分者，停升督催；欠一分者，罰俸三月；欠二分者，罰俸六月；欠三分者，罰俸一年；欠四分者，降俸一級；欠五分者，降俸二級；欠六分者，降職一級；欠七分者，降職二級；欠八分者，降職三級；欠九分者，降職四級。以上皆令戴罪督催，停其升轉，完日開復。欠十分者，革職。督撫欠不及一分者，停升督催；欠一分二分者，罰俸三月；欠三分者，罰俸六月；欠四分者，罰俸一年；欠五分者，降俸一級；欠六分者，降俸二級；欠七分者，降職一級；欠八分以上者，降職二級。以上皆令戴罪督催，停其升轉，完日開復。署印官欠一分、二分者，罰俸三月；欠三分、四分者，罰俸六月；欠五分、六分者，罰俸九月；欠七分、八分者，罰俸一年；欠九分、十分者，降一級調用。欠不及一分、署印不及一月者，免議。其被叅後，州、縣、衛、所等官限一年内全完。如不全完，原欠不及一分者，罰俸一年；欠一分、二分者，降三級調用；欠三分、四分者，降四級調用；欠五分、六分者，降五級調用；欠七分、八分者，革職。經管督催之司、道、知府、直隸州知州，限一年半全完。如不全完，原欠不及一分者，罰俸一年；欠一分、二分者，降三級調用；欠三分、四分者，降四級調用；欠五分、六分者，降五級調用；欠七分、八分以上者，革職。督撫限二年全完。如不全完，原欠不及一分者，罰俸一年；欠一分、二分者，降二級調用；欠三分、四分者，降三級調用；欠五分、六分者，降四級調用；欠七分、八分者，降五級調用；欠九分、十分者，革職。其接徵接催官，均以到任之日爲始。接徵州、縣、衛、所等官，亦限一年接徵。布政使司、道、府、直隸州知州，亦限年半接催。督撫亦限二年。如不能完，題叅，照見在未完分數，以初叅例議處。至帶徵積年拖欠之大小各官，限二年全完。如不能全完，皆依定例，照職任處分。如有徵解不前者，該撫照例題叅。

是年十一月諭：『河防隄岸牐壩等項工程，有關運道民生者，定例皆動正項錢糧。乃各省竟有於田畝派捐者，豈皆出自小民之願？大都上司因節省錢糧起見，授意屬員，爲粉飾之計。相沿日久，官吏藉端苛索民間，所費必至數倍。不特苦累民生，亦於國計無補。於乾隆元年爲始，一槩革除。仍嚴飭所屬官吏，毋得私行徵派，以爲民困。其疏擾運河等項工程需用銀，著該督撫覈實奏明，於公項内，酌量動用報銷。欽此。』

乾隆元年諭：『河南孟縣地方有小金隄一道，捍禦黄河，向繫民修民築，民間未免竭蹶。著河東總河將此項隄工確實勘估，委官承修。其需用錢糧覈實報銷，毋得絲毫派累。欽此。』

又議準，江南徐屬等各廳一應額收外解河銀，自乾隆二年爲始，悉令改歸河庫道收貯。如有收支解放兵餉，及修造浚船、柳船，並給發物料。人夫工銀按時給發。仍將收發欵項，隨時詳報。每於年終，該督照例盤察。

又覆準，山東疏擾運河，動用公項銀。

又奏準，江南各廳自運葦蕩營柴六十萬束。調撥辦石歸公船，於應給各廳水脚内，酌量分給葦蕩營，雇募水手，運貯廠内。令各廳轉運交工。各廳應繳柴價及扣過運價，與葦柴報銷一同造册。毋得入於歲修、搶修内通融銷算。

又奏準，東省黄河著照豫省例，撥存公銀萬兩辦料，堆貯上游供用。再，豫省原撥辦料銀萬兩，亦覺不敷。應再撥銀二千兩，一併採辦。

又覆準，河南孟縣小金隄工程歲撥銀四千兩辦料，供歲修、搶修之用。

又奏準，歲修、搶修鑲墊工程，需用土方，令於估銷册內據實造報，不必入於埽料內銷算。

又議準，嗣後，豫省北岸黃運兩河歲修、搶修等工需用各項錢糧，並懷河營官兵俸餉銀，該布政使司徑發河北道收支、估修。報銷文册照南河淮揚、淮徐二道例，徑送該督察覈。堡夫工食、兵丁生息銀，隸河北道所屬者，就近解交。將收支出入數，目造册送覈，年終盤察。

又題準，東省徭夫幫貼銀，於山東司庫田賦內撥給。

又，黃河搶修辦料銀七千兩、運河搶修辦料銀三千兩，亦於田賦項下撥給。

又覆準，豫東二省河工，每年歲修、搶修銀分貯庫內。遇有險工，詳明動支。

又覆準，永定等四道額給歲修銀外，豫備銀十萬兩，存貯天津道庫，專供緊要工程之用。每年將動撥餘剩數目，造入歲報册內覈銷。仍扣明餘剩之數，再於户部咨領，補足十萬之額。

又議準，大名道額給歲修銀萬五千兩。

又題準，通永道歲修銀無項可動，應赴户部支領。

三年，議定，東省每年歲修撥銀，黃河二千兩，運河東沙壩千五百兩，隔隄水口千二百兩，捕河沙灣埽工三千兩，分爲三年之用。黃河搶修七千兩，運河搶修三千兩，加增料價銀三千兩，以千兩爲歲修，二千兩爲搶修。統計豫撥銀萬八千七百兩，永爲定額。

又奏準，豫省南北兩岸、黃沁兩河歲修、搶修工程，每年豫撥銀七萬兩，永爲定額。

四年，覆準，江南宿遷縣、泰州舊額河工漕項荒闕銀，自雍正十三年爲始，在於田賦銀內照數撥補，免其捐賠。

又議準，山東運河每當春夏之交，山水未發，均須建築草壩，以束水勢而濟運艘。河臣暨管河道廳指示該州縣，動支司庫存公銀建築。

十年，覆準，直隸、山東、河南三省，每年協濟江南河工銀，著停止撥解，留充本省河工之用。其江南河工不敷銀，於附近各州縣田賦內撥給。

十二年，議準，自乾隆七年起，新舊編紮木龍用過木植工料銀，照各廳每年報銷歲修、搶修工程之例，覈明實用數目，按年、按工造册估銷。

十三年，議準，嗣後江南黃運兩河歲修、搶修工程所用錢糧不得過四十萬兩上下。

十五年，奏準，永定河下口增疏濬銀五千兩。

十七年，議準，清河、大名二道原定歲修銀各萬五千兩，每年赴部支領。今二道所屬工程平穩，毋庸歲修，停止請領。

十八年，奏準，永定河歲修銀定額萬兩，搶修銀萬二千兩。

又奏準，江南河工經費，其有定欵定數者，仍應照數支銷。其有定欵而無定數者，以乾隆五年報部之數爲準。除見在協辦河臣二人各分給五百兩，以資公用外，其河臣勘工盤費及修理解舍工食犒賞等項，準其動支銀五千兩，按月支給。河庫道修理天平庫署等項，準其動支銀五百兩，均聽各該處自行通融辦理。其無定欵定數者，照耗羨章程，遇有動用之處，令河臣奏明辦理。

一、物材

康熙十二年，題準，大工需柳先從本地採辦，再有不敷，於近省協濟。

十七年，覆準，宿、桃、山、清、安等縣，每土一方，給銀一錢三分。徐、廬、泰、睢、邳等府、州，每土一方，給銀一錢四分，永爲定例。

三十七年，奏準，將房山等十二州縣錢糧解永定河分司，購買物料備用。

三十八年，覆準，江南海州、山陽地方設立葦蕩營。官兵每年採葦一百十有八萬餘束，作爲定額。

三十九年，議準，嗣後排樁購木，令該道廳赴工驗看，是否與原估尺寸相符。承築之官樁用整木籤釘埽，用整柴鑲塞。如修築不堅，該道廳揭報。徇隱者一并題參，汛弁斥究。

五十二年，覆準，江南裏河、山盱兩廳工程均用蕩柴，每束二分二釐。徐屬地方捲埽鑲墊參用荻蘆，每束一分。如用秫稭開銷蘆價者，該督察明題參。

五十八年，覆準，海州、山陽地方蕩地淤墊，不産葦柴。裁汰官兵，省俸餉銀一萬八千餘兩。又，淤地墾種升科銀四千餘兩購買葦柴如額。

五十九年，覆準，嗣後一應購買物料，嚴飭河官協同地方官，親身赴買。仍取具地方官並無累民等弊印結送部。如被累之百姓具呈出首，許該地方官詳報總河、督撫，據實題參。

雍正三年，議準，嗣後豫省修築平易隄工，每土一方，給銀九分六釐，永爲定例。其險工取土較遠者，該道察覈酌增，不得浮冒。如不肖河官以近土作遠土，揑飾冒銷者，題參。

四年，覆準，海州、山陽地方蘆葦叢生，復設葦蕩營。官兵採割除照舊額一百二十萬束外，再增採三十萬束。

五年，覆準，豫省河工歲修所用秫稭，定於八月內動道庫銀分給各廳，限十月照額辦足。仍令管河道察驗。如限內不能辦完及有短少者，指名題參。工竣覈實，每百斤以七分報銷。

又覆準，河工辦料，百萬斤限十日；二百萬斤限二十日，照數遞增，並令依限交工。如逾限不完，將承辦遲延職名題參。

又覆準，各河同知轉發各官承辦物料，取具分辦人員照數領足價值印甘各結，申送察覈。如無各結，即將該同知侵扣短少之處參究。分辨之官不能如數交完物料者，一並題參，分別治罪。

又覆準，嗣後豫省採買歲修、搶修物料，廳汛各官互相稱收。印官分辨者，亦令廳官稱收，取具並無短少印甘各結存案。如有徇隱，即將該廳汛官題參，加倍治罪。

又覆準，豫省豫備物料，堆貯險工上游，編立字號。每堆以五萬斤爲率，倘有霉爛虧空情弊，即將該廳汛各官題參，著落賠補。

又議準，開濬河道，濬河之土，四面各濶一丈、高一尺爲一方，給銀九分。積高一丈爲一大方，給銀九錢。

又覆準，豫省河工承辦物料報完之日，委就近賢員盤察，具結申送。如有短少，即著承辦稱收之官分賠。倘盤察之人瞻徇情面，照徇庇例議處。短少物料仍照盤察倉庫例分賠。倘盤察原繫實貯，以後該員私自那移變賣，察出將該員照侵蝕錢糧例治罪。

六年，定河工採辦葦價：山安、外河二廳，每束銀二分；桃源、裏河、高堰、安清中河四廳，每束銀二分一釐；揚河、江防、宿虹、宿桃中河四廳，每束銀二分二釐；徐屬邳、睢二廳，每束銀二分五釐；山(旴)〔盱〕[一]廳每束銀二分四釐。檾麻價直，桃源以下八廳，每斤銀一分三釐。河甎寬五寸、厚三寸、長一尺二寸，各廳一例定價每甎銀一分二釐，永爲定例。

八年，奏準，各省督撫、總河將工程緩急、物料貴賤悉心察訪，務照本處市價確估題明。九卿集議具奏，刊册頒行。

又覆準，江南一應工程需用柴草，飭令各廳照豫省之例，每年於九十月內，豫計需用之料，動支見存河庫銀備辦。十分之七分貯緊要之處備用。仍委就近州縣盤察，如辦不足數，以侵蝕錢糧例，題參治罪。倘盤察之人扶同徇隱，將短少物料，照倉庫錢糧例分賠。仍將失於督察之該管道與扶同徇隱之盤察官一併題參，分別議處。

又議準，直隸各河工每葦柴一束，長一丈、徑五寸，乾者每束銀一分五釐；濕者一分三釐五毫；青者一分。秫稭亦以長一丈、徑五寸爲一束，乾者每束銀九釐五毫；濕者七釐五毫；青者六釐。稻草十斤爲一束，價銀一分至一分六釐。檾〔麻〕[二]每斤價銀一分四釐至二分，各有差。麻每斤價銀六分。

十年，奏準，總河所轄各廳所出河租，檾麻若干、官柳若干、兵採草若干，每歲造册報部。

十一年，議準，豫省上南河、下南河、上北河、下北河、黄河、歸河、沁河等七廳，東省黄河、運河、捕河、泇河、上河、下河、海贛等七廳需用土方，無論水旱，每方價銀自八分一釐至二錢一分六釐。運河土方，附近取土者，每方價

[一] 旴　應爲『盱』，以下徑改。
[二] 此處脱『麻』字。

銀九分六釐；　隔河取土者，每方價銀一錢二分；　隔河用船裝運者，每方價銀一錢四分；　水內撈土者，每方價銀二錢四分。杉木樁料，圍圓一尺一寸至三尺，每根價銀自一錢七分至七錢。永爲定例。

又議準，江南黄運湖河興舉甎石、樁埽、柴草工程，需用各項物料，淮徐等所屬及徐屬同知今改銅沛，邳睢、宿虹、桃源、宿遷、運河裏河、外河、山安、海防、高堰、山盱、安清中河、揚河、揚糧、江防等十四廳柴，仿照柳枝青濕乾之例酌定。每年九月至十二月，交工柴性帶潮，仍照三十斤之數稱收。正月至四月，柴性微乾，每束酌定二十六斤。若五六七八等月新陳交際，柴性全乾，每束酌定二十二斤，用十六兩官秤稱收。永禁籠收之法。再有短少，即行叅究。樁木圍徑不等，長自一尺以下及一尺至五尺，其價自七分至二十一兩六分不等。內徐屬廳樁規價直與市價相仿。高堰、山盱二廳各工樁木由湖涉險轉運維艱，按市價加入運脚，較與漕規相符。其邳、睢等十一廳，各按地之遠近，照徐屬等處酌量遞減。土方從乾地搌土，每方價銀八分。如有積水，加戽水銀一分五釐。搶築及加幫隄工並填墹、壓埽等工，土價分別遠近、乾灣、難易酌定八則，每方價銀自一錢二分五釐至二錢五分。石料計丈給銀。雙料面丁石，每丈自九錢至一兩九錢。雙料裏石，每丈自四錢至九錢。單料面丁石，每丈自三錢六分至九錢五分，各有差。單料裏石，各廳均照雙料裏石折半給銀。石灰，每百斤價銀自七分二釐至一錢四分四釐。汁米，每石價銀一兩二錢。熟鐵，每斤價銀四分。生鐵一分五釐。鐵索、鐵釘，每斤價銀三分。自雍正十年爲始，凡歲修等工，均照此例估銷。

十二年，議準，江南葦蕩營舊額葦柴一百五十萬束。自雍正十二年爲始，加增葦柴二十萬束。統計正柴一百七十萬束。飭令左右二營分採，全數交工，按例繳價解庫，按年清額，永爲定例。

又議準，葦蕩營額採柴，各廳雇船自運六十萬束，交貯工所。其餘一百一十萬束，仍令浚船及期儹運交廠。

又議準，江省所屬各廳，近處乾地取土，離隄十五丈至五十丈，每方銀一錢二分五釐。遠處乾地取土，離隄五十丈以外至百丈，及近處灣地取土，離隄十五丈至五十丈，每方銀一錢三分六釐。遠處灣地取土，離隄五十丈以外至百丈，每方銀一錢五分。隄根有積水、坑塘，遶越乾地取土，離隄五十丈以外至百五十丈，每方銀一錢七分。遶越灣地取土，離隄五十丈以外至百五十丈，每方銀一錢八分。隔隄、隔河遠處乾地取土，離隄二百丈以外至三百丈，每方銀一錢九分。隔隄、隔河遠處灣地取土，離隄二百丈以外至三百丈，每方銀二錢。水底取土，離隄三十丈至五十丈，每方銀二錢五分。按欵刊榜，永爲定例遵行。

又議準，江南葦蕩營原額葦地八千頃九十三畝有奇，於産葦稠密處所，丈明原額畝數，飭令營兵照額採取葦柴，交工濟用。

又覆準，江南江防同知疏濬引河，每土一方，給銀一錢一分。

又議準，豫省河工每年搶修所用秫稭，先期酌定敷用之數，與歲修同時發帑，於十一月內一同照數辦足，運貯工所。價直亦照歲修之例，每百斤以七分報銷，永定成規。

十三年，議準，葦蕩營丈出淤地一千八百十有一頃九十五畝有奇，産葦茂密。以雍正十三年爲始，令左右二營增採正柴五十五萬束，按年清額，永爲定例。

又議準，東省黄河搶修工程需用秫稭，照豫省搶修之例，於山東管河道庫節省銀內，酌量工程之緩急、需用物料之多寡，動支銀五千兩給發黄河廳，依限辦料貯工。價直照歲修例，畫一報銷。

又議準，直隸揠河，旱土每方價銀七分；泥濘土每方銀九分；蘆根土每方銀一錢四分，各道同。水中撈土，天津、永定、大名三道均每方銀一錢一分；通永、清河二道均每方銀一錢八分。又，永定河道水葦板方，每方銀一錢三分。通永河道礓石土，每方銀八分。築隄旱土，天津、通永、大名三道均每方銀一錢；永定河道每方七分；清河道每方一錢六釐六毫。離隄十五丈至三百丈，乾地、濘地取土，各道均與江南土方之例同。水中撈土，離隄三十丈至五十丈，天津、通永、清河、大名四道與江南例同；永定河道每方銀二錢一分。

又議準，山東運河需用河甎，每塊長尺有二寸、寬五寸、厚四寸，價銀一分六釐。面石，每丈運脚，自十里至二三十里，價銀一兩八錢；三十里外至四十里，加銀一錢。裏石，每丈價銀九錢。生鐵料，每斤價銀一分。石灰，每百斤一錢四分四釐。汁米，每石一兩六錢。

又議準，豫省需用楊椿，上北、上南二廳在洛陽、濟源等縣採辦。洛陽與濟源相對，運至上北河廳屬原武汛，以百五十里爲則；陽武汛以二百里爲則；封邱汛以二百五十里爲則。運至上南河廳屬滎澤汛，以百五十里爲則；鄭州汛以二百里爲則；陽武汛南岸隄工在中牟縣工段之內，以二百五十里爲則。下北、下南二廳在鞏、孟、孟津等縣採辦。孟津與孟縣斜對，在洛陽縣之下，運至下北、下南二廳屬祥符汛，以二百五十里爲則；陳留汛以三百里爲則；自陳留至蘭陽，河道無多，亦以三百里爲則；儀封汛以三百五十里爲則。沁河、黄河、歸河三廳在温，偃師等縣採辦。偃師與温縣相對，在鞏、孟之下，運至沁河、黄河二廳屬武陟汛，以五十里爲則；運至黄河廳屬滎澤汛，北岸以百里爲則；運至歸河廳屬考城汛，以三百里爲則；商邱汛以三百五十里爲則；虞城汛以四百里爲則。東省需用楊椿，黄河廳屬曹、單二汛在曹州、單、曹、城武、定陶、金鄉六州縣採辦。曹汛各工，曹縣以五十里爲則；曹州以二百里爲則；定陶縣以百五十里爲則；單縣、城武縣均以百里爲則；金鄉縣以二百五十里爲則。單汛各工，單縣以五十里爲則；金鄉、城武二縣，均以二百里爲則；曹縣以百里爲則；定陶、曹州均以二百五十里爲則。自四百里以至五百里，照加一脚價扣算，以次遞減。每根圍圓自一尺至五尺，長自一丈三尺至五丈三尺，購辦在四百里者，每根價銀六分至三兩四錢五分；遞減至五十里者，每根銀三分九釐至二兩三錢四分三釐五毫，脚價在內。

乾隆元年，覆準，德州城濠所産蘆葦，責令地方官經管採割備用。

又議準，直隸楊椿，通永、大名、清河三道椿規圍圓一尺至四尺，長一丈二尺至四丈三尺，價銀八分六釐至十兩八錢五分七釐。永定河道椿規徑四寸至一尺，長一丈五尺至三丈四尺，價銀二錢五分至一兩二錢，各有差。天津道椿規長一丈五尺、徑八寸者，價銀六錢；徑七寸者五錢；徑六寸者四錢。

又奏準，江南江防同知歲修江工，採辦碎石，每百斤定銀一分二釐。

二年諭：『豫東二省河工所用歲修、搶修之柴，皆州縣領銀採辦，交工應用。每斤價直，搶修給銀九毫，歲修給銀六毫。此十餘年之例。昨據欽差條奏，豫省歲修六毫之價不敷採辦，請槩給九毫，以裕民力。朕已允行。但思東省與豫省河道毗連、壤地相接，所需物料價直大率相同。豫省既已加增，則東省歲修之價亦應照豫省之例，給與九毫，俾運工車價敷足，小民益可踴躍趨事。欽此。』

又諭：『豫東二省河工所用歲修、搶修之柴，向因給價不敷採買，已降旨每斤加至九毫，以紓民力。茲聞江南徐州所屬州縣濱臨黄河，與山東、河南接壤，有葦蕩難以挽運，藉用秫稭之處甚多，採辦之價亦覺不足。所當一體加恩者，著將應加價直，照豫東之例，加至九毫，著爲定例。欽此。』

三年，議準，豫東二省河工需用物料，險要工程隨時交收。其每年所備歲修、搶修物料，均於八月以前，布政使司照額撥銀，移解道庫。該道於八月內給廳印各官，分頭採辦。承辦之官務於十二月內全數交工備用。遲誤者參劾，嚴加議處。

又覆準，豫東二省承辦秫稭交工時，令附近不管河工之同知、通判驗收。

五年，議準，河工各廳汛可以增辦蘆葦者，飭令河官增辦應用。河灘地內可種蘆葦之處，勸民栽種，以資應用。

八年，議準，東省坑塘窪地所栽葦草，每束重二十斤，雇人採割並運送到工，脚價共給刀工銀六釐。

又議準，直隸河甎長寬價直均照山東運河之例。豆渣石、青白石每長一丈、寬厚一尺，均給價銀三錢四分。豆渣石每里遞加運費二分；青白石每里遞加運費二分二釐五毫。

又議準，豫省山稍草，每束重三十斤，給價銀二分七釐。蘆根，每束重七斤，價銀五釐四毫。草，每束重七斤，雇夫採割，給刀工銀一釐六毫。坑塘葦束，價直與東省同。

又議準，永定河石灰，每百斤價銀二錢。通永、天津二道各減五分。汁米，每石槩給銀二兩八錢。熟鐵，料價與江南同。生鐵錠，每斤價銀，永定河一分六釐；天津、通永各增一分。生鐵片，每斤價銀，永定、通永各一分二釐；天津減二釐。

九年，覆準，嗣後河工各廳交代經手工程錢糧，務將各項存貯物料一并交清。如有虧闕，立即參究追賠。

又奏準，江南河工豐碭、銅沛二廳鑲修工程專辦秫稭，每年七月内酌定銀數，分發各州縣承辦。定限十月完半，年内全完。令不管河工之廳官秉公驗收。

又議準，江南豐碭、銅沛、邳睢、宿虹、運河、桃源、桃清、裏河、外河、山安、海防、高堰、山盱等十三廳需用楊木，照豫東二省椿規，視木之大小、路程之遠近，接算運費，加增價直。

十六年，奏準，江南木龍工程，累年新木、舊木並淤損之木，詳悉分別按年確覈。以上年存工、存廠之木爲舊管；以本年增購及別工撥用之木爲新收；以折損、沙淤及移撥别工者爲開除；以見在存工木龍並存廠木植爲實在，造具四柱清册，送部察覈。

大清會典則例　卷一三三　工部　都水清吏司

河工三

一、修防

康熙二年，覆準，凡黄、運湖河大工告竣，保固限滿，交汛修防。其工當大溜頂衝，汛水長發，在在險急。相度情形，必須每年動帑，用長椿大埽修築加鑲，歲以爲常。嗣後，歲修工程，令河道總督俟秋汛水涸時，即估計具題。

十八年，題準，搶修工程雖難豫定，或因河流遷徙，損及隄岸；或因三汛届臨，致壞工程，亦應照歲修例估計具題。其費以五百兩爲率。别項大工不在此限。

二十四年，議準，搶修工程隄岸偪竊偶被損傷，該管廳官一面申報河道總督，一面即運料修防。勒令剋期告竣，仍詳具工費繕册題銷。

三十七年，議準，永定河工照黄河歲修搶修之例辦理。

五十二年，覆準，嗣後一應歲修、搶修工程，均令河道總督親勘，以杜冒銷之弊。

雍正二年，議準，嗣後歲修工程於本年十月内題估，次年四月内題銷。逾限不銷者，著授受各官賠償工費。

至搶修工程，將衝決丈尺、動用何項錢糧報部。工完之日，彙册題銷。遲至次年四月不題銷者，如前賠償。其歲修及别項大工動用何項錢糧，於題估日一并聲明。

三年，議準，永定河工程如遇緊要險工，一面興修，一面具題。其歲修、搶修工程，亦令先行題估。工竣題銷，以杜侵冒。

七年諭：『黄河隄岸乃運道民生所關，最爲緊要。年來殫心經理，增卑培薄，隄工堅固，共慶安瀾，獨是工程告竣，例應歸汛修防。而額設河兵堡夫，只能修補水浪衝激之處，防備臨時搶護之用。至於隄身，一年之内，風雨淋漓，車馬踐踏，漸至侵損者，亦勢所必有。而隄遠工多，不能責諸寥寥兵役也。朕留心訪察已久，又復詢問通曉河工之人，知《河防一覽》内載有每歲令夫加高五寸之請，即從前總河亦有每丁一名，招募幫丁四名，給以隄内空地耕種免糧，歲令加高五寸之議，與朕計慮實相符合。朕思隄工雖千有餘里，若按丈每年加修五寸，計費不過三四萬金。倘置之不問，一年剥削四五寸，合十年而計之，其所費之多，恐有不止於加修之數者。況河流漲漫不時，難以豫料。何若逐年增修，爲未雨綢繆之計。欽此。』

十年，議準，歲修工程應編列字號，開明起止段落、長濶高厚尺寸，造册報部。至搶險别建之工、交汛修防，應附入歲修者，於題估册内豫爲聲明。

乾隆四年，議準，山東運河每年春夏之交、山水未發，令建築草壩，以收水勢而濟漕運。歸於歲修案内題銷。

十三年，議準，江南隄工綿亘數千餘里，於每年加高五寸之外，歲修、搶修内通融辦理。以該年節省之數加培隄工。

一、汛候

順治初年，定分汛防守之法。每歲立春後，東風解凍，候水初至，量水一寸，則夏秋當至一尺，頗爲信驗。故汛水亦稱『信水』。二月桃始華，冰泮雨積，川流匯集，波瀾盛漲，曰『桃汛』。春暮蕪菁作花，曰『菜花汛』。四月麥壠結秀，擢芒變色，曰『麥黄汛』。五月瓜實延蔓，曰『瓜蔓汛』。朔野之地，山深谷邃，冰堅晚泮。迨至盛夏，消釋方盡。沃蕩山石，水帶礬腥并流於河，故六月中旬之水曰『礬山汛』。七月菽方秀，曰『豆花汛』。八月荻薍華，曰『荻苗汛』。九月以重陽紀節，曰『登高汛』。皆隨時長發。其防守之法，則統於桃、伏、秋三汛。自清明節起，閱後二十日爲桃汛。自桃汛後至立秋前爲伏汛。自立秋至霜降節爲秋汛。汛臨之時，該管官弁責令河兵、堡夫加謹分防。每里設立窩鋪，鋪各標旗，編書字號。夜則懸鐙鳴金，以備搶護。晝則督率兵夫，捲土牛小埽聽用。遇有刷損，隨刷隨補，毋使坍卸。至夜分巡守，易於曠廢。應設立五更牌面，分發南北兩岸，照更次挨發各鋪遞傳。如天字鋪發一更牌，至二更時前牌未到。日字鋪察明何鋪稽遲，即時拏究。再，汛發之時，多有大風猛浪，隄岸難免衝激。應督令隄夫多紮埽料，用繩樁懸繫附隄。水面縱有風浪，隨起隨落，足資防護。又，凡驟雨淋漓，易致橫決，應置備蓑笠，令兵夫冒雨巡守。此外非時客汛及十月『復槽汛』、十一月十二月『蹙凌汛』，非三汛可比，止令兵夫照常巡守。凡黄運河工一例遵行。

康熙二年，議準，嗣後黄運河工保固工程及舉劾官弁必以經閲三汛爲斷。

十二年，定嗣後三汛平隐，令各總河馳驛奏報。

三十七年，議準，永定河工照黄運河例，令該管官弁督率兵夫分汛防守。

四十五年，議準，奏河工急務者，限兩三日飛遞馳送。

雍正十二年，議準，三汛平隐本章，著河臣酌量寬期。

一、疏濬

順治二年，議準，凡濬河，面宜濶，底宜深，如鍋底樣，庶中流常深，岸不坍塌。如無隄之處，須將土運於百餘丈外，以免淋入河内。遇河流淤淺，即令疏濬。如水漗在中，兩岸築丁頭壩以束之。水漗在旁，順築束水長壩以逼之。或排板插下泥内，逼水涌刷；或排小船，或用勺、或用混江龍，或用刮板，皆因地制宜，不拘器具。

十年，題準，南旺、臨清每年於十一月十五日煞壩濬淺。每年一小濬，間年一大濬。

康熙三十九年，議準，嗣後揠河之土，盡堆原估隄上，層層杵硪成隄。不許估計散土滋弊。倘濬揠不深，以至引水淹漫，虚報淤墊者，除錢糧不準開銷外，以侵帑誤工題參拏問。

五十一年，議準通州石壩至沙子營地方河道淤淺，每年將中流酌量揠濬，以利漕運。

雍正二年，覆準，南旺、臨清均屬漕運咽喉，大濬小濬仍遵舊制。每年於十一月内煞壩，一面確估具題，一面興工。於正月内完工。或因糧船回南過遲，亦必催趲，於正月秒〔一〕揠濬告竣。無誤重運。

五年，議準，運河、湖河相連之處，用刮泥器具，引湖水以攻沙。如河身有淤墊之處，相度疏濬。

又奉旨，所開河道土方，若目前圖便，堆積河岸，將來雨水淋漓，必致仍淤河道。務令運送遠處，以爲一勞永逸之計。

七年，議準，京口一帶運河，爲漕船經由要道。每歲令該管官及時疏濬，以濟重運。

八年，議準，串場河道積沙，用犁船犁鬆，再用混江龍按時疏濬。

又議準，泰州、興化所屬各鹽場河道，每遇疏濬海口之時，令東台同知督率牐官、牐夫、雇覓水手、人夫，乘迴潮之勢，用混江龍拖刷，務使海口通暢。

〔一〕正月秒　指正月末。

十一年，覆準，直隸運河既有額設淺夫，凡糧船經由要道，責令以時疏濬。

乾隆元年諭：『揚州府儀徵縣江口至江都、甘泉二縣所轄三汊河一道，共計六十餘里，爲通江達淮要津。向例三年大濬一次，撈淺一次，需銀一萬六百兩，皆商七民三，分派捐輸經管。里甲不免苛索滋擾，而承修各官又復層層侵扣，以致撈濬皆有名無實，無益工程，有累百姓。嗣後，著將商民派捐之項永行停止。亦不必拘定三年之限。如遇應濬之年，該鹽政委官確估，實力疏濬。所需工費即於運庫一半充公項下動支，毋得虛冒侵肥，草率塞責。欽此。』

又諭：『今歲江南夏秋之間，天雨連綿。淮揚一帶各州縣低窪田畝被水淹漫。朕恐窮民失所，已諭令督撫加意振卹，俾獲安居。今思此等百姓若於冬春之交，再令傭工，以資力作，更爲有濟。宿遷、桃源、清河、安東以及高郵、寶應等州縣，均有應行疏濬之河道。其安東舊鹽河約估需銀二萬二千餘兩。宿、桃、清、高、寶等工約估需銀十有二萬餘兩。著於今冬明春次第興工。即令雇募民夫，及時疏濬，則於緊要河道既得深通，而寓振於工，窮黎更得藉以養贍，於地方民生大有裨益。欽此。』

又議準，直隸運河改設河兵，責令隨時疏濬河道，勿致淤淺。

又議準，串場河道歲以春秋二汛，按日拖刷，務令處處深通。

二年，奏準，疏濬泉河以通泉流。每年於十月水落之後，嚴飭管泉通判協同管泉各官、逐一察勘。遇有淤淺，募夫疏濬。凡濬山泉之河深五尺者，上口濶三尺、底濶一尺，以爲定式。

又奏準，東省運河每年定於十一月初一日煞壩疏濬。

又奏準，牐河之水務以四尺爲度，糧船自無淺阻。

又覆準，德州哨馬營支河，照歲修之例，每年疏濬。

又議準，東省疏濬泉流，應置刮板四十具，鐵舀百具，捱牌板片六百塊，以備臨時撥用。

三年，覆準，東省大濬運河按期展限八日，小濬按期展限六日。

四年，奏準，凡黃水減下之支河，每歲秋冬河官勘驗，稍爲阻礙，即令疏濬。

七年，奏準，淮揚一帶運河，每年伏秋汛過，勘明汕刷情形。如有淤墊，及時挖濬。中泓以一丈爲準，兩邊以八尺爲度。

又定，豫省衛河河身寬濶，崖岸陡峻，河底又多流沙，不能築壩挖濬，應用船撈濬。

八年，議準，丹徒、丹陽一帶運河，每年測量水勢，間段撈濬。定限六年長濬一次。

十一年，覆準，北運河設立（岱）〔垈〕船〔一〕，以資撈濬。

十四年，議準，裁汰北運河垈船。其額設刮板三十具，實屬不敷，應增置三十具，以廣器用，以利漕渠。

一、浚柳船

江南柳船四十有一；　大浚船四百七十有二；　中浚船五十；　小浚船七十有二，分隸廳營石船四十有四，隸葦蕩營。柳船長七丈五尺至八丈，濶一丈至丈六尺五寸，各有差，深二尺四寸。三年小修，工料銀十有九兩四錢。五年大修，銀二十九兩四錢。八年更造，銀四十六兩九錢，各有奇。大浚船長三丈六尺至三丈九尺，濶六尺五寸至七尺六寸，各有差，深二尺五寸。小修工料銀七兩七錢；　大修銀十有一兩六錢；　更造銀十有七兩三錢，各有奇。中浚船長三丈、濶五尺六寸，深尺有八寸。小修工料銀六兩五錢；　大修銀九兩九錢；　更造銀十有四兩九錢，各有奇。小浚船長二丈九尺五寸至三丈、濶五尺二寸至五尺六寸，各有差，深尺有八寸。小修工料銀五兩四錢；　大修銀八兩一錢；　更造銀十有二兩三錢，各有奇。以上修造年限並與柳船同。石船長七丈至七丈六尺，濶丈二尺至丈五尺，深五尺至五尺四寸，各有差。修造年限及工料銀並與柳船同。

河南柳船二十有六，分隸各廳。每船長五丈五尺，濶丈有三尺，深三尺三寸。小修工料銀十有四兩一錢；　大修銀二十兩八錢；　更造銀四十二兩三錢。年限與江南柳船同。

直隸垈船三百二十，分隸天津道屬之子牙河、永定河道屬之三角淀、清河道屬之西淀。內有行船、土槽船之別。行船長二丈二尺，濶四尺五寸，深尺有一寸。每歲油艌工料銀一兩四錢。三年小修銀三兩三錢；　五年大修銀五兩；　十年更造銀十兩。土槽船長二丈，濶四尺五寸，深尺有一寸。油艌工料銀一兩一錢。小修銀二兩六錢；　大修銀四兩；　更造銀八兩。年限與行船同。

康熙十七年，議準，江南河工設大小浚船、柳船五百三十有二，分隸八河廳營，爲疏淤運料之用。

三十一年，覆準，江南浚柳船修理，照驛站船例開銷。自成造之年起限，三年小修，五年大修，八年更造。

雍正二年，議準，江南浚船開明三等丈尺式樣。令總河移送豫省，每汛照式建造五船。修理年限悉照江南浚船之例。

六年，覆準，豫省浚船額定四十。柳船亦照江南之例，成造二十二船。

十二年，議準，高堰裝運石料歸公船六十號，應分隸各廳，濟運物材。

十三年諭：『聞河工官員每於裝運工料，差役捉船。

〔一〕岱船　應爲『垈船』，以下徑改。

而所差胥役即藉端封捉商船，生事騷擾。及至三汛搶工，則稱裝運緊急物料，百般需索。甚將重載客船勒令中途起貨，致回空商船聞風藏匿，裹足不前。既於客商擾累，且於關稅虧少。河工裝運物料，原有額設浚船。即使搶築之時，浚船或不敷用，秪應雇募本地民船，協濟運送。原不必封捉客船，阻遏商旅。著河道總督嚴行察禁。如該役等陽奉陰違，仍前勒索，即將該管官題參。欽此。』

又議準，高堰歸公船，除坍壞不堪修造外，額存石船四十有四。各廳向有浚柳各船。獨葦蕩一營無額設。運料之船應改隸該營管理，歸於柳船案內一併修造。

乾隆三年，覆準，設直隸河工垡船，屬子牙河者百有六十，屬三角淀、西淀者各八十。

六年，奏準，裁豫省浚船四十，增柳船四。

十一年，覆準，直隸北運河設垡船六十。

十四年，議準，直隸垡船大小修理年限，如江南之例，更造以十年，每年一油艌。其北運河六十船應裁，額存船三百二十，內定爲行船四十、土槽船二百八十。修艌更造，分別給銀有差。

河工四

一、考成保固

順治初年，定黃運兩河隄岸修築不堅，一年內衝決者，管河同知、通判、州縣等官降三級調用；分司道員降一級調用；總河降一級留任。如異常水災衝決者，專修、督修官皆住俸修築，完日開復。本汛隄岸衝決，隱匿不報，別指他處申報者，加倍議處。如一年外衝決者，管河等官革職，戴罪修築；分司道員住俸督修，完日開復。本汛隄岸衝決，隱匿不報，別指他處申報者，管河等官降二級調用；分司道員降一級調用；總河不詳察具題，罰俸一年。如地方衝決少而申報多者，降三級調用；轉詳官降二級調用；總河不察實具題，降一級留任。無論一年、二年、遇有衝決，地方限十日申報，逾限者降二級調用。其沿河隄岸不能先期修築，以致漕船阻滯者，經管官降一級調用；該管官罰俸一年；總河罰俸六月。

十六年，議準，河工各官遇有升遷降調事故，將任內修防事宜造册交代。離任後有隄岸衝決者，該管官參處。

十七年，題準，修築隄岸，工完令承修官出具伏秋無虞印結，同册奏銷。如本年衝決者，即指名參處。

康熙元年，題準，黃河隄岸衝決在一年內者，參處修築之官。在一年外者，參處防守之官。運河隄岸衝決在三年內者，參處修築之官。在三年外者，參處防守之官。如黃河工未至一年、運河工未至三年，修築官於保固限內去任，防守官不爲料理，致被衝決者，將防守官一并參處。

九年，題準，河工衝決，地方承辦椿柳等物遲緩或稱非繫本汛推諉誤工者，皆降一級調用；不行轉催之上司罰俸一年。

十五年，議準，河道關繫甚大，隄岸往往衝決，皆由修築不堅、防守怠玩所致。宜嚴定處分之例。嗣後不得諉之水災具題。黄河隄岸仍定限一年，運河隄岸仍定限三年。黄河隄岸半年內、運河隄岸一年內衝決者，經修防守等官皆革職；　分司道員降四級調用；　總河降三級留任。黄河隄岸過半年、運河隄岸過一年衝決者，經修防守等官降三級調用；　分司道員降二級調用；　總河降一級留任。如已過年限衝決者，管河各官皆革職，戴罪修築；　分司道員住俸督修，工完開復；　總河罰俸一年。若年限內衝決，經修之官已去，仍將經修官與防守官一同處分。其年限內本汛隄岸衝決，別指他處申報者，經修防守等官皆革職；　分司道員降五級調用；　總河不察實具題，降三級調用。其餘仍照舊例。

十七年，議準，知府有地方之責。嗣後如遇衝決等事，照道員處分。承修兩河隄岸一應工程，均限半年完工。半年不完，承修官罰俸一年；　督修道府罰俸半年，再展限三月完工。如仍不完，承修官降一級調用；　督修道府罰俸一年。如承修官原繫革職戴罪之人，半年限內不完，降一級調用，不準展限。工程別委他官，仍限三月完工，不完罰俸一年。督修道府所屬官員工程一年內不完，降一級調用。限內不完，總河不題參，罰俸三月。若實繫大工，不能依限完竣，令總河豫爲題明。其監理廳印分管佐雜等官所築隄工合式堅固，該管廳印河官出具甘結，道府驗實加結，申送總河，勘實具題，準照應升之官加二級即升。原非正途者，均作正途，一例升遷。至分管官所築隄工有一處不堅固或一二丈不豐滿合式者，降一級調用；　兩處不堅固或三四丈不豐滿合式者，降二級調用；　三處不堅固並五丈以上不豐滿合式者，革職。監理官所轄分管官有一人議處者，監理官罰俸一年；　二人議處者，降一級調用；　三人議處者，降二級調用；　四人以上議處者，革職。由監理官揭參者，免坐。如議處、議敘相同者，準與抵算。若興舉大工，附近地方官不協同設法募夫，不將急需柳草等項速買解運，致誤河工者，題參。將州縣官降三級調用，道府降一級調用。凡舉劾大計，將河工一并考成。河道果無衝決或旋決旋修，不致殃民損課者，方準薦舉。

又議準，各省河工隄岸有無衝決，該督撫於年終造册報部。

三十三年諭：『嗣後隄岸衝決，倘河水漫決、河流不移者，應否免其革職，止令賠修，著確議定例具奏。欽此。』遵旨議準，嗣後隄岸衝決，河流遷徙者，照定例處分。若隄岸漫決，河流不移者，免其革職，責令賠修。年限內漫決者，經修官賠修；　年限外漫決者，防守官賠修。

又覆準，嗣後一應工完，年終報部之日，將各部院堂官及科道官職名開列具題，簡命察勘。俟驗明所修丈尺、用過埽料等物，與原估題疏相符，準其開銷。如有不符，巧飾謊報等情，交部嚴加議處。

三十四年，奉旨：『察勘無益。嗣後差遣察勘，永行停止。』

三十九年諭：『河工積弊，汛官利於隄岸。有事修建大工，得以侵冒河帑。又希圖修橋建牐，興無益工程，於中取利。著嚴飭各官，痛改前非，加謹修防。倘有故違，定行正法，以示懲戒。其地方有司官漠視河工，致有遺誤者，題參。到日將地方官亦行正法。河官平時須豫備物料，以爲不時修防之需。欽此。』

又議準，嗣後侵帑誤工，如分管微員照例懲處。其見任河官及在工効力旗員，即行題參革職。

又議準，嗣後呈報險工，該道親行察勘確實，即令動帑搶修。一面估計，申報總河察覈。如繫假捏，即以謊報題參。該道徇隱，一并參處。

又覆準，嗣後隄岸衝決、河流不移者，管河各官皆革職戴罪，勒限半年賠修。分司道員各降四級督賠，工完開復。如限內不完，承修官革職；分司道員降四級調用；總河降一級留任。未完工程仍令賠修。其應賠工程已經奏明動帑者，仍將應賠銀，亦照賠修例，勒限處分。如限內不完，分司道員不揭報，總河不題參者，皆照徇庇例議處。

又議準，凡黃河曲處揠濬引河，果屬深濶，偶至淤墊者，該督親勘保題，免其賠修。

四十二年詔：『河工官員領正項錢糧，修築隄岸，被水衝決、應賠還者，照例追賠。其自捐銀修隄，完工之後被水衝決或因地勢難築，竣工無期，若仍責令賠修，甚屬可憫。著總河察明具題，免其賠補。』

四十六年，覆準，河南隄工由巡撫就近料理。如遇水長，即嚴飭管河等官率領堡夫搶護。如怠玩貽誤，將該地方官照黃河定例議處。仍察明年限，著落賠修。

四十九年，議準，嗣後修防工程，河道按工發帑，廳官領銀承辦。其微末官弁及効力人員，止令防守催趲押運物料，不得輕給帑金。如果才優家裕，該廳申詳，該道轉報，該督方準給發。如濫委匪人，致虧帑誤工者，本人革去職銜，限一年追完復職。逾限不完出結，廳官革職戴罪，勒限一年賠完，完日開復。該道降四級，亦勒限追賠，完日開復。限內不完，即依所降之級調用。該督降一級，與該道一同分賠，完日開復。不完每案罰俸一年，仍著督道廳分賠還項。

五十二年，覆準，嗣後修築工程，該廳呈報到日，該督與道員即親勘工程，驗明物料，具題。修築工完，察勘報銷。如修築不堅，短少物料，將承修之官題參，從重治罪。如該道不揭報、該督不題參者，皆照徇庇例議處。

雍正二年，議準，一應工程嚴飭承修官據實估報。如估報時仍留覈減餘地者，該督撫題參，嚴加議處。

又議準，嗣後給發錢糧，交與諳練河務之人修築。如修築不堅，致有衝決者，委官督令賠修。不能賠修者，題叅革職。別委賢員，給發錢糧，修築。將所用錢糧，勒限一年賠完，準其開復。逾限不完，交刑部治罪，仍著落家屬賠完。如力不能完，著落發錢糧之上司賠補全完。

四年諭：『賠修之例，甚屬無益。從來河官領帑修工，必豫留賠修地步，以致錢糧不歸實用，工程斷難堅固。即幸而得保無虞，而錢糧終歸入己。似此情弊相習成風，必照侵欺錢糧例，嚴加治罪，方足示懲。著九卿詳議具奏。欽此。』遵旨議準，嗣後承修之官估計工程，總河與該督撫分司勘明工段丈尺、椿埽料物。如果與所估數目相符，覈實具題，發帑興修。如估計過多，有心浮冒，察出即照溺職例革職。察勘之官不實心詳覈，扶同徇隐，即照徇庇例議處。至工完之日，該總河、督撫、分司再逐一察勘，修過工程果否如式堅固，與原估丈尺、錢糧數目相符。如工程單薄、物料克減、錢糧不歸實用，以致修築不堅，不能保固，將承修官指名題叅，照侵欺錢糧例，分別治罪。其侵欺銀著落該員家產勒限追賠。所修工程令總河、督撫等別委賢員，動帑修築堅固，工完題銷。

又議準，直隸子牙河、南運河新修工程，均照運河例，保固三年。北運河工程較永定河稍平易，較南運河則爲險要，立限保固二年。限內衝決，照例賠修。

五年諭：『向聞河工不肖之員有將完固隄工故行毀壞，希圖興修，藉端侵蝕錢糧者，著該督時加察訪。再有此等不法之員，著即奏聞，於工程處正法示衆。欽此。』

又諭：『直隸河工衝決之處，著落河官與地方官賠修。再敢惰玩，一并革職，枷示工所。欽此。』

又諭：『河工追賠之項，其中情由不一。有該員侵蝕入己者；有修築草率，本不堅固，易致衝決，應當賠修者；有當潰決之時，該員豫知例當賠修，而以少報多，先留地步者；甚至有故意毀壞工程，以便興修開銷者。種種弊端，不可枚舉，皆法所難寬。但亦有經手之人，本無情弊而照例則應分賠者，在該員情稍可原，而承追之時無力全完，亦於國帑無益。其如何酌量，分別定例，方爲妥協。著九卿詳議具奏。欽此。』遵旨議準，嗣後黄河一年之內、運河三年之內，隄工陡遇衝決，所修工程原繫堅固，於工完之日已經總河、督撫保題者，承修官止賠修四分，其餘六分準其開銷。如該員修築錢糧均歸實用，工程已完未及題報，而陡遇衝決者，該總河、督撫據實保題，亦令賠修四分，其餘均準開銷。如黄河一年之外、運河三年之外，隄工陡遇衝決，該管各官實繫防守謹慎者，該總河、督撫察實具題，止令防守該管各官共賠四分。內河道、知府共賠二分；同知、通判、州縣守備共賠分半；縣丞、主簿、千總、把總共賠半分，其餘六分準其開銷。其承修防守各官，皆革職留任，戴罪効力。工完之日，準其開復。倘總河、督撫保題不實，照徇庇例議處。仍照定例，勒限分賠還項。

又議準，永定河新修工程，照黄河例，保固一年。

又議準，嗣後沿河州縣遇有被淹之處，令地方官會同河官親勘被淹情由，據實通報。如有隐匿民災者，照報災怠玩例議處； 察報不實者，照溺職例議處。

八年，議準，嗣後不請開放之牐，審度形勢，果繫不應開放，雖限内未開，亦應準其保固年限，以免承修官守候之苦。如本應開放之牐，承修官因修築不堅，故意不請開放，希圖掩飾，雖已過三年，仍應以開放之日起限保固，並將故意遲延之承修官及不行察報之該管官一并叅處。

十年諭：『河中石塊、木椿牴觸糧艘。著河臣嚴飭河道等官，於水落時，沿途察看，悉行起除，以清河路。倘辦理疏忽，仍有起除不净等弊，著巡漕御史叅奏，將該管河道等官從重議處。欽此。』

十一年，覆準，永定河貼砌片石等工，仍保固一年。别項加修新工，保固三年。漳河、滹沱河並太行隄工，照黄河例，保固一年。其餘平易工程，照運河例，保固三年。

十二年，議準，黄河堡夫挑積土方不及數者，專汛文官罰俸一年； 該管廳官罰俸六月。挑積不及半者，專汛文官降職一級，留任戴挑； 該管廳官罰俸一年。兵丁挑積土方不及數並不及半者，專管汛弁及該管將備議處亦如之。

乾隆十年諭：『從前石林口衝決用過修築工料銀二十三萬九千一百餘兩，部議著落河官賠補。原以該處舊有土壩致被衝決，應照疏防之例賠修。第聞石林土壩乃河臣率民修築之工，並未動用錢糧，與永定河官隄疏防衝決者有間，且七年黄水異漲，亦非尋常可比。動項既多，該管各官勢必艱於賠償。著加恩免其追賠。嗣後凡有隄防之處，務須事先綢繆，毋得再蹈前轍。若稍有疏虞，決不寬貸。欽此。』

十五年，議準，嗣後開濬河道，以領帑日爲始，限十日興工。須戽水築隄者，準於限外酌展半月。計土千方，限半月竣工。數多者準此加展。修建橋牐隄壩等工，均限兩月興工。工料數百兩及千兩者，以興工日爲始，限三月，三四千兩者，限四月，各竣工。其工料自五千兩至萬兩以上者，如平易工程，亦限四月竣工。果工程險要，不能依限告竣者，準於估報册内豫行聲明，酌展限期。違者皆交部議處。

一、種植葦柳勸懲

順治十三年，定瀕河州縣新舊隄岸皆種榆柳，嚴禁放牧。各官栽柳自萬株至三萬株以上者，分别敘録。不及三千株並不栽種者，分别叅處。

康熙九年，奏準，於沿河州縣擇閒散人，授以委官名色，專管栽柳三年，分别勸懲。

十五年，議準，河官種柳不及數者，免其處分。成活萬株以上者，紀録一次； 二萬株以上者，紀録二次； 三萬株以上者，紀録三次； 四萬株以上者，加一級； 多者照數議叙。分司、道員各計，所屬官員内有一半議敘者，紀録一次； 全議敘者加一級，均令年終題報。

二十年，定武職栽柳，照文官例議敘。

二十二年，定河官栽柳成活二萬株以上者，紀録一次； 四萬株以上者，紀録二次； 六萬株以上者，紀録三次； 八萬株以上者，加一級； 多者照數議敘。 其分司、道員因屬員栽柳議敘之例停止。

三十一年，議準，河道隄面澗二丈者，留八尺爲行路，其一丈二尺密栽細草。 遇有坦坡，均栽卧柳。

四十四年諭：『高家堰石工完者，準先予銷算。 隄根之下廢地，可諭河員試令種稻，其餘除留取土搶修之地外，令捐栽蘆荻，以資工料。 照例議敘。 欽此。』

四十九年，覆準，令河南各州縣，於官地内責令堡夫廣栽柳樹。

六十年，覆準，河隄種植柳樹，倘有將柳園地畝墾熟耕種，私收籽粒，以致草漸稀少，動用錢糧購買蘆葦者，將失察之地方官嚴叅議處。

雍正元年，議準，每年山東、河南巡撫飭令近河州縣暨管河各官，將沿河空地勘明，各捐資多栽柳樹，各以種柳細數呈報上司。 三年後，該督撫察覈報部，酌量議敘。 如希圖議敘，强占民地累民者，即行叅究。 至河南舊植柳樹，年久枯壞者，令察勘，一并補種。

三年，議準，嗣後，管河之分司、道員、同知、通判、州縣等官，於各該管沿河地方栽柳成活五千株者，紀録一次； 萬株者，紀録二次； 萬五千株者，紀録三次； 二萬株者，準加一級。 種葦一頃，紀録一次； 二頃紀録二次； 三頃紀録三次； 四頃準加一級。 其有殷實之民栽柳二萬株或種葦四頃者，準予九品頂帶榮身。 至効力各官，有情願捐栽柳葦者，亦照此例議敘。 倘有不肖河官，希圖議敘，占種民地者，題叅，從重治罪。 再，各處河營每兵一名每年種柳百株。 若不能如數栽植者，將專汛之千把總罰俸一年，守備罰俸半年。 倘栽植不及一半者，專汛之千把總降一級，暫留原任，戴罪補栽。 守備罰俸一年。

五年，覆準，行令河南沿河州縣等官，檢稽地册，會同廳汛，將見存柳園並從前坍塌及新淤地畝，逐一詳勘，丈明立界。 如有隐占，撥補還額，廣爲栽種。

乾隆三年，奏準，嗣後山東、河南印河文武官弁，於沿河官地内有能捐資栽成小楊五百株者，紀録一次； 千株者紀録二次； 千五百株者紀録三次； 二千株者加一級。 其沿河居民，有情願出資，在官地栽成二千株，或在自己地内栽成千株者，給以九品頂帶榮身。 每年春間栽種，次年秋間覈驗栽成數目，題明議敘。 楊樹交汛官收管。 如栽成不及議敘之數，準其次年補栽并算。

五年，議準，嗣後沿河州縣地方官，有能勸民在沿河坑窪沮洳、不宜禾稼地内種葦二百頃以上者，紀録一次； 四百頃以上者，紀録三次； 六百頃以上者，加一級； 八百頃以上者，加一級、紀録一次。數多者，照數遞加議敘。

又議準，抑勒栽葦或所栽葦地以少報多者，照官員勒民開墾地畝以少報多例，州縣官皆降一級調用。

又議準，嗣後州縣官所屬境内有可栽葦草之地，勸諭不力，計十分之地栽植不及三分者，該督撫指參，罰俸六月；不及二分者，罰俸一年；不及一分者，罰俸二年。二年内栽植仍不及分數者，降一級住俸。至三年内仍有不行栽植者，降二級留任。

又議準，葦柳乃河工必需之料。令將柳樹數目、葦縈地畝，一并造入交盤册内。再，豫、東二省全用楊樁。各汛報栽成活楊樹交與該管廳官，不時稽察，造入交盤。如有短少，詳參。著落補栽，成活足數者，開復。

九年，定葦蕩營額柴按年清完，依限運交。如未完一分者，該汛千把總罰俸一年，守備罰俸六月，參將罰俸三月；未完二分者，千把總降職一級留任，戴罪督完，守備罰俸一年，參將罰俸六月；未完三分以上者，千把總革職，守備降職一級留任，戴罪督完，參將罰俸一年。均限一年，照數督催，全完開復。如逾限不完，照所欠分數，千把總分賠六分，守備三分，參將一分。賠完之後，亦準開復。若每年餘葦至十萬束以上者，準其紀録一次。再有贏餘，照數遞加紀録。

又覆準，江南黄河兩岸柳園丈出官地，官民情願捐栽柳樹。培養成活者，驗明確數，一并造報議敘。

一、禁令

順治二年，定旗下軍船不許零星過牐，非時啓閉，致妨漕運。

五年，覆準，安山、南旺兩湖地經升科者，聽民佃種。其餘湖地不許開墾妨漕。永爲令。

又覆準，衛河渠口每年四月以後盡行堵塞，不許偷放。

七年，覆準，運河行舟，雖繫進貢及裝載官兵，亦不得擅自開牐。

九年，覆準，沛縣湖田禁民墾種，令蓄水濟漕。

十三年，覆準，南旺、臨清大濬及各處河官揠濬本境淤淺、築壩，未開之先，豫頒告示，禁止一應官船。不許先期逼勒開壩，貽誤工程。

又覆準，令河臣申明各牐啓閉禁令。先放糧船，次放官船，又次放商民船。如有啓閉不時，洩水誤漕者，指名題參。

康熙二年，覆準，凡奉差及赴任各官定有限期者，令糧船讓路。

又定差船到牐，隨漕啓閉。有攙越漕運者，照例參處。

四年，河臣請嚴牐河啓閉。奉旨：『有奉緊要勅旨差遣者，著照前行。如糧船、商船齊到牐，糧船先過，商船繼過。如糧船未到，商船先到，牐官勿得指稱糧船將到，强行攔阻，仍著放過。違者從重治罪。其一應往來官船、立有欽差牌匾，著永行禁止。如此等官船藉名緊急，擅行啓閉，於糧船之前争先者，著該督撫指名題參。欽此。』

又議準，凡内外顯要職官，多置號船，縱容家人於漕運河道往來貿易。或奉差赴任各官，額外私帶貨船，並姦徒假藉名色，恃强闖牐者，河道各官指名呈報河漕總督，題參究處。河道各官徇情不報，亦即題參。如已呈報而總督徇情不舉者，事發一并治罪。

七年，議準，畿輔隄岸關繫緊要。禁止附近莊佃私開渠口。八年，議準，直隸渾河隄工禁止車行。如有損壞者，咎歸該管官。

十一年，題準，運官停泊漕船，不聽督催，陵辱牐官，責打牐夫，攫去牐版致洩水誤漕者，革職究擬。

二十一年，議準，運河淺澁，漕船艱於程限。各處兵船務隨漕啓閉停泊，如有扭鎖掀版、恣意争先者，該督指名題參，將領兵將弁嚴加議處。

二十九年，議準，漕河開隄遲則稽重運，煞隄早則阻回空。嗣後，每年定於十一月十五日煞隄，正月二十六日開隄。

三十年，覆準，河南河内縣丹河發源太行山，至丹河口分渠九道，内惟小丹河、上秦河二渠通衛濟漕。嗣後如雨足之年，於三月初用石絡裝石横塞河渠，使水歸小丹河，入衛濟漕，仍留涓滴灌田。至五月杪，重運已過，則開放河渠，塞小丹河口，以防山水漫溢。倘遇亢旱之年，自三月朔至五月望，令三日放水濟運，一日塞口灌田。過此以後，仍從民便。至輝縣東刀泉爲衛水之源，民間設五牐以蓄水灌田。向例於五月初一日封版，放水濟運。但五月正農功需水之時，應量渠之高下，用竹絡裝石堵塞，使各渠之水常盈，則正流足以濟運，餘潤可以灌田。其安陽縣之萬金隄亦令仿東刀泉五牐之法，用竹絡裝石，相時塞牐通渠，務使民漕兩無妨礙。

三十五年諭：『山東漕船不得過牐以致遲延，著差官帶户部印封前去封固牐版。須竢水滿開牐，以便漕船行走。如水不滿，雖奉旨事務亦不許開牐。果有緊急，陸路亦可以行。凡内廷需用之物，悉停解送。欽此。』

又諭：『自通州以至大通橋，民船不行，皆有禁令。今若令小船行走，於民似有裨益。著户、工二部會同倉場侍郎會議具奏。欽此。』遵旨議準，嗣後通州至大通橋應令民船貿易行走。若遇糧運緊急之時，暫行禁止。

又奉旨：『打魚小船亦著行走。』

三十九年，覆準，裏河淤墊，竢糧船過盡，即煞壩疏濬。一應差使，令暫由陸路。

四十四年，覆準，南旺湖涸出灘地，不許違例耕種。令地方官出示嚴禁。

又覆準，嗣後有故決、盜決南旺、昭陽、蜀山、安山、積水等湖，揚州高寶湖、淮安高安堰、柳浦灣及徐、邳上下濵河一帶各隄岸，並阻絶山東泰安等處泉源，有干漕河禁例者，不論軍民，槩發邊衛充軍。其牐官人等用草卷閣牐版盜洩河水，串通取利，犯該徒罪以上，亦照前問遣。

又議準，漕河各牐務依漕規啓閉。官員經過，不許徇情，擅自開放洩水，致稽重運。違者不宥。

四十五年，遣官往運河閱視封牐。特諭：『今年水淺。自臨清至天妃牐七八百里，一時盡封，則不利於商人矣。當從上流封牐蓄水，竢水滿後再開一牐。糧船過時，他船不許濫放。欽此。』

五十三年，覆準，糧船過牐，務遵漕規啓閉，按幫放行，則水勢充足，不至遲誤。至於水漲牐溜、擅沉搶修，乃意外間有之事，均準於單内注明。務於八月内全數卸完回空。如逾定限，倉場侍郎題參。

五十四年諭：『大濬動工之日，一應往來船槩行禁止。駐防兵船、回空糧船有恃强開壩者，拏解究處。欽此。』

雍正元年諭：『每年漕船遲滯，皆由運河阻淺。運河之水全賴山東諸湖蓄水以資灌注。近歲漸就淤積，居民或占成田地，以致水少不能濟運。今宜乘夏秋雨水之時，豫爲蓄水之計。凡沿河田地已經成田者，不必追究。其未經耕種者，速宜嚴禁，不可侵占。至諸湖隄防須修築堅固，引河牐壩務啓閉得宜，則湖水深廣、運河流通不竭，漕艘自無阻滯之虞。欽此。』

二年諭：『運河之設，未嘗禁商船之往來。但水少時，則加意管束；水大時，聽商船行走。京師百貨取給於東南之商賈，今若嚴禁，則各種載船必一槩阻滯，商賈安能流通於民生日用，均屬未便。欽此。』遵旨覆準，令總河、總漕、直隸、山東、河南各督撫，檄飭沿河地方官弁，遇有商賈客船，許於漕船先後乘隙而行，毋許漕船攔阻，亦毋許商船擁擠。

又議準，運河一帶用强包攬牐夫、溜夫二名以上，撈淺、鋪夫三名以上者，發附近充軍。攬當一名並未用强生事者，枷一月、杖一百發落。

又議準，小丹河、桓河各牐，令該撫嚴飭河官，不時疏濬。仍遵舊制，三日放水濟運，一日塞口灌田。於糧船趲行回空之期，該河官親至水口，秉公啓閉。將水勢情形設立循環號簿，五日一次報明。該管印官仍嚴禁偷放。如河官通同賣水，以致漕船阻滯者，指名題參，嚴加治罪。

五年，議準，河工關繫重大。嗣後有指稱夫頭包攬代雇，希圖抑勒良民者，照運河一帶用强包攬牐夫、溜夫之例治罪。二名以上者，發附近充軍。一名者，枷一月、杖一百發落。

十一年，議準，黄運河工隄頂民房，無論舊蓋新修，槩令遷移。

乾隆元年，題準，山東運河自江南邳州交界，北至德州桑園鎮，綿長千二百餘里，水無來源，全賴各牐層層關束。務令啓閉以時，蓄洩得宜，庶於漕政有益。

二年諭：『江南黄運兩河隄工，向有民人蓋房居住者，經河臣等議，令拆毁遷移，以防作踐。旋以小民安土重遷，以令移去險要工所之房屋，其餘仍舊存留。此國家體卹貧民之恩澤也。各隄民房皆無額徵租税，惟高郵、寶應、江都、甘泉、山陽五州縣，每年有應徵租銀三百八十餘兩。其間拖欠不完者，往往有之。若留此輸公之項，雖爲數無幾，而追呼不免。恐有胥吏藉端苛索之弊。著將此項租銀永行停止，並將累年拖欠悉予豁除。惟是隄工乃河渠之保障，理宜加意慎重，以固河防。除見在已成房屋，無礙隄工者，免其遷移外，將來不許增蓋。如有違禁增蓋者，即驅逐治罪，並將徇縱容隱之官弁分別議處。欽此。』又諭：『今年五月山東雨少，運河水淺，糧艘不能銜尾而進。沿途揠淺起撥甚費經營。而臨清以北更多阻滯。朕細加訪察，臨清以北全賴衛水合汶濟運，而衛水發源於河南衛輝府，至臨清五百餘里。居民往往私洩灌溉。經前任河臣題定，每歲於五月初一日盡堵渠口，使衛水全歸運河。今日久法弛，衛水來源小民不無偷放，遂致運河水勢長落不時，重運艱於北上。目前正當緊要之時，所當稽察嚴禁者。著直隸、河南督撫速行辦理，務使衛水不致旁洩，糧運遄行無阻。欽此。』

又奏準，運河舊例於十一月十五日煞壩，今改於十一月初一日。開壩日期舊例於正月二十六日，今不必拘定，總以南漕幫船至臺莊牐爲準。

又覆準，山東運河自嶧縣臺莊起，至臨清州南版牐，計四十八牐。牐河水無來源。應照南旺挑湖之例，遇重運盛行，官民等船均隨漕開放，不許逼勒開牐。並頒發告示，刊立木榜，令各牐永遠遵行。

又奏準，運河各牐收束水勢，全在啓閉得宜。會牌未到，催漕各官不得逼令啓版。會牌已到，司牐官亦不得故意遲延。如有違誤，該督題參治罪。

四年，奏準，江南河工天然南北二壩，收束諸湖之水，爲洪澤湖之關鍵。責令管河道員封固，永不許開。

大清會典則例　卷一三四　工部　都水清吏司

水利

畿輔水利

順治九年，遣官修理石景山以南至蘆溝橋一帶決口隄岸。

十二年，修築薊州及玉田、豐潤、三河三縣決口隄岸。

十四年，修畿輔隄岸。

十五年，修築內河邢家口、白馬灣、殷家洞流、棉花市、龍王廟五處決口隄岸。

康熙元年諭：『八旗都統及有司官不時稽察。嗣後隄岸決壞之處，其田土屬旗人者，都統督旗人自行修築。屬民者，有司官督民自行修築，永定爲例。欽此。』

七年，題準，蘆溝橋隄岸衝決，動帑修築。

又題準，霸州等處隄岸衝決，動帑修築。

十二年，濬玉泉山一帶河道。增修高梁橋、白石橋諸牐壩。

二十一年，修築石景山至蘆溝橋一帶隄岸。

二十六年，議準，直屬旗莊田地隄岸，令旗民互助協修。該州縣會同屯領催酌，取近土修築。

二十九年，建玉泉山石牐一座，疏濬河道。

三十二年，修復霸州苑家口傾圮舊隄。

三十三年，修濬静海、大城、任邱、雄縣隄岸河道。

三十九年，大修畿輔各州縣清河、子牙河官隄、民隄，共長千五百二十餘里。

又覆準，漳河隄岸衝決，將巡撫照總河例議處，分司、道府照督催等官例議處，同知等官照承修官例議處。

五十二年諭：『石景山隄工關繫緊要。若交與永定河分司兼管，則駐劄遥遠，難於巡察。著仍照前委部員防守修理，堂上官不時巡察。倘有坍塌之處，即行奏聞。欽此。』

雍正二年諭：『石景山渾河隄工甚屬緊要，著詳勘修理。欽此』。

四年，特命親王大臣察勘直隸地方。自四年爲始，節次興修畿輔水利。

又奏準，直隸之水經流有三，北爲白河，即北運河；南爲衛河，即南運河。其匯畿輔西南六十餘河之水爲巨浸，東至直沽，合白河、衛河同入海者爲淀河。又，淀之下流南來者爲子牙河，北來者爲永定河，皆水濁泥多，横激壅淤，爲淀河患。故淀治而水利興，必河治而淀乃就理。向患永定河濁流，由勝芳河之西奔騰南下。今自范甕口別開長淀河一道，面濶十五六丈，深四五尺不等，長三十餘里，引渾水遶王慶坨之東北入三角淀，直趨而東，俾濁水無復南流淤淀。又，東安、武清地當濁流之下稍，每苦泛溢。今由柳岔口至韓家樹三十餘里築隄，以防其衝。子牙河爲滹、漳、滏陽、大陸諸水下流，水汛泥多。今將兩岸之隄加高培厚，束其流使不得盪激衝決，由大城之王家口入淀，藉淀河清流之力刷之，使河流泥沙不致淤淀。又週淀舊有欽隄一道，迴環千里。自康熙三十七年修築之後，幾三十年，日就圮壞，一遇暴漲，衝決漫溢。今自清苑以下、文安以上，凡隄身低薄殘闕之處，悉爲加高增厚，修治補葺，建牐設壩，鑲以椿葦，堅以夯硪。又開張家觜勝芳河，以瀉其流，俾不至會同玉帶諸河浸嚙隄根。又苑家口河身逼窄，每致漫決，濬中亭河、十望河以洩其漲。又柴火淀在其上游，急流直衝隄岸。開口頭村引河，掘張青口、毛兒灣等處，導歸中亭，以緩其勢，以分其溜，庶幾欽隄鞏固，一勞永逸。

又奏準，莽牛河爲白溝支津，雨潦則溢而東決，日久衝潰，自成河形，下無所歸，泛濫田野，爲固、壩諸州邑之患。應濬治良鄉以南，經涿州、固安、霸州等處一百七十餘里，令河身深濶，至高橋以下導之入淀，則白溝之暴漲可減。

又奏準，新安當漕、雹二河之衝，廬舍時遭漂浸，自三台村以南開引河一道，使漕河入雹，雹河入淀，則上流諸水不致泛溢。又於新安城北築隄二十餘里，以護縣治。

又奏準，高陽豬龍河自柴淀口河身南徙之後，舊河斷流。新河界連任邱，藉隄爲障。近復決蝲蝲口而東，任邱西北村莊盡被淹浸，鄚州一帶通衢往來病涉。今築攔河壩，障之使西；濬車道口，引流歸淀；堵築蝲蝲放水諸口，以斷其流，涸出任邱被淹之地，俾民復業。又於任邱之棗林莊等處高築引道十餘里。復開王村順子口，消南來之積水，以便南北行人往來。

又奏準，雄縣之趙北口爲西淀咽喉，舊有隄長七里，設橋八座。今增橋爲十一座，並以木易石，空其橋下，各濬深丈餘，使暢凋深廣，水勢順流，直達柴火淀而東下，庶河流無滯，淀淀貫通。

又奏準，京南以滹沱河爲大澤，綿亘千有餘里，時決時淤。其次爲任縣泊，即大陸澤。次爲寧晉泊，即河薄落，皆爲巨浸，並會於滏陽河。自滹沱填淤，河高於泊。入滏之路惟雞爪河一道，不足以消全泊之漲。而穆家口爲二泊傳送之口，淺隘不能暢流。今並令疏濬，深至九丈不等，廣至八丈有餘，長至三十餘里。又築隄邢家灣，以防其決。濬深王甫隄橋之下，以舒其流。二泊涸地，盡成膏腴。復展堰營上村、黃兒營等處。從此二泊之會於滏陽者，下流無滯。

又奏準，還鄉河即浭水，委折蛇行，舊有三灣九曲之稱。河道狹而隄堰卑，東決則淹豐潤，西決則淹玉田。今於劉欽、王木匠等莊河身之狹者濶之，修築隄工之殘闕者，且拓廣而加高之，俾水不旁溢，兩邑無衝漫之患。

又議準，灤、薊、天津、文、霸、任邱、新、雄等州縣，各專設營田之官。行文江浙兩省，召募老農，每省各送三十人，每月酌給工食糧米，令課導耕種，不數再募。竢本地人耕種得法，令其回籍。小民力不能耕者，官給錢糧，經理牛種。秋成後，歲收十分之一，足額而止。有力之家，率先奉行者，計圩田多寡，分別獎賞。其出貲代人營田者，民則分別獎賞，官則分別議叙。仍歲收十分之一，歸還原本。其官田數萬頃，分地遣官，會同地方官首先舉行，爲民倡率。其濬流圩岸以及瀦水、節水、引水、戽水之法，仿照成規，各因地畝形勢，節次興修。所須農器、水車等物，亦行文江、浙二省，各送匠人五名，教導本地匠人依式成造。照召募老農之例，一例支給工食。竢本地造作如法，令其回籍。至民間田舍有害水道者，計畝均攤，通融撥抵，視本田畝數加十之二三。其河淀淤地已經成熟升科而必須開闢者，將附近官田照數撥補，違者照例治罪。

五年，修整天津教場、老君堂、渠橫口、單街四處隄工。

十二年，議準修築玉田、豐潤各處受水圍堰。

又議準，加修馬營林、南倉至宋家口一帶舊堰，以障西流並疏濬鴻橋河中泓淤淺。

又議準，寶坻縣南岸官隄大吳家莊、新安鎮險要之處，每年視水勢大小緩急，令地方官備辦物料堵搶。

又議準，加修潮河隄堰，自小河口至南小莊之東，與還鄉河西堰相接。柳沽、石臼窩二處各設涵洞，以資宣洩。

又議準，還鄉河兩岸堤堰設歲修銀，於通永道庫內豫期酌用。

乾隆元年，覆準，還鄉、陡河辦工銀，令直督總河具題察覈。

是年，加修石景山南北兩岸石工。

二年諭：『直隸河道水利關繫重大。若但爲目前補救之計，而不籌及久遠，終無裨益。總督、總河所奏，尚非探本清源之論。著特遣大臣親往詳勘形勢，籌度機宜。應如何改移開濬修築之處，熟商妥議，酌定規模。仍交總督、總河，督率所屬，遵照辦理。欽此。』

又奏準，揠濬蘆溝橋橋底淤沙，並濬引河一道。麻峪村橋口用柳圈填石子築攔河壩，增築小堰三十餘丈。

又奏準，東西兩淀爲畿輔衆水之匯。應增設垡船、衩夫，疏濬淀中河道，以利宣洩。其入淀故道，尋源溯流，悉濬舊址。支流汊港一概深通，俾環淀諸邑，永無漫溢之患。

又奏準，直隸清河隄岸起清苑縣界，迄獻縣之臧家橋，週迴於順天、保定、河間三府之境，沿河繞淀，爲數十州縣生民之保障，名曰千里長隄。築培高厚，以防潰決。底濶八丈、頂濶二丈、高一丈爲率，修成坦坡之形，並疏濬支河，以資節宣。瀕河村莊增建板橋，便民行走。嚴禁攔河疊道，橫絶中流，俾支河暢達，以收分減之效。

三年，題準，加築石景山隄岸。

四年諭：『直隸地方水利未講，以致水漲則受其患，而平時未獲其益，此衆所共知者。前屢降諭旨，令總督等悉心籌畫，善爲經理。續據陳奏大槩，講論河道情形。至如何消除積水，俾民間田畝收水利而免水患，未曾詳晰奏及。朕思此時乃水落之際，又值年穀收穫，正宜董率官吏及時經營，不但工程可以早竣，而無業貧民亦可藉以餬口。若不趁此時速爲料理，爲未雨綢繆之計，轉瞬春水長發，又恐難於施工。朕爲閭閻疾苦，時廑於懷。爲封疆大吏者，當體此意。欽此。』遵旨議準，直隸經流之大者，永定、子牙、南運、北運四河，東西兩淀。永定河、葉淀之東，漸爲疏引，使入西沽之北，別行入海。濬子牙新河，使上流諸水得以歸淀。開河之東隄於蒲港等窪，漸引而東，入西沽之南，別行入海。揠去北運河南岸沙觜，深濬減河，培補隄岸；加築南運河兩岸遥隄，揠河身以行正溜，濬減河三十餘里入老黄河，以達於海。開揠西淀、白溝河故道，使入中亭。於九橋之下橋南，別疏一河，由藥王廟行宫之南出張青口。疏濬青門河，由毛兒灣開口，從十望河故道別派分流。疏濬中亭河深闊，即以取出之土堆築成隄。金門牐之西引河改由東道，使不入中亭，以免壅決。於苑家口疊道建設木橋，使洩水通行，則西淀之咽喉暢矣。疏濬東淀三（乂）〔叉〕[一]淤淺、楊家河、卞家窪諸處。多疏淀河數道，並行而東，同會於西沽，則東淀之尾閭亦暢矣。四河順軌、兩淀暢流，各州縣之積水自可消除。

又覆準，天津郡城東門外至鹹水沽以下茶棚，加築疊道作爲遥隄。頂闊二丈、底闊六丈、高六尺。開揠賀家口舊有小河，東通海河，分洩藍田積水。何家圈、雙港通海河各舊河溝，分消郭家泊諸處積水。白塘口舊河一道、石牐一座，宣導窪水歸於海河，尚不能盡洩大泊大淀之水。陂水窪起，遶藥王廟，逾王家莊至北里口，應開引河一道，過白塘口石牐，以歸舊海河。又自大淀起，遶大韓家莊、巨葛莊等處，別開引河一道，俾窪水同歸於海，永遠保障。

五年，覆準，南運河青縣鮑家觜西岸灣坡裁直，暢流出口，淤淺揠濬深通，以免淤塞。堵築東岸廠口，築挑水、遥、月等隄堰，以資捍禦。又，張洪橋以南一帶民隄加高培厚，復於李豹家莊等處開設涵洞，田間積水放入河中，可免水患。接築苟家營迤北高阜土埂坦坡土堰，捍禦子牙新河之東、運河之西鳳臺等窪旋轉倒漾。新河東隄羅家營等處開溝，隄内各窪瀝水洩入新河。子牙舊河廣福樓舊有横堰基址，補築坦坡横堰，揠濬新河深通，以受黑龍港支河之清水，暢流歸淀。王家口爲子牙河入淀之尾閭，開闊莊頭村起，至臺頭歸清河，可以暢流無阻。開揠揚家莊河脣舊口引河，經閻留二莊，由朱家窪等處獨流大坑歸入淀河。子牙渾水由西南斜向東北，水滿聽其平漫各窪，水落歸槽，濁泥澄地，清水入淀，一帶被水窪地漸同受淤，盡變膏腴。各窪淤平，就勢築隄。水經獨流大坑，由楊柳青以達西沽，可無淤墊之患。官家河、攔牛河一槩揠濬。子牙西岸大隄加培高厚。

又覆準，寶坻縣東淀等莊衆水匯歸，開河疏濬，以消積水。

七年，覆準，正定府滹沱河斜角頭隄迤下，北岸近溜之處，加築順流挑水柴土壩五座。又於五壩以下築魚鱗挑水壩三座。

[一] 三乂　應爲『三叉』。

九年，議準，農政之要，水利爲先。旱澇之防，溝洫爲急。北方地勢平衍，原有河渠淀泊水道可尋。然或行之未久，輒就罷廢，或奉行不善，轉致虚糜，遂以爲北地水利不可興，聽其自盈自涸而莫爲之。均節淫潦則巨浸爲災，炎烈則暵乾是患。有水無利而獨受其害，雖天時之不齊，亦人事之不豫。誠使相度形勢，因地制宜，疏濬有方，蓄洩有備，平時受樂利之益，而旱澇收補救之功，自可流澤無窮。惟是，欲興水利，必將全省地形之高下，水道之原委，詳細察勘，通盤籌畫，務使脈絡貫通，以圖經久。若遽遣大臣賫帑前往開濬，即將見在就振之民，酌令就工給直，無論待哺之民緩不濟急，實恐草率從事，迄無成效。應令直督詳加察勘，凡河渠淀泊或見在流行而未甚通利，或已經淤阻而故道可尋，將應行掘濬修築各事，宜詳酌妥議，次第舉行。

又奏準，疏濬宛邑北岡窪、趙新店、房、良二邑順水河、溝雅河，良邑黄管屯、陽茨尾二河，並良、涿莽牛正、支河歸於拒馬，爲受水之地。白溝河爲拒馬下流，開通十里舖支河、十三里支河、蘆僧河，分減白溝漲汛。開十九垈支河，五里之下馮家營起，直南開河一道，接入蘆僧，堅築兩岸子堰。又自十里舖至新橋窰，築土堰一道，以防衝溢。新城縣南關諸處疊道建橋。開掘雄縣王克橋、西槐二支河，以備蓄洩，以資灌溉。

又議準，開濬陳家溝、賈家沽二河。展拓唐縣雹水村舊有廣渠，接開新河，建立橋牐涵洞。堵築正定縣搭園莊大林濟洩水河口。濬西栢棠村河，引水至護城河。大鳴泉、小鳴泉、楊家泉以及無名諸泉之水灌注存蓄，以復舊規。鴨子觜、固營村等處開河建牐，以備節宣。

十年，覆準，直隸興修水利，劃明界址，分遣印汛各官，照依所管各村莊設立渠長。每遇汛退、冰融、水涸之時，督率有地居民疏濬修補。

又覆準，修築寶坻縣芝麻窩、新安鎮等處隄工。開濶新安縣新河並展拓府河。疏濬望都、保定、安肅各處道溝、溝河、城河。又疏濬定興縣雞爪泉、安肅縣萍泉，會歸瀑河。

十一年，覆準，疏濬馬頰河，引水歸海。慶雲縣王家窪開渠一道，疏濬高臺窪，開掘四鄉洩水溝渠。疏濬鹽山縣宣惠河。

十二年，覆準，接濬寧晉泊內七里河。掘趙州大石橋舊河及鉅鹿縣鹽池、柳窪、油坊、大小韓家寨五村鹻地。掘濬順德府達活、野狐二泉。

一、山東水利

康熙二十九年，修復郯城縣禹王臺舊址，遏沭水使田故道，以免沂、郯、邳、宿、嶧諸州縣水患。

三十三年，山東小青河漫溢，築青沙泊南隄，疏濬孝婦河，俾會清河水入海，以免新城、高苑諸縣水患。

四十三年，疏濬戴村壩淤塞舊河，築和尚林越隄，逼水仍歸故道，以免東平州一帶水患。

雍正三年，開濬小鹽河並疏治膠萊新河，以資民田。

四年，揠濬濮州之魏河、聊城之洩水河，並開濬鬲津、趙牛等河。

五年，覆準，疏濬濟南府屬之管氏、倪倫、温聰、漯、刁强等河。

又覆準，東省安山湖開濬支河六道，並於六隄口建牐，以利節宣。

九年，議準戴村新壩拆低，與舊壩相等。高岸改作漫坡，洩水通沙。

乾隆四年，奏準，開濬小清河，自山頭店至萬家口及還河、清沙泊逐一疏通，隄岸照舊修整。對門、郭家二口隄岸加培高厚，圍築月隄，以爲重門保障。改軍張牐爲滾水石壩，疏通支脈溝，俾水循軌下注。下截河自灣頭至淄河門，逐一疏通，兩截分行，尾閭通達，庶水有歸宿，永免泛溢。

五年，議準，濟南府屬之繡江河，自四營莊上至明水鎮，下至金盤莊，計長二十里，資以轉石磑、灌稻田。北口應建設滾水鐵心小壩，以備節宣，則循軌之水可以分資灌溉。

六年，奏準，臨清、德州、館陶、夏津、武城、恩縣、德州衛諸處，因漳水全歸運河，與衛水、汶水合流争趨，勢甚洶涌。開通直隸元城縣和兒寨村北河溝與漳河故道相連，嚴禁小民築壩阻水，聽其宣洩，以分水勢。臨清、恩縣一帶民修隄堰，酌量增培，分別修築。又加修聊城縣護城隄岸。

又覆準，揠濬德州、東陵、海豐等州縣子河，宣洩運河內漳、衛、汶漲發之水，由鉤盤河達老黄河入海，以衛德州一帶及直隸吴橋等縣民田廬舍。

十二年諭：『據山東巡撫奏稱，沂州府屬之蘭山、郯城二邑河道淤塞，隄堰坍頹，爲每年被水之由，應動帑疏築等語。疏築堤堰爲利民之舉，且二邑河道淤塞，以致屢被水災。以工代振實屬應行。但河務所關，須將上源下委審度周詳，然後可以興舉。著悉心妥酌，勘實奏聞。欽此。』遵旨履勘沂州府屬蘭山、郯城二邑河道隄堰，上下周環，循源溯委。按：沂河發源臨朐縣沂山西嶺，會沂水、蒙陰、費縣諸處山河之水，合流下注。經蘭、郯二縣至江南邳州蘆口分流，一由徐塘口入運，一入駱馬湖，由六塘河歸海。蜿蜒數百里，地勢建瓴，土性浮鬆。下游武河、陷泥、芙蓉、燕子等河，瀰漫相連，向有民修隄堰。應寓振於工，以衛田廬。蘭山縣境內舊有柳青河一道，起自縣城迤北雲白湖，下達齊溝，歸入沂河。郯城縣境內舊有墨河一道，起自縣城東北墨泉，下達江南宿遷縣境內，歸入駱馬湖。一並開濬，以洩卑窪積水。

又議準，青州府屬瀰河一道，經由臨朐、益都、壽光等地方，受龍泉、南陽、七里河諸水，東北入海。去夏山水暴漲，河東岸衝開一百五十丈，舊河口淤起沙埂。應堵築決口，揠平沙埂，以資捍禦。孫家窪之東開濬引河，導入淄河，以資宣洩。上游各窪，層層開濬，疏消積水。

又議準，蘭山江風口河唇建碎石滚水壩五十餘丈，約攔水勢，俾歸正溜。河形深處亦建碎石滚水壩一百六十餘丈。尋常之水由沂河循軌下注，有餘之水滚減而出。一由漿水汪入武河，出邳州沙家口入運。一由漿水汪出柴口，仍歸沂河，以緩其勢。並修補清水、龍潭、胥家、重坊等口河形，深處酌建碎石戧工。填砌吴家口，以減其勢，並於李家莊、馬頭鎮河水兜灣之處，臨河一面填砌碎石，以資捍禦。

又奏準，山東運河北自桑園與直隸接壤，南至臺莊與江南毗連。自北而計之，初受漳、衛之水，次受汶、泗之水，又次接沂河之水，下流注於黄、淮。河身兩旁承以諸湖，東以長隄。東隄蓄納，西堤宣洩。水小則開湖以濟運，水大則藉湖以受水。其間山泉、坡水、汶河、支港與夫牐壩、涵洞、橋梁、斗門，皆關蓄洩機宜。應隨時修濬。

一、山西水利

雍正九年，議準太原、平陽、汾州三府同知，令其兼管水利。將太原等各府所屬渠道，飭令水利同知每歲於農隙時，親詣所屬地方，不時詳察。倘有應增渠道及修築之處，即勸導有田各户按畝出力，貧富維均。其大同等府州所屬渠道，照舊責令地方官一並稽察管理。

乾隆四年，覆準，修築陽曲縣會城西門外被衝護城隄堰。

六年，奏準，山西省北護城土堰，每年六月中水發，大溜直抵土堰。酌議每年歲修銀六百兩，交陽曲縣豫爲辦料，於冬春水涸之際培築土堰。其餘物料豫貯河干，一遇水發緊工，資以搶修。年終造報察覈。

十年，議準，文水縣永樂等三村去年夏間被水淹漫，應築堰一道，工長二千一百六十五丈，以保村莊。

又覆準，晉省水西門外護城隄堰兩旁種樹，俾根深盤結，以資鞏固。

十一年，覆準，疏濬臨晉、猗氏、聞喜、安邑、夏五縣涑水河道。臨晉、猗氏二縣建分水石牐一座。隄下建砌涵洞一座。

又覆準，修理垣曲縣護城石隄。

又覆準，疏濬山西省城牛站門外壕渠，以資宣洩。

一、河南水利

康熙十二年，議準，修復河南安陽縣萬金渠，引洹水灌田。

雍正四年，覆準開濶河南百泉東西民渠口門，以資灌溉。洹河自石橋第十洞處，每歲築石子壩，開渠引水。其西三十三洞盡行疏濬。

又覆準，小丹河上下開濶秦渠、董下渠，各建分水渠口灌田。小丹河內舊有分灌民田之十六口門，盡行堵塞。

五年，覆準，疏濬安陽等縣各泉源，幫砌石岸。輝縣百泉池南建設斗門、築堰建牐，並疏濬各泉，以資灌溉。又，疏濬萬泉寺泉源。獲嘉縣開揠丹河。河内縣上秦渠進水口門改建石牐，並疏通西東民渠，建小涵洞。修武縣開濶丹河。

乾隆二年諭：『朕聞河南省之葉縣、西平、遂平、襄城、郾城等縣今年皆遭水患，蓋緣河南土地平衍，河流不能盈尺。雖有去地二三丈者，究竟與地勢相平之處居多。且向來渠道率多淤填，是以一遇山水驟發，不能宣洩，廬舍田禾盡遭淹漫。著委官踏勘，悉心計議，將如何疏導河流，加增隄岸，以防暴水漫溢，妥商定議辦理。欽此。』遵旨議準，培築郾城縣沙河隄工四段；葉縣沙河隄工一段及西平縣洪河隄工。瀕河貧民寓振於工。

又覆準，修築鄭州中牟縣賈魯河河道隄堰，自張家橋迤東，乾柴、李家莊等處至新河口，隄長二千二百八十二丈，加培民堰，增築圍隄。

三年，奏準，修築汲、淇、濬、湯等縣河隄，彰德府城濠支河、安、湯二縣羑河，以工寓振。

四年諭：『今年六月豫省地方大雨如注，川澤交盈，分洩不及。開封等屬被水之州縣甚多，朕心甚爲軫念。已屢降諭旨，多方籌畫振卹撫綏。因思濟饑拯溺，目前之補救維殷，而陂澤河渠善後之經營宜亟。豫省地方有淮、潁、汝、蔡諸水經緯其間。凡舊有河道皆達江湖，第因故道被淹，無支河導引，是以水無容納之區，勢必旁溢。下有壅塞之處，滂即難消。聞見在撫臣檄令各屬勘估興修。但愚民無知，上游方事疏濬，而下游填實阻隔，仍致水無去路，於事何益？著細心熟籌，專委管理河道、明晰水利之大員，親勘全局，通盤計算，務使一槩疏濬深通，毋令各分疆界，稍有阻滯。再，豫省之賈魯河原由江南地方全注入淮，是廬鳳等處即豫省之下游也。此時見有欽差大臣興修廬鳳河渠，亦當同爲留意。從來疏濬河道時，上游十分用力，下游百計阻撓。各處人情如此，不獨豫省爲然。是在封疆大吏洞悉其弊，勿爲所欺，庶幾原委暢流，永無泛溢之患。可將朕旨即行豫省並有河道之各省督撫知之。欽此。』

又覆準，豫省興修水利，疏濬河道，自杞縣交界，下連柘城、淮寧、鹿邑之永利溝、老黄河舊河故道一槩深通，河土分堆兩岸，以資攔束。

五年，覆準，乾河涯乃汴河故道，與城濠相通，下至紅沙灣，入於沙河。應開通以消省城積水，並建砌甎溝、石橋、石牐。

又議準，豫省地高居江南之上游。開封以南祥符等沿河七州縣之水皆歸渦河，綿長四百餘里，逾亳州、蒙城，抵懷遠縣，匯入於淮。開濬賈魯新河，入淮之水分洩入渦。賈魯河北岸中牟縣四十五里舖建設石牐。中牟、祥符、陳留、杞、睢、柘城、淮寧、鹿邑等八州縣開濬河道，並築攔水壩，以分其勢。渦河南岸分流漳河一道，揠濬乾溪溝，以爲容納之區。渦河經由亳州城北，改石橋爲浮橋，以暢河流，庶江豫兩省可無漫溢之患，咸資灌溉之利。

八年，議準，疏濬永城、鹿邑、淮寧、西華等縣河道，增培隄岸，以資堵禦。

十五年，奏準，豫省惠濟河分減賈魯河暴漲之水，宣洩各州縣溝坡雨水。酌改濬河之土加增大隄，停築子堰，酌留口門，用石包裹，以防暴流刷汕。

一、江南水利

順治十七年，修築江南當塗、高淳二縣廢圩，更名忠惠圩，令有司不時培護。

康熙十年，開蘇屬劉家河、松屬吴淞江，以洩太湖，俾由故道入海。

十一年，濬蘇屬吴江長橋一帶，以洩太湖水勢。

十九年，江南水患淹没民田。疏濬白茆港、孟瀆河，築壩建牐。又修七丫河一帶，並開福山港、三丈浦諸河。

二十一年，濬蘇屬支塘至新市舊河，仍令歲修蘇松河道、牐壩，專責蘇松常道管理，年終報部。

三十三年，覆準，吴淞水利，飭令江水經由地方各官，每年於秋冬水涸時各加疏濬，不致上游泛溢。

四十七年，議準，疏濬蘇松常鎮所屬支河港蕩，修建新舊牐壩，以資灌溉。

四十九年，濬徐邳境内房亭等河。

雍正五年諭：『地方水利關繫民生，最爲緊要。如江南户口繁庶，宜更加修濬，時其蓄洩，以防旱潦。向來屢有條奏之人，但未經本省督撫奏請。朕意亦久欲興修，以資農務。因海塘工程正在營治，且水利事關重大，必得實心辦事之人，方有裨益。我皇考念切民依，周知稼穡，因康熙四十六年巡省江浙，所至必細驗水土燥濕高下之宜，詳考五穀種植之性，躬親講求。將附近太湖及通江潮之處，條分縷晰，特頒諭旨，令江浙督撫於蘇松常鎮杭嘉湖地方疏濬河港，以資灌溉； 修建牐壩，以便啟閉。皆用公帑，不使絲毫出於民力，恩至渥也。乃當時督撫諸臣不能仰體，惟以虚文奉行，縻費帑金二十餘萬，飽官吏之侵漁而無實效。朕即位以來，事事仰體皇考之貽謨，永圖民生之遠計。據該撫陳奏，應是地方不可緩之事。凡建立牐壩、疏濬河流，務期盡除淤塞，以杜泛濫之虞； 廣蓄水泉，以收灌溉之益。其一應公費，皆動用庫帑支給。一切工程交與該督辦理，見任部屬及候選部屬府州縣人員内，有具呈願往効力者，選十數人帶往江南。不必令出資材，惟令辦理事務，酌量委用。欽此。』

又諭：『朕軫念民依，以蘇松地勢稍下，特遣大臣會同督撫開濬水道，爲久遠之計。太湖之水歸海，劉河、白茅二河爲要，必徑直深廣，令水暢出，方能一勞永逸。圖誌所載二河形勢，數十里一徑直趨入海，無少曲折。因年歲久遠，海口爲潮淹塞，悉成平陸。太倉、常熟之紳衿士豪霸占耕種，報科者十無二三。今既開濬，務必盡去新漲之地畝，以復故道。聞懷私利己之徒投遞公呈，或請别開支河，或請别開新道，其言紛紛不一。倘以似是之言，或惑於聽聞，或希圖微利，或稍徇情面，或依違遷避，使積水不能暢出，數年後仍漸致壅塞，則汝等罪不可逭矣。當秉公詳勘，務爲一勞永逸之計。欽此。』

又諭：『江南水利緊要，須實力奉行，務期有濟。朕思牐工自需辦理候時，至於疏濬河渠，無須等候。先將要緊應濬河渠即行酌議。乘此春夏交接之時，速行疏濬，勿致誤農。大凡作工之處，多繫就食貧民，勿令姦徒包攬。欽此。』遵旨勘得，蘇松常鎮水利並藉太湖以爲吐納，西北承宜興、荆溪百瀆之水，西南承杭、湖苕、霅諸山溪之水，而皆由三江以入於海。一自吴縣之鮎魚口，經蘇郡之婁門、會城諸水，逾崑山，至太倉之劉河，出天妃牐入海，是爲婁江。一自吴江之長橋，出瓜涇港，由龐山湖經長洲、崑山、青浦、嘉定，以至上海，合黄浦以入海，是爲吴淞江。一自白蜆港，過澱泖湖，會浙省杭嘉諸水入海，是爲黄浦江，實太湖之尾閭，關七郡之休戚。疏其下流，使水有所宣洩，自不至泛溢貽害民田。

又議準，吴淞、天妃二牐，各設牐夫二十名。白茅牐設牐夫八名。徐六牐設牐夫六名。九曲、得勝、孟瀆三河三牐，各設牐夫四名。責令經管官夫敬謹看守。至徐六牐，照浙江三江牐之例，竪立水則，驗水消長，隨時啟閉。倘訪管官夫受賄徇情，啟閉不如法者，將該管官指叅。

又議準，禁止河道壅滯。河濵新近攤占田地，其無礙河道者，聽其自便。其濵河居民架水板房有礙河道者，坍圮之後不許再行修造。至濵河未報升科之新漲地畝，並越砌石磡，實繫妨礙河道之處，皆令速毁。如有不肖紳衿以及土豪藐法抗違者，令分管水利各官詳報，該督撫、欽差水利大臣會同題叅，照例治罪。若水利各官失於稽察，或通同受賄，縱容擾累，該督撫即行糾叅，分别議處。

又議準，水利同知、通判、縣丞、主簿等官，各兼水利銜，在於所屬河道並牐内外不時廵察，於農隙時督率疏濬。又江常鎮道、蘇松太道均兼水利銜，以便督率。

又議準，唐家壩舊存牐基，復建爲牐。唐家牐旁，南北陳家二壩改作涵洞二座，務期灌溉有資。

又議準，江南開濬河道所用土方，照漕河定例，濬河之土四面各濶一丈、高一尺爲一方，給銀九分。積高一丈爲一大方，給銀九錢。

六年，議準，一切支河溝港淤淺，水難存蓄。令水利官於農隙時，勸諭盡力疏濬深通，足資灌溉。

又議準，吴淞、天妃、七浦三牐各設牐官一人。白茅、徐六涇二牐共設牐官一人。均令河道總督於河工効力人員内選補。九曲、得勝、孟瀆、三河牐交與該縣縣丞就近管理。又，開濬揚屬烏塔溝、槐子河、界河車路、海溝，伍佑場、王家港、牛灣、泰城以東各處淤淺，以資灌溉。

又議準，劉莊、青龍橋改爲石牐。鮑家壩運鹽河建築土隄。鹽城石嗟口、天妃口、廖家口、草堰口，如皋苴河洋、黄沙洋各增建石牐。董家溝、徐家涵等處建設涵洞，以資宣洩。

又議準，修復吴淞江陳家渡漫工，建築夾壩。

七年諭：『疏濬山東濟寧、嘉祥等縣及江南徐、沛等州縣水道，使歸宿於海。山東、江南二省向來被水之州縣皆成樂土。朕思此項工程，既於民生大有裨益，則舉行不宜稽遲。應先委官前往，專司督修之事，以便備辦物料，早動工程。欽此。』

八年，議準，串場河道王家港、新洋港、牛龍港、草堰口、廖家港五處積沙，照吴淞、白茅等海口之例，用犁船犁鬆，用混江龍按時疏濬。

又議準，泰州興化縣所屬各鹽場適中之東臺地方，設立水利同知一人，統轄泰州興化縣所屬串場河道並各處牐壩。每遇疏濬海口之時，令同知督率牐官、牐夫啟閉。雇覓水手人夫乘迴潮之勢，用混江龍拖刷，務使海口通暢。

十年，議準，如皋之岔河以北至豐利場二十八里，岔河以東至掘港場五十里，各就淺深，分段增濬，俾蓄水五尺，以利運行。

又議準，如皋之力乏橋至泰州栟茶場，鹽河濬深，蓄水五尺。開濬白駒、草堰等場河道，並揚州府城內之城河，城外之遶城河，一槩疏通。

十一年諭：『江南范公隄爲沿海之籓籬，鹽場之保障，原繫商人捐修工程。聞見在殘闕甚多，急應修築堅固。見據兩江總督委官確勘料估。著一面具題，一面作速興工，使沿海窮民得以傭工餬口。但工程綿遠，需大員督率料估，悉心察辦。欽此。』

又諭：『據奏，江南通州所屬范隄殘闕之處，業已修築完竣。所有庫發工價銀，各場竈總感戴國恩，情願急公効力，悉已繳還運庫等語。朕允從江南總督等之請，發帑修理范隄，原繫保護鹽場，加恩竈户之意。其工費銀何用竈總捐輸。著出示曉諭，照數給還，勿使不肖官吏人等侵蝕中飽。欽此。』

十二年，修補泰州屬之栟茶地方舊隄，移進三四里，別築新隄。如皋縣屬之豐利、掘港、馬塘，通州屬之石港、西亭、餘西、餘中、餘東、吕四，及泰州屬之丁溪、草堰，興化縣屬之白駒、劉莊，鹽城縣屬之伍佑等場范隄，並令鑲築防風。

又議準，范隄緊要之處，計程三百五十六里。照黄運湖河之例，每里設堡夫一名，共三百五十六名。令其朝來暮返，每日擔積土牛，修補殘闕。責成各該河員稽察。

又議準，范隄照黄河隄岸成例，隄頂修開車道，埠口責令場官，督率附近商民隨時培補。

乾隆元年諭：『三代以前不言水利溝澮之制，時蓄洩，備旱澇。《尚書》、《周禮》所載爲田功計者，其利甚溥。開渠引水，溉田育穀，始於戰國。蓋因阡陌既開，溝澮尋尺，已失其舊也。歷代言水利者，得失參半，總以相土宜順水勢，近不擾民，遠可利人爲主。今江南所屬蘇松常鎮四府、太倉一州，見在興修支河，仿河工海塘之例，督撫分委降革廢員及本籍候選考職人等効力承修。朕思渠港圩壩附近溉田，原宜開濬以備旱澇。但開濬之法，須河身深廣，蓄洩得宜。其掘取塗泥，遠移他處，或培窊下之地，或築隄岸之上，方爲久計。若雇夫取土，堆貯河旁，雨淋水潦，旋即入河，不久淤塞。務名無實，徒滋煩擾。至古隄舊渠，倘遇旱澇，不爲田害，便宜仍舊紛更改築，甚無謂也。今蘇松等處內地支河，原不比河工海塘之險。古隄舊渠，如元和、至和等塘，民利往來，田資灌溉，至今受益。吴本澤國，三江震澤，支流四溢。如丘與權、單（鄂）〔鍔〕〔一〕、（郏）〔郟〕〔二〕亶、趙霖、夏原吉、周忱等所論水利，考據精覈，得失瞭然。今効力人員相度形勢，諳練自遂前人。倘有夾塘蓄水、石渠洩河，止宜加修，不必改築。若有必應開濬建築之處，督撫留心細勘，並飭州縣協辦。工程一應調遣，臂指易使。至常州等州縣按畝科錢，以供大修，朕已降旨停止。倘有官吏藉端中飽，即絲毫擾累，經朕訪聞，必嚴加議處。嗣後督撫以至州縣建言爲民興利，或利小而害大；　或利在目前，而害伏於後；　或有利無害，而其事易創難成，皆宜詳審熟籌，慎之於始，以體朕惠養元元之至意。欽此。』

又諭：『史書詳誌河渠，經術兼明水利，誠以國計民生所關也。果使水道疏通，脈絡流注，陂澤非沮洳之藪，隄防有蓄洩之方，旱澇有備而田廬無虞，其有裨於閭閻，誠非淺鮮。我皇考軫卹黎元，興行水利。凡直省泉源河湖，莫不濬導，俾民得以灌溉，轉瘠爲腴。至於蘇、松之太湖、吴淞、白茆、劉河歸海要道並淮揚之槐子、烏塔河、泰州如皋運河、串場、車路、海溝等河，尤不惜帑金，專員督理。將各河故道或爲豪强侵占者，諭『令嚴察清出，始得一一開通，建牐築隄，按時啟閉。使近水田畝均霑膏澤，貨船鹽艘遄行無阻，利賴甚溥。但自開濬以來，已閱數年，圩岸不免坍頹，沙泥不免淤積。朕思與其歲久濬築，事難費倍，不若逐年疏葺，事易費省。著江南督撫暨河道總督，令管理水利河務各官及濱河州縣，各於所屬境內相視河流淺阻，每歲農隙募夫挖濬，定爲章程，逐年舉行。必令功施可久，惠濟民生。毋得視爲具文，玩誤工作及陽奉陰違，絲毫擾累。欽此。』

又議準，串場河新建並原有石牐十座。泰州屬小海草堰二牐，歸小海草堰各場大使就近管理。鹽城縣石𪡏口一牐，歸鹽城縣縣丞管理。廖家港草堰口二牐，歸新興

〔一〕單鄂　應爲『單鍔』。
〔二〕郏亶　應爲『郟亶』。

場大使管理。泰州屬丁溪牐，歸丁溪場大使管理。二牐歸安豐縣白駒南、中、北三牐，歸白駒場大使管理。一牐仍令泰州、興化、鹽城三州縣管河佐雜司巡檢管理。一牐仍令泰州、興化、鹽城三州縣管河佐雜人員各就本汛河道海口協同管理。小海草堰、青龍㕍口四牐，各設牐夫六名。丁溪、廖家港二牐，各設牐夫四名。草堰口、白駒南、中、北四牐，各設牐夫二名。

又議準，王家港、新洋港二處，每處設立犁船二隻，混江龍二具。責令泰州州同、鹽城縣丞收管。仍令東臺同知督令地方官，每遇春秋二汛，按日拖刷深通。

二年諭：『自古致治以養民爲本。而養民之道，必使興利，防患水旱無虞，方能使蓋藏充裕，緩急可資。是以川澤、陂塘、溝渠、隄岸，凡有關於農事，豫籌畫於平時，斯蓄洩得宜，潦則有疏導之方，旱則資灌溉之利，非可委之天時豐歉之適然，而以臨時振䘏爲可塞責也。朕御極以來，宵旰憂勤，惟小民之依是咨是詢。前後諭旨，諄復再三。但化導自在有司，而督率則由大吏。近日直省督撫惟甘肅巡撫以興水利倉儲爲請，西安巡撫亦有勸民鑿井灌田之奏，尚能留心民食，知本計之所當先。其餘能盡心於吏治，官方命盜錢糧諸事者，尚不乏人。而於民生衣食本源，未能切實講求。地方守令亦惟刑名錢穀，自顧考成。至以愛養百姓爲心，留意於稼穡桑麻，如古循吏所爲者，蓋不可得。即如直隸今年夏初少雨，深以暵旱爲憂。及連雨數日，尚不甚大。而永定河隨有漲溢之患，決口至四十餘處，低窪之地多被水淹。雖因山水驟發，然水性就下，其經行之處自有定所。設豫爲溝渠以洩之，爲塘堰以瀦之，自可以分殺水勢，不致爲洪流衝突漫衍。如此之甚，是皆平日不能豫爲籌畫所致也。東南地方每有蛟患，考之於古，季夏伐蛟，載在月令。今土人留心者，尚能豫知有蛟之處，掘地得卵，去之則不爲害。且蛟行資水，遇溪澗而其勢始大。田疇雖不可移，而廬舍塋厝尚可遷就高阜之地以避之。是亦未嘗不可先事豫防，惟在實心體察耳。該督撫有司務體朕痌瘝乃身之意，刻刻以民生利賴爲先，圖一切水旱事宜悉心講究，應行修舉者，即行修舉。或勸導百姓自爲經理。如工程重大，應動帑者，即行奏聞，妥協辦理。興利去害，俾旱澇不侵，倉箱有慶，以副朕惠愛黎元至意。欽此』。

又議準，江省各屬，濱江近海，湖河交錯，全資水利，以濟民生。一切河道，凡關糧艘往來及江河湖海要區專資通洩之處，遇有淤淺，責令水利各官於藩、運二庫公銀並河庫及藩庫所存鹽規銀內動項修濬。其支河汊港，地方官每歲勘明，於農隙時相度勸導，順從民願，疏濬修築。

是年，修築蘇州府屬長洲、常熟二縣境內元和塘。

三年，修築松江府婁縣護城石隄。建砌寶應縣境內西隄柳園頭迎湖石工二百二十丈。

是年，修濬安徽所屬壽州蔡城塘、鳳陽縣山河、臨淮縣鹿塘、滁州衛黃慶圩、全椒縣張巴等圩，廣德州秀水壩、桐城縣袁家圩、定遠縣響水壩。

四年，開濬運鹽中河、下場河，建築子堰。又開濬甘泉縣邵伯湖、臨湖引河、荷包塘及河尾。拆修寶應縣東岸黃浦閘。

又奏準，工程報竣，例應奏銷。興修水利，工段繁多，承辦既有先後，竣工亦有早遲。各工告竣，會同驗收，即造册分案報銷。

是年，又興修淮揚所屬山陽、阜寧二縣之魚濱河，興化縣之白駒閘下南、中、北引河，高郵州之通湖橋、馬飲塘河，江都縣之灣頭通河、分司所屬之十場鹽河，通州之黃河洋、范公隄。

又奏準，各省民隄、民堰，有關於民田廬舍，應行修築而民力實不能辦者，該督撫豫行題明，照以工代振之例，動用公項，酌量興修。

五年，覆準，天妃廟口建閘一座。拆修白駒三閘。其上岡、北草堰二閘，移建於串場河外口。其餘各閘如有損壞，分別修葺，以資堵禦鹻水之患。又疏濬淮揚各屬東塘河道，加幫范堤，以及栟茶、斜角二場隄工。修整楊子橋，閘底落低三尺，閘之金門收小修葺，俾得一槩疏通，以資水利。又修築山陽、阜寧、鹽城、江都、甘泉、高郵、寶應、興化、泰九州縣河渠。兩岸田圩各高四尺、底濶八尺、頂濶二尺，以作隄防。

又奏準，上江地方濱臨江淮，地多山岡。其間鳳陽府屬虹縣枯河頭、潁州府屬亳州乾溪溝、和州大洋河、姥下河、牛屯河、含山縣銅城閘河、來安縣龍尾壩河，均令開挖疏濬。

六年，議準，松江府城西二里涇河乃黃浦江宣洩要路，一壩橫亘中流，急宜開放。設立木栅一道，中留栅門二，量加歲修。

又奏準，疏濬句容縣自晏公廟迤東馬鞍山至陳家溝河道。

又奏準，修濬海州境內薔薇、高橋二河，並薔薇河下尾神州廟後舊石閘。

七年諭：『朕思江南水災之後，振卹乃一時之補救，而所以安養民生者，全在明歲之農功。自被水迄今已經兩月，雖水漸減退，不爲大害，而瀰漲之勢仍似從前。若疏濬稍後機宜，則今歲田地斷不能盡皆涸出。小民春耕無望，彼嗷嗷待哺者何以爲生？況此時搭棚棲止於長隄者，豈可以久處？亟宜講因地制宜之策。其如何疏濬水道，涸出田畝，以安民業，以奠民居，著欽差大臣、河道總督、江南督撫妥議，速爲經理。欽此。』

是年，興修淮徐所屬各州縣陂塘、溝渠、圩埂、土壩六十二處，寓振於工。

又奏準，興修淮徐等各府州縣水利。自淮郡以東，間有從前未經勘明，淮郡以西，原未議及興修。銅沛二縣境內石林、黃村二口、沛縣縷水隄田家隄漫口、碭山縣小神湖之上流及尾閭各河溝、邳州沂水河隄、山陽縣護城河東隄接連運河西堤、阜寧縣境內郭墅河、射陽湖等處，堵築疏濬並建設涵洞，以資分洩捍禦。

八年，疏濬泰州河內秦塘港、白塔河，百汊港土壩改建石牐，以時啟閉。

又奏準，疏濬版浦以下河身及六里、車軸等河，加築六塘河兩岸民堰，五丈、義澤、六里河頭各建石牐，中河通入沿河草壩口，水底用亂石填高，薛家莊老隄頭開通，舊莞瀆河加培兩岸子堰，以資收束。

又奏準，興修上江大川〔一〕澮、沱、睢等河，疏濬潼河下游林子河、謝家溝、沱河，並宿、靈、鳳等處大道兩旁官溝節節疏濬深濶，取出溝土，培築大道，增建橋梁，以通積水。宿境之水導入澮河；　靈鳳等處之水導入淮河，不使仍入沱河爲患。

又奏準，下江大川〔二〕沭、沂兩河修築民堰，開濬河身，疏濬清、桃二邑官溝，取出溝土，培築大道，導入包家河，以洩兩旁積潦。

九年，修理揚州府儀徵縣運口通濟、羅泗二牐。

又奏準，疏濬鹽河華家灘、大新河王家港、茅塘港、邵伯通運引河，循次灌注，以達運河、鹽河。

又奏準，疏濬通州境內任家港等處，以備宣洩。

又奏準，疏濬鹽城以南南北二串場河道、白駒等牐，相機啟閉。　牐下引河酌爲疏導。　揠濬蚌蜒、梓新、車路、白塗、海溝興鹽界河、東西官河洩水要道，以資利導。

又奏準，范隄酌照芒稻牐式，將見在各牐多加金門，以廣出水之路。

十年，議準，江省工程尺寸不能畫一。　嗣後凡有大小工程，均照部頒尺式修建。

十一年，奏準，修濬濉河南北兩岸黄疃橋等處河道，建設涵洞，並潁州府淝河、宋湯河、蒙城芡河、北淝河，揠淺築埂，建設橋梁。

又奏準，六塘河上承宿遷縣駱馬湖出水，逾桃源、清河、安東，至沭陽錢家集分爲二股，南股由安東侯家口入鹽河歸海，北股由沭陽謝家莊龍溝口入鹽河歸海。　接築南北塘河子堰，建設涵洞。　疏濬港河，河身築堰建牐。

又奏準，疏濬沭陽滂溝蕩、湯家溝，上下增築子堰，建設涵洞、橋梁。

又奏準，徐屬邳州沂河上承郯沂之水，加築兩岸子堰，以資扞禦。

又奏準，海州前後沭河兩岸接築子堰，建設涵洞。　疏濬青伊湖、薔薇河。

又奏準，疏濬海州境內鹽河武障、義澤、六里三河口，各設滾水石壩。　開揠贛榆三公河之子河，堵築大沙河。

〔一〕上江大川　指安徽省境內河流。
〔二〕下江大川　指江蘇省境內河流。

又奏準，江南淮揚、徐海等屬修興水利工程完竣。各府州屬長隄巨川、大橋大牐歸官修理，其支河小港、民堰路溝令里民自行經理。分別廳汛州縣分司經管，統令道員各就所轄總理，本管知府、直隸州以及各同知、通判等兼轄，不時督率稽察。每年秋汛後，經管官周巡確勘。

是年，修築六塘等河子堰，並加培高厚。

十二年諭：『六塘、沭河等處，每年加工修築，而每年仍復被災，必由前此經理未善。今遇大雨時行，又被暴漲衝漫，應詳悉經理，熟籌疏濬之方。務令宣洩通暢，不致泛溢衝漫子堰，淹損田禾，爲一勞永逸之計，以副注念。欽此』。遵旨奏準，加培六塘、沭河前築堰工。疏濬宿遷、桃源兩縣境内兜灣河道，勢取徑直。展築舊堰，切去灘嘴，以順河流。接建駱馬湖尾閭永濟石橋四十丈，開濬上下引河，以助分洩。

又奏準，六塘、沭河兩河堰工，嗣後每年農隙時，責成里民按畝出夫，酌量修補。於汛水長發之時，該地方官督率民夫，協力搶護。分別段落里數，於有田業户之中設立堰長，總司督催料理。

又議準，建築甘泉縣東西灣二處滚水石壩，改建三合土壩。

又奏準，修築范隄千一百四十四丈二尺。

十三年，增培邳州沂河兩岸民堰。

十四年，疏濬宿州墨河。

十六年，續培沭河卑矮隄堰。

一、江西水利

康熙五十八年，修治臨江府北土橋老隄，以衛清江、豐城、高安三縣田廬。

雍正八年，覆準，廢新建柘湖、下洋二圩，别築大岸，更名下洋、西隄二圩。

十三年，覆準，修補豐城縣土隄，酌建石岸，以資衛護。

乾隆二年，覆準，豐城縣石隄歲修夫銀，免其派徵。每年約計銀千四五百兩，動支鹽規銀辦理。

又覆準，修建南昌縣圩隄，以衛田畝。

又覆準，修築九江府護城石磡。

四年，覆準，修砌南昌縣青山牐，以防春漲。

又覆準，疏濬九江關龍門河道，以資挽泊。

又覆準，龍河當廬阜諸水之衝，每遇水漲，急溜衝刷。嗣後，每歲於嚴冬水涸，詳加測量。如有沙土壅滯之處，即設法疏濬，毋致停積。

五年，議準，豐邑沿江一帶土石各隄，計長七十餘里，險工林立。每歲伏秋汛發，飭令南昌府同知前赴豐城一帶防護隄工，隨時搶築，以保田廬。

又覆準，修築南昌縣安樂圩石牐，以衛民田。

六年，議準，修補九江、吉水二郡縣石磡，並建築石壩。

八年，議準修建南昌、新建二縣水衝圩隄。改建螺螄港牐壩。

又覆準，修築南昌縣富昌、安樂二圩。又修整新建縣迴瀾、蛟窟、三汊三牐並三埂古隄。

十年，議準，豐邑東西兩岸土隄，嗣後仍照舊例，聽里民自行分段修築。每段設立圩長，就近董理。水落督夫修補，水漲巡防，並責令地方官不時稽察，毋許隄長任意取夫滋擾。石隄歸官承辦。其坍塌鼓裂，各處應一槩修整。工竣之後，責成承修官保固三年。

又議準，堵築螺螄港被衝石壩土岸。

十一年，議準，修築豐邑馬家園、普明堂等八處舊老石隄。

又覆準，修換水闢橋牐版。揠濬壅土，建小房二間，收貯牐版。

十二年，議準，修理吉水縣南門外一帶被衝石隄。

又覆準，九江府護城石磡，動用鹽規引費銀二千兩，交商生息，按年修補。每年水涸時，遇應行修補之處，該縣勘明詳報，領銀加修，委驗報銷。

十六年，議準豐城縣建築石埽四十二丈五尺。

一、福建水利

雍正十三年，覆準，閩省山河素稱危險，自仙霞嶺西南，萬山之水與延、建、汀、邵四郡之水合流，盤旋七百餘里，以入於海。河流紆折，波浪洶涌。於建寧府浦城縣至福州府古田縣水口地方，開鑿火燒等四十三灘；平治相公等八灘；柳林等六灘立柱指迷；七里等八灘設船救濟，化險爲夷，以便行旅。

乾隆三年，覆準，興修連江縣東湖隄堰，灌溉民田。

又覆準，興修侯官、閩二縣牐壩，以資灌溉。

又覆準，修砌長樂縣塘隄並西村塘堰陡牐。

又覆準，興修閩縣海堰牐，圍障海潮。

又覆準，長樂縣和魁、蓮花兩塘修築塘隄、陡牐，並仙岐地方建造陡牐、修砌護衛塘岸，禦鹹疏淡，以利農田。

又覆準，興修閩縣崇賢里牐，以資蓄洩。

又覆準，興修長樂縣小址地方橋壩。

四年，覆準，修築晉江縣下莊、全埭等處橋梁隄壩，開濬河溝，築造小岸海堰，以資捍禦。

五年，議準，修補龍溪縣墨場堡被衝隄壩一百五十餘丈，加增舊隄三百餘丈，以衛田廬。

七年，議準，修濬侯官縣齊坑浦道橋牐。

八年，覆準，長樂縣築大隄百餘丈，中建陡門二座、石牐一座，視旱潦爲啟閉。

又覆準，增築汀州教場臨河河牐。

九年，覆準，修復閩縣嘉登里海堰石橋。

又覆準，修葺閩縣遂勝里長夾水牐並上盛石橋。

十年，覆準，修葺侯官縣西關外西湖頭水牐，以資蓄洩，利濟田園。

十二年，覆準，修築寧化縣護城長隄。

十三年，覆準，修築閩縣嘉登里、赤沙墩海堰、水牐。

一、浙江水利

康熙四十七年，疏濬杭嘉湖三府淤淺港漊，建牐六十四座。

雍正元年，議準，東南州郡如浙江等處地屬膏腴，田皆近水。而旱資灌溉，潦資宣洩，全在水利。令該督撫轉飭各州縣，確勘大小河道，如有淤塞，即設法疏濬，以利民田。

二年，開濬西湖淤淺，俾復舊址，並疏上下兩塘，以資仁和、錢塘、海寧三邑民田灌溉。

乾隆元年諭：『朕聞浙江紹興府屬之山陰、會稽、蕭山、餘姚、上虞五縣有沿江沿海隄岸工程，向令附近里民按照田畝，斂費修築。而土豪衙役於中包攬分肥，用少報多，甚爲民累。朕以愛養百姓爲心，欲使閭閻毫無科擾。著將按畝科錢之例即行停止。其隄岸工程遇有應修段落，著地方大吏委官確估，於存公銀内動支興修，報部覈銷，永著爲例。欽此。』

二年，覆準，修築樂清縣塘隄陡門。

又覆準，山、蕭二邑歲修尖山浮橋船，行人絡繹，最關緊要。給與夫役看守工食，更换篾纜、版栅等項，照例開銷。

又覆準，蕭邑湘湖塘身穴口，各有塘夫看守，給與工食。每年春間選補，秋前三日，先將下壩開放灌溉田禾。秋後復築，仍令看守，亦屬合邑民生要務。循照塘工之例，於應修時委勘確實，動撥司庫備公銀趕辦。工竣報銷，永遠遵行。

四年，覆準，玉環地方築塘浦二百四十丈、陡門一座，以禦鹹潮。蓄淡水灌田。

又覆準，修築麗水縣衝坍西堰官壩道路橋梁，以資行旅。

又覆準，玉環東西青嶴新舊陡門牐二座，蓄淡水灌田。應設牐夫四名，以司啟閉。

五年，議準，修濬湖州府城分流各支河。鈕家橋等處及附郭壕塹逐段開通，以資蓄洩，灌溉民田。

又覆準，玉環地方天開河渠土塘千有百丈，建築牐壩，以資蓄淡灌溉。

又覆準，修麗水縣衡塘、賓定二處溪岸河堰，以衛民生。

又覆準，修整玉環天開河塘，設牐夫二名，專司啟閉。

又覆準，玉環江北十四都等處建造塘牐，以禦鹹潮，開墾田畝。

七年，議準疏濬西湖湖心亭、放生池、岳湖等處港河淤淺，以資灌溉。

又議準，疏濬錢塘、餘杭二縣交界之瓶窰鎮溪河，以利杭嘉湖三府田疇。

八年，覆準，修復仁和縣余家壩。

九年，覆準，修築乍浦牐磡，疏濬牐口淤泥。

又覆準，修錢塘縣武林門外清河牐，以資蓄洩。

又覆準，修築仁和、德清二縣交界地方勞家陡門。

十二年，覆準，修理仁和青龍、田家井二涵洞。

又覆準，乍浦南北水門建牐二座，以資扞禦。

十三年，議準修建遂安縣堰壩，以資蓄洩。

十四年，覆準修築仁和縣田家井涵洞。

一、湖北水利

乾隆二年，覆準，湖北各屬溝澮塘堰等工，遇有應濬應築之處，飭令該地方官於政暇農隙時，廵視鄉村，勸諭化導，令民濬築，以資蓄洩。倘遇歉收之年，民力不繼，該督撫督率地方官設法修築。如有奉行不善，藉端滋擾，分別糸究。

三年，題準，修築漢陽府黄陂縣溪岸河堰。

十一年，覆準，修築雲夢縣馬橋會隄工。

一、湖南水利

康熙四十九年，修築常德府大圍隄，令地方官專管。

雍正九年諭：『朕聞洞庭一湖綿亘八百餘里，自岳州出湖。以君山爲標準，一望杳渺，横無涯際，而舵杆洲居西湖之中，去湖之四岸或百餘里，或二百餘里。舟行至此，倘遇風濤陡作，無地停泊，亦無從拯救，多有傾覆之患。昔人曾經創議，若於此處建築石臺，則狂風巨浪之中，商船有挽泊之所，實有裨益。秖以水中立基，工用浩繁，事不果行。朕以勤求民瘼爲心，凡内外遠近地方，疏濬修建工程，可以利濟群生者，無不樂爲興舉。況商賈行旅之往來，可以避風波之險，而登衽席之安，尤事之所當舉行者。營田水利捐納項内，有平餘銀二十萬兩。著將此項銀解送楚省，交與總督，會同廵撫遴選賢能之員，相度估計，悉心經理，建築石臺，以爲舟航避風停泊之所。務期修造堅固，以垂永久，毋得草率塞責。欽此。』遵旨議準，洞庭湖舵杆洲建築石臺，東西長九十六丈，兩頭濶三十丈，南北各灣進如偃月形，以便行舟避風濤之險。

十三年，議準，益陽、沅江二縣東西兩岸建築隄堰，週迴九千四百七十三丈七尺，以防水漲。建設管口，以資蓄洩。遍栽楊柳葦荻，以護隄身。嗣後每年歲修，即令隄内業民計畝出夫，均力修理。仍照各屬歲修隄堰之例，令地方官每歲九月親行督率該管道府不時稽察。

乾隆二年，奏報，洞庭湖舵杆洲建築石臺工竣。

又奏準，石臺北面護墩之外，密釘排樁二層，中填碎石，壅土成洲，遍種柳樹，根盤土結，保護隄工。

九年，議準，修理常德府城外東、西、南石匱三座。

十年，議準，湘陰、益陽二縣一切水利工程，向由岳常澧道管理，今改歸長寶道經管。

十二年，議準，湖南濱湖州縣自本年秋冬爲始，凡險要之隄，統以三年爲止，每歲加厚二尺、加高三尺。

又議準，湖南各處隄堰遍栽柳樹，以擋風浪。每隄種柳若干，册報稽考。責令管理修隄之隄總、隄長人等察看。道、府等官遇便隨時抽摘點驗。嚴禁縱放牛馬及居民侵損。

又議準，楚南洞庭一湖，爲川黔粤楚各省諸水匯宿之區，必使湖面廣濶，方足以資容納。嗣後，各屬濱湖荒地，永禁築隄墾田。

一、陝西水利

雍正五年諭：『朕聞陝西鄭白渠、龍洞向來引涇河之水，溉田甚廣。歷年既久，疏濬失宜，龍洞與鄭白渠漸致淤塞，隄堰大半坍圮。醴泉、涇陽等縣水田僅存其名，深爲可惜。朕惟興修隄堰乃於民生大有裨益之事，著動用正項錢糧。俟一應工程告竣，報部察覈。務期渠道深通，隄堰堅固，俾農功得以永賴，以副朕保惠元元至意。欽此。』

七年，議準，涇陽縣龍洞、鄭白等渠之口建牐，以資蓄洩。西安府管糧通判改爲水利通判，移駐涇陽縣屬之王橋鎮。涇陽、醴泉、三原、高陵、臨潼等五縣内民户受水時日，隄渠修濬事宜，以及啟牐、閉牐，該通判不時親往經理。如有姦民勢豪盗水霸占，並有關於渠政利弊者，均令稽察整飭。倘地方官狥庇阻撓，即行揭報叅處。

十一年，議準，修治豫、陝交界之荆子關起，至商州龍駒寨灘河。

乾隆二年，覆準，修濬長安、西鄉、盩厔、郿縣渠工千二百八十四丈二尺。

又覆準，興平等縣馬坊村、圍棋寨築隄二道，以衛渭河。

又議準，龍洞渠内築石壩一座，以納衆泉。加高龍洞南畔等處石隄，以防水漲。水磨橋、大王橋上下各處，泉旁築壩，收入渠内，以資灌溉。又，大王廟以前築壩開溝，以防衝淤，復設水夫三十名啟閉牐版。嗣後，每年應需歲修銀於公項内動用，年終據實報銷。

五年，議準，咸陽縣南門迤西建石隄五十丈，保護城垣。

六年，議準，西鄉縣接開石土渠工二千七百七十五丈八尺，增灌田畝。

七年，覆準，涇陽縣龍洞渠工因六年六月内涇水泛漲，衝開龍洞哨眼。應疏濬以資灌溉。

八年，覆準，本年六月涇水暴發，衝坍龍洞渠一帶石隄。令修砌完固。

十三年，覆準，延安府北門外濯筋河道，其引河石垻石壩，每年於司庫公項内動支歲修銀一百二十餘兩，於汛臨之後，委官察勘。有應修補之處，確估興修，即動此項辦理。工竣報銷。

十五年，議準，去年七月洛河水漲，衝漫鄜州石隄一百七十餘丈。沿東山開濬南北引河一道，以減水勢。拆修石岸，改砌石塊坦坡，照舊隄加高三尺。東北兩門各建牐一座，以資堵禦。

又議準，疏濬同州府潼河。修理南北水關城洞。嗣後，每年於農隙水涸時，責令該同知逐一測量。遇有淤淺壅積之處，酌用民力，隨時疏濬，以杜衝決。

十六年，覆準，涇陽縣龍洞渠工因本年閏五月涇水暴漲，致有衝決石隄渠身，應及時修濬。

一、甘肅水利

康熙四十八年，議準，開濬寧夏宋澄堡、李洋堡二渠，引黄水助塘渠灌溉。造木石牐壩三處，因時蓄洩。

雍正七年，題報，寧夏察漢托輝地方開鑿大渠二百七十餘里，建進水大石牐一座，退水大石牐三座，尾牐一座，大支渠百餘道。又開小陡口百餘道，各牐旁共置水手房四十四間，設水手以司啟閉。又建大石闇洞四座，以通唐渠、漢渠之出水。建石橋、木橋二十三，以便往來。沿大渠之東，障黄河之溢，築長隄三百十有餘里。渠隄兩岸種柳六萬餘株，盤固堤岸。沿大渠之西疏濬西河三百五十餘里，以洩唐、漢二渠，並大渠餘水以及諸湖鹻水。架橋梁十有六。灌溉新渠、寶豐、寧夏、平羅四縣民田。又六羊渠一百十有餘里，建進水大石牐一座、退水大石牐二座，鼓水大石牐三座。共置水手房二十間，大支渠二十餘道。又各開小陡口百餘道。於雍正六年五月工竣，大渠賜名惠農渠，六羊渠改名昌潤渠。

八年，諭：『寧夏地方萬民衣食之源，在於大清、漢、唐三渠之水利，是以定例每年疏濬修理，使水利暢足，民田得以均沾灌溉。聞近年專司之員疎忽怠玩，只圖折草折夫，以致牐道堤岸逐漸損壞，時有衝決。渠身淤泥填塞，日久淺窄。而三渠之中惟唐渠爲尤甚，近來其口過低，其梢過高，水勢不能逆流而上，多誤小民耕種之期。雖每年定有歲修之例，然不能以一月之工程，整十數年之荒廢也。若再不加補築，恐日復一日，將來難於經理。豫備物料，明春動工修補。務令三渠堅固，俾邊郡黎明灌溉有資，永享盈寧之慶。欽此。』

十年諭：『寧夏爲甘省要地，渠工乃水利攸關。萬姓資生之策，莫先於此。是以，朕特遣大臣督率官員等開濬惠農、昌潤二渠。又命修理大清、唐、漢三渠，以溥萬民之利。年來惠、昌二渠及唐渠工程漸次告竣，於民田大有裨益。其大清渠雖未工竣，然聞連年加謹堵疊，極力排濬水澤，已可敷用。不過堤岸及牐有應修補之處，可以從容經理。寧夏有專司水利之同知，著於每歲春工內分年陸續修理。寧夏道勤加督率，不時稽察，務期工程堅固，利濟有資，使民田永沾膏澤。欽此。』

十一年，議準，惠農渠暗洞上下交流滲漏處所，照漢、唐渠例，遞年修補。惠農渠中段、漢渠尾梢各增建退水小石牐一座。昌潤渠建大飛槽四座。惠農渠尾建大飛槽一座。昌潤渠永屏牐開大渠一道。於每歲春工，分年陸續修理。

乾隆二年，覆準，寧夏新渠縣建築通吉、清水、五香等堡頂水馬頭。又加高通朔堡馬頭，並加疊通吉、通義、清水等處馬頭隄埂。

又覆準，寧夏縣河忠堡南面加築長隄二百六十一丈，底闊八丈，頂平二丈，高一丈二尺。又自南面起至西面，沿河築隄一千八百丈，底闊四丈，頂平二丈。嗣後，歲修事宜統歸水利同知專理。本堡歲輸額夫、額草，令該同知察收貯工，以備歲修之用。

又奏準，臯蘭縣張達二川附近，大通河口開成渠道，引水灌田。

又覆準，狄道縣北鄉新甸子、南鄉漫壩河、西鄉三岔河等處開渠十道。

又覆準，河州河政驛、下川堡二處開渠八道。

又奏準，平番縣屬西大通、馬軍二堡開渠八道。

三年，奏準，平涼府渠工建牐，以利宣洩。

又覆準，河州洪濟地方開渠一道，灌溉民田。

又覆準，開濬磨姑灘渠道，建設石牐，以資灌溉。

又覆準，平羅縣鎮朔堡建設圍隄，以護城堡。

又覆準，新渠縣惠農渠交濟堡造閘洞一座，引水出瀉西河，東西兩面各造小橋，以利攸往。

又覆準，隴西縣二十里鋪開渠一道。

又覆準，漳縣三岔驛開渠三道。

又覆準，開濬秦州地方雙橋舊渠六道，新渠十有三道。

四年，奏準，寧夏大清、唐、漢三渠，因去年十一月地震坍損。一切大渠、支渠應重加修理。

又奏準，修整惠農廢渠渠口，引水入漢渠。展長漢渠之尾，灌溉民田。加修沿河長隄，以資捍禦。

五年，議準，臯蘭縣張、達二川附近大通河口開渠引水，設正牐、退水牐各一座，以備渠水泛漲衝漫，隨時啟閉。

又覆準，寧河縣河忠堡渠口隄埂，設水手四名。

又覆準，寶豐縣蘭泉等堡有自來泉一道。按地鋪設石槽引水。其接連導引之所，架置木飛槽引水，以灌附近田畝。

又覆準，疏濬惠農渠西河，起寧夏縣河西寨，至平羅縣石觜子，長二百二十里有奇。建牐設橋，架置木飛槽，以資灌溉。

又覆準，甘省平番縣野狐城地方開渠一道。

又覆準，金縣定遠鎮自滴水崖起，至馬家莊開修渠道。

六年，議準，修理靖逆衛舊開渠道。

又議準，靖逆衛磨姑溝等處新開渠道五十四里。工竣，設渠夫二十名，常川巡察。

七年，議準，前年六七月間，黃河疊次泛漲，惠農渠隄衝決，修濬隄埂渠□。又從四堆子起，至通順橋以下，直抵西山脚，截築横埂一道，以障狂瀾。

九年，議準，去年六月靈州永寧洞衝坍，秦渠中斷。移南三十丈，重建石洞，加築秦渠。附近撈河揠濬展濶，量築隄埂，改建利濟橋。

又議準，堵築秦州周家磨新開河口並吕二溝闕口等處，築壩堵塞，以除水患。疏濬舊有小渠，以濟民用。

十年，議準，寧夏四堆子地方，起馮家廟至五堆子，築遥隄一道。加培六堆子以下殘闕舊隄。惠農渠尾梢展開深濶，以資引灌，永保汕刷。

十一年，議準，開揠狄道州引河，增築大壩，加建長隄，以避洮水衝射城基之患。

又覆準，西安、瓜州等處渠道增設渠兵八十名，水利外委一人統率。渠兵應用器具如有殘闕必須修補者，準水利外委造册估報，動項製造請銷。如遇新舊更换，交代明白，報廳存案。

又議準，昌潤上下九牐，自首迄尾，輪流封閉，次第澆灌充足之後，挨次自下而上，專令水利縣丞督率堡長不時巡防，並令水利同知親往稽察。如有截壩偷水等事，按法責懲，仍將姦民追照驅逐，别招新户頂補承種。

又議準，寧夏縣屬高崖子起，至平羅牐堡、四堆子月隄止，順河長埂一道。嗣後間歲一修，加高培厚。其應用人夫，埂以内每田一分，出夫一名；埂以外每田二分，出夫一名，俟二三年後，仍令埂内一例分撥。

又議準，四堆子以下至八堆子中間一帶老埂，於每歲農隙時，將殘闕之處，飭令該管官督率民夫逐漸修補一式齊整，以資護衛。

一、四川水利

雍正十一年，覆準，新津、華陽二縣修淘通濟堰，攔河砌石爲埂，截流而東，灌溉田畝。

十二年，覆準，修理眉州蟇頤堰。

乾隆六年，議準，哨汛城築隄一道，遏禦頂衝。隄之上流開揠河路，使水性循軌而下。

九年，覆準，去歲五六月内寧遠城河被衝淤墊，别決新河一道。墊築新河，開通舊河。

一、廣東水利

康熙五十五年，築廣東海康、遂溪二縣圍隄，以衛洋田。

雍正五年，議準，廣、肇二府所屬圍基，責令廣南韶道、肇羅道不時親詣工所，督率修理，如式堅固。毋致江水漲發之時，臨期周章。倘該道怠玩偷安，以致衝決坍卸，並偏袒紳衿富户，欺壓貧民，藉端滋擾，縱役需索者，即指名題參。

九年，覆準，重建遂溪縣辛壬兩字號隄岸，並修補丁字號隄岸及麻烈等牐。

乾隆元年，奏準，廣、肇二屬圍基，動撥廣東鹽運司庫存貯遞年融羨等項銀四萬餘兩，借商生息，以爲歲修之用。

又奏準，廣肇二屬圍基改建石工。

二年，議準，搶築海康、井鬼等七字隄、柳字下牐、遂溪甲乙等十字隄、乙字牐，並丁戊兩字麻烈大牐。

三年，覆準，築竣海康縣衝決隄岸。

又覆準，海陽縣東南北三隄加築灰石隄護隄，以固上游。借關稅銀十萬兩給鹽洋二商，營運生息。積至三年，次第辦理。竢五年歸還原本。工完如有餘，別爲生息，以備遞年歲修之用。其潮陽、揭陽、澄海、饒平、惠來等縣舊有隄岸，給與歲修銀，以舒民力。

四年，議準，修築始興縣南門外河隄。

五年，議準，加築海康、井鬼等七字隄、遂溪甲乙等十字隄，並接砌乙丁戊三字大小牐二座。

七年，議準，粵東圍基頂衝險工及竇門壩，用石砌築，以資捍禦。每年動支鹽規生息銀，歲加修理。其一應土工，令水利各官於農隙時，督率圍民加培高厚，永爲定例。

九年，議準，三水縣南岸圍土建用石工，以殺水勢。

又議準，搶築海陽縣東南北三隄。

十年，議準，海陽縣東南北三隄用三合土築砌土牆，磯頭用頑石堆填。

十一年，議準，續築海陽縣蔡家圍隄工。

十二年，議準，修築始興縣南門外河隄。

一、廣西水利

雍正八年，議準，修葺臨桂縣黄泥等十三陡，鑿石九處。開鑿雒容縣陸路。又修興安縣以至全州一帶河道，修整舊陡三十六處，以資轉運米穀，灌溉田畝。

十年，議準，增修臨桂縣鯶魚等七陡，增鑿一百三十五處。

又覆準，臨桂縣修築鯶魚等二十陡，每陡設夫二名，共設夫四十名。東西兩陡各設渠目一名，每名歲給工食銀六兩。照興安縣陡河之例，撥歲修銀六十兩，於存公銀內動支，以備分修之用。年終造册覈銷。又，興安縣二十三陡，除舊設夫四十六名外，增設夫一名。

乾隆四年，覆準，臨桂縣鯶魚陡河上之門山灣、鮎鰍橋二處，加築兩陡，給歲修銀六兩，於鹽道庫貯存公銀內支給，按年造報察覈。每陡設夫二名，每名歲給工食銀六兩。

五年，覆準，興安縣馬石橋設立牐版，並設陡軍一名，專司啟閉。每名歲給工食銀六兩，遇閏加增。又，每年增設歲修銀二兩。

十一年，議準，築復興安縣三里橋等處陡門四座。疏濬分水潭等處河道，並修砌陡埂。新增四陡設陡夫八名，以司啟閉，歲給工食銀四十八兩。

一、雲南水利

康熙十年，雲南雲津河衝溢。增南城外石橋二洞，以殺水勢。

二十一年，又修雲南城外金汁諸河及舊廢牐壩。

二十七年，修雲南松華壩及金汁等六河牐壩，引水資昆明各縣灌溉。

雍正十年，議準，修濬龍盤、金稜、銀稜、寶象、海源、馬料、明通、馬溺、白沙諸河，增修石岸、牐壩、橋洞。

又議準，昆陽州增設水利同知一人，駐劄海口，常川巡察。遇有壅塞，不時疏通。設或衝塌，立即堵築。其餘各州縣，凡有水利之處，將同知、通判、州同、州判、經歷、吏目、縣丞、典史等官皆準加水利職銜，境內河道溝渠，責令專理。除雲南一府仍歸糧道管轄，其各屬在迤東者，統歸迤東道管轄。在迤西者，統歸迤西道管轄。仍令各該府察勘驗報，各該道考察詳明，聽督撫酌覈勸懲。

又議準，昆明六河酌定歲修銀八百兩。昆陽海口酌定歲修銀二百兩。臨安三河酌定歲修銀三百兩。動支鹽道衙門合秤銀給發。興修用則報銷，不用則存貯，以備大修之需。

又議準，疏濬臨安、嵩峩、曲靖、南寧、羅平、新興、路南、和曲、趙雲、南鄧、川浪穹各州縣河道。重修禄豐縣廢橋。定遠縣建設石隄。永北府羊保山建築石壩。順寧府河造鐵索橋。增修阿迷州至八達通粤河道。又濬嵩明州河口，經尋甸、東川，由牛攔江達金沙江，周環川江，復抵昭通，以通舟楫。

十二年，議準，修濬鶴慶府漾弓河。又修禄豐縣石隄五十丈。昭通府西門開濠，引水入城，以資灌溉。

十三年，議準，開鑿恩安、魯甸、擦拉諸河，建牐以資蓄洩。

乾隆二年諭：『水利所關農功綦重。雲南跬步皆山，不通舟楫，田號雷鳴，民無積蓄。一遇荒歉，米價騰貴，較他省數倍。是水利一事，不可不急講也。凡有關於民食者，皆當及時興修，總期因地制宜，事可謀成。斷不應惜費。如難奏效，亦不必强作。欽此。』

五年，議準，開濬龍盤江、金稜、銀稜、海源、寶象、馬料諸河，修建橋牐涵洞隄岸。又昆陽海口改建石岸。

六年，覆準，滇省恩安縣開塘四區，以濟兵民汲飲。

七年，議準，開鑿黑龍硐，修濬青口河。又開恩安縣礶硐水源，建大壩一座。培修李子灣蓄水隄，基建木牐一座。又修建水塘壩，補卧箐山蓄水隄，基建木牐一座。又，巃魚口河開溝建壩，以資蓄洩，灌溉民田。

八年，議準，安寧州築石壩六座，開渠百六十里有奇，以資灌溉。

九年，議準，疏濬大理府洱海淤沙，以除榆郡水患。嗣後責令地方官就近督修，按田出夫。五年大修一次。仍令該道不時稽察，毋致復淤。

十年，議準，開鑿南寧縣亮子口、黑寶灘等處灘河二十餘里。又修陸涼湖嚴芳橋梁。

十一年，議準，開鑿金沙江下游新開灘至黃草坪等灘河，以利舟楫。

又議準，開修金沙江兩岸陸路。

十二年，議準，開通大關鹽井渡水陸道路。　每年動支運銅節省銀三百兩，以爲歲修之用。

又覆準，安寧州葡萄橋、石龍壩等處，開渠引水，分灌民田。

十四年，欽差大臣覆勘奏準，金沙江自四川敘州府城內起，至雲南小江口止，共計水程一千四百餘里。內上游之蜈蚣嶺至下游之黃草坪一段工程，實於運銅無益。其自黃草坪以下至新開灘約五百八十餘里，亦有數大灘，尚繫人力可施，可以直達瀘敘，於運銅有益。　應棄其無益，留其有益，仍酌給歲修銀，以利輓運。

又議準，大修昆明六河昆陽海口隄岸、牐壩、橋梁、河道。

一、貴州水利

順治十七年，修貴州黔河。

乾隆三年，覆準，開修黔省都匀府由舊施秉通清水江，至湖南黔陽縣，直達常德；　又由獨山州三脚屯，達來牛古州，抵粵東河道繂路，一槩修治，以資輓運，以濟商民。

十年，議準，開鑿畢節縣赤水河道，起赤水河渡口，至猿猱地方，大小六十八灘。

大清會典則例　卷一三五　工部　都水清吏司

海塘江防附

一、海塘職掌

康熙初年，設浙江海防同知二人。

雍正八年，議準，浙江杭州府糧捕同知、管糧通判，令其就近分管東西兩塘。

十一年，議準，浙江海塘設海防道一人，兼轄沿海州縣。除原設海防同知二人外，再增設海防同知一人，令其分管塘工。

又議準，浙江新設海防道應移駐海寧，稽察塘工。其海塘同知三人，除乍浦同知仍舊駐劄外，舊同知一人移駐海寧，新同知一人移駐仁和。

十二年諭：『浙省海塘關繫重大，固須詳慎，尤戒遲疑。若總理者不肯擔承，將分任者愈爲瞻顧，因循草率，迄無遠圖，其何以謀奠安而垂永久？海塘一應工程，毋得推諉，竝毋得稽遲。欽此。』

又議準，江南寶山縣主簿移駐高橋，上海縣丞移駐黃家灣，華亭縣丞移駐漕涇，各依本縣地界管理海塘工程。令松江府同知、太倉州同知統轄。

十三年，議準，浙江海塘增設引河通判一人，專司疏濬。

乾隆元年，議準，江南增設海防道一人，駐劄松太二屬適中之地，專管海塘歲修工程事務。原管轄工之同知、州同、丞簿各官聽其調遣。

三年，議準，寶山縣主簿仍令駐劄適中之地，專管寶邑境内沿海各塘。遇有雨淋潮刷坍損之處，隨時報明修理。

九年，覆準，鎮洋塘工，令該縣甘草司巡檢就近管理。

十二年，奏準，浙紹所屬塘工，令紹興府水利通判兼管。

十三年，議準，浙省仁、錢、蕭三縣塘工需用錢糧，歸海防道辦理。

十九年，奏準，裁汰浙江海防道。北岸仁和、海寧、海鹽、平湖四縣塘工歸杭嘉湖道管轄。南岸蕭山、山陰、會稽三縣塘工歸寧紹台道管轄。北岸自八仙石起至戴家石橋，計塘工八十餘里，改歸西防同知專管。自戴家石橋起至談仙嶺，計塘工八十七里，仍歸東防同知專管。自談仙嶺起，至江南交界，仍歸乍浦海防同知專管，以重責成。其南岸塘工向歸紹興府水利通判管理，終非專官。應將北岸海防通判改爲南塘通判，移駐紹郡之三江城，專管南岸塘工，凡有塘工各縣所設之巡檢、典史，聽同知、通判稽察調遣。

一、塘工

康熙五十七年，覆準，浙江海寧塘工，塘脚建坦水排樁，密布大石，填砌中間，一層低一層，如魚鱗之比附，縱遇潮汐衝撼，不能動摇。

雍正三年，議準，海塘之内一槩增建複塘，以防海嘯。

五年諭：『吴淞石塘當日勘估之時，於海潮紆緩處酌量修築土塘，盖因工程浩大，諸臣勘估，爲節省錢糧起見，故如此定議。但東南財賦之區，灌溉田畝、保聚室廬全賴海塘捍衛。朕思海潮衝激，風濤旋轉難定。土塘歷年經久，未免可虞。不若一槩盡修石塘，爲一勞永逸之計。著確行勘估，詳悉定議具奏。欽此。』遵旨議準，松屬新築石塘之外，土塘二千四百餘丈，一槩改築石塘。

七年，覆準，松江一帶海塘平鋪實砌。每丈用條石六十七丈，長大樁木百根，石塊六面鑿齊，合縫平稳，用楊桃藤、糯米爲汁，和灰抿縫。

十年，議準，江南塘工需用青石及鋪底黄石。每丈連運費給銀六錢六分。黄脚地石每丈連運費給銀六錢一分。由遠處開採者，每丈各加銀五分，由海運者各加銀九分。

又覆準，松江海塘外層縱横鋪砌之石，用鐵筍聯貫。每丈用五十三筍有奇，每筍重二斤。

又議準，每石一丈用樁木百根。土鬆之處，樁長一丈四五尺，餘樁以一丈二尺爲率。

十一年，奏準，浙江仁、寧二邑草塘均改建大石塘。

奉旨：『尖榻兩山之間建立石塘，以堵水勢，類挑水壩之意。所見固是。若再於中小亹開挖引河一道，分江流入海，以減水勢，似更有益。從前雖經開挖，旋復壅塞者，皆因惜費省工之故。今若倍加工力開挖，兩工並舉，更覺妥備。石壩建後，即有沙漲，而石塘亦可漸次改建，以爲永久之計。欽此。』

乾隆元年，議準，嗣後歲修，土塘塘頂加高一尺，塘面幫濶二尺，塘底幫濶四尺五寸，塘內坡開尺有五寸，塘外坡開三尺。

二年，議準，浙江仁、寧、鹽、平四縣塘工應量準丈尺，編列字號。以二十丈爲一號，建豎碑碣，刊刻字號，以專責成。

又議準，松郡歲修土塘，塘身兩旁取土，每方銀七分二釐；一里以內者八分；一里以外並隔河取土者九分；至二里者一錢，連夯硪工費在內。

四年，覆準，浙江塘工需用條石。用營造尺量，厚一尺、濶尺有二寸，每丈準銷銀七錢三釐。如係洞庭金山石，外加過壩運費銀七分。石宕等山海運大塊石，每萬斤準銷銀八錢四分六釐。內河辦運洞庭山、茅响山大塊石，每萬斤一兩四錢一分，均連運費在內。運船每石萬斤給水脚銀二錢有奇。

又議準，浙江海塘土方價直，分別遠近、乾濕，著爲等則。取土在三十丈以內者，乾地每方銀一錢一分，濕地一錢二分；對江取土，用船載運，及遠越城坦二三里者，乾地二錢四分，濕地二錢五分；取土在三十丈以外至百丈者，照江南河工取土之例，三十丈以外至五十丈者，乾地一錢二分五釐，濕地一錢三分六釐；五十丈以外至百丈者，乾地一錢三分六釐，濕地一錢五分。

九年，題準，浙江海塘建竹簍石壩。每丈用竹簍二一。每段中放丁簍，兩頭安放鳳尾順簍，外臨水貼簍，每丈下關簍排樁二十根，東西兩頭下迎潮抵溜裹頭排樁，以護簍底沙脚。

一、歲修

雍正八年，定浙江海塘，令經管之官歲一修葺。其官兵俸餉均於歲修銀內支給。

十二年，議準，松太所屬沿海塘工，每歲於十一月察勘，正月內興工，三月內告竣。

十三年奉旨：『浙江修理海塘工程，著用正項錢糧。』

又覆準，浙江海塘緊要之處，酌量動銀，分發産柴各縣，及時購買，豫期解交塘工，委官驗收，加謹分貯。遇有緊急工程，一面詳報，一面撥用。仍將所用物料造入歲修案內報銷。如有餘剩，扣除現存數目，再覈數給銀，如前購買。責令海防道不時稽察，如有辦料短少，侵蝕帑項，及堆貯不慎，朽爛柴料，以致不堪應用者，揭条追賠。

又議準，浙江開濬中小亹、南港兩處引河工竣。製就混江龍、鐵篦子等器具，用夫撈淺。嗣後，每年按季豫期領銀，雇夫疏濬。年終據實造册，詳送該管司道，轉送督撫覈實，入於海塘歲修案內，一并聲明，具題報銷。所需濬船在於江口兩岸銀杏、西興兩埠額設渡船內調取八船，輪流應用。

又覆準，海塘應修築之工估計册籍，均令承修官會同地方正印官詣工確估，會造清册，由該道詳覈，轉送督撫達部。工完據實題銷。倘彼此推諉，致修築遲延者，正印官及承修官一并叅處。

又覆準，嗣後遇有坦水石塊衝卸樁木欹斜，承修官即詳報該道，確勘估計，修理完固，入於歲修案內題銷。

又覆準，海塘緊要工程，遇有坍損，承修官一面督率在塘兵弁上緊搶堵，一面飛報該道，親往察勘，覈明估計，飛馳轉報。如工非緊要，不應搶修，捏飾危險，希圖冒銷者，詳叅究處。該道察勘不實，徇庇朦溷者，一并題叅。

又覆準，修築塘工覈計所費，飭令承修官專案請領。不得將數案之銀牽溷并領，亦不得通融那用領銀。之後，將辦過物料名色、數目申報該道，委官察驗，加具保結。倘有虧闕及那移掩飾情弊，將承修官揭叅。如委官察驗不實，通同徇隱者，一并叅處。

又議準，浙江新築土備塘工，責令承修官於工竣後起限保固三年。新築條石、塊石各塘保固一年。附石土塘各保固半年。搶修加築草塘，保固三月。限內如有坍塌，即著落承修官賠修。如遇異常潮汐，實非人力可施，察明工程本屬堅固，錢糧皆歸實用者，雖在限內，亦準取結保題，免其賠修。如物料苟簡，工程草率，錢糧不歸實用，以致工程坍塌者，雖屬異常潮汐，亦必將承修官照例題叅，著落賠補。

乾隆元年諭：『朕聞浙江紹興府屬山陰、會稽、蕭山、餘姚、上虞五縣有沿江、沿海隄岸工程，向由附近里民按照田畝派費修築，而土豪衙役於中包攬分肥，用少報多，甚爲民累。著將按畝科錢之例停止。其隄岸工程遇有應修段落，著地方大吏委官確估，於公項內動銀興修，報部覈銷，永著爲例。欽此。』

又奏準，寶山護城土圩，瀕臨海澨，潮汐衝刷。每年相度情形，入於塘工歲修案內確估加培。

又覆準，浙省江海塘隄均關緊要。嗣後修築塘工，皆令動支司庫銀，按季豫造清册，咨部存案。仍俟本案竣工，別造細册，分別請銷。

二年，奏準，停止疏濬浙江塘工中、小亹引河。

又議準，松、太所屬華、寶二縣土石塘壩各工，如係新築石塘，離海里許，或土塘雖不及里許，坐非頂衝急溜者，限保固三年。如石塘並坦水石壩、單路石壩、加樁坦坡玲瓏石壩等工，離海不及一里，及在一里以外坐當頂衝急溜者，均令保固三年。其土塘離海不及一里，及在一里以外坐當頂衝急溜者，保固二年。搶修柴埽各工保固一年。

倘於限内坍塌，均著落承辦官賠修。如限内遇有異常潮汐，實非人力可施，以致坍塌者，察明工固帑實，該督撫保題，免其賠修。如物料苟簡、工程草率者，雖由異常潮汐，仍照例題參著賠。

又議準，海塘工完之日，限四月題銷。

四年，奏準，仁、寧二縣一帶草塘暫停歲修。

五年，議準松、太所屬石土塘工，一應歲修、搶修工料繁多，不拘於何項動給，工竣之日，均令覈實報銷。

六年，議準，松、太海塘關繫緊要，酌撥銀四千兩交海防道經管，分發松江府、太倉州各半存貯，以爲塘工修理之用。

十九年，奏準，浙江海塘經費每年額撥引費銀萬兩，爲歲修之用，尚屬不敷。今既裁汰海防道，又將兵四百名改爲堡夫，又裁汰馬戰守兵三百名。所遺俸工役食月糧餉米約計每年裁省銀萬兩，應歸入海塘經費，於歲修案内撥用報銷。

一、塘汛

雍正八年，議準，浙江海塘照河工之例，專設千把總二人，兵二百名，分於東西兩塘看守，并令兵丁修補零星塘工。

十一年，議準，浙江仁、寧兩縣塘工，增設兵八百名，建堡房四十間。海鹽及平湖之乍浦建堡房二十間，以便兵丁棲止。

十三年，議準，浙江海塘兵丁增至千名。今引河既盖堡房，應以四百名撥於引河新工，以資疏濬。餘六百名仍留東西兩塘，照舊分防。

乾隆元年，議準，江南增設海防道，所轄道標兵丁應於塘工分汛防守，以資調遣。

十九年，奏準，改浙江海塘兵四百名爲堡夫。又裁汰馬戰守兵三百名。

一、夫役

雍正十三年，議準，江南松江府屬沿海土塘長二百五十里，分爲四十四段。每段設塘長一名，每名歲給工食銀七兩二錢。盖造堡房一間，令其日夜看守，並令修補浪窩獾洞。

十二年，諭：『朕聞浙江海塘工程見在修理尖山，已堵築三分之一，人心極爲踴躍。但尖山夫役日給銀三分六釐，似覺不足。今當初春之月，水長潮平，趲築工程。著照引河挑夫之例，日加銀一分四釐，共足五分之數。又聞從前運石每方給銀八錢九分四釐六毫，今運送多費人力，著每方增銀六分，俾夫役等工食寬裕。欽此。』

乾隆二年，議準，松江一帶沿海石塘，計長七千一百餘丈。每四百五十丈設塘長一名，共設塘長十有六名。每名盖堡房一間，日給工食銀二分，遇閏加增，小建扣除。

五年，議準，江南寶山縣民築土圩五千一百二十丈，計二十八里，設塘長五名，建堡房五間。

又議準，寶山縣對江墩新舊土塘，計長三十里，舊設塘長四名，應增設二名，照例盖造堡房。

九年，覆準，寶山、鎮洋二縣顧涇港加築、續築土塘四千二百二十九丈有奇，應設塘長四名，建堡房四間。

十九年，奏準，浙江海塘額設兵千名，應於守兵內選四百名改爲堡夫。一應土石柴塘，遇有蟄陷坍卸，堡夫即報巡捕，轉報廳官察勘。如止些小坍損，即調集附近堡夫修砌完固。北岸設堡夫三百名，一里一夫。南岸設堡夫百名，二里一夫，均酌設夫頭分司管束。每名給堡房一間，月給銀一兩。

一、江防

康熙十三年，議準，楚省襟江帶湖，民間廬舍田畝建設隄塍，以爲保障。濵江一帶地方，有司專令漢陽府知府、武昌、黄州、襄陽、荆州、安陸、德安六府同知，分督江夏、武昌、蒲圻、黄梅、鍾祥、京山、天門、江陵、公安、石首、監利十一縣縣丞、潛江縣主簿、沔陽、荆門二州州同、咸寧、嘉魚、漢陽、漢川、廣濟、當陽、雲夢、應城、孝感、松滋十縣典史，每逢夏秋汛漲，各於所屬境內，董率隄老圩甲，搭盖棚房，置備樁簍、柴草、蘆葦、鍬筐等項器具，堆貯棚所。晝夜住隄巡邏，看守防護，春冬興工修築。

三十九年，議準，湖廣素稱澤國，全賴築隄高厚。責令地方官於每年九月興工，次年二月告竣。如修築不堅，以致衝決，將督撫照總河例、道府照督催官例、同知以下照承修官例，各議處。

五十四年諭：『江隄與黄河隄塍不同。黄河水流無定，時常改移，故特設河官看守。江水並不改移，故止交與地方官看守。如江水泛漲，亦非人力能保。湖廣隄岸引黄河例議處地方官之處，著再議具奏。欽此。』遵旨議準，嗣後湖廣隄岸衝決，府州縣官各罰俸一年，該撫罰俸六月。將三十九年議準之例停止。

雍正五年諭：『荆州沿江隄岸，著動用帑金，遴委賢員，監督修理。修成之後，仍爲民隄，令百姓加意防護，隨時補葺，俾得永受其益。欽此』。

六年諭：『據湖廣總督奏稱，各屬隄塍向由業户按糧出夫，取土歲修。今各業户感戴皇恩，莫不踴躍歡呼，自出夫土，照上年水痕加高修築。其支河淤塞之處，亦自行疏濬等語。朕念修築江隄、疏濬河道，該地方官既有歲修定例，今百姓踴躍從事加高修濬，甚屬可嘉，用沛特恩，助其力作。按康熙五十五年，湖北、湖南興修隄垸河道工程，蒙聖祖仁皇帝特恩賞助銀六萬兩。今朕遵照此例，賞助帑銀六萬兩，令該督於湖北、湖南二省，酌量工程多寡分給，並飭地方有司，實心辦理，使小民均沾實惠，工程永遠堅固。欽此。』

又議準，荆江兩岸黄灘等六處險工，每隄百丈，設圩長一名，圩甲二名，圩役五名，督率附近居民看守。遇有蟻穴獾洞，即爲填補。再於江工險要之處，一例籖釘樁木、編槿條竹笆，以垂永久。

又題準，楚省江隄有勒索業户，包攬土夫者，照河工包折牐夫、溜夫之例，分別治罪。

又議準，楚省官民有於隄外捐栽柳荻者，照河工之例分別議叙。

六年，覆準，江西九江府同知給江防銜，並令管理津渡事務。

又議準，四川成都府同知分駐灌縣，專司都江堰工。

七年，議準，武昌、荆州、襄陽三道，各加兼理水利銜，統轄武昌等府同知、州同、縣丞、主簿等官。如有防護不力，修工怠玩者，該道揭參。該道徇隐不揭，該督撫一并題參。

又議準，荆門州沙洋大隄逼臨襄江，歲徵湖糧三千石。湖糧每石輸銀一錢，計銀三百兩，以資江工歲修之用。

九年，覆準，四川灌縣都江爲岷山分流，經成都、華陽、新津、温江、崇慶、彭、崇寧、新都、金堂等縣及簡州，直入資陽、内江、富順、瀘州，歸入川江。各縣田畝藉以灌溉。水道隄堰關繫緊要。每秋末水涸之時，該管官逐一勘估，冬月募夫修築，春月報竣。

又覆準，都江堰工按照田畝均攤夫價，解交水利同知承修。再，修築堰工用竹編長籠，自一二丈至三四丈不等，中將碎石填實，壘築成隄。面盖押二笆，每塊長二丈、濶一丈五尺，用白夾竹百根，每根銀一釐六毫，編工銀一錢二分。竹籠折長三丈、徑一尺八寸，用白夾竹四十根編裝，工銀一錢二分。

又奏準，武昌乃楚疆之省會，沿江隄岸應行修築，計正岸千三百十有九丈五尺，護岸六百八十八丈，限三年次第修理。

又奏準，修築江工，每砂石長三尺、厚一尺，價銀八分六釐。每松椿長七尺，圍圓一尺五六寸不等，銀四分五釐。汁米一石，銀一兩二錢。柴每斤，銀一釐。化灰槽，銀八錢。汁桶，銀四錢。水桶，銀五分。小灰桶，銀二分。土箕，銀八釐。箒，銀三釐。竹揁，銀一分五釐。木揁撬棍，銀三分。灰籮，銀五分。灰篩，銀四分。木掀，銀三分。舀斗，銀二分。桷竹，每捆銀五分。青竹篾，每把銀二分。楸棍，銀一釐。蘆席，銀一分。每石灰百斤，漢陽脚價銀四分五釐；武昌五分；荆門州八分。每匠一名，工銀五分。每夫一名，工銀三分五釐。

又覆準，川省都江隄堰，嗣後伏汛遇有搶修工程，該撫先將應修緣由報部。所需工料銀入於歲修案内，造册題銷。如有侵蝕捏報者，該撫即行指參。

〔乾隆〕〔一〕二年，覆準，歲修都江堰，自人字隄起，至省

〔一〕原文脱，前已述及雍正九年，此处應補『乾隆』二字。

城西門外金沙新堰、温江縣江安堰、新彭二縣通濟堰。疏濬省城城河。自乾隆二年爲始，於該省鹽茶項內動支修築。

又議準，湖北沔陽一州南北兩江大隄，計三萬一千九百三十餘丈。東西南三方隄工，歸水利州同管理。北方一帶隄塍，令州判分駐仙桃鎮，就近管理。凡有應修工程，按期督修。

三年，奏準，武昌一帶江塘護岸加高二層。

又議準，漢陽府江岸石隄波浪衝激。自西關小馬頭至東關上馬頭，建築正岸二百六十七丈，護岸亦如之。城南張王磯加築二層護岸三十丈，以爲保障。

四年，覆準，武昌江岸蕎麥灣地方，別築月隄二百九十五丈。

六年，覆準，川省石牛、黑石二堰，歸入都江歲修案內，一并動項修理。

八年，奏準，武昌沿江一帶石岸，動支江工節省銀五千兩，交江漢二縣商民營運生息，按季交總理江工之驛鹽道庫收貯。每年水涸時，著地方官履勘，乘時修葺。

又奏準，荆門州沙洋大隄發銀萬兩，分給荆安二屬州縣，交商營運取息，按季呈繳安陸府庫。每届歲修勘明動用。如有餘剩，遞年存貯備用。

九年，題準，漢陽江岸動支江工節省銀三千兩，交江夏、漢陽二縣商民各半，營運取息。遇有坍塌，即飭估修。

又議準，漢江險工水府廟、鄭家潭等處增築月隄。

又議準，武漢兩處大工，動撥銀四萬兩，交商營運取息，以備次第興舉。

又議準，襄陽府枕江老龍石隄，每年隨賦額徵歲修銀三百兩有奇，尚不敷用。動撥府庫軍需積存銀五千兩，交襄屬商民生息，以備修築。

十一年，議準，安陸府黄蓬山同知改駐荆門州沙洋地方。麗陽司巡檢改駐潛江縣，與主簿分地管理。天門縣丞改駐岳家口。鍾祥縣丞改駐石牌。沔陽州東西南三方大隄，州東令沙鎮巡檢、州南令鍋鎮巡檢、州西令州同分管。天門縣之牛蹄河，令乾鎮巡檢專管，以重責成。

十二年，議準，湖北各隄隄長，嚴飭印河各官，加意稽察。隄長只令傳喚催工，毋許濫行苛派。如有曠誤，營私勒索，滋擾情弊，嚴加治罪。別行公舉籤充。如印河各官漫無覺察，經道府揭參，照隄岸潰決疏防例處分。

十三年，議準，川省歲修都江等堰，每年動支鹽茶耗羡銀二千五百十有二兩有奇。

橋道

一、橋梁道路

都城內外大街凡十有六，坊二十有四，護城橋十有五，御河橋十，水陸大小橋梁共三百有七十。

順治元年定，凡直省橋道，令地方各官以時修理。若橋梁不堅完，道路不平坦，及津要之處應置橋梁而不置者，皆交部分别議處。

又議準，京師街道差本部漢司官一人專管，仍令五城司坊官分理。凡在京内外街道，若有作踐掘成坑坎，盖房侵占，或傍城使車，撒放牲畜，損壞城脚及大清門前御道、正陽橋及各門月城等處作踐損壞者，交刑部治罪。

康熙二年，覆準，内城街道令滿漢御史、街道廳、步軍翼尉、協尉管理。外城令街道廳、五城司坊官管理。

三年，覆準，街道分左右翼，差本部滿漢司官各二人管理。

十四年，覆準，内城街道交步軍統領，外城交街道廳分理。

四十三年，奉旨，街道交步軍統領專管。

四十七年，奉旨，著給事中兼管街道。

五十年，奉旨，凡一應舊有瓦房偏廈侵占街道者，暫免拆毁，竢盖造時清出。

又議準，正陽門外東西兩邊房屋並豬市口民房，以新溝爲限，準其修理盖造。至小街有溝者，以溝爲限。無溝及街道原繫參差不整，或一面繫空地者，均以左右鄰房不占官街者爲準。仍將該户礙道尺寸報部備案，日後更造，清出還官。

五十二年，覆準，監督街道，仍差本部滿漢司官各一人。定限一年更代。

雍正二年諭：『九門石路損壞，行走維艱。交工部、步軍統領公同詳勘。將應修補之處確估，以次修理。再，西直門外石路修至高梁橋。暢春園石路有損壞者，亦著修理。此工著動内庫銀。欽此。』

又諭：『聞前三門外溝渠壅塞，人家存水，街道泥濘，行路艱難。如有積水之處，作何疏通，毋使居民受累，步軍統領察覈奏聞。著該城監察御史街道廳營弁會同料估啟奏，動用内帑修理。如有騎溝大房，著拆毁，賞銀以償其費。欽此。』

又覆準，皇城一帶地方禁止當街污穢，曬晾皮張。

三年諭：『廣寧門外大路低窪，大雨時行則積水處車輛行李往來甚難。著步軍統領支部庫銀修理石路。欽此。』

又諭直隸總督：『今年六月以後，雨水過多，橋梁道路多被淹没。京師爲四方輻輳之地，士民商賈往來雲集。今聞近京各處道塗積潦，行李維艱，諸物騰貴。朕心深爲軫念。爾可轉飭各地方官悉心籌畫。其大路中積水之處作何疏洩？窪圮之處作何修墊？通州一路可交與通永道副將，古北口一路可交與提督及該管州縣官，宣府一路可交與總兵官及該管州縣官，近京一帶可交與大興、宛平、良鄉等縣及涿州，速令相度地勢，設法修理，使行旅無阻。不可藉端科派，以便民之政轉致累民。欽此。』

又諭：『御史條奏，道路甚高，相應刨揠，將刨出之土止住空車，只裝半載出城，不費錢糧等語。若攔止空車，趕車之人必怨，怨則進城之車必少，進城之車少，物價必貴，與民生無益。見今京城禁止成造土坯，此土情願取去成造土坯及填墊院基、溝渠者，聽其取用。餘土亦著動正項錢糧，豈可勞衆。欽此』。

又諭：『新修九門石路，有被重車壓陷者，著即修理。嗣後日久，再有車壓塌陷處，步軍統領由部支領錢糧修理。欽此。』

又議準，紫禁城週圍御河街道有堆積處，悉行禁止。嗣後仍令步軍統領清理，並於左右兩翼內，委所屬官弁不時巡察。

四年，奏準，通州牛欄山、昌平州道路交地方官察看。遇有低窪，隨時修整。

六年，奏準，京倉運道一槩修整石路。工竣，令保固三年。

又奏準，察勘石路，自廣寧門外至小井村。土道，自右安門外至草橋南。並夾石路之護土木釘、荆笆，悉令平坦堅固。至竣，保固三年。

七年諭：『正陽門外天橋至永定門一路，甚是低窪。此乃人馬往來通衢，若不修理，一遇大雨必難行走。至廣渠門內之路，亦著一并察勘具奏。欽此。』遵旨察勘，廣渠門道路毋庸修理。左安門道路微窪，交街道廳將刨掘街道附近所起之土運往鋪墊。再，天橋起至永定門外弔橋一帶道路，應改建石路，以圖經久。

又諭：『自朝陽門至通州京東大路，曾發錢糧，修墊土道，今復壓壞。此道行人既多，且繫京城大小官員支領俸米必由之路。著由朝陽門至通州大道皆鋪墁石塊，酌量可容二車。兩旁土道亦著修理平整。欽此。』

又諭：『平治道路，王道所先。是以周禮有「野廬合方」之職，自四畿達之天下，掌其修治，俾車馬所至，咸蕩平坦易，津梁輻輳，行李通達，無雨雪羈滯之累。邇年以來，廣寧門外已修石道，通州運糧之處亦修整高爽，往來行人頗爲便利。今直隸至江南大道，車輪馬跡踐壓歲久，致通衢竟成溝塹，兩旁之土高出如谷，一遇雨水，衆流匯歸，積潦難退，行人每苦泥濘，或至守候時日。朕心深爲軫念。但此通行大道久成窪下，勢難培築增高。而道旁高阜甚多，若於大道相近之處，別開一道，工力似屬易施。其間或有地形斷續，應修建橋梁；或溝塍淤積，應疏濬水道；或所開之逕有借用民田者，應補給價直，並除錢糧；或繞行之路有遠隔村莊旅舍者，應引歸故道，使有頓宿。特遣大員，於今年夏秋之交，自京師起程，由良鄉至宿遷大道，一路踏勘。將作何別開新道，詳悉議定，估計工價，繪圖呈覽。欽此。』遵旨察勘直隸、山東、江南三省道路，自宛平縣長新店至景州劉智廟，應修道路長五萬五百五十丈，修建橋梁四十八座。自劉智廟至郯城紅花埠驛，應修道路長四萬二千十有九丈，修建橋梁九十四座。自宿遷桃源至清河縣王家營，應修道路長萬一千八百十有二丈，修建橋梁二十座。並責令該州縣於道旁補栽柳樹，春秋親往察勘。奉旨：『工部即行文三省，動正項錢糧。乘此農隙之時，委官作速興工。務於明春雨水前告竣。仍差官往勘。其修過橋梁道路，交該地方官隨時修整，並令新舊交代。永著爲例。』

又題準，黔省通滇大路，陡窄紆盤。改由鎮寧州屬黄果樹岔而入，別闢新路至普安州屬蒿子卡，歸於舊路。並修整花局、阿檗、郎岱等處道路，開平斗、郎箐、打鐵、簡古等關，石龍、那貢、烈當、趕場、豬場等坡，務令一式平坦。沿塗河溝各建大小木橋。西林一渡置造渡船。安設六驛，均歸各該地方官管轄。

八年諭：『通州石路及兩旁培土，前已降旨交地方官，但恐伊等未必實心培墊。著工部每季委司官前往察勘，並諭地方官知之。欽此。』

又奏準，通州石路及兩旁培墊土道，交與地方官管理，令沿塗保甲居民隨時平墊車轍。

又奏準，直隸、山東、江南三省道路，令各州縣補栽柳樹，以庇行旅。

又奏準，外城房屋坍塌者多，著五城御史會同街道廳驗勘。凡繫舊房見修者，令照舊地，不得侵占。

十年，題準，蘆溝橋、琉璃河橋兩邊雁翅，毋得搭盖房屋，有礙行旅。

十一年諭：『由京師至江南道路，往來行旅繁多。朕於雍正七年特遣大臣官員前往，督率地方官修理平治，不惜帑金，成功迅速。又令道旁種樹，以爲行人憩息之所。比時河東總督董率河南官種樹茂密，較勝他省，經過之人皆共見之。凡此道路樹木，皆朕降旨交與地方官隨時留心保護者。近聞官吏怠忽，日漸廢弛，低窪之處每多積水，橋梁亦漸折陷，車輛難行。道旁所種柳株殘缺未補，且有附近兵民砍伐爲薪者。此皆有司漫不經心，而大吏又不稽察訓戒之故。著傳諭該督撫等，轉飭有司，照舊修理，務令平坦整齊。或遇雨水泥潦，隨損隨修，不得遲緩。其應補柳株之處，按時補種，並令文武官弁禁約兵民，不得任意戕害。倘有不遵，將官弁題參議處，兵民從重治罪。欽此。』

十二年，覆準，川省南北兩路驛站，北路之觀音碥、牛頭山、劍門關、五侯坡，南路之金雞嶺、飛龍關、大關山、小關山、大相嶺、飛越嶺、金釵碥、大胡梯、小胡梯等處，山路坍損，應動項修整。凡遇陡壁臨深之處，建造偏橋，增設扶闌。

十三年，恩詔各省，要路橋梁，間有損壞，行人勞苦。著地方有司申報，各督撫奏明修理。

乾隆二年，議準，京師朝陽、廣寧二門石道，交地方官，三年一次察勘。如有圮塌，報部修理。

三年諭：『川省遠在西陲，道路之難，甲於天下。其中棧道偏橋更爲險隘。每年資藉民力，隨時修補，未能一勞永逸。行旅艱辛，深可軫念。著四川巡撫會同西安巡撫，委官確勘。將應修之處，分别南棧、北棧，兩省分任修理。即動該省存公銀以爲工費。工竣之後，交地方官不時稽察。如遇暴雨大水衝塌過多，仍準詳報，酌動公項修整，俾永遠堅固，以便行人。欽此。』遵旨議準，陝省棧道自鳳翔府寶雞縣起，經漢中府鳳、褒城、沔、寧羌等州縣，南接四川廣遠縣界，綿長九百餘里。其咸寧縣棧道偏路，改(田)〔由〕[一]庫峪口至舊縣關鎮。安縣舊縣關偏路棧道改由關西折入西平峪至舊司。川省棧道自劍州起，至廣元、昭化一帶，長四百二十餘里。凡遇山水相逼紆折之處，隨勢開鑿增廣。偏路、偏橋、疊橋、砌路，增設木筏接渡。懸巖峭壁、大谷深淵，建築短牆並設木闌保護。

六年，題報，棧道工竣，令地方官不時巡察。其存剩各項鐵器，貯州縣庫內，以爲歲修之用。遇地方官新舊交代，造入册內，以專責成。

十二年，奏修畿輔低窪道路。奉旨交地方官隨時辦理。

十五年，恩詔各省，要路橋梁有損壞者，著地方有司申報，該督撫動項修理。

十六年，恩詔同。

十九年諭：『五城街道泥土，歲久填積增高，行路居人均屬不便。著管理河道、溝渠大臣等詳悉察勘，量其修理之費，動支官帑。除去積土，堆置就近城外隙地。此番官辦後，隨時畚除，自易爲力。並令該管衙門，酌照從前煤車回空携帶沙土之例，善爲經理，勿仍壅積。但不得任聽兵役抑派滋擾。欽此。』

一、除道

康熙四十年，題準，京城内墊道，交步軍統領。城外令大、宛二縣分理。

四十一年，題準，修橋墊道，著動用道庫雜項錢糧，報户部，會同本部覈銷。

五十五年，議準，車駕行辛，沿途修墊銀交本部扈蹕侍郎賫往，沿途給發。事竣奏銷。

五十六年，題準，修墊營盤，大營每座給夫八十名；頓營四十名，修墊道路，每里日給夫五名，每夫日給銀六分。

乾隆元年諭：『時際東作方興，農事伊始。毋得因朕謁陵，經過地方多覔人夫，修墊道路，致妨農業。欽此。』

又諭：『修理謁陵道路，著酌定一路修理，毋得屢行改易，以勞吾民。欽此。』

六年諭：『哨鹿經由之路，皆皇祖所行舊路。朕今

[一] 改田庫峪口　應爲『改由庫峪口』。

年前往。所由道路、橋梁，皆著畧爲修理，俾可行足矣，斷不可妄抉地方田畝，擾累黎民。至沿途所有行宫，如院宇、墻垣有倒壞之處，不必令工部官修理。著勘明交内務府總管修理。欽此。』

八年，奏準，修墊道路每里日給夫五名之外，再加增二名。大營每座八十名，頓營每座四十名，各加倍給夫。

十一年，議準，喜峯口一帶道路以山頂分界，南屬薊州，北屬遵化州，自山北至昭西陵、二撥、紅椿一帶道路，安設栅闌，歸石門工部經理。

十四年，奏準，直隸所屬修墊道路諸費，統於司庫存公耗羨銀内動用報銷。由部委官前往監修之例，一槩停止。

十六年，奏準，廵幸未經駐蹕，其大營、頓營地基經嚮導大臣奏明，指辦者皆令報部，準其覈銷。

十八年奏旨：『嗣後有水之河搭橋，乾河不必搭盖。』

又諭：『朕廵幸經過地方，所有道路橋梁，自應照例辦理。至道旁茶棚一項，隨從官員原無暇憩息，徒供僕隸人等蹂躪作踐，而地方官又多此一番豫備，甚屬無謂。著停止。欽此。』

又奏準，每次廵幸，供帳什物，均由京中置備，賫往應用。其由地方官備辦如大營、頓營動用席片、木橛等物，亦皆動支公帑辦理。但存一取用名色，即啟將來藉端訛索，濫應冒銷之漸。應全行裁革。嗣後令該管處大臣先期詳定應用物件數目，由京置備賫往。如閲時既久，必須增補者，呈報總理行營大臣奏聞辦理。

又奏準，大營盤每座新修地面給夫一百八十名，舊地九十名。頓營盤每座新修地面給夫百名，舊地五十名，修墊道路、開荒，每里給夫四十名，熟地三十名。

一、御道種樹

雍正二年奉旨：『自西直門、德勝門至暢春園，沿途皆著種柳。岔道亦著栽種。皆著動用錢糧。栽完樹木，令人看守。』遵旨議準，令西北二城、大、宛二縣，各該地方分爲四段看守。

三年，奏準，種樹令保活三年。如三年内有枯焦者，原種樹官補種。如各該地方官不敬謹看守，以致樹木被人折壞，牲畜囓傷，及偷盜者，並令各該地方官補種。

四年，奏準，西直門至暢春園栽柳九千二百九十七株。德勝門至孃孃廟栽柳三千二百三十四株。

六年諭：『沿途所植樹木已閲四五年矣，看來不甚茂盛，此皆草率所致。圓明園、正陽門前樹木繫敬謹種植，甚覺整齊茂盛。向例道旁樹木有乾枯者，令補種。近日竟不補種。朕所經由之路尚且如此，則他處僻路可知。著内務府工部堂官、五城官員察奏。欽此。』遵旨議準，西直門、德勝門至暢春園一帶，沿塗柳樹枯焦損失。著落原種樹及看守各官，限一月内照數補栽。嗣後令五日澆灌一次。如逾限不完，即指名題叅。其應賠種樹，官内有不能賠補者，著落本部堂官賠種。種後，西直門外石路交西城；西直門外西道交大興縣；西直門外東道交宛平縣；德勝門外一帶交北城，各令人看守。本部仍會同內務府、步軍統領、順天府尹巡察，遇有枯焦損失，即令補種，違者指叅。

又奏準，種樹價直，每株給銀一錢。

八年，議準，栽樹高一丈二尺，徑二寸五分，栽深二尺。清明栽完，五日澆灌一次，根下用棗茨圍護。

十年諭：『圓明園石路兩旁樹木，應加謹培植。曾屢降諭旨，何以種植年久，仍然細小，皆由所司疎忽所致。此項樹木或繫內務府，或繫工部種植之處。著察奏。欽此。』遵旨察勘，清梵寺至圓明園柳樹，繫內務府種植。西直門至清梵寺石道兩旁並各岔道柳樹，繫本部委官承種。嗣後應補樹株，不準各官自行補種。一面勒追樹價，一面別行委官栽種。

一、栅闌

順治元年，定京城內外大小衢巷設立護門栅闌。有作踐損壞者，交刑部治罪。

雍正七年，覆準，外城栅闌共四百四十座，均責令兵丁看守，以時啓閉。

乾隆四年，覆準，外城栅闌遇有損壞，由三營將弁呈報步軍統領。步軍統領移咨到部，令街道廳察勘估報，委官修理。

九年，覆準，內城栅闌嚴禁該管旗分科派捐修。應修造者，照外城例，令該管旗員呈報步軍統領，咨部，動帑修理。

十五年，覆準，外城栅闌四百四十座，內有兩旁房屋倒壞，無從依靠，毋庸修理者二十九座。

十八年，覆準，內城栅闌共千一百九十九座，皇城內栅闌一百十有六座。

一、溝道

順治元年，定令街道廳管理京城內外溝渠，以時疏濬。若有旗民人等淤塞溝道者，送刑部治罪。

康熙四十二年，奉旨，京城內外溝道，著步軍統領監理。

雍正四年，奏準，京城內外大小溝濠，內城交步軍統領，分委八旗步軍協尉；外城交五城街道廳，分委司坊各官。凡應行刨揠之處，丈量確估，酌動正項錢糧，於次年興工。

五年，議準，刨揠京城內外大小溝濠，例應募夫。內城照步軍修官工之例，每夫日給制錢六十文；外城照奉宸苑刨揠內外河工之例，每夫日給制錢八十文，由部給發。

又，疏濬紫禁城內各處水溝，每刨盖石四十塊，用匠一工。

七年，奏準，自何家莊至左安門水關明溝，每年淤塞，不能暢流。交街道廳五城司坊官，將何家莊以下明溝千二百餘丈，開至面闊八尺，深五尺，直抵水關。每年濬淤揠淺，不使壅塞。

又覆準，內城過街溝道，令司坊官雇夫刨揠。外城溝道著街道廳令居民自行刨揠。禁止溝頭包攬，毋得濫派。

八年，議定，刨揠過街溝渠，以見所揠之土，折算見方五尺，給夫一名。

乾隆七年諭：『京城內外水道甚有關繫。年來但值雨水稍驟，街道便至積水，消洩遲緩，此水道淤墊之故也。向來城內原有泡子河等水匱數處，以資容納。而城外各護城河道原以疏達衆流，使不停蓄。今日久未經修濬，皆多淤墊。而街道溝渠亦多阻塞，以致偶逢霖雨，便不暢流。此亦應及時籌畫者。著户部、工部尚書、步軍統領，帶同欽天監官，逐一相度。其應如何疏濬之處，詳議請旨。欽此。』遵旨察勘京城內外護城河並城內各河及青龍橋至高梁橋一帶河道，應按舊址疏濬。至於衆水經由各牐口及蓄水四庫、泡子河、太平湖等處，應以次疏濬。城內象房橋、大石橋，並朝陽門等處露明溝渠，應行估修。城外天橋東西及牛街、轎子衚衕等處板溝，應改砌甎溝。九門大街溝渠甚多，應詳細注册，分年修理。小街溝渠，照舊例開濬，倍加深通。至各倉水道並各部院洩水溝渠，應一并疏濬。

十八年，奏準，護城河及雷牐口等處溝濠疏濬事宜，交步軍統領衙門辦理。

又奏準，嗣後外城溝道有應行刨揠者，令該處司坊官呈報步軍統領衙門，一并辦理。

整理人：曹政雲，山西省平順縣平順中學高級教師，長期從事古漢語教學。

張彦平，女，中國財政經濟出版社副編審，曾長期從事世界銀行和國際貨幣基金組織中文出版物的編輯工作。

民國水利法及水利法實施細則

整理説明

近代，隨着社會的發展，水利科學技術的進步，人們對水資源利用的認識已超越了飲用、灌溉和水運的範疇。這一時期西方先進國家紛紛制定國家水利法規及其與之配套的水利管理各項專業規章制度，開始實現國家對水資源全面規劃，統籌兼顧，綜合利用與保護相結合的水資源國有化管理政策。我國水利界有識之士奮鬥十多年，終於在一九四二年頒行了中國近代第一部《水利法》，我國水法建設開始擺脱古代傳統水利法規的局限，進入新的歷史時期。

一九四〇年，國民政府行政院將定稿後的《水利法》，轉送國防最高委員會核定立法原則後，交立法院審議。一九四二年六月立法院審定通過，同年七月七日正式頒布，於一九四三年四月一日實施。從水利法第一個立法提案的提出到頒布，前後歷時十一年。

《水利法草案》原爲十三章一百二十四條，修改後正式頒發的《水利法》共九章七十一條。

一九四三年三月行政院發布《水利法施行細則》，對具有實質内容的條款進行了具體解釋和規定，共六十三條。

《水利法》刊登於《水利特刊》一九四二年第四卷第五期，《水利法實施細則》刊登於《水利特刊》一九四三第五卷第一期，本次點校工作以此爲底本。點校者除對個别印刷錯誤作了修改外，其餘均保持了原文原貌。

水利法（民國）三十一年七月七日公布

第一章　總則

第一條　水利行政之處理及水利事業之興辦，悉依本法行之，但地方習慣與本法不相牴觸者得從其習慣。

第二條　本法所稱水利事業，謂用人爲方法控馭或利用地面水或地下水，以防洪排水、備旱溉田、放淤保土、洗鹼給水、築港便利水運或發展水力。

第三條　本法所稱主管機關，在中央爲水利委員會，在省爲省政府，在市爲市政府，在縣爲縣政府。但關於農田水利之鑿井挖塘及以人力獸力或其他簡易方法引水溉田，與天然水道及水權登記無關者，其在中央之主管機關爲農林部。

第二章　水利區及水利機關

第四條　中央主管機關按全國水道之天然形勢劃分水利區，呈請行政院核定，轉呈國民政府公布之。

第五條　水利區關涉兩省市以上者，其水利事業得由中央主管機關設置水利機關辦理之。

第六條　水利區關涉兩縣市以上者，其水利事業得由省主管機關設置水利機關辦理之。

第七條　省市政府辦理水利事業，其利害關係兩省市以上者，應經中央主管機關之核准。縣市政府辦理水利事業，其利害關係兩縣市以上者，應經省主管機關之核准。

第八條　凡變更水道或開鑿運河，應經中央主管機關之核准。

第九條　省市縣各級主管機關爲辦理水利事業，於不牴觸本法範圍内，得制定單行章則，但應經中央主管機關之核准。

第十條　各級主管機關爲辦理水利工程，得向受益人民徵用工役，其辦法應呈經行政院之核准。

第十一條　人民對於興辦水利事業直接負擔經費者，得呈經上級主管機關設立水利參事會。

第十二條　人民興辦水利事業，經主管機關核准後，得依法組織水利團體或公司。

第三章　水權

第十三條　本法所稱水權，謂依法對於地面水或地下水取得使用或收益之權。

第十四條　團體公司或人民因每一標的取得水權。其用水量應以其事業所必需者爲限。

第十五條　用水標的之順序如左：

一、家用及公共給水。

二、農田用水。
三、工業用水。
四、水運。
五、其他用途。

前項順序，省市主管機關對於某一水道得酌量地方情形，呈請中央主管機關核准變更之。

第十六條　同時在一水源聲請取得水權，應依前條之順序定之。

第十七條　水源之水量不敷家用及公共給水，並無法另得水源時，主管機關得停止或撤銷第一順序以外之水權，或加以使用上之限制。

水權人因前項停止，或撤銷，或限制，受有重大損害時，主管機關得按情形，酌予補償。

第十八條　凡登記之水權，因水源之水量不足發生爭執時，先取得水權者有優先權。同時取得水權者，按水權狀內額定用水量比例分配之，或輪流使用。其辦法由主管機關定之。

第十九條　主管機關根據水文測驗認該管區域內某水源之水量，在一定時期內，除供給各水權人之水權標的需要外，尚有剩餘時，得准其他人民在此時期內取得臨時使用權。如水源、水量忽感不足，臨時使用權得予停止。

第二十條　水道因自然變更時，原水權人得請求主管機關，就新水道指定適當取水地點及引水路線，使用水權狀內額定用水量之全部或一部。

第二十一條　水權取得後，繼續不使用逾二年者，經主管機關審查決定公告後，即喪失其水權，並撤銷其水權狀。但經主管機關核准保留者，不在此限。

第二十二條　共同取得之水權，因用水量發生爭執時，主管機關得依用水現狀，重行劃定之。

第二十三條　主管機關因公共事業之需要，得撤銷私人已登記之水權，但應酌予補償。

第四章　水權之登記

第二十四條　水權之取得、設定、移轉、變更或消滅，非依本法登記不生效力。

前項規定於航行天然通航水道者不適用之。

第二十五條　主管機關應備具水權登記簿。

第二十六條　水權之登記應由權利人及義務人或其代理人提出左列文件，向主管機關聲請之：

一、聲請書。
二、證明登記原因文件或水權狀。
三、其他依法應提出之書據圖式。

由代理人聲請登記者，應附具委任書。

第二十七條　前條聲請書，應記載左列事項：

一、聲請人及證明人之姓名、籍貫、年齡、住所、職業。

二、水權來源。
三、登記原因。
四、水權標的。
五、年月日。
六、其他應行記載事項。

第二十八條　共有水權之登記，由共有人聯名或推代表聲請之。

第二十九條　水權登記與第三人有利害關係時，應於聲請書外，加具第三人承諾書，或其他證明文件。

第三十條　主管機關接受登記聲請，應即審查，並派員履勘。但如有不合程式，或聲請登記時已發生訴訟，或已顯有爭執者，其派員履勘，應飭由聲請人補正，或俟訴訟或爭執終了後爲定。

第三十一條　登記聲請經主管機關審查履勘，認爲適當時，應即依左列之規定公告之，並同時通知聲請人：
一、登載主管機關及其直接上級主管機關所發行之定期公報。
二、揭示於聲請登記之水權所在顯著地方。
三、揭示於主管機關門前之公告地方。　前項第二款、第三款之揭示期間不得少於三十日。

第三十二條　前條公告應載明左列事項：
一、登記人之姓名。
二、水權所在地。
三、登記源因。
四、水權標的。
五、聲請登記年月日。
六、對於該項登記得提出異議之期限。
七、其他應行公告事項。

第三十三條　依前二條公告後，利害關係人得於六十日內，附具理由及證據，向主管機關提出異議。

第三十四條　水權經登記公告，無人提出異議，或異議不成立時，主管機關應即登入水權登記簿，並給予聲請人以水權狀。

第三十五條　水權狀應記載左列事項：
一、登記號數及水權狀號數。
二、聲請年月日及號數。
三、水權人姓名。
四、水權所在地。
五、水權標的。
六、年月日。
七、其他應行記載事項。

第三十六條　水權消滅，由權利人或義務人繳還水權狀，爲消滅之登記。

第三十七條　凡登記之水權主管機關，應按年造册，彙報上級主管機關備案。

第三十八條　左列用水免予登記：

一、家用。

二、在私有土地內挖塘或鑿井汲水。

三、用人力、獸力，或其他簡易方法引水。

第三十九條　主管機關辦理水權登記，應於水源保留一部分之水量，以供家用及公共給水。

第四十條　主管機關辦理登記事宜，得酌收登記費。其標準由省市主管機關擬訂，呈請中央主管機關核定公告之。

第五章　水利事業

第四十一條　興辦水利事業，關於左列建造物，其建造、改造及拆除，應經主管機關之核准：

一、引水之建造物。

二、蓄水之建造物。

三、洩水之建造物。

四、護岸之建造物。

五、興水運有關之建造物。

六、利用水力建造物。

七、其他水利建造物。

前項各款建造物之建造或改造，均應由興辦水利事業人備具詳細計劃、圖樣及說明書，呈請主管機關核准。如因特殊情形，有變更原核准計劃之必要時，應由興辦水利事業人聲叙理由，並備具變更之計劃、圖樣及說明書，呈請核准後爲之。但爲防止危險及臨時救濟起見，得先行處置，呈報主管機關備案。

第四十二條　凡興辦水利事業，經核准後發生左列情事之一者，主管機關得撤銷其核准或加以限制。於必要時並得令其更改或拆除之：

一、設施工程與核定計劃不符，或超過原核准範圍以外者。

二、施行工程方法不良，致妨害公共利益者。

三、施行工程序與法令不符者。

四、在核准限期內未能興工或未能依限完成者。但因特殊情形，聲請主管機關核准，予以展期者，不在此限。

第四十三條　凡引水、蓄水、洩水之建造物，如有水門者，其水門啓用之標準、時間及方法，應由興辦水利事業人預爲訂定，呈請主管機關核准並公告之，主管機關認爲有變更之必要時，得限期令其變更之。

第四十四條　凡興辦水利事業，有影響於水患之防禦者，主管機關得令興辦水利事業人建造適當之防災建造物。

第四十五條　凡在通航運之水道上，因興辦水利事業必須建造堰壩水閘時，應於適當地點建造船閘。其數目大小及啓閉之時間，由主管機關依實際之需要規定之。

前項建造船閘之費用，由興辦水利事業人負擔。但航道之深度，因建造堰壩而增加時，得由主管機關視水道之性質，呈經上級主管機關核准，予以補助。

第四十六條　凡在不通航運而有竹木筏運，或産魚之水道上，因興辦水利事業，必須建造堰壩水閘時，應於適當地點建造竹木筏運道或魚道。其辦法由主管機關定之。

前項工程費用，由興辦水利事業人負擔之。

第四十七條　凡因興辦水利事業使用土地，妨礙土地所有權人原有交通，或阻塞其溝渠水道時，興辦水利事業人應建造橋樑、涵洞或渡槽等建造物，並負担其所需養護費用。

第四十八條　凡引水工程經過私人土地，致受有損害時，土地所有權人得要求興辦水利事業人賠償其損失，或收買其土地。但能即時恢復原狀，且恢復後於土地並無損害者，不在此限。

第四十九條　凡因興辦水利事業，影響於水源之清潔者，主管機關得限制或禁止之。

第五十條　凡有關特殊航運之水道，主管機關得酌量限制開渠及使用吸水機。

第六章　水之蓄洩

第五十一條　凡宣洩洪潦，應洩入本水道或其減河、湖海，但經上級主管機關之核准，得洩入其他或新闢水道，不在此限。

第五十二條　由高地自然流至之水，低地所有權人不得妨阻。

第五十三條　高地所有權人以人爲方法宣洩洪潦於低地時，應擇低地受損害最少之地點及方法爲之。

第五十四條　凡實施蓄水或排水，致上下游沿岸土地所有權人發生損害時，由蓄水人或排水人予以相當賠償。

第五十五條　水流因事變在低地阻塞時，高地所有權人得自備費用，爲必要疏通之工事。

第五十六條　減水閘壩啓閉之標準水位或時期，由主管機關呈請上級主管機關核定公告之。

第五十七條　凡跨越水道建造物，均應留水流之道路。其限制面積由主管機關核定之。

前項水道如係通運之水道，應建造橋樑。其底線之高度及橋孔之跨度，由主管機關規定之。

第七章　水道防護

第五十八條　水道建造物歲修工程，主管機關應於防汛期後，派員勘估，呈准上級主管機關分別興修，至翌年防汛期前修理完竣，呈報驗收。

第五十九條　主管機關應酌量歷年水勢，規定設防之水位或日期，由設防日起至撤防日止爲防汛期。

第六十條　主管機關得於水道防護範圍内執行警察

職權。防汛期間，主管機關於必要時，得商調防區內之軍警協同防護。

第六十一條　防汛緊急時，主管機關爲緊急處置，得就地徵用關於搶護必需之物料、人工，並得拆毁妨礙水流之障礙物。

前項徵用之物料、人工及拆毁之物，主管機關應於事後酌給相當之補償。

第六十二條　主管機關爲保護水道得禁止左列各事項：

一、在行水區内建造或堆置足致妨礙水流之物。
二、在距堤脚三十公尺内挖取泥沙磚石等物。
三、損毁水利建造物。
四、擁伐堤上草皮樹木。
五、在堤上墾種或放牧。
六、在堤上設置有害堤身之建造物。
七、在堤上行駛載重車輛。
八、其他有礙水道防衛之行爲。

第六十三條　本法施行前，水道沿岸之種植物或建造物，主管機關認爲有礙水利者，得呈經上級主管機關核准，限令當事人修改遷移或拆毁之，但應酌予補償。

第六十四條　堤址至河岸區域内栽種之蘆葦、茭草、楊柳或其他灌木，有防止風浪之功效者，無論公有私有，非在防汛期後，不得任意採伐。但經主管機關核准者，不在此限。

第六十五條　水道沙洲灘地不得圍墾，但經主管機關呈准上級主管機關，認爲無礙水流及洪水之停瀦者，不在此限。

第六十六條　尋常洪水位行水區域之土地不得私有。其已爲私有者，得由主管機關依法徵收之。

前項水位由主管機關呈報上級主管機關核定公告之。

第八章　罰則

第六十七條　毁壞水利建造物者，除限令修復外，並處五百元以下罰鍰。致生公共危險者，依刑法處斷。

第六十八條　未得主管機關之許可，而私開河道或私塞河道者，除限令回復或廢止外，處五百元以下罰鍰。致生公共危險者，依刑法處斷。

第六十九條　違反本法或依本法所發命令規定之義務者，處三百元以下罰鍰，並得强制履行其義務。

第九章　附則

第七十條　本法施行細則由行政院定之。

第七十一條　本法施行日期以命令定之。

水利法施行細則（行政院第六〇五次會議通過）（民國三十二年三月二十一日行政院令發

第一章　總則

第一條　本細則依水利法第七十條規定制定之。

第二條　水利法所稱『地面水』，係指流動或停瀦於地面之水；所稱『地下水』，係指流動或停瀦於地下之水。

第二章　水利區及水利機關

第三條　省市水利機關關於左列各事項應送請中央主管機關備案。

一、施政方針。

二、工程計劃。

三、工程實施。

四、其他重要事項。

第四條　縣水利機關之組織，應呈由省主管機關核准並轉請中央主管機關備案。

第五條　水利法第十條所規定之『徵用工役經行政院之核准』，得適用國民工役法之規定。

第六條　人民依水利法第十一條設立水利參事會，其組織章程應呈經中央主管機關核定之。

第七條　人民興辦水利事業所組織之水利團體或公司，除法令另有規定外，其章程應經水利主管機關之核准。

第三章　水權

第八條　非中華民國國籍之人民，除家用外不得取得水權，但經政府特許者不在此限。

第九條　依民法第七百八十一條，水源地井溝渠及其他水流地所有人得自由使用其水者，視爲取得水權，但除水利法第三十八條免予登記者外，仍須應聲請登記。

第十條　省市主管機關呈請變更用水標的之順序，如與該水道有關之其他省市主管機關認爲不適當時，中央主管機關應先派員履勘，再行核定。

第十一條　水利法第十四條所稱『事業所必需』之用水量，由主管機關參照興辦事業人之聲請及左列標準審定之。

一、該項事業之最低用水量。

二、該項事業之鄰近區域之通常用水量。

第十二條　水利法第十七條第二項及第二十三條之『補償數額』，由主管機關核定。但如原水權人有異議時，得組織評議委員會評定之。

前項評議委員會之組織章程由中央主管機關制

定之。

第十三條　凡登記之水權因水源之水量不足發生爭執時，其同時取得水權者如用水標的不同，應依水利法第十五條順序，定其用水之先後；　標的相同者，依水利法第十八條後半段之規定辦理。

第十四條　主管機關依水利法第十九條核准臨時使用權時，得發給臨時用水執照。

臨時用水執照應註明使用之起訖日期，但得仍依水利法第十九條後半段之規定，隨時停止其使用權。

第十五條　依水利法第二十一條，主管機關公告後，水權人得於六十日內提出異議。水權人提出異議時，主管機關應再行審查，異議不成立者，即予撤銷水權狀。

第十六條　依水利法第二十二條重行劃定用水量者，於必要時主管機關得令其爲水權變更之登記。

第十七條　凡政府興辦之水利事業，以其主辦機關爲水權登記申請人。

第四章　水權之登記

第十八條　航行天然通航水道，如該水道曾經施以渠化或其他增加通航便利之工事者，仍應適用水利法第二十四條第一項之規定。

第十九條　凡在水利法施行前已取得之水權及現辦之水利事業尚未爲水權之登記者，均應自水利法施行之日起六個月内補行登記，逾期不登記者，主管機關得撤銷其水權或令其停辦。

第二十條　水權登記簿及水權狀之格式，由中央主管機關制定之。

第廿一條　水權登記簿以每一水源爲一總號，每一水權標的爲一分號。

第廿二條　水權登記簿每一總號應附具水源形勢總圖，每一分號應附具分圖。

第二三條　水權人或利害關係人得繳納抄録費，申請給與水權登記簿之繕本；　或繳納閱覽費，申請閱覽水權登記簿之正本。

第二四條　水道經流兩縣以上或水權之利害關係兩縣以上者，其水權登記由省主管機關辦理之。

水道流經兩省市以上或水權之利害關係兩省市以上者，其水權登記由中央主管機關辦理之。

第二五條　依水利法第二十八條，由代表爲水權登記之聲請者應提出委任書。

第二六條　聲請登記經主管機關審查履勘，認爲不適當時，應附具理由，駁回聲請。

第二七條　利害關係人依水利法第三十三條提出異議時，主管機關應予審查決定，必要時得組織評議委員會評定之。

前項評議委員會之組織章程，由中央主管機關制定之。

第二八條　省主管機關除依水利法第三十七條將該省已登記之水權每年彙報中央主管機關備案外，並應將所屬各縣市已登記之水權造册轉報備案。

第二九條　水利法第三十條第一項第三款『用人力、獸力或其他簡易方法引水』，應以不妨害他人已登記之水權者爲限。

第三十條　因辦理水權登記所需之審查履勘公費等費，得向聲請登記人徵收之。

第三一條　中央主管機關爲劃一水權登記程序，得制定水權登記規則。

第五章　水利事業

第三二條　竹木筏通過竹木筏運道之標準、時間及方法，應由興辦水利事業人預先訂定，呈請主管機關核准並公告之。如主管機關認爲有變更之必要時，得令限期更正。

第三三條　竹木筏如確有妨害水利建築物之安全者，興辦水利事業人得要求竹木筏所有者除去之，必要時並得先行處理之。

前項處置費用，應由竹木筏所有者負担之。

第三四條　興辦水利事業如有使用他人土地之必要時，得按照時價購買其土地。倘土地所有人拒絕購買，興辦事業人得依照土地法之規定聲請徵收。

第三五條　興辦水利事業經過區域遇有名勝古蹟及其他有保留價值之建築物而有遷移或拆除之必要者，興辦事業人得聲述理由，呈請主管機關轉呈上級主管機關核准後拆移之。其遷移費及補償，除土地法另有規定外，依民法之規定。

第三六條　凡已停廢之水利事業，新辦水利事業人經主管機關之核准，得局部或全部利用之。

第三七條　凡在水道上建造橋樑或其他建築物，其跨度及凈空標準，應由中央主管機關訂定之。

第三八條　興辦水利事業，凡未經協助人力財力者，不得於事業完成後請求均霑水利，但與當事人有特約者不在此限。

第三九條　政府出資興辦之水利事業，其區域内之土地因興辦水利而改良者，應依法徵收土地增值税。

第四十條　民營水利事業區内之土地，因工程之建造致被割裂，不合經濟使用者，土地所有人得呈由主管機關責成興辦事業人收買之，或依土地法重行劃分之。

第四一條　水利事業完成後，得按其使用情形酌收費用，其收費標準由主管機關核定之。

第四二條　水利事業完成後，應由原興辦人負管理保護之責，其辦法由主管機關核定之。

第六章　水之蓄洩

第四三條　低地所有權人對高地自然流至之水，在無礙流水宣洩之原則下，如商經其他所有權人之同意，得改變其途徑。

第四四條　水利法第五十三條所稱『以人爲方法宣洩洪潦』，其地點及方法應由主管機關決定之。

第四五條　凡因蓄水或排水發生損害時，其賠償額數應由主管機關查勘雙方實際情形決定之。前項所決定之賠償額數如超過五千元以上者，應呈請上級主管機關備案。

第四六條　水利法第五十五條所稱『必要疏通之工事』，其寬深及坡度，應以恢復未阻塞前之原狀爲限。

第四七條　水利法第五十六條所稱之『公告地點』，應在上下游有關區域同時爲之。

第四八條　水利法第五十七條所稱之『橫剖面積』，應以宣洩尋常洪水爲最低限度。

第四九條　水利法第五十七條所稱『底線之高度』，應自該水道之中水位面起測，必要時應於橋孔近水之處標明水尺。

第七章　水道防護

第五十條　水道建造物之歲修工程，除有特殊情形於事先報請中央主管機關核准者外，凡未能按期竣工者，主管人員應受處分。

第五一條　水道防護歲修工程得在受益區域內徵用工役，遇必要時並得徵購物料，其辦法及規則由主管機關擬定，呈請上級主管機關核准後實行。

第五二條　辦理防汛機關應將設防地點及設防、撤防日期呈報上級主管機關。

第五三條　辦理防汛機關於防汛期間，每日應將重要各站之水位、流量，電報上級主管機關。洪水盛漲時，並應將水位、流量隨時逕電有關機關。

第五四條　辦理防汛機關於防汛期內，應隨時將設防河段工情、水勢摘要電報主管機關，撤防後並應將防汛經過彙報備查。

第五五條　水利法第六十三條所規定之補償，得準用本細則第十二條之規定。

第五六條　辦理防汛機關於防汛期間得指揮沿河地方主管機關協助，遇有緊急情形時，地方主管機關應即率同民夫駐堤協助。

第五七條　水利法第六十二條所稱『行水區』係指正堤或堤岸以內而言；　所稱『堤上』係包括堤身全部。

第五八條　水利法第六十四條所稱『堤址至河岸區域內』係由堤外之堤址線起，至河岸近水之邊線爲止。

堤址至河岸區域內草木之採伐，主管機關得限制之。

第五九條　水利法第六十六條所稱『尋常洪水行水區域』之土地，其界限由主管機關核定之。

第八章　罰則

第六十條　依水利法第六十七條、第六十八條及第六十九條所規定之罰鍰，應於繳納命令送達後十日内清繳。期滿而不清繳者，强制執行之。其無力清繳者，得送由司法機關易服勞役。

第六一條　水利建造物或河道因主管機關或負責人員養護或防守不力，致發生公共危險或損失者，應依法懲處。

第九章　附則

第六二條　本細則施行日期與水利法同。

整理人：　蔣超，中國水利史專家。曾出版《中國古代水利工程》（漢英—英漢水利土木工程詞典）等著作。《中國大百科全書》（第二版）水利學科副主編，《中國水利百科全書》（第二版）水利史分支副主編。

曹政雲，山西省平順縣平順中學高級教師，長期從事古漢語教學。

張彦平，女，中國財政經濟出版社副編審，曾長期從事世界銀行和國際貨幣基金組織中文出版物的編輯工作。

後記

水利歷史文獻最重要的部分，無疑是二十五史中的《河渠志》，其次是《食貨志》《五行志》等中記載的有關水利、漕運、江河洪水等内容。在有關官方檔案史料中，尤以歷代法律和制度等最爲珍貴。因此，將這部分文獻编入《中國水利史典·綜合卷》第一册。

二十五史中的《河渠志》部分，一九九〇年中國書店出版了由周魁一統稿的《二十五史河渠志注釋》（以下簡稱《注釋》）一書。其中的注釋工作詳細全面，一直以來是比較好的版本。這次整理，按中國水利史典编委會要求，在此基礎上删去一般性註釋（主要是地理和一般人物方面等），保留水利的部分。爲了閱讀方便，還將《史記·河渠書》和《漢書·溝洫志》中的三家注作爲文内注排在括号内。另外，整理時對近年《河渠志》研究中發現的標點等問題都在本書中予以糾正。還對《註釋》本印刷中明顯的錯版問題，如將《明史·河渠志四》『海運』最後三段近六百字，錯排到《明史·河渠志五》『淮河』段中進行了糾正。本次整理還收録了《新元史·河渠志》，其内容雖然有不少缺點，但還是有助於元代水利研究。這次整理後稱作《二十五史河渠志彙編》。

二十五史中的《食貨志》《五行志》部分，也是研究水利必讀的文獻，查找頻率很高。此次收録的《二十五史食貨志五行志水利史料彙編》，爲了方便讀者核對原文獻，完全按各史原卷次順序摘録，没有按水利專業編排。

中國歷史上水利法規文獻十分豐富，爲了讓讀者有全面概括地瞭解，本册收録了歷代主要法規代表性文獻，從唐代的《水部式》和現存第一部少數民族在西夏頒行的《天盛改舊新定律令》中水利法規，到民國時期頒佈的《水利法》。這些文獻對今天加强水利法規建設仍然有所借鑒。

本册彙編整理得到了諸多專家的幫助和指導，在此一併表示感謝。

《中國水利史典·綜合卷》主編

中國水利史典　編輯出版人員

總　編　輯　湯鑫華

總責任編輯　陳東明

副總責任編輯　穆勵生　馬愛梅

綜合卷一

責任編輯　楊春霞

審稿編輯　穆勵生　宋建娜　王　藝　王　勤　楊春霞
　　　　　張小思　朱　莉　趙　耀

封面設計　王　鵬　蘆　博

版式設計　孫立新　黄雲燕

責任排版　吴建軍　郭會東　孫　静　丁英玲　聶彦環

責任校對　張　莉　梁曉静　吴翠翠

責任印制　劉一檠　帥　丹　孫長福　王　凌